程序员网址：http://programmer.csdn.net

程序员 2017 精华本

程序员编辑部　编

总顾问：蒋　涛　孟　岩
总策划：孟迎霞　卢　凯
编委会：钱曙光　唐小引　魏　伟　陈秋歌　何永灿
　　　　纪明超　张　虓　郭　芮　屠　敏　仲培艺
　　　　景　琦　孙浩峰　蒲　鸽　胡永波

电子工业出版社
Publishing House of Electronics Industry
北京·BEIJING

程序员 2017 精华本

未经许可，不得以任何方式复制或抄袭本书之部分或全部内容。
版权所有，侵权必究。

图书在版编目（CIP）数据

程序员 2017 精华本 / 程序员编辑部编. —北京：电子工业出版社，2018.2
ISBN 978-7-121-33471-9

Ⅰ. ①程… Ⅱ. ①程… Ⅲ. ①程序设计－文集 Ⅳ. ① TP311.1-53

中国版本图书馆 CIP 数据核字（2018）第 006744 号

责任编辑：董 英
印　　刷：北京京科印刷有限公司
装　　订：三河市良远印务有限公司
出版发行：电子工业出版社
　　　　　北京市海淀区万寿路 173 信箱　　邮编：100036
开　　本：850×1168　1/16　　印张：37.5　　字数：741 千字
版　　次：2018 年 2 月第 1 版
印　　次：2018 年 2 月第 1 次印刷
定　　价：89.00 元

凡所购买电子工业出版社图书有缺损问题，请向购买书店调换。若书店售缺，请与本社发行部联系，联系及邮购电话：（010）88254888，88258888

质量投诉请发邮件至 zlts@phei.com.cn，盗版侵权举报请发邮件至 dbqq@phei.com.cn。
本书咨询联系方式：010-51260888-819　faq@phei.com.cn。

前　言

般般武艺皆可为你所用

　　生物在适者生存的"演化"过程中塑造，而未必愈加清晰地感知世界。例如青蛙的大脑被设定为捕食移动的椭圆。把苍蝇麻醉，摆在它旁边，青蛙视若不见——它们能饿死在食物近前；然而又会毫不犹豫地捕食由人抛出的小纸片，直到再也无法下咽。青蛙只能看到你我所见的一小部分，却以为自己了解整个世界，那我们呢？

　　计算机技术似已发展到"其触头者言象如石，其触尾者言象如绳"的体量，无人可瞻其全貌。《程序员2017精华本》则汇集当下每个正在影响我们生活的技术领域，当你感到对周遭熟视无睹，它将成为你更清晰地了解程序世界的一扇窗。

　　或许直觉告诉你，攀登职业的山峰，总应向更高处迈步，而计算机科学中的经典问题"Hill Climbing"已表明，这种策略几乎无法令你登上顶峰。更有效的方式则是，尝试在广阔的地域漫步——尤其在初级阶段，随机选择新落脚点，一旦找到顶峰，就别再浪费时间，尽管接下来的几步仍会是上升台阶。《程序员2017精华本》是你手中的地形图，带你领略那些未曾踏足却重要的地域。

　　软件与硬件，编程语言与操作系统，前端与后端的界线并不如你预想中那般格格不入，请试着从"系统与过程"的角度阅读手中这本书，也许你会发觉般般武艺皆可为你所用。

程序员编辑部

目 录

技术视野

大脑理论与智能机器探索者
——Jeff Hawkins 专访 1

Xerox PARC为何与众不同，今日的
研究院当如何打造 3

无模式文本编辑与"剪切、复制、粘贴"的历史 5

导航者：程序员的未来 9

AI工程师职业指南

如何成为一名机器学习算法工程师 14

如何成为一名推荐系统工程师 17

如何成为一名对话系统工程师 20

如何成为一名数据科学家 23

如何成为一名异构并行计算工程师 26

如何成为一名语音识别工程师 31

如何成为一名自然语言处理工程师 34

求取技术突破：深度学习的专业路径 36

实战路径：程序员的机器学习进阶方法 39

人工智能，为我所用

深度学习在推荐领域的应用 44

表示学习在信息推荐系统中的应用 47

Bandit算法与推荐系统 50

打造企业级云深度学习平台
——小米云深度学习平台的架构设计与实现 56

机器学习平台JDLP成长记 59

Weiflow——微博机器学习框架 62

微博深度学习平台架构和实践 65

机器学习在热门微博推荐系统的应用 68

特征选择在新浪微博的演进 71

美丽联合业务升级下的机器学习应用 73

自然语言处理技术在推荐系统中的应用 75

浅析强化学习及使用Policy Network
实现自动化控制 81

强化学习解析与实践 86

基于容器的AI系统开发 95

看得"深"、看得"清"
——深度学习在图像超清化的应用 97

见微知著：细粒度图像分析进展 100

基于深度学习的计算机视觉技术发展 105

面向图像分析应用的海量样本过滤方案 110

人脸识别技术发展及实用方案设计 112

SLAM刚刚开始的未来之"工程细节" 115

深度学习中的注意力机制 118

声纹识别技术助力远程身份认证 123

TensorFlow下构建高性能神经网络模型的
最佳实践 126

在物联网设备上实现深度学习 130

无人驾驶刚刚开始的未来 133

人工智能学术前沿

深度增强学习前沿算法思想 139

WSDM 2017精选论文 141

ICLR 2017精选论文 143

WWW 2017精选论文 145

AISTATS 2017精选论文 ... 148
ACL 2017精选论文 ... 150

前端开发创新实践

下一代 Web 应用模型
——Progressive Web App ... 154
饿了么的PWA升级实践 ... 160
WebAssembly，Web的新时代 ... 164
WebAssembly初步探索 ... 170
WebAssembly在白鹭引擎5.0中的实践 ... 172
在Node.js中看JavaScript的引用 ... 175
Node.js异步编程之难 ... 178
58同城Android端HTTPS实践之旅 ... 181
微信终端跨平台组件Mars在移动网络的
探索和实践 ... 185
原生 JavaScript 模块的现在与未来 ... 188
详解HTTP/2 Server Push
——进一步提升页面加载速度 ... 191
Webpack在现代化前端开发中的作用与未来 ... 196
使用WebGL提升可视化中的布局性能 ... 199
Redux or Mobx：前端应用状态管理
方案的探索与思考 ... 203
Hybrid Go：去哪儿网Hybrid实践 ... 210
苏宁前端基础工具集 ... 213
被低估的Babel ... 216
探索Headless Chrome ... 217
CSS模块化演进 ... 220
前端工程师为什么要学习编译原理 ... 223

移动开发十年

十年一顾，iOS 与 Android 这样改变了我们 ... 227
饿了么商家版iOS端订单模块的重构之路 ... 227
稳定性与内存优化
——小型团队的 Android 应用质量保障之道 ... 229

谈 Fuzz 技术挖掘 Android 漏洞 ... 234
安居客Android模块化探索与实践 ... 237
浅谈Android视频编码的那些坑 ... 240
从源码角度剖析 Android 系统 EGL 及 GL 线程 ... 244
基于拆分包的React Native在iOS端加载
性能优化 ... 247
Qunar React Native大规模应用实践 ... 252
饿了么移动基础设施建设 ... 256
美团点评酒旅移动端Vue.js实践 ... 259
前端感官性能的衡量和优化实践 ... 261
微信全文搜索优化之路 ... 263
ofo移动端的过去与未来 ... 267
基于接口的消息通信解耦 ... 268
Retinex图像增强算法及App端移植 ... 273
使用 Server-Side Swift 开发 RESTful API ... 275

微信小程序

微信小程序的编程模式 ... 279
微信小程序技术解读 ... 281
从《小睡眠》谈微信小程序开发的
实用技术与注意事项 ... 284
《轻课》微信小程序踩坑历险记 ... 286
使用Vue.js开发小程序：解析前端框架mpVue ... 288
微信开发深度解析之缓存策略 ... 290

VR与AR开发

Web 端 VR 开发初探 ... 298
PC VR游戏的CPU性能分析与优化 ... 300
HoloLens开发与性能优化实践 ... 307
Unreal Engine 4 VR应用的CPU性能优化和
差异化 ... 309
VR中的交互之熵 ... 314
ARKit：简单的增强现实 ... 318

互联网应用架构面面观

- 京东分布式数据库系统演进之路 ... 324
- 万人协同规模下的代码管理架构演进 百度代码管理概况 ... 327
- 微信数据强一致高可用分布式数据库 PhxSQL 设计与实现 ... 331
- 同程旅游缓存系统（凤凰）打造 Redis 时代的优秀平台实践 ... 335
- 百万用户分布式压测实践手记 ... 338
- 电商物流系统技术架构进化史 ... 343
- 有道云笔记跨平台富文本编辑器的技术演进 ... 345
- 不再谷满谷，坑满坑，看苏宁库存架构转变 ... 350
- 唯品会双11大促技术保障实践 ... 355
- 画像在同城物流调度系统的实践 ... 358

大数据技术深度实践

- Heron：来自 Twitter 的新一代流处理引擎（原理篇）... 365
- Heron：来自Twitter的新一代流处理引擎（应用篇）... 368
- 图数据库——大数据时代的高铁 ... 371
- 图数据库在CMDB领域的应用 ... 376
- 使用 SMACK 堆栈进行快速数据分析 ... 382
- 微博商业数据挖掘方法 ... 384
- 探讨大数据时代构建高可用数据库的新技术 ... 388
- 使用 Marathon 管理 Spark 2.0.2 实现运行期扩容的 executor 调度 ... 391
- 大数据引擎 Greenplum 那些事 ... 395
- OLTP类系统数据结转实践 ... 397
- PostgreSQL并行查询介绍 ... 399
- 基于Spark的大规模机器学习在微博的应用 ... 403
- HBase在滴滴出行的应用场景和实践 ... 405
- Livy：基于Apache Spark的REST服务 ... 408
- Amazon Aurora深度探索 ... 411
- 大数据的分布式调度 ... 419
- 网易数据运河系统 NDC 设计与应用 ... 423
- 饿了么大数据平台建设 ... 428

分布式数据库

- 微信分布式数据存储协议对比——Paxos 和 Quorum ... 432
- 数据库压缩技术探索 ... 434
- 浅谈分布式事务控制在银行应用的实现 ... 438
- ColumnStore在大数据中的应用实践 ... 439
- Redis Cluster探索与思考 ... 441
- 支持自动水平拆分的高性能分布式数据库TDSQL ... 446

物联网开发技术栈

- 物联网技术现状与新可能 ... 450
- 基于JavaScript语言的快速物联网开发架构 ... 452
- 游历JavaScript IoT应用开发平台 ... 456
- 使用Python进行物联网端到端原型开发 ... 460
- 管中窥豹：一线工程师看MQTT ... 463
- 物联网安全与实战 ... 467
- IoT通信技术选型及模型设计的思考 ... 470
- 微软、百度、阿里巴巴三大物联网云平台探析 ... 472
- 如何基于 Android Things 构建一个智能家居系统？ ... 475
- 浅析物联网应用层协议CoAP ... 478
- 蓝牙 Mesh 技术初探 ... 482

云计算演进与应用

- 谈谈 OpenStack 大规模部署 ... 486
- 业务视角下的微服务架构设计实例 ... 491

Hurricane实时处理系统架构剖析 493
实施微服务的关键技术架构 500
网易云容器服务基于Kubernetes的实践探索 ... 503
Kubernetes、Microservice以及Service
Mesh解析 506
单体应用到Kubernetes微服务
架构的迁移方案 509

容器技术经验谈

Docker 在美团点评的实践 512
CoreOS vs. Docker容器大战引擎 516
基于模板引擎的容器部署框架 518
微服务应用容器化场景中常见问题总结 521
追本溯源,详解Serverless架构及应用 524
基于Mesos/Docker构建去哪儿网数据处理平台 . 526
容器与OpenStack:从相杀到相爱 530
Mesos容器引擎的架构设计和实现解析 532
基于Docker持续交付平台建设的实践 535
追求极简:Docker镜像构建演化史 540

区块链

最小可行性区块链原理解析 544
如何使用区块链技术进行项目开发 552
写给CTO的主流区块链架构横向剖析 554
关于区块链,程序员需要了解什么 559
区块链现有应用案例分析 561
产品定位的"生死劫"
——你的区块链产品能否活过2017年 564
区块链在版权保护方面的探索与实践 565
区块链技术在零售供应链的商业化应用 568
区块链技术实现及在政务网的应用 569
将区块链用于京东供应链溯源防伪 574

关于C++你应该更新的知识

C++14 实现编译期反射
——剖析 magic_get 中的 magic 577
C++17中那些值得关注的特性(上) 580
C++17中那些值得关注的特性(中) 583
C++17中那些值得关注的特性(下) 587

大脑理论与智能机器探索者
——Jeff Hawkins 专访

记者 / 卢鸫翔

"虽然没人确切知道恐龙是怎么灭绝的,与之相关的理论却很多——关于大脑则完全相反。"作为工程师,Jeff Hawkins 创立了两家便携式计算机公司,Palm 和 Handspring,开发了风靡一时的 PalmPilot 和 Treo 智能电话。然而作为科学家,理解大脑运作方式、原理,并按同样原理制造智能机器才是他一生的追求。日前,Jeff Hawkins 接受了《程序员》采访。

蜿蜒求索

1979 年,从康奈尔大学工程学院毕业的 Jeff Hawkins 选择在 Intel 开启他的计算机行业生涯,然而三个月后,他就发现自己入错了行——那年 9 月出版的《科学美国人》是大脑研究专刊,专题最后一篇文章中,Francis Crick(DNA 结构发现人之一)写道:"尽管人们积累了大量有关大脑研究的详尽数据,但其工作原理仍是难解之谜。神经科学只是一堆没有任何理论的数据,最明显的是缺乏概念框架。"Crick 甚至没用"理论"这个词,他说,我们根本不知道怎么去想,因为连基本框架都没有——Crick 的话像号角,唤醒了 Hawkins 长久以来研究大脑、制造智能机器的梦想。

Hawkins 那些认为"大脑无法理解自身"的说法除了似有禅意,实则毫无用处,"人们常怀有根深蒂固但错误的假设,正是这种偏见阻止我们探寻答案。翻开科学史,你就会发现,哥白尼的天体运行说,达尔文的进化论和魏格纳的大陆漂移学说都跟大脑理论有诸多相似,都曾有许多无法解析的数据,而一旦拥有理论框架,一切就都变得有意义了。"如图 1 所示。

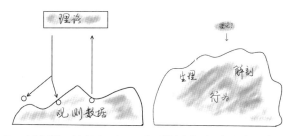

图 1 大多数科学理论与数据相互印证,而神经科学拥有海量数据却无框架和理论可用

然而将这一计划付诸实施尚需时日。在 Intel 展开研究自然是最便捷的渠道,Hawkins 致信当时的公司主席 Gordon Moore,建议成立研究小组,专攻大脑工作原理:"该工作可从一个人,即本人开始,随后进一步拓展。本人有信心承担该工作。相信有一天它会给我们带来无限商机。"不过随后的讨论中,公司并未支持他的想法,因为没人相信在可预见的未来能研究出大脑的工作原理。

此路不通,只得另辟蹊径。他首先向当时的人工智能研究"航母"MIT 人工智能研究院发出申请:

"我想设计和制作智能机器,但我的想法是先研究大脑怎么运作。"

"你不需要这样做,我们只需要为计算机编程。"

"不,应该先研究大脑。"

"你错了。"

"不,你们错了。"

他们直截了当地告诉 Hawkins,要认识智力和建造机器,没必要研究真正的大脑,"他们认为研究大脑会限制思维,对大脑如何工作毫无兴趣。采取'只求结果,不问手段'的方式开展研究,甚至有人还为自己跳开了生物学这一阶段而沾沾自喜。" MIT 拒绝了他的申请。

Hawkins 无所适从,但仍一心渴望研究大脑,他参加了人体生理学函授课程——因为函授学校不会拒绝任何人。他努力学习,准备考试,几年后被 UC Berkeley 接收为生物物理学研究生。欣喜若狂之余,意味着原本打算买房生子的计划搁浅,他需要甘心变成一个不能挣钱养家的人。

他原以为这次终于可以研究大脑理论了,但学校告诉他,他选择的研究方向得不到经费。Hawkins 很沮丧,只能回到原点——他熟悉的计算机行业。"我计划干 4 年,挣点钱,组织自己的家庭,那时自己可能会成熟点,神经系统科学可能也会成熟点。结果比 4 年长多了,已经大概 16 年,但我终于做到了。"Hawkins 在这段时间创立了 Palm Computing(也许值得一提的是,Palm 商标目前归中国公司 TCL 所有)和 Handspring,推出了一系列风靡一时的掌上手写电脑。

Palm 使用的手写识别系统 Graffiti 灵感来自 Hawkins 曾学习的一种与大脑有关的数学——1987 年夏天,一家名为 Nestor 的公司展示了一种能识别手写文字的神经网络,要价 100 万美元,"他们在神经网络规则上大做文章,将它吹嘘成一项重大突破,但我觉得手写识别问题可以通过另一种更简单、传统的方法解决。两天后,我设计出一种速度更快、体积更小、使用更灵活的手写识别器。"

生物神经网络

终于"挣到点钱"的 Hawkins 将自己的研究方向全面转向神经科学,2002 年他建立了非盈利的科学研究机构 Redwood Center for Theoretical Neuroscience,2005 年建立了 Numenta 继续他的研究。此前一年,他出版了《On Intelligence》,向大众介绍大脑和智能理论。书中他提出了"记忆-预测"框架(Memory-prediction framework)——大脑的新皮质、海马体和丘脑联合匹配感官输入,存储记忆模式,并将这个过程如何用于预测。进而根据这一生物学框架发展出了 HTM(Hierarchical Temporal Memory)机器学习模型。Hawkins 将其称为"生物神经网络"（Biological Neural Network），与之对应的，他将Deep Learning为代表的神经网络称为"简单神经网络"（Simple Neural Network）。

"大脑以稀疏分布表示（sparse distributed representations，SDR）表征信息，我相信未来所有智能机器都将基于SDR。而现有机器学习技术却无法将SDR加入其中，因为SDR是构建其他一切的基础。生物神经也远比'简单神经网络'复杂得多。而作为生物神经网络的一种，HTM已能从数据流中学习结构，做出预测和发现异常，还能从未标记的数据中连续学习。"Hawkins这样解释"生物神经网络"的独特之处，他还觉得目前人工智能对认知功能被分割了——分为语音、视觉、自然语言等领域，而人脑是具有综合性的认知系统。目前的图像识别需要上千万张照片的收集归类，才能让机器"认出"猫，但人脑善于捕捉和认知流动的信息，也不需要大数据的支持。

表1 生物神经网络与其他技术的区别

	生物神经网络	简单神经网络	经典AI
代表	HTM	Deep Learning	Watson
数据源	数据流	大数据集	专家规则
训练	未标记数据流	标记数据集	专家编程
输出	预测、异常、检测、归类	归类	问题解答
批处理/连续学习	连续	批处理	批处理
生物学基础	真实	简单	无

Hawkins认为，大多数神经网络和人工智能都有个共同缺陷——只注重行为。研究者们都认为智能存在于行为中——执行一个输入后，由另一个程序或神经网络产生行为。电脑程序和神经网络最重要的属性，就是能否进行正确的、令人满意的输出，将智能等同于行为。

而Hawkins则说："智能并不是动作，也不是某种聪明的行为。行为只是智能的一种表现，绝不是智能的主要特征。'思考'就是有力的证明：当你躺在黑暗中思考时，你就是智能的。如果忽略了头脑中的活动而只关心行为，将对理解智能和发明智能机器造成障碍。"

他认为"只求结果，不问手段"的功能主义解释会将人工智能研究者引入歧途，虽然人工智能的倡导者经常用会举出工程学上的解决方法与自然之道截然不同的例子——飞行器并非模仿鸟类扇动翅膀，轮子比猎豹更快。但他认为智能是大脑内部的特征，因此必须通过研究大脑内部来探究，"神经回路中一定潜藏着巨大的能量等待我们去发觉，而这种能量将超过任何现今的计算机"。

《程序员》：你目前专注哪些研究，终极目标是什么？

Hawkins：我的终极兴趣是尽可能了解宇宙，理解大脑原理是其中的一部分。我相信，建立与大脑原理相同的智能机器将帮助我们发现宇宙的奥秘。

目前我完全专注于大脑新皮层的逆向工程。在Numenta，我们试图理解大脑是如何对周围世界建模的，即人类智慧的本质是什么。了解大脑如何工作是最有趣的科学问题之一。了解大脑新皮层的原理也将帮助我们创造智能机器，这将对全人类大有裨益。

我们从两方面来解决大脑新皮层逆向工程的问题。一方面从理论出发，我们推断出大脑必须执行的一个或多个要求。另一方面来自经验，我们学习有关脑组织的解剖学和生理学全部知识。然后，我们试图来解决这两组约束。解决方案必须足够详细，这样才能用软件构造，并且进行生物测试。举个例子，我们知道大脑可以学习模式的序列，基于序列预测下一次事件。于是，我们仔细分析神经元的解剖结构和连接模式，探究它们是如何从序列中学习并做出预测的。我们用理论和实验预测证实了自己的理论。实际的过程比我说的复杂多了，但是基本原理就是这样。

《程序员》：Richard Hamming曾说："若你对所做之事了如指掌，就不该做科学；而若相反，则不该做工程。" 你将自己视为工程师还是科学家？对于快速进入不同领域，你有哪些诀窍？

Hawkins：我职业生涯的早期阶段，主要身份是工程师，现在我的主要身份是科学家。但是每个方向的技能都有帮助。比如，在Numenta，我们需要测试自己的理论来探究不同的脑回路的功能。尽管可用软件实现，但是快速实现仿真并验证预期效果需要大量的工程技术支持。

当需要快速切入一个新领域时，我会一边精读相关资料，一边请教领域内的专家。不要害怕问问题，不管问题多么基础，要刨根问底。我非常享受这个过程。

《程序员》：那么作为科学家，如何在科研和商业间找到平衡？

Hawkins：的确，很难同时兼顾科研目标和商业发展。我们的当务之急是完成科研使命，目前在脑科学领域取得了很好的进展，不想分散注意力影响科研。从商业的角度来看，我们已将知识产权授权给了其他人。今后，也许会往商业化方向投入更多资源，但科研优先级仍旧是第一位。

《程序员》：哪些书对你影响最大，为什么？

Hawkins：我喜欢阅读那些克服障碍去完成伟大事情的故事。最近读的几本这类书包括David McCullough的《莱特兄弟》，Jennet Conant写的《燕尾服的公园：华尔街的大亨和改变二战的秘密科学宫》，Ron Chernow的《亚历山大·汉密尔顿》。任何努力的成功都在于克服永无止境的一系列障碍。我觉得学习别人面对挑战和坚持的方式颇受鼓舞。

《程序员》：Roy Amara说，"我们倾向于高估科技的短期影响力，而又低估其长期影响力。"在你看来，对于AI的前景，人们是否过于乐观？

Hawkins：我很喜欢这句话，无论是在我从事移动计算，还是做AI研究，一直铭记于心。我担心人们夸大了人工智能的发展速度。纵使现在的AI技术看上去很强大，但距离真正创建智能机器还有许多事情要做。在智能机器真正腾飞前，可能还会经历一个失望的低谷。

《程序员》：《On Intelligence》已出版十年，你有哪些新发现，如果有机会重写，会有何不同？

Hawkins：在智能领域，有些事情我想去改变，但更多的是想添砖加瓦。自从这本书问世以来，我们理解了概念背后的神经机制，更重要的是，我们发现了几个重要的新原理。

我正在考虑写一本关于大脑和人工智能的新书。我想谈谈很多关于智能机器的误解。另外，我还想说明为什么真正的智能机器是人类长期生存所必需的。

《程序员》：当今的硬件架构是否是实现智能机器的最好选择？还存在哪些限制？

Hawkins：目前的计算机体系结构和半导体器件不是真正智能机的理想选择。智能机器需要大量的分布式内存，但幸运的是智能系统能够容忍许多故障。而学习主要是，通过重新连线（re-wiring）来实现的。实现这些特性的最佳方法仍在争论中。

《程序员》：在你看来，对人脑机制理解的缺乏是我们开发智能机器的最大限制之一，在这个存在许多假设和未知的前沿领域进行研究，怎样判断自己研究的方向和做出的各种选择是否正确？

Hawkins：面临的挑战主要来自确定大脑的哪部分是信息处理必不可少的，哪部分又是生物生存依赖的。确定这一点的方法是首先发展一个全面的脑功能理论。这是一个反复更迭的过程，但在缺乏理论的情况下不可能完成。

《程序员》：HTM完备了吗，难点在哪儿？

Hawkins：HTM离完成还有很远！我们知道还有一系列的内容必须加入HTM理论，正在逐个解决这些问题。现在正在研究的大问题是如何使用行为来学习。移动身体、手和眼睛是学习的最重要机制。很少有人工智能系统尝试这种方法。去年，在这方面我们有一个重大发现，现在正在测试阶段。

《程序员》：除了生物神经网络，要制造智能系统，还需要哪些技术？

Hawkins：每个真正的智能系统需要某种形式的体现。这包括一组传感器和移动这些传感器的手段。传感器可以与我们在生物学中看到的任何东西都不同，这个化身可以是虚拟的，比如在万维网上"移动"。传感器的形式在基础理论之外可以有千变万化的形式。

《程序员》：生物神经网络与ANNs/Deep Learning最大的不同是什么？

Hawkins：真正的智能系统通过运动和操作来建立世界的模型。大脑新皮层随着感官数据的变化建立一个真实环境的模型。这就解释了为什么大脑学习比ANNs学会更丰富的模型，为什么大脑学习新事物的速度要快得多。总的来说，我相信随着时间的推移AI研究和大脑理论会变得更紧密。

《程序员》：你肯定也听到过同行对基于人脑理论研究AI方式的质疑，例如Yann LeCun曾说这些理论实例化的难度被严重低估，缺乏数学支撑，也缺少像MNIST或ImageNet这样的客观检验。

Hawkins：我们不该忘记，AI已经包含了大脑的原理，如分布式编码与Hebbian学习，这些想法已经存在了很长时间。近年来，我的团队在大脑理论方面取得了重大进展。我们的压力在于要证明它们是相关的，这是一项有挑战的任务。

《程序员》：有些人担忧智能机器在未来会对人类构成威胁，你怎么看？

Hawkins：我不同意这些担忧，这些想法基于三个错觉。

错觉1：智能机器将掌握自我复制能力。末日场景常描绘机器智能拥有了人类无法控制的自我复制能力。但自我复制和创造智能完全是两码事。将智能赋予那些已经具备自我复制能力的东西将造成糟糕的后果，但是智能本身不会倾向于去自我复制，除非你相信第二个错觉。

错觉2：智能机器将拥有人的欲望。大脑皮质是一个学习系统，但它不具有情绪。大脑的其他部分，如脊髓、脑干和基底神经节这些古老的大脑构造才是负责诸如比饥饿、愤怒、性欲和贪婪这些本能和情绪的。或许有人会试图建造具有欲望和情绪的机器，但这和建造智能机器是两回事。

错觉3：机器将导致智能爆炸。智能是学习的产品，对人类来说，这是个经年累月的缓慢过程。智能机器的区别仅是，它们可以通过复制和传输来获得新知识，减少学习时间。但当它去探索新原理，学习新技能时会遇到与我们一样的困难。对大多数问题，同样需要设计实验、收集数据、预测结果，修正并不断重复这些过程。如果想去探索宇宙，依然需要靠望远镜和星际探测器去太空采集数据。如果它想搞清楚气候变化，依然需要去南极取个冰核样本或者去海里部署测量仪器。

我们对威胁的反应该基于这种威胁离我们有多远。比如说地球将在1.5亿年后因为太阳变热而无法居住。几乎没人因为这个问题感到恐惧——实在太遥远。机器智能的进化过程中存在某些危险趋势，但这些危险有近有远。目前尚未发现已知的威胁。而对于遥远的未来，我们也能容易地改变那些可能会出现的问题。

Xerox PARC为何与众不同，今日的研究院当如何打造

文 / Alan Kay

Xerox PARC（施乐帕克研究中心）是个人电脑、激光打印机、鼠标、以太网、图形用户界面、Smalltalk、页面描述语言Interpress（PostScript的先驱）、图标和下拉菜单、所见即所得文本编辑器、语音压缩技术等技术和产品的诞生地。而这些至今仍影响我们生活的发明，仅由25位研究员，在5年中完成，每年的项目经费，仅约合当下的1千万美元。创造为何在那个时代涌现？如今新闻中企业竞相高调建设研究院的同时，能从历史中得到怎样的借鉴？图灵奖得主Alan Kay最近将自己的亲身体会总结成文。

要想了解PARC研究中心（以下简称PARC）所属科研圈子的情况，米歇尔·沃尔德罗普（Mitchell Waldrop）的著作《造梦机器》（The Dream Machine）是一本不可多得的好书（几乎

可以说是唯一的好书）。书中提到，高瞻远瞩的利克莱德（JCR Licklider）于1962年成立美国国防部高级研究计划署（以下简称ARPA，当时还未更名为DARPA）信息处理技术办公室（以下简称IPTO），他创建了十五六个"研究项目"，大多数在高校内，还有一些在兰德公司（RAND Corp）、林肯实验室（Lincoln Labs）、Mitre、BBN、SDC等处。

利克莱德的愿景是："计算机终将成为一种惠及全球网民的交互式智能功放。"

愿景背后有这么几层意思：

- 这是远期愿景，而非近期目标。
- 资助人才而非项目——发现问题的人是科学家，而非出资人。因此，出于各种理由，项目都需要配备最优秀的研究人员。
- 发现问题，而不仅仅是解决问题。
- 重视里程碑式成果，而非项目截止日期。
- 它更像一场"棒球赛"而非"高尔夫球赛"——打出350已经算是很好的成绩，因为高分区同时也是高风险区。丢球并不意味着失败，可能只是因为超出了目前标准（在棒球赛中，"失误"指的是未能完成技术上可以实现的行为）。
- 愿景指的是为满足人类需求而开发计算机相关产品。大多数情况下，这要求研究人员设计并研发所有产品，包括各种主机在内的大多数硬件和基本上所有的软件（包括操作系统、编程语言等）。很多ARPA研究人员在硬件和软件方面都是专家（虽然往往每个人都有各自的倾向），这帮助大多数项目塑造了相同的计算机文化，产生了巨大的协同效应。
- 人们普遍认为，"计算机工作人员不应该开发个人专用工具（因为这么做会无限地陷入图灵焦油坑，Turing Tarpit）"。而我们的愿景却有悖于这一常识。在ARPA的理念里，"如果你有能力开发个人工具，不管是硬件还是软件，都要放手去做"。也就是说，遇到重要的新问题时，你要做的是利用各种技巧开发各种所需的工具，部分原因是因为我们遇到的是"新"问题；另一部分原因是，在错误范式下，利用现成工具解决问题会扼杀研究人员的思考能力。
- 研究人员也是研究成果的一个重要方面，这是"棒球赛"理论在人才发展上的应用。一般情况下，研究生院只会录用那些"看起来有料"的人，然后在接下来的几年里逐渐判断是否真的"有料"。那些最终解决了大多数个人计算机和网络问题的研究人员当中，很多都来自ARPA团队。

PARC是"ARPA项目"中最后创建的项目。由于越南战争，研究经费发生了变化，资金来源成为了企业，而非ARPA-IPTO。不过，几乎所有PARC的计算机研究人员都在ARPA 20世纪60年代的项目中得到了成长。而且，PARC计算机研究方面的领头人鲍勃·泰勒（Bob Taylor）是ARPA-IPTO的第三任主任。

鲍勃的目标在于"实现ARPA的梦想"。

PARC高度重视人才、能力、远见、自信与合作。在PARC没有真正意义上的管理层，所以，这里的组织方式是赋予研究人员"提出建议"、"做出承诺"和"收回承诺"的机会。当然，这个过程绝非杂乱无章。

大多数知名的PARC发明都是在中心成立初期前五年，由一小部分研究人员带来的（巴特勒·兰普森（Butler Lampson）预计大约25人，这一推测似乎是正确的）。

在PARC有一个很有趣的理念："每一项发明都必须有100位用户。"因此，在开发编程语言或DTP文字处理软件时，必须要为100位用户建档并为其所用，组装个人电脑时必须组装100台，而以太网也必须连接到100台设备上。

软件的开发无须像宗教那么神圣，人人都可以开发他们觉得有助于自己研究的编程语言、操作系统和应用。

硬件的开发会难一些，因为新的设计、实验的复现都需要时间和成本。而实际操作中，硬件的开发在大多数时候都很顺利，只需要几次会议和查尔斯·泰克（Chuck Thacker）这样的硬件天才。研究人员会就某些问题，如磁盘扇区和简单的以太网协议等达成一致，这主要是为了方便实现其他更加重要的个人目标。过去十年里，PARC设计并投放了各种产品，如Alto电脑（大约制造了2000台）、MAXG、Dolphin、Dorado、NoteTaker、Dandelion等。

这里面有几个关键人物。没有鲍勃·泰勒、巴特勒·兰普森、查尔斯·泰克等人，就没有PARC今天的成就。

PARC的前五年，我称之为"高效而诗情画意"的五年，第二个五年我称之为"多产却逐步走下坡路"的五年（之所以这么说，是因为施乐在管理方面发生了很多变化，无法抓住未来的机遇，实现公司的伟大蓝图）。

PARC的计算机部门被认为是ARPA-IPTO研究团队的组成部分。该部门储备了大量的研究人员，他们认同ARPA的愿景，在ARPA团队中学习新东西，提升自己。看到这一点，再回想一下过去五十多年来成立的研究机构，我认为："研究成果的好坏和投资人有很大的关系"。

对ARPA而言，它的成功在于宏伟、迷人、浪漫的愿景和一系列原则（我曾在Quora上对此做过阐述），尤其是让最合适的人去想方设法实现愿景这一理念。

贝尔实验室有别于ARPA，是一家不一样的机构，有着不一样的运营方式，但也有相似之处，正如纽约默里山（Murray Hill）很多地方都会出现的条幅上写的："要么创造价值，要么创造美。"

我相信，哪个时代都有机会出现几个顶级的研究人员；但可以肯定的是，并不是每个时代都有优秀的投资人。

如今世界上大多数所谓的"管理"基本上是这样的：第一，跟缺乏自主性、创造性的员工打交道；第二，努力按时达成预期计划。

另一方面，在自主创造的王国中，只有一小部分是可以规划的。就我的经验来看，伟大的研究人员都有很强的自主性、创造性（他们不需要太多管理），但是他们确实需要充分的时间（以及一点空间和资源）。

好的研究经费来源好比"颁发给团队的麦克阿瑟天才奖"。研究人员也是一类艺术家，失误并不可怕。只要愿景足够崇高，一切就会水到渠成。

这和当今的商业领域和政治领域里面盛行的"指挥控制"管理模式有很大的不同，后者会使这些领域的人感到焦虑不安。我相信，在真正伟大的模式下，他们不会觉得失控；相反，他们会感觉掌控了一切。

为了让论述更完整（或者说更神秘），我们需要谈谈圣塔菲研究所（Santa Fe Institute）这样的顶级科研机构。这些机构都是真实存在的，它们的组织方式和PARC是一样的。上周出了一本权威著作《SCALE》，作者是圣塔菲研究所的吉奥福莱·维斯特（Geoffrey West）。除了很多重要话题的论述外，该书在后记中有一个部分，提到了圣菲研究所成立的故事、其管理运营模式的基本特征以及这种模式对研发成果的影响。

真正难解的部分，似乎在于"纯科学"与当代计算机研究的主要内容，以及投资人更感兴趣的东西之间的区别。在很大程度上，PARC是一家传统意义上的"计算机科学"研究机构（此处"科学"指的是物理学、化学这样的老牌严肃学科）。或许，这个难题的部分答案，正在于计算机科学这一领域已经失却的某些东西。

无模式文本编辑与"剪切、复制、粘贴"的历史

文 / Larry Tesler　编译 / 张子琦

Larry Tesler 曾先后领导 Xerox PARC、苹果、Amazon 及 Yahoo! 的人机交互项目，他在视觉交互设计过程的思想为许多设计人员、开发人员和研究者带来灵感。他最鲜明的主张莫过于反对交互中的"模式"——这是许多人机交互问题之源——以至于他的网站域名与车牌号都是"nomodes"。假如你使用 VI 编辑器，那么几乎无时无刻不在违背他的主张。他还是我们习以为常的"剪切/复制-粘贴"操作设计者，通过本文你将了解他的思想点滴。假如读者朋友对这个话题感兴趣，可以进一步阅读 Jef Raskin 的著作《人本界面》。

我从事计算机编程工作已经超过 50 年了，从一开始，我就为那些让用户使用不便的软件而烦恼。作为一名斯坦福大学的学生，我也为施乐帕克、苹果、亚马逊和雅虎公司做一系列的工程任务，改善用户的体验并且制定管理规则。所以，我决定做点什么，来改善目前软件对用户不友好这一现状。

我做过最大的贡献就是发明了现在大家使用最多的剪切/复制-粘贴这个操作，我跟几个同事花了好几年的时间发展了这种操作模式。但是，剪切/复制-粘贴的操作并不是我唯一的贡献，它是图形化用户界面（GUI）操作中的一个，我将这种操作称为无模式文本编辑（Modeless Text Editing）。

其实，我并不是第一个注意到之前的模式（Mode）会带来很大的错误率，而且我也不是第一个尝试去消除这种出错率又高又烦琐的操作的人。但是对我来说，我却是世界上第一个将降低模式化（mode reduction）作为一份本职工作，或者说作为我的工作使命。我帮助发展了无模式文本编辑的理论基础，通过做出实际的产品来证实了理论的有效性。

20 世纪 60 年代

在 1960 年，当我还是布朗克斯科学高中（the Bronx High School of Science）的一名学生的时候，我第一次接触到了 FORTRAN 编程语言。我非常欣赏它的编译能力，但是它那种非常不直观的界面设计让我使用起来头疼。在 1961 年，我开始了在斯坦福大学的求学生涯，次年，我发明了一种开拓性的动画语言，使得当时的编程语言的可用性大大提高。这个项目带给我很多可用性研究以及参与式设计（participatory design）方面的经验。不久以后，这个消息就传开了，大家都说我是一个非常厉害的程序员，他让一个软件能够简单易用，一些教授和研究生都喜欢来我这咨询。

在 1963 年，我与他人合作创办了一家软件公司，这家公司是帕罗奥图市（Palo Alto）的黄页中仅有的六家公司之一。在 20 世纪 60 年代，交互式分时技术开始取代批量处理技术，而且指针设备（鼠标）在小型计算机上变得越来越普遍。我其实更喜欢交互式批量处理，但是大部分的交互式程序都有大量的模式，这些模式对我就是绊脚石。于是，我就开始分析指令语言，从而找出是什么原因导致了这些模式和模式错误的出现。

在 1968 年，我开始在斯坦福人工智能实验室（SAIL）为精神病学家和认知科学家肯·科尔比（Ken Colby）工作。Colby 开发了一款叫作 PARRY 的应用程序，它是一个可以模仿一位偏执狂病人的对话程序。在他的团队工作期间，我认识了 Alan Kay、Don Norman、Terry Winograd，以及 David Canfield Smith 等人，他们都是人机交互（HCI）的先驱，同时我对认知心理学也有了一定的了解。

在 1969 年，我拜访了 Doug Engelbart 创建的增强研究实验中心（Augmentation Research Center），它位于加州门洛帕克的斯坦福研究院（SRI）。Engelbart 最近首次公开展示了 NLS 计算机系统（oN-Line System），这是一个建立在分时操作系统上的一个很有远见的原型。这次展示也被大家公认为"所有展示之母"（the mother of demos），其中包括鼠标、平铺窗口、多视图、概述、超文本、协作编辑和视频会议等创新技术。从 1968 年到 1970 年，我为当地的一家非盈利性公司用剪刀和胶水粘贴了一份季度报告，我当时就在想，花了这么多时间就干了这么点事，如果把"剪刀和胶水"变成"剪切和粘贴操作"那该多好。我想象了一个交互式的设计页面，它就可以实现这个简化过程。

在同一时期，Pentti Kanerva 像我展示了在等离子显示屏上（PDP-10）上运行的全文本编辑器（full-screen text editor）。Kanerva 在上面添加了一个简单的错误恢复命令，叫作 oops（系统执行软中断时会出现）。他还添加了两步移动操作指令：删除步骤将用户指定的文本移动到堆栈顶部；检索步骤将堆栈的顶层元素移至用户指定的位置。在这两个步骤之间，用户可以做任何事情，包括归档、搜索、输入和移动其他文本。虽然 TVEDIT 也并非是完全无模式的，但在我看来，两步移动操作和 oops-like 错误恢复命令可以让一些简单的设计编辑器变得无模式。

20 世纪 70 年代

在 1971 年，人工智能实验室（A.I. Lab）的创办者 Les Earnest 拜托我帮他设计一个能够实现页面制作（page-makeup）的程序语言，从而实现页面自动地编号，并且具有索引、目录、脚注、交叉引用等功能。我当时建议他做成交互式应用，但是他想做成批处理式的系统，我承认这样做会更简单。在连续几个月的紧张工作中，我创建了 PUB（一个文档编辑器）。

PUB 是一种嵌入了标签和脚本的标记语言，它在连接有阿帕网（ARPANET）的大学中受到了广泛的欢迎。

1973 年，我加入了施乐帕洛阿尔托研究中心（PARC），成为 PARC 在线办公系统（POLOS）团队的成员，在此期间我还花了一些时间与 Alan Kay 的学习研究小组合作研究 Smalltalk。我有兴趣和 Alan Kay 合作研究的一个最重要的原因就是，他发明可重叠的窗口的动机就是想找到一种能够替代模式的操作，这种想法与我不谋而合。POLOS 团队的大部分成员来自施乐公司，他们也是 Engelbart 在斯坦福研究院（SRI）的团队成员。我的老板 Bill English 参与了鼠标的设计，与 Engelbart 合作发表了 1968 年的文章，并且掌管着著名的 NLS 展示系统。

NLS 系统最开始的设想主要用于设计和修改技术类说明书、源码和其他一些缩略的大纲。对于这些有专业需求的用户而言，这个系统可以说是他们最好的选择。但是，我并不认为它可以被公众所接受，因为公众真正想要的是一种可以编辑信件、备忘录和表格等通用文件的编辑工具，NLS 的指令语句中仍然包含大量的模式。除了文本输入模式（text-entry mode）之外，几乎每个点击操作都会改变模式。

NLS 系统的操作语言的语法是随着时间不断进化的，但它始终还是前缀性（prefix）的操作语言，也就是说在操作对象之前指定操作方式（详见图 1 和图 2：模式是如何降低可用性的）。比如说对于删除操作，你需要提前在要删除的段落前告诉 NLS 系统，你要执行删除操作了。当指针结束时，你需要在当前位置点击鼠标按钮，这被称为标记（marking）。三个经常使用的需要标记的操作指令是：

- 操作一

D（删除）W（单词）< 标记要作用的单词 ><ok>

- 操作二

M（移动）T（文本）< 标记源文本的起始位置 >< 标记源文本的结束位置 >
< 标记移动目标 ><ok>

- 操作三

I（插入）S（表述）< 标记插入目标 >< 点击文本执行插入 ><ok>

图 1　NLS 系统的前缀语法

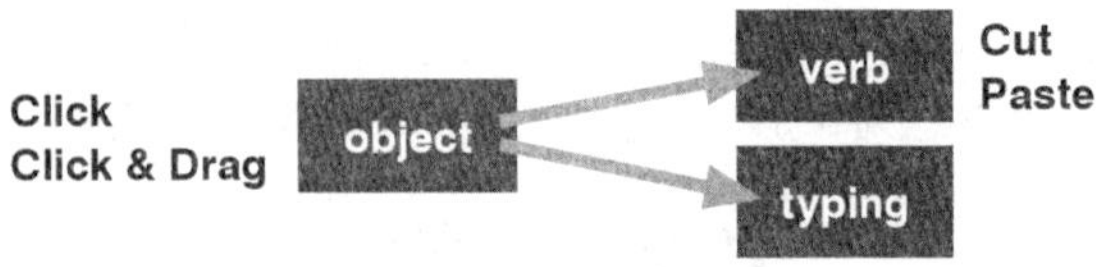

图 2　无模式编辑器的后缀语法

点击 <ok> 代表用户接受当前的指令，可以通过键盘或鼠标调用该指令接受操作，文本（Text）可以针对任意的文本范围，而表述通常指一个段落。当用户用鼠标点击或者键入一个操作时，一条命令行的片段就会记录在一个可见的窗口中。用户可以从窗口中删除最新的命令行或擦除整个命令行，并重新开始。

当用户调用 <ok> 时，NLS 将会擦除整个命令行，防止产生进一步的修改，然后，刚才输入的命令就开始执行了。

由于移动指令（Move）是一条单一的指令，在输入"M"之前，目标位置和源文件都必须在屏幕上可见才行。当然，复制（Copy）和替换（Replace）操作都有这样的限制。虽然 NLS 在日后的更新中使用了可折叠的大纲这项功能来避免这样的限制，但是这样就造成用户必须提前学习更多的语法规则。我认为，如果我们坚持 NLS 系统的语法规则，别的竞争对手将会很快远远超过施乐，因为他们软件的学习能力和易用性将远远强于 NLS。我的大部分同事那时根本不在乎这件事，因为他们觉得 NLS 还挺直观的，因为它具有和英语语法一样的动宾结构。即使语法还可以有很大的改进空间，但是基本的命令行还是得使用 NLS 旧版的指令终端。

在我工作的第一个星期，Bill English 要求我和另一个新人 Jeff Rulifson 一起工作，去开发一款能够改变历史的编辑器。Jeff Rulifson 和我多次会面，我们集思广益。当我表示出对于 NLS 系统的前景的担忧的时候，他竟然说他已经设计好了。他已经开发出了一个能够进行软件测试的临时工具。之后，Engelbart 的团队研究了我们设计的软件的可用性，并做了一些改进。但是他们并没有认真考虑后缀语法（suffix syntax），与前缀语法不同的地方在于，操作方式是在操作对象之后指定的。我告诉了 Rulifson，后缀语法对于错误的恢复有很大的帮助（详见图 3、图 4）。我总结了下面这两点：

- 如果一个用户在指定操作对象的时候做出了选择错误，他可以简单的再次重新选择，他没有必要在命令行中对指令做备份，也没有必要删除这条指令重新操作。

- 如果一个用户在指定操作方式的时候出错了，那么操作的结果能够立刻显示出来。他可以调用另一个回退操作重新指定刚才的操作方式，来纠正他刚才的错误。

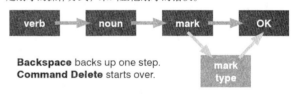

图 3　基于 NLS 系统的前缀语法的错误恢复过程

图 4　基于无模式编辑器的后缀语法的错误恢复过程

我以前从来没有见过比 TVEDIT 的 oops 使用更普遍的错误恢复命令，Rulifson 告诉我，我们 PARC 的一个同事 Warren Teitelman 在他的 LISP 的 shell 脚本中也引入了这种错误恢复指令，这种指令就被称作撤销指令（undo），这种开创性的方式成为了我们的榜样。Rulifson 也和我讨论过在界面中使用图形的问题。他最近读了一本关于符号学的书，书中将一个图标定义为带标签的标签（icon），同时也提到了它与交互式计算的潜在关系。

我们针对 PARC 系统发布了好几个版本的白皮书，这个白皮书被称作"OGDEN"，即"针对非程序员的通用显示编辑器"。同时，我们还提出了桌面和文件夹这种图形化的用户界面。最重要的是，剪贴 / 复制 – 粘贴这种无模式的后缀型指令也是我们率先提出的。Rulifson 考虑了我的建议，他最终同意将他之前为 NLS 设计的用户界面变得更加简洁，也让 POLOS 团队的成员更容易理解。在 Barbara Grosz 的帮助下，我研究了包括空白屏幕在内的用户交互体验方法，从而揭示了引起计算机模式的主要原因。然后，我利用早期版本的 SmallTalk 编程语言，发明了一种打字机式（typewriter-like）的编辑器，它仅仅包含很少的几种模式，让那些从来没接触过计算机的人在 5 分钟之内就可以学会简单的编辑操作。

模式是如何降低系统的可用性？

在 1981 年的一篇关于 Smalltalk 的文章中，我将一种模式（mode）定义为"一种持续一段时间的用户交互界面的状态，这种状态与任何特定的对象无关，除了能对操作员的输入进行解释之外，没有其他别的作用"。总共有三种类型的命令语言会产生与模式相关的问题。

■ 操作方式作为操作对象的前缀

在许多互系统中最常使用的命令会涉及一个动词（操作方式）和一个对象（所作用的对象），但凡具有语言一致性的操作系统语言，都会具有一种普遍的命令语法，要么是前缀语法要么就是后缀语法。它们的区别就在于，用户是在操作对象之前还是之后指定操作的方式。后缀语法具有明显的可用性优势：因为在用户指定最后一个动词之前，就已经指定好了所要操作的对象，并且该行指令可以立即执行。相反的是使用前缀语法，系统需要先进入一个模式，以等待用户指定操作对象，然后相关的操作才能被执行。跟踪这种模式的变化，将导致严重地分散用户的注意力，以至于耽误手头上的任务。

■ 关键含义是模式相关的

一些编程语言可以使用未经修改的字母键去做任何事情，但是想要以字母的方式输入一段文本，至少得需要两种模式：文本模式和指令模式。如果在指令模式下输入未经修改的字母键，但是用户误以为系统正处于文本模式时，那么系统就会发生意外，有时候甚至是灾难性的结果。

■ 模式转义是不一致的

用户经常被困在一个模式中，经常会听到这样的抱怨："我怎样才能摆脱这种模式？"

反对无模式编辑和剪切 / 复制 - 粘贴的声音

■ 异议 1——用户的误操作

在执行剪切操作之后，用户可能会把重要的文本忘记在我们现在经常使用的剪贴板中。之后，他可能使用了剪切或者复制其他文件的操作将剪贴板中的文件丢失了。当然，他没有使用粘贴或者撤销这样的操作。

回应：一个合适的撤销操作或者版本设置将允许恢复意外删除的数据。

■ 异议 2——实施的成本

当用户使用剪切或者复制操作，然后在指定目的地之前关闭了源文档，那么软件必须保留剪贴板中剪切或者复制材料的副本以及它的字体、图形等，以防随后粘贴的时候需要它。

回应：从 1975 年到 1982 年，这的确是一个主要的问题，因为早期的个人电脑只有很少的内存和磁盘空间。但是我们知道，摩尔定律不久将为我们提供足够的内存和处理速度来保存大多数剪贴板中的内容。

回应：其实对于这种担心，软件开发者操的心比用户要多得多。十年以后，我们可以将这个话题转换成复杂性保存的方法。因为每一个系统都有其特有的复杂性，那么问题就在于谁来处理这种问题呢？是用户？应用程序员？还是平台开发者？

■ 异议 3——速度

如果你正在观看一位 NLS 系统专家在编辑文档，你会看见他的手指在飞速地操作着，而且能听到一连串的键盘和鼠标的敲击声。而当你观看一位使用无模式编辑器专家编辑文档的时候，你会听到单位时间内很少的声音。但是，一些 NLS 的倡导者引用费茨定律（Fitts's Law），宣称 NLS 系统具有速度优势，并将其归因于操作中需要较少的鼠标操作。

回应：Stu Card 和 Tom Moran 表明，NLS 系统的命令语法需要比 Gypsy 系统更多的操作步骤，有时甚至是两倍，在某些情况下还需要更多的心理准备时间。在 1981 年，Terry Roberts 和 Moran 做了一项研究，他们比较了经验丰富的 Gypsy 用户和 NLS 用户以及其他六种知名编辑器用户。作者发现，有经验的 Gypsy 用户平均比使用其他编辑器的用户，在更短的时间内执行了一套标准测试任务，这个时间是使用 NLS 编辑器时间的三分之二。因此更少的键盘和鼠标操作是加快编辑速度的必要条件。

■ 异议 4——缺乏可扩展性。

虽然可以从文本编辑器中删除模式，但却很难从其他类型的软件（如画图软件）中删除模式。回应：从上文引用的研究中表明，Gypsy 编辑器相比其他文本编辑器更加落后的一个重要原因就是其功能性不足。但是，这个发现并不能说明无模式编辑的操作方式是不能扩展的，只是当时它还没有被扩展罢了。在苹果 Macintosh 进入市场的十年时间当中，吸引了大量的应用程序来证明无模式操作是可以扩展的。至于图形编辑器，我非常赞成把现实当中的画笔做成虚拟画笔这种操作方式，然后把这种模式反馈到用户一定会查看的用户界面上。

Bill English 要求我把注意力转向 POLOS 系统。施乐公司的教科书出版商 Ginn 要求 PARC 开发两个应用程序，一个用于 galley 编辑，一个用于页面布局系统。Bill English 知道我对这个很感兴趣，所以就让我来做这个项目。并派 Dan Swinehart 做我的助手。我和 Swinehart 曾在 SAIL 一起工作过，他是一个充满激情的和智慧的人。

我的建议是在页面布局系统和 galley 编辑器上同时使用剪切和粘贴功能。而 Ginn 很喜欢管理 galley 编辑，现在我有了一个能接受我观点的观众了。

另一个可喜的转变就是，Ginn 雇佣了一个名叫 Tim Mott 的软件工程师，他在波士顿附近的工场里进行人种研究。1974 年，在完成这项研究后，Mott 来到 PARC，帮助我实现 galley 编辑器的开发，它被称为"Gypsy"。当他来时，施乐员工的一些个人电脑正在运行 Gypsy。Charles Simonyi 和 Tom Malloy 得到了一个早期版本的 Bravo 文本编辑器。Bravo 是 WYSIWYG 应用程序的先驱，这个应用程序是 Butler Lampson 和 Simonyi 智慧的结晶。

为了实现 Gypsy 编辑器的功能，我们采用了 Bravo 的源代码，并用无模式的模型替换了原来的模式用户界面。在 Ginn 的请求下，我们添加了粗体、斜体和下画线等类型的操作，以及一个支持版本记录和草稿的文件系统。这个软件花了我几个月的时间才完成。

Gypsy 介绍了一些现在标准的非模式用户界面特征。

- 用户可以在字符之间点击，看到一个闪烁的插入点出现以后，然后开始打字。
- 上下拖动来选择文本。
- 双击选择单词。
- 移动文本只需要两个步骤：剪贴和粘贴。
- 复制文本也只需要两个步骤：复制和粘贴。
- 搜索，键入或者将搜索文本粘贴到可编辑字段中。

当我们开始实现的时候，并没有将所有的交互界面的细节都设计出来，而是希望在开发过程中不断地更新。我没有预料到的是 Mott 的创造能力，以及他同 Ginn 客户间的协调合作能力。举个例子，当我对文字选择的提议没有一个通过时，是他想出了双击的主意。经验教训：一个人不可能知道所有的答案，合作是最佳解决方法。

在 Gypsy 编辑器发展的过程中，PARC 雇佣了 Tom Moran、Stu Card, 和 Beverly McHugh。他们注意到我在进行一个颇有用处的研究，就提议为我们未来的研究提供资助，Beverly 的研究对于完善用户界面是非常有价值的。经验教训：有些人能做到比你更好，合作是最好的方式。

当 Gypsy 编辑器在 1975 年初完成时，Mott 把它交给了Ginn。用户喜欢它的优点，但也充分暴露了它的缺点。特别是几乎没有代码维护。这是一个工程最基本的要求，作为研究人员的我们却忽视了。经验教训：如果你要把你的研究原型给那些依赖它成长的公司，请确保有计划地对它进行维护。

1975 年 6 月，《商业周刊》发表了一篇名为"未来办公室"的专题文章，提到了 Gypsy 编辑器。还提到了剪切和粘贴功能，但只是在 Woodstock 的环境下。这是 Swinehart 在向 Gypsy 提出建议时所开发的办公系统原型。

其他 PARC 的同事在这个基础上继续改进产品，Mott 和我设计了专门的按钮来执行剪切、复制、粘贴和撤销操作。受 William Newman 在他的标记绘画项目中使用弹出式图标网格的启发，Dan Ingalls 在 Smalltalk 中实现了一个非常简单的弹出式菜单，也就是一个包含四个命令的列表。这个菜单演变成了今天常见的右键单击弹出菜单。经验教训：当你认为它很简单的时候，可能会有一种方法让它变得更简单。

Gypsy 编辑器还影响了 BravoX 和 Xerox Star 系统，BravoX 是 Simonyi 在 PARC 开发的 Bravo 系统的继承者。Star 是第一个使用鼠标、位图显示、窗口和文件服务器的商业办公系统。Star 拥有一个完全一致且近乎无模式的用户界面。BravoX 和 Star 都支持"点击和类型"这种无模式的插入形式，但都没有使用剪切/复制和粘贴功能，在其中的一个版本，Bravo 用户可以用比第二代 Gypsy 编辑器用更少的笔画来执行移动或复制步骤。在 Star 中是三步，在 Gypsy 中是四步。通过限制用户在源选择和目标选择之间的操作，来减少执行的步骤。在 20 世纪 80 年代早期，施乐的模型编辑器影响了苹果的 Lisa 和 Macintosh 软件的设计，也影响了微软的 Word、Office 和 Windows，随着微软和苹果产品的普及，剪切/复制粘贴和非模态的文本编辑无处不在，甚至现在的智能手机的多点触控屏幕上仍延续了这种模式。设计师们还在尝试用各种不同的方式来移动文本，比如 Word 中的拖放功能。不感兴趣的用户通常可以忽略它的快捷方式。

加强版 Gypsy

在 Mott 从 Ginn 回到 PARC 之后，他加入了另外一个项目，我接下来的任务是 Ginn 要求的页面排版系统的设计，我用 Smalltalk 语言写了一个名为 Cypress 的原型。在用户做了选择之后，编辑菜单会自动弹出。就像今天在 smalltalk-76 上实现的 iphone 一样，Cypress 的原型运行得很慢，为了演示它，我们以每秒 3 帧的速度拍摄视频，并以 30 帧的速度播放它。

而到那时候，施乐的首要任务已经发生了改变，我个人的兴趣也发生了改变。Ginn 同意等几年，直到他们能在一个维护良好的商业系统上实现网页布局。我开发了 Smalltalk 浏览器，它是当今 IDE (集成开发环境) 的祖先。工作之余，我还自学了点计算机知识，并开发了 Commodore PET 的教育应用程序。在 1979 年 12 月，史蒂夫·乔布斯对 PARC 进行了一次历史性的访问，这促使我重新开始思考我的职业生涯。

1980 年代，施乐公司的复印机专利为期已满，公司为了生存而奔波。很明显，除了激光打印机和 STAR 系统，我们不会给市场带来太多的 PARC 的产品，因为它们都是针对商业用户的。

之后我去了苹果，研究 Lisa 的用户界面和应用程序，为了开发 Lisa 用户界面标准，我与颇有才华的 Bill Atkinson 合作，同他分享了我坚持简易风格的理念。在那年夏天的几个星期里，Bill Atkinson 几乎每天晚上都要做一个原型，而我在第二天早上就会做一个可用性研究。Jef Raskin 开始研究一种名为 Macintosh 的概念，他对鼠标持怀疑态度，但还是慷慨地提供了建议和支持。

Lisa 的软件工程师掌握了无模式化的思想以后，找到了使其应用程序无模式化的更好的方法。我的工作就是管理它们，并对交互界面的设计做出正确的决策。

Lisa 对图形化用户界面提供的众多贡献之一是对话框，这是一个向无模式命令提供参数的工具。 Rod Perkins 对 Lisa 对话框进行了设计。经典的对话框可以防止用户在打开时继续工作，这又变成了一种模式。但是对话框中的小部件可以按任何顺序操作，使其成为局部无模式的状态。模式逃逸的方式是一致的，通过点击解除按钮进行一致定位和标记。

在苹果，与 PARC 一样，新的用户界面也有一些怀疑者，其中一些人更喜欢 NLS 的界面风格，但苹果公司想要做自己的产品。"派别战争"就爆发了，但他们没能持续几天。经验教训：如果你需要打一场艰苦的战斗，选择一座小山。

在 20 世纪 70 年代，剪贴功能是实现移动和复制操作的一种新方式，而现在这些术语的意思颠倒了过来，用户不会说他们想要"移动"东西，而是说"剪切和粘贴"它们。即使是关于 Star 系统和 NLS 系统或者有移动功能的其他系统的学术著作，也常常把移动/复制操作称为剪贴/复制 – 粘贴，在计算机时代到来之前，复制和粘贴这两个词是行业术语，复制和粘贴这两个词似乎起源于 Gypsy。而在今天这两个词语都被广泛理解应用。我不知道是谁创造了复制 – 粘贴操作，或者复制 – 粘贴错误，但当我用复制 – 粘贴操作出现错误的时候，我不会责备任何人，因为我没人可以责备。

致谢：

感谢 William Newman、Bill Duvall、Stuart Card、Charles Simonyi、Jeff Rulifson、Terry Roberts、Charles Irby 和 Tom Malloy 审阅了草稿并提供了准确的更正和深刻的见解，如果还有其他的错误，那都是我的责任。

导航者：程序员的未来

文 / Charles W. Bachman 编译 / 王成龙

查尔斯·威廉·"查理"·巴赫曼（Charles William "Charlie" Bachman），数据库之父，于 7 月 13 日逝世，享年 92 岁。1973 年，他因"数据库技术方面的杰出贡献"被授予图灵奖。在当年的 ACM 年会上，他接受了这份荣誉，并做了题为"导航者：程序员的未来"的图灵奖演说。他以哥白尼的《天体运行论》颠覆地心说做类比，指出过去几十年间，人们对信息系统的理解，并不比托勒密学说强多少，"新"时代应当抛弃那种"以计算机为中心"的思维模型，转而采用"以数据库为中心"。

巴赫曼是第一个没有博士学位的图灵奖获得者，第一个工程学背景而不是科学背景的图灵奖，是第一个因常计算机应用于工商管理而赢得图灵奖，第一个因特定的软件而赢得图灵奖，第一个在职业生涯完全在企业中度过的图灵奖获得者。他的主要贡献不是在学术界任教研工作，而是在工业界开发实际的产品。

求学经历

1924 年 12 月 11 日巴赫曼出生于美国堪萨斯州曼哈顿，高中在密歇根州东兰辛度过。二战爆发后，他加入美国陆军防空高炮营；从 1944 年 3 月至 1946 年 2 月，他在西南太平洋战场待了两年，到过新几内亚、澳大利亚和菲律宾群岛等地。在这里，他首次使用 90mm 炮弹的火力控制系统。之后，他离开军队，进入密歇根立大学学习，并于两年后获得了机械工程的学士学位。1950 年，他在宾夕法尼亚大学获取硕士学位。同年，他在沃顿商学院完成了三个季度的学习，获取 MBA 学位。

工作和成就

运筹

1950 年他进入位于密歇根州米德兰的陶氏化工，任工程师，后来升至数据处理经理。在陶氏化工，巴赫曼作为工程师主要负责运筹方面的问题，在穿孔卡片机上开发投资回报率的计算程序。1957 年，他被任命为中央数据处理部门的第一负责人，负责筹备公司的第一台大型数字计算机。巴赫曼主持了一项可行性研究以选择新机器，并聘请了一些程序员和分析员。他研究信息论，并参与了程序设计以简化文件维护和报告生成过程。

通用生产信息和控制系统

1961 年，巴赫曼来到纽约市，任职于通用电气，在这里他提供企业集团内部咨询服务。他负责了一个涉及 GE 的所有部门的综合系统项目，即使用全新的 GE 225 计算机，制造一个通用的生产信息和控制系统（MIACS）。

该 MIACS 应用系统包含了许多要素，最底层的是生产控制系统。它完成生产计划、配件扩充、工厂调度、新订单反馈、处理以及正确变更工厂状况等许多功能。该系统的底层是集成数据存储（IDS, Integrated Data Store），是原始的数据库管理系统，IDS 建造在存储器上的虚拟内存系统上，用于检索动态和静态的数据。它是通用电气 IDS、IDS II、Cullinet 的 IDMS 和其他基于巴赫曼网状模型的数据库的基础，也是第一个用于生产的基于磁盘数据库管理系统。巴赫曼抓住了当时的许多新机会，成就了一个独特的产品。

数据库管理系统

1964 年，巴赫曼来到位于亚利桑那州的通用电气计算机部门。在这里，他和朗伯一起完成了许多数据库相关的项目，如 GE 400 IDS、GE 600 IDS、DataBASIC、个人数据存储系统，以及 WEYCOS 1、2 等。WEYCOS 是一个复杂的在线数据库管理信息系统，巴赫曼认为 WERCOS 2 是第一个能支持多个应用程序并行访问的数据库管理系统。他们开发了"dataBasic"这个产品，为使用 BASIC 语言的分时系统用户提供数据库接口支持。1960 年代末，他还与沃伦·西蒙斯、比尔·奥莱等人在 CODASYL 数据库任务组一起工作，他们制作的数据库标准深受 IDS 和巴赫曼想法的影响。

三层结构模型

1970 年霍尼韦尔收购 GE 的计算机事务后，巴赫曼来到波士顿，在霍尼韦尔高级研究组从事合并后的运筹工作。仍然从事数据库方面的工作。他把自己研究数据模型称为角色数据模型（role data model）。巴赫曼曾为 ISO 委员会开发开放系统互连（Open Systems Interconnection，OSI）。曾担任美国国家标准学会–标准规划和规定委员会（ANSI-SPARC）的 DBMS 研究组副主席，并尝试将数据库管理语言标准化。1971 年 DBTG 小组提出了 DBTG 报告，描述了网状数据库系统参数接口和协议，以支持与数据无关的概念。报告也确立了现在被称为"三层模式方法"（Three schema approach）的数据库模型，即外部、抽象和内部的分层模型。虽然申请美国国家标准失败，但该模型非常有影响力。1974 年，巴赫曼与关系数据库理论的首创者埃德加·科德在参加了一个会议时，就两者的功过展开了讨论。

企业数据库设计

巴赫曼也为许多标准化组织工作，他积极推动与促成了数据库标准的制定，在美国数据系统语言委员会 CODASYL 下属的数据库任务组 DBTG 提出了网状数据库模型以及数据定义（DDL）和数据操纵语言（DML）规范说明，于 1971 年推出了第一个正式报告——DBTG 报告。

图灵奖颁奖词

1973 年 8 月 28 日在亚特兰大召开的 ACM 年会上，图灵奖委员会主席 Richard G. Canning 宣读了当年的图灵奖颁奖词：

在过去的五到八年里，计算机领域的一个重大变化就是我们对待和处理数据的方式。在我们这个领域的早期，数据与使用它的应用程序密切相关。而现在，我们要打破这层关系的想法越发迫切。我们希望数据可以独立于使用它的应用程序，也就是说，被重新组织和构建的数据可以同时为许多应用程序和许多用户提供服务。我们所寻求的就是数据库。

这种向数据库的转变现在还处于起步阶段。即便如此，目前全世界也已经安装了 1,000 至 2,000 个真实的数据库管理系统。在未来十年内，很可能会有成千上万的这样的系统。哪怕仅从安装的系统数量来看，数据库的影响也是巨大的。

今年图灵奖将授予的正是数据库技术的真正开拓者之一。再没有其他人可以像他一样，在我们这个领域有过这样的影响。我来列举一下他所做的三项主要工作。他是 1961 年到 1964 年期间开发完成的第一个商业数据库管理系统 - 集成数据存储的创建者和首席设计师。I-D-S 是当今三个最广泛使用的数据库管理系统之一。同样的，他也是 CODASYL 数据库项目组的创始成员之一，并在 1966 年到 1968 年期间一直担任该项目组的成员。这个项目组的技术规范正在由那些散布在世界各地的众多供应商制定。实际上，这些规范目前代表了数据库管理系统通用架构的唯一推荐标准。值得肯定的是，经过长时间的辩论和讨论，这些规范也体现了集成数据存储的许多原始思想。第三，他是一种可以显示数据关系的强大方法的创造者，这种方法也是数据库设计人员和应用系统设计人员的工具。

因此他的贡献代表了想象力和实践性的结合。他的丰富工作已经并将继续对我们的领域产生重大影响。哥白尼提出的"日心说"，完全颠覆了人们对天文现象的想象，重新定义了人类的仰望星空的视角。同样地，在数据处理领域，这样一个思想也在日渐盛行：数据处理人员如果可以接受一个全新的观点，一种将那些应用程序员从传统核心系统的集中式存储思想中解放出来，并让数据处理人员得以在数据库中充当真正的导航者的观点，那么他们也一定会受益匪浅。要做到这一点，他们还必须先学习各种导航技能；然后必须学习"交通法规"。以避免与其他程序员一同在数据库的信息空间中航行时撞到一起。

当然，这种重新定位给程序员带来的痛苦，也势必会如日心说理论给古代天文学家和神学家带来的那样猛烈。

以下为巴赫曼演讲全文。

今年，全世界都在庆祝波兰著名天文学家，数学家尼古拉·哥白尼（Nicolaus Copernicus）诞辰五百周年。1543 年，哥白尼在临终前出版了他的著作"天体运行论"，其中描述了关于地球、行星和太阳之间的相对物理运动新理论。这与一千四百年前托勒密建立的以地球为中心的理论有着直接的矛盾。

哥白尼提出了日心说，即行星围绕太阳旋转。这个理论受到了猛烈而持续的抨击。近一百年后，伽利略被命令站在罗马的宗教裁判所面前，并被迫声明他已经放弃了对哥白尼理论的信仰。但即使这样也没有让他的审判官减轻责罚，他被判处无期徒刑，而哥白尼的书被放在"禁书"索引之列，生生搁置了 200 年。

我今天提出哥白尼的例子，是想说明我相信现在在计算或信息系统世界中存在的一种类似的情况。在过去的 50 年里，我们用的几乎全是托勒密一般的信息系统。这些系统和大部分有关系的思想都是基于"以计算机为中心"的概念。（我选择说 50 年的历史而不是 25 年，是因为我认为今天的信息系统是从有效的打孔卡片设备开始的，而不是从具备存储功能的编程计算机开始的。）

就像古人看到太阳在地球周围转动一样，我们信息系统的古人也看到了一个类似的制表机器或一台拥有顺序文件流的计算机。它们每个都是时间和地点的模型。但过了一段时间，每一个都被认为是不正确和不足的，以至于不得不被另一个能够更准确地刻画现实世界和行为的模型所取代。

哥白尼向我们提出了一个新的观点，为现代天体力学奠定了基础。这种观点为我们提供了通过上帝视角来了解太阳和行星以前神秘的轨迹的基础。信息系统领域也有一个新的理解基础。这是通过从以计算机为中心转向以数据库为中心的观点来实现的。这种新的理解将带来我们的数据库问题的新的解决方案，并加速征服 n 维数据结构，从而最好地模拟现实世界的复杂性。

最早的数据库，最初是通过顺序文件技术在打孔卡上实现的，当它们被移动时，从打孔卡到磁带，再到磁盘，并没有明显的改变。关于唯一改变的是文件的大小和处理速度。

在顺序文件技术中，搜索技术已经很成熟。从感兴趣记录的主数据键开始，并遍历核心存储器传递文件中的每条记录，直到找到期望的记录或更高的键的记录。（主数据键是记录中的一个字段，它使得记录在文件中是唯一的。）社会保险号码、采购订单号码、保险单号码、银行账号都是主数据键。几乎没有例外，它们是专门为唯一性而设计和创建的综合属性。自然属性，例如人名和地名、日期、时间和数量，并不一定是唯一的，因此不能使用。

直接存取存储器的可用性为哥白尼式的转变奠定了基础。"进"和"出"的方向是相反的。当顺序文件世界的输入概念意味着"从磁带进入计算机"时，新的输入概念就变成了"进入数据库"。这种思维方式的革命正在将程序员从一个固定的观察者身上转移到一个能够随意探测和遍历数据库的移动导航者身上。

直接存取存储器也为主数据键提供了新的记录检索方式。第一个被称为随机化，计算寻址或哈希。它涉及用专门的算法处理主数据键，其输出为该记录确定了首选存储位置。如果所寻找的记录没有在首选位置找到，则使用溢出算法来搜索记录交替存储的地方（如果存在的话）。当记录一开始被存储时，若首选位置已满，则会创建溢出。

作为随机化技术的替代方法，索引顺序访问技术被开发了出来。它还使用主数据键控制记录的存储和检索，并通过使用多级索引来实现这些功能。

从顺序文件处理升级到索引顺序访问或随机访问处理，程序员的访问时间会大大减少，因为他现在可以自由探索记录，而不用顺序地浏览文件中的所有记录。

然而，由于他只处理一个主数据键，所以他仍然处于一个一维世界，这是他唯一的存取控制手段。

从这一点来说，我想从成为一个成熟的 n 维数据空间导航员的角度开始程序员的培训。但是，在我开始描述这个过程之前，我想先回顾一下"数据库管理"是什么。

它涉及存储、检索、修改以及删除那些和人员、生产、航空公司预订或实验室实验有关的文件中的数据的所有层面，其中的数据会被反复地使用和不断地更新信息。这些文件通过某种存储结构映射到磁带或磁盘组以及支持它们的驱动器中。

数据库管理有两个主要功能。首先是查询或检索活动，重新访问先前存储的数据，以确定某个现实世界实体或关系的记录状态。这些数据之前已经通过其他一些工作存储下来，几秒钟前，几分钟前，几小时前甚至更早的时间前，并且已经被数据库管理系统信任。数据库管理系统在数据存储和随后需要检索的时间之内保持数据的持续性。这种检索活动的目的是产生决策所需的信息。

其中一部分查询活动是准备报告。在顺序存取存储设备的最初几年以及由此产生的批处理过程中，除了格式化为报告的大规模文件转储之外，没有其他可行的替代方案。检查特定支票账户余额，库存余额或生产计划的自发要求无法被有效地执行，因为那必须绕过整个文件来提取任何数据。这种形式的查询现在虽然相对重要，但是正逐渐消失，除了档案的目的或者为了满足某些有病的官僚机构的要求，最终将会消失。

数据库管理的第二个活动是更新，它包括原始的数据存储，随着事物的改变而不断地修改，最终当数据不再需要时从系统中删除。

更新活动是对现实世界中必须记录的变化的响应。雇用新员工就要存储新记录。减少可用库存就要修改库存记录。而取消航班预订则要删除记录。所有这些都将被记录和更新下来，以待日后的查询。

文件的排序一直是计算资源消耗的一个大头。在批量顺序更新之前，它被用于对事务进行排序，还被用于准备报告。事务模式更新、按需查询以及按需报告准备这些改变正在一步步降低着文件级别排序的重要性。

现在让我们回到关于程序员如何成为导航员的主题上。我们给他留下了随机或索引顺序技术，以便根据主数据键加速查询或更新文件。

除了主键的记录之外，通常还可以根据其他字段的值来检索记录。例如，在计划十年奖励时，可能希望选择出所有"雇佣年份"等于1964年的雇员记录。这样的访问是通过辅助数据键来检索的。由辅助数据键检索的实际记录数是不可预知的，从可能为零一直到可能包括整个文件。相比之下，一个主数据键最多只能检索到一个记录。

随着辅助数据键检索的出现，以前的一维数据空间不得不扩展其他维度，使得维度数等于记录中的字段数。对于小型或中型文件，数据库系统可以将记录中每个字段中的每个记录编入索引。这种完全索引的文件被归类为倒排文件。然而，在大型的活动文件中，对每个字段都进行索引是不经济的。因此，选择出那些包含的内容会被频繁使用的字段来作为检索标准，并且只为这些字段创建辅助索引是很值得考虑的。

文件和数据库之间的区别并没有被清楚地确立。但是，目前在我们讨论看来，有一个不同之处。在数据库中，有多种或多种不同的记录是很常见的。例如，在人员数据库中可能有员工记录、部门记录、技能记录、扣除记录、工作历史记录和教育记录。每种类型的记录都有自己独特的主数据键，其他所有字段都是潜在的辅助数据键。

在这样的数据库中，当一种类型的记录的主键是另一种记录的辅助键时，主键和辅助键之间会存在有趣的关系。以员工数据库为例——在员工记录和部门记录中都会出现名为"部门代码"的字段。它是员工记录的几个可能的辅助数据键之一，也是部门记录的唯一的主数据键。

主数据键和辅助数据键的这种平等性反映了真实世界的关系，并从计算机处理的角度来重新建立了这些关系。使用相同的数据值作为一个记录的主键和一组记录的辅助键是声明和维护数据结构集的基本概念。集成数据存储（I-D-S）系统和基于其概念的所有其他系统都认为，它们对程序员的基本贡献是将记录关联到数据结构集以及将这些集合用作检索路径的能力。所有的COBOL数据库任务组系统实现都属于这个类。

将几个文件（每个文件都只有一种记录类型）转换为具有多种类型的记录和数据库集合的数据库有很多好处。一个这样的好处是由于使用数据库集取代了主索引和辅助索引，来获得具有特定数据键值的所有记录，可以带来显著的性能改善。使用数据库集，可以消除所有的冗余数据库，减少所需的存储空间。如果有意维护冗余数据，以维护为代价提高检索性能，那么冗余数据就可以被控制，以确保一个记录中的值的更新将适当地反映在所有其他应有的记录中。性能还会通过数据库的所谓"集群"能力得到提升，其中一个集合的所有者以及大部分成员都将被记录在同一个 block 或 page 上以物理地存储和访问。并且自1962年以来，这些系统就一直在虚拟内存中运行。

另一个重要的功能和性能优势是能够基于声明的排序字段或插入时间指定集合内记录的检索顺序。

为了可以让程序员可以作为导航员来工作，我们来列举一下他的访问记录的方式。这些代表了当他通过数据选择解决查询或完成更新时，他可以给数据库系统的命令——单独使用，相乘或者相互结合。

- 他可以从数据库的开始处开始，或者从任何已知的记录开始，然后依次访问数据库中的"下一个"记录，直到他找到感兴趣记录或达到记录结尾。
- 他可以将一个数据库键输入到数据库中，直接访问记录的物理位置。（数据库键是创建时分配给记录的永久虚拟内存地址。）
- 他可以将主数据键的值输入数据库中。（索引顺序或随机存取技术也将产生相同的结果。）
- 他可以将辅助数据键值输入数据库中，并按顺序访问具有该字段的特定数据值的所有记录。
- 他可以从一个集合的所有者开始，并顺序访问所有的成员记录。（这相当于将主数据键转换为辅助数据键。）
- 他可以从任何成员记录开始，访问该组的下一个或之前的成员。
- 他可以从一组中的任何成员开始并访问该组的所有者，从而将辅助数据键转换为主要数据键。

这些访问方法本身都很有趣，而且都非常有用。然而，这是整个系列的协同使用才最终使得程序员拥有极大的扩展权力，来在大型数据库中来回访问，并且只访问那些有兴趣回应查询的记录，同时可以更新数据库以备将来查询。

下面我们来说明处理单个事务的过程是如何涉及数据库的路径。想象一下下面的场景：该事务携带着用于获取数据库入口点的记录的主数据键值或数据库键。该记录将被用来访问其他记录（无论是所有者还是成员）。这些记录中的每一个都能被用做出发点来检查另一组记录。

例如，考虑在给定部门代码时列出特定部门的雇员的请求。这个请求可以由仅包含两种不同类型记录的数据库支持：人员记录和部门记录。为了简单起见，部门记录可以设想为只有两个字段：部门代码，它是主数据键；和部门名称，这是描述性的。人事记录可以设想为只有三个字段：员工编号，这是记录的主数据键；雇员的名字，这是描述性的；和员工的部门代码，这是控制集合选择和记录在集合中的位置的辅助键。这两个记录联合使用部门代码和基于这个数据键的一组声明,这为创建和维护部门记录同代表该部门雇员的所有记录之间的集合关系提供了基础。因此,使用该组员工的记录可以提供一种机制,便于在相应部门记录的主数据键检索之后立即列出特定部门的所有雇员。而不需要访问其他记录索引。

将部门经理的员工编号加入部门记录,大大拓展了导航员在数据库中自由探索的方法,为第二类集合提供了基础。这个新类每次出现都包含由特定员工管理的所有部门的部门记录。现在,单个员工编号或部门代码为企业的集成数据结构提供了一个切入点。给定一个员工编号和部门管理的记录集合,他所管理的所有部门就都可以列出。并且可以进一步列出这些部门的人员。每个员工管理的部门都可以反复被查询,直到所有的下属员工和部门都显示出来。反之,同样的数据结构可以很容易地识别出员工的经理,经理的经理,以及经理的经理的经理等,直到访问到公司总裁。

对于已经掌握了 n 维数据空间的程序员来说,还有更多的风险和冒险在等待着他。作为导航员,他必须勇敢地在海里摸索和发现浅滩和礁石,这是因为他必须在共享的数据库环境中导航。对他来说,没有其他很显而易见的方式可以达到所要求的表现。

共享访问是协同编程或时间共享的新型复杂变体,它们是为了共享但是独立地使用计算机资源而发明的。在协同编程的过程中,只要他确信自己的地址空间与其他任何程序的地址空间无关,某项工作的程序员就不需要知道或者在乎他的工作是不是共享计算机。这项工作被留给操作系统来保证每个程序的完整性,并充分利用内存、处理器和其他物理资源。共享访问是协同编程的专用版本,其中关键的共享资源是数据库记录。数据库记录与主存储器或处理器有着本质的不同,因为它们的数据字段通过更新而改变了值,并且之后不返回到其原始状态。因此,重复使用数据库记录的工作可能会发现自上次访问记录的内容或集合成员发生了更改。结果,一个算法尝试复杂的计算可能会得到一个有点不稳定的场景。就好像变量被随机改变时,系统试图收敛于一个迭代解决方案!就好像当某人仍然在账户上进行交易时,系统在试图进行试算平衡!就好像航空公司的两个预订系统同时试图出售航班上的最后一个座位!

人们的第一反应是,这种共享访问是没有意义的,应该被遗忘。但是,共享访问的需求是紧迫的,使用压力也很大。从现在一直到可预见的未来,可用的处理器将比可用的直接存取存储设备快得多。而且,即使存储设备的速度赶上了处理器的速度,还有两个问题会带给共享访问的成功实现以压力。首先是将许多单一目的的文件集成到一些集成数据库中的趋势;其次是交互式处理的趋势,即处理器只能以手动创建的输入消息所允许的速度,来推进一项工作。如果没有共享访问权限,那么在此期间整个数据库都将被锁定,直到批处理程序或事务及其人员交互终止。

现在直接存取存储设备的性能在很大程度上,受到了使用模式的影响。如果使用方式是交替模式,则性能就会非常低:访问、处理、访问、处理……每一次访问都取决于前一个的解释。当通过协同编程产生许多独立访问时,它们通常可以并行执行,因为那是针对不同的存储设备而言的。而且,当对同一个设备存在访问请求队列时,实际上可以通过搜索和延迟减少技术来增加该设备的传输容量。而这种提高吞吐量的潜力恰恰就是共享访问的最大压力。

在数据库管理的两个主要功能:查询和更新中,只有更新会造成共享访问中的潜在问题。哪怕有无限数量的工作都要在同一时间扫描并从数据库中提取数据,也不会有麻烦。但是,一旦有某个工作开始更新数据库,就会存在潜在的麻烦。那项事务的处理可能只需要更新数据库中的数千或数百万条记录中的少数几条记录。这样一开始的时候,还可以同时处理数百个工作的事务,实际上没有冲突。但是,两个工作要同时处理同一个记录的时刻很快就会到来了。

共享访问中的两个基本原因是干扰和污染。干扰被定义为一项工作的更新活动对另一项工作的结果的负面影响。一个示例是一项正在运行会计试算平衡的工作,而另外一项正在开展财务活动的工作则显示了干扰问题。当一个工作受到干扰时,必须中止并且重新启动,给它另一个运行正确输出的机会。而之前执行的任何输出也必须被移除,因为新的输出将会被创建。污染被定义为由于两个事件的组合而产生的对工作的负面影响:当另一工作已中止,并且其输出(即对数据库或消息发送做出的改变)已被第一项工作读取时。被中止的工作和它的输出将被从系统中移除。此外,被中止工作的输出污染的工作也必须中止并且重新启动,以能够输入正确的数据。

共享访问问题的解决方案设计中,关键问题是应用程序员应具有的可见程度。Weyerhaeuser 公司的 I-D-S 共享访问版本是在程序员不应该意识到共享访问问题的前提下设计的。该系统会自动阻止每项记录的更新以及被工作发送出来的每条消息,直到该工作正常结束,从而完全消除污染问题。这种记录动态阻塞的一个副作用是,当两个或多个工作要等待另一个工作解锁所需的记录时,会创建死锁情况。在检测到死锁情况时,I-D-S 数据库系统会通过中止造成死锁情况的工作来做出响应,恢复由该工作更新的记录,并使这些记录可用于等待的工作。而被终止的工作本身随后会重新开始。

那么这些僵局是真的存在吗?后来我听说,在 Weyerhaeuser 的面向交易的系统中开始的大约 10% 的工作都不得不中止僵局。每小时有大约 100 项工作被中止和重新启动!这非常可怕吗?这种非常低效吗?这些问题很难回答,因为我们在这方面的效率标准还没有明确的定义。此外,结果依赖于应用程序。Weyerhaeuser 的 I-D-S 系统在成功完成的工作中效率高达 90%。但是,真正的问题是:

- 避免共享访问是否会让每小时完成的工作变得更多或更少?
- 基于检测而不是避免污染的其他策略是否更有效率?
- 让程序员知道共享访问权限允许他编写这个问题,结果会提高效率吗?

所有这些问题都已经开始在冲击着作为导航员的程序员以及那些正在设计和建造着他的导航设备的人。

我今天的主张是,应用程序员们是时候放弃以内存为中心的观点,接受在 n 维数据空间内导航的挑战和机会了。支持这种可能所需的软件系统现在已经出现了,并且正变得越来越易用。

著名的英国数学家兼哲学家罗素(Bertrand Russell)曾经说过,相对论要做的就是改变我们对世界的想象。而在我们对信息系统世界的想象图景中,需要做出同样程度的变化。

这其中的主要问题是数据处理人员思维的重新定位。这不仅包括程序员,还包括负责基本应用程序编写任务的应用系统设计人员，以及负责创建未来的操作系统、消息系统和数据库系统产品的产品规划人员和系统工程师。

哥白尼为四百多年前的天体力学奠定了基础。正是这种科学现在使我们能够用最低能耗解决方案来通往月球和其他行星。同样，我们必须开发一种类似的科学，它将让我们有能力实现数据库访问的相应最低能耗解决方案。这个主题是非常有趣的，因为它包括了遍历现有数据库的问题，如何在一开始就构建一个方案的问题，以及如何在之后重构它以最好地适应不断变化的访问模式的问题。你能想象重建我们的太阳系，来减少行星之间的旅行时间那样的场景吗？

把这些数据结构的机制看作一个基于健全设计原则的工程学科来研究是很重要的。重要的是它可以被教授和教授。现在我们估计一台在 20 世纪 80 年代安装数据库系统的设备成本约为 1000 亿美元（按 1970 年的价值计算）。根据进一步估算，缺乏有效的技术标准还可能会增加 20% 或 200 亿美元的花费。因此，放弃目前进展缓慢的保守主义情绪主义和神学论证在很大程度上是值得考虑的。大学在很大程度上忽视了数据结构的机制，而偏向于更符合研究生论文要求的问题。大型数据库系统也是大学预算几乎无法承担的昂贵项目。因此，现在十分有必要要求那些联合大学 / 工业和大学 / 政府的项目提供必要的资金，并且进行持续的发力，如此才能取得进展。在 Weyerhaeuser 的系统中，埋有足够发六本博士论文的足够资料，等待有人来挖掘。我在这里不是指新的随机化算法的研究。我的意思是，研究那些将近十亿个真实的商业数据字符组织成现在已知的、最纯粹的数据结构的机制。

技术文献的出版政策也是一个问题。ACM SIGBDP 和 SIGFIDET 这两种出版物是最好的，这些组织的成员也应该扩充。《ACM 通信》的审稿规则和做法会导致在提交和发表之间延迟 12 个月到 18 个月。除此之外，作者还需要时间来准备发表意见。以至于从发现重要结果到尽早发表文章之间至少会有两年的时间间隔。

当然，阻止这一进步的最大障碍可能是由于单一供应商垄断市场而导致大部分计算机用户缺乏一般的数据库信息。如果这个组织能承担在完全公开的信息交流中推广经验，要求和解决问题的能力，那么这一进步变化的速度肯定会增加。SHARE 最近向所有供应商和所有用户开放其会员资格就是一个重大的进步。1973 年 7 月在蒙特利尔举行的由 SHARE 赞助的数据库系统工作会议提供了一个论坛，使得各种设备和数据库系统的用户能够描述他们的经验和要求。

日益扩大的对话已经开始。我希望并相信我们可以继续。如果我们秉持着这种精神相互接触，并且没有任意组织试图主宰这个想法，那么我相信我们终将可以为程序员提供有效的导航工具。

如何成为一名机器学习算法工程师

文 / 张相於

成为一名合格的开发工程师不是一件简单的事情，需要掌握从开发到调试到优化等一系列能力，这些能力中的每一项掌握起来都需要足够的努力和经验。而要成为一名合格的机器学习算法工程师（以下简称算法工程师）更是难上加难，因为在掌握工程师的通用技能以外，还需要掌握一张不算小的机器学习算法知识网络。下面我们就将成为一名合格的算法工程师所需的技能进行拆分，一起来看一下究竟需要掌握哪些技能才能算是一名合格的算法工程师。

基础开发能力

所谓算法工程师，首先需要是一名工程师，那么就要掌握所有开发工程师都需要掌握的一些能力。有些同学对于这一点存在一些误解，认为所谓算法工程师就只需要思考和设计算法，不用在乎这些算法如何实现，而且会有人帮你来实现你想出来的算法方案。这种思想是错误的，在大多数企业的大多数职位中，算法工程师需要负责从算法设计到算法实现再到算法上线这一个全流程的工作。笔者曾经见过一些企业实行过算法设计与算法实现相分离的组织架构，但是在这种架构下，说不清楚谁该为算法效果负责，算法设计者和算法开发者都有一肚子的苦水，具体原因不在本文的讨论范畴中，但希望大家记住的是，基础的开发技能是所有算法工程师都需要掌握的。

基础开发所涉及的技能非常的多，在这里只挑选了两个比较重要的点来做阐述。

单元测试

在企业应用中，一个问题的完整解决方案通常包括很多的流程，这其中每个环节都需要反复迭代优化调试，如何能够将复杂任务进行模块划分，并且保证整体流程的正确性呢？最实用的方法就是单元测试。单元测试并不只是简单的一种测试技能，它首先是一种设计能力。并不是每份代码都可以做单元测试，能做单元测试的前提是代码首先是可以划分为多个单元——也就是模块的。在把项目拆解成可独立开发和测试的模块之后，再加上对每个模块的独立的、可重复的单元测试，就可以保证每个模块的正确性，如果每个模块的正确性都可以保证，那么整体流程的正确性就可以得到保证。

对于算法开发这种流程变动频繁的开发活动来讲，做好模块设计和单元测试是不给自己和他人挖坑的重要保证。也是能让自己放心地对代码做各种改动优化的重要前提。

逻辑抽象复用

逻辑的抽象复用可以说是所有软件开发活动中最为重要的一条原则，衡量一个程序员代码水平的重要原则之一就是看他代码中重复代码和相似代码的比例。大量重复代码或相似代码背后反映的是工程师思维的懒惰，因为他觉得复制粘贴或者直接照着抄是最省事的做法。这样做不仅看上去非常的丑陋，而且也非常容易出错，更不用提维护起来的难度。

算法开发的项目中经常会有很多类似逻辑的出现，例如对多个特征使用类似的处理方法，还有原始数据ETL中的很多类似处理方法。如果不对重复逻辑做好抽象，代码看上去全是一行行的重复代码，无论是阅读起来还是维护起来都会非常麻烦。

概率和统计基础

概率和统计可以说是机器学习领域的基石之一，从某个角度来看，机器学习可以看作建立在概率思维之上的一种对不确定世界的系统性思考和认知方式。学会用概率的视角看待问题，用概率的语言描述问题，是深入理解和熟练运用机器学习技术的最重要基础之一。

概率论内容很多，但都是以具体的一个个分布为具体表现载体体现出来的，所以学好常用的概率分布及其各种性质对于学好概率非常重要。对于离散数据，伯努利分布、二项分布、多项分布、Beta分布、狄里克莱分布以及泊松分布都是需要理解掌握的内容；对于离线数据，高斯分布和指数分布族是比较重要的分布。这些分布贯穿着机器学习的各种模型之中，也存在于互联网和真实世界的各种数据之中，理解了数据的分布，才能知道该对它们做什么样的处理。

此外，假设检验的相关理论也需要掌握。在这个所谓的大数据时代，最能骗人的大概就是数据了，掌握了假设检验和置信区间等相关理论，才能具备分辨数据结论真伪的能力。例如两组数据是否真的存在差异，上线一个策略之后指标是否真的有提升等。这种问题在实际工作中非常常见，不掌握相关能力的话相当于就是大数据时代的睁眼瞎。

在统计方面，一些常用的参数估计方法也需要掌握，典型的如最大似然估计、最大后验估计、EM算法等。这些理论和最优化理论一样，都是可以应用于所有模型的理论，是基础中的基础。

机器学习理论

虽然现在开箱即用的开源工具包越来越多，但并不意味着算法工程师就可以忽略机器学习基础理论的学习和掌握。这样做主要有两方面的意义：

■ 掌握理论才能对各种工具、技巧灵活应用，而不是只会照搬套用。只有在这个基础上才能够真正具备搭建一套机器学习系统的能力，并对其进行持续优化。否则只能算是机器学习搬砖工人，算不得合格的工程师。出了问题也不会解决，更谈不上对系统做优化。

■ 学习机器学习的基础理论的目的不仅仅是学会如何构建机器学习系统，更重要的是，这些基础理论里面体现的是一套思想和思维模式，其内涵包括概率性思维、矩阵化思维、最优化思维等多个子领域，这一套思维模式对于在当今这个大数据时代做数据的处理、分析和建模是非常有帮助的。如果你脑子里没有这套思维，面对大数据环境还在用老一套非概率的、标量式的思维去思考问题，那么思考的效率和深度都会非常受限。

机器学习的理论内涵和外延非常之广，绝非一篇文章可以穷尽，所以在这里我列举了一些比较核心，同时对于实际工作比较有帮助的内容进行介绍，大家可在掌握了这些基础内容之后，再不断探索学习。

基础理论

所谓基础理论，指的是不涉及任何具体模型，而只关注"学习"这件事本身的一些理论。以下是一些比较有用的基础概念：

- VC维。VC维是一个很有趣的概念，它的主体是一类函数，描述的是这类函数能够把多少个样本的所有组合都划分开来。VC维的意义在哪里呢？它在于当你选定了一个模型以及它对应的特征之后，你是大概可以知道这组模型和特征的选择能够对多大的数据集进行分类。此外，一类函数的VC维的大小，还可以反映出这类函数过拟合的可能性。

- 信息论。从某种角度来讲，机器学习和信息论是同一个问题的两个侧面，机器学习模型的优化过程同时也可以看作最小化数据集中信息量的过程。对信息论中基本概念的了解，对于机器学习理论的学习是大有裨益的。例如决策树中用来做分裂决策依据的信息增益，衡量数据信息量的信息熵等，这些概念的理解对于机器学习问题神本的理解都很有帮助。这部分内容可参考《Elements of Information Theory》这本书。

- 正则化和bias-variance tradeoff。如果说现阶段我国的主要矛盾是"人民日益增长的美好生活需要和不平衡不充分的发展之间的矛盾"，那么机器学习中的主要矛盾就是模型要尽量拟合数据和模型不能过度拟合数据之间的矛盾。而化解这一矛盾的核心技术之一就是正则化。正则化的具体方法不在此讨论，但需要理解的，是各种正则化方法背后透露出的思想：bias-variance tradoff。在不同利益点之间的平衡与取舍是各种算法之间的重要差异，理解这一点对于理解不同算法之间的核心差异有着非常重要的作用。

- 最优化理论。绝大多数机器学习问题的解决，都可以划分为两个阶段：建模和优化。所谓建模就是后面我们会提到的各种用模型来描述问题的方法，而优化就是建模完成之后求得模型的最优参数的过程。机器学习中常用的模型有很多，但背后用到的优化方法却并没有那么多。换句话说，很多模型都是用的同一套优化方法，而同一个优化方法也可以用来优化很多不同模型。对各种常用优化方法的和思想有所了解非常必要，对于理解模型训练的过程，以及解释各种情况下模型训练的效果都很有帮助。这里面包括最大似然、最大后验、梯度下降、拟牛顿法、L-BFGS等。

机器学习的基础理论还有很多，可以先从上面的概念学起，把它们当作学习的起点，在学习过程中还会遇到其他需学习的内容，就像一张网络慢慢铺开一样，不断积累自己的知识。这方面基础理论的学习，除了Andrew Ng的著名课程以外，《Learning from Data》这门公开课也非常值得大家学习，这门课没有任何背景要求，讲授的内容是在所有模型之下的基础中的基础，非常地靠近机器学习的内核本质。这门课的中文版本叫作《机器学习基石》，也可以在网上找到，其讲授者是上面英文版本讲授者的学生。

有监督学习

在了解了机器学习的基本概念之后，就可以进入到一些具体模型的学习中了。在目前的工业实践中，有监督学习的应用面仍然是最广泛的，这是因为我们现实中遇到的很多问题都是希望对某个事物的某个属性做出预测，而这些问题通过合理的抽象和变换，都可以转化为有监督学习的问题。

在学习复杂模型之前，我建议大家都先学习几个最简单的模型，典型的如朴素贝叶斯。朴素贝叶斯有很强的假设，这个假设很多问题都不满足，模型结构也很简单，所以其优化效果并不是最好的。但也正是由于其简单的形式，非常利于学习者深入理解整个模型在建模和优化过程中的每一步，这对于搞清楚机器学习是怎么一回事情是非常有用的。同时，朴素贝叶斯的模型形式通过一番巧妙的变换之后，可以得到和逻辑回归形式上非常统一的结果，这无疑提供了对逻辑回归另外一个角度的解释，对于更加深刻理解逻辑回归这一最常用模型有着非常重要的作用。

在掌握了机器学习模型的基础流程之后，需要学习两种最基础的模型形式：线性模型和树形模型，分别对应着线性回归/逻辑回归和决策回归/分类树。现在常用的模型，无论是浅层模型还是深度学习的深层模型，都是基于这两种基础模型形式变幻而来的。而学习这两种模型的时候需要仔细思考的问题是：这两种模型的本质差异是什么？为什么需要有这两种模型？他们在训练和预测的精度、效率、复杂度等方面有什么差异？了解清楚这些本质的差异之后，才可以做到根据问题和数据的具体情况对模型自如运用。

在掌握了线性模型和树形模型这两种基础形式之后，下一步需要掌握的是这两种基础模型的复杂形式。其中线性模型的复杂形式就是多层线性模型，也就是神经网络。树模型的复杂形式包括以GDBT为代表的boosting组合，以及以随机森林为代表的bagging组合。这两种组合模型的意义不仅在于模型本身，boosting和bagging这两种组合思想本身也非常值得学习和理解，这代表了两种一般性的强化方法：boosting的思想是精益求精，不断在之前的基础上继续优化；而bagging的思想是"三个臭皮匠顶一个诸葛亮"，是通过多个弱分类器的组合来得到一个强分类器。这两种组合方法各有优劣，但都是在日常工作中可以借鉴的思想。例如在推荐系统中我们经常会使用多个维度的数据做召回源，从某个角度来看就是一种bagging的思想：每个单独召回源并不能给出最好表现，但是多个召回源组合之后，就可以得到比每个单独召回源都要好的结果。所以说思想比模型本身更重要。

无监督学习

有监督学习虽然目前占了机器学习应用的大多数场景，但是无监督学习无论从数据规模还是作用上来讲也都非常重要。无监督学习的一大类内容是在做聚类，做聚类的意义通常可以分为两类：一类是将聚类结果本身当作最终的目标，另一类是将聚类的结果再作为特征用到有监督学习中。但这两种意义并不是和某种聚类方法具体绑定，而只是聚类之后结果的不同使用方式，这需要在工作中不断学习、积累和思考。而在入门学习阶段需要掌握的，是不同聚类算法的核心差异在哪里。例如最常用的聚类方法中，kmeans 和 DBSCAN 分别适合处理什么样的问题？高斯混合模型有着什么样的假设？LDA 中文档、主题和词之间是什么关系？这些模型最好能够放到一起来学习，从而掌握它们之间的联系和差异，而不是把他们当作一个个孤立的东西来看待。

除了聚类以外，近年来兴起的嵌入表示（embedding representation）也是无监督学习的一种重要方法。这种方法和聚类的差异在于，聚类的方法是使用已有特征对数据进行划分，而嵌入表示则是创造新的特征，这种新的特征是对样本的一种全新的表示方式。这种新的表示方法提供了对数据全新的观察视角，这种视角提供了数据处理的全新的可能性。此外，这种做法虽然是从 NLP 领域中兴起，但却具有很强的普适性，可用来处理多种多样的数据，都可以得到不错的结果，所以现在已经成为一种必备的技能。

机器学习理论方面的学习可以从《An Introduction to Statistical Learning with Application in R》开始，这本书对一些常用模型和理论基础提供了很好的讲解，同时也有适量的习题用来巩固所学知识。进阶学习可使用上面这本书的升级版《Elements of Statistical Learning》和著名的《Pattern Recognition and Machine Learning》。

开发语言和开发工具

掌握了足够的理论知识，还需要足够的工具来将这些理论落地，这部分我们介绍一些常用的语言和工具。

开发语言

近年来 Python 可以说是数据科学和算法领域最火的语言，主要原因是它使用门槛低，上手容易，同时具有完备的工具生态圈，同时各种平台对其支持也比较好。所以 Python 方面我就不再赘述。但是在学习 Python 以外，我建议大家可以再学习一下 R 语言，主要原因有以下几点：

- R 语言具有最完备的统计学工具链。我们在上面介绍了概率和统计的重要性，R 语言在这方面提供的支持是最全面的，日常的一些统计方面的需求，用 R 来做可能要比用 Python 来做还要更快。Python 的统计科学工具虽然也在不断完善，但是 R 仍然是统计科学最大最活跃的社区。
- 向量化、矩阵化和表格化思维的培养。R 语言中的所有数据类型都是向量化的，一个整形的变量本质上是一个长度为一的一维向量。在此基础上 R 语言构建了高效的矩阵和数据类型（DataFrame），并且在上面支持了非常复杂而又直观的操作方法。这套数据类型和思考方式也在被很多更现代化的语言和工具所采纳，例如 Numpy 中的 ndarray，以及 Spark 最新版本中引入的 DataFrame，可以说都是直接或间接从 R 语言得到的灵感，定义在上面的数据操作也和 R 中对 DataFrame 和向量的操作如出一辙。就像学编程都要从 C 语言学起一样，学数据科学和算法开我建议大家都学一下 R，学的既是它的语言本身，更是它的内涵思想，对大家掌握和理解现代化工具都大有裨益。

除了 R 以外，Scala 也是一门值得学习的语言。原因在于它是目前将面向对象和函数式两种编程范式结合得比较好的一种语言，因为它不强求你一定要用函数式去写代码，同时还能够在能够利用函数式的地方给予了足够的支持。这使得它的使用门槛并不高，但是随着经验和知识的不断积累，你可以用它写出越来越高级、优雅的代码。

开发工具

开发工具方面，Python 系的工具无疑是实用性最高的，具体来说，Numpy、Scipy、sklearn、pandas、Matplotlib 组成的套件可以满足单机上绝大多数的分析和训练工作。但是在模型训练方面，有一些更加专注的工具可以给出更好的训练精度和性能，典型的如 LibSVM、Liblinear、XGBoost 等。

大数据工具方面，目前离线计算的主流工具仍然是 Hadoop 和 Spark，实时计算方面 Spark Streaming 和 Storm 也是比较主流的选择。近年来兴起的新平台也比较多，例如 Flink 和 Tensorflow 都是值得关注的。值得一提的是，对于 Hadoop 和 Spark 的掌握，不仅要掌握其编码技术，同时还要对其运行原理有一定理解，例如，MapReduce 的流程在 Hadoop 上是如何实现的，Spark 上什么操作比较耗时，aggregateByKey 和 groupByKey 在运行原理上有什么差异等。只有掌握了这些，才能对这些大数据平台运用自如，否则很容易出现程序耗时过长、跑不动、内存爆掉等问题。

架构设计

最后我们花一些篇幅来谈一下机器学习系统的架构设计。所谓机器学习系统的架构，指的是一套能够支持机器学习训练、预测、服务稳定高效运行的整体系统以及它们之间的关系。在业务规模和复杂度发展到一定程度的时候，机器学习一定会走向系统化、平台化这个方向。这个时候就需要根据业务特点以及机器学习本身的特点来设计一套整体架构，这里面包括上游数据仓库和数据流的架构设计，以及模型训练的架构，还有线上服务的架构等。这一套架构的学习就不像前面的内容那么简单了，没有太多现成教材可以学习，更多的是在大量实践的基础上进行抽象总结，对当前系统不断进行演化和改进。但这无疑是算法工程师职业道路上最值得为之奋斗的工作。在这里能给的建议就是多实践，多总结，多抽象，多迭代。

机器学习算法工程师领域现状

现在可以说是机器学习算法工程师最好的时代，各行各业对这类人才的需求都非常旺盛。典型的包括以下一些细分行业：

- 推荐系统。推荐系统解决的是海量数据场景下信息高效匹配分发的问题，在这个过程中，无论是候选集召回，还是结果排序，以及用户画像等方面，机器学习都起着重要的作用。
- 广告系统。广告系统和推荐系统有很多类似的地方，但也有着很显著的差异，需要在考虑平台和用户之外同时考虑广告主的利益，两方变成了三方，使得一些问题变复杂了很多。它在对机器学习的利用方面也和推荐类似。
- 搜索系统。搜索系统的很多基础建设和上层排序方面都大量使用了机器学习技术，而且在很多网站和 App 中，搜索是非常重要的流量入口，机器学习对搜索系统的优化会直接影响到整个网站的效率。

■ **风控系统。** 风控，尤其是互联网金融风控是近年来兴起的机器学习的又一重要战场。不夸张地说，运用机器学习的能力可以很大程度上决定一家互联网金融企业的风控能力，而风控能力本身又是这些企业业务保障的核心竞争力，这其中的关系大家可以感受一下。

但是所谓"工资越高，责任越大"，企业对于算法工程师的要求也在逐渐提高。整体来说，一名高级别的算法工程师应该能够处理"数据获取→数据分析→模型训练调优→模型上线"这一完整流程，并对流程中的各个环节做不断优化。一名工程师入门时可能会从上面流程中的某一个环节做起，不断扩大自己的能力范围。

除了上面列出的领域以外，还有很多传统行业也在不断挖掘机器学习解决传统问题的能力，行业的未来可谓潜力巨大。

如何成为一名推荐系统工程师

文 / 陈开江

推荐系统工程师成长路线图

《Item-based collaborative filtering recommendation algorithms》这篇文章发表于 2001 年，在 Google 学术上显示，其被引用次数已经是 6599 了，可见其给推荐系统带来的影响之大。经过 20 多年的发展，item-based 已经成为推荐系统的标配，而推荐系统已经成为互联网产品的标配。很多产品甚至在第一版就要被投资人或者创始人要求必须"个性化"，可见，推荐系统已经飞入寻常百姓家，作为推荐系统工程师的成长也要比从前更容易，要知道我刚工作时，即使跟同为研发工程师的其他人如 PHP 工程师（绝无黑的意思，是真的）说"我是做推荐的"，他们也一脸茫然，不知道"推荐"为什么是一个工程师岗位。如今纵然"大数据"、"AI"这些词每天 360 度无死角轰炸我们，让我们很容易浮躁异常焦虑不堪，但不得不承认，这是作为推荐系统工程师的一个好时代。

推荐系统工程师和正常码农们相比，无须把 PM 们扔过来的需求给像素级实现，从而堆码成山；和机器学习研究员相比，又无须沉迷数学推导，憋出一个漂亮自洽的模型，一统学术界的争论；和数据分析师相比，也不需绘制漂亮的图表，做出酷炫的 PPT 能给 CEO 汇报，走上人生巅峰。那推荐系统工程师的定位是什么呢？为什么需要前面提到的那些技能呢？容我结合自身经历来一一解答。我把推荐系统工程师的技能分为四个维度，如图 1 所示。

■ 掌握核心原理的技能，是一种知其所以然的基础技能；
■ 动手能力：实现系统，检验想法，都需要扎实的工程能力；
■ 为效果负责的能力：这是推荐系统工程师和其他工种的最大区别；
■ 软技能：任何工程师都需要自我成长，需要团队协作。
  • 英文阅读：读顶级会议的论文、一流公司和行业前辈的经典论文和技术博客，在 Quora 和 Stack Overflow 上和人交流探讨；
  • 代码阅读：能阅读开源代码，从中学习优秀项目对经典算法的实现；
  • 沟通表达：能够和其他岗位的人员沟通交流，讲明白所负责模块的原理和方法，能听懂非技术人员的要求和思维，能分别真伪需求并且能达成一致。

掌握最最基础的原理

托开源的福气，现在有很多开箱即用的工具让我们很容易搭建起一个推荐系统。但是浮沙上面筑不起高塔，基础知识必须要有，否则就会在行业里面，被一轮轮概念旋风吹得找不着北。所有基础里面，最基础的当然就是数学了。

能够看懂一些经典论文对于实现系统非常有帮助：从基本假设到形式化定义，从推导到算法流程，从实验设计到结果分析。这些要求我们对于微积分有基本的知识，有了基本的微积分知识才能看懂梯度下降等基本的优化方法。概率和统计知识

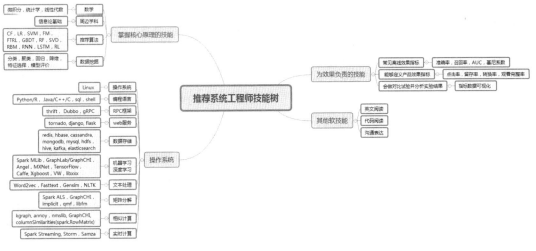

图 1 推荐系统工程师技能树

给我们建立起一个推荐系统工程师最基本的三观：不要以是非绝对的眼光看待事物，要有用不确定性思维去思考产品中的每一个事件，因为实现推荐系统，并不是像实现界面上一个按钮的响应事件那样明确可检验。大数据构建了一个高维的数据空间，从数据到推荐目标基本上都可以用矩阵的角度去形式化，比如常见的推荐算法：协同过滤、矩阵分解。而机器学习算法，如果用矩阵运算角度去看，会让我们更加能够理解"向量化计算"和传统软件工程里面的循环之间的巨大差异。高维向量之间的点积，矩阵之间的运算，如果用向量化方式实现比用循环方式实现，高效不少。建立这样的思维模式，也需要学好线性代数。

学好基础的数学知识之外，我们要稍微延伸学习一些信息科学的基础学科，尤其是信息论。信息论是构建在概率基础上的，信息论给了很多计算机领域问题一个基本的框架：把问题看作通信问题。推荐系统要解决的问题也是一个通信问题：用户在以很不明确的方式向我们的产品发报，告诉我们他最喜欢/讨厌的是什么，我们在收到了之后要解码，并且还要给他们回信，如果沟通不顺畅，那用户就会失联。我的专业是信息与通信工程。读研时从事过 NLP 相关的课题研究，NLP 里面很多问题和方法都用到了信息论知识，这样让我深受信息论影响。有了这些基础知识，再去跟踪不断涌现的新算法新模型，就会容易得多。

推荐系统会用到很多传统数据挖掘和机器学习方法。掌握经典的机器学习算法是一个事半功倍的事情，比如逻辑回归，是一个很简单的分类算法，但它在推荐领域应用之广，其他算法无出其右。在吴恩达的深度学习课程里，从逻辑回归入手逐渐讲到多层神经网络，讲到更复杂的 RNN 等。应该怎么掌握这些经典的算法呢？最直接的办法是：自己从 0 实现一遍。

推荐系统不只是模型，推荐系统是一整个数据处理流程，所以模型的上游，就是一些数据挖掘的知识也需要掌握，基本的分类聚类知识、降维知识，都要有所掌握。

锻炼扎实的工程能力

前面强调自己实现算法对于掌握算法的必要性，但在实际开发推荐系统的时候，如无必要，一定不要重复造轮子。推荐系统也是一个软件系统，当然要稳定要高效。开源成熟的轮子当然是首选。实现推荐系统，有一些东西是 common sense，有一些是好用的工具，都有必要列出来。

首当其冲的常识就是 Linux 操作系统。由于 Windows 在 PC 的市场占有率的垄断地位，导致很多软件工程师只会在 Windows 下开发，这是一个非常普遍、严重、又容易被忽视的短板。我自己深有体会，一定要熟练地在 Linux 下的用命令行编程，如果你的个人电脑是 Mac，会好很多，因为 macOS 底层是 UNIX 操作系统，和 Linux 是近亲，用 Mac 的终端基本上类似在 Linux 下的命令行，如果不是则一定要有自己的 Linux 环境供自己平时练习，买一台常备的云服务器是一个不错的选择。

这里有两个关键点：

- 用 Linux 操作系统；
- 多用命令行而少用 IDE（Eclipse、VS 等）。

为什么呢？有以下三点原因：

- 几乎所有推荐系统要用到的开源工具都是首先在 Linux 下开发测试完成的，最后再考虑移植到 Windows 平台上（测试不充分或者根本不移植）；
- 键盘比鼠标快，用命令行编程会多用键盘，少用鼠标，熟悉之后效率大大提升。而且 Linux 下的命令非常丰富，处理的也是标准文本，掌握之后很多时候根本不用写程序就能做很多数据处理工作。
- 几乎 Linux 是互联网公司的服务器操作系统标配，不会 Linux 下的开发，就找不着工作，就问你怕不怕？

常常有人问我，实现推荐系统用什么编程语言比较好。标准的官方回答是：用你擅长的语言。但我深知这个回答不会解决提问者的疑问。实际上我的建议是：你需要掌握一门编译型语言：C++ 或者 Java，然后掌握一门解释型语言，推荐 Python 或者 R。原因如下：

- 推荐系统的开源项目中以这几种语言最常见；
- 快速的数据分析和处理、模型调试、结果可视化、系统原型实现等，Python 和 R 是不错的选择，尤其是 Python；
- 当 Python 在一些地方有效率瓶颈时，通常是用 C++ 实现，再用 Python 调用；
- Java 在构建后台服务时很有优势，一些大数据开源项目也多用 Java 来实现。

如果时间有限，只想掌握一门语言的话，推荐 Python。从模型到后端服务到 Web 端，都可以用 Python，毋庸置疑，Python 是 AI 时代第一编程语言。

推荐系统是一个线上的产品，无论离线时的模型跑得多么爽，可视化多么酷炫，最终一定要做成在线服务才完整。这就涉及两方面的工作：1. 系统原型；2. 算法服务化。这涉及：

- 数据存储。包括存储模型用于在线实时计算，存储离线计算好的推荐结果。除了传统的关系型数据库 MySQL 之外，还需要掌握非关系型数据库，如 KV 数据库 Redis、列式数据库 Cassandra 和 HBase 常常用来存储推荐结果或模型参数。推荐的候选 Item 也可能存在 MongoDB 中。
- RPC 和 Web。需要将自己的算法计算模块以服务的形式提供给别人跨进程跨服务器调用，因此 RPC 框架就很重要，最流行如 Thrift 或者 Dubbo。在 RPC 服务之上，再做原型还需要会一点基本的 Web 开发知识，Python、PHP、Java 都有相应的 Web 框架来迅速的完成最基本的推荐结果展示。

当然，最核心的是算法实现。以机器学习算法为主。下面详细列举一下常见的机器学习/深度学习工具：

- Spark MLib：大概是使用最广的机器学习工具了，因为 Spark 普及很广，带动了一个并非其最核心功能的 MLib，MLib 实现了常见的线性模型、树模型和矩阵分解模型等。提供 Scala、Java 和 Python 接口，提供了很多例子，学习 Spark MLib 很值得自己运行它提供的例子，结合文档和源代码学习接口的使用，模型的序列化和反序列化。
- GraphLab/GraphCHI：GraphCHI 是开源的单机版，GraphLab 是分布式的，但并不开源。所以建议推荐系统工程师重点学习一下 GraphCHI，它有 Java 和 C++ 两个版本，实现了常见的推荐算法，并在单机上能跑出很高的结果。有一个不得不承认的事实是：GraphCHI 和 GraphLab 在业界应用得并不广泛。
- Angel：腾讯在 2017 年开源的分布式机器学习平台，Java 和 Scala 开发而成，已经在腾讯的 10 亿维度下有工业级别的应用，最终填补了专注传统机器学习（相对于深度学习）分布式计算的空白，值得去学习一下；由于开发团队是中国人，所以文档以中文为主，学习的时候多多和开发团队交流会受益良多，进步神速。

- **VW**：这是 Yahoo 开源的一个分布式机器学工具，也支持单机，分布式需要借助 Hadoop 实现。由于主要开发者后来跳槽去了微软，所以还支持 Windows 平台。阅读这个工具的源码，非常有助于理解逻辑回归的训练，微博推荐团队和广告团队第一版模型训练都采用了 VW，其开发者在 Yahoo Group 中回答问题很积极，使用期间，我在这个 Group 里面提了大大小小十几个问题，基本上都得到解答，这是一个学习成长方法，建议新学者常常在邮件组或者讨论组里提问题，不要在乎问题是否愚蠢，不要在意别人的取笑。

- **Xgboost**：这个号称 kaggle 神器的机器学习工具，非常值得学习和使用，尤其是对于理解 Boosting 和树模型很有帮助。网上有很多教程，主要开发者陈天奇也是中国人，所以遇到问题是非常容易找到交流的人的。

- **libxxx**：这里的 xxx 是一个通配符，包括以 lib 开头的各种机器学习工具，如 liblinear、libsvm、libfm、libmf。都是单机版的工具，虽然是单机版，但足够解决很多中小型数据集的推荐问题了，著名的 scikit-learn 中的一些分类算法就是封装的 libsvm 等工具。另外，libsvm 不但是一个机器学习工具，而且它还定义了一种应用广泛，成为事实标准的机器学习训练**数据格式**：libsvm。

- **MXNet，TensorFlow，Caffe**：深度学习大行其道，并且在识别问题上取到了惊人的效果，自然也间接推动了推荐系统的算法升级，因此，掌握深度学习工具就很必要，其中尤其以 TensorFlow 为主，它不但有深度学习模型的实现，还有传统机器学习模型的实现，以及 Python 接口，对于掌握 Python 的人来说学习门槛很低。深度学习工具仍然建议去跑几个例子，玩一些有趣的东西会快速入门，如给照片换风格，或者训练一个动物/人脸识别器，可以有一些粗浅的认识。再系统地学习一下吴恩达的在线课程，他的课程对 TensorFlow 的使用也有讲解，课后编程作业设计得也很好。

为最终效果负责的能力

推荐系统最终要为产品效果负责。衡量推荐系统效果，分为离线和在线两个阶段。

- **离线阶段**。跑出一些模型，会有定义清晰的指标去衡量模型本身对假设的验证情况，如准确率、召回率、AUC 等。这个阶段的效果好，只能说明符合预期假设，但不能保证符合产品最终效果，因此还要有线上实际的检验。

- **在线阶段**：除了有一些相对通用的指标，如用户留存率、使用时长、点击率等，更多的是和产品本身的定位息息相关，如短视频推荐关注 vv、新闻推荐关注 CTR 等，这些和商业利益结合更紧密的指标才是最终检验推荐系统效果的指标，推荐系统工程师要为这个负责，而不能仅仅盯着离线部分和技术层面的效果。

了解不同产品的展现形式对推荐系统实现的要求，feed 流、相关推荐、猜你喜欢等不同产品背后技术要求不同，效果考核不同，多观察、多使用、多思考。

最后，要学会用产品语言理解产品本身，将技术能力作为一种服务输出给团队其他成员是一项软技能。

推荐系统领域现状

协同过滤提出于 20 世纪 90 年代，至今二十几年，推荐系统技术上先后采用过近邻推荐、基于内容的推荐，以矩阵分解为代表的机器学习方法推荐，最近几年深度学习的火热自然也给推荐系统带来了明显的提升。推荐系统的作用无人质疑，简单举几个例子，80% 的 Netflix 电影都是经由推荐系统被观众观看的，YouTube 上 60% 的点击事件是由推荐系统贡献的。

推荐系统领域现状是怎么样的呢？这里分别从技术上和产品上来看一看。先看技术上，推荐系统所依赖的技术分为三类：传统的推荐技术、深度学习、强化学习。

首先，传统的推荐技术仍然非常有效。构建第一版推荐系统仍然需要这些传统推荐系统技术，包括 User-based 和 Item-based 近邻方法，以文本为主要特征来源的基于内容推荐，以矩阵分解为代表的传统机器学习算法。当一个互联网产品的用户行为数据积累到一定程度，我们用这些传统推荐算法来构建第一版推荐系统，大概率上会取得不俗的成绩，实现 0 的突破。这类传统的推荐算法已经积累了足够多的实践经验和开源实现。由于对推荐系统的需求比以往更广泛，并且这些技术足够成熟，所以这类技术有 SaaS 化的趋势，逐渐交给专门的第三方公司来做，中小型、垂直公司不会自建团队来完成。

深度学习在识别问题上取得了不俗的成绩，自然就被推荐系统工程师们盯上了，已经结合到推荐系统中，比如 YouTube 用 DNN 构建了他们的视频推荐系统，Google 在 Google Play 中使用 Wide&Deep 模型，结合了浅层的 logistic regression 模型和深层模型进行 CTR 预估，取得了比单用浅层模型或者单独的深层模型更好的效果，Wide&Deep 模型也以开源的方式集成在了 TensorFlow 中，如今很多互联网公司，都在广泛使用这一深度学习和浅层模型结合的模型。在 2014 年，Spotify 就尝试了 RNN 在序列推荐上，后来 RNN 又被 Yahoo News 的推荐系统。传统推荐算法中有一个经典的算法叫作 FM，常用于做 CTR 预估，算是一种浅层模型，最近也有人尝试了结合深度学习，提出 DeepFM 模型用于 CTR 预估。

AlphaGo、Alpha Master、Alpha Zero 一个比一个厉害，其开挂的对弈能力，让强化学习进入大众视线。强化学习用于推荐系统是一件很自然的事情，把用户看作变化的环境，而推荐系统是 Agent，在和用户的不断交互之间，推荐系统就从一脸懵逼到逐渐"找到北"，迎合了用户兴趣。业界已有应用案例，阿里的研究员仁基就公开分享过淘宝把强化学习应用在搜索推荐上的效果。强化学习还以 bandit 算法这种相对简单的形式应用在推荐系统很多地方，解决新用户和新物品的冷启动，以及取代 ABTest 成为另一种在线实验的框架。

除了技术上推荐系统有不同侧重，产品形式上也有不同的呈现。最初的推荐系统产品总是存活在产品的边角上，如相关推荐，这种产品形式只能算是"锦上添花"，如果推荐系统不小心开了天窗，也不是性命攸关的问题。如今推荐产品已经演化成互联网产品的主要承载形式：信息流。从最早的社交网站动态，到图文信息流，到如今的短视频。信息流是一种推荐系统产品形式，和相关推荐形式比起来，不再是锦上添花，而是注意力收割利器。

推荐系统产品形式的演进，背景是互联网从PC到移动的演进，PC上是搜索为王，移动下是推荐为王，自然越来越重要。随着各种可穿戴设备的丰富，越来越多的推荐产品还会涌现出来。产品和技术相互协同发展，未来会有更多有意思的推荐算法和产品形式问世，成为一名推荐系统工程师永远都不晚。

如何成为一名对话系统工程师

文 / 吴金龙

对话系统（对话机器人）本质上是通过机器学习和人工智能等技术让机器理解人的语言。它包含了诸多学科方法的融合使用，是人工智能领域的一个技术集中演练营。图1给出了对话系统开发中涉及的主要技术。

对话系统技能进阶之路

图1给出的诸多对话系统相关技术，从哪些渠道可以了解到呢？下面逐步给出说明。

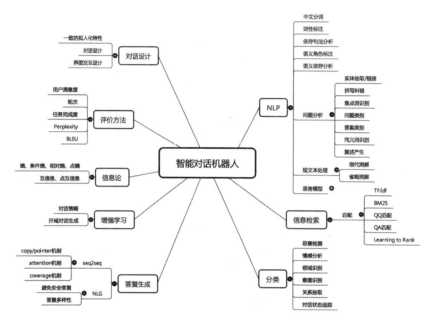

图1　对话系统技能树

数学

矩阵计算主要研究单个矩阵或多个矩阵相互作用时的一些性质。机器学习的各种模型都大量涉及矩阵相关性质，比如PCA其实是在计算特征向量，MF其实是在模拟SVD计算奇异值向量。人工智能领域的很多工具都是以矩阵语言来编程的，比如主流的深度学习框架，如TensorFlow、PyTorch等无一例外。矩阵计算有很多教科书，找本难度适合自己的看看即可。如果想较深入理解，强烈推荐《Linear Algebra Done Right》这本书。

概率统计是机器学习的基础。常用的几个概率统计概念：随机变量、离散随机变量、连续随机变量、概率密度／分布（二项式分布、多项式分布、高斯分布、指数族分布）、条件概率密度／分布、先验密度／分布、后验密度／分布、最大似然估计、最大后验估计。简单了解的话可以去翻翻经典的机器学习教材，比如《Pattern Recognition and Machine Learning》的前两章、《Machine Learning: A Probabilistic Perspective》的前两章。系统学习的话可以找本大学里概率统计里的教材。

最优化方法被广泛用于机器学习模型的训练。机器学习中常见的几个最优化概念：凸／非凸函数、梯度下降、随机梯度下降、原始对偶问题。一般机器学习教材或者课程都会讲一点最优化的知识，比如Andrew Ng机器学习课程中Zico Kolter讲的《Convex Optimization Overview》。当然要想系统了解，最好的方法就是看Boyd的《Convex Optimization》书，以及对应的PPT（https://web.stanford.edu/~boyd/cvxbook/）和课程（https://see.stanford.edu/Course/EE364A，https://see.stanford.edu/Course/EE364B）。喜欢看代码的同学也可以看看开源机器学习项目中涉及的优化方法，例如Liblinear、LibSVM、TensorFlow就是不错的选择。

常用的一些数学计算Python包如下。

- NumPy：用于张量计算的科学计算包。
- SciPy：专为科学和工程设计的数学计算工具包。
- Matplotlib：画图、可视化包。

机器学习和深度学习

Andrew Ng 的 "Machine Learning" 课程依旧是机器学习领域的入门神器。不要小瞧所谓的入门，真把这里面的知识理解透，完全可以去应聘算法工程师职位了。推荐几本公认的好教材：Hastie 等人的《The Elements of Statistical Learning》，Bishop 的《Pattern Recognition and Machine Learning》，Murphy 的《Machine Learning: A Probabilistic Perspective》，以及周志华的西瓜书《机器学习》。深度学习资料推荐 Yoshua Bengio 等人的《Deep Learning》，以及 TensorFlow 的官方教程。

常用的一些工具如下。

- scikit-learn：包含各种机器学习模型的 Python 包。
- Liblinear：包含线性模型的多种高效训练方法。
- LibSVM：包含各种 SVM 的多种高效训练方法。
- TensorFlow：Google 的深度学习框架。
- PyTorch：Facebook 的深度学习框架。
- Keras：高层的深度学习使用框架。
- Caffe：老牌深度学习框架。

自然语言处理

很多大学都有 NLP 相关的研究团队，比如斯坦福 NLP 组，以及国内的哈工大 SCIR 实验室等。这些团队的动态值得关注。

NLP 相关的资料网上随处可见，课程推荐斯坦福的 "CS224n: Natural Language Processing with Deep Learning"，书推荐 Manning 的《Foundations of Statistical Natural Language Processing》（中文版叫《统计自然语言处理基础》）。

信息检索方面，推荐 Manning 的经典书《Introduction to Information Retrieval》（王斌老师翻译的中文版《信息检索导论》），以及斯坦福课程 "CS 276: Information Retrieval and Web Search"。

常用的一些工具如下。

- Jieba：中文分词和词性标注 Python 包。
- CoreNLP：斯坦福的 NLP 工具（Java）。
- NLTK：自然语言工具包。
- TextGrocery：高效的短文本分类工具（注：只适用于 Python2）。
- LTP：哈工大的中文自然语言处理工具。
- Gensim：文本分析工具，包含了多种主题模型。
- Word2vec：高效的词表示学习工具。
- GloVe：斯坦福的词表示学习工具。
- Fasttext：高效的词表示学习和句子分类库。
- FuzzyWuzzy：计算文本之间相似度的工具。
- CRF++：轻量级条件随机场库（C++）。
- Elasticsearch：开源搜索引擎。

对话机器人

对话系统针对用户不同类型的问题，在技术上会使用不同的框架。下面介绍几种不同类型的对话机器人。

对话机器人创建平台

如果你只是想把一个功能较简单的对话机器人（Bot）应用于自己的产品，Bot 创建平台是最好的选择。Bot 创建平台帮助没有人工智能技术积累的用户和企业快速创建对话机器人，国外比较典型的 Bot 创建平台有 Facebook 的 Wit.ai 和 Google 的 Dialogflow（前身为 Api.ai），国内也有不少创业团队在做这方面的事，比如一个 AI、知麻、如意等。

检索型单轮对话机器人

检索型单轮机器人（FQA-Bot）涉及的技术和信息检索类似，流程如图 2 所示。

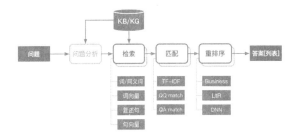

图 2 FAQ-Bot 流程图

因为 query 和候选答案包含的词都很少，所以会利用同义词和复述等技术对 query 和候选答案进行扩展和改写。词表示工具 Word2Vec、GloVe、Fasttext 等可以获得每个词的向量表示，然后使用这些词向量计算每对词之间的相似性，获得同义词候选集。当然同义词也可以通过已经存在的结构化知识源如 WordNet、HowNet 等获得。复述可以使用一些半监督方法如 DIRT 在单语语料上进行构建，也可以使用双语语料进行构建。PPDB 网站包含了很多从双语语料构建出来的复述数据集。

知识图谱型机器人

知识图谱型机器人（KG-Bot，也称为问答系统），利用知识图谱进行推理并回答一些事实型问题。知识图谱通常把知识表示成三元组——（主语、关系、宾语），其中关系表示主语和宾语之间存在的某种关系。

构建通用的知识图谱非常困难，不建议从 0 开始构建。我们可以直接使用一些公开的通用知识图谱，如 YAGO、DBpedia、CN-DBpedia、Freebase 等。特定领域知识图谱的构建可参考 "知识图谱技术原理介绍"（http://suanfazu.com/t/topic/13105），"最全知识图谱综述 #1：概念以及构建技术"（https://mp.weixin.qq.com/s/aFjZ3mKcJGszHKtMcO2zFQ）等文章。知识图谱可以使用图数据库存储，如 Neo4j、OrientDB 等。当然如果数据量小的话，MySQL、SQLite 也是不错的选择。

为了把用户 query 映射到知识图谱的三元组上，通常会使用到实体链接（把 query 中的实体对应到知识图谱中的实体）、关系抽取（识别 query 中包含的关系）和知识推理（query 可能包含多个而不是单个关系，对应知识图谱中的一条路径，推理就是找出这条路径）等技术。

任务型多轮对话机器人

任务型多轮对话机器人（Task-Bot）通过多次与用户对话交互来辅助用户完成某项具体的任务，流程如图 3 所示。

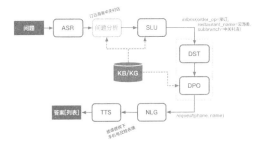

图 3 Task-Bot 流程图

除了与语音交互的 ASR 和 TTS 部分,它还包含以下几个流程。

■ 语言理解(SLU):把用户输入的自然语言转变为结构化信息——act-slot-value 三元组。例如餐厅订座应用中用户说"订云海肴中关村店",我们通过 NLU 把它转化为结构化信息:"inform(order_op= 预订 , restaurant_name= 云海肴 , subbranch= 中关村店)",其中的"inform"是动作名称,而括号中的是识别出的槽位及其取值。

NLU 可以使用语义解析或语义标注的方式获得,也可以把它分解为多个分类任务来解决,典型代表是 Semantic Tuple Classifier(STC)模型。

■ 对话管理(DM):综合用户当前 query 和历史对话中已获得的信息后,给出机器答复的结构化表示。对话管理包含两个模块:对话状态追踪(DST)和策略优化(DPO)。

DST 维护对话状态,它依据最新的系统和用户行为,把旧对话状态更新为新对话状态。其中对话状态应该包含持续对话所需要的各种信息。

DPO 根据 DST 维护的对话状态,确定当前状态下机器人应如何进行答复,也即采取何种策略答复是最优的。这是典型的增强学习问题,所以可以使用 DQN 等深度增强学习模型进行建模。系统动作和槽位较少时也可以把此问题视为分类问题。

■ 自然语言产生(NLG):把 DM 输出的结构化对话策略还原成对人友好的自然语言。简单的 NLG 方法可以是事先设定好的回复模板,复杂的可以使用深度学习生成模型,如"Semantically Conditioned LSTM"通过在 LSTM 中加入对话动作 cell 辅助答复生成。

任务型对话机器人最权威的研究者是剑桥大学的 Steve Young 教授,强烈推荐他的教程"Statistical Spoken Dialogue Systems"。他的诸多博士生针对上面各个流程都做了很细致的研究,想了解细节的话可以参考他们的博士论文。相关课程可参考 Milica Gašić 的"Speech and Language Technology"。

除了把整个问题分解成上面几个流程分别优化,目前很多学者也在探索使用端到端技术整体解决这个问题,代表工作有 Tsung-Hsien Wen 等人的"A Network-based End-to-End Trainable Task-Oriented Dialogue System"和 Xiujun Li 等人的"End-to-End Task-Completion Neural Dialogue Systems"。后一篇的开源代码 https://github.com/MiuLab/TC-Bot,非常值得学习。

闲聊型机器人

真实应用中,用户与系统交互的过程中不免会涉及闲聊成分。闲聊功能可以让对话机器人更有情感和温度。闲聊型机器人(Chitchat-Bot)通常使用机器翻译中的深度学习 seq2seq 框架来产生答复,如图 4 所示。

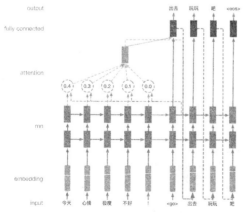

图 4 Chitchat-Bot 的 seq2seq 模型框架

与机器翻译不同的是,对话中用户本次 query 提供的信息通常不足以产生合理的答复,对话的历史背景信息同样很重要。例如图 4 中的 query:"今天心情极度不好!"用户可能是因为前几天出游累得腰酸背痛才心情不好的,这时答复"出去玩玩吧"就不合理。研究发现,标准的 seq2seq+attention 模型还容易产生安全而无用的答复,如"我不知道"、"好的"。

为了让产生的答复更多样化、更有信息量,很多学者做了诸多探索。Jiwei Li 等人的论文"Deep Reinforcement Learning for Dialogue Generation"就建议在训练时考虑让答复引入新信息,保证语义连贯性等因素。Iulian V. Serban 等人的论文"Building End-To-End Dialogue Systems Using Generative Hierarchical Neural Network Models"在产生答复时不只使用用户当前 query 的信息,还利用层级 RNN 把之前对话的背景信息也加入进来。Jun Yin 等人的论文"Neural Generative Question Answering"在产生答复时融合外部的知识库信息。

上面的各种机器人都是为解决某类特定问题而被提出的,我们前面也分开介绍了各个机器人的主要组件。但这其中的不少组件在多种机器人里都是存在的。例如知识图谱在检索型、任务型和闲聊型机器人里也都会被使用。

真实应用中通常会包含多个不同类型的机器人,它们协同合作,解答用户不同类型的问题。我们把协调不同机器人工作的机器人称之为路由机器人(Route-Bot)。路由机器人根据历史背景和当前 query,决定把问题发送给哪些机器人,以及最终使用哪些机器人的答复作为提供给用户的最终答复。图 5 为框架图。

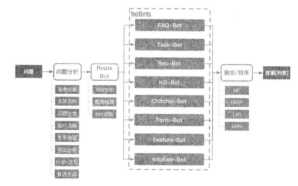

图 5 Route-Bot 框架图

对话机器人现状

对话机器人历史悠久,从 1966 年 MIT 的精神治疗师机器人 ELIZA 到现在已有半个世纪。但现代意义的机器人其实还很年轻。检索型单轮对话机器人得益于搜索引擎的商业成功和信息检索的快速发展,目前技术上已经比较成熟。最近学术界和工业界也积极探索深度学习技术如 Word2Vec、CNN 和 RNN 等在检索型机器人中的使用,进一步提升了系统精度。虽然技术上较为成熟,但在实际应用中检索型机器人还存在不少其他问题。例如,很多企业历史上积累了大量非结构化数据,但这些数据并不能直接输进检索型机器人,而是需要事先通过人工整理。即便有些企业存在一些问答对的数据可以直接输入检索型机器人,但数量往往只有几十到几百条,非常少。可用数据的质量和数量限制了检索型机器人的精度和在工业界的广泛使用。

相较于检索型机器人,知识图谱型机器人更加年轻。大多数知识图谱型机器人还只能回答简单推理的事实类问题。这其中的一个原因是构建准确度高且覆盖面广的知识图谱极其困难，需要投入大量的人力处理数据。深度学习模型如 Memory Networks 等的引入可以绕过或解决这个难关吗？

任务型多轮对话机器人只有十来年的发展历史，目前已能较好地解决确定性高的多轮任务。但当前任务型机器人能正常工作的场景往往过于理想化，用户说的话大部分情形下都无法精确表达成 act-slot-value 三元组，所以在这个基础上构建的后续流程就变得很脆弱。很多学者提出了各种端到端的研究方案，试图提升任务型机器人的使用鲁棒性。但这些方案基本都需要利用海量的历史对话数据进行训练，而且效果也并未在真实复杂场景中得到验证。

开域闲聊型机器人是目前学术界的宠儿，可能是因为可改进的地方实在太多吧。纯粹的生成式模型在答复格式比较确定的应用中效果已经不错，可以应用于生产环境；但在答复格式非常灵活的情况下，它生成的答复连通顺性都未必能保证，更不用说结果的合理性。生成模型的另一个问题是它的生成结果可控性较低，效果优化也并不容易。但这方面的学术进展非常快速，很多学者已经在探索深度增强学习、GAN 等新算法框架在其上的使用效果。

虽然目前对话机器人能解决的问题非常有限，短期内不可能替代人完成较复杂的工作。但这并不意味着我们无法在生成环境中使用对话机器人。寻找到适宜的使用场景，对话机器人仍能大幅提升商业效率。截止到目前，爱因互动已经成功把对话机器人应用于智能投顾、保险、理财等销售转化场景，也在电商产品的对话式发现和推荐中验证了对话机器人的作用。

如果一个对话机器人与真人能顺利沟通且不被真人发现自己是机器人，那么就说这个机器人通过了图灵测试。当然目前的对话机器人技术离这个目标还很远，但我们正在逐渐接近这个目标。随着语音识别、NLP 等技术的不断发展，随着万物互联时代的到来，对话机器人的舞台将会越来越大。

如何成为一名数据科学家

文 / 林荟

在回答这个问题之前，希望你先想想另外一个问题：为什么要成为数据科学家？当然，如果你是为了 10 万美元的年薪也无可厚非，但是我衷心希望你能将这个职业和自己的价值感挂钩。因为成为数据科学家的路途会很辛苦，但如果你将其看成实现个人价值的一种方式，那么追寻目标才能带来长久的成就感，在这个过程中会感到快乐并且动力十足。

数据科学家技能包

要回答"如何成为……"这样的问题，首先当然需要知道想要成为的对象是个什么样子。图 1 是一个数据科学家的技能表。

首先编程能力是数据科学家需要的基本技能。数据读取、整合、建模分析和可视化的整个环节都需要用到这些工具。在业界环境中，整个数据链大概分为 5 块。

■ 云端数据存储系统。比如亚马逊的云服务 AWS，大数据可以用分布式存储在 S3 中。AWS 更像是一个生态系统，里面有数据库，也可以在上面运行一些代码，比如实时从社交网站上爬取数据储存在云端数据库中。最近亚马逊还在云端提供了一个类似于 SQL 客户端的工具，叫作 Athena，方便你直接在 AWS 内写 SQL 代码从 S3 中读取数据。

■ 安全门。读写数据都需要经过这道安全门，这个部分主要是由公司的 IT 部门建立。安全门有 3 种限制访问权限的方式。
- IP 地址：只接受从特定 IP 地址的访问。
- 职能：比如只有头衔是数据科学家和数据工程师的人有权限。
- 用户名密码。

公司常常会同时使用上面 3 种方法，也就是有特定职能，从特定 IP 地址，通过用户名和密码访问。数据工程师会训练数据科学家穿越这重重安全门。这里对数据科学家的计算机要求并不高，只需要知道一些基本的 Linux 就可以，苦活累活都让工程师们包揽了。

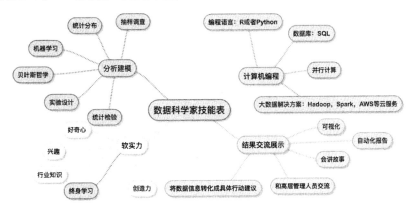

图 1　数据科学家的技能

■ SQL 客户端。数据科学家需要通过 SQL 从数据库中读取相应数据。根据数据库的不同，使用 SQL 的类型和语法也略有不同，但大体上非常相似。掌握基本的数据库读取操作是非常必要的。

■ 数据分析。现在使用最广的数据分析语言是 R 和 Python，熟练使用至少其中一门语言几乎成为数据科学家的标配。只会 SAS 行不？不行。当然，这些都只是工具，工具是解决问题的手段，而非目的。你必须要有一个能用来进行数据分析的工具，偏好因人而异，但选择工具的时候最好考虑工具的灵活和可扩展性。比如，新的方法是不是能够用该工具实现？该工具是不是能够和其他工具结合实现新功能（可重复报告、交互可视化、将结果转化成数据科学产品 App 等）？该工具是不是容易整合到应用系统中大规模的使用（比如电商的推荐算法、搜索的广告优化、精准农业中的化肥量推荐等）？

■ 结果报告。这里会用到基于 D3.js 的交互可视化、Rmarkdown 自动化报告以及 Shiny 应用。

图 2 是数据流程构架图。

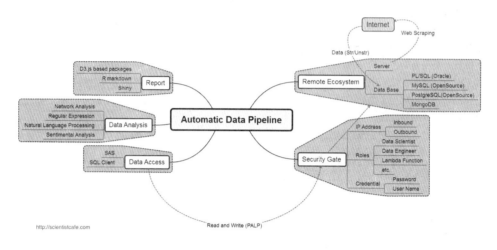

图 2　数据流程构架

另外一个重要的技能是分析建模。这个模块可以进一步细分成下面几个。

■ 数据科学家应该具备基本的概率统计知识，能够熟练进行 t 检验、开方检验、拟合优度检验、方差分析。能够清楚地解释 Spearman 秩相关和 Pearson 相关之间的区别。熟悉抽样、概率分布、实验设计相关概念。

■ 了解贝叶斯统计（很快就能在白板上写下贝叶斯定理）。不是所有的应用数据科学领域都需要用到贝叶斯，即使你所处的行业用得很少，了解贝叶斯的基本概念也是很有必要的。使用"贝叶斯"这个词的方式有很多。但其主要代表了一种解释概率的特别方式。用流行的术语表达，贝叶斯推断不外乎计算在某假设下事情可能发生的方式的数目。事情发生方式多的假设成立的可能性更高。一旦我们定义了假设，贝叶斯推断强制施行一种通过已经观测到的信息进行纯逻辑的推理过程。频率法要求所有概率的定义都需要和可计数的事件以及它们在大样本中出现的频率联系起来。这使得频率学的不确定性依赖于想象的数据抽样的前提之上——如果我们多次重复测量，将会收集到一系列呈现某种模式的取值。这也意味着参数和模型不可能有概率分布，只有测量才有概率分布。这些测量的分布称为抽样分布。这些所谓的抽样只是假设，在很多情况下，这个假设很不合理。而贝叶斯方法将"随机性"视为信息的特质，这更符合我们感知的世界运转模式。所以，在很多应用场景中，贝叶斯也更加合适。

■ 机器学习相关技能。知道什么是有监督学习，什么是无监督学习。知道重要的聚类、判别和回归方法。知道基于罚函数的模型，关联法则分析。常用的黑箱模型：随机森林、自适性助推、神经网络模型。如果从事心理相关的应用的话（如消费者认知调查），还需要知道基本的潜变量模型，如探索性因子分析、验证性因子分析、结构方程模型。在应用过程中还需要加强对模型中误差的来源分类的理解，知道相应误差的应对方法。当前存在的机器模型太多，理解模型误差可以帮助你有效地通过尝试少量模型找到足够好的那个。

除技术能力外，还需要其他一些非技术的能力。这些包括将实际问题转化成数据问题的能力，这一过程需要交流，也就要求良好的交流沟通能力。关注细节，分析是一个需要细心和耐心的职业。还有就是展示结果的能力，如何让没有分析背景的客户理解模型的结果，并且最终在实践中应用模型的结论。

这个单子还可以一直列下去。看起来是不是有点吓人？其实这个技能单是动态的，你一开始不必具有上面列出的所有技能，但在工作过程中，需要不断地学习成长。一个优秀的数据科学家不是通过数据找到标准答案的人，而是那个接受和适应这个充满不确定性的世界，给出有用方案的人。一个成熟的数据科学家面对分析项目时会看到多种可能性和多种分析方法，给出结果后依旧时刻关注这个结果，不停地保持小幅度频繁更新。再次强调自学能力和成为一个终生学习者是优秀的数据科学家的必要条件。

如何获取相关技能

现在你对数据科学家需要具备的技能应该有个大致的概念了。接下来的问题是如何获取这些技能。这个问题的答案部分取决于你的专业背景。当前数据科学家的背景其实很杂，这里主要着眼于数学、统计、计算机或其他定量分析学科（电子工程、运筹学等）本科以上学历的情况。数学统计背景的学生，需要加强计算机方面能力的培养。而计算机背景的学生需要更多的了解统计理论。如果是其他定量分析学科，可能需要同时加强这两者。其他专业的学生成为数据科学家有两种情况：1. 从事和自己专业相关行业公司的数据分析。比如在一些精准农业应用的公司，会常常看到数据科学家是生态学博士，或者土壤学博士。其实这些人不能算是广义上的数据科学家。因为他们处理的问题局限于非常特定的领域，对生态和土壤的了解的要求高于对数据分析的要求。2. 虽然是其他专业，但是本身有着很强的计算机技能，比如物理学专业的学生会成为数据科学家或者量化交易员，这因为他们通常具有很好的编程能力。

关于数据科学家的学位背景，根据 2017 年的统计数据，美国的数据科学家 41% 有博士学位，49% 有硕士学位，只有 10% 是本科。研究生博士期间的课题最好偏向机器学习、数据挖掘或预测模型。其次需要的是数据库操作技能。在工作中通常需要用 SQL 从数据库读取数据。对于统计或者数学专业的学生，在校期间可能不需要使用 SQL，因此不太熟悉。这没有关系，我也是工作以后才开始使用 SQL 的。但你要确保自己至少精通一种程序语言，之后遇到需要用到的新语言可以迅速学习。现在有大量的 MOOC 课程，以及一些在线的数据科学视频，都是提升自己的很好的方法。

有的人问我怎么选择学习课程。通常情况下我会看讲课的老师，如果是想要深入了解某种技术，那就去搜写这个领域相关书籍的人，如果他们有开课，可以选这些课；或者那些在数据科学行业名字如雷贯耳的，比如吴恩达这样的。选这样的人讲的课，才能听得明白，因为这些人对相关的专业知识足够了解。

常见误区

在数据科学的应用中有哪些常见误区？

■ 会用函数跑模型就可以了。

会开车的只是司机，要当汽车工程师，仅靠会开车是不行的。这点放在数据科学领域也是一样。不需要你背下模型背后的所有数学公式，但是至少需要学过一遍，让你可以翻着书解释模型机理。

■ 模型精确度越高越好。

在实际应用中需要同时考虑收益和成本。如果模型精确度是 90%，但是提高到 95% 需要复杂得多的模型，因此需要大量的计算设备投入，同时带来的边际收益很小的话，满足于精确度小的模型就好了。模型选择和评估可能是数据分析流程中最难的环节。

■ 技术过硬就是尚方宝剑。

接受这个现实，人常常是不理性的，我们的行为和对周遭的态度受感情的影响。你永远看不到一只单纯的狗，你看到的是一只可爱或者不可爱的狗，我们总是会对所有的事情加上自己的主观判断。当然，你公司的同事，领导看待你的方式也受到主观的影响。很遗憾，这个主观的感受通常更多地来自于你作为人的部分，而不是机器的部分。你觉得自己技术好是一件事情，领导觉得你技术好是另一件事情，领导觉得你的技术是有用的那又是新的一件事情了。这点，美国中国貌似没差。所以"做技术"不等于"情商低点没关系"。

■ 技术不断更新，让人难以招架。不明觉厉，被泡沫裹挟着失去方向。

我理解，这种感觉很不好受。有的时候我感觉自己永远都是菜鸟，但现在我才明白，这才是当前世界的真实状况。不断升级将会成为一种常态，这不仅仅是数据科学你必须这么做，因为所有的东西都在升级，就像军备竞赛一样，升级已经成为事物本身的存在方式。无论你使用一样工具的时间有多长，升级后你又会变成一个菜鸟。所以做菜鸟是可以的，但是不明觉厉，随意跟风是不允许的。面对不懂的技术，要么就说不懂，要么就去学。其实你真正鼓起勇气，开始认真去学习这些技术的时候，会发现其实没有那么神秘。当然，马上又会有新的神秘的东西出现，这个过程又会重复。但你就是在这样循环反复中成长的，产品是这样，人也是这样。

数据科学领域现状

我们从数据上看看数据科学的现状吧。从最大的职业社交网站领英（LinkedIn）的数据看来，数据科学家职位的年薪在 7.5 万～17 万美元之间，中位数是 11.3 万美元。

其中雇用数据科学家的公司主要集中在微软、IBM、Fackbook、亚马逊、Google 这些计算机互联网公司，图 3 为前 10 名雇佣数据科学家最多的公司。

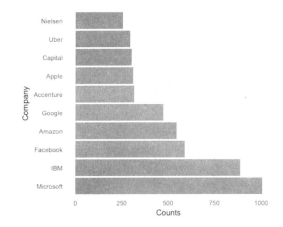

图 3　前 10 名雇佣数据科学家最多的公司

数据科学家所处的行业也集中在科技或者研究性组织，图 4 是排名前 10 的行业。

图 4　前 10 名数据科学家集中的行业

不同公司的数据科学团队架构不一样。主要有如下2种。

■ 独立式。独立的数据科学部门，会有一个数据科学总监这样的领导角色领导。这通常在研究所或者公司科研型的部门。对于数据科学家而言，在这样部门的优点是能够和很多其他数据科学家有技术上的交流，也有明确的职业轨道。缺点是，很难脱颖而出，需要和很多其他科学家竞争一些资源（比如培训会议的机会）。

■ 嵌入式。数据科学家各自嵌入到不同的职能部门中。常见的是市场部的数据科学家。领导者就是传统的市场总监。在这样的团队优势在于直接和公司高层接触，影响商业决策。因为独特很容易脱颖而出获取很多行业内培训和会议的机会，而且市场部是核心部门，如果你想在这个公司发展，这是很好的地方。缺点就是，无法和其他数据科学家交流，很多东西需要自己决策，周围人只能选择相信或者不相信你，但不能给出特别的帮助。久了会有在专业上落后的危险，所以需要充分利用在市场部的培训会议资源，积极参与数据科学家社区。最大的缺点是没有清晰的职业轨迹，因为在市场内部的分析团队不会太大。如果你的职业目标是最后管理一个大团队或者职能的话，这可能无法满足你的目标。但其职位本身从初级到高级的跨度可以很大。

数据科学家这个职位还比较新，所以从团队建设和职业轨迹上都还在发展，具有很好的前景。希望你能成为一个不断思考，终生学习的数据科学家！

如何成为一名异构并行计算工程师

文 / 刘文志

随着深度学习（人工智能）的火热，异构并行计算越来越受到业界的重视。从开始谈深度学习必谈GPU，到谈深度学习必谈计算力。计算力不但和具体的硬件有关，且和能够发挥硬件能力的人所拥有的水平（即异构并行计算能力）高低有关。一个简单的比喻是：两个芯片计算力分别是10T和20T，某人的异构并行计算能力为0.8，他拿到了计算力为10T的芯片，而异构并行计算能力为0.4的人拿到了计算力为20T的芯片，而实际上最终结果两人可能相差不大。异构并行计算能力强的人能够更好地发挥硬件的能力，而本文的目标就是告诉读者要变成一个异构并行计算能力强的工程师需要学习哪些知识。

异构并行计算是笔者提出的一个概念，它本质上是由异构计算和并行计算组合而来的，一方面表示异构并行计算工程师需要同时掌握异构计算的知识，同时也需要掌握并行计算的知识；另一方面是为更好地发展和丰富异构计算和并行计算。通过异构并行计算进一步提升知识的系统性和关联性，让每一个异构并行计算工程师都能够获得想要的工作，拿到值得的薪水。

对于一个异构并行计算工程师的日常来说，他的工作涉及的方面很广，有硬件，有软件，有系统，有沟通；是一个对硬实力和软实力都有非常高要求的岗位。

异构并行计算的难度是非常高的，而市场对这个职位的需求一直在提升，期待读者能够和我一起投身于异构并行计算的行列，为异构并行计算在中国的推广做出贡献。

异构并行计算工程师技能树

要想成为一个优秀的异构并行计算工程师需要掌握许多知识和技能，这些技能可以分为两个方面：

■ 处理器体系，处理器如何执行具体的指令；

■ 系统平台方面，这又可以分成多个细的主题，包括硬件的特点，软件编程相关的平台和基础设施。

读者可以从图1具体了解到异构并行计算工程师需要掌握的技能和知识。

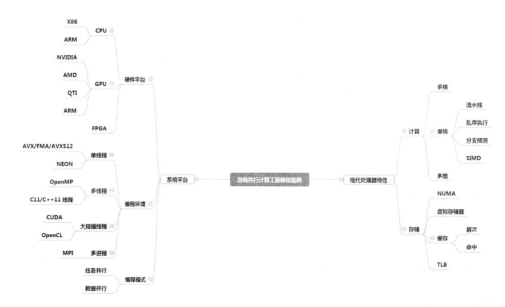

图1　异构并行计算工程师技能树

异构并行计算工程师成长详解

每个人甚至每个技术领域都在不停地成长，通常公司的岗位会区分为初级、中级、高级、主任等，这是按照贡献、能力和责任大小来分，并不适用来表示技术。为了更好地帮助读者学习知识，本文从技能体系角度来分析，因此并不能对应到各个公司招聘的岗位需求上，也意味着读者不能简单地把本文的技能和各个公司的岗位级别对应。

为了帮助读者更好地理解，本文会使用先硬件后软件的方式介绍。和异构并行工程师相关性最大的硬件知识即处理器特性，我们从这一点开始。

现代处理器的特性

从系统启动到终止，处理器一条接着一条地执行存储器中的指令，站在使用者的角度来看就好像是前一条指令执行完之后下一条指令才开始执行，是一个完完全全的串行过程。实际上，现代处理器利用了指令级并行技术，同一时刻存在着多条指令同时被执行，并且处理器执行指令的顺序无须和汇编代码给出的指令顺序完全一致，编译器和处理器只需要保证最终结果一致即可，这类处理器称为"乱序执行处理器"。而严格按照顺序一次执行一条指令，只有前一条执行完才开始执行后一条指令的处理器，称为"按序处理器"。而即使是在按序执行处理器上，编译器也可以对源代码进行类似的优化，以提高程序性能。对于一个特定的流水线来说，现代乱序执行处理器只保证指令执行阶段可以乱序，而其他阶段通常还是顺序的。目前主流的CPU和GPU，甚至DSP，无论是在服务器端，还是在移动端基本上都已经是乱序执行处理器了。

今天大多数处理器都是哈佛架构的变体，其根本特征是在程序执行时把指令和数据分开存储，程序员通常可以忽略指令存储，实际上异构并行计算更关注的是：计算和数据访问。

计算和访存

以作者正在使用的处理器 E5-2680v3 来说，其主频为 2.6GHz，支持 FMA 指令集，其单核单精度浮点计算能力为 2.6*2*8*2=83.2 GFlops；而单通道内存的带宽大约为 20GB/s。主流处理器的处理速度远快于内存读写速度，为了减少访问数据时的延迟，现代主流处理器主要采用了以下两种方式：

- 利用程序访问数据的局部性特点：采用了一系列小而快的缓存保存正在访问和将要被访问的数据，如果数据会被多次访问且数据能够被缓存容纳，则能够以近似于内存的价格获得近似于缓存的速度；
- 利用程序的并行性：在一个控制流由于高延迟的操作而阻塞时，执行另一个控制流，这样能够提高处理器核心的利用率，保证处理器核心一直在忙碌的状态。

简单来说，前一种方法是将经常访问的数据保存在低延迟的缓存中，以减少访问数据时的延迟，通过更快为处理器提供数据而提高性能，目前主流的CPU主要采用这种方法。而后一种方法则尽量保证运算单元一直在忙碌工作，通过提高硬件的利用率以提高程序的吞吐量，这种方法目前主要为主流的GPU所采用。这两种办法没有天然的壁垒，现代处理器（无论是CPU还是GPU）都采用了这两种方法，区别只是更偏重于使用哪一种方法。

指令级并行

现代处理器具有许多和代码性能优化相关的特点，本节主要介绍以下部分。

- 指令级并行技术：主要有流水线、多发射、VLIW、乱序执行、分支预测、超标量等技术；
- 向量化：主要有 SIMT 和 SIMD 技术。

软件开发人员如果了解现代多核向量处理器的这些特性，就能写出性能效率超过一般开发人员的代码。

多核

多核是指一个CPU模块里包含多个核心，每个核心是一个独立的计算整体，能够执行线程。现代处理器都是多核处理器，并且为多核使用场景所优化。

多核的每个核心里面具有独立的一级缓存，共享的或独立的二级缓存，有些机器还有独立或共享的三级/四级缓存，所有核心共享内存DRAM。通常第一级缓存是多核处理器的一个核心独享的，而最后一级缓存（Last Level Cache，LLC）是多核处理器的所有核心共享的，大多数多核处理器的中间各层也是独享的。如 Intel Core i7 处理器具有 4～8 个核，一些版本支持超线程，其中每个核心具有独立的一级数据缓存和指令缓存、统一的二级缓存，并且所有的核心共享统一的三级缓存。

由于共享LLC，因此多线程或多进程程序在多核处理器上运行时，平均每个进程或线程占用的LLC缓存相比使用单线程时要小，这使得某些LLC或内存限制的应用的可扩展性看起来没那么好。

由于多核处理器的每个核心都有独立的一级、有时还有独立的二级缓存，使用多线程/多进程程序时可利用每个核心独享的缓存，这是超线性加速（指在多核处理器上获得的性能收益超过核数）的原因之一。

多路与NUMA

硬件生产商还将多个多核芯片封装在一起，称之为多路，多路之间以一种介于共享和独享之间的方式访问内存。由于多路之间缺乏缓存，因此其通信代价通常不比DRAM低。一些多核也将内存控制器封装进多核之中，直接和内存相连，以提供更高的访存带宽。

多路上还有两个和内存访问相关的概念：UMA（均匀内存访问）和 NUMA（非均匀内存访问）。UMA 是指多个核心访问内存中的任意位置的延迟是一样的，NUMA 和 UMA 相对，核心访问离其近（指访问时要经过的中间节点数量少）的内存其延迟要小。如果程序的局部性很好，应当开启硬件的 NUMA 支持。

硬件平台

异构并行计算人员的能力最终需要通过运行在硬件上的程序来证明，这意味着异构并行计算编程人员对硬件的了解与其能力直接正相关。

目前大家接触到的处理器主要类型有 X86、ARM、GPU、FPGA 等，它们的差别非常大。

X86

X86 是 Intel/AMD 及相关厂商生产的一系列 CPU 处理器的

统称,也是大家日常所见。X86广泛应用在桌面、服务器和云上。

SSE是X86向量多核处理器支持的向量指令,具有16个长度为128位(16个字节)的向量寄存器,处理器能够同时操作向量寄存器中的16个字节,因此具有更高的带宽和计算性能。AVX将SSE的向量长度延长为256位(32字节),并支持浮点乘加。现在,Intel已将向量长度增加到512位。由于采用显式的SIMD编程模型,SSE/AVX的使用比较困难,范围比较有限,因此使用其编程是一件比较痛苦的事情。

MIC是Intel的众核架构,它拥有大约60左右个X86核心,每个核心包括向量单元和标量单元。向量单元包括32个长度为512位(64字节)的向量寄存器,支持16个32位或8个64位数同时运算。目前的MIC的核为按序的,因此其性能优化方法和基于乱序执行的X86处理器核心有很大不同。

为了减小使用SIMD指令的复杂度,Intel寄希望于其编译器的优化能力,实际上Intel的编译器向量化能力非常不错,但是通常手工编写的向量代码性能会更好。在MIC上编程时,软件开发人员的工作部分由显式使用向量指令转化为改写C代码和增加编译制导语句以让编译器产生更好的向量指令。

另外,现代64位X86 CPU还利用SSE/AVX指令执行标量浮点运算。

ARM

目前高端的智能手机、平板使用多个ARM核心和多个GPU核心。在人工智能时代,运行在移动设备上的应用对计算性能需求越来越大,而由于电池容量和功耗的原因,移动端不可能使用桌面或服务器高性能处理器,因此其对性能优化具有很高需求。

目前市场上的高性能ARM处理器主要是32位的A7/A9/A15,以及64位的A53/A57/A72。ARM A15 MP是一个多核向量处理器,它具有4个核心,每个核心具有64KB一级缓存,4个核心最大可共享2MB的二级缓存。ARM 32支持的向量指令集称为NEON。NEON具有16个长度为128位的向量寄存器(这些寄存器以q开头,也可表示为32个64位寄存器,以d开头),可同时操作向量寄存器的16个字节,因此使用向量指令可获得更高的性能和带宽。ARM A72 MP是一个多核向量处理器,其最多具有4个核心,每个核心独享32KB的一级数据缓存,四个核心最高可共享4MB统一的二级缓存。ARM 64支持的向量指令集称为asimd,指令功能基本上兼容neon,但是寄存器和入栈规则具有明显的不同,这意味着用neon写的汇编代码不能兼容asimd。

GPU

GPGPU是一种利用处理图形任务的GPU来完成原本由CPU处理(与图形处理无关的)的通用计算任务。由于现代GPU强大的并行处理能力和可编程流水线,令其可以处理非图形数据。特别在面对单指令流多数据流(SIMD),且数据处理的运算量远大于数据调度和传输的需要时,GPGPU在性能上大大超越了传统的CPU应用程序。

GPU是为了渲染大量像素而设计的,并不关心某个像素的处理时间,而是关注单位时间内能够处理的像素数量,因此带宽比延迟更重要。考虑到渲染的大量像素之间通常并不相关,因此GPU将大量的晶体管用于并行计算,故在同样数目的晶体管上,具有比CPU更高的计算能力。

CPU和GPU的硬件架构设计思路有很多不同,因此其编程方法很不相同,很多使用CUDA的开发人员有机会重新回顾学习汇编语言的痛苦经历。GPU的编程能力还不够强,因此必须要对GPU特点有详细了解,知道哪些能做,哪些不能做,才不会出现项目开发途中发觉有一个功能无法实现或实现后性能很差而导致项目中止的情况。

由于GPU将更大比例的晶体管用于计算,相对来说用于缓存的比例就比CPU小,因此通常局部性满足CPU要求而不满足GPU要求的应用不适合GPU。由于GPU通过大量线程的并行来隐藏访存延迟,一些数据局部性非常差的应用反而能够在GPU上获得很好的收益。另外一些计算访存比低的应用在GPU上很难获得非常高的性能收益,但是这并不意味着在GPU实现会比在CPU上实现差。CPU+GPU异构计算需要在GPU和CPU之间传输数据,而这个带宽比内存的访问带宽还要小,因此那种需要在GPU和CPU之间进行大量、频繁数据交互的解决方案可能不适合在GPU上实现。

FPGA

FPGA是现场可编程门阵列的缩写,随着人工智能的流行,FPGA越来越得到产业界和学术界的重视。FPGA的主要特点在于其可被用户或设计者重新进行配置,FPGA的配置可以通过硬件描述语言进行,常见的硬件描述语言有VHDL和Verilog。

使用VHDL和Verilog编程被人诟病的一点在于其编程速度。随着FPGA的流行,其编程速度越来越得到重视,各个厂商都推出了各自的OpenCL编程环境,虽然OpenCL降低了编程难度,但是其灵活性和性能也受到很大的限制。

传统上,FPGA用于通信,现在FPGA也用于计算和做硬件电路设计验证。目前主流的两家FPGA厂商是Altera和Xilinx,Intel在2014年收购了Altera,估计在2018年,Intel X86+FPGA的异构产品会出现在市场。

编程环境

本节将详细介绍目前主流的并行编程环境,既包括常见的指令级并行编程技术,也包括线程级并行编程技术和进程级技术。

Intel AVX/AVX512 Intrinsic

SSE/AVX是Intel推出的用以挖掘SIMD能力的汇编指令。由于汇编编程太难,后来Intel又给出了其内置函数版本(intrinsic)。

SSE/AVX指令支持数据并行,一个指令可以同时对多个数据进行操作,同时操作的数据个数由向量寄存器的长度和数据类型共同决定。如SSE4向量寄存器(xmm)长度为128位,即16个字节。如果操作float或int型数据,可同时操作4个;如果操作char型数据,可同时操作16个,而AVX向量寄存器(ymm)长度为256位,即32字节。

虽然SSE4/AVX指令向量寄存器的长度为128/256位,但是同样支持更小长度的向量操作。在64位程序下,SSE4/AVX向量寄存器的个数是16个。

SSE指令要求对齐,主要是为了减少内存或缓存操作的次数。SSE4 指令要求 16 字节对齐，而 AVX 指令要求 32 字节对齐。SSE4 及以前的 SSE 指令不支持不对齐的读写操作，为了简化编程和扩大应用范围，AVX 指令支持非对齐的读写。

ARM NEON Intrinsic

NEON 是 ARM 处理器上的 SIMD 指令集扩展，由于 ARM 在移动端得到广泛应用，目前 NEON 的使用也越来越普遍。

NEON 支持数据并行，一个指令可同时对多个数据进行操作，同时操作的数据个数由向量寄存器的长度和数据类型共同决定。

ARMv7 具有 16 个 128 位的向量寄存器，命名为 q0 ~ q15，这 16 个寄存器又可以分成 32 个 64 位寄存器，命名为 d0 ~ d31。其中 qn 和 d2n、d2n+1 是一样的，故使用汇编写代码时要注意避免寄存器覆盖。

OpenMP

OpenMP 是 Open Multi-Processing 的简称，是一个基于共享存储器的并行环境。OpenMP 支持 C/C++/Fortran 绑定，也被实现为库。目前常用的 GCC、ICC 和 Visual Studio 都支持 OpenMP。

OpenMP API 包括以下几个部分：一套编译器伪指令，一套运行时函数，一些环境变量。OpenMP 已经被大多数计算机硬件和软件厂商所接受，成为事实上的标准。

OpenMP 提供了对并行算法的高层的抽象描述，程序员通过在源代码中插入各种 pragma 伪指令来指明自己的意图，编译器据此可以自动将程序并行化，并在必要之处加入同步互斥等通信。当选择告诉编译器忽略这些 pragma 或者编译器不支持 OpenMP 时，程序又可退化为串行程序，代码仍然可以正常运作，只是不能利用多线程来加速程序执行。OpenMP 提供的这种对于并行描述的高层抽象降低了并行编程的难度和复杂度，这样程序员可以把更多的精力投入到并行算法本身，而非其具体实现细节。对基于数据并行的多线程程序设计，OpenMP 是一个很好的选择。同时，使用 OpenMP 也提供了更强的灵活性，可以适应不同的并行系统配置。线程粒度和负载均衡等是传统并行程序设计中的难题，但在 OpenMP 中，OpenMP 库从程序员手中接管了这两方面的部分工作。

OpenMP 的设计目标为：标准、简洁实用、使用方便、可移植。作为高层抽象，OpenMP 并不适合需要复杂的线程间同步、互斥及对线程做精密控制的场合。OpenMP 的另一个缺点是不能很好地在非共享内存系统（如计算机集群）上使用，在这样的系统上，MPI 更适合。

MPI

MPI（Message Passing Interface，消息传递接口）是一种消息传递编程环境。消息传递指用户必须通过显式地发送和接收消息来实现处理器间的数据交换。MPI 定义了一组通信函数，以将数据从一个 MPI 进程发送到另一个 MPI 进程。在消息传递并行编程中，每个控制流均有自己独立的地址空间，不同的控制流之间不能直接访问彼此的地址空间，必须通过显式的消息传递来实现。这种编程方式是大规模并行处理机（MPP）和机群（Cluster）采用的主要编程方式。实践表明 MPI 的扩展性非常好，无论是在几个节点的小集群上，还是在拥有成千上万节点的大集群上，都能够很好地应用。

由于消息传递程序设计要求用户很好地分解问题，组织不同控制流间的数据交换，并行计算粒度大，特别适合于大规模可扩展并行算法。MPI 是基于进程的并行环境。进程拥有独立的虚拟地址空间和处理器调度，并且执行相互独立。MPI 设计为支持通过网络连接的机群系统，且通过消息传递来实现通信，消息传递是 MPI 的最基本特色。

MPI 是一种标准或规范的代表，而非特指某一个对它的具体实现，MPI 成为分布式存储编程模型的代表和事实上的标准。迄今为止，所有的并行计算机制造商都提供对 MPI 的支持，可以在网上免费得到 MPI 在不同并行计算机上的实现，一个正确的 MPI 程序可以不加修改地在所有的并行机上运行。

MPI 只规定了标准并没有给出实现，目前主要的实现有 OpenMPI、Mvapich 和 MPICH，MPICH 相对比较稳定，而 OpenMPI 性能较好，Mvapich 则主要是为了 Infiniband 而设计。

MPI 主要用于分布式存储的并行机，包括所有主流并行计算机。但是 MPI 也可以用于共享存储的并行机，如多核微处理器。编程实践证明 MPI 的可扩展性非常好，其应用范围从几个机器的小集群到工业应用的上万节点的工业级集群。MPI 已在 Windows 上、所有主要的 UNIX/Linux 工作站上和所有主流的并行机上得到实现。使用 MPI 进行消息传递的 C 或 Fortran 并行程序可不加改变地运行在使用这些操作系统的工作站，以及各种并行机上。

OpenCL

OpenCL（Open Computing Language，开放计算语言），先由 Apple 设计，后来交由 Khronos Group 维护，是异构平台并行编程的开放的标准，也是一个编程框架。Khronos Group 是一个非盈利性技术组织，维护着多个开放的工业标准，并且得到了工业界的广泛支持。OpenCL 的设计借鉴了 CUDA 的成功经验，并尽可能的支持多核 CPU、GPU 或其他加速器。OpenCL 不但支持数据并行，还支持任务并行。同时 OpenCL 内建了多 GPU 并行的支持。这使得 OpenCL 的应用范围比 CUDA 广，但是目前 OpenCL 的 API 参数比较多（因为不支持函数重载），因此函数相对难以熟记。

OpenCL 覆盖的领域不仅包括 GPU，还包括其他的多种处理器芯片。到现在为止，支持 OpenCL 的硬件主要局限在 CPU、GPU 和 FPGA 上，目前提供 OpenCL 开发环境的主要有 NVIDIA、AMD、ARM、Qualcomm、Altera 和 Intel，其中 NVIDIA 和 AMD 都提供了基于自家 GPU 的 OpenCL 实现，而 AMD 和 Intel 提供了基于各自 CPU 的 OpenCL 实现。目前它们的实现都不约而同地不支持自家产品以外的产品。由于硬件的不同，为了写出性能优异的代码，可能会对可移植性造成影响。

OpenCL 包含两个部分：一是语言和 API，二是架构。为了 C 程序员能够方便、简单地学习 OpenCL，OpenCL 只是给 C99 进行了非常小的扩展，以提供控制并行计算设备的 API 以及一些声明计算内核的能力。软件开发人员可以利用 OpenCL 开发并行程序，并且可获得比较好的在多种设备上运行的可移植性。

OpenCL 的目标是一次编写，能够在各种硬件条件下编译的异构程序。由于各个平台的软硬件环境不同，高性能和平台间兼容性会产生矛盾。而OpenCL允许各平台使用自己硬件的特性，这又增大了这一矛盾。但是如果不允许各平台使用自己的特性，却会阻碍硬件的改进。

CUDA

CUDA认为系统上可以用于计算的硬件包含两个部分：一个是CPU（称为主机），一个是GPU（称为设备），CPU控制/指挥GPU工作，GPU只是CPU的协处理器。目前CUDA只支持NVIDIA的GPU，而CPU由主机端编程环境负责。

CUDA是一种架构，也是一种语言。作为一种架构，它包括硬件的体系结构（G80、GT200、Fermi、Kepler）、硬件的CUDA计算能力及CUDA程序是如何映射到GPU上执行；作为一种语言，CUDA提供了能够利用GPU计算能力的方方面面的功能。CUDA的架构包括其编程模型、存储器模型和执行模型。CUDA C语言主要说明了如何定义计算内核（kernel）。CUDA架构在硬件结构、编程方式与CPU体系有极大不同，关于CUDA的具体细节读者可参考CUDA相关的书籍。

CUDA以C/C++语法为基础而设计，因此对熟悉C系列语言的程序员来说，CUDA的语法比较容易掌握。另外CUDA只对ANSI C进行了最小的扩展，以实现其关键特性：线程按照两个层次进行组织、共享存储器（shared memory）和栅栏（barrier）同步。

目前CUDA提供了两种API以满足不同人群的需要：运行时API和驱动API。运行时API基于驱动API构建，应用也可以使用驱动API。驱动API通过展示低层的概念提供了额外的控制。使用运行时API时，初始化、上下文和模块管理都是隐式的，因此代码更简明。一般一个应用只需要使用运行时API或者驱动API中的一种，但是可以同时混合使用这两种。笔者建议读者优先使用运行时API。

编程模式

和串行编程类似，并行编程也表现出模式的特征，并行编程模式是对某一类相似并行算法的解决方案的抽象。

和串行编程类似，并行编程对于不同应用场景也有不同的解决方法。由于并行的特殊性，串行的解决方法不能直接移植到并行环境上，因此需要重新思考、设计解决方法。并行编程模式大多数以数据和任务（过程化的操作）为中心来命名，也有一些是以编程方法来命名。

经过几十年的发展，人们已经总结出一系列有效的并行模式，这些模型的适用场景各不相同。本节将简要说明一些常用并行模式的特点、适用的场景和情况，具体的描述和实现则在后文详细描述。

需要说明的是：从不同的角度看，一个并行应用可能属于多个不同的并行模式，本质原因在于这些并行模式中存在重叠的地方。由于模式并非正交，因此适用于一种模式的办法可能也适用于另一种模式，读者需要举一反三。

任务并行模式

任务并行是指每个控制流计算一件事或者计算多个并行任务的一个子任务，通常其粒度比较大且通信很少或没有。

由于和人类的思维方式比较类似，任务并行比较受欢迎，且又易于在原有的串行代码的基础上实现。

数据并行模式

数据并行是指一条指令同时作用在多个数据上，那么可以将一个或多个数据分配给一个控制流计算，这样多个控制流就可以并行，这要求待处理的数据具有平等的特性，即几乎没有需要特殊处理的数据。如果对每个数据或每个小数据集的处理时间基本相同，那么均匀分割数据即可；如果处理时间不同，就要考虑负载均衡问题。通常的做法是尽量使数据集的数目远大于控制流数目，动态调度以基本达到负载均衡。

数据并行对控制的要求比较少，因此现代GPU利用这一特性，大量减少控制单元的比例，而将空出来的单元用于计算，这样就能在同样数量的晶体管上提供更多的原生计算能力。

基于进程的、基于线程的环境，甚至指令级并行环境都可以很好地应用在数据并行上。必要时可同时使用这三种编程环境，在进程中分配线程，在线程中使用指令级并行处理多个数据，这称为混合计算。

异构并行计算领域现状

在2005年之前，处理器通常提升频率来提升计算性能，由于性能是可预测的，因此在硬件生产商、研究人员和软件开发人员之间形成了一个良性循环。由于功耗的限制，处理器频率不能接着提升，硬件生产商转而使用向量化或多核技术。而以GPU计算为代表的异构并行计算的兴起，加上人工智能的加持，异构并行计算从学术界走向工业界，获得了大众的认可。今天几乎所有主流的处理器硬件生产商都已经在支持OpenCL，未来异构并行计算必将无处不在。今天无论上技术上还是市场上，它都获得了长足的发展，笔者可以预计在未来的十年，异构并行计算必将进一步深入发展，并且在更多的行业产生价值。

技术进展

由于工艺制程的影响，芯片的集成度提升会越来越难，现在14nm已经量产，未来7nm也将很快。随着制程技术到达极限，某些厂商通过制程领先一代的优势会消失，软件公司会进一步重视异构并行计算人才的价值。而一些硬件厂商会进化成系统厂商，不再只是提供单纯的硬件，进而会硬件和系统软件一起提供，通过把软件的成本转嫁到硬件上来获得利润。

随着异构并行计算影响力的提升，各个厂商和组织开发了一系列的技术，如WebCL、OpenVX、Vulkan等。这些技术进一步丰富和扩张了异构并行计算的领域，更促进了异构并行计算。今天基本上每家硬件和系统软件公司都或多或少的涉及了异构并行计算。

市场需求

随着人工智能的兴起，市场对异构并行计算领域人员的需求已经从传统的科学计算、图像处理转到互联网和新兴企业，目前人员缺口已经很大了，从51job和智联招聘上能够查到许多招聘信息。

由于目前还在行业的早期，异构并行计算开发人员的能力和老板期望和支出之间存在明显的认知差距，再加上异构并行计算开发人员的工作成果往往需要产品间接反映，故在多个层面上存在博弈。对于异构并行计算领域的人员来说，这个博弈有点不公平，因为职业特点要求异构并行计算领域的从业人员要比算法设计人员更了解算法实现细节、要比算法实现人员更了解算法的应用场景，再加上编程上的难度和需要付出更多的时间。但是由于行业刚形成不久，老板们并没有意识到这一点，他们还只是把异构并行计算从业人员当成普通的开发者，矛盾就产生了。

随着人工智能的兴起，市场对异构并行计算从业人员的认知逐渐变得理性。越来越多的企业认识到：异构并行计算是人工智能企业最核心的竞争力之一。可以预见在不远的将来，异构并行计算工程师会越来越吃香。

如何成为一名语音识别工程师

文 / 陈孝良

语音识别基础知识

数学与统计学

数学是所有学科的基础，其中的高等数学、数理方程、泛函分析等课程是必要的基础知识，概率论与数理统计也是语音识别的基础学科。

声学与语言学

声学基础、理论声学、声学测量等是声学方面的基础课程，有助于了解更多声学领域的知识。语言学概论、语言哲学、语义最小论与语用多元论、语法化与语义图等知识对于理解语言模型和语音交互UI设计非常有帮助。

计算机学

信号系统、数字信号处理、语音信号处理、离散数学、数据结构、算法导论、并行计算、C语言概论、Python语言、语音识别、深度学习等课程也是必备的基础知识。

语音识别专业知识

语音识别的知识体系可以划分为三个大的部分：专业基础、支撑技能和应用技能，如图1所示。语音识别的专业基础又包括了算法基础、数据知识和开源平台，其中算法基础是语音识别系统的核心知识，包括了声学机理、信号处理、声学模型、语言模型和解码搜索等。

专业基础
算法基础

声学机理：包括发音机理、听觉机理和语言机理，发音机理主要探讨人类发声器官和这些器官在发声过程中的作用，而听觉机理主要探讨人类听觉器官、听觉神经及其辨别处理声音的方式，语言机理主要探究人类语言的分布和组织方式。这些知识对于理论突破和模型生成具有重要意义。

信号处理：包括语音增强、噪声抑制、回声抵消、混响抑制、波束形成、声源定位、声源分离、声源追踪等。具体如下：

- **语音增强**：这里是狭义定义，指自动增益或者阵列增益，主要是解决拾音距离的问题，自动增益一般会增加所有信号能量，而语音增强只增加有效语音信号的能量。

- **噪声抑制**：语音识别不需要完全去除噪声，相对来说通话系统中则必须完全去除噪声。这里说的噪声一般指环境噪声，比如空调噪声，这类噪声通常不具有空间指向性，能量也不是

特别大，不会掩盖正常的语音，只是影响了语音的清晰度和可懂度。这种方法不适合强噪声环境下的处理，但是足以应付日常场景的语音交互。

- **混响消除**：混响消除的效果很大程度影响了语音识别的效果。一般来说，当声源停止发声后，声波在房间内要经过多次反射和吸收，似乎若干个声波混合持续一段时间，这种现象叫作混响。混响会严重影响语音信号处理，并且降低测向精度。

- **回声抵消**：严格来说，这里不应该叫回声，应该叫"自噪声"。回声是混响的延伸概念，这两者的区别就是回声的时延更长。一般来说，超过100毫秒时延的混响，人类能够明显区分出，似乎一个声源同时出现了两次，就叫作回声。实际上，这里所指的是语音交互设备自己发出的声音，比如Echo音箱，当播放歌曲的时候若叫Alexa，这时候麦克风阵列实际上采集了正在播放的音乐和用户所叫的Alexa声音，显然语音识别无法识别这两类声音。回声抵消就是要去掉其中的音乐信息而只保留用户的人声，之所以叫回声抵消，只是延续大家的习惯，其实是不恰当的。

- **声源测向**：这里没有用声源定位，测向和定位是不太一样的，而消费级麦克风阵列做到测向就可以，定位则需要更多的成本投入。声源测向的主要作用就是侦测到与之对话人类的声音以便后续的波束形成。声源测向可以基于能量方法，也可以基于谱估计，阵列也常用TDOA技术。声源测向一般在语音唤醒阶段实现，VAD技术其实就可以包含到这个范畴，也是未来功耗降低的关键因素。

- **波束形成**：波束形成是通用的信号处理方法，这里是指将一定几何结构排列的麦克风阵列的各麦克风输出信号经过处理（例如加权、时延、求和等）形成空间指向性的方法。波束形成主要是抑制主瓣以外的声音干扰，这里也包括人声，比如几个人围绕Echo谈话的时候，Echo只会识别其中一个人的声音。

端点检测：端点检测，英语是Voice Activity Detection，简称VAD，主要作用是区分一段声音是有效的语音信号还是非语音信号。VAD是语音识别中检测句子之间停顿的主要方法，同时也是低功耗所需要考虑的重要因素。VAD通常都用信号处理的方法来做，之所以这里单独划分，因为现在VAD的作用其实更加重要，而且通常VAD也会基于机器学习的方法来做。

特征提取：声学模型通常不能直接处理声音的原始数据，这就需要把时域的声音原始信号通过某类方法提取出固定的特征序列，然后将这些序列输入到声学模型。事实上深度学习训练的模型不会脱离物理的规律，只是把幅度、相位、频率及各个维度的相关性进行了更多的特征提取。

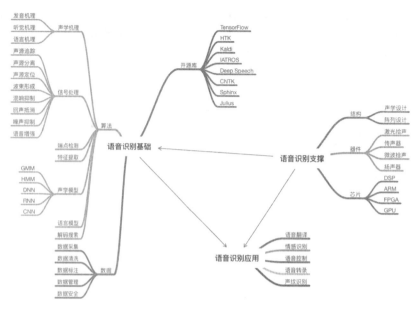

图1　语音识别技能树

声学模型：声学模型是语音识别中最为关键的部分，是将声学和计算机学的知识进行整合，以特征提取部分生成的特征作为输入，并为可变长的特征序列生成声学模型分数。声学模型核心要解决特征向量的可变长问题和声音信号的多变性问题。事实上，每次所提到的语音识别进展，基本上都是指声学模型的进展。声学模型迭代这么多年，已经有很多模型，我们把每个阶段应用最为广泛的模型介绍一下，其实现在很多模型都是在混用，这样可以利用各个模型的优势，对于场景的适配更加鲁棒。

■ GMM，Gaussian Mixture Model，即高斯混合模型，是基于傅立叶频谱语音特征的统计模型，可以通过不断迭代优化求取GMM中的加权系数及各个高斯函数的均值与方差。GMM模型训练速度较快，声学模型参数量小，适合离线终端应用。深度学习应用到语音识别之前，GMM-HMM混合模型一直都是优秀的语音识别模型。但是GMM不能有效对非线性或近似线性的数据进行建模，很难利用语境的信息，扩展模型比较困难。

■ HMM，Hidden Markov Model，即隐马尔可夫模型，用来描述一个含有隐含未知参数的马尔可夫过程，从可观察的参数中确定该过程的隐含参数，然后利用这些参数来进一步分析。HMM是一种可以估计语音声学序列数据的统计学分布模型，尤其是时间特征，但是这些时间特征依赖于HMM的时间独立性假设，这样对语速、口音等因素与声学特征就很难关联起来。HMM还有很多扩展的模型，但是大部分还只适用于小词汇量的语音识别，大规模语音识别仍然非常困难。

■ DNN，Deep Neural Network，即深度神经网络，是较早用于声学模型的神经网络，DNN可以提高基于高斯混合模型的数据表示的效率，特别是DNN-HMM混合模型大幅度地提升了语音识别率。由于DNN-HMM只需要有限的训练成本便可得到较高的语音识别率，目前仍然是语音识别工业领域常用的声学模型。

■ RNN，Recurrent Neural Networks，即循环神经网络，CNN，Convolutional Neural Networks，即卷积神经网络，这两种神经网络在语音识别领域的应用，主要是解决如何利用可变长度语境信息的问题，CNN/RNN比DNN在语速鲁棒性方面表现得更好一些。其中，RNN模型主要包括LSTM（多隐层长短时记忆网络）、highway LSTM、Residual LSTM、双向LSTM等。CNN模型包括了时延神经网络（TDNN）、CNN-DNN、CNN-LSTM-DNN（CLDNN）、CNN-DNN-LSTM、Deep CNN等。其中有些模型性能相近，但是应用方式不同，比如双向LSTM和Deep CNN性能接近，但是双向LSTM需要等一句话结束才能识别，而Deep CNN则没有时延更适合实时语音识别。

语言模型：通过训练语料学习词之间的关系来估计词序列的可能性，最常见的语言模型是N-Gram模型。近年，深度神经网络的建模方式也被应用到语言模型中，比如基于CNN及RNN的语言模型。

解码搜索：解码是决定语音识别速度的关键因素，解码过程通常是将声学模型、词典以及语言模型编译成一个网络，基于最大后验概率的方法，选择一条或多条最优路径作为语音识别结果。解码过程一般可以划分动态编译和静态编译，或者同步与异步的两种模式。目前比较流行的解码方法是基于树复制的帧同步解码方法。

语音识别数据知识

数据采集：主要是将用户与机器对话的声音信息收集起来，一般分为近场和远场两个部分，近场采集一般基于手机就可完成，远场采集一般需要麦克风阵列。数据采集同时还有关注采集环境，针对不同数据用途，语音采集的要求也很不一样，比如人群的年龄分布、性别分布和地域分布等。

数据清洗：主要是将采集的数据进行预处理，剔除不合要求的语音甚至是失效的语音，为后面的数据标注提供精确的数据。

数据标注：主要是将声音的信息翻译成对应的文字，训练一个声学模型，通常要标注数万个小时，而语音是时序信号，所以需要的人力工时相对很多，同时由于人员疲惫等因素导致标注的错误率也比较高。如何提高数据标注的成功率也是语音识别的关键问题。

数据管理：主要是对标注数据的分类管理和整理，这样更利于数据的有效管理和重复利用。

数据安全：主要是对声音数据进行安全方便的处理，比如加密等，以避免敏感信息泄露。

语音识别开源平台

目前主流的开源平台包括 CMU Sphinx、HTK、Kaldi、Julius、iATROS、CNTK、TensorFlow 等，CMU Sphinx 是离线的语音识别工具，支持 DSP 等低功耗的离线应用场景。由于深度学习对于语音识别 WER 的下降具有明显的作用，所以 Kaldi、CNTK、TensorFlow 等支持深度学习的工具目前比较流行，Kaldi 的优势就是集成了很多语音识别的工具，包括解码搜索等。具体的开源平台汇总如表 1 所示。

表 1 开源平台汇总

开源平台	描述	授权	支持系统	编程语言	支持语种
CMU Sphinx	HMM	BSD style	Multi-platform	Java	English
Mozilla DeepSpeech	Deep neural net.	Mozilla Public License 2.0	Multi-platform	Python	English
HTK	HMM Deep neural net.	HTK Specific License	Multi-platform	C	English. Version 3.5 released December 2015.
Julius	HMM trigrams	BSD-like	Multi-platform	C	Japanese, English(non-commercial)[1]
Kaldi	Deep neural net.	Apache	Multi-platform	C++	English
iATROS	LDA (Latent Dirichlet)	miss	Linux	C	English. Currently inactive (last update 2009)

支撑技能

声学器件

传声器，通常称为麦克风，是一种将声音转换成电子信号的换能器，即把声信号转成电信号，其核心参数是灵敏度、指向性、频率响应、阻抗、动态范围、信噪比、最大声压级（或 AOP，声学过载点）、一致性等。传声器是语音识别的核心器件，决定了语音数据的基本质量。

扬声器，通常称为喇叭，是一种把电信号转变为声信号的换能器件，扬声器的性能优劣对音质的影响很大，其核心指标是 TS 参数。语音识别中由于涉及回声抵消，对扬声器的总谐波失真要求稍高。

激光拾声，这是主动拾声的一种方式，可以通过激光的反射等方法拾取远处的振动信息，从而还原成为声音，这种方法以前主要应用在窃听领域，但是目前来看这种方法应用到语音识别还比较困难。

微波拾声，微波是指波长介于红外线和无线电波之间的电磁波，频率范围大约在 300MHz 至 300GHz 之间，同激光拾声的原理类似，只是微波对于玻璃、塑料和瓷器几乎是穿越而不被吸收。

高速摄像头拾声，这是利用高速摄像机来拾取振动从而还原声音，这种方式需要可视范围和高速摄像机，只在一些特定场景里面应用。

计算芯片

DSP，Digital Signal Processor，数字信号处理器，一般采用哈佛架构，具有低功耗运算快等优点，主要应用在低功耗语音识别领域。

ARM，Acorn RISC Machine，是英国公司设计的一种 RISC 处理器架构，具有低功耗高性能的特点，在移动互联网领域广泛应用，目前 IOT 领域，比如智能音箱也是以 ARM 处理器为主。

FPGA，Field – Programmable Gate Array，现场可编程门阵列，是 ASIC 领域中的一种半定制电路，既解决了固定定制电路的不足，又克服了可编程器件门电路有限的缺点。FPGA 在并行计算领域也非常重要，大规模的深度学习也可以基于 FPGA 计算实现。

GPU，Graphics Processing Unit，图形处理器，是当前深度学习领域最火的计算架构，事实上深度学习领域用到的是 GPGPU，主要是进行大规模计算的加速，GPU 通常的问题就是功耗过大，所以一般应用到云端的服务器集群。

另外，还有 NPU、TPU 等新兴的处理器架构，主要为深度学习算法进行专门的优化，由于还没有大规模使用，这里先不详叙。

声学结构

阵列设计，主要是指麦克风阵列的结构设计，麦克风阵列一般来说有线形、环形和球形之分，严谨的应该说成一字、十字、平面、螺旋、球形及无规则阵列等。至于麦克风阵列的阵元数量，也就是麦克风数量，可以从 2 个到上千不等，因此阵列设计就要解决场景中的麦克风阵列阵型和阵元数量的问题，既保证效果，又控制成本。

声学设计，主要是指扬声器的腔体设计，语音交互系统不仅需要收声，还需要发声，发声的质量也特别重要，比如播放音乐或者视频的时候，音质也是非常重要的参考指标，同时，音质的设计也将影响语音识别的效果，因此声学设计在智能语音交互系统也是关键因素。

应用技能

语音识别的应用将是语音交互时代最值得期待的创新，可以类比移动互联时代，最终黏住用户的还是语音应用程序，而当前的人工智能主要是基础建设，AI 的应用普及还是需要一段时间。虽然 Amazon 的 Alexa 已经有上万个应用，但是从用户反馈来看，目前主要还是以下几个核心技术点的应用。

语音控制，事实上是当前最主要的应用，包括了闹钟、音乐、地图、购物、智能家电控制等功能，语音控制的难度相对也比较大，因为语音控制要求语音识别更加精准、速度更快。

语音转录，这在比如会议系统、智能法院、智能医疗等领域具有特殊应用，主要是实时将用户说话的声音转录成文字，以便形成会议纪要、审判记录和电子病历等。

语言翻译，主要是在不同语言之间进行切换，这在语音转录的基础上增加了实时翻译，对于语音识别的要求更高。

下面这三种识别，可以归为语音识别的范畴，也可以单独列成一类，这里我们还是广义归纳到语音识别的大体系，作为语音识别的功能点更容易理解。

声纹识别，声纹识别的理论基础是每一个声音都具有独特的特征，通过该特征能将不同人的声音进行有效的区分。声纹的特征主要由两个因素决定，第一个是声腔的大小，具体包括咽喉、鼻腔和口腔等，这些器官的形状、大小和位置决定了声带张力的大小和声音频率的范围。第二个决定声纹特征的因素是发声器官被操纵的方式，发声器官包括唇、齿、舌、软腭及腭肌肉等，他们之间相互作用就会产生清晰的语音。而他们之间的协作方式是人通过后天与周围人的交流中随机学习到的。声纹识别常用的方法包括模板匹配法、最近邻方法、神经元网络方法、VQ聚类法等。

情感识别，主要是从采集到的语音信号中提取表达情感的声学特征，并找出这些声学特征与人类情感的映射关系。情感识别当前也主要采用深度学习的方法，这就需要建立对情感空间的描述以及形成足够多的情感语料库。情感识别是人机交互中体现智能的应用，但是到目前为止，技术水平还没有达到产品应用的程度。

哼唱识别，主要是通过用户哼唱歌曲的曲调，然后通过其中的旋律同音乐库中的数据进行详细分析和比对，最后将符合这个旋律的歌曲信息提供给用户。目前这项技术在音乐搜索中已经使用，识别率可以达到80%左右。

语音识别现状和趋势

目前来看，语音识别的精度和速度比较取决于实际应用环境，在安静环境、标准口音、常见词汇上的语音识别率已经超过95%，完全达到了可用状态，这也是当前语音识别比较火热的原因。随着技术的发展，现在口音、方言、噪声等场景下的语音识别也达到了可用状态，但是对于强噪声、超远场、强干扰、多语种、大词汇等场景下的语音识别还需要很大的提升。当然，多人语音识别和离线语音识别也是当前需要重点解决的问题。

学术界探讨了很多语音识别的技术趋势，有两个思路是非常值得关注的，一个是就是端到端的语音识别系统，另外一个就是G.E. Hinton最近提出的胶囊理论，Hinton的胶囊理论学术上争议还比较大，能否在语音识别领域体现出来优势还值得探讨。

端到端的语音识别系统当前也没有大规模应用，从理论上来看，由于语音识别本质上是一个序列识别问题，如果语音识别中的所有模型都能够联合优化，应该会获取更好的语音识别准确度，这也是端到端语音识别系统的优势。但是从语音采集、信号处理、特征提取、声学模型、语音模型、解码搜索整个链条都做到端到端的建模处理，难度非常大，因此现在常说的端到端的模型基本还是局限于声学模型范畴，比如将DNN-HMM或者CNN/RNN-HMM模型进行端到端的优化，比如CTC准则和Attention-based模型等方法。事实上，端到端的训练，可以把真实场景的噪声、混响等也作为新特征来进行学习，这样可以减少对于信号处理的依赖，只是这种方法还存在训练性能、收敛速度、网络带宽等诸多问题，相对于主流的语音识别方法还没有取得明显的优势。

本文以科普为主，非常感谢国内语音识别领域各位伙伴的支持，文中若有不足之处，期待大家的指正！P

如何成为一名自然语言处理工程师

文 / 兰红云

自然语言处理和大部分的机器学习或者人工智能领域的技术一样，是一个涉及多个技能、技术和领域的综合体。所以自然语言处理工程师会有各种各样的背景，大部分都是在工作中自学或者是跟着项目一起学习的，这其中也不乏很多有科班背景的专业人才，因为技术的发展实在是日新月异，所以时刻要保持着一种强烈的学习欲望，让自己跟上时代和技术发展的步伐。本文作者从个人学习经历出发，介绍相关经验，如图1所示。

一些研究者将自然语言处理（NLP, Natural Language Processing）和自然语言理解（NLU, Natural Language Understanding）区分开，在文章中我们说的NLP是包含两者的，并没有将两者严格分开。

自然语言处理学习路线

数学基础

数学对于自然语言处理的重要性不言而喻。当然数学的各个分支在自然语言处理的不同阶段也会扮演不同的角色，这里介绍几个重要的分支。

代数

代数作为计算数学里面很重要的一个分支，在自然语言处理中也有举足轻重的作用。这一部分需要重点关注矩阵处理相关的一些知识，比如矩阵的SVD、QR分解，矩阵逆的求解，正定矩阵、稀疏矩阵等特殊矩阵的一些处理方法和性质等。对于这一部分的学习，既可以跟着大学的代数书一起学习，也可

图1 自然语言处理工程师技能树

以跟着网上的各种公开课一起学习，这里既可以从国内的一些开放学习平台上学，也可以从国外的一些开放学习平台上学。这里放一个学习的链接，网易公开课的链接：https://c.open.163.com/search/search.htm?query=线性代数#/search/all。（其他的资料或者平台也都可以。）

概率论

在很多的自然语言处理场景中，我们都是算一个事件发生的概率。这其中既有特定场景的原因，比如要推断一个拼音可能的汉字，因为同音字的存在，我们能计算的只能是这个拼音到各个相同发音的汉字的条件概率。也有对问题的抽象处理，比如词性标注的问题，这个是因为我们没有很好的工具或者说能力去精准地判断各个词的词性，所以就构造了一个概率解决的办法。对于概率论的学习，既要学习经典的概率统计理论，也要学习贝叶斯概率统计。相对来说，贝叶斯概率统计可能更重要一些，这个和贝叶斯统计的特性是相关的，因其提供了一种描述先验知识的方法，使得历史的经验使用成为了可能，而历史在现实生活中，也确实是很有用的。比如朴素贝叶斯模型、隐马尔卡模型、最大熵模型，这些我们在自然语言处理中耳熟能详的一些算法，都是贝叶斯模型的一种延伸和实例。这一部分的学习资料，也非常丰富，这里也照例对两种概率学习各放一个链接，统计学导论 http://open.163.com/movie/2011/5/M/O/M807PLQMF_M80HQQGMO.html，贝叶斯统计 https://www.springboard.com/blog/probability-bayes-theorem-data-science/ 。

信息论

信息论作为一种衡量样本纯净度的有效方法。对于刻画两个元素之间的习惯搭配程度非常有效。这个对于我们预测一个语素可能的成分（词性标注），成分的可能组成（短语搭配）非常有价值，所以这一部分知识在自然语言处理中也有非常重要的作用。同时这部分知识也是很多机器学习算法的核心，比如决策树、随机森林等以信息熵作为决策桩的一些算法。对于这部分知识的学习，更多的是要理解各个熵的计算方法和优缺点，比如信息增益和信息增益率的区别，以及各自在业务场景中的优缺点。照例放上一个链接 http://open.163.com/special/opencourse/information.html。

数据结构与算法

这部分内容的重要性就不做赘述了。学习了上面的基础知识，只是万里长征开始了第一步，要想用机器实现对自然语言的处理，还是需要实现对应的数据结构和算法。这一部分也算是自然语言处理工程师的一个看家本领。这一部分的内容也是比较多的，这里就做一个简单的介绍和说明。

首先数据结构部分，需要重点关注链表、树结构和图结构(邻接矩阵)。包括各个结构的构建、操作、优化，以及各个结构在不同场景下的优缺点。当然大部分情况下，可能使用到的数据结构都不是单一的，而是有多种数据结构组合。比如在分词中有非常优秀表现的双数组有限状态机就使用到树和链表的结构，但是实现上采用的是链表形式，提升了数据查询和匹配的速度。在熟练掌握各种数据结构之后，就是要设计良好的算法了。

伴随着大数据的不断扩张，单机的算法越来越难发挥价值，所以多数场景下都要研发并行的算法。这里面又涉及一些工具的应用，也就是编程技术的使用。例如基于 Hadoop 的 MapReduce 开发和 Spark 开发都是很好的并行化算法开发工具，但是实现机制却有很大的差别，同时编程的便利程度也不一样。当然这里面没有绝对的孰好孰坏，更多的是个人使用的习惯和业务场景的不同。比如两个都有比较成熟的机器学习库，一些常用的机器学习算法都可以调用库函数实现，编程语言上也都可以采用 Java，不过 Spark 场景下使用 Scala 会更方便一些。因为这一部分是偏实操的，所以我的经验会建议实例学习的方法，也就是跟着具体的项目学习各种算法和数据结构。最好能对学习过的算法和数据结构进行总结回顾，这样可以更好地得到这种方法的精髓。因为基础的元素，包括数据结构和计算规则都是有限的，所以多样的算法更多的是在不同场景下，对于不同元素的一个排列组合，如果能够融会贯通各个基础元素的原理和使用，不管是对于新知识的学习还是对于新解决方案的构建都是非常有帮助的。对于工具的选择，建议精通一个，对于其他工具也需要知道，比如精通 Java 和 MapReduce，对于 Spark 和 Python 也需要熟悉，这样可以在不同的场景下使用不同的工具，提升开发效率。这一部分实在是太多、太广，这里不能全面地介绍，大家可以根据自己的需求，选择合适的学习资料进行学习。这里给出一个学习基础算法（包含排序、图、字符串处理等）的课程链接 https://algs4.cs.princeton.edu/home/。

语言学

这一部分就更多是语文相关的知识，比如一个句子的组成成分包括主、谓、宾、定、状、补等。对于各个成分的组织形式也是多种多样。比如对于主、谓、宾，常规的顺序就是：主语→谓语→宾语。当然也会有：宾语→主语→宾语（饭我吃了）。这些知识的积累有助于我们在模型构建或者解决具体业务的时候，能够事半功倍，因为这些知识一般情况下，如果要被机器学习，都是非常困难的，或者会需要大量的学习素材，或许在现有的框架下，机器很难学习到。如果把这些知识作为先验知识融合到模型中，对于提升模型的准确度都是非常有价值的。

在先期的研究中，基于规则的模型，大部分都是基于语言模型的规则进行研究和处理的。所以这一部分的内容对于自然语言处理也是非常重要的。但是这部分知识的学习就比较杂一些，因为大部分的自然语言处理工程师都是语言学专业出身，所以对于这部分知识的学习，大部分情况都是靠碎片化的积累，当然也可以花一些精力，系统性学习。对于这部分知识的学习，个人建议可以根据具体的业务场景进行学习，比如在项目处理中要进行同义词挖掘，那么就可以跟着"百科"或者"搜索引擎"学习同义词的定义，同义词一般会有什么样的形式，怎么根据句子结构或者语法结构判断两个词是不是同义词等。

深度学习

随着深度学习在视觉和自然语言处理领域大获成功，特别是随着 AlphaGo 的成功，深度学习在自然语言处理中的应用也越来越广泛，大家对于它的期望也越来越高。所以对于这部分知识的学习也几乎成为了一个必备的环节（实际上可能是大部分情况，不用深度学习的模型，也可以解决很多业务）。

对于这部分知识，现在流行的几种神经网络都是需要学习和关注的，特别是循环神经网络，因为其在处理时序数据上的优势，在自然语言处理领域尤为收到追捧，这里包括单项 RNN、双向 RNN、LSTM 等形式。同时新的学习框架，比如对抗学习、增强学习、对偶学习，也是需要关注的。其中对抗学习和对偶学习都可以显著降低对样本的需求，这个对于自然语言处理的价值是非常大的，因为在自然语言处理中，很重要的一个环节就是样本的标注，很多模型都是严重依赖于样本的好坏，而随着人工成本的上升，数据标注的成本越来越高，所以如果能显著降低标注数据需求，同时提升效果，那将是非常有价值的。

现在还有一个事物正在如火如荼地进行着，就是知识图谱，知识图谱的强大这里就不再赘述，对于这部分的学习可能更多的是要关注信息的链接、整合和推理的技术。不过这里的每一项技术都是非常大的一个领域，所以还是建议从业务实际需求出发去学习相应的环节和知识，满足自己的需求 http://www.chinahadoop.cn/course/918。

自然语言处理现状

下面就自己接触到的一些信息做一个汇总。

■ 随着知识图谱在搜索领域的大获成功，以及知识图谱的推广如火如荼地进行中，现在的自然语言处理有明显和知识图谱结合的趋势。特别是在特定领域的客服系统构建中，这种趋势就更明显，因为这些系统往往要关联很多领域的知识，而这种知识的整合和表示，很适合用知识图谱来解决。随着知识图谱基础工程技术的完善和进步，对于图谱构建的容易程度也大大提高，所以自然语言处理和知识图谱的结合就越来越成为趋势。

■ 语义理解仍然是自然语言处理中一个难过的坎。目前各项自然语言处理技术基本已经比较成熟，但是很多技术的效果还达不到商用的水平。特别是在语义理解方面，和商用还有比较大的差距。比如聊天机器人现在还很难做到正常的聊天水平。不过随着各个研究机构和企业的不断努力，进步也是飞速的，比如微软小冰一直在不断地进步。

■ 对于新的深度学习框架，目前在自然语言处理中的应用还有待进一步加深和提高。比如对抗学习、对偶学习等虽然在图像处理领域得到了比较好的效果，但是在自然语言处理领域的效果就稍微差一些，这里面的原因是多样的，因为没有深入研究，不敢妄言。

■ 目前人机对话、问答系统、语言翻译是自然语言处理中的热门领域，各大公司都有了自己的语音助手，这一块也都在投入大量的精力在做。当然这些上层的应用，也都依赖于底层技术和模型的进步，所以对于底层技术的研究应该说一直是热门，在未来一段时间应该也都还是热门。之前听一个教授讲过一个故事，他是做 parser 的，开始的时候很火，后来一段时间因为整个自然语言处理的效果差强人意，所以作为其中一个基础工作的 parser 就随之受到冷落，曾经有段时间相关的期刊会议会员锐减，但是最近整个行业的升温，这部分工作也随之而被受到重视。不过因为他一直坚持在这个领域，所以建树颇丰，

最近也成为热门领域和人物。所以在最后引用一位大牛曾经说过的话："任何行业或者领域做到头部都是非常有前途的，即使是打球，玩游戏。"（大意）

个人经验

笔者是跟着项目学习自然语言处理的，非科班出身，所以有的经验难免会有偏颇，说出来仅供大家参考，有不足和纰漏的地方敬请指正。

知识结构

要做算法研究，肯定需要一定的知识积累，对于知识积累这部分，我的经验是先学数学理论基础，学的顺序可以是代数→概率论→随机过程。当然这里面每一科是很大的一个方向，学的时候不必面面俱到，所有都深入理解，但是相对基础的一些概念和这门学科主要讲的是什么问题一定要记住。在学习了一些基础数学知识之后，就开始实现——编写算法。这里的算法模型，建议跟着具体的业务来学习和实践，比如可以先从识别垃圾邮件这样的 demo 进行学习实验，这样的例子在网上很容易找到，但是找到以后，一定不要看看就过去，要一步一步改写拿到的 demo，同时可以改进里面的参数或者实现方法，看看能不能达到更好的效果。个人觉得学习还是需要下苦工夫一步一步模仿，然后改进，才能深入地掌握相应的内容。对于学习的资料，上学时期的各个教程即可。

工具

工欲善其事必先利其器，所以好的工具往往能事半功倍。在工具的选择上，个人建议，最高优先级的是 Python，毕竟其宣传口语是：人生苦短，请用 Python。第二优先级的是 Java，基于 Java 可以和现有的很多框架进行直接交互，比如 Hadoop、Spark 等。对于工具的学习两者还是有很大的差别的，Python 是一个脚本语言，所以更多的是跟着"命令"学，也就是要掌握你要实现什么目的来找具体的执行语句或者命令，同时因为 Python 不同版本、不同包对于同一个功能的函数实现差别也比较大，所以在学习的时候，要多试验，求同存异。对于 Java 就要学习一些基础的数据结构，然后一步一步去编写自己的逻辑。对于 Python 当然也可以按照这个思路，Python 本身也是一个高级编程语言，所以掌握了基础的数据结构之后，也可以一步一步实现具体的功能，但是那样好像就失去了 slogan 的意义。

紧跟时代

自然语言处理领域也算是一个知识密集型的行业，所以知识的更新迭代非常快，要时刻关注行业、领域的最新进展。这个方面主要就是看一些论文和关注一些重要的会议，对于论文的获取，Google Scholar、arxiv 都是很好的工具和资源（请注意维护知识产权）。会议就更多了，如 KDD、JIST、CCKS 等。 P

求取技术突破：深度学习的专业路径

文 / 刘昕

深度学习本质上是深层的人工神经网络，它不是一项孤立的技术，而是数学、统计机器学习、计算机科学和人工神经网络等多

个领域的综合。深度学习的理解，离不开本科数学中最为基础的数学分析（高等数学）、线性代数、概率论和凸优化；深度学习技术的掌握，更离不开以编程为核心的动手实践。没有扎实的数学和计算机基础做支撑，深度学习的技术突破只能是空中楼阁。

所以，想在深度学习技术上有所成就的初学者，就有必要了解这些基础知识之于深度学习的意义。除此之外，我们的专业路径还会从结构与优化的理论维度来介绍深度学习的上手，并基于深度学习框架的实践浅析一下进阶路径。

最后，本文还将分享深度学习的实践经验和获取深度学习前沿信息的经验。

数学基础

如果你能够顺畅地读懂深度学习论文中的数学公式，可以独立地推导新方法，则表明你已经具备了必要的数学基础。

掌握数学分析、线性代数、概率论和凸优化四门数学课程包含的数学知识，熟知机器学习的基本理论和方法，是入门深度学习技术的前提。因为无论是理解深度网络中各个层的运算和梯度推导，还是进行问题的形式化或推导损失函数，都离不开扎实的数学与机器学习基础。

数学分析：在工科专业所开设的高等数学课程中，主要学习的内容为微积分。对于一般的深度学习研究和应用来说，需要重点温习函数与极限、导数（特别是复合函数求导）、微分、积分、幂级数展开、微分方程等基础知识。在深度学习的优化过程中，求解函数的一阶导数是最为基础的工作。当提到微分中值定理、Taylor 公式和拉格朗日乘子的时候，你不应该只是感到与它们似曾相识。

这里推荐同济大学第五版的《高等数学》教材。

线性代数：深度学习中的运算常常被表示成向量和矩阵运算。线性代数正是这样一门以向量和矩阵作为研究对象的数学分支。需要重点温习的包括向量、线性空间、线性方程组、矩阵、矩阵运算及其性质、向量微积分。当提到 Jacobian 矩阵和 Hessian 矩阵的时候，你需要知道确切的数学形式；当给出一个矩阵形式的损失函数时，你可以很轻松地求解梯度。

这里推荐同济大学第六版的《线性代数》教材。

概率论：概率论是研究随机现象数量规律的数学分支，随机变量在深度学习中有很多应用，无论是随机梯度下降、参数初始化方法（如 Xavier），还是 Dropout 正则化算法，都离不开概率论的理论支撑。除了掌握随机现象的基本概念（如随机试验、样本空间、概率、条件概率等）、随机变量及其分布之外，还需要对大数定律及中心极限定理、参数估计、假设检验等内容有所了解，进一步还可以深入学习一点随机过程、马尔可夫随机链的内容。

这里推荐浙江大学版的《概率论与数理统计》。

凸优化：结合以上三门基础的数学课程，凸优化可以说是一门应用课程。但对于深度学习而言，由于常用的深度学习优化方法往往只利用了一阶的梯度信息进行随机梯度下降，因而从业者事实上并不需要多少"高深"的凸优化知识。理解凸集、凸函数、凸优化的基本概念，掌握对偶问题的一般概念，掌握常见的无约束优化方法如梯度下降方法、随机梯度下降方法、Newton 方法，了解一点等式约束优化和不等式约束优化方法，即可满足理解深度学习中优化方法的理论要求。

这里推荐一本教材，Stephen Boyd 的《Convex Optimization》。

机器学习：归根结底，深度学习只是机器学习方法的一种，而统计机器学习则是机器学习领域事实上的方法论。以监督学习为例，需要你掌握线性模型的回归与分类、支持向量机与核方法、随机森林方法等具有代表性的机器学习技术，并了解模型选择与模型推理、模型正则化技术、模型集成、Bootstrap 方法、概率图模型等。深入一步的话，还需要了解半监督学习、无监督学习和强化学习等专门技术。

这里推荐一本经典教材《The elements of Statistical Learning》。

计算机基础

深度学习要在实战中论英雄，因此具备 GPU 服务器的硬件选型知识，熟练操作 Linux 系统和进行 Shell 编程，熟悉 C++ 和 Python 语言，是成长为深度学习实战高手的必备条件。当前有一种提法叫"全栈深度学习工程师"，这也反映出深度学习对于从业者实战能力的要求程度：既需要具备较强的数学与机器学习理论基础，又需要精通计算机编程与必要的体系结构知识。

编程语言：在深度学习中，使用最多的两门编程语言分别是 C++ 和 Python。

迄今为止，C++ 语言依旧是实现高性能系统的首选，目前使用最广泛的几个深度学习框架，包括 Tensorflow、Caffe、MXNet，其底层均无一例外地使用 C++ 编写。而上层的脚本语言一般为 Python，用于数据预处理、定义网络模型、执行训练过程、数据可视化等。当前，也有 Lua、R、Scala、Julia 等语言的扩展包出现于 MXNet 社区，呈现百花齐放的趋势。

这里推荐两本教材，一本是《C++ Primer 第五版》，另外一本是《Python 核心编程第二版》。

Linux 操作系统：深度学习系统通常运行在开源的 Linux 系统上，目前深度学习社区较为常用的 Linux 发行版主要是 Ubuntu。对于 Linux 操作系统，主要需要掌握的是 Linux 文件系统、基本命令行操作和 Shell 编程，同时还需熟练掌握一种文本编辑器，比如 VIM。基本操作务必要做到熟练，当需要批量替换一个文件中的某个字符串，或者在两台机器之间用 SCP 命令复制文件时，你不需要急急忙忙去打开搜索引擎。

这里推荐一本工具书《鸟哥的 Linux 私房菜》。

CUDA 编程：深度学习离不开 GPU 并行计算，而 CUDA 是一个很重要的工具。CUDA 开发套件是 NVidia 提供的一套 GPU 编程套件，实践当中应用的比较多的是 CUDA-BLAS 库。

这里推荐 NVidia 的官方在线文档 http://docs.nvidia.com/cuda/。

其他计算机基础知识：掌握深度学习技术不能只满足于使用 Python 调用几个主流深度学习框架，从源码着手去理解深度学习算法的底层实现是进阶的必由之路。这个时候，掌握数据结构与算法（尤其是图算法）知识、分布式计算（理解常用的分布式计算模型），和必要的 GPU 和服务器的硬件知识（比如当我说起 CPU 的 PCI-E 通道数和 GPU 之间的数据交换瓶颈时，你能心领神会），你一定能如虎添翼。

深度学习入门

接下来分别从理论和实践两个角度来介绍一下深度学习的入门。

深度学习理论入门：我们可以用一张图（图1）来回顾深度学习中的关键理论和方法。从 MCP 神经元模型开始，首先需要掌握卷积层、Pooling层等基础结构单元，Sigmoid等激活函数，Softmax等损失函数，以及感知机、MLP等经典网络结构。接下来，掌握网络训练方法，包括 BP、Mini-batch SGD 和 LR Policy。最后还需要了解深度网络训练中的两个至关重要的理论问题：梯度消失和梯度溢出。

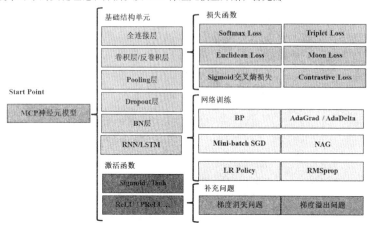

图1 深度学习基础知识不完全整理

以卷积神经网络为例，我们用图2来展示入门需要掌握的知识。起点是 Hubel 和 Wiesel 的对猫的视觉皮层的研究，再到日本学者福岛邦彦神经认知机模型（已经出现了卷积结构），但是第一个 CNN 模型诞生于1989年，1998年诞生了后来被大家熟知的 LeNet。随着 ReLU 和 Dropout 的提出，以及 GPU 和大数据所带来的历史机遇，CNN 在2012年迎来了历史性的突破——诞生了 AlexNet 网络结构。2012年之后，CNN 的演化路径可以总结为四条：1.更深的网络；2.增强卷积模的功能以及上诉两种思路的融合 ResNet 和各种变种；3.从分类到检测，最新的进展为 ICCV 2017 的 Best Paper Mask R-CNN；4.增加新的功能模块。

深度学习实践入门：掌握一个开源深度学习框架的使用，并进一步的研读代码，是实际掌握深度学习技术的必经之路。当前使用最为广泛的深度学习框架包括 Tensorflow、Caffe、MXNet 和 PyTorch 等。框架的学习没有捷径，按照官网的文档 step by step 配置及操作，参与 GitHub 社区的讨论，遇到不能解答的问题及时 Google 是快速实践入门的好方法。

初步掌握框架之后，进一步的提升需要依靠于具体的研究问题，一个短平快的策略是先刷所在领域权威的 Benchmark。例如人脸识别领域的 LFW 和 MegaFace，图像识别领域与物体检测领域的 ImageNet、Microsoft COCO，图像分割领域的 Pascal VOC 等。通过复现或改进别人的方法，亲手操练数据的准备、模型的训练以及调参，能在所在领域的 Benchmark 上达到当前最好的结果，实践入门的环节就算初步完成了。

后续的进阶，就需要在实战中不断地去探索和提升了。例如熟练地处理大规模的训练数据，精通精度和速度的平衡，掌握调参技巧，快速复现或改进他人的工作，能够实现新的方法等。

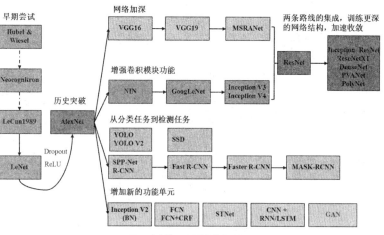

图2 卷积神经网络结构的发展脉络

深度学习实战经验

在这里，分享四个方面的深度学习实战经验。

■ 充足的数据。大量且有标注的数据，依旧在本质上主宰着深度学习模型的精度，每一个深度学习从业者都需要认识到数据极端重要。获取数据的方式主要有三种：开放数据（以学术界开放为主，如 ImageNet 和 LFW）、第三方数据公司的付费数据和结合自身业务产生的数据。

■ 熟练的编程实现能力。深度学习算法的实现离不开熟练的编程能力，熟练使用 Python 进行编程是基础。如果进一步修改底层实现或增加新的算法，则可能需要修改底层代码，此时熟练的 C++ 编程能力就变得不可或缺。一个明显的现象是，曾经只需要掌握 Matlab 就可以笑傲江湖的计算机视觉研究者，如今也纷纷需要开始补课学习 Python 和 C++ 了。

■ 充裕的 GPU 资源。深度学习的模型训练依赖于充裕的 GPU 资源，通过多机多卡的模型并行，可以有效地提高模型收敛速度，从而更快地完成算法验证和调参。一个专业从事深度学习的公司或实验室，拥有数十块到数百块的 GPU 资源已经是普遍现象。

■ 创新的方法。以深度学习领域权威的 ImageNet 竞赛为例，从2012年深度学习技术在竞赛中夺魁到最后一届2017竞赛，方法创新始终是深度学习进步的核心动力。如果只是满足于多增加一点数据，把网络加深或调几个 SGD 的参数，是难以做出真正一流的成果的。

根据笔者的切身经历，方法创新确实能带来难以置信的结果。一次参加阿里巴巴组织的天池图像检索比赛，笔者提出的一点创新——使用标签有噪声数据的新型损失函数，结果竟极大地提高了深度模型的精度，还拿到了当年的冠军。

深度学习前沿

前沿信息的来源

实战中的技术进阶，必需要了解深度学习的最新进展。换句话说，就是刷论文：除了定期刷 Arxiv，刷代表性工作的 Google Scholar 的引用，关注 ICCV、CVPR 和 ECCV 等顶级会议之外，知乎的深度学习专栏和 Reddit 上时不时会有最新论文的讨论（或者精彩的吐槽）。

一些高质量的公众号，例如 Valse 前沿技术选介、深度学习大讲堂、Paper Weekly 等，也时常有深度学习前沿技术的推送，也都可以成为信息获取的来源。同时，关注学术界大佬 LeCun 和 Bengio 等人的 Facebook/Quora 主页，关注微博大号"爱可可爱生活"等人，也常有惊喜的发现。

建议关注的重点

■ 新的网络结构。在以 SGD 为代表的深度学习优化方法没有根本性突破的情况下，修改网络结构是可以较快提升网络模型精度的方法。2015 年以来，以 ResNet 的各种改进为代表的各类新型网络结构如雨后春笋般涌现，其中代表性的有 DenseNet、SENet、ShuffuleNet 等。

■ 新的优化方法。纵观从 1943 年 MCP 模型到 2017 年间的人工神经网络发展史，优化方法始终是进步的灵魂。以误差反向传导（BP）和随机梯度下降（SGD）为代表的优化技术的突破，或是 Sigmoid/ReLU 之后全新一代激活函数的提出，都非常值得期待。笔者认为，近期的工作如《Learning gradient descent by gradient descent》以及 SWISH 激活函数，都很值得关注。但能否取得根本性的突破，也即完全替代当前的优化方法或 ReLU 激活函数，尚不可预测。

■ 新的学习技术。深度强化学习和生成对抗网络（GAN）。最近几周刷屏的 Alpha Zero 再一次展示了深度强化学习的强大威力，完全不依赖于人类经验，在围棋项目上通过深度强化学习"左右互搏"所练就的棋力，已经远超过上一代秒杀一众人类高手的 AlghaGo Master。同样的，生成对抗网络及其各类变种也在不停地预告一个学习算法自我生成数据的时代的序幕。笔者所在的公司也正尝试将深度强化学习和 GAN 相结合，用于跨模态的训练数据的增广。

■ 新的数据集。数据集是深度学习算法的练兵场，因此数据集的演化是深度学习技术进步的缩影。以人脸识别为例，后 LFW 时代，MegaFace 和 Microsoft Celeb-1M 数据集已接棒大规模人脸识别和数据标签噪声条件下的人脸识别。后 ImageNet 时代，Visual Genome 正试图建立一个包含了对象、属性、关系描述、问答对在内的视觉基因组。

实战路径：程序员的机器学习进阶方法

文 / 智亮

在计算机行业，关于从业人员的素质，一直都有一个朴素的认识——科班出身好过非科班，学历高的好过学历低的。大部分时候，这个看法是对的。在学校学习，有老师指点，有同学讨论，有考试压迫，有项目练手。即便不大用心的学生，几年耳濡目染下来，毕业后作为半个专业人士，还是没什么问题的。

不过，量子物理告诉我们，这个世界的本质要看概率。所以，科班出身的同学，在技术上好过非科班出身的同学，这是大概率事件；相反，非机器学习专业，甚至非计算机专业的同学，在这个领域做得比本专业同学更好，则就是小概率事件了。但小概率事件并非"不可能事件"，国内很多做机器学习公司的 CTO，都不是机器学习专业的科班出身，却能够抓住这里的"小概率"，让自己华丽地转身并实现弯道超车。

他们是怎么做到的？

如果在上学的时候，我们没能嗅到机器学习领域的机会，而是选择其他领域来学习和工作……如今却打算半路出家、改行机器学习，应该怎么做，才能做到跟这些人一样好？或者，至少足够好？

我自己痛苦转型的经历，说出来可以供大家参考一下。

我也是非科班出身，但因为工作，一直需要接触计算机视觉的一些传统算法。后来，看到 ImageNet 竞赛的结果，我意识到了深度学习在视觉领域的巨大优势，遂决定开始转型深度学习和神经网络，走上了这条学习的不归路（笑）。

想要转型，跟上学的时候不同，因为手头正在做的工作意味着，自己需要从没有时间的情况下挤出时间，需要把别人睡觉、打游戏的时间用来学习，而所学的又是一种颇为艰深晦涩的学问。

转型，其实很容易，需要做到的只有一件事：学习。

转型，其实很困难，因为必须做到一件事：坚持学习。

最难的不是下定决心，而是贯彻到底。所以，在开始之前，不妨先问问自己这样几个问题：

"我真的已经想清楚，要踏足这个行业吗？"

"我能够付出比其他人更多的辛苦汗水，在这条路上坚定地走下去吗？"

"在遭受了痛苦甚至打击之后，我对机器学习的热爱，仍然能够维持我继续前进吗？"

根据我掌握的数据，100 个程序员里大概有 30 个考虑过转型，而真正付诸行动的不过 10 个。一个月以后仍然在坚持的仅有 5 个，最终能完成第一个阶段学习的，最多两三个而已。

真的这么困难吗？是的。特别是你要白天上班，晚上才能学习，独学而无友，有问题又只能自己查。而要系统地入门，又不是咬牙一天两天就能学出来，恐怕得坚持几个月才能 get 到点。

我个人的经历是这样：一开始接触时，每周一、三、五固定 3 天时间，每晚花两个小时去学习、看视频、翻书，周六周日则用来完成课程附带的编程作业，大概也是每天两小时左右。在这种强度下坚持了三个月，我才算是完成了入门的第一步。

也许有的人效率更高一些，也许有的人步子更慢一些，但快和慢不是关键，即使学习最慢的人，也要比一开始放弃学习的人走得更远。

所以，其实真正重要的，不是"我该学什么"，或者"我该怎么学"；而是"我是不是真的有足够的决心"，以及"我是不是能坚持到底"。

上手的课程

定好决心后，我们就能看看：在机器学习的时候，我们到底在学什么？

几乎所有人都知道人工智能这个概念；有一部分人知道"机器学习"这个概念；其中一小部分人能清楚描述"深度学习"、"机器学习"和"神经网络"的关系；很少一部分人能够正确说明"卷积"、"池化"、"CTC"这些名词的正确含义与计算/实现的方法；非常少的人能清楚地理解损失函数和反向传播的数学表达；极少数少的人能够阐述网络的一个修改（比如把卷积核改小）对precision/recall会产生什么影响；几乎没有人能描述上述影响到底是什么原理。

这就是目前"程序员"这个群体，对于机器学习的了解程度。

我个人的经验，适用于"很少一部分人"之外的那"很大一部分人"，也就是说，他们最多知道深度学习是什么意思，神经网络又是什么概念，却并未真正系统地学习接触过这个领域。

而我们的目标，则定位成为"非常少的人"，也就是能够理解损失函数/反向传播这些较为基础、较为底层的知识，使得自己能够设计新的算法或网络，或至少能辅助大牛去实现他们所设想的算法和神经网络。

要实现这个小目标，我们就必须掌握最基础的知识，就好像学写汉字时，不练横竖撇捺折是不现实的。

但是，作为"不明真相的广大群众"，从哪里入手好呢？线性代数？概率论？那是最糟糕的选择！它们只会让你入门之前就彻底丧失信心，其漫长而陡峭的学习曲线还会让你误以为这是一个不友好的领域。事实上，只有成为"很少一部分人"（能够正确说明"卷积"、"池化"、"CTC"这些名词的正确含义和计算/实现方法）之后，你才真正需要去复习它们。

在这之前，你所要用到的数学知识，只有以下这三点：

- 懂得矩阵运算的基本计算方法，能够手动计算 $[3×4]×[4×3]$ 的矩阵，并明白为什么会得到一个 $[3×3]$ 的矩阵。
- 懂得导数的基本含义，明白为什么可以利用导数来计算梯度，并实现迭代优化。
- 能够计算基本的先验及后验概率。

只要大学考试不是完全靠抄答案，稍微翻翻书，你就能把这点知识找回来，可能半天都用不上。

然后就可以入门了，对于所有零基础的同学，我都建议从吴恩达的机器学习课程开始：Machine Learning – Stanford University | Coursera（https://www.coursera.org/learn/machine-learning）。

这是唯一的推荐，也是最好的入门教程，没有之一：因为吴恩达的英语又慢又清晰，课程字幕的翻译又到位，课程设置与课中测验及时而又合理，重点清晰、作业方便，再加上吴恩达教授深入浅出的讲解，讲解过程中不时地鼓励和调侃，都能

让你更为积极地投入到机器学习的学习之中，让你扎实而快速地掌握机器学习的必备基础知识。

这门在线课程，相当于斯坦福大学 CS229 的简化版，涵盖内容包括机器学习最基础的知识、概念及其实现，以及最常用的算法（例如 PCA、SVM）和模型（全连接神经网络）。学习这门课程，重要的是基础的概念与实现。作为一名具备编程基础的开发人员，在这个阶段要将自身理论同实践相结合的优势发挥出来，充分利用它所提供的编程作业，尽可能多地实践，从理论和代码两个角度去理解课程中的知识点。

学习完成后，你能了解到机器学习的一些基本名词和概念，并具备一定的算法层面的编码能力。打好理论和实践的基础，你就可以进行下一阶段的学习了，其中有两大的方向：夯实基础和选择领域。

夯实基础的意思，就是这门课的完成，并不代表自己学会了机器学习，只不过是从门外汉进了一步，一只脚踏进了门，但其实也仅仅是一些基本的了解。这个时候，你也许会觉得自己有很多的奇思妙想，却难以评估这些想法的价值和正确的可能性，这就是基础不够的缘故。

所以，在继续学习深度神经网络之前，建议结合自己所学到的知识，回头去看一遍 CS229，将传统算法整体熟悉一遍，尽可能把所有的基本概念都掌握扎实。

而选择领域，则是由于任务目标的不同，深度学习领域已在大体上分成了计算机视觉（CV）、自然语言处理（NLP）以及其他一些子领域，例如语音和更为特殊的强化学习等。在每个领域下，都有大量的研究者在投入精力钻研，发表论文和成果。考虑到个人精力的限度，建议选择一到两个方向作为主攻，跟上学术界主流的进展，其他子领域有基础的了解即可，必要时作为参考即可。

以计算机视觉为例，在完成 CS229 的课程之后，可以继续学习 CS231n，作为进一步学习的材料；而自然语言处理则可以选择 CS224d。在完成了相应领域的学习后，下一步要做的就是尝试阅读最新的经典论文并试图复现它们了。

编程语言与深度学习框架的选择

当然，作为开发者，想要去实现一个模型，绕不开的问题便是：应该选择什么语言？应该选择什么框架？

对于开发人员而言，语言的选择其实不是问题。但作为入门，最为理所当然的建议则是 Python，原因也非常简单：Python 最好学。

对于机器学习的学习，使用 Python 就意味着你不必分心去学习那些复杂的数据类型约束以及转化、指针、内存管理或垃圾收集之类的"高级"（一般同时也代表着复杂）的特性，将精力集中在自己的目标上。当然，一些 Python 特有的方法（如 lambda、yield 或 reduce）以及工具（如 NumPy、pandas），还是需要多多使用，尽快熟练。

而框架方面，从使用者的维度去划分，当前数量非常之多的机器学习框架，则可大体上分为两大阵营。

学术友好型：Theano、Torch 与 Caffe

学术研究时，弄出来一个新模型、新算法、新函数是常有的事，做出新的突破也是学术研究最基本的要求。所以，这些

框架通常都便于定制模型，也可深入修改内部实现。很多新成果都会在发表论文的同时，提供这些框架上的实现代码以供参考。它们在性能方面也比较出色。

其代价就是，要么是使用了困难（Caffe：C++）或小众（Torch：Lua）的开发语言，要么是有一些古怪的缺点（Theano：编译超级慢）。

而且，这些框架似乎都没怎么考虑过"怎么提供服务"的问题。想要部署到服务器上？Caffe 已算是最简单的了，但仍要经历漫长而痛苦的摸索历程。

工业友好型： Tensorflow、MXNet 与 Caffe

工业上往往更注重"把一个东西做出来，并且让它运行得良好"。所以这些框架首先就需要支持并行训练。其中 Tensorflow 和 MXNet 支持多机多卡、单机多卡、多机单卡并行，Caffe 则支持单机多卡，虽然性能还不是特别理想。

在我们的测试中，Tensorflow 的双卡并行只能达到单卡的 1.5 倍左右性能，卡越多，这个比例越低。Caffe 要好一些，但参数同步和梯度计算无论如何也都需要时间，所以没有哪个框架能在没有性能损失的情况下实现扩展。而多机情况下，性能损失更大，很多时候都让人感到无法接受。

相对来说，只有 Tensorflow 提供了比较好的部署机制（Serving），并且有直接部署到移动端的方案。而 MXNet 和 Caffe 则是直接编译的方式，虽然也能实现，但是说实话，依然很麻烦。

至于缺点，除 Caffe 之外，其他两种框架对于学术界动态的跟踪都不太紧，Tensorflow 到现在都没有 PReLU 的官方实现，前不久才刚推出一系列检测（Detection）的模型。MXNet 这一点上要积极些，可是受限于较小的开发者社区，很多成果都只能等待大神们的 contribution，或是自行实现。

这样看来，难道最好的框架是 Caffe？既能兼顾学术和实现，又能兼备灵活性和性能兼备……说实话，我的确是这么认为的。但前提是你懂 C++，如果出身不是 C++ 开发人员，相信我，这门语言也不比机器学习容易多少。

所以，对于大多数有志于投身于机器学习开发（而非研究）的同学们来说，我推荐首选 Tensorflow 作为你的第一个开发框架。除了上述的优点之外，最主要的因素是它人气高。遇到任何问题，你都可以找到一群志同道合的伙伴们去咨询，或是一起研究。对于初学者而言，其重要程度不言而喻。

实战上手的数据

上过课程、学好语言、装好框架之后，自然就要通过亲手编程，来把自己的模型实现出来。

但在深度学习领域，没有数据的模型就是无源之水，毫无价值。而目前流行的监督学习，要求必须有足够的带标注数据来作为训练数据。那么，从哪里能得到这样的数据以进行学习呢？答案就是公开数据集。

例如，在学习论文时，如果它提出了一个性能优异的模型或者方法，通常会附有在几个公开的标准数据集上的成绩，这些标准数据集就是可以去下载来学习和使用的资源。另外，诸如 Kaggle 和天池之类的机器学习竞赛，在其比赛项目中也会提供很多数据集供学习和测试。这些就是学习阶段的主要数据来源。

以 CV 领域为例，常见的公开数据集就包括以下这些。

MNIST

不论选择哪本教材、哪个框架，在刚刚接触机器学习的时候，一定会接触到 MNIST。它是由 Yann LeCun 所建立的手写数字库，每条数据是固定的 784 个字节，由 28×28 个灰度像素组成，大概样子如图 1 所示。

图 1　MNIST 手写数字

目标是对输入进行 10- 分类，从而输出每个手写数字所表示的真实数字。

因为它体积小（10MB 左右）、数据多（6 万张训练图片）、适用范围广（NN/CNN/SVM/KNN 都可以拿来跑跑）而闻名天下，其地位相当于机器学习界的 Hello World。在 LeCun 的 MNIST 官方网站上（yann.lecun.com/exdb/mnist/），还贴有各种模型跑这个数据集的最好成绩，当前的最好得分是 CNN 的，约为 99.7%。

由于该数据集非常之小，所以即便在 CPU 上，也可以几秒钟就跑完 NN 的训练，或是几分钟跑完一个简单的 CNN 模型。

CIFAR

而打算从图像方面入手的同学，CIFAR 数据库（官网：www.cs.toronto.edu/~kriz/cifar.html）则是一个更好的入门选项。

该数据库分为 2 个版本，CIFAR-10 和 CIFAR-100。顾名思义，CIFAR-10 有 10 个分类，每个分类有 5000 张训练图片和 1000 张测试图片，每张图片是 32×32 像素的 3 通道位图，如图 2 所示。

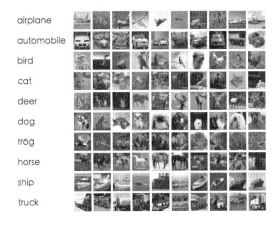

图 2　CIFAR-10 数据集的随机图片

而 CIFAR-100 则有 100 个分类，每个分类变成 500 张训练图片与 100 张测试图片，但图片的大小并没有什么变化。

之所以它比 MNIST 更适合作为图片处理的入门，是因为它尽管分辨率较低，但却是三通道、真实拍摄的照片。其中有些图片的背景还略微复杂，更贴近我们真实的图片处理场景。相对而言，MNIST 的灰度输入和干净背景就显得过于简单，况且 99.7% 的准确率也确实难有提升的空间。

Tensorflow 给出了 CIFAR 的例程：https://www.tensorflow.org/tutorials/deep_cnn，并附有代码：https://github.com/tensorflow/models/tree/fb96b71aec356e054678978875d6007ccc068e7a/tutorials/image/cifar10。

ImageNet 和 MS COCO

至于 ImageNet（www.image-net.org/）和 COCO（http://mscoco.org/），则是两个工业级别的图像数据集。通常提到它们时，ImageNet 指的是 ILSVRC2012 的训练集，而 COCO 则是 COCO-2014 训练集。

ImageNet 有大量的图片（一百多万张，分成 1000 个分类）和标注，大部分都是图 3 这样的。

图 3　ImageNet 数据集的标注图片

COCO 虽然图片数量少一些（8 万多张，80 个分类），但每张图片都有轮廓标记，并且附带分类标注和 5 句描述话语（英文）。其图片大致如图 4 所示。

图 4　COCO-2014 图片的物体轮廓

所以当我们进入实际工作的阶段，就要根据具体的需要从中选择适合自己的数据集，以作为 benchmark 或 pretrain 数据集。

实战阶段的学习用机配置

接下来，我们就需要一台机器来把框架搭建起来，以编写和运行我们的 helloAI。然而，我在很多地方都看到小伙伴们在问：

- 我需要什么样的配置能学机器学习？
- 我需要买块 GTX1080/TITAN/Tesla 吗？
- 我应该装几块显卡？一块？两块？还是四块？

而答案也往往倾向于：

"必须得有 GPU 啊，至少 1080，没有四路 Titan 你都不好意思跟人打招呼！"

其实，并不完全是这样。

如果仅仅是入门和学习，CPU 或 GPU 完全不影响你对代码和框架的学习。运行 MNIST 或 CIFAR 之类的玩具数据集，它们的差距并不大。以我的机器为例，运行自带的 CIFAR demo，i7 CPU 和 GTX 1080 Ti 的速度分别是 770 pics/s 和 2200 pics/s。GPU 大概有不到三倍的性能优势。所以，差距其实也没多大。

这里还有一个小窍门，就是想用 CPU 版本的 Tensorflow，最好不要用 pip 下载的方式，而是自行编译。因为在开发机上编译时，它会自动打开所有支持的加速指令集（SSE4.1/SSE4.2/AVX/AVX2/FMA），从而使 CPU 的运算大大加快。根据我们的测试，在打开全部加速指令集的情况下，训练速度大概会有 30% 的提升，而预测的速度大概能提升一倍。

当然，如果真想用一个复杂模型去处理实际的生产问题，模型的复杂度和数据量都不是 CIFAR 这样的玩具数据集可以比拟的。如果用我们的一个生产模型来运行 CIFAR 数据集，其他参数和条件完全相同，它在 i5/i7/960/GTX1080/GTX1080Ti 下的速度分别是：19/25/140/460/620（单位 pics/s，越大越好）。这里就能看出差距了，1080Ti 大概是 i7 CPU 的 25 倍。而在模型上线使用（inference）时，GPU 也会有 10-20 倍的性能优势。模型越复杂，GPU 的优势越明显。

综合来看，如果仅仅是入门时期的学习，我建议先不用专门购买带 GPU 的机器；而是先用你现有的机器，使用 CPU 版本，去学习框架和一些基础。等到你对基础已经掌握得比较扎实，那么自然就会形成跑一些更复杂的模型和更"真实"的数据的想法，这时候再考虑买一块 GPU，以缩短训练时间。

在选 GPU 时，我听过一些朋友们推荐 GTX1070×2 这样的选择。理论上讲，1070 的性能大概能达到 1080 的 75%，而价格只有 1080 的一半，从各个方面看，似乎都是双 1070 更有优势。然而不要忘记，双卡的性能是不可能达到单卡的 2 倍的，在目前的 Tensorflow 上，大概只能达到 1.5 倍上下，算下来其实和 1080 单卡差不多。而双显卡的主板、电源与机箱散热都需要做更多的考虑，从性价比上来看，未必真的划算。

不过，如果显卡预算刚好卡在 5000-6000 的档位，双 1070 也有它的优势。比如，可以学习使用多显卡并行计算的用法，在不着急的时候可以用两块显卡同时跑两个不同的任务，合并起来就相当于有了 16G 的显存等。考虑到这些因素，双 1070 的确是最适合入门学习的选择——如果买不起双 1080/ 双 TITAN 的话（笑）。

如果你有打算用笔记本来作为主力学习用机，我的建议是：最好不要，除非你使用 Linux 的经验很丰富，或是不打算用 GPU 加速。很多笔记本在安装 Liunx 后会出现驱动方面的问题，而且使用 GPU 加速时的高热量也会非常影响系统的稳定性。如果没有很丰富的经验，经常会在一个小问题上卡掉几个小时宝贵的学习时间。

然后，要不要来试试第一个模型？

在 Tenforflow 安装完成后，我们可以用这种方式来最快地把第一个 CIFAR demo 跑起来：

```
git clone https://github.com/tensorflow/models.git my_models cd my_models/tutorials/image/cifar10/
python cifar10_train.py
```

OK，只需几分钟来下载数据，我们就能看到我们的第一个"图像识别模型"正在训练了。

训练过程中我们可以看到 log 中在不断地输出 loss 信息，但除了想要跟踪 loss 之外，我们还希望看到当前训练模型的识别准确率到底如何，这就不是 cifar10_train.py 这个脚本能够提供的了。我们还需要执行

```
python cifar10_eval.py
```

这个脚本会不断地验证最近的检查点的识别准确率。

如果使用 GPU 的话，就会发现训练脚本运行起来之后，所有的显存都已被这个进程占满；再启动验证脚本的话，就会报错一大堆的内存不足（OOM），这是 Tensorflow 的机制决定的，它会默认占据所有显卡的所有显存，而不管自己是否真能用到那么多。

解决这个问题的办法也很简单。

首先，我们可以指定 Tensorflow 使用哪几块显卡进行训练。要做到这一点，可以在执行较本前，用命令行指定环境变量：

```
export CUDA_VISIBLE_DEVICES="0,2"
```

其中的"0，2"就是希望使用的 GPU 编号，从 0 开始，用逗号分隔开。

或者在代码中创建一个 GPUOption，设置 visible_device_list='0,2'，也能起到同样的效果。

然后，我们还可以限制 Tensorflow 所用的显存，使其动态增长而非一启动就占满。方法和上面的类似，在代码中创建一个 GPUOption，并设置 allow_growth=True 即可。

官方的 CIFAR 例程大概能达到 86% 的准确率，这个成绩在现在来说可以算是比较差的，最新模型的准确率通常都在 97% 左右，即便不经仔细调参而随意训练也能轻松达到 93% 左右。大家可以尝试修改 cifar10.py 中定义的模型，以得到更好的效果。

最后，也是最初

在经历过如此漫长、痛苦但也充满乐趣的学习和实践之后，你应该可以算是机器学习的一个业内人士了。但这并不意味这条道路已经走到了尽头，恰恰相反，在完成这一切之后，你才刚刚踏出了机器学习从业生涯的第一步。

在目前这个阶段，业内还处于算法红利期，新的算法、新的模型层出不穷，仅仅在 CV 领域，每天就有二三十篇 paper 被发布到 arXiv 上，每年的顶会顶刊收录的成果都在大幅度刷新上一年甚至上一个月的记录。

打好基础之后，跟踪论文并复现、学习和思考，这样的任务将成为你现阶段的一项日常作业，如果你已经进入或决定进入这个行业的话。因为稍有懈怠，便要面临着被时代抛弃、跟不上节奏的情况。所以，到这一步，对于有些人来说是一个结束，而对另一些人来说，则刚刚是开始。

这个时候，我们可以回过头来重新问问自己前面那几个问题：

"我真的已经想清楚，要踏足这个行业吗？"

"我能够付出比其他人更多的辛苦汗水，在这条路上坚定地走下去吗？"

"在遭受了痛苦甚至打击之后，我对机器学习的热爱，仍能够维持我继续前进吗？"

这条路，我在走，很多人在走，那么，你来吗？

深度学习在推荐领域的应用

文 / 吴岸城

当 2012 年 Facebook 在广告领域开始应用定制化受众（Facebook Custom Audiences）功能后，"受众发现"这个概念真正得到大规模应用，什么叫"受众发现"？如果你的企业已经积累了一定的客户，无论这些客户是否关注你或者是否跟你在 Facebook 上有互动，都能通过 Facebook 的广告系统触达到。"受众发现"实现了什么功能？在没有这个系统之前，广告投放一般情况都是用标签去区分用户，再去给这部分用户发送广告，"受众发现"让你不用选择这些标签，包括用户基本信息、兴趣等。你需要做的只是上传一批你目前已有的用户或者你感兴趣的一批用户，剩下的工作就等着 Custom Audiences 帮你完成了。

Facebook 这种通过一群已有的用户发现并扩展出其他用户的推荐算法就叫 Lookalike，当然 Facebook 的算法细节笔者并不清楚，各个公司实现 Lookalike 也各有不同。这里也包括腾讯在微信端的广告推荐上的应用、Google 在 YouTube 上推荐感兴趣视频等。下面让我们结合前人的工作，实现自己的 Lookalike 算法，并尝试着在新浪微博上应用这一算法。

调研

首先要确定微博领域的数据，关于微博的数据可以如下分类。
- 用户基础数据：年龄、性别、公司、邮箱、地点、公司等。
- 关系图：根据人↔人，人↔微博的关注、评论、转发信息建立关系图。
- 内容数据：用户的微博内容，包含文字、图片、视频。

有了这些数据后，怎么做数据的整合分析？来看看现在应用最广的方式——协同过滤或者叫关联推荐。协同过滤主要是利用某兴趣相投、拥有共同经验群体的喜好来推荐用户可能感兴趣的信息，协同过滤的发展有以下三个阶段。

第一阶段，基于用户喜好做推荐，用户 A 和用户 B 相似，用户 B 购买了物品 a、b、c，用户 A 只购买了物品 a，那就将物品 b、c 推荐给用户 A。这就是基于用户的协同过滤，其重点是如何找到相似的用户。因为只有准确的找到相似的用户才能给出正确的推荐。而找到相似用户的方法，一般是根据用户的基本属性贴标签分类，再高级点可以用上用户的行为数据。

第二阶段，某些商品光从用户的属性标签找不到联系，而根据商品本身的内容联系倒是能发现很多有趣的推荐目标，它在某些场景中比基于相似用户的推荐原则更加有效。比如在购书或者电影类网站上，当你看一本书或电影时，推荐引擎会根据内容给你推荐相关的书籍或电影。

第三阶段，如果只把内容推荐单独应用在社交网络上，准确率会比较低，因为社交网络的关键特性还是社交关系。如何将社交关系与用户属性一起融入整个推荐系统就是关键。在神经网络和深度学习算法出现后，提取特征任务就变得可以依靠机器完成，人们只要把相应的数据准备好就可以了，其他数据都可以提取成向量形式，而社交关系作为一种图结构，如何表示为深度学习可以接受的向量形式，而且这种结构还需要有效还原原结构中位置信息？这就需要一种可靠的向量化社交关系的表示方法。基于这一思路，在 2016 年的论文中出现了一个算法 node2vec，使社交关系也可以很好地适应神经网络。这意味着深度学习在推荐领域应用的关键技术点已被解决。

在实现算法前我们主要参考了如下三篇论文：
- Audience Expansion for Online Social Network Advertising 2016
- node2vec: Scalable Feature Learning for Networks Aditya Grover 2016
- Deep Neural Networks for YouTube Recommendations 2016

第一篇论文是 LinkedIn 给出的，主要谈了针对在线社交网络广告平台，如何根据已有的受众特征做受众群扩展。这涉及如何定位目标受众和原始受众的相似属性。论文给出了两种方法来扩展受众：
1. 与营销活动无关的受众扩展；
2. 与营销活动有关的受众扩展。

在图 1 中，LinkedIn 给出了如何利用营销活动数据、目标受众基础数据去预测目标用户行为进而发现新的用户。今天的推荐系统或广告系统越来越多地利用了多维度信息。如何将这些信息有效加以利用，这篇论文给出了一条路径，而且在工程上这篇论文也论证得比较扎实，值得参考。

第二篇论文主要讲的是 node2vec，这也是本文用到的主要算法之一。node2vec 主要用于处理网络结构中的多分类和链路预测任务，具体来说是对网络中的节点和边的特征向量表示方法。

简单来说就是将原有社交网络中的图结构，表达成特征向量矩阵，每一个 node（可以是人、物品、内容等）表示成一个

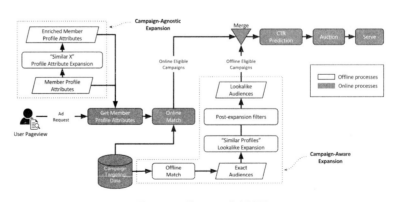

图 1　LinkedIn 的 Lookalike 算法流程图

特征向量，用向量与向量之间的矩阵运算来得到相互的关系。

下面来看看node2vec中的关键技术——随机游走算法，它定义了一种新的遍历网络中某个节点的邻域的方法，具体策略如图2所示。

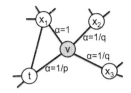

图2 随机游走策略

假设我们刚刚从节点t走到节点v，当前处于节点v，现在要选择下一步该怎么走，方案如下：

$$\alpha_{pq}(t,x) = \begin{cases} 1/p, & if\ d_{tx} = 0 \\ 1, & if\ d_{tx} = 1 \\ 1/q, & if\ d_{tx} = 2 \end{cases}$$

其中d_{tx}表示节点t到节点x之间的最短路径，$d_{tx}=0$表示会回到节点t本身，$d_{tx}=1$表示节点t和节点x直接相连，但是在上一步却选择了节点v，$d_{tx}=2$表示节点t不与x直接相连，但节点v与x直接相连。其中p和q为模型中的参数，形成一个不均匀的概率分布，最终得到随机游走的路径。与传统的图结构搜索方法（如BFS和DFS）相比，这里提出的随机游走算法具有更高的效率，因为本质上相当于对当前节点的邻域节点的采样，同时保留了该节点在网络中的位置信息。

node2vec由斯坦福大学提出，并有开源代码，这里顺手列出，这一部分大家不用自己动手实现了。https://github.com/aditya-grover/node2vec

注：本文的方法需要在源码的基础上改动图结构。

第三篇论文讲的是Google如何做YouTube视频推荐，论文是在我做完结构设计和流程设计后看到的，其中模型架构的思想和我们不谋而合，还解释了为什么要引入DNN（后面提到所有的feature将会合并经历几层全连接层）：引入DNN的好处在于大多数类型的连续特征和离散特征可以直接添加到模型中。此外我们还参考了这篇论文对于隐含层（FC）单元个数选择。图3是这篇论文提到的算法结构。

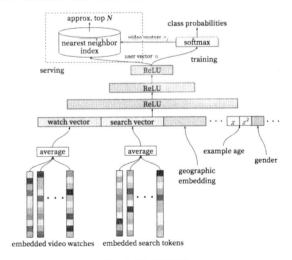

图3 YouTube推荐结构图

实现

- 数据准备
  - 获得用户的属性（User Profile），如性别、年龄、学历、职业、地域、能力标签等；
  - 根据项目内容和活动内容制定一套受众标签（Audience Label）；
  - 提取用户之间的关注关系，微博之间的转发关系；
  - 获取微博message中的文本内容；
  - 获得微博message中的图片内容。
- 用户标签特征处理
  - 根据步骤a中用户属性信息和已有的部分受众标签系统。利用GBDT算法（可以直接用xgboost）将没有标签的受众全部打上标签。这个分类问题中请注意处理连续值变量以及归一化。
  - 将标签进行向量化处理，这个问题转化成对中文单词进行向量化，这里用word2vec处理后得到用户标签的向量化信息Label2vec。这一步也可以使用word2vec在中文的大数据样本下进行预训练，再用该模型对标签加以提取，对特征的提取有一定的提高，大约在0.5%左右。
- 文本特征处理

将步骤a中提取到的所有微博message文本内容清洗整理，训练Doc2Vec模型，得到单个文本的向量化表示，对所得的文本作聚类（KMeans，在30w的微博用户的message上测试，K取128对文本的区分度较强），最后提取每个cluster的中心向量，并根据每个用户所占有的cluster获得用户所发微博的文本信息的向量表示Content2vec。

- 图像特征（可选）

将步骤a中提取到的所有的message图片信息整理分类，使用预训练卷积网络模型（这里为了平衡效率选取VGG16作为卷积网络）提取图像信息，对每个用户message中的图片做向量化处理，形成Image2vec，如果有多张图片将多张图片分别提取特征值再接一层MaxPooling提取重要信息后输出。

- 社交关系建立（node2vec向量化）

将步骤a中获得到的用户之间的关系和微博之间的转发评论关系转化成图结构，并提取用户关系sub-graph，最后使用node2Voc算法得到每个用户的社交网络图向量化表示。图4为简历社交关系后的部分图示。

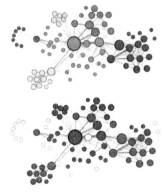

图4 用户社交关系

- 将 bcde 步骤得到的向量做拼接，经过两层 FC，得到表示每个用户的多特征向量集（User Vector Set, UVS）。这里取的输出单元个数时可以根据性能和准确度做平衡，目前我们实现的是输出 512 个单元，最后的特征输出表达了用户的社交关系、用户属性、发出的内容、感兴趣的内容等的混合特征向量，这些特征向量将作为下一步比对相似性的输入值。

- 分别计算种子用户和潜在目标用户的向量集，并比对相似性，我们使用的是余弦相似度计算相似性，将之前步骤得到的用户特征向量集作为输入 x,y，代入下面公式计算相似性：

$$sim(X, Y) = cos\theta = \frac{\vec{x} \cdot \vec{y}}{\|x\| \cdot \|y\|}$$

使用余弦相似度要注意：余弦相似度更多的是从方向上区分差异，而对绝对的数值不敏感。因此没法衡量每个维度值的差异，这里我们要在每个维度上减去一个均值或者乘以一个系数，或者在之前做好归一化。

- 受众扩展
  - 获取种子受众名单，以及目标受众的数量 N；
  - 检查种子用户是否存在于 UVS 中，将存在的用户向量化；
  - 计算受众名单中用户和 UVS 中用户的相似度，提取最相似的前 N 个用户作为目标受众。

最后我们将以上步骤串联起来，如图 5 所示。

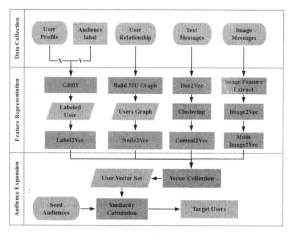

图 5 Lookalike 算法示意图

在以上步骤中特征提取完成后，我们使用一个 2 层的神经网络做最后的特征提取，算法结构示意图如图 6 所示。

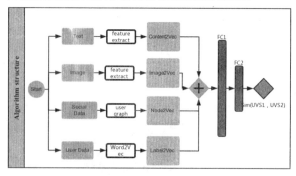

图 6 Lookalike 算法结构图

其中 FC1 层也可以替换成 MaxPooling，MaxPooling 层具有

强解释性，也就是在用户特征群上提取最重要的特征点作为下一层的输入，读者可以自行尝试，这里限于篇幅问题就不做展开了。

讲到这里，算法部分就已基本完结，其中还有些工程问题，并不属于本次主题探讨范围，这里也不做讨论了。

结果

我司算法团队根据 Lookalike 思想完整实现其算法，并在实际产品中投入试用。针对某客户（乳品领域世界排名前三的品牌主）计算出结果（部分）如表 1 所示。

表 1 部分计算结果

http://weibo.com/u/2800343060/home	苏州遇见烘焙工作室
http://weibo.com/u/5936697053/home	烘你欢心烘焙培训
http://weibo.com/u/5676210405/home	马佐烘焙西点培训
http://weibo.com/u/3227012590/home	流年 InCakeDesign
http://weibo.com/u/5699041328/home	韩式花朵蛋糕 Class

可以观察到以上微博 ID 的主题基本都是西点企业或西点培训企业，和品牌主售卖的乳品有很高的关联性：乳品是非常重要的西点原料，除终端用户外，西点相关企业就是乳品企业主需寻找的最重要的受众之一。

探讨

特征表达

除了以上提到的特征外，我们也对其他的重要特征表达做了处理和变换：根据我们的需求，需要抽取出人的兴趣特征，如何表达一个人的兴趣？除了他自己生成的有关内容外，还有比较关键的一点是比如"我"看了一些微博，但并没有转发，大多数情况下都不会转发，但有些"我"转发了，有些"我"评论了；"我"转发了哪些？评论了哪些？这次距上次的浏览该人的列表时间间隔多久？都代表"我"对微博的兴趣，而间接的反应"我"的兴趣特征。这些数据看来非常重要，又无法直接取得，怎么办？

下面来定义一个场景，试图描述出我们对看过的内容中哪些是感兴趣的，哪些不是感兴趣的：

- 用户 A，以及用户 A 关注的用户 B；
- 用户 A 的每天动作时间（比如他转发、评论、收藏、点赞）起始时间，我们定义为苏醒时间 A_wake(t)；
- 用户 B 每天发帖（转发、评论）时间：B_action(t)；
- 简单假设一下 A_wake(t) > B_action(t)，也就是 B_action(t) 的评论都能看到。这就能得到用户 A 对应了哪些帖子；
- 同理，也可知用户 A 在 A_wake(t) 时间内转发了、评论了哪些帖子；
- 结合上次浏览间隔时间，可以描述用户 A 对哪些微博感兴趣（postive），哪些不感兴趣（negative）。

全连接层的激活单元比对提升

在 Google 那篇论文中比对隐含层（也就是我们结构图中的 FC 层）各种单元组合产生的结果，Google 选择的是最后一种组合，如图 7 所示。

Hidden layers	weighted, per-user loss
None	41.6%
256 ReLU	36.9%
512 ReLU	36.7%
1024 ReLU	35.8%
512 ReLU → 256 ReLU	35.2%
1024 ReLU → 512 ReLU	34.7%
1024 ReLU → 512 ReLU → 256 ReLU	34.6%

Table 1: Effects of wider and deeper hidden ReLU layers on watch time-weighted pairwise loss computed on next-day holdout data.

图7 YouTube推荐模型隐含层单元选择对比

我们初期选用了 512 tanh → 56 tanh 这种两层组合,后认为输入特征维度过大,512个单元无法完整的表达特征,故又对比了 1024 → 512 组合,发现效果确实有微小提升大概在 0.7%。另外我们的 FC 层输入在 (-1,1) 区间,考虑到 relu 函数的特点没有使用它,而是使用 elu 激活函数。测试效果要比 tanh 函数提升 0.3% ~ 0.5%。 **P**

表示学习在信息推荐系统中的应用

文 / 高升、邱琳

表示学习通过在潜层语义空间中高效计算用户和商品的相关性,有效解决了已有推荐系统中常见的用户历史数据稀疏的问题,使用户偏好的特征获取、融合和泛化的性能得到了显著提升。本文将以相关算法为例,介绍表示学习技术在信息推荐系统中的应用。

什么是表示学习

表示学习,通常是指通过机器学习算法将研究对象的语义信息表示为稠密低维实值向量;同时在该低维向量空间中,2个对象的距离越近,说明其语义相似度越高。这里,表示学习得到的低维向量表示,也被称为是一种分布式表示(distributed representation);这个向量中的每一维都是相互独立的,没有明确的含义;而在将各维度综合起来作为一个向量看待的时候,却能够表示研究对象的语义信息。这种表示方法是受到了人脑工作机制的启发:在现实世界中,实体是离散的,不同对象之间有明显的界限,人脑通过大量神经元上的激活和抑制存储这些对象,形成内隐世界。显而易见,每个单独神经元的激活或抑制并没有明确含义,但是多个神经元的状态则能表示世间万物。受到该工作机制的启发,基于分布式表示的向量可以看作模拟人脑的多个神经元,每个维度对应一个神经元,而向量中的值对应神经元的激活或抑制状态。基于神经网络这种对离散世界的连续表示机制,人脑具备了高度的学习能力与智能水平。表示学习正是对人脑这一工作机制的模仿。

表示学习在推荐系统中的应用

个性化信息推荐系统中的表示学习技术,是面向推荐系统中用户与商品的信息以及用户的行为数据,通过将用户和商品的语义信息投影到低维向量空间,从而实现对用户和商品的语义信息的表示,可以高效地计算用户、商品及用户偏好的复杂语义关联,这对推荐系统的构建与预测均有重要意义。在这里,表示学习技术有效实现了对用户和商品的分布式表示,具有以下主要优点:

1. 显著提升计算效率。
2. 有效缓解数据稀疏。
3. 易于实现异构信息融合。其本质是通过构建模型将用户和商品进行分布式表示,下面简单介绍两种常用的表示学习模型。

基于矩阵分解的表示学习模型

近年来最成功的表示学习模型是基于矩阵分解的表示学习模型。其基本思想在于通过对用户评分矩阵的分解获得用户和商品的语义特征向量;如果用户特征向量和商品特征向量有很好的契合度,那么就预测该用户会为对应的商品打高分。矩阵分解模型具有良好的可扩展性,也成为目前电商平台中各类推荐系统的主流技术。下面给出相关模型介绍。

问题定义

在矩阵分解模型中,将评分矩阵表示为 $R = \{r_{ui}\}$,R 中的每一个元素 r_{ui} 代表了用户 u 对商品 i 的评分。R 是一个非完全矩阵,其中的部分元素缺失;信息推荐的目标就是对评分矩阵 R 进行补全。为了方便阐述,我们定义表示推荐系统中的用户集合,包含 $|U|$ 个不同用户,其中每个向量 e_u 代表用户的特征向量。$I = (e_1, \cdots, e_i, \cdots, e_{|I|})$ 是商品集合,包含 $|I|$ 个不同商品,每个向量 e_i 代表商品的特征向量。

矩阵分解模型

矩阵分解模型将用户和商品分别映射到维度为 d 的联合潜在语义特征空间,这样用户和商品之间的评分可以被表示为此潜在特征空间中用户特征向量与商品特征向量的相关性。对于给定的商品,其特征向量表示了此商品在每一维特征上获得高评分的可能性;对于给定的用户,其特征向量代表了此用户对于每一维特征的感兴趣的程度。用户特征向量和商品特征向量的内积 $e_u^T e_i$ 反映了用户和商品之间的关联性,即用户对商品的整体兴趣偏好。这一关联可以通过用户对商品的评分来进行近似表示,即:

$$r_{ui} = e_u^T e_i \quad (1)$$

矩阵分解模型的主要挑战是如果将用户、商品及其对应的评分映射到潜在特征因子空间。在完成这个映射后,可以方便地通过公式(1)计算用户对商品的评分,并进行预测。一般说,我们可以直接对观察到的评分进行建模来学习用户和商品的特征向量(e_u 和 e_i),通过构建如下目标函数最小化已知评分集合的均方误差:

$$\min \sum_{u \in U, i \in I} c_{ui}(r_{ui} - e_u^T e_i)^2 + \lambda(\|e_u\|^2 + \|e_i\|^2)$$

这里 c_{ui} 是一个指示变量:当 r_{ui} 在评分矩阵中可见时,$c_{ui} = 1$,否则 $c_{ui} = 0$。系统通过拟合观察到的历史评分来训练模型。然而,我们的目标是建模历史评分来预测用户的未知行为。因此,系统会通过正则化的方法避免过拟合,通过常数 λ 控制正则化的程度,其值通常由交叉验证确定。

基于商品要素的矩阵分解模型

在推荐系统中,用户评论通常也是一种衡量用户和商品关联的重要数据。用户评论文本是一种具有强烈倾向的短文本，以句子或短语的形式表达用户对商品特定要素的情感。由于评论的信息比评分更丰富，因此有很多研究工作通过同时使用评分和评论作为训练数据来改进推荐系统的性能。这里，评论文本中最有价值的信息在于它包含了商品的特定要素以及用户对商品的特定要素的情感，从而可以用于解释用户对商品的评分。为了更好地说明这一问题，我们从数据集中随机选择一个用户和一个商品作为示例。我们分别制作了用户和商品的评论的词云，如图 1 所示。图 1（a）反映出并非所有要素在用户的评论中都具有相同的权重；用户一般倾向于首先对"重要"要素表达意见。和用户的词云不同，图 1（b）中出现的"更大"的词意味着有更多的人在谈论这个要素。也就是说，这是该商品的优点或缺点。

(a) 以用户为视角的评论生成的词云　(b) 以商品为视角的评论生成的词云

图 1 词云。词云是以图的形式来表示文档。在词云中，词在文本中出现的频率越高，则在图中词的字体越大。用户和商品的词云显然是不同的，用户专注于"Blackberry"和"functions"，但商品的优点是"Keyboard"和"camera"。

基于以上观察到的事实，我们提出了一个基于商品要素的矩阵分解模型（ALFM）。这个模型基于特征向量对评分和评论之间的依赖性进行建模，从而发现用户和商品的要素信息。与基本的矩阵分解模型不同，ALFM 对三个特殊矩阵而不是单个评分矩阵进行分解。这三个矩阵分别是评分矩阵、用户评论矩阵和商品评论矩阵。评分矩阵中每个元素可以表示为用户特征表示向量和商品表示向量的点积，从而体现用户对该商品的偏好。而用户评论矩阵中每个元素是用户评论文本中的词频，由用户特征表示向量和词特征表示向量的点积计算而得。商品评论矩阵中的每个元素是商品评论文本中的词频，由商品特征表示向量和词特征表示向量的点积计算而得。在该模型中，用户特征表示向量中的不同维度代表了用户关注的不同商品类型的要素，其值大小象征着该要素的重要程度。同理，商品特征表示向量中的不同维度对应着用户特征表示向量中的不同维度，其值大小对应了用户对商品要素的满意程度。在 ALFM 中，通过最小化三个矩阵集合的均方误差，可以得到如下所示的目标函数：

$$\min \mathcal{J} = \frac{1}{2} \Big\{ \sum_{u=1}^{|U|} \sum_{i=1}^{|I|} c_{ui}(r_{ui} - e_u^T e_i - b_u - b_i - \mu)^2 \\
+ \alpha_u \sum_{u=1}^{|U|} \sum_{w=1}^{|W|} (p_{uw} - e_u^T e_w)^2 \\
+ \alpha_i \sum_{i=1}^{|I|} \sum_{w=1}^{|W|} (q_{iw} - e_i^T e_w)^2 \\
+ \lambda_u \|e_u\|^2 + \lambda_i \|e_i\|^2 + \lambda_w \|e_w\|^2 \\
+ \lambda_b (\|b_u\|^2 + \|b_i\|^2) \Big\}$$

其中，b_u 和 b_i 分别是用户和商品的打分偏置，μ 是分数的均值，$e_w \in W$ 是词的分布式表示，$|W|$ 是词典的大小，p_{uw} 是用户评论的统计词频，q_{iw} 是商品评论中的统计词频。和基本的矩阵分解模型一样，我们使用了正则化项防止模型对训练数据的过拟合。

通过对评论所包含信息的充分挖掘，我们在学习用户特征表示向量和商品特征表示向量的目标函数中添加了来自于商品要素信息的约束。可以说，评论文本的加入使我们能更充分的挖掘用户和商品在特征空间的语义依赖关系，显著地提升了个性化推荐的效果。

基于向量平移的表示学习模型

2013 年，Mikolov 等人提出了 word2vec 模型，并发现词向量空间中存在特定类型的词汇集中所具有的词向量平移不变的现象。受此启发，Bordes 等人提出了基于平移的分布式模型，将知识图谱中的关系词对应的关系表示向量看成实体表示向量间的平移向量，通过对实体词和关系词之间的关联进行建模，完成对知识图谱的建模。在个性化推荐系统中，我们借鉴了知识图谱的建模方式，通过代表评分的平移向量对用户和商品进行建模，深度挖掘用户和商品的匹配程度，完成个性化推荐。

问题定义

在平移模型中，将推荐系统表示为 $G = (U, I, R)$。其中 $U = (e_1, ..., e_u, ..., e_{|U|})$ 是推荐系统中的用户集合，包含 $|U|$ 个不同用户；$I = (e_1, ..., e_i, ..., e_{|I|})$ 是商品集合，包含 $|I|$ 个不同商品；$R = (e_1, ..., e_r, ..., e_{|R|})$ 是评分集合，包含 $|R|$ 个不同评分。而 $S \subseteq U \times I \times R$ 则代表评分矩阵中的三元组集合，一般表示为 $\langle u, i, r \rangle$，其中 u 和 i 表示用户和商品，而 r 表示用户对商品的评分。还引入两个评分映射矩阵 $W_r^u \in R^{k \times k}$ 和 $W_r^i \in R^{k \times k}$，可以把用户特征和商品特征映射到评分特有语义空间中。

平移模型

受知识图谱平移模型的启发，我们把平移模型也应用在个性化推荐系统中。在模型中，用户对商品的评分通常可以表示为潜在特征空间中的平移向量。基于这个假设，我们使用连续实值特征向量去表示每个评分，这些向量也被称为平移向量。既然不同的评分可能显示用户和商品之间的不同关系；那么评分不同，平移向量也就不同。同时，用户和商品也可以用该潜在空间中的特征向量来表示，其表示向量中的每一维都代表了特征空间中的不同特征。

当三元组 $\langle u, i, r \rangle$ 事实存在时，平移模式将用户 u 和商品 i 在特征空间中联系了起来。该模型的基本思想在于当三元组 $\langle u, i, r \rangle$ 是客观存在的事实时，用户 u 的特征表示向量在特征空间中经过评分 r 的平移后，其与商品 i 的特征向量距离应当比用户 u 的特征向量经过其他评分的平移后与商品 i 的特征向量距离近。也就是，当 $\langle u, i, r \rangle$ 成立的时候，等式 $e_u + e_r \approx e_i$ 应当也成立，正如图 2 所示。图 2(a) 展示了知识图谱领域中一个非常有名的例子，如果以下两个关系："北京是中国的首都"和"伦敦是首都"都成立，那么等式"中国" – "北京" = "英国" – "伦敦"也成立。如图 3(b) 所示，推荐系统中用户和商品之间之间也具有类似的关系模式。如果以下两个事实："Mary 给 iPhone 打了 5 分"和"Jack 给 Galaxy 打了 5 分"成立，那么等式"Galaxy" – "Jack" = "iPhone" – "Mary"成立。

基于商品要素的平移模型

在简单平移模型的基础上，我们提出了一个新的基于商品要素的平移模型（ATransE），该模型可以针对用户和商品在商品要素子空间中的特征的关系进行建模。在该模型中，我们将评分的语义特征表示向量和平移模型结合起来，用于挖掘用户和评分,以及商品和评分之间的依赖关系。

图2 平移模型。图(a)描述了知识库中实体和关系的联系。
图(b)描述了推荐系统中用户、商品、评分的联系。

具体来说,我们使用两个映射矩阵W_r^u和W_r^i来对特征向量之间的相关性进行建模;通过映射矩阵W_r^u和W_r^i,用户和商品的特征语义向量分别被映射到评分的要素特征子空间中,在评分的要素特征子空间中,平移模型可以反映出用户特征映射和商品特征映射之间的相关性。也就是说,在模型ATransE中,当$\langle u,i,r\rangle$成立的时候,等式$W_r^u e_u + e_r \approx W_r^i e_i$也应当成立。$W_r^u$和$W_r^i$可以加强或者改变用户特征表示和商品特征表示在评分要素子空间中的相关性,从而可以对用户和商品更好地进行语义建模。特别是,为了表示用户特征和商品特征之间联系的强弱,我们定义了一个能量函数,如下所示:

$$\varepsilon(u,i,r) = \|W_r^u e_u + e_r - W_r^i e_i\|_{\ell_1/\ell_2}$$

ATransE模型的基本思想正是基于表示学习,使得在要素特征上接近的用户在被投影到评分的要素子空间中后距离相近。类似地,要素特征上相似的商品在被投影到评分的要素子空间后,其距离也应当相近。整个模型的示例如图3所示,在分别经过投影矩阵映射后,可以获得用户和商品在评分子空间中的要素表示,再通过平移模型对其关系进行建模,从而构建整个推荐算法。

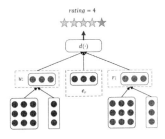

图3 基于商品要素的平移向量模型

表示学习技术在实践中的应用

为了检验表示学习技术在信息推荐系统中的效果,我们在真实数据集上验证了相关模型和众多基准模型,并对它们的实验结果做了对比。实验结果表明,我们提出的两个模型在信息推荐任务上均有不俗的表现。

数据集介绍

实验使用的数据集来源于最大的电子商务网站亚马逊(Amazon.com)。在这个数据集中,每一条记录都对应一个用户-商品对,并至少包含一个评分或一条评论。作为一个公开数据集,亚马逊数据集在推荐技术的研究中被广泛使用,具有较高的实践价值。除了所有数据均来自真实用户的历史行为这一特点外,亚马逊数据集的另外一个特点是巨量,它包括由600万用户产生的1800万条记录,针对100万商品。这些数据横跨了18年的时间间隔。它的评论文本总共包含180亿个词,平均每条评

论文本包含了49个词。另外,这些数据根据商品种类的不同被划分为25个领域,包括Moviesand TV、Books等。这25个领域的数据集大小不一,具体的统计数据详见表1。

表1 数据集统计。#Users 代表用户数量,#Items 代表商品数量,#Reviews 代表数据集中记录的总量 Density 代表数据密度,#Valid words 代表有效词的数量,#Words 代词词的总数,Avg. #words代表每条记录中包含的平均词数。

Dataset	#Users	#Items	#Reviews	Density	#Valid words	#Words	Avg. #words
Arts	24,069	4206	27,749	0.274%	26,247	1.1M	39.3
Automotive	133,254	47,539	188,387	0.030%	78,504	7.3M	38.9
Baby	13,926	1650	16,069	0.699%	19,872	1.0M	60.3
Beauty	167,684	28,804	248,829	0.052%	84,859	9.7M	38.9
Cell Phones and Accessories	68,039	7335	76,653	0.154%	55,858	4.3M	55.5
Clothing and Accessories	128,792	65,687	577,955	0.068%	69,209	18.8M	32.5
Electronics	811,032	80,613	1,189,549	0.018%	366,515	69.1M	58.1
Gourmet Foods	112,539	23,367	153,733	0.006%	79,322	6.0M	38.8
Health	311,634	39,275	427,688	0.007%	149,096	18.2M	43.1
Home and Kitchen	644,504	78,363	967,065	0.019%	228,015	44.7M	46.2
Industrial and Scientific	29,589	22,602	136,571	0.204%	33,537	3.8M	28.0
Jewelry	40,589	18,621	58,184	0.077%	25,128	1.6M	28.0
Kindle Store	116,189	4258	151,568	0.306%	163,815	13.0M	85.9
Movies and TV	1,224,266	207,532	6,797,757	0.027%	1,290,009	588.8M	86.6
Music	1,134,631	528,957	5,131,601	0.009%	1,363,021	421.5M	82.1
Musical instruments	67,005	14,115	64,408	0.089%	68,378	4.2M	49.8
Office Products	110,470	14,109	132,744	0.085%	73,570	6.1M	45.9
Patio	166,801	19,383	203,129	0.063%	94,201	9.5M	46.8
Pet Supplies	160,494	17,490	216,612	0.077%	86,233	10.1M	46.8
Shoes	73,589	46,989	385,407	0.111%	41,311	12,712,036	33.0
Sports and Outdoors	329,227	67,871	506,336	0.023%	159,732	21.5M	42.4
Tools and Home Improvement	283,517	50,738	403,698	0.028%	146,143	19.1M	47.4
Toys and Games	290,711	52,272	391,077	0.026%	144,415	17.1M	43.7
Video Games	228,516	20,335	364,484	0.078%	279,539	29.8M	81.9
Watches	62,040	10,278	68,033	0.107%	46,247	3.1M	45.3
Total	6,733,102	1,000,000	18,899,225		5,172,776	1.3B	49.8

在开始实验之前,我们对数据进行了一些必要的处理。首先,我们移除了那些只包含评分或只包含评论的记录,因为我们的模型需要同时对评分和评论进行建模。然后,由于数据缺失,部分记录中没有用户ID,同样地,我们移除了这部分记录。最后,我们对评论中的每个词都进行了词性标注。因为在文本中,句子的关键语义信息通常隐藏在名词、动词或形容词中,所以我们在对评论建模的时候只使用了名词、动词和形容词。标注的词性可以帮助我们缩小词典的规模。我们随机选择70%的数据用于训练,20%的数据用于验证,10%的数据用于测试。

评价标准

在信息推荐任务中,均方误差(Mean-Squared Error,MSE)用于计算真实值和预测值之差平方的均值,反映了大数据量的情况下预测的准确性,通常被用来衡量模型优劣。一般地,在得到N个真实值$\{r_1, r_2, ..., r_N\}$和N个预测值$\{\hat{r}_1, \hat{r}_2, ..., \hat{r}_N\}$后,MSE由如下公式计算:$MSE = \frac{1}{N}\sum_{n=1}^{N}(r_n - \hat{r}_n)^2$,其中$N$是测试集中数据的数量。如果MSE的值越小,证明模型的效果越好。

基于商品要素的矩阵分解模型实验结果

我们在亚马逊数据集上使用ALFM模型和其他基准模型做了实验。基准模型不仅包括基本模型如Offset、ItemKNN、MF和SVD++,而且包括组合模型如HFT and JMARS。最有竞争力的基准模型是同时对要素、评分和情感进行建模的JMARS模型,它利用一个结合了概率矩阵分解和统计语言模型的综合模型计算商品要素的权重和每个商品要素的单独得分。JMARS模型不仅在IMDB数据集上证明了其在评分预测任务上的有效性,而且提供了一种要素级情感挖掘的新思路。第二个有竞争力的基准模型是HFT模型,它针对评论文本中的主题分布和用户特征向量的联系进行建模。Offset是一个用于评分预测的最简单的模型,它使用所有评分的均值作为评分预测值。ItemKNN模型根据用户的历史评分行为对用户进行聚类,并使用每个类的平均得分作为商品的预测评分。MF和SVD++都是在传统推荐领域广泛使用的模型。SVD++还在Netflix竞赛中大放异彩,获得了惊人的成功。我们将对比我们的两个模型(ALFM-P和ALFM-Q)和所有的基准模型。

在实验中,每个基准模型的参数都被设定为可以获得最好

实验效果的参数。我们将模型参数 $\{k, \alpha_u, \alpha_v, \lambda_u, \lambda_v, \lambda_w, \lambda_b\}$ 设置为 {5, 0.6, 1.0, 0.2, 0.2, 0.2, 0.2}，这些参数可以帮助我们的模型获得最好的效果。在这些设定下，虽然我们的模型的运行时间是基本模型如 MF 的两倍，但是 MSE 值比传统矩阵分解模型的性能至少提高了 50%。同时，我们的模型远远超过了其他的基准模型。从这一点可以证明，评论文本语义的信息有助于提升评分预测任务的准确率。

基于商品要素的平移模型的实验结果

同样地，我们使用亚马逊数据集来验证我们提出的 ATransE 模型。在实验中，我们使用了三种不同的特征向量初始值。

- 随机初始值：随机初始值不带有任何先验信息。
- 矩阵分解向量：使用评分矩阵通过 MF 的方法获取用户和商品的特征向量，再把这些向量应用于我们的模型中。
- 语义特征向量：将一个用户的所有评论或一商品的所有评论视为用户或商品的文档，然后通过 Word2Vec 的方法生成文档的向量表示，将这一向量表示用于我们的模型的特征向量的初始化。通过大量的实验表明，使用语义特征向量的 ATransE 模型获得了最佳的结果。虽然结果仅仅提高了 20%，但是 ATransE 模型的运行速度比 MF 提高了 30%。这一点证明，语义特征向量在 ATransE 模型中的有效性。

表示学习在推荐系统的挑战和展望

表示学习技术本身仍是一个快速发展的领域，它在个性化推荐系统中的应用更是刚刚起步。虽然表示学习技术在个性化推荐中的应用中有着广阔的前景，但是也面临着严峻的挑战。

表示学习在个性化推荐系统中的挑战

目前，表示学习在个性化推荐中的应用主要集中在对用户、商品、评分的学习；但随着 Web 2.0 的发展，推荐系统的内容被大大丰富了。现今的推荐系统中不仅包含有用户对商品的评分信息，还包括用户对商品的评论信息、用户的社交网络信息、用户的个人信息、商品的属性信息等；这些信息虽然都可用于提升推荐系统的性能，但是这些信息是异构的，如何将这些异构的信息基于表示学习技术在同一个学习框架中进行统一表示，仍然是一个巨大的挑战。

另一方面，表示学习在推荐系统中的应用刚刚起步，很多基于复杂深度神经网络模型的表示学习方法尚未引进到推荐系统中。随着越来越多的表示学习模型的介入，如何构建统一、高效的学习框架也是我们所面临的挑战。

表示学习在个性化推荐系统中的展望

总的来说，随着近年来表示学习相关技术的发展，以及学术界、工业界对其在个性化推荐中应用的努力探索，表示学习技术已展露其在推荐系统中的可用性和巨大潜力。随着学术界、工业界对这个方向的持续投入，我们相信今后会出现更多基于表示学习的信息推荐算法，并最终帮助信息推荐系统从更深刻的语义层面上理解用户和商品之间的关系，为人们提供更为准确的个性化推荐和更贴心的选择。📧

Bandit 算法与推荐系统

文 / 陈开江

推荐系统里面有两个经典问题：EE 和冷启动。前者涉及平衡准确和多样，后者涉及产品算法运营等一系列。Bandit 算法是一种简单的在线学习算法，常常用于尝试解决这两个问题，本来为你介绍基础的 Bandit 算法及一系列升级版，以及对推荐系统这两个经典问题的思考。

什么是 Bandit 算法

为选择而生

我们会遇到很多选择的场景。上哪个大学，学什么专业，去哪家公司，中午吃什么等。这些事情，都让选择困难症的我们头লা很大。那么，有算法能够很好地对付这些问题吗？

当然有！那就是 Bandit 算法。

Bandit 算法来源于历史悠久的赌博学，它要解决的问题是这样的：

一个赌徒，要去摇老虎机，走进赌场一看，一排老虎机，外表一模一样，但是每个老虎机吐钱的概率可不一样，他不知道每个老虎机吐钱的概率分布是什么，那么每次该选择哪个老虎机可以做到最大化收益呢？这就是多臂赌博机问题（Multi-armed bandit problem, K-armed bandit problem, MAB），如图 1 所示。

怎么解决这个问题呢？最好的办法是去试一试，不是盲目地试，而是有策略地快速试一试，这些策略就是 Bandit 算法。

图 1 MAB 问题

这个多臂问题，推荐系统里很多问题都与它类似：

- 假设一个用户对不同类别的内容感兴趣程度不同，那么我们的推荐系统初次见到这个用户时，怎么快速地知道他对每类内容的感兴趣程度？这就是推荐系统的冷启动。
- 假设我们有若干广告库存，怎么知道该给每个用户展示哪个广告，从而获得最大的点击收益？是每次都挑效果最好那个么？那么新广告如何才有出头之日？

- 我们的算法工程师又想出了新的模型，有没有比 A/B test 更快的方法知道它和旧模型相比谁更靠谱？
- 如果只是推荐已知的用户感兴趣的物品，如何才能科学地冒险给他推荐一些新鲜的物品？

Bandit 算法与推荐系统

在推荐系统领域里，有两个比较经典的问题常被人提起，一个是 EE 问题，另一个是用户冷启动问题。

什么是 EE 问题？又叫 exploit — explore 问题。exploit 就是：对用户比较确定的兴趣，当然要利用开采迎合，好比说已经挣到的钱，当然要花；explore 就是：光对着用户已知的兴趣使用，用户很快会腻，所以要不断探索用户新的兴趣才行，这就好比虽然有一点钱可以花了，但是还得继续搬砖挣钱，不然花完了就得喝西北风。

用户冷启动问题，也就是面对新用户时，如何能够通过若干次实验，猜出用户的大致兴趣。

我想，屏幕前的你已经想到了，推荐系统冷启动可以用 Bandit 算法来解决一部分。

这两个问题本质上都是如何选用户感兴趣的主题进行推荐，比较符合 Bandit 算法背后的 MAB 问题。

比如，用 Bandit 算法解决冷启动的大致思路如下：用分类或者 Topic 来表示每个用户兴趣，也就是 MAB 问题中的臂（Arm），我们可以通过几次试验，来刻画出新用户心目中对每个 Topic 的感兴趣概率。这里，如果用户对某个 Topic 感兴趣（提供了显式反馈或隐式反馈），就表示我们得到了收益，如果推给了它不感兴趣的 Topic，推荐系统就表示很遗憾（regret）了。如此经历"选择－观察－更新－选择"的循环，理论上是越来越逼近用户真正感兴趣的 Topic 的。

怎么选择 Bandit 算法？

现在来介绍一下 Bandit 算法怎么解决这类问题的。Bandit 算法需要量化一个核心问题：错误的选择到底有多大的遗憾？能不能遗憾少一些？

王家卫在《一代宗师》里寄出一句台词：人生要是无憾，那多无趣？

而我说：算法要是无憾，那应该是过拟合了。

所以说：怎么衡量不同 Bandit 算法在解决多臂问题上的效果？首先介绍一个概念，叫作累积遗憾（regret）：

图 2 这个公式就是计算 Bandit 算法的累积遗憾，解释一下：

$$R_T = \sum_{i=1}^{T} \left(w_{opt} - w_{B(i)} \right)$$
$$= Tw^* - \sum_{i=1}^{T} w_{B(i)}$$

图 2 累积遗憾

首先，这里我们讨论的每个臂的收益非 0 即 1，也就是伯努利收益。

然后，每次选择后，计算和最佳的选择差了多少，然后把差距累加起来就是总的遗憾。

$w_{B(i)}$ 是第 i 次试验时被选中臂的期望收益，w^* 是所有臂中的最佳那个，如果上帝提前告诉你，我们当然每次试验都选它，问题是上帝不告诉你，所以就有了 Bandit 算法，我们就有了这篇文章。

这个公式可以用来对比不同 Bandit 算法的效果：对同样的多臂问题，用不同 Bandit 算法试验相同次数，看看谁的 regret 增长得慢。

那么到底不同的 Bandit 算法有哪些呢？

常用 Bandit 算法

Thompson sampling 算法

Thompson sampling 算法简单实用，因为它只有一行代码就可以实现。简单介绍一下它的原理，要点如下：

- 假设每个臂是否产生收益，其背后有一个概率分布，产生收益的概率为 p。
- 我们不断地试验，去估计出一个置信度较高的"概率 p 的概率分布"就能近似解决这个问题了。
- 怎么能估计"概率 p 的概率分布"呢？答案是假设概率 p 的概率分布符合 beta(wins, lose) 分布，它有两个参数：wins, lose。
- 每个臂都维护一个 beta 分布的参数。每次试验后，选中一个臂，摇一下，有收益则该臂的 wins 增加 1，否则该臂的 lose 增加 1。
- 每次选择臂的方式是：用每个臂现有的 beta 分布产生一个随机数 b，选择所有臂产生的随机数中最大的那个臂去摇。

```
import numpy as np
import pymc
#wins 和 trials 是一个 N 维向量，N 是赌博机的臂的个数，每个元素记录了
choice = np.argmax(pymc.rbeta(1 + wins, 1 + trials - wins))
wins[choice] += 1
trials += 1
```

UCB 算法

UCB 算法全称是 Upper Confidence Bound（置信区间上界），它的算法步骤如下。

- 初始化：先对每一个臂都试一遍；
- 按照图 3 的公式计算每个臂的分数，然后选择分数最大的臂作为选择：

$$\bar{x}_j(t) + \sqrt{\frac{2 \ln t}{T_{j,t}}}$$

图 3 UCB 算法

- 观察选择结果，更新 t 和 T_{jt}。其中加号前面是这个臂到目前的收益均值，后面的叫作 bonus，本质上是均值的标准差，t 是目前的试验次数，T_{jt} 是这个臂被试次数。

这个公式反映一个特点：均值越大，标准差越小，被选中的概率会越来越大，同时哪些被选次数较少的臂也会得到试验机会。

Epsilon-Greedy 算法

这是一个朴素的 Bandit 算法，有点类似模拟退火的思想：

- 选一个（0,1）之间较小的数作为 epsilon；
- 每次以概率 epsilon 做一件事：所有臂中随机选一个；
- 每次以概率 1-epsilon 选择截止到当前，平均收益最大的那个臂。

是不是简单粗暴？epsilon的值可以控制对Exploit和Explore的偏好程度。越接近0，越保守，只想花钱不想挣钱。

朴素Bandit算法

最朴素的Bandit算法就是：先随机试若干次，计算每个臂的平均收益，一直选均值最大那个臂。这个算法是人类在实际中最常采用的，不可否认，它还是比随机乱猜要好。

以上五个算法，我们用10000次模拟试验的方式对比了其效果如图4所示。

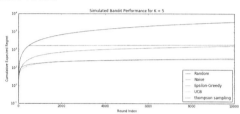

图4　五种Bandit算法模拟试验的效果图

算法效果对比一目了然：UCB算法和Thompson采样算法显著优秀一些。

至于你实际上要选哪一种Bandit算法，你可以选一种Bandit算法来选Bandit算法。

Bandit算法与线性回归

UCB算法

UCB算法在做EE（Exploit-Explore）的时候表现不错，但它是上下文无关（context free）的Bandit算法，它只管埋头干活，根本不观察一下面对的都是些什么特点的arm，下次遇到相似特点但不一样的arm也帮不上什么忙。

UCB解决Multi-armed bandit问题的思路是：用置信区间。置信区间可以简单地理解为不确定性的程度，区间越宽，越不确定，反之亦反之。

每个item的回报均值都有个置信区间，随着试验次数增加，置信区间会变窄（逐渐确定了到底回报丰厚还是可怜）。每次选择前，都根据已经试验的结果重新估计每个Item的均值及置信区间。选择置信区间上限最大的那个Item。

"选择置信区间上界最大的那个Item"这句话反映了几个意思：

■ 如果Item置信区间很宽（被选次数很少，还不确定），那么它会倾向于被多次选择，这个是算法冒风险的部分；

■ 如果Item置信区间很窄（备选次数很多，比较确定其好坏了），那么均值大的倾向于被多次选择，这个是算法保守稳妥的部分；

■ UCB是一种乐观的算法，选择置信区间上界排序，如果时悲观保守的做法，是选择置信区间下界排序。

UCB算法加入特征信息

Yahoo!的科学家们在2010年发表了一篇论文，给UCB引入了特征信息，同时还把改造后的UCB算法用了Yahoo!的新闻推荐中，算法名叫LinUCB，如图5所示，刘鹏博士在《计算广告》一书中也有介绍LinUCB在计算广告中的应用。

图5　应用LinUCB算法的Yahoo!首页

单纯的老虎机回报情况就是老虎机自己内部决定的，而在广告推荐领域，一个选择的回报是由User和Item一起决定的，如果我们能用Feature来刻画User和Item这一对CP，在每次选择Item之前，通过Feature预估每一个arm（item）的期望回报及置信区间，选择的收益就可以通过Feature泛化到不同的Item上。

为UCB算法插上了特征的翅膀，这就是LinUCB最大的特色。

LinUCB算法做了一个假设：一个Item被选择后推送给一个User，其回报和相关Feature成线性关系，这里的"相关Feature"就是context，也是实际项目中发挥空间最大的部分。

于是试验过程就变成：用User和Item的特征预估回报及其置信区间，选择置信区间上界最大的Item推荐，观察回报后更新线性关系的参数，以此达到试验学习的目的。

LinUCB基本算法描述如图6所示。

```
0:  Inputs: α ∈ ℝ₊
1:  for t = 1, 2, 3, ..., T do
2:      Observe features of all arms a ∈ 𝒜_t: x_{t,a} ∈ ℝ^d
3:      for all a ∈ 𝒜_t do
4:          if a is new then
5:              A_a ← I_d (d-dimensional identity matrix)
6:              b_a ← 0_{d×1} (d-dimensional zero vector)
7:          end if
8:          θ̂_a ← A_a^{-1} b_a
9:          p_{t,a} ← θ̂_a^⊤ x_{t,a} + α √(x_{t,a}^⊤ A_a^{-1} x_{t,a})
10:     end for
11:     Choose arm a_t = arg max_{a ∈ 𝒜_t} p_{t,a} with ties broken arbi-
        trarily, and observe a real-valued payoff r_t
12:     A_{a_t} ← A_{a_t} + x_{t,a_t} x_{t,a_t}^⊤
13:     b_{a_t} ← b_{a_t} + r_t x_{t,a_t}
14: end for
```

图6　LinUCB算法描述

对照每一行解释一下（编号从1开始）：

1. 设定一个参数\alpha，这个参数决定了我们Explore的程度；
2. 开始试验迭代；
3. 获取每一个arm的特征向量xa,t；
4. 开始计算每一个arm的预估回报及其置信区间；
5. 如果arm还从没有被试验过，那么：
6. 用单位矩阵初始化Aa；
7. 用0向量初始化ba；
8. 处理完没被试验过的arm；
9. 计算线性参数\theta；
10. 用\theta和特征向量xa,t计算预估回报，同时加上置信区间宽度；
11. 处理完每一个arm；
12. 选择第10步中最大值对应的arm，观察真实的回报rt；
13. 更新Aat；
14. 更新bat；
15. 算法结束。

注意到上面的第4步，给特征矩阵加了一个单位矩阵，这就是岭回归（ridge regression），岭回归主要用于当样本数小于特征数时，对回归参数进行修正。

对于加了特征的Bandit问题，正符合这个特点：试验次数（样本）少于特征数。

每一次观察真实回报之后，要更新的不止是岭回归参数，还有每个arm的回报向量ba。

详解 LinUCB 的实现

根据论文给出的算法描述，其实很好写出LinUCB的代码[9]，麻烦的只是构建特征。

代码如下，一些必要的注释说明已经写在代码中。

```python
class LinUCB:
    def __init__(self):
        self.alpha = 0.25
        self.r1 = 1 # if worse -> 0.7, 0.8
        self.r0 = 0 # if worse, -19, -21
        # dimension of user features = d
        self.d = 6
        # Aa : collection of matrix to compute disjoint part for each article a, d*d
        self.Aa = {}
        # AaI : store the inverse of all Aa matrix
        self.AaI = {}
        # ba : collection of vectors to compute disjoin part, d*1
        self.ba = {}

        self.a_max = 0

        self.theta = {}

        self.x = None
        self.xT = None
        # linUCB

    def set_articles(self, art):
        # init collection of matrix/vector Aa, Ba, ba
        for key in art:
            self.Aa[key] = np.identity(self.d)
            self.ba[key] = np.zeros((self.d, 1))
            self.AaI[key] = np.identity(self.d)
            self.theta[key] = np.zeros((self.d, 1))
        # 这里更新参数时没有传入更新哪个arm，因为在上一次recommend的时候缓存了被选的那个arm，所以此处不用传入
        # 另外，update操作不用阻塞recommend，可以异步执行
    def update(self, reward):
        if reward == -1:
            pass
        elif reward == 1 or reward == 0:
            if reward == 1:
                r = self.r1
            else:
                r = self.r0
            self.Aa[self.a_max] += np.dot(self.x, self.xT)
            self.ba[self.a_max] += r * self.x
            self.AaI[self.a_max] = linalg.solve(self.Aa[self.a_max], np.identity(self.d))
            self.theta[self.a_max] = np.dot(self.AaI[self.a_max], self.ba[self.a_max])
        else:
            # error
            pass
        # 预估每个arm的回报期望及置信区间
    def recommend(self, timestamp, user_features, articles):
        xaT = np.array([user_features])
        xa = np.transpose(xaT)
        art_max = -1
        old_pa = 0

        # 获取在update阶段已经更新过的AaI（求逆结果）
        AaI_tmp = np.array([self.AaI[article] for article in articles])
        theta_tmp = np.array([self.theta[article] for article in articles])
        art_max = articles[np.argmax(np.dot(xaT, theta_tmp) + self.alpha * np.sqrt(np.dot(np.dot(xaT, AaI_tmp), xa)))]

        # 缓存选择结果，用于update
        self.x = xa
        self.xT = xaT
        # article index with largest UCB
        self.a_max = art_max

        return self.a_max
```

怎么构建特征

LinUCB算法有一个很重要的步骤，就是给User和Item构建特征，也就是刻画context。在原始论文里，Item是文章，其中专门介绍了它们怎么构建特征的，也甚是精妙。容我慢慢表来。

原始用户特征

人口统计学：性别特征（2类），年龄特征（离散成10个区间）。

地域信息：遍布全球的大都市，美国各州。

行为类别：代表用户历史行为的1000个类别取值。

原始文章特征

URL类别：根据文章来源分成了几十个类别。

编辑打标签：编辑人工给内容从几个话题标签中挑选出来的原始特征向量都要归一化成单位向量。

还要对原始特征降维，以及模型要刻画一些非线性的关系。

用Logistic Regression去拟合用户对文章的点击历史，其中的线性回归部分为：

$$\phi_u^\top W \phi_a$$

拟合得到参数矩阵 W，可以将原始用户特征（1000多维）投射到文章的原始特征空间（80多维），投射计算方式：

$$\psi_u \stackrel{\text{def}}{=} \phi_u^\top W$$

这是第一次降维，把原始1000多维降到80多维。

然后，用投射后的80多维特征对用户聚类，得到5个类簇，文章页同样聚类成5个簇，再加上常数1，用户和文章各自被表示成6维向量。

Yahoo!的科学家们之所以选定为6维，因为数据表明它的效果最好，并且这大大降低了计算复杂度和存储空间。

我们实际上可以考虑三类特征：U（用户），A（广告或文章），C（所有页面的一些信息）。

前面说了，特征构建很有发挥空间，算法工程师们尽情去挥洒汗水吧。

总结一下LinUCB算法，有以下优点：

- 由于加入了特征，所以收敛比UCB更快（论文有证明）；
- 特征构建是效果的关键，也是工程上最麻烦和值的发挥的地方；

- 由于参与计算的是特征，所以可以处理动态的推荐候选池，编辑可以增删文章；
- 特征降维很有必要，关系到计算效率。

Bandit 算法与协同过滤

协同过滤背后的哲学

推荐系统里面，传统经典的算法肯定离不开协同过滤。协同过滤背后的思想简单深刻，在万物互联的今天，协同过滤的威力更加强大。协同过滤看上去是一种算法，不如说是一种方法论，不是机器在给你推荐，而是"集体智慧"在给你推荐。

它的基本假设就是"物以类聚，人以群分"，你的圈子决定了你能见到的物品。这个假设很靠谱，却隐藏了一些重要的问题：作为用户的我们还可能看到新的东西吗？还可能有惊喜吗？还可能有圈子之间的更迭流动吗？这些问题的背后其实就是在前面提到过的 EE 问题（Exploit & Explore）。我们关注推荐的准确率，但是我们也应该关注推荐系统的演进发展，因为"推荐系统不止眼前的 Exploit，还有远方的 Explore"。

做 Explore 的方法有很多，Bandit 算法是其中的一种流派。前面也介绍过几种 Bandit 算法，基本上就是估计置信区间的做法，然后按照置信区间的上界来进行推荐，以 UCB、LinUCB 为代表。

作为要寻找诗和远方的 Bandit 浪漫派算法，能不能和协同过滤这种正统算法结合起来呢？事实上已经有人这么尝试过了，叫作 COFIBA 算法，具体在题目为 Collaborative Filtering Bandits 和 Online Clustering of Bandits）的两篇文章中有详细的描述，它就是 Bandit 和协同过滤的结合算法，两篇文章的区别是后者只对用户聚类（即只考虑了 User-based 的协同过滤），而前者采用了协同聚类（co-clustering，可以理解为 item-based 和 user-based 两种协同方式在同时进行），后者是前者的一个特殊情况。下面详细介绍一下这种结合算法。

Bandit 结合协同过滤

很多推荐场景中都有这两个规律：

- 相似的用户对同一个物品的反馈可能是一样的。也就是对一个聚类用户群体推荐同一个 Item，他们可能都喜欢，也可能都不喜欢，同样地，同一个用户会对相似的物品反馈相同。这是属于协同过滤可以解决的问题；
- 在使用推荐系统过程中，用户的决策是动态进行的，尤其是新用户。这就导致无法提前为用户准备好推荐候选，只能"走一步看一步"，是一个动态的推荐过程。

每一个推荐候选 Item，都可以根据用户对其偏好不同（payoff 不同）将用户聚类成不同的群体，一个群体来集体预测这个 Item 的可能的收益，这就有了协同的效果，然后实时观察真实反馈回来更新用户的个人参数，这就有了 Bandit 的思想在里面。

举个例子，如果你父母给你安排了很多相亲对象，要不要见面去相一下？那需要提前看看每一个相亲对象的资料，每次大家都分成好几派，有说好的，有说再看看的，也有说不行的；你自己也会是其中一派的一员，每次都是你所属的那一派给你集体打分，因为他们是和你"三观一致的人"，"诚不欺我"；这样从一堆资料中挑出分数最高的那个人，你出去见 TA，回来后把实际感觉说给大家听，同时自己心里的标准也有些调整，重新给剩下的其他对象打分，打完分再去见，周而复始⋯⋯

以上就是协同过滤和 Bandit 结合的思想。

另外，如果要推荐的候选 Item 较多，还需要对 Item 进行聚类，这样就不用按照每一个 Item 对 User 聚类，而是按照每一个 Item 的类簇对 User 聚类，如此一来，Item 的类簇数相对于 Item 数要大大减少。

COFIBA 算法

基于这些思想，有人提出了算法 COFIBA（读作 coffee bar），简要描述如下：

Input:
- Set of users $\mathcal{U} = \{1, \ldots, n\}$;
- set of items $\mathcal{I} = \{x_1, \ldots, x_{|\mathcal{I}|}\} \subseteq \mathbb{R}^d$;
- exploration parameter $\alpha > 0$, and edge deletion parameter $\alpha_2 > 0$.

Init:
- $b_{i,0} = 0 \in \mathbb{R}^d$ and $M_{i,0} = I \in \mathbb{R}^{d \times d}$, $i = 1, \ldots, n$;
- User graph $G^U_{1,1} = (\mathcal{U}, E^U_{1,1})$, $G^U_{1,1}$ is connected over $\mathcal{U}$.
- Number of user graphs $g_1 = 1$;
- No. of user clusters $m^U_{1,1} = 1$;
- Item clusters $\hat{I}_{1,1} = \mathcal{I}$, no. of item clusters $g_1 = 1$;
- Item graph $G^I_1 = (\mathcal{I}, E^I_1)$, G^I_1 is connected over $\mathcal{I}$.

for $t = 1, 2, \ldots, T$ do
  Set
  $$w_{i,t-1} = M_{i,t-1}^{-1} b_{i,t-1}, \quad i = 1, \ldots, n;$$
  Receive $i_t \in \mathcal{U}$, and get items $C_{i_t} = \{x_{t,1}, \ldots, x_{t,c_t}\} \subseteq \mathcal{I}$;
  For each $k = 1, \ldots, c_t$, determine which cluster (within the current user clustering w.r.t. $x_{t,k}$) user i_t belongs to, and denote this cluster by N_k;
  Compute, for $k = 1, \ldots, c_t$, aggregate quantities
  $$\bar{M}_{N_k,t-1} = I + \sum_{i \in N_k}(M_{i,t-1} - I),$$
  $$\bar{b}_{N_k,t-1} = \sum_{i \in N_k} b_{i,t-1},$$
  $$\bar{w}_{N_k,t-1} = \bar{M}_{N_k,t-1}^{-1} \bar{b}_{N_k,t-1};$$
  Set
  $$k_t = \underset{k=1,\ldots,c_t}{\arg\max} \left(\bar{w}_{N_k,t-1}^\top x_{t,k} + CB_{N_k,t-1}(x_{t,k}) \right),$$
  where $CB_{N_k,t-1}(x) = \alpha \sqrt{x^\top \bar{M}_{N_k,t-1}^{-1} x \log(t+1)}$;
  Set for brevity $\bar{x}_t = x_{t,k_t}$;
  Observe payoff $a_t \in \mathbb{R}$, and update weights $M_{i,t}$ and $b_{i,t}$ as follows:
  - $M_{i_t,t} = M_{i_t,t-1} + \bar{x}_t \bar{x}_t^\top$,
  - $b_{i_t,t} = b_{i_t,t-1} + a_t \bar{x}_t$,
  - Set $M_{i,t} = M_{i,t-1}$, $b_{i,t} = b_{i,t-1}$ for all $i \neq i_t$;
  Determine $\hat{h}_t \in \{1, \ldots, g_t\}$ such that $k_t \in \hat{I}_{\hat{h}_t,t}$;
  Update user clusters at graph $G^U_{t,\hat{h}_t} = (\mathcal{U}, E^U_{t,\hat{h}_t})$ by performing the steps in Figure 2;
  For all $h \neq \hat{h}_t$, set $G^U_{t+1,h} = G^U_{t,h}$;
  Update item clusters at graph $G^I_t = (\mathcal{I}, E^I_t)$ by performing the steps in Figure 3.
end for

图 7　COFIBA 算法描述

在时刻 t，用户来访问推荐系统，推荐系统需要从已有的候选池子中挑一个最佳的物品推荐给他，然后观察他的反馈，用观察到的反馈来更新挑选策略。这里的每个物品都有一个特征向量，所以这里的 Bandit 算法是 context 相关的。这里依然是用岭回归去拟合用户的权重向量，用于预测用户对每个物品的可能反馈（payoff），这一点和 linUCB 算法是一样的。

对比 LinUCB 算法，COFIBA 算法的不同有两个：

- 基于用户聚类挑选最佳的 Item（相似用户集体决策的 Bandit）。
- 基于用户的反馈情况调整 User 和 Item 的聚类（协同过

滤部分）。

整体算法过程如下。

核心步骤是，针对某个用户 i，在每一轮试验时做以下事情：

- 首先计算该用户的 Bandit 参数 W（和 LinUCB 相同），但是这个参数并不直接参与到 Bandit 的选择决策中（和 LinUCB 不同），而是用来更新用户聚类的。
- 遍历候选 Item，每一个 Item 表示成一个 context 向量了。
- 每一个 Item 都对应一套用户聚类结果，所以遍历到每一个 Item 时判断当前用户在当前 Item 下属于哪个类簇，然后把对应类簇中每个用户的 M 矩阵（对应 LinUCB 里面的 A 矩阵），b 向量（payoff 向量，对应 linUCB 里面的 b 向量）聚合起来，从而针对这个类簇求解一个岭回归参数（类似 LinUCB 里面单独针对每个用户所做），同时计算其 payoff 预测值和置信上边界。
- 每个 Item 都得到一个 payoff 预测值及置信区间上界，挑出那个上边界最大的 Item 推出去（和 LinUCB 相同）。
- 观察用户的真实反馈，然后更新用户自己的 M 矩阵和 b 向量（更新个人的，对应类簇里其他的不更新）。

以上是 COFIBA 算法的一次决策过程。在收到用户真实反馈之后，还有两个计算过程：

- 更新 User 聚类
- 更新 Item 聚类

如何更新 User 和 Item 的聚类呢？见图 8。

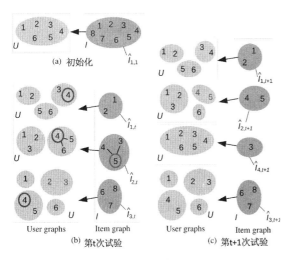

图 8 User 和 Item 聚类更新描述

解释一下图 8。

a. 这里有 6 个 User，8 个 Item，初始化时，User 和 Item 的类簇个数都是 1。

b1. 在某一轮试验时，推荐系统面对的用户是 4。推荐过程就是遍历 1~8 每个 Item，然后看看对应每个 Item 时，User4 在哪个类簇中，把对应类簇中的用户聚合起来为这个 Item 预测 payoff 和 CB。这里假设最终 Item5 胜出，被推荐出去了。

b2. 在时刻 t，Item 有 3 个类簇，需要更新的用户聚类是 Item5 对应的 User4 所在类簇。更新方式：看看该类簇里面除了 User4 之外的用户，对 Item5 的 payoff 是不是和 user4 相近，如果是，则保持原来的连接边，否则删除原来的连接边。删除边之后重新构建聚类结果。这里假设重新构建后原来 User4 所在的类簇分裂成了两个类簇：{4,5} 和 {6}。

C 更新完用户类簇后，Item5 对应的类簇也要更新。更新方式是：对于每一个和 Item5（被推荐出的那个 Item）还存在连接边的 Item j，都去构造一个 User 的近邻集合 N，这个集合的用户对 Item j 有相近的 payoff，然后看看 N 是不是和刚刚更新后的 User4 所在的类簇相同，是的话，保留 Item5 和 Item j 之间的连接边，否则删除。这里假设 Item 3 和 Item 5 之间的连接边被删除。Item3 独立后给他初始化了一个聚类结果：所有用户还是一个类簇。

简单来说就是这样：

- User-based 协同过滤来选择要推荐的 Item，选择时用了 LinUCB 的思想；
- 根据用户的反馈，调整 User-based 和 Item-based 的聚类结果；
- Item-based 的聚类变化又改变了 User 的聚类；
- 不断根据用户实时动态的反馈来划分 User-Item 矩阵。

总结

Exploit-Explore 这一对矛盾一直客观存在，Bandit 算法是公认的一种比较好的解决 EE 问题的方案。除了 Bandit 算法之外，还有一些其他的 explore 的办法，比如，在推荐时随机地去掉一些用户历史行为（特征）。

解决 Explore，势必就是要冒险，势必要走向未知，而这显然就是会伤害用户体验的：明知道用户肯定喜欢 A，你还偏偏以某个小概率给推荐非 A。

实际上，很少有公司会采用这些理性的办法做 Explore，反而更愿意用一些盲目主观的方式。究其原因，可能是因为：

- 互联网产品生命周期短，而 Explore 又是为了提升长期利益的，所以没有动力做；
- 用户使用互联网产品时间越来越碎片化，Explore 的时间长，难以体现出 Explore 的价值；
- 同质化互联网产品多，用户选择多，稍有不慎，用户用脚投票，分分钟弃你于不顾；
- 已经成规模的平台，红利杠杠，其实是没有动力做 Explore 的。

基于这些，我们如果想在自己的推荐系统中引入 Explore 机制，需要注意以下几点：

- 用于 Explore 的 Item 要保证其本身质量，纵使用户不感兴趣，也不至于引起其反感；
- Explore 本身的产品需要精心设计，让用户有耐心陪你玩儿；
- 深度思考，这样才不会做出脑残的产品，产品不会早早夭折，才有可能让 Explore 机制有用武之地。 Ⓟ

打造企业级云深度学习平台
——小米云深度学习平台的架构设计与实现

文 / 陈迪豪

深度学习服务介绍

机器学习与人工智能，相信大家已经耳熟能详，随着大规模标记数据的积累、神经网络算法的成熟以及高性能通用GPU的推广，深度学习逐渐成为计算机专家以及大数据科学家的研究重点。近年来，无论是图像的分类、识别和检测，还是语音生成、自然语言处理，甚至AI下围棋或者打游戏都基于深度学习有了很大的突破。而随着TensorFlow、Caffe等开源框架的发展，深度学习的门槛变得越来越低，甚至初中生都可以轻易实现一个图像分类或者自动驾驶的神经网络模型，但目前最前沿的成果主要还是出自Google、微软等巨头企业。

Google不仅拥有优秀的人才储备和大数据资源，其得天独厚的基础架构也极大地推动了AI业务的发展，得益于内部的大规模集群调度系统Borg，开发者可以快速申请大量GPU资源进行模型训练和上线模型服务，并且通过资源共享和自动调度保证整体资源利用率也很高。Google开源了TensorFlow深度学习框架，让开发者可以在本地轻易地组合MLP、CNN和RNN等模块实现复杂的神经网络模型，但TensorFlow只是一个数值计算库，并不能解决资源隔离、任务调度等问题，将深度学习框架集成到基于云计算的基础架构上将是下一个关键任务。

除了Google、微软，国内的百度也开源了PaddlePaddle分布式计算框架，并且官方集成了Kubernetes等容器调度系统，用户可以基于PaddlePaddle框架实现神经网络模型，同时利用容器的隔离性和Kubernetes的资源共享、自动调度、故障恢复等特性，但平台不能支持更多深度学习框架接口。而亚马逊和腾讯云相继推出了面向开发者的公有云服务，可以同时支持多种主流的开源深度学习框架，阿里、金山和小米也即将推出基于GPU的云深度学习服务，还有无数企业在默默地研发内部的机器学习平台和大数据服务。

面对如此眼花缭乱的云服务和开源技术，架构师该如何考虑其中的技术细节，从用户的角度又该如何选择这些平台或者服务呢。我将介绍小米云深度学习平台的架构设计与实现细节，希望能给AI领域的研发人员提供一些思考和启示。

云深度学习平台设计

云深度学习平台，我定义为Cloud Machine Learning，就是基于云计算的机器学习和深度学习平台。首先TensorFlow、MXNet是深度学习框架或者深度学习平台，但并不是云深度学习平台，它们虽然可以组成一个分布式计算集群进行模型训练，但需要用户在计算服务器上手动启动和管理进程，并没有云计算中任务隔离、资源共享、自动调度、故障恢复以及按需计费等功能。因此我们需要区分深度学习类库以及深度学习平台之间的关系，而这些类库实现的随机梯度下降和反向传播等算法

却是深度学习应用所必需的，这是一种全新的编程范式，需要我们已有的基础架构去支持。

云计算和大数据发展超过了整整十年，在业界催生非常多优秀的开源工具，如实现了类似AWS IaaS功能的OpenStack项目，还有Hadoop、Spark、Hive等大数据存储和处理框架，以及近年很火的Docker、Kubernetes等容器项目，这些都是构建现代云计算服务的基石。这些云服务有共同的特点，例如我们使用HDFS进行数据存储，用户不需要手动申请物理资源就可以做到开箱即用，用户数据保存在几乎无限制的公共资源池中，并且通过租户隔离保证数据安全，集群在节点故障或者水平扩容时自动触发Failover且不会影响用户业务。虽然Spark通过MLib接口提供部分机器学习算法功能，但绝不能替代TensorFlow、Caffe等深度学习框架的作用，因此我们仍需要实现Cloud Machine Learning服务，并且确保实现云服务的基本特性——我将其总结为下面几条：

- 屏蔽硬件资源保证开箱即用
- 缩短业务环境部署和启动时间
- 提供"无限"的存储和计算能力
- 实现多租户隔离保证数据安全
- 实现错误容忍和自动故障迁移
- 提高集群利用率和降低性能损耗

相比于MapReduce或者Spark任务，深度学习的模型训练时间周期长，而且需要调优的超参数更多，平台设计还需要考虑以下几点：

- 支持通用GPU等异构化硬件
- 支持主流的深度学习框架接口
- 支持无人值守的超参数自动调优
- 支持从模型训练到上线的工作流

这是我个人对云深度学习平台的需求理解，也是小米在实现cloud-ml服务时的基本设计原则。虽然涉及高可用、分布式等颇具实现难度的问题，但借助目前比较成熟的云计算框架和开源技术，我们的架构和实现基本满足了前面所有的需求，当然如果有更多需求和想法欢迎随时交流。

云深度学习平台架构

遵循前面的平台设计原则，我们的系统架构也愈加清晰明了，为了满足小米内部的所有深度学习和机器学习需求，需要有一个多租户、任务隔离、资源共享、支持多框架和GPU的通用服务平台，如图1所示。通过实现经典的MLP、CNN或RNN算法并不能满足业务快速发展的需求，因此我们需要支持TensorFlow等用户自定义的模型结构，并且支持高性能GPU和分布式训练是这个云深度学习平台的必须功能，不仅仅是模型训练，我们还希望集成模型服务等功能来最大化用户的使用效益。

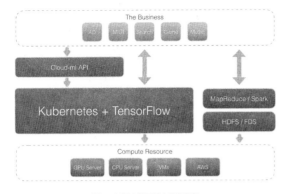

图1 云深度学习平台整体架构

计算机领域有句名言"任何计算机问题都可以通过增加一个中间层来解决"。无论是AWS、OpenStack、Hadoop、Spark还是TCP/IP都是这样做的，通过增加一个抽象层来屏蔽底层资源，对上层提供更易用或者更可靠的访问接口。小米的cloud-ml平台也需要实现对底层物理资源的屏蔽，尤其是对GPU资源的抽象和调度，但我们不需要重新实现，因为社区已经有了很多成熟的分布式解决方案，如OpenStack、Yarn和Kubernetes。目前OpenStack和Yarn对GPU调度支持有所欠缺，虚拟机也存在启动速度慢、性能overhead较大等问题，而容器方案中的Kubernetes和Mesos发展迅速，支持GPU调度等功能，是目前最值得推荐的架构选型之一。

目前小米cloud-ml平台的任务调度和物理机管理基于多节点的分布式Kubernetes集群，对于OpenStack、Yarn和Mesos我们也保留了实现接口，可以通过实现Mesos后端让用户的任务调度到Mesos集群进行训练，最终返回给用户一致的使用接口。目前Kubernetes最新稳定版是1.6，已经支持Nvidia GPU的调度和访问，对于其他厂商GPU暂不支持但基本能满足企业内部的需求，而且Pod、Deployment、Job、StatefulSet等功能日趋稳定，加上Docker、Prometheus、Harbor等生态项目的成熟，已经在大量生产环境验证过，可以满足通用PaaS或者Cloud Machine learning等定制服务平台的需求。

使用Kubernetes管理用户的Docker容器，还解决了资源隔离的问题，保证不同深度学习训练任务间的环境不会冲突，并且可以针对训练任务和模型服务使用Job和Deployment等不同的接口，充分利用分布式容器编排系统的重调度和负载均衡功能。但是，Kubernetes并没有完善的多租户和Quota管理功能，难以与企业内部的权限管理系统对接，这要求我们对Kubernetes API进行再一次"抽象"。我们通过API Server实现了内部的AKSK签名和认证授权机制，在处理用户请求时加入多租户和Quota配额功能，并且对外提供简单易用的RESTful API，进一步简化了整个云深度学习平台的使用流程，整体架构设计如图1。

通过实现API Server，我们对外提供了API、SDK、命令行以及Web控制台多种访问方式，最大程度上满足了用户复杂多变的使用环境。集群内置了Docker镜像仓库服务，托管了我们支持的17个深度学习框架的容器镜像，让用户不需要任何初始化命令就可以一键创建各框架的开发环境、训练任务以及模型服务。多副本的API Server和Etcd集群，保证了整个集群所有组件的高可用，和Hadoop或者Spark一样，我们的cloud-ml服务在任意一台服务器经历断网、宕机、磁盘故障等暴力测试下都能自动Failover保证业务不受任何影响。

前面提到，我们通过抽象层定义了云深度学习平台的接口，无论后端使用Kubernetes、Mesos、Yarn甚至是OpenStack、AWS都可以支持。通过容器的抽象可以定义任务的运行环境，目前已经支持17个主流的深度学习框架，用户甚至可以在不改任何一行代码的情况下定义自己的运行环境或者使用自己实现的深度学习框架。在灵活的架构下，我们还实现了分布式训练（图2）、超参数自动调优、前置命令、NodeSelector、Bring Your Own Image和FUSE集成等功能，将在下面逐一介绍。

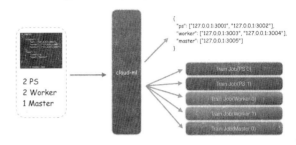

图2 云深度学习平台分布式训练

云深度学习平台实现

前面提到我们后端使用Kubernetes编排系统，通过API Server实现授权认证和Quota配额功能。由于云深度学习服务是一个计算服务，和我以前做过的分布式存储服务有着本质的区别，计算服务离线运算时间较长，客户端请求延时要求较低而且吞吐很小，因此我们的API服务在易用性和高性能上可以选择前者，目前主流的Web服务器都可以满足需求。基于Web服务器我们可以实现集成内部权限管理系统的业务逻辑，小米生态云提供了类似AWS的AKSK签名认证机制，用户注册登录后可以自行创建Access key和Secret key，请求时在客户端进行AKSK的签名后发送，这样用户不需要把账号密码或密钥加到请求中，即使密钥泄露也可以由用户来禁用，请求时即使签名被嗅探也只能重放当前的请求内容，是非常可靠的安全机制。除此之外，我们参考OpenStack项目的体系架构，实现了多租户和Quota功能，通过认证和授权的请求需要经过Quota配额检查，在高可用数据库中持久化相应的数据，这样平台管理员就可以动态修改每个租户的Quota，而且用户可以随时查看自身的审计信息。

小米cloud-ml服务实现了深度学习模型的开发、训练、调优、测试、部署和预测等完整功能，都是通过提交到后端的Kubernetes集群来实现，完整的功能介绍可以查看官方文档 http://docs.api.xiaomi.com/cloud-ml/。Kubernetes对外提供了RESTful API访问接口，通过YAML或者JSON来描述不同的任务类型，不同编程语言实现的系统也可以使用社区开发的SDK来访问。对于我们支持的多个深度学习框架，还有开发环境、训练任务、模型服务等功能，都需要定制Docker镜像，提交到Kubernetes时指定使用的容器镜像、启动命令等参数。通过对Kubernetes API的封装，我们可以简化Kubernetes的使用细节，保证了对Mesos、Yarn等后端支持的兼容性，同时避免了直接暴露Kubernetes API带来的授权问题以及安全隐患。

除了可以启动单个容器执行用户的训练代码，小米 cloud-ml 平台也支持 TensorFlow 的分布式训练，使用时只需要传入 ps 和 worker 个数即可。考虑到对 TensorFlow 原生 API 的兼容性，我们并没有定制修改 TensorFlow 代码，用户甚至可以在本地安装开源的 TensorFlow 测试后再提交，同样可以运行在云平台上。但本地运行分布式 TensorFlow 需要在多台服务器上手动起进程，同时要避免进程使用的端口与其他服务冲突，而且要考虑系统环境、内存不足、磁盘空间等问题，代码更新和运维压力成倍增加，Cloud Machine Learning 下的分布式 TensorFlow 只需要在提交任务时多加两个参数即可。有人觉得手动启动分布式 TensorFlow 非常烦琐，在云端实现逻辑是否更加复杂？其实并不是，通过云服务的控制节点，我们在启动任务前就可以分配不会冲突的端口资源，启动时通过容器隔离环境资源，而用户不需要传入 Cluster spec 等烦琐的参数，我们遵循 Google CloudML 标准，会自动生成 Cluster spec 等信息通过环境变量加入到容器的启动任务中。这样无论是单机版训练任务，还是几个节点的分布式任务，甚至是上百节点的分布式训练任务，cloud-ml 平台都可以通过相同的镜像和代码来运行，只是启动时传入的环境变量不同，在不改变任何外部依赖的情况下优雅地实现了看似复杂的分布式训练功能。

看到这里大家可能认为，小米的 cloud-ml 平台和 Google 的 CloudML 服务，都有点类似之前很火的 PaaS（Platform as a Service）或者 CaaS（Container as a Service）服务。确实如此，基于 Kubernetes 或者 Mesos 我们可以很容易实现一个通用的 CaaS，用户上传应用代码和 Docker 镜像，由平台调度和运行，但不同的是 Cloud Machine Learning 简化了与机器学习无关的功能。我们不需要用户了解 PaaS 的所有功能，也不需要支持所有编程语言的运行环境，暴露提交任务、查看任务、删除任务等更简单的使用接口即可，而要支持不同规模的 TensorFlow 应用代码，用户需要以标准的 Python 打包方式上传代码。Python 的标准打包方式独立于 TensorFlow 或者小米 cloud-ml 平台，幸运的是目前 Google CloudML 也支持 Python 的标准打包方式，通过这种标准接口，我们甚至发现 Google CloudML 打包好的 samples 代码甚至可以直接提交到小米 cloud-ml 平台上训练。这是非常有意思的尝试，意味着用户可以使用原生的 TensorFlow 接口来实现自己的模型，在本地计算资源不充足的情况下可以提交到 Google CloudML 服务上训练，同时可以一行代码不用改直接提交到小米或者其他云服务厂商中的云平台上训练。如果大家在实现内部的云深度学习平台，不妨也参考下标准的 Python 打包方式，这样用户同一份代码就可以兼容所有云平台，避免厂商绑定。

除了训练任务，Cloud Machine Learning 平台最好也能集成模型服务、开发环境等功能。对于模型服务，TensorFlow 社区开源了 TensorFlow Serving 项目，可以加载任意 TensorFlow 模型并且提供统一的访问接口，而 Caffe 社区也提供了 Web demo 项目方便用户使用。目前 Kubernetes 和 Mesos 都实现了类似 Deployment 的功能，通过制作 TensorFlow Serving 等服务的容器镜像，我们可以很方便地为用户快速启动对应的模型服务。通过对 Kubernetes API 的封装，我们在暴露给用户 API 时也提供了 replicas 等参数，这样用户就可以直接通过 Kubernetes API 来创建多副本的 Deployment 实例，并且由 Kubernetes 来实现负载均衡等功能。除此之外，TensorFlow Serving 本身还支持在线模型升级和同时加载多个模型版本等功能，我们在保证 TensorFlow Serving 容器正常运行的情况下，允许用户更新分布式对象存储中的模型文件就可以轻易地支持在线模型升级的功能。

对于比较小众但有特定使用场景的深度学习框架，Cloud Macine Learning 的开发环境、训练任务和模型服务都支持 Bring Your Own Image 功能，也就是说用户可以定制自己的 Docker 镜像并在提交任务时指定使用。这种灵活的设置极大地降低了平台管理者的维护成本，我们不需要根据每个用户的需求定制通用的 Golden image，事实上也不可能有完美的镜像可以满足所有需求，用户不同的模型可能有任意的 Python 或者非 Python 依赖，甚至是自己实现的私有深度学习框架也可以直接提交到 Cloud Machine Learning 平台上训练。内测 BYOI 功能时，我们还惊喜地发现这个功能对于我们开发新的深度学习框架支持，以及提前测试镜像升级有非常大的帮助，同时用户自己实现的 Caffe 模型服务和 XGBoost 模型服务也可以完美支持。

当然 Cloud Machine Learning 平台还可以实现很多有意思的功能，例如通过对线上不同 GPU 机型打 label，通过 NodeSelector 功能可以允许用户指定具体的 GPU 型号进行更细粒度的调度，这需要我们暴露更底层的 Kubernetes API 实现，这在集群测试中也是非常有用的功能。而无论是基于 GPU 的训练任务还是模型服务，我们都制作了对应的 CUDA 容器镜像，通过 Kubernetes 调度到对应的 GPU 计算节点就可以访问本地图像处理硬件进行高性能运算了。小米 cloud-ml 还开放了前置命令和后置命令功能，允许用户在启动训练任务前和训练任务结束后执行自定义命令，对于不支持分布式存储的深度学习框架，可以在前置命令中挂载 S3 fuse 和 FDS fuse 到本地目录，或者初始化 HDFS 的 Kerberos 账号，灵活的接口可以实现更多用户自定义的功能。还有超参数自动调优功能，与 Google CloudML 类似，用户可以提交时指定多组超参数配置，云平台可以自动分配资源起多实例并行计算，为了支持读取用户自定义的指标数据，我们实现了类似 TensorBoard 的 Python 接口直接访问 TensorFlow event file 数据，并通过命令行返回给用户最优的超参数组合。最后还有 TensorFlow Application Template 功能，在 Cloud Machine Learning 平台上用户可以将自己的模型代码公开或者使用官方维护的开源 TensorFlow 应用，用户提交任务时可以直接指定这些开源模板进行训练，模板已经实现了 MLP、CNN、RNN 和 LR 等经典神经网络结构，还可以通过超参数来配置神经网络每一层的节点数和层数，而且可以支持任意稠密和稀疏的数据集，这样不需要编写代码就可以在云平台上训练自己的数据快速生成 AI 模型了。

在前面的平台设计和平台架构后，要实现完整的云深度学习服务并不困难，尤其是集成了 Docker、Etcd、Kubernetes、TensorFlow 等优秀开源项目，组件间通过 API 松耦合地交互，需要的重复工作主要是打通企业内部权限系统和将用户请求转化成 Kubernetes 等后端请求而已，而支持标准的打包方式还可以让业务代码在任意云平台上无缝迁移。

云深度学习平台实践

目前小米云深度学习平台已经在内部各业务部门推广使用，

相比于直接使用物理机，云服务拥有超高的资源利用率、快速的启动时间、近乎"无限"的计算资源、自动的故障迁移、支持分布式训练和超参数自动调优等优点，相信可以得到更好的推广和应用。

除了完成上述的功能，我们在实践时也听取了用户反馈进行改进。例如有内部用户反馈，在云端训练的TensorFlow应用把event file也导出到分布式存储中，使用TensorBoard需要先下载文件再从本地起服务相对麻烦，因此我们在原有基础架构实现了TensorboardService功能，可以一键启动TensorBoard服务，用户只需要用浏览器就可以打开使用。

管理GPU资源和排查GPU调度问题也是相当烦琐的，尤其是需要管理不同GPU设备和不同CUDA版本的异构集群，我们统一规范了CUDA的安装方式，保证Kubernetes调度的容器可以正常访问宿主机的GPU设备。当然对于GPU资源的调度和释放，我们有完善的测试文档可以保证每一个GPU都可以正常使用，根据测试需求实现的NodeSelector功能也帮忙我们更快

地定位问题。

由于已经支持几十个功能和十几个深度学习框架，每次升级都可能影响已有服务的功能，因此我们会在多节点的分布式staging集群进行上线演习和测试，并且实现smoke test脚本进行完整的功能性测试。服务升级需要更新代码，但是为了保证不影响线上业务，无论是Kubernetes还是我们实现的API Server都有多副本提供服务，通过高可用技术先迁移服务进行滚动升级，对于一些单机运行的脚本也通过Etcd实现了高可用的抢主机制，保证所有组件没有单点故障。

大家可以通过前面提到的文档地址和cloud-ml-sdk项目了解到更多细节，或者关注我微博（@tobe-陈迪豪）与我交流。

总结

本文介绍了实现企业级云深度学习平台需要的概念和知识，基于小米cloud-ml服务探讨了云平台的设计、架构、实现以及实践这四方面的内容，希望大家看完有所收获。

机器学习平台 JDLP 成长记

文 / 徐新坤、吕江昭、郭卫龙

京东容器平台经过几年的发展，高效支撑京东全部业务系统。积累了丰富的数据中心基础设施建设、应用调度、业务系统高可用、弹性伸缩等方面的宝贵经验。更重要的是京东容器平台可以集中提供65万核CPU-Cores的计算能力。自然会全力support目前最具影响力的机器学习领域需求。以此京东商城基础平台部集群技术团队与机器学习团队联合推出基于Kubernetes研发的机器学习平台JDLP。皆在为研发团队提供具有充足CPU+GPU计算能力的统一云端机器学习平台，服务众多业务方。让机器学习计算平台资源按需随手可得，并统一提供训练任务强隔离、高可用、弹性伸缩等能力和服务，让业务更关注在算法和业务需求上。

训练脚本：用于进行训练的脚本，一般使用Python写成。

训练数据集：用于进行训练的数据集合。

训练模型：训练的最终结果数据。可以根据训练模型提供如Google翻译等类似的服务。

用户：使用机器学习平台进行训练的用户。

外部用户：使用训练模型得到如谷歌翻译之类的服务的用户。

rs：Kubernetes中的replica set。rs可以指定副本数量。Kubernetes会自动监控符合条件的Pod数量，当Pod由于退出或者其他原因导致数量不足时，会自动进行重启或者重建，补齐Pod数量以提供服务。

svc：Kubernetes中的service。

pod：Kubernetes中调度的基本单位。由一个或多个容器组成。在本平台的实践中，每个pod只有一个容器。因此下文中所指容器与pod为同一概念。

基础架构

Tensorkube是京东基于Tensorflow+Kubernetes研发的云端机器学习平台。负责整个平台训练任务的编排、serving服务的管理等。用户通过Tensorkube实现训练任务的提交、查询、删除以及serving服务的管理（如图1所示）。

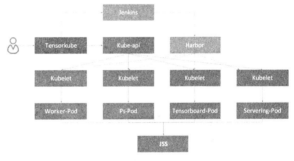

图1 JDLP基础架构

机器学习平台Tensorkube立足于容器，基于Kubernetes，充分利用了Kubernetes的replica set的故障恢复和service的域名服务功能，结合Tensorkube对于任务的编排，提供了任务从训练到提供servering服务的整套功能。

它主要提供了任务训练和servering两大服务。任务训练的主要目标是根据用户的训练脚本，利用GPU或CPU资源进行训练，最终生成训练模型。servering的主要服务是根据已有的训练模型，对外部用户提供实际的服务。

训练任务

训练脚本

典型的分布式训练包括ps和worker两种类型的进程。ps主要保存训练中的相关参数，而worker则是实际执行训练任务。为适应分布式的训练，对于使用的训练脚本需要进行一定的规范，一个典型的训练脚本如mnist.py所示。其中比较重要的几个启动参数包括job_name、task_index、ps_hosts、worker_hosts。

- job_name：任务的类型，主要用以区别该进程是作为 ps 还是 worker 提供服务的。
- task_index：任务编号。
- ps_hosts：用于声明 ps 服务的多个地址。
- worker_hosts：用于声明 worker 服务的多个地址。

用户提供的训练脚本需要使用该规范。Tensorkube 平台将利用以上参数对训练任务进行编排，以提供伸缩和故障恢复的服务保障。

训练镜像

使用 Dockerfile 制作训练镜像，充分利用 docker 容器的分层特点，将训练脚本制作形成镜像，以便分发。一个典型的 Dockerfile 如下。

```
FROM tensorflow/tensorflow:nightly
COPY train.py /
```

Tensorkube 将用户的训练脚本和生成的 Dockerfile 传输给 jenkins，并触发 jenkins 的自动构建。jenkins 最终将容器镜像（假设镜像名为 train01:v1）推送给镜像中心 Harbor。

训练任务的编排

对于一个 job，我们将 Pod 分为了三种类型，tensorboard、ps 和 worker。tensorboard 主要用于在训练过程中实时查看训练的进度。一个 job 中只有一个 tensorboard 容器。ps 和 worker 的数量可以由用户指定（最小为 1）。

为提升训练效率，worker 容器使用 GPU 资源进行训练。tensorboard、ps 使用 CPU 资源。

worker 容器默认使用 GPU 资源，在集群 GPU 资源不足时，也可由用户指定使用 CPU 资源进行训练。

tensorboard、ps 和 worker 的容器均使用上一节中为该任务生成的训练容器镜像（train01:v1）。三者容器的不同之处在于启动命令不同。根据 ps 和 worker 的数量，分别为其生成启动的参数。

例如，我们设定 ps 2 个，worker 3 个，则 ps-0 的启动命令设定为：

```
/usr/bin/python /train.py --task_index=0
--job_name=ps --worker_hosts=train01-worker-
0:5000,train01-worker-1:5000,train01-worker-2:5000
--ps_hosts=train01-ps-0:5000,train01-ps-1:5000
```

我们为 tensorboard、ps 和 worker 的每个容器分别建立了 rs 和 service。rs 将维持容器的可用性。当容器失效时，将会自动重启或重建。

以下是我们在实际集群的一个样例：

[root@A01 tensorflow]# kubectl get rs（表 1）

[root@A01 ~]# kubectl get pod（表 2）

[root@A01 tensorflow]# kubectl get service（表 3）

每个 rs 只控制一种类型的一个容器，且副本数为 1。例如 train01-ps-0 的 rs 副本数为 1，其控制的 pod 为 train01-ps-0-jl1on。当 train01-ps-0-jl1on 的 pod 失效时，train01-ps-0 的 rs 将会对 pod 重启或重建。

表 1

NAME	DESIRED	CURRENT	READY	AGE
train01-ps-0	1	1	1	20d
train01-ps-1	1	1	1	20d
train01-tensorboard-0	1	1	1	20d
train01-worker-0	1	1	1	20d
train01-worker-1	1	1	1	20d
train01-worker-2	1	1	1	20d

表 2

NAME	DESIRED	CURRENT	READY	AGE
train01-ps-0-jl1on	1/1	Running	2	20d
train01-ps-1-ef8wt	1/1	Running	2	20d
train01-tensorboard-0-kn6tu	1/1	Running	2	20d
train01-worker-0-hb2k2	1/1	Running	6	20d
train01-worker-1-lxo3u	1/1	Running	6	20d
train01-worker-2-mjm2h	1/1	Running	7	20d

表 3

NAME	CLUSTER-IP	EXTERNAL-IP	PORT(S)	AGE
train01-ps-0	10.254.24.48	<none>	5000/TCP	20d
train01-ps-1	10.254.212.84	<none>	5000/TCP	20d
train01-tensorboard-0	10.254.125.210	<none>	6006/TCP	20d
train01-worker-0	10.254.180.224	<none>	5000/TCP	20d
train01-worker-1	10.254.170.166	<none>	5000/TCP	20d
train01-worker-2	10.254.64.51	<none>	5000/TCP	20d

同时，由于每个 ps 和 worker 均建立了 service，因此可以直接利用域名解析服务。因此在集群内部发向 train01-worker-0:5000 的请求将被最终直接定向到 worker-0 的容器中。

另外，worker 训练过程中的训练数据结果（中间训练模型）将保存在 JSS 中。

当 ps 和 worker 的容器就绪后，即自动开始训练任务。

servering 服务

训练任务的最终输出结果是训练模型。Tensorkube 将训练模型数据制作成 servering 镜像，用以提供 servering 服务。

servering 服务一般是无状态服务，因此同一个任务的 servering 服务使用同一个 servering 镜像，且使用相同的命令启动。Tensorkube 使用 rs 保证 servering 服务容器的可用性，这一过程类似于无状态的 tomcat 服务，这里不再详述。

任务调度

Kubernetes 的调器度（scheduler）作为一种插件（plugins）形式存在，是 Kubernetes 的重要组成部分。所有的 Pod 创建都要经过 scheduler，tensorflow 中的 ps 和 worker 也不例外。

首先，GPU 资源如何衡量和计算是一个颇具争议的话题。现在已经有相关技术支持多任务共享一个 GPU 设备的工作模式，但是仍然不够理想，对应用程序的开发有比较多的要求和限制。当前较为稳妥的做法是不允许多任务共享同一 GPU 设备，一个 GPU 一次只能分配给一个 Pod 而不能"切分"成若干部分进行分配，无法做到像 CPU 资源那样精确到小数。

从大量实际应用来看，一个 Pod 最多获得一个 GPU 设备，一个 GPU 设备最多只能同时分配给一个 Pod，这种方案能够满足大部分应用情形，同时大大降低复杂性、应用稳定性和安全性。纵观目前的硬件发展水平，高性能的 GPU 的并行计算能力超过

CPU 一个数量级，大多数情况下给一个 Pod 分配一个 GPU 设备已经绰绰有余。而如果分配多个 GPU 给一个 Pod，为了充分利用这些 GPU 资源会导致应用程序的复杂性提升。如果一个 GPU 设备同时分配给多个 Pod，可以认为多个应用程序同时使用同一块 GPU，而由于 GPU 本身硬件限制，一旦应用使用的总显存达到设备最大显存，就会出现 OOM（Out Of Memory）错误导致程序崩溃。为了简化管理和优化资源利用，我们最终选择了一对一的折中方案。

GPU 资源的调度算法在社区中并不算成熟，我们根据实际使用过程中的经验积累，设计并开发了一系列定制调度算法（如图 2 所示）。

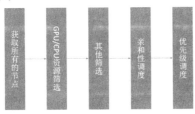

图 2 定制调度算法

GPU/CPU 资源筛选

GPU 资源筛选主要根据 node 上 GPU 资源是否满足进行初步筛选过滤。每个 node 上的 GPU 设备数量是一定的，也就是说可用于分配调度的数量是一定的。kubelet 收集节点上的 GPU 总量及使用信息，并更新到 kube-apiserver 中，进而在 etcd 中持久化存储。Scheduler 根据 kube-apiserver 中各个节点的 GPU 信息判断该 node 上可用的 GPU 资源是否满足 Pod 要求，如果满足则把 node 信息保存。经过筛选后，从而得到符合 GPU 资源的节点（node）列表。

CPU 的资源筛选与此类似。当 worker 指定使用 CPU 资源进行训练，或者对 tensorboard 和 ps 进行调度时，同样先根据 kube-apiserver 中各个节点的 CPU 信息以判断该节点上可用的 CPU 资源满足要求。经过筛选后，得到符合 CPU 资源的节点列表。

根据 node 上其他条件是否满足做进一步筛选

除了满足基本的资源要求，还有一些筛选算法可以用于进一步筛选，如是否有端口冲突、指定宿主机范围、node 负载大小等。

亲和性调度

利用 Kubernetes 亲和性/反亲和性机制，可以实现灵活的 ps 和 worker Pod 调度。首先，利用 node affinity 可以选择具有特定标签的 node，并且语法更加灵活。如规则设置为 "soft" 或者 "preference" 时，即使所有 node 都不满足亲和性条件也能成功调度。其次，利用 inter-pod affinity 可以根据 node 上正在运行的 Pod 的标签（而不是 node 的标签），选择是否将 Pod 调度到该 node 上。亲和性/反亲和性在 Pod 的 annotation 字段进行设置。

实际应用中，可以根据需要对 ps/worker Pod 的 node affinity 进行设置。如根据服务器综合性能高低（CPU 型号/内存速度/机器新旧程度/是否 SSD 盘等指标），预先为所有 node 添加标签，将计算密集的 worker Pod 调度到机器性能较高的 node 上，因为 ps Pod 仅存储训练任务相关参数，不承担实际运算工作。同时，为提升 ps 和 worker 之间的数据共享效率，优先将 ps Pod 和 worker Pod 调度到相同的 node 上。平台通过设置 inter-pod affinity 来达到预期效果。

对满足要求的 node 计算优先级，择优选取。

平台在经过以上多个筛选后，通过多种优先级算法（prioritizers），将满足要求的 node 进行排序。优先级算法根据不同规则和标准计算 node 得分，包括该 Pod 使用的镜像是否已经在 node 上、亲和性/反亲和性、均衡资源使用等。平台最终选择一个最优的节点，将调度信息发送至 apiserver。

弹性伸缩

tensorflow 训练任务的弹性伸缩一般都是对 worker Pod 数量进行弹性伸缩。如何实现训练任务的弹性伸缩是一个具有挑战性的问题。这里说的弹性伸缩和 Kubernetes 自身提供的弹性伸缩（Horizontal Pod Autoscaling，HPA）有所不同。Kubernetes 的 HPA 是针对无状态服务的，而此处讨论的弹性伸缩针对的是 worker Pod 启动时需要传入的一些必要参数，如 ps_hosts、worker_hosts、job_name、task_index 等。我们可以认为 worker 是有状态服务，不能单纯使用 HPA 进行管理。

我们通过对 tensorflow 深入定制开发，加上和 Kubernetes 底层机制的开发配合，较好地实现了训练任务的弹性伸缩。需要扩容时，首先通过一条 grpc 调用通知 ps 服务器，增加一台或多台 worker（如图 3 所示），同时将新增 worker 的域名和端口等参数传递给 ps。ps 服务器获知即将有 worker 加入训练集群，更新相关参数等待 worker 启动和加入，同时确保原训练任务不被中断。然后向 Tensorkube 发送请求增加相应的 worker。Tensorkube 获取 worker 的启动参数后调用 Kubernetes 接口创建 worker，同时更新该任务所有相关 rs 中的容器启动参数，以便当某个容器故障重启时使用更新后的参数进行重启或重建。worker 启动后会自动接收 ps 分发的训练任务。值得注意的是，新加入的 worker 会根据当前的训练进度自动执行接下来的训练，而不是从头开始。

图 3 worker 扩展

当需要缩容时，Tensorkube 将直接销毁对应 worker 的 rs，ps 检测到 worker 数量减少便会自动将任务分配到正在运行的 worker 上，不再向失效的 worker 下发任务，从而完成缩容。

故障与恢复

Tensorkube 支持任一训练任务或 servering 服务中任意容器的故障自动恢复。

训练任务故障

ps 故障

当 ps 容器故障后，worker 容器也会相继退出，训练将会暂时中止。而后 Kubernetes 将监视到 ps 和 worker 容器退出，并尝试重启或者重建（如果 ps/worker 所在的节点不可用，将会触发重建，并调度到可用节点进行创建）ps 和 worker 容器。ps 和 worker 容器在启动时，从 JSS 上拉取之前保存的中间训练结果，并恢复训练。

worker 或 tensorboard 故障

当 worker 或 tensorboard 故障后，不会影响当前正在进行的训练。而后 Kubernetes 将会监视到 tensorboard 或 worker 容器退出，会尝试重启或者重建。当 worker 容器恢复后，将会自动加入任务中，由 ps 分配训练任务以继续训练。

servering 服务故障

servering 是无状态服务，因此当任意一个 servering 的容器失效时，Kubernetes 将会自动维护 servering 服务的容器数量，进行重启或者重建。

Weiflow——微博机器学习框架

文 / 吴磊、颜发才

本文从开发效率（易用性）、可扩展性、执行效率三个方面，介绍了微博机器学习框架 Weiflow 在微博的应用和最佳实践。

在《基于 Spark 的大规模机器学习在微博的应用》一文中我们提到，在机器学习流中，模型训练只是其中耗时最短的一环。如果把机器学习流比作烹饪，那么模型训练就是最后翻炒的过程；烹饪的大部分时间实际上都花在了食材、佐料的挑选，洗菜、择菜，食材再加工（切丁、切块、过油、预热）等步骤。在微博的机器学习流中，原始样本生成、数据处理、特征工程、训练样本生成、模型后期的测试、评估等步骤所需要投入的时间和精力，占据了整个流程的 80% 之多。如何能够高效地端到端进行机器学习流的开发，如何能够根据线上的反馈及时地选取高区分度特征，对模型进行优化，验证模型的有效性，加速模型迭代效率，满足线上的要求，都是我们需要解决的问题。

Weiflow 的诞生源自于微博机器学习流的业务需求，在微博的机器学习流图中（如图 1 所示），多种数据流（如发博流、曝光流、互动流）经过 Spark Streaming、Storm 的实时处理，存储至特征工程并生成离线的原始样本。在离线系统，根据业务人员的开发经验，对原始样本进行各式各样的数据处理（统计、清洗、过滤、采样等）、特征处理、特征映射，从而生成可训练的训练样本；业务人员根据实际业务场景（排序、推荐），选择不同的算法模型（LR、GBDT、频繁项集、SVM、DNN 等），进行模型训练、预测、测试和评估；待模型迭代满足要求后，通过自动部署将模型文件和映射规则部署到线上。线上系统根据模型文件和映射规则，从特征工程中拉取相关的特征值，并根据映射规则进行预处理，生成可用于预测的样本格式，进行线上的实时预测，最终将预测的结果（用户对微博内容的兴趣程度）输出，供线上服务调用。

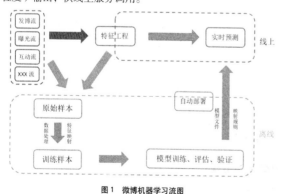

图 1 微博机器学习流图

Weiflow 的设计初衷就是将微博机器学习流的开发简化、傻瓜化，让业务开发人员从纷繁复杂的数据处理、特征工程、模型工程中解脱出来，将宝贵的时间和精力投入业务场景的开发和优化当中，彻底解放业务人员的生产力，大幅提升开发效率。

考虑到微博业务场景越来越复杂、多样的趋势，Weiflow 在设计之初就充分考虑并权衡了框架的开发效率、可扩展性和执行效率。Weiflow 通过统一格式的配置文件式开发（XML 流程文件），允许业务人员像搭积木一样灵活地将需要用到的模块（数据处理、特征映射、生成训练样本、模型的训练、预测、测试、评估等）堆叠到一起，根据依赖关系形成计算流图（Directed Acyclic Graph，有向无环图），Weiflow 将自动解析不同模块之间的依赖关系，并调用每个模型的执行类进行流水线式的作业。对于每一个计算模块，用户无须关心其内部实现、执行效率，只需关心与业务开发相关的参数调优，如算法的超参数、数据采样率、采样方式、特征映射规则、数据统计方式、数据清洗规则等，从而大幅提升开发效率、模型迭代速度。为了让更多的开发者（包括具有代码能力的业务人员）能够参与到 Weiflow 的开发中来，Weiflow 设计并提供了丰富的多层次抽象，基于预定义的基类和接口，允许开发者根据新的业务需求实现自己的处理模块（如新的算法模型训练、预测、评估模块）、计算函数（如复杂的特征计算公式、特征组合函数等），从而不断丰富、扩展 Weiflow 的功能。在框架的执行效率方面，在第二层 DAG 中（后面将详细介绍 Weiflow 的双层 DAG 结构），充分利用各种计算引擎（Spark、Tensorflow、Hive、Storm、Flink 等）的优化机制，同时结合巧妙的数据结构设计与开发语言（如 Scala 的 Currying、Partial Functions 等）本身的特性，保证框架在提供足够的灵活性和近乎无限的可扩展性的基础上，尽可能地提升执行性能。

为了应对微博多样的计算环境（Spark、Tensorflow、Hive、Storm、Flink 等），Weiflow 采用了双层的 DAG 任务流设计，如图 2 所示。

外层的 DAG 由不同的 node 构成，每一个 node 具备独立的执行环境，即上文提及的 Spark、Tensorflow、Hive、Storm、Flink 等计算引擎。外层 DAG 设计的初衷是让最合适的锤子去敲击最合适的钉子，大多数计算引擎因其设计阶段的历史局限性，都很难做到兼顾所有的工作负载类型，而是在不同程度上更好地支持某些负载（如批处理、流式实时处理、即时查询、分析型数据仓库、机器学习、图计算、交易型数据库等），因此我们的思路是让用户选择最适合自己业务负载的计算引擎。内层的 DAG，根据计算引擎的不同，利用引擎的特性与优化机制，实现不同的抽象作为 DAG 中计算模块之间数据交互的载体。例如在 Spark node 中，我们会充分挖掘并利用 Spark 已有的优化策略和数据结构，如 Datasets、Dataframe、Tungsten、Whole Stage Code Generation，并将 Dataframe 作为 Spark node 内 DAG 数据流的载体。在每一个 node 内部，根据其在 DAG 中上下游的位置，提供了三种操作类型的抽象，即 Input、Process、Output。Input 基类定义了 Spark node 中输入数据的格式、读取和解析规范，用户可以根据 Spark 支持的数据源，创建各种格式的 Input，如图 2 中示例的 Parquet、Orc、Json、Text、CSV。当然用户也可以定义自己的输入格式，如图 2 中示例的 Libsvm。在微博的机器学习模型训练中，有一部分场景需要 Libsvm 格式数据作为训练样本，用户可以通过实现 Input 中定义的规范和接口，实现 Libsvm 格式数据的读入模块。通过 Input 读入的数据会被封装为 Dataframe，传递给下游的 Process 类处理模块。Process 基类定义了用户计算逻辑的通用规范和接口，通过实现 Process 基类中的函数，开发者可以灵活地实现自己的计算逻辑，如图 2 中示例的数据统计、清洗、过滤、组合、采样、转换等，与机器学习相关的模型训练、预测、测试等步骤，都可以在 Process 环节实现。通过 Process 处理的数据，依然被封装为 Dataframe，并传递给下游的 Output 类处理模块。Output 类将 Process 类传递的数据进一步处理，如模型评估、输出数据存储、模型文件存储、输出 AUC 等，最终将结果以不同的方式（磁盘存储、屏幕打印等）输出。需要指出的是，凡是 Input 支持的数据读入格式，Output 都有对应的存储格式支持，从而形成逻辑上的闭环。

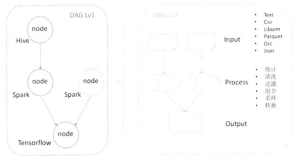

图 2　Weiflow 双层 DAG 任务流设计

在使用方面，业务人员根据事先约定好的规范和格式，将双层 DAG 的计算逻辑定义在 XML 配置文件中。依据用户在 XML 指定的依赖关系和处理模块类，Weiflow 将自动生成 DAG 任务流图，并在运行时阶段调用处理模块的实现类来完成用户指定的任务流。下面的代码展示了微博应用广泛的 GBDT + LR 模型训练流程的开发示例（由于篇幅有限，示例中只保留了第一个 node 的细节），代码示例的训练流程所构成的双层 DAG 依赖及任务流图如图 3 所示。通过在 XML 配置文件中将所需计算模块按照依赖关系（外层的 node 依赖关系与内层的计算逻辑依赖关系）堆叠，即可以搭积木的方式完成配置化、模块化的流水线作业开发。

```
<weiflow>
<node id="1" preid="-1">GBDTtraining</node>
<node id="2" preid="1">GBDTplusLR</node>
</weiflow>
<nodes>
<node name="GBDTtraining">
    <input name="input1">
        <className>com.weibo.datasys.dataflow.input.InputSparkText</className>
        <dataPath>hdfs://path/of/your/data</dataPath>
        <metaPath>/path/of/your/meta</metaPath>
        <fieldDelimiter>\t</fieldDelimiter>
    </input>
    <process name="process1">
        <className>com.weibo.datasys.dataflow.process.ProcessSparkGBDTtraining</className>
        <dependency>input1</dependency>
        <conf>gbdt.data.conf</conf>
    </process>
    <output name="output1">
        <className>com.weibo.datasys.dataflow.output.OutputSparkGBDTModel</className>
        <dependency>process1</dependency>
        <modelPath>hdfs://path/of/your/data</modelPath>
    </output>
</node>
</nodes>
```

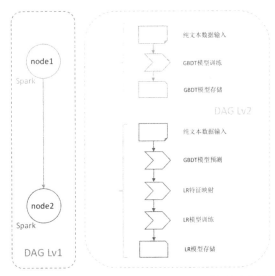

图 3　Weiflow 中微博 GBDT+LR 模型训练流程的双层 DAG 依赖关系及任务流图

通过灵活的模块化开发，业务人员大幅提升了机器学习、数据科学作业的效率。随着微博的业务场景越来越复杂，业务需求也呈多样化的发展趋势，为了让更多的开发者灵活地扩展 Weiflow 的功能，Weiflow 在设计之初便充分考量了框架的可扩展性。Weiflow 通过多层次、模块化的抽象，提供近乎无限的扩展能力。

多层次的抽象是为了满足 DAG 外层计算引擎（上文提及的 Spark、Tensorflow、Hive、Storm、Flink 等）的可扩展性，通过 Top level abstraction 提供的高度抽象定义，DAG 外层的各个计算引擎只需继承 Top level 抽象中定义的属性和方法，即可实现对计算引擎层面抽象的实现。如图 4 所示，黑色文本框中的 Top level abstraction 提供了多个抽象 Base，蓝色文本框中不同的执行引擎通过继承其属性和方法，提供更加具体的抽象实现。当有新的计算引擎（如 Apache Flink）需要添加至 Weiflow 时，用户只需将新定义的计算引擎类继承 Top level 的抽象类，即可提供该引擎的抽象实现。

模块化的抽象是从业务处理的角度出发，从业务需求中抽象出基础、通用的模块概念，进而定义这些基本模块的基础属性和基础方法。如图4所示各文本框中分别定义、继承、实现了四大基础模块，即Node、Input、Process和Output。Node基础类定义了计算引擎相关的基础属性，如数据流通媒介、执行环境、运行时数据流方式、运行参数抽象等。Input基础类为计算引擎定义了该引擎内支持的所有输入类型，如Spark引擎中支持Parquet、Orc、Json、CSV、Text等，并将输入类型转换为数据流通媒介（如Spark执行引擎的Dataframe、RDD）。在Weiflow的实现过程中（后文将详细介绍Weiflow实现与优化的最佳实践），每个node内部的模块实现都充分利用了现有引擎的数据结构与优化机制，如在Spark node中，我们充分利用了Spark原生支持的功能（如对各种数据源的支持）和性能优化（如Tungsten优化机制、二进制数据结构、Whole Stage Code Generation等）。例如在Input基础类中，我们通过Spark原生数据源的支持，提供了多种压缩、纯文本格式的输入供用户选择。通过实现Input基础类中定义的对象和方法，开发者可以灵活地实现业务所需的数据格式，如前文提及的Libsvm格式。Process基础类囊括了所有业务处理逻辑，在实现方面，同样利用了所在引擎所提供的各种原生支持。如在Spark node中，通过Spark SQL或Dataframe DSL（Domain Specific Language）可以轻松地实现大部分处理逻辑，如数据统计、清洗、过滤、联接等操作。当开发者需要实现新的业务逻辑时，如对数据按比例进行向上、向下采样，只需继承Process基础类中定义的属性和方法，充分利用Spark Dataframe和RDD的开放API，将采样的具体实现封装到既定的接口内，即可完成开发，进而扩展Weiflow功能，供业务人员使用。与Input相对应，Output基础类定义了Weiflow在计算引擎内的各种数据格式的输出，提供了与Input相对应的接口，如Input提供了read接口，Output则提供了write接口，形成逻辑层面的闭环。

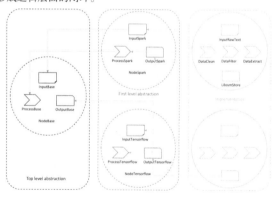

图4 Weiflow开放API的抽象层次

通过Weiflow多层次、模块化的抽象机制，开发者可以轻松地在执行引擎和业务功能方面进行扩展，从而满足不断变化的业务需求。前文提到，自2016年以来，微博业务步入了二次繁荣，微博的业务呈多样、复杂的发展趋势，用户、博文、互动相关的数据呈爆炸式增长，机器学习规模化的挑战迫在眉睫。为了满足微博机器学习规模化的需求，Weiflow在设计之初就充分考虑到实现中的执行效率问题。

Weiflow在实现方面分别从语言特性、数据结构、引擎优化等几个方面考虑，优化任务执行性能。考虑到Scala函数式编程语言的灵活性、丰富算子、超高的开发效率及其并发能力，Weiflow框架的主干代码和Spark node部分业务实现都采用Scala来实现。

对于业务人员来说，XML配置开发文件即是Weiflow的入口。Weiflow通过Scala的XML内置模块对用户提供的XML文件进行解析并生成相应的数据结构，如DAG node，模块间依赖关系等。在成功解析各模块的依赖关系后，Weiflow通过Scala语言的懒值特性和Call By Name机制，将依赖关系转化为DAG网络图，并通过调用Output实现类中提供的Action函数（Output.write），触发整个DAG网络的回溯执行。在回溯执行阶段，Weiflow调取用户XML文件中提供的实现类，通过Scala语言提供的反射机制，在运行时生成实类型对象，完成计算逻辑的执行。

在执行效率方面，Weiflow充分利用了Scala的语言特性来大幅提升整体执行性能。在微博的大部分机器学习应用场景中，需要利用各种处理函数（如log10、hash、特征组合、公式计算等）将原始特征映射到高维特征空间。其中一部分复杂函数（如pickcat，根据字符串列表反查字符串索引）需要多个输入参数。这类函数首先通过第一个参数，如pickcat函数所需的字符串列表（在规模化机器学习应用中会变得异常巨大），生成预定义的数据结构，然后通过第二个参数反查该数据结构，并返回其在数据结构中的索引。对于这样的需求，如果采用传统编程语言中的函数来实现，将带来巨大的计算开销。处理函数被定义后，通过闭包发送到各执行节点（如Spark中的Executor），在执行节点遍历数据时，该函数将每次执行读取第一个字符串列表参数、生成特定数据结构的任务；然后读取第二个字符串参数，反查数据结构并返回索引。但业务人员真正关心的是第二个参数所返回的索引值，无须每次遍历数据都运行生成数据结构的任务，因此该函数在执行节点的运行带来大量不必要的计算开销。然而通过Scala语言中的Currying特性，可以很容易地解决上述问题。在Scala中，函数为一等公民，且所有函数均为对象。通过将pickcat函数柯里化，将pickcat处理第一个参数的过程封装为另一个函数（pickcat_），然后将该函数通过闭包发送到执行节点，执行引擎在遍历数据时，其所见的函数pickcat_将只接收一个参数，也即原函数pickcat的第二个参数，然后处理反查索引的计算即可。当然，柯里化只是Scala函数式编程语言丰富的特性之一，其他特性诸如Partial functions、Case class、Pattern matching、Function chain等都被应用到了Weiflow的实现之中。

在数据结构的设计和选择上，Weiflow的实现经历了从简单粗暴到精雕细琢的变迁。在Weiflow的初期版本中，因为当时还没有遇到规模化计算的挑战，出于开发效率的考虑，数据结构大量采用了不可变长数组，此时并未遇到任何性能瓶颈。但当Weiflow承载大规模计算时，执行性能几乎无法容忍。经过排查发现，原因在于特征映射过程中，存在大量根据数据字典，反查数据值索引的需求，如上文提及的pickcat函数。面对千万级、亿级待检索数据，当数据字典以不可变长数组存储时，通过数据值反查索引的时间复杂度显而易见。后来通过调整数据字典结构，对多种数据结构进行对比、测试，最终将不可变长数组替换为HashMap，解决了反查索引的性能问题。在特征映射之后的生成Libsvm格式样本阶段，也大量使用了数组数据结构，以稠密数组的方式实现了Libsvm数据值的存储。当特征空间维度上升到十亿、百亿级时，几乎无法正常完成生成样本的任务。通过仔细的分析业务场景发现，几乎所有的特征空间都是极其稀疏的，以 10 亿维的特征空间为例，其特征稀疏度通常都在千、万级别，将特征空间以稠密矩阵的方式存储和计算，无疑是巨大的浪费。最后通过将稠密矩阵替换为稀疏矩阵，解决了这一性能问题。

前文提到过，在 Weiflow 的双层 DAG 设计中，内存的 DAG 实现会充分地利用执行引擎已有的特性来提升执行性能。以 Spark 为例，在 Weiflow 的业务模块实现部分，充分利用了 Spark 的各种性能优化技巧，如 Map Partitions、Broadcast variables、Dataframe、Aggregate By Key、Filter and Coalesce、Data Salting 等。

经过多个方面的性能优化，Weiflow 在执行效率方面已经完全能够胜任微博机器学习规模化的需求，如表 1 中所示对比，Weiflow 优化后执行性能提升 6 倍以上。表 1 中同时列举了 Weiflow 在开发效率、易用性、可扩展性方面的优势和提升。

表 1 采用 Weiflow 前后开发效率、可扩展性和执行效率的量化对比

	Without Weiflow	With Weiflow
模型迭代	One model per 3 days	3 models per day
模型性能 (GBDT+LR)	0.70(AUC)	0.80(AUC)
开发者数量 (Code contributor)	10	50
执行性能 (6T, 1000亿样本)	20hours	20mins

本文从开发效率（易用性）、可扩展性、执行效率三个方面，介绍了微博机器学习框架 Weiflow 在微博的应用和最佳实践，希望能够给读者提供有益的参考。🅿

微博深度学习平台架构和实践

文/黄波、何沧平

随着人工神经网络算法的成熟、GPU 计算能力的提升，深度学习在众多领域都取得了重大突破。本文介绍了微博引入深度学习和搭建深度学习平台的经验，特别是机器学习工作流、控制中心、深度学习模型训练集群、模型在线预测服务等核心部分的设计、架构经验。微博深度学习平台极大地提升了深度学习开发效率和业务迭代速度，提高了深度学习模型效果和业务效果。

深度学习平台介绍

人工智能和深度学习

人工智能为机器赋予人的智能。随着计算机计算能力越来越强，在重复性劳动和数学计算方面很快超过了人类。然而，一些人类通过直觉可以很快解决的问题，例如自然语言理解、图像识别、语音识别等，长期以来很难通过计算机解决。随着人工神经网络算法的成熟、GPU 计算能力的提升，深度学习在这些领域也取得了重大的突破，甚至已经超越人类。深度学习大大拓展了人工智能的领域范围。

深度学习框架

深度学习框架是进行深度学习的工具。简单来说，一套深度学习框架就是一套积木，各个组件就是某个模型或算法；开发者通过简单设计和组装就能获得自己的一套方案。深度学习框架的出现降低了深度学习门槛。开发者不需要编写复杂的神经网络代码，只需要根据自己的数据集，使用已有模型通过简单配置训练出参数。

TensorFlow、Caffe 和 MXNet 是三大主流的深度学习开源框架：TensorFlow 的优势是社区最活跃，开源算法和模型最丰富；Caffe 则是经典的图形领域框架，使用简单，在科研领域占有重要地位；MXNet 在分布式性能上表现优异。PaddlePaddle、鲲鹏、Angel 则是百度、阿里、腾讯分别推出的分布式计算框架。

2015 年底，Google 开源了 TensorFlow 深度学习框架，可以让开发者方便地组合 CNN、RNN 等模块实现复杂的神经网络模型。TensorFlow 是一个采用数据流图（data flow graphs），用于数值计算的开源软件库。

2016 年，百度开源了 PaddlePaddle（PArallel Distributed Deep LEarning 并行分布式深度学习）深度学习框架。PaddlePaddle 具有易用、高效、灵活和可伸缩等特点，为百度内部多项产品提供深度学习算法支持。

深度学习平台

深度学习框架主要提供神经网络模型实现，用于进行模型训练。模型训练只是机器学习和深度学习中的一环，除此之外还有数据输入、数据处理、模型预测、业务应用等重要环节。深度学习平台就是整合深度学习各环节，为开发者提供一体化服务的平台。深度学习平台能够加快深度学习的开发速度，缩减迭代周期；同时，深度学习平台能够将计算能力、模型开发能力共享，提升开发效率和业务效果，也能够将资源合理调度，提高资源利用率。

腾讯深度学习平台 DI-X

腾讯深度学习平台 DI-X 于 2017 年 3 月发布。DI-X 基于腾讯云的大数据存储与处理能力来提供一站式的机器学习和深度学习服务。DI-X 支持 TensorFlow、Caffe 以及 Torch 等三大深度学习框架，主要基于腾讯云的 GPU 计算平台。DI-X 的设计理念是打造一个一站式的机器学习平台，集开发、调试、训练、预测、部署于一体，让算法科学家和数据科学家，无须关注机器学习（尤其是深度学习）的底层工程烦琐的细节和资源，专注于模型和算法调优。

DI-X 在腾讯内部使用了一年，其主要用于游戏流失率预测、用户标签传播以及广告点击行为预测等。

阿里机器学习平台 PAI

阿里机器学习平台 PAI1.0 于 2015 年发布，包括数据处理以及基础的回归、分类、聚类算法。阿里机器学习平台 PAI2.0 于 2017 年 3 月发布，配备了更丰富的算法库、更大规模的数据训练和全面兼容开源的平台化产品。深度学习是阿里机器学习平台 PAI2.0 的重要功能，支持 TensorFlow、Caffe、MXNet 框架，这些框架与开源接口兼容。在数据源方面，PAI2.0 支持非结构化、结构化等各种数据源；在计算资源方面，支持 CPU、

GPU、FPGA等异构计算资源；在工作流方面，支持模型训练和预测一体化。

PAI已经在阿里巴巴内部使用了2年。基于该平台，在淘宝搜索中，搜索结果会基于商品和用户的特征进行排序。

百度深度学习平台

百度深度学习平台是一个面向海量数据的深度学习平台，基于PaddlePaddle和TensorFlow开源计算框架，支持GPU运算，为深度学习技术的研发和应用提供可靠性高、扩展灵活的云端托管服务。通过百度深度学习平台，不仅可以轻松训练神经网络，实现情感分析、机器翻译、图像识别，也可以利用百度云的存储和虚拟化产品直接将模型部署至应用环境。

微博深度学习平台设计

微博在Feed CTR、反垃圾、图片分类、明星识别、视频推荐、广告等业务上广泛使用深度学习技术，同时广泛使用TensorFlow、Caffe、Keras、MXNet等深度学习框架。为了融合各个深度学习框架，有效利用CPU和GPU资源，充分利用大数据、分布式存储、分布式计算服务，微博设计开发了微博深度学习平台。

微博深度学习平台支持如下特性。

- 方便易用：支持数据输入、数据处理、模型训练、模型预测等工作流，可以通过简单配置就能完成复杂机器学习和深度学习任务。特别是针对深度学习，仅需选择框架类型和计算资源规模，就能模型训练。
- 灵活扩展：支持通用的机器学习算法和模型，以及用户自定义的算法和模型。
- 多种深度学习框架：目前支持TensorFlow、Caffe等多种主流深度学习框架，并进行了针对性优化。
- 异构计算：支持GPU和CPU进行模型训练，提高模型训练的效率。
- 资源管理：支持用户管理、资源共享、作业调度、故障恢复等功能。
- 模型预测：支持一键部署深度学习模型在线预测服务。

微博深度学习平台架构和实践

微博深度学习平台是微博机器学习平台的重要组成部分，除继承微博机器学习平台的特性和功能以外，支持TensorFlow、Caffe等多种主流深度学习框架，支持GPU等高性能计算集群。微博深度学习平台架构如图1所示。

下面将以机器学习工作流、控制中心、深度学习模型训练集群、模型在线预测服务等典型模块为例，介绍微博深度学习平台的实践。

机器学习工作流WeiFlow

微博深度学习和机器学习工作流中，原始数据收集、数据处理、特征工程、样本生成、模型评估等流程占据了大量的时间和精力。为了能够高效地端到端进行深度学习和机器学习的开发，我们引入了微博机器学习工作流框架WeiFlow。

WeiFlow的设计初衷就是将微博机器学习流的开发简单化、傻瓜化，让业务开发人员从纷繁复杂的数据处理、特征工程、模型工程中解脱出来，将宝贵的时间和精力投入到业务场景的开发和优化当中，彻底解放业务人员的生产力，大幅提升开发效率。

图1 微博深度学习平台架构

WeiFlow的诞生源自于微博机器学习的业务需求。在微博的机器学习工作流中（如图2所示），多种数据流经过实时数据处理，存储至特征工程并生成离线的原始样本。在离线系统，对原始样本进行各式各样的数据处理、特征处理、特征映射，从而生成训练样本；业务人员根据实际业务场景（排序、推荐），选择不同的算法模型，进行模型训练、预测、测试和评估；待模型迭代满足要求后，通过自动部署将模型文件和映射规则部署到线上。线上系统根据模型文件和映射规则，从特征工程中拉取相关特征，根据映射规则进行预处理，生成可用于预测的样本格式，进行线上实时预测，最终将预测结果（用户对微博内容的兴趣程度）输出，供线上服务调用。

图2 微博机器学习工作流

为了应对微博多样的计算环境，WeiFlow采用了双层的DAG任务流设计，如图3所示。外层的DAG由不同的Node构成，每一个Node是一个内层的DAG，具备独立的执行环境，即上文提及的Spark、TensorFlow、Hive、Storm、Flink等计算引擎。

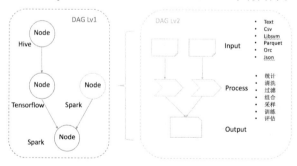

图3 WeiFlow双层DAG任务流设计

外层DAG设计的初衷是利用各个计算引擎的特长，同时解决各个计算引擎间的依赖关系和数据传输问题。内层的DAG，利用引擎的特性与优化机制，实现不同的抽象作为DAG中计算模块之间数据交互的载体。

在使用方面，业务人员根据事先约定好的规范和格式，将双层 DAG 的计算逻辑定义在 XML 配置文件中。依据用户在 XML 指定的依赖关系和处理模块，WeiFlow 自动生成 DAG 任务流图，并在运行时阶段调用处理模块的实现来完成用户指定的任务流。通过在 XML 配置文件中将所需计算模块按照依赖关系堆叠，即可以搭积木的方式完成配置化、模块化的流水线作业开发。

控制中心 WeiCenter

控制中心 WeiCenter 的目标就是简单、方便、易用，让大家便利地使用微博深度学习平台。下面将介绍控制中心的作业管理、数据管理和调度管理等部分。

■ 作业管理：我们在进行深度学习、大规模机器学习、实时处理的过程中，由于需要各种不同框架的配合使用共同完成一个任务，比如 TensorFlow 适合进行高性能学习、Spark 适合大规模亿维特征训练、Storm 或者 Flink 适合实时特征生成以及实时模型生成等，将这些结合到一起才能完成从离线训练到线上实时预测。以前这需要开发者去学习各种框架复杂的底层开发，现在通过控制中心选择不同的作业类型，可以方便地生成各种类型的作业任务。用户只需要在可视化 UI 上进行作业类型选择、数据源选择、输出目的地选择或者使用 WeiFlow 进行编程，就能生成一个高大上的深度学习或机器学习作业。

■ 数据管理：当大数据的数据量，每天按 P 级增长，使用人员每天上百人时，数据管理就显得尤为重要。如果模型训练的集群和数据所在的集群，不是同一个集群，如何高效地将数据同步到模型训练的集群是一个难点。并且在完成模型训练后，能自动根据训练结果做出评估，对训练数据进行删除。由于使用集群的开发人员素质不齐，你会发现总是有很多冗余数据没删除，而且总有无用数据生成，这个时候需要一个统一的数据管理平台，去约束大家生成数据的同时删除数据，去各个平台上探测长时间无访问的数据并进行确认清理。

■ 调度管理：作业有多种分类，按重要程度分：高、中、低；按占用资源量分：占用多、占用一般、占用少；按调度分：Yarn、Mesos、Kubernetes 等。Spark、Hadoop 利用 Yarn 调度解决了优先级高的作业和资源占用多作业之间的矛盾；TensorFlow 利用成熟的 Kubernetes 或 Mesos 调度 TensorFlow 节点进行 GPU 集群化任务管理；普通离线作业和服务部署利用 Mesos 进行资源调度。控制中心集成了多种调度器，利用各种成熟的解决方案，简化了作业负责调度这一难题。

总之，控制中心负责用户权限控制、作业图依赖管理、数据依赖管理等，调度服务负责具体的作业执行、资源抽象、资源管理。控制中心和调度服务如图 4 所示。

深度学习模型训练集群

微博深度学习训练集群与传统 HPC 集群有重大区别，分别体现在计算服务器选型、分布式训练、网络设备、存储系统、作业调度系统。

■ 单机多 GPU 卡：深度学习模型训练大部分情况下单机运算，且几乎完全依靠 GPU，因此选用能挂载 2/4/8 块 GPU 的服务器，尽量提高单机运算能力。

■ 分布式训练：如果训练时间长或者样本规模大，超过单台服务器能力时，需要支持分布式训练。以 TensorFlow 分布式运行方式为例进行说明，如图 5 所示。一个 TensorFlow 分布式程序对应一个抽象的集群，集群（cluster）由工作节点（worker）和参数服务器（parameter server）组成。工作节点（worker）承担矩阵乘、向量加等具体计算任务，计算出相应参数（weight 和 bias），并把参数汇总到参数服务器；参数服务器（parameter server）把从众多工作节点收集参数汇总并计算，并传递给相应工作节点，由工作节点进行下一轮计算，如此循环往复。

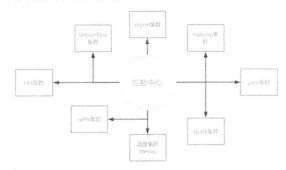

图 4 控制中心和调度服务

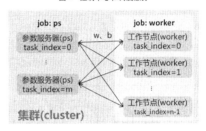

图 5 TensorFlow 分布式架构

■ 万兆以太网络：参数更新过程中，通信粒度大，而且允许异步通信，对延时没有严格要求。因此，训练集群没有选用 HPC 集群必备的 InfiniBand 或 Omini-Path 低延时网络设备，而是选用普通的以太网设备。

■ HDFS 分布式文件系统：TensorFlow 分布式工作节点读取训练样本文件时，不同工作节点读取的数据段不交叉，训练过程中也不会交换样本数据。写出模型文件也只有某一个工作节点负责，不涉及工作节点间的数据交换。因此，深度学习训练作业不要求 HPC 机群中常见的并行文件系统，只要是一个能被所有工作节点同时访问文件系统就可以。实际上，微博深度学习平台采用 HDFS，不但满足要求，而且方便与其他业务共享数据。

■ 定制的作业调度系统：TensorFlow 分布式参数服务器进程不会自动结束，需要手动杀死，而 HPC 应用中的 MPI 进程同时开始同时结束。设计作业调度方案时必须考虑这个特点，使之能够在所有工作节点都运行结束后自动杀死参数服务器进程。

模型在线预测服务 WeiServing

模型在线预测服务是深度学习平台的一个重要功能。由于微博业务场景需求，模型在线预测服务并发量大，对延时、可用性要求极高。考虑到这些业务需求以及服务本身以后的高扩展性，微博分布式模型在线预测服务 WeiServing 的架构如图 6 所示。

■ 特征处理多样化：模型在线预测服务首要解决的问题是，将在线的原始特征数据，映射成模型可以处理的数据格式。基于大量的业务模型实践与调优，微博机器学习工作流框架 WeiFlow 抽象出了一套特征处理函数，来提升开发效率和业务效果。WeiServing 与 WeiFlow 在特征处理方面一脉相承，支持一系列特征处理函数，包括 piecewise、pickcat、descartes、combinehash 等映射函数，对特征进行归一化、离散化、ID 化、组合等特征处理。

版本同时在线，为业务灰度测试提供可能。所有的差异化都被映射到配置文件中，通过简单的配置来完成线上模型的转换。

■ **分布式服务支持**：为了应对大规模模型服务与在线机器学习，WeiServing 参考通用的参数服务器解决方案，实现了 WeiParam 分布式服务架构，除了支持传统的 PS 功能之外，WeiParam 针对在线服务需求，通过分布式调度系统，提供多副本、高可用、高性能的系统机制。

■ **多源支持**：对于普通离线学习，模型会导出到文件中，WeiServing 通过 ModelManager 模块管理模型加载，支持本地存储与分布式存储。同时，WeiServing 为支持在线机器学习，提供对实时流接口对接，在线训练的模型参数可以实时推送到 WeiParam 中，为线上提供服务。

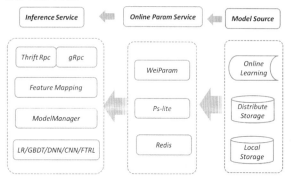

图 6　WeiServing- 微博分布式模型在线预测服务架构

■ **多模型多版本支持**：由于微博业务场景多种多样，不同的业务场景对模型与特征有不同的需求，WeiServing 支持同一个集群为多个业务提供服务，通过 docker+k8s 进行资源隔离与负载均衡。在相同特征情况下，可以选择不同的模型算法进行处理。另外，对于同一个模型，WeiServing 支持在线升级与多

总结

本文介绍了深度学习框架和平台的概念和特征，基于微博深度学习平台深入探讨了深度学习平台的设计思考和技术架构。机器学习工作流和控制中心是我们在规范机器学习工作流程的设计成果，系统化的标准流程能极大提升机器学习开发效率和业务迭代速度。深度学习模型训练集群和模型在线预测服务是我们在深度学习模型训练、模型预测的集群化、服务化方面的系统产出，是保障模型效果和业务效果的基础。希望上述介绍能给大家带来思考和帮助。

机器学习在热门微博推荐系统的应用

文 / 侯雷平、苏传捷、朱红垒

近年来，机器学习在搜索、广告、推荐等领域取得了非常突出的成果，成为最引人注目的技术热点之一。微博也在机器学习方面做了广泛的探索，其中在推荐领域，将机器学习技术应用于微博最主要的产品之一——热门微博，并取得了显著的效果提升。

热门微博推荐系统介绍

热门微博业务场景

热门微博是基于微博原生内容的个性化兴趣阅读产品。提供最新最热优质内容阅读服务，更好地保障用户阅读效率和质量，同时达到激励微博上内容作者更好的创作和推广内容。

热门微博的推荐系统主要面临以下两点挑战。

■ **大规模**：需要处理微博上的海量用户和海量内容；
■ **时效性**：微博内容的生产周期短，变化较快。

热门微博推荐系统算法流程

我们定制了一套完善的推荐系统框架，包括基于机器学习的多路召回与排序策略，以及从海量大数据的离线计算到高并发在线服务的推荐引擎。推荐系统主要分为三层，基础层、推荐（召回）和排序三个部分，推荐（召回）主要负责生成推荐的候选集，排序负责将多个算法策略的结果进行个性化排序。

整体的推荐技术框架如图 1 所示。

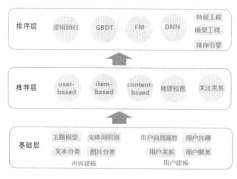

图 1　热门微博推荐技术框架

基础层：分为内容建模和用户建模两部分。内容建模主要是微博内容的语义识别，包括主题模型、实体词识别、文本分类和图片分类。用户建模对用户建立完整的画像，包括用户自然属性（性别/年龄）、用户兴趣、用户聚类和用户之间的关系（亲密度等）。

推荐层：我们通过用户行为、微博内容等进行实时判断，通过多个召回算法获取不同候选集。再对召回的候选集进行融合。具体的召回算法如下：

■ **User-based 协同推荐**：找出与当前 User X 最相似的 N 个 User，并根据 N 个 User 对某 Item 的打分估计 X 对该 Item 的打分（表 1）。

■ **Item-based 协同推荐**：我们计算不同 mid 的共现概率，

取出满足一定阈值且排在 top 的 mid 作为协同 mid 的候选。

表1 User – Item 关系矩阵

User/item	item1	item 2	Item3	Item4	Item5	Item6
User1	1			1		
User2				1	1	
User3	1				1	
User4			1			

■ Content-based 推荐：通过自然语言处理、图像识别等算法，对微博文本、图片、视频等内容打标签；通过用户行为和微博内容标签，挖掘用户的兴趣标签。基于内容标签和兴趣标签的匹配，提供基于内容的推荐候选。

排序层：每类召回策略都会召回一定的候选微博，这些候选微博去重后需要统一做排序。排序使用的模型包括逻辑回归、GBDT/FM、DNN 等。排序框架大致可以分为三部分。

■ 特征工程：特征的预处理、离散化、归一化、特征组合等，生成训练模型需要的样本数据。

■ 模型工具：基于样本数据，使用不同的模型做训练、评估，生成模型训练结果。

■ 排序引擎：在线模型 LOAD，提取出相对应的特征并且做特征映射，并利用机器学习排序算法，对多策略召回的推荐候选进行融合和打分重排。

热门微博的机器学习推荐

协同过滤推荐是目前业界常用的推荐算法之一。协同过滤推荐是利用 users 和 items 的关系矩阵来对 user 和 item 进行建模，从而进行推荐的一类算法。其主要分为两种：基于 user 的协同过滤推荐和基于 item 的协同过滤推荐。在热门微博业务场景下，一个 item 是指一条微博。下面介绍基于用户的协同过滤推荐和基于微博的协同过滤推荐两方面的实践。

大规模 user-based 协同推荐

基于用户的系统过滤推荐的基本原理是：某用户的相似用户群喜欢什么，就给该用户推荐什么。实践中，基于用户的系统过滤推荐过程就是以下步骤：

■ 为当前用户找到他的相似用户群；
■ 获取该用户群在历史一段时间内喜好的若干微博作为候选；
■ 计算该用户群对各个候选微博的喜好程度；
■ 将喜好程度最高的 N 条微博推荐给当前用户。

上述步骤中，最关键的是 a。用户的相似度刻画，直接影响推荐的准确度；用户的相似用户群的规模，直接影响推荐的个性化程度。相似用户群的方案有很多，常见的有聚类、K 近邻。它们的优劣对比如表 2 所示。

表2 聚类、K 近邻方案对比

考察指标/方案	聚类	K 近邻
理论效果	好	很好
在线计算开销	小	大
在线存储开销	小	大
离线计算开销	大	小
离线存储开销	大	小
开发量	小	大

最终，根据我们的业务场景，选择了聚类方案。鉴于业务的特性，我们还要对聚类结果有额外的要求：每个类别内包含的优质用户数要尽量相近。我们的解决方案是只用优质用户做训练同时保证聚类均匀，全部用户做预测。所以接下来要解决的问题是选择聚类算法、用户的向量表征、控制聚类均匀。

尽管聚类算法有很多，但它们依然基本上都还是在 K-Means 算法的框架下，因此我们直接选用 K-Means 算法。关于用数学向量表示用户。值得注意的是，当解决实际聚类问题时，一般情况下，问题对象的向量表征比聚类算法本身对最终效果影响更大。

首先，我们考虑直接用关系矩阵的行向量作为用户的向量表示。在微博推荐的场景下，item 的数量是快速增长的，因此只能使用历史上一段时间内的用户 - 微博关系矩阵。同时，矩阵是集群稀疏的，当我们用较短历史数据训练聚类时，效果表现不好。所以，我们尽可能拉长历史来保证用户向量中包含充足的信息，然而，K-Means 对高维数据的训练效率极低。我们尽量平衡训练效率和聚类效果，但效果很差，各个类别规模极其不均匀，不能满足需求。

所以，我们考虑了三个降维方案：LDA、Word2Vec、Doc2Vec。

■ LDA：虽然 LDA 训练出来的主题分布可以作为特征向量，但是 LDA 本身不强调向量间距离的概念，可与后面 K-Means 算法的训练过程不相匹配，所以效果不佳，淘汰。

■ Word2Vec：强调向量间的距离，适合 K-means。但是当使用 Word2Vec 时我们要微博 ID 当成句子 ID，微博的阅读者序列作为句子内容，用户 ID 作为词。按照微博的特性，这么处理的话，语料里"句子"长度的分布会非常不均匀。所以最终也没有选用。

■ Doc2Vec：强调向量间的距离，适合 K-means。把用户 ID 当成句子 ID、用户的阅读序列作为句子内容，微博 ID 作为词进行训练时，语料里"句子"长度的分布会均匀很多，效果较好。

所以最终选择了 Doc2Vec 对用户向量进行降维。然后使用低维向量进行聚类，结果明显改善，类别规模变得很均匀，符合我们的需求。

在线部分，在线部分只需要记录几小时内每个聚类下的用户群体对各个微博的行为，经过简单的加权计算、排序、取 Top。当为某用户推荐时，只需查到相应的聚类 ID 对应的推荐列表。在线计算开销极小。

大规模 item-based 协同推荐

基于微博的协同过滤推荐的基本原理是：如果看了微博 A 的用户很大比例都去看了微博 B，那么应该给只看了微博 A 的用户推荐微博 B。这个原理的实现就是计算任意两个微博的相关性。关键点是设计相关性公式。我们迭代了三个版本的相关性公式。

第一版，我们将相关性抽象为：

$$Ri = P(read(Bi) \mid read(A))$$

具体实现是按上述公式计算两两微博的相关性后，为每个微博按预设阈值筛选可推荐相关微博。这个可以推荐相关微博列表，用于即时推荐模块。当用户点击某条微博后，在下次刷新时候会推荐该条微博的相关微博。由于微博内容实效性比较强，这种推荐方式可以捕捉用户很及时的阅读需求，所以推荐的准确率很高。然而，上述方法的召回率比较低。

第二版重点提升召回率。通过分析发现，召回率低的原因是用户-微博矩阵特别稀疏，两条微博在一个用户浏览时的共现次数特别少。所以设计了新的公式：

$$R_{AB} = P(read(B)|read(A), expo(B))$$

在公式中我们加入了变量$expo(B)$，表示B在用户的页面里曝光了。按新公式实现后，召回大幅度提升。

第三版，我们试图解决关系矩阵稀疏的问题。在微博场景中，很多微博是相似的，但是它们拥有不同的微博ID。这会天然地造成矩阵稀疏，从而相关性计算不准确。举个例子：

$$R_{AB_i} = P(read(B_i)|read(A), expo(B_i))$$
$$R_{AB_j} = P(read(B_j)|read(A), expo(B_j))$$

假设B_i和B_j是描述的同一个内容，且R_{AB_i}和R_{AB_j}都略低于阈值，那么B_i和B_j是不能作为A的协同推荐微博的，这显然是不合理的。

为了解决这个问题，我们改进了算法。首先将相似微博B_i和B_j聚合成B，然后计算相关性。流程如下：

$$B_i \to B, B_j \to B$$
$$R_{AB_i} = R_{AB_j} = P(read(B)|read(A), expo(B))$$

改进后，覆盖率又得到了进一步的提升。

热门微博的机器学习排序

机器学习排序是搜索、广告、推荐等业务场景的核心算法，对业务效果有着极大的影响。通常的做法，是基于曝光日志、点击日志等采集各种特征，建模用户点击率。在热门微博业务中，以下是我们在排序算法方面的一些有效的实践。

大规模特征组合

影响机器学习排序效果的一个核心因素就是特征。特别是当使用线性模型时（如逻辑回归），对模型效果影响较大的，是特征组合，也就是特征的表达能力。

如图2所示，排序模型可被认为建立在物料、用户、环境的三维特征空间。每个维度上，从零点向外的方向代表从具体到泛化。例如，物料轴从零点开始，分别为物料按mid（微博id）、细粒度标签、粗粒度标签、作者、形式划分等。

根据热门微博中的实践，总结出了特征组合的一些设计经验和原则：

- 越逼近零点的特征越有效，但是要考虑稀疏性。
- 跨轴的特征组合，会产出更加个性化的特征，特别是用户和物料的组合。

多目标机器学习排序

通常的ctr预估排序，只以点击率为目标。而热门微博业务会有多个目标，所以需要考虑多目标的排序。实践表明，多个目标之间往往没有很强的正相关关系。因此，如何在排序模型中兼顾多个目标，使得每个目标都有增长，就非常重要。在热门微博的机器学习排序中，我们实验了两种方法：

- 每个目标各自使用一个模型，做模型融合。例如热门微博需要考虑转发、评论和赞，分别训练预估转发率模型、预估

评论率、预估赞率的模型，以这三个模型的预测结果，做加权后，作为排序分数，如图3所示。

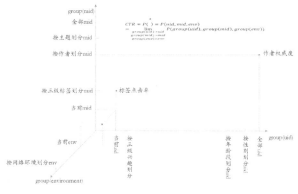

图2　排序模型的特征空间

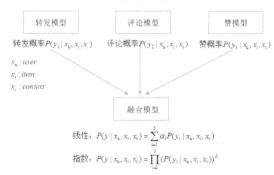

图3　多目标机器学习模型的融合

模型融合后，以提升所有正向行为的概率为总目标，给各个模型分配以不同的权重。该方法的优点在于，分别建模不同的目标，以快速的多组实验来调整权重，以找到权重参数的更优解。缺点在于需要同时训练多个模型，开发成本高。

- 所有目标使用一个模型，在标注正样本时，考虑多个目标。例如对于转发和赞，在标注正样本时，给予不同的权重，使它们综合体现在模型目标中。如表3所示，每行为一条训练样本，根据业务需要，把转发、评论、赞的权重分别设置为1、2、5。

表3　通过样本标注不同权重，一个模型兼顾多个目标

样本权重	样本类型	特征f1	特征f2	特征f3	特征f4	……	特征fn
1	转发	1	1	0	0	……	
2	评论	1	0	1	0	……	
5	赞	1	0	0	1	……	

该方法通过对不同正向行为给予不同权重，将多目标问题转化为单目标问题。它的优点在于，一个模型同时兼顾了多个目标，使不同目标的权重体现在损失函数中，参与模型优化求解，便于平衡多个目标的效果。

- 分片线性模型

互联网行业的机器学习算法广泛使用了线性模型。线性模型的缺点，在于无法充分利用数据中的非线性规律。

热门微博下，不同用户的点击率以及行为偏好是有差异的，不同物料领域下的点击率也是有差异的，因此我们考虑使用基于用户、基于领域的先验知识，构造分片的线性模型。

另外，热门微博的分片线性模型结合了多目标的优化。根据不同人群的行为偏好，在分片时设置不同的多目标权重。

分片线性模型：

$$P(y\mid x)=\frac{1}{1+\exp(-\sum_{j}\pi_{j}(x)(\omega_{j}x))}$$

其中 π_i 为分片的作用范围，对应分片内为 1，其他为 0。

在热门微博业务中，分片为不同的人群（80/90 后、男/女）。

分片的多目标模型（以指数加权为例）：

$$P(y\mid x)=\sum_{j}\pi_{j}(x)\prod_{j}(\frac{1}{1+\exp(-\omega_{i,j}x)})^{\delta_{i,j}}$$

其中 π_i 为分片的作用范围，$\omega_{i,j}$ 为第 i 个分片内第 j 个目标模型的参数，$\delta_{i,j}$ 为第 i 个分片内第 j 个目标模型的指数权重。

机器学习效果评估

对于协同过滤推荐，我们设计了一个量度 m，来模拟估计上线后实际效果。假设有 N+1 天的历史行为日志。首先，用 1-N 天的用户－微博矩阵，为每一个用户计算出第 N+1 天协同推荐的候选微博集合 C。然后将第 N+1 天的真实曝光微博集合 E 与 C 做交集，得到集合 Ec；将第 N+1 天的真实点击微博集合 A 与 C 做交集，得到集合 Ac。最后计算 Ac／Ec 作为量度。

对于排序算法，采用了离线 AUC 评估和线上的 AB Test 评估。

机器学习应用于热门微博推荐系统后，业务指标和用户体验都得到了显著提高。

总结和展望

我们将机器学习相关技术应用于热门微博业务，并结合业务特色对算法做了进一步的拓展。

推荐算法方面，基于用户的协同过滤推荐我们使用 user embedding + Kmeans 方案来平衡算法效果、离线计算规模和线上响应速度。基于微博的协同过滤推荐我们升级了两次相关度计算公式，来解决行为稀疏和重复内容导致的数据稀疏的问题。

排序算法方面，大规模特征组合在特征工程实践中总结的一些规律和原则，多目标机器学习排序是为了兼顾多个业务目标而做的尝试和探索，分片线性模型是结合热门微博业务知识完善线性模型的结构和效果。

未来推荐和排序算法在以下两方面仍有很大的提升空间：

- 深度学习和 embedding 应用于热门微博推荐；
- 海量 uid 应用于热门微博排序模型，进一步提升模型个性化。

特征选择在新浪微博的演进

文/吴磊、张艺帆

特征选择在微博经历了从最原始的人工选择，到半自动特征选择，再到全自动特征选择的过程，本文将详细介绍在各个阶段的实践与心得。

近年来，人工智能与机器学习的应用越来越广泛，尤其是在互联网领域。在微博，机器学习被广泛地应用于各个业务，如 Feed 流、热门微博、消息推送、反垃圾、内容推荐等。值得注意的是，深度学习作为人工智能和机器学习的分支，尤其得到了更多的重视与应用。深度学习与众不同的特性之一，在于其能够对原始特征进行更高层次的抽象和提取，进而生成区分度更高、相关性更好的特征集合，因此深度学习算法还经常被叫作"自动特征提取算法"。由此可见，无论是传统的基础算法，还是时下最流行的深度学习，特征的选择与提取，对于模型最终的预测性能至关重要。另一方面，优选的特征集合相比原始特征集合，只需更少的数据量即可得到同样性能的模型，从系统的角度看，特征选择对机器学习执行性能的优化具有重大意义。

特征选择在微博经历了从最原始的人工选择，到半自动特征选择，再到全自动特征选择的过程，如图 1 所示。

人工选择

在互联网领域，点击率预估（Click Through Rate）被广泛地应用于各个业务场景，在微博，CTR 预估被应用在各个业务的互动率预估中。对于 CTR 预估的实现，逻辑回归（Logistic Regression）是应用最多、最广泛而且被认为是最有效的算法之一。LR 算法的优势在于提供非线性的同时，保留了原始特征的可解释性。LR 模型产出后，算法人员通常会对模型中的权重进行人工审查，确保高权重特征的业务含义是符合预期的。为了提升 LR 算法的预测性能，业务人员与算法人员通常会根据对业务的理解，人工选择各类特征（基于内容的特征、基于用户的特征、基于环境和场景的特征等）或进行特征之间的组合。对特征进行人工选择的弊端显而易见，首先要求相关人员对业务场景具有足够的熟悉和了解，通过自身的领域知识区分高区分度特征和低区分度特征。仅此一项就引入了太多的变数，不同人员对业务的理解不尽相同，很多时候人工选择具有主观性和局限性。再者，在人工特征选择完成后，需要整理相关数据进行重训练，从而验证新引入的特征对模型预测性能的提升是否有效，这是一个反复迭代的过程，期间会消耗大量的时间和精力。通常需要重复多次，才能选出少量高区分度的业务特征，由此可见，人工选择特征方法的性价比是相对较低的。

图 1 特征选择在微博的演进

相关性

针对人工选择存在的问题，微博这几年开始引入自动化特征选择方法作为人工选择的辅助。首先尝试的是相关性法，即根据特征本身的相关性或特征与标签之间的相关性来对特征进行选取和过滤。方差法是特征自相关性的典型代表，通过计算特征自身的方差值，来反映特征的变化程度，方差趋近于零的特征基本上无差异，对于样本的区分起不到关键作用。因此，通过方差法，可以过滤掉区分性差的特征。既然特征的选取取决于其对标签区分的贡献，我们不如直接计算特征与标签之间的相关性来选取贡献大的特征，而丢弃掉贡献小（相关性小）的特征。在该类方法中，比较典型且应用广泛的有：皮尔森系数、卡方检验、互信息。方法的原理大同小异，考虑到卡方检验能够同时支持连续和离散特征，在微博我们采取了卡方检验对特征进行初步筛选。

降维法

传统的特征选择方法从方式上大致分为三大类，即相关性、包裹法和嵌入法。刚刚提到的根据特征与标签之间的相关性对特征进行选取的方法就是相关性法。在对包裹法和嵌入法进行尝试之前，为了能够详尽特征选择的方法，我们尝试利用降维的方式进行特征选择。从严格的意义讲，降维法不能叫作特征"选择"/"筛选"方法，因为降维法（如 PCA、SVD）原理是将高维度特征压缩到低维空间中，压缩的过程中造成了信息的丢失和损失，却在低维空间保留（生产）了新的区分度更高的特征集合。所以降维法是对原始特征集合进行了变换和扭曲，生成了新的特征空间和集合。降维法的优点显而易见，即无须用户干预，自动对特征空间进行变换和映射，生产高区分度的特征集合；缺点是其在低维空间生产的特征不具有可解释性，新的特征集合对业务人员和算法人员来说是不可读的，无业务意义的。这个特性与后文提及的通过 DNN 来提取特征有相似之处。

模型倒推法

前面提到特征选择的三大法宝，即相关性、包裹法和嵌入法。鉴于包裹法与嵌入法都是通过模型训练效果来反推特征的选择与过滤，微博将这两种方法进行了统一的尝试与实践。该类方法的思路是先根据现有的特征集合和数据，对模型进行训练，然后根据模型的效果（如 AUC、准确度等）和特征自身的权重大小来对特征进行选取。如对于包裹法，比较经典的方法是逐步递减原始特征的集合，观察所训练模型效果的变化，当模型效果出现显著下降时，即认为下降前一组的特征集合是最佳候选集合。对于嵌入法来说，比较典型的方法是通过 L1 或 L2 正则的特性，通过模型训练得到各个特征的权重，如 L1 具备低绝对值碾压特性，即对于权重较低的特征，直接将其权重截断为零，这样保留下来的即认为是具有高区分度的特征集合。这类选择方法基于模型本身对特征进行过滤，因此选取出的特征集合有效性很好，但是该类方法同样存在明显的弊端：首先，方法本身看上去似乎相互矛盾，特征选择的目的是为了训练出预测性能更好的模型，而这里却通过先进行模型训练，再做特征选择，总有一种"鸡生蛋、蛋生鸡"的感觉。再者，通过模型选取特征，

需要对模型进行训练和评估，相当于每次都把机器学习流程迭代一遍，尤其是包裹法，需要不断地剔除可疑特征、重训练的过程，在模型效果大幅降低前，经过数轮的计算和迭代。其次，有一个很重要的细节经常被忽略，即用于特征选择参与模型迭代训练的数据，不能参与最终的（特征选择完成后的）模型训练，否则会带来臭名昭著的过拟合问题，道理显而易见。

GBDT 特征选择

前文提到深度学习又叫"自动特征提取算法"，天生自带特征提取属性。但在介绍"自动特征提取算法"之前，我们有必要认识一下自动特征提取的前辈：GBDT（Gradient Boosting Decision Trees）。GBDT 通过不断地拟合上一棵决策树的残差来不断逼近目标值，决策树的信息增益算法结合 GBDT 特别的组合结构，造就了其叶子节点天生的高区分度特性。通过将原始特征导入 GBDT 进行训练，再将得到的模型对原始数据进行预测，就得到了 GBDT 转换/映射后的叶子节点特征集合，再将这个叶子节点组成的特征集合导入其他算法（如 LR）进行训练。GBDT 的优点是特征自动选择，区分度高；缺点与 PCA 和后面的深度学习类似，即新产生的特征不具备可解释性。

深度学习

深度学习算法由神经网络衍生而来，主要是指具有不同网络结构（如用于图像特征提取的 CNN 卷积神经网络结构、用于时序相关的 RNN 循环神经网络，以及由全连接组成的 DNN 深度神经网络等）的深层神经网络。神经网络的每一层神经元都会根据上一层的输入做非线性激活，并将其输出作为下一层神经网络的输入，每一层神经元都可以理解为某一个层次的特征抽象，每一层网络都可以形成一个新的特征集合，这种天然的特性为我们进行特征选择提供了新的思路。通过构建深层神经网络，并将最后一个隐层的神经元集合作为特征抽象，后续可以接入各种分类算法，如 LR、决策树、朴素贝叶斯等进行预测。

随着新技术的出现与成熟，微博在特征选择的演进上也与时俱进，在微博业务发展的不同阶段，曾经分别对这些选择方法进行实践与尝试，图 2 总结了不同特征选择方法对于模型预测性能的提升效果，仅供读者参考。

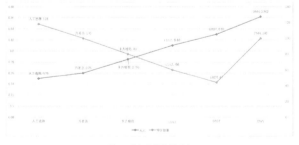

图 2　特征选择效果对比

图 2 对比数据来自同一份数据集（特征选取与训练分开，各百万条样本）与同一组特征集合（118 个原始特征），采用不同的特征选择方法对特征进行过滤、选择、提取。橘色曲线表示对原始特征进行特征选择后，不同特征选择方法保留的有效特征个数，如用 GBDT 进行特征选择后，仅仅留下 44 个有效特征。保留特征的个数主要取决于算法本身与业务人员的选择。

如对于方差法、卡方检验等相关性排序法，需要业务人员和算法人员指定保留的特征个数；而像 L1 正则与 GBDT，则完全由算法本身根据数据分布特点，来决定原始特征的去留。最后的 DNN 即深度学习，也是根据经验人为指定最后一层隐层的特征个数。蓝色曲线表示采用不同特征选择方法后，用另一份单独的数据集进行训练后的模型（LR 模型）预测性能，我们这里用业界应用广泛的 AUC（Area Under Curve）来衡量模型的有效性。方差法和卡方检验完全取决于特征本身及其与标签的相关性，因此提升幅度有限。正则化与 GBDT 等采用模型倒推的方法进行特征选取，因此预测性能有显著提升。深度学习能够在多个层次对特征进行抽象，最后一层隐层代表了特征的最高层次抽象，因此区分度最好。

本文首先介绍了不同特征选择算法的各自特点及其在微博业务应用中的演进历程，最后通过对比试验，给出了不同方法对于模型预测性能效果的提升，希望能够对读者有参考价值。

美丽联合业务升级下的机器学习应用

文 / 吴海波

通常机器学习在电商领域有三大应用，推荐、搜索、广告，这次我们聊聊三个领域里都会涉及的商品排序问题。从业务角度，一般是在一个召回的商品集合里，通过对商品排序，追求 GMV 或者点击量最大化。进一步讲，就是基于一个目标，如何让流量的利用效率最高。如果我们可以准确预估每个商品的 GMV 转化率或者点击率，就可以最大化利用流量，从而收益最大。

蘑菇街是一个年轻女性垂直电商平台，主要从事服饰鞋包类目，2015 年时全年 GMV 超过了百亿，后与美丽说合并后公司更名为美丽联合集团。2014 年时入职蘑菇街，那时候蘑菇街刚刚开始尝试机器学习，这 3 年中经历了很多变化，打造爆款、追求效率、提升品质等。虽然在过程中经常和业务方互相 challenge（挑战），但我们的理念——技术服务于业务始终没有变化过。模型本身的迭代需配合业务目标才能发挥出最大的价值，因此选择模型迭代的路线，必须全盘考虑业务的情况。

在开始前，先和大家讨论一些方法论。在点击率预估领域，常用的是有监督的模型，其中样本、特征、模型是三个绕不开的问题。首先，如何构建样本，涉及模型的目标函数是什么，即要优化什么。原则上，我们希望样本构建越接近真实场景越好。比如点击率模型常用用户行为日志作为样本，曝光过没有点击的日志是负样本，有点击的是正样本，去构建样本集，变成一个二分类。在另一个相似的领域——Learning to rank，样本构建方法可以分为三类：pointwise、pairwise、listwise。简单来讲，前面提到的构建样本方式属于 pointwise 范畴，即每一条样本构建时不考虑与其他样本直接的关系。但真实的场景中，往往需要考虑其他样本的影响，比如去百度搜一个关键字，会出来一系列的结果，用户的决策会受整个排序结果影响。故 pairwise 做了一点改进，它的样本都由 pair 对组成，比如电商搜索下，商品 a 和商品 b 可以构建一个样本，如果 a 比 b 好，样本 pair{a, b} 是正样本，否则为负样本。当然，这会带来新问题，比如 a>b，b>c，c>a，这个时候怎么办？有兴趣的同学可以参考 https://www.microsoft.com/en-us/research/publication/from-ranknet-to-lambdarank-to-lambdamart-an-overview/。而 listwise 就更接近真实，但复杂性也随之增加，工业界用得比较少，这里不做过多描述。理论上，样本构建方式 listwise>pairwise>pointwise，但实际应用中，不一定是这个顺序。比如，你在 pointwise 的样本集下，模型的 fit 情况不是很好，比如 auc 不高，这个时候上 pairwise，意义不大，更应该从特征和模型入手。一开始就选择 pairwise 或者 listwise，并不是一种好的实践方式。

其次是模型和特征，不同模型对应不同的特征构建方式，比如广告的点击率预估模型，通常就有两种组合方式：采用大规模离散特征 +logistic regression 模型或中小规模特征 + 复杂模型。比如 gbdt 这样的树模型，就没有必要再对很多特征做离散化和交叉组合，特征规模可以小下来。很难说这两种方式哪种好，但这里有个效率问题。在工业界，机器学习工程师大部分的时间都花在特征挖掘上，因此很多时候叫数据挖掘工程师更加合适，但这本身是一件困难且低效难以复用的工作。希望能更完美干净地解决这些问题，使我们不停地从学术界借鉴更强大的模型，虽然大部分不达预期，却不曾放弃。

言归正传，下文大致按时间先后顺序组织而成。

导购到电商

蘑菇街原来是做淘宝导购的，在 2013 年转型成电商平台，刚开始的商品排序是运营和技术同学拍了一个公式，虽然很简单，但也能解决大部分问题。作为一个初创的电商平台，商家数量和质量都难以得到保障。当时公式有个买手优选的政策，即蘑菇街上主要售卖的商品都经过公司的买手团队人工审核，一定程度上保证了平台的口碑，同时竖立平台商品的标杆。但这个方式投入很重，为了让这种模式得到最大收益，必须让商家主动学习这批买手优选商品的运营模型。另一方面，从技术角度讲，系统迭代太快，导致数据链路不太可靠，且没有分布式机器学习集群。我们做了简化版的排序模型，将转化、点击、GMV 表现好的一批商品作为正样本，再选择有一定曝光且表现不好的商品作为负样本，做了一个爆款模型。该模型比公式排序的 GMV 要提升超过 10%。

从结果上，这个模型还是很成功的，仔细分析下收益的来源：对比公式，主要是它更多相关的影响因子（即它的特征），而且在它的优化目标下学到了一个最优的权重分配方案。而人工设计的公式很难包含太多因素，且是拍脑袋决定权重分配。由于这个模型的目标很简单，学习商品成为爆款的可能性，因此做完常见 CVR、CTR 等统计特征，模型就达到了瓶颈。

做大做强，效率优先

到了 2015 年，平台的 DAU、GMV、商家商品数都在快速膨胀，原来的模型又暴露出新的业务问题。一是该模型对目标做了很大简化，只考虑了 top 商品，对表现中等的商品区分度很小；二是模型本身没有继续优化的空间，auc 超过了 95%。这个时候，我们的数据链路和 Spark 集群已经准备好了。借鉴业界的经验，开始尝试转化率模型。

我们的目标是追求 GMV 最大化。因此最直接的是对 GMV 转化率建模，曝光后有成交的为正样本，否则为负样本，再对正样本按 price 重采样，可以一定程度上模拟 GMV 转化率。另一种方案，用户的购买是有个决策路径的，gmv = ctr * cvr * price，取 log 后可以变成 log(gmv) = log(ctr) + log(cvr) + log(price)，一般还会对这几个目标加个权重因子。这样，问题可以拆解成点击率预估、转化率预估，最后再相加。从我们的实践经验看，第二种方案的效果优于第一种，主要原因在于第二种方案将问题拆解成更小的问题后，降低了模型学习的难度，用户购不购买商品的影响因素太多，第一种方案对模型的要求要大于后面的。但第二种方案几个目标之间需要融合，带来了新的问题。可以尝试对多个模型的结果，以 GMV 转化率再做一次学习得到融合的方案，也可以根据业务需求，人工分配参数。

模型上我们尝试过 lr 和 lr+xgboost。lr 的转化率模型对比爆款模型转化率有 8% 以上的提升，lr+xgboost 对比 lr gmv 转化率有 5% 以上的提升。但我们建议如果没有尝试过 lr，还是先用 lr 去积累经验。在 lr 模型中，我们把主要的精力放在了特征工程上。在电商领域，特征从类型上可以分为三大种类：商品、店铺、用户。又可以按其特点分为：

- 统计类：比如点击率、转化率、商品曝光、点击、成交等，再对这些特征进行时间维度上的切割刻画，可进一步增强特征的描述力度。
- 离散类：id 类特征。比如商品 id、店铺 id、用户 id、query 类 id、类目 id 等，很多公司会直接做 onehot 编码，得到一个高维度的离散化稀疏特征。但这样会对模型训练、线上预测造成一定的工程压力。另一种选择是对其做编码，用一种 embedding 的方式去做。
- 其他类：比如文本类特征，商品详情页标题、属性词等。

常见的特征处理手段有 log、平滑、离散化、交叉。根据我们的实践经验，平滑非常重要，对一些统计类的特征，比如点击率，天然存在 position bias。一个商品在曝光未充分之前，很难说是因为它本身就点击率低还是因为没有排到前面得到足够的曝光导致。因此，通过对 CTR 平滑的方式来增强该指标的置信度，具体选择贝叶斯平滑、拉普拉斯平滑或其他平滑手段都是可以的。这个平滑参数，大了模型退化成爆款模型，小了统计指标置信度不高，需根据当前数据分布去折中考虑。

我们借鉴了 Facebook 在 gbdt+lr 的经验，用 xgboost 预训练模型，将输出的叶子节点当作特征输入到 lr 模型中训练。实践中，需特别注意是选择合理的归一化方案避免训练和预测阶段数据分布的变化带来模型的效果的不稳定。该方案容易出现过拟合的现象，建议树的个数多一点，深度少一些。当然 xgboost 有很多针对过拟合的调参方案，这里不再复述。

在转化率模型取得一定成果后，开始个性化的尝试。个性化方案分为两种：

- 标签类个性化：购买力、风格、地域等。
- 行为粒度相似个性化（千人千面）：推荐的思想，根据用户的行为日志，构建商品序列，对这些序列中的商品找相识的商品去 rerank。常见的方法有：
  - 实时偏好
  - 离线偏好
  - 店铺偏好
  - etc

标签类个性化具有可解释高、业务合作点多等优点，而缺点是覆盖率低，整体上指标提升不明显。而行为粒度相识个性化优点是覆盖率高，刻画细致，上线后多次迭代，累计 GMV 提升 10%。但其缺点是业务可解释性差，业务方难以使用该技术去运营。

我们的个性化方案不是直接把特征放入模型，而是将排序分为初排和精排，在精排层做个性化。这样精排可以只对 topN 个商品做个性化，qps 有明显提升。因此在架构上，如图 1 所示，在传统的搜索引擎上层加了一个精排，设计 UPS 系统作为用户实时、离线特征存储模型。

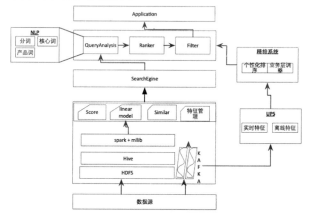

图 1　个性化排序系统架构

品质升级

随着大环境消费升级的到来，公司将品质升级作为一个战略方向。模型策略的目标是帮助业务方达成目标的同时，降低损失，减少流量的浪费。通过分人群引导的方案，建立流量端和品质商品端的联系，达到在全局转化率微跌的情况下，品质商品的流量提升 40%。其整体的设计方案如图 2 所示。

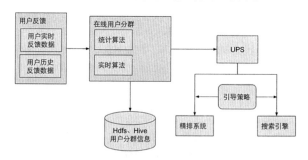

图 2　实时在线人群引导算法架构

将用户的反馈分为实时和离线两种，在 Spark Stream 上搭建在线分群模块，最后将用户群的数据存储在 UPS 中，在精排增加引导策略，实现对用户在线实时分群引导，其数据流如图 3 所示。

从效果（图 4～图 6）看，引导和非引导次日回访率随时间逐步接近,流失率也在随时间递减,说明随时间的推移,人群的分群会逐渐稳定。从全局占比看,大部分用户都是可以引导的。

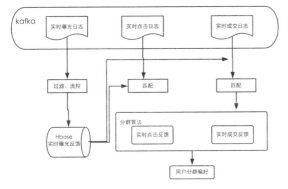

图3 实时在线人群引导数据流

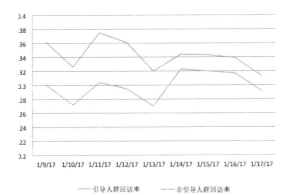

图4 人群次日回访率

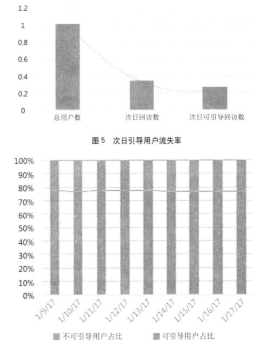

图5 次日引导用户流失率

图6 人群占比统计图

未来

我们最近做了一些深度学习实验,结合百度在CTR领域的DNN实践,可以确认在电商领域应用深度学习的技术大有可为。另外,电商的业务场景天然具有导购的属性,而这正好可以与强化学习结合,阿里在这方面已经有不少尝试。这两块也会是蘑菇街未来的方向。

自然语言处理技术在推荐系统中的应用

文 / 张相於

概述

个性化推荐是大数据时代不可或缺的技术,在电商、信息分发、计算广告、互联网金融等领域都起着重要的作用。具体来讲,个性化推荐在流量高效利用、信息高效分发、提升用户体验、长尾物品挖掘等方面均起着核心作用。在推荐系统中经常需要处理各种文本类数据,例如商品描述、新闻资讯、用户留言等。具体来讲,我们需要使用文本数据完成以下任务:

- 候选商品召回。候选商品召回是推荐流程的第一步,用来生成待推荐的物品集合。这部分的核心操作是根据各种不同的推荐算法来获取到对应的物品集合。而文本类数据就是很重要的一类召回算法,具有不依赖用户行为、多样性丰富等优势,在文本信息丰富或者用户信息缺乏的场合中具有非常重要的作用。
- 相关性计算。相关性计算充斥着推荐系统流程的各个步骤,例如召回算法中的各种文本相似度算法以及用户画像计算时用到的一些相关性计算等。

- 作为特征参与模型排序(CTR/CVR)。在候选集召回之后的排序层,文本类特征常常可以提供很多的信息,从而成为重要的排序特征。

但是相比结构化信息(例如商品的属性等),文本信息在具体使用时具有一些先天缺点。

首先,文本数据中的结构信息量少。严格来说,文本数据通常是没有什么结构的,一般能够有的结构可能只是"标题"、"正文"、"评论"这样区分文本来源的结构,除此以外一般就没有更多的结构信息了。为什么我们要在意结构信息呢?因为结构代表着信息量,无论是使用算法还是业务规则,都可以根据结构化信息来制定推荐策略,例如"召回所有颜色为蓝色的长款羽绒服"这样一个策略里就用到了"颜色"和"款式"这两个结构化信息。但是如果商品的描述数据库中没有这样的结构化信息,只有一句"该羽绒服为蓝色长款羽绒服"的自由文本,那么就无法利用结构信息制定策略了。

其次,文本内容的信息量不确定。与无结构化相伴随的,是文本数据在内容的不确定性，这种不确定性体现在内容和数量上，例如不同用户对同一件二手商品的描述可能差异非常大，具体可能在用词、描述、文本长短等方面都具有较大差异。同样的两个物品，在一个物品的描述中出现的内容在另外一个物品中并不一定会出现。这种差异性的存在使得文本数据往往难以作为一种稳定可靠的数据源来使用，尤其是在UGC化明显的场景下更是如此。

再次，自由文本中的歧义问题较多。歧义理解是自然语言处理中的重要研究课题，同时歧义也影响着我们在推荐系统中对文本数据的使用。例如用户在描述自己的二手手机时可能会写"出售 iPhone6 一部，打算凑钱买 iPhone7"这样的话，这样一句对人来说意思很明确的话，却对机器造成了很大困扰：这个手机究竟是 iPhone6 还是 iPhone7？在这样的背景下如何保证推荐系统的准确率便成为了一个挑战。

但是文本数据也不是一无是处，有缺点的同时也具有一些结构化数据所不具有的优点：

- 数据量大。无结构化的文本数据一般来说是非常容易获得的，例如各种UGC渠道，以及网络爬取等方法，都可穿获得大量文本数据。

- 多样性丰富。无结构化是一把双刃剑，不好的一面已经分析过，好的一面就是由于其开放性，导致具有丰富的多样性，会包含一些结构规定以外的数据。

- 信息及时。在一些新名词，新事物出现之后，微博、朋友圈常常是最先能够反映出变化的地方，而这些都是纯文本的数据，对这些数据的合理分析，能够最快得到结构化、预定义数据所无法得到的信息，这也是文本数据的优势。

综上所述，文本数据是一类量大、复杂、丰富的数据，对推荐系统起着重要的作用，本文将针对上面提到的几个方面，对推荐系统中常见的文本处理方法进行介绍。

从这里出发：词袋模型

词袋模型（Bag of Words，简称BOW模型）是最简单的文本处理方法，其核心假设非常简单，就是认为一篇文档是由文档中的词组成的多重集合（多重集合与普通集合的不同在于考虑了集合中元素的出现次数）构成的。这是一种最简单的假设，没有考虑文档中诸如语法、词序等其他重要因素，只考虑了词的出现次数。这样简单的假设显然丢掉了很多信息，但是带来的好处是使用和计算都比较简单，同时也具有较大的灵活性。

在推荐系统中，如果将一个物品看作一个词袋，我们可以根据袋中的词来召回相关物品，例如用户浏览了一个包含"羽绒服"关键词的商品，我们可以召回包含"羽绒服"的其他商品作为该次推荐的候选商品，并且可以根据这个词在词袋中出现的次数（词频）对召回商品进行排序。

这种简单的做法显然存在着很多问题。首先，将文本进行分词后得到的词里面，并不是每个词都可以用来做召回和排序，例如"的地得你我他"这样的"停用词"就该去掉，此外，一些出现频率特别高或者特别低的词也需要做特殊处理，否则会导致召回结果相关性低或召回结果过少等问题。

其次，使用词频来度量重要性也显得合理性不足。以上面的"羽绒服"召回为例，如果在羽绒服的类别里使用"羽绒服"这个词在商品描述中的出现频率来衡量商品的相关性，会导致所有的羽绒服都具有类似的相关性，因为在描述中大家都会使用类似数量的该词汇。所以我们需要一种更为科学合理的方法来度量文本之间的相关性。

除了上面的用法，我们还可以将词袋中的每个词作为一维特征加入到排序模型中。例如，在一个以LR为模型的CTR排序模型中，如果这一维特征的权重为w，则可解释为"包含这个词的样本相比不包含这个词的样本在点击率的 log odds (https://en.wikipedia.org/wiki/Logit) 上要高出w"。在排序模型中使用词特征的时候，为了增强特征的区分能力，我们常常会使用简单词袋模型的一种升级版——N-gram 词袋模型。

N-gram 指的就是把 N 个连续的词作为一个单位进行处理，例如："John likes to watch movies. Mary likes movies too." 这句话处理为简单词袋模型后的结果为：

```
["John":1, "likes":2, "to":1, "watch":1,
 "movies":2, "Mary":1, "too":1]
```

而处理为 bigram（2-gram）后的结果为：

```
["John likes":1, "likes to":1, "to watch":1,
 "watch movies":1, "Mary likes":1, "likes
 movies":1, "movies too":1]
```

做这样的处理有什么好处呢？如果将 bigram 作为排序模型的特征或者相似度计算的特征，最明显的好处就是增强了特征的区分能力，简单来讲就是：两个有 N 个 bigram 重合的物品，其相关性要大于有 N 个词重合的物品。从根本上来讲，是因为 bigram 的重合几率要低于 1-gram（也就是普通词）的重合几率。那么是不是 N-gram 中的 N 越大就越好呢？N 的增大虽然增强了特征的区分能力，但是同时也加大了数据的稀疏性，从极端情况来讲，假设 N 取到 100，那么几乎不会有两个文档有重合的 100-gram 了，那这样的特征也就失去了意义。一般在实际应用中，bigram 和 trigram（3-gram）能够在区分性和稀疏性之间取到比较好的平衡，N 如果继续增大，稀疏性会有明显增加，但是效果却不会有明显提升，甚至还会有降低。

综合来看，虽然词袋模型存在着明显的弊端，但是只需要对文本做简单处理就可以使用，所以不失为一种对文本数据进行快速处理的使用方法，并且在预处理（常用的预处理包括停用词的去除，高频/低频词的去除或降权等重要性处理方法，也可以借助外部高质量数据对自由文本数据进行过滤和限定，以求获得质量更高的原始数据）充分的情况下，也常常能够得到很好的效果。

统一度量衡：权重计算和向量空间模型

从上文我们看到简单的词袋模型在经过适当预处理之后，可以用来在推荐系统中召回候选物品。但是在计算物品和关键词的相关性，以及物品之间的相关性时，仅仅使用简单的词频作为排序因素显然是不合理的。为了解决这个问题，我们可以引入表达能力更强的基于 TF-IDF 的权重计算方法。在 TF-IDF 方法中，一个词 t 在文档 d 中权重的计算方法为：

$$tf\text{-}idf_{t,d} = tf_{t,d} \times idf_t = tf_{t,d} \times \log\frac{N}{df_t}$$ 其中 $tf_{t,d}$

代表 t 在 d 中出现的频次，而 df_t 指的是包含 t 的文档数目，N 代表全部文档的数目。

TF-IDF 以及其各种改进和变种（关于 TF-IDF 变种和改进的详细介绍，可参考《Introduction to Information Retrieval》的第 6 章。）相比简单的 TF 方法，核心改进在于对一个词的重要性度量，例如：

- 原始 TF-IDF 在 TF 的基础上加入了对 IDF 的考虑，从而降低了出现频率高而导致无区分能力的词的重要性，典型的如停用词。
- 因为词在文档中的重要性和出现次数并不是完全线性相关，非线性 TF 缩放对 TF 进行 log 缩放，从而降低出现频率特别高的词所占的权重。
- 词在文档中出现的频率除了和重要性相关，还可能和文档的长短相关，为了消除这种差异，可以使用最大 TF 对所有的 TF 进行归一化。

这些方法的目的都是使对词在文档中重要性的度量更加合理，在此基础之上，我们可以对基于词频的方法进行改进，例如，可以将之前使用词频来对物品进行排序的方法，改进为根据 TF-IDF 得分来进行排序。

但是除此以外，我们还需要一套统一的方法来度量关键词和文档，以及文档和文档之间的相关性，这套方法就是向量空间模型（Vector Space Model，简称 VSM）。

VSM 的核心思想是将一篇文档表达为一个向量，向量的每一维可以代表一个词，在此基础上，可以使用向量运算的方法对文档间相似度进行统一计算，而这其中最为核心的计算，就是向量的余弦相似度计算：

$$sim(d_1, d_2) = \frac{V(d_1) \cdot V(d_2)}{|V(d_1)||V(d_2)|}$$

其中 $V(d_1)$ 和 $V(d_2)$ 分别为两个文档的向量表示。

这样一个看似简单的计算公式其实有着非常重要的意义。首先，它给出了一种相关性计算的通用思路，那就是只要能将两个物品用向量进行表示，就可以使用该公式进行相关性计算。其次，它对向量的具体表示内容没有任何限制——基于用户行为的协同过滤使用的也是同样的计算公式，而在文本相关性计算方面，我们可以使用 TF-IDF 填充向量，同时也可以用 N-gram，以及后面会介绍的文本主题的概率分布、各种词向量等其他表示形式。只要对该公式的内涵有了深刻理解，就可以根据需求构造合理的向量表示。再次，该公式具有较强的可解释性，它将整体的相关性拆解为多个分量的相关性的叠加，并且这个叠加方式可以通过公式进行调节，这样一套方法很容易解释，即使对非技术人员，也是比较容易理解的，这对于和产品、运营等非技术人员解释算法思路有很重要的意义。最后，这个公式在实际计算中可以进行一些很高效的工程优化，使其能够从容应对大数据环境下的海量数据，这一点是其他相关性计算方法很难匹敌的。

VSM 是一种"重剑无锋，大巧不工"的方法，形态简单而又变化多端，领会其精髓之后，可以发挥出极大的能量。

透过现象看本质：隐语义模型

前面介绍了文本数据的一些"显式"使用方法，所谓显式，是指我们将可读可理解的文本本身作为了相关性计算、物品召回以及模型排序的特征。这样做的好处是简单直观，能够清晰地看到起作用的是什么，但是其弊端是无法捕捉到隐藏在文本表面之下的深层次信息。例如，"羽绒服"和"棉衣"指的是类似的东西，"羽绒服"和"棉鞋"具有很强的相关性，类似这样的深层次信息，是显式的文本处理所无法捕捉的，因此我们需要一些更复杂的方法来捕捉，而隐语义模型（Latent Semantic Analysis，简称 LSA）便是这类方法的鼻祖之一。

隐语义模型中的"隐"指的是隐含的主题，这个模型的核心假设，是认为虽然一个文档由很多的词组成，但是这些词背后的主题并不是很多。换句话说，词不过是由背后的主题产生的，这背后的主题才是更为核心的信息。这种从词下沉到主题的思路，贯穿着我们后面要介绍到的其他模型，也是各种不同文本主体模型（Topic Model）的共同中心思想，因此理解这种思路非常的重要。

在对文档做 LSA 分解之前，我们需要构造文档和词之间的关系，一个由 5 个文档和 5 个词组成的简单例子如表 1 所示。

表 1

	Doc1	Doc2	Doc3	Doc4	Doc5
cat	1	1	0	0	2
dog	3	2	0	0	1
computer	0	0	3	4	0
internet	5	0	2	5	0
rabbit	2	1	0	0	1

LSA 的做法是将这个原始矩阵 C 进行如下形式的 SVD 分解：

$$C \approx C_k = U \Sigma_k V^T$$

其中 U 是矩阵 CC^T 的正交特征向量矩阵，V 是矩阵 $C^T C$ 的正交特征向量矩阵，Σ_k 是包含前 k 个奇异值的对角矩阵，k 是事先选定的一个降维参数。

- 得到原始数据的一个低维表示，降低后的维度包含了更多的信息，可以认为每个维度代表了一个主题。
- 降维后的每个维度包含了更丰富的信息，例如可以识别近义词和一词多义。
- 可以将不在训练文档中的文档 d 通过 $d_k = \Sigma_k^{-1} U_k^T d$ 变换为新向量空间内的一个向量（这样的变换无法捕捉到新文档中的信息，例如词的共现，以及新词的出现等，所以该模型需要定期进行全量训练），从而可以在降维后的空间里计算文档间相似度。由于新的向量空间包含了同义词等更深层的信息，这样的变换会提高相似度计算的准确率和召回率。

为什么 LSA 能具有这样的能力？我们可以从这样一个角度来看待：CC^T 中每个元素 $CC_{i,j}^T$ 代表同时包含词 i 和词 j 的文档数量，而 $C^T C$ 中每个元素 $C^T C_{i,j}$ 代表文档 i 和文档 j 共享的词的数量。所以这两个矩阵中包含了不同词的共同出现情况，以及文档对词的共享情况，通过分解这些信息得到了类似主题一样比关键词信息量更高的低维度数据。

从另外一个角度来看，LSA 相当于是对文档进行了一次软聚类，降维后的每个维度可看作一个类，而文档在这个维度上的取值则代表了文档对于这个聚类的归属程度。

LSA 处理之后的数据推荐中能做什么用呢？首先，我们可以将分解后的新维度（主题维度）作为索引的单位对物品进行索引，来替代传统的以词为单位的索引，再将用户对物品的行为映射为对新维度的行为。这两个数据准备好之后，就可以使用新的数据维度对候选商品进行召回，召回之后可以使用VSM进行相似度计算，如前文所述，降维后的计算会带来更高的准确率和召回率，同时也能够减少噪声词的干扰，典型的，即使两个文档没有任何共享的词，它们之间仍然会存在相关性，而这正是LSA带来的核心优势之一。此外，还可以将其作为排序模型的排序特征。

简单来讲，我们能在普通关键词上面使用的方法，在LSA上面仍然全部可用，因为LSA的本质就是对原始数据进行了语义的降维，只需将其看作信息量更丰富的关键词即可。

可以看到LSA相比关键词来说前进了一大步，主要体现在信息量的提升，维度的降低，以及对近义词和多义词的理解。但是LSA同时也具有一些缺点，例如：

- 训练复杂度高。LSA的训练时通过SVD进行的，而SVD本身的复杂度是很高的，在海量文档和海量词汇的场景下难以计算，虽然有一些优化方法可降低计算的复杂度，但该问题仍然没有得到根本解决。
- 检索（召回）复杂度高。如上文所述，使用LSA做召回需要先将文档或者查询关键词映射到LSA的向量空间中，这显然也是一个耗时的操作。
- LSA中每个主题下词的值没有概率含义，甚至可能出现负值，只能反应数值大小关系。这让我们难以从概率角度来解释和理解主题和词的关系，从而限制了我们对其结果更丰富的使用。

概率的魔力：概率隐语义模型

为了进一步发扬隐语义模型的威力，并尽力克服LSA模型的问题，Thomas Hofmann在1999年提出了概率隐语义模型（probabilistic Latent Semantic Analysis，简称pLSA）。从前面LSA的介绍可以看出，虽然具体的优化方法使用的是矩阵分解，但是从另一个角度来讲，我们可以认为分解后的U和V两个矩阵中的向量，分别代表文档和词在隐语义空间中的表示，例如一个文档的隐向量表示为$(1,2,0)^T$，代表其在第一维向量上取值为1，第二维上取值为2，第三维上取值为0。如果这些取值能够构成一个概率分布，那么不仅模型的结果更利于理解，同时还会带来很多优良的性质，这正是pLSA思想的核心：将文档和词的关系看作概率分布，然后试图找出这个概率分布来，有了文档和词的概率分布，我们就可以得到一切我们想要得到的东西了。

在pLSA的基本假设中，文档d和词w的生成过程如下：

- 以$P(d)$的概率选择文档d。
- 以$P(z|d)$的概率选择隐类z。
- 以$P(w|z)$的概率从z生成w。
- $P(z|d)$和$P(w|z)$均为多项式分布。

将这个过程用联合概率进行表达得到：

$$P(d,w) = P(d)P(w|d)$$
$$P(w|d) = \Sigma_{z \in Z} P(w|z)P(z|d)$$

可以看到，我们将隐变量z作为中间桥梁，将文档和词连接了起来，形成了一个定义良好、环环相扣的概率生成链条（如图1所示）。虽然pLSA的核心是一种概率模型，但是同样可以用类似LSI的矩阵分解形式进行表达。为此，我们将LSI中等号右边的三个矩阵进行重新定义：

$$U = (P(d_i|z_k))_{i,k}$$
$$V = (P(w_j|z_k))_{j,k}$$
$$\Sigma = diag(P(z_k))_k$$

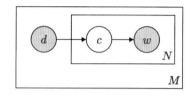

图1 pLSA的生成过程

在这样的定义下，原始的矩阵C仍然可以表述为$C = U\Sigma V^T$。这样的对应关系让我们更加清晰地看到了前面提到的pLSA在概率方面的良好定义和清晰含义，同时也揭示了隐语义概率模型和矩阵分解之间的密切关系（关于概率模型和矩阵分解的密切关系可参考这篇文档：http://www.cs.cmu.edu/~epxing/Class/10708-15/slides/LDA_SC.pdf）。在这样的定义，隐变量z所代表的主题含义更加明显，也就是说，我们可以明确地把一个z看作一个主题，主题里的词和文档中的主题都有着明确的概率含义。也正是由于这样良好的性质，再加上优化方法的便捷性，使得从pLSA开始，文本主题开始在各种大数据应用中占据重要地位。

从矩阵的角度来看，LSA和pLSA看上去非常像，但是它们的内涵却有着本质的不同，这其中最为重要的一点就是两者的优化目标是完全不同的：LSA本质上是在优化SVD分解后的矩阵和原始矩阵之间的平方误差，而pLSA本质上是在优化似然函数，是一种标准的机器学习优化套路。也正是由于这一点本质的不同，导致了两者在优化结果和解释能力方面的不同。

至此我们看到，pLSA将LSA的思想从概率分布的角度进行了一大步扩展，得到了一个性质更加优良的结果，但是pLSA仍然存在一些问题，主要包括：

- 由于pLSA为每个文档生成一组文档级参数，模型中参数的数量随着与文档数成正比，因此在文档数较多的情况下容易过拟合。
- pLSA将每个文档d表示为一组主题的混合，然而具体的混合比例却没有对应的生成概率模型，换句话说，对于不在训练集中的新文档，pLSA无法给予一个很好的主题分布。简言之，pLSA并非完全的生成式模型。

而LDA的出现，就是为了解决这些问题。

概率的概率：生成式概率模型

为了解决上面提到的pLSA存在的问题，David Blei等人在2003年提出了一个新模型，名为"隐狄利克雷分配"（Latent Dirichlet Allocation，简称LDA），这个名字念起来颇为隐晦，而且从名字上似乎也看不出究竟是个什么模型，在这里我们试着做一种可能的解读。

- Latent：这个词不用多说，是说这个模型仍然是个隐语义模型。

- Dirichlet：这个词是在说该模型涉及的主要概率分布式狄利克雷分布。
- Allocation：这个词是在说这个模型的生成过程就是在使用狄利克雷分布不断地分配主题和词。

上面并非官方解释，但希望能对理解这个模型能起到一些帮助作用。

LDA 的中心思想就是在 pLSA 外面又包了一层先验，使得文档中的主题分布和主题下的词分布都有了生成概率，从而解决了上面 pLSA 存在的"非生成式"的问题，顺便也减少了模型中的参数，从而解决了 pLSA 的另外一个问题。在 LDA 中为一篇文档 d_i 生成词的过程如下（图2）：

- 从泊松分布中抽样一个数字 N 作为文档的长度（这一步并非必需，也不影响后面的过程）。
- 从狄利克雷分布 $Dir(\alpha)$ 中抽样一个样本 θ_i，代表该篇文档下主题的分布。
- 从狄利克雷分布 $Dir(\beta)$ 中抽样一组样本 ϕ_k，代表每个主题下词的分布。
- 对于 1 到 N 的每个词 w_n：
  - 从多项式分布 $Multinomial(\theta_i)$ 中抽样一个主题 $c_{i,j}$
  - 从多项式分布 $Multinomial(\phi_k)$ 中抽样一个词 $w_{i,j}$

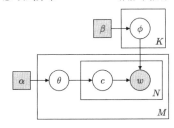

图2 LDA 的生成过程

忽略掉最开始选择文档长度的步骤，我们发现 LDA 的生成过程相比 pLSA 来讲，在文档到主题的分布和主题到词的分布上面都加了一层概率，使得这两者都加上了一层不确定性，从而能够很自然地容纳训练文档中没出现过的文档和词，这使得 LDA 具有了比 pLSA 更好的概率性质。

LDA 的应用

这部分我们介绍 LDA 在用作相似度计算和排序特征时需要注意的一些地方，然后介绍以 LDA 为代表的文本主题在推荐系统中更多不同角度的应用。

相似度计算

上面提到 LSA 可以直接套用到 VSM 中进行相似度计算，在 LDA 中也可以做类似的计算，具体方法是把文档的主题分布值向量化然后用余弦公式进行计算。但是把余弦相似度替换为 KL divergence（https://en.wikipedia.org/wiki/Kullback–Leibler_divergence） 或 Jensen - Shannon divergence（https://en.wikipedia.org/wiki/Jensen–Shannon_divergence）效果更好，原因是 LDA 给出的主题分布是含义明确的概率值，用度量概率之间相似度的方法来进行度量更为合理。

排序特征

将物品的 LDA 主题作为排序模型的特征是一种很自然的使用方法，但并不是所有的主题都有用。物品上的主题分布一般有两种情况：

- 有少数主题（三个或更少）占据了比较大的概率，剩余的主题概率加起来比较小。
- 所有主题的概率值都差不多，都比较小。

在第一种情况下，只有前面几个概率比较大的主题是有用的，而在第二种情况下，基本上所有的主题都没有用。那么该如何识别这两种情况呢？第一种方法，可以根据主题的概率值对主题做一个简单的 K-Means 聚类，K 选为 2，如果是第一种情况，那么两个类中的主题数量会相差较大——一个类中包含少量有用主题，另一个类包含其他无用主题；而第二种情况下主题数量则相差不大，可以用这种方法来识别主题的重要性。第二种方法，可以计算主题分布的信息熵，第一种情况对应的信息熵会比较小，而第二种情况会比较大，选取合适的阈值也可以区分这两种情况。

物品打标签 & 用户打标签

为物品计算出其对应的主题，以及主题下面对应的词分布之后，我们可以选取概率最大的几个主题，然后从这几个主题下选取概率最大的几个词，作为这个物品的标签。在此基础上，如果用户对该物品发生了行为，则可以将这些标签传播到用户身上。

这种方法打出的标签，具有非常直观的解释，在适当场景下可以充当推荐解释的理由。例如我们在做移动端个性化推送时，可供展示文案的空间非常小，可以通过上面的方式先为物品打上标签，然后根据用户把标签传播到用户身上，在推送时将这些标签词同时作为召回源和推荐理由，让用户明白为什么给他做出这样的推荐。

主题 & 词的重要性度量

LDA 训练生成的主题中，虽然都有着同等的位置，但是其重要性却是各不相同的，有的主题包含了重要的信息，有的则不然。例如，一个主题可能包含"教育、读书、学校"等词，和这样主题相关的文档，一般来说是和教育相关的主题，那么这就是一个信息量高的主题；相反，有的主题可能会包含"第一册、第二册、第三册……"等词（如果在一个图书销售网站的所有图书上训练 LDA，就有可能得到这样的主题，因为有很多套装图书都包含这样的信息），和这样主题相关的文档却有可能是任何主题，这样的主题就是信息量低的主题。

如何区分主题是否重要呢？从上面的例子中我们可以得到启发：重要的主题不会到处出现，只会出现在小部分与之相关的文档中，而不重要的主题则可能在各种文章中都出现。基于这样的思想，我们可以使用信息熵的方法来衡量一个主题中的信息量。通过对 LDA 输出信息做适当的变换，我们可以得到主题 θ_i 在不同文档中的概率分布，然后我们对这个概率分布计算其信息熵，通俗来讲信息熵衡量了一个概率分布中概率值分散程度，越分散熵越大，越集中熵越小。所以在我们的问题中，信息熵越小的主题，说明该主题所对应的文档越少，主题的重要性越高。

使用类似的方法，我们还可以计算词的重要性，在此不再赘述。

更多应用

除了上面提到的，LDA 还有很多其他应用，甚至在文本领域以外的图像等领域也存在着广泛应用。LSA/pLSA/LDA 这些主题模型的核心基础是词在文档中的共现，在此基础上才有了各种概率分布，把握住这个核心基础，就可以找到文本主体模型的更多应用。例如，协同过滤问题中，基础数据也是用户对物品的共同行为，这也构成了文本主题模型的基础，因此也可以使用 LDA 对用户对物品的行为进行建模，得到用户行为的主题，以及主题下对应的物品，然后进行物品／用户的推荐。

捕捉上下文信息：神经概率语言模型

以 LDA 为代表的文本主题模型通过对词的共现信息的分解处理，得到了很多有用的信息，但是 pLSA/LDA 有一个很重要的假设，那就是文档集合中的文档，以及一篇文档中的词在选定了主题分布的情况下都是相互独立、可交换的，换句话说，模型中没有考虑词的顺序以及词和词之间的关系，这种假设隐含了两个含义：

- 在生成词的过程中，之前生成的词对接下来生成的词是没有影响的。
- 两篇文档如果包含同样的词，但是词的出现顺序不同，那么在 LDA 看来它们是完全相同的。

这样的假设使得 LDA 会丢失一些重要的信息，而近年来得到关注越来越多的以 word2vec 为代表的神经概率语言模型恰好在这方面和 LDA 形成了一定程度的互补关系，从而可以捕捉到 LDA 所无法捕捉到的信息。

word2vector 的中心思想用一句话来讲就是：A word is characterized by the company it keeps（一个词的特征由它周围的词所决定）。

这是一句颇有哲理的话，很像是成语中的"物以类聚人以群分"。具体来讲，词向量模型使用"周围的词 => 当前词"或"当前词 => 周围的词"这样的方式构造训练样本，然后使用神经网络来训练模型，训练完成之后，输入词的输入向量表示便成为了该词的向量表示，如图 3 所示。

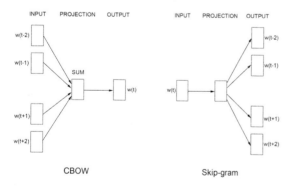

图 3 word2vec 的训练过程示意

这样的训练方式，本质上是在说，如果两个词具有类似的上下文（上下文由周围的词组成），那么这两个词就会具有类似的向量表示。有了词的向量表示之后，我们可以做很多事情，最常见的是将这一层向量表示作为更深层次模型的一个嵌入层。除了在深度学习中的使用以外，在推荐系统中还可以做很多其他的事情，其中之一就是做词的聚类，以及寻找相似词。我们知道 LDA 天然就可以做到词的聚类和相似词的计算，那么使用

word2vec 计算出来的结果和 LDA 有什么不同呢？它们之间的不同具体体现在两点：第一是聚类的粒度不同，LDA 关注的主题级别的粒度，层次更高，而词向量关注的是更低层次的语法语义级别的含义。例如"苹果"、"小米"和"三星"这三个词，在 LDA 方法中很可能会被聚类在一个主题中，但是在词向量的角度来看，"苹果"和"小米"可能会具有更高的相似度，就像"乔布斯"和"雷军"在词向量下的关系一样，所以在词向量中可能会有："vector（小米）- vector（苹果）+ vector（乔布斯）= vector（雷军）"这样的结果。

除此以外，由于 word2vec 有着"根据上下文预测当前内容"的能力，将其做适当修改之后，还可以用来对用户行为喜好做出预测。首先我们将用户的行为日志进行收集，进行 session 划分，得到类似文本语料的训练数据，在这个数据上训练 word2vec 模型，可以得到一个"根据上下文行为预测当前行为"的模型。但是原始的行为数据中行为的对象常常是 id 级的，例如商品、视频的 id 等，如果直接放到模型中训练，会造成训练速度慢、泛化能力差等问题，因此需要对原始行为做降维，具体来说可以将行为映射到搜索词、LDA Topic、类别等低维度特征上，然后进行训练。例如，我们可以对用户的搜索词训练一个 word2vec 模型，然后就可以根据用户的历史搜索行为预测他的下一步搜索行为，并在此基础上进行推荐。这种方法考虑到了上下文，但是对前后关系并没有做最恰当的处理，因为 word2vec 的思想是"根据上下文预测当前内容"，但我们希望得到的模型是"根据历史行为预测下一步行为"，这两者之间有着微妙的差别。例如用户的行为序列为"ABCDE"，每个字母代表对一个物品（或关键词）的行为，标准的 word2vec 算法可能会构造出下面这些样本：AC → B, BD → C, CE → D... 但是我们希望的形式其实是这样的：AB → C, BC → D, CD → E... 因此，需要对 word2vec 生成样本的逻辑进行修改，使其只包含我们需要的单方向的样本，方可在最终模型中得到我们真正期望的结果。

表 2 是按照该方法生成的一些预测例子。

表 2

历史搜索词	预测搜索词
儿童书桌，书桌	学生书桌
笔，中性笔	签字笔
二手电动车，电动车	电动车 小龟王
爆米花机，冰淇淋机	烤肠机
手表，精工手表	西铁城手表

可以看出，预测搜索词都与历史搜索词有着紧密的关系，是对历史搜索词的延伸（例如学生书桌和烤肠机的例子）或者细化（例如小龟王和西铁城手表的例子），具有比较好的预测属性，是非常好的推荐策略来源。沿着这样的思路，我们还可以对 word2vec 做进一步修改，得到对时序关系更为敏感的模型，以及尝试使用 RNN、LSTM 等纯时序模型来得到更好的预测结果，但由于篇幅所限，在此不做展开。

行业应用现状

文本主题模型在被提出之后，由于其良好的概率性质，以及对文本数据有意义的聚类抽象能力，在互联网的各个行业中都取得了广泛的应用。搜索巨头 Google 在其系统的各个方面都在广泛使用文本主题模型，并为此开发了大规模文本主题系统

Rephil。例如在为用户搜索产生广告的过程中，就使用了文本主题来计算网页内容和广告之间的匹配度，是其广告产品成功的重要因素之一。此外，在匹配用户搜索词和网页间关系的时候，文本主题也可用来提高匹配召回率和准确性。Yahoo！也在其搜索排序模型中大量使用了 LDA 主题特征（http://www.kdd.org/kdd2016/papers/files/adf0361-yinA.pdf），还为此开源了著名的 Yahoo! LDA 工具（https://github.com/sudar/Yahoo_LDA）。

在国内，文本主题最著名的系统当属腾讯开发的 Peacock 系统（http://www.flickering.cn/nlp/2015/03/peacock），该系统可以捕捉百万级别的文本主题，在腾讯的广告分类、网页分类、精准广告定向、QQ 群分类等重要业务上均起着重要的作用。该系统使用的 HDP（Hierarchical Dirichlet Process）模型是 LDA 模型的一个扩展，可智能选择数据中主题的数量，还具有捕捉长尾主题的能力（https://arxiv.org/abs/1405.4402）。除了腾讯以外，文本主题模型在各公司的推荐、搜索等业务中也已经在广泛使用，使用方法根据各自业务有所不同。

以 word2vec 为代表的神经网络模型近年来的使用也比较广泛，典型的应用如词的聚类、近义词的发现、query 的扩展、推荐兴趣的扩展等。Facebook 开发了一种 word2vec 的替代方案 FastText（https://research.fb.com/projects/fasttext/），该方案在传统词向量的基础上，考虑子词（subword）的概念，取得了比 word2vec 更好的效果（https://arxiv.org/abs/1607.04606）。

总结和展望

我们从简单的文本关键词出发，沿着结构化、降维、聚类、概率、时序的思路，结合推荐系统中候选集召回、相关性计算、排序模型特征等具体应用，介绍了推荐系统中一些常用的自然语言处理技术和具体应用方法。自然语言处理技术借着深度学习的东风，近年来取得了长足的进步，而其与推荐系统的紧密关系，也意味着推荐系统在这方面仍然有着巨大的提升空间，让我们拭目以待。

浅析强化学习及使用 Policy Network 实现自动化控制

文 / 黄文坚

浅析强化学习

强化学习（Reinforcement Learning）是机器学习的一个重要分支，主要用来解决连续决策的问题。强化学习可以在复杂、不确定的环境中学习如何实现我们设定的目标。强化学习的应用场景非常广，几乎包括了所有需要做一系列决策的问题，比如控制机器人的电机让它执行特定任务，给商品定价或者库存管理，玩视频或棋牌游戏等。强化学习也可以应用到有序列输出的问题中，因为它可以针对一系列变化的环境状态，输出一系列对应的行动。举个简单的例子，围棋（乃至全部棋牌类游戏）可以归结为一个强化学习问题，我们需要学习在各种局势下如何走出最好的招法。

一个强化学习问题包含三个主要概念，即环境状态（Environment State）、行动（Action）和奖励（Reward），而强化学习的目标是获得最多的累计奖励。在围棋中，环境状态就是已经下出来的某个局势，行动是在某个位置落子，奖励则是当前这步棋获得的目数（围棋中存在不确定性，在结束对弈后计算的目数是准确的，棋局中获得的目数是估计的），而最终目标就是在结束对弈时总目数超过对手，赢得胜利。我们要让强化学习模型根据环境状态、行动和奖励，学习出最佳策略，并以最终结果为目标，不能只看某个行动当下带来的利益（比如围棋中通过某一手棋获得的实地），还要看到这个行动未来能带来的价值（比如围棋中外势可以带来的潜在价值）。我们回顾一下，AutoEncoder 属于无监督学习，而 MLP、CNN 和 RNN 都属于监督学习，但强化学习跟这两种都不同。它不像无监督学习那样完全没有学习目标，也不像监督学习那样有非常明确的目标（即 label），强化学习的目标一般是变化的、不明确的，甚至可能不存在绝对正确的标签。

强化学习已经有几十年的历史，但是直到最近几年深度学习技术的突破，强化学习才有了比较大的进展。Google DeepMind 结合强化学习与深度学习，提出 DQN（Deep Q-Network，深度 Q 网络），它可以自动玩 Atari 2600 系列的游戏，并取得了超过人类的水平。而 DeepMind 的 AlphaGo 结合了策略网络（Policy Network）、估值网络（Value Network，也即 DQN）与蒙特卡洛搜索树（Monte Carlo Tree Search），实现了具有超高水平的围棋对战程序，并战胜了世界冠军李世石。DeepMind 使用的这些深度强化学习模型（Deep Reinforcement Learning，DRL）本质上也是神经网络，主要分为策略网络和估值网络两种。深度强化学习模型对环境没有特别强的限制，可以很好地推广到其他环境，因此对强化学习的研究和发展具有非常重大的意义。下面我们来看看深度强化学习的一些实际应用例子。

我们也可以使用深度强化学习自动玩游戏，如图 1 所示，用 DQN 可学习自动玩 Flappy Bird。DQN 前几层通常也是卷积层，因此具有了对游戏图像像素（raw pixels）直接进行学习的能力。前几层卷积可理解和识别游戏图像中的物体，后层的神经网络则对 Action 的期望价值进行学习，结合这两个部分，可以得到能根据游戏像素自动玩 Flappy Bird 的强化学习策略。而且，不仅是这类简单的游戏，连非常复杂的包含大量战术策略的《星际争霸 2》也可以被深度强化学习模型掌握。目前，DeepMind 就在探索如何通过深度强化学习训练一个可以战胜《星际争霸 2》世界冠军的人工智能，这之后的进展让我们拭目以待。

深度强化学习最具有代表性的一个里程碑自然是 AlphaGo。在 2016 年，Google DeepMind 的 AlphaGo 以 4：1 的比分战胜了人类的世界冠军李世石，如图 2 所示。围棋可以说是棋类游戏中最为复杂的，19×19 的棋盘给它带来了 3361 种状态，除去其中非法的违反游戏规则的状态,计算机也是无法通过像深蓝那样的暴力搜索来战胜人类的,要在围棋这个项目上战胜人类,就必须给计算机抽象思维的能力,而AlphaGo做到了这一点。

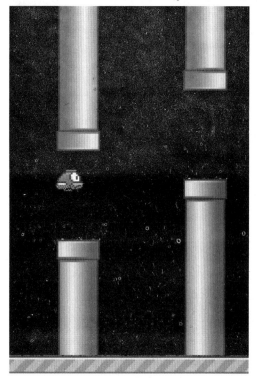

图1 使用深度强化学习自动玩 Flappy Bird

图2 AlphaGo 代表了深度强化学习技术的巅峰

在AlphaGo中使用了快速走子(Fast Rollout)、策略网络、估值网络和蒙特卡洛搜索树等技术。如图3所示为AlphaGo的几种技术单独使用时的表现,横坐标为步数,纵坐标为预测的误差(可以理解为误差越低模型效果越好),其中简单的快速走子策略虽然效果比较一般,但是已经远胜随机策略。估值网络和策略网络的效果都非常好,相对来说,策略网络的性能更胜一筹。AlphaGo融合了所有这些策略,取得了比单一策略更好的性能,在实战中表现出了惊人的水平。

Policy-Based(或者Policy Gradients)和Value-Based(或者Q-Learning)是强化学习中最重要的两类方法,其主要区别在于Policy-Based的方法直接预测在某个环境状态下应该采取的Action,而Value Based的方法则预测某个环境状态下所有Action的期望价值(Q值),之后可以通过选择Q值最高的Action执行策略。这两种方法的出发点和训练方式都有不同,

一般来说,Value Based方法适合仅有少量离散取值的Action的环境,而Policy-Based方法则更通用,适合Action种类非常多或者有连续取值的Action的环境。而结合深度学习后,Policy-Based的方法就成了Policy Network,而Value-Based的方法则成了Value Network。

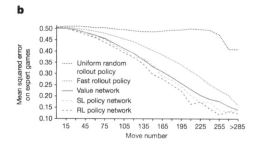

图3 AlphaGo 中随机策略、快速走子、估值网络和策略网络(SL 和 RL 两种)的性能表现

如图4所示为AlphaGo中的策略网络预测出的当前局势下应该采取的Action,图中标注的数值为策略网络输出的应该执行某个Action的概率,即我们应该在某个位置落子的概率。

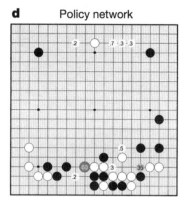

图4 AlphaGo 中的策略网络,输出在某个位置落子的概率

如图5所示为AlphaGo中估值网络预测出的当前局势下每个Action的期望价值。估值网络不直接输出策略,而是输出Action对应的Q值,即在某个位置落子可以获得的期望价值。随后,我们可以直接选择期望价值最大的位置落子,或者选择其他位置进行探索。

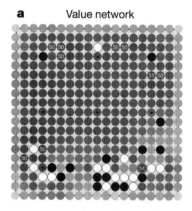

图5 AlphaGo 中的估值网络,输出在某个位置落子的期望价值

在强化学习中,我们也可以建立额外的model对环境状态的变化进行预测。普通的强化学习直接根据环境状态预测出行

动策略,或行动的期望价值。如果根据环境状态和采取的行动预测接下来的环境状态,并利用这个信息训练强化学习模型,那就是 model-based RL。对于复杂的环境状态,比如视频游戏的图像像素,要预测这么大量且复杂的环境信息是非常困难的。如果环境状态是数量不大的一些离散值(m),并且可采取的行动也是数量较小的一些离散值(n),那么环境 model 只是一个简单的 $m \times n$ 的转换矩阵。对于一个普通的视频游戏环境,假设图像像素为 $64 \times 64 \times 3$,可选行动有 18 种,那么我们光存储这个转换矩阵就需要大的难以想象的内存空间($25664 \times 64 \times 3 \times 18$)。对于更复杂的环境,我们就更难使用 model 预测接下来的环境状态。而 model-free 类型的强化学习则不需要对环境状态进行任何预测,也不考虑行动将如何影响环境。model-free RL 直接对策略或者 Action 的期望价值进行预测,因此计算效率非常高。当然,如果有一个良好的 model 可以高效、准确地对环境进行预测,会对训练 RL 带来益处;但是一个不那么精准的 model 反而会严重干扰 RL 的训练。因此,对大多数复杂环境,我们主要使用 model-free RL,同时供给更多的样本给 RL 训练,用来弥补没有 model 预测环境状态的问题。

使用策略网络(Policy Network)实现自动化控制

前面提到了强化学习中非常重要的 3 个要素是 Environment State、Action 和 Reward。在环境中,强化学习模型的载体是 Agent,它负责执行模型给出的行动。环境是 Agent 无法控制的,但是可以进行观察;根据观察的结果,模型给出行动,交由 Agent 来执行;而 Reward 是在某个环境状态下执行了某个 Action 而获得的,是模型要争取的目标。在很多任务中,Reward 是延迟获取的(Delayed),即某个 Action 除了可以即时获得 Reward,也可能跟未来获得的 Reward 有很大关系。

所谓策略网络,即建立一个神经网络模型,它可以通过观察环境状态,直接预测出目前最应该执行的策略(Policy),执行这个策略可以获得最大的期望收益(包括现在的和未来的 Reward)。与普通的监督学习不同,在强化学习中,可能没有绝对正确的学习目标,样本的 feature 不再和 label 一一对应。对某一个特定的环境状态,我们并不知道它对应的最好的 Action 是什么,只知道当前 Action 获得的 Reward 还有试验后获得的未来的 Reward。我们需要让强化学习模型通过试验样本自己学习什么才是某个环境状态下比较好的 Action,而不是告诉模型什么才是比较好的 Action,因为我们也不知道正确的答案(即样本没有绝对正确的 label,只有估算出的 label)。我们的学习目标是期望价值,即当前获得的 Reward,加上未来潜在的可获取的 reward。为了更好地让策略网络理解未来的、潜在的 Reward,策略网络不只是使用当前的 Reward 作为 label,而是使用 Discounted Future Reward,即把所有未来奖励依次乘以衰减系数 γ。这里的衰减系数一般是一个略小于但接近 1 的数,防止没有损耗地积累导致 Reward 目标发散,同时也代表了对未来奖励的不确定性的估计。

$$r = r_1 + \gamma r_2 + \gamma^2 r_3 + \cdots + \gamma^{n-1} r_n$$

我们使用被称为 Policy Gradients 的方法来训练策略网络。

Policy Gradients 指的是模型通过学习 Action 在 Environment 中获得的反馈,使用梯度更新模型参数的过程。在训练过程中,模型会接触到好 Action 及它们带来的高期望价值,和差 Action 及它们带来的低期望价值,因此通过对这些样本的学习,我们的模型会逐渐增加选择好 Action 的概率,并降低选择坏 Action 的概率,这样就逐渐完成了我们对策略的学习。和 Q-Learning 或估值网络不同,策略网络学习的不是某个 Action 对应的期望价值 Q,而是直接学习在当前环境应该采取的策略,比如选择每个 Action 的概率(如果是有限个可选 Action,好的 Action 应该对应较大概率,反之亦然),或者输出某个 Action 的具体数值(如果 Action 不是离散值,而是连续值)。因此策略网络是一种 End-to-End(端对端)的方法,可以直接产生最终的策略。

Policy Based 的方法相比于 Value-Based,有更好的收敛性(通常可以保证收敛到局部最优,且不会发散),对高维或者连续值的 Action 非常高效(训练和输出结果都更高效),同时能学习出带有随机性的策略。例如,在石头、剪刀、布的游戏中,任何有规律的策略都会被别人学习到并且被针对,因此完全随机的策略反而可以立于不败之地(起码不会输给别的策略)。在这种情况下,可以利用策略网络学到随机出剪刀、石头、布的策略(三个 Action 的概率相等)。

我们需要使用 Gym 辅助我们进行策略网络的训练。Gym 是 OpenAI 推出的开源的强化学习的环境生成工具。在 Gym 中,有两个核心的概念,一个是 Environment,指我们的任务或者问题,另一个就是 Agent,即我们编写的策略或算法。Agent 会将执行的 Action 传给 Environment,Environment 接受某个 Action 后,再将结果 Observation(即环境状态)和 Reward 返回给 Agent。Gym 中提供了完整的 Environment 的接口,而 Agent 则是完全由用户编写。

下面我们就以 Gym 中的 CartPole 环境作为具体例子。CartPole 任务最早由论文《Neuronlike Adaptive Elements That Can Solve Difficult Learning Control Problem》提出,是一个经典的可用强化学习来解决的控制问题。如图 6 所示,CartPole 的环境中有一辆小车,在一个一维的无阻力轨道上行动,在车上绑着一个连接不太结实的杆,这个杆会左右摇晃。我们的环境信息 observation 并不是图像像素,而只是一个有 4 个值的数组,包含了环境中的各种信息,比如小车位置、速度、杆的角度、速度等。我们并不需要知道每个数值对应的具体物理含义,因为我们不是要根据这些数值自己编写逻辑控制小车,而是设计一个策略网络让它自己从这些数值中学习到环境信息,并制定最佳策略。我们可以采取的 Action 非常简单,给小车施加一个正向的力或者负向的力。我们有一个 Action Space 的概念,即 Action 的离散数值空间,比如在 CartPole 里 Action Space 就是 Discrete(2),即只有 0 或 1,其他复杂一点的游戏可能有更多可以选择的值。我们并不需要知道这里的数值会具体对应哪个 Action,只要模型可以学习到采取这个 Action 之后将会带来的影响就可以,因此 Action 都只是一个编码。CartPole 的任务目标很简单,就是尽可能地保持杆竖直不倾倒,当小车偏离中心超过 2.4 个单位的距离,或者杆的倾角超过 15 度时,我们的任务宣告失败,并自动结束。在每坚持一步后,我们会获得 +1 的 reward,我们只需要坚持尽量长的时间不导致任务失败即可。任务的 Reward 恒定,对任何 Action,只要不导致任务结束,都可以获得 +1 的

Reward。但是我们的模型必须有远见,要可以考虑到长远的利益,而不只是学习到当前的 Reward。

图6 CartPole 环境中包含一个可以控制移动方向的小车和不稳的杆

当我们使用 env.reset() 方法后,就可以初始化环境,并获取到环境的第一个 Observation。此后,根据 Observation 预测出应该采取的 Action,并使用 env.step(action) 在环境中执行 Action,这时会返回 Observation(在 CartPole 中是 4 维的抽象的特征,在其他任务中可能是图像像素)、reward(当前这步 Action 获得的即时奖励)、done(任务是否结束的标记,在 CartPole 中是杆倾倒或者小车偏离中心太远,其他游戏中可能是被敌人击中。如果为 True,应该 reset 任务)和 info(额外的诊断信息,比如标识了游戏中一些随机事件的概率,但是不应该用来训练 Agent)。这样我们就进入 Action-Observation 的循环,执行 Action,获得 Observation,再执行 Action,如此往复直到任务结束,并期望在结束时获得尽可能高的奖励。我们可执行的 Action 在 CartPole 中是离散的数值空间,即有限的几种可能,在别的任务中可能是连续的数值,例如在赛车游戏任务中,我们执行的动作是朝某个方向移动,这样我们就有了 0~360 度的连续数值空间可以选择。

下面就使用 TensorFlow 创建一个基于策略网络的 Agent 来解决 CartPole 问题。我们先安装 OpenAI Gym。本节代码主要来自 DeepRL-Agents 的开源实现。

```
pip install gym
```

接着,载入 NumPy、TensorFlow 和 gym。这里用 gym.make('CartPole-v0') 创建 CartPole 问题的环境 env。

```
import numpy as np
import tensorflow as tf
import gym
env = gym.make('CartPole-v0')
```

先测试在 CartPole 环境中使用随机 Action 的表现,作为接下来对比的 baseline。首先,我们使用 env.reset() 初始化环境,然后进行 10 次随机试验,这里调用 env.render() 将 CartPole 问题的图像渲染出来。使用 np.random.randint(0,2) 产生随机的 Action,然后用 env.step() 执行随机的 Action,并获取返回的 observation、reward 和 done。如果 done 标记为 True,则代表这次试验结束,即倾角超过 15 度或者偏离中心过远导致任务失败。在一次试验结束后,我们展示这次试验累计的奖励 reward_sum 并重启环境。

```
env.reset()
random_episodes = 0
reward_sum = 0
while random_episodes < 10:
    env.render()
    observation, reward, done, _ = env.step(np.random.randint(0,2))
    reward_sum += reward
    if done:
        random_episodes += 1
        print("Reward for this episode was:",reward_sum)
        reward_sum = 0
        env.reset()
```

可以看到随机策略获得的奖励总值差不多在 10~40 之间,均值应该在 20~30,这将作为接下来用来对比的基准。我们将任务完成的目标设定为拿到 200 的 Reward,并希望通过尽量少次数的试验来完成这个目标。

```
Reward for this episode was: 12.0
Reward for this episode was: 17.0
Reward for this episode was: 20.0
Reward for this episode was: 44.0
Reward for this episode was: 28.0
Reward for this episode was: 19.0
Reward for this episode was: 13.0
Reward for this episode was: 30.0
Reward for this episode was: 20.0
Reward for this episode was: 26.0
```

我们的策略网络使用简单的带有一个隐含层的 MLP。先设置网络的各个超参数,这里隐含节点数 H 设为 50,batch_size 设为 25,学习速率 learning_rate 为 0.1,环境信息 observation 的维度 D 为 4,gamma 即 Reward 的 discount 比例设为 0.99。在估算 Action 的期望价值(即估算样本的学习目标)时会考虑 Delayed Reward,会将某个 Action 之后获得的所有 Reward 做 discount 并累加起来,这样可以让模型学习到未来可能出现的潜在 Reward。注意,一般 discount 比例要小于 1,防止 Reward 被无损耗地不断累加导致发散,这样也可以区分当前 Reward 和未来 Reward 的价值(当前 Action 直接带来的 Reward 不需要 discount,而未来的 Reward 因存在不确定性所以需要 discount)。

```
H = 50
batch_size = 25
learning_rate = 1e-1
D = 4
gamma = 0.99
```

下面定义策略网络的具体结构。这个网络将接受 observations 作为输入信息,最后输出一个概率值用以选择 Action(我们只有两个 Action,向左施加力或者向右施加力,因此可以通过一个概率值决定)。我们创建输入信息 observations 的 placeholder,其维度为 D。然后使用 tf.contrib.layers.xavier_initializer 初始化算法创建隐含层的权重 W1,其维度为 [D, H]。接着用 tf.matmul 将环境信息 observation 乘上 W1 再使用 ReLU 激活函数处理得到隐含层输出 layer1,这里注意我们并不需要加偏置。同样用 xavier_initializer 算法创建最后 Sigmoid 输出层的权重 W2,将隐含层输出 layer1 乘以 W2 后,使用 Sigmoid 激活函数处理得到最后的输出概率。

```
observations = tf.placeholder(tf.float32, [None,D]
, name="input_x")
W1 = tf.get_variable("W1", shape=[D, H],
            initializer=tf.contrib.layers.xavier_initializer())
layer1 = tf.nn.relu(tf.matmul(observations,W1))
W2 = tf.get_variable("W2", shape=[H, 1],
            initializer=tf.contrib.layers.xavier_initializer())
```

```
score = tf.matmul(layer1,W2)
probability = tf.nn.sigmoid(score)
```

这里模型的优化器使用 Adam 算法。我们分别设置两层神经网络参数的梯度的 placeholder——W1Grad 和 W2Grad，并使用 adam.apply_gradients 定义我们更新模型参数的操作 updateGrads。之后计算参数的梯度，当积累到一定样本量的梯度，就传入 W1Grad 和 W2Grad，并执行 updateGrads 更新模型参数。这里注意，深度强化学习的训练和其他神经网络一样，也使用 batch training 的方式。我们不逐个样本地更新参数，而是累计一个 batch_size 的样本的梯度再更新参数，防止单一样本随机扰动的噪声对模型带来不良影响。

```
adam = tf.train.AdamOptimizer(learning_
rate=learning_rate)
W1Grad = tf.placeholder(tf.float32,name="batch_
grad1")
W2Grad = tf.placeholder(tf.float32,name="batch_
grad2")
batchGrad = [W1Grad,W2Grad]
updateGrads = adam.apply_gradients(zip(batchGrad,
tvars))
```

下面定义函数 discount_rewards，用来估算每一个 Action 对应的潜在价值 discount_r。因为 CartPole 问题中每次获得的 Reward 都和前面的 Action 有关，属于 delayed reward。因此需要比较精准地衡量每一个 Action 实际带来的价值时，不能只看当前这一步的 Reward，而要考虑后面的 Delayed Reward。那些能让 Pole 长时间保持在空中竖直的 Action，应该拥有较大的期望价值，而那些最终导致 Pole 倾倒的 Action，则应该拥有较小的期望价值。我们判断越靠后的 Action 的期望价值越小，因为它们更可能是导致 Pole 倾倒的原因，并且判断越靠前的 Action 的期望价值越大，因为它们长时间保持了 Pole 的竖直，和倾倒的关系没有那么大。我们倒推整个过程，从最后一个 Action 开始计算所有 Action 应该对应的期望价值。输入数据 r 为每一个 Action 实际获得的 Reward，在 CartPole 问题中，除了最后结束时的 Action 为 0，其余均为 1。下面介绍具体的计算方法，我们定义每个 Action 除直接获得的 Reward 外的潜在价值为 running_add，running_add 是从后向前累计的，并且需要经过 discount 衰减。而每一个 Action 的潜在价值，即为后一个 Action 的潜在价值乘以衰减系数 gamma 再加上它直接获得的 reward，即 running_add*gamma+r[t]。这样从最后一个 Action 开始不断向前累计计算，即可得到全部 Action 的潜在价值。这种对潜在价值的估算方法符合我们的期望，越靠前的 Action 潜在价值越大。

```
def discount_rewards(r):
    discounted_r = np.zeros_like(r)
    running_add = 0
    for t in reversed(range(r.size)):
        running_add = running_add * gamma + r[t]
        discounted_r[t] = running_add
    return discounted_r
```

我们定义人工设置的虚拟 label（下文会讲解其生成原理，其取值为 0 或 1）的 placeholder——input_y，以及每个 Action 的潜在价值的 placeholder——advangtages。这里 loglik 的定义略显复杂，我们来看一下 loglik 到底代表什么。Action 取值为 1 的概率为 probability（即策略网络输出的概率），Action 取值为 0 的概率为 1-probability，label 取值与 Action 相反，即 label=1-Action。当 Action 为 1 时，label 为 0，此时 loglik=tf.log(probability)，Action 取值为 1 的概率的对数；当 Action 为 0 时，label 为 1，此时 loglik=tf.log(1-probability)，即 Action 取值为 0 的概率的对数。所以，loglik 其实就是当前 Action 对应的概率的对数，我们将 loglik 与潜在价值 advantages 相乘，并取负数作为损失，即优化目标。我们使用优化器优化时，会让能获得较多 advantages 的 Action 的概率变大，并让能获得较少 advantages 的 Action 的概率变小，这样能让损失变小。通过不断的训练，我们便能持续加大能获得较多 advantages 的 Action 的概率，即学习到一个能获得更多潜在价值的策略。最后，使用 tf.trainable_variables() 获取策略网络中全部可训练的参数 tvars，并使用 tf.gradients 求解模型参数关于 loss 的梯度。

```
input_y = tf.placeholder(tf.float32, [None,
1], name="input_y")
advantages = tf.placeholder(tf.float32,name=
"reward_signal")
loglik = tf.log(input_y*(input_y - probability)
+ \
         (1 - input_y)*(input_y + probability))
loss = -tf.reduce_mean(loglik * advantages)

tvars = tf.trainable_variables()
newGrads = tf.gradients(loss,tvars)
```

在正式进入训练过程前，我们先定义一些参数，xs 为环境信息 observation 的列表，ys 为我们定义的 label 的列表，drs 为我们记录的每一个 Action 的 Reward。我们定义累计的 Reward 为 reward_sum，总试验次数 total_episodes 为 10000，直到达到获取 200 的 Reward 才停止训练。

```
xs,ys,drs = [],[],[]
reward_sum = 0
episode_number = 1
total_episodes = 10000
```

我们创建默认的 Session，初始化全部参数，并在一开始将 render 的标志关闭。因为 render 会带来比较大的延迟，所以一开始不太成熟的模型还没必要去观察。先初始化 CartPole 的环境并获得初始状态。然后使用 sess.run 执行 tvars 获取所有模型参数，用来创建储存参数梯度的缓冲器 gradBuffer，并把 gardBuffer 全部初始化为零。接下来的每次试验中，我们将收集参数的梯度存储到 gradBuffer 中，直到完成了一个 batch_size 的试验，再将汇总的梯度更新到模型参数。

```
with tf.Session() as sess:
    rendering = False
    init = tf.global_variables_initializer()
    sess.run(init)
    observation = env.reset()

    gradBuffer = sess.run(tvars)
    for ix,grad in enumerate(gradBuffer):
        gradBuffer[ix] = grad * 0
```

下面进入试验的循环，最大循环次数即为 total_episodes。当某个 batch 的平均 Reward 达到 100 以上时，即 Agent 表现良好时，调用 env.render() 对试验环境进行展示。先使用 tf.reshape 将 observation 变形为策略网络输入的格式，然后传入网络中，使用 sess.run 执行 probability 获得网络输出的概率 tfprob，即 Action 取值为 1 的概率。接下来我们在（0，1）间随机抽样，若随机值小于 tfprob，则令 Action 取值为 1，否则令 Action 取值为 0，即代表 Action 取值为 1 的概率为 tfprob。

```
    while episode_number <= total_episodes:
```

```
        if reward_sum/batch_size > 100 or rendering 
== True :
            env.render()
            rendering = True

        x = np.reshape(observation,[1,D])

        tfprob = sess.run(probability,feed_dict=
{observations: x})
        action = 1 if np.random.uniform() < tfprob 
else 0
```

然后将输入的环境信息 observation 添加到列表 xs 中。这里我们制造虚拟的 label——y，它的取值与 Action 相反，即 y=1-action，并将其添加到列表 ys 中。然后使用 env.step 执行一次 Action，获取 observation、reward、done 和 info，并将 reward 累加到 reward_sum，同时将 reward 添加到列表 drs 中。

```
        xs.append(x)
        y = 1 - action
        ys.append(y)

        observation, reward, done, info = env.
step(action)
        reward_sum += reward

        drs.append(reward)
```

当 done 为 True 时，即一次试验结束时，将 episode_numer 加 1。同时使用 np.vstack 将几个列表 xs、ys、drs 中的元素纵向堆叠起来，得到 epx、epy 和 epr，并将 xs、ys、drs 清空以备下次试验使用。这里注意，epx、epy、drs 即为一次试验中获得的所有 observation、label、reward 的列表。我们使用前面定义好的 discount_rewards 函数计算每一步 Action 的潜在价值，并进行标准化（减去均值再除以标准差），得到一个零均值标准差为 1 的分布。这么做是因为 discount_reward 会参与到模型损失的计算，而分布稳定的 discount_rewad 有利于训练的稳定。

```
        if done:
            episode_number += 1
            epx = np.vstack(xs)
            epy = np.vstack(ys)
            epr = np.vstack(drs)
            xs,ys,drs = [],[],[]

            discounted_epr = discount_rewards(epr)
            discounted_epr -= np.mean(discounted_
epr)
            discounted_epr /= np.std(discounted_epr)
```

我们将 epx、epy 和 discounted_epr 输入神经网络，并使用操作 newGrads 求解梯度。再将获得的梯度累加到 gradBuffer 中去。

```
        tGrad = sess.run(newGrads,feed_dict=
{observations: epx,
```
```
                        input_y: epy, advantages:
discounted_epr})
            for ix,grad in enumerate(tGrad):
                gradBuffer[ix] += grad
```

当进行试验的次数达到 batch_size 的整倍数时，gradBuffer 中就累计了足够多的梯度，因此使用 updateGrads 操作将 gradBuffer 中的梯度更新到策略网络的模型参数中，并清空 gradBuffer，为计算下一个 batch 的梯度做准备。这里注意，我们使用一个 batch 的梯度更新参数，但是每一个梯度是使用一次试验中全部样本（一个 Action 对应一个样本）计算出来的，因此一个 batch 中的样本数实际上是 25（batch_size）次试验的样本数之和。同时，我们展示当前的试验次数 episode_number，和 batch 内每次试验平均获得的 reward。当我们 batch 内每次试验的平均 reward 大于 200 时，我们的策略网络就成功完成了任务，并终止循环。如果没有达到目标，则清空 reward_sum，重新累计下一个 batch 的总 reward。同时，在每次试验结束后，将任务环境 env 重置，方便下一次试验。

```
        if episode_number % batch_size == 0:
            sess.run(updateGrads,feed_
        dict={W1Grad: gradBuffer[0],
                W2Grad:gradBuffer[1]})
            for ix,grad in enumerate(gradBuffer):
                gradBuffer[ix] = grad * 0
            print('Average reward for episode %d : %f.' % \
                (episode_number,reward_sum/batch_size))

            if reward_sum/batch_size > 200:
                print("Task solved in",episode_number,
'episodes!')
                break

            reward_sum = 0

        observation = env.reset()
```

下面是模型的训练日志，可以看到策略网络在仅经历了 200 次试验，即 8 个 batch 的训练和参数更新后，就实现了目标，达到了 batch 内平均 230 的 reward，顺利完成预设的目标。有兴趣的读者可以尝试修改策略网络的结构、隐含节点数、batch_size、学习速率等参数来尝试优化策略网络的训练，加快其学习到好策略的速度。

```
Average reward for episode 25 : 19.200000.
Average reward for episode 50 : 30.680000.
Average reward for episode 75 : 41.360000.
Average reward for episode 100 : 52.160000.
Average reward for episode 125 : 70.680000.
Average reward for episode 150 : 84.520000.
Average reward for episode 175 : 153.320000.
Average reward for episode 200 : 230.400000.
Task solved in 200 episodes!
```

强化学习解析与实践

文 / 吴岸城

听到强化学习，大多数读者第一反应是 AlphaGo，这一反应既对也不对。AlphaGo 刚出来的时候确实震撼了一大批人，但强化学习这个概念其实在 AlphaGo 之前就早已出现。下面就让我们一起来深入了解强化学习。

吃豆子和强化学习

要了解强化学习，就要从生物界找灵感，数据科学的大部分范畴都应该归结为实验科学和"空想"仿生学，我们可以从最低等的生物——一个单细胞生物开始，看看单细胞生物是如何学习的。首先给单细胞生物设计一个场景，它只有上下左右四个方向可以移动；周围有微生物，单细胞生物可以吃，看能吃多少；但还有些病毒，如果单细胞生物误食了就直接挂掉，然后系统会再产生一个新的单细胞生物继续上面的循环，当然系统在 reset 这个单细胞生物时，已将之前遇到微生物（食物）和病毒（天敌）的经验输入到新的单细胞生物上。

从单细胞生物这种求生避险的本能，我们可以抽象出强化学习的以下几个概念。

■ 环境（environment）也就是边界或者说移动范围，还有一些规则，比如规定吃到东西单细胞生物就可以长大，吃到病毒就挂掉重新开始。

■ 奖励（rewards）：这里的奖励有两个，一个是吃到微生物就可以成长，我们定义该奖励是正值；另一个是吃到病毒就减分或挂掉，我们定义该奖励为负值。

■ 动作（actions）：也就是允许的单细胞生物的动作。

好，整个过程其实和吃豆子这个游戏很像，所以我们就以吃豆子为例（如图1所示）。

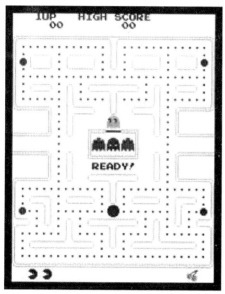

图1　吃豆子游戏

这里有四处游荡的怪物，也有吃豆人（也就是我们的主角，吃了会加分的豆子）。而除此之外游戏的路径和图形就是环境。

我们按照之前单细胞生物的知识点再来梳理下。

■ 状态（states），有的书上也称为 observation、environment。状态指的就是环境（environment）的状态，即在当前的情况下，每一次移动后，各个怪物的位置，以及豆子和整体环境的变化，一般情况下是游戏中任意时刻整个画面的一帧，将它作为输入状态（states）；

■ 动作（actions），每个状态下，吃豆人什么样的动作；

■ 奖励（rewards），每个状态时下，在动作（action）之后带来的正面或负面反馈，比如加分或扣分；

■ 智能体（agent），这里指的是吃豆人。

将单细胞生物或者吃豆人这类最简单的和环境有交互的状态、动作等抽象出来后，我们希望继续深入了解单细胞生物或者吃豆人是如何从环境中学习到趋利避害的"本领"的，请继续往下看。

马尔科夫决策过程

吃豆人的游戏中，每一步动作后环境的状态会发生变化：可能吃了一个豆子，或者往前走一步，或者被杀死，同时会带来正向奖励或负向奖励（负向奖励就是惩罚）。沿着目前的这步变化，可以推导出后期的奖励。

换句话说，每一次动作后，都会对未来产生一个可能的路径，而我们的目标是在所有的路径中寻找最优的解。

举个例子，我们从上海乘车到北京，选择了最便宜的路线，此路线经过10个车站，第二站是南京：

上海→南京→……→北京

但如果除去始发点上海站，那么由第二站南京到最后的北京站：

南京→……→北京

这条线路仍然是余下9个站之间最便宜的。

上海→南京的选择可以看成 action，选择了南京后，因为途径了9个站，我们理论上得到了多条路径，选择后发现还是原有的路径也就是上海→南京→北京这段中间的南京→北京这段是最便宜的。接下来，我们再选择南京下一站徐州……这个过程一直重复下去，直至到达北京为止。

以上寻找最优路径的过程就是一个 MDP 过程（Markov decision process，MDP，马尔科夫决策过程），MDP 是在 MP（马尔科夫过程）上的一种优化，增加了一个关键元素：动作集，也就是前文提到的 actions（如图2所示）。

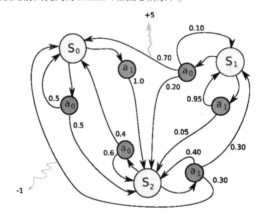

图2　马尔科夫决策过程示意图

我们用图论来表示 MDP 的一个过程，MDP 过程表示为图中的状态转移，包括五个主要概念。

■ 状态（state，S）：图中浅色的圆圈所示，为环境的"观测值"。

■ 动作集（actions set）：图中深色的圆圈所示，在图中的状态转移过程中，动作集为 $\{a_0, a_1\}$。动作就是 MDP 比 MP 增加的部分。

■ 状态转移概率（Psa）：指定在状态 s 的情况下执行动作 a 后的状态转移概率。如在一个状态 s_0 下执行一个动作 a_0 后，将会有 0.5 的概率转移回 s_0，0.5 的概率转移到 s_2，但是我们有可能不知道状态的转移概率，即只有在观察到状态转移之后才知道下一个状态是什么。

■ 奖励函数（reward）：作为强化学习中最重要的概念，奖励函数是与每个状态对应的，在智能体执行某个动作以后，环境过渡到下一个状态时给智能体的反馈,可以是正的或者负的,如图中浅色箭头所示,由于要求智能体执行某个动作后才能看到结果,所以称强化学习具有时间延时(time delay)性。假如我们在训练一条狗,当它做出正确的事情时,我们会说"乖狗狗",并给它吃的,而做错了一件事时,叫它"坏狗狗",没有吃的,久而久之小狗就会知道怎样才是正确的做法。与此相同,正确地选择奖励函数,能够提高智能体的训练效果和训练速度。

■ **折扣因子**(discount factor, gamma):是对未来奖励的不确定性的表示,状态转移的过程具有一定的随机性,时间间隔越久,未来的不确定性越强,未来能够获得奖励的可能性也就越小。所以选择一个[0, 1]的一个值作为折扣因子,时间越是向后推迟,我们对未来的预测就要乘上更多的折扣因子。

说到这里,很多读者可能会想,这和最优路径选择好像差不多?这里有个误区,尤其是对于 AlphaGo 或者其他的游戏,强化学习和最优路径选择的区别是,强化学习过程不能够穷尽所有的路径,因为根本看不到最终的状态。比如,下象棋时我们可以穷尽所有的路径,因为象棋的棋盘相对较小。而对于围棋来说,我们没有可能计算完所有的情况,能算十步已经很了不起了,对机器来说一些简单的问题可以遍历,但围棋这样的要遍历一遍再找出最优路径是不可能的,所以强化学习不是找最优,而是找对于目前状态来说可能是最优的,在这一过程中并没有模拟未来情况(这点也和最优路径有区别),而是直接计算出未来可能的分值。

说完了 MDP 的解释,再了解其基本公式,更深入地理解它是如何实现的。

公式1:假设我们在描述这样一个转移状态,从 s_0 到 s_n,公式1描述了一条路径。

$$s_0 \xrightarrow{a_0} s_1 \xrightarrow{a_1} s_2 \xrightarrow{a_2} s_3 \xrightarrow{a_3} \cdots$$

公式2:我们的目标是使获得的总价值最大,总价值表示为公式2,即从 s_0 开始到一个 episode 结束获得的总价值,或者表述为未来的累计奖励值;R 表示当前状态下获得的奖励值。其中的 gamma 就是折扣因子,因为在状态转移的过程中未来的状态是随机的,也就是我们不知道未来会发生什么,所以对于未来的奖励乘上折扣因子,并且是随着时间呈指数增长。

$$R(s_0) + \gamma R(s_1) + \gamma^2 R(s_2) + \cdots.$$

公式3:若用 π 表示一系列动作所组成的策略(policy)的话,那么总共获得价值就可以用一个价值函数 $V^\pi(s)$ 来表示,即为在状态为 $s=s_0$,策略为 π 的条件下,价值的期望值(因为状态转移的过程具有随机性,所以这里的价值用期望来表示)。

$$V^\pi(s) = E\left[R(s_0) + \gamma R(s_1) + \gamma^2 R(s_2) + \cdots | s_0 = s, \pi\right]. \quad \pi : S \mapsto A$$

公式4:对上式做简单的变形(将 gamma 提出来),若该式表示 s_0 开始到一个 episode 结束时的总价值,那么括号里面表示的就是从 s_1 开始到一个 episode 结束时的总价值,整理一下变为公式5。

$$V^\pi(s_0) = E[R(s_0) + \gamma \underbrace{(R(s_1) + \gamma R(s_2) + \cdots)}_{V^\pi(s_1)} | s_0 = s, \pi]$$

公式5:$V^\pi(s)$ 表示状态 s 处对未来总价值的预测,后面的 $V^\pi(s')$ 表示状态 s' 处对未来总价值的预测,因为下一时刻的状态由 action 和转移概率决定,所以有了这个公式,这个公式被称为"贝尔曼等式",是处理 MDP 优化的重要概念。

$$V^\pi(s) = R(s) + \gamma \sum_{s' \in S} P_{s\pi(s)}(s')V^\pi(s').$$

公式6:而求解贝尔曼等式就相当于使函数最大化的过程,我们用 $V^*(s)$ 表示通过选择适当的策略获得最大的价值,这个过程可以从两个角度来考虑,值迭代(value iteration)和策略迭代(policy iteration)。

$$V^*(s) = \max_\pi V^\pi(s).$$

最后我们要感谢马尔科夫让我们在状态之间能游刃有余地进行切换:从状态 s 到状态 s' 我们不需要关心其他状态,只需要关心上一个状态即可,自然也就有了状态转移概率 P(s'|s) 一说。

理解 Q 网络

我们花了很多篇幅谈到马尔科夫决策过程和它的求解目标,那么这一切和强化学习又有什么关系呢?

从上面对 MDP 的了解来看,MDP 求解其实是一个估值过程,而这类的估值问题是强化学习里的一个关键目标:即每个状态之后都要选择一个动作,每个动作之后的状态也不一样,我们需要一个值来评估某个状态下不同动作的得分。如果知道这个得分,我们也就能选择一个使得分最优的动作来执行。这就是强化学习中的关键一步动作估值(Action-Value function $Q^\pi(s,a)$)了,可以简单写作 Q(s,a),按照以上思路继而求最优动作估值($Q^*(s,a)$),这个 Q^* 我们可以认为是最理想的值,只能无限逼近。为了达到最优的估值 Q^*,需要不停地迭代,也就是每次根据新得到的 reward 和原来的 Q(s',a') 值来更新现在的 Q 值。我们来看看图3的结构图,这里的 DQN 指的是深度 Q 网络(Deep Q-Network),大白话就是用和环境的交互来衡量或评价动作(action)的好坏。

如图3所示为 DQN 算法的网络示意图,中间的 Network 表示一个神经网络,输入为当前的状态,输出为对应不同 action 的 Q 值(未来的总价值)。

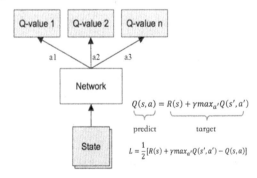

图3 DQN 网络示意图

这里给出 Q 版的贝尔曼等式,在训练 q-network 时,我们把等式右侧的值作为目标(target),使左侧的预测值能够接近这个目标。之所以这样选择是因为右侧比左侧多了一个 s 状态下所获得的奖励（reward）的信息，可以理解为右边比左边更有可信度。

Q 的学习过程：

```
def learnQ(self, state, action, reward, value):
oldv = self.q.get((state, action), None)
if oldv is None:
self.q[(state, action)] = reward
else:
self.q[(state, action)] = oldv + self.alpha *
(value - oldv)
```

请看最后一句，描述了旧有状态和目前输入状态下如何产生一个新的 Q 值。

以上，我们深入理解了马尔科夫决策过程以及 Q 学习过程，这也是 DQN 网络的核心内容。现在要考虑实现一个 DQN 网络该怎么做？请看下节。

模拟物理世界：OpenAI

2016 年 4 月 28 日，OpenAI 对外发布了人工智能一款用于研发和比较强化学习算法的工具包 OpenAI Gym，正如 Gym 这词所指的意思（健身房）一样，在这一平台上，开发者首先有一个可以模拟物理世界的接口（要想真正模拟还需要接入相关环境，OpenAI 只提供接口），我们可以模拟各种物理环境，比如飞船飞离地球、太空失重、3D 世界，或者简单到一个 2D 游戏场景，比如吃豆子，另外开发者也可以把自己开发的 AI 算法拿出来训练和展示。

综上，OpenAI 是为强化学习创造一个虚拟的世界，这个世界模拟了现实生活的各种物理规律，或者就称为规律，在这里我们的智能体才能很好地完成交互，进而完成强化学习的过程。

OpenAI Gym 最重要的功能就是提供各种强化学习环境。下面代码中的这句话 env=gym.make('CartPole-v0') 是实例化一个 CartPole 环境。后面几句代码是在更新动画，并且在得到 action 后做一步环境的变化。

```
importgym
env = gym.make('CartPole-v0') # 实例化一个 CartPole 环境
fori_episode in range(20):
observation = env.reset()
fort in range(100):
        env.render() # 更新动画
action = env.action_space.sample()
        observation, reward, done, info = env.
step(action) # 推进一步
ifdone:
break
```

其中最关键的是 action = env.action_space.sample()，Gym 里面直接用了一个随机采样，并没有实现 DQN 网络但预留了接口，作为 action 输出以及接受 reward 和 state 的反馈。

observation, reward, done, info = env.step(action) 这一部分里每执行一步 action 都将有 4 个参数的反馈，这 4 个参数是根据每个游戏的游戏规则来反馈的。这里看出 Gym 确实是模拟了游戏的环境。

CartPole 环境要求平衡一辆车上的一根棍子，如图 4 所示的第一个环境表示。该图是 OpenAI Gym 提供的部分自动控制方面的环境。除此之外 OpenAI Gym 还提供了 3D 游戏、物理世界模拟、文本和游戏方面的环境，具体可以查看官方说明。

图 4　CartPole 游戏演示图

前文提到强化学习环境其实是马尔科夫决策过程，马尔科夫决策过程的四个基本元素分别是状态、动作、转移概率和奖励函数。对应之前提到的马尔科夫概念，我们做一个状态模拟，说说在 OpenAI 中如何实现表示马尔科夫决策过程的四个基本元素。

- 状态：代码中的 observation 就是马尔科夫决策过程的状态。更正确地说是状态的特征。CartPole-v0 的状态特征是一维数组，比如 array([-0.01377819, -0.01291427, 0.02268009, -0.0380999])。有些环境提供的状态特征是二维数组，比如 AirRaid-ram-v0 环境提供的是二维数组表示的游戏画面。

observation = env.reset() 是初始化环境，设置一个随机或者固定的初始状态。env.step(a1) 是环境接受动作 a1，返回的第一个结果是接受动作 a1 之后的状态特征。

- 动作：代码中的 action 就是马尔科夫决策过程中的动作。CartPole-v0 的动作是离散型特征。在 OpenAI Gym 中，离散型动作是用从 0 开始的整数集合表示，比如 CartPole-v0 的动作有 0 和 1。另一种动作是连续型，用实数表示。

- 奖励函数：在 OpenAI Gym 中，它提供给强化学习一个环境。step 函数就是你的手柄，在手柄上按键相当于传入的值。

代码中的 reward 就是马尔科夫决策过程中的奖励，用实数表示。在 OpenAI Gym 中，奖励函数也没有显式地表示出来，也是通过 env.step(a1) 的结果表示。env.step(a1) 返回的 reward 满足奖励函数。

- 转移概率：指的是玩游戏时当前画面执行了一个操作后，所呈现下一帧（下一帧有穷种可能）画面的可能性，在 OpenAI 中无法显式地观测到转移概率。

最后值得一提的是，env.step 返回的第四个结果 info 是系统信息，给开发人员调试用，不允许学习过程使用。

这里只介绍在 OpenAI Gym 上实现 Q Learning 算法需要的知识。想了解更多 OpenAI Gym 知识，可以参考 OpenAI Gym 的官方文档。

实现一个 DQN

DQN 代码实现

学习了 OpenAI 的使用后，现在开始着手实验 DQN 代码。

DQN 代码的安装和训练非常简单，它是依赖 OpenAIGym 的，所以首先必须装一个 Gym，请参见下面这行安装脚本：

```
$ pip install tqdm gym[all]
```

接着为 Breakout 这个游戏训练一个模型：

```
$ python main.py --env_name=Breakout-v0 --is_train=True
$ python main.py --env_name=Breakout-v0 --is_train=True --display=True
```

接下来可以测试和记录游戏的状态：

```
$ python main.py --is_train=False
$ python main.py --is_train=False --display=True
```

前文在提到 OpenAI 时，讲到了 OpenAI 预留接口，并没有实现 DQN。为了更深入地理解 DQN 的结构，我们了解下 DQN 的代码实现，先从 main 函数入手，追踪下 Agent 函数。

```
def main(_):
  gpu_options = tf.GPUOptions(
      per_process_gpu_memory_fraction=calc_gpu_
fraction(FLAGS.gpu_fraction))
  withtf.Session(config=tf.ConfigProto(log_device_
placement=True, gpu_options=gpu_options)) as sess:
    # with tf.Session(config=tf.ConfigProto(log_
device_placement=True)) as sess:
config = get_config(FLAGS) or FLAGS

ifconfig.env_type == 'simple':
env = SimpleGymEnvironment(config)
else:
env = GymEnvironment(config)

if not FLAGS.use_gpu:
    config.cnn_format = 'NHWC'

agent = Agent(config, env, sess)

ifFLAGS.is_train:
agent.train()
else:
agent.play()

if __name__ == '__main__':
tf.app.run()
```

关键的一句在这里：agent = Agent(config, env, sess)，这是 agent 处理动作和状态的主要函数，这句话将往 Agent 函数里传送 config（配置文件）、env（环境）、sess（TF 的对象）。

接下去看看 Agent.py 里有哪些关键点？在 agent 文件的 play 函数中，我们找到了以下几行如何处理动作和状态的关键点：

```
# 1.predict
action = self.predict(self.history.get())
# 2.act
screen, reward, terminal = self.env.act(action,
is_training=True)
# 3.observe
self.observe(screen, reward, action, terminal)
```

这些关键点的含义如下。

第一步用历史数据预测下一个 action。

第二步把预测出来的这个 action 放入环境中，得到下一个 reward。

第三步在新的 action、reward 基础下，继续'看'整体的状态（state）。

在 train 函数中，同样能找到它们。

```
# 1.predict
action = self.predict(self.history.get())
# 2.act
screen, reward, terminal = self.env.act(action,
is_training=True)
# 3.observe
self.observe(screen, reward, action, terminal)
```

除此之外，还有以下和 play 函数不一样的地方。

```
ifterminal:
screen, reward, action, terminal = self.env.new_
random_game()
```

```
num_game += 1
ep_rewards.append(ep_reward)    # 存储每个 episode
的累积 reward
ep_reward = 0.
else:
ep_reward += reward

actions.append(action)
total_reward += reward

# 每 self.learn_start 次统计训练结果，并在适当时候保存
模型
ifself.step >= self.learn_start:
ifself.step % self.test_step == self.test_step -
1:
    avg_reward = total_reward / self.test_step
# 平均每个 step 的 reward
    avg_loss = self.total_loss / self.update_count
# 每次参数更新的平均 loss
    avg_q = self.total_q / self.update_count
# 每次参数更新的平均 q 值

try:
    max_ep_reward = np.max(ep_rewards)
# 曾经到达的最高的得分
    min_ep_reward = np.min(ep_rewards)
# 曾经到达的最低的得分
    avg_ep_reward = np.mean(ep_rewards)
# 平均得分
```

以上就是 Agent 的运作方式，接着我们回到 DQN 函数中的 def build_dqn(self)，发现函数主要是构建 dqn graph 结构，包括了 train-network、target-network、pred_to_target、optimizer、summary。

其中 train-network、target-network 都是差不多的卷积神经网络，用于对 state 的观测。

在 config.py 中主要是一些配置信息，以下是 M1 配置信息，环境的类型设置为 'detail' action_repeat=1。

```
class M1(DQNConfig):
  """
某种训练方式的配置，其中：

    AgentConfig 为 DQN 的配置
    EnvironmentConfig 为 gym environment 的配置

  """
backend = 'tf'
  env_type = 'detail'
  action_repeat = 1
```

结合论文我们试着修改一些参数，得到 M4 这个配置。

```
class M4(DQNConfig):
backend = 'tf'
  env_type = 'simple'
  action_repeat = 4
```

以上 M4 配置环境的类型设置为 'simple'，而 action_repeat 设置为 4，表示每一 action 在训练内重复 4 次，同时让 reward 持续累加，个人认为这样能够起到加快训练的目的。

我们用 M1 和 M4 的配置跑出的模型分别去玩 BreakOut 游戏。用 M1 配置训练了 BreakOut 游戏 2000 万次，得到模型后，再用这个模型去玩游戏，游戏在玩到只剩一个人的时候，得到 32 分，而这时 DQN 网络预测的最高得分是 55 分（如图 5 所示）。

```
[39] Best reward : 55
```

再来看 M4 模型，在训练游戏 1600 万次之后、M4 模型操作将游戏玩到只剩 3 个人时，已经得到 35 分，而 DQN 网络预测的最高得分是 209（如图 6 所示）。

```
[12] Best reward : 209
==============================
19%|■■■■■                        | 1888/10000
[01:03<04:30, 29.95it/s]
```

图 6　M4 模型打砖块 breakout 游戏演示图

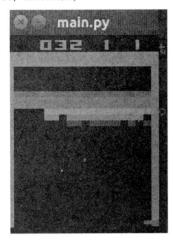

图 5　M1 模型打砖块 breakout 游戏演示图

从这个过程中，我们能明显看出 M4 的参数优化得比 M1 要好，但有读者要问了，如果我还想观察中间过程怎么办？我甚至想看每一个 reward，还有模型训练中的准确率和最终得分等，这该怎么办？有没有更好的方法能够将整个训练过程图表化出来呢？那下面就要请 TensorBoard 出场了。

DQN 过程的图表化

TensorBoard 是 TensorFlow 中的可视化工具，TensorFlow 的版本还在不停地迭代，所以 TensorBoard 的具体使用步骤请直接参考官方网站。这里只尝试用 TensorBoard 将训练过程中的对应日志生成相应图表，为了观察对比，我们将一些关键指标罗列出来。

- 在所有的标量图（单值的变化）中横轴表示训练的 step 数，纵轴表示每个量的数值，反映出在训练过程中我们关注的每个量的变化情况。

图 7 为 m1 模型的结果中的标量变化曲线，图中各参数含义如下。

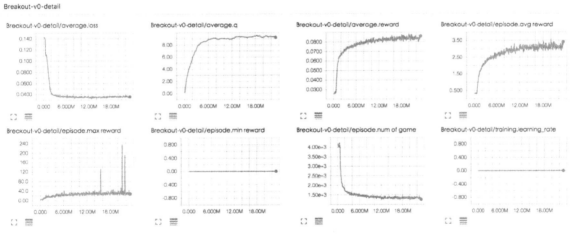

图 7　标量变化曲线

average.reward：平均每个 step 的 reward。
average.loss：每次参数更新的平均 loss。
average.q：每次参数更新的平均 q 值。
episode.max reward：曾经到达的最高得分。
episode.min reward：曾经到达的最低得分。
episode.avg reward：平均得分。
episode.num of game：游戏名字，如：breakout。
training.learning_rate：学习率。

- 在所有的矢量图（多值的变化）中：黄颜色（左侧）代表 M1 模型的结果，绿颜色（右侧）代表 M2 模型的结果。

TensorBoard 的矢量图包括三个维度，右侧的坐标为 step 数（即表示时间），下侧的坐标表示 Tensor 中的索引，每一个横轴上的图形表示在当前时刻（step）不同的值上面的概率分布（如图 8 所示）。

episode rewards：存储每个 episode 的累积 reward，左侧图表现更好。

episode actions：每次迭代中选择的 action 的分布，如 breakout 游戏中有 6 个 actions，无评价意义（如图 9、图 10、图 11、图 12 所示）。

DQN 训练过程用图表展现出来能更好地观察其中变化的情况，希望大家善用此工具。

此前，我们分析了 DQN 的代码，尝试着调参，得到了一个更好的 M4 模型，又学习了用 TensorBoard 图表化展示强化学习的整个过程。在实践的过程中又多了很多对于强化学习的总结和思考，我们也一起来总结下。

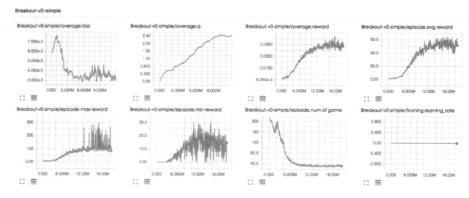

图 8　M4 模型标量变化曲线

关于强化学习的思考

强化学习的特殊性

强化学习的概念很早就有，这里所说的强化学习专指深度强化学习，这是在深度网络发展起来后，重新利用强化学习的机制而发明的算法。

强化学习当然不能解决所有的问题，但我们要了解强化学习究竟能够解决哪一类的问题。通常来说，强化学习适合那些能够随着环境的改变而强化自己的智能体——Agent。例如，机器人在移动时适应房间，在各种游戏领域甚至各种对抗比赛中也都可以应用强化学习；对于棋类的比赛，大家比较熟悉了，AlphaGo 就是使用强化学习的方法达到并超过人类水平的。在这些领域中 Agent 随着环境的变化，选择合适的动作，并且能在这种环境的变化和动作的改变中得到反馈，这样的反馈（奖励或惩罚），将使 Agent 一步步地提高适应性，并且在某单一任务或者多项任务中得到最高分。

我们来稍稍回忆一下前文提到的强化学习的概念。在训练 Agent 玩吃豆子游戏时，"环境"可以在这一局游戏结束并且胜利时给出一个正回报，而在游戏失败时给出一个负回报，其他的情况呢？给出一个零回报，Agent 的任务就是从这个非直接有延迟的回报中学习，目标是使回报最大化。

强化学习，从它出生开始就常常和有监督学习这类的函数逼近问题放在一起讨论，强化学习并不是完全的有监督学习，它们之间有几个重要的不同点。

■ 训练数据的获取方式：强化学习的任务是学习一个新的目标函数，在一般的有监督学习上，我们可以看到训练集是 (x,y)，在这种模式下，(x,y) 一开始就是已知的，而在强化学习中不一样。强化学习中对应的 (x,y) 实际上是 <s, π(s)>，其中 s 是状态，而 π(s) 是在这种状态

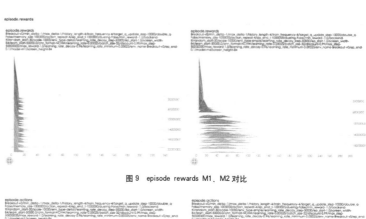

图 9　episode rewards M1、M2 对比

图 10　episode actions M1、M2 结果对比

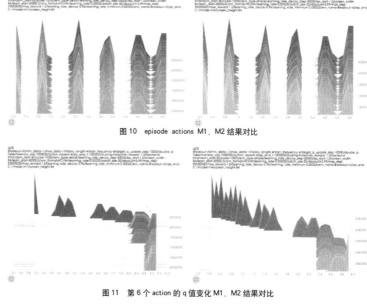

图 11　第 6 个 action 的 q 值变化 M1、M2 结果对比

图 12　第 0 个 action 的 q 值变化 M1、M2 结果对比

下的最优化动作。强化学习中训练信息是从跟环境中互动而得到的值。而环境也不是一成不变的，Agent新一轮的动作，又对环境产生影响。

- 探索：在强化学习中，Agent通过其选择的动作序列影响训练样例的分别。这产生了一个问题：哪种实验策略可产生最有效的学习？学习器面临的是一个权衡过程，是选择探索未知的状态和动作（收集新信息），还是选择利用它已经学习过的、会产生高回报的状态和动作（加强神经元之间的联系）。
- 目标不同：强化学习的数据是序列的、交互的、并且还有反馈的（reward）。这就导致了它与监督学习在优化目标的表现形式的根本差异：强化学习本质可以算作一个决策模型，监督学习更偏向于在固定数据中寻找答案。强化学习是Agent自己去学习，监督学习是跟着设计者给出的既定方向在收敛。
- 长期学习：不像一般的函数逼近任务，类似一个机器人学习问题，经常要求此机器人在相同的环境下使用相同的传感器学习多个相关任务。怎样捡起一个球以及怎样从打印机中取得打印纸等。这就要求算法使用先前获得的经验或知识在学习新任务时减小样本复杂度，并且整个过程是在不停迭代的。
- 强化学习是有"生命"的：你可能也不知道你训练出来的模型到底能做到什么"程度"，它的收敛并不是按照我们事先给出的先验数据收敛，而是根据整个外部环境的反馈数据进行收敛，而外部环境又是在不停变化中的，这点非常像动物或人的学习方式；加上神经网络的不可解释性，往往最后能达到出乎意料的效果，可以说强化是有"生命"的，或者说是有自我进化能力的。

知识的形成要素：记忆

在强化学习中要找到终身学习的开启大门，或者说要将这种"有生命"的状态延续下去，就有必要去模拟人的学习路径。人是在环境中获取知识的一种动物，在环境中被教育，被奖励，被惩罚，非常像前文模拟的强化学习环境，而有了基础的"神经反射"后，人类会一步一步强化这种反射，进而形成经验，再从经验形成知识，最后一代代地传递下来。而这都要归功于我们一直习以为常的大脑功能：记忆。所以这部分我们先不谈强化学习，而是来看看记忆网络的发展。

提到具备记忆的网络我们的第一反应基本都是LSTM。它巧妙地利用了几个门（gate）实现了对是否记忆的控制。我们认为这种模式实际上是不完全的知识存储，因为LSTM只会对一个序列（sequence）里的目标进行记忆，而且严格地一次只输出一个字符或一个词（如图13所示）。

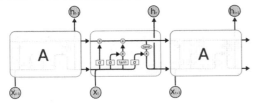

图13 长短时模型（Long Short Term Model，LSTM）通过隐性的共享记忆结构，不完全地实现知识的存储。

LSTM的出现起码解决了神经网络能否记忆的问题，虽然解决得还不够好。图14中的这位就是专门为了解决记忆问题而产生的神经图灵机（Neural Turing Machines，NTM）。

2014年DeepMind的同学们提出一种结构：神经图灵机，大家都知道图灵机是对外部环境的刺激做出的一种反馈（想想强化学习），而神经图灵机参考了这种反馈。

神经图灵机（NTM）架构包含两个基本组件：神经网络控制器和存储器组。图14提供了NTM架构图。像大多数神经网络一样，控制器通过输入和输出向量与外部世界交互。与标准网络不同，它还使用选择性读写操作与存储器矩阵（Memory）交互。类似于图灵机，我们将参数化这些操作的网络输出称为"Heads"（包含读写）。

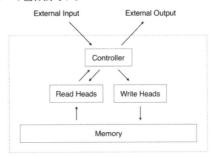

图14 神经图灵机NTM

这个结构可以让NTM在只接受少量的新任务观测情况下或者说在外部的刺激下实现快速学习记忆。而这个简单的结构，据说是模拟的大脑皮质的记忆功能。

接着来看看NTM寻址问题（如图15所示），关键向量k_t，关键的强度β_t被用来在存储举证M_t里做基于内容的寻址。根据γ_t权重将会调整并用在记忆的访问上。

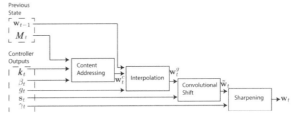

图15 寻址机制的流程图

存储记忆的模块确定了、寻址机制确定了，但是如何往里进行读或者写呢？首先要让读写具有可区分性，以便让神经网络学习读取和写入的位置。这比较麻烦，因为内存地址是完全离散的。NTM采取一个非常聪明的解决方案：每一步都进行读写（如图16所示），只是在不同的范围内进行，图17描述了读取写入的具体流程，其中图17的左边为读取，右边为写入。

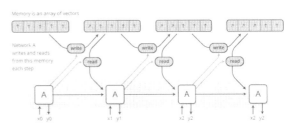

图16 每一步都有读写（参考自http://distill.pub/2016/augmented-rnns/。）

以上我们谈到NTM这种记忆网络，下面我们来看看另一种记忆网络——记忆的进阶MANN（MANN Memory-Augmented Neural Networks）。

MANN论文的摘要这样写道："尽管最近在深层神经网络

的应用方面取得了突破，但是一个持续挑战是'一次性学习'。传统的基于梯度的网络需要大量的数据来学习，常通过广泛的迭代训练。当遇到新数据时，模型必须无效地重新学习它们的参数，以充分地将新的训练集信息合入模型。而具有增强记忆结构的算法，诸如神经图灵机（NTM），能提供快速编码和检索新信息的能力，因此可部分地消除常规模型的缺点。在这里，我们演示了记忆增强神经网络快速吸收新数据的能力，并利用这些数据，准确地预测出几个样本。我们还引入了一种用于访问专注于存储器内容的外部存储器的新方法，与之前使用基于存储器基于位置的聚焦机制的方法有所不同。"

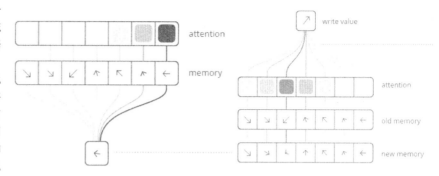

图 17 读写机制

这样看来 MANN 的论文基本上就是针对 NTM 做的一些"变化"，这里不好说一定是改进，笔者的理解是应用范围不同。

请看图 18 右侧图，第一次训练完数据后，会使用一个外部存储器来记忆绑定的样本，该样本是一个类别的标签信息，第二次如果有一个样本被送入模型，可以从外部存储器中检索这个绑定信息以进行预测。具体来说，就是将特定时间步长的样本数据 x_t 绑定到合适的类别标签 y_t 上。而对于这种绑定策略，利用了反向传播的误差信号，用该信号对时间较早的权重更新调整，也就是更新了绑定策略。

以上的这种信息被传递进模型，被整理计算后决定是存储下来还是丢掉，这种机制（任何让我们有选择地把信息从模型的一个地方引导到另一个地方的机制）可以被认为是一种注意力机制。分类模型里的属于"读"注意力，生成模型里的属于"写"注意力或"生成"注意力，对输出变量选择性地更新。不同的注意力机制可以用相同的计算工具实现。

综上，有别于 NTM 由信息内容和存储位置共同决定存储器读写，MANN 的每次读写操作会选择最近利用的存储位置，这种选择是和时间相关的，因此读写策略完全由信息内容和绑定时间所决定。MANN 实现了知识的高效的归纳转移（Inductive transfer）——新知识被灵活地存储访问，基于新知识和"长期"经验对数据做出精确的推断。

研究者使用实验数据集 MNIST 和 Omniglot，为了节省训练时间，图片被规则化成 20×20 大小，对比算法为 LSTM（如图 19 和表 1 所示）。

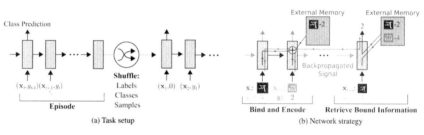

图 18 MANN 读写机制

上升。这跟人类的学习曲线有些类似。

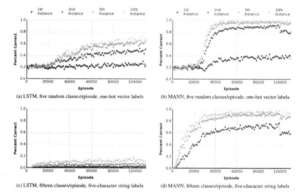

图 19 MANN 与 LSTM 对比结果

表 1 MANN 与 LSTM 对比结果表

MODEL	INSTANCE (% CORRECT)					
	1ST	2ND	3RD	4TH	5TH	10TH
HUMAN	34.5	57.3	70.1	71.8	81.4	92.4
FEEDFORWARD	24.4	19.6	21.1	19.9	22.8	19.5
LSTM	24.4	49.5	55.3	61.0	63.6	62.5
MANN	36.4	82.8	91.0	92.6	94.9	98.1

请看图 19（b），在 5 分类中，结果是在第 2 次学习时候，epoch 达到 40000 次后，准确率就已经到 0.8 左右了。并且可以看出，随着 MANN 的重复学习，学习知识的速度有一个陡峭的

本节到这里就结束了，我们做一个强化学习和 NTM/MANN 的总结。

强化学习：强调如何基于环境而行动，以取得最大化的预期利益。也可以说是 Agent 不停适应环境的能力，或者可以说是形成"条件反射"的一种方式。

NTM/MANN：从学到的知识中记忆、归纳，形成规则应用到其他事物的判断中的能力。当然目前只能做到记忆并没有太多的归纳或推导能力，但未来可以尽情想象。

终极理想：终身学习

前面花了一些篇幅来讨论两种记忆模型，因为"记忆"是我们知识获取、知识形成的基础要素，就像前文所提到的，这一切都为一个最终目标——让机器能够自主地终身学习（Lifelong Learning）。

在 ICML2013 的会议上，Paul Ruvolo 和 Eric Eaton 首次在论文《An Efficient Lifelong Learning Algorithm》中提到了终身学习的概念。

在吸收论文中终身学习的概念后，一个终身学习系统应包含以下四个基础部分,如图 20 所示。

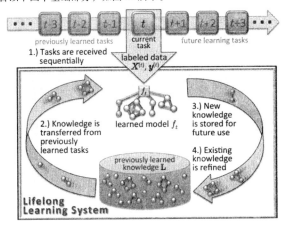

图 20 终身学习示意 (引用自 ELLA: An Efficient Lifelong Learning Algorithm。)

- 知识库(Memory)

知识库是图中下方的圆柱体,这里存储了前期学到的知识。它由输入和输出构成,输入的一部分是新知识直接存储,另一部分是已有知识的归纳推导,形成一种规则;而输出则是知识的应用或传递。

- 控制器(Controller)

控制器对 Read 和 Write 直接进行操作,并考虑到学习的顺序和指向性;而顺序、指向性及随着时间推移变化的知识存储将对泛化能力与学习代价产生影响。

- 知识转移或知识使用(Read)

知识转移从知识库中选择对新知识(目标领域,Target Domain)有帮助的旧知识(源领域,Source Domain)进行迁移。或是直接将旧知识(有可能是一条规则,有可能是之前原始知识的存储)利用起来。

- 知识归纳(Write)

知识归纳是终身学习系统中至关重要的环节,以保证知识库能得到及时的更新。主要有两个方面:一部分是新知识的直接存储,另一部分是已有知识的归纳推导,形成一种规则或自有逻辑并存储下来。要求存储的规则或逻辑有一定的泛化能力。

总结

获取终身学习是每一位研究强人工智能的科学人员的梦想。而强化学习是将环境的刺激纳入目前的模型中,让 AI 有"适应"环境的能力。人类的学习机制从某种意义上说也是一种适应环境的行为:从一次或少数几次的学习中,推导或归纳出一个规律,并将这个规律应用到新的判断中,这种能力将可能帮我们打开强人工智能的大门。

基于容器的 AI 系统开发

文 / 王鹤麟、于洋、王益

基于深度学习的 AI 系统开发通常依赖一个深度学习平台。在 PaddlePaddle 的开发过程里,我们发现 PaddlePaddle 的开发、基于 PaddlePaddle 的 AI 应用的开发,以及这些应用的部署,都可以通过 Docker 来完成,从而减少软件安装的麻烦,也简化问题复现的代价。

开发痛点

编译工具难配置

AI 系统编译时需要安装的工具非常多(PaddlePaddle 需要 40 个工具,TensorFlow 需要 51 个),导致编译环境很难配置。开发者花很多时间在配置编译环境,追溯为什么编译不通过,既影响心情也耽误时间。作为一个开源项目,PaddlePaddle 的编译环境配置必须非常容易,这样才会有更多的开发者加入进来。

编译工具不断变化

一个不停迭代的项目往往编译环境也是在不停变化的:比如 PaddlePaddle 0.9 版本用的是 CUDA 7.5,0.10 版本是 CUDA 8.0。开发者不可能每个人都对编译配置非常熟悉,很多人可能不知道如何将本机的 CUDA 7.5 升级到 8.0。有时候开发者已经在使用 PaddlePaddle 0.10 版本的开发环境了,这时若需要编译 0.9 的版本复现以及修复一个 bug,肯定非常头痛:如何把 CUDA 从 8.0 降回到 7.5,如何回滚编译环境?

问题难以复现

我们在 GitHub 给开源项目提 issue 的时候,首先需要填的就是操作系统以及各种运行环境。这也是开发者的无奈之举,有些 Bug 确实是在固定运行环境下才能复现。从用户的角度来讲,总被问这些问题很头疼,甚至有些用户是将程序运行在集群上的,并不清楚集群具体的环境。从开发者角度来讲,用户程序运行环境非常多样,很难找到一模一样的环境来复现 bug。

解决方案

我们把 PaddlePaddle 的编译环境打包成一个镜像,称为"开发镜像",里面涵盖了 PaddlePaddle 需要的所有编译工具。把编译出来的 PaddlePaddle 也打包成一个镜像,称为"生产镜像",里面涵盖了 PaddlePaddle 运行所需的所有环境。每次 PaddlePaddle 发布新版本的时候都会发布对应版本的生产镜像以及开发镜像。

这样不管开发者用的是 macOS、Linux 还是 Windows,只要安装了 Docker 都可以编译 PaddlePaddle。我们可以把这个开发镜像看作一个程序,以前大家用的是 CMake 和 Make 加上 GCC、Protobuf 编译器这些程序编译。现在用的是这个开发镜像编译。

PaddlePaddle 的旧版本基于 CMake,新版本基于开发镜像。请对比以下使用的命令行:

```
cd paddle/build; cmake ..; make
```

```
cd paddle; docker run -v $(pwd):/paddle
paddlepaddle/paddle:0.10.0rc2-dev
```

第一行是基于 CMake 的编译方法，用户需要手动配置所有的编译工具。第二行是基于容器的编译方法，用户只用安装 Docker 就能够一键编译了（"-v"起的作用是将本地的当前文件夹也就是 PaddlePaddle repo 的根目录挂载容器内，这样容器内就能看到并且编译 PaddlePaddle 了）。

下面介绍如何使用开发环境镜像。考虑我们完成日常工作的方式，开发者可能会使用自己的笔记本 / 台式机安装有 GPU 的工作站。

开发的基本思路是：使用 git clone 下载 PaddlePaddle 源码到开发机或本地，然后就可以使用自己最喜欢的编辑器（如 IntelliJ / Emacs）开始代码编写工作。编译和测试则可以使用 docker run –v 挂载 PaddlePaddle 源代码目录到 Docker 开发环境镜像。这样就可以在 Docker 容器中直接编译和测试刚才修改的代码。我们将在后面的实战部分举例说明。

我们回顾一下看看痛点能否被解决。

编译工具难配置：由于编译工具被打包成了一个镜像，配置编译环境的任务被最熟悉编译环境的开发者一次性完成了，其他开发者不需要重复这个任务，只需要一键运行编译命令就可以。开发者对编译通过可以有充分的信心：容器镜像每次被运行的时候环境是完全一致的，每个新版本发布的开发镜像都通过了编译测试。

编译工具不断变化：编译环境不断变化也不是问题了，每次发布新版本我们都会发布对应的开发镜像。切换编译的版本只用切换镜像即可。之前提到的 CUDA 版本的问题也得到了解决，因为 CUDA 直接被打包在开发和生产镜像中，在接下来的一节"在容器中使用 GPU"中我们会详细介绍 CUDA 相关的细节。

bug 难以复现：因为 PaddlePaddle 唯一官方支持的版本是 Docker 镜像，去掉了编译环境以及运行环境这两大变量，让 bug 复现变得简单很多。

实战演练

这里我们通过介绍 PaddlePaddle 的实战演练来举例说明基于容器的 AI 系统开发流程，如图 1 所示。

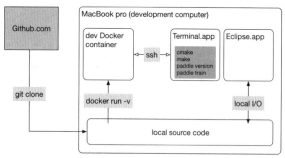

图 1 基于开发镜像的 PaddlePaddle 开发、编译流程

■ 制作 PaddlePaddle 开发镜像

PaddlePaddle 每次发布新版本都会发布对应的开发镜像供开发者直接使用。

生成 Docker 镜像的方式有两个，一个是直接把一个容器转换成镜像；另一个是创建 Dockerfile 并运行 docker build 指令按照 Dockerfile 生成镜像。第一个方法的好处是简单快捷，适合自己实验，可以快速迭代。第二个方法的好处是 Dockerfile 可以把整个生成流程描述得很清楚，其他人很容易看懂镜像生成过程，持续集成系统也可以简单地复现这个过程。我们采用第二个方法。Dockerfile 位于 PaddlePaddle repo 的根目录，生成生产镜像只需要运行：

```
git clone https://github.com/PaddlePaddle/Paddle.git
cd Paddle
docker build -t paddle:dev .
```

docker build 这个命令的 –t 指定了生成的镜像的名字，这里我们用 paddle:dev。到此，PaddlePaddle 开发镜像就构建完毕了。

■ 制作 PaddlePaddle 生产镜像

生产镜像的生成分为两步，第一步是运行：

```
docker run -v $(pwd):/paddle -e "WITH_GPU=OFF" -e "WITH_TEST=ON" paddle:dev
```

以上命令会编译 PaddlePaddle，生成运行程序，以及生成创建生产镜像的 Dockerfile。所有生成的文件都在 build 目录下。"WITH_GPU"控制生成的生产镜像是否支持 GPU，"WITH_TEST"控制是否生成单元测试。

第二步是运行：

```
docker build -t paddle:prod -f build/Dockerfile .
```

以上命令会按照生成的 Dockerfile 把生成的程序复制到生产镜像中并做相应的配置，最终生成名为 paddle:prod 的生产镜像。

■ 运行单元测试

运行以下指令：

```
docker run -it -v $(pwd):/paddle paddle:dev bash -c "cd /paddle/build && ctest"
```

■ 训练模型

使用 PaddlePaddle 做模型训练也是非常容易的：

```
docker run -it -v $(pwd)/demo/mnist/api_train_v2.py:/mnist.py paddlepaddle/paddle:0.10.0rc2 python /mnist.py
```

以上代码会下载并运行 paddlepaddle/paddle:0.10.0rc2 镜像。其中 api_train_v2.py 是 PaddlePaddle repo 中的通过 mnist 数据集训练数字识别的神经元网络代码，我们把它挂载到 /mnist.py，并在容器启动时执行"python /mnist.py"进行训练。

以上的命令运行的是 CPU 版本的 PaddlePaddle。如果要运行 GPU 版本的 PaddlePaddle 请在装了 Nvidia GPU 的机器上执行：

```
nvidia-docker run -it -v $(pwd)/demo/mnist/api_train_v2.py:/mnist.py paddlepaddle/paddle:0.10.0rc2-gpu python /mnist.py
```

可以看到两行指令的第一个区别是 docker 变成了 nvidia-docker，这个我们会在下一节详细说明。另外的区别是镜像名字变成了 paddlepaddle/paddle:0.10.0rc2-gpu。PaddlePaddle 会同时发布 CPU 版本和 GPU 版本的镜像，GPU 版本既可以跑 GPU 又可以跑 CPU，但是镜像大小会比 CPU 版大很多，所以我们分别发布它们。

■ 模型打包

模型训练完毕只是 AI 系统开发的一个阶段性成果，要完成整个开发流程还需要把模型打包，发布到线上服务用户。打包的过程是将预测的代码存放到生产镜像中，生成线上使用的镜像。因为这个镜像是基于生产镜像的，可以保证线上预测结果于线下训练结果的一致性。最后，打包在镜像中的 AI 应用非常利于 Kubernetes 这样的集群管理软件启动和调度。

在容器中使用 Nvidia GPU

AI 系统需要强大的计算量，GPU 运算很自然地成为了 AI 系统的核心。现在 Nvidia 的 GPU 在数值计算领域一家独大，所以这里我们只讨论 Nvidia GPU 在容器中的使用。因为容器技术是基于 Linux Control Groups（CGroups）的，而 CGroups 对于设备是有原生支持的，所以让容器支持一个 GPU 设备应该是一件很容易的事情。让事情变得复杂的原因来自 Nvidia GPU 的驱动：一般的设备驱动只有一个 kernel object（ko）文件，只要在宿主机上安装驱动，ko 文件就会自动被载入内核。但是 Nvidia GPU 的驱动除了 ko 文件之外还有一个 shared object（so）文件。这个文件是用户层的程序，需要在容器内用户程序运行时被动态加载。另外，ko 文件的版本必须与 so 文件版本一模一样。要在容器中找到 so 文件，我们很自然地想到把 so 文件打包到镜像里这个方法，但是在生成镜像的时候我们并不知道运行镜像的机器的驱动是什么版本的，所以无法预先打包对应版本的 so 文件。另一个方法是运行容器的时候自动找到宿主系统中的 so 文件并挂载进来。这是可行的，但是 so 文件安装路径多种多样，与驱动的安装方式有关，十分难找。这时候 nvidia-docker 就出现了，为我们把这些细节问题隐藏了起来。使用起来非常的简单，只用把 docker 换成 nvidia-docker 即可。

熟悉 GPU 计算的朋友们都知道，还有一个环节需要考虑：CUDA 库和 cuDNN 库。CUDA 库是使用 CUDA 架构做科学计算所需要的，它包含编译时需要的头文件以及运行时需要的 so 文件。cuDNN 是专门为深度学习设计的科学计算库，也是包含头文件与 so 文件。它们都有很多版本，并且编译时的头文件版本必须与运行时的 so 文件版本一致。

如果不用容器，这两个库挺让人头疼，比如自己编译好的程序往往拿到别人的机器上就因为版本不一致而不能用了。而用容器的方法运行就不会有这个问题，如之前所提到的，在生成开发镜像的时候我们把 CUDA 和 cuDNN 库以及所需的工具都打包了进去，在运行时也打包了对应版本的 so 文件，所以不会出现版本不一致的。其实运行 GPU 镜像的时候，宿主机器只用安装 Nvidia 驱动就可以，是不需要安装 CUDA 或者 cuDNN 的。

Q&A

基于容器的开发方式怎么使用 IDE？

在首次使用 Docker 编译 PaddlePaddle 之后，Paddle 会使用 CMake 自动下载和编译 Paddle 所依赖的第三方库。第三方库会下载到项目的 third_party 目录中。

通常情况下，IDE 如果要完成自动补全功能，有两种方式。一种是使用字符串匹配的方式解析（譬如 ctags），另一种是在本地真正的做词法分析。无论是基于字符串匹配模式还是本地组做词法分析模式的自动补全，使用容器方式开发都可以很好地支持。因为 PaddlePaddle 在编译时已经将第三方库下载到本地，使用 IDE 的时候只要将这些第三方库的头文件放入 IDE 搜索路径中，就可以完成自动补全的配置。

以 Qt Creator 这个开源轻量级 C++ IDE 为例，将 PaddlePaddle 作为现有项目导入，并将第三方库路径作为 include 路径导入后，即可以使用 Qt Creator 的代码补全功能。

每一次编译必须从头开始吗？

因为编译的时候，所有生成的中间文件都保存在宿主文件系统里的 build 目录下，下一次编译仍然可以使用这些中间文件的，所以每一次编译并非从头开始。

我已经在我的机器上配置好了多个环境，不同GCC版本，ARM 架构的 cross-compile 环境，换到基于容器的编译方式好像很麻烦？

是的，把本地已经设置好的编译环境转换成新的肯定比继续使用已经配置好的环境麻烦。基于容器的编译方式只要设定好了一次，就非常容易发布出去分享给别人，自己重装系统后也方便使用。

另外，跨操作系统，跨架构的 cross compile 配置起来按编译环境的不同，难易程度也不一样。有些设定起来很容易，有些很复杂甚至不支持。因为容器能够运行其他架构的镜像，所以可以直接在编译的目标操作系统与架构的容器里配置编译环境，就绕过了跨操作系统跨架构，不需要花时间配置 cross compiler 了。

看得"深"、看得"清"

——深度学习在图像超清化的应用

文 / 张延祥

日复一日的人像临摹练习使得画家能够仅凭几个关键特征画出完整的人脸。同样地，我们希望机器能够通过低清图像有限的图像信息，推断出图像对应的高清细节，这就需要算法能够像画家一样"理解"图像内容。至此，传统的规则算法不堪重负，新兴的深度学习照耀着图像超清化的星空。

得益于硬件的迅猛发展，短短几年间，手机已更新了数代，老手机拍下的照片在大分辨率的屏幕上变得模糊起来。同样地，图像分辨率的提升使得网络带宽的压力骤增。如此，图像超清化算法就有了用武之地。

对于存放多年的老照片，我们使用超清算法令其细节栩栩如生；面对网络传输的带宽压力，我们先将图像压缩传输，再用超清化算法复原，这样可以大大减少传输数据量。

传统的几何手段如三次插值，传统的匹配手段如碎片匹配，在应对这样的需求上皆有心无力。

深度学习的出现使得算法对图像的语义级操作成为可能。本文即是介绍深度学习技术在图像超清化问题上的最新研究进展。

深度学习最早兴起于图像,其主要处理图像的技术是卷积神经网络。关于卷积神经网络的起源,业界公认是 Alex 在 2012 年的 ImageNet 比赛中的煌煌表现。虽为五年,却已是老生常谈。因此卷积神经网络的基础细节本文不再赘述。在下文中,使用 CNN(Convolutional Neural Network)来指代卷积神经网络。

CNN 出现以来,催生了很多研究热点,其中最令人印象深刻的五个热点如下。

- 深广探索:VGG 网络的出现标志着 CNN 在搜索的深度和广度上有了初步的突破。
- 结构探索:Inception 结构及其变种的出现进一步增加了模型的深度。而 ResNet 结构的出现则使得深度学习的深度变得"名副其实"起来,可以达到上百层甚至上千层。
- 内容损失:图像风格转换是 CNN 在应用层面的一个小高峰,涌现了一批以 Prisma 为首的小型创业公司。缘起 CNN,图像风格转换在技术上产生了其真正的贡献,即通过一个预训练好的模型上的特征图计算损失函数,在语义层面生成图像。
- 对抗神经网络(GAN):虽然 GAN 是针对机器学习领域的架构创新,但其最初的应用却是在 CNN 上。通过对抗训练,使得生成模型能够借用监督学习的东风进行提升,将生成模型的质量提升了一个级别。
- PixelCNN:将依赖关系引入到像素之间,是 CNN 模型结构方法的一次比较大的创新,用于生成图像,效果最佳,但有失效率。

这五个热点,在图像超清这个问题上都有所体现。下面会一一为大家道来。

CNN 的第一次出手

图像超清问题的特点在于,低清图像和高清图像中很大部分的信息是共享的,基于这个前提,在 CNN 出现之前,业界的解决方案是使用一些特定的方法,如 PCA、Sparse Coding 等,将低分辨率和高分辨率图像变为特征表示,然后将两个特征表示做映射。

基于传统的方法结构,CNN 也将模型划分为三个部分,即特征抽取、非线性映射和特征重建。由于 CNN 的特性,三个部分的操作均可使用卷积完成。因而,虽然针对模型结构的解释与传统方法类似,但 CNN 却是可以同时联合训练的统一体,在数学上拥有更加简单的表达。

不仅在模型解释上可以看到传统方法的影子,在具体的操作上也可以看到。在上述模型中,需要对数据进行预处理,抽取出很多 Patch,这些 Patch 可能互有重叠,将这些 Patch 取合集便是整张图像。上述的 CNN 结构是被应用在这些 Patch 而不是整张图像上,得到所有图像的 Patch 后,将这些 Patch 组合起来得到最后的高清图像,重叠部分取均值,如图 1 所示。

更深更快更准的 CNN

图 2 中的方法虽然效果远高于传统方法,但是却有若干问题:

- 训练层数少,没有足够的视野域;
- 训练太慢,导致没有在深层网络上得到好的效果;
- 不能支持多种倍数的高清化。

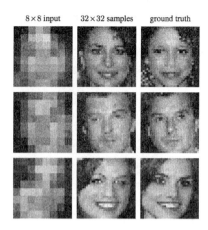

图 1 最新的 Pixel 递归网络在图像超清化上的应用。左图为低清图像,右图为其对应的高清图像,中间为算法生成结果。这是 4 倍超清问题,即将边长扩大为原来的 4 倍。

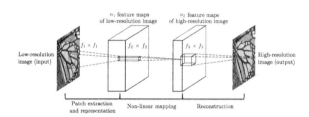

图 2 首个应用于图像超清问题的 CNN 网络结构,输入为低清图像,输出为高清图像。该结构分为三个步骤:低清图像的特征抽取、低清特征到高清特征的映射、高清图像的重建。

针对上述问题,图 3 算法提出了采用更深的网络模型。并用三种技术解决了图 2 算法的问题。

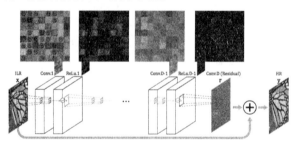

图 3 基于残差的深度 CNN 结构。该结构使用残差连接将低清图像与 CNN 的输出相加得到高清图像,即仅用 CNN 结构学习低清图像中缺乏的高清细节部分。

第一种技术是残差学习。CNN 是端到端的学习,如果像图 2 方法那样直接学习,那么 CNN 需要保存图像的所有信息,需要在恢复高清细节的同时记住所有的低分辨率图像的信息。如此,网络中的每一层都需要存储所有的图像信息,这就导致了信息过载,使得网络对梯度十分敏感,容易造成梯度消失或梯度爆炸等现象。而图像超清问题中,CNN 的输入图像和输出图像中的信息很大一部分是共享的。残差学习是只针对图像高清细节信息进行学习的算法。如图 3 所示,CNN 的输出加上原始的低分辨率图像得到高分辨率图像,即 CNN 学习到的是高分辨率图像和低分辨率图像的差。如此,CNN 承载的信息量小,更容易收敛的同时还可以达到比非残差网络更好的效果。

高清图像之所以能够和低清图像做加减法,是因为,在数据预处理时,将低清图像使用插值法缩放到与高清图像同等大小。于是虽然图像被称之为低清,但其实图像大小与高清图像是一致的。

第二种技术是高学习率。在 CNN 中设置高学习率通常会导致梯度爆炸，因而在使用高学习率的同时还使用了自适应梯度截断。截断区间为 $[-\theta/\gamma, \theta/\gamma]$，其中 γ 为当前学习率，θ 是常数。

第三种技术是数据混合。最理想化的算法是为每一种倍数分别训练一个模型，但这样极为消耗资源。因而，同之前的算法不同，本技术将不同倍数的数据集混合在一起训练得到一个模型，从而支持多种倍数的高清化。

感知损失

在此之前，使用 CNN 来解决高清问题时，一般用 CNN 生成模型产生的图像和实际图像以像素为单位进行损失函数的计算（一般为欧式距离）。此损失函数得到的模型捕捉到的只是像素级别的规律，其泛化能力相对较弱。

而感知损失，则是指将 CNN 生成模型和实际图像都输入某个训练好的网络中，得到这两张图像在该训练好的网络上某几层的激活值，在激活值上计算损失函数。

由于 CNN 能够提取高级特征，那么基于感知损失的模型能够学习到更鲁棒、更令人信服的结果。

图 4 即为感知损失网络，该网络本是用于快速图像风格转换。在这个结构中，需要训练左侧的 Transform 网络来生成图像，将生成的图像 Y 和内容图像与风格图像共同输入进右侧已经训练好的 VGG 网络中得到损失值。如果去掉风格图像，将内容图像变为高清图像，将输入改为低清图像，那么这个网络就可以用于解决图像超清问题了。

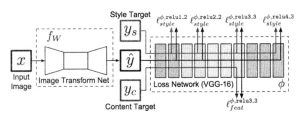

图 4　基于感知损失的图像风格转换网络。该网络也可用于图像超清问题。左侧是一个待训练的转换网络，用于对图像进行操作；右侧是一个已训练好的网络，将使用其中的几层计算损失。

对抗神经网络（GAN）

对抗神经网络称得上是近期机器学习领域最大的变革成果。其主要思想是训练两个模型 G 和 D。G 是生成网络而 D 是分类网络，G 和 D 都用 D 的分类准确率来进行训练。G 用于某种生成任务，比如图像超清化或图像修复等。G 生成图像后，将生成图像和真实图像放到 D 中进行分类。使用对抗神经网络训练模型是一个追求平衡的过程：保持 G 不变，训练 D 使分类准确率提升；保持 D 不变，训练 G 使分类准确率下降，直到平衡。GAN 框架使得无监督的生成任务能够利用到监督学习的优势来进行提升。

基于 GAN 框架，只要定义好生成网络和分类网络，就可以完成某种生成任务。

而将 GAN 应用到图像高清问题的这篇论文，可以说是集大成之作。生成模型层次深且使用了 residual block 和 skip-connection；在 GAN 的损失函数的基础上同时添加了感知损失。

GAN 的生成网络和分类网络如图 5 所示，其中，生成网络自己也可以是一个单独的图像超清算法。论文中分析了 GAN 和 non-GAN 的不同，发现 GAN 主要在细节方面起作用，但无法更加深入地解释。"无法解释性"也是 GAN 目前的缺点之一。

像素递归网络（Pixel CNN）

图 5 中的 GAN 虽然能够达到比较好的效果，但是由于可解释性差，难免有套用之嫌。

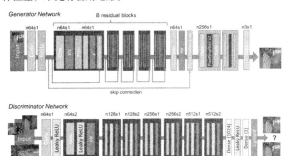

图 5　对抗训练的生成网络 G 和判别网络结构 D。上半部分是生成网络 G，层次很深且使用了 residual block 和 skip-connection 结构；下半部分是判别网络 D。

其实，对于图像超清这个问题来说，存在一个关键性的问题，即一张低清图像可能对应着多张高清图像，那么问题来了。

假如我们把低分辨率图像中需要高清化的部分分成 A,B,C,D 等几个部分，那么 A 可能对应 A1,A2,A3,A4，B 对应 B1,B2,B3,B4，依此类推。假设 A1,B1,C1,D1 对应一张完美的高清图片。那么现有的算法可能生成的是 A1,B2,C3,D4 这样的混搭，从而导致生成的高清图像模糊。

为了验证上述问题的存在，设想一种极端情况。

在图 6 的上半部分，基于 MNIST 数据集生成一个新的数据集。生成方法如下：将 MNIST 数据集中的图片 A 长宽各扩大两倍，每张图片可以生成两张图片 A1 和 A2，A1 中 A 处于右下角，A2 中 A 处于左上角。

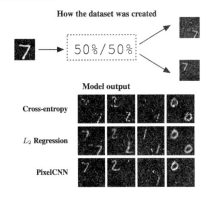

图 6　图像超清模糊性问题分析图示。上半部分为分析问题所用数据集的构建。下半部分为现有的损失函数在这个问题上的效果。可以通过对比看出，PixelCNN 能够防止这种模糊的出现。

把原图当作低清图片，生成的图当成高清图片。使用 Cross-entropy 以及 Regression 方法进行训练，得到的模型，在生成图像的时候，会产生图 6 下半部分的结果。即每个像素点可能等概率地投射到左上部分和右下部分，从而导致生成的图片是错误的。而引入 PixelCNN 后，由于像素之间产生了依赖关系，很好地避免了这种情况的发生。

为了解决上述的图像模糊问题，需要在生成图像的同时引入先验知识。画家在拥有了人脸的知识之后，就可以画出令人信服的高清细节。类比到图像超清问题中，先验知识即是告知算法该选择哪一种高清结果。

在图像超清问题中，这样的知识体现为让像素之间有相互依赖的关系。这样，就可以保证 A,B,C,D 四个不同的部分对于高清版的选择是一致的。

模型架构如图 7 所示。其中条件网络是一个将低清图像转化成高清图像的网络。它能以像素为单位独立地生成高清图像，如同 GAN 中的 G 网络，感知损失中的转换网络。而先验网络则是一个 Pixel CNN 组件，它用来增加高清图像像素间的依赖，使像素选择一致的高清细节，从而看起来更加自然。

那么 PixelCNN 是如何增加依赖的呢？在生成网络的时候，PixelCNN 以像素为单位进行生成，从左上角到右下角，在生成当前像素的时候，会考虑之前生成的像素。

若加上先验网络和条件网络的混合，PixelCNN 在生成图像的时候，除了考虑前面生成的像素，还需要考虑条件网络的结果。

总结

上述算法是图像超清问题中使用的较为典型的 CNN 结构，此外，还有很多其他的结构也达到了比较好的效果。随着 CNN 网络结构层次的日益加深，距离实用场景反而越来越远。譬如，基于 GAN 的网络结构的训练很难稳定，且结果具有不可解释性；基于 PixelCNN 的网络在使用中由于要在 Pixel 级别生成，无法并行，导致生成效率极为低下。

更进一步地，从实用出发，可以在数据方向上进行进一步的优化。譬如，现在的算法输入图像都是由低清图像三次插值而来，那么，是否可以先用一个小网络得到的结果来作为初始化的值呢？再如，多个小网络串联是否能得到比一个大网络更好的结果等。

图像超清问题是一个相对来说比较简单的图像语义问题，相信这只是图像语义操作的一个开始，今后越来越多的图像处理问题将会因为 CNN 的出现迎刃而解。

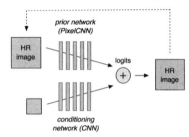

图 7　基于 PixelCNN 的解决图像超清问题的 CNN 网络结构。其中先验网络（prior network）为 PixelCNN；条件网络（conditioning network）为图像生成网络，其结构与作用同 GAN 中的生成网络、感知损失中的转换网络均类似。

见微知著：细粒度图像分析进展

文 / 魏秀参

有别于通用图像分析任务，细粒度图像分析的所属类别和粒度更为精细，它不仅能在更细分的类别下对物体进行识别，就连相似度极高的同一物种也能区别开来。本文将分别围绕"细粒度图像分类"和"细粒度图像检索"两大经典图像问题来展开，从而使读者对细粒度图像分析领域有全面的理解。

大家应该都会有这样的经历：逛街时见到路人的萌犬可爱至极，可仅知是"犬"殊不知其具体品种；初春踏青，见那姹紫嫣红丛中笑，却桃杏李傻傻分不清……实际上，类似的问题在实际生活中屡见不鲜。如此问题为何难？究其原因，是普通人未受过针对此类任务的专门训练。倘若踏青时有位资深植物学家相随，不要说桃杏李花，就连差别甚微的青青河边草想必都能分得清白。为了让普通人也能轻松达到"专家水平"，人工智能的研究者们希望借助计算机视觉技术（Computer Vision，CV）来解决这一问题。如上所述的这类任务在 CV 研究中有个专门的研究方向，即"细粒度图像分析"（Fine-Grained Image Analysis）。

细粒度图像分析任务相对通用图像（General/Generic Images）任务的区别和难点在于其图像所属类别的粒度更为精细。以图 1 为例，通用图像分类其任务诉求是将"袋鼠"和"狗"这两个物体大类（蓝色框和红色框中物体）分开，可见无论从样貌、形态等方面，二者还是很容易被区分的；而细粒度图像的分类任务则要求对"狗"该类类别下细粒度的子类，即分别为"哈士奇"和"爱斯基摩犬"的图像分辨开来。正因同类别

物种的不同子类往往仅在耳朵形状、毛色等细微处存在差异，可谓"差之毫厘，谬以千里"。不止对计算机，对普通人来说，细粒度图像任务的难度和挑战无疑也更为巨大。

图 1　通用图像分析

在此，本文针对近年来深度学习方面的细粒度图像分析任务，分别从"细粒度图像分类"（Fine-Grained Image Classification）和"细粒度图像检索"（Fine-Grained Image Retrieval）两大经典图像问题进行进展综述，以期读者可以对细粒度图像分析领域提纲挈领地窥得全貌。

细粒度图像分类

诚如刚才提到，细粒度物体的差异仅体现在细微之处。如何有效地对前景对象进行检测，并从中发现重要的局部区域信息，成为了细粒度图像分类算法要解决的关键问题。对细粒度分类模型，可以按照其使用的监督信息的强弱，分为"基于强监督信息的分类模型"和"基于弱监督信息的分类模型"两大类。

基于强监督信息的细粒度图像分类模型

所谓"强监督细粒度图像分类模型"是指：在模型训练时，为了获得更好的分类精度，除了图像的类别标签外，还使用了物体标注框（Object Bounding Box）和部位标注点（Part Annotation）等额外的人工标注信息，如图2所示。

图2 物体标注框和部位标注点

下面介绍基于强监督信息细粒度分类的几个经典模型。

Part-based R-CNN

相信大家一定对R-CNN不陌生，顾名思义，Part-based R-CNN就是利用R-CNN算法对细粒度图像进行物体级别（例如鸟类）与其局部区域（头、身体等部位）的检测，其总体流程如图3所示。

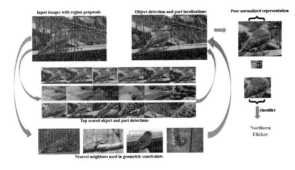

图3 R-CNN工作流程图

首先利用Selective Search等算法在细粒度图像中产生物体或物体部位可能出现的候选框（Object Proposal）。之后用类似于R-CNN做物体检测的流程，借助细粒度图像中的Object Bounding Box和Part Annotation可以训练出三个检测模型（Detection Model）：一个对应细粒度物体级别检测；一个对应物体头部检测；另一个则对应躯干部位检测。然后，对三个检测模型得到的检测框加上位置几何约束，例如，头部和躯干的大体方位，以及位置偏移不能太离谱等。这样便可得到较理想的物体/部位检测结果（如图3右上所示）。接下来将得到的图像块（Image Patch）作为输入，分别训练一个CNN，则该CNN可以学习到针对该物体/部位的特征。最终将三者的全连接层特征级联（Concatenate）作为整张细粒度图像的特征表示。显然，这样的特征表示既包含全部特征（即物体级别特征），又包含具有更强判别性的局部特征（即部位特征：头部特征/躯干特征），因此分类精度较理想。但在Part-based R-CNN中，不仅在训练时需要借助Bounding Box和Part Annotation，为了取得满意的分类精度，在测试时甚至还要求测试图像提供Bounding Box。这便限制了Part-based R-CNN在实际场景中的应用。

Pose Normalized CNN

有感于Part-based R-CNN，S. Branson等人提出在用DPM算法得到Part Annotation的预测点后同样可以获得物体级别和部位级别的检测框，如图4所示。与之前工作不同的是，Pose Normalized CNN对部位级别图像块做了姿态对齐操作。此外，由于CNN不同层的特征具有不同的表示特性（如浅层特征表示边缘等信息，深层特征更具高层语义），该工作还提出应针对细粒度图像不同级别的图像块，提取不同层的卷积特征。在图4中，我们针对全局信息，提取FC8特征；基于头部信息则提取最后一层卷积层特征作为特征表示。最终，还是将不同级别特征级联作为整张图像的表示。如此的姿态对齐操作和不同层特征融合方式，使得Pose Normalized CNN在使用同样多标记信息时取得了相比Part-based R-CNN高2%的分类精度。

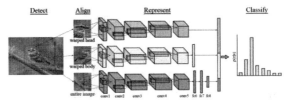

图4 用DPM算法得到Part Annotation的预测点后获得物体级别和部位级别的检测框

Mask-CNN

最近，我们也针对细粒度图像分类问题提出了名为Mask-CNN的模型。同上，该模型亦分为两个模块，第一是Part Localization；第二是全局和局部图像块的特征学习。需要指出的是，与前两个工作的不同在于，在Mask-CNN中，我们提出借助FCN学习一个部位分割模型（Part-Based Segmentation Model）。其真实标记是通过Part Annotation得到的头部和躯干部位的最小外接矩形，如图5(c)所示。在FCN中，Part Localization这一问题就转化为一个三分类分割问题，其中，一类为头部、一类为躯干、最后一类则是背景。

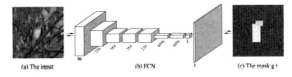

图5 借助FCN学习的部位分割模型

FCN训练完毕后，可以对测试集中的细粒度图像进行较精确的part定位，图6展示了一些定位效果图。可以发现，基于FCN的part定位方式可以对大多数细粒度图像进行较好的头部和躯干定位。同时，还能注意到，即使FCN的真实标记是粗糙的矩形框，但其预测结果中针对part稍精细些的轮廓也能较好地得到。在此，我们称预测得到的part分割结果为Part Mask。不过，对于一些复杂背景图像（如图6右下所示）part定位结果还有待提高。

在得到Part Mask后，可以通过Crop获得对应的图像块。同时，两个Part Mask组合起来刚好可组成一个较完整的Object Mask。同样，基于物体/部位图像块，Mask-CNN训练了三个子网络。

图6 经过FCN训练后对细粒度图像进行定位

在此需要特别指出的是,在每个子网络中,上一步骤中学到的 Part/Object Mask 还起到了一个关键作用,即"筛选关键卷积特征描述子"(Selecting Useful Convolutional Descriptor),如图7(c)-(d)所示。这个模块也是我们首次在细粒度图像分类中提出的。筛选特征描述子的好处在于,可以保留表示前景的描述子,而去除表示背景的卷积描述子的干扰。筛选后,对保留下来的特征描述子进行全局平均和最大池化(Global Average/Max Pooling)操作,后将二者池化后的特征级联作为子网络的特征表示,最后将三个子网特征再次级联作为整张图像的特征表示。

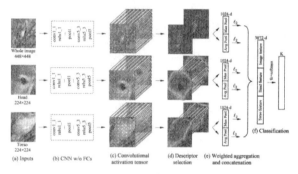

图7 筛选关键卷积特征描述子

实验表明,基于筛选的 Mask-CNN 在仅依靠训练时提供的 Part Annotation(不需要 Bounding Box,同时测试时不需额外监督信息)取得了目前细粒度图像分类最高的分类精度(在经典 CUB 数据上,基于 ResNet 的模型对 200 类不同鸟类分类精度可达 87.3%)。此外,借助 FCN 学习 Part Mask 来进行 Part 定位的做法也取得了 Part 定位的最好结果。

基于弱监督信息的细粒度图像分类模型

虽然上述三种基于强监督信息的分类模型取得了较满意的分类精度,但由于标注信息的获取代价十分昂贵,在一定程度上也局限了这类算法的实际应用。因此,目前细粒度图像分类的一个明显趋势是,希望在模型训练时仅使用图像级别标注信息,而不再使用额外的 Part Annotation 信息时,也能取得与强监督分类模型可比的分类精度。这便是"基于弱监督信息的细粒度分类模型"。细粒度分类模型思路同强监督分类模型类似,也需要借助全局和局部信息来做细粒度级别的分类。而区别在于,弱监督细粒度分类希望在不借助 Part Annotation 的情况下,也可以做到较好的局部信息的捕捉。当然,在分类精度方面,目前最好的弱监督分类模型仍与最好的强监督分类模型存在差距(分类准确度相差约 1% ~ 2%)。下面介绍三个弱监督细粒度图像分类模型的代表。

Two Level Attention Model

顾名思义,该模型主要关注两个不同层次的特征,分别是物体级别和部件级别信息。当然,该模型并不需要数据集提供这些标注信息,完全依赖于本身的算法来完成物体和局部区域的检测。其整体流程如图8所示。

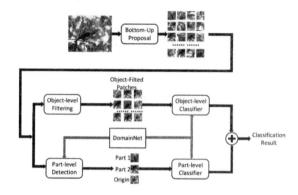

图8 Two Level Attention 流程图

该模型主要分为三个阶段。1. 预处理模型:从输入图像中产生大量的候选区域,对这些区域进行过滤,保留包含前景物体的候选区域;2. 物体级模型:训练一个网络实现对对象级图像进行分类;在此需要重点介绍的是,3. 局部级模型。我们来看,在不借助 Part Annotation 的情况下,该模型怎样做到 Part 检测。

由于预处理模型选择出来的这些候选区域大小不一,有些可能包含了头部,有些可能只有脚。为了选出这些局部区域,首先利用物体级模型训练的网络来对每一个候选区域提取特征。接下来,对这些特征进行谱聚类,得到 K 个不同的聚类簇。如此,则每个簇可视为代表一类局部信息,如头部、脚等。这样,每个簇都可以看作一个区域检测器,从而达到对测试样本局部区域检测的目的。

Constellations

Constellations 方案是利用卷积网络特征本身产生一些关键点,再利用这些关键点来提取局部区域信息。对卷积特征进行可视化分析(如图9所示),发现一些响应比较强烈的区域恰好对应原图中一些潜在的局部区域点。因此,卷积特征还可以被视为一种检测分数,响应值高的区域代表着原图中检测到的局部区域。不过,特征输出的分辨率与原图相差较大,很难对原图中的区域进行精确定位。受到前人工作的启发,我采用的方法是通过计算梯度图来产生区域位置。

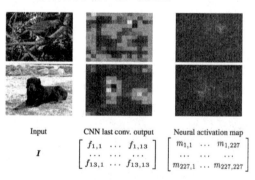

图9 Constellations 方案

具体而言,卷积特征的输出是一个 $W \times H \times P$ 维的张量,P

表示通道的个数，每一维通道可以表示成一个 $W \times H$ 维的矩阵。通过计算每一维通道 P 对每一个输入像素的平均梯度值，可以得到与原输入图像大小相同的特征梯度图：

$$m_{x,y}^{(p)}(I) = \frac{\partial}{\partial I_{x,y}} \sum_{j,j'} f_{j,j'}^{(p)}(I)$$

上面公式可以通过反向传播高效地完成计算。这样，每一个通道的输入都可以转换成与原图同样大小的特征梯度图。在特征梯度图中响应比较强烈的区域，即可代表原图中的一个局部区域。于是每一张梯度图中响应最强烈的位置即作为原图中的关键点：

$$\mu_{i,p} = \arg\max_{x,y} \left| m_{x,y}^{(p)}(I_i) \right|$$

卷积层的输出共有 P 维通道，可分别对应于 P 个关键点位置。后续对这些关键点或通过随机选择或通过 Ranking 来选择出重要的 M 个。得到关键点后分类就是易事了。其分类处理流程如图 10 所示。

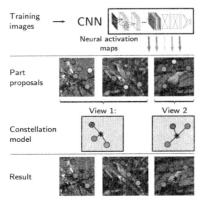

图 10　卷积特征输出的分类流程

Bilinear CNN

深度学习成功的一个重要精髓，就是将原本分散的处理过程，如特征提取、模型训练等，整合进了一个完整的系统，进行端到端的整体优化训练。不过，在以上所有的工作中，我们所看到的都是将卷积网络当作一个特征提取器，并未从整体上进行考虑。最近，T.-Y. Lin、A.RoyChowdhury 等人设计了一种端到端的网络模型 Bilinear CNN，在 CUB200-2011 数据集上取得了弱监督细粒度分类模型的最好分类准确度。

如图 11 所示，一个 Bilinear 模型由一个四元组组成：$\mathcal{B} = (f_A, f_B, \mathcal{P}, \mathcal{C})$。其中 f_A，f_B 代表特征提取函数，即图中的网络 A、B，$\mathcal{P}$ 是一个池化函数（Pooling Function），$\mathcal{C}$ 则是分类函数。

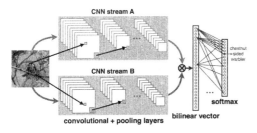

图 11　Bilinear 模型的组成

特征提取函数 $f(\cdot)$ 的作用可以看作一个函数映射 $f: \mathcal{L} \times \mathcal{I} \to \mathbb{R}^{c \times D}$，将输入图像 $\mathcal{I}$ 与位置区域 $\mathcal{L}$ 映射为一个 $c \times D$ 维的特征。而两个特征提取函数的输出，可以通过一个双线性操作进行汇聚，得到最终的 Bilinear 特征：$\text{bilinear}(l, \mathcal{I}, f_A, f_B) = f_A(l, \mathcal{I})^T f_B(l, \mathcal{I})$。其中池化函数 $\mathcal{P}$ 的作用是将所有位置的 Bilinear 特征汇聚成一个特征。Bilinear CNN 中所采用的池化函数是将所有位置的 Bilinear 特征累加起来：$\phi(\mathcal{I}) = \sum_{l \in \mathcal{L}} \text{bilinear}(l, \mathcal{I}, f_A, f_B)$。到此 Bilinear 向量即可表示该细粒度图像，后续则为经典的全连接层进行图像分类。一种对 Bilinear CNN 模型的解释是，网络 A 的作用是对物体/部件进行定位，即完成前面介绍算法的物体与局部区域检测工作，而网络 B 则是用来对网络 A 检测到的物体位置进行特征提取。两个网络相互协调作用，完成了细粒度图像分类过程中两个最重要的任务：物体、局部区域的检测与特征提取。另外，值得一提的是，Bilinear 模型由于其优异的泛化性能，不仅在细粒度图像分类上取得了优异效果，还被用于其他图像分类任务，如行人重检测（Person Re-ID）。

细粒度图像检索

以上介绍了细粒度图像分类的几个代表性工作。图像分析中除监督环境下的分类任务，还有另一大类经典任务——无监督环境下的图像检索。相比细粒度图像分类，检索任务上的研究开展较晚，下面重点介绍两个该方面的工作。

图像检索（Image Retrieval）按检索信息的形式，分为"以文搜图"（Text-Based）和"以图搜图"（Image-Based）。在此我们仅讨论以图搜图的做法。传统图像检索任务一般是检索类似复制的图像（Near-Duplicated Images），如图 12 所示。左侧单列为 Query 图像，右侧为返回的正确检索结果。可以看到，传统图像检索中图像是在不同光照不同时间下同一地点的图像，这类图像不会有形态、颜色、甚至是背景的差异。

General image retrieval. Two examples from the *Oxford Building* dataset.

图 12　传统图像检索任务

而细粒度图像检索，如图 13 所示，则需要将同为"绿头鸭"的图像从众多不同类鸟类图像中返回；同样，需要将"劳斯莱斯幻影"从包括劳斯莱斯其他车型的不同品牌不同车型的众多图像中检索出来。细粒度图像检索的难点，一是图像粒度非常细微；二是对细粒度图像而言，哪怕是属于同一子类的图像本身也具有形态、姿势、颜色、背景等巨大差异。可以说，细粒度图像检索是图像检索领域和细粒度图像分析领域的一项具有新鲜生命力的研究课题。

L. Xie、J. Wang 等在 2015 年首次提出细粒度图像"搜索"的概念，通过构造一个层次数据库将多种现有的细粒度图像数据集和传统图像检索（一般为场景）融合。在搜索时，先判断其隶属的大类，后进行细粒度检索。其所用特征仍然是人造图像特征（SIFT 等），基于图像特征可以计算两图相似度，从而返回检索结果（如图14所示）。

Fine-grained image retrieval. Two examples ("Mallard" and "Rolls-Royce Phantom Sedan 2012") from the *CUB200-2011* and *Cars* datasets, respectively.

图13　细粒度图像检索

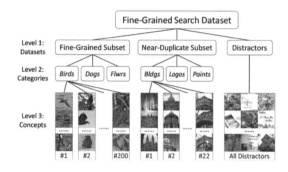

图14　细粒度图像搜索数据库 SCDA

SCDA

SCDA（Selective Convolutional Descriptor Aggregation）是我们近期提出的首个基于深度学习的细粒度图像检索方法。同其他深度学习框架下的图像检索工作一样，在 SCDA 中，细粒度图像作为输入送入 Pre-Trained CNN 模型得到卷积特征／全连接特征（如图15所示）。区别于传统图像检索的深度学习方法，针对细粒度图像检索问题，我们发现卷积特征优于全连接层特征，同时创新性地提出要对卷积描述子进行选择。不过 SCDA 与之前提到的 Mask-CNN 的不同点在于，在图像检索问题中，不仅没有精细的 Part Annotation，就连图像级别标记都无从获取。这就要求算法在无监督条件下依然可以完成物体的定位，根据定位结果进行卷积特征描述子的选择。对保留下来的深度特征，分别做以平均和最大池化操作，之后级联组成最终的图像表示。

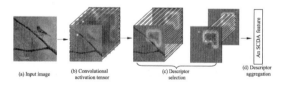

Figure 1. Pipeline of the proposed SCDA method. (Best viewed in color.)

图15　SCDA 检索方法流程

很明显，在 SCDA 中，最重要的就是如何在无监督条件下对物体进行定位。通过观察得到的卷积层特征（如图16所示），可以发现明显的"分布式表示"特性。对两种不同鸟类／狗，同一层卷积层的最强响应也差异很大。如此一来，单独选择一层卷积层特征来指导无监督物体定位并不现实，同时全部卷积层特征都拿来帮助定位也不合理。例如，对于第二张鸟的图像来说，第108层卷积层较强响应竟然是一些背景的噪声。

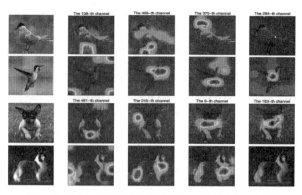

图16　在 SCDA 中，通过观察得到的卷积层特征发现"分布式表示"特性

基于这样的观察，我们提出将卷积特征（HxWxD）在深度方向做加和，之后可以获得 Aggregation Map（HxWx1）。在这张二维图中，可以计算出所有 HxW 个元素的均值，而此均值 m 便是该图物体定位的关键：Aggregation Map 中大于 m 的元素位置的卷积特征需保留；小于的则丢弃。这一做法的一个直观解释是，细粒度物体出现的位置在卷积特征张量的多数通道都有响应，而将卷积特征在深度方向加和后，可以将这些物体位置的响应累积——有点"众人拾柴火焰高"的意味。而均值则作为一把"尺子"，将"不达标"的响应处标记为噪声，将"达标"的位置标为物体所在。而这些被保留下来的位置，也就对应了应保留卷积特征描述子的位置。后续做法类似 Mask-CNN。实验中，在细粒度图像检索中，SCDA 同样获得了最好结果；同时 SCDA 在传统图像检索任务中，也可取得同目前传统图像检索任务最好方法相差无几（甚至优于）的结果（如图17所示）。

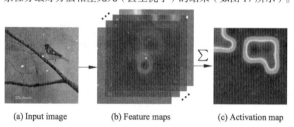

图17　基于深度学习的细粒度图像检索流程图

展望

细粒度图像分析任务在过去的十年里一直是计算机视觉中的热门研究领域，尤其在深度学习繁荣的近几年，方法和问题可谓"常做常新"。不过随着深度学习方法研究的深入，在传统细粒度图像分析问题上，如鸟类、狗、车等子类分类和检索，尤其分类问题的准确率，可以说是到了瓶颈期。虽然时常会有不少细粒度图像分类工作问世，但每年也大概只能将分类准确率提升1个百分点左右（在经典的鸟类分类上，目前强监督分类模型为87.3%左右，弱监督模型为84.1%左右）。这便催生了细粒度图像分析任务的不同设定，如基于网络数据的细粒度图像分类、基于 wiki 知识获取的细粒度图像分类等。

同时，更加广义的"细粒度图像分析"研究也越来越多。常见的行人重检测（Person Re-ID）、人脸识别（Face Verification）、示例级别检索（Instance Retrieval）等问题都可以用传统细粒度图像分析的思路去解决，也期待更加优秀的相关研究出现。Ⓟ

基于深度学习的计算机视觉技术发展

文 / 王洪彬

图像识别任务取得巨大成功之后，深度学习技术就被广泛应用于计算机视觉的各个具体任务上，而物体检测应该是除了图像识别之外，应用最为广泛的一个计算机视觉的具体任务。本文主要概述深度学习技术在计算机视觉领域的应用，主要以图像识别和物体检测技术的发展为主要脉络。

背景介绍

什么是计算机视觉？简单讲，计算机视觉就是使用计算机模拟人脑对图像和视频的处理。这里有两个关键点：1. 对图像和视频进行处理；2. 模拟人脑。其实模拟人脑这一条并没有那么强的约束性，我们不必教条地模拟人脑的处理方式，但不得不说，人脑对图像和视频的处理方式对计算机视觉具有极大的启发性。

按具体的任务来分，计算机视觉主要有图像识别、物体定位、物体检测、图像语义分割、物体分割、超分辨率、场景识别等。本文会着重介绍图像识别和物体检测任务的历史、发展和现状。

什么是图像识别？给定一幅图像，计算机视觉算法需要告诉我们，这幅图像中，是否有鸟、猫、狗等。如图 1 所示，为经典的 PASCAL VOC 图像识别任务的几个例子。

图 1 PASCAL VOC 和 ImageNet ILSVRC 竞赛的示例图片

由图 1 可以看出，PASCAL VOC 只需识别出图像中是否有鸟、猫、狗等，而对应的 ImageNet ILSVRC 竞赛的图像就要求识别出图像中的鸟、猫、狗对应的品种（图中鸟的品种包括：flamingo——火烈鸟；cock——公鸡；ruffed grouse——环羽松鸡；quail——鹌鹑；partridge——山鹑；猫的品种包括：Egyptian cat——埃及猫；Persian cat——波斯猫；Siamese cat——暹罗猫；tabby——斑猫；lynx——猞猁；狗的品种包括：dalmatian——斑点狗；keeshond——荷兰卷尾狮毛狗；miniature schnauzer——迷你雪纳瑞犬；standard schnauzer——中型雪纳瑞犬；giant schnauzer——巨型雪纳瑞犬）。PASCAL VOC 图像识别任务共有 20 个种类，而 ImageNet ILSVRC 共有 1000 个类别。

那么物体检测又是什么呢？同样给计算机一张图片，计算机视觉算法不仅需要告诉我们这张图片中有哪些种类的物体，还要告诉我们这些物体的具体位置。一般物体的具体位置使用边界框（Bounding Box）的方式给出，如图 2 所示。

图 2 PASCAL VOC 有关物体检测的示例图片

从图 2 可以看出，如左上的第一幅图，计算机视觉算法不仅需要知道图中有椅子，还要知道有三把椅子，并且要用边界框准确地把三把椅子的位置标注出来。而右下的图片，计算机视觉算法还要知道图中既有狗，又有猫，并且猫和狗是有相互交叠的，这种情况下，计算机视觉算法还要准确标记猫和狗的位置。PASCAL VOC 和 ImageNet ILSVRC 竞赛都有物体检测的训练和测试数据集合。不过，现在比较广泛使用的还是 PASCAL VOC 20 类的物体检测任务，我们可以在 PASCAL VOC 官网提供的排行榜（leaderboard）上看到最近的物体检测算法排名情况。

本文主要介绍这两种算法，那么这两种任务有什么必然的联系吗？当然有，一个很明显的情况是，如果我们有个很好的物体检测算法，那么我们就会知道图片中都有哪些物体，这样图像识别算法就可以简单地利用物体检测算法的结果来判断图中是否有鸟、猫、狗等物体。另一方面，如果我们有一个很好的图像识别算法，那么我们可以把图片中可能存在物体的边界框一一拿给图像识别算法来识别是否存在鸟、猫、狗等，这样，我们也可以得到一个很出色的物体检测算法。拿这两种方案进行比较，我们可能觉得第一个方案更简单直观些，但是第二个方案才是当今计算机视觉技术发展的路线图，详情下面会介绍。

深度学习在图像识别上的发展
——从 AlexNet 到 ResNet

"神级文明"的降临——AlexNet 之于 ImageNet ILSVRC

2012 年之前，包括 PASCAL VOC 和 ImageNet ILSVRC 等竞赛的主流算法还是基于特征提取加分类器的传统方案。而传统方案的 Top5 错误率（即每张图片，图像识别算法可以提出五种最有可能包含的物体种类，如果图片的正确分类出现在这五个分类中时，则认为此次识别正确）的冠军成绩一直徘徊在 28.2%~25.8% 之间（2010 年 28.2%，2011 年 25.8%，2012 年除了 AlexNet 以外的最好成绩 26.2%）。然而情况在 2012 年迎来巨大转机——基于深度卷积神经网络的 AlexNet 来了，并且以 16.4% 的 Top5 错误率赢得了冠军，比第二名的 26.2%，足足低了近 10 个百分点，如表 1 所示。AlexNet 当时参加比赛的队伍的名称为 SuperVision。

表 1 2012 年 ImageNet ILSVRC 竞赛队伍比赛成绩

代码	图像分类	物体定位	参考文献
ISI	26.2	53.6	Graphical gaussian vector for image categorization. NIPS2012
LEAR	34.5	-	Metric Learning for Large Scale Image Classification: Generalizing to New Classes at Near-Zero Cost. ECCV2012
VGG	27.0	50.0	Modeling spatial layout of images beyond spatial pyramids. PRL, 2012
SuperVision*	16.4	34.2	ImageNet classification with deep convolutional neural networks. NIPS2012
UvA	29.6	-	Multi-attribute spaces: Calibration for attribute fusion and similarity search. CVPR2012
XRCE	27.1	-	Towards good practice in large-scale learning for image classification. CVPR2012

看过《三体 III》的同学们应该知道在《三体》所营造的科幻世界中有神级文明这一说法，意味着其科技发展程度远远高于宇宙中的其他一般文明，比如我们的地球文明。而在 2012 年的时候，基于深度卷积神经网络的 AlexNet 以高姿态进入多年没有显著进展的计算机视觉领域，多少有点"神级文明"降临的味道。

AlexNet 得名于其设计者的名字 Alex Krizhevsky，他是深度学习界的大宗师加拿大多伦多大学的 Geoffrey E. Hinton 的得意门生。说了这么多关于 AlexNet 的"八卦"，AlexNet 到底长什么样？如图 3 所示，是 AlexNet 的结构示意图。

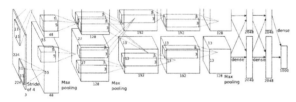

图 3 AlexNet 结构示意图

图 3 中作者使用了五层卷积层和三层全连接层，而卷积层的卷积核的大小也从第一层的 11×11，变到了第二层的 5×5，以及其后的 3×3，同特征图谱的大小一样（从 224×224，到 55×55，到 27×27，到 13×13），呈缩小的趋势。同时，卷积核的数目却从 96（$=48 \times 2$）变到 256（$=128 \times 2$），再到 384（$=192 \times 2$），大体呈放大的趋势（除了最后一层卷积层的卷积核数目为 $256=128 \times 2$，比前面的 384 少）。此种设计，大致是受限于计算资源，Alex 希望网络中每层卷积网络的计算量大致相同。AlexNet 分为上下两部分，主要因为 Alex 是在两个 GPU 上训练的网络，所以他把网络一分为二，方便分配计算资源。从图 3 中可以看出，两个 GPU 在第三层卷积层上有交互，还有最后的三层全连接层有交互，其余各层都是在各自的 GPU 内部进行计算。

Alex 在论文中特地强调："我们最后的网络包括五层卷积层和三层全连接层，好像这个深度显得格外的重要：我们发现去除任何卷积层的行为都会导致较差的性能，即使每一个卷积层所包含的参数还不到模型参数数目的百分之一。"

Alex 的工作得到了计算机视觉研究领域的特别关注，其后计算机视觉就以深度学习为基础，迎来了一个又一个的新高峰。

Google 的 Inception 系列图像识别网络

AlexNet 仅仅是为计算机视觉界开了一扇窗。随后，有大量的研究团队进行了深入研究，并相继提出了对 AlexNet 的改进。而由 Szegedy 领衔的 Google 计算机视觉团队，在 2014 年参加 ImageNet ILSVRC 竞赛，其提出的深度网络模型 GoogLeNet 一举夺魁，取得了 6.67%Top5 错误率的好成绩。不仅如此，其随后的 Inception 系列网络，更一步一步地把 Top5 错误率降到了 3.08% 的水平。

那么 Inception 系列都有哪些重要的改进呢？首先作为第一代 Inception 的 GoogLeNet，采用了多尺度卷积的方法，而 AlexNet 中每层网络只有单一大小的卷积核。如图 4 所示，Szegedy 构想的神经网络层之间的特征图谱传输应该是进行多尺度卷积运算，同样输入的特征图谱，要经过卷积核大小为 1×1、3×3、5×5 的卷积运算，和 3×3 的最大值池化运算，然后把这四个运算的结果进行合并，作为这个模块的输出。但是由于考虑到计算的复杂度和具体的实现细节，Szegedy 的 Inception 模块加入了 1×1 的卷积层来进行输入特征图谱通道数的缩减和输出特征图谱通道数的变换，如图 5 所示。把多个 Inception 模块串联起来，就得到了 Inception 深度网络模型。

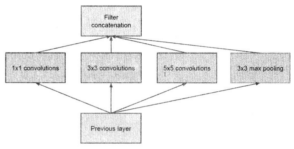

图 4 Inception 模块结构图

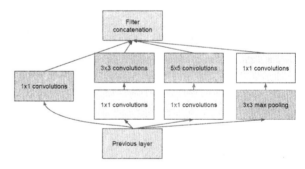

图 5 GoogLeNet 使用的 Inception 模块

随后的 Inception-v2 主要调试出了深度网络的一个重要问题：内部协变量偏移，并提出了 Batch Normalization（批量归一化）算法克服了这一难题，如图 6 所示，使得深度网络的训练不再强度依赖于网络参数的初始化和网络训练计划的制订，并使得 Sigmoid 函数也可以应用于深度神经网络，而不必一定使用 ReLU 作为深度神经网络的激励函数，最终得到了 4.9% 的 Top5 错误率。

Input: Values of x over a mini-batch: $\mathcal{B} = \{x_{1...m}\}$;
    Parameters to be learned: γ, β
Output: $\{y_i = BN_{\gamma, \beta}(x_i)\}$

$$\mu_\mathcal{B} \leftarrow \frac{1}{m}\sum_{i=1}^m x_i \quad\quad \text{// mini-batch mean}$$

$$\sigma_\mathcal{B}^2 \leftarrow \frac{1}{m}\sum_{i=1}^m (x_i - \mu_\mathcal{B})^2 \quad\quad \text{// mini-batch variance}$$

$$\hat{x}_i \leftarrow \frac{x_i - \mu_\mathcal{B}}{\sqrt{\sigma_\mathcal{B}^2 + \epsilon}} \quad\quad \text{// normalize}$$

$$y_i \leftarrow \gamma \hat{x}_i + \beta \equiv BN_{\gamma, \beta}(x_i) \quad\quad \text{// scale and shift}$$

图 6 Batch Normalization 算法

Szegedy 在 Inception 网络取得巨大成功之后，对深度卷积神经网络的设计进行了深刻的总结和思辨，其主要的设计宗旨发表在论文中，而 Inception-v3 则作为思辨的副产品，把 Top5 错误率降低到了 3.5%。这些设计宗旨主要涉及如何在特征图谱的传输过程中尽量减少信息的丢失，和如何改进模型来减少模型的计算量等诸如此类的问题。

而 Inception-v4 是在何恺明提出残差网络之后，Szegedy 把 Inception 和残差网络结合的一个产物，并进一步把 Top5 错误率降低到了 3.08%。

由于 ImageNet ILSVRC 竞赛需要分辨 1000 个细致的类别，比如不同品种的鸟、猫、狗等，即使人类来做这些分类任务，其 Top5 的错误率也要有 5.1% 左右 [1]，所以计算机视觉在图像识别领域应该说已经很成熟了，并大幅超越了人类的识别水平。

ResNet——残差网络

尽管 Inception-v4 的 Top5 错误率很低，并且 Inception 系列一直保持着极高的水准，但第一个在 ImageNet ILSVRC 竞赛中创造"计算机视觉算法超越人类识别水平"历史的是由微软亚洲研究院的何恺明提出的 ResNet——残差网络，Top5 错误率 3.57%。

即使有了像 Batch Normalization 这样加速深度网络模型快速收敛的算法工具，过深的神经网络还是不易训练。而其中原因，和反向传播算法在深度神经网络中较为低效的偏微分值传播有关，而残差网络的提出，就很好地解决了这一问题，残差网络的模块中不仅有通常的卷积层，还有一条"高速公路"把模块的输入直接累加到卷积层和激励层的输出结果上，这样在反向传播的过程中，总是有一条"高速公路"可以把偏微分值高效地传播回来，从而快速得出模型当前的梯度，并进行优化。如图 7 所示，为残差网络的模块示意图，其中 x 为输入特征图谱，一路经过卷积层、激励层、卷积层；另一路只是把 x 输出，最后把这两路分别输出的特征图谱相加，再经过激励层，就得到了残差网络模块的输出。如图 8 所示，为残差网络的结构图。残差网络意义重大，其后的好多网络都是基于这一网络结构改进而来。同时残差网络使用了 Batch Normalization 算法，为该网络结构的快速做出了重大贡献。

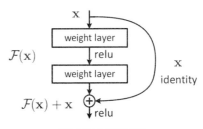

图 7 残差网络模块示意图

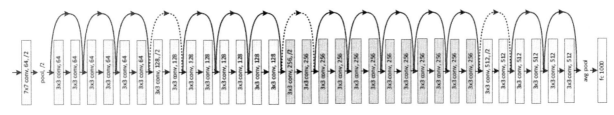

图 8 残差网络结构示意图

物体检测技术——从 R-CNN 到 R-FCN

除了图像识别，在计算机视觉领域比较重要的任务当属物体检测。在看到 AlexNet 在 ImageNet ILSVRC 竞赛中取得的巨大成功之后，基于深度卷积网络的物体检测算法也是层出不穷，其中的佼佼者当属 R-CNN 系列算法，从 R-CNN 开始，历经 SPPnet、Fast/Faster R-CNN、到 R-FCN，相关的 PASCAL VOC 物体检测测试集合 test 2012 的检测指标 mAP（mean Average Precision），也从 62.4% 提升到了 88.4%。

R-CNN——小试牛刀

如何设计物体检测算法呢？经过多年的研究，业界发现图像识别要比图像检测简单些，AlexNet 也主要是从图像检测的角度进行突破的。那么设计物体检测算法，自然要利用现有的高质量图像识别算法，但如何在物体检测算法中使用图像识别算法，这里面就需要很多的考虑了。最直观、也是最单纯的想法是使用滑动窗口的方案，在图片上使用不同大小、不同长宽比的矩形窗口，从图像上的左上角开始，每次移动一个像素点，这样我们会得到几乎所有的备选窗口，再对备选窗口应用图像识别算法进行识别。但最简单的，一般也是最无效的。后来研究者发现，用滑动窗口得到的大部分窗口都是不合格的，不是窗口中只含背景，就是含有物体的窗口质量不高（相对于待检测物体太大或太小），从而导致计算量过大，同时测试集合的指标结果也偏低,这样,备选窗口的质量就成为了物体检测算法的瓶颈之一了。

2013年,研究者 Uijlings 提出了基于区域提议的物体检测方案,其中区域提议就是使用区域提议算法得出高可能性的备选窗口。相较滑动窗口方案,备选窗口的数量大幅减少,备选窗口的质量大幅增加。Uijlings 使用 Selective Search 作为区域提议算法,但遗憾的是,Uijlings 没有使用更好的基于深度卷积网络的图像识别算法,还是使用传统的图像识别算法(空间金字塔加 Bag-of-Words)。同一年,在 Berkeley 的 Girshick,想到了一个非常好的点子,将 Selective Search 的区域提议算法与 AlexNet 相结合,因为 AlexNet 是更好的图像识别算法,这样 R-CNN 就诞生了。Girshick 用数据说明了一切,R-CNN 网络在 PASCAL VOC test 2010 上的 mAP 为 53.7%,而同样使用 Selective Search 的 Uijlings 网络只有 35.1%。

RCNN 的流程示意图如图 9 所示,分为四个阶段:1. 一张待检测图片经过 Selective Search 算法的处理,会得到大约 2000 个备选窗口,每个备选窗口都要分别经过 2~4 的阶段处理;2. 其中任一备选窗口,需要进行一次仿射变换,变换为 227×227 的大小;3. 变换后得到大小为 227×227 的窗口图片,被送入 CNN 进行特征提取,得到 4096 维的特征向量;4. 每一个类别都会有一个 SVM 分类器,4096 维的特征向量会被分别送入每个类别的分类器中,询问是该类的得分;5. 把所有备选窗口按不同类别进行最大值抑制,最后可以输出每个类别的最有可能包含物体的窗口。

R-CNN: *Regions with CNN features*

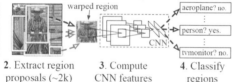

图 9　R-CNN 的网络流程示意图

Girshick 的 R-CNN 的基本架构为后来的物体检测算法所继承。在 PASCAL VOC test 2012 上 R-CNN 的 mAP 为 62.4%。如图 10 所示为使用 R-CNN 检测物体的效果。

图 10　R-CNN 物体检测算法示例

SPPnet——摆脱大小的限制

R-CNN 的出现,真如一轮耀眼的太阳,照亮了物体检测前方的路。但是对于 R-CNN 还有一些未尽事项,发现这些未尽事项,并给出可行的解决方案,这正是我们算法工程师的职责所在。R-CNN 中的一个未尽事项就是输入 CNN 网络的备选窗口要仿射变换到一个固定的大小 227×227,这样的限制主要是来自于 AlexNet 中全连接层的要求(输入的特征向量必须是固定维度的),而与 AlexNet 中前五层的卷积网络没有关系(卷积网络不对输入图片大小作要求)。如果所有的备选窗口可以共享卷积层的参数和计算,那么无论是物体检测系统的训练,还是检测应用,都会有极大的速度提升,而另外只需在全连接层前面加入变换备选窗口到指定大小的功能即可。以上这些就是由微软亚洲研究院的何恺明等人提出的 SSPnet(空间金字塔池化网络)的主要思想。如图 11 所示,左上说明,如果要保持备选窗口不发生形变(保持长宽比),那么就只能截取车子的一部分用于识别,而物体的边界框不是很准;右上说明,如果要保持备选窗口包含全部物体,那么按照 R-CNN 的做法,需要对备选窗口进行一定的拉伸,从而发生形变,这样不利于 CNN 网络对物体的识别。图片下面是 R-CNN 和 SPPnet 的流程结构比较,如前所述。

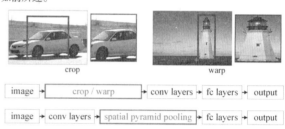

图 11　SPPnet 网络结构图和备选窗口裁切方法举例

空间金字塔池化,主要的想法来自计算机视觉早期对非固定大小图片的处理方法,首先计算出在最后一层卷积层上对应的备选窗口大小(Selective Search 提议的是基于图片输入层的,由于 AlexNet 中间会经历多次最大值池化,减小特征图谱大小,应用空间金字塔池化的那一层的备选窗口大小与 Selective Search 提议的区域大小不一样,但是可以由 Selective Search 提议的区域计算得出),然后把备选窗口分为 4×4 个区域,每个区域使用最大值池化;同样,按 2×2 个区域进行最大值池化;最后使用整个备选窗口做最大值池化。把以上如金字塔池化后的结果组成一个固定大小的特征向量($4×4×d+2×2×d+1×1×d=21d$,d 为最后一层卷积层的通道数),并送入剩下的全连接层,如图 12 所示。

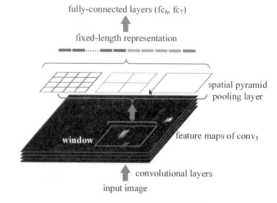

图 12　空间金字塔池化结构示意图

Fast R-CNN——再接再厉

Girshick 在看到 SPPnet 之后,颇受启发,紧接着就提出了 Fast R-CNN,从名字上看,就知道它的主要特点是比 R-CNN 快。不仅快,而且 Fast R-CNN 在 PASCAL VOC test 2012 上有更高的 mAP:68.4%。

Girshick 自己总结了有关 Fast R-CNN 的主要贡献:

- 比 R-CNN 和 SPPnet 更高的 mAP；
- 使用多目标损失函数，单一的训练过程；
- 端到端的训练过程（克服 SPPnet 的缺点）；
- 更快的速度（0.3s/image，不包括区域提议）。

第一条毋庸多言；第二条说的是 R-CNN 和 SPPnet 都使用的是交替训练的方式；第三条主要克服了空间金字塔池化的反向偏微分传播不易计算的缺点；第四条是因为一张图片的约 2000 个备选窗口使用共享的卷积层计算，从而节省了时间，但是不包括费时的区域提议（Selective Search 约 2s 左右）。Fast R-CNN 的结构示意图如图 13 所示，有必要说明的是，Girshick 使用类似何恺明 SPPnet 的方案，不过 Girshick 的 RoI Pooling 层只是把备选窗口分成 7×7 个区域进行最大值池化，这样有利于反向传播算法的实现。

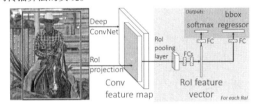

图 13　Fast R-CNN 的系统结构示意图

Faster R-CNN——RPN

一个个"不合理"的地方被改进了，现在的 Fast R-CNN 共享了卷积层的计算，几乎保持了备选窗口的长宽比（从 Selective Search 的区域提议到最后一层卷积层的备选窗口的映射是多对一映射，不能严格保持长宽比），全系统使用一个多目标的损失函数，可以端到端地进行训练，除了区域提议，检测一张图片用时 0.3s。一切都那么完美，只有区域提议，还是使用非深度神经网络的算法，是不是这个地方也可以改进？答案是肯定的，这正是 2015 年发布的 Faster R-CNN 的主要改进点。当然从名字上可以看出，Faster R-CNN 又快了，秘诀就在于使用深度神经网络替换了 Selective Search 区域提议算法。由于 Fast R-CNN 的共享卷积层输出了质量很高的特征图谱，Faster R-CNN 便在其之上添加了 RPN（Region Proposal Network），如图 14 所示。

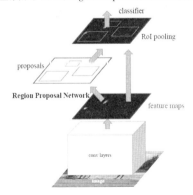

图 14　Faster R-CNN 网络结构示意图

区域提议网络主要是假设最后一层卷积层输出的特征图谱上的每一个点都有 k 个用于锚定的备选窗口，同时在特征图谱上添加卷积网络预测这 k 个锚定窗口的物体性（objectness）和窗口的大小，位置调整，这些结果结合锚定窗口，可以计算出真正用于预测的备选窗口集合，从而替代 Selective Search，如图 15 所示。

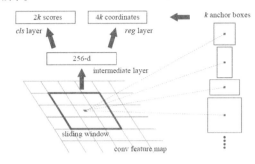

图 15　RPN 网络示意图

如图 16 所示，为 Faster R-CNN 的物体检测示例图片。由于使用了共享的卷积层提取特征图谱，Faster R-CNN 使用 RPN 计算备选窗口的成本很低，所以在 GPU 上，全部计算用时 0.2s 左右，同时 PASCAL VOC test 2012 的 mAP 进一步提高，为 83.8%。

图 16　Faster R-CNN 示例图片

R-FCN——图像平移易变性

现在只剩下在 RoI Pooling 后的分类器网络的计算没有在备选窗口间进行共享了。前面的网络一般都分为两个部分：一个为特征提取部分，另一个为分类器部分。是什么原因造成这种结构呢？一方面是由于继承 R-CNN 网络的历史原因；另一方面，单纯地把分类器部分的卷积层移动到特征提取部分，只在最后使用 RoI Pooling 和单层全连接网络进行分类和边界框调整，实验结果不尽如人意。

微软亚洲研究院的研究员们发现了问题所在，并提出了解决方案。问题是简单的 RoI Pooling 加单层全连接网络的方案对备选窗口的偏移不是特别敏感。偏移前后的备选窗口共享有大部分的特征图谱区域，所以经过 RoI Pooling 和单层全连接网络后，两者区别不会太大，这也就是所谓的"图像平移不变性"，是图像识别任务需要具备的特性。而物体检测任务与图像识别任务不同，备选窗口一点点的偏移，就可能对检测指标造成一定的影响，所以物体检测任务追求的是"图像平移易变性"。

如何在 RoI Pooling 层后加入少量的卷积层来达到这一特性呢？R-FCN（Region-based Full Convolutional Network）使用了如图 17 所示的对位置敏感的得分图谱结构，在卷积网络得到特征图谱之上，再进行一次卷积，得到 $k^2 (C+1)$ 个通道的特征图谱，然后在此特征图谱上把备选窗口分为 $k×k$ 个区域的 RoI Pooling，得到 $k×k×(k2 (C+1))$ 大小的张量，分别在每个类别（C

代表类别数，$C+1$ 包括了背景类别）的大小为 $k×k×k2$ 的特征图谱的每一个通道上选择该通道所代表的位置的值，使用 $k2$ 个通道上的 $k2$ 个值进行表决，就得到了一个具有"图像平移易变性"的得分值。

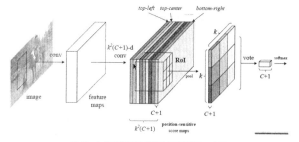

图17 R-FCN 位置敏感的得分图谱结构示意图

R-FCN 的整体网络结构如图 18 所示。由于只是在 RoI Pooling 层之后添加了一个表决层，所以 R-FCN 共享了绝大部分计算，导致 R-FCN 的计算速度较 Faster R-CNN 提高 2.5 倍到 20 倍，同时在 PASCAL VOC test 2012 上的 mAP 得到进一步的提升，到达了 88.4%。

计算机视觉的其他热门技术

除了以上介绍的图像识别、物体检测技术，像前不久何恺明在 Facebook 人工智能研究院提出的 Mask R-CNN 网络，就大幅提高了物体分割任务的精度。还有 Goodfellow 大神的名作——生成对抗网络，GAN，能生成高质量的数据，可以应用在生成图像、超分辨率等众多领域。技术在不断更新，越来越先进的网络被开发出来，随着人类对深度学习的了解不断加深，我们有理由相信这是一条通用人工智能的可行道路。"路漫漫其修远兮，吾将上下而求索"，不仅科研工作者要抱着一颗探索之心，普通的深度学习工程师也要不断补充学习，不断在工作中探求可行的解决方案，大家共勉之。希望通过本文简单的介绍，可以为渴望了解深度学习及计算机视觉领域的朋友打开一扇窗，得窥一二，如果需要在这方面继续深入下去的话，还是建议多读读经典论文。

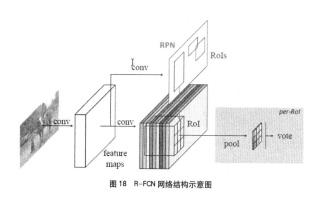

图18 R-FCN 网络结构示意图

面向图像分析应用的海量样本过滤方案

文 / 常江龙

在图像分析应用中，海量图片样本的有效自动化过滤是一项重要的基础工作。本文介绍一种基于多重算法过滤的处理方案，能够自动提取有效图像样本，极大减少人工标注的工作量。

背景及问题描述

深度学习技术在计算机视觉领域取得了巨大的成功，其标志性事件之一就是计算机算法在 Imagenet 竞赛中的目标识别准确率已经超过了人类。在学术圈的创新成果爆发式涌现的同时，各大企业也利用深度学习技术，推出了众多图像分析相关的人工智能相关产品及应用系统。这些成果所采用的技术路线，很多都是利用海量的已标注样本数据，在深度神经网络上训练相应的识别或检测模型。就企业算法应用而言，往往需要根据实际的应用场景，构建自己的训练样本集，以提升算法的有效性。在深度学习大行其道的今天，能够获得大量高质量标注样本，更是搭建高效应用算法系统的重要前提。一方面，深度学习与传统算法相比，其突出特征之一就是提供的训练样本越多，算法的精准性越高；另一方面，尽管无监督的深度学习算法在学术领域也获得了相当大的进步，但就目前而言，有监督的深度学习算法仍然是主流，对于企业级应用更是如此。

其中对于图像识别类的算法应用，通常需要获得不同类别对象的足量样本图像。其样本来源，可以有四种基本途径（参见图 1）：

■ 实地拍摄相关物品，此类方法效率比较低，适用于类别较少，每类需要大量高质量样本的情况，比如目标检测；

■ 识别对象如果是商品，可以利用其商品主图，但商品主图经过图像处理，且较为单一，与实际场景不符；

■ 在不同网站通过文本搜索或匹配获取相关的网络图像，此类方法可以获得大量的图像样本；

■ 通过图像生成的方式来获得样本图像，比如近年来发展很快的生成对抗网络 (GAN)，此类方法的前景非常看好，但目前来说在大量不同类别上的效果还有待提升。

目前而言，第三种获取网络图像的方式是常规采用的样本收集方案。

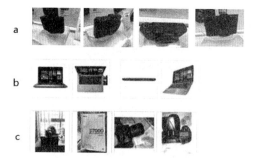

图1 不同渠道获取的商品图像样本示例：a 摆拍, b 主图, c 网络图像

网络来源的图像样本，其存在的一个主要问题是噪声图像非常严重，如果采用主题词搜索得到待选图像集合，里面的不相关图像占据了很大的比例，且来源较为随机；如果采用电商网站晒单图作为待选图像集合，里面同样包含着发票、外包装、

聊天纪录等大量无关图像以及顶视图或近视图等不合规图像。因此必须要对得到的图像集进行过滤，筛查出其中的噪声图像。这种过滤如果用人工进行筛选则过于低效，很难满足实际要求，应该用算法自动筛选为主、人工校验为辅的方式来实现。本文下面针对这一问题，介绍一种实用的基于多重处理的图像样本过滤方法。

思路及技术步骤

通过网络直接得到的图像样本集合，一般有以下几个特点。
- 噪声图像可分为：重复图像和极相似图像、常见噪声图像、无规律的杂乱噪声图像，各自均占有一定比例；
- 目标样本图像也占有一定比例，且相对于噪声图像而言，其类内相似度较高。

参照以上的问题特点，可以针对性地得到一些解决的思路：
- 对于多且杂的噪声数据，采取多重处理的方式来逐步筛除。噪声数据类型比较多变，采用单一的方法很难全部加以筛除。根据其特点加以多轮的粗筛和精筛，逐批地处理不同类型的噪声数据，可以降低每个环节的技术风险，保证每个环节的有效性。
- 由于目标在样本空间中分布较为集中，如果对待选样本集进行无监督聚类，目标样本会集中在较为紧凑的聚类上。相比于噪声图像的无序杂乱而言，目标样本自身的类内差距还是比较小的，通过对大量实际数据的观察可以印证这一点。
- 对于某一样本，分类器返回的类别置信度可以作为样本与该类别相关度的度量。普通聚类算法不易量化样本点与所属聚类的相关度，无法做更为精细的样本筛选。相比之下利用分类器得到的类别置信度，可以作为相关度的合适度量，用来精细挑选剩余的噪声样本。

根据以上的解决思路，设计出一个多重过滤的技术方案，其具体流程可分为如下几个步骤（参见图2）：

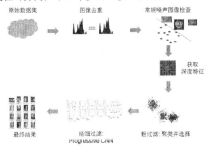

图 2　技术方案概要图

1. 图像去重：去除重复图像及极相似图像；
2. 常见噪声图像过滤：过滤掉人脸、包装、发票等无关的常见类型噪声图像；
3. 基于聚类的样本挑选：在深度特征空间上进行聚类，选取合适的聚类作为目标样本，并将其他聚类作为噪声图像去除；
4. 基于分类的样本筛选：利用分类器返回的置信度来评估样本与相应类别的相关度，进一步筛选样本。

详细介绍

图像去重及常见噪声图像过滤

待选样本集里含有较多的重复图像或极相似图像，可以通过不同的方式去重：提取图像的直方图特征向量，利用特征向量之间的相似性进行去重；或者构建一个哈希表，提取图像的简单颜色和纹理特征，对特征量化后利用哈希表进行查询，能够查询到的就是重复或极相似图像，查询不到的加入表中。前一种方法对于微小差异表现更好，后一种方法的计算性能优势明显。

待选样本集里往往会含有一些常见的噪声图像模式，比如人脸、纸箱外包装、发票、聊天记录图、商品或店铺 Logo 图等，占有相当高的比例。对于这些常见噪声图像，先提取其 HOG 特征，并用提前训练好的 SVM 分类器对其进行分类。为了保证精度，对于不同类的噪声图像，分别训练 1vN 的 SVM 分类器，只要图像判别为其中任一类噪声图像，即将其筛出（见图3）。

以上两步，只利用了图像的简单特征，只能够去除样本集里的重复图像和常见噪声图像，对于更复杂的噪声图像模式，需要利用更有效的图像特征，并对于复杂类别采用无监督聚类来挖掘。

图 3　样本图像筛选结果示例

基于聚类的样本挑选

要利用图像本身的丰富信息对其进行聚类，首先需要提取更为丰富的图像特征。因此可利用深度网络模型来提取图像特征，得到的特征融合了常见的图像基本特征，并包含了更为高阶的图像语义信息，具有更强的表现能力。这里借助在 Imagenet 数据集上训练得到的网络模型，并利用已有的样本集进行 fine-tune，这样模型对于特定品类的表达能力得到增强。这里对于一个图像样本，通过深度网络得到的特征是 1024 维向量，进一步通过 PCA 降维成 256 维的特征向量。这样图像样本集就构成了一个特征数据空间。

接下来，在降维后的特征数据空间，利用一种基于密度的聚类算法进行聚类。该算法最突出的特点采用了一种新颖的聚类中心选择方法，其准则可描述为：
- 聚类中心附近的点密度很大，且其密度大于其任何邻居点的密度；
- 聚类中心和点密度比它更大的数据点，它们的距离是比较大的。

选择了合适的聚类中心之后，再将各数据点分类到离其最近的聚类上，并根据各点距离相应聚类中心的远近，把它们划分成核心数据点和边缘数据点。

该聚类算法思路简单，效率较高，并且对于不同的场景具有较好的鲁棒性。

在所得的聚类结果中，进一步选出密度较大且半径较为紧凑的聚类，其中的样本作为待选的目标样本数据，而其他聚类对应的样本则作为噪声样本予以筛除。

基于分类的样本筛选

以上聚类所得的目标样本中，可能还含有少数不相关样本，需要进一步筛选。这里利用分类器的置信度评估样本的类别相关度，其中与所属类别不相关或弱相关的样本可以进一步去除。

具体方法是从目标样本中随机可放回的选取若干样本，并打上新的类别标签，作为新的训练样本，对一个已有的卷积神经网络模型进行fine-tune，这个卷积神经网络模型与前面提取特征的网络模型必须有一定差异（模型结构和训练数据都不同）。利用这个新的模型，对目标样本进行识别，得到其类别置信度。如果某个样本在所属类别上置信度很低，则将该样本作为不相关样本予以筛除。

经过以上筛选之后，最终得到的目标样本经过人工简单校验，就可以作为高质量样本集用于训练和测试。

应用效果

通过对于从网络获取的上万类别的近500万样本图像进行处理，并由人工校验算法的筛选结果。最终所得的目标样本，总体的类别相关度达到95%，其中对于较为热门的类别，样本相关度可以达到99%以上，总效率超过人工筛选百倍以上。图3左边是筛选得到的目标样本，右边是筛除掉的噪声图像。

苏宁"智能视觉图谱"是一个综合性的图像、视频相关算法平台，其宗旨是为公司内外的相关业务场景提供应用算法服务。目前所提供的算法接口包括商品识别、人脸特征分析及人脸验证、Logo检测、敏感图分析、广告敏感词分析、图像抠图等，分别涉及商品内容识别、人脸识别、目标检测、敏感图识别、OCR算法、图像分割及抠图等算法领域，平台所支持的算法服务还在进一步增加中，已有算法的效果与性能也在不断优化，以满足各种实际应用场景的需要。其中较多与识别相关的算法服务，都需要利用足量样本数据训练高精度的分类器。上文所述技术方案已广泛应用于当中商品图像识别、敏感图识别、Logo识别等应用算法的样本筛选工作，极大地提升了开发效率，节省了人力成本，并为高效算法模型的训练提供了可靠的数据保障。以商品图像识别类算法为例，利用以上样本收集和过滤方式获得百万级别的真实图像样本，以ResNet模型为架构，训练出高准确率的商品识别模型，并在此基础上搭建了面向全品类商品的图像检索系统，并广泛应用于商品种类识别、基于外形的商品推荐、商品图像检索、基于外形相似度的商品匹配等实际业务场景。

总结

在企业级深度学习图像应用中，海量高质量图像样本的获取，是取得优异算法性能的重要前提。工程实践中，在图像样本严重不足的情况下，仅仅对样本进行数据增强，都可以在测试集上获得几个百分点的效果提升，如果能够增加丰富真实的样本数据，对于相应类别的识别率提升更是立竿见影，而且泛化性能很好，可以经受住各种实际场景的考验。因此样本工程（图像样本的获取和挑选）是绝对不能忽视的重要工作，而且需要长期进行下去。不过，"爬图容易挑图难"，即使积累了海量样本数据，却因为缺乏有效的处理手段和标注人力而望洋兴叹，这也是经常遇到的一种数据困境。

本文主要介绍了我们在这个问题上的一种实践方案，其结果说明，采用多重过滤的方式，充分利用初级特征、深度特征等特征表达方式和无监督聚类、深度分类器等分类方法，就可以从纷繁芜杂的网络图像中，有效抽取高质量的目标样本。另外，我们也看到深度学习领域在不断取得新的研究成果，其中无监督式的深度学习更符合人类的认知习惯，且对样本质量没有如此苛刻的要求，该领域理论和技术的飞速发展对企业深度学习应用将意味着更为光明的未来。

人脸识别技术发展及实用方案设计

文 / 汪彪

人脸识别技术不但吸引了Google、Facebook、阿里、腾讯、百度等国内外互联网巨头的大量研发投入，也催生了Face++、商汤科技、Linkface、中科云从、依图等一大波明星创业公司，在视频监控、刑事侦破、互联网金融身份核验、自助通关系统等方向创造了诸多成功应用案例。本文试图梳理人脸识别技术发展，并根据作者在相关领域的实践给出一些实用方案设计，期待能对感兴趣的读者有所裨益。

概述

通俗地讲，任意的机器学习问题都可以等价于一个寻找合适变换函数f的问题。例如语音识别，就是在求取合适的变换函数，将输入的一维时序语音信号变换到语义空间；而近来引发全民关注的围棋人工智能AlphaGo则是将输入的二维布局图像变换到决策空间以决定下一步的最优走法；相应地，人脸识别也是在求取合适的变换函数，将输入的二维人脸图像变换到特征空间，从而唯一确定对应人的身份。

一直以来，人们都认为围棋的难度要远大于人脸识别，因此，当AlphaGo以绝对优势轻易打败世界冠军李世乭九段和柯洁九段时，人们更惊叹于人工智能的强大。实际上，这一结论只是人们的基于"常识"的误解，因为从大多数人的切身体验来讲，即使经过严格训练，打败围棋世界冠军的几率也是微乎其微；相反，绝大多数普通人，即便未经过严格训练，也能轻松完成人脸识别的任务。然而，我们不妨仔细分析一下这两者之间的难易程度：在计算机的"眼里"，围棋的棋盘不过是个19×19的矩阵，矩阵的每一个元素可能的取值都来自于一个三元组{0,1,2}，分别代表无子、白子及黑子，因此输入向量可能的取值数为3361；而对于人脸识别来讲，以一幅512×512的输入图像为例，它在计算机的"眼中"是一个512×512×3维的矩阵，矩阵的每一个元素可能的取值范围为0~255，因此输入向量可能的取值数为256786432。虽然，围棋AI和人脸识别都是寻求合适的变换函数f，但后者输入空间的复杂度显然远远大于前者。

对于一个理想的变换函数f而言，为了达到最优的分类效果，在变换后的特征空间上，我们希望同类样本的类内差尽可能小，同时不同类样本的类间差尽可能大。但是，理想是丰满的，现实却是骨感的。由于光照、表情、遮挡、姿态等诸多因素的影响，往往导致不同人之间的差距比相同人之间差距更小，如图1所示。人脸识别算法发展的历史就是与这些识别影响因子斗争的历史。

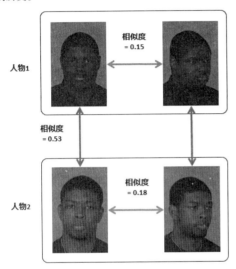

图1 姿态导致不同人相似度比同人更高

人脸识别技术发展

早在20世纪50年代，认知科学家就已着手对人脸识别展开研究。20世纪60年代，人脸识别工程化应用研究正式开启。当时的方法主要利用了人脸的几何结构，通过分析人脸器官特征点及其之间的拓扑关系进行辨识。这种方法简单直观，但是一旦人脸姿态、表情发生变化，则精度严重下降。

1991年，著名的"特征脸"方法第一次将主成分分析和统计特征技术引入人脸识别，在实用效果上取得了长足的进步。这一思路也在后续研究中得到进一步发扬光大，例如，Belhumer成功将Fisher判别准则应用于人脸分类，提出了基于线性判别分析的Fisherface方法。

21世纪的前十年，随着机器学习理论的发展，学者们相继探索出了基于遗传算法、支持向量机（Support Vector Machine，SVM）、boosting、流形学习以及核方法等进行人脸识别。2009年至2012年，稀疏表达（Sparse Representation）因为其优美的理论和对遮挡因素的鲁棒性成为当时的研究热点。

与此同时，业界也基本达成共识：基于人工精心设计的局部描述子进行特征提取和子空间方法进行特征选择能够取得最好的识别效果。Gabor及LBP特征描述子是迄为今为止在人脸识别领域最为成功的两种人工设计局部描述子。这期间，对各种人脸识别影响因子的针对性处理也是那一阶段的研究热点，比

如人脸光照归一化、人脸姿态校正、人脸超分辨以及遮挡处理等。也是在这一阶段，研究者的关注点开始从受限场景下的人脸识别转移到非受限环境下的人脸识别。LFW人脸识别公开竞赛在此背景下开始流行，当时最好的识别系统尽管在受限的FRGC测试集上能取得99%以上的识别精度，但是在LFW上的最高精度仅仅在80%左右，距离实用看起来距离颇远。

2013年，MSRA的研究者首度尝试了10万规模的大训练数据，并基于高维LBP特征和Joint Bayesian方法在LFW上获得了95.17%的精度。这一结果表明：大训练数据集对于有效提升非受限环境下的人脸识别很重要。然而，以上所有这些经典方法，都难以处理大规模数据集的训练场景。

2014年前后，随着大数据和深度学习的发展，神经网络重受瞩目，并在图像分类、手写体识别、语音识别等应用中获得了远超经典方法的结果。香港中文大学的Sun Yi等人提出将卷积神经网络应用到人脸识别上，采用20万训练数据，在LFW上第一次得到超过人类水平的识别精度，这是人脸识别发展历史上的一座里程碑。自此之后，研究者们不断改进网络结构，同时扩大训练样本规模，将LFW上的识别精度推到99.5%以上。如表1所示，我们给出了人脸识别发展过程中一些经典的方法及其在LFW上的精度，一个基本的趋势是：训练数据规模越来越大，识别精度越来越高。如果读者有兴趣了解人脸识别更细节的发展历史，可以参考相关文献。

表1 人脸识别经典方法及其在LFW上精度对比

时间	方法	训练数据	方法描述	LFW精度
1990	Eigenfaces	<1万	主成分分析	60.02%
2006	LBP+CSML	<1万	局部二值模式＋度量学习	85.57%
2013	High-dim LBP	10万	高维LBP＋Joint Bayesian	95.17%
2014	Deep ID	20万	CNN+Softmax	97.45%
2015	VGG	260万	VGG+Softmax	98.95%
2016	FaceNet	2亿	Inception+Triplet-loss	99.63%

技术方案

要在实用中实现高精度的人脸识别，就必须针对人脸识别的挑战因素如光照、姿态、遮挡等进行有针对性的设计。例如，针对光照和姿态因素，要么在收集训练样本时力求做到每个个体覆盖足够多的光照和姿态变化，要么设计出行之有效的预处理方法以补偿光照和姿态带来的人脸身份信息变化。图2给出了作者在相关领域的一些研究成果。

a 人脸光照归一化　　　　b 人脸姿态校正

图2 人脸光照及姿态预处理方法效果示例

表2给出了本文用到的训练数据集，其中前3个是当前最主流的公开训练数据集，最后一个为私有业务数据集。表3出给了性能验证的两个数据集及测试协议，其中LFW是目前最主流的非受限人脸识别公开竞赛。我们注意到，大多数训练集都有较大噪声，如果不进行相应清洗操作，则训练会较难收敛。

本文给出了一种快速可靠的数据清洗方法，如表4所示。

表2 较为常用的人脸识别训练集

数据库名	人数	样本数	人种	数据纯净度	其他
CASIA-WebFace	10575	494414	西方为主	相对纯净	名人，网络爬取
MSCeleb1M	99892	8456240	西方为主	噪声非常大	名人，网络爬取
VGG-FaceDB	2622	996316	西方为主	噪声较大	名人，网络爬取
业务数据	48343	1240328	东方	噪声较大	业务数据

表3 本文用到的测试集

数据库名	人数	样本数	测试协议
LFW	5749	13233	1:1 人脸比对，十折交叉验证平均准确率
业务数据	9872	86324	1:N 人脸识别，rank 1 识别率

表4 一种快速可靠的训练数据清洗方法

1. 选定网络结构（如resnet），在较干净的训练集上（如CASIA-Webface）上训练得到baseline模型；
2. 对噪声较大的待清洗训练集，对每一个id的所有样本，执行以下操作：
　2.1 图片数少于一定数目（如15）的个体，直接剔除；
　2.2 通过1中得到的baseline识别模型计算所有样本的相似度矩阵，对每个样本xi，记录它与其他样本间相似度大于一定阈值t的次数kxi；
　2.3 对所有样本，按kxi从大到小进行排序，如果kxi最大值超过样本总数一定比例（如50%），则认为当前文件夹内存在主要人物，前n (n<=5) 个最大kxi对应的样本为该文件夹的代表样本。
　　2.3.1 无法确定主要人物的文件夹删除；
　　2.3.2 能够确定主要人物的文件夹，通过计算所有样本与代表性样本的相似度进行噪声的清除；
　　2.3.3 以上所有参数建议根据手工清洗一定量文件夹的结果进行调优。

图3给出了一套行之有效的人脸识别技术方案，主要包括多patch划分、CNN特征抽取、多任务学习/多loss融合，以及特征融合模块。

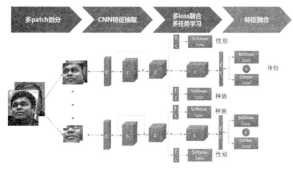

图3 人脸识别技术方案

■ 多patch划分主要是利用人脸不同patch之间的互补信息增强识别性能。尤其是多个patch之间的融合能有效提升遮挡情况下的识别性能。当前，在LFW评测中超过99.50%的结果大多数是由多个patch融合得到。

■ 经过验证较优秀的人脸特征抽取卷积神经网络包括：Deep-ID系列、VGG-Net、ResNet、Google Inception结构。读者可以根据自己对精度及效率的需求选择合适的网络。本文以19层resnet举例。

■ 多任务学习主要是利用其他相关信息提升人脸识别性能。本文以性别和种族识别为例，这两种属性都是和具体人的身份强相关的，而其他的属性如表情、年龄都没有这个特点。我们在resnet的中间层引出分支进行种族和性别的多任务学习，这样CNN网络的前几层相当于具有了种族、性别鉴别力的高层语义信息，在CNN网络的后几层我们进一步学习了身份的细化鉴别信息。同时，训练集中样本的性别和种族属性可以通过一个baseline分类器进行多数投票得到。

■ 多loss融合主要是利用不同loss之间的互补特性学习出适当的人脸特征向量，使得类内差尽可能小，类间差尽可能大。当前人脸识别领域较为常用的集中loss包括：pair-wise loss、triplet loss、softmax loss、center loss等。其中triplet loss直接定义了增大类内类间差gap的优化目标，但是在具体工程实践中，其trick较多，不容易把握。而最近提出的center loss，结合softmax loss，能较好地度量特征空间中的类内、类间差，训练配置也较为方便，因此使用较为广泛。

■ 通过多个patch训练得到的模型将产生多个特征向量，如何融合多特征向量进行最终的身份识别也是一个重要的技术问题。较为常用的方案包括特征向量拼接、分数级加权融合及决策级融合（如投票）等。

表5给出了训练数据清洗前后在测试集上的性能对比结果。据此可以得到以下结论：

■ 数据的清洗不但能加快模型训练，也能有效提升识别精度。

■ 在西方人为主的训练集MSCeleb1M上训练得到的模型，在同样以西方人为主的测试集LFW上达到了完美的泛化性能；但是在以东方人为主的业务测试集的泛化性能则有较大的下滑。

■ 在以东方人为主的业务训练集训练得到的模型，在东方人为主的业务测试集上性能非常好，但是在西方人为主的测试集LFW上相对MSCeleb1M有一定差距。

■ 将业务训练集和MSCeleb1M进行合并，训练得到的模型在LFW和业务数据上都有近乎完美的性能。其中，基于三个patch融合的模型在LFW上得到了99.58%的识别精度。

表5 数据清洗前后识别模型性能对比

训练库名	1 epoch	2 epoch	4 epoch
MSCeleb1M（清洗前）	LFW: 95.32% 业务: 64.2%	LFW: 96.98% 业务: 69.5%	LFW: 97.45% 业务: 73.8%
MSCeleb1M（清洗后）	LFW: 97.96% 业务: 75.3%	LFW: 98.67% 业务: 82.5%	LFW: 99.20% 业务: 87.6%
业务数据（清洗前）	LFW: 86.18% 业务: 87.3%	LFW: 88.43% 业务: 89.9%	LFW: 90.76% 业务: 92.8%
业务数据（清洗后）	LFW: 89.17% 业务: 92.25%	LFW: 91.43% 业务: 93.8%	LFW: 93.88% 业务: 95.1%
合并MSCeleb1M（清洗后）以及业务数据（清洗后）	LFW: 95.32% 业务: 64.2%	LFW: 98.48% 业务: 95.7%	LFW: 99.58% 业务: 97.9%

由此，我们可以知道，为了达到尽可能高的实用识别性能，我们应该尽可能采用与使用环境相同的训练数据进行训练。同样的结论也出现在论文中。

实际上，一个完整的人脸识别实用系统除了包括上述识别算法以外，还应该包括人脸检测、人脸关键点定位、人脸对齐等模块，在某些安全级别要求较高的应用中，为了防止照片、视频回放、3D打印模型等对识别系统的假冒攻击，还需要引入活体检测模块；为了在视频输入中取得最优的识别效果，还需要引入图像质量评估模块选择最合适的视频帧进行识别，以尽可能排除不均匀光照、大姿态、低分辨和运动模糊等因素对识别的影响。另外，也有不少研究者和公司试图通过主动的方式规避这些因素的影响：引入红外/3D摄像头。典型的实用人脸识别方案如图4所示。

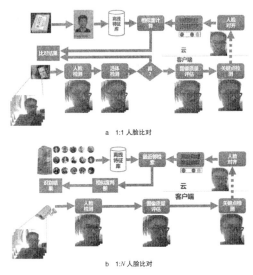

a 1:1人脸比对

b 1:N人脸比对

图4 实用人脸识别方案流程图

总结

本文简单总结了人脸识别技术的发展历史，并给出了实用方案设计的参考。虽然人脸识别技术在LFW公开竞赛中取得了99%以上的精度，但是在视频监控等实用场景下的1：N识别距离真正实用还有一段路要走，尤其是在N很大的情况下。未来，我们还需要在训练数据扩充、新模型设计及度量学习等方面投入更多的精力，让大规模人脸识别早日走入实用。

SLAM 刚刚开始的未来之"工程细节"

文/张哲

SLAM近年来随着算法不断成熟、硬件不断增强、应用场景逐渐丰富获得了长足的发展。本文根据笔者最近在学术界的交流和在工业界的切身感受，很有针对性地分享现有各个种类SLAM的工程细节，和对SLAM相关技术的看法和思考。

SLAM最近三年随着算法不断成熟、硬件不断增强、应用场景逐渐丰富，在学术界和工业界都有长足发展。在六月初新加坡刚刚结束的国际机器人顶级会议之一的ICRA 2017（International Conference on Robotics and Automation），机器人研究的方向和种类繁多，但计算机视觉、SLAM（同步定位和建图）、建图、空中机器人（泛指各类无人机）、距离感知、RGB-D感知这几个话题的track加在一起已经占到所有track的一半左右。笔者根据这次的大会所见所闻和自己在机器人领域十多年（尤其是最近一年多在PerceptIn全面推进软硬件一体化智能感知方案的产品化落地）的切身感受，在这里和大家很有针对性地分享现有各个种类的SLAM的工程细节（包括实现、优化、方案、选型、经验等），以及从工业界的角度对SLAM相关技术的看法和思考。本文纯属个人观点，仅供大家参考。SLAM技术基本知识的详细介绍请参见笔者之前的文章《SLAM刚刚开始的未来》，链接：http://geek.csdn.net/news/detail/86807。

稀疏SLAM

稀疏SLAM指的是前端用从图像提取来的较稀疏的特征点，而不是从深度摄像头来的稠密点云，或不提取特征点直接试图计算深度的直接法（后面有专门的讨论）。稀疏SLAM发展到今天，在理论和实现上已经趋于成熟，借助六轴陀螺仪IMU（Inertial Measurement Unit）的视觉惯导融合的紧耦合方法已经成为标配。在几何方面，稀疏SLAM从前端到后端已经做得非常细致，以致于大量算法微调的细节出现在论文里面，在这里举一些比较典型的例子。

■ 特征点从哪里来的问题分为了KLT（Kanade-Lucas-Tomasi）pipeline和FREAK（Fast Retina Keypoint）pipeline：前者的原理是基于亮度恒定、时间连续、空间一致来对像素做跟踪匹配，这种方法几何信息算的好、跟踪时间长，但是会飘，后者相对不飘但跟踪时间短，其原因是FREAK的DoG（Difference of Gaussian）极值在相邻帧重复性差。特征点提取在Intel Core i7的台式机上640×480像素分辨率的图一般都在10ms以内，SSE优化后会更快，在一般的主流手机平台上如果做了NEON或GPU实现跟上相机的30fps帧率一般都没有问题。

■ 特征点被如何用的问题分为了SLAM特征点和MSCKF特征点：SLAM特征点被加入状态向量并被更新，MSCKF特征点在测量的相关公式中被忽视（marginalize）掉来生成位姿之间的约束。这样做的目的在于既保持了准确性又照顾到了处理时间不会太长。

■ 诸如此类还有很多如何用IMU来选好的特征点，如何在后端优化中融合IMU带来的约束，sliding window有多长，哪部分用NEON/GPU实现了，标定里面哪个参数最重要，预积分的处理在还算合理的情况怎么能更合理等。

代表文章

■《A Comparative Analysis of Tightly-coupled Monocular, Binocular, and Stereo VINS》：明尼苏达实验室的深入细致的对单目，双目但不重叠，重叠双目系统的性能分析，大量工程实现细节，还有和其他SLAM系统的对比，必读。

然而即使稀疏SLAM算法日趋成熟，但对硬件的依赖度反而变大，深层次的原因是因为算法抠得非常细，对硬件的要求也都是非常细致并明确的，比如大家偏好大视角镜头但大视角的边界畸变最严重，到底好不好用、怎么用、用什么模型；比如相机和 IMU 的同步最好是确定的硬件同步，不但希望能保证顺序和微秒级的精确，还希望能在每帧图的那一刹那正好有一帧 IMU 这样预积分才最准确；比如需要看得远又能拿到准确的尺度，那必须基线拉大，那么拉到多大呢，著名的做 VINS（Visual Inertial Navigation System）的明尼苏达大学自己搭的硬件是 26 厘米基线的双目配上 165 度的大视角镜头，堪称是跟踪神器；再比如宾州大学这次在 ICRA 发布的供 SLAM 跑分的数据集，采集数据用的是自己搭的一套硬件，由两个第二代 Tango 平板、三个 GoPro 相机和一个 VI Sensor（做这个的公司早已被 GoPro 收购），再加上 AprilTags 的 marker 跟踪，融合后的位姿信息作为真值。PerceptIn 的第一代双目惯导模组在大会的展台区引来大家争相询问并购买，可见 SLAM 和各类基于计算机视觉的研究人员对一个好用的硬件需求非常大。

稠密 SLAM

稠密 SLAM 重建目前也相对比较成熟，从最开始的 KinectFusion（TSDF 数据结构 + ICP）到后来的 InfiniTAM（用哈希表来索引很稀疏的 voxel）、ElasticFusion（用 surfel 点表示模型并用非刚性的图结构）、DynamicFusion（引入了体翘曲场这样深度数据通过体翘曲场的变换后，才能融入 TSDF 数据结构中，完成有非刚性物体的动态场景重建）都做得比较成熟。工业界实现非常好的是微软的 HoloLens，在台积电的 24 核 DSP 上把 mesh simplification 这些操作都搞了上去。这届 ICRA 上稠密 SLAM 重建这部分，很明显看出大家仍然很喜欢基本的几何图元，比如平面、法向量，这里不一一赘述。着重说一下让笔者感到惊喜的是很基础但非常重要的，给地图的数据结构仍然有很大程度的创新，比如这篇《SkiMap: An Efficient Mapping Framework for Robot Navigation》，其本质是 "Tree of SkipLists"（笔者不知道该翻译为 "跳表树" 还是 "树跳表"），3D 空间 XYZ 各一层，前两层的每个节点其实就是一个指针指向下一层，最后那层才是 voxel 有真正的数据，而各层有个隐藏层是跳表，保证了查找插入删除都是 O(logn)。这个数据结构对机器人非常实用，尤其是不同高度下的快速深度检索和障碍物检测。从工程角度看，稠密 SLAM 在台式机上已经能在不用 GPU 的情况下做到实时。在手机上如果要做到实时，需要有针对性地加速，比如预处理、计算法向量，如果是被动双目在 stereo block matching 这类对每个像素都需要的计算就非常适合用手机 GPU。比较好的参照标准是 ISMAR 2015（International Symposium on Mixed and Augmented Reality）的这篇论文《MobileFusion: Real-time Volumetric Surface Reconstruction and Dense Tracking On Mobile Phones》，在 iPhone 6 上处理 320×240 像素分辨率的图，用 CPU 和 GPU 能够做到位置跟踪和 3D 重建都达到 25fps。

基于事件相机的 SLAM

一句话来解释 Event Camera（暂且直译为事件相机）的原理，就是事件相机的每一个像素都在独立异步地感知接收光强变化。对每个像素来说，"事件" 的本质就是变亮或变暗，有 "事件" 发生才有输出，所以很自然的没有了 "帧率" 的概念，功耗和带宽理论上也会很低。另一方面，事件相机对亮度变化非常敏感，动态范围能到 120dB，甚至在对快速旋转等剧烈运动的响应比 IMU 还要好。这种新的传感器自然被很多做位置跟踪的研究者们所青睐，ICRA 上尤其是欧洲的几个有名的实验室都在玩。然而从工业界相对实际的角度看，这个相机有以下三个致命点，如果不解决就无法大量普及：

- 贵，现在的价格是几千美元，现场有人说量产了就能一美元，这显然没法让人信服，CMOS 已经应用这么多年，现在一个 global shutter 的 CMOS 也不可能只要一美元，虽然笔者专门到做事件相机的公司展台去详细聊了价格的问题，得到的答案是未来两三年内随着量产是有可能降到 200～300 美元的；
- 大，因为每个像素的电路十分复杂，而每个像素本身的物理大小是 20 微米左右，相比于很多 CMOS，6μm×6μm 都算很大了，那么就直接导致事件相机的物理大小很大但像素其实很低（比如 128×128 像素）；
- 少，"少" 是说信息维度信息量不够，事件相机的事件一般都在明暗分界线处，所以现场有人就管它叫 "edge detector"，但在计算机视觉整体尤其是结合深度学习后都在往上层走的大趋势下，只有一个事件相机是远远不够的，这也是为什么事件相机的厂家也在整合 IMU 和传统相机做在一起，但这样的话成本更是居高不下。

基于直接法的 SLAM

一句话来解释 Direct Method（直接法）的原理，就是在默认环境亮度不变（brightness consistency assumption）的前提下，对每个像素（DTAM）或感兴趣的像素（Semi-Dense LSD SLAM）的深度通过 inverse depth 的表达进行提取，并不断优化来建立相对稠密的地图，同时希望实现相对更稳定的位置跟踪。相比于研究了二十多年的基于特征点的方法，直接法比较新，只有五六年的历史，下面是 ICRA 上和直接法有关的几篇论文，主要都是通过融合额外的传感器或方法进行对原有直接法的改进。

- 《Direct Visual-Inertial Navigation with Analytical Preintegration》：主要讲的是连续时间意义下的 imu kinematic model 的闭式解。
- 《Direct Visual Odometry in Low Light Using Binary Descriptors》：不再基于亮度不变的假设，改用基于二进制特征描述不变的假设。
- 《Direct Monocular Odometry Using Points and Lines》：用 edge 把基于特征点和基于直接法的两种方法结合起来。
- 《Illumination Change Robustness in Direct Visual SLAM》：Census 效果最好。

那么直接法到底能否大范围普及呢？笔者从工业界 "比较俗、比较短视、比较势利" 的角度来看，直接法两边都非常尴尬：

- 直接法没有证明在位置跟踪方面比前端用传统特征点的基于滤波（MSCKF, SR-ISWF）或者基于优化（OKVIS, VINS-Mono）要有优势，如果环境恶劣是由于光线变化，那么直接法的基于环境亮度不变的假设也不成立，如果环境恶劣是由于超级剧烈的高速运动，那么直接法也是得通过 IMU 融合才能争取不跟丢。
- 直接法的直接好处是地图相对稠密，但相对稠密是针对于基于特征点的稀疏而言，如果这个地图是为了做跟踪，那么基于特征点的方法已经证明可以做得很好了，如果是为了 3D 重建，那么大可以用一个深度相机，如果是被动双目的话，被动双目还原出稠密深度本身也在大幅度进步。

- 从运算量来说不论每个像素都计算的 DTAM 还是只计算一部分的 Semi-Dense LSD SLAM 都比稀疏 SLAM 的前端运算量要大，当然可以用 GPU 并行加速，但如果在手机平台上实现 VR/AR，用 GPU 意味着和图形渲染抢资源。所以笔者认为直接法够新颖，但新颖的不够强大，或者说不够强大到有落地价值。

语义 SLAM

语义英文为 Semantics，是意义和含义的意思。语义 SLAM 顾名思义就是超出点线面的几何意义，而再进一步得到更深层次的环境和物体信息，比如我在一个屋子走一圈，SLAM 告诉你精准的轨迹位置信息和精准还原出来的一堆 3D 点，但语义 SLAM 还能够告诉你沿路看到了哪些物体和这些物体的精准位置，这个不但从商业的角度来说想象空间和商机非常大，而且对终端用户来说更实用更有意义，如果说稀疏 SLAM 的稀疏地图点是为了跟踪和重定位，稠密 SLAM 的稠密点云或者 mesh 是为了场景重建，那么语义 SLAM 才是真的全方位"环境重建"。ICRA 上的顶级语义 SLAM paper 已经证明初步验证和实现已经完成，大范围普及最多两年。举两篇文章为例：

- 《Probabilistic Data Association for Semantic SLAM》：ICRA 2017 五篇最佳论文之一，在数学上很有条理、很严谨地解答了 SLAM 几何上的状态（sensor states）和语义的地标（semantic landmark）一起构成的优化问题，而物体检测方面没有用 fancy 的 CNN，而是 deformable parts model detection（但也是比较新的 2013 年的算法），更进一步说这篇文章非常明确地定义问题并给出了数学推论和具体实现结果：from t = 1, ⋯, T, given inertial (IMU), geometric（稀疏特征点），semantic（识别的物体），estimate the sensor state trajectory（传感器轨迹状态）and the positions and classes of the objects in the environment（识别的物体种类和位姿）这可能也是很多搞视觉、几何、机器人的研究人员仍然甚至越来越喜欢 ICRA 的原因：关心数学验证，重视几何推论，和硬件紧密结合，对深度学习持开放态度，但在意到底解决了什么实际问题。

- 《SemanticFusion: Dense 3D Semantic Mapping with Convolutional Neural Networks》：这篇文章相比 SLAM 算法方面的创新，更偏重怎样结合 CNN 搭建一套稠密语义 SLAM 的系统。SemanticFusion 架构上主要分为三部分。

（1）前面提到过的 ElasticFusion 这种稠密 SLAM 来计算位姿并建出稠密地图；

（2）CNN 用 RGB 或 RGBD 图来生成一个概率图，每个像素都对应着识别出来的物体类别；

（3）通过贝叶斯更新来把识别的结果和 SLAM 生成的关联信息整合进统一的稠密语义地图中。

在一个 Intel Core i7 带 Nvidia Titan Black GPU 的台式机上，end-to-end 可以做到每秒 25 帧。需要着重说明的是，这篇文章的结果验证了用一套优秀的 SLAM 系统可以提供帧与帧之后像素级别的 2D 识别结果和 3D 地图之间的关联，而且和之前的 SLAM++ 需要事先限定好可识别的物体类别相比，SemanticFusion 识别物体的类别可以来自训练好的 CNN 的海量数据集并且最后标识了整个场景的所有信息。

被动双目生成稠密深度

通过双目视差生成稠密深度由来已久，但在这届 ICRA 上我们仍然看到有很多学术创新，在 PerceptIn 的展上，很多学术界和工业界的朋友来询问这个问题。虽然双目对纹理少或者不够好的地方很乏力，而且又有易受光线环境影响的致命缺点，但这个问题仍然非常有意义：

- 功耗，各种深度传感器的功耗各异，但一般都至少 2W，是双目的两倍左右。
- 距离和视场角，双目摆放设计相对灵活，ICRA 上专门有一篇文章《Real-time Stereo Matching Failure Prediction and Resolution using Orthogonal Stereo Setups》分析一个横向双目加一个竖向双目的摆放距离位置对结果的影响。在距离上双目更是可以拉大基线看得更远（Uber 无人车的配置是前后排各六个相机），而深度传感器很难在户外看得很远。
- 成本，双目成熟度高而且量相对大些所以成本会低一些。
- 最后一点双目生成稠密深度仍然在不停地进步。

举两篇文章为例。

- 《LS-ELAS: Line Segment based Efficient Large Scale Stereo Matching》：作者改进的 ELAS（efficient large-scale stereo matching），ELAS 说的是通过取支持点（support point）并进行三角剖分再对视差进行插值计算从而避开了其他一些算法需要做全局优化，而 LS-ELAS 通过好的线段（尤其是竖直的，水平的相对质量差，因为在 epipolar line 上不好找）来更好地选择支持点。作者号称比 ELAS 又好又快，现场有人质疑 LS-ELAS 额外有边缘检测而 ELAS 是 3×3 或 5×5 采样所以肯定更快，作者的解释是虽然边缘检测耗时间，但结果是选择出来的支持点质量要好很多，而且很多选了也不行的根本就没选，这样支持点其实比 ELAS 少很多所以计算时间省了回来，笔者觉得是非常有道理的。在 Intel Core i7 的台式机上处理大概 VGA 分辨率 LS-ELAS 能达到 60fps，越大分辨率 LS-ELAS 相比 ELAS 的速度优势越明显。

- 《Robust Stereo Matching with Surface Normal Prediction》：一句话解释就是深度学习辅助双目匹配。事实上之前就有类似尝试，比如 Yann LeCun 通过训练 MC-CNN 来提高 patch similarity，而不是传统的计算匹配成本的方法，这个 Deep Learning 来打败传统 patch/descriptor 的思路非常典型。这篇文章的架构非常复杂：先来正常的 stereo matching，再计算视差的自信度，再用 CNN 帮助预测法向量，再来做 segmentation，再把边缘特征结合进来，最后大整合出结果，中间还有一些迭代的步骤。这套复杂系统的特点是效果非常好，计算非常慢，694×554 像素的图，SGM 是 0.34 秒，MC-CNN 是 20 秒，这个方法是这些时间额外还需要 99 秒，经过很多 GPU 加速后在比较强大的台式机又用上 GPU 的情况下最后是 0.75 秒，仍然很慢，但确实比 SGM 效果好。

结语

大方向上学术界 SLAM 的相对成熟，必然伴随着工业界很大量级的产品中集成达到产品化程度的 SLAM 方案，那么在工业界 SLAM 未来走势会是什么样子呢？笔者有以下几点看法。

■ 所谓的产品化，就是在价格可以被产品接受的前提下算法够用够稳定又能提高已有的或提供全新的用户体验。而 SLAM 太重要会导致大厂都想拥有，但有能力搞高质量全套的就那么几家，这几家也能搞到业界最好，比如 Microsoft HoloLens、Google Tango、苹果 ARKit，很大的原因是在这方面有积累的大公司有足够多的人力财力铺上去解决大量的工程细节问题，但即便实力强大到这几家也都紧密配合自己的硬件，也没法给出一个普适方案。

■ 会有很多出货量极大但优势不在算法端或者说不需要在算法和软件的公司，比如各大扫地机厂商，这些厂商只需要在创业公司里面挑一家最好的方案就好了，这个时候就非常考验团队的算法成熟度、软件架构、方案选择、资金储备、人才储备、是否容易合作，而最终就是看能不能快速解决所有的工程细节完成产品化；

■ 留给国内外的 SLAM 初创公司做单点技术的空间不大，这个现象不只出现在 SLAM 上，也会出现在任意技术的产品化道路上，然而在 SLAM 和"泛感知"这一块相对比较特殊的是需要 SLAM 和智能感知的产品和方向太多，而感知对硬件的依赖又非常大，整体市场尤其每个细分领域远远没有达到饱和的阶段，有大量工程产品化的细节需要解决才能真正落地，对初创公司是非常大的挑战，也是非常大的机会。

SLAM 刚刚开始的未来，每一步都是一堆工程细节。

深度学习中的注意力机制

文 / 张俊林

最近两年，注意力模型（Attention Model）被广泛使用在自然语言处理、图像识别及语音识别等各种不同类型的深度学习任务中，是深度学习技术中最值得关注与深入了解的核心技术之一。本文以机器翻译为例，深入浅出地介绍了深度学习中注意力机制的原理及关键计算机制，同时也抽象出其本质思想，并介绍了注意力模型在图像及语音等领域的典型应用场景。

注意力模型最近几年在深度学习各个领域被广泛使用，无论是图像处理、语音识别还是自然语言处理的各种不同类型的任务中，都很容易遇到注意力模型的身影。所以，了解注意力机制的工作原理对于关注深度学习技术发展的技术人员来说有很大的必要。

人类的视觉注意力

从注意力模型的命名方式看，很明显其借鉴了人类的注意力机制，因此，我们首先简单介绍人类视觉的选择性注意力机制。

视觉注意力机制是人类视觉所特有的大脑信号处理机制。人类视觉通过快速扫描全局图像，获得需要重点关注的目标区域，也就是一般所说的注意力焦点，而后对这一区域投入更多注意力资源，以获取更多所需要关注目标的细节信息，而抑制其他无用信息。这是人类利用有限的注意力资源从大量信息中快速筛选出高价值信息的手段，是人类在长期进化中形成的一种生存机制、人类视觉注意力机制极大地提高了视觉信息处理的效率与准确性。

图 1 形象化展示了人类在看到一幅图像时是如何高效分配有限的注意力资源的，其中红色区域表明视觉系统更关注的目标，很明显对于图 1 所示的场景，人们会把注意力更多投入到人的脸部、文本的标题以及文章首句等位置。

深度学习中的注意力机制从本质上讲和人类的选择性视觉注意力机制类似，核心目标也是从众多信息中选择出对当前任务目标更关键的信息。

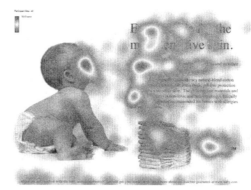

图 1 人类的视觉注意力

Encoder-Decoder 框架

要了解深度学习中的注意力模型，就不得不先谈 Encoder-Decoder 框架，因为目前大多数注意力模型附着在 Encoder-Decoder 框架下，当然，其实注意力模型可以看作一种通用的思想，本身并不依赖于特定框架，这点需要注意。

Encoder-Decoder 框架可以看作一种深度学习领域的研究模式，应用场景异常广泛。图 2 是文本处理领域里常用的 Encoder-Decoder 框架最抽象的一种表示。

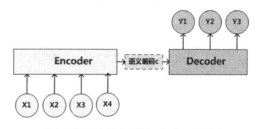

图 2 抽象的文本处理领域的 Encoder-Decoder 框架

文本处理领域的 Encoder-Decoder 框架可以这么直观地去理解：可以把它看作适合处理由一个句子（或篇章）生成另外一个句子（或篇章）的通用处理模型。对于句子对 <Source,Target>，我们的目标是给定输入句子 Source，期待通过 Encoder-Decoder 框架来生成目标句子 Target。Source 和 Target

可以是同一种语言,也可以是两种不同的语言。而 Source 和 Target 分别由各自的单词序列构成:

Source=<$x_1, x_2...x_m$>

Target=<$y_1, y_2...y_n$>

Encoder 顾名思义就是对输入句子 Source 进行编码,将输入句子通过非线性变换转化为中间语义表示 C:

$C=F(x_1, x_2...x_m)$

对于解码器 Decoder 来说,其任务是根据句子 Source 的中间语义表示 C 和之前已经生成的历史信息 $y_1, y_2 ... y_{i-1}$ 来生成 i 时刻要生成的单词 y_i:

$y_i=g(C, y_1, y_2...y_{i-1})$

每个 y_i 都依次这么产生,那么看起来就是整个系统根据输入句子 Source 生成了目标句子 Target。如果 Source 是中文句子,Target 是英文句子,那么这就是解决机器翻译问题的 Encoder-Decoder 框架;如果 Source 是一篇文章,Target 是概括性的几句描述语句,那么这是文本摘要的 Encoder-Decoder 框架;如果 Source 是一句问句,Target 是一句回答,那么这是问答系统或者对话机器人的 Encoder-Decoder 框架。由此可见,在文本处理领域,Encoder-Decoder 的应用领域相当广泛。

Encoder-Decoder 框架不仅仅在文本领域广泛使用,在语音识别、图像处理等领域也经常使用。比如对于语音识别来说,如图 2 所示的框架完全适用,区别无非是 Encoder 部分的输入是语音流,输出是对应的文本信息;而对于"图像描述"任务来说,Encoder 部分的输入是一张图片,Decoder 的输出是能够描述图片语义内容的一句描述语。一般而言,文本处理和语音识别的 Encoder 部分通常采用 RNN 模型,图像处理的 Encoder 一般采用 CNN 模型。

Attention 模型

本节先以机器翻译作为例子讲解最常见的 Soft Attention 模型的基本原理,之后抛离 Encoder-Decoder 框架抽象出了注意力机制的本质思想,然后简单介绍最近广为使用的 Self Attention 的基本思路。

Soft Attention 模型

图 2 中展示的 Encoder-Decoder 框架是没有体现出"注意力模型"的,所以可以把它看作注意力不集中的分心模型。为什么说它注意力不集中呢?请观察下目标句子 Target 中每个单词的生成过程如下:

$y_1=f(C)$

$y_2=f(C, y_1)$

$y_3=f(C, y_1, y_2)$

其中 f 是 Decoder 的非线性变换函数。从这里可以看出,在生成目标句子的单词时,不论生成哪个单词,它们使用的输入句子 Source 的语义编码 C 都是一样的,没有任何区别。而语义编码 C 是由句子 Source 的每个单词经过 Encoder 编码产生的,这意味着不论是生成哪个单词,y_1,y_2 还是 y_3,其实句子 Source 中任意单词对生成某个目标单词 y_i 来说影响都是相同的,这是为何说这个模型没有体现出注意力的缘由。这类似于人类看到眼前的画面,但是眼中却没有注意焦点一样。

如果拿机器翻译来解释这个分心模型的 Encoder-Decoder 框架更好理解,比如输入的是英文句子:Tom chase Jerry,Encoder-Decoder 框架逐步生成中文单词:"汤姆","追逐","杰瑞"。在翻译"杰瑞"这个中文单词的时候,分心模型里面的每个英文单词对于翻译目标单词"杰瑞"贡献是相同的,很明显这里不太合理,显然"Jerry"对于翻译成"杰瑞"更重要,但是分心模型是无法体现这一点的,这就是为何说它没有引入注意力的原因。没有引入注意力的模型在输入句子比较短的时候问题不大,但是如果输入句子比较长,此时所有语义完全通过一个中间语义向量来表示,单词自身的信息已经消失,可想而知会丢失很多细节信息,这也是为何要引入注意力模型的重要原因。

上面的例子中,如果引入 Attention 模型,应该在翻译"杰瑞"的时候,体现出英文单词对于翻译当前中文单词不同的影响程度,比如给出类似下面一个概率分布值:

(Tom,0.3)(Chase,0.2) (Jerry,0.5)

每个英文单词的概率代表了翻译当前单词"杰瑞"时,注意力分配模型分配给不同英文单词的注意力大小。这对于正确翻译目标语单词肯定是有帮助的,因为引入了新的信息。同理,目标句子中的每个单词都应该学会其对应的源语句子中单词的注意力分配概率信息。这意味着在生成每个单词 y_i 的时候,原先都是相同的中间语义表示 C 会被替换成根据当前生成单词而不断变化的 C_i。理解 Attention 模型的关键就是这里,即由固定的中间语义表示 C 换成了根据当前输出单词来调整成加入注意力模型的变化的 C_i。增加了注意力模型的 Encoder-Decoder 框架理解起来如图 3 所示。

即生成目标句子单词的过程成了下面的形式:

$y_1=f1(C_1)$

$y_2=f1(C_2, y_1)$

$y_3=f1(C_3, y_1, y_2)$

而每个 C_i 可能对应着不同的源语句子单词的注意力分配概率分布,比如对于上面的英汉翻译来说,其对应的信息可能如下:

$C_{汤姆}$ = g(0.6 * f2("Tom"), 0.2 * f2(Chase), 0.2 * f2("Jerry"))

$C_{追逐}$ = g(0.2 * f2("Tom"), 0.7 * f2(Chase), 0.1 * f2("Jerry"))

$C_{杰瑞}$ = g(0.3 * f2("Tom"), 0.2 * f2(Chase), 0.5 * f2("Jerry"))

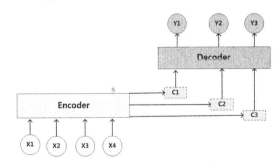

图 3 引入注意力模型的 Encoder-Decoder 框架

其中,$f2$ 函数代表 Encoder 对输入英文单词的某种变换函数,比如如果 Encoder 是用的 RNN 模型的话,这个 $f2$ 函数的结果往往是某个时刻输入 x_i 后隐层节点的状态值;g 代表 Encoder 根据单词的中间表示合成整个句子中间语义表示的变换函数,一般的做法中,g 函数就是对构成元素加权求和,即下列公式:

$$C_i = \sum_{j=1}^{L_x} a_{ij} h_j$$

其中，L_x 代表输入句子 Source 的长度，a_{ij} 代表在 Target 输出第 i 个单词时 Source 输入句子中第 j 个单词的注意力分配系数，而 h_j 则是 Source 输入句子中第 j 个单词的语义编码。假设 C_i 下标 i 就是上面例子所说的"汤姆"，那么 L_x 就是 3，h1=f("Tom")，h2=f("Chase"),h3=f("Jerry") 分别是输入句子每个单词的语义编码，对应的注意力模型权值则分别是 0.6,0.2,0.2，所以 g 函数本质上就是个加权求和函数。如果形象表示的话，翻译中文单词"汤姆"的时候，数学公式对应的中间语义表示 C_i 的形成过程类似图 4。

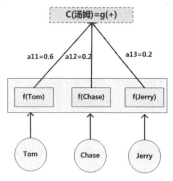

图 4 Attention 的形成过程

这里还有一个问题：生成目标句子某个单词，比如"汤姆"的时候，如何知道 Attention 模型所需要的输入句子单词注意力分配概率分布值呢？就是说"汤姆"对应的输入句子 Source 中各个单词的概率分布：(Tom,0.6)(Chase,0.2) (Jerry,0.2) 是如何得到的呢？

为了便于说明，我们假设对图 2 的非 Attention 模型的 Encoder-Decoder 框架进行细化，Encoder 采用 RNN 模型，Decoder 也采用 RNN 模型，这是比较常见的一种模型配置，则图 2 的框架转换为图 5。

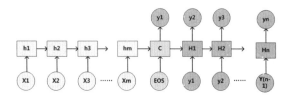

图 5 RNN 作为具体模型的 Encoder-Decoder 框架

那么用图 6 可以较为便捷地说明注意力分配概率分布值的通用计算过程。

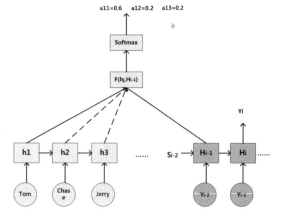

图 6 注意力分配概率计算

对于采用 RNN 的 Decoder 来说，在时刻 i，如果要生成 y_i 单词，我们是可以知道 Target 在生成 y_i 之前的时刻 i-1 时，隐层节点 i-1 时刻的输出值 H_{i-1} 的，而我们的目的是要计算生成 y_i 时输入句子中的单词 "Tom"、"Chase"、"Jerry" 对 y_i 来说的注意力分配概率分布，那么可以用 Target 输出句子 i-1 时刻的隐层节点状态 H_{i-1} 去一一和输入句子 Source 中每个单词对应的 RNN 隐层节点状态 h_j 进行对比，即通过函数 $F(h_j, H_{i-1})$ 来获得目标单词 y_i 和每个输入单词对应的对齐可能性，这个 F 函数在不同论文里可能会采取不同的方法，然后函数 F 的输出经过 Softmax 进行归一化就得到了符合概率分布取值区间的注意力分配概率分布数值。绝大多数 Attention 模型都是采取上述的计算框架来计算注意力分配概率分布信息，区别只是在 F 的定义上可能有所不同。图 7 可视化地展示了在英语-德语翻译系统中加入 Attention 机制后，Source 和 Target 两个句子每个单词对应的注意力分配概率分布。

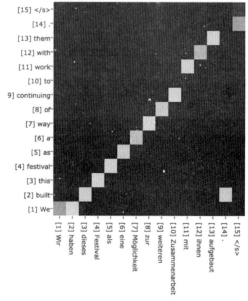

图 7 英语-德语翻译的注意力概率分布

上述内容就是经典的 Soft Attention 模型的基本思想，那么怎么理解 Attention 模型的物理含义呢？一般在自然语言处理应用里会把 Attention 模型看作输出 Target 句子中某个单词和输入 Source 句子每个单词的对齐模型，这是非常有道理的。目标句子生成的每个单词对应输入句子单词的概率分布可以理解为输入句子单词和这个目标生成单词的对齐概率，这在机器翻译语境下是非常直观的：传统的统计机器翻译一般在做的过程中会专门有一个短语对齐的步骤，而注意力模型其实起的是相同的作用。

如图 8 所示即为 Google 于 2016 年部署到线上的基于神经网络的机器翻译系统，相对传统模型翻译效果有大幅提升，翻译错误率降低了 60%，其架构就是上文所述的加上 Attention 机制的 Encoder-Decoder 框架，主要区别无非是其 Encoder 和 Decoder 使用了 8 层叠加的 LSTM 模型。

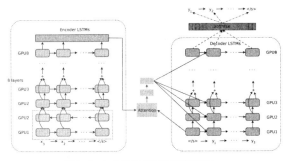

图 8　Google 神经网络机器翻译系统结构图

Attention 机制的本质思想

如果把 Attention 机制从上文讲述例子中的 Encoder-Decoder 框架中剥离，并进一步做抽象，可以更容易看懂 Attention 机制的本质思想。

我们可以这样来看待 Attention 机制（参考图9）：将 Source 中的构成元素想象成是由一系列的 <Key,Value> 数据对构成，此时给定 Target 中的某个元素 Query，通过计算 Query 和各个 Key 的相似性或者相关性，得到每个 Key 对应 Value 的权重系数，然后对 Value 进行加权求和，即得到了最终的 Attention 数值。所以本质上 Attention 机制是对 Source 中元素的 Value 值进行加权求和，而 Query 和 Key 用来计算对应 Value 的权重系数。即可以将其本质思想改写为如下公式：

$$\text{Attention}(\text{Query}, \text{Source}) = \sum_{i=1}^{L_x} Similarity(Query, Key_i) * Value_i$$

其中，$L_x = ||Source||$ 代表 Source 的长度，公式含义即如上所述。上文所举的机器翻译的例子里，因为在计算 Attention 的过程中，Source 中的 Key 和 Value 合二为一，指向的是同一个东西，也即输入句子中每个单词对应的语义编码，所以可能不容易看出这种能够体现本质思想的结构。

当然，从概念上理解，把 Attention 仍然理解为从大量信息中有选择地筛选出少量重要信息并聚焦到这些重要信息上，忽略大多不重要的信息，这种思路仍然成立。聚焦的过程体现在权重系数的计算上，权重越大越聚焦于其对应的 Value 值上，即权重代表了信息的重要性，而 Value 是其对应的信息。从图 9 可以引出另外一种理解，也可以将 Attention 机制看作一种软寻址（Soft Addressing）:Source 可以看作存储器内存储的内容，元素由地址 Key 和值 Value 组成，当前有个 Key=Query 的查询，目的是取出存储器中对应的 Value 值，即 Attention 数值。通过 Query 和存储器内元素 Key 的地址进行相似性比较来寻址，之所以说是软寻址，指的不像一般寻址只从存储内容里面找出一条内容，而是可能从每个 Key 地址都会取出内容，取出内容的重要性根据 Query 和 Key 的相似性来决定，之后对 Value 进行加权求和，这样就可以取出最终的 Value 值，也即 Attention 值。所以不少研究人员将 Attention 机制看作软寻址的一种特例，这也是非常有道理的。

至于 Attention 机制的具体计算过程，如果对目前大多数方法进行抽象的话，可以将其归纳为两个过程：第一个过程是根据 Query 和 Key 计算权重系数，第二个过程根据权重系数对 Value 进行加权求和。而第一个过程又可以细分为两个阶段：第一个阶段根据 Query 和 Key 计算两者的相似性或者相关性；第

二个阶段对第一阶段的原始分值进行归一化处理；这样，可以将 Attention 的计算过程抽象为如图 10 所示的三个阶段。

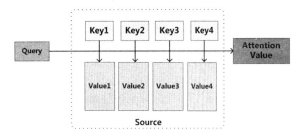

图 9　Attention 机制的本质思想

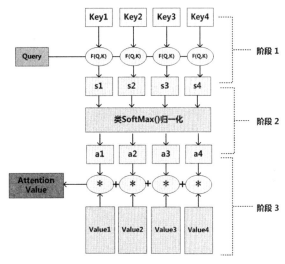

图 10　三阶段计算 Attention 过程

在第一个阶段，可以引入不同的函数和计算机制，根据 Query 和某个 Key_i，计算两者的相似性或者相关性，最常见的方法包括：求两者的向量点积、求两者的向量 Cosine 相似性或者通过再引入额外的神经网络来求值，即如下方式。

- 点积：$Similarity(Query, Key_i) = Query \cdot Key_i$
- Cosine 相似性：$Similarity(Query, Key_i) = \frac{Query \cdot Key_i}{||Query|| \cdot ||Key_i||}$
- MLP 网络：$Similarity(Query, Key_i) = MLP(Query, Key_i)$

第一阶段产生的分值根据具体产生的方法不同其数值取值范围也不一样，第二阶段引入类似 SoftMax 的计算方式对第一阶段的得分进行数值转换，一方面可以进行归一化，将原始计算分值整理成所有元素权重之和为 1 的概率分布；另一方面也可以通过 SoftMax 的内在机制更加突出重要元素的权重。即一般采用如下公式计算：

$$a_i = Softmax(Sim_i) = \frac{e^{Sim_i}}{\sum_{j=1}^{L_x} e^{Sim_j}}$$

第二阶段的计算结果 a_i 即为 $Value_i$ 对应的权重系数，然后进行加权求和即可得到 Attention 数值：

$$\text{Attention}(\text{Query}, \text{Source}) = \sum_{i=1}^{L_x} a_i \cdot Value_i$$

通过如上三个阶段的计算，即可求出针对 Query 的 Attention 数值，目前绝大多数具体的注意力机制计算方法都符合上述的三阶段抽象计算过程。

Self Attention 模型

通过上述对 Attention 本质思想的梳理，我们可以更容易理解本节介绍的 Self Attention 模型。Self Attention 也经常被称为 intra Attention（内部 Attention），最近一年也获得了比较广泛的使用，比如 Google 最新的机器翻译模型内部大量采用了 Self Attention 模型。在一般任务的 Encoder-Decoder 框架中，输入 Source 和输出 Target 内容是不一样的，比如对于英 - 中机器翻译来说，Source 是英文句子，Target 是对应的翻译出的中文句子，Attention 机制发生在 Target 的元素 Query 和 Source 中的所有元素之间。而 Self Attention 顾名思义，指的不是 Target 和 Source 之间的 Attention 机制，而是 Source 内部元素之间或者 Target 内部元素之间发生的 Attention 机制，也可以理解为 Target=Source 这种特殊情况下的注意力计算机制。其具体计算过程是一样的，只是计算对象发生了变化而已，所以此处不再赘述其计算过程细节。

如果是常规的 Target 不等于 Source 情形下的注意力计算，其物理含义正如上文所讲，比如对于机器翻译来说，本质上是目标语单词和源语单词之间的一种单词对齐机制。那么如果是 Self Attention 机制，一个很自然的问题是：通过 Self Attention 到底学到了哪些规律或者抽取出了哪些特征呢？或者说引入 Self Attention 有什么增益或者好处呢？我们仍然以机器翻译中的 Self Attention 来说明，图 11 和图 12 可视化地表示了 Self Attention 在同一个英语句子内单词间产生的联系。

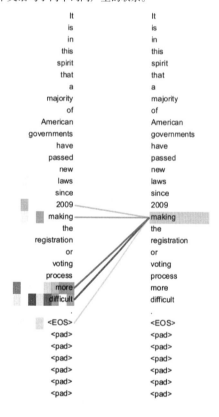

图 11 可视化 Self Attention 实例

从两张图（图 11、图 12）可以看出，Self Attention 可以捕获同一个句子中单词之间的一些句法特征（比如图 11 展示的有一定距离的短语结构）或者语义特征（比如图 12 展示的 its 的

指代对象 Law）。很明显，引入 Self Attention 后会更容易捕获句子中长距离的相互依赖的特征，因为如果是 RNN 或者 LSTM，需要依次序序列计算，对于远距离的相互依赖的特征，要经过若干时间步步骤的信息累积才能将两者联系起来，而距离越远，有效捕获的可能性越小。但是 Self Attention 在计算过程中会直接将句子中任意两个单词的联系通过一个计算步骤直接联系起来，所以远距离依赖特征之间的距离被极大缩短，有利于有效地利用这些特征。除此外，Self Attention 对于增加计算的并行性也有直接帮助作用。这是为何 Self Attention 逐渐被广泛使用的主要原因。

图 12 可视化 Self Attention 实例

Attention 机制的应用

前文有述，Attention 机制在深度学习的各种应用领域都有广泛的使用场景。上文在介绍过程中我们主要以自然语言处理中的机器翻译任务作为例子，下面分别再从图像处理领域和语音识别选择典型应用实例来对其应用做简单说明。

图片描述（Image-Caption）是一种典型的图文结合的深度学习应用，输入一张图片，人工智能系统输出一句描述句子，语义等价地描述图片所示内容。很明显这种应用场景也可以使用 Encoder-Decoder 框架来解决任务目标，此时 Encoder 输入部分是一张图片，一般会用 CNN 来对图片进行特征抽取，Decoder 部分使用 RNN 或者 LSTM 来输出自然语言句子（参考图 13）。此时如果加入 Attention 机制能够明显改善系统输出效果，Attention 模型在这里起到了类似人类视觉选择性注意的机制，在输出某个实体单词的时候会将注意力焦点聚焦在图片中相应的区域上。图 14 给出了根据给定图片生成句子 "A person is standing on a beach with a surfboard." 过程时每个单词对应图片中的注意力聚焦区域。

图 15 给出了另外四个例子形象地展示了这种过程，每个例子上方左侧是输入的原图，下方句子是人工智能系统自动产生

的描述语句，上方右侧图展示了当 AI 系统产生语句中画横线单词的时候，对应图片中聚焦的位置区域。比如当输出单词 dog 的时候，AI 系统会将注意力更多地分配给图片中小狗对应的位置。

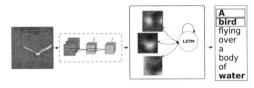

图 13　图片-描述任务的 Encoder-Decoder 框架

语音识别的任务目标是将语音流信号转换成文字，所以也是 Encoder-Decoder 的典型应用场景。Encoder 部分的 Source 输入是语音流信号，Decoder 部分输出语音对应的字符串流。图 16 可视化地展示了在 Encoder-Decoder 框架中加入 Attention 机制后，当用户用语音说句子"how much would a woodchuck chuck"时，输入部分的声音特征信号和输出字符之间的注意力分配概率分布情况，颜色越深代表分配到的注意力概率越高。从图中可以看出，在这个场景下，Attention 机制起到了将输出字符和输入语音信号进行对齐的功能。

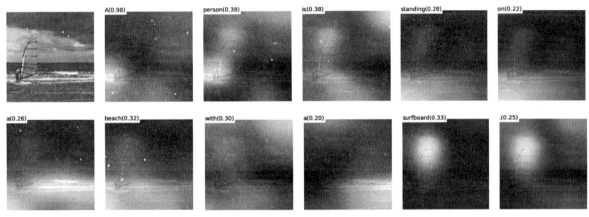

图 14　图片生成句子中每个单词时的注意力聚焦区域

图 15　图像描述任务中 Attention 机制的聚焦作用

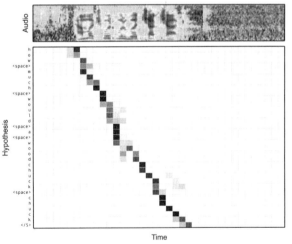

图 16　语音识别中音频序列和输出字符之间的 Attention

上述内容仅仅选取了不同 AI 领域的几个典型 Attention 机制应用实例，Encoder-Decoder 加 Attention 架构由于其卓越的实际效果，目前在深度学习领域里得到了广泛的使用，了解并熟练使用这一架构对于解决实际问题会有极大帮助。

声纹识别技术助力远程身份认证

文 / 李通旭、刘乐

"声纹"作为一种典型的行为特征，相比其他生理特征在远程身份认证中具有先天的优势，文章介绍了声密保在远程身份认证中的应用，解析了一些在声纹识别准确率、时变问题和噪声问题等方面的技术难点和工程解决经验，最后针对远程身份认证的安全性问题，分享了得意音通在防录音闯入上的最新研究成果。希望对广大读者有所帮助。

声纹在远程身份认证中的应用

网络安全面临重大挑战

无线互联网以及智能手机的迅速发展，给人们日常生活带来极大便利的同时也带来了不容忽视的安全隐患，如何准确、迅速、安全地实现远程身份认证成为摆在人们面前急需解决的问题。人们在实践中发现，生物特征具有唯一且在一定时间内较稳定不变的特性，这种独特的优势使得生物特征识别技术被认为是终极的身份认证技术。

生理特征和行为特征

生物特征可分为生理特征和行为特征两类，现在人们熟知的基本都是生理特征，包括指纹、人脸、掌纹、虹膜、DNA等，这些特征的特点是具有稳定性和持续的唯一性，因此基于这些特征建立的身份验证系统识别率高，但存在容易丢失和被复制的问题。相比于生理特征，行为特征也具有唯一性，但是其复制成本极高，由于行为特征具有变化性，不慎丢失后或被窃取后，也难以直接使用来闯入系统。声纹就是一种典型的行为特征。

声纹——更好的远程身份认证方式

基于生物特征的远程身份认证的一个巨大挑战是终端和网络的安全性很难被保证，若黑客从网络或终端上获取用户的生物特征，则可以轻易地侵入系统。基于声纹行为特征的特点，若系统能确认每次进入系统的声纹数据的实时性，则可以解决此问题，因为丢失的行为数据（录音）并不能通过系统的实时性检测。我们的声密保系统即这方面解决方案的一个例子。图1为声密保系统的处理流程图，声密保系统通过对动态密码语音中的密码内容及请求人身份的双重识别，实现对操作人身份合法性的双重验证。当需要认证时，系统会随机产生一组动态码（如6位或8位数字）要求用户朗读，系统对用户读出的声音进行语音识别并将识别的内容与发出的动态码数字进行比对，同时系统对用户的发音进行声纹比对，两种认证手段都通过时才判断通过。这种随机性的引入使得文本相关识别中每一次采到的声纹都有内容时序上的差异。

图1 声密保系统的处理流程图

声纹识别的一些工程经验

形简意丰的语音信号

语音信号具有得天独厚的优势，形简意丰。语音表现形态简单，仅表现为一维信号，但所涵盖的信息非常丰富。如图2所示，语音信号包含语义内容信息，语种（语言、方言）信息，说话人身份（唯一身份证明）、性别信息，情感信息（高兴、悲伤、恐惧、焦虑……）等。声纹结合内容和情感等信息是阻止声纹假冒和人身胁迫的最佳武器。

语音信号这一特点，使其具有极强的安全性，但同时给精确的声纹识别也带来挑战，因为很难从语音中提取纯粹的声纹特征。我们在这些方面进行了大量的算法和工程方面的工作，并取得了不错的效果。

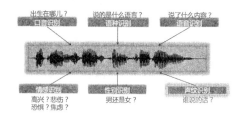

图2 形简意丰的语音信号

识别准确率

虽然现在已经有许多成熟的算法使声纹识别的准确率得到了明显的提高，但相对于其他的生理特征，声纹识别仍需要做更多的工作才能达到相同的水准。

我们使用了十万人级别的数据库对系统进行训练，相比小数量级的系统，性能提升十分明显，在万人的测试数据库上，EER仍可以保持在1%以下。

图3总结了声纹识别发展的历史以及对应的三个重要阶段。图中所展示的各类声纹识别技术我们均有深入研究，并且针对不同的应用场景我们合理的实现了"新老"技术的结合。

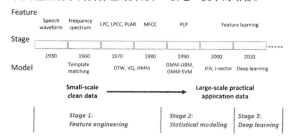

图3 声纹识别发展史

基于不同的算法，我们提出了虚拟引擎的概念，专门用于将各种算法进行融合。这种融合可以有效提高系统的识别性能，例如我们使用基于GMM-UBM和DNN-iVector的两个引擎相同的数据集上进行测试，其错误重合率仅有20%左右。图4表现了这一概念的实现，实际的引擎根据算法和配置的不同分为group、virtual-engine（虚拟引擎），调用这些实际引擎提供的接口并对算法进行融合处理，上层只需要和标准的虚拟引擎接口通信即可。

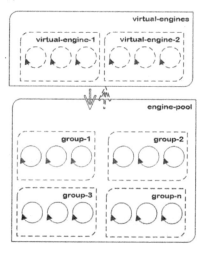

图4 虚拟引擎

时变问题

人的整个发声系统随着时间的推移会产生一定的变化，这些变化直接导致了其语音信息中的声纹信息的变化，如果算法或系统不考虑这些变化，那么一段时间后，系统的识别性能将有所下降。为此我们录制了长达4年的100人的时变语音库，基于此语音库分析，我们找到了和时变相关的一些特征信息和规律，并试用其对MFCC和PLP特征的提取过程进行了修改。另外在工程方面，以声密保为例，其在架构设计中就考虑到了模型的在线更新问题，并设计了专门的语音筛选算法，系统会定期挑选用户符合条件的最新语音进行模型的重新训练。

噪声问题

正如软件工程中所提的没有银弹的概念一样，任何技术都有一定的局限性，不可能无限制地应用于任何场景，声纹技术在大噪声环境下并不适用。针对此我们开发了一套语音质量检测的库来对环境噪声和语音的信噪比进行检测，将不符合条件的语音排除在系统之外并对用户进行提示。此套噪声检测系统采用了传统的基于能量、包络、自相关系数等特征的检测算法和 RNN/LSTM 相结合方法，能准确的检测出 96% 以上不符合条件的场景。

防录音重放攻击措施

在解决这些传统问题的同时，为了保证用声纹进行远程身份认证的安全性，我们还提出了一系列防攻击措施，包括动态密码语音、用户自定义密码、多特征活体检测和录音重放等。由于篇幅有限，下面详细介绍我们在录音重放上的工作。

录音重放是一种常见的声纹特征盗取手段，由于采用动态密码的方式，很难将一个人的各种发音组合全部录制下来。但我们还是假设如果把这个人所有的文本发音（在声密保系统中为0～9的数字发音）全部录下来，然后根据系统提示的数字密码进行拼接重放，那么还是同一个人的声音，是否能够通过声纹识别系统验证呢？

我们先分析一个典型的录音重放过程：

正常语音信号：$y(t) = x(t) * a(t)$

录音重放语音信号：$y'(t) = x(t) * a'(t) * d'(t) * a(t)$

图 5 中录音 ADCs（模数转换）和重放 DACs（数模转换）是对语音信号的两次传输，均会对原始信号产生影响，且 ADCs 和 DACs 是非连续可逆的，除了 ADCs 和 DACs 外，传输过程还包括噪声、混响等因素，录音重放会造成信道失配和信号强度衰减等现象。

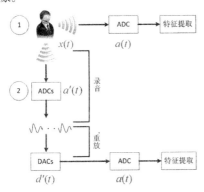

图 5　典型的录音重放过程

图6给出了一段真实语音和其录音重放后语音的时频分析，可以看出在这种情况下真实语音和录音重放语音很难被区分，录音重放可以说是最容易实施和最难被检测的假体攻击方式。

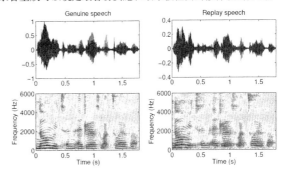

图 6　一段真语音和录音重放语音的时频分析

2017 年 的 Automatic Speaker Verification Spoofing and Countermeasures (ASVspoof) Challenge 中，首次将录音重放检测纳入到说话人识别的防闯入比赛中，一个理想的录音重放检测系统应该在已知和未知的条件下都很鲁棒，包含与训练数据不同的说话人、不同的录音重放内容和不同的录音重放设备。ASVspoof 针对录音重放检测进行的比赛中，全球近 100 个团队参加，最终提交了 49 个，我司的结果排在第 5。相关的声纹确认防录音论文发表在 Interspeech 上。

《A Study on Replay Attack and Anti-Spoofing for Automatic Speaker Verification》论文主要分两部分，第一部分分析了不同的说话人、文本和设备对录音重放检测性能的影响，第二部分给出了有效的录音重放检测算法实现。

论文用 F-ratio 来分析不同因素对重放检测性能的影响。F-ratio 是一个简单的频域加权方法，频带的权重可以由其对任务的判别能力决定。假设在分析语音谱时采用的滤波器个数为 M，第 i 个滤波器的 F-ratio 可以定义为：

$$F_i = \frac{(\mu_i^g - \mu_i^r)^2}{\frac{1}{N_g}\sum_{x_i \in C_g}(x_i - \mu_i^g)^2 + \frac{1}{N_r}\sum_{x_i \in C_r}(x_i - \mu_i^r)^2}$$

C_g 表示真实语音，C_r 表示重放语音。x_i 表示第 i 个滤波器语音帧 x 的值，μ_i^g 和 μ_i^r 分别是滤波器内真实语音和重放语音所有帧的均值，N_g 和 N_r 分别是两类语音的语音帧数。最后用 M 个滤波器的 F-ratio 值组 $[F_1, F_2, ..., F_M]$ 来分析真实语音和重放语音在不同频带上的区分性。

在 ASVspoof 中，开发集和测试集中含有比训练集种类更多的录音重放设备。在训练集中利用少量设备的录音重放语音进行模型训练非常容易导致过拟合，弱化了提取的特征和训练的模型的概化能力。为了提高概化能力，降低这种变化对重放检测的影响，论文采用了频率弯折的方法，如图 7 所示，Mel 方法增强了特征在低频段的区分能力，IMel 方法增强了特征在高频段的区分能力。

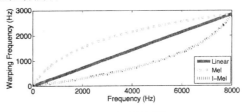

图 7　三种频率弯折曲线

图 8 给出了在 Mel 和 IMel 两种频率弯折方法下，不同的说话人、文本内容、和录音重放设备在滤波器组上的 F-ratio 值，从（c）列图中可以看出用 Mel 方法，不同的录音重放设备对滤波器组的 F-ratio 值影响很明显；但是 IMel 方法大大降低了设备间差异对 F-ratio 的影响，这对后面建立概化能力更强的模型具有非常重要的意义。

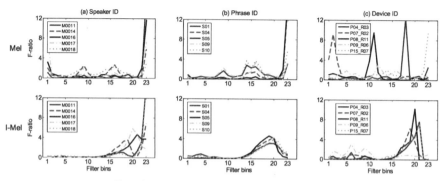

Figure 3: *F-ratio patterns on M-Fbanks and IM-Fbanks.*

图 8　Mel 和 IMel 方法在不同的说话人、文本和设备情况下对 F-ratio 的影响

在录音重放检测部分，论文使用（MFCC，LPCC 和 IMFCC）三种特征在训练集上建立了基于 GMM、ivector/SVM 和 DNN 的重放检测系统，并在开发集中进行了测试。从下面结果可以看出 IMFCC 特征是最有效的，最简单的 GMM 模型取得了最好的效果，DNN 模型虽然在表中也取得了不错的效果，但是存在不稳定的问题，不同的初始化将导致不同的结果，有的差异很大。

其实在日常生活中用手机进行录音重放是最方便的。相比于多样性的录音重放设备，手机等移动设备上的录音重放检测要简单得多，我们曾经对 60 种不同型号的手机进行了接近十万条的录音重放检测，结果重放的检出率基本为 100%。

总结

声纹作为生物特征中的行为特征，配合语音识别技术，通过互动方式在远程身份认证"用自己来证明自己"方面有其他生物特征难以替代的优势。当然，就像前面提到的任何技术都有一定的局限性，不可能无限制地应用于任何场景。只有通过结合声纹和其他生物特征组成多因子认证手段，才能更好地保证远程身份认证安全。 Ⓟ

TensorFlow 下构建高性能神经网络模型的最佳实践

文 / 李嘉璇

随着神经网络算法在图像、语音等领域都大幅度超越传统算法，但在应用到实际项目中却面临两个问题：计算量巨大及模型体积过大，不利于移动端和嵌入式的场景；模型内存占用过大，导致功耗和电量消耗过高。因此，如何对神经网络模型进行优化，在尽可能不损失精度的情况下，减小模型的体积，并且计算量也降低，就是我们将深度学习在更广泛的场景下应用时要解决的问题。

加速神经网络模型计算的方向

在移动端或者嵌入式设备上应用深度学习，有两种方式：一是将模型运行在云端服务器上，向服务器发送请求，接收服务器响应；二是在本地运行模型。

一般来说，采用后者的方式，也就是在 PC 上训练好一个模型，然后将其放在移动端上进行预测。使用本地运行模型原因在于，首先，向服务端请求数据的方式可行性差。移动端的资源（如网络、CPU、内存资源）是很稀缺的。例如，在网络连接不良或者丢失的情况下，向服务端发送连续数据的代价就变得非常高昂。其次，运行在本地的实时性更好。但问题是，一个模型大小动辄几百兆，且不说把它安装到移动端需要多少网络资源，就是每次预测时需要的内存资源也是很多的。

那么，要在性能相对较弱的移动/嵌入式设备（如没有加速器的 ARM CPU）上高效运行一个 CNN，应该怎么做呢？这就衍生出了很多加速计算的方向，其中重要的两个方向是对内存空间和速度的优化。采用的方式一是精简模型，既可以节省内存空间，也可以加快计算速度；二是加快框架的执行速度，影响框架执行速度主要有两方面的因素，即模型的复杂度和每一步的计算速度。

精简模型主要是使用更低的权重精度，如量化（quantization）或权重剪枝（weight pruning）。剪枝是指剪小权重的连接，把所有权值连接低于一个阈值的连接从网络里移除。

而加速框架的执行速度一般不会影响模型的参数，是试图优化矩阵之间的通用乘法（GEMM）运算，因此会同时影响卷积层（卷积层的计算是先对数据进行 im2col 运算，再进行 GEMM 运算）和全连接层。

模型压缩

模型压缩是指在不丢失有用信息的前提下，缩减参数量以减少存储空间，提高其计算和存储效率，或按照一定的算法对

数据进行重新组织，减少数据的冗余和存储的空间的一种技术方法。

目前的压缩方法主要有如下 4 类：

- 设计浅层网络。通过设计一个更浅的网络结构来实现和复杂模型相当的效果。但是因为浅层网络的表达能力往往很难和深层网络匹敌，因此一般用在解决简单问题上。
- 压缩训练好的复杂模型。采用的主要方法有参数稀疏化（剪枝）、参数量化表示（量化），从而达到参数量减少、计算量减少、存储减少的目的。这是目前采用的主流方法，也是本文主要讲述的方法。
- 多值网络。最为典型就是二值网络、XNOR 网络。其主要原理就是采用 0 和 1 两个值对网络的输入和权重进行编码，原始网络的卷积操作可以被位运算代替。在减少模型大小的同时，极大提升了模型的计算速度。但是由于二值网络会很大程度降低模型的表达能力。因此也在研究 n-bit 编码方式。
- 知识蒸馏（Knowledge Distilling）。采用迁移学习，将复杂模型的输出作为 soft target 来训练一个简单网络。

下面我们来着重介绍目前应用较多的压缩训练好的复杂模型的方法。

剪枝（Prunes the network）

剪枝就是将网络转化为稀疏网络，即大部分权值都为 0，只保留一些重要的连接，如图 1 所示。

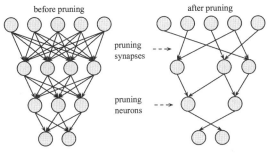

图 1　剪枝的过程及剪枝前后的对比：剪枝权重及剪枝下一层神经元

事实上，我们一般是逐层对神经网络进行敏感度分析（sensitive analysis），看哪一部分权重置为 0 后，对精度的影响较小。然后将权重排序，设置一个置零阈值，将阈值以下的权重置零，保持这些权重不变，继续训练至模型精度恢复；反复进行上述过程，通过增大置零的阈值提高模型中被置零的比例。具体过程如图 2 所示。

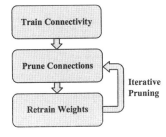

图 2　交互式剪枝的过程

剪枝的特点：

- 通用于各种网络结构与各种任务，且实现简单，性能稳定。
- 稀疏网络具有更低的功耗，在 CPU 上使用特定工具时具有更快的计算速度。
- 剪枝后的稀疏矩阵通常采取特殊的存储方式，例如，常用 MKL 中的 CSR 格式。

剪枝的结果：

- 通过在现有的经典神经网络上做实验，发现压缩倍数在 9~12 倍之间，如图 3 所示。

Network	Top-1 Error	Top-5 Error	Parameters	Pruning Rate
LeNet-300-100	1.64%	-	267K	
LeNet-300-100 Pruned	1.59%	-	**22K**	12×
LeNet-5	0.80%	-	431K	
LeNet-5 Pruned	0.77%	-	**36K**	12×
AlexNet	42.78%	19.73%	61M	
AlexNet Pruned	42.77%	19.67%	**6.7M**	9×
VGG-16	31.50%	11.32%	138M	
VGG-16 Pruned	31.34%	10.88%	**10.3M**	13×
GoogleNet	31.14%	10.96%	7.0M	
GoogleNet Pruned	31.04%	10.88%	**2.0M**	3.5×
SqueezeNet	42.56%	19.52%	1.2M	
SqueezeNet Pruned	42.26%	19.34%	**0.38M**	3.2×
ResNet-50	23.85%	7.13%	25.5M	
ResNet-50 Pruned	23.65%	6.85%	**7.47M**	3.4×

图 3　经典神经网络剪枝前后的参数对比及压缩率

- 压缩的多是全连接层，CNN 层参数少，因此能压缩的倍数也较少。
- 根据经验，压缩到 60% 以上模型存储大小，模型大小才会下降比较多。

量化（Quantize the weights）

量化（Quantization）又称定点，用更少的数据位宽进行神经网络存储和计算。它的优势在于节省存储，并进行更快的访存和计算。

量化是一个总括术语，用比 32 位浮点数更少的空间来存储和运行模型，并且 TensorFlow 量化地实现屏蔽了存储和运行细节。

神经网络训练时要求速度和准确率，训练通常在 GPU 上进行，所以使用浮点数影响不大。但是在预测阶段，使用浮点数会影响速度。量化可以在加快速度的同时，保持较高的精度。

量化网络的动机主要有两个。最初的动机是减小模型文件的大小。模型文件往往占据很大的磁盘空间，例如，上一节介绍的网络模型，很多模型都接近 200MB，模型中存储的是分布在大量层中的权值。在存储模型的时候用 8 位整数，模型大小可以缩小为原来 32 位的 25% 左右。在加载模型后运算时转换回 32 位浮点数，这样已有的浮点计算代码无须改动即可正常运行。

量化的另一个动机是降低预测过程需要的计算资源。这在嵌入式和移动端非常有意义，能够更快地运行模型，功耗更低。从体系架构的角度来说，8 位的访问次数要比 32 位多，在读取 8 位整数时只需要 32 位浮点数的 1/4 的内存带宽，例如，在 32 位内存带宽的情况下，8 位整数可以一次访问 4 个，32 位浮点数只能 1 次访问 1 个。而且使用 SIMD 指令，可以在一个时钟周期里实现更多的计算。另一方面，8 位对嵌入式设备的利用更充分，因为很多嵌入式芯片都是 8 位、16 位的，如单片机、数字信号处理器（DSP 芯片），8 位可以充分利用这些。

此外，神经网络对于噪声的健壮性很强，因为量化会带来精度损失（这种损失可以认为是一种噪声），并不会危害到整体结果的准确度。

那能否用低精度格式来直接训练呢？答案是，大多数情况下是不能的。因为在训练时，尽管前向传播能够顺利进行，但往往反向传播中需要计算梯度。例如，梯度是 0.2，使用浮点数可以很好地表示，而整数就不能很好地表示，这会导致梯度消失。因此需要使用高于 8 位的值来计算梯度。因此，正如在本文一开始介绍的那样，在移动端训练模型的思路往往是，在 PC 上正常训练好浮点数模型，然后直接将模型转换成 8 位，移动端是使用 8 位的模型来执行预测的过程。

图 4 展示了不同精度（FP32、FP16、INT8）表示的数据范围。

	Dynamic Range	Min Positive Value
FP32	-3.4 x 10³⁸ ~ +3.4 x 10³⁸	1.4 x 10⁻⁴⁵
FP16	-65504 ~ +65504	5.96 x 10⁻⁸
INT8	-128 ~ +127	1

图 4 不同精度（FP32、FP16、INT8）表示的数据范围

量化有两种类型，均为量化和非均匀量化。我们以将 32bit 浮点表示成 3bit 定点值为例。如图 5 所示，用 INT3 来近似表示浮点值，取值范围是 8 种离散取值（-4,-3,…,3）。如果不论权值的疏密，直接对应，我们称为"均匀量化"；如果权值密的量化后的范围也较密，权值稀疏的量化后的范围也较稀疏，称为"非均匀量化"。

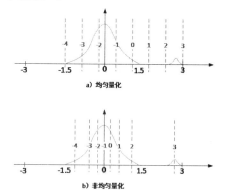

图 5 均匀量化和非均匀量化的对比图

TensorFlow 下的模型压缩工具

我们以 TensorFlow 下 8 位精度的存储和计算来说明。

量化示例

举个将 GoogleNet 模型转换成 8 位模型的例子，看看模型的大小减小多少，以及用它预测的结果怎么样。

从官方网站上下载训练好的 GoogleNet 模型，解压后，放在 /tmp 目录下，然后执行：

```
bazel build tensorflow/tools/quantization:quantize_graph
bazel-bin/tensorflow/tools/quantization/quantize_graph \
--input=/tmp/classify_image_graph_def.pb \
--output_node_names="softmax" --output=/tmp/quantized_graph.pb \
--mode=eightbit
```

生成量化后的模型 quantized_graph.pb 大小只有 23MB，是原来模型 classify_image_graph_def.pb（91MB）的 1/4。它的预测效果怎么样呢？执行：

```
bazel build tensorflow/examples/label_image:label_image
bazel-bin/tensorflow/examples/label_image/label_image \
--image=/tmp/cropped_panda.jpg \
--graph=/tmp/quantized_graph.pb \
--labels=/tmp/imagenet_synset_to_human_label_map.txt \
--input_width=299 \
--input_height=299 \
--input_mean=128 \
--input_std=128 \
--input_layer="Mul:0" \
--output_layer="softmax:0"
```

运行结果如图 6 所示，可以看出 8 位模型预测的结果也很好。

图 6 生成量化后的模型 quantized_graph.pb 运行结果

量化过程的实现

TensorFlow 的量化是通过将预测的操作转换成等价的 8 位版本的操作来实现。量化操作过程如图 7 所示。

图 7 中左侧是原始的 Relu 操作，输入和输出均是浮点数。右侧是量化后的 Relu 操作，先根据输入的浮点数计算最大值和最小值，然后进入量化（Quantize）操作将输入数据转换成 8 位。一般来讲，在进入量化的 Relu（QuantizedRelu）处理后，为了保证输出层的输入数据的准确性，还需要进行反量化（Dequantize）的操作，将权重再转回 32 位精度，来保证预测的准确性。也就是整个模型的前向传播采用 8 位整数运行，在最后一层之前加上一个反量化层，把 8 位转回 32 位作为输出层的输入。

实际上，我们会在每个量化操作（如 QuantizedMatMul、QuantizedRelu 等）的后面执行反量化操作（Dequantize），如图 8 左侧所示在 QuantizedMatMul 后执行反量化和量化操作可以相互抵消。因此，在输出层之前做一次反量化操作就可以了。

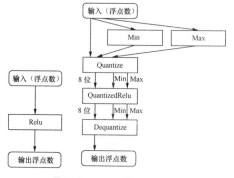

图 7 TensorFlow 下模型量化的过程

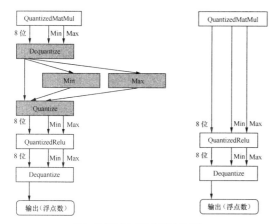

图8　量化操作和反量化操作相互抵消

量化数据的表示

将浮点数转换为8位的表示实际上是一个压缩问题。权重和经过激活函数处理过的上一层的输出（也就是下一层的输入）实际上是分布在一个范围内的值。量化的过程一般是找出最大值和最小值后，将分布在其中的浮点数认为是线性分布，做线性扩展。因此，假设最小值是 –10.0f，最大值是 30.0f，那量化后的结果如表1所示。

表1　量化数据的表示

量化后的值	原始的浮点数
0	-10.0
255	30.0
128	10.0

经典神经网络 ResNet50 上的模型压缩实验

笔者在 ResNet50-v1 上，采用官方 GitHub 上提供的模型作为 Baseline，在 ImageNet 测试集 5 万张图片上进行测试，结果如图 9 所示。

图9　ResNet50 网络量化前后的精度对比

在均匀量化的过程中，首先是仅仅对权重进行量化，得到精度为 72.8%。随后，分别用模型对测试集的 10 张、1000 张图片的范围进行提前计算最值（Max 和 Min），并进行存储，得到的精度分别为 72.9% 和 73.1%。

从量化前后的可视化模型对比，也可以看成量化对模型做了哪些操作。图 10 是未经量化的原始模型。

图 11 仅仅对权重进行量化，没有计算输入图片的最值范围的可视化模型。可以看出原本的 Conv2D 等节点都转换为 QuantizedConv2D 的对应节点。并且在进行 QuantizedConv2D 操作后，得到 INT32 类型的记过，需要对操作的结果转换为 8 位（ReQuantize 操作），而转换的过程需要知道 INT32 结果的最值范围，因此也加入了 ReQuantizationRange 节点。

如果已经预先使用 10 张或者 1000 张图片计算了每一个 Conv2D 等操作之后需要计算的范围，则 ReQuantizationRange 的计算过程就可以省去，直接从存储的计算好最值文件中读取，如图 12 所示。

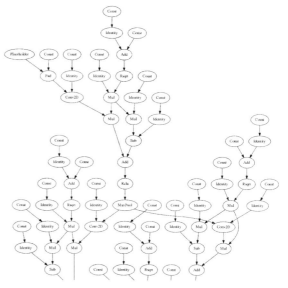

图10　ResNet50 原始网络的节点结构

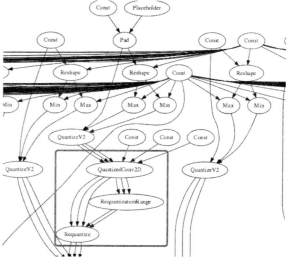

图11　仅量化权重，在 Conv2D 节点计算后，需要 ReQuantizationRange 来得到计算后的范围

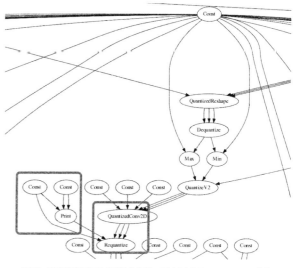

图12　事先计算好 1000 张图片的范围，可以省去 ReQuantizationRange 节点

其他建议

在性能受限环境下，对开发者还有没有技术和工程实现方面的其他建议呢？

设计小模型

可以将模型大小作为约束，在模型结构设计和选择时便加以考虑。例如，对于全连接，使用 bottleneck 是一个有效的手段。

例如，我们使用 TensorFlow 官方网站提供的预训练好的 Inception V3 模型在此数据集上进行训练。在项目根目录下执行：

```
python tensorflow/examples/image_retraining/retrain.py \
--bottleneck_dir=/tmp/bottlenecks/ \
--how_many_training_steps 10 \
--model_dir=/tmp/inception \
--output_graph=/tmp/retrained_graph.pb \
--output_labels=/tmp/retrained_labels.txt \
--image_dir /tmp/flower_photos
```

训练完成后，可以在 /tmp 下看到生成的模型文件 retrained_graph.pb（大小为 83M）和标签文件 retrained_labels.txt。

我们看到，上述命令行中存储和使用了"瓶颈"（bottlenecks）文件。瓶颈是用于描述实际进行分类的最终输出层之前的层（倒数第二层）的非正式术语。倒数第二层已经被训练得很好，因此瓶颈值会是一个有意义且紧凑的图像摘要，并且包含足够的信息使分类器做出选择。因此，在第一次训练的过程中，retrain.py 文件的代码会先分析所有的图片，计算每张图片的瓶颈值并存储下来。因为每张图片在训练的过程中会被使用多次，因此在下一次使用的过程中，可以不必重复计算。这里用 tulips/9976515506_d496c5e72c.jpg 为例，生成的瓶颈文件为 tulips/9976515506_d496c5e72c.jpg.txt，内容如图 13 所示。

图 13　bottleneck 文件的内容

再如，Highway、ResNet、DenseNet 这些带有 skip connection 结构的模型，也可以用来作为设计窄而深网络的参考，从而减少模型整体参数量和计算量。

还如，SqueezeNet 网络结构中通过引入 1×1 的小卷积核、减少 feature map 数量等方法，最终将模型大小压缩在 1MB 以内，分类精度与 AlexNet 相当，而模型大小仅是 AlexNet 的 1/50。

模型小型化

一般采用知识蒸馏。在利用深度神经网络解决问题时，人们常常倾向于设计更复杂的网络，来得到更优的性能。蒸馏模型是采用迁移学习，通过采用预先训练好的复杂模型（Teacher model）的输出作为监督信号去训练另外一个简单的网络，得到的简单的网络称为 Student model。实验表明，蒸馏模型的方法在 MNIST 及声学建模等任务上都有着很好的表现。

总结

随着深度学习模型在嵌入式端的应用越来越丰富，例如安防、工业物联网、智能机器人等设备，需要解决图像、语音场景下深度学习的加速问题，减小模型大小及计算量，构建高性能神经网络模型。

本文重点讲解模型压缩和剪枝方法带来的模型大小和计算量的下降，并且能使精度维持在较高水平。除此之外，剪枝的敏感度分析和重新训练（Retrain）也有很多不同的手段；量化也可以在更低精度（5bit、6bit、甚至二值网络）上尝试，笔者也正在进行相关实验，期待和读者一起探讨。Ｐ

在物联网设备上实现深度学习

文 / 唐洁

通过深度学习技术，物联网（IoT）设备能够得以解析非结构化的多媒体数据，智能地响应用户和环境事件，但是却伴随着苛刻的性能和功耗要求。本文作者探讨了两种方式以便将深度学习和低功耗的物联网设备成功整合。

近年来，越来越多的物联网产品出现在市场上，它们采集周围的环境数据，并使用传统的机器学习技术理解这些数据。一个例子是 Google 的 Nest 恒温器，采用结构化的方式记录温度数据，并通过算法来掌握用户的温度偏好和时间表。然而，其对于非结构化的多媒体数据，例如音频信号和视觉图像则显得无能为力。

新兴的物联网设备采用了更加复杂的深度学习技术，通过神经网络来探索其所处环境。例如，Amazon Echo 可以理解人的语音指令，通过语音识别，将音频信号转换成单词串，然后使用这些单词来搜索相关信息。最近，微软的 Windows 物联网团队发布了一个基于面部识别的安全系统，利用到了深度学习技术，当识别到用户面部时能够自动解开门锁。

物联网设备上的深度学习应用通常具有苛刻的实时性要求。例如，基于物体识别的安全摄像机为了能及时响应房屋内出现的陌生人，通常需要小于 500 毫秒的检测延迟来捕获和处理目标事件。消费级的物联网设备通常采用云服务来提供某种智能，然而其所依赖的优质互联网连接，仅仅在部分范围内可用，并且往往需要较高的成本，这对设备能否满足实时性要求提出了挑战。与之相比，直接在物联网设备上实现深度学习或许是一个更好的选择，这样就可以免受连接质量的影响。

然而，直接在嵌入式设备上实现深度学习是困难的。事实上，低功耗是移动物联网设备的主要特征，而这通常意味着计算能力受限，内存容量较小。在软件方面，为了减少内存占用，应用程序通常直接运行在裸机上，或者在包含极少量第三方库的轻量级操作系统上。而与之相反，深度学习意味着高性能计算，并伴随着高功耗。此外，现有的深度学习库通常需要调用许多第三方库，而这些库很难迁移到物联网设备。

在深度学习任务中，最广泛使用的神经网络是卷积神经网络（CNNs），它能够将非结构化的图像数据转换成结构化的对象标签数据。一般来说，CNNs的工作流程如下：首先，卷积层扫描输入图像以生成特征向量；第二步，激活层确定在图像推理过程中哪些特征向量应该被激活使用；第三步，使用池化层降低特征向量的大小；最后，使用全连接层将池化层的所有输出和输出层相连。

在本文中，我们将讨论如何使用CNN推理机在物联网设备上实现深度学习。

将服务迁移到云端

对于低功耗的物联网设备，问题在于是否存在一个可靠的解决方案，能够将深度学习部署在云端，同时满足功耗和性能的要求。为了回答这个问题，我们在一块 Nvidia Jetson TX1 设备上实现了基于CNN的物体推理，并将其性能、功耗与将这些服务迁移到云端后的情况进行对比。

为了确定将服务迁移到云端后，是否可以降低功耗并满足对物体识别任务的实时性要求，我们将图像发送到云端，然后等待云端将结果返回。研究表明，对于物体识别任务，本地执行的功耗为7 W，而迁移到云端后功耗降低为2W。这说明将服务迁移到云端确实是降低功耗的有效途径。

然而，迁移到云端会导致至少2秒的延迟，甚至可能高达5秒，这不能满足我们500ms的实时性要求。此外，延迟的剧烈抖动使得服务非常不可靠（作为对比，我们在美国和中国分别运行这些实验进行观察）。通过这些实验我们得出结论，在当前的网络环境下，将实时性深度学习任务迁移到云端是一个尚未可行的解决方案。

移植深度学习平台到嵌入式设备

相比迁移到云端的不切实际，一个选择是将现有的深度学习平台移植到物联网设备。为此，我们选择移植由 Google 开发并开源的深度学习平台 TesnsorFlow 来建立具有物体推理能力的物联网设备 Zuluko——PerceptIn 的裸机 ARM 片上系统。Zuluko 由四个运行在 1 GHz 的 ARM v7 内核和 512 MB RAM 组成，峰值功耗约为 3W。根据我们的研究，在基于 ARM-Linux 的片上系统上，TensorFlow 能够提供最佳性能，这也是我们选择它的原因。

我们预计能够在几天内完成移植工作，然而，移植 TensorFlow 并不容易，它依赖于许多第三方库（见图1）。为了减少资源消耗，大多数物联网设备都运行在裸机上，因此移植所有依赖项可以说是一项艰巨的任务。我们花了一个星期的精力才使得 TensorFlow 得以在 Zuluko 上运行。此次经验也使我们重新思考，相比移植一个现有的平台，是否从头开始构建一个新平台更值得。然而缺乏诸如卷积算子等基本的构建块，从头开始构建并不容易。此外，从头开始构建的推理机也很难比一个久经测试的深度学习框架表现更优。

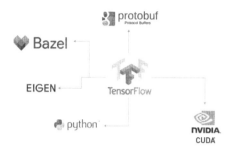

图1 TensorFlow 对第三方库的依赖。因为依赖于许多第三方库，将现有的深度学习平台（如 TensorFlow）移植到物联网设备并不是一个简单的过程。

从头开始构建推理机

ARM 最近宣布推出其计算库（ACL, developer.arm.com/technologies/compute-library），为 ARM Cortex-A 系列 CPU 处理器和 ARM Mali 系列 GPU 实现了软件功能的综合集成。具体而言，ACL 为 CNNs 提供了基本的构建模块，包括激活、卷积、全连接和局部连接、规范化、池化和 softmax 功能。这些功能正是我们建立推理机所需要的。

我们使用 ACL 构建块构建了一个具有 SqueezeNet 架构的 CNN 推理机，其内存占用空间小，适合于嵌入式设备。SqueezeNet 在保持相似的推理精度的同时，使用 1×1 卷积核来减少 3×3 卷积层的输入大小。然后，我们将 SqueezeNet 推理机的性能与 Zuluko 上的 TensorFlow 进行比较。为了确保公平性，我们启用了 TensorFlow 中的 ARM NEON 向量计算优化，并在创建 SqueezeNet 引擎时使用了支持 NEON 的构建块。确保两个引擎都使用了 NEON 向量计算，这样任何性能差异将仅由平台本身引起。如图2所示，平均来言，TensorFlow 处理 227×227 像素的 RGB 图像需要 420 ms，而 SqueezeNet 将处理相同图像的时间缩短到 320ms，加速了 25%。

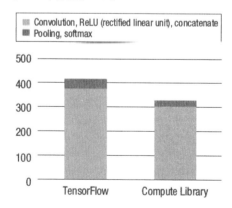

图2 在 TensorFlow 上运行的 SqueezeNet 推理机与使用 ARM Compute Library（ACL）构建的 SqueezeNet 推理机的性能。从头开始构建简单的推理引擎不仅需要较少的开发时间，而且相比现有的深度学习引擎，如 TensorFlow，表现更加优秀。

为了更好地了解性能增益的来源，我们将执行过程分为两部分：第一部分包括卷积、ReLU（线性整流函数）激活和级联；

第二部分包括池化和softmax功能。如图2所示的分析表明，SqueezeNet在第一部分中的性能相比TensorFlow提高23%，在第二部分中提高110%。考虑资源利用率，当在TensorFlow上运行时，平均CPU使用率为75%，平均内存使用量为9MB；当在SqueezeNet上运行时，平均CPU使用率为90%，平均内存使用量约为10MB。两个原因带来了性能的提升：首先，SqueezeNet提供了更好的NEON优化，所有ACL运算符都是使用NEON提供的运算符直接开发的，而TensorFlow则依靠ARM编译器来提供NEON优化。其次，TensorFlow平台本身可能会引起一些额外的性能开销。

接下来，我们希望能够从TensorFlow中榨出更多的性能，看看它是否能胜过我们构建的SqueezeNet推理机。一种常用的技术是使用矢量量化，使用8位权重以精度来换取性能。8位权重的使用，使得我们可以通过向量操作，只需一个指令便可计算多个数据单元。然而，这种优化是有代价的：它引入了重新量化和去量化操作。我们在TensorFlow中实现了这个优化，图3比较了有无优化的性能。使用矢量量化使卷积性能提高了25%，但由于去量化和重新量化操作，也显著地增加了开销。总体而言，它将整个推理过程减慢了超过100毫秒。

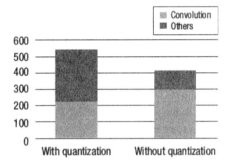

图3 有无矢量量化的TensorFlow性能。手动优化现有的深度学习平台（如TensorFlow）很困难，可能不会带来显著的性能提升。

网络连接是易失的，因此我们想要确保能够在本地设备上实现某种形式的智能，使其能够在ISP或网络故障的情况下继续运行。然而要想实现它，需要较高的计算性能和功耗。

尽管将服务迁移到云端能够减少物联网设备的功耗，但很难满足实时性要求。而且现有的深度学习平台是为了通用性任务而设计开发的，同时适用于训练和推理任务，这意味着这些引擎未针对嵌入式推理任务进行优化。并且它们还依赖于裸机嵌入式系统上不易获得的其他第三方库，这些都使其非常难以移植。

通过使用ACL构建块来建立嵌入式CNN推理引擎，我们可以充分利用SoC的异构计算资源获得高性能。因此，问题变为是选择移植现有引擎，还是从零开始构建它们更容易。我们的经验表明，如果模型很简单，相比之下从头开始构建它们容易得多。而随着模型越来越复杂，在某些情况下，可能我们迁移现有引擎相对更加高效。然而，考虑到嵌入式设备实际运行的任务，不大可能会需要用到复杂的模型。因此我们得出结论，从头开始构建一个嵌入式推理引擎或许是向物联网设备提供深度学习能力的可行方法。

更进一步

相比从头开始手动构建模型，我们需要一种更方便的方式来在物联网设备上提供深度学习能力。一个解决方案是实现一个深度学习的模型编译器，可以将给定的模型经过优化，编译为目标平台上的可执行代码。如图4中间的图所示，这种编译器的前端可以从主要的深度学习平台（包括MXNet、Caffe、TensorFlow等）解析模型。然后，优化器可以执行额外的优化，包括模型修剪、量化和异构执行。优化后，由代码生成器生成目标平台上可执行代码，可以是ACL（用于ARM设备），TensorRT（用于Nvidia GPU）或其他ASIC设备。

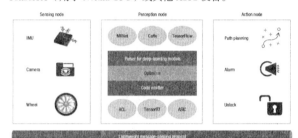

图4 物联网设备服务架构。我们需要一个新的系统架构来实现物联网设备上的深度学习；首先，我们需要直接编译和优化深度学习模型生成目标设备上的可执行代码；其次，我们需要一个非常轻量级的操作系统，以实现多任务及其间的高效通信。IMU：惯性测量单元。

NNVM项目（github.com/dmlc/nnvm）是迈向这一目标的第一步。我们已经成功地扩展了NNVM来生成代码，以便我们可以使用ACL来加速ARM设备上的深度学习操作。这种方法的另一个好处是，即使模型变得更加复杂，我们仍然可以轻松地在物联网设备上实现它们。

当前的物联网设备通常由于计算资源的限制而执行单个任务。然而，我们预计很快将有能够执行多个任务的低功耗物联网设备（例如，我们的Zuluko设备就包含了四个内核）。为了使用这些设备，我们需要一个非常轻量级的消息传递协议来连接不同的服务。

如图4所示，物联网设备的基本服务包括传感，感知和决策。传感节点涉及处理来自例如摄像机，惯性测量单元和车轮测距的原始传感器数据。感知节点使用已处理的传感器数据，并对所捕获的信息进行解释，例如对象标签和设备位置。动作节点包含一组规则，用于确定在检测到特定事件时如何响应，例如在检测到所有者的脸部时解锁门，或者当检测到障碍物时调整机器人的运动路径。Nanomsg（nanomsg.org）是一个非常轻量级的消息传递框架，非常适合类似的任务。另一个选择是机器人操作系统，尽管我们发现对于物联网设备来说，其在内存占用和计算资源需求方面显得太重了。

为了有效地将深度学习与物联网设备集成，我们开发了自己的操作系统，包括用于消费级传感器输入的传感器接口，基于NNVM的编译器，将现有的深度学习模型编译并优化为可执行代码，以及基于Nanomsg的消息传输框架来连接所有的节点。

笔者希望本文将激励研究人员和开发人员，在比以往更小的嵌入式设备中设计更加智能的物联网系统。Ⓟ

无人驾驶刚刚开始的未来

文 / 刘少山、唐洁、吴唯玥

无人驾驶技术总结

无人驾驶是一个复杂的系统,如图1所示,系统主要由三部分组成:算法端、Client端和云端。其中算法端包括面向传感、感知和决策等关键步骤的算法;Client端包括机器人操作系统以及硬件平台;云端则包括数据存储、模拟、高精度地图绘制以及深度学习模型训练。

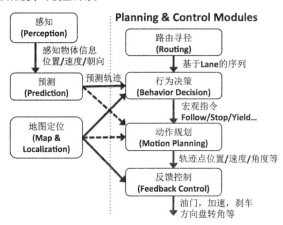

图1 无人驾驶系统架构图

算法子系统从传感器原始数据中提取有意义的信息以了解周遭环境情况,并根据环境变化做出决策。Client子系统融合多种算法以满足实时性与可靠性的要求。举例来说,传感器以60HZ的速度产生原始数据,Client子系统需要保证最长的流水线处理周期也能在16ms内完成。云平台为无人车提供离线计算及存储功能。通过云平台,我们能够测试新的算法、更新高精度地图并训练更加有效的识别、追踪、决策模型。

无人驾驶算法

算法系统由几部分组成:第一,传感并从传感器原始数据中提取有意义信息;第二,感知,以定位无人车所在位置及感知现在所处的环境;第三,决策,以可靠安全抵达目的地。

传感

通常来说,一辆无人驾驶汽车装备有许多不同类型的主传感器。每一种类型的传感器都各有优劣,因此,来自不同传感器的传感数据应该有效地进行融合。现在无人驾驶中普遍使用的传感器包括以下几种。

■ GPS/IMU:通过高达200Hz频率的全球定位和惯性更新数据以帮助无人车完成自我定位。GPS是一个相对准确的定位用传感器,但是它的更新频率过低,仅仅有10Hz,不足以提供足够实时的位置更新。IMU的准确度随着时间降低,在长时间内并不能保证位置更新的准确性,但是,它有着GPS所欠缺的实时性,IMU的更新频率可以达到200Hz或者更高。通过整合GPS与IMU,我们可以为车辆定位提供既准确又足够实时的位置更新。

■ LiDAR:激光雷达可被用来绘制地图、定位及避障。雷达的准确率非常高,因此在无人车设计中雷达通常被作为主传感器使用。激光雷达是以激光为光源,通过探测激光与被探测无相互作用的光波信号来完成遥感测量。激光雷达可以用来产生高精度地图,并针对高精地图完成移动车辆的定位;以及满足避障的要求。以 Velodyne 64- 束激光雷达为例,它可完成10Hz旋转并每秒可达到130万次读数。

■ 摄像头:被广泛使用在物体识别以及物体追踪等场景中,像车道线检测、交通灯侦测、人行道检测中都以摄像头为主要解决方案。为了加强安全性,现有的无人车实现通常在车身周围使用至少八个摄像头,分别从前、后、左、右四个维度完成物体发现、识别、追踪等任务。这些摄像头通常以60Hz的频率工作,当多个摄像头同时工作时,将产生高达每秒1.8GB的巨数据。

■ 雷达和声呐:雷达通过把电磁波能量射向空间某一方向,处在此方向上的物体反射碰到的电磁波;雷达再接收此反射波,提取有关该物体的某些信息(目标物体至雷达的距离,距离变化率或径向速度、方位、高度等)。雷达和声呐系统是避障的最后一道保障。雷达和声呐产生的数据用来表示在车的前进方向上最近障碍物的距离。一旦系统检测到前方不远有障碍物出现,则有极大的相撞危险,无人车会启动紧急刹车以完成避障。因此,雷达和声呐系统产生的数据不需要过多的处理,通常可直接被控制处理器采用,并不需要主计算流水线的介入,因为可实现转向、刹车或预张紧安全带等紧急功能。

感知

在获得传感信息之后,数据将被推送至感知子系统以充分了解无人车所处的周遭环境。在这里感知子系统主要做的是三件事:定位、物体识别及物体追踪。

定位

GPS以较低的更新频率提供相对准确的位置信息;IMU则以较高的更新频率提供准确性偏低的位置信息。我们可使用卡尔曼滤波来整合两类数据各自的优势,合并提供准确且实时的位置信息更新。如图2所示,IMU每5ms更新一次,但是期间误差不断累积精度不断降低。所幸的是,每100ms可以得到一次GPS数据更新,以帮助我们校正IMU积累的误差。因此,我们最终可以获得实时并准确的位置信息。然而,我们不能仅仅依靠这样的数据组合以完成定位工作。原因有三:其一,这样的定位精度仅在一米之内;其二,GPS信号有着天然的多路径问题将引入噪声干扰;其三,GPS必须在非封闭的环境下工作,因此在诸如隧道等场景中GPS都不适用。

因此作为补充方案,摄像头也被用为定位。简化来说,如图3所示,基于视觉的定位由三个基本步骤组成:1. 通过对立体图像的三角剖分,将首先获得视差图以计算每个点的深度信息;2. 通过匹配连续立体图像帧之间的显著特征,可通过不同帧之间的特征建立相关性，并由此估计这两帧之间的运动情况；3. 通过比较捕捉到的显著特征和已知地图上的点来计算车辆的当前位置。然而，基于视觉的定位方法对照明条件非常敏感，因此其使用受限并可靠性有限。

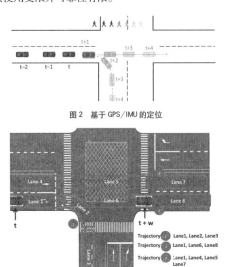

图2　基于GPS/IMU的定位

图3　基于立体视觉的测距

因此，借助于大量粒子滤波的激光雷达通常作为车辆定位的主传感器。由激光雷达产生的点云对环境进行了"形状化描述"，但并不足以区分各自不同的点。通过粒子滤波，系统可将已知地图与观测到的具体形状进行比较以减少位置的不确定性。

为了在地图中定位运动的车辆，我们使用粒子滤波的方法来关联已知地图和激光雷达测量过程。粒子滤波可以在10厘米的精度内达到实时定位的效果，在城市的复杂环境中尤为有效。然而，激光雷达也有其固有的缺点：如果空气中有悬浮的颗粒，比如雨滴或者灰尘，测量结果将受到极大的扰动。因此，为了完成可靠并精准的定位，需要传感器融合，如图4所示，处理来整合所有传感器的优点。

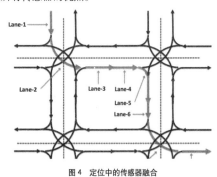

图4　定位中的传感器融合

物体识别与跟踪

激光雷达可提供精准的深度信息，因此常被用于在无人驾驶中执行物体识别和追踪的任务。近年来，深度学习技术得到了快速的发展，通过深度学习可达到较显著的物体识别和追踪精度。

卷积神经网络（CNN）是一类在物体识别中被广泛应用的深度神经网络。通常，卷积神经网络由三个阶段组成：1. 卷积层使用不同的滤波器从输入图像中提取不同的特征，并且每个过滤器在完成训练阶段后都将抽取出一套"可供学习"的参数；2. 激活层决定是否启动目标神经元；3. 汇聚层压缩特征映射图所占用的空间以减少参数的数目，并由此降低所需的计算量；4. 对物体进行分类。一旦某物体被CNN识别出来，下一步将自动预测它的运行轨迹或进行物体追踪。

物体追踪可以被用来追踪邻近行驶的车辆或者路上的行人，以保证无人车在驾驶的过程中不会与其他移动的物体发生碰撞。近年来，相比传统的计算机视觉技术，深度学习技术已经展露出极大的优势，通过使用辅助的自然图像，离线训练好的模型直接应用在在线的物体追踪中。

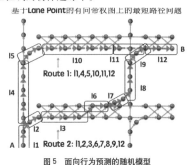

图5　面向行为预测的随机模型

决策

在决策阶段，行为预测、路径规划及避障机制三者结合起来实时完成无人驾驶动作规划。

行为预测

车辆驾驶中的一个主要考验是司机如何应对其他行驶车辆的可能行为，这种预判断直接影响司机本人的驾驶决策，特别是在多车道环境或者交通灯变灯的情况下，司机的预测决定了下一秒行车的安全。因此，过渡到无人驾驶系统中，决策模块如何根据周围车辆的行驶状况决策下一秒的行驶行为显得至关重要。

为了预测其他车辆的行驶行为，可以使用随机模型产生这些车辆的可达位置集合，并采用概率分布的方法预测每一个可达位置集的相关概率。

路径规划

为无人驾驶在动态环境中进行路径规划是一件非常复杂的事情，尤其如果车辆是在全速行驶的过程中，不当的路径规划有可能造成致命的伤害。路径规划中采取的一个方法是使用完全确定模型，它搜索所有可能的路径并利用代价函数的方式确定最佳路径。然后，完全确定模型对计算性能有着非常高的要求，因此很难在导航过程中达到实时的效果。为了避免计算复杂性并提供实时的路径规划，使用概率性模型成为了主要的优化方向。

避障

安全性是无人驾驶中最为重要的考量，我们将使用至少两层级的避障机制来保证车辆不会在行驶过程中与障碍物发生碰撞。第一层级是基于交通情况预测的前瞻层级。交通情况预测机制根据现有的交通状况如拥堵、车速等，估计出碰撞发生时间与最短预测距离等参数。基于这些估计，避障机制将被启动以执行本地路径重规划。如果前瞻层级预测失效，第二级实时反应层将使用雷达数据再次进行本地路径重规划。一旦雷达侦测到路径前方出现障碍物，则立即执行避障操作。

Client 系统

Client 系统整合之前提到的避障、路径规划等算法以满足可靠性及实时性等要求。Client 系统需要克服三个方面的问题：其一，系统必须确保捕捉到的大量传感器数据可以及时快速地得到处理；其二，如果系统的某部分失效，系统需要有足够的健壮性能从错误中恢复；其三，系统必须在设计的能耗和资源限定下有效地完成所有的计算操作。

机器人操作系统

机器人操作系统 ROS 是现如今广泛被使用、专为机器人应用裁剪、强大的分布式计算框架。每一个机器人任务，比如避障，作为 ROS 中的一个节点存在。这些任务节点使用话题与服务的方式相互通信。

ROS 非常适用于无人驾驶的场景，但是仍有一些问题需要解决。

- **可靠性**：ROS 使用单主节点结构，并且没有监控机制以恢复失效的节点。
- **性能**：当节点之间使用广播消息的方式通信时，将产生多次信息复制导致性能下降。
- **安全**：ROS 中没有授权和加密机制，因此安全性受到很大的威胁。

尽管 ROS 2.0 承诺将解决上述问题，但是现有的 ROS 版本中仍然没有相关的解决方案。因此为了在无人驾驶中使用 ROS，我们需要自行克服这些难题。

可靠性

现有的 ROS 实现只有一个主节点，因此当主节点失效时，整个系统也随之奔溃。这对行驶中的汽车而言是致命的缺陷。为了解决此问题，我们在 ROS 中使用类似于 ZooKeeper 的方法。如图 6 所示，改进后的 ROS 结构包括有一个关键主节点以及一个备用主节点。如果关键主节点失效，备用主节点将被自动启用以确保系统能够无缝地继续运行。此外，ZooKeeper 机制将监控并自动重启失效节点，以确保整个 ROS 系统在任何时刻都是双备份模式。

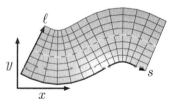

图 6　面向 ROS 的 Zoo-Keeper 结构

性能

性能是现有 ROS 版本中有欠考虑的部分，ROS 节点之间的通信非常频繁，因此设计高效的通信机制对保证 ROS 的性能势在必行。首先，本地节点在与其他节点通信时使用回环机制，并且每一次回环通信的执行都将完整地通过 TCP/IP 全协议栈，从而引入高达 20 微秒的时延。为了消除本地节点通信的代价，我们不再使用 TCP/IP 的通信模式，取而代之采用共享内存的方法完成节点通信。其次，当 ROS 节点广播通信消息时，消息被多次复制与传输，消耗了大量的系统带宽。如果改成目的地更明确的多路径传输机制将极大地该改善系统的带宽与吞吐量。

安全

安全是 ROS 系统中最重要的需求。如果一个 ROS 节点被挟制后，不停地在进行内存分配，整个系统最终将因内存耗尽而导致剩余节点失效继而全线崩溃。在另一个场景中，因为 ROS 节点本身没有加密机制，黑客可以很容易地在节点之间窃听消息并完成系统入侵。

为了解决安全问题，我们使用 Linux containers（LXC）的方法来限制每一个节点可供使用的资源数，并采用沙盒的方式以确保节点的运行独立，这样可最大限度防止资源泄露。同时我们为通信消息进行了加密操作，以防止其被黑客窃听。

硬件平台

为了深入理解设计无人驾驶硬件平台中可能遇到的挑战，让我们来看看现有的领先无人车驾驶产品的计算平台构成。此平台由两个计算盒组成，每一个装备有 Intel Xeon E5 处理器以及 4～8 个 Nvidia Tesla K80 GPU 加速器。两个计算盒执行完全一样的工作，第二个计算盒作为计算备份以提高整个系统的可靠性，一旦第一个计算盒发生故障，计算盒二可以无缝接手所有的计算工作。

在最极端的情况下，如果两个计算盒都在峰值下运行，及时功耗将高达 5000W，同时也将遭遇非常严重的发热问题。因此，计算盒必须配备有额外的散热装置，可采用多风扇或者水冷的方案。同时，每一个计算盒的造价非常昂贵，高达 2～3 万美元，致使现有无人车方案对普通消费者而言无法接受。

现有无人车设计方案中存在的功耗问题、散热问题以及造价问题使得无人驾驶进入普罗大众显得遥不可及。为了探索无人驾驶系统在资源受限以及能耗受限时运行的可行性，我们在 ARM 面向移动市场的 SoC 实现了一个简化的无人驾驶系统，实验显示在峰值情况下能耗仅为 15W。

非常惊人地，在移动类 SoC 上无人驾驶系统的性能反而带给了我们一些惊喜：定位算法可以达到每秒 25 帧的处理速度，同时能维持图像生成的速度在 30 帧每秒。深度学习则能在一秒内完成 2～3 个物体的识别工作。路径规划和控制则可以在 6 毫秒之内完成规划工作。在这样的性能的驱动之下，我们可以在不损失任何位置信息的情况下达到每小时 5 英里的行驶速度。

云平台

无人车是移动系统，因此需要云平台的支持。云平台主要从分布式计算以及分布式存储两方面对无人驾驶系统提供支持。无人驾驶系统中很多的应用，包括用于验证新算法的仿真应用、高精度地图产生和深度学习模型训练都需要云平台的支持。我们使用 Spark 构建了分布式计算平台，使用 OpenCL 构建了异构计算平台，使用了 Alluxio 作为内存存储平台。通过这三个平台的整合，我们可以为无人驾驶提供高可靠、低延迟以及高吞吐的云端支持。

仿真

当我们为无人驾驶开发出新算法时，我们需要先通过仿真对此算法进行全面的测试，测试通过之后才进入真车测试环节。真车测试的成本非常高昂并且迭代周期异常漫长，因此仿真测试的全面性和正确性对降低生产成本和生产周期尤为重要。在仿真测试环节，我们通过在 ROS 节点回放真实采集的道路交通情况，模拟真实的驾驶场景，完成对算法的测试。如果没有云平台的帮助，单机系统耗费数小时才能完成一个场景下的模拟测试，既耗时同时测试覆盖面有限。

在云平台中，Spark 管理着分布式的多个计算节点，在每一个计算节点中，都可以部署一个场景下的 ROS 回访模拟，如图 7 所示。在无人驾驶物体识别测试中，单服务器需耗时 3 小时完成算法测试，如果使用 8 机 Spark 机群，时间可以缩短至 25 分钟。

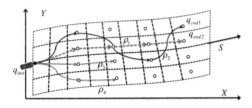

图 7 基于 Spark 和 ROS 的模拟平台

高精度地图生成

如图 8 所示，高精度地图产生过程非常复杂，涉及原始数据处理、点云生成、点云对准、2D 反射地图生成、高精地图标注、地图生成等阶段。使用 Spark，我们可以将所有这些阶段整合成为一个 Spark 作业。由于 Spark 天然的内存计算的特性，作业运行过程中产生的中间数据都存储在内存中。当整个地图生产作业提交之后，不同阶段之间产生的大量数据不需要使用磁盘存储，数据访问速度加快，从而极大提高了高精地图产生的性能。

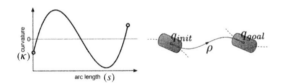

图 8 基于云平台的高精地图生成

深度学习模型训练

在无人驾驶中我们使用了不同的深度学习模型，为了保证模型的有效性及效率，有必要对模型进行持续的更新。然而，原始数据量异常巨大，仅使用单机系统远不能完成快速的模型训练。

为了解决这一问题，我们使用 Spark 以及 Paddle 开发了一个高可扩展性分布式深度学习平台。Paddle 是百度开发的一个深度学习开源平台。在 Spark driver 上我们同时管理 Spark 运行上下文以及 Paddle 运行上下文，在每个节点上，Spark 执行进程运行一个 Paddle 训练实例。在此基础上，我们使用 Alluxio 作为参数服务器。实验证明，当计算节点规模增长时，我们可以获得线性的性能提升，这说明 Spark+Paddle+Alluxio 这套深度学习模型训练系统有着高可扩展性。

无人驾驶的产业发展

为了深入了解无人驾驶的产业发展，我们邀请了牛津大学商学院的同学一起做了个产业链分析。宏观来说，一个产业的发展应该是自上而下的，上游产业的发展让下游产业更加繁荣，反过来刺激上游产业的发展。理想来说，无人驾驶的产业发展应该分为三个阶段：第一阶段，感知系统的发展，主要包括各类传感器的融合使用及感知决策系统的准确度提升，实现辅助信息的交互及部分自动驾驶功能。第二阶段，支持算法以及决策的芯片成熟，包括算法及芯片设计的发展，实现协同决策及自动驾驶。第三阶段，车联网的发展，实现高精度地图及实时路况信息的更新及通过深度学习实现协同感知。

传感器的融合使用

毫米波雷达：车载毫米波雷达市场主要供应商为传统的汽车电子企业，如博世、大陆、海拉等，市场占有率前三位的企业占领了 50% 以上的市场份额。中国市场中高端汽车装配的毫米波雷达传感器依赖进口为主，国内自主品牌的研发生产能力尚需提高。毫米波雷达的核心组成部分为前端单片微波集成电路 MMIC 和雷达天线高频 PCB 板，此两项核心技术仅掌握在国外厂商手中。国内企业总体尚处于研发阶段，24GHz 的产品已经取得部分研发成果，华域汽车、湖南纳雷、芜湖森思泰克、智波科技等企业在此方面有部分技术积累。

激光雷达：激光雷达是无人驾驶汽车硬件端的核心能力，受益于无人驾驶汽车市场规模的爆发，预计 2030 年全球激光雷达市场可达到 360 亿美元的规模。相比于国外的 Velodyne、Quanergy 等厂商已经具有相对成熟的产品，国内公司在激光雷达生产研发尚处于初步成型阶段。目前国内研发生产激光雷达的初创公司数量很多，但是大多数缺乏完整的产业链及相应的配套设备，受制于硬件成本及技术门槛较高等因素，能够做出成型产品的公司往往很少。目前有产品落地的激光雷达公司包括欧镭激光、镭神智能、思岚科技和速腾聚创等。此类公司竞争的着力点包括四个方面：1. 建立与各车厂的合作关系：发展新客户，抢占新市场并积累市场需求方面的经验；2. 硬件的量产及成本的控制：实现大规模生产的同时降低成本，通过量产实现更大的利润（目前激光雷达的毛利率约为 27%）；3. 提高产品的稳定性，通过快速迭代提高产品工艺，建立技术门槛；4. 综合提供数据存储分析的服务，实现数据格式的统一。

摄像头：预计 2020 年全球车载摄像头的市场规模约为 200 亿人民币，模组组装及 CMOS 供应商共占据超过 60% 的产业价值，该产业链的其他环节还包括镜头供应商及其他部件的供应商。该模块的行业技术壁垒较高，只有少数厂商具有垂直整合的能力。大部分厂商将业务集中在产业链中的少数环节，行业的集中度很高，大多数环节的前三厂商市场份额合计占总体一半以上：光学镜头主要是台湾的大立光学、大陆的舜宇光学主导，CMOS 传感器及图像处理器以欧美和日本韩国的厂商为主，大陆厂商在红外滤光片和模组封装有一定的优势（如欧菲光、水晶光电等）。通常摄像头硬件设备和配套的算法及系统难以分割，硬件设备商将摄像头提供给自动驾驶算法公司或者汽车一级供应商，由这些下游的公司进行硬件、芯片及算法的合成。由于车载摄像头对安全性及稳定性的要求比普通的工业用摄像头高，产品壁垒较高，所以摄像头大厂相对有竞争优势。台湾的同致电子 2016 年的营业收入预计比 2015 年增长超过 40%，毛利率达到 30%。未来的车载摄像头厂商的竞争将主要体现在：1. 与芯片及算法的适配性，提供整体解决方案的能力；2. 产品稳定性、安全性等工艺的领先。

总体上说，传感器与配套的算法及芯片相辅相成，未来的趋势是提供完整的一套解决方案，而不是单个零星的硬件。另外，各种类型的传感器的功能各有优势，互相补充，汽车整车厂将融合使用各类传感器，并通过量产及新技术推动传感器的成本下降。

算法及芯片协同发展

ADAS算法及芯片技术门槛高，需要对传感系统采集的数据进行处理，完成对周围环境及自身车况的识别及探知，市场集中度较高。国内的ADAS算法公司主要有深圳佑驾、前向启创、苏州智华等。此类公司根据自身特点及战略目标的不同，以算法为中心，有三种商业模式：1. 向汽车一级供应商直接提供算法（或者外购芯片及传感器，提供完整的ADAS模组）；2. 建立生产线，提供自产的完整ADAS模组给一级供应商或后装市场；3. 将自身研发的芯片与算法绑定出售。由于可以通过算法升级实现更多功能，且企业内部的自身成本与建立传感器生产线相比非常低（主要是人工的成本），所以产业链中的算法环节可以带来30%以上的产品溢价。

高精度地图及车联网的发展

高精度地图参与者主要有图商（如HERE、四维图新）、无人驾驶科技公司（如Google、特斯拉等）、ADAS方案提供商（如Mobileye、前向启创）和传统车企（如通用、大众）等四类。其中除了图商的高精度地图是为地图的标准化准备外，其他参与者绘制的高精度地图都是为了各自环节中的特定需求定制的，标准化程度较低。地图行业的进入壁垒较高，主要由于地图绘制的牌照数量少，数据库建设周期长，投入资金大，而且需要大量依赖长期积累起来的实施技术。另一方面，该行业的规模经济效应明显，一旦建立起市场份额则利润非常可观。以四维图新为例，2016年该公司的综合毛利率约为80%，近50%的营业收入来自车载导航领域。在离线地图的时代，图商主要以销售地图使用许可证（License）为主，但在高精度地图时代下，图商将为用户提供持续的服务。届时一次性收费的模式将被按时间或按产品类型收费的模式取代。

车联网市场的参与方可大致分为四种：车联网服务提供商、设备供应商、增值服务提供商以及电信运营商。1. 车联网服务提供商居于产业链核心，地位类似于智能手机的操作平台，是传统整车厂和高科技行业巨头竞争的主战场。传统整车厂利用捆绑销售的方式，通过在旗下产品搭载自家品牌的车联网系统，完成用户的原始积累。科技公司则通过与车企在地图、车联网方案、自动驾驶等领域的合作进入车联网生态系统。2. 设备供应商是整个车联网产业链实现的硬件基础。目前该领域尚未形成巨头竞争的格局，留给创业公司发展的空间较大。纵向一体化或者专攻高利润市场将有助于尽快确立竞争地位。3. 增值服务提供商与智能手机App应用的价值类似，市场空间十分巨大，但目前尚处于初级的服务模式当中，参与者鱼龙混杂，竞争的关键点在于精准理解用户需求，提高用户体验。4. 电信运营商主要将用户请求及处理结果在车联网中传递并收取通信费用。国内三大电信运营在通信市场处于绝对的寡头地位。

下游过热

但是根据目前无人驾驶产业链的发展，显然有点下游过热了，大量的风投涌入下游，特别是L4/L5整车的无人驾驶初创公司，而许多上游部件以及核心模块却没有引起太多的注意。资本突然的涌入也造成了L4/L5整车的无人驾驶公司估值的暴涨，也直接导致了无人驾驶从业者人心浮动，大量人才从行业领先地位的无人驾驶公司（包括Google、百度等）流失。这个现象对无人驾驶产业发展并非好事，也让我们想起了2016年的AR/VR风潮以及后来的AR/VR企业的倒闭潮。个人认为AR/VR的核心问题也是在上游产业链没准备好的情况下，下游产品概念被炒作过热，导致资本的疯狂。

一点个人的感想与建议

这是无人驾驶系列最后一期，开始写这个系列是因为自己对这个集大成技术的热爱及追求。写每一期都是对自己做过技术的一次总结及重新学习。在之前的11期我们都聚焦技术而不谈个人的见解。最后一期想总结一下个人的一些观点，读者们未必会认同，但是希望可以通过这篇文章多与各位交流学习。

我为什么没有做无人驾驶创业

许多投资人问过我，为什么没有选择无人驾驶创业，而选择了机器人。因为在我看来无人驾驶整合了40~50个技术点，即使做好了其中90%的技术点，无人车还是上不了路。而机器人只是整合了4~5个技术点，相对容易许多，责任也小许多。做机器人解决方案我们很快就可以出产品，很快能得到市场反馈，从中学习到许多，也可以得到不断出货的满足感。而做无人车做得好也可能只是一个好的Demo，而且做无人驾驶创业需要很强的技术及资本掌控能力，我能力还到不了这个程度。在我看来市场上有几家无人驾驶初创公司有很强的技术把控能力，包括NURO.AI、PONY.AI和AutoX.AI，NURO.AI与PONY.AI应该属于传统的LiDAR流派，而AutoX应该是视觉流派的代表者。

给开发者的建议

当前的人工智能热潮是一次大的技术革命，对广大技术人员来说是个特别好的机会，但是如果只掌握一个技术点是不足够的。根据我过去几年的经验，在技术行业隔行如隔山，比如做算法的对软件设计未必熟悉，专注做软件的很少懂系统，而懂系统的了解硬件也不多。反过来也一样，让一个硬件工程师去写软件，他可能会觉得很难而不敢触碰。但是如果能静下心来花点时间去学一下，其实并没有想象中那么难。我在工作以及创业的过程中，发现能跨越几个细分行业（比如软件、系统、硬件）的工程师非常难得也非常有价值。通常可以跨越几个细分行业的人都比较有好奇心，也有勇气去尝试新的东西。我以前是学系统的，觉得算法不是我的本行，一直拒绝接触。但是当自己深入接触后，觉得并没有想象中那么困难，只要保持着好奇心，不断学习，可以很快成才。

给投资人的建议

下游现在过热了，多关注上游。我个人信奉的是更细的分工导致更高的效率。只有上游发展好后，下游才会真正繁荣。如果每个公司都说可以全栈把每个点都做好那是不成熟以及低效的。比如无人驾驶安全，基本没人关注也没人在这个行业创业。很多投资人说，无人驾驶本身都没做好，哪有工夫看这种方向。

但是当车做好后,如果安全没做好,车是不可能上路的。无人驾驶安全必须随着无人驾驶其他技术点一起发展。另外为无人驾驶服务的云计算,也鲜有人投入,但是这在我看来是个极大的市场。

序幕刚启

无人驾驶作为人工智能的集大成应用,从来就不是单一的技术,而是众多技术点的整合。技术上它需要有算法上的创新、系统上的融合,以及来自云平台的支持。除了技术之外,无人驾驶的整条产业链也是刚刚开始,需要时间去发展。目前在市场上许多创业公司都做全栈,做整车。但是如果产业链没发展成熟,做全栈与做整车公司的意义更多是Demo这项技术,而很难产品化。个人认为一个成熟的产业是应该有层次感的,上下游清晰,分工细致以达到更高的效率。但是今天无人驾驶行业还是混沌的,上下游不清晰,而且资本的热捧也导致了市场过热。但是相信通过几年的发展,当上下游发展清晰后,无人驾驶就可以真正产业化了。无人驾驶序幕刚启,其中有着千千万万的机会亟待发掘。预计在2020年,将有真正意义上的无人车开始面市,很可能是在园区及高速公路等可控场景,然后到2040年,我们应该可以看到无人驾驶全面普及,让我们拭目以待。

深度增强学习前沿算法思想

文 / Flood Sung

2016 年 AlphaGo 计算机围棋系统战胜顶尖职业棋手李世石，引起了全世界的广泛关注，人工智能进一步被推到了风口浪尖。而深度增强学习算法是 AlphaGo 的核心，也是通用人工智能的实现关键。本文将带领大家了解深度增强学习的前沿算法思想，领略人工智能的核心奥秘。

前言

深度增强学习（Deep Reinforcement Learning，DRL）是近两年来深度学习领域迅猛发展起来的一个分支，目的是解决计算机从感知到决策控制的问题，从而实现通用人工智能。以 Google DeepMind 公司为首，基于深度增强学习的算法已经在视频、游戏、围棋、机器人等领域取得了突破性进展。2016 年 Google DeepMind 推出的 AlphaGo 围棋系统，使用蒙特卡洛树搜索和深度学习结合的方式使计算机的围棋水平达到甚至超过了顶尖职业棋手的水平，引起了世界性的轰动。AlphaGo 的核心就在于使用了深度增强学习算法，使得计算机能够通过自对弈的方式不断提升棋力。深度增强学习算法由于能够基于深度神经网络实现从感知到决策控制的端到端的学习，具有非常广阔的应用前景，它的发展也将进一步推动人工智能的革命。

深度增强学习与通用人工智能

当前深度学习已经在计算机视觉、语音识别、自然语言理解等领域取得了突破，相关技术也已经逐渐成熟并落地进入我们的生活当中。然而，这些领域研究的问题都只是为了让计算机能够感知和理解这个世界。以此同时，决策控制才是人工智能领域要解决的核心问题。计算机视觉等感知问题要求输入感知信息到计算机，计算机能够理解，而决策控制问题则要求计算机能够根据感知信息进行判断思考，输出正确的行为。要使计算机能够很好地决策控制，要求计算机具备一定的"思考"能力，使计算机能够通过学习来掌握解决各种问题的能力，而这正是通用人工智能（Artificial General Intelligence，AGI）（即强人工智能）的研究目标。通用人工智能是要创造出一种无须人工编程自己学会解决各种问题的智能体，最终目标是实现类人级别甚至超人级别的智能。

通用人工智能的基本框架即是增强学习（Reinforcement Learning，RL）的框架，如图 1 所示。

图 1 通用人工智能基本框架

智能体的行为都可以归结为与世界的交互。智能体观察这个世界，然后根据观察及自身的状态输出动作，这个世界会因此而发生改变，从而形成回馈返回给智能体。所以核心问题就是如何构建出这样一个能够与世界交互的智能体。深度增强学习将深度学习（Deep Learning）和增强学习（Reinforcement Learning）结合起来，深度学习用来提供学习的机制，而增强学习为深度学习提供学习的目标。这使得深度增强学习具备构建出复杂智能体的潜力，也因此，AlphaGo 的第一作者 David Silver 认为深度增强学习等价于通用人工智能 DRL=DL+RL=Universal AI。

深度增强学习的 Actor-Critic 框架

目前深度增强学习的算法都可以包含在 Actor-Critic 框架下，如图 2 所示。

图 2 Actor-Critic 框架

把深度增强学习的算法认为是智能体的大脑，那么这个大脑包含了两个部分：Actor 行动模块和 Critic 评判模块。其中 Actor 行动模块是大脑的执行机构，输入外部的状态 s，然后输出动作 a。而 Critic 评判模块则可认为是大脑的价值观，根据历史信息及回馈 r 进行自我调整，然后影响整个 Actor 行动模块。这种 Actor-Critic 的方法非常类似于人类自身的行为方式。我们人类也是在自身价值观和本能的指导下进行行为的，并且价值观受经验的影响不断改变。在 Actor-Critic 框架下，Google DeepMind 相继提出了 DQN、A3C 和 UNREAL 等深度增强学习算法，其中 UNREAL 是目前最好的深度增强学习算法。下面我们将介绍这三个算法的基本思想。

DQN（Deep Q Network）算法

DQN 是 Google DeepMind 于 2013 年提出的第一个深度增强学习算法，并在 2015 年进一步完善，发表在 2015 年的《Nature》上。DeepMind 将 DQN 应用在计算机玩 Atari 游戏上，不同于以往的做法，仅使用视频信息作为输入，和人类玩游戏一样。在这种情况下，基于 DQN 的程序在多种 Atari 游戏上取得了超越人类水平的成绩。这是深度增强学习概念的第一次提出，并由此开始快速发展。

DQN 算法面向相对简单的离散输出，即输出的动作仅有少数有限的个数。在这种情况下，DQN 算法在 Actor-Critic 框架下仅使用 Critic 评判模块，而没有使用 Actor 行动模块，因为使用 Critic 评判模块即可以选择并执行最优的动作，如图 3 所示。

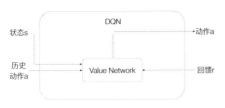

图 3　DQN 基本结构

在 DQN 中，用一个价值网络（Value Network）来表示 Critic 评判模块，价值网络输出 Q(s,a)，即状态 s 和动作 a 下的价值。基于价值网络，我们可以遍历某个状态 s 下各种动作的价值，然后选择价值最大的一个动作输出。所以，主要问题是如何通过深度学习的随机梯度下降方法来更新价值网络。为了使用梯度下降方法，我们必须为价值网络构造一个损失函数。由于价值网络输出的是 Q 值，因此如果能够构造出一个目标 Q 值，就能够通过平方差 MSE 的方式来得到损失函数。但对于价值网络来说，输入的信息仅有状态 s，动作 a 及回馈 r。因此，如何计算出目标 Q 值是 DQN 算法的关键，而这正是增强学习能够解决的问题。基于增强学习的 Bellman 公式，我们能够基于输入信息特别是回馈 r 构造出目标 Q 值，从而得到损失函数，对价值网络进行更新。

在实际使用中，价值网络可以根据具体的问题构造不同的网络形式。比如 Atari 有些输入的是图像信息，就可以构造一个卷积神经网络（Convolutional Neural Network，CNN）来作为价值网络。为了增加对历史信息的记忆，还可以在 CNN 之后加上 LSTM 长短记忆模型。在 DQN 训练的时候，先采集历史的输入输出信息作为样本放在经验池（Replay Memory）里面，然后通过随机采样的方式采样多个样本进行 minibatch 的随机梯度下降训练。

DQN 算法作为第一个深度增强学习算法，仅使用价值网络，训练效率较低，需要大量的时间训练，并且只能面向低维的离散控制问题，通用性有限。但由于 DQN 算法第一次成功结合了深度学习和增强学习，解决了高维数据输入问题，并且在 Atari 游戏上取得突破，具有开创性的意义。

A3C（Asynchronous Advantage Actor Critic）算法

A3C 算法是 2015 年 DeepMind 提出的相比 DQN 更好、更通用的一个深度增强学习算法。A3C 算法完全使用了 Actor-Critic 框架，并且引入了异步训练的思想，在提升性能的同时也大大加快了训练速度。A3C 算法的基本思想，即 Actor-Critic 的基本思想，是对输出的动作进行好坏评估，如果动作被认为是好的，那么就调整行动网络（Actor Network）使该动作出现的可能性增加。反之如果动作被认为是坏的，则使该动作出现的可能性减少。通过反复的训练，不断调整行动网络找到最优的动作。AlphaGo 的自我学习也是基于这样的思想。

基于 Actor-Critic 的基本思想，Critic 评判模块的价值网络（Value Network）可以采用 DQN 的方法进行更新，那么如何构造行动网络的损失函数，实现对网络的训练是算法的关键。一般行动网络的输出有两种方式：一种是概率的方式，即输出某一个动作的概率；另一种是确定性的方式，即输出具体的某一个动作。A3C 采用的是概率输出的方式。因此，我们从 Critic 评判模块，即价值网络中得到对动作的好坏评价，然后用输出动作的对数似然值（Log Likelihood）乘以动作的评价，作为行动网络的损失函数。行动网络的目标是最大化这个损失函数，即如果动作评价为正，就增加其概率，反之减少，符合 Actor-Critic 的基本思想。有了行动网络的损失函数，也就可以通过随机梯度下降的方式进行参数的更新。

为了使算法取得更好的效果，如何准确地评价动作的好坏也是算法的关键。A3C 在动作价值 Q 的基础上，使用优势 A（Advantage）作为动作的评价。优势 A 是指动作 a 在状态 s 下相对其他动作的优势。假设状态 s 的价值是 V，那么 A=Q-V。这里的动作价值 Q 是指状态 s 下 a 的价值，与 V 的含义不同。直观上看，采用优势 A 来评估动作更为准确。举个例子来说，假设在状态 s 下，动作 1 的 Q 值是 3，动作 2 的 Q 值是 1，状态 s 的价值 V 是 2。如果使用 Q 作为动作的评价，那么动作 1 和 2 的出现概率都会增加，但是实际上我们知道唯一要增加出现概率的是动作 1。这时如果采用优势 A，我们可以计算出动作 1 的优势是 1，动作 2 的优势是 -1。基于优势 A 来更新网络，动作 1 的出现概率增加，动作 2 的出现概率减少，更符合我们的目标。因此，A3C 算法调整了 Critic 评判模块的价值网络，让其输出 V 值，然后使用多步的历史信息来计算动作的 Q 值，从而得到优势 A，进而计算出损失函数，对行动网络进行更新。

A3C 算法为了提升训练速度还采用异步训练的思想，即同时启动多个训练环境，同时进行采样，并直接使用采集的样本进行训练。相比 DQN 算法，A3C 算法不需要使用经验池来存储历史样本，节约了存储空间，并且采用异步训练，大大加倍了数据的采样速度，也因此提升了训练速度。与此同时，采用多个不同训练环境采集样本，样本的分布更加均匀，更有利于神经网络的训练。

A3C 算法在以上多个环节上做出了改进，使得其在 Atari 游戏上的平均成绩是 DQN 算法的 4 倍，取得了巨大的提升，并且训练速度也成倍增加。因此，A3C 算法取代 DQN 成为了更好的深度增强学习算法。

UNREAL（UNsupervised REinforcement and Auxiliary Learning）算法

UNREAL 算法是 2016 年 11 月 DeepMind 提出的最新深度增强学习算法，在 A3C 算法的基础上对性能和速度进行进一步提升，在 Atari 游戏上取得了人类水平 8.8 倍的成绩，并且在第一视角的 3D 迷宫环境 Labyrinth 上也达到了 87% 的人类水平，成为当前最好的深度增强学习算法。

A3C 算法充分使用了 Actor-Critic 框架，是一套完善的算法，因此，我们很难通过改变算法框架的方式来对算法做出改进。UNREAL 算法在 A3C 算法的基础上，另辟蹊径，通过在训练 A3C 的同时，训练多个辅助任务来改进算法，如图 4 所示。UNREAL 算法的基本思想来源于我们人类的学习方式。人要完成一个任务，往往通过完成其他多种辅助任务来实现。比如说我们要收集邮票，可以自己去买，也可以让朋友帮忙获取，或者使用和其他人交换的方式得到。UNREAL 算法通过设置多个辅助任务，同时训练同一个A3C网络，从而加快学习的速度，并进一步提升性能。

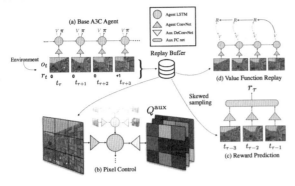

图4　UNREAL算法框图

在UNREAL算法中，包含了两类辅助任务：第一种是控制任务，包括像素控制和隐藏层激活控制。像素控制是指控制输入图像的变化，使得图像的变化最大。因为图像变化大往往说明智能体在执行重要的环节，通过控制图像的变化能够改善动作的选择。隐藏层激活控制则是控制隐藏层神经元的激活数量，目的是使其激活量越多越好。这类似于人类大脑细胞的开发，神经元使用得越多，可能越聪明，也因此能够做出更好的选择。另一种辅助任务是回馈预测任务。因为在很多场景下，回馈 r 并不是每时每刻都能获取的（比如在Labyrinth中吃到苹果才能得1分），所以让神经网络能够预测回馈值会使其具有更好的表达能力。在UNREAL算法中，使用历史连续多帧的图像输入来预测下一步的回馈值作为训练目标。除了以上两种回馈预测任务外，UNREAL算法还使用历史信息额外增加了价值迭代任务，即DQN的更新方法，进一步提升算法的训练速度。

UNREAL算法本质上是通过训练多个面向同一个最终目标的任务来提升行动网络的表达能力和水平，符合人类的学习方式。值得注意的是，UNREAL虽然增加了训练任务，但并没有通过其他途径获取别的样本，是在保持原有样本数据不变的情况下对算法进行提升，这使得UNREAL算法被认为是一种无监督学习的方法。基于UNREAL算法的思想，可以根据不同任务的特点有针对性地设计辅助任务，来改进算法。

小结

深度增强学习经过近两年的发展，在算法层面上取得了越来越好的效果。从DQN、A3C到UNREAL，精妙的算法设计无不闪耀着人类智慧的光芒。在未来，除了算法本身的改进，深度增强学习作为能够解决从感知到决策控制的通用型学习算法，将能够在现实生活中的各种领域得到广泛的应用。AlphaGo的成功只是通用人工智能爆发的前夜。Ⓟ

WSDM 2017 精选论文

文 / 洪亮劼

人工智能和机器学习领域的学术论文汗牛充栋。每年的各大顶级会议、研讨班录用好几千篇论文，即便亲临现场也很难追踪到所有的前沿信息。在时间精力有限的情况下，选择精读哪些论文、学习哪些热门技术就成为了AI学者和从业人员所头痛的问题。这个栏目就是要帮助大家筛选出有意思的论文，解读出论文的核心思想，为精读提供阅读指导。

数据挖掘和机器学习应用的顶级会议The Tenth ACM International Conference on Web Search and Data Mining（WSDM 2017）2017年2月已经在英国剑桥圆满举行。正值WSDM十周年，会议上对WSDM的发展进行了回顾和展望。纵观过去十年的发展，WSDM已经成长为学术圈和工业界都引以倚重的经典跨界会议。不像KDD、WWW或者SIGIR，WSDM因为从最开始就由不少工业界的学术领导人发起并且长期引领，所以十分重视工业界学术成果的展现。有不少经典的工业界文章在过去十年里都是通过WSDM发表的。今年也不例外，因为WSDM的论文涵盖非常广泛的主题，而且一般的读者很难从浩如烟海的文献中即刻抓取到有用信息，这里笔者从80篇会议文章中精选出5篇有代表性的文章，为读者提供思路。

Unbiased Learning-to-Rank with Biased Feedback

概要： 这篇文章获得了WSDM 2017最佳论文。在实际生产中，我们大量获得的是"有偏差"（Biased）的数据。那么，如何从这些"有偏差"的数据中进行"无偏差"（Unbiased）的机器学习就成为了过去很长一段时间以来，实际生产中非常急迫解决的问题。本文探讨了解决这个问题的一种思路。

这篇文章来自康奈尔大学的Thorsten Joachims以及他的学生。Thorsten在上一个十年的学术研究中，因为开发SVMLight而名声显赫。他也是最早思考如何利用用户反馈数据进行排序模型（Ranking Model）训练的学者。那么，这篇获奖论文主要解决一个什么样的问题？其实，这篇文章要尝试解决的问题在学术和工业界的应用中非常普遍，可以说是一个困扰学者和普通的工程人员已久的问题。那就是，如何从"有偏差"用户反馈数据中训练"无偏差"的排序模型。为什么用户反馈数据会"有偏差"？道理很简单，用户在和系统交互的时候，受到各方面因素的干扰，从而只对部分信息进行了反馈而忽略了其他信息。比如，在搜索引擎里，因为排版的因素，用户可能仅仅对排名靠前的几个文档进行查看，而彻底忽略排名靠后的所有文档，即便这些文档其实可能是相关的。另外一个更加常见的"偏差"则是由现在的"作业系统"（Production System）引起的。"作业系统"往往根据现有的算法或者模型选择出了用户可能最偏好的少部分文档，而大多数文档用户则没有可能见到，和前面情况一样，即便这些文档有可能是十分相关的。于是，用户的反馈就受到了现在系统的影响，而后面的机器学习很有可能仅能从现在系统偏好中改进，而有可能无法提升到全局最优的情况。传统中，很多学者和从业人员已经意识到了直接使用用户"有偏差"反馈的数据，特别是点击数据，会产生问题。但是很长一段时间来，大家并没有找到系统地解决这个问题的方法。Thorsten首先在这篇文章中提出了基于Inverse Propensity Scoring（IPS）的Partial-Info Learning-to-Rank。这部分内容其实并没有太多的新意，不过是把从Multi-armed Bandit领域用IPS来做Unbiased Offline Evaluation的思路借鉴过来。不过文章指出了一个核心问题，那就是如何来估计这些Propensity Probability，其实也就是当前系统选择各个文档的概率。传统上，特别是以前的Unbiased Offline Evaluation基于随机产生文档顺序，因此这些Propensity Probability都是Uniform分布的。但这样的设计在现实中是不可能的，因为Uniform分布的文档，用户体验会变得很差。那么，这篇文章则是要直击这个痛点。这篇文章采取了这样一个思路，文章假设现在系统的"偏差"可以通过一个Position-based Click Model with Click Noise（PCMCN）来解释。简单说来PCMCN就是来对用户查看一个排序文档进行建模，从而达到可以Propensity Probability能够被方便预测，这么一个目的。为了能够PCMCN，作者们还提出了一个基于交换两个位置文档的实验方法，用于收集数据。值得肯定的是，仅仅交换两个位置文档的方法，相比以前的Uniform方法，要更加注重用户体验。文章的实验部分展示了在人工数据以及真实系统中的表现。总体说来，能够对"有偏差"的用户数据建模，比直接利用这些数据训练的模型效果要来得好得多。这篇文章非常值得推荐系统、搜索引擎等方面的研究和工程人员精读。

Real-Time Bidding by Reinforcement Learning in Display Advertising

摘要：传统中，Real-Time Bidding（RTB）把Bidding考虑成为静态的决策过程。这篇文章，则是把Reinforcement Learning（强化学习）引入RTB的应用中，从而提高RTB的效率和整体效果。

这篇文章的作者团队来自上海交大和伦敦大学学院（University College London）。此文是继强化学习被应用到搜索和推荐领域之后，又一个把强化学习应用到一个重要领域的尝试。与推荐和搜索不同的是，RTB因为其实时性，更加讲究能够对一个决策过程进行动态调整，从而能够提供最优的解决方案。目前大多数Bidding算法或者策略（Strategy）的核心问题，就是它们都是静态的一个决策过程。那么，这篇文章的主要思路就是用Markov Decision Process（MDP）来对RTB进行建模。MDP的一般建模需要三个必备元素，那就是State、Action和Reward。这里，State是一个（当前时间，剩余预算，当前Feature Vector）三元组；Action则是以State为输入，输出一个少于当前预算的Bid；Reward在这篇文章里定义为在当前Feature Vector为输入情况下的点击率（CTR）或者0（没有赢得Auction的情况）。MDP除了这三个要素以外，一般还需要定义从每一个状态跳转另外状态的转移概率。文章中，转移概率是一个Feature Vector的概率分布和市场价格分布的一个乘积。市场价格分布取决于现在的Feature Vector和当前的Bid价格。整个MDP的布局设置好以后，RTB的问题就转换成为了如何在MDP中找到最优Action的决策问题。和传统的MDP一样，文

章介绍了通过Value Iteration的方式来找到最佳的Value函数，然后通过找到的Value函数，来找到最佳的Bidding策略。然而，这样的方法，只适合在比较小规模的数据上，原因是第一个阶段得到最佳Value函数的步骤太过于耗时。文章介绍了一种在大规模数据上的思路，通过小数据来学习Value函数的表达，然后应用到大规模数据上。文章在两个数据集上做了实验，一个是PinYou的数据，另一个是YOYI的数据，数量都算是当前比较大的RTB数据集了。从实验结果来看，采用MDP的方法能够比其他方法大幅度有效提高CTR，以及各项指标。除了在这两个数据集上的结果以外，这篇文章还在Vlion DSP的线上系统进行了评测，在CTR基本和以前方法持平的情况下，CPM和eCPC都更加有效。总之，这篇文章对于希望探索强化学习在广告或者推荐及搜索等领域的应用有着一定的借鉴意义。从目前的情况来看，算法依然比较复杂，而且Value函数的逼近可能有不小的性能损失。另外，参考文献部分十分详尽，对于想了解RTB的朋友来说，是一个不可多得的言简意赅的介绍。

Learning Sensitive Combinations of A/B Test Metrics

摘要：在线A/B实验最大的困扰就是所需要观测的指标（Metric）常常需要很长时间观测到统计意义的变化或需要很多的用户数量。这篇文章就是要尝试解决这么一个问题，探讨如何通过Variance Reduction的办法来让寻找到的Metrics能够更加容易观测，并且和用户的指标相匹配。

这篇文章来自俄罗斯搜索引擎团队Yandex。近几年以来，Yandex的研究人员已经陆续发表了一系列的文章来推动在线A/B实验的研究和实践。这篇文章要解决什么问题呢？在A/B在线测试中，我们希望观测到的指标有方向性，能够告诉我们用户的喜好变化；同时，我们也希望这个指标能够很容易观测，不需要大量的数据长时间观察。文章提出了这么一个假设，那就是我们能否通过数据以及历史信息，学习到一组指标的组合，使得这个学习到的结果满足上述条件？Yandex通过对8个关键指标的建模，使得学习到的指标达到了3.42倍的"敏感度"（Sensitivity），相比之前的指标，也就是达到了约11倍的Sample Size削减，可以说效果非常显著。那么，这篇文章的作者是如何做的呢？首先，每一个实验单元（可以是一个用户、一个Session或者一个Query）都被一个Feature Vector所描述。这里的Feature Vector，有可能就是我们已知的指标本身。那么，整个问题的设置就成为了，学习一个这些Feature Vector的线性组合，使得学习到的新指标对于未来的实验，更加具有"敏感度"。文章中，作者讨论了多种定义"敏感度"的方法，而最终采用的是通过z-score来衡量。这样的选择，非常接近普通的t-test的需要。也就使得这篇文章的实用度更加广泛。如何来解这么一个优化问题就成为了文章下一个重点。文章简单介绍采用Geometric的方法来接这个优化问题的思路，并且也探讨了一下这种方法和Linear Discriminant Analysis的联系。然而作者们认为这个思路并不适合大多数的情况，于是文章介绍了一个基于标准优化算法的思路。也就是，利用定义的"敏感度"z-score，

作为衡量两个实验结果的"距离函数",最终的目标函数包括这么三个部分:1. 尽量让已知 A/B 有效果的实验里的距离不减少;2. 尽量让已知的 A/A 实验的结果不变化;3. 尽量分离已知 A/B 实验效果不明显的结果。当然,这个目标函数是 Non-Convex 的,不过文章依然使用了 L-BFGS 来解这个优化问题。从实验来说,作者们用了 118 个历史实验数据来学习这个函数,得到的效果都是学习到的指标能够更好地指导实验的结果,同时采用学习到的指标能够大幅度降低需要达到统计意义效果明显(Statistically Significant)的数据量,这对于真实的工业环境来说是非常有意义的方法。这篇文章建议所有工业界的读者精读。

Recurrent Recommender Networks

摘要:如何把深度学习和推荐系统相结合是最近一两年来推荐系统领域学者比较关心的问题,这篇文章探讨了如何把 LSTM-Autoregression 模型和推荐系统结合的例子,在真实的数据中达到了更好的效果。

这篇文章来自卡内基梅隆大学 Alex Smola 的实验室及 Google 研究院的 Amr Ahmed,阵容可谓非常强大。从传统的概率图模型(Probabilistic Graphical Model)的角度来说,要想能够对时间信息(Temporal)进行有效建模,则必须采用 Sequential Monte Carlo 等其他办法。这些办法往往计算非常复杂而且极易出错。所以,这篇文章希望通过 RNN 来帮助这样的建模场景。文章希望能够用 RNN 来对现在的观测值及模型参数的时间变化进行统一建模。当然,另外一个比较好的选择就是 LSTM。这篇文章采用了 LSTM。有了时间的变化以后,在单一时间的 Rating Prediction,则是用户方面信息和物品(文章中采用的是电影)信息的点积,非常类似传统的矩阵分解模式。有一个小改动的地方来自于最后的预测结果是一个与时间有关的变化和与实践无关变量的分解。这一点主要是为了让不同时间段的变化都能够被模型解释。这样看似简单的一个模型最大的问题其实是优化算法,如果使用简单的 Back-propagation,计算量则会很大。这篇文章采用了一个叫 Subspace Descent 的方法,使得优化算法本身能够比较便捷。在实验中,文章比较了 TimeSVD++ 以及之前提出的 AutoRec,在 IMDB 和 Netflix 的数据集上都有显著的提高。当然,从比较大的角度来看,这篇文章的意义其实非常有限,主要是最近类似思路的文章其实已经有不少,并且从学术贡献来看,这篇文章完全解答了如何使深度学习和推荐系统结合得更好的根本问题,适合熟悉推荐系统的读者快速阅读。

Learning from User Interactions in Personal Search via Attribute Parameterization

摘要:传统的基于机器学习的排序模型训练都是依赖于从大量的用户数据得到训练数据。而这篇文章要解决一个比较极致的问题,那就是如果模型需要应用到一个用户的时候,如何采集有效的训练数据并且训练一个有效的模型。

这篇文章来自 Google 的个人搜索团队,所有作者都是信息检索界响当当的学者。Marc Najork 之前来自微软硅谷研究院,曾是《ACM Transaction on Web》的主编。微软硅谷研究院解散之后来到 Google。而 Donald Metzler、Xuanhui Wang 以及 Michael Bendersky 都是信息检索界大牛 W. Bruce Croft 的得意门生。这篇文章是要解决所谓个人搜索(Personal Search)的问题。个人搜索,顾名思义,也就是对个人的文档进行搜索(比如电子邮件、文本文件、图片、资料等)。由于这样特殊的产品需求,很多传统的方法都不能够直接适用。另外一个特殊的需求是,由于涉及用户的个人隐私,不能够盲目地把不同用户的信息交互到一起。要解决这些问题,这篇文章提供了这样一个基本思路,那就是把用户的 Query 及文档都映射到一个 Attribute 的空间。在这个空间里,所有的信息都可以跨用户横向比较。那么,下面的问题就是我们如何把这些信息给映射到这个 Attribute 的空间。作者们采用了构建一个图(Graph)的做法。在这个图上有四个类型的节点:文档、Query、文档的 Attribute 和 Query 的 Attribute。两种节点之间的链接是通过 Feature Function 来定义的。这一点很像 Markov Random Field 的构建。这也难怪作者之一的 Donald Metzler 曾经是提倡使用这类模型的主要推手。在定义 Feature Graph 之后,作者们提出了两种思路来使用 Feature Graph:一种就是直接用机器学习的方法;另一种则是手工方法和机器学习方法的混合。这篇文章采用了第二种方法,因为这样在一个生产系统中可能更加稳定。从整体上来看,整个技术层面并不复杂,不过这里的思路相对来说比较新颖。同时,作者还提到了如何从点击数据中提取有效的训练数据。在最后的实验方面,作者们展示了这种方法的有效性。不过,值得一提的是,因为数据集和整个问题的特殊性,这篇文章并没法和很多其他方法进行公平比较。所以,文章值得对搜索和信息检索研究有兴趣的读者泛读。

ICLR 2017 精选论文

文 / 洪亮劼

深度学习及表征学习的顶级会议 The 5th International Conference on Learning Representations(ICLR 2017)于 2017 年 4 月 24 日 -26 日在法国南部的地中海海港城市土伦举行。这是 ICLR 举办的第五个年头。这个从最开始就依靠深度学习权威学者 Yann LeCun(Facebook AI 研究院主管)和 Yoshua Bengio 所引领的会议正在成为深度学习研究和实践发展的桥头堡。ICLR 因为其开放的论文审核制度和更加专注的研究讨论范畴已经吸引了越来越多的深度学习专家和学者在这个会议上发表最新成果。

因为 ICLR 的论文涵盖非常广泛的主题,而且一般的读者很难从浩如烟海的文献中即刻抓取到有用信息,这里笔者从众多文章中精选出 5 篇有代表性的文章(包含 2 篇最佳论文),为读者解惑。

TopicRNN: Combine RNN and Topic Model

概要：这篇文章探讨的是如何结合深度学习中的序列模型 RNN 和文本分析模型 Topic Models。建议对深度学习及文档分析有兴趣的读者精读。

文章由来自微软研究院和哥伦比亚大学的学者共同完成。作者中的 Chong Wang 以及 John Paisley 都长期从事 Graphical Models 以及 Topic Models 的研究工作。这篇文章想把在深度学习中非常有效的序列模型——RNN 和在文档分析领域非常有效的 Topic Models 结合起来。这里面的原因就是，RNN 比较能够抓住文档的"局部信息"（Local Structure），而 Topic Models 对于文档的"全局信息"（Global Structure）则更能有效把握。之前也有一些这样的尝试，不过这篇文章提出了一种简单直观的模型。首先，每一个文档有一个基于高斯分布的 Topic Vector。这一步和传统的 latent Dirichlet allocation（LDA）有了区别，因为传统上这个 Vector 常常是基于 Dirichlet 分布的。然后对于文档里面的每一个字，都采用了类似 RNN 的产生构造方法。首先，要产生每个字的一个隐含状态。这个隐含状态的产生，都基于之前的一个字本身，以及前面一个字的隐含状态。产生了隐含状态以后，这篇文章做了一个假设，那就是有两种类型的语言模型来控制文档里具体字的产生。一种是一个类似 Stop Word 的语言模型（Language Model），另一种是普通的 Topical 语言模型。那么，在一个字的隐含状态产生以后，作者们有设计了一个基于当前字的隐含状态的伯努利分布，来决定当前这个字是不是 Stop Word。如果这个字是 Stop Word，那这个字就从 Stop Word 的语言模型产生，如果这个词不是 Stop Word，那就从 Stop Word 以及 Topical 语言模型产生。也就是说，作者们认为，Stop Word 的影响是肯定有的，但 Topical 的影响则不一定有。这就是 TopicRNN 模型的一个简单描述。文章采用了 Variational Auto-encoder 的方式来做 Inference。值得注意的是，文章本身提出的模型可以适用不同的 RNN，比如文章在试验里就展示了普通的 RNN、LSTM 以及 GRU 的实现以及他们的结果。使用了 TopicRNN 的模型比单独的 RNN 或者简单使用 LDA 的结果作为 Feature（特征）要好，而且 GRU 的实现要比其他 RNN 的类型好。

Understanding Deep Learning Requires Re-Thinking Generalization

摘要：这篇文章是最佳论文之一。文章的核心是重新思考深度学习模型的泛化能力，这篇文章颇受争议。建议对深度学习有兴趣的人泛读。

文章来自 Google Brain、Google DeepMind 的一批学者。文章的核心内容备受争议，那就是如何在深度学习这个语境下看待机器学习算法的泛化能力（Generalization）。文章指出，传统上，比较好的泛化能力，也就是通常说的比较小的泛化错误（Small Generalization Error）来自于某种类型模型（比如神经网络）或者正则化（Regularization）的能力。但是在深度学习的语境下，作者们通过大量实验，发现这样的观点可能不适用了。文章的核心思想建立在一系列的随机测试（Randomization Tests）上。作者们精心设计了这么一组实验，找来一组真实的数据，然后把真实的数据标签（Label）给替换成为彻底的随机标签（Random Label），然后用来训练神经网络。结果是，神经网络能够达到没有任何训练错误，就是 Training Error 是零。也就是说，神经网络可以完全记忆住整个数据集。而且作者们还发现，尽管是随机的数据标签，整个神经网络的训练过程并没有大幅度增加难度。随后作者们还发现，如果在 CIFAR10 和 ImageNet 上随机替代真实图像成为高斯随机噪声（Gaussian Noise）的话，神经网络依然能够达到没有任何训练错误。当然，噪声如果不断加大，训练错误也随之增大。整个这个部分的实验其实就是验证了神经网络能够非常有效地同时处理数据的有效部分和噪声部分。那么上述这些情况是否是因为传统的正则化（Regularization）所带来的呢？作者们发现，传统的对于神经网络的正则化理解，诸如 Dropout、Weight Decay、Data Augmentation 等方法，都没有能够很好地解释神经网络对于随机数据的优化能力。文章甚至指出，即便没有正则化这一在传统的优化领域几乎必不可少的方法，神经网络依然能够表现出比较好的泛化能力。文章最后通过一套理论分析，来证明了深度为 2 的神经网络已经能够表达任何数据标签信息了。虽然这个理论结果比较简单，但这也给这篇文章从实验结果到理论这么一个比较完整的论证体系画上了句号。

Neural Architecture Search with Reinforcement Learning

摘要：如何通过强化学习和 RNN 来学习深度学习模型的网络框架。作者们来自 Google。这篇文章很适合深度学习的学者泛读。

文章来自 Google Brain。作者之一 Quoc V. Le 曾是 Alex Smola 的早期弟子，后来长期在 Google 做深度学习的研究，代表作品有 Paragraph2Vec 等。这篇文章要解决的问题是现在深度学习的各种网络结构（Network Architecture），大多通过手调和纯经验设置，文章希望尝试用 RNN 和强化学习（Reinforcement Learning）来学习（Learn）到这样的架构。文章的思路是这样的，首先，有一个 RNN 所代表的 Controller。这个 Controller 的作用是去预测（Predict）整个网络结构的各种参数（比如，有多少 Filters，Filter 的 Height，Filter 的 Width 等），这些参数都是通过 RNN 来进行预测的。当然，整个 Controller 还是要控制层数的，这就是一个外部参数。那么如何来训练这个 RNN 所代表的 Controller 呢？这篇文章采取的思路是使用强化学习的方法。简单说来，RNN 所生成的准确度（Accuracy）就是强化学习的 Reward，然后文章采用了经典的 REINFORCE 算法来对 RNN 进行强化学习。文章后面介绍了并行运算的提速技巧，以及怎样能让生成的网络具有 Skip-Connection 的表达形式（这也是目前不少成功网络都具有的功能），以及如何产生 RNN 这种递归结构的方式。这里就不复述了。从实验结果来看，这篇文章提出的方法，能够找到不少网络结构，在 CIFAR-10 数据集上得到相当不错的效果。甚至能和不少手工设置的最佳网络结构所得到的结果不相上下。而在 TreeBank 上得到的 RNN 的效果，也可以和不少成熟的网络框架相比较。

Efficient Vector Representation for Documents through Corruption

摘要：这篇文章探讨了如何有效学习文档的表示。建议对深度学习应用于文字有兴趣的读者精读。

文章来自 Criteo Research 的 Minmin Chen。Criteo 是一个来自法国的互联网广告公司。这个 Criteo Research 是设立于硅谷的研究院。文章介绍在深度学习的语境中，如何学习一个文档的表现形式。在这方面的研究，可能大家都熟悉比较经典的 Word2Vec、Paragraph Vectors 等文档的表现形式。Word2Vec 其实是学习的单独 Word 的表现形式，然后有各种方法来取得 Weighted Word Embedding 从而间接获得文档的表达形式。Paragraph Vectors 把文档 Encode 到了模型里，但是模型的复杂度是随着 Word 和文档的数目增加而增加的。这篇文章提出的思想很直观。首先，提出的模型还是直接 Model 每一个词。然后，和 Paragraph Vectors 不同的是，这个模型并不直接学习一个文档的表达，而是认为一个文档的表达是一些 Random 的词表达的一个平均（Average）。这个思想看起来比较震惊，文档的表达并不是所有的词的平均，而是从文档中随机采样的词的平均。类比来说，这有一点 Dropout 的意思。文章花了不小的篇幅来说明这个思路其实是从某种意义上来 Regularize 一个文档的表现形式，并且去决定什么样的词会对文章的表达形式产生什么样的作用。

文章的实验部分很详实。基本上是说，用这样的方法产生的结果能够轻而易举地击败 Paragraph Vector 或者 Average 的 Word2Vec，甚至在不少数据集上比 LSTM 的方法都还要好。

Making Neural Programming Architectures Generalize via Recursion

摘要：这篇文章探讨了如何使用深度学习来学习编程，也就是用深度学习的模型来产生程序。这篇文章适合深度学习爱好者泛读、深度学习编程研究人员精读。

文章是获得了 ICLR 2017 最佳论文的三篇文章之一，是基于 ICLR 2016 年的一篇 Google DeepMind 的文章《Neural Programmer-Interpreters（NPI）》的扩展。文章作者来自伯克利大学。NPI 去年也获得了 ICLR 2016 的最佳论文。可以看出，用深度学习来学习编程行为，是深度学习最近一段时期以来的热点和新前沿。那么，NPI 算是提出了一个比较新的框架，来描述如何使用深度学习来进行编程。而这篇文章则建立在 NPI 的基础上，基本上对于框架本身没有进行任何更改，仅仅是在训练数据上有所创新，从而引入了递归（Recursion）的概念到 NPI 中，并且"证明"了训练所得的程序的正确性，从而在根本上解决了（至少是部分）NPI 的"泛化"（Generalization）问题。从实验结果上来看，这篇文章通过递归方式学习的程序，能够完全解决 QuickSort、BubbleSort、Topological Sort 问题，准确率在不同长度的输入的情况下高达 100%。要想了解整个 NPI 的机制，还是推荐大家去了解原文，这篇文章也只是简单介绍了 NPI 的框架。抛开 NPI 和深度学习有关的细节，有一个设置值得注意的就是，NPI 也好，这篇文章也好，其实都需要利用程序的具体运行流程（Trace），作为训练数据。基本上是用深度学习来学习机器指令级别的操作，或者说汇编语言级别的操作。这也就其实带来了两个疑问：第一，基本上这是非常细节深层次的训练或者说是干预，很难说这样可以真正学习到未知的程序，只能依葫芦画瓢。第二，整个模型的设置都高度依赖于具体程序的语义（Semantics），而非程序的输入输出数据，给这是否是真正的智能打上了问号。值得关注的是，文章也并没有完全说明，为什么通过训练数据的创新，就能从本质上彻底解决 NPI 的泛化问题。文章提出了一些假说或者解释，但是还是缺乏理论的分析和更多的讨论。可能这方面还是一个未来的研究方向。

WWW 2017 精选论文

文 / 洪亮劼

涉及数据库、数据挖掘分析、应用机器学习、搜索引擎技术等多方面技术的顶级会议第 26 届万维网大会（26th International World Wide Web Conference）2017 年 4 月 3 日 –7 日在南半球的澳大利亚珀斯举行。历史上，万维网大会都是讨论重要学术成就的，特别是关于互联网科技发布的重要学术和技术大会。因为这个会议涵盖非常广泛的主题，而且一般的读者很难从浩如烟海的文献中即刻抓取到有用信息，笔者从众多文章中精选出 5 篇有代表性的文章，为读者提供思路。

Beyond Globally Optimal: Focused Learning for Improved Recommendations

概要：这篇文章探讨的是如何平衡一个全局的目标函数和一个局部的目标函数，从而使得推荐系统的结果最佳。

本文来自一群前 CMU 学者，目前在 Google 和 Pinterest。这篇文章试图解决什么问题呢？具体说来，就是作者们发现，传统的推荐系统，基于优化一个全局的目标函数，通常情况下往往只能给出一个非常有"偏差"（Skewed）的预测分布。也就是说，传统的推荐系统追求的是平均表现情况，在很多情况下的预测其实是十分不准确的。这个情况在评价指标是 Root Mean Squared Error（RMSE）的时候，尤为明显。作者定义了一个叫作 Focused Learning 的问题，如果让模型在一个局部的数据上能够表现出色。那么，为什么需要模型在一个局部的数据上表现出色呢？作者们做了这么一件事情，那就是对每个用户，以及每一个物品的预测误差（Error）进行了分析统计，发现有不小比例用户的预测误差比较大，也有不小比例的物品预测误差比较大。

作者们发现模型在一些数据上存在着系统性的误差较大的问题，而且不是偶然发生的情况。于是又从理论上进行了对这个问题的一番讨论。这里的讨论十分巧妙，大概的思路就是，假定现在全局最优的情况下，模型参数的梯度已经为 0，但模型的 Loss 依然不为 0（这种情况很常见）。那么，就一定存在部分数据的参数梯度不为 0，因为某一部分数据的 Loss 不为 0。这也就证明了部分数据的模型参数在这些数据上的表现一定不是最优的。值得注意的是，这个证明非常普遍，和具体的模型是什么类型没有关系。

有了这么一番讨论之后，作者们如何解决这个问题呢？本文走了 Hyper-parameter Optimization 的道路。文章展示了这在普通的 Matrix Factorization 里面如何做到。具体说来，就是对于某个 Focused Set 做 Hyper-parameter 调优，使得当前的 Hyper-parameter 能够在 Focused Set 上有最好表现。而这组参数自然是针对不同的 Focused Set 有不同的选择。

文章提到的另外一个思路，则是对 Focused Set 以及非 Focused Set 的 Hyper-parameter 进行区分对待，这样有助于最后的模型能够有一个比较 Flexible 的表达。文章在实验的部分针对几种不同的 Focused Set 进行了比较实验。比如，针对 Cold-Start 的物品，针对 Outlier 的物品，以及更加复杂的 libFM 模型都进行了实验。我们在这里就不去复述了。

总体来说，Focused Learning 在不同的数据集上都得到了比较好的提升效果。同时，作者们还针对为什么 Focused Learning 能够起作用进行了一番探讨，总体看来，Focused Learning 既照顾了 Global 的信息，同时又通过附加的 Hyper-parameter 调优对某一个局部的数据进行了优化，所以往往好于 Global 的模型，也好于单独的 Local 模型。本文非常适合对推荐系统有兴趣的学者和工程人员精读。

Collaborative Metric Learning

摘要：这篇文章是重新思考推荐系统中人们常常直接使用的点积的概念。文章的核心是看能否使用 Metric Learning 来寻找更加合适的近似表达。

本文作者来自加州大学洛杉矶分校（University of California at Los Angeles）以及康奈尔科技大学（Cornell Tech）。文章的核心思想是如何把 Metric Learning 和 Collaborative Filtering（CF）结合起来，从而达到更好的推荐效果。

为什么会想到把 Metric Learning 结合到 CF 上面呢？文章做了比较详细的交代。这里面的重点来自于传统的基于 Matrix Factorization 的 CF 模型都使用了 Dot-Product 来衡量用户向量（User Vector）和物品向量（Item Vector）的距离。也就是说，如果 Dot-Product 的值大，就代表两个向量相近，值小就代表距离远。对于 Dot-Product 的默认使用已经让广大研究人员和实践者都没有怎么去质疑过其合理性。

文章指出，Dot-Product 并不是一个合理的距离测度，因此可能会带来对于相似度的学习不准确的问题。这里简单说一下什么是一个合理的距离测度。一个距离测度需要满足一些条件，而其中比较普通的条件是所谓的"三角不等式"，"三角不等式"关系其实也就是说，距离的大小是有传递性的。举例来说，就是如果 X 与 Y 和 Z 都相近，那么 Y 和 Z 也应该相近。也就是说，相似度是可以传播的，在使用一个合理的距离测度的情况下。然而，文章指出 Dot-Product 并不具备这样的相似传递性，因此在实践中常常会不能有效得学习到数据中全部的信息。Metric Learning 就是如何在一定的假设下，进行有效距离测度学习的工具。文章使用了一种 Relaxed Version 的 Metric Learning，叫作 Large-Margin Nearest Neighbor（LMNN）来学习数据之间的相似度。LMNN 简单说来，就是同一个类型的数据应该更加紧密聚集在一起（通过 Euclidean Distance），而不同类的数据应该远离。同时，同类的数据和不同类的数据之间保持一个 Margin（模型的一个参数）的安全距离。作者们把这个概念拿过来，应用在 CF 的场景下，做了进一步的简化，那就是把"相同类数据聚合"这个部分去掉了，仅仅留下了"不同类远离"这个部分。作者们认为，一个物品可能被多个人喜欢，那么在这样的含义下，很难说清楚，到底怎么聚类比较有意义。具体说来，一个用户所喜欢的物品要远离这个用户所不喜欢的物品，同时这个距离会被一个与 Rank（这里所说的 Rank 是指物品的排序）有关 Weight 所控制。也就是 Rank 越大，所产生的 Penalty 就越大。文章具体采用了一个叫 Weighted Approximate Rank Pairwise Loss（WARP）的 Loss 来对 Rank 进行 Penalty。这个 WARP 是早几年的时候还在 Google 的 Weston 等人提出的，目的是要对排在 Rank 比较大的正样本（Positive Instance）做比较大的 Penalty。这里就不复述 WARP 的细节了。

除了外加 WARP 的 Metric Learning，本文还为整个模型的目标函数加了不少"作料"。"作料一"使用了 Deep Learning 来学习从物品的 Feature 到物品的 Latent Vector 的映射，解决了 Cold-start 的问题。"作料二"则是对物品和用户的 Latent Vector 都做了正则化，使得学习起来更加 Robust。文章简单描述了整个模型的训练过程。

整个模型的目标函数由三个部分组成：Metric Learning 部分，加 Deep Learning 的部分，外加正则化的部分。比较意外的是，文章并没有提及模型在训练好以后如何在 Test 数据上进行 Inference。文章在一系列标准数据集上做了测试，对比的 Baseline 也比较完整。总体说来，提出的模型都能达到最好的效果，有些在目前比较好的模型基础上能够提高 10% 以上，这比较令人吃惊。比较遗憾的是，文章并没有很好地展示这个模型的三个模块究竟是不是都必需。值得一提的是，文章指出使用了 WARP 的任何模型（包括本文章提出的模型）都要好于其他的模型。这篇文章总的来说还是可以参考。虽然有一些细节很值得推敲，但是，提出把 Metric Learning 引入 CF 里来说，还是有一定价值的。建议对推荐系统正在研究的学者精读，对推荐系统有兴趣的实践者泛读。

Situational Context for Ranking in Personal Search

摘要：如何通过深度学习模型和场景信息来提高个人搜索质量。

本文作者群来自于 University of Massachusetts Amherst（UMASS）以及 Google。UMASS 因为 W. Bruce Croft（Information Retrieval 领域的学术权威）的原因，一直以来是培养 IR 学者的重要学校。文章的作者 Michael Bendersky 以及 Xuanhua Wang 都是 Bruce Croft 过去的学生。这篇文章想要讨论的是如何在个人搜索（Personal Search）这个领域根据用户的场景和情况（Situational Context）来训练有效的排序模型（Ranking Model）。这篇文章的核心思想其实非常直观：

第一，场景信息对于个人搜索来说很重要，比如时间、地点、

Device，因此试图采用这些信息到排序算法中，是非常显而易见的。

第二，作者们尝试采用 Deep Neural Networks 来学习 Query 及 Document 之间的 Matching。

具体说来，作者们提出了两个排序模型来解决这两个设计问题。第一个模型应该说是第二个模型的简化版。

第一个模型是把 Query、Context，以及 Document 当作不同的模块元素，首先对于每一个模块分别学习一个 Embedding 向量。与之前的一些工作不同的是，这个 Embedding 不是事先学习好的（Pre-Trained）而是通过数据 End-to-End 学习出来的。有了各个模块的 Embedding 向量，作者们做了这么一个特殊的处理，那就是对于不同的 Context（比如时间、地点）学习到的 Embedding，在最后进入 Matching 之前，不同 Context 的 Embedding 又组合成为一个统一的 Context Embedding（这里的目的是学习到例如对时间、地点这组信息的统一规律），然后这个最终的 Context Embedding 和 Query 的，以及 Document 的 Embedding，这三个模块进行 Matching 产生 Relevance Score。

第二个模型是建立在第一个模型的基础上的。思路就是把最近的一个所谓叫 Wide and Deep Neural Networks（Wide and Deep）的工作给延展到了这里。Wide and Deep 的具体思想很简单。就是说，一些 Google 的研究人员发现，单靠简单的 DNN 并不能很好学习到过去的一些具体经验。原因当然是 DNN 的主要优势和目的就是学习数据的抽象表达，而因为中间 Hidden Layer 的原因，对于具体的一些 Feature 也好无法"记忆"。而在一些应用中，能够完整记忆一些具体 Feature 是非常有必要的。于是 Wide and Deep 其实就是把一个 Logistic Regression 和 DNN 硬拼凑在一起，用 Logistic Regression 的部分达到记忆具体数据，而用 DNN 的部分来进行抽象学习。这第二个模型也就采用了这个思路。

在第一个模型之上，第二个模型直接把不同 Context 信息又和已经学习到的各种 Embedding 放在一起，成为了最后产生 Relevance Score 的一部分。这样的话，在一些场景下出现的结果，就被这个线性模型部分记住了。从实验的部分来说，文章当然是采用了 Google 的个人搜索实验数据，因此数据部分是没有公开的。从实验效果上来说，文章主要是比较了单纯用 CTR 作为 Feature，进行记忆的简单模型。

总体说来，文章提出的模型都能够对 Baseline 提出不小的提升，特别是第二个模型仍然能够对第一个模型有一个小部分具有意义的提升。这篇文章对于研究如何用深度学习来做文档查询或者搜索的研究者和实践者而言，有不小的借鉴意义，值得精读。

Predicting Intent Using Activity Logs: How Goal Specificity and Temporal Range Affect User Behavior

摘要：这篇文章探讨了如何在 Pinterest 中对用户的意图进行描述。

本文作者群来自斯坦福大学 Jure Leskovec 研究组。文章研究的对象是 Pinterest 的用户群体，探讨了这些用户到 Pinterest 是否有特别的意图（Intent），以及这些意图怎样影响这些人的行为，这一系列研究问题。同时，作者们还关注如何从用户的

现在的行为数据来预测这个用户当前的意图。最后，作者们探讨了如何利用这篇文章的结果来设计例如推荐系统这样的系统。

这篇文章的分析主要分成两部分，第一部分是通过建立用户的调查数据来得到结果的。和其他在线系统一样，在普通的情况下，Pinterest 是不知道用户为什么要访问他们的服务的。或者说，用户的意图没有那么容易发现。这篇文章的作者采用了比较直接的方式获取用户的意图，那就是在用户登入的时候弹出窗口来问用户现在访问是否带有意图（但并没有具体问是哪一种意图）。这个弹出窗口还会问用户究竟对什么类别的物品感兴趣，以及用户打算用多长时间来付诸实践（比如在 Pinterest 上找到了 Recipe，然后下面一步需要花多少时间去把 Recipe 做出来）。这部分调查了 6 千位用户。主要有以下结果。

■ 用户是否有意图，呈现了两极分化的趋势：一部分用户有极强的目的性，另一部分用户没有太多目的，而中间用户很少。

■ 有意图的用户，都是脑子里有一定的任务需要完成，浏览的类别比较集中，而且会相对而言更加偏重搜索行为。而没有什么目的性的用户则浏览比较广的类别的物品，而且也没有过多的搜索行为。

■ 有意图性的用户会去翻看以前已经存储（Saved Content）过的内容，而没有意图性的用户则相对没有这方面的行为。

■ 有意图性的用户在整个网站服务上花费更多的时间，但一旦达成任务则短期内不会返回网站。

■ 从时间这个维度上来看，有意图的用户更愿意在短期内完成某种线下的任务（比如找到 Recipe 以后付诸实施），而长期目标的用户则更多是寻找灵感（Inspiration）。用户有短期目标的更容易在服务上花费更多时间。

文章还从类别上分析了 Pinterest 的用户行为。比如，Food 和 Do-It-Yourself（DIY）是 Pinterest 上最受欢迎的两个类别。而很多喜欢 Food 的用户都是在 Pinterest 上去寻找 Recipe 的。这一点似乎有一点出乎意料。当已经知道了用户的行为意图以后，就需要问一个反过来的问题了，那就是能否根据用户的一些行为数据来预测用户的意图呢？答案是肯定的。而这篇文章采用了一系列很简单的 Feature，以及一个 Random Forest 的模型就达到了不错的预测准确度的结果。值得注意的是，仅仅使用用户当前 Session 的信息，就能够基本上达到所有 Feature 一起使用的效果，并且是用户开始使用 10 分钟之后就能够比较精准地预测出结果。

这篇文章比较直接，结果也比较直白。不过结尾处作者的一些思考还是不错的。首先，作者指出通过对于用户的意图的了解，我们可以设计不同的推荐系统和不同的用户体验。从这些研究结果来看，用一种界面和系统交互模式是很难满足完全不同的用户需求的。这方面的思考的确有可能是一个新的研究方向。

Usage Patterns and the Economics of the Public Cloud

摘要：这篇文章对当前公共云平台的计价系统进行了分析，同时提出了一些有意思的结论。

本文作者群来自微软研究院和 Uber。作者之一 R. Preston McAfee 是著名的经济学家，曾在雅虎担任副总裁和首席经济

学家，2012年以后到Google的Strategic Technology担任总监，2014年之后到微软担任首席经济学家。

文章探讨现在第三方云计算平台（比如Amazon的AWS或是微软的Azure）是否能采用动态价格（Dynamic Pricing）的计价模式，特别是在所谓的"巅峰负载"（Peak-Load）的时候。

首先，这篇文章对"云服务"模式进行了一个简单的介绍。这部分内容有很强的科普意义。这里面有一点可能比较容易忽视的科普点是，客户公司（Firm）需要对服务和软件进行重写才能使用云服务商提供的Auto-Scaling等方便的服务。如果客户公司仅仅是简单地把运行在传统数据中心上的服务给部署到云服务商的设施上面的话，则很难真正利用云服务的"易伸缩性"（Elastic）。

紧接着，作者们对于其他工业怎么采用动态价格进行了简单的介绍。动态价格有两个条件，那就是Capacity在短期内是恒定的（Fixed）并且恒定的一部分成本（Cost）是总成本不小的一部分。当然这都是对于服务商而言。目前我们对于动态价格的主要认识，来源于电力、航空和酒店这些行业。云服务如果按照刚才那个条件来说，是具备动态价格的一些先决条件的。因此，作者们认为应该对云服务的供需进行研究来看如何设计动态价格的策略，也就是说，作者们想看一看现在的云服务的使用率是不是不够优化，为动态服务提供了可操作的空间。

这篇文章能够被WWW录取的一个重要原因可能是因为结果比较出人意料。作者们通过对微软的云服务数据（虽然在文中没有明说）进行分析得出，当前的云服务使用率（主要是从VM这个角度来说）的差别度（Variation），不管是看单个客户还是整体数据中心这个级别，都在5%以下。从云服务商这个整体来说，并没有出现特别大的服务需求起落。作者们的确从单个客户的数据中看到了使用率的震荡（Fluctuation），但是在云服务商这个层级，这样的震荡随着不同的客户数据，从而达到了整体"抵消"（Average Out）的效果。作者们认为这样的现实数据为现在的计费模型，也就是恒定的价格（Static Price）提供了一定的基础。同时，目前可以预测的使用率也为服务商充分利用资源提供了保证。这一点与电力系统不同，电力系统为在巅峰时刻的用电一般必须调用额外的设备。当然，作者们也认为这样的数据使用，以及计费模型，是因为现在多数客户都简单地把原来的软件系统给搬运到云计算平台上，而并没有充分利用云服务的Auto-Scaling有关系。为了对以后的可能性进行探索，作者们又从CPU的使用率这个级别进行分析。与VM的使用率不同的是，CPU的使用率看出了比较大的幅度。平均的最高CPU使用率比巅峰时期CPU使用率要小40%左右。因此，如果服务商能够通过CPU使用率来进行计价，或者VM资源能够在不使用的时候自动关闭，则为动态价格提供了一种可能性。这可能是未来的一种模式。

这篇文章算是科普性质的一篇文章。对于动态价格，以及云服务商的计价模式有兴趣的读者可以泛读本文。

AISTATS 2017 精选论文

文 / 洪亮劼

涉及人工智能、机器学习、统计学习理论等多方面技术的顶级会议——第20届人工智能和统计（The 20th International Conference on Artificial Intelligence and Statistics，多数时候简称AISTATS会议）2017年4月20日-22日在美国佛罗里达州的劳德代尔堡（Fort Lauderdale）举行。历史上，AISTATS相比于ICML或者NIPS，是一个相对比较"轻量级"（主要是指大会的发表论文数目）的偏重理论和全方面统计学习的学术大会。这个会议的涵盖面非常广泛并且理论文章比较多，一般的读者很难从浩如烟海的文献中即刻抓取到有用信息，这里笔者从众多文章中精选出5篇有代表性的文章，为读者提供思路。

Stochastic Rank-1 Bandits

概要：这篇文章探讨的是在一组列和行的向量所组成的乘积空间里做Multi-armed Bandit问题。文章对推荐系统有研究的学者和实践者有启发。

文章作者来自于几个大学和Adobe Research。其中Branislav Kveton和Zheng Wen在过去几年发表过多篇关于Bandits的文章，值得关注。

文章解决的是一个在应用中经常遇到的问题，那就是每一步Agent是从一对Row和Column的Arms中选择，并且得到它们的外积（Outer Product）作为Reward。这个设置从搜索中的Position-based Model以及从广告的推广中都有应用。

具体的设置是这样的，先假设我们有K行，L列，在每一个时间T步骤中有一个行（Row）向量u，从一个分布中抽取（Draw）出来，同时有一个列（Column）向量v，从另外一个分布中抽取出来。这两个抽取的动作是完全独立的。在这样的情况下，Agent在时间T，需要选择一个综合的Arm，也就是一个两维的坐标，i和j，从而在u和v的外积（Outer Product）这个矩阵中得到坐标为i和j的回报（Reward）。文章指出，这个设置可以被当作有K乘以L那么多个Arm的简单的Multi-armed Bandit。那么当然可以用UCB1或者是LinUCB去解。然而文章中分析了这样做的不现实性，最主要的难点在K和L都比较大的情况下，把这个场景的算法当作原始的Multi-armed Bandit就会有过大的Regret。文章提出了一个叫作Rank1Elim的算法来有效地解决这个问题。我们这里不提这个算法的细节。总体说来，这个算法的核心思想，就是减少行和列的数量，使得需要Explore的数量大大减少。这也就是算法中所谓Elimination的来历。

那么，怎么来减少行列的数量呢？虽然作者们没有直接指出，不过这里采用的核心思想就是Clustering。也就是说，有相似回报（Reward）的行与列都归并在一起，并且只留下一个。这样，就能大大减少整个搜索空间。文章主要的篇幅用在了证明上。

文章在MovenLens的数据集上做了一组实验，并且显示了比UCB1的Regret有非常大的提高。这篇文章适合对推荐系统的Exploitation和Exploration有研究的学者泛读。

Less than a Single Pass: Stochastically Controlled Stochastic Gradient Method

摘要：这篇文章讨论如何在大规模数据的情况下加速传统的 Stochastic Gradient 的方法，使得最后的算法和目标的数据量无关。

这篇文章的作者们来自加州大学伯克利分校。作者之一 Michael Jordan 是机器学习的权威学者之一，曾经在概率图模型的时期有突出的贡献。

文章主要讨论大规模 Convex 优化的场景。在这方面，已经有了相当丰富的学术成果。那么，这篇文章的主要贡献在什么地方呢？文章主要想在算法的准确性和通信成本上下文章。

具体来说，文章提出的算法是想在 Stochastic Variance Reduced Gradient（SVRG）上进行更改。SVRG 的主要特征就是利用全部数据的 Gradient 来对 SGD 的 Variance 进行控制。因此 SVRG 的计算成本（Computation Cost）是 $O((n+m)T)$，这里 n 是数据的总数，m 是 Step-size，而 T 是论数。SVRG 的通信成本也是这么多。这里面的主要成本在于每一轮都需要对全局数据进行访问。作者们提出了一种叫 Stochastically Controlled Stochastic Gradient（SCSG）的新算法。总的来说，就是对 SVRG 进行了两个改进：

- 每一轮并不用全局的数据进行 Gradient 的计算，而是从一个全局的子集 Batch 中估计 Gradient，子集的大小为 B。
- 每一轮的 SGD 的更新数目也不是一个定值，而是一个和之前那个子集大小有关系、基于 Geometric Distribution 的随机数。

剩下的更新步骤和 SVRG 一模一样。然而，这样的改变之后，新算法的计算成本成为了 $O((B+N)T)$。也就是说，这是一个不依赖全局数据量大小的数值。而通过分析，作者们也比较了 SCSG 的通信成本和一些原本就是为了通信成本而设计的算法，在很多情况下，SCSG 的通信成本更优。作者通过 MNIST 数据集的实验发现，SCSG 达到相同的准确度，需要比 SVRG 更少的轮数，和每一轮更少的数据。可以说，这个算法可能会成为 SVRG 的简单替代。对于大规模机器学习有兴趣的读者可以泛读。

Decentralized Collaborative Learning of Personalized Models over Networks

摘要：如何在一个互联的网络情况下让每个节点学习一个可靠的模型是目前移动互联网时代所要解决的技术难题之一，本文提出了一个方案。

文章的作者们来自法国 INRIA 和里尔大学（Universite de Lille）。文章讨论了一个非常实用也有广泛应用的问题，那就是所谓的 Decentralized Collaborative Learning 问题，或者说如何学习有效的个人模型（Personalized Models）的问题。

在移动网络的情况下，不同的用户可能在移动设备（比如手机上）已经对一些内容进行了交互。那么，传统的方式，就是把这些用户产生的数据集中到一个中心服务器，然后由中心服务器进行一个全局的优化。可以看出，在这样的情况下，有相当多的代价都放到了网络通信上。同时，还有一个问题，那就是全局的最优可能并不是每个用户的最优情况，所以还需要考虑用户的个别情况。

比较快捷的方式是每个用户有一个自己的模型（Personalized Models），这个模型产生于用户自己的数据，并且能够很快地在这个局部的数据上进行优化。然而这样的问题可能没法利用全局更多的数据，从而为用户提供服务。特别是用户还并没有产生很多交互的时候，这时候可能更需要依赖于全局信息为用户提供服务。文章提出了这么几个解决方案。首先，作者构建了一个用户之间的图（Graph）。这个图的目的是来衡量各个用户节点之间的距离。注意，这里的距离不是物理距离，而是可以通过其他信息来定义的一个图。每个节点之间有一个权重（Weight），也可以通过其他信息定义。在这个图的基础上，作者们借用了传统的 Label Propagation，这里其实是 Model Propagation 的方式，让这个图上相近节点的模型参数相似。在传统的 Label Propagation 方式下，此优化算法有一个 Closed-Form 的结论。当然，并不是所有的情况下，都能够直接去用这个 Closed-Form 的结论，于是文章后面就提出了异步（Asynchronous）的算法来解决这个问题。

异步算法的核心其实还是一样的思路，不过就是需要从相近的节点去更新现在的模型。作者们探讨了一个更加复杂的情况，那就是个人模型本身并不是事先更新好，而是一边更新，一边和周围节点同步。作者这里采用了 ADMM 的思路来对这样目标进行优化。这里就不复述了。比较意外的是，文章本身并没有在大规模的数据上做实验，而是人为构造了一些实验数据（从非分布式的情况下）。所以实验的结果本身并没有过多的价值。不过文章提出的 Model Propagation 的算法应该说是直观可行的，很适合对大规模机器学习有兴趣的学者和实验者精读。

Fast Bayesian Optimization of Machine Learning Hyper-parameters on Large Datasets

摘要：这篇文章探讨了如何在 Pinterest 中对用户的意图进行描述。

文章的作者是一队来自德国的学者，分别来自 University of Freiburg 和 Max Planck Institute for Intelligent Systems。讨论了一个很实际的问题，那就是如何对一个机器学习算法进行自动调参数。

文章针对这几年逐渐火热起来的 Bayesian Optimization，开发了一个快速、并且能够在大规模数据上运行的算法。传统的机器学习算法有很多所谓的超参数（Hyper-parameter）需要设置。而这些超参数往往对最后的算法性能有至关重要的影响。在一般的情况下，如何寻找最佳的超参数组合则成为了很多专家的必备"技能"。而对于机器算法本身而言，取决于算法的复杂程度，有时候寻找一组合适的超参数意味着非常大的计算代价。

这篇文章讨论了这么一个思路，那就是，既然在全局数据上对算法进行评估计算代价太大，可能对于直接调参过于困难，那能否在一个数据的子集上进行调参，然后把获得的结果运用到更大一点的子集上，最终运用到全集上。这里，我们来回顾一下 Bayesian Optimization 的简单原理。首先，我们有一个"黑盒"的目标函数，任务是找到这个目标函数最小值所对应的参数值（超参数）。这里，我们需要一个这个目标函数的先验分布，同时我们还需要一个所谓的 Acquisition Function，用来衡量在某个点的参数值的 Utility。有了这些设置，一个通常情况下的 Bayesian Optimization 的步骤是这样的：

- 用数值优化的方法在 Acquisition Function 的帮助下，找到下一个 Promising 的点；
- 带入这个 Promising 的点到黑盒函数中，得到当前的值，并且更新现在的数据集；
- 更新目标函数的先验分布以及 Acquisition Function。

通常情况下，Bayesian Optimization 的研究喜欢用 Gaussian Processes（GP）来做目标函数的先验分布。而对于 Acquisition Function，这里有好几种可能性，比如文章举了 Expected Improvement（EI）、Upper Confidence Bound（UCB）、Entropy Search（ES）等例子。文章使用了 EI 和 ES。这篇文章提出思路的第一步，是把原来那个黑盒函数增加了一个参数，也就是除了原来的超参数以外，增加了一个数据集大小的参数。这个参数按照比例（从 0 到 1 的一个值）来调整相对的数据集大小。那么，如何应用这个参数呢？这里的技巧是，在 GP 里，需要有一个 Kernel 的设置。原本这个 Kernel 是定义在两组超参数之间的，在文章里，这个 Kernel 就定义在"超参数和数据集大小"这个 Pair 与另外一个 Pair 之间。于是，这里就能够通过经典的设置得到需要的效果。

文章还提出了一个新的 Acquisition Function 用来平衡 Information Gain 和 Cost。文章用 SVM 在 MNIST 做了实验，还用 CNN 在 CIFAR-10 以及 SVHN 上做了实验，以及还用 ResNet 在 CIFAR-10 上做了实验。总体上来说，提出来的算法比之前的方法快 10 倍到 100 倍。并且，相比较一些其他算法（比如一开始就在全集上进行计算的方法）都没法完成实验。文章的基本思路和相关研究值得机器学习实践者学习。

Communication-Efficient Learning of Deep Networks from Decentralized Data

摘要：这篇文章研究在分布网络的情况下，数据往往不是 IID 分布的，于是在这样的情况下进行大规模机器学习就成为了一种挑战，这篇来自 Google 的文章就是针对这样的挑战提出了一种简单实用的方法。

文章作者来自 Google，核心内容是一个非常有实际意义的问题，那就是在分布式网络的情况下，如何构建合理的机器学习框架。

这里说的分布式网络，指的是类似于手机网络这样的系统，用户有不同的数据集合（按照统计意义来说，通常是非 IID 的），并且这里面主要的成本是通信成本，而非计算成本。传统的设置是不同的分布的数据可能是均匀 IID 的，而作者们认为在现实情况下，这是很难达到的一种状态。这里面还需要考虑的一些情况就是，如果作为手机客户端的话，每天能够参与优化模型的时间和次数都是有限的（根据电量等因素），因此如何设计一套有效的优化方案就显得非常必要。这篇文章提出的方案其实非常简单直观。算法总共有三个基本的参数，C（0 到 1）控制相对有多少数量的客户端参与优化，E 控制每一轮多少轮 SGD 需要在客户端运行，B 是每一轮的 Mini-Batch 的数目大小。算法的思路是：

- 每一轮都随机选择出 C 那么多的客户端；
- 对于每个客户端进行 Mini-Batch 的大小为 B、轮数为 E 的 SGD 更新；
- 对于参数直接进行加权平均（这里的权重是每个客户端的数据相对大小）。

文章对这里的最后一步进行了说明。之前有其他研究表明，如何直接对参数空间进行加权平均，特别是 Non-Convex 的问题，会得到任意坏的结果。文章中，作者们对于这样的问题处理是让每一轮各个客户端的起始参数值相同（也就是前一轮的全局参数值）。这一步使得算法效果大幅度提高。

文章在一系列的数据集上做了大量的实验，基本都基于神经网络的模型，例如 LSTM、CNN 等。效果应该说是非常显著和惊人的，绝大多数情况下，提出的算法能够在大幅度比较小的情况下，达到简单 SGD 很多轮才能达到的精读。虽然这篇文章提出的算法简单可行，并且也有不错的实验结果。但是比较令人遗憾的是，作者们并没有给出更多的分析，证明这样做的确可以让参数达到全局最优或者局部最优。对大规模机器学习有兴趣的读者可以精读这篇文章。

ACL 2017 精选论文

文 / 洪亮劼

涉及自然语言处理、人工智能、机器学习等诸多理论以及技术的顶级会议——第 55 届计算语言学年会（The 55th Annual Meeting of the Association for Computational Linguistics，简称 ACL 会议）于 2017 年 7 月 31 日-8 月 4 日在加拿大温哥华（Vancouver）举行。从近期谷歌学术（Google Scholar）公布的学术杂志和会议排名来看，ACL 依然是最重要的自然语言处理相关的人工智能会议。因为这个会议的涵盖面非常广泛，且理论文章较多，一般的读者很难从浩如烟海的文献中即刻抓取到有用信息，这里笔者从众多文章中精选出 5 篇有代表性的文章，为读者提供思路。

Multimodal Word Distributions

摘要：本文的核心思想为如何用 Gaussian Mixture Model 来对 Word Embedding 进行建模，从而可以学习文字的多重表达。这篇文章值得对 Text Mining 有兴趣的读者泛读。

文章作者 Ben Athiwaratkun 是康奈尔大学统计科学系的博士生。Andrew Gordon Wilson 是新加入康奈尔大学 Operation Research 以及 Information Engineering 的助理教授，之前在卡内基梅隆大学担任研究员，师从 Eric Xing 和 Alex Smola 教授，之前，其在 University of Cambridge 的 Zoubin Ghahramani 手下攻读博士学位。

这篇文章主要研究 Word Embedding，其核心思想是想用 Gaussian Mixture Model 表示每一个 Word 的 Embedding。最早的自然语言处理（NLP）采用了 One-Hot-Encoding 的 Bag of Word 的形式来处理每个字。这样的形式自然无法抓住文字之间的语义和更多有价值的信息。那么，之前 Word2Vec 的想法则是学习一个每个 Word 的 Embedding，也就是一个实数的向量，用于表示这个 Word 的语义。当然，如何构造这么一个向量又如何学习这个向量成为了诸多研究的核心课题。

在 ICLR 2015 会议上，来自 UMass 的 Luke Vilnis 和 Andrew McCallum 在《Word Representations via Gaussian Embedding》文章中提出了用分布的思想来看待这个实数向量的思想。具体说来，认为这个向量是某个高斯分布的期望，然后通过学习高斯分布的参数（也就是期望和方差）来最终学习到 Word 的 Embedding Distribution。这一步可以说扩展了 Word Embedding 这一思想。然而，用一个分布来表达每一个字的最直接的缺陷是无法表达很多字的多重意思，这也就带来了这篇文章的想法。文章希望通过 Gaussian Mixture Model 的形式来学习每个 Word 的 Embedding。也就是说，每个字的 Embedding 不是一个高斯分布的期望了，而是多个高斯分布的综合。这样，就给了很多 Word 多重意义的自由度。在有了这么一个模型的基础上，文章采用了类似 Skip-Gram 的来学习模型的参数。具体说来，文章沿用了 Luke 和 Andrew 的那篇文章所定义的一个叫 Max-margin Ranking Objective 的目标函数，并且采用了 Expected Likelihood Kernel 来作为衡量两个分布之间相似度的工具。这里就不详细展开了，有兴趣的读者可以精读这部分细节。

文章通过 UKWAC 和 Wackypedia 数据集学习了所有的 Word Embedding。所有试验中，文章采用了 K=2 的 Gaussian Mixture Model（文章也有 K=3 的结果）。比较当然有之前 Luke 的工作以及其他各种 Embedding 的方法，比较的内容有 Word Similarity 以及对于 Polysemous 的字的比较。总之，文章提出的方法非常有效果。这篇文章因为也有源代码（基于 Tensorflow），推荐有兴趣的读者精读。

Topically Driven Neural Language Model

摘要：文章的核心思想，也是之前有不少人尝试的，就是把话题模型（Topic Model）和语言模型（Language Model）相结合起来。这里，两种模型的处理都非常纯粹，用"地道"的深度学习语言架构完成。用到了不少流行的概念（比如 GRU、Attention 等），适合文字挖掘的研究人员泛读。

文章的作者是来自于澳大利亚的研究人员。第一作者 Jey Han Lau 目前在澳大利亚的 IBM 进行 Topic Model 以及 NLP 方面的研究，之前也在第二作者 Timothy Baldwin 的实验室做过研究。第二作者 Timothy Baldwin 和第三作者 Trevor Cohn 都是在墨尔本大学长期从事 NLP 研究的教授。

这篇文章的核心思想是想彻底用 Neural 的思想来结合 Topic Model 和 Language Model。当然，既然这两种模型都是文字处理方面的核心模型，自然之前就有人曾经想到要这么做。不过之前的不少尝试都是要么还想保留 LDA 的一些部件或者往传统的 LDA 模型上去靠，要么是并没有和 Language Model 结合起来。

文章的主要卖点是完全用深度学习的"语言"来构建整个模型，并且模型中的 Topic Model 模型部分的结果会成为驱动 Language Model 部分的成分。概括说来，文章提出了一个有两个组成部分的模型的集合（文章管这个模型叫 tdlm）。第一个部分是 Topic Model 的部分。我们已经提过，这里的 Topic Model 和 LDA 已相去甚远。思路是这样的，首先，从一个文字表达的矩阵中（有可能就直接是传统的 Word Embedding），通过 Convolutional Filters 转换成为一些文字的特征表达（Feature Vector）。文章里选用的是线性的转换方式。这些 Convolutional Filters 都作用在文字的一个 Window 上面，所以从概念上讲，这个步骤很类似 Word Embedding。得到这些 Feature Vector 以后，作者们又使用了一个 Max-Over-Time 的 Pooling 动作（也就是每一组文字的 Feature Vector 中的最大值），从而产生了文档的表达。注意，这里学到的依然是比较直接的 Embedding。然后，作者们定义了一组 Topic 的产生形式。首先，是有一个"输入 Topic 矩阵"。这个矩阵和已经得到的文档特征一起，产生一个 Attention 的向量。这个 Attention 向量再和"输出 Topic 矩阵"一起作用，产生最终的文档 Topic 向量。这也就是这部分模型的主要部分。

最终，这个文档 Topic 向量通过用于预测文档中的每一个字来被学习到。有了这个文档 Topic 向量以后，作者们把这个信息用在了一个基于 LSTM 的 Language Model 上面。这一部分，其实就是用了一个类似于 GRU 的功能，把 Topic 的信息附加在 Language Model 上。文章在训练的时候，采用了 Joint 训练的方式，并且使用了 Google 发布的 Word2Vec 已经 Pre-trained 的 Word Embedding。所采用的种种参数也都在文章中有介绍。

文章在一些数据集上做了实验。对于 Topic 部分来说，文章主要和 LDA 做比较，用了 Perplexity 这个传统的测量，还比较了 Topic Coherence 等。总体说来，提出的模型和 LDA 不相上下。从 Language Model 的部分来说，提出的模型也在 APNews、IMDB 和 BNC 上都有不错的 Perplexity 值。总体说来，这篇文章值得文字挖掘的研究者和 NLP 的研究者泛读。

Towards End-to-End Reinforcement Learning of Dialogue Agents for Information Access

摘要：文章介绍如何进行端到端（End-to-End）的对话系统训练，特别是有数据库或者知识库查询步骤的时候，往往这一步"硬操作"阻止了端到端的训练流程。这篇文章介绍了一个"软查询"的步骤，使得整个流程可以能够融入训练流程。不过从文章的结果来看，效果依然很难说能够在实际系统中应用。可以说这篇文章有很强的学术参考价值。

文章作者群来自于微软研究院、卡内基梅隆大学和台湾大学。文章中还有 Lihong Li 和 Li Deng（邓力）这样的著名学者的影子。第一作者 Bhuwan Dhingra 是卡内基梅隆大学 William W. Cohen 和 Ruslan Salakhutdinov 的博士生，两位导师都十分有名气。而这个学生这几年在 NLP 领域可以说是收获颇丰：在今年的 ACL 上已经发表 2 篇文章，在今年 ICLR 和 AAAI 上都有论文发表。

文章的核心思想是如何训练一个多轮（Multi-turn）的基于知识库（Knowledge Base）的对话系统。这个对话系统的目的主要是帮助用户从这个知识库中获取一些信息。那么，传统的基于知识库的对话系统的主要弊病在于中间有一个步骤是对于"知识库的查询"。也就是说，系统必须根据用户提交的查询（Query），进行分析并且产生结果。这一步，作者们称为"硬查询"（Hard-Lookup）。虽然这一步非常自然，但是阻断了（Block）了整个流程，使得整个系统没法"端到端"（End-to-End）进行训练。并且，这一步由于是"硬查询"，并没有携带更多的不确定信息，不利于系统的整体优化。

这篇文章其实就是想提出一种"软查询"，从而让整个系统得以"端到端"（End-to-End）进行训练。这个新提出的"软查询"步骤，和强化学习（Reinforcement Learning）相结合，共同完成整个回路，从而在这个对话系统上达到真正的"端到端"。这就是整个文章的核心思想。那么，这个所谓的"软查询"是怎么回事？其实就是整个系统保持一个对知识库中的所有本体（Entities）所有可能产生的值的一个后验分布（Posterior Distribution）。也就是说，作者们构建了这么一组后验分布，然后可以通过对这些分布的更新（这个过程是一个自然获取新数据，并且更新后验分布的过程），来对现在所有本体的确信度有一个重新的估计。这一步的转换，让对话系统从跟知识库直接打交道，变成了如何针对后验分布打交道。

显然，从机器学习的角度来说，跟分布打交道往往容易简单很多。具体说来，系统的后验分布是一个关于用户在第T轮，针对某个值是否有兴趣的概率分布。整个对话系统是这样运行的。首先，用户通过输入的对话（Utterance）来触发系统进行不同的动作（Action）。动作空间（Action Space）包含向用户询问某个Slot的值，或者通知用户目前的结果。整个系统包含三个大模块：Belief Trackers、Soft-KB Lookup，以及Policy Network。Belief Trackers的作用是对整个系统现在的状态有一个全局的掌握。这里，每一个Slot都有一个Tracker，一个是根据用户当前的输入需要保持一个对于所有值的Multinomial分布，另外则是需要保持一个对于用户是否知道这个Slot的值的置信值。文章中介绍了Hand-Crafted Tracker和Neural Belief Tracker（基于GRU）的细节，这里就不复述了。有了Tracker以后，Soft-KB Lookup的作用是保持一个整个对于本体的所有值的后验分布。最后，这些后验概率统统被总结到了一个总结向量（Summary Vector）里。这个向量可以认为是把所有的后验信息给压缩到了这个向量里。而Policy Network则根据这个总结向量，来选择整个对话系统的下一个动作。这里文章也是介绍了Hand-Crafted的Policy和Neural Policy两种情况。整个模型的训练过程还是有困难的。虽然作者用了REINFORCE的算法，但是，作者们发现根据随机初始化的算法没法得到想要的效果。于是作者们采用了所谓的Imitation Learning方法，也就是说，最开始的时候去模拟Hand-Crafted Agents的效果。

在这篇文章里，作者们采用了模拟器（Simulator）的衡量方式。具体说来，就是通过与一个模拟器进行对话从而训练基于强化学习的对话系统。作者们用了MovieKB来做数据集。总体说来整个实验部分都显得比较"弱"。没有充实的真正的实验结果。整个文章真正值得借鉴主要是"软查询"的思想，整个流程也值得参考。但是训练的困难可能使得这个系统作为一个可以更加扩展的系统的价值不高。本文值得对对话系统有研究的人泛读。

Learning to Skim Text

摘要：这篇文章主要介绍如何在LSTM的基础上加入跳转机制，使得模型能够去略过不重要的部分，而重视重要的部分。模型的训练利用了强化学习。这篇文章建议对文字处理有兴趣的读者精读。

作者群来自Google。第一作者来自卡内基梅隆大学的Adams Wei Yu在Google实习的时候做的工作。第三作者Quoc V. Le曾是Alex Smola和Andrew Ng的高徒，在Google工作期间有很多著名的工作，比如Sequence to Sequence Model来做机器翻译（Machine Translation）等。

文章想要解决的问题为"Skim Text"。简单说来，就是在文字处理的时候，略过不重要的部分，对重要的部分进行记忆和阅读。要教会模型知道在哪里需要略过不读，哪里需要重新开始阅读的能力。略过阅读的另外一个好处是对文字整体的处理速度明显提高，而且很有可能还会带来质量上的提升（因为处理的噪声信息少了、垃圾信息少了）。

具体说来，文章希望在LSTM的基础上加入"跳转"功能，从而使得这个时序模型能够有能力判读是否要略过一部分文字信息。简单说来，作者们是这么对LSTM进行改进的。首先，有一个参数R来确定要读多少文字。然后模型从一个0到K的基于Multinomial分布的跳转机制中决定当前需要往后跳多少文字（可以是0，也就是说不跳转）。这个是否跳转的步骤所需要的Multinomial分布，则也基于当期LSTM的隐参数信息（Hidden State）。跳转决定以后，根据这个跳转信息，模型会看一下是否已经达到最大的跳转限制N。如果没有则往后跳转。当所有的这些步骤都走完，达到一个序列（往往是一个句子）结尾的时候，最后的隐参数信息会用来对最终需要的目标（比如分类标签）进行预测。

文章的另一个创新点，就是引入了强化学习（Reinforcement Learning）到模型的训练中。最终从隐参数到目标标签（Label）的这一步往往采用的是Cross Entropy的优化目标函数。这个选择很直观，也是一个标准的步骤。然而，如何训练跳转的Multinomial分布，因为其离散（Discrete）特质，则成为文章的难点。原因是Cross Entropy无法直接应用到离散数据上。那么，这篇文章采取的思路是把这个问题构造成为强化学习的例子，从而使用最近的一些强化学习思路来把这个离散信息转化为连续信息。具体说来，就是采用了Policy Gradient的办法，在每次跳转正确的时候，得到一个为+1的反馈，反之则是−1。这样就把问题转换成为了学习跳转策略的强化学习模式。文章采用了REINFORCE的算法来对这里的离散信息做处理。从而把Policy Gradient的计算转换为了一个近似逼近。这样，最终的目标函数来自于三个部分：第一部分是Cross Entropy，第二部分是Policy Gradient的逼近，第三部分则是一个Variance Reduction的控制项（为了优化更加有效）。整个目标函数就可以完整地被优化了。

文章在好多种实验类型上做了实验，主要比较的就是没有跳转信息的标准的LSTM。其实总体上来说，很多任务（Task）依然比较机械和人工。比如最后的用一堆句子，来预测中间可能会出现的某个词的情况，这样的任务其实并不是很现实。但是，文章中提到了一个人工（Synthetic）的任务还蛮有意思，那就是从一个数组中，根据下标为 0 的数作为提示来跳转取得相应的数作为输出这么一个任务。这个任务充分地展示了 LSTM 这类模型，以及文章提出的模型的魅力：第一，可以非常好地处理这样的非线性时序信息，第二，文章提出的模型比普通的 LSTM 快不少，并且准确度也提升很多。

总体说来，这篇文章非常值得对时序模型有兴趣的读者精读。文章的"Related Work"部分也很精彩，对相关研究有兴趣的朋友可以参考这部分看看最近都有哪些工作很类似。

From Language to Programs: Bridging Reinforcement Learning and Maximum Marginal Likelihood

摘要：这篇文章要解决的问题是如何从一段文字翻译成为"程序"的问题，文章适合对 Neural Programming 有兴趣的读者泛读。

作者群来自斯坦福大学。主要作者来自 Percy Liang 的实验室。最近几年 Percy Liang 的实验室可以说收获颇丰，特别是在自然语言处理和深度学习的结合上都有不错的显著成果。

这篇文章里有好一些值得关注的内容。首先从总体上来说，这篇文章要解决的问题是如何从一段文字翻译成为"程序"的问题，可以说是一个很有价值的问题。如果这个问题能够容易地解决，那么我们就可以教会计算机编写很多程序，而不一定需要知道程序语言的细微的很多东西。从细节上说，这个问题就是给定一个输入的语句，一个模型需要把目前的状态转移到下一个目标状态上。难点在于，对于同一个输入语句，从当前的状态到可能会到达多种目标状态。这些目标状态都有可能是对当前输入语句的一种描述。但是正确的描述其实是非常有限的，甚至是唯一的。那么，如何从所有的描述中，剥离开不正确的，找到唯一的或者少量的正确描述，就成为了这个问题的核心。

文章采用了一种 Neural Encoder-Decoder 模型架构。这种模型主要是对序列信息能够有比较好的效果。具体说来，是对于现在的输入语句，首先把输入语句变换成为一个语句向量，然后根据之前已经产生的程序状态，以及当前的语句向量，产生现在的程序状态。在整个的过程中，对于 Encoder 作者们采用了 LSTM 的架构，而对于 Decoder 作者们采用了普通的 Feed-forward Network（原因文章中是为了简化）。

另外一个比较有创新的地方就是作者们把已经产生的程序状态重新 Embedding 化（作者们说是叫 Stack）。这有一点模仿普通数据结构的意思。那么，这个模型架构应该是比较经典的。文章这时候引出了另外一个本文的主要贡献，那就是对模型学习的流程进行了改进。为了引出模型学习的改进，作者们首先讨论了两种学习训练模式的形式，那就是强化学习（Reinforcement Learning）以及 MML（Maximum Marginal Likelihood）的目标函数的异同。文章中提出两者非常类似，不过比较小的区别造成了 MML 可以更加容易避开错误程序这一结果。文章又比较了基于 REINFORCE 算法的强化学习以及基于 Numerical Integration 以及 Beam Search 的 MML 学习的优劣。总体说来，REINFORCE 算法对于这个应用来说非常容易陷入初始状态就不太优并且也很难 Explore 出来的情况。MML 稍微好一些，但依然有类似问题。文章这里提出了 Randomized Beam Search 来解决。也就是说在做 Beam Search 的时候加入一些 Exploration 的成分。另外一个情况则是在做 Gradient Updates 的时候，当前的状态会对 Gradient 有影响，也就是说，如果当前状态差强人意，Gradient 也许就无法调整到应该的情况。这里，作者们提出了一种叫 Beta-Meritocratic 的 Gradient 更新法则，来解决当前状态过于影响 Gradient 的情况。

实验的部分还是比较有说服力的，详细的模型参数也一应俱全。对于提出的模型来说，在三个数据集上都有不错的表现。当然，从准确度上来说，这种从文字翻译到程序状态的任务离真正的实际应用还有一段距离。这篇文章适合对于最近所谓的 Neural Programming 有兴趣的读者泛读。适合对怎么改进强化学习或者 MML 有兴趣的读者精读。文章的"Related Work"部分也非常详尽，有很多工作值得参考。

下一代 Web 应用模型

——Progressive Web App

文 / 黄玄

2016年，Google 提出了 PWA，志在增强 Web 体验。可显著提高加载速度、可离线工作、可被添加至主屏、全屏执行、推送通知消息……这些特性可使 Web 应用渐进式地变成 App，甚至与 App 相匹敌。这一系列特性背后有哪些核心关键技术支撑，本文将为你一一分析，解开 PWA 的神秘面纱。

下一代 Web 应用？

近年来，Web 应用在整个软件与互联网行业承载的责任越来越重，软件复杂度和维护成本越来越高，Web 技术，尤其是 Web 客户端技术，迎来了爆发式的发展。

包括但不限于基于 Node.js 的前端工程化方案；诸如 Webpack、Rollup 这样的打包工具；Babel、PostCSS 这样的转译工具；TypeScript、Elm 这样转译至 JavaScript 的编程语言；React、AngularJS、Vue.js 这样面向现代 Web 应用需求的前端框架及其生态，也涌现出了像同构 JavaScript 与通用 JavaScript 应用这样将服务器端渲染（Server-side Rendering）与单页面应用模型（Single-page App）结合的 Web 应用架构方式，可以说是百花齐放。

但是，Web 应用在移动时代并没有达到其在桌面设备上流行的程度（见图 1）。究其原因，尽管上述的各种方案已经充分利用了现有的 JavaScript 计算能力、CSS 布局能力、HTTP 缓存与浏览器 API 对当代基于 AJAX 与响应式设计的 Web 应用模型的性能与体验带来了工程角度的巨大突破，我们仍然无法在不借助原生程序辅助浏览器的前提下突破 Web 平台本身对 Web 应用固有的桎梏：客户端软件（即网页）需要下载所带来的网络延迟；与 Web 应用依赖浏览器作为入口所带来的体验问题。

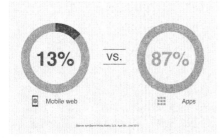

图 1 Web 与原生应用在移动平台上的使用时长对比（图片来源：Google）

在桌面设备上，由于网络条件稳定，屏幕大小充分，交互方式趋向于多任务，这两点造成的负面影响对比 Web 应用免于安装、随叫随到、无须更新等优点，瑕不掩瑜。但是在移动时代，脆弱的网络连接与全新的人机交互方式使得这两个问题被无限放大，严重制约了 Web 应用在移动平台的发展。在用户眼里，原生应用不会出现"白屏"，清一色都摆在主屏幕上；而 Web 应用则是浏览器这个应用中的应用，使用起来不仅不方便，而且加载也比原生应用要慢。

Progressive Web Apps（以下简称 PWA）以及构成 PWA 的一系列关键技术的出现，终于让我们看到了彻底解决这两个平台级别问题的曙光：能够显著提高应用加载速度，甚至让 Web 应用可以在离线环境使用的 Service Worker 与 Cache Storage；用于描述 Web 应用元数据（Metadata）、让 Web 应用能够像原生应用一样被添加到主屏、全屏执行的 Web App Manifest；以及进一步提高 Web 应用与操作系统集成能力，让 Web 应用能在未被激活时发起推送通知的 Push API 与 Notification API 等。

将这些技术组合在一起会是怎样的效果呢？"印度阿里巴巴"——Flipkart 在 2015 年一度关闭了自己的移动端网站，却在年底发布了现在最为人津津乐道的 PWA 案例 FlipKart Lite，成为世界上第一个支持大规模业务的 PWA。发布的一周后它就亮相于 Chrome Dev Summit 2015 上，我当时就被惊艳到了。为了方便各媒介上的读者观看，我做了几幅图方便给大家介绍。

当浏览器发现用户需要 Flipkart Lite 时，它就会提示用户"嘿，你可以把它添加至主屏哦"（用户也可以手动添加）。这样，Flipkart Lite 就会像原生应用一样在主屏上留下一个自定义的 icon 作为入口；与一般的书签不同，当用户点击 icon 时，Flipkat Lite 将直接全屏打开，不再受困于浏览器的 UI，而且有自己的启动屏效果（见图 2）。

图 2 PWA 案例 FlipKart Lite 展示（图片来源：Hux & Medium.com）

更强大的是，在无法访问网络时，Flipkart Lite 可以像原生应用一样照常执行，还会很骚气地变成黑白色；不但如此，曾经访问过的商品都会被缓存下来得以在离线时继续访问。在商品降价、促销等时刻，Flipkart Lite 会像原生应用一样发起推送通知，吸引用户回到应用（见图 3）。

无须担心网络延迟；有着独立入口与独立的存活机制。之前两个问题的一并解决，宣告着 Web 应用在移动设备上的浴火重生：满足 PWA 模型的 Web 应用，将逐渐成为移动操作系统的一等公民，并将向原生应用发起挑战与"复仇"。

更令我兴奋的是，就在 11 月的 Chrome Dev Summit 2016 上，

Chrome 工程 VP Darin Fisher 介绍了 Chrome 团队正在做的一些实验：把"添加至主屏"重命名为"安装"，被安装的 PWA 不再仅以 Widget 的形式显示在桌面上，而是真正做到与所有原生应用平级，一样被收纳进应用抽屉（App Drawer）里，一样出现在系统设置中。

图 3　FlipKart Lite 离线时访问及推送消息效果展示
（图片来源：Hux & Medium.com）

图 4 中从左到右分别为：类似原生应用的安装界面；被收纳在应用抽屉里的 Flipkart Lite 与 Hux Blog；设置界面中并列出现的 Flipkart 原生应用与 Flipkart Lite PWA（可以看到 PWA 巨大的体积优势）。

图 4　被安装的 PWA 与原生应用平级

我相信，PWA 模型将继约 20 年前横空出世的 AJAX 与约 10 年前风靡移动互联网的响应式设计之后，掀起 Web 应用模型的第三次根本性革命，将 Web 应用带进一个全新的时代。

PWA 关键技术的前世今生

Web App Manifest

Web App Manifest，即通过一个清单文件向浏览器暴露 Web 应用的元数据，包括名字、icon 的 URL 等，以备浏览器使用，比如在添加至主屏或推送通知时暴露给操作系统，从而增强 Web 应用与操作系统的集成能力（见图 5）。

让 Web 应用在移动设备上的体验更接近原生应用的尝试其实早在 2008 年的 iOS 1.1.3 与 iOS 2.1.0 时就开始了，它们分别为 Web 应用增加了对自定义 icon 和全屏打开的支持。

但是很快，随着越来越多的私有平台通过 `<meta>`/`<link>` 标签来为 Web 应用添加"私货"，`<head>` 很快就被塞满了：

```
<!-- Add to homescreen for Safari on iOS -->
<meta name="apple-mobile-web-app-capable"
content="yes">
<meta name="apple-mobile-web-app-status-bar-style"
content="black">
<meta name="apple-mobile-web-app-title"
content="Lighten">

<!-- Add to homescreen for Chrome on Android -->
<meta name="mobile-web-app-capable" content="yes">
<mate name="theme-color" content="#000000">

<!-- Icons for iOS and Android Chrome M31~M38 -->
<link rel="apple-touch-icon-precomposed"
sizes="144x144" href="images/touch/apple-touch-
icon-144x144-precomposed.png">
<link rel="apple-touch-icon-precomposed"
sizes="114x114" href="images/touch/apple-touch-
icon-114x114-precomposed.png">
<link rel="apple-touch-icon-precomposed"
sizes="72x72" href="images/touch/apple-touch-icon-
72x72-precomposed.png">
<link rel="apple-touch-icon-precomposed"
href="images/touch/apple-touch-icon-57x57-
precomposed.png">

<!-- Icon for Android Chrome, recommended -->
<link rel="shortcut icon" sizes="196x196"
href="images/touch/touch-icon-196x196.png">

<!-- Tile icon for Win8 (144x144 + tile color) -->
<meta name="msapplication-TileImage"
content="images/touch/ms-touch-icon-144x144-
precomposed.png">
<meta name="msapplication-TileColor"
content="#3372DF">

<!-- Generic Icon -->
<link rel="shortcut icon" href="images/touch/
touch-icon-57x57.png">
```

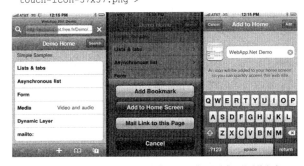

图 5　2008 年 iOS 系统对 Web 应用在移动设备上获得原生应用体验的尝试
（图片来源：appleinsider.com）

显然，这种做法并不优雅：分散又重复的元数据定义多余且难以维持同步，与 HTML 耦合在一起也加重了浏览器检查元数据未来变动的成本。与此同时，社区里开始出现使用 manifest 文件以中心化地描述元数据的方案，比如 Chrome Extension、Chrome Hosted Web Apps（2010）与 Firefox OS App Manifest（2011）使用 JSON；Cordova 与 Windows Pinned Site 使用 XML。

2013 年，W3C WebApps 工作组开始对基于 JSON 的 Manifest 进行标准化，于同年年底发布第一份公开 Working Draft，并逐渐演化成为今天的 W3C Web App Manifest：

```
{
  "short_name": "Manifest Sample",
  "name": "Web Application Manifest Sample",
  "icons": [{
    "src": "launcher-icon-2x.png",
    "sizes": "96x96",
    "type": "image/png"
```

```
}],
"scope": "/sample/",
"start_url": "/sample/index.html",
"display": "standalone",
"orientation": "landscape",
"theme_color": "#000",
"background_color": "#fff",
}
```

```
<!-- document --><link rel="manifest" href="/manifest.json">
```

诸如 name、icons、display 都是我们比较熟悉的，而大部分新增的成员则为 Web 应用带来了一系列以前 Web 应用想做却做不到（或在之前只能靠 Hack）的新特性：

- scope：定义了 Web 应用的浏览作用域，比如作用域外的 URL 就会打开浏览器而不会在当前 PWA 里继续浏览。
- start_url：定义了一个 PWA 的入口页面。比如说你添加我的个人博客 Hux Blog 的任意文章到主屏，从主屏打开时都会访问 Hux Blog 的主页。
- orientation：终于，我们可以锁定屏幕旋转了（喜极而泣……）。
- theme_color/background_color：主题色与背景色，用于配置一些可定制的操作系统 UI 以提高用户体验，比如 Android 的状态栏、任务栏等。

这个清单的成员还有很多，比如用于声明"对应原生应用"的 related_applications 等，本文就不一一列举了。作为 PWA 的"户口本"，承载着 Web 应用与操作系统集成能力的重任，Web App Manifest 还将在日后不断扩展，以满足 Web 应用高速演化的需要。

Service Worker

我们原有的整个 Web 应用模型，都是构建在"用户能上网"的前提之下的，所以一离线就只能玩小恐龙了。其实，对于"让 Web 应用离线执行"这件事，Service Worker 至少是 Web 社区的第三次尝试了。

故事可以追溯到 2007 年的 Google Gears：为了让自家的 Gmail、YouTube、Google Reader 等 Web 应用可以在本地存储数据与离线执行，Google 开发了一个浏览器拓展来增强 Web 应用。Google Gears 支持 IE 6、Safari 3、Firefox 1.5 等浏览器；要知道，那一年 Chrome 都还没出生呢。

在 Gears API 中，我们通过向 LocalServer 模块提交一个缓存文件清单来实现离线支持：

```
// Somewhere in your javascript
var localServer = google.gears.factory.
create("bata.localserver");
var store = localServer.createManagedStore(STORE_
NAME);
store.manifestUrl = "manifest.json"
```

```
// manifest.json - 假设 JSON 有注释
{
    "betaManifestVersion": 1,
    "version":  "1.0",
    "entries": [
        { "url":  "index.html"},
        { "url":  "main.js"}
    ]
}
```

是不是感到很熟悉？好像 HTML5 规范中的 Application Cache 也是类似的东西？

```
<html manifest="cache.appcache">
```

```
CACHE MANIFEST
CACHE:
index.html
main.js
```

是的，Gears 的 LocalServer 就是后来大家所熟知的 App Cache 的前身，大约从 2008 年开始 W3C 就开始尝试将 Gears 进行标准化了；除了 LocalServer，Gears 中用于提供并行计算能力的 WorkerPool 模块与用于提供本地数据库与 SQL 支持的 Database 模块也分别是日后 Web Worker 与 Web SQL Database（后被废弃）的前身。

HTML5 App Cache 作为第二波"让 Web 应用离线执行"的尝试，确实也服务了比如 Google Docs、尤雨溪早年作品 HTML5 Clear，以及一直用 Web 应用作为自己 iOS 应用的 FT.com（Financial Times）等不少 Web 应用。那么，还有 Service Worker 什么事呢？

是啊，如果 App Cache 没有被设计得烂到完全不可编程、无法清理缓存、几乎没有路由机制、出了 Bug 一点救都没有，可能就真没 Service Worker 什么事了。App Cache 已经在前不久定稿的 HTML5.1 中被拿掉了，W3C 为了挽救 Web 世界真是不惜把自己的脸都打肿了……

时至今日，我们终于迎来了 Service Worker 的曙光。简单来说，Service Worker 是一个可编程的 Web Worker，它就像一个位于浏览器与网络之间的客户端代理，可以拦截、处理、响应流经的 HTTP 请求；配合随之引入 Cache Storage API，你可以自由管理 HTTP 请求文件粒度的缓存，这使得 Service Worker 可以从缓存中向 Web 应用提供资源，即使是在离线的环境下（见图 6）。

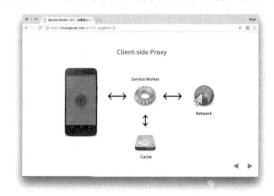

图 6　Service Worker 就像一个运行在客户端的代理

比如说，我们可以给网页 foo.html 注册这么一个 Service Worker，它将劫持由 foo.html 发起的一切 HTTP 请求，并统统返回未设置 Content-Type 的 Hello World!：

```
// sw.js
self.onfetch = (e) => {
  e.respondWith(new Response('Hello World!'))
}
```

Service Worker 第一次发布于 2014 年的 Google I/O 上，目前已处于 W3C 工作草案的状态。其设计吸取了 Application Cache 的失败经验，作为 Web 应用开发者的你有着完全的控制能力；同时，它还借鉴了 Chrome 多年来在 Chrome Extension 上的设计经验（Chrome Background Pages 与 Chrome Event Pages），采用了基于"事件驱动"的唤醒机制，以大幅节省后台计算的能耗。比如上面的 fetch 其实就是会唤醒 Service Worker 的事件之一。

除了类似 fetch 这样的功能事件外，Service Worker 还提供了一组生命周期事件，包括安装、激活等（见图 7）。比如，在 Service Worker 的"安装"事件中，我们可以把 Web 应用所需要的资源统统预先下载并缓存到 Cache Storage 中去：

```
// sw.js
self.oninstall = (e) => {
  e.waitUntil(
    caches.open('installation')
      .then(cache => cache.addAll([
        './',
        './styles.css',
        './script.js'
      ]))
  )
});
```

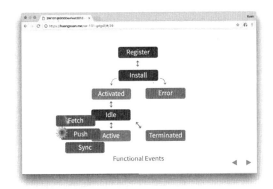

图 7　Service Worker 的生命周期

这样，当用户离线、网络无法访问时，就可以从缓存中启动我们的 Web 应用：

```
//sw.js
self.onfetch = (e) => {
  const fetched = fetch(e.request)
  const cached = caches.match(e.request)

  e.respondWith(
    fetched.catch(_ => cached)
  )
}
```

可以看出，Service Worker 被设计为一个相对底层（low-level）、高度可编程、子概念众多，也因此异常灵活且强大的 API，故本文只能展示它的冰山一角。出于安全考虑，注册 Service Worker 要求你的 Web 应用部署于 HTTPS 协议下，以免利用 Service Worker 的中间人攻击。我在 2017 年 GDG 北京的 DevFest 上分享了 Service Worker 101，涵盖了 Service Worker，譬如"网络优先"、"缓存优先"、"网络与缓存比赛"这些更复杂的缓存策略、学习资料以及示例代码，可以供大家参考（见图 8）。

你也可以尝试在支持 PWA 的浏览器中访问我的博客，感受 Service Worker 的实际效果：所有访问过的页面都会被缓存并允许在离线环境下继续访问，所有未访问过的页面则会在离线环境下展示一个自定义的离线页面。

在我看来，Service Worker 对 PWA 的重要性相当于

XMLHTTPRequest 之于 AJAX、媒体查询（Media Query）之于响应式设计，是支撑 PWA 作为"下一代 Web 应用模型"的最核心技术。由于 Service Worker 可以与包括 Indexed DB、Streams 在内的大部分 DOM 无关 API 进行交互，它的潜力简直无可限量。我几乎可以断言，Service Worker 将在未来十年里成为 Web 客户端技术工程化的兵家必争之地，带来"离线优先（Offline-first）"的架构革命。

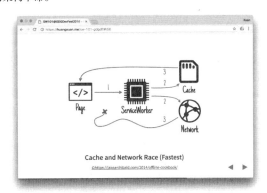

图 8　Service Worker 的一种缓存策略：让网络请求与读取缓存比赛

Push Notification

PWA 推送通知中的"推送"与"通知"，其实使用的是两个不同但又相得益彰的 API。

Notification API 相信大家并不陌生，它负责所有与通知本身相关的机制，比如通知的权限管理、向操作系统发起通知、通知的类型与音效，以及提供通知被点击或关闭时的回调等，目前国内外的各大网站（尤其在桌面端）都有一定的使用。Notification API 最早应该是在 2010 年前后由 Chromium 提出草案以 webkitNotifications 前缀方式实现；随着 2011 年进入标准化；2012 年在 Safari 6（Mac OSX 10.8+）上获得支持；2015 年 Notification API 成为 W3C Recommendation；2016 年 Edge 的支持；Web Notifications 已经在桌面浏览器中获得了全面支持（Chrome、Edge、Firefox、Opera、Safari）的成就。

Push API 的出现则让推送服务具备了向 Web 应用推送消息的能力，它定义了 Web 应用如何向推送服务发起订阅、如何响应推送消息，以及 Web 应用、应用服务器与推送服务之间的鉴权与加密机制；由于 Push API 并不依赖 Web 应用与浏览器 UI 存活，所以即使在 Web 应用与浏览器未被用户打开的时候，也可以通过后台进程接受推送消息并调用 Notification API 向用户发出通知。值得一提的是，Mac OSX 10.9 Mavericks 与 Safari 7 在 2013 年就发布了自己的私有推送支持，基于 APNS 的 Safari Push Notifications。

在 PWA 中，我们利用 Service Worker 的后台计算能力结合 Push API 对推送事件进行响应，并通过 Notification API 实现通知的发出与处理：

```
// sw.js
self.addEventListener('push', event => {
  event.waitUntil(
    // Process the event and display a notification.
    self.registration.showNotification("Hey!")
  );
```

```
});

self.addEventListener('notificationclick', event
 => {
  // Do something with the event
  event.notification.close();
});

self.addEventListener('notificationclose', event
 => {
  // Do something with the event
});
```

对于 Push Notification，我的几次分享中一直都提的稍微少一些，一是因为 Push API 还处于 Editor Draft 的状态，二是目前浏览器与推送服务的互相支持都还不够成熟：Android 上的 Chrome（与其他基于 Blink 的浏览器）目前只支持基于 Google 私有的 GCM/FCM 通知推送，只有 Firefox 已经实现了由 IETF 进行标准化的 Web 推送协议（Web Push Protocol）。

不过，如果你已经在使用 Google 的云服务（比如 Firebase），并且主要面向的是海外用户，那么在 Web 应用上支持基于 GCM/FCM 的推送通知并不是一件费力的事情，我推荐你阅读一下 Google Developers 的系列文章，很多国外公司已经玩起来了。

从 Hybrid 到 PWA，从封闭到开放

2008 年，当移动时代来临，唱衰移动 Web 的声音开始出现，而浏览器的进化并不能跟上时，来自 Nitobi 的 Brian Leroux 等人创造了 Phonegap，希望它能以 Polyfill 的形式，弥补目前浏览器与移动设备间的"鸿沟"，从此开启了混合应用（Hybrid Apps）的时代。

几年间，Adobe AIR、Windows Runtime Apps、Chrome Apps、Firefox OS、WebOS、Cordova/Phonegap、Electron 以及国内比如微信、淘宝，无数的 Hybrid 方案拔地而起，让 Web 开发者可以在继续使用 Web 客户端技术的同时，做到一些只有原生应用才能做到的事情，包括访问一些设备与操作系统 API，给用户带来更加"Appy"的体验，以及进入 App Store 等（见图 9）。

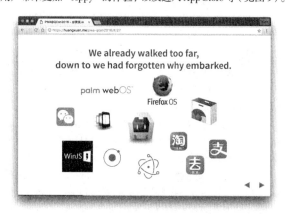

图 9 众多的 Hybrid 方案

PWA 作为一个涵盖性术语，与过往的这些或多或少通过私有平台 API 增强 Web 应用的尝试最大的不同，在于构成 PWA 的每一项基本技术，都已经或正在被 IETF、ECMA、W3C 或 WHATWG 标准化，不出意外的话，它们都将被纳入开放 Web 标准，并在不远的将来得到所有浏览器与全平台的支持。我们终于可以逃出 App Store 封闭的秘密花园，重新回到属于 Web 的那片开放自由的大地。

有趣的是，从上文中你也可以发现，组成 PWA 的各项技术的草案正是由上述各种私有方案背后的浏览器厂商或开发者直接贡献或间接影响的。可以说，PWA 的背后并不是某一家或两家公司，而是整个 Web 社区与整个 Web 规范。正是因为这种开放与去中心化的力量，使得万维网（World Wide Web）能够成为当今世界上跨平台能力最强，且几乎是唯一一个具备这种跨平台能力的应用平台。

"我们相信 Web，是因为相信它是解决设备差异化的终极方案；我们相信，当 Web 在今天做不到一件事情的时候，是因为它还没来得及去实现，而不是因为它做不到。而 Phonegap，它的终极目的就是消失在 Web 标准的背后。"

在不丢失 Web 的开放灵魂，在不需要依靠 Hybrid 把应用放在 App Store 的前提下，让 Web 应用能够渐进式地跳脱出浏览器的标签，变成用户眼中的 App。这是 Alex Russell 在 2015 年提出 PWA 概念的原委。

而又正因为 Web 是一个整体，PWA 可以利用的技术远不止上述的几个而已：AJAX、响应式设计、JavaScript 框架、ECMAScript Next、CSS Next、Houdini、Indexed DB、Device APIs、Web Bluetooth、Web Socket、Web Payment、孵化中的 Background Sync API、Streams、WebVR……开放 Web 世界 27 年来的发展及未来的一切，都与 PWA 天作之合。

鱼与熊掌的兼得

经过几年来的摸索，整个互联网行业仿佛在"Web 应用 vs. 原生应用"这个问题上达成了共识（见图 10）。

■ Web 应用是鱼：迭代快，获取用户成本低；跨平台强、体验弱，开发成本低。适合拉新。

■ 原生应用是熊掌：迭代慢，获取用户成本高；跨平台弱、体验强，开发成本高。适合保活。

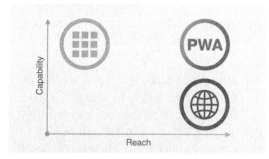

图 10 原生应用、当代 Web 与 PWA（图片来源：Hux & Google）

要知道，虽然用户花在原生应用上的时间要明显多于 Web 应用，但其中有 80% 的时间是花在前五个应用中的。调查显示，美国有一半的智能手机用户平均每月新 App 安装量为零，而月均网站访问量却有 100 个，更别提 Google Play 上有 60% 的应用从未被人下载过了。于是，整个行业的产品策略清一色地"拿鱼换熊掌"，比如我的老东家阿里旅行（飞猪旅行），Web 应用布满阿里系各种渠道，提供"优秀的第一手体验"，等你用得开心了，再引诱你去下载安装原生应用。

但是，PWA 的出现，让鱼与熊掌兼得变成了可能——它同时具备了 Web 应用与原生应用的优点，有着自己独有的先进性：浏览器→添加至主屏/安装→具备原生应用体验的 PWA→推送通知→具备原生应用体验的 PWA，PWA 自身就包含着从拉新到保活的闭环。

除此之外，PWA 还继承了 Web 应用的另外两大优点：无须先付出几十兆的下载安装成本即可开始使用，以及不需要经过应用超市审核就可以发布新版本。所以，PWA 可以称得上是一种"流式应用（Streamable App）"与"常青应用（Evergreen App）"。

未来到来了吗

在我分享 PWA 的经历中，最不愿意回答的两个问题莫过于"PWA 已经被广泛支持了吗？"以及"PWA 与 ABCDEFG 这些技术方案相比有什么优劣？"，但是这确实是两个逃不开的问题。

PWA 的支持情况？

当我们说到 PWA 是否被支持时，其实我们在说的是 PWA 背后的几个关键技术都得到支持了没有。以浏览器内核来划分的话，Blink（Chrome、Oprea、Samsung Internet 等）与 Gecko（Firefox）都已经实现了 PWA 所需的所有关键技术，并已经开始探寻更多的可能性。EdgeHTML（Edge）简直积极得不能更积极了，所有的特性都已经处于"正在开发中"的状态。最大的绊脚石仍然来自 Webkit（Safari），尤其是在 iOS 上，上述的四个 API 都未得到支持，而且由于平台限制，第三方浏览器也无法在 iOS 上支持。（什么你说 IE？）

不过，也不要气馁，Webkit 不但在它 2015 年发布的五年计划里提到了 Service Worker，更是已经在最近实现了 Service Worker 所依赖的 Request、Response 与 Fetch API，还把 Service Worker 与 Web App Manifest 纷纷列入了"正在考虑"的 API 中；要知道，Webkit 可是把 Web Components 中的 HTML Imports 直接列到"不考虑"里去了……（其实 Firefox 也是）

更何况，由于 Web 社区一直以来所追求的"渐进增强、优雅降级"，一个 PWA 当然可以在 iOS 环境正常执行。事实上，华盛顿邮报将网站迁移到 PWA 之后发现，不止是 Android，在 iOS 上也获得了 5 倍的活跃度增长。（无论是不是它们之前的网站写得太烂吧），就算 iOS 现在还不支持 PWA 也不会怎么样，我们更是有理由相信 PWA 会很快在 iOS 上到来。

PWA vs. Others

贺老（贺师俊）曾说过："从纯 Web 到纯 Native，之间有许多可能的点"。当考虑移动应用的技术选型时，除了 Web 与原生应用，我们还有各种不同程度的 Hybrid，还有今年爆发的诸多 JS-to-Native 方案。

虽然我在上文中用了"复仇"这样的字眼，不过无论从技术还是商业的角度，我们都没必要把 Web 或 PWA 放到 Native 的对立面去看。它们当然存在竞争关系，但是更多的时候，Web-Only 与 App-Only 的策略都是不完美的，当公司资源足够的时候，我们通常会选择同时开发两者。当然，无论与不与原生应用对比，PWA 让 Web 应用变得体验更好这件事本身是毋庸置疑的。"不谈场景聊技术都是扯淡"，我们仍然还是需要根据自己产品与团队的情况来决定对应的技术选型与平台策略，

只是 PWA 让 Web 应用在面对选型考验时更加强势了而已。

我不负责任地做一些猜测（见图 11）：虽然重量级的 Hybrid 架构与基础设施仍是目前不少场景下最优的解决方案，但是随着移动设备本身的硬件性能提升与新技术的成熟与普及，JS-to-Native 与以 PWA 为首的纯 Web 应用，将分别从两个方向挤压 Hybrid 的生存空间，消化当前 Hybrid 架构主要解决的问题；前者将逐渐演化为类似 Xamarin 这样针对跨平台原生应用开发的解决方案；后者将显著降低当前 Hybrid 架构的容器开发与部署成本，将 Hybrid 返璞归真为简单的 WebView 调用。

图 11　众多的技术选型，以及我的一种猜测

这当然不是没有依据的瞎猜，比如前者可以参考阿里巴巴集团级别迁移 Weex 的战略与微信小程序的 roadmap；后者则可以参考当前 Cordova 与 Ionic 两大 Hybrid 社区对 PWA 的热烈反响。

PWA 在中国

看看 Google 官方宣传较多的 PWA 案例就会发现，FlipKart、Housing.com 来自印度；Uber、华盛顿邮报来自北美；唯一来自中国的 AliExpress 主要开展的则是海外业务。

由于中国的特殊性，我在第一次聊到 PWA 时难免表现出了一定程度的悲观：

- 国内较重视 iOS，而 iOS 目前还不支持 PWA。
- 国内的 Android 实为"安卓"，不自带 Chrome 是一，可能还会有其他兼容问题。
- 国内厂商可能并不会像三星那样对推动自家浏览器支持 PWA 那么感兴趣。
- 依赖 GCM 推送的通知不可用，Web Push Protocol 还没有国内的推送服务实现。
- 国内 WebView 环境较为复杂（比如微信），黑科技比较多。

反观印度，由于 Google 服务健全、标配 Chrome 的 Android 手机市占率非常高，PWA 的用户达到率简直直逼 100%，也难免获得无数好评与支持了。我奢望着本文能对推动 PWA 的国内环境有一定的贡献。不过无论如何，PWA 在国内的春天来得稍微晚一点了。

结语

"我们信仰 Web，不仅仅在于软件、软件平台与单纯的技术，还在于'任何人，在任何时间任何地点，都可以在万维网上发布任何信息，并被世界上的任意人所访问到。'而这才是 Web 的最为革命之处，堪称我们人类，作为一个物种的一次进化。"

请不要让 Web 再继续离我们远去，浏览器厂商们已经重新走到了一起，而下一棒将是交到我们 Web 应用开发者的手上。乔布斯曾相信 Web 应用才是移动应用的未来，那就让我们用代码证明给这个世界看吧。

让我们的用户，也像我们这般热爱 Web 吧。

饿了么的 PWA 升级实践

文 / 黄玄

自 Vue.js 在官方推特第一次公开到现在，我们就一直在进行着将饿了么移动端网站升级为 Progressive Web App 的工作。直到近日在 Google I/O 2017 上登台亮相，才终于算告一段落。我们非常荣幸能够发布全世界第一个专门面向国内用户的 PWA，但更荣幸的是能与 Google、UC 以及腾讯合作，一起推动国内 Web 与浏览器生态的发展。

多页应用、Vue.js、PWA？

对于构建一个希望达到原生应用级别体验的 PWA，目前社区里的主流做法都是采用 SPA，即单页面应用模型（Single-page App）来组织整个 Web 应用，业内最有名的几个 PWA 案例 Twitter Lite、Flipkart Lite、Housing Go 与 Polymer Shop 无一例外。

然而饿了么，与很多国内的电商网站一样，青睐多页面应用模型（MPA，Multi-page App）所能带来的一些好处，也因此在一年多前就将移动站从基于 AngularJS 的单页应用重构为目前的多页应用模型。团队最看重的优点莫过于页面与页面之间的隔离与解耦，这使得我们可以将每个页面当作一个独立的"微服务"来看待，这些服务可以被独立迭代，独立提供各种第三方的入口嵌入，甚至被不同的团队独立维护。而整个网站则只是各种服务的集合而非一个巨大的整体。

与此同时，我们仍然依赖 Vue.js 作为 JavaScript 框架。Vue.js 除了是 React、AngularJS 这种"重型武器"的竞争对手外，其轻量与高性能的优点使得它同样可以作为传统多页应用开发中流行的"jQuery/Zepto/Kissy+ 模板引擎"技术栈的完美替代。Vue.js 提供的组件系统、声明式与响应式编程更是提升了代码组织、共享、数据流控制、渲染等各个环节的开发效率。Vue.js 还是一个渐进式框架，如果网站的复杂度继续提升，我们可以按需、增量地引入 Vuex 或 Vue-Router 这些模块。万一哪天又要改回单页呢？（谁知道呢……）

2017 年，PWA 已经成为 Web 应用新的风潮。我们决定试试，以我们现有的"Vue.js+ 多页"架构，能在升级 PWA 的道路上走多远，达到怎样的效果。

实现 "PRPL" 模式

"PRPL"（读作"purple"）是 Google 工程师提出的一种 Web 应用架构模式，它旨在利用现代 Web 平台的新技术以大幅优化移动 Web 的性能与体验，对如何组织与设计高性能的 PWA 系统提供了一种高层次的抽象。我们并不准备从头重构我们的 Web 应用，不过我们可以把实现 "PRPL" 模式作为我们的迁移目标。"PRPL" 实际上是 "Push/Preload、Render、Precache、Lazy-Load" 的缩写，我们接下来会展开介绍它们的具体含义。

Push/Preload，推送 / 预加载初始 URL 路由所需的关键资源

无论是 HTTP2 Server Push 还是 <link rel="preload">，其关键都在于，我们希望提前请求一些隐藏在应用依赖关系（Dependency Graph）较深处的资源，以节省 HTTP 往返、浏览器解析文档，或脚本执行的时间。比如，对于一个基于路由进行 code splitting 的 SPA，如果我们可以在 Webpack 清单、路由等入口代码（entry chunks）被下载与运行之前就把初始 URL，即用户访问的入口 URL 路由所依赖的代码用 Server Push 推送或 <link rel="preload"> 进行提前加载。那么当这些资源被真正请求时，它们可能已经下载好并存在缓存中了，这样就加快了初始路由所有依赖的就绪。

在多页应用中，每一个路由本来就只会请求这个路由所需要的资源，并且通常依赖也都比较扁平。饿了么移动站的大部分脚本依赖都是普通的 <script> 元素，因此他们可以在文档解析早期就被浏览器的 preloader 扫描出来并且开始请求，其效果其实与显式的 <link rel="preload"> 是一致的，如图 1 所示。

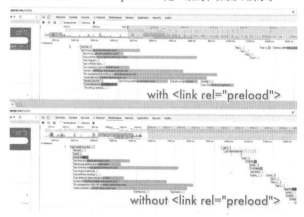

图 1 有无 <link rel="preload"> 的效果对比

我们还将所有关键的静态资源都伺服在同一域名下（不再做域名散列），以更好地利用 HTTP2 带来的多路复用（Multiplexing）。同时，我们也在进行着对 API 进行 Server Push 的实验。

Render，渲染初始路由，尽快让应用可被交互

既然所有初始路由的依赖都已经就绪，我们就可以尽快开始初始路由的渲染，这有助于提升应用诸如首次渲染时间、可交互时间等指标。多页应用并不使用基于 JavaScript 的路由，而是传统的 HTML 跳转机制，所以对于这一部分，多页应用其实不用额外做什么。

Precache，用 Service Worker 预缓存剩下的路由

这一部分就需要 Service Worker 的参与了。Service Worker 是一个位于浏览器与网络之间的客户端代理，它已可拦截、处理、响应流经的 HTTP 请求，使得开发者得以从缓存中向 Web 应用提供资源而闻名。不过，Service Worker 其实也可以主动发起 HTTP 请求，在"后台"预请求与预缓存我们未来所需要的资源，如图 2 所示。

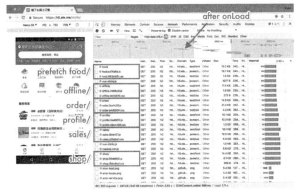

图 2　Service Worker 预缓存未来所需要的资源

我们已经使用 Webpack 在构建过程中进行 .vue 编译、文件名哈希等工作，于是我们编写了一个 Webpack 插件来帮助收集需要缓存的依赖到一个"预缓存清单"中，并使用这个清单在每次构建时生成新的 Service Worker 文件。在新的 Service Worker 被激活时，清单里的资源就会被请求与缓存，这其实与 SW-Precache 这个库的运行机制非常接近。

实际上，我们只对标记为"关键路由"的路由进行依赖收集。你可以将这些"关键路由"的依赖理解为我们整个应用的"App Shell"或者说"安装包"。一旦它们都被缓存，或者说成功安装，无论用户是在线离线，我们的 Web 应用都可以从缓存中直接启动。对于那些并不那么重要的路由，我们则采取在运行时增量缓存的方式。我们使用的 SW-Toolbox 提供了 LRU 替换策略与 TTL 失效机制，可以保证应用不会超过浏览器的缓存配额。

Lazy-Load，按需懒加载、懒实例化剩下的路由

懒加载与懒实例化剩下的路由对于 SPA 是一件相对麻烦点儿的事情，你需要实现基于路由的 code splitting 与异步加载。幸运的是，这又是一件不需要多页应用担心的事情，多页应用中的各个路由天生就是分离的。

值得说明的是，无论单页还是多页应用，如果在上一步中，我已经将这些路由的资源都预先下载与缓存好了，那么懒加载就几乎是瞬时完成的了，这时候我们就只需要付出实例化的代价。

至此，我们对 PRPL 的四部分含义做了详细说明。有趣的是，我们发现多页应用在实现 PRPL 这件事甚至比单页还要容易一些。那么结果如何呢？

根据 Google 推出的 Web 性能分析工具 Lighthouse（v1.6），在模拟的 3G 网络下，用户的初次访问（无任何缓存）大约在 2 秒左右达到"可交互"，可以说非常不错，如图 3 所示。而对于再次访问，由于所有资源都直接来自于 Service Worker 缓存，页面可以在 1 秒左右就达到可交互的状态了。

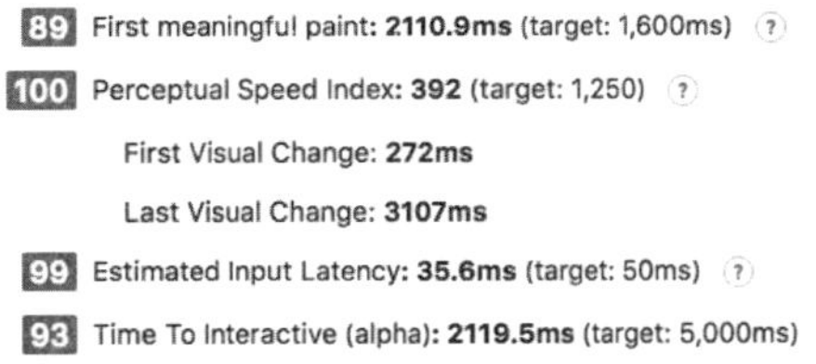

图 3　Lighthouse 跑分结果

但是，故事并不是这么简单就结束了。在实际体验中我们发现，应用在页与页的切换时，仍然存在着非常明显的白屏空隙，如图 4 所示。由于 PWA 是全屏运行，白屏对用户体验所带来的负面影响甚至比以往在浏览器内更大。不是已经用 Service Worker 缓存了所有资源了吗，怎么还会这样呢？

图 4　从首页点击到发现页，跳转过程中的白屏

多页应用的陷阱：重启开销

与 SPA 不同，在多页应用中，路由的切换是原生的浏览器文档跳转（Navigating across documents），这意味着之前的页面会被完全丢弃而浏览器需要为下一个路由的页面重新执行所有的启动步骤：重新下载资源、解析 HTML、运行 JavaScript、解码图片、布局页面、绘制……即使其中的很多步骤本是可以在多个路由之间复用的。这些工作无疑将产生巨大的计算开销，也因此需要付出相当多的时间成本。

图 5 为我们的入口页（同时也是最重要的页面）在两倍 CPU 节流模拟下的 Profile 数据。即使可以将"可交互时间"控制在 1 秒左右，我们的用户仍然会觉得这对于"仅仅切换个标签"来说实在是太慢了。

图 5　入口页在两倍 CPU 节流模拟下的 Profile 数据

巨大的 JavaScript 重启开销

根据 Profile，我们发现在首次渲染（First Paint）发生之前，大量的时间（900ms）都消耗在了 JavaScript 的运行上（Evaluate

Script）。几乎所有脚本都是阻塞的（Parser-blocking），不过因为所有的 UI 都是由 JavaScript/Vue.js 驱动的，倒也不会有性能影响。这 900ms 中，约一半是消耗在 Vue.js 运行时、组件、库等依赖的运行上，而另一半则花在了业务组件实例化时 Vue.js 的启动与渲染上。从软件工程角度来说，需要这些抽象，所以这里并不是想责怪 JavaScript 或是 Vue.js 所带来的开销。

但是，在 SPA 中，JavaScript 的启动成本是均摊到整个生命周期的：每个脚本都只需要被解析与编译一次，诸如生成 Virtual DOM 等较重的任务可以只执行一次，像 Vue.js 的 ViewModel 或是 Virtual DOM 这样的大对象也可以被留在内存里复用。可惜在多页应用里就不是这样了，每次切换页面都为 JavaScript 付出了巨大的重启代价。

浏览器的缓存啊，能不能帮帮忙？

能，也不能。

V8 提供了代码缓存（code caching），可以将编译后的机器码在本地复制一份，这样就可以在下次请求同一个脚本时一次省略掉请求、解析、编译的所有工作。而且，对于缓存在 Service Worker 配套的 Cache Storage 中的脚本，会在第一次执行后就触发 V8 的代码缓存，这对于多页切换能提供不少帮助。

另外一个你或许听过的浏览器缓存叫作"进退缓存"，Back-Forward Cache，简称 bfcache。浏览器厂商对其的命名各异，Opera 称之为 Fast History Navigation，Webkit 称其为 Page Cache。但是思路都一样，就是可以让浏览器在跳转时把前一页留存在内存中，保留 JavaScript 与 DOM 的状态，而不是全都销毁掉。你可以随便找个传统的多页网站在 iOS Safari 上试试，无论是通过浏览器的前进后退按钮、手势，还是通过超链接（会有一些不同），基本都可以看到瞬间加载的效果。

Bfcache 其实非常适合多页应用。但不幸的是，Chrome 由于内存开销与其多进程架构等原因目前并不支持。Chrome 现阶段仅仅只是用了传统的 HTTP 磁盘缓存，来稍稍简化了一下加载过程而已。对于 Chromium 内核霸占的 Android 生态来说，没法指望了。

为"感知体验"奋斗

尽管多页应用面临着现实中的不少性能问题，我们并不想这么快就妥协。一方面，尝试尽可能减少在页面达到可交互时间前的代码执行量，比如减少 / 推迟一些依赖脚本的执行，还有减少初次渲染的 DOM 节点数以节省 Virtual DOM 的初始化开销。另一方面，也意识到应用在感知体验上还有更多的优化空间。

Chrome 产品经理 Owen 写过一篇《Reactive Web Design: The secret to building web apps that feel amazing》，谈到两种改进感知体验的手段：一是使用骨架屏（Skeleton Screen）来实现瞬间加载；二是预先定义好元素的大小来保证加载的稳定。跟我们的做法可以说不谋而合。

为了消除白屏时间，我们同样引入了大小稳定的骨架屏来帮助我们实现瞬间的加载与占位。即使是在硬件很弱的设备上，我们也可以在点击切换标签后立刻渲染出目标路由的骨架屏，以保证 UI 是稳定、连续、有响应的。我录了两个视频放在 Youtube 上，不过如果你是国内读者，你可以直接访问饿了么移动网站来体验实地的效果。最终效果如图 6 所示。

图 6 添加骨架屏后，从发现页点回首页的效果

这效果本该很轻松就能实现，不过实际上我们还费了点工夫。

在构建时使用 Vue.js 预渲染骨架屏

你可能已经想到了，为了让骨架屏可以被 Service Worker 缓存，瞬间加载并独立于 JavaScript 渲染，我们需要把组成骨架屏的 HTML 标签、CSS 样式与图片资源一并内联至各个路由的静态 *.html 文件中。

不过，我们并不准备手动编写这些骨架屏。你想啊，如果每次真实组件有迭代（每一个路由对我们来说都是一个 Vue.js 组件），都需要手动去同步每一个变化到骨架屏的话，那实在是太烦琐且难以维护了。好在，骨架屏不过是当数据还未加载进来前，页面的一个空白版本而已。如果能将骨架屏实现为真实组件的一个特殊状态——"空状态"的话，从理论上就可以从真实组件中直接渲染出骨架屏来。

而 Vue.js 的多才多艺就在这时体现出来了，我们真的可以用 Vue.js 的服务端渲染模块来实现这个想法，不过不是用在真正的服务器上，而是在构建时用它把组件的空状态预先渲染成字符串并注入到 HTML 模板中。你需要调整 Vue.js 组件代码使得它可以在 Node 上执行，有些页面对 DOM/BOM 的依赖一时无法轻易去除得，目前只好额外编写一个 *.shell.vue 来暂时绕过这个问题。

关于浏览器的绘制（Painting）

HTML 文件中有标签并不意味着这些标签就能立刻被绘制到屏幕上，你必须保证页面的关键渲染路径是为此优化的。很多开发者相信将 Script 标签放在 body 的底部就足以保证内容能在脚本执行之前被绘制，这对于能渲染不完整 DOM 树的浏览器（比如桌面浏览器常见的流式渲染）来说可能是成立的。但移动端的浏览器很可能因为考虑到较慢的硬件、电量消耗等因素并不这么做。不仅如此，即使你曾被告知设为 async 或 defer 的脚本就不会阻塞 HTML 解析了，但这可不意味着浏览器就一定会在执行它们之前进行渲染。

首先我想澄清的是，根据 HTML 规范 Scripting 章节，async 脚本是在其请求完成后立刻运行的，因此它本来就可能阻塞到解析。只有 defer（且非内联）与最新的 type=module 被指定为"一定不会阻塞解析"（不过 defer 目前也有点小问题……我们稍后会再提到），如图 7 所示。

而更重要的是，一个不阻塞 HTML 解析的脚本仍然可能阻塞到绘制。我做了一个简化的"最小多页 PWA"（Minimal Multi-page PWA，或 MMPWA）来测试这个问题：我们在一个

async（且确实不阻塞 HTML 解析）脚本中，生成并渲染 1000 个列表项，然后测试骨架屏能否在脚本执行之前渲染出来。图 8 是通过 USB Debugging 在我的 Nexus 5 真机上录制的 Profile。

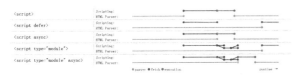

图 7 具有不同属性的 Script 脚本对 HTML 解析的阻塞情况

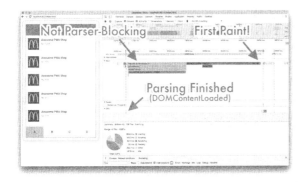

图 8 通过 USB Debugging 在 Nexus 5 真机上录制的 Profile

是的，出乎意料吗？首次渲染确实被阻塞到脚本执行结束后才发生。究其原因，如果在浏览器还未完成上一次绘制工作之前就过快地进行了 DOM 操作，我们亲爱的浏览器就只好抛弃所有它已经完成的像素，且一直要等待到 DOM 操作引起的所有工作结束之后才能重新进行下一次渲染。而这种情况更容易在拥有较慢 CPU/GPU 的移动设备上出现。

黑魔法：利用 setTimeout() 让绘制提前

不难发现，骨架屏的绘制与脚本执行实际是一个竞态。大概是 Vue.js 太快了，骨架屏还是有非常大的概率绘制不出来。于是我们想着如何能让脚本执行慢点，或者说，"懒"点。我们想到了一个经典的 Hack：setTimeout(callback, 0)。我们试着把 MMPWA 中的 DOM 操作（渲染 1000 个列表）放进 setTimeout(callback, 0) 里……

哞哞！首次渲染瞬间就被提前了，如图 9 所示。如果你熟悉浏览器的事件循环模型（Event Loop）的话，这招 Hack 其实是通过 setTimeout 的回调把 DOM 操作放到了事件循环的任务队列中以避免它在当前循环执行，这样浏览器就得以在主线程空闲时喘息一下（更新一下渲染）了。如果你想亲手试试 MMPWA，可以访问 https://github.com/Huxpro/mmpwa 或 http://huangxuan.me/mmpwa/，查看代码与 Demo。我把 UI 设计成了 A/B Test 的形式并改为渲染 5000 个列表项来让效果更夸张一些。

回到饿了么 PWA 上，我们同样试着把 new Vue() 放到了 setTimeout 中。果然，黑魔法再次显灵，骨架屏在每次跳转后都能立刻被渲染。这时的 Profile 看起来是这样的，如图 10 所示。

现在，我们在 400ms 时触发首次渲染（骨架屏），在 600ms 时完成真实 UI 的渲染并达到页面的可交互。你可以详细对比下如图 9 和图 10 所示的优化前后 Profile 的区别。

被我 "defer" 的有关 defer 的 Bug

不知道你发现没有，在图 10 的 Profile 中，仍然有不少脚本是阻塞了 HTML 解析的。好吧，让我解释一下，由于历史原因，我们确实保留了一部分的阻塞脚本，比如侵入性很强的 lib-flexible，没法轻易去除。不过，Profile 里的大部分阻塞脚本实际上都设置了 defer，本以为它们应该在 HTML 解析完成之后才被执行，结果被 Profile 打了一脸。

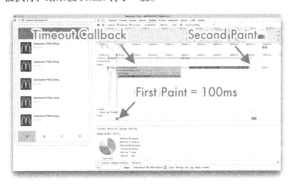

图 9 利用 Hack 技术，提前完成骨架屏的绘制

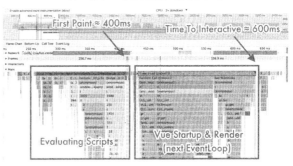

图 10 为感知体验进行各种优化后的最终 Profile

我和 Jake Archibald 聊了一下，果然这是 Chrome 的 Bug：defer 的脚本被完全缓存时，并没有遵守规范等待解析结束，反而阻塞了解析与渲染。Jake 已经提交在 crbug 上了，一起给它投票吧。

最后，图 11 是优化后的 Lighthouse 跑分结果，同样可以看到明显的性能提升。需要说明的是，能影响 Lighthouse 跑分的因素有很多，所以建议你以控制变量（跑分用的设备、跑分时的网络环境等）的方式来进行对照实验。

图 11 优化后的 Lighthouse 跑分结果

最后为大家展示下应用的架构示意图，如图 12 所示。

一些感想

多页应用仍然有很长的路要走

Web 是一个极其多样化的平台。从静态的博客，到电商网站，再到桌面级的生产力软件，它们全都是 Web 这个大家庭的第一公民。而我们组织 Web 应用的方式，也同样只会更多而不会更少：多页、单页、Universal JavaScript 应用、WebGL，以及可以预见的 Web Assembly。不同的技术之间没有贵贱，但是适用场景的差距是客观存在的。

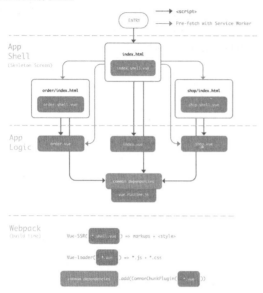

图 12 应用架构示意图

Jake 曾在 Chrome Dev Summit 2016 上说过"PWA !== SPA"。可是尽管已经用上了一系列最新的技术（PRPL、Service Worker、App Shell……），我们仍然因为多页应用模型本身的缺陷有着难以逾越的一些障碍。多页应用在未来可能会有"bfcache API"、Navigation Transition 等新的规范以缩小跟 SPA 的距离，不过也必须承认，时至今日，多页应用的局限性也是非常明显的。

而 PWA 终将带领 Web 应用进入新的时代

即使多页应用在升级 PWA 的路上不如单页应用来得那么闪亮，但是 PWA 背后的想法与技术却实实在在地帮助我们在 Web 平台上提供了更好的用户体验。

PWA 作为下一代 Web 应用模型，其尝试解决的是 Web 平台本身的根本性问题：对网络与浏览器 UI 的硬依赖。因此，任何 Web 应用都可以从中获益，这与你是多页还是单页、面向桌面还是移动端、是用 React 还是 Vue.js 无关。或许，它还终将改变用户对移动 Web 的期待。现如今，谁还觉得桌面端的 Web 只是个看文档的地方呢？

还是那句老话，让我们的用户，也像我们这般热爱 Web 吧！

最后，感谢饿了么的王亦斯、任光辉、题叶，Google 的 Michael Yeung、DevRel 团队，UC 浏览器团队，腾讯 X5 浏览器团队在这次项目中的合作。感谢尤雨溪、陈蒙迪和 Jake Archibald 在写作过程中给予我的帮助。

WebAssembly，Web 的新时代

文 / 张敏

在浏览器之争中，Chrome 凭借 JavaScript 的卓越性能取得了市场主导地位，然而由于 JavaScript 的无类型特性，导致其运行时消耗大量的性能作为代价，这也是 JavaScript 的瓶颈之一。WebAssembly 旨在解决这一问题。本文从 WebAssembly 的起源到开发实践对其做全面探究，帮助开发者对 WebAssembly 有全面的了解。

缘起

让我们从浏览器大战说起。微软凭借 Windows 系统捆绑 Internet Explorer 的先天优势击溃 Netscape 后，进入了长达数年的静默期。而 Netscape 则于 1998 年将 Communicator 开源，并由 Mozilla 基金会衍生出 Firefox 浏览器，在 2004 年发布了 1.0 版本。从此，第二次浏览器大战拉开帷幕。这场大战由 Firefox 浏览器领衔，Safari、Opera 等浏览器也积极进取，Internet Explorer 的主导地位首次受到挑战。2008 年 Google 推出 Chrome 浏览器，不但逐步侵蚀 Firefox 的市场，更是压制了老迈的 Internet Explorer。在此次大战之后的 2012 年，StatCounter 的数据指出 Chrome 以微弱优势超越 Internet Explorer 成为世界上最流行的浏览器。

分析 Google Chrome 浏览器战胜 Internet Explorer 的原因，除了对 Web 标准更友善的支持外，卓越的性能是其中相当重要的因素，而浏览器性能之争的本质则体现在 JavaScript 引擎。此前，JavaScript 引擎的实现方式经历了遍历语法树到字节码解释器等较为原始的方式，将每条源代码翻译成相应的机器码并执行，并不保存翻译后的机器码，使得解释执行很慢。2008 年 9 月，Google 发布了 V8 JavaScript 引擎。V8 被设计用于提高 Web 浏览器中 JavaScript 的执行性能，通过即时编译 JIT（Just-In-Time）技术，在执行时将 JavaScript 代码编译成更为高效的机器码并保存，下次执行同一代码段时无须再编译，使得 JavaScript 获得了几十倍的性能提升。

然而，JavaScript 是个无类型（untyped，变量没有类型）的语言，这直接导致表达式 c=a+b 有多重含义：
- a、b 均为数字，则算术运算符 + 表示值相加；
- a、b 为字符串，则 + 运算符表示字符串连接；
- …

表达式执行时，JIT 编译器需要检查 a 和 b 的类型，确定操作行为。若 a、b 均为数字，JIT 编译器则将 a、b 确认为整型，而一旦某一变量变成字符串，JIT 编译器则不得不将之前编译的机器码推倒重来。由此可见，JavaScript 的无类型特性建立在消耗大量性能代价的基础之上。即便 JIT 编译器在对变量类型发生变化时已进行相应优化，但仍然有很多情况 JavaScript 引擎未进行或无法优化，例如 for-of、try-catch、try-finally、with 语句以及复合 let、const 赋值的函数等。

由此可见，JavaScript 的无类型是 JavaScript 引擎的性能瓶颈之一，改进方案有两种：一是设计一门新的强类型语言并强制开发者进行类型指定；二是给现有的 JavaScript 加上变量类型。

微软开发的 TypeScript 属于第一种改进方案。它是扩展了 JavaScript 特性的语言，包含了类型批注，编译时类型检查，类

型推断和擦除等功能，TypeScript 开发者在声明变量时指定类型，使得 JavaScript 引擎能够更快将这种强类型的语言编译成弱类型。

看看第二种方案：

```
function add(a, b) {
  a = a | 0;
  b = b | 0;
  return (a + b) | 0;
}
```

代码 1

代码 1 表示带有两个参数（a 和 b）的 JavaScript 函数，和通常 JavaScript 代码不同的地方在于 a=a | 0 及 b=b | 0，以及返回值后面均利用标注进行了按位 OR 操作。这么做的优点是使 JavaScript 引擎强制转换变量的值为整型执行。通过标注加上变量类型，JavaScript 引擎就能更快地编译。

既然增加变量类型能够提升 Web 性能，有没有办法将静态类型代码例如 C/C++ 等转换成 JavaScript 指令的子集呢？上面的这段代码恰恰是作为 JavaScript 子集的 asm.js，由代码 2 的 C 语言编译而来：

```
int add(int a, int b)
{
  return a + b;
}
```

代码 2

事实上，早在 1995 年起就已经有 Netscape Plugin API（NPAPI）在内的可以使用浏览器运行 C/C++ 程序的项目在开发。而 2013 年问世的 asm.js 是目前较为广泛的方案。asm.js 是一种中间编程语言，允许用 C/C++ 语言编写的计算机软件作为 Web 应用程序运行，并保持更好的性能，而 Mozilla Firefox 从版本 22 起成为第一个为 asm.js 特别优化的网页浏览器。

Google 也同样在为原生代码运行在 Web 端而努力。Google Native Client（NaCl）采用沙盒技术，让 Intel x86、ARM 或 MIPS 子集的机器码直接在沙盒上运行。它能够在无须安装插件的情况下从浏览器直接运行原生可执行代码，使 Web 应用程序可以用接近于机器码运作的速度来运行。而 Google Portable Native Client（PNaCl）则稍有变化，通过一些前端编译器将 C/C++ 源代码编译成 LLVM 的中间字节码而不是 x86 或 ARM 代码，并且进行优化以及链接（如表 1 所示）。

表 1　JavaScript 及原生代码支持对比

方案	年代	发起人	标准	目标大小	安全性	可移植性	载入时间	跨浏览器	性能	共享内存
JavaScript	1995	Netscape	ECMA	-	是	是	快	是	慢	否
ActiveX	1996	Microsoft	否	-	否	否	慢	否	慢	是
asm.js	2013	Mozilla	否	大	是	是	一般	是	快	否
NaCl	2008	Google	否	小	是	一般	快	否	快	是
PNaCl	2013	Google	否	小	是	是	快	否	快	是

有了类型支持，第二种方案性能提升潜力远远大于第一种。

然而，无论是 asm.js 或现有 PNaCl 的解决方案，都面临着一些缺陷（例如 1KB 的 C 源码编译生成 asm.js 后的大小有 480KB）或其他浏览器不支持的窘境，而 2016 年 10 月对 Chromium 问题跟踪代码的评论更是表明，Google Native Client 小组已被关闭。

作为 Web 浏览器性能和代码重用的解决方案，asm.js 及 PNaCl 都没能被普遍接受，那么有没有上述表格中的特性全部占优，且跨厂商的解决方案呢？

WebAssembly 旨在解决这个问题。

新时代

WebAssembly（简称 Wasm）是一种新的适合于编译到 Web 的，可移植的，大小和加载时间高效的格式。这是一个新的与平台无关的二进制代码格式，目标是解决 JavaScript 性能问题。这个新的二进制格式远小于 JavaScript，可由浏览器的 JavaScript 引擎直接加载和执行，这样可节省从 JavaScript 到字节码，从字节码到执行前的机器码所花费的即时编译 JIT（Just-In-Time）时间。作为一种低级语言，它定义了一个抽象语法树（Abstract Syntax Tree，AST），开发人员可以以文本格式进行调试。

WebAssembly 描述了一个内存安全的沙箱执行环境，可以在现有的 JavaScript 虚拟机中实现。当嵌入到 Web 中时，WebAssembly 将强制执行浏览器的同源和权限安全策略。因此，和经常出现安全漏洞的 Flash 插件相比，WebAssembly 是一个更加安全的解决方案。

WebAssembly 可由 C/C++ 等语言编译而来。此外，

WebAssembly 由 Google、Mozilla、微软以及苹果公司牵头的 W3C 社区组共同努力，基本覆盖主流的浏览器厂商，因此其可移植性相较 Silverlight 等有极大提升，平台兼容问题将不复出现。

在 Web 平台的很多项目中，对于原生新功能的支持需要 Web 浏览器或 Runtime 提供复杂的标准化的 API 来实现，但是 JavaScript API 往往较慢。使用 WebAssembly，这些标准 API 可以更简单，并且操作在更低的水平。例如，对于一个面部识别的 Web 项目，对于访问数据流我们可以由简单的 JavaScript API 实现，而把面部识别原生 SDK 做的事情交由 WebAssembly 实现。

需要了解的是，WebAssembly 不是将 C/C++ 等其他语言编译到 JavaScript，更不是一种新的编程语言。

探究

asm.js

上文的 C 语言求和代码经由编译器生成 asm.js 后如代码 3 所示。

上述代码转换为 WebAssembly 的文本格式稍显复杂，为了理解方便，我们从精简的 asm.js 开始（见代码 4）。

wast 文本文件

将 asm.js 代码转换为 WebAssembly 的文本格式 add.wast（转换工具见本文工具链章节，如代码 5 所示）。

WebAssembly 中代码的可装载和可执行单元被称为一个模块（module）。在运行时，一个模块可以被一组 import 值实例化，多个模块实例能够访问相同的共享状态。目前文本格式中

的 module 主要用 S 表达式来表示。虽然 S 表达格式不是正式的文本格式，但它易于表示 AST。WebAssembly 也被设计为与 ES6 的 modules 集成。

```
Module["asm"] = (function(global, env, buffer) {
  'almost asm';
function _add($0,$1) {
  $0 = $0|0;
  $1 = $1|0;
  var $2 = 0, $3 = 0, $4 = 0, $5 = 0, $6 = 0,
  label = 0, sp = 0;
  sp = STACKTOP;
  STACKTOP = STACKTOP + 16|0; if ((STACKTOP|0) >=
  (STACK_MAX|0)) abortStackOverflow(16|0);
  $2 = $0;
  $3 = $1;
  $4 = $2;
  $5 = $3;
  $6 = (($4) + ($5))|0;
  STACKTOP = sp;return ($6|0);
}
  return { _add: _add, setThrew: setThrew,
  runPostSets: runPostSets, establishStackSpace:
  establishStackSpace, stackRestore:
  stackRestore, stackSave: stackSave,
  stackAlloc: stackAlloc };
})
```

代码 3

```
function () {
  "use asm";           //通知引擎编译为 asm.js
  function add(a, b) {
    a = a | 0;         //参数类型标注
    b = b | 0;
    return a + b | 0;  //返回值类型标注
  }
  return { add: add }; //导出函数
}
```

代码 4

```
(module
  (import "env" "memory" (memory $0 256 256))
  (import "env" "table" (table 0 0 anyfunc))
  (import "env" "memoryBase" (global $memoryBase i32))
  (import "env" "tableBase" (global $tableBase i32))
  (export "add" (func $add))
  (func $add (param $a i32) (param $b i32) (result i32)
    (return
      (i32.add
        (get_local $a)
        (get_local $b)
      )
    )
  )
)
```

代码 5

一个单一的逻辑函数定义包含两个部分：功能部分声明在模块中每个内部函数定义的签名，代码段部分包含由功能部分声明的每个函数的函数体。WebAssembly 是带有返回值的静态类型，并且所有参数都含有类型。上面的 add.wast 可以解读为：

- 声明了一个名为 $add 的函数；
- 包含两个参数 $a 和 $b，两者是 32 位整型；
- 结果是一个 32 位整型；
- 函数体是一个 32 位的加法：
- 上面是局部变量 $a 得到的值；
- 下面是局部变量 $b 得到的值；
- 由于没有明确的返回节点，因此 return 是该加法函数的最后加载指令。

二进制 Wasm 文件

如图 1 所示，由 C 语言求和代码经过编译生成二进制文件，通读文件可以找到相应的头部、类型、导入、函数以及代码段等。通过 JavaScript API 载入 Wasm 二进制文件后，最终转换到机器码执行。

```
000000 0061 736D 0D00 0000 019C 8080 8000 0660 .asm.........`
000010 017F 0060 017F 017F 6000 017F 6002 7F7F ...`....`...`...
000020 0060 027F 7F01 7F60 0000 02EB 8180 8000 .`.....`........
000030 0E03 656E 7608 5354 4143 4B54 4F50 037F ..env.STACKTOP.
000040 0003 656E 7609 5354 4143 4B5F 4D41 5803 ..env.STACK_MAX.
000050 7F00 0365 6E76 0E44 594E 414D 4943 544F ...env.DYNAMICTO
000060 505F 5054 5203 7F00 0365 6E76 0D74 656D P_PTR...env.tem
```

图 1 经过编译的二进制文件

工具链

开发人员现在可以使用相应的工具链从 C/C++ 源文件编译 WebAssembly 模块。WebAssembly 由许多工具支持，以帮助开发人员构建和处理源文件和生成的二进制内容。

Emscripten

Emscripten 是其中无法回避的工具之一，如图 2 所示。在图 2 中，Emscripten SDK 管理器（emsdk）用于管理多个 SDK 和工具，并且指定当前正被使用到编译代码的特定 SDK 和工具集。

图 2 Emscripten 工具链流程图及生成 JavaScript (asm.js) 流程

Emscripten 的主要工具是 Emscripten 编译器前端（emcc），它是例如 GCC 的标准编译器的简易替代实现。

Emcc 使用 Clang 将 C/C++ 文件转换为 LLVM（源自于底层虚拟机 Low Level Virtual Machine）字节码，使用 Fastcomp（Emscripten 的编译器核心，一个 LLVM 后端）把字节码编译成 JavaScript。输出的 JavaScript 可以由 Node.js 执行，或者嵌入 HTML 在浏览器中运行。这带来的直接结果就是，C 和 C++ 程序经过编译后可在 JavaScript 上运行，无须任何插件。

WABT 和 Binaryen

除此之外，对于想要使用由其他工具（如 Emscripten）生成的 WebAssembly 二进制文件感兴趣的开发者，目前 http://webassembly.org/ 官方额外提供了另外两组不同的工具：

- WABT——WebAssembly 二进制工具包；
- Binaryen——编译器和工具链。

WABT 工具包支持将二进制 WebAssembly 格式转换为可读的文本格式。其中 wasm2wast 命令行工具可以将 WebAssembly 二进制文件转换为可读的 S 表达式文本文件。而 wast2wasm 命令行工具则执行完全相反的过程。

Binaryen 则是一套更为全面的工具链，是用 C++ 编写成用于 WebAssembly 的编译器和工具链基础结构库（如图 3 所示）。WebAssembly 是二进制格式（Binary Format）并且和 Emscripten 集成，因此该工具以 Binary 和 Emscript-en 的末尾合并命名为 Binaryen。它旨在使编译 WebAssembly 容易、快速、有效。它包含且不仅仅包含下面的几个工具。

- wasm-as：将 WebAssembly 由文本格式（当前为 S 表达式格式）编译成二进制格式；
- wasm-dis：将二进制格式的 WebAssembly 反编译成文本格式；
- asm2wasm：将 asm.js 编译到 WebAssembly 文本格式，使用 Emscripten 的 asm 优化器；
- s2wasm：在 LLVM 中开发，由新 WebAssembly 后端产生的 .s 格式的编译器；
- wasm.js：包含编译为 JavaScript 的 Binaryen 组件，包括解释器、asm2wasm、S 表达式解析器等。

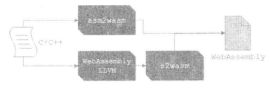

图 3　Binaryen 生成 WebAssembly 流程

Binaryen 目前提供了两个生成 WebAssembly 的流程，由于 emscripten 的 asm.js 生成已经非常稳定，并且 asm2wasm 是一个相当简单的过程，所以这种将 C/C++ 编译为 WebAssembly 的方法已经可用（如图 4 所示）。

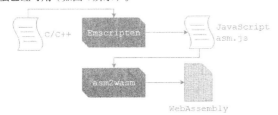

图 4　Emscripten+Binaryen 生成 WebAssembly 的完整流程

由此可见，Emscripten 以及 Binaryen 提供了完整的 C/C++ 到 WebAssembly 的解决方案。而 Binaryen 则帮助提升了 WebAssembly 的工具链生态。

提示

由于 WebAssembly 正处于活跃开发阶段，各项编译步骤和编译工具会有大幅变更和改进，相信最终的编译工具和步骤会趋于便捷，开发者需要留意官方网站的最新动态。

实战

Linux 和 mac OS 平台编译原生代码到 WebAssembly 可由如下步骤实现。

编译环境准备

操作系统必须有可以工作的编译器工具链，因此需要安装 GCC、cmake 环境，此外 Python、Node.js 及 Java 环境也是需要的（其中 Java 为可选，如图 5 所示）。

```
$ sudo apt-get update
$ sudo apt-get install build-essential cmake
$ sudo apt-get install python2.7 nodejs default-jre
$ sudo apt-get install git-core
```

图 5　编译环境安装

如果是以其他方式安装了 Node.js，可能需要更新 ~/.emscripten 文件的 NODE_JS 属性。

安装正确的 emscripten 分支

要编译原生代码到 WebAssembly，我们需要 emscripten 的 incoming 分支。由于 emscripten 不仅仅是用于 WebAssembly 的编译工具链，选择正确的分支尤为重要（如图 6 所示）。

```
$ curl https://URLTO/emsdk-portable.tar.gz \
  -o emsdk-portable.tar.gz
$ gunzip emsdk-portable.tar.gz
$ tar -xf emsdk-portable.tar
$ cd emsdk_portable
$ ./emsdk update
$ ./emsdk install clang-incoming-64bit \
  emscripten-incoming-64bit sdk-incoming-64bit
$ ./emsdk activate clang-incoming-64bit \
  emscripten-incoming-64bit sdk-incoming-64bit
$ source ./emsdk_env.sh
$ cd ..
```

图 6　安装 emscripten 的 incoming 分支

其中 URLTO 具体的 URL 是 https://s3.amazonaws.com/mozilla-games/emscripten/releases/emsdk-portable.tar.gz。

处理安装异常

可运行 emcc -v 命令进行验证安装。如果遇到如图 7 所示的错误，表明带有 JavaScript 后端的 LLVM 编译器并未被生成。

```
CRITICAL:root:fastcomp in use, but LLVM has
not been built with the JavaScript backend as
a target, llc reports:

  aarch64    - AArch64 (little endian)
  aarch64_be - AArch64 (big endian)
  amdgcn     - AMD GCN GPUs
  arm        - ARM
```

图 7　emcc -v 命令报错

通过图 8 步骤，可以解决该问题，并且在 ~/.emscripten 文件中修改如下配置：

```
LLVM_ROOT = os.path.expanduser('/PATHTO/build/bin')
```

```
$ cd /PATHTO/emsdk_portable/clang/fastcomp/src
$ mkdir build
$ cmake .. -DCMAKE_BUILD_TYPE=Release \
  -DLLVM_TARGETS_TO_BUILD="X86;JSBackend" \
  -DLLVM_INCLUDE_EXAMPLES=OFF \
  -DLLVM_INCLUDE_TESTS=OFF \
  -DCLANG_INCLUDE_EXAMPLES=OFF \
  -DCLANG_INCLUDE_TESTS=OFF
$ cat /proc/cpuinfo | grep "^cpu cores" | uniq
$ make -j4
$ cd bin | pwd
```

图 8　emcc -v 命令报错解决方案

开始编译程序

现在一个完整的工具链已经具备，我们可以使用它来编译简单的程序到 WebAssembly。但是，还有一些其他注意事项：

- 必须通过参数 -s Wasm=1 到 emcc（否则默认 emcc 将编译出 asm.js）；
- 除了 Wasm 二进制文件和 JavaScript wrapper 外，如果还希望 emscripten 生成一个可直接运行的程序的 HTML 页面，则必须指定一个扩展名为 .html 的输出文件。

在编译之前，首先准备一个最基本的 add.c 程序，见代码 6。

```c
#include <stdio.h>
int add(int a, int b)
{
    return a + b;
}
int main()
{
    printf("%d", add(1, 2));
}
```
代码 6

按代码 7 所示的命令编辑好 add.c 程序并编译：

```
$ vim add.c
$ emcc add.c -s WASM=1 -o add.html
```
代码 7

运行 WebAssembly 应用

以 Chrome 浏览器为例，如果直接在浏览器内本地打开 HTML 文件，会有如图 9 所示的错误。

```
XMLHttpRequest cannot load         add.html:1311
.wasm. Cross origin requests are only supported for
protocol schemes: http, data, chrome, chrome-
extension, https, chrome-extension-resource.
```
图 9 XMLHttpRequest 本地访问的跨域请求错误

由于 XMLHttpRequest 跨域请求不支持 file:// 协议，必须经由 HTTP 实际输出，可以由 Python 的 SimplHTTPServer 改进，见代码 8：

```
$ python -m SimpleHTTPServer 8080 > \
  /dev/null 2>&1 &
```
代码 8

在浏览器中输入 http://127.0.0.1:8080 并打开 add.html，就能直接看到转换成 WebAssembly 的应用程序输出结果。

创建独立 WebAssembly

默认情况下，emcc 会创建 JavaScript 文件和 WebAssembly 的组合，其中 JS 加载包含编译代码的 WebAssembly。对于 C/C++ 开发人员，他们可能更倾向于创建独立的 WebAssembly，用于 JavaScript 开发人员调用，见代码 9。

```
emcc add.c -s WASM=1 -s SIDE_MODULE=1 -o add.js
```
代码 9

上述命令运行后，我们可以得到独立的 Wasm 文件。需要说明的是，该参数仍然在开发中，可能随时发生规范和实现变更。

JavaScript API 调用

从 C/C++ 程序编译获得一个 .wasm 模块之后，JavaScript 开发人员可以通过如下方式进行载入 .wasm 文件并执行。WebAssembly 社区组也有计划通过 Streams 使用 streaming 以及异步编译，见代码 10。

```html
<script>
  fetch('add.wasm').then(response =>
    response.arrayBuffer()
  ).then(buffer => {
    let codeBytes = new Uint8Array(buffer);
    let instance = Wasm.instantiateModule(codeBytes);
    console.log("201700 + 2 = " + instance.exports.add(201700, 2));
  });
</script>
```
代码 10

最后一行调用导出的 WebAssembly 函数，它反过来调用我们导入的 JS 函数，最终执行 add(201700, 2)，并且在控制台获得期望的结果输出（如图 10 所示）。

图 10 WebAssembly 求和函数在控制台的输出

性能

那么，WebAssembly 的真实性能如何呢？首先我们用一直被用来作为 CPU 基准测试的斐波那契（Fibonacci）数列来进行对比，这里使用的是性能较差的递归算法，在 Node.js v7.2.1 环境下，能够看到 WebAssembly 性能优势越发明显（如图 11 所示）。

```
                JavaScript    WebAssembly
fibonacci(25)    2.212ms       2.055ms
fibonacci(31)   11.730ms       6.274ms
fibonacci(37)  146.055ms      68.019ms
fibonacci(41)  969.209ms     424.231ms
fibonacci(43) 2485.119ms    1007.280ms
```
图 11 CPU 基准测试反应 WebAssembly 的真实性能

再看看最基本的 1000 毫秒时间内，求和计算的运算量统计，在同一台计算机的 Firefox 50.1.0 版本的运算结果如图 12 所示。

```
                    JavaScript   WebAssembly
add(1,1)             261633      2118773
add(10,10)           250692      2109682
add(100,100)         255160      2104851
add(12345,12345)     256046      2067415
```
图 12 1000 毫秒内求和计算的运算量统计

尽管重复测试时结果不尽相同，重启浏览器并多次测试取平均值后依然可以看到 WebAssembly 的运算量比 JavaScript 快了近一个量级。

Demo

图 13 展示了 Angry Bots Demo，它是由 WebAssembly 项目发布的一个 Demo，由 Unity 游戏移植而来。

图 13 Angry Bots Demo / Google Chrome 55.0.2883.87

通过如下方式可以体验 WebAssembly 在浏览器中的强大性能。即便 Google Chrome 较新的稳定版也已支持 WebAssembly，还是推荐使用 canary 版及 Firefox 的 nightly 版进行测试。

1. 下载浏览器
- Google Chrome；
- Mozilla Firefox；
- Opera；
- Vivaldi。

2. 打开 WebAssembly 支持
- Google Chrome：chrome://flags/#enable-webassembly；
- Mozilla Firefox：about:config → 接 受 → 搜 索 javascript. options.wasm →设置为 true；
- Opera：opera://flags/#enable-webassembly；
- Vivaldi：vivaldi://flags/#enable-webassembly。

3. 访问：http://webassembly.org/demo/

使用 W、A、S、D 等键实现移动操作，点击鼠标进行射击。该 WebAssembly 游戏在浏览器中运行相当流畅，媲美原生性能。

除了最新的浏览器开始对 WebAssembly 逐步支持外，Intel 开源技术中心开发的 Crosswalk 项目（https://crosswalk-project.org/）早在 2016 年 11 月初的 Crosswalk 22 稳定版（Windows 及 Android 平台）即已加入对 WebAssembly 实验性的支持，开发者可以使用该版本体验 Angry Bots Demo。

开发者

WebAssembly 对于 Web 有显著的性能提升，对于开发者尤其是前端或者 JavaScript 开发人员而言，并不意味着 WebAssembly 将会取代 JavaScript（如图 14 所示）。

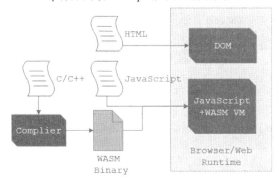

图 14 WebAssembly 与 JavaScript 引擎的关系

WebAssembly 被设计为对 JavaScript 的补充，而不是替代，是为了提供一种方法来获得应用程序的关键部分接近原生性能。随着时间的推移，虽然 WebAssembly 将允许多种语言（不仅仅是 C/C++）被编译到 Web，但是 JavaScript 的发展势头不会因此被削弱，并且仍然将保持 Web 的单一动态语言。此外，由于 WebAssembly 构建在 JavaScript 引擎的基础架构上，JavaScript 和 WebAssembly 将在许多场景中配合使用。

那么 WebAssembly 是不是仅仅面向 C/C++ 开发者呢？答案依旧是否定的。WebAssembly 最初实现的重点是 C/C++，由 Mozilla 主导开发的注重高效、安全和并行的 Rust 也能在 2016 年末被成功编译到 WebAssembly 了，未来还会继续增加其他语言的支持，见代码 11。

```
<script type="module">
    import add from 'add.wasm';
    console.log("1 + 2 = " + add(1, 2));
</script>
```
代码 11

在未来，通过 ES6 模块接口与 JavaScript 集成，Web 开发人员并不需要编写 C++，而是可以直接利用其他人编写的库，重用模块化 C++ 库可以像使用 JavaScript 中的 modules 一样简单。

进展

依据开发路线图，2016 年 10 月 31 日，WebAssembly 到达浏览器预览的里程碑。Google Chrome V8 引擎及 Mozilla Firefox SpiderMonkey 引擎都已经在 trunk 上支持 WebAssembly 浏览器预览。2016 年 12 月下旬，Microsoft Edge 浏览器使用的 JavaScript 引擎 ChakraCore v1.4.0 启用了 WebAssembly 浏览器预览支持。而 Webkit JavaScriptCore 引擎对于该支持也在积极进行中。

目前，WebAssembly 社区组已经有初始（MVP）二进制格式发布候选和 JavaScript API 在多个浏览器中实现。作为浏览器预览期间的一部分，WebAssembly 社区组（WebAssembly Community Group）现在正在征求更广泛的社区反馈。社区组的初步目标是浏览器预览在 2017 年第一季度结束，但在浏览器预览期间的重大发现可能会延长该周期。当浏览器预览结束时，社区组将产生 WebAssembly 的草案规范，并且浏览器厂商可以开始默认提供符合规范的实现。预计在 2017 年上半年，四大主流浏览器对原生的 WebAssembly 支持将到达稳定版。

具体到 Google V8 引擎的最新进展，asm.js 代码将不再通过 Turbofan JavaScript 编译器而是编译到 WebAssembly 后，在 WebAssembly 的原生执行环境中执行最终的机器码。这种改变带来的好处有，为 asm.js 将预先编译（AOT, Ahead Of Time Compilation）带到了 Chrome，且完全向后兼容。新的 WebAssembly 编译渠道重用了一些 Turbofan JavaScript 编译器后端部分，因此能够在少了很多编译和优化消耗的前提下，产生类似的代码。在 Google Chrome 中，WebAssembly 将很快在 Canary 版中默认启用，开发团队也期望能够发布到 2017 年第一季度末的稳定版中。

社区

包含所有主要浏览器厂商代表的 W3C Web——Assembly 社区组于 2015 年 4 月底成立。该小组的任务是，在编译到适用于 Web 的新的、便携的、大小和加载时间高效的格式上，促进早期的跨浏览器协作。该社区组也正在将 WebAssembly 设计为 W3C 开放标准。目前，除了文中所述主流浏览器厂商 Mozilla、Google、微软、及苹果公司之外，Opera CTO 及 Intel 的 8 位该领域专家均参与了该社区组。当然，并不是只有社区组成员才能参与标准的制定，任何人都可以在 https://github.com/WebAssembly 做出贡献。

展望

由于主要的浏览器厂商对 WebAssembly 支持表现积极，并且都在实现 WebAssembly 的各项功能，因此在 Web 中高性能需求的应用例如在线游戏、音乐、视频流、AR／VR、平台模拟、虚拟机、远程桌面、压缩及加密等都能够获得接近于原生的性能。

相信 WebAssembly 将会开创 Web 的新时代。

WebAssembly 初步探索

文 / 题叶、张翰

过去十年越来越多厂商基于浏览器提供软件服务，对于 JavaScript 引擎执行效率也越来越重视。在 Chrome 发布，借助 JIT（即时编译）优化后 JavaScript 性能得到了巨大的提升，然而由于动态类型的限制，某些部分难以很好地被优化，做不到媲美 Native 代码的效率。

出于对性能的追求，Google 和 Mozilla 分别做出 Native Client 和 asm.js 的技术尝试。asm.js 是 Mozilla 在 2013 年提出的，它通过 Emscripten 将 C/C++ 编译到包含类型信息的 JavaScript 子集，借助 JavaScript 引擎做进一步优化，可以实现接近 Native 的运行速度。然而 asm.js 问题在于，它的源代码以文本的形式传输和解析，这个过程效率不高。而且不同的引擎做了不同优化，asm.js 并没有做到跨浏览器一致的高性能实现。

WebAssembly 简介

WebAssembly（或者 wasm）在 2015 年出现，它是一个可移植、体积小、加载快并且兼容 Web 的全新格式。wasm 以 asm.js 的工作为基础，设计了一套浏览器可执行的字节码，实现接近原生的运行效率。WebAssembly 遵循以下设计目标：

- 安全。Web 应用可以从任何网站打开，这就要求 wasm 做到内存安全，能阻止恶意代码通过浏览器盗取用户设备上的信息，甚至对系统进行破坏。
- 快速。要求 wasm 的性能接近 Native 代码，最大程度地发挥设备的计算能力。
- 可移植。要求 wasm 支持大量的硬件、操作系统、浏览器，并且具有一致的行为。
- 精简。wasm 为二进制的格式，相比 JavaScript 大幅减少了网络传输体积、降低了解析代码的开销。

WebAssembly 是一种编译目标，已有的 C/C++ 项目可以编译成 wasm 运行在浏览器上。其他支持 LLVM 的编程语言，比如 Rust，也可以编译成 wasm 运行在浏览器上。同时出现了一些新的语言，比如 ThinScript、TurboScript 等，可以编译成 wasm。随着 wasm 完善和扩展，会有更多编程语言加入队伍。

简单的例子

我们首先来看一个例子，它可以在支持 WebAssembly 的浏览器中运行，如图 1 所示。

图 1 运行例子

代码中的 Uint8Array 就可以视为使用十六进制表示的 wasm 代码，通过 WebAssembly.compile 方法编译成 wasm 模块，接着使用编译成功的模块创建 wasm 实例。这时也可以传入第二个参数向模块注入 Memory、Table 等变量。然后在实例的 exports 属性中就可以获取到 wasm 模块定义的方法，可以和普通 JavaScript 方法一样使用。

概括地讲，代码的执行过程可以简化为如图 2 所示。

图 2 代码执行过程

编译和执行

在实际应用中，没人愿意直接手写二进制或者十六进制来创建 wasm 文件。wasm 作为一种编译目标，通常由其他高级语言编译而来，目前在支持编译成 wasm 文件的语言中 C/C++ 和 Rust 是相对比较成熟的。

把 C/C++ 编译成 wasm

以 C 语言为例，在写好 C 代码以后，要想编译生成 wasm 文件，需要借助 Emscripten 等工具。工具的配置过程这里不再介绍，结果见图 3。

图 3 将 C 代码编译成 wasm 代码

可以看到 C 代码会被转成一个 wasm 模块，其中定义并且导出了 square 方法，保留了参数和返回值的类型声明。

图 3 中的 wast 是 WebAssembly 的一种文本格式，这里采用了 S- 表达式的写法，下文会再解释。wast 和 wasm 文件是可以互相等价转换的，通常工具并不会生成 wast 中间文件，这里为了方便理解，演示了与二进制结果等价的文本写法。

使用 wasm 模块

刚才也提到过执行 wasm 代码可以分为编译模块、创建实例、获取接口三个步骤，如果将这个过程再稍微封装一下，可以写成如图 4 所示形态。

图 4 过程

上边的代码使用了 fetch 方法来获取 wasm 文件，然后将其转换成 ArrayBuffer，接着把其编译成模块并且创建实例，最终可以获取到 wasm 文件中定义的接口。

WebAssembly 没有定义任何平台相关的特性，如果想要使用平台接口（如 Web API），就必须在创建 wasm 实例的时候传入第二个参数，声明要传递的值、方法、Memory 或者 Table，而且需要在 wasm 模块内部也声明好支持传入的数据类型。

在引擎中的解析过程

wasm 文件也是被 JavaScript 引擎编译执行的，复用了部分编译流程，但是编译效率和 JavaScript 相比有很大的提升。

首先以 V8 为例，看一下 JavaScript 的编译执行过程，如图 5 所示。

图 5　V8 中，JavaScript 的编译过程

在浏览器获取到 JavaScript 文件之后，会解析代码文本生成 AST（抽象语法树），然后 Ignition（解释器）会将其解释成字节码，这是浏览器内部定义的中间码，然后 TurboFan（优化编译器）会将此中间码编译并优化生成可执行代码。由于 JavaScript 是动态类型的语言，如果在执行过程中某个变量的类型发生了变化，将会触发 Deoptimize 使部分优化后的代码失效，这时将会触发引擎的重新优化。

然而编译 wasm 的过程就更简单一些，如图 6 所示。

图 6　wasm 的编译过程更简单

由于 wasm 文件本身就是二进制文件，只需要简单解码就可以转化成字节码，而且它的格式是在规范中定义了的，可以跨浏览器通用的，然后就可以复用优化编译器的部分功能将字节码编译成可执行代码。

由于编译方法的差异，wasm 和 JavaScript 相比有如下优势：
- wasm 文件通常比 JavaScript 源码文件要小得多，网络加载速度快。
- 解码二进制文件的速度比解析文本生成 AST 再解释成中间码的速度要快很多，甚至能快二十倍。
- wasm 不会因为类型改变而触发 Deoptimize，有利于优化。

技术细节

wasm 本身是二进制格式，同时提供了对应的文本格式（wast）帮助开发者调试和语言开发者使用。文本格式在一定程度上保留了代码的可读性，普通开发者一般只会在调试中遇到 wasm 的文本格式，对于编程语言的开发者来说，理解 wasm 指令是必要的工作。

基本概念

值得注意的是，wasm 的线性内存和 code space 以及 execution stack 是分隔开的，wasm 模块只能访问自身的内存空间，而不能访问任意的内存进行危险的操作，或者对其他的进程造成影响。那么 wasm 引擎被集成到其他的运行环境当中，不会影响宿主环境的安全性。wasm 基本概念注解如表 1 所示。

表 1　wasm 基本概念注解

概念	说明
Modules（模块）	模块定义了其中包含的函数和全局变量，以及导入和导出模块的指令。除此之外，作为低级语言 wasm 还包含内存和 Tables 相关的指令。
Functions（函数）	函数是静态的，定义了参数和返回结果的类型。WebAssembly 当中的函数不像 JavaScript 中那样支持嵌套支持词法作用域。不过函数能够相互调用，甚至递归地调用。函数通过 call 指令调用。
Instructions（指令）	wasm 中的指令基于一个 Stack Machine。指令的序列组成了函数体的内容。
Traps（错误捕捉）	有的指令会生成 Traps 来终止当前代码的执行，由于 wasm 本身不能处理 Trap，实际上会在 JavaScript 抛出一个异常最后用于调试。
Machine Types（机器类型）	wasm 当中只有四种基础类型（i32、i64、f32、f64），与通用的硬件对应。
Local Variables（局部变量）	可以用 get_local、set_local、tee_local（写入变量同时放进栈中）进行操作。注意函数的参数也会放在局部变量当中，由于局部变量是可变的，因而函数参数可以被修改。
Global Variables（全局变量）	全局变量可以用 get_global 和 set_global 操作。它的值必须是常量。
Linear Memory（线性内存）	每个模块可以创建最多一个内存，通过 grow_memory 来扩大内存，通过 current_memory 可以获当前的大小。内存可以通过动态的 i32 的地址访问，可以通过 load 和 store 指令来访问和操作内存。
Structured Control Flow（结构控制流）	基于 Stack Machine 提供对应 if、switch 之类的结构化的控制流。wasm 的控制流不包含 goto。
Tables（表）	出于安全原因，wasm 中调用 JavaScript 环境的函数时并不是将函数的引用放在内存，而是存放在 Table 中，通过 call_indirect 指令和函数的位置（index）来调用。

文本格式

WebAssembly 当中的一个模块，对应的文本格式看起来像是这样，下面这个例子当中定义了 $add 函数并将其导出：

```
(module
  (func $add (param $lhs i32) (param $rhs i32) (result i32)
    get_local $lhs
    get_local $rhs
    i32.add)
  (export "add" (func $add))
)
```

可以看到 wasm 中函数带着类型签名，它的返回值是 i32 类型的。中间的函数体不再是 S 表达式，而是基于 Stack Machine 的一些指令：
- 两个函数参数默认就是局部变量 $lhs、$rhs。
- get_local $lhs 从局部变量中取出 $lhs，放进 Stack。
- get_local $rhs 取出 $rhs，放进 Stack。这时 Stack 有两个数据。
- i32.add 取出两个数据进行计算，把结果放回 Stack。
- 函数尝试返回 i32 时使用 Stack 中唯一一个数据。

这样就得到了两个 i32 类型的参数的计算结果。

关于 wasm 的文本格式，早期文档采用的是基于 AST 的写法，考虑到引擎的性能和便利，调整到现在基于 Stack Machine 的 post-order encoding 写法。调整之后 wasm 代码 decode 和 verify 的性能得到了巨大提升。

从图 7 可以看到高级语言代码与 wasm 采用的 Stack Machine 的指令写法的区别和联系。

高级语言中的 while 结构在 wasm 当中被更底层的 loop、br_if、br 指令所替代。

Raw Bytes	Text Format	C Source

02 40
03 40
20 00
45
0d 01
	block
	  loop
	    get_local 0
	    i32.eqz
	    br_if 1
		while (x != 0)
		{

20 00 21 02	get_local 0 set_local 2	z = x;

20 01
20 00
6f
21 00
	get_local 1
	    get_local 0
	    i32.rem_s
	    set_local 0
		x = y % x;

20 02 21 01	get_local 2 set_local 1	y = z;
0c 00 0b 0b	br 0 end end	}
20 01	get_local 1	return y;

图 7　高级语言与 wasm 在代码写法上的区别对比

技术特点

和 JavaScript 的关系

WebAssembly 并不会取代 JavaScript，而是会补足 JavaScript 在计算能力上的短板。

WebAssembly 的其中一个设计目标也是兼容现有的 Web 技术，并不颠覆原有的开发体验。目前标准中只设计了 JavaScript 接口来编译 wasm 模块，换句话说，目前 wasm 文件无法单独运行，只能通过 JavaScript 脚本来加载和编译，然后才能调用其中定义的接口。

目前也没有工具能直接把 JavaScript 代码编译成 wasm。由于 JavaScript 是动态类型语言，至少要加上一些语法限制才有机会编译成 wasm；例如 asm.js 虽然可以编译成 wasm，但是它是 JavaScript 语法的子集，使用了一系列底层语法来标注类型，也是作为一种编译目标而设计的，同样不适合在开发时使用。

优缺点分析

优势

WebAssembly 不仅得到了 W3C 标准的支持，而且 Chrome、Edge、Firefox 和 Safari 等浏览器厂商从一开始就都参与了规范的设计和讨论，对第一版的特性已经达成了共识，在各自浏览器中都实现了该特性。有标准的支撑和主流浏览器厂商的支持，WebAssembly 的技术生命力将会很持久。

wasm 文件不仅体积小，解码的速度也特别快，具有明显的性能优势。它对现有 Web 技术没有破坏性，可以很简单地融入现有 Web 技术中，也天生具有动态化和跨平台的能力，最新发布的 Node.js 8.0.0 也默认支持了 WebAssembly 的特性。

WebAssembly 支持将多种语言编译成 wasm 模块，对于很多已有的 C/C++ 或者 Rust 的程序库，可以很容易得移植到 Web 平台上来。它拓宽了 Web 应用的边界，开辟了新的开发途径。

劣势

WebAssembly 目前还处于起步阶段，浏览器兼容性也不够好，第一版的特性不够全。它目前无法直接操作 DOM 等 Web API，只能通过 JavaScript API 向 wasm 模块传递数据和方法；它第一版中也没有提供 GC（垃圾回收）指令，这使得很多依赖 GC 的编程语言编译到 wasm 时受到很大阻力。

此外目前 WebAssembly 的开发体验很差，靠谱的工程实践也比较少。无论是 C/C++ 还是 Rust，将源码编译成 wasm 文件的过程都比较烦琐；而且浏览器调试工具的功能也有限，程序源码很难阅读。整体来讲，短期内 WebAssembly 的开发效率并不高，大部分实践都是将现有程序库编译到 Web 平台。

对于在移动端或者 Node.js 原生模块依赖的 C/C++ 程序库，是能够直接编译成平台支持的二进制代码的，如果把这部分功能编译成 wasm 再交给 JavaScript 引擎来执行，它的性能未必有提升。

使用场景

首先，WebAssembly 适合开发模块，而不适合开发完整的应用。它很难实现 Web 开发中各种复杂的逻辑，而且它本身的设计理念也是补足 JavaScript 在计算性能上的劣势而非独立实现 Web 开发。它比较适合写计算密集型的工具库，或者用于实现框架中部分复杂计算的功能，例如图像处理、视音频处理、机器学习算法、加密算法、游戏引擎、AR/VR 计算框架等技术，短期内可以将这些现有的功能编译成 wasm 然后移植到 Web 平台中。像 three.js 这类框架也可以把内部矩阵运算的部分用 WebAssembly 实现，上层保持原有 JavaScript 接口，也是一种比较好的实践场景。

WebAssembly 不适合编写接口封装型和策略型的库或框架。因为在封装平台接口或语言特性的库中，会涉及大量的格式转换和数据校验，在策略型框架中，通常会包含很多逻辑处理、事件响应，也会存储很多中间状态，有些还会依赖 JavaScript 的语言特性，WebAssembly 并不擅长这方面的处理，性能上也未必会有优势。

结语

WebAssembly 对于 Web 平台只是增强而不是颠覆，并不是所有 Web 技术都能与它结合，应用场景有限，这项技术在短期内很可能会被高估；但是从长期来看，它拓宽了 Web 应用的边界，开辟了新的开发途径，对周边一系列技术潜移默化的影响力不容小觑。

WebAssembly 在白鹭引擎 5.0 中的实践

文 / 王泽

作为一种可移植、体积小、加载快且兼容 Web 的全新格式，WebAssembly 受到诸多关注，并迎来企业的探索实践。白鹭引擎 5.0 利用它重新编写了渲染核心，此过程中，同样遇到了很多问题。本文将针对这些问题，分享背后的解决方案。

WebAssembly 是 Google Chrome、Mozilla FireFox、Microsoft Edge、Apple Safari 共同宣布支持，并在 2017 年 3 月份在各自浏览器中提供了实现的一种新技术。它被设计为一种可移植、安全、低大小、高效的二进制格式。浏览器可以解析并运行这种格式，并拥有比 JavaScript 更高的性能和解析速度。WebAssembly 可以通过编写 C/C++ 代码，通过专门的编译器生成 .wasm 格式的文件，直接运行在最新的浏览器中。

白鹭引擎是一款 HTML5 游戏引擎，提供了游戏开发所需要的诸多功能，并允许开发者编写的游戏运行在 Web 浏览器或移动应用的 WebView 容器中。

在白鹭引擎 5.0 中，我们使用 WebAssembly 重新编写了我们的渲染核心，以便进一步提升渲染效率。在这个过程中，白鹭引擎遇到了 WebAssembly 的各种问题，在此与读者分享一些 WebAssembly 在实践中遇到的问题及解决方案，希望对计划或者正在使用 WebAssembly 的开发者有所帮助。

WebAssembly 的生成原理

图 1 展示了将 C/C++ 代码编译成 WebAssembly 内容的过程。

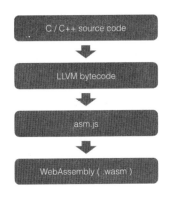

图 1　C/C++ 代码被编译为 WebAssembly 代码的过程

首先通过 LLVM，将 C/C++ 源代码编译为 LLVM bytecode。这是一种跨语言的底层虚拟机字节码，理论上所有强类型编程语言均可以生成这种字节码。通过这一点可以得知，在未来理论上所有强类型编程语言（诸如 Java、C# 等）均可以开发 WebAssembly 程序。

其次，通过 Emscripten 中的后端编译器，将这种抽象字节码生成 asm.js 格式的文件。这是一种特殊的 JavaScript 代码，一些 JavaScript 引擎会将这种格式以比通常 JavaScript 代码更快的速度运行，并且由于 asm.js 仍然是 JavaScript，所以哪怕 JavaScript 引擎不支持该特性，也会以通常的方式运行这段逻辑。这意味着使用 C/C++ 编写的源代码，哪怕用户设备不支持 WebAssembly，也可以回退到 JavaScript 运行并得到一致的结果。

接下来，asm.js 会通过另一个编译器生成为 WebAssembly 的 .wasm 文件。WebAssembly 是二进制格式，相比 JavaScript 而言，其代码体积同比小很多，并且已经是面向机器码的格式，也无须在运行前对源代码耗费时间进行 JIT 编译操作。

通过上述内容可以看出，WebAssembly 理论上可以通过任何强类型语言生成，不强制依赖用户的本地运行环境，代码体积小、解析速度快，几乎彻底解决了 JavaScript 的各种顽疾。

WebAssmely 简单入门

开发环境配置

如果您想开发 WebAssembly，强烈建议您收藏以下三个站点。

- WebAssembly 官网：https://webassembly.org/；
- WebAssembly MDN：https://developer.mozilla.org/zh-CN/docs/WebAssembly；
- Emscripten 官网：http://kripken.github.io/emscripten-site/。

在具体的开发中遇到的问题，大部分可在这三个网站中找到答案。

首先，进行项目开发前需要配置 WebAssembly 开发环境。本文以 Windows 为例，Mac 与 Linux 开发者可以阅读 Emscripten 官网文档。

在 Windows 中，可以直接从 Emscripten 官网下载 Emscripten SDK，安装后，在命令行输入 emcc -v，可以看到显示当前版本号为 1.35.0。为了保证最佳的开发体验，我们需要执行以下命令，手动升级 Emscripten SDK 到最新版本。

```
# 获取当前版本信息
emsdk update
# 安装最新版本，笔者目前为 1.37.14
emsdk install latest
# 使用最新版本
emsdk activate latest
```

在安装过程中，需要下载文件，考虑到国内的特殊网络环境，有时下载会失败，你可以根据下载时的日志输出，提前将要下载的文件放置于正确路径，然后执行安装命令。

编写 HelloWorld 应用

在保证 Emscripten 处于最新版本后，就可以开始编写 HelloWorld 应用了。

创建一个新的 C 文件，名为 main.c，编写以下内容。

```
#include <stdio.h>

int main() {
printf("hello, world!\n");
return 0;
}
```

然后在终端中执行以下命令 emcc main.c -o out/index.html 最终会生成以下项目结构。

```
project-root
|-- main.c
|-- out/index.html
|-- out/index.js
```

你应该已经发现，生成的代码并不包含 WebAssembly 的 wasm 格式文件，而是一个名为 index.js 的 asm.js 文件。这是因为 Emscripten 最初是为了生成 asm.js 格式而设计的。为了生成 wasm，需要额外添加一个参数 emcc main.c -o out/index.html -s WASM=1，当添加这个参数后，Emscripten 会再通过一个名为 Binaryen 的编译器将 asm.js 格式转换为 wasm 格式。

细心的你可能会发现，理论上 Binaryen 无须 asm.js 这个中间格式，而应该从 C++ 生成的 LLVM 直接输出 wasm 格式，目前 Binaryen 已经支持了这种方式，但是目前还在测试阶段，所以默认行为仍然是通过 asm.js 作为中间层。

添加完上述参数后重新执行，就会发现项目中生成了名为 index.wasm 的文件，运行 index.html，可以看到屏幕上输出了 "Hello,World"。

与 JavaScript 进行交互

除了标准 C 之外，Emscripten 提供了大量函数，用于与 JavaScript、HTML 与 WebAssembly 进行通信，其最简单的代码如下所示。

```
#include <emscripten.h>

int main() {
    EM_ASM( alert("hai"));
    return 0;
}
```

通过引入 emscripten.h 头文件，就可以调用这些函数，上述代码中展示了如何在 WebAssembly 中直接调用 JavaScript 内容。

为了简化调用，Emscripten 提供了 EMSCRIPTEN_BINDING 等 API，可以将一个 C++ 类和函数与 JavaScript 进行直接绑定。

由于 WebAssembly 与 JavaScript 的调用存在着一定的性能问题，所以更推荐开发者使用 typed_memory_view 的方式，将 WebAssembly 中的一段内存与 JavaScript 的一段 TypedArray 进行绑定，通过这种方式，WebAssembly 与 JavaScript 的调用不是通过复制数据，而是直接以对内存进行共享的方式进行交互。通过灵活运用这种方式，可以大幅提升性能，一些更为具体的实际案例将在下文进行展示。

白鹭引擎的 WebAssembly 实践

在网页端运行一款游戏的几种方式

通过浏览器插件机制，在网页插件中运行游戏，如 Flash Player、Unity Web Player 等。这种机制的优势是由于插件本身使用 NativeCode 对游戏组件进行了许多封装，所以运行效率很高，缺点则是需要浏览器支持，而现在浏览器更加倾向于无插件化。

其次是游戏逻辑和游戏引擎均交由 JavaScript 进行处理，最终渲染则通过控制 DOM 节点或者操作 DOM Canvas 相关 API 去实现。这种方式实现了无插件化，但是由于 JavaScript 自身性能存在瓶颈，性能也有一定的局限性。目前市面上绝大多数 HTML5 游戏引擎（包括白鹭引擎）均是如此实现，扩展到 WebApp 开发行业，无论是 Angular、React 还是其他诸多框架的核心架构也是如此。

由于 WebAssembly 的引入，一些大型游戏引擎厂商，比如 Unity3D，开始尝试将其游戏源代码编译为 WebAssembly，运行在浏览器中，这种做法理论上可以把大量基于 C/C++ 编写的游戏发布为 HTML5 版本。但由于 HTML5 游戏本身的资源加载机制与客户端游戏完全不同，直接转换的游戏仍然需要改造很多逻辑去适应网页端"边加载边进行游戏"的需求，否则当用户需要加载上百兆的游戏资源才能进入游戏，这带来了极其糟糕的体验，并且很占用内存。

由于将整个客户端游戏直接发布为 WebAssembly 格式目前并不成熟，所以我们认为把游戏中性能消耗较大的部分转为 WebAssembly，而将需要强调开发效率的部分继续使用 JavaScript 是一种灵活的方式。

在上述四种方案中，主要是后两种采用了 WebAssembly 技术。在目前来看，由于第四种方案较为稳妥，所以我们采用了这种方案，在最新版本 5.0 中提供了基于 WebAssembly 的渲染内核，而游戏逻辑本身仍然运行在 JavaScript 环境中。

JavaScript 与 WebAssembly 互操作性能很差

以白鹭引擎 5.0 的渲染库为例，白鹭引擎对外提供 JavaScript API，开发者编写的 JavaScript 逻辑代码会汇总为一组命令队列发送给 WebAssembly 层，然后 WebAssembly 建立对渲染节点的抽象封装，并在每一帧对这些渲染节点进行矩阵计算、渲染命令生成等逻辑，最终生成一组 ArrayBuffer 数据流，最后 JavaScript 对这组数据流进行简单的解析并直接调用 DOM 的 WebGL 接口，把数据流传递给浏览器层。

这个过程中存在着几个性能瓶颈。

首先，JavaScript 与 WebAssembly 的对象绑定后，互相调用的性能很差，这大大限制了 WebAssembly 的适用范围。简单地将特定几个函数编译为 WebAssembly，然后交由 JavaScript 去调用，反而会因为频繁的互相操作造成性能下降。为了绕过这个问题，WebAssembly 设计了一组 API，可以用于将一段 JavaScript ArrayBuffer 与 WebAssemly 中的字节流进行共享操作。所以白鹭引擎将所有对 WebAssembly 的调用封装为一组字节流命令，并在用户逻辑全部执行完之后，将这个字节流命令传递给 WebAssembly，这样就大幅减少了 JavaScript 和 WebAssembly 之间的互操作。

其次，WebAssembly 不能直接操作 WebGL 等浏览器 API，所以在每一帧对渲染内容完成计算之后，需要把计算结果再保存在一段字节流中，共享给 JavaScript，交由 JavaScript 去操作 DOM 节点。由于最终仍然是 JavaScript 去操作 DOM 节点，必然仍然存在一定的性能问题。无法操作 DOM 节点使得目前 WebAssembly 无法完全代替 JavaScript。这一问题在 WebAssembly 的路线图中有所提及，会在未来的版本中加以解决。

因此可以看出，WebAssembly 适合将一段大量的、密集的逻辑计算抽象出来，统一一次性输入所有的参数、一次性返回所有的输出，比如游戏主渲染循环、物理引擎、粒子系统、骨骼动画计算等内容。

WebAssembly 的二进制格式可调试性较差

WebAssembly 被设计为一种开放的、可调试的程序，但目前无论是 Chrome 还是 FireFox，在调试方面还有很大的提升空间。由于在目前阶段调试较为困难，所以用 WebAssembly 编写业务逻辑代码对研发来说还是很不方便的。目前白我们的策略是把 Emscripten 中的 API 与业务逻辑进行隔离，通过 C++ 自身的开发环境，剥离 Emscripten 进行独立的调试，然后发布为 WebAssembly 格式，而非直接在浏览器端调试 WebAssembly。

虽然目前可调试性较差，但我们相信这个问题在未来一定会得到较好的解决。同时，由于二进制的原因，代码体积很小，白鹭引擎团队将大约 300B 左右（压缩后）JavaScript 逻辑改用 WebAssembly 重写后，体积仅有 90B 左右。虽然使用 WebAssembly 需要引入一个 50B ~ 100B 的 JavaScript 类库作为基础设施，但是总体来看资源大小的优势还是很大的。

由于代码格式是二进制，无法直接在浏览器中看到源码，尽管理论上仍然可以通过逆向工程，在一定程度上得到原有的业务逻辑，但由于开发者可以在编译时使用 –O3 等激进的优化策略，所以最终反编译得到的业务逻辑也是很难阅读的。虽然理论上一切在客户端的内容都是不安全的，但是与所有代码都直接暴露给用户相比，代码安全性得到了很大的改善。

WebAssembly 的浏览器支持率仍很低

在当前，Chrome 57+（包括 PC 与 Android），iOS 11 Safari、FireFox 52 与 Microsoft Edge 均已支持 WebAssembly，但仍然存在不稳定现象。以 Chrome 浏览器为例，Chrome 57 支持 WebAssembly 的 MVP 版本，但是在 Chrome 58 上，大量的 WebAssembly 程序会直接导致进程崩溃，虽然后续的 Chrome 59 已经修复了绝大部分问题，但是仍然不得不对目前版本的稳定性持保留态度。

在不支持 WebAssembly 的浏览器中，由于 C++ 代码在编译 WebAssemly 的同时也可以编译出完全符合 JavaScript 语法的 asm.js，所以保证业务逻辑是可以通过这种方式回退支持所有的浏览器。

WebAssembly 在移动设备上性能并没有跨越式提升

经过测试发现，在 PC Chrome 上，WebAssembly 相比 JavaScript 的性能有很大提升，但是在 Mobile Chrome 上，提升目前只有 30% 左右，这说明目前 WebAssembly 在性能挖掘上还有很大空间。

我运行了一个复杂的测试用例，15000 个显示对象在屏幕上进行旋转，其测试结果见表 1。通过性能测试可以看出，WebAssembly 比 JavaScript 版本以及 asm.js 版本均有一定提升。由于在测试 Demo 中，游戏逻辑（每一帧遍历 15000 个显示对象，修改其旋转属性）无论在任何版本中均处于 JavaScript 环境运行。所以游戏逻辑的开销在三个版本中是一致的，而使用 WebAssembly 实现的渲染逻辑比 JavaScript 版本快 30% 以上。

在运行 benchmark 等极限测试时，游戏引擎使用 WebAssembly 并不比 JavaScript 有成倍的提升。我的推论是，由于 JavaScript 引擎的 JIT 机制会把经常运行的函数进行极限的编译优化，所以在 benchmark 这种代码大量反复执行的测试环境下，无论是 JavaScript 版本，还是 WebAssembly 版本，运行的都是高度优化后的机器码。虽然 WebAssembly 版本仍然比 JavaScript 版本有一定的性能优势，但是并不明显。而在运行业务逻辑代码时，由于大部分业务逻辑代码只运行一次，所以 JavaScript 引擎只会对这部分代码进行简单的编译优化而非极限优化，所以运行这一部分代码 WebAssembly 相比 JavaScript 版本而言提升巨大（见表 1）。不过，正如上文所述，不建议开发者在编写业务逻辑时使用 WebAssembly，所以这里陷入了一个两难境地。在目前而言，理想情况是除了底层库之外，部分关键的涉及性能问题的逻辑也可以使用 WebAssembly 进行编写。

表 1　性能测试结果

性能指标	JavaScript版本	asm.js版本	WebAssembly版本
帧频（越高越好）	20	20	25
游戏逻辑（毫秒，越低越好）	23	23	23
渲染逻辑（毫秒，越低越好）	30	30	20

结论

综上所述，目前为止由于 WebAssembly 还不是非常完善，所以它目前的主要作用是作为 JavaScript 生态的有益补充，与 JavaScript 共存而不是取而代之。但是通过其路线图我们可以得知，WebAssembly 的设计思想非常优秀，目前所有存在的问题从长远的角度来说都是可以解决的。再加上 WebAssembly 是非常罕见的由四大浏览器厂商共同宣布会大力支持并实现的功能，其浏览器兼容性问题也终究可以得到解决，再退一步，哪怕旧式浏览器不支持，由于 WebAssembly 支持回退到 JavaScript，也可以保证正常运行。

我认为，WebAssembly 就像当初的 HTML5 标准一样，在公布之后最开始不被很多人看好，认为会有浏览器兼容性问题，各大浏览器厂商的实现问题、性能问题、用户需求与用户体验问题，但在近年来 HTML5 终于得到了广泛的使用，甚至有些人认为它可以在很多场景下取代 Native App，而非仅仅是当年"取代 Flash"这一小目标。凭借着底层技术的跨越式发展，以及浏览器厂商的一致支持，WebAssembly 一定会有一个光明的未来。

在 Node.js 中看 JavaScript 的引用

文 / 黄鼎恒

对于从 PHP 转到 Node.js 的作者而言，Node.js 编辑完代码后必须重启真是件麻烦事。在不重启情况下热更新 Node.js 代码，是本文重要讨论的话题。而解决该问题，JavaScript 的引用成为了关键。层层剖析，抽丝剥茧，带你了解问题本质及解决之道。

早期学习 Node.js 的时候，有很多人是从 PHP 转过来的，当时有部分人对于 Node.js 编辑完代码需要重启一下表示麻烦（PHP 不需要这个过程），于是社区里的朋友就开始提倡使用 node-supervisor 这个模块来启动项目，可以编辑完代码之后自动重启。不过相对于 PHP 而言依旧不够方便，因为 Node.js 在重启以后，之前的上下文都丢失了。

虽然可以通过将 session 数据保存在数据库或者缓存中来减少重启过程中的数据丢失，不过如果是在生产的情况下，更新代码的重启间隙是没法处理请求的（PHP 可以，另外那个时候还没有 cluster）。由于这方面的问题，加上本人是从 PHP 转到 Node.js 的，于是从那时就开始思考，有没有办法可以在不重启的情况下热更新 Node.js 的代码。

最开始把目光瞄向了 require 这个模块。想法很简单，因为 Node.js 中引入一个模块都是通过 require 这个方法加载的。于是就开始思考 require 能不能在更新代码之后再次 require 一下。尝试如下：

a.js

```
var express = require('express');
var b = require('./b.js');

var app = express();

app.get('/', function (req, res) {
  b = require('./b.js');
  res.send(b.num);
});

app.listen(3000);
```

b.js

```
exports.num = 1024;
```

两个 JS 文件写好之后，从 a.js 启动，刷新页面会输出 b.js 中的 1024，然后修改 b.js 文件中导出的值，例如修改为 2048。再次刷新页面依旧是原本的 1024。

再次执行一次 require 并没有刷新代码。require 在执行的过程中加载完代码之后会把模块导出的数据放在 require.cache 中。require.cache 是一个 {} 对象，以模块的绝对路径为 key，该模块的详细数据为 value。于是便开始做如下尝试：

a.js

```
var path = require('path');
var express = require('express');
var b = require('./b.js');

var app = express();

app.get('/', function (req, res) {
  if (true) { // 检查文件是否修改
    flush();
  }
  res.send(b.num);
});

function flush() {
  delete require.cache[path.join(__dirname, './b.js')];
  b = require('./b.js');
}

app.listen(3000);
```

再次 require 之前，将 require 之上关于该模块的 cache 清理掉后，用之前的方法再次测试。结果发现，可以成功地刷新 b.js 的代码，输出新修改的值。

了解到这个点后，就想通过该原理实现一个无重启热更新版本的 node-supervisor。在封装模块的过程中，出于情怀的原因，考虑提供一个类似 PHP 中 include 的函数来代替 require 去引入一个模块。实际内部依旧是使用 require 去加载。以 b.js 为例，原本的写法改为 var b = include('./b')，在文件 b.js 更新之后，include 内部可以自动刷新，让外面拿到最新的代码。

但是在实际的开发过程中，这样很快就碰到了问题。我们希望的代码可能是这样：

web.js

```
var include = require('./include');
var express = require('express');
var b = include('./b.js');
var app = express();
```

```
app.get('/', function (req, res) {
  res.send(b.num);
});

app.listen(3000);
```

但按照这个目标封装 include 的时候，我们发现了问题。无论我们在 include.js 内部如何实现，都不能像开始那样拿到新的 b.num。

对比开始的代码，我们发现问题出在少了 b = xx。也就是说这样写才可以：

web.js

```
var include = require('./include');
var express = require('express');
var app = express();

app.get('/', function (req, res) {
  var b = include('./b.js');
  res.send(b.num);
});

app.listen(3000);
```

修改成这样，就可以保证每次可以正确地刷新到最新的代码，并且不用重启实例了。读者有兴趣可以研究这个 include 是怎么实现的，本文就不深入讨论了，因为这个技巧使用度不高，写起起来不是很优雅，反而其中有一个更重要的问题——JavaScript 的引用。

JavaScript 的引用与传统引用的区别

要讨论这个问题，我们首先要了解 JavaScript 的引用于其他语言中的一个区别，在 C++ 中引用可以直接修改外部的值：

```cpp
#include <iostream>

using namespace std;

void test(int &p) // 引用传递
{
    p = 2048;
}

int main()
{
    int a = 1024;
    int &p = a; // 设置引用 p 指向 a

    test(p); // 调用函数

    cout << "p: " << p << endl; // 2048
    cout << "a: " << a << endl; // 2048
    return 0;
}
```

而在 JavaScript 中：

```javascript
var obj = { name: 'Alan' };

function test1(obj) {
  obj = { hello: 'world' }; // 试图修改外部 obj
}

test1(obj);
console.log(obj); // { name: 'Alan' } // 并没有修改①

function test2(obj) {
  obj.name = 'world'; // 根据该对象修改其上的属性
}
```

```
test2(obj);
console.log(obj); // { name: 'world' } // 修改成功②
```

我们发现与 C++ 不同，根据上面代码①可知 JavaScript 中并没有传递一个引用，而是复制了一个新的变量，即值传递。根据②可知复制的这个变量是一个可以访问到对象属性的"引用"（与传统的 C++ 的引用不同，下文中提到的 JavaScript 的引用都是这种特别的引用）。这里需要总结一个绕口的结论：Javascript 中均是值传递，对象在传递的过程中是复制了一份新的引用。

为了理解这个比较拗口的结论，让我们来看一段代码：

```
var obj = {
  data: {}
};

// data 指向 obj.data
var data = obj.data;

console.log(data === obj.data); // true-->data 所操作的就是 obj.data

data.name = 'Alan';
data.test = function () {
  console.log('hi')
};

// 通过 data 可以直接修改到 data 的值
console.log(obj) // { data: { name: 'Alan', test: [Function] } }

data = {
  name: 'Bob',
  add: function (a, b) {
    return a + b;
  }
};

// data 是一个引用，直接赋值给它，只是让这个变量等于另外一个引用，并不会修改到 obj 本身
console.log(data); // { name: 'Bob', add: [Function] }
console.log(obj); // { data: { name: 'Alan', test: [Function] } }

obj.data = {
  name: 'Bob',
  add: function (a, b) {
    return a + b;
  }
};

// 而通过 obj.data 才能真正修改到 data 本身
console.log(obj); // { data: { name: 'Bob', add: [Function] } }
```

通过这个例子我们可以看到，data 虽然像一个引用一样指向了 obj.data，并且通过 data 可以访问到 obj.data 上的属性。但是由于 JavaScript 值传递的特性直接修改 data = xxx 并不会使得 obj.data = xxx。

打个比方最初设置 var data = obj.data 的时候，内存中的情况大概如表 1 所示。

表 1 内存情况

格子	内容
obj.data	内存 1
data	内存 1

所以通过 data.xx 可以修改 obj.data 的内存 1。

然后设置 data = xxx，由于 data 是复制的一个新的值，只是这个值是一个引用（指向内存 1）罢了。让它等于另外一个对象就好比表 2。

表 2 data 指向了新的一块内存 2

格子	内容
obj.data	内存 1
data	内存 2

如果是传统的引用（如上文中提到的 C++ 的引用），那么 obj.data 本身会变成新的内存 2，但 JavaScript 中均是值传递，对象在传递的过程中复制了一份新的引用。所以这个新复制的变量被改变并不影响原本的对象。

Node.js 中的 module.exports 与 exports

上述例子中的 obj.data 与 data 的关系，就是 Node.js 中的 module.exports 与 exports 之间的关系。让我们来看看 Node.js 中 require 一个文件时的实际结构：

```
function require(...) {
  var module = { exports: {} };
  ((module, exports) => { // Node.js 中文件外部其实被包了一层自执行的函数
    // 这中间是模块内部的代码
    function some_func() {};
    exports = some_func;
    // 这样赋值，exports 便不再指向 module.exports
    // 而 module.exports 依旧是 {}

    module.exports = some_func;
    // 这样设置才能修改到原本的 exports
  })(module, module.exports);
  return module.exports;
}
```

所以很自然：

```
console.log(module.exports === exports); // true --> exports 所操作的就是 module.exports
```

Node.js 中的 exports 就是复制的一份 module.exports 的引用。通过 exports 可以修改 Node.js 当前文件导出的属性，但是不能修改当前模块本身。通过 module.exports 才可以修改到其本身。表现上来说：

```
exports = 1; // 无效
module.exports = 1; // 有效
```

这是二者表现上的区别，其他方面用起来都没有差别。所以你现在应该知道写 module.exports.xx = xxx; 的人其实是多写了一个 module.。

更复杂的例子

为了再练习一下，我们再来看一个比较复杂的例子：

```
var a = {n: 1};
var b = a;
a.x = a = {n: 2};
console.log(a.x);
console.log(b.x);
```

按照开始的结论我们可以一步步来看这个问题（见表 3 和表 4）：

```
var a = {n: 1};    // 引用 a 指向内存 1{n:1}
var b = a;  // 引用 b => a => { n:1 }
```

表3 内存情况

格子	内容
a	内存1({n:1})
b	内存1

```
a.x = a = {n: 2};  // （内存1 而不是 a ).x = 引用 a
= 内存 2 {n:2}
```

a 虽然是引用，但是 JavaScript 是值传的这个引用，所以被修改不影响原本的地方。

表4 内存情况

格子	内容
1) a	内存2({n:2})
2) 内存 1.x	内存2({n:2})
3) b	内存1({n:1, x: 内存2})

所以最后的结果：

- a.x 即（内存 2).x ==> {n: 2}.x ==> undefined
- b.x 即（内存 1).x ==> 内存 2 ==> {n: 2}

总结

JavaScript 中没有引用传递，只有值传递。对象（引用类型）的传递只是复制一个新的引用，这个新的引用可以访问原本对象上的属性，但是这个新的引用本身是放在另外一个格子上的值，直接往这个格子赋新的值，并不会影响原本的对象。本文开头所讨论的 Node.js 热更新时碰到的也是这个问题，区别是对象本身改变了，而原本复制出来的引用还指向旧的内存。

Node.js 并没有对 JavaScript 施加黑魔法，其中的引用问题依旧是 JavaScript 的内容。如 module.exports 与 exports 这样隐藏了一些细节容易使人误会，本质还是 JavaScript 的问题。Ⓟ

Node.js 异步编程之难

文 / 黄鼎恒

在很多人看来，Node.js 开发服务端程序比较难。作者认为，这不能完全归咎于 Node.js，更本质的原因是服务端程序开发本身的难度。本文将从多方面对这些难点进行综合解析，并分享诸多应用开发经验。

前一阵子 Node.js 之父 Ryan Dahl 在访谈中表示 Node.js 不是构建庞大服务器网络的最佳系统，引起许多的争议。许多人也觉得 Node.js 的开发难度比较大，那么使用 Node.js 开发服务端的难度从何而来，本文从控制流、异常处理、状态机、性能、队列等方面进行一次综合的探讨。

控制流

对于从事主流编程语言开发的开发者而言，异步的控制流程在直觉上有一定的区别，容易导致出现误解的情况。我们先来看一个简单的代码。

```
function test (callback) {
  callback()
}

test(function () {
  console.log('b')
})

console.log('a')
```

这是一道很简单的面试题，题目是"先输出 a 还是先输出 b"。答案是"先输出 b 再输出 a"，虽然很简单但是却能轻松地帮你区分出来一个人是不是了解 JavaScript 和异步的基础。

粗窥异步编程的开发者，提到异步的印象基本都是 callback，这种印象让相当一部分开发者看到 callback 就以为是异步，从而回答"先输出 a 后输出 b"（以为 b 的输出过程被异步了）。不要轻视这种顺序的错误，在实际的项目中由于顺序的问题导致的错误绝对不会少。

实际上，业内有一项共识，即在不能明确接口是否异步的时候，均按异步的方式来封装处理。这样统一之后在编码流程上问题简化了不少。这种简化的流程控制在 Node.js 中有很多方案，比如原生 callback（async.js, eventproxy 等）、Promise、Generator、async/await 等。

最后的 async/await 号称编写异步流程的终极方案，极大地简化了异步控制流的情况。不过实际开发中 async/await 并不能满足所有的异步需求，由于偏向同步的写法 async/await 的灵活性上比起 callback 差了很多，当碰到复杂的异步需求时还是会需要 callback、promise。所以实际项目开发的过程中 Node.js 的异步控制流是多种方案并行使用的。

虽然写法上可以避免混淆，但是对于一个有经验的 Node.js 开发者而言，一个函数实际上是不是异步依旧是值得商榷的。

以 Node.js 的 core 模块提供的 dns.lookup（hostname[,options],callback）接口为例，这个接口看起来是传 callback 的异步方式，但实际上内部实现是个同步调用 getaddrinfo(3) 的过程。

这种问题乍看起来不起眼，但实际上在细致业务中很容易埋下祸根，在你以为它是异步 non-blocking 接口的时候，它可能实际上是个同步的过程，从而堵住你的整个进程。反之以为是同步但实际上异步的操作，也可能由于顺序的问题导致数据变脏，甚至一些更糟糕的问题。对于一段 Node.js 代码异步与否，在直达异步的本质之前直觉和反直觉将会是 Node.js 开发者碰到的第一个难点。

当然，就好比写 Lisp、Haskell 之类的开发者会对大量的括号习以为常一样，这个难点并不是一个痛点，只是一个学习成本的问题，并非不能接受。

异常处理

在 Node.js 中错误处理主要有以下几种方法。

- callback(err, data) 回调约定；
- throw/try/catch；
- EventEmitter 的 error 事件。

在最开始使用异步编程，人们碰到异常的时候可能有如下情况的代码。

```
try {
  setTimeout(() => {
    throw new Error('Oops')
```

```
})
} catch(err) {
  console.log('Caught error', err) // not work
```

这个简单的例子告诉我们，在同步的 Node.js 代码中没法直接 catch 异步流程中的错误。该共识达成之后，try/catch 最常用的方式仅仅只剩下检查 JSON.parse 的错误。而人们都通过 callback 来传递错误，并且遵循 error first 的约定，如下。

```
function fn(cb) {
cb(new Error('Oops'))
}
```

不通过 throw 抛出异常而是通过 callback 的第一个参数 (error first) 来传递错误。这个约定一定程度上制止了引起混乱的局面，并且有大量封装的解决方案应运而生。然而这种形式的错误处理起来烦琐，并不具备强制性，并且当错误本身引起异常时就无法通过 callback 传递，而是直接截断整个异步的流程。

Promise.catch 的出现以及 co、async/await 加 try/catch 的方式很好地解决了这个问题。但是这几种方式的错误处理与 EventEmitter 的 error 处理并不能很好的结合。我们需要多种控制流并存的方式来处理异常。

通过 EventEmitter 的错误监听形式为各大关键的对象加上错误监听的回调。例如监听 HTTP Server，TCP Server 等对象的 error 事件以及 process 对象提供的 uncaughtException 和 unhandledRejection 等。这种形式的错误处理容易破坏原有 try/catch 代码结构，让你不得不从 async/wait 中重回 callback、Promise 的怀抱。

如果说由于多种异步流程控制并存，导致在某些交汇点会存在混乱的话，那么错误信息的丢失倒是另一个令 Node.js 开发者头疼的问题。

```
function test() {
  throw new Error('test error');
}

function main() {
  test();
}

main();
```

可以收获的报错，如下。

```
/data/node-interview/error.js:2
  throw new Error('test error');
Error: test error
  at test (/data/node-interview/error.  js:2:9)
  at main (/data/node-interview/error.js:6:3)
   at Object.<anonymous> (/data/node-interview/error.js:9:1)
  at Module._compile (module.js:570:32)
   at Object.Module._extensions..js (module.js:579:10)
  at Module.load (module.js:487:32)
  at tryModuleLoad (module.js:446:12)
  at Function.Module._load (module.js:438:3)
  at Module.runMain (module.js:604:10)
  at run (bootstrap_node.js:394:7)
```

可以发现报错的行数，test 函数，main 函数的调用关系都在 stack 中清晰的体现。当你使用 setImmediate 等定时器来设置异步的时候，代码如下。

```
function test() {
  throw new Error('test error');
}

function main() {
  setImmediate(() => test());
}

main();
```

我们会发现如下错误。

```
/data/node-interview/error.js:2
  throw new Error('test error');
  ^
Error: test error
  at test (/data/node-interview/error.js:2:9)
  at Immediate.setImmediate (/data/node-interview/error.js:6:22)
  at runCallback (timers.js:637:20)
  at tryOnImmediate (timers.js:610:5)
  at processImmediate [as _immediateCallback] (timers.js:582:5)
```

错误栈中仅输出 test 函数调用的位置，再往上 main 调用信息就丢失了。也就是说如果你的函数调用深度比较深的话，内部某个异步调用出错的追溯将是件很困难的事情，因为其之上的栈都已经丢失了。比如你使用某个 DB 的 Driver，如 MySQL 的驱动，由于其内部通过异步的方式维护了一个请求的队列，当这个队列报错的时候，由于栈的信息被截断，导致你只能看到一个驱动内部的报错而无法直观地找到是自己的什么操作触发了这个异常，从而增加调试的难度。

状态机

初步了解了异步的复杂，以及异常处理的麻烦之后，再来看复杂的状态机就会发现，使用异步的方式编写复杂的状态机容易导致一些很复杂的问题。

一个异步流程，如果中间某次出现异常，导致下一个 callback 被多调用了一次，那么整个流程就可能出现分叉，从一个流程分叉为多个流程。这也是 Promise 呼声特别高的原因，因为 Promise 本身存在一个执行状态，只能调用 then 一次。然而 EventEmitter 形式的异步触发并不讲道理，它们本身就可能触发多次异步回调，这跟 Promis 先天存在矛盾。所以 EventEmitter 方式的异步通常都是处理好之后再封装给 Promise 调用。

Promise 通过执行状态控制执行次数及链式调用的方式，确实让开发者更加专注流程的处理，避免了异步带来的干扰。然而这样的链式逻辑同样存在着分叉困难的问题。async/await 可以解开 promise 互相之间的链条，自由地控制异步逻辑的分支，循环极大地改善了这个问题。唯一美中不足的是，使用 async/await 削弱了异步编程并行处理的能力。

举个 TCP 处理的例子，当一个中间件，同时与上下游建立 TCP 长连接，需要对上游的数据处理之后再传递给下游。那么当上游的数据下来时，最重要的事情是确认下游的连接状态是否正常。如果下游的连接状态不正常，就需要着手清理之前的连接，并尝试重新建立连接。由于 TCP 连接是 EventEmitter 方式触发的异步，所以并不能简单地使用 Promise、async/await 的方式来封装。同时流程中操作的每一步，都可能因为上下游双方触发的异常而调整异步流程，回退到某个状态重头处理，这样最好是维护连接池，每次均取可用连接来走流程。

由于 EventEmitter 触发的异步依旧是嵌套的 callback 异步很容易破坏 Promise 等封装方式的线性流程，导致并存时异步逻辑的处理变得复杂，如果此时流程上再有一些选择、循环的异步操作会让流程编写比较烧脑。而传统多线程方式，由于可以加锁并且更多关注的是数据同步，流程上反而会简单一些。可以说异步与多线程是各有特点，并没有单纯地说谁会比较简单。

另一方面，为了应对较为复杂的异步流程，开发者们往往会引入公共的对象。这看似方便，但也使内存的 Ownership 变得难以捉摸。如果内存泄漏了，定位起来就比较困难。所以如果有 Node.js 偏底层的开发，一般建议使用成熟的模块。

内存

讲到内存，我们首先来看一下常见的编码阶段的内存泄漏，如下。

- **全局变量**。当变量挂靠在 root 以及 module.exports 等全局变量上时，对象的内存始终不会释放。
- **闭包**。闭包因为写法的问题，在复杂状态机的情况下，容易使得闭包的引用一直被持有而导致内存泄漏。
- **异常处理**。上文中提到过，异常出现之后，如果没有进行正确的恢复操作可能导致内存泄漏。其根本原因在于一些异常产生之后 Node.js 的行为是未定义的。官方有明确表示，process 的 uncaughtException 事件是为了让你准备之后再 exit 进程。异常产生之后没有正确恢复状态可能导致内存泄漏。
- **事件监听**。例如对同一个事件重复监听，忘记移除（removeListener），可能造成内存泄漏。

事件监听导致内存泄漏的情况很容易在复用对象上添加事件时出现，所以事件重复监听可能收到如下警告。

```
(node:2752) Warning: Possible EventEmitter memory
leak detected. 11 myTest listeners added. Use
emitter.
setMaxListeners() to increase limit
```

例如，Node.js (v6.9) 中 Http.Agent 可能造成的内存泄漏。当 Agent keepAlive 为 true 或者短时间内有大量情况的时候，都会复用之前使用过的 Socket，如果此时在 Socket 上添加事件监听，忘记清除的话，由于 socket 的复用，将导致事件重复监听从而产生内存泄漏。

性能

服务端应用一般使用 non-blocking I/O 提高 I/O 并发度。当 I/O 并发度很低时，non-blocking IO 不一定比 blocking I/O 更高效，因为后者完全由内核负责，而 read/write 这类系统调用已高度优化，效率显然高于一般的多个线程协作的 non-blocking I/O。

但当 I/O 并发度愈发提高时，blocking I/O 阻塞一个线程的弊端便显露出来：内核不停地在线程间切换才能完成有效的工作，一个 CPU core 上可能只做了一点点事情，就马上又换成了另一个线程，CPU cache 没得到充分利用。另外，大量的线程会使整体性能随之下降。

而 non-blocking I/O 一般由少量 event dispatching 线程和一些运行用户逻辑的 worker 线程组成，这些线程往往会被复用，event dispatching 和 worker 可以同时在不同的核上运行（流水线化），内核不用频繁地切换就能完成有效的工作。线程总量也不用很多，所以对 thread-local 的使用也比较充分。这时候 non-blocking I/O 往往就比 blocking I/O 快了。

为了维护 Node.js 的 non-blocking I/O 足够简单，所以 Node.js 只暴露了单线程以供开发者使用。这是一个优点也是一个缺点。优点是开发者不用理解更复杂的"多线程 + 异步编程"模型，也可以达到客观的 I/O 密集型性能，缺点是如果单线程被阻塞，整个应用也会随之被阻塞掉。另外，即使单个线程没有被阻塞，只要中间有一个任务的速度变慢，影响的是整条链路上的请求速度。而由于异步的并发量高，这种影响并不会直观地影响到 QPS 的数目以及平均响应时间，而是会影响部分请求的响应时间，产生长尾请求，从而影响访问质量。而多线程则由于线程之间的互相独立，某一个线程变慢并不会对整个流程引起连锁反应。

对于 Node.js 而言，这方面的优化比较难做。因为 Node.js 本身的计算能力并不强，开发 CPU 密集型业务也属于自废武功。有的开发者提出使用 C++ addon 来处理耗 CPU 的请求，使用 Node.js 来处理 I/O。这是比较理想的情况，实际开发过程中一个对象从 C++ addon 到 V8 的传递具有十分高昂的代价。以生成图片验证码的功能为例，传统的 C++ addon 如果用纯 JavaScript 改写，性能会获得翻倍提升，并且可以使用 Node.js 跨平台。

所以当你的 Node.js 应用性能瓶颈在 JSON.parse 上时，不用想着使用 C++ addon 的方式来优化，由于 addon 与 V8 的交互成本高昂。实际上通过 C++ 来实现的 JSON，处理速度都不如在 V8 内部的情况。同时这个 JSON.parse 的性能问题在碰到与 Java 之类的语言数据交互时会变得更差。主要原因是 JavaScript 语言层面上不支持 int64，如果与其交互需要在 JavaScript 使用支持 int64 的 JSON.parse 模块，那么性能会差 10 倍左右（非 V8 自带无优化）。

在性能问题上，Node.js 将处理限制在单核上，有时候我们为了获得更好的性能，会使用多进程的方式来进行开发，这样性能就不受单核的限制了。不过在多进程的使用上，需要注意的是 Node.js 内置的 IPC 通信存在传输大的单条数据的性能问题（内置的 cluster 逻辑交互数据较小，不会触发这个问题），另外我们在线上部署维护的过程中，碰到过机器的 Swap 内存爆满情况。排查发现多进程模式中存在 Master 死亡后，没有通知 Worker 终止进程，使得 Worker 成为孤儿进程被系统 init 领养。在长时间无请求的情况下，将 Worker 的内存折叠进入 Swap 内存，当 Swap 内存爆满时也可能导致系统宕机。

大家在通过 Node.js 创建子进程的时候，正常情况都只会想到 .on 去 listen 子进程的 exit，而很少会考虑到在子进程中去 .on 父进程的异常 crash。简单地说，手动 wait 回收子进程虽然麻烦，但设计的时候就会考虑处理 master 挂了没回收的情况。而 Node.js 的子进程通过 IPC 实现隐藏这个细节，出现了这种问题反而没有那么方便处理。

在处理上，大家可以考虑在子进程中做健康检查。在子进程与父进程之间维持一个心跳，心跳断了（master 异常 crash）就让子进程做一些资源回收，然后优雅地 process.exit。或者考虑使用 ZooKeeper 之类的工具来存每一个节点的情况，也可以系统地注意到所有节点。

队列

当流量超出服务的最大 QPS 时，服务将无法正常服务，当流量恢复正常时（小于服务的处理能力），积压的请求会被处理。虽然其中很大一部分可能会因为处理得不及时而超时，但服务本身一般还是会恢复正常的。这就相当于一个水池有一个入水口和一个出水口，如果入水量大于出水量，水池子终将盛满，多出的水会溢出来。但如果入水量降到出水量之下，一段时间后水池总会排空。

在实际开发中，这种满负荷的情况最容易命中程序的弱点，使服务宕机。究其原因，主要是因为一个流程的成功与否就如同木桶理论一样，由最短的那块木板决定。我们可以看看一个 TCP 链接过程中存在的木板，见图 1。

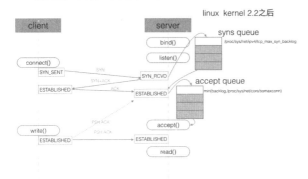

图 1 TCP 链接过程中存在"木板"队列

我们会发现，TCP 的三次握手中，第一个 SYN 包上来时，服务端其实是有一个 SYNs 队列的，而 establish 阶段等到 accept 的过程中也有一个 accept 队列。由此可见，我们的一个服务端请求，其实充满了各式各样的木板。拓展开来，你会发现作为一个服务端你需要去检查很多"木板"队列，例如 socket 最大连接数、agent.maxSockets 默认上限、数据库的 max connections 等。对应到代码中来，异步本身处理的队列，很多人并没有加一个统计来观察。在实际的请求中，每个异步操作都会加入到 Node.js 的事件队列中。如果你没有控制这个队列的长度（异步的数量），那么可能出现事件队列过长，导致早已完成的流程在队列中长时间等待，从而影响性能，严重时可能会导致内存泄漏。

比如，曾经碰到过一个莫名其妙的内存泄漏 Bug，排查了很长时间后发现是 HTTP 请求内部源代码中调用了 DNS 请求代码，这中间的 DNS 请求没有缓存，所以当请求量大到一定程度后 Node.js（v6.9）内部的 DNS 对象大量堆积造成内存泄漏。

这些队列是进行服务端开发不可不了解的基础。如果某个队列过短可能导致很多请求被拒绝影响服务质量，队列过长则可能导致内存泄漏或者等待时间过长（假定连接数并发量是 65525，以 QPS 5000 为例，处理完约耗时 13s，而这段时间的连接可能早已被 Nginx 或者客户端断开，那么我们再去处理也失去了意义）。

值得一提的是，目前 Node.js v8.x 版本正在这个方向上努力，新增的 Async Hook 功能就是专门针对异步的一种监控手段。你可以通过它的 Hook 来统计当前流程中的异步生命周期，以及同时处理的异步数目。

关于这些问题需要针对相应的业务场景进行压力测试，收集足够的数据。除非你评估过业务量，确认流量不会超过目前服务的处理能力，否则一定要检查并设定好这些队列的上下限。

小结

了解了以上问题后，我们再回过头来看发现很多问题都可能导致内存问题。

1. 引用问题：不论是闭包、复杂的状态机编写，还是事件监听没注意释放。需要知道什么情况下，引用是被持有的，什么情况下又不是。所有引用问题归结到最后，是对 V8 内存释放原理了解不透彻导致的。

2. 队列问题：一个流程调用的过程中可能经历了多个过程，包括通信层、业务层、数据层等，其中每一个层级对于事务的处理都存在队列问题。当流程中某个环节的负载超过其能处理的上限也可能导致内存问题甚至宕机。

3. CPU 问题：引用的释放（GC 消耗 CPU）、业务逻辑的编写问题（死循环）都可能导致 CPU 资源紧张，而 CPU 资源紧张同样会导致内存泄漏（没有足够的 CPU 执行 GC 操作，释放速度赶不上生产速度）。

我们可以发现整个应用的每个部分都不是孤立的，而是时时刻刻在互相影响。Node.js 服务端开发的困难本质上也是服务端的困难，这是一个综合的工程问题，而并不完全是 Node.js 的问题。

---

58 同城 Android 端 HTTPS 实践之旅

文 / 赵岷

自 WWDC 2016 苹果传递出从 2017 年 1 月起强制启用应用程序安全传输协议（App Transport Security）的信号，各大厂均开始了 HTTPS 化的征程。虽然目前苹果将此计划延期，但 HTTPS 协议已经在各大厂开花结果。

前言

HTTPS 协议是以 SSL 协议为基础的安全版 HTTP 协议，好处不言自明，即为安全。对于用户来说，HTTPS 协议不仅能保障自己的隐私与数据安全，同时也降低了"页面小弹窗"的困扰，极大地提升了用户体验。本文将介绍 58 同城 App 在 HTTPS 改造方面的一些经验，并对 Android 端 HTTPS 实践中遇到的问题进行总结。

项目准备

58 同城平台为了推动各业务线进行 HTTPS 改造，需要提供各端的完整改造方案。所以，我们在项目准备阶段，主要做了两部分事情：

■ 调研 HTTPS 协议与部署相关问题；

- 输出具体改造方案。

在调研 HTTPS 协议与部署相关问题之后，各端均输出了一份具体的改造方案，如下：
- 服务端：动态适配请求协议头，消灭硬编码，域名升级；
- 前端：页面静态路径去掉协议头；
- 客户端：升级 Native 网络库支持 HTTPS 及 WebView 升级（此仅 iOS 端）；
- 测试：HTTPS 测试方法与测试点、上线流程。

接下来，笔者将主要对上述改造方案中的 Android 客户端实践及其涉及原理进行详细介绍，对于 HTTPS 协议与 HTTP2 协议原理分析感兴趣的读者，可以阅览《HTTPS 与 HTTP2 协议分析》了解更多，链接：http://geek.csdn.net/news/detail/188003。

改造 Android 端 HTTPS 实践

改造后的项目架构如图 1 所示，相对于 58 同城 App 原有架构，添加了 OkHttp 网络库进行网络层收敛，而 API 请求、图片请求、H5 页面资源请求最终均会在 OkHttp 创建的连接上进行数据传输。

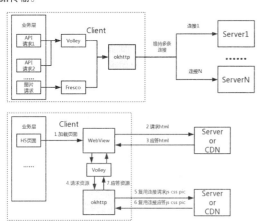

图 1 项目架构设计

需要说明的是，这里之所以引入了 OkHttp 网络库，主要是因为 HTTP2 协议的支持。

因为当考虑进行 HTTPS 改造时，我们首先想到的一个问题便是 HTTPS 性能低下。相对 HTTP 协议来说，HTTPS 协议建立数据通道更耗时，若直接部署到 App 中，势必会降低数据传递的效率，间接影响用户体验。

HTTP2 协议本是为了解决 HTTP/1.X 协议的低效率而诞生的，不过在实际应用中，只会在 HTTPS 协议握手阶段进行协议协商，所以 HTTP2 目前直接改善的其实是 HTTPS 的低效率。为此，HTTP2 主要提出了两大改进点：
- 多路复用。同一域名下的请求，可通过一条链路进行传输，不必单独建立链路，有效节省开销；
- 压缩头信息。将头部字段缓存为索引，客户端与服务端维护索引表，通信过程中尽可能采用索引进行通信，收到索引后查询索引表，才能解析出真正的头部信息。

因此，我们在 Android 端的具体改造方案主要在于 OkHttp 库与调用库之间的交互与包装，其中：
- Volley 底层连接替换 OkHttp，只需要创建 OkHttpStack 类实现 HTTPStack 接口并替换 HurlStack 即可，网上成型方案较多，这里不再赘述。
- Fresco 底层连接替换 OkHttp 更加简单，官方已经提供了 OkHttpNetworkFetcher 类，直接通过 ImagePipelineConfig 设置 NetworkFetcher 即可完成替换。在后面的具体实践部分，还会讲到对 Fresco 官方提供的 OkHttpNetworkFetcher 在取消加载部分的优化。

部署实施

对 App 进行 HTTPS 改造需要服务端、前端、客户端一同配合开发，QA 进行质量把控。同时，由于 58 同城 App 涵盖了众多业务线与第三方，每个业务乃至接口的部署都可能会对其他业务造成影响。所以，各业务开发与部署的时序、整体进度的把控是我们面临的最大难题。

部署实施步骤

经过与各业务线的充分讨论，我们最终确立了如下实施步骤：
- 以业务线为单位进行服务梳理，确定并理清各业务线的依赖关系。
- 业务线基于依赖关系进行改造排期预估，并着手开发。
- 58 同城 App 平台方及时主动地跟进各业务线，解决改造期间的技术问题与协调业务线间联调配合等。同时，开发必要的风险规避策略（譬如降级策略），以降低后续灰度上线风险。
- 业务线完成改造并通过测试后，58 同城 App 平台方修改业务线入口跳转协议，提供 HTTPS 入口进行灰度测试，若效果符合预期，则逐步提高灰度测试比例直至全量。

实施注意事项

通过以上步骤，基本保证了业务线间能够高效并行开发，但在实施过程中，有几点需要特别注意：
- 业务线间由于历史问题，有些业务存在严重的交叉依赖情况，需要及时协调业务线进行暂时的依赖解除。

何为"暂时的依赖解除"？多个业务线由于并行进行 HTTPS 改造，服务的相互依赖导致单个业务线无法测试。此时进度较快的业务线可以将依赖的服务使用 HTTP 协议代替访问，或通过 host 配置相关服务的测试机，待其他业务线完成部署后再改回 HTTPS 协议。
- 虽然以业务线为单位进行并行开发可以将开发、测试等流程分发到业务线内部完成，但 HTTPS 改造涉及的服务众多，改造成本很高，可能会与业务线的业务需求开发产生冲突。因此，平台方需要及时跟进业务线的进度，及时妥善地处理阻塞因素。

HTTPS 实践问题汇总

鉴于 HTTPS 用户体验更好，以及可以解决 HTTPS 性能问题的切实方案，58 同城 App 便开展了全站 HTTPS 化的改造。当然，在改造过程中，我们也遇到了一些问题，主要有以下几类：
- HTTPS 调试问题
- 性能问题
- 环境问题
- OkHttp 接入问题

下面将对以上问题进行依次分析。

HTTPS 调试问题

进行 HTTPS 改造遇到的第一个问题就是 HTTPS 不好调试。当我们绑定了 PC 作为代理，通过 Charles 或 Fiddler 抓取请求时，它们即成为我们的代理服务器。若不安装 Charles 或 Fiddler 的证书到设备上，便无法完成对代理服务器的身份认证，后续的应用数据传输也就无从谈起，直接的表现即为 HTTPS 请求失败。

面对这种问题，最简单的方式是给设备安装证书，之后便可以调试 HTTPS 请求了。但每台 PC 的代理证书各异，若需要像 HTTP 请求一样方便地调试，必须对每台手机安装每台 PC 的代理证书。这点对于仅需要验证请求数据的测试同学来说比较痛苦，只是为了看下数据，为什么要这么麻烦？

在此给出两点可行的建议：

- 客户端将 HTTPS 请求结果作为日志输出，开发与测试同学可以针对日志分析接口问题；
- 采用类似 Chuck 项目（https://github.com/jgilfelt/chuck）的思路，为 OkHttp 添加 interceptor 以收集请求结果，并将其以 UI 形式直观地展示出来。

通过以上两种方式，可以有效地简化请求结果的验证与查看。若是需要修改请求的结果进行调试开发，是否是 HTTPS 协议已无关紧要，此时借助 Charles 与 Fiddler 调试 HTTP 接口也非常简单。

性能问题

HTTPS 协议性能较 HTTP 协议稍差，也由此造成了弱网情况下的连接超时问题。

- 多路复用特性提升 HTTPS 性能

HTTPS 协议通信效率较 HTTP 协议通信效率低是众所周知的事实，当 App 全面升级为 HTTPS 时，通信效率的降低会直接影响用户体验。我们经过线上数据对比发现，通过 HTTPS 协议访问，其耗时是 HTTP 协议访问耗时的 1.3 ~ 2.1 倍。

那么，HTTPS 该如何提高通信效率呢？

在建立安全通道部分，由于涉及身份认证与算法、密钥协商，两次网络往返是很难优化的。但在建立了安全通道后，若能复用此通道，则后续请求便可避免两次网络往返。所以，基于这种思路，58 同城 App 主要借助 HTTP2（或 SPDY）协议的多路复用特性，提高通道使用率，进而提高通信效率。

由于多路复用特性是域名级复用，所以最重要的一点便是收敛域名。收敛效果越好，通道的复用率越高。因此，我们对 API 接口、图片等资源接口进行了域名收敛，尽可能地收敛多级域名至二级域名、收敛零散域名为统一域名。

综上，借助 HTTP2（或 SPDY）协议的多路复用特性，以及对现有业务的域名收敛进行优化，通过线上数据对比得出，其访问耗时是 HTTP 协议访问耗时的 1.2 倍左右。

- 提高列表页 HTTPS 图片加载速度

58 同城 App 使用的图片库是 Fresco，在 OkHttp 接入后，我们也顺势将 Fresco 的 Fetcher 替换为 OkHttp 实现，以提高 HTTPS 图片的加载速度。但官方提供的 OkHttpNetworkFetcher 却仍有优化空间。比如，OkHttpNetworkFetcher 的加载任务取消操作是通过调用 Call.cancel() 来实现的。具体代码如下：

```
//OkHttpNetworkFetcher 对 Call 进行取消
fetchState.getContext().addCallbacks(
    new BaseProducerContextCallbacks(){
        @Override
        public void onCancellationRequested(){
            if(Looper.myLooper()!= Looper.getMainLooper()){
                call.cancel();
                            } else {
mCancellationExecutor.execute(new Runnable(){
        @Override public void run() {
            call.cancel();
        }
    });
    }
  }
});
```

对 Call.cancel() 执行加载取消操作后，加载仍然会被线程池调用执行，直到 RetryAndFollowInterceptor 执行时 cancel 操作才会起作用。

因此，我们对 OkHttpNetworkFetcher 进行了改写。在 Fresco 取消加载的回调中，对图片加载任务对应的 future 进行 cancel 操作，便可以减少 RetryAndFollowInterceptor 之前的逻辑处理（主要是自定义 Interceptor 部分）。

具体代码实现与 HttpUrlConnectionNetworkFetcher 的取消回调实现类似。

HTTPS 环境问题

客户端证书验证问题

HTTPS 改造过程中，常见的一个问题便是客户端证书验证出错，究其原因，往往是因为：

- 证书管理混乱，导致下发证书的域名与请求域名不符，无法通过验证。
- 证书过期。
- 证书签发 CA 未被内置于客户端。
- 证书链不完整，无法验证。

在此，我们具体剖析一下"CA 未被内置于客户端"与"证书链不完整"的问题。

证书签发 CA 未被内置于客户端——由于 CA 数量众多，质量也参差不齐，面对同样众多的手机厂商与自定义 ROM，无法保证 CA 能够内置到客户端证书列表中，所以 CA 存在不被客户端认可的可能性（Google 也会基于 CA 认可度进行证书列表的更新）。相对来说，顶级 CA 的设备兼容性较好，若遇到根证书路径找不到的异常，可以考虑更换 CA，签发证书。

证书链不完整，无法验证——在握手协议中，服务端会下发 Certificate 消息给客户端，消息中携带了由 CA 签发的证书与 CA 证书构成的证书链。客户端通过证书链信息，逐级向上寻找根证书，找到后再通过根证书的公钥逐级向下验证证书链，若证书链验证通过，则身份验证阶段完成。

倘若服务端只下发了自己的证书或下发的证书链不足以寻找到根证书，导致验证流程断裂，则无法通过身份验证。这是服务端证书配置部署问题，如果证书认证失败，很有可能是这个原因造成的。

DNS 劫持问题

虽然我们采用 HTTPS 提高了通信安全，但 DNS 劫持的情况仍然无法解决。当我们希望获取 IP 地址时，需要通过 DNS 服务器进行查询，若访问的服务器被污染，返回给我们错误的 IP 地址，此时便产生了 DNS 劫持问题。

相对于 HTTP 协议，HTTPS 协议 DNS 劫持的后果更为严重。于 HTTP 协议而言，DNS 劫持后会产生监听数据或插入数据的风险，而功能可能不受影响。但对于 HTTPS 协议来说，DNS 劫持后，服务器下发证书无法通过客户端认证，或是服务器根本没有开启 443 端口，均无法建立 HTTPS 连接。

面对 DNS 劫持情况，这里提供两种解决方案：
- 下发（或内置）IP 列表，通过 DNS 接口由客户端进行 DNS 解析或 IP 地址比对；
- 运维监控或第三方监控，对出现 DNS 劫持的区域向运营商投诉解决。

降级策略

考虑到 HTTPS 存在证书验证、DNS 劫持及代理 443 未开启等诸多问题，在实践过程中，我们也添加了降级策略。启动 App 时，通过服务接口下发域名降级字典，譬如：

```
{"key" : [{"HTTPS://app.58.com" : "http://app.58.com"}]}
```

在请求前，会将 URL 与降级字典匹配处理，经过匹配的 URL 再发起请求，避免 HTTPS 改造影响用户功能。

OkHttp 接入问题

OkHttp 是目前使用最广泛的支持 HTTP2 的 Android 端开源网络库，下面分享下 58 同城 App 在接入 OkHttp 过程中遇到的问题。

OkHttp 头部数据非法字符抛出异常

OkHttp 构造头部数据主要通过 Request.Builder 对象的 add(name,value) 与 set(name,value) 两种方法，而它们内部均会调用 checkNameAndValue(name,value)，这个方法会对 name 与 value 分别进行字符检测，若字符不在 \u001f 至 \u007f 之间，则会抛出 IllegalArgumentException。

```
private void checkNameAndValue(String name, String value) {
    if(name == null) throw new NullPointerException("name == null");
    if(name.isEmpty()) throw new IllegalArgumentException("name is empty");
    for(int i = 0, length = name.length(); i < length; i++) {
        char c = name.charAt(i);
        if (c <= '\u001f' || c >= '\u007f') {
            throw new IllegalArgumentException(Util.format(
                "Unexpected char %#04x at %d in header name: %s", (int) c, i, name));
        }
    }
    if (value == null) throw new NullPointerException("value == null");
    for (int i = 0, length = value.length(); i < length; i++) {
        char c = value.charAt(i);
        if (c <= '\u001f' || c >= '\u007f') {
            throw new IllegalArgumentException(Util.format(
                "Unexpected char %#04x at %d in %s value: %s", (int) c, i, name, value));
        }
    }
}
```

从 OkHttp 底层代码可以发现，OkHttp 对字符串是通过 UTF-8 编码的，这里强制进行字符检测，猜想可能是基于对编码规范的考虑。

为了避免字符检测失败导致的异常，我们可以通过其他 API 绕过这个限制：
- Header 添加通过 Headers.of 方法生成 Headers，并通过 Builder.headers 方法配置进去。
- 通过 Internal.instance.addLenient 方法直接设置 name 与 value，add 与 set 方法底层也是调用这个方法。不过这个方法需要保证 Internal.instance 已初始化，即 OkHttpClient 已创建，否则会抛出空指针异常。

OkHttp 中 post 请求抛出异常

当我们使用 Request.Builder 类通过 post(RequestBody) 方法进行 post 请求构造时，若不对 RequestBody 做判空操作，则有可能会抛出 IllegalArgumentException。

post(RequestBody) 方法最终会调用 method() 方法，它会对请求类型与 body 做校验，若 post 请求对应的 body 为 null，则抛出异常。代码如下：

```
public Builder method(String method, RequestBody body) {
    if (method == null) throw new NullPointerException("method == null");
    if (method.length() == 0) throw new IllegalArgumentException("method.length() == 0");
    if (body != null && !HttpMethod.permitsRequestBody(method)) {
        throw new IllegalArgumentException("method " + method + " must not have a request body.");
    }
    // 这里便是 body 为空时，异常抛出点
    if (body == null && HttpMethod.requiresRequestBody(method)) {
        throw new IllegalArgumentException("method " + method + " must have a request body.");
    }
    this.method = method;
    this.body = body;
    return this;
}
```

所以在构造 post 请求时，需要对 RequestBody 进行非空判断，若 RequestBody 为空，则需要构造一个无内容的 RequestBody 对象。

OkHttp 在 HTTP2 协议下 Response 监听线程崩溃

在接入 OkHttp 并使用 HTTP2 协议进行通信后，第三方应用崩溃检测工具（如 Bugly）会收集到线上版本关于 OkHttp 的两种崩溃，分别为 EOFException、ArrayIndexOutOfBoundsException。这两种崩溃的堆栈信息显示，均是在 FramedConnection 内部类 Reader 的 execute() 方法中抛出的。

```
@Override protected void execute() {
    ......
    try {
    ......
    } catch (IOException e) {
    ......
    } finally {
        try {
        // 抛出点 1
```

```
      close(connectionErrorCode, streamErrorCode);
    } catch (IOException ignored) {
    //抛出点2
    Util.closeQuietly(frameReader);
    }
}
```

究其原因，Reader 的 execute 方法被独立线程调用进行 Response 的监听，在连接断开或异常中断的情况下，会进入代码中 finally 代码块，而 finally 代码块只 Catch 住了 OkHttp 可能抛出的异常，并没有关注 Okio 抛出的异常。

这个问题当前还无法稳定复现，可能出现在两端，也可能出现在国内复杂的网络环境下，排查较为复杂。而对连接断开与异常中断等场景，如果我们 Catch 住所有的异常，也不会对用户有任何影响。

目前我们的处理方式便是对 OkHttp 进行重打包，对整个 execute() 方法进行捕获，以解决 Response 监听线程崩溃的问题。

在 HTTP2 协议下头信息小写问题

HTTP2 为了解决 HTTP1.X 中头信息过大导致效率低下的问题，提出了通过 HPACK 压缩算法压缩头部信息的解决方案。

正因为 HPACK 以索引代替头部字段，所以相同头部字段若因为大小写的问题导致存在多个索引，是一种很大的浪费。举个例子，"accept-encoding"、"Accept-Encoding" 与 "ACCEPT-ENCODING" 表达的是一个意思，所以 HTTP2 规定，头部信息统一用小写。

OkHttp 的实现，也是统一采用小写：

```
private static final Header[] STATIC_HEADER_TABLE
    = new Header[] {
    ......
    new Header("accept-charset", ""),
    new Header("accept-encoding", "gzip, deflate"),
    new Header("accept-language", ""),
    new Header("accept-ranges", ""),
    new Header("accept", ""),
    ......
};
```

所以当我们需要针对某些头信息进行逻辑处理时，首先要对字段进行小写的格式化操作，以避免监听不到头部字段或添加的大写头部字段被小写头部字段覆盖。

总结

站在技术的角度解决用户痛点是每个开发者的愿景，HTTPS 改造虽然只是一次普通的技术改造，但对用户隐私保护与用户体验优化却有着深远的影响。通过 HTTPS 改造项目，58 同城 App 完成了接口的 HTTPS 化，数据监听与内容篡改已成往事，用户体验也得到了保障，但由于 58 同城 App 涉及众多业务，HTTPS 性能方向上仍然有很大空间亟待我们后续优化。

微信终端跨平台组件 Mars 在移动网络的探索和实践

文 / 闫国跃

在 IM 方面，弱网络一直是横亘在应用开发者面前的一大问题，微信终端跨平台网络基础组件 Mars 团队基于微信业务需求，针对网络层进行了大量的优化工作，以解决国内在复杂移动网络情况下的网络连接问题，并经历了微信 5 亿用户的检验。本文作者重点介绍了针对移动网络，Mars 做了哪些事情，解决了哪些问题，希望能够给正在探索网络优化的开发者带来启发，也可以通过了解 Mars 来看其是否适合自己的业务。

移动网络概述

对于 TCP 网络请求来说，最重要的莫过于延迟和成功率。在两者之中我们更为关心成功率，但其实可以认为当延迟高到一定程度也就导致了失败。而影响 TCP 延迟的最主要的两点是 IP 层以下的丢包和误码，相比有线以太网络和光纤，移动网络在这两方面更为严重，可以先来看两组数据，如图 1 所示。

从图 1 很容易看出，移动网络的丢包率是高于有线网络的，同时从时间分布上也能看出，接入网络的设备越多，丢包越严重。

如果说丢包率方面移动网络虽然高于有线网络，但也没有非常大的差距，那么误码率（Bit Error Rate）的差距就比较明显了，如图 2 所示。

如果想对上面的差异性追根溯源的话，就需要来看核心网络的架构，以 LTE 为例，如图 3 所示。

移动网络整个传输过程只有手机至 RAN（无线接入网络）是无线的，这个过程极不稳定，会受到空气微尘、温度、湿度、障碍物、基站拥挤、信号盲点等客观因素影响。还有用户高速移动等主观因素也会导致较高的丢包率和误码率。同时，核心网络的设计也将直接影响到网络延迟，在图 3 中：

- ①的耗时称为控制面延迟，耗时 <100ms；
- ②的耗时称为用户面延迟，耗时 <5ms；
- ③的耗时称为核心网络延迟，耗时 30 ~ 100ms；
- ④的耗时称为互联网路由延迟，时间不定。

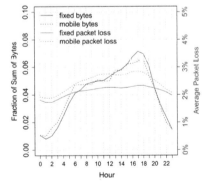

图 1　移动网络和有线网丢包对比

网络类型	BER
移动网络	10^{-4} 到 10^{-6}
有线以太网	10^{-12}
光纤	10^{-15}

图 2　移动网络和其他网络误码对比

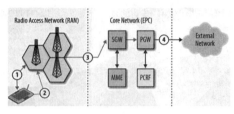

图 3 LTE 核心网络架构图

这里需要特别注意的是控制面延迟，高时可达 100ms，低时可能为 0。至于为什么浮动如此之大，这就又和通信协议的 RRC 状态有关。简单描述下即为移动设备为了省电，在使用手机网络的情况下，如果持续一段时间内没有收发数据，网络模块会进入休眠状态，此时只传输控制信令。如果在休眠态下需要收发数据，就必须先通过控制信令到活跃态下，如图 4 所示。

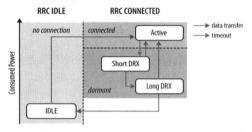

图 4 RRC 状态图

排除丢包误码以及控制面延迟，美国最大的移动运营商 AT&T 为不同的网络核心网络延迟给出了期望值（如图 5 所示），这些值在很大程度上也代表了行业水平。

来源\网络	GRPS (2.5G)	EDGE (2.75G)	HSPA (3G)	HSPA+ (3.5G)	LTE (3.9G)	LTE+WiMAX (4G)
AT&T	600-750 ms	600-750 ms	150-400 ms	100-200 ms	40-50 ms	

图 5 核心网络延迟期望值

Mars

限于篇幅原因，如果将 Mars 的每一部分做具体描述，几乎不大可能，但是我们这里可以只看网络最核心的部分。

如图 6 所示，将一个网络模块只保留 socket 的逻辑。

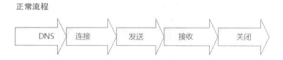

图 6 网络请求的基本模型

根据 AT&T 的数据可以估算下总耗时：100ms(DNS) + 100ms(连接) + 50ms(发送) +50ms(接收) = 300ms。但是再加上丢包误码以及控制面延迟，可能有时候能到 400ms+。

针对这个最简单的逻辑，我们一个阶段一个阶段地进行优化。

RRC

首先是否有办法将 RRC 切换的时间尽量避免掉？既然长时间不收发数据会进入 IDLE 状态，那么如果可以预知用户将要使用网络前，主动先发下数据使 RRC 进入 Active 状态，真正用网络时也就可以避免掉控制面延迟了。这里需要注意：

- 干扰 RRC 是把双刃剑，不鼓励用；
- 精准预测到需要使用网络时再用；

- 实现使用 UDP 可以减小服务器压力。

RRC 如果可以优化，那么在连接之前最后一步准备工作——DNS 呢？

DNS

但凡使用域名来给用户提供服务的业务，都无法避免在互联网环境中遭遇到各种域名劫持、用户跨网访问慢等问题。事实上当前 DNS 的一些缺点（如域名劫持、解析转发、更新缓慢等）也一直被业界诟病。抛开这些问题不谈，在耗时方面，如果不对解析到的地址进行缓存，每次使用时都要再次解析，而且每次只能解析单个域名。

2013 年前后，HTTPDNS 概念开始兴起，基本克服了现有 DNS 的缺点，且支持批量解析，极大地提高了网络访问速度。微信的 NewDNS 和 HTTPDNS 的实现原理类似，是从 2012 年中就开始建设的一个服务。从 NewDNS 的回包中截取一段：

```
<domain name="your.domain1" timeout="1800">
    <ip>111.111.11.111</ip>
    <ip>111.111.11.112</ip>
</domain>
<domain name="your.domain2" timeout="1800">
    <ip>111.111.11.113</ip>
    <ip>111.111.11.114</ip>
</domain>
```

在安全上，通过时间戳和签名机制，可以做到防重放防篡改。但考虑到 NewDNS 和微信的业务结合过于紧密，且当前的 HTTPDNS 机制已经很成熟，Mars 开源并没有将 NewDNS 的实现包括在内，不过也预留了回调接口以供大家使用第三方的 HTTPDNS 服务。

连接

如果说 RRC 和 DNS 都可以把耗时优化到 0，接下来的流程在 TCP 层可控制的就不多了。在连接方式上，如果只用一个 IP 连接失败就认为彻底失败，大概是属于最原始的方案了。一般会使用并发连接或串行连接，进而提高连通率，但两者都有不容忽视的缺点：

- 并发连接——网络资源竞争、服务器负载、最快可用；
- 串行连接——资源占用少、无服务器负载问题、超时选择困难、最慢可用。

为了实现同时满足高性能、高可用、低负载，在并发连接和串行连接的基础上，Mars 提出了复合连接，如图 7 所示。

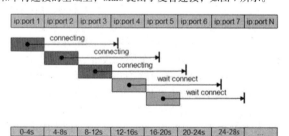

图 7 复合连接

对比串行连接与并行连接，复合连接有以下特点：

- 常规情况下，服务器负载与串行连接策略相同，实现了低负载的目标；
- 异常情况下，每 4s 发起新（IP，Port）组合的 connect 调用，使得应用可以快速地查找可用 IP&Port，实现高性能的目标；

- 在超时时间的选择上，复合方式的"并发"已经实现了高性能、低负载的目标，因此可以相对宽松，以保障高可用为重。

TCP 的大多数实现中，若主动 connect 方没有收到 SYN 的回应，后面的重试间隔会以"类指数退避"的方式增加。实测显示，Android 超时间隔依次为（1、2、4、8、16、32），iOS 超时间隔依次为（1、1、1、1、2、4、8、16、32）。因此，期望通过 TCP 的自有超时机制来发现连接失败，时间之长是不能忍受的。在综合了几个平台的超时间隔之后选择了 10s。

发送

连接上肯定是用来收发数据的，但发送也并不只是把数据放到系统 Buffer 里这么简单。

我们知道 TCP/IP 网络协议栈分为应用层、传输层、网络层和链路层。在通信过程中，应用层协议把我们真正关心的数据放进去，其他协议层的也都会加上一个数据头部，最后发出的数据包结构如图 8 所示。

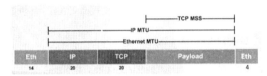

图 8 TCP 数据包结构

当发送方产生的数据很慢，或接收端处理数据很慢，或二者兼有，就会使单次发送数据的有效载荷很小。极端情况甚至只有 1 字节的有效数据，称之为糊涂窗口综合症。针对发送端的解决办法是 Nagle 算法，针对接收端的解决办法是 Clark 和延迟 ACK。因为我们是发送端，这里只关注 Nagle 算法：

- 如果包长度达到 MSS，则允许发送；
- 如果该包含有 FIN，则允许发送；
- 设置了 TCP_NODELAY 选项，则允许发送；
- 未设置 TCP_CORK 选项时，若所有发出去的小数据包（包长度小于 MSS）均被确认，则允许发送；
- 上述条件都未满足，但发生了超时（一般为 200ms），则立即发送。

本来 Nagle 算法是防止糊涂窗口综合症产生的，但当我们的应用场景主要是发送小数据时，极端情况下会被延迟 200ms，这几乎是不能忍受的，所以设置 TCP_NODELAY 选项很重要。

把数据发出去了，是不是只需要等回包和（或）等失败就行了？前面有提到 TCP 的自有连接超时失败时间很长，发送超时是不是也类似？传统 UNIX 的实现是（1、3、6、12、24、48、64、64……），实测 Android 手机各个厂商的实现各异，但也基本符合"指数退避"的原则，其中一个厂商的实现是（0.42、0.9、1.8、3.7、7.5、15、30、60、120……），相比这两个系统，iOS 的实现就比较激进了，为（1、1、1、2、4.5、9、13.5、26、26……）。了解了具体实现后，很明显应用层在发送数据阶段仍然需要超时机制。

在 Mars 中有四个超时概念，分别为首包超时、包包超时、读写超时、任务超时。首包超时为从请求发出去到收到第一个包最大等待时长，读写超时则是单次请求从发送请求到收到完整回包的最大等待时长，计算公式分别为：

- 首包超时 = 发包大小 / 最低网速 + 服务器约定最大耗时 + 并发数 * 常量；
- 包包超时 = 常量；
- 读写超时 = 首包超时 + 最大回包大小 / 最低网速；
- 任务超时 =（读写超时 + 常量）* 重试次数。

需要特别注意的是，读写超时的计算公式中有一个最大回包大小，这个数值只能预估。目前在 Mars 中预估为 64KB，这也是为什么不建议用 Mars 传输大数据的原因之一。

在上述的方案中，读写超时、首包超时都使用了一些估值，使得这两个超时是比较大的值。假如我们能获得实时的动态网络信息，也就能得到更好的超时机制。基于这个想法，我们引入了动态超时机制，基本思想是：根据最近的历史任务完成情况把网络分为优良、评估、恶劣，由此来变动估值的大小。

接收

接收没有太多需要注意的地方。只需保证循环接收的 Buffer 不要太小，以防产生太多的系统调用，且注意将网络线程和业务处理线程分离就行了。

连接的维持

如果需要频繁发送数据或需即时收到服务器的消息，维持一个长连接会是不错的选择：

- 消息及时；
- 省电省流量；
- 提高发送速度。

但运营商会因为网络资源的原因，当一个连接长时间不发送数据时会断掉该连接，所以要想保持连接，就需要用心跳维持。太长的心跳会导致起不到相应的功能，太短的心跳因为频繁唤醒手机，频繁让 RRC 状态机进入 Active 状态，会非常耗电。Mars 针对这个问题也有智能心跳的方案，不过一般建议心跳间隔最短 4.5 min（实际测试到某个地区移动联通 NAT 超时时间 5min，电信的大于 28min）。

技术方案

通过上面对几个过程针对性地优化之后，我们有了整体的优化方案。有方案就需要通过代码实现，但怎么去写代码也是需要仔细思考，首先我们来看一下移动网络应用的特点：

- 随时启动与中止——用户退出或更改账户、手机休眠与唤醒……
- 并发少状态多——主要功能收发、网络的有无、用户的活跃状态……
- 尽量少的资源、尽量快的网络——省电、省流量、网络要敏感……

基于这些特点，在方案选择上可能也需要再三斟酌。线程模型方面，消息队列比多线程更合适，I/O 模型上，事件驱动的 I/O 复用模型比阻塞式的更为灵活。

不过，无论使用哪种技术方案，代码都不大可能写得一点问题都没有。Crash 方面就需要依赖各个平台自己的实现进行捕捉堆栈了，不过捕捉到的堆栈最好包括所有线程的。Bug 方面，一般是通过记下的 Xlog 日志进行推断，疑难杂症可通过 TCPDump 抓包进行分析。

原生 JavaScript 模块的现在与未来

文 / 杨奕

Modules 写入 ES6，标志着原生模块新时代的到来。各主浏览器支持不足、非标准 JavaScript 模块解决方案的广泛使用等阻碍因素的存在，意味着 ES6 Modules 还有很长的路要走。但作为从无到有的新标准，它有着很强的生命力，终究会全面采用。

ECMAScript 2015 为原生 JavaScript 新增了模块体系，自其发布以来便引起了开发者们广泛的讨论和积极的实践。经过一年多的发展，原生 JavaScript 模块目前处于什么状态？它的未来又将如何？本文试图围绕这两个问题，对原生 JavaScript 模块做一个全面的介绍。

JavaScript 中的模块

诞生之初的 JavaScript 没有内建模块化支持。当然，在那个时代，对于一个用来编写表单校验和页面上浮动公告栏的语言来说，"模块化"确实显得有些大材小用。

但是随着互联网的发展，尤其是 2006 年 AJAX 技术的出现和之后 Web 2.0 的兴起，越来越多的业务逻辑向前端转移，前端开发的复杂程度和代码量逐渐提升。这时，由于缺乏模块化概念，JavaScript 的一些问题便凸显出来：代码难以复用、容易出现全局变量污染和命名冲突、依赖管理难以维护。开发者们使用诸如暴露全局对象、自执行函数等方法来规避这些问题，但仍无法从根本上解决问题。

CommonJS

2009 年，基于将 JavaScript 应用于服务端的尝试，ServerJS 诞生了。之后 ServerJS 更名为 CommonJS，并逐步发展为一个完整的模块规范。

CommonJS 为模块的使用定义了一套 API。比如，它定义了全局函数 require，通过传入模块标识来引入其他模块，如果被引入的模块又依赖了其他模块，那么会依次加载这些模块；通过 module.exports 向外部暴露 API，以便其他模块的引入。

由于 CommonJS 加载模块是同步的，即只有加载完成才能进行接下来的操作，因此当应用于浏览器端时会受到网速的限制。

AMD

之后，在 CommonJS 组织的讨论中，AMD（Asynchronous Module Definition）应运而生。和前者不同的是，它使用异步方式加载模块，因此更适合被浏览器端采用。AMD 用全局函数 define 来定义模块，它需要三个参数：模块名称、模块的依赖数组、所有依赖都可用之后执行的回调函数（该函数按照依赖声明的顺序，接收依赖作为参数）。

UMD

如果需要同时支持 CommonJS 和 AMD 两种格式，那么可以使用 UMD（Universal Module Definition）。事实上，UMD 通过一系列 if/else 判断来确定当前环境支持的模块体系，因此多数情况下 UMD 格式的模块会占用更大的体积。

ES6 Modules

无论是 CommonJS、AMD 还是 UMD，它们都不是标准的 JavaScript 模块解决方案。换句话说，它们都没有被写进 ECMA 的规范中。直到 2015 年 6 月，TC39 委员会终于将 Modules 写进 ECMAScript 2015 中，标志着原生模块新时代的到来。至此，JavaScript 文件有了两种形式：脚本（自 JavaScript 诞生起我们就在使用的）和模块（即 ECMAScript 2015 Modules）。下面就让我们来一起探索 ECMAScript 2015 Modules（以下简称 ES6 Modules）。

ES6 Modules 现状

规范方面，在 2015 年的早些时候，ES6 Modules 的语法就已经设计完毕并且蓄势待发，但是模块在语义方面的实现，比如具体怎样加载和执行等，却仍然悬而未决，因为这牵扯到大量与现有 JavaScript 引擎和宿主环境（浏览器和 Node.js 等）的整合工作。随着最后期限的临近，委员会不得不进行妥协，即标准只定义 Modules 的语法，而具体的实现则交由宿主环境负责。

使用 Babel 和 webpack

由于绝大多数浏览器都不支持 ES6 Modules，所以目前如果想使用它的语法，需要借助 Babel 和 webpack，即通过 Babel 将代码编译为 ES5 的语法，然后使用 webpack 打包成目标格式。一个精简后的 webpack 配置为：

```
module.exports = {
  entry: './main.js',
  output: {
    filename: 'bundle.js',
    path: '/'
  },
  module: {
    rules: [{test: /\.js$/, use: 'babel-loader'}]
  }
}
```

以上配置告诉 webpack，项目入口为 ./main.js，用 babel-loader 处理所有 JavaScript 文件，然后将结果打包至 bundle.js。

如何开启 ES6 Modules

时至今日，几大主流浏览器都在积极推进支持原生 ES6 Modules 的工作，部分浏览器的技术预览版也已经初步完成了这一使命。可以通过 caniuse.com 查看目前浏览器的支持情况，见图 1。

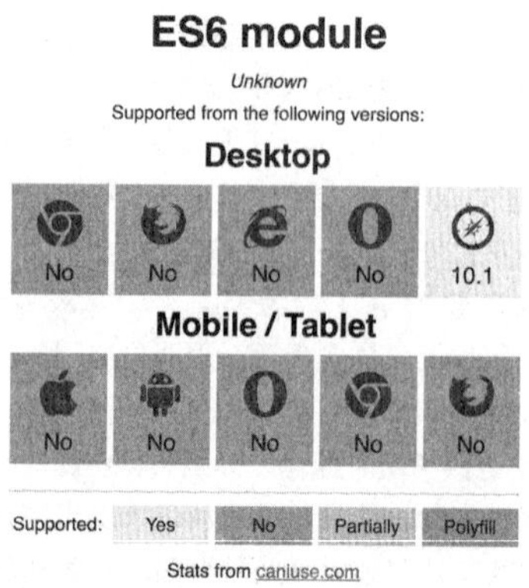

图 1　通过 caniuse.com 查看目前浏览器对 ES6 Modules 的支持情况

Firefox 的 Nightly 版本已经实现了对 ES6 Modules 的支持。想在浏览器中体验的话，需要执行以下步骤：

- 首先在 Firefox 网站下载新版 Nightly，见图 2。
- 执行安装后，在标签页打开 about:config，并点击 "I accept the risk!" 按钮，见图 3。
- 找到 "dom.moduleScripts.enabled" 选项，并双击将其开启，见图 4。

小试 ES6 Modules

既然已经在 Firefox Nightly 中开启了支持，那么下面就让我们从一个例子开始，详细介绍 ES6 Modules 的特点。

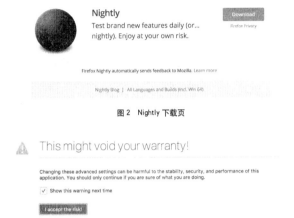

图 2　Nightly 下载页

图 3　打开 about:config 标签页，按提示操作

图 4　双击红框标示的选项

一个例子

首先，新建一个 HTML 文件 index.html：

```
<!DOCTYPE html>
<html lang="en">
<head>
  <meta charset="UTF-8">
  <title>Title</title>
</head>
<body>
  <script type="module" src="main.js"></script>
</body>
</html>
```

值得注意的是，在 script 标签上我们增加了 type="module" 这条属性，目的是告诉浏览器我们引入的 JavaScript 文件会包含其他的模块。为何浏览器无法自行判断一个 JavaScript 文件是一般的脚本还是 ES6 模块？我们会在下一节具体说明这个问题，现在暂时放在一边。

接下来，编写以下两个 JavaScript 文件：

```
// main.js
import utils from "./utils.js"

console.log(utils.add(3, 4))
```

```
// utils.js
export default {
  add(a, b) {
    return a + b
  }
}
```

在 FireFox Nightly 中打开 index.html，就能在控制台看到 utils.add(3, 4) 的结果被打印出来。

发生了什么

在 utils.js 中，我们使用 export 关键字导出了模块，它具有一个名为 add 的方法，返回两个参数的和；在 main.js 中，我们使用 import 关键字导入了 utils 模块，并调用其中的 add 方法，将结果打印出来。

相信大家对 import 和 export 都不陌生，因为 webpack、Rollup 等打包工具早已支持了这种写法。但是和打包工具的处理不同的是，原生 ES6 Modules 要求在引入时提供完整路径，包括文件的扩展名。因此，在 main.js 中，如果将第一行代码改为 import utils from "./utils"，那么是无法在浏览器中正常运行的。基于同样的原因，如果我们需要引入 node_modules 目录下的第三方包，现有打包工具支持的 import Packages from 'package' 也是不能被 ES6 Modules 识别的，必须要写为：

```
import Package from './node_modules/package/dist/lib.js'
```

命名空间

ES6 Modules 是如何解决命名冲突问题的？试试把上述 main.js 的内容修改为：

```
var x = 1

console.log(x === window.x)
console.log(this === undefined)
```

如果将这段代码直接复制进浏览器的控制台并运行，那么会依次打印出 true 和 false。但是再次打开我们的 index.html，会发现控制台依次打印出了 false 和 true，和前者完全相反。

这是因为 ES6 Modules 执行在一个独立于全局的、只属于自己的作用域中（module-local scope）。由于这种机制，模块之间的命名冲突不复存在，并且同时也避免了变量污染全局作用域的问题。

严格模式强制开启

在 ES6 Modules 中，严格模式是默认开启并且无法关闭的。现在将 main.js 的内容修改为：

```
var x = 1
delete x
```

再次运行时，浏览器就会抛出一个 SyntaxError 错误，这正是严格模式下试图删除一个变量时的浏览器行为。

异步加载

ES6 Modules 默认是异步加载的，并且在页面渲染完毕后才会执行，这等同于打开了 script 标签的 defer 属性。为了验证这一点，可以将 index.html 改写为：

```
<!DOCTYPE html>
<html lang="en">
```

```
<head>
  <meta charset="UTF-8">
  <title>Title</title>
</head>
<body>
  <script src="./script1.js" type="module"></script>
  <script src="./script2.js"></script>
</body>
</html>
```

然后新建两个 JavaScript 文件：

```
// script1.js
console.log(1)
```

```
// script2.js
console.log(2)
```

在浏览器中打开 index.html，能够看到控制台分别打印出了 2 和 1。

对照 WHATWG HTML 规范（见图 5），我们可以看出，对于 defer 的 script 标签，它的加载与后续文档元素的加载会并行执行，并且它的执行要等到所有元素解析完成之后。因此在上面的例子中，script2.js 会在 script1.js 之前执行。

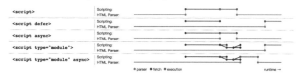

图 5　WHATWG HTML 规范中，defer script 标签异步加载示意图

总结

综上所述，ES6 Modules 具有以下特点：

- 可使用 import 引入其他模块（模块路径需书写完整，并且不能省略扩展名），使用 export 导出对外接口；
- 拥有独立于全局作用域的命名空间；
- 严格模式强制开启；
- 标签 <script type="module"> 默认是 defer 的。

ES6 Modules 的解析问题

在上一节中我们提到，浏览器中运行的 ES6 Modules 对应的 script 标签上需要增加 type="module" 属性。为何浏览器不自行判断某个 script 是脚本还是模块？第一眼看上去，似乎只要在代码中找到 import 或 export 就能够说明是 ES6 Modules 了。但是事情并没有这么简单。

挑战

我们首先假设浏览器能够在解析时通过检测代码中是否包含 import 或 export 来判断 JavaScript 文件是脚本还是模块。对于一个模块来说，一种可能的情况是，整个文件只有最后一行出现了一个 export。由于这种情况的存在，浏览器必须解析整个文件才有可能得出最终的结论。

但是从上一节我们了解到，模块是强制运行在严格模式下的。如果浏览器在解析到最后一行时才发现 import 或 export，那么就需要以严格模式将整个文件重新进行解析。这样一来，第一次非严格模式下的解析就浪费了。

除此之外，真正的问题是，一个不含有 import 和 export 的

JavaScript 文件也有可能是一个模块。比如下面的两段代码：

```
// main.js
import './onload.js'

console.log('onload.js is loaded')
```

```
// onload.js
window.addEventListener('load', _ => {
  console.log('Window is loaded')
})
```

虽然 onload.js 中没有出现 import 和 export，但是 main.js 以 import 关键字引入了它，所以它也是一个模块。只解析它本身是没有办法知道这一点的。

总而言之，虽然文件中包含 import 和 export 预示了该文件是模块，但是不包含这两个关键字却不能说明它不是模块。

浏览器端的解决方案

浏览器端的解决方案很简单，就是在 script 标签上显式地注明一个文件是模块：type="module"。这样浏览器就会以模块的方式解析这个文件，并且加载它所依赖的模块。

围绕 Node.js 的讨论

对于 Node.js 而言，浏览器的解决方法显然是行不通的。Node.js 社区对此进行了激烈的讨论，目前主要有四个方案：

- 在文件头部增加 use module 来标识该文件是模块；
- 在 package.json 中添加相应的元数据字段；
- 每个模块至少包含一个 import 或 export（Unambiguous JavaScript Grammar 提案）；
- 为模块文件定义一个新的后缀：jsm。

讨论还没有最终的结论，目前看来后两者更有希望。

最新进展与展望

ES6 Modules 进入标准以来，开发者们对它进行了充分的研究和积极的探索，以下就是两个例子。

动态加载方案 import()

目前 ES6 Modules 采用的是静态声明和静态解析，即在编译时就能确定模块的依赖关系，完成模块的加载。这不仅提高了加载效率，也使得 tree shaking 成为可能（Rollup 和 webpack 2 都基于此实现了 tree shaking）。

但是另一方面，某些时候仍然有动态加载的需求。举例来说，在一些场景下，直到运行时才能确定是否需要引入一个模块（比如根据用户的语言引入不同的模块）。为应对动态加载的需求，TC39 整理出了一套所谓 "类函数" 的模块加载语法提案：import()，目前已经处于规范发布流程的 stage 3 阶段。一个典型的用例如下：

```
const main = document.querySelector('main')

main.addEventListener('click', event => {
  event.preventDefault()

  import(`./section-modules/${ main.dataset.entryModule }.js`)
    .then(module => {
      module.loadPageInto(main)
    })
```

```
  .catch(err => {
    main.textContent = err.message
  })
})
```

从这个例子可以看出,import() 允许我们动态地引入模块。此外,和 ES6 Modules 相比,它还有以下特点:

- 它可以出现在代码的任意层级,并且不会被提升;
- 它可以接收任意字符串作为参数(本例中是一个运行时确定的模板字符串),而 ES6 Modules 只能接收字符串字面量;
- 它返回一个 Promise,并且会将加载的模块作为参数传递给 resolve 回调。

我们有理由相信,如果这个提案最终被写进标准,对 ES6 Modules 来说将是一个很好的补充。

基于 ES6 Modules 的 module-pusher 尝试

来自挪威奥斯陆的工程师 Marius Gundersen 在一篇博客里结合 ES6 Modules、HTTP/2、Service Worker 和 Bloom Filter,进行了从服务器将未经打包的模块推送至客户端的尝试。

他首先列举了现有打包策略的弊病:要么会造成浏览器下载一些用不到的代码,要么会造成同一个模块被多次重复下载。为了达到模块加载的最优解,他进行了以下尝试:

- ES6 Modules 是可以被静态解析的,这使得服务端能够找到给定模块的所有依赖模块。重复这个过程就可以构建出整个应用的依赖关系树。
- 利用 HTTP/2 的 Server Push,服务端可以在客户端发出请求之前主动向其推送文件。一旦客户端请求了一个模块,服务端就可以将这个模块的所有依赖连同这个模块本身一起推送给客户端。当客户端需要加载某个依赖时,就会发现这个依赖已经存在于它的缓存中。
- 一个潜在的问题是,如果模块 A 和模块 B 都依赖了模块 C,那么当客户端请求模块 A 时,服务器会同时将模块 C 推送;之后若客户端请求模块 B,服务端由于并不知道客户端的缓存中已经存在模块 C,因此会再次推送模块 C,这样就造成了网络资源的浪费。
- 解决方案是,客户端发送请求时在请求头带上一个 Bloom Filter,它携带了客户端缓存的信息,服务端接收请求后对照依赖关系树和 Bloom Filter,确定需要推送哪些模块。不在请求头写入完整的已缓存模块列表的原因是,这样做会导致请求头变得很大,而一个 Bloom Filter 通常只占用 100 字节。
- 客户端如何知道自己缓存了哪些模块?这里需要用到 Service Worker:当客户端发送一个模块请求时,Service Worker 首先拦截这个请求,查看缓存中是否有这个模块,如果有就直接返回;如果没有,那么就根据缓存中的已有模块建立一个 Bloom Filter,并且写入请求头,将请求发送出去;当服务端返回一个模块时,Service Worker 将其写入缓存并响应给客户端。

整个过程的流程图如图 6 所示。

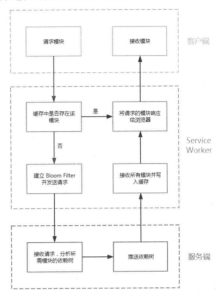

图 6 客户端通过 Service Worker 获取缓存模块的流程图

从这个例子可以看出,ES6 Modules 的新特性为前端工程化打开了更多的可能性。

ES6 Modules 未来展望

截至目前,在 JavaScript 的各种宿主环境中,只有少数浏览器的技术预览版实现了对 ES6 Modules 的支持;即使主流浏览器都支持了,由于要考虑旧浏览器的兼容性问题,在今后的很长一段时间里,开发者们在编写代码时仍然需要像现在一样使用打包工具将模块打包成需要的格式,而不是使用真正的 ES6 Modules。

事实上,浏览器和 Node.js 支持只是 ES6 Modules 迈向实用的第一步。除此之外,JavaScript 生态链上的许多环节都需要进行相应的改变。比如,目前 npm 上的大量模块都是 CommonJS 格式的,它们是不能直接被 ES6 Modules 引用的。

由此可见,ES6 Modules 离我们还有一段距离。不过,我们相信它终究会到来。因为"一个烂的标准比没有标准好上千万倍",更何况 ES6 Modules 并不是一个烂的标准。

详解 HTTP/2 Server Push

——进一步提升页面加载速度

文 / 陆佳浩

多路复用,是 HTTP/2 众多协议优化中最令人振奋的特性,它大大降低了网络延迟对性能的影响,而对于资源之间的依赖关系导致的"延迟",Server Push 则提供了手动优化方案。本文将对 Server Push 进行深度解读,并分享它在饿了么业务中的应用。

作为 HTTP 协议的第二个主要版本,HTTP/2 备受瞩目。HTTP/2 使用了一系列协议层面的优化手段来减少延迟,提升页面在浏览器中的加载速度。其中,Server Push 是一项十分重要而吸引人的特性。本文将依次介绍 Server Push 的背景、使用方法、基本原理和在饿了么的应用。

背景

要了解 Server Push 是什么，以及它能够解决什么问题，需要对 Server Push 诞生的背景有一个基本的认知。HTTP 协议通常是在 TCP 上实现的，昂贵的 TCP 连接推动我们采取各种优化手段来复用连接。HTTP/2 的多路复用从协议层解决了这个问题。

昂贵的 TCP 连接

HTTP/1 不支持多路复用，浏览器通常会与服务器建立多个底层的 TCP 连接。TCP 连接很昂贵，因此在优化性能的时候往往也是从减少请求数的角度考虑。比如开启 HTTP 持久连接尽可能地复用 TCP 连接、使用 CSS Sprites 技术、内联静态资源等。

这样的优化手段可以极大提升页面的加载速度，但是也有一些副作用：CSS Sprites 增加了一定的复杂度，也让图片变得不那么容易维护；内联静态资源更是把静态资源的缓存策略与页面的缓存策略绑在了一起，用之后的页面加载速度换取首次的加载速度。

可以说，这些优化方式多少都含有一些妥协。然而，即便使用了这些优化方式，也不能完全抵消因缺乏多路复用带来的低下的连接利用率。要治根，只能从协议本身入手。

HTTP/2 的多路复用

随着 HTTPS 的普及，连接变得更昂贵了。除了建立和断开 TCP 连接的消耗，还需要与服务器协商加密算法和交换密钥。HTTP/2 带来了一系列协议上的优化，包括多路复用、头部压缩等。最令人振奋的莫过于多路复用了。

HTTP/2 定义了流（Stream）和帧（Frame）。基本协议单元变小了，从消息（Message）变成了帧；流作为一种虚拟的通道，用来传输帧。与创建 TCP 连接相比，创建流的成本几乎为零。基本协议单元的变小也大大提高了连接的利用效率。

可以说，HTTP/2 的多路复用大大降低了由于网络延迟或者某个响应阻塞所带来的传输效率的损耗。如果说网络延迟对性能的影响可以通过多路复用减小，那么另一种由于资源之间的依赖关系导致的"延迟"是难以自动优化的。为此，Server Push 提供了一种手动优化的方案。

了解 Server Push

Server Push 是什么

通常，只有在浏览器请求某个资源的时候，服务器才会向浏览器发送该资源。Server Push 则允许服务器在收到浏览器的请求之前，主动向浏览器推送资源。比如说，网站首页引用了一个 CSS 文件。浏览器在请求首页时，服务器除了返回首页的 HTML 之外，可以将其引用的 CSS 文件也一并推给客户端。

有些人对 Server Push 存在一定程度误解，认为这种技术能够让服务器向浏览器发送"通知"，甚至将其与 WebSocket 进行比较。事实并非如此，Server Push 只是省去了浏览器发送请求的过程。只有当"如果不推送这个资源，浏览器就会请求这个资源"的时候，浏览器才会使用推送过来的内容。如果浏览器本身就不会请求某个资源，那么推送这个资源只会白白消耗带宽。

Server Push 与资源内联

资源内联是指将 CSS 和 JavaScript 内联到 HTML 中。这是一种面对昂贵的连接所达成的妥协，减少了请求数量，降低了延迟带来的影响，提升了页面的首次加载速度，却让这些原本可以缓存很久的资源文件遵循与 HTML 页面一样的缓存策略。

Server Push 和资源内联是类似的。Server Push 同样以减少请求数量和提升页面加载速度为目标。与资源内联的不同之处在于，Server Push 推送的资源是独立的、完整的响应，可以与 HTML 页面有着不同的缓存策略，从而更有效地使用缓存。

使用 Server Push

要使用 Server Push，有 3 种方案可供选择：
- 自己实现一个 HTTP/2 服务器；
- 使用支持 Server Push 的 CDN；
- 使用支持 Server Push 的 HTTP/2 服务器。

第一种方案并非是指从零开始实现一个 HTTP/2 服务器，仅仅是指从程序入手，直接对外暴露一个支持 HTTP/2 的服务器。大多数情况下，我们会使用现成的 HTTP/2 库。比如 node-http2，或者是 Go 1.8 的 net/http。

第二和第三种方案通过设置响应头或者修改 HTTP 服务器的配置文件，告知 HTTP 服务器要推送的资源，让 HTTP 服务器完成资源的推送。

第一种方案更灵活，可以编程决定推送的资源和推送的时机；第二和第三种方案更简单，但是缺乏一定的灵活性。

自行实现 HTTP/2 服务器

为了方便起见，我将使用 Go 标准库中的 net/http 来写一个 Server Push 的 Demo。Go 1.8 开始支持 Server Push，因此请确保使用了 1.8 或以上的版本。

创建自签名证书

鉴于 Server Push 是 HTTP/2 的"专利"，目前的浏览器又普遍只支持 HTTP/2 over TLS（h2），因此我们需要一张证书。创建自签名证书的方法有很多，这里就不再赘述。如果你不知道怎么创建自签名证书，可以查阅相关资料，或者登录 http://www.selfsignedcertificate.com/ 在线生成、下载。

写一个 HTTP/2 服务器

假设证书的文件名为 server.crt 和 server.key，以下代码实现了一个简单的 HTTPS 服务器。将其保存为 server.go，在终端运行 go run server.go。

```
package main

import (
    "fmt"
    "log"
    "net/http"
)

const indexHTML = `
<!doctype html>
<link rel="stylesheet" type="text/css" href="style.css" />
<p>Hello Server Push</p>
`

const styleCSS = `
```

```
p {
  color: red;
}
`

func main() {
    http.HandleFunc("/", func(w http.
ResponseWriter, r *http.Request) {
        fmt.Fprint(w, indexHTML)
    })

    http.HandleFunc("/style.css", func(w http.
ResponseWriter, r *http.Request) {
        w.Header().Set("Content-Type", "text/css")
        fmt.Fprint(w, styleCSS)
    })
     log.Fatal(http.ListenAndServeTLS(":4000",
"server.crt", "server.key", nil))
}
```

运行后终端不会有任何提示。用浏览器打开 https://localhost:4000，会提示不是私密连接，见图 1。这是正常的，因为自签名证书是不受操作系统和浏览器信任的。

图 1 自签名证书不受操作系统和浏览器信任

展开"高级"，点击"继续前往 localhost（不安全）"，或者在页面上输入"badidea"，即可看到红色的"Hello Server Push"字样，见图 2。

图 2 运行结果最终页

使用 Sorvor Puch 推送资源

在 Go 语言里，使用 Server Push 推送资源很简单。如果客户端支持 Server Push，传入的 ResponseWriter 会实现 Pusher 接口。在处理到达首页的请求时，如果发现客户端支持 Server Push，就把 style.css 也推回去。

```
http.HandleFunc("/", func(w http.ResponseWriter, r
*http.Request) {
        if pusher, hasPusher := w.(http.Pusher);
hasPusher {
            pusher.Push("/style.css", nil)
        }
        fmt.Fprint(w, indexHTML)
})
```

重启服务器之后刷新页面，观察开发者工具中的 Network 面板。如果 style.css 的 Initiator 列中含有"Push"字样，就说明推送成功了，见图 3。

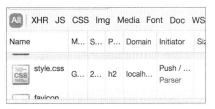

图 3 在开发者工具的 Network 面板中查看推送成功情况

使用支持 Server Push 的 CDN

2016 年 4 月底，CloudFlare 宣布支持 HTTP/2 Server Push。要启用 Server Push，只需要在响应里加入一个特定格式的 Link 头：

```
Link: </style.css>; rel=preload; as=stylesheet
```

这源于 W3C 的 Preload 草案。草案还算比较宽松，服务器可以为这些 preload link 资源发起 Server Push，也可以提供一个可选的 nopush 参数给开发者使用，以显式声明不推送某个资源。

CloudFlare 实现了 Preload 草案中的 Server Push，也提供了可选的 nopush 参数。当 CloudFlare 读到源站服务器发来的 Link 头时，它会向浏览器推送那些资源，然后从 Link 头中移除那些资源。除此之外，CloudFlare 会在响应里增加一个 Cf-H2-Pushed 头，其内容是推送的资源列表，以方便开发者调试。

同样是上面的例子，配置 Nginx 添加 Link 头。当然，你也可以用别的 HTTP 服务器，甚至直接用 PHP 之类的后端语言做这件事。

```
server {
    server_name server-push-test.codehut.me;
    root /path/to/your/website;
    add_header Link "</style.css>; rel=preload;
as=stylesheet";
}
```

CloudFlare 会自动为我们签发一张证书。如果源站不支持 HTTPS，可以在 CloudFlare 的 Crypto 设置中将 SSL 选项修改为"Flexible"，来允许 CloudFlare 使用 HTTP 回源。

同样是 h2 协议，使用 Server Push 后加载时间有所减少，style.css 的时间线变化尤为明显，请见图 4。查看 HTML 的响应，其中确实包含有 Cf-H2-Pushed 头，并且告诉我们 CloudFlare 向浏览器推送了 style.css。

图 4 使用 Server Push 前后对比

可惜的是，目前国内还没有支持 Server Push 的 CDN。如果不使用国外的 CDN，就只能放弃 CDN，用自己的服务器流量推送资源。

使用支持 Server Push 的 HTTP/2 服务器

目前，支持 Server Push 的服务器软件并不多。很遗憾，Nginx 并不支持。Apache 的 mod_http2 模块支持 Server Push，用法与 CloudFlare 差不多，同样是通过设置 Link 头来告诉服务器需要推送哪些资源。

Caddy 是一个打着 "Every Site on HTTPS" 口号的 HTTP/2 服务器。Caddy 使用 Go 语言编写，今年 4 月份也正式发行了支持 Server Push 的版本。与 CloudFlare 和 Apache 不同，Caddy 提供了 push 指令来配置要推送的资源。要实现上面的例子，配置文件只需要三行：

```
localhost:4000
tls self_signed
push / /style.css
```

第一行是主机头和监听的端口号。第二行表明我们希望使用自签名证书，Caddy 会在启动时自动在内存中为我们生成。第三行使用 push 指令，告诉 Caddy 在浏览器请求首页的时候，用 Server Push 把 /style.css 一并推送给浏览器。

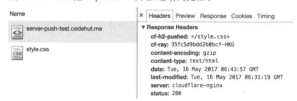

图 5　CloudFlare 完成了向浏览器推送 style.css

深入 Server Push

HTTP/2 与 HTTP/1 最大的不同之处在于，前者在后者的基础上定义了流和帧，实现了多路复用。这是 Server Push 的基础。

Server Push 原理

HTTP/2 的流用于传输数据。客户端创建新的流来发送请求，服务端则在客户端请求的流上发送响应。同样地，Server Push 也需要把请求和响应"绑定"到某个流上。

HTTP/2 定义了 10 种帧。当服务器想用 Server Push 推送资源时，会先向客户端发送 PUSH_PROMISE 帧。规范规定推送的响应必须与客户端的某个请求相关联，因此服务器会在客户端请求的流上发送 PUSH_PROMISE 帧。PUSH_PROMISE 帧的格式如图 6 所示。其中需要关注的是 Promise 流 ID 和 Header 块区域。

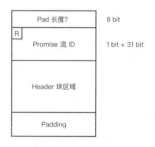

图 6　PUSH_PROMISE 帧的格式

PUSH_PROMISE 帧中包含完整的请求头。然而，如果一个请求带有请求体，服务器就没法用 Server Push 推送对这个请求的响应了。构造 PUSH_PROMISE 帧时，服务器会保留一个可用的流 ID，用来在之后发送响应。服务器会通过 PUSH_PROMISE 帧告知客户端这个流 ID，以便让客户端将这个流与推送的响应相关联。服务器发送完 PUSH_PROMISE 帧之后，就可以开始在之前保留的流上发送响应了。

图 7 为流的状态转移图。其中的缩写分别为：

- H——HEADERS 帧
- PP——PUSH_PROMISE 帧
- ES——END_STREAM 标记
- R——RST_STREAM 帧

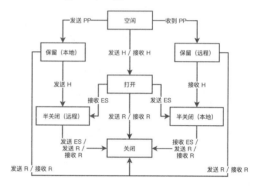

图 7　流的状态转移图

服务器必须先发送 PUSH_PROMISE 帧，再发送引用了推送资源的内容。比如说，使用 Server Push 推送页面上引用的 CSS，必须先发送 PUSH_PROMISE 帧，再发送 HTML。一旦浏览器收到并解析 HTML（的一部分），发现了引用的资源，就会发起请求。如果无法确保浏览器先接收到 PUSH_PROMISE 帧，那么浏览器接收到 PUSH_PROMISE 帧和浏览器开始请求即将被推送的资源之间就出现了竞争。这种竞争会导致服务器有概率推送失败，甚至可能浪费带宽。

使用 Chrome 的 Net-Internals 可以更清晰地看到这一过程，帮助我们理解 Server Push 的原理。在 Server Push 的行为与预期的不一致时，也可以用它来调试。

打开 Net-Internals（chrome://net-internals/#http2），页面中会显示所有的 HTTP/2 会话。打开测试页面，选中相应的会话，就能在右侧面板可以看到收发的每一帧，以及相关联的流 ID，见图 8。

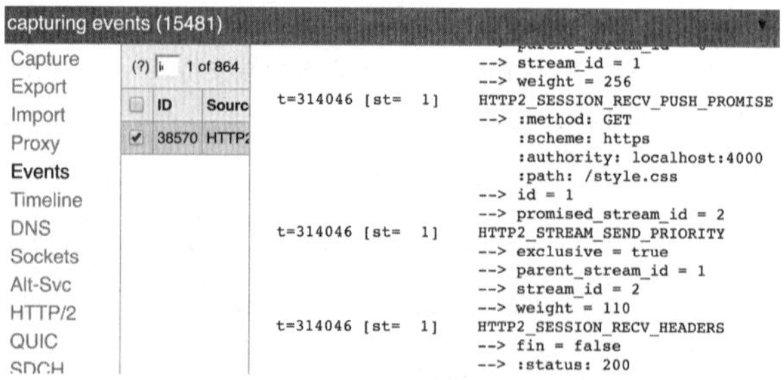

图 8　Net-Internals 中查看 HTTP/2 会话过程

Server Push 存在的问题

浏览器在主动请求某个资源之前，会优先从缓存中取。如果命中了本地缓存，就可以不再请求该资源了。Server Push 则不同，服务器很难根据客户端的缓存情况决定是否要推送某个资源。所以，大多数 Server Push 的实现不考虑客户端的缓存，每次收到客户端的请求，总是会发起推送。

规范中考虑到了这种情况。客户端在收到 PUSH_PROMISE 帧的时候，如果发现服务器要推送的资源命中了本地的缓存，可以在接收推送资源响应的流上发送一个 RST_STREAM 帧来重置该流，来告知服务器停止发送数据。然而，服务器开始推送响应和收到客户端发来的 RST_STREAM 帧之间也存在竞争关系。通常，服务器收到 RST_STREAM 帧的时候，已经发送了一部分响应了。

为了缓解这种"多推"的情况，一方面，客户端可以限制推送的数量、调整窗口大小，服务器也可以为流设置优先级和依赖，另一方面，可以使用"缓存感知 Server Push"机制。

"缓存感知 Server Push"机制的原理类似 If-None-Match，只不过为了让客户端在发送页面请求的同时把资源文件的缓存状态也发给服务器，服务器会在推送资源文件时，将资源文件的缓存状态更新至客户端的 Cookie 中。图 9 演示了算法的大致流程。

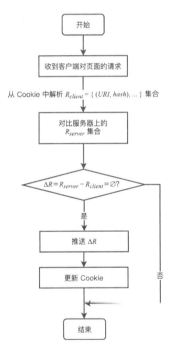

图 9 "缓存感知 Server Push" 算法的大致流程

当然，Cookie 的空间十分宝贵，Server Push 又允许存在一定的"多推"和"漏推"。具体实现的时候，一般不会把所有的资源和 hash（或者版本号）直接放进去。比如，H2O 使用 Golomb-compressed sets 算法生成指纹，编码为 base64 之后存入 Cookie。

这种机制可以在一定程度上减少"多推"的情况，不过也存在一些问题：

- 需要使用 Cookie，占用 Cookie 一定的空间；
- 不能自动遵循 Cache-Control，需要自行实现缓存策略；
- 难以完全避免"多推"的情况，还可能会出现"漏推"。

因此，使用 Server Push 推送资源依然存在一些问题。在选择要推送的资源时，应当考虑这些问题。最保守的做法是，只用 Server Push 推送原先内联的资源，即便 Server Push 存在"多推"的问题，也比内联资源来得好。当然，如果不太在意流量，也可不必太过担心"多推"的问题，因为页面速度的瓶颈往往不在于带宽，而是延迟。

Server Push 在饿了么的应用

考虑到国内 CDN 对 Server Push 的支持和"多推"问题，目前我们不使用 Server Push 推送动态资源，而是推送动态资源（API 响应）。与静态资源相比较，推送动态资源有以下区别：

- 更难被浏览器发现，浏览器只有在接收和解析完 JavaScript 文件，执行到相关语句的时候，才会发送请求；
- 不需要缓存，也就不存在"多推"问题。

Server Push 只能推送不带请求体的 GET 和 HEAD 方法的请求，不过这也可以满足我们的需求了。因为自动发起的 API 请求，大多是 GET 方法的。我们的目的是提升页面加载速度，只需要推送这类 API 即可。

在使用 Server Push 之前，我们测试了一下使用 Server Push 推送 API 对页面加载速度的影响。我们选取了 PC 站的餐厅列表页来测试。为了让结果更准确，我们写了一个反向代理服务器，反向代理线上的页面和 API。除此之外，我们禁用了浏览器的缓存功能，来模拟用户首次访问的情形。

我们分别比较了不使用 Server Push 和使用 Server Push 推送 4 个接口的情况（见图 10）。从 Chrome 开发者工具的 Timeline 面板中可以看到，使用 Server Push 后页面的整体加载时间变短了，其中减少最明显的是空闲时间。这与我们的想法不谋而合，Server Push 大大缩减了等待浏览器发起请求的时间。

测试的结果令我们满意，但随即我们意识到推送 API 比推送静态资源复杂得多。API 是需要带参数的。这些参数可能源于请求的 path、query string、Cookie 甚至自定义的 HTTP 头。这意味着我们很难使用现成的解决方案来推送 API。

为此，我们开发了一个带基本路由功能的 HTTP/2 服务器——Sopush。Sopush 的目的不是取代 Nginx 或者 Caddy 之类的 HTTP 服务器，作为最外层，它的主要职责是反向代理和使用 Server Push 推送资源。它可以像 Express、Koa 那样定义路由规则，解析来自 path 和 query string 的参数，也可以自由地设置 PUSH_PROMISE 中的请求头以满足 API 的需求。

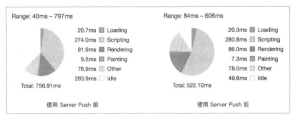

图 10 使用 Server Push 前、后，页面加载时间统计结果

目前，饿了么已经有一些业务使用 Server Push 了，包括 PC 站。用 Chrome 打开 PC 站的餐厅列表页，即可在 Network 面板中看到"Push"字样。

总结

作为 HTTP/2 的一个重要特性，Server Push 有着明显的优势和不足。一方面，Server Push 能够提升在高延迟环境下页面的加载速度。这种延迟不仅包括网络延迟，在复杂的 SPA 下也把首个 XHR 请求的发起时间作为考量之一。另一方面，Server Push 的支持依然不算令人满意，主要表现在目前国内各大 CDN 都不支持 Server Push，大多数移动端的浏览器也不支持 Server Push。

就目前而言，国内使用 Server Push 的网站比较少。主要可能还是由于 CDN 对 Server Push 的支持不足，使大家面临使用 Server Push 和使用 CDN 之间的抉择，对比优劣后自然是选择使用 CDN 了。我们使用 Server Push 推送 API 可能是现阶段可以绕开这种抉择、效果还不错的少数实践之一。

最后，衷心希望这篇文章让你对 Server Push 有了进一步的了解。

Webpack 在现代化前端开发中的作用与未来

文 / 李成熙

前端构建工具的百家争鸣

"现代化"前端开发，这个术语在近几年的前端文章上时不时出现，常用于区分"刀耕火种"时代的前端开发。这些文章都没有对"现代化"、"刀耕火种"进行解释，仅仅是描述了一些现象。"刀耕火种"往往指的是没有规范、没有模块化、工程化落后、框架初级，而"现代化"则相反，指的是规范到位、模块化成熟、工程化先进、框架高级。现在，我们正处于从"刀耕火种"过渡到"现代化"开发的重要阶段，Webpack 正是这一阶段诞生的重要工具（演进过程见图 1）。

这一过渡阶段，大约从 2011 年开始，前端社区许多工具、框架方案纷纷诞生。率先火起来的是模块加载器（Module Loader），经典的作品有 RequireJS。虽然在此之前，有不少前端类库都有自己的模块化开发方法，如 Yui、Dojo，但那些只是 JavaScript 一些约定俗成的写法，而 RequireJS 是真正意义上落实白纸黑字的前端模块化规范，推动了社区的发展。但单纯依靠 RequireJS 进行生产环境代码部署，有很明显的缺点，因为所有的模块都会异步加载，因此后来诞生了如 r.js 一类可以帮模块加载器进行文件合并与压缩的工具。

图 1　前端构建工具的演进过程

JavaScript 的模块化缺失问题得到初步解决之后，人们发现对每个页面的入口文件都要运行 r.js 一类的打包工具进行打包。能否让这一过程更为自动化呢？此时，便轮到任务自动化工具（Task Runner）大红大紫，如 Grunt、Gulp。Grunt 与 Gulp 虽然实现机制不同（前者基于临时文件进行构建，后者通过文件流处理），但本质上都是文件自动化处理工具，通过结合模块加载器、加载器打包工具及任务自动化工具，可以将整个开发流程自动化。

模块加载器与任务自动化工具让模块化、自动化逐渐普及到前端开发领域，让前端的开发效率大大提升。这一切看似已经运行流畅，但此时，以 Browserify、Webpack 为代表的模块打包工具（Module Bundler）开始入场搅局（尽管 Browserify 诞生比 Grunt 和 Gulp 都要早，但似乎红得比两者都得晚）。模块加载器与模块打包工具的区别在于，前者在浏览器运行中，当资源被请求的时候才被加载，而后者则事先将模块打包好成静态资源，然后进行各种优化。因此模块打包工具对比模块加载器来说，具体碾压性的优势。而 Webpack 便是模块打包工具中的绞绞者。它不仅支持 AMD、CommonJS 等模块的引用方式，而且也跟进支持了 ES Module 的模块化写法；它不仅将 JavaScript 资源视作模块，其他资源如 CSS、Image 等也都一律视作模块。加上它本身支持多个 JavaScript 文件同时编译，强大且完善的加载器（loader）和插件（plugin）生态，它既可用简单的配置搞定小而美的应用，又可以通过拆包、自定义插件等特性来应对大规模、变化多端的应用带来的挑战。

Webpack 一统天下？

大约在 2013 年前后，目前市面上主流的所使用的构建方案都基本诞生，包括模块加载器、模块打包工具和任务自动化工具。它们并非绝对的对立分割，它们相互间有借鉴学习，也能混合使用。

一图胜千言，图 2 大体描述了这些方案的关系。

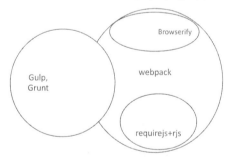

图 2　各主流构建方案之间的关系

webpack 是支持 AMD、CommonJS 和 UMD 模块打包工具，加上强大且完善的加载器（loader）和插件（plugin）生态，基本覆盖 Browserfiy 和 RequireJS+r.js 的功能，另外它还具备多文件打包、拆包、压缩、文件哈希、热更新等 Browserify 不具备的功能。虽然有些团队喜欢采用 Gulp+webpack 的混合方案，但其实 webpack 自身就能满足大部分项目生成静态资源的功能。

基于这些工具各自的功能，不同的前端团队根据自己的业务特点，发展出不同的前端静态资源构建方案，在 2017 年，主流方案主要有以下三种，我们来逐一分析下列方案的优势劣势。

方案 1 Gulp

主要是依靠 Gulp 及其插件生态，优势在于有庞大的插件生态（尽管比 Grunt 少，但比 Webpack 要多很多），能满足各种各样奇葩的需求。但插件多只是方案采纳的一个参考条件，插件的考量准则应该是"够用就好"和"质量过关"。

这种方案的缺点也很明显，资源目录都被强制约定好了，不利于模块化、组件化开发。Gulp 风靡前端界的时候，开发者都会被规定好只能在哪里放 JavaScript，哪里放 CSS，如图 3 所示。

```
├── css   -- sass 样式目录，不需要编译生成 .css 文件的子模块，请使用 _ 开头
│   ├── common   -- 公共样式
│   │   ├── _level.scss   -- 自动 sprite 合并图片示范
│   │   ├── _reset.scss   -- reset css 公共模块
│   │   └── _ricons.scss  -- retina 高清 sprite 合并图片示范
│   ├── index    -- index 页面样式目录，可以将 index 所需样式进行子模块划分，便于管理
│   │   └── _submodule.scss  -- 子模块，以下划线开头
│   └── index.scss  -- 合并所有 index 页面样式子模块、公共模块、合图…
├── favicon.ico
├── img    -- 图片目录
│   ├── common   -- 不需合图的图片，文件会自动在文件名加上md5，filename-md5.png
│   │   └── banner.png   -- 自动生成 banner-be70f3b1.png
│   ├── sprite   -- 需要合图的图片，安装成 sprite 图片名进行目录划分，可以自己新建子目录
│   │   ├── icons   -- 普清图，最终合并生成 icons-sbb41937c32.png
│   │   ├── icons@2x -- 2x高清图，生成 icons@2x-sb72189e87.png
│   │   └── level   -- 普清图，生成 level-s99b1a493c7.png
│   └── static   -- 不需合图的图片，不同自动md5重命名的图片
│       └── static-img-url.png
├── index.html    -- 首页
├── js    -- js 目录，使用 cmd require 规范进行模块之间应用
│   ├── common   -- 公共模块
│   │   ├── config.js
│   │   └── global.js
│   ├── index   -- 首页 js 模块
│   │   └── index.js
│   └── libs   -- 第三方 js 库，会被复制到 dist 目录, js/css 文件名 md5 化
│       └── jquery
├── libs   -- 第三方库, libs 所有文件会被复制到 dist 目录, js/css 文件名 md5 化
│   └── bootstrap
```

图 3 使用 Gulp 的项目文件结构

这类约束方式一旦遇到像 React、Vue 一类框架的时候，将会非常头疼，因为这类框架的组件，通常是组件相关的 JavaScript、CSS、Image 资源都置于同一个组件目录里，这样需要手动书写大量构建匹配逻辑，去处理组件对应的 JavaScript、CSS、Image 等资源。因为我们一般都是一个 Gulp 任务只处理一种资源，然后将各种任务组合起来，如图 4 所示。一旦让 Gulp 去处理一个组件的所有资源，构建的逻辑复杂度必然是成倍增加。

```
gulp.task('dist', ['clean-dist'], function() {
    run('copy-lib', 'minify-css', 'md5-css', 'minify-js',
        'md5-js', 'minify-html', 'clean-rev');
});
```

图 4 代码显示一个 Gulp 任务只能处理一种资源

此外，Gulp 这种非配置化、按任务拆分的构建方式，看似是容易上手，但实质是将许多的难题暴露给构建的开发者。对于构建的使用者来说，也并不好定制，修改一个任务，或者往里面添加一个任务，都增加了许多的不确定性，对构建开发者和使用者来说，说白了就是在维护一个小型的 webpack。

方案 2 Gulp+Browserify 或 Gulp+webpack

将 Browserify 或 webpack 引入 Gulp，是尝试解决方案 1 模块化开发的重大举措，不过一般只是针对 JavaScript 文件。此方案看似引入新的工具来解决问题，其实也增加了额外的构建维护复杂度。

有的开发者甚至让 Browserify 或 webpack 直接接管其他大部分静态资源的处理，Gulp 则主要是负责传入文件流，但实则上这种方案应该归类为方案 3，Gulp 在这里只是一个任务的流程控制，比方说图 5 所示的处理办法，Gulp 只是启动了一个 Webpack 任务，让 Webpack 去负责构建，然后将一个又一个的 Gulp 任务组装起来，形成一定的任务流程。

其实这些都可以用 npm scripts 轻松替代，如图 6 所示，可以在 package.json 的 scripts 里设置这些 npm run 的命令，然后去启动一个脚本，在脚本里运行 Webpack 的构建。如果你有其他并行或者串行的任务，你既可以在脚本里实现，也可以简单通过 & 或者 && 符号拼接这些命令。

```
gulp.task("webpack", function(callback) {
    // run webpack
    webpack({
        // configuration
    }, function(err, stats) {
        if(err) throw new gutil.PluginError("webpack", err);
        gutil.log("[webpack]", stats.toString({
            // output options
        }));
        callback();
    });
});
```

图 5 Gulp 主要负责任务的流程控制

```
"scripts": {
    "start": "node ./tools/script.js --mode=development",
    "dist":  "node ./tools/script.js --mode=production",
},
```

图 6 npm scripts 也可轻松控制任务流程

方案 3 webpack

该方案完全依靠 Webpack 及其插件生态，只需要定义好入口文件，便可以用配置化的方式，去处理所有的静态资源依赖。与方案 2 相比，少了引入 Gulp 的额外复杂度，虽然 Webpack 本身也有非常庞大的文档，但相比于自己去四处找寻合适的插件进行组装，学习 Webpack 的文档并使用推荐的加载器和插件进行项目构建的配置，其实会更为容易，而且也更容易定制。

如图 7 所示，是一个最简单的 Webpack 构建配置，Webpack 最基本的四大概念 entry、output、module、plugins 在这个配置中都有体现。entry 相当于 JavaScript 源文件，output 就是生成的文件的路径、名字、CDN 等，module 则是配置这些资源模块（如上文提到的，Webpack 将一切资源都看作模块）处理规则的地方，基本都是用 loader 去进行编译处理。而 plugins 则是 Webpack 提供给开发者进一步优化应用的能力。

而像 Gulp 下面的几个任务（见图 8），在 Webpack 里仅用 module 里的 rule 进行配置就可以达到类似的效果。但像合并公共模块（CommonChunk），压缩代码这些 Webpack 一个插件就可以完成的事情，Gulp 要么难以完成，要么需要额外的逻辑。因此往往 Webpack 100 行配置就能完成的事情，Gulp 需要超过 300 行的任务逻辑。

另外 Webpack 的构建定制方面也有其独特的优势。我们一般可以预先配置好基础配置 webpack.base.js，然后允许用户在 webpack.project.js 中进行自定义配置，最后通过 webpack-merge 将两者合并，便可在节省重复工作的基础上，进行较大程度的构建定制。而像 Gulp 这类配置，你只能直接破坏原有的逻辑，在 Gulp 任务里直接加插新的构建逻辑。

```
const config = {
    entry: './path/to/my/entry/file.js',
    output: {
        path: path.resolve(__dirname, 'dist'),
        filename: 'my-first-webpack.bundle.js'
    },
    module: {
        rules: [
            {test: /\.(js|jsx)$/, use: 'babel-loader'},
            {test: /\.css$/, use: 'css-loader'},
            {test: /\.ts$/, use: 'ts-loader'}
        ]
    },
    plugins: [
        new webpack.optimize.UglifyJsPlugin(),
        new HtmlWebpackPlugin({template: './src/index.html'})
    ]
};

module.exports = config;
```

图 7 webpack 的构建配置代码

```
gulp.task('js', function() {
    return gulp.src('js')
        .pipe(babel())
        .pipe(gulp.dest('dist'));
});

gulp.task('less', function() {
    return gulp.src('css/*.less')
        .pipe(less())
        .pipe(gulp.dest('dist'));
});

gulp.task('sass', function() {
    return gulp.src('css/*.sass')
        .pipe(sass())
        .pipe(gulp.dest('dist'));
});
```

图 8 Gulp 任务

基于 Webpack 的方案逐步成为主流

尽管目前方案 1 依然是大部分项目的首要构建方案，但方案 2 和方案 3 也越来越受欢迎。这是由于像 React、Vue 这一类更主张模块化、组件化开发的框架的普及所带来的改变。Webpack 作者 Tobias Koppers 在自己的分享里也披露，Webpack 首次迎来重大增长，主要是由于 React 的使用，以及 React 核心开发们在社区里的推广。加上 Vue 等一些重量级玩家的加入（Vue 作者为了让使用者都更好地启动 Vue 项目，特意基于 Webpack，弄了一个 vue-cli 项目），Webpack 由此迅速走红，见图 9 所示。

与前端框架 Angular、React、Vue 三足争霸的局面不同，Webpack 看似要率先在前端构建工具这块一统天下了。但 2015 年，一款轻量小巧，配置方式与 Webpack 几近一致的模块打包工具横空出世，它的名字叫 rollup.js。它的最大特色是 Tree Shaking 和扁平化的打包，能够在支持各大模块化开发方式的情况下，将打包后的文件大小控制到最小，并且打包后文件的执行速度也相当快。这一特性相当受类库和框架开发者的欢迎，Vue 和 React 为了控制包大小，都分别于 2016 和 2017 年转用 rollup.js 对框架进行打包。不过由于 rollup.js 在生态方面仍未成熟，许多功能特性仍不支持（如拆包、热更新等），Webpack 在 2.0 版本也引入了 Tree Shaking 这一重大特性，虽然 rollup.js 对 Webpack 的地位产生一定的挑战，但仅限类库和框架开发领域。rollup.js 作者 Rich Harris 在博文里也建议，开发应用时用 Webpack，开发类库的时候用 rollup.js。

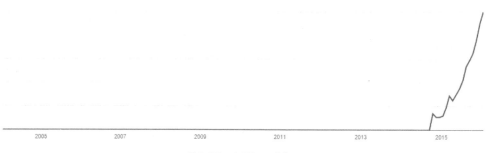

图 9 Webpack 项目 stars 趋势

Webpack 的未来，以及我们能做些什么？

相信未来几年，Webpack 依然会是最受欢迎的构建工具之一。它的目标依然是努力改善开发者体验以及优化 Web 应用的性能。

随着 Webpack 2.x 的到来，Webpack 不仅严格控制配置项，逐步收归与规范许多常用的第三方加载器和插件（许多已经将仓库转交到 webpack-contrib 下面），而且全面优化整个文档，虽然庞大，但却更为有条理。Webpack 中文社区率先对文档进行了完整的翻译，整理出一套完善的社区文档翻译流程，并且正在协助韩文文档的翻译。

Webpack 目前有一点需要努力的是改善插件和加载器的开发体验，降低开发插件和加载器的难度门槛。目前仅仅通过阅读官方的开发文档，只能开发出较为简单的入门级插件，如果你仔细阅读 extract-text-webpack-plugin、html-webpack-plugin、happypack 等功能更为复杂的插件，你就会发现许多插件开发的高级用法，不仅需要你了解 Webpack 本身基于的 tappble 事件流机制，还要理解 Webpack 的一些内置插件的功能。除此以外，Webpack 在对资源处理的过程中，将一切配置和内容往内存中的一个对象中存储，你还要分析每个事件触发后，这个对象变成什么样了。对于这点，中文社区开发者贡献了许多的源码分析、插件开发等的文章，基本都收录在 awesome-webpack-cn 这个仓库里。迟迟未见动作的官方社区，在 Webpack 布道者 Sean Larkin 的推动下最近也逐步开始撰文介绍 Webpack 的内部机制和周边的一些重要依赖，如 tappble、enhanced-resolve、memory-fs 等。

Webpack 及其社区对新技术的支持力度也比其他构建工具

要领先。例如 Webpack 不仅支持浏览器、Node 环境的打包方式，而且还支持像 webworker、node-webkit、electron 应用的打包，相信日后只要 JavaScript 所触及之处，都能看见 Webpack 的身影。最近 Google 力推的离线应用方案 Progrss Web Application，webpack 也有对应的社区插件方案 offline-plugin。为了满足更多开发者的需求，官方还建立的投票页面，供大家在上面票选自己最需要的特性，其中 WebAssembly 支持的人气也相当高涨，相信不久将来，这项特性要么由社区率先通过加载器实践，要么由官方进行引入，如图 10 所示。

图 10　开发者所需的 webpack 特性中，WebAssembly 的呼声很高

Webpack 最近另一项值得留意的重大动作是官方将 webpack 的命令行拆出来，单独创建了 webpack-cli 项目。该项目初期主要的专注任务有三个，一是将 Webpack 自带的命令行融合进来，二是将 Webpack 1 升级至 Webpack 2 的流程自动化，最后也是带来最多遐想的，webpack-cli 基于 Yeoman 和 Inquirer，允许开发者搭建自己的项目脚手架。构建工具本来便是脚手架必不可少的一部分，Webpack 这次借助 webpack-cli 染指这一领域，预计未来还有不少围绕脚手架进行的优化，例如协助分析脚手架的构建性能瓶颈、分析脚手架生产环境的性能问题、协助脚手架接入开发者所在的开发体系等。

对于 Webpack 的近况，可以关注 Webpack 在 medium.com 开通的官方博客。如果英文不够好，也可以关注 Webpack 中文社区社区，我们也会定期更新官方的文档和相关资讯。也希望大家可以贡献自己的余力，帮忙翻译文档、文章，或者维护 Webpack 社区的各类插件、加载器等。

使用 WebGL 提升可视化中的布局性能

文 / 沈毅

现在 PC 端和移动端的浏览器对于 WebGL 的支持都已非常普及，我们常常会利用 WebGL 强大的特性去绘制三维的场景用于可视化、广告展示、产品模型展示和小的休闲游戏。除了三维渲染这个 WebGL 最擅长的老本行，大家也会尝试使用 WebGL 去替代 Canvas 或者 SVG，加速二维图形的渲染，GIS 服务商 Mapbox 就在提供的 JS SDK 中使用 WebGL 来绘制地图。

除了三维或者二维的渲染，其实我们也可以利用 WebGL 来做 GPU 通用计算，去加速一些适合并行的算法，例如物理计算、布料模拟、FFT 等。这篇文章介绍我们是如何在 ECharts GL 中使用 WebGL 对力引导布局提升近百倍的性能的。

什么是力引导算法

使用过 ECharts 的同学可能知道 ECharts 中有个系列类型是 graph，这个系列类型可以用来可视化表示节点—边的关系数据或者网络数据。而用户在刚拿到关系数据或者网络数据的时候是没有节点位置等布局信息的，大部分都只有每个节点的权重、类别等信息，以及表示两个关系的边。如何从这些有限的信息布局得到美观的网络图一直是网络关系数据的可视化中的研究重点。

关系图中最常用的布局算法是力引导（Force Directed Layout）算法，力引导算法的思想非常朴素，算法将关系数据中的每个节点模拟为电荷，将关系数据中的每条边模拟为弹簧，这样任意两个节点之间存在一个电荷上的斥力，如果两个节点之间存在关系边，那这两个节点还会受到一个弹簧的引力，所以力引导算法也会叫作 Spring Embedded Layout。

每次迭代的时候，我们依次计算每个节点来自其他节点的斥力以及节点的邻接边所产生的引力的总和，然后根据这个受力对节点位移。第二次迭代的时候就根据新的位置继续计算受力和位移，就这样一直迭代到所有节点都受力平衡了，整个布局的过程就算完成了。这个时候整个图的能量处于最小值，节点之间关系边因为互相的引力会聚合在一起，而不同的圈子因为节点之间的斥力会分散开来，因此可以形成不同圈子聚类的形态。

图 1 就是对一份典型的微博转发关系的网络数据进行力引导布局的结果。

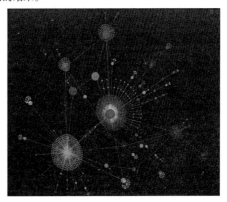

图 1　微博转发关系图

力引导算法的性能问题和常见优化

可以看到力引导算法中的每次迭代都需要两两计算节点之间的受力，所以每次迭代的开销都是 $O(n^2)$，而且往往整个布局需要几百次迭代后才能呈现出比较好的形态，导致整个布局的性能开销往往非常大。为了防止长时间布局带来的 UI 阻塞，很多时候我们会将布局的过程动态地呈现出来，也就是每次节点位置发生变化都会重绘更新画面。并且通过 JavaScript 中的 requestAnimationFrame 接口将布局和绘制的迭代分摊到不同帧里，这样既有效地防止了布局对 UI 的阻塞，同时因为算法是基于物理模拟的，所以整个布局的动画往往非常有意思，也增加了这个布局算法的趣味性。

除了单次迭代的开销比较大之外，传统的力引导算法对稍微大点规模的关系图也存在着布局收敛速度过慢的问题，因为节点的位移是离散的，所以很多节点会在受力均衡点摆动（Swing）而无法到达受力均衡点，会导致布局长时间无法结束。

大部分力引导算法的论文对大规模网络图布局在性能上的改进都集中在上面两点上，减小单次迭代的开销以及加速布局收敛的速度。

第一点减小单次迭代的开销，最常见的就是使用 Barnes Hut Simulation 计算节点之间的受力。这个方法将整个空间用四叉树划分，每个关系图的节点会放入四叉树的叶子节点中，这样距离比较远的两片区域可以不用每个节点之间都计算斥力了，只需要将两片区域作为整体去计算斥力。理论上使用 Barnes Hut Simulation 后可以从原来 $O(n^2)$ 的时间复杂度降低到 $O(n \log n)$ 的时间复杂度。

第二点加快整个布局的收敛速度，也就是减少布局的迭代次数。最早在《Graph Drawing by Force-directed Placement》一文中提出了使用模拟退火（Simulated Annealing）加速整个布局的稳定和收敛，模拟退火引入了一个温度（Temperature）因子，跟物理意义一样，温度会影响每个节点的活跃度，也就是影响节点受力后位移的距离，布局刚开始的时候温度比较高，节点受力后移动的范围比较大，能够快速接近受力平衡的位置，随着布局的进行，温度会逐渐降低，节点的移动幅度也越来越小，保证节点不会因为单次移动幅度过大而产生在平衡位置附近摇摆的情况。

除了算法层面的优化，在程序层面，我们可以利用 WebWorker 将布局放到一个单独的线程里，跟绘制渲染的主线程分开来，布局不会阻塞绘制，绘制也不会阻塞掉下一次的布局。既可以加快整体布局的速度，也可以让整个布局的动画更流畅。

这些优化能够让一个上千节点的关系图从原来的上百 ms 一次迭代优化到 10ms 一次迭代，布局的动画也更加流畅。但是我们依然没法做到短时间内就让整个布局完成。一方面是因为算法本身复杂度的限制，还有一方面是 JavaScript 多线程的限制导致无法发挥 CPU 多核的性能，也无法利用 SIMD 去加速向量的计算。

在算法复杂度上现在基本上已经到达瓶颈了，那么在程序的实现层面，我们是不是可以利用 WebGL 实现力引导布局的 GPU 通用计算（GPGPU）从而绕过 JavaScript 的限制。而且因为力引导算法每个节点的受力计算互相不受影响，所以节点的受力很适合在 GPU 中并行计算。

WebGL 中实现 GPU 通用计算

很早之前就有人开始尝试在 WebGL 中通过 GPGPU 去加速布料模拟（Cloth Simulation），群体模拟（Flocking），粒子系统（Particle System）等适合 GPU 加速的算法，并且取得了还不错的效果。例如 three.js 中就有分别用 CPU 和 GPU 实现 Flocking 的例子，两者的帧率在群体数量为 4096 的时候可以相差几十倍，如图 2 所示。

图 2 帧率上的较大差异

shader 是 WebGL 里的可编程着色器，我们通常是用 shader 来计算顶点的位置，像素的光照等三维渲染方面的东西。如果要直接使用 WebGL 1.0 的 shader 做 GPU 的通用计算，有个很大的限制是 shader 无法直接读写显存，shader 的输入只有纹理数据和顶点属性（Attributes）的数据。而 shader 最终的输出也只有写入到 Drawing Buffer 的 RGBA 颜色。

所以通常在 WebGL 中实现通用计算的思路是将需要计算的数据存储在纹理里，然后在着色器（Shader）里读取浮点纹理中的数据，做一定的运算后再配合 Framebuffer 写入到另一个纹理中，然后将两个纹理交换一下，现在写入的纹理作为下一次读的纹理，也就是说将纹理作为暂存数据的地方，见图 3 所示。随着 WebGL 中浮点纹理扩展 GL_ARB_texture_float 的普及，RGBA 每个通道能存储的数据精度也从原来的 8 字节变成了 32 字节，对于大部分数据来说这个精度已经够用了。

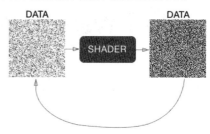

图 3 GPU 通用计算的流程

下面是根据输入的存储有节点受力和之前位置的纹理，计算得到新位置的 shader 代码。

```
uniform sampler2D forceTex;
uniform sampler2D forcePrevTex;
uniform sampler2D positionTex;
uniform sampler2D globalSpeedTex;
varying vec2 v_Texcoord;
void main() {
    // 从纹理中获取节点的受力
   vec2 force = texture2D(forceTex, v_Texcoord).xy;
    vec2 forcePrev = texture2D(forcePrevTex, v_Texcoord).xy;
    // 从纹理中获取节点之前的位置
    vec4 node = texture2D(positionTex, v_Texcoord);

    // 计算节点需要移动的距离
   float globalSpeed = texture2D(globalSpeedTex, vec2(0.5)).r;
   float swing = length(force - forcePrev);
    float speed = 0.1 * globalSpeed / (0.1 + globalSpeed * sqrt(swing));

    float df = length(force);
    if (df > 0.0) {
        speed = min(df * speed, 10.0) / df;
        // 根据之前的位置，需要移动的距离，计算得到新的位置后输出
        gl_FragColor = vec4(node.xy + speed * force, node.zw);
    }
    else {
        gl_FragColor = node;
    }
}
```

在 WebGL 中实现力引导布局

我们可以从刚才那段代码中一窥怎么在 shader 中做位置计算，实际上这个位置的更新是力引导布局中每次迭代计算的最后一步，也是实现相对简单的一步，我们接下来就来详细讲讲整个力引导布局如何在 WebGL 中实现。

初始化节点和边的数据

力引导算法会先基于某个简单高效的算法初始化每个节点的位置，合理的初始化方式可以加速后面布局的收敛，但是一般情况下就是在一个范围内随机分布节点。

节点位置初始化完之后我们需要将其存入到浮点纹理中作为初始的来源。WebGL 除了支持加载的图片作为纹理数据之外，也支持使用 TypedArray 作为纹理像素数据。浮点纹理的话则是 Float32Array。

```
var offset = 0;
for (var i = 0; i < nodes.length; i++) {
    var node = nodes[i];
    positionBuffer[offset++] = node.x;
    positionBuffer[offset++] = node.y;
    positionBuffer[offset++] = node.mass;
    positionBuffer[offset++] = node.size;
}
```

一张纹理总共有四个通道 RGBA 可以利用，我们在 RG 通道中存储节点的 (x, y) 位置，在 B 通道中存储节点的质量/权重，在 A 通道中存储节点的半径，这个半径计算节点之间是否重叠的时候可以派上用场。

除了节点的数据，我们还需要初始化边的数据。对于节点来说，能够做到输入的节点像素和输出像素一一对应，但是对于边来说不是，我们在计算边对两个节点的引力的时候，需要能够在 shader 里正确索引到相应的节点，并且计算完之后能够写入正确的节点。

因此跟节点信息存在纹理里不一样，我们把边的两个节点和权重存在了 WebGL 的 attributes 中。

```
for (var i = 0; i < edges.length; i++) {
    var attributes = edgeGeometry.attributes;
    var weight = edges[i].weight;
    if (weight == null) {
        weight = 1;
    }
    attributes.node1.set(i, this.
getNodeUV(edges[i].node1, uv));
    attributes.node2.set(i, this.
getNodeUV(edges[i].node2, uv));
    attributes.weight.set(i, weight);
}
```

其中 getNodeUV 方法将节点的线性索引映射到了二维的纹理坐标，方便在 shader 中根据这个纹理坐标索引到正确的节点。

这些放入显存中的数据在接下来每次迭代计算受力的时候会被频繁的用到。

计算受力

初始化完之后就是每次迭代计算节点与节点的斥力以及边的引力。

图 4 就是每次迭代的流程，整个流程分为三步：1. 计算节点与节点之间的斥力后写入存储每个节点受力的 Force 纹理；2. 计算边对两个节点的引力后叠加到 Force 纹理；3. 根据 Force 纹理计算得到每个节点新的位置写入 Position 纹理。

在计算节点与节点之间的斥力时，我们用了一个全屏的 Pass（Fullscreen Quad Pass）渲染到一个 FrameBuffer 所绑定的纹理对象，这个纹理对象的每个像素对应的就是每个节点所受到的力。所以这一步是在像素着色器（Fragment Shader）里做的。

```
#define NODE_COUNT 0
// 存储节点位置等信息的纹理
uniform sampler2D positionTex;

uniform vec2 textureSize;
uniform float scaling;
uniform float gravity;
uniform vec2 gravityCenter;

varying vec2 v_Texcoord;

void main() {
    vec4 n0 = texture2D(positionTex, v_Texcoord);

vec2 force = vec2(0.0);
    // 遍历所有其他节点计算受力总和
for (int i = 0; i < NODE_COUNT; i++) {
        // 根据节点的索引计算节点的纹理坐标
        vec2 uv = vec2(
            mod(float(i), textureSize.x) /
(textureSize.x - 1.0),
            floor(float(i) / textureSize.x) /
(textureSize.y - 1.0)
        );
        // 从纹理中获取节点信息
        vec4 n1 = texture2D(positionTex, uv);

        vec2 dir = n0.xy - n1.xy;
        float d2 = dot(dir, dir);

        if (d2 > 0.0) {
            float factor = scaling * n0.z * n1.z / d2;
            force += dir * factor;
        }
}

    // 计算向心力
    vec2 dir = gravityCenter - n0.xy;
    force += dir * n0.z * gravity;

    gl_FragColor = vec4(force, 0.0, 1.0);
}
```

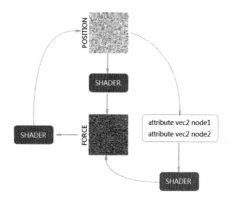

图 4 每次迭代的流程

一些类似向心力的因子，布局的缩放因子等全局的布局参数会通过 uniform 传入给 shader 使用。

接下来是计算边的引力。因为要绘制到同一个存储有节点受力的 Force 纹理中而且要计算受力的叠加，我们需要开启 WebGL 的混合模式并把混合模式设置成叠加。

```
gl.enable(gl.BLEND);
gl.blendEquation(gl.FUNC_ADD);
gl.blendFunc(gl.ONE, gl.ONE);
```

然后在顶点着色器中去计算边的引力。

```
// 边的第一个节点的纹理坐标
attribute vec2 node1;
// 边的第二个节点的纹理坐标
attribute vec2 node2;
attribute float weight;

// 存储节点位置等信息的纹理
uniform sampler2D positionTex;

uniform float edgeWeightInfluence;
uniform vec2 windowSize;

varying vec2 v_Force;

void main() {
    vec4 n0 = texture2D(positionTex, node1);
    vec4 n1 = texture2D(positionTex, node2);

    vec2 dir = n1.xy - n0.xy;
    float d = length(dir);
float w = pow(weight, edgeWeightInfluence);
    // 计算这次计算需要写入的像素位置，也就是存储第一
个节点受力的像素
    vec2 offset = vec2(1.0 / windowSize.x, 1.0 / windowSize.y);
    vec2 scale = vec2((windowSize.x - 1.0) / windowSize.x, (windowSize.y - 1.0) / windowSize.y);
    vec2 pos = node1 * scale * 2.0 - 1.0;
gl_Position = vec4(pos + offset, 0.0, 1.0);
// 使用 gl.POINT 的画点模式
    gl_PointSize = 1.0;
    if (d <= 0.0) {
        v_Force = vec2(0.0);
        return;
    }
// v_Force 会传给像素着色器后直接写入到 gl_FragColor 中
    v_Force = dir * w;
}
```

计算完受力后，就可以根据计算得到这张存储中每个节点受到的总的力的纹理，进一步计算出节点位移的速度，以及根据这个速度位移得到新的位置了。

判断布局结束

我们判断布局是否结束主要是通过计算所有节点总的受力，如果受力小于某个阈值则可以判断整个布局是稳定下来了。但是可以从前面的实现中看到，每一次迭代，JavaScript 除了负责整个布局迭代的调度，调用 WebGL 的绘制接口，设置绘制参数，基本上不做任何布局计算的事。所有的布局计算都是在 GPU 中完成，布局的中间数据和结果数据，包括节点受力也是存在显存中。所以每一次迭代都需要 JavaScript 从显存中回读节点的数据，然后判断布局是否结束，结束的话就不通过 requestAnimationFrame 启用下一次迭代了。

WebGL 提供了 readPixels 方法从显存的 Drawing Buffers 中读取绘制出来的像素数据。

```
var forceArr = new Float32Array(width * height * 4);
gl.readPixels(
    0, 0, width, height, gl.RGBA, gl.FLOAT, forceArr
);
```

需要注意的是，目前只有 Chrome 浏览器支持对浮点纹理的回读，其他浏览器只支持读取 gl.UNSIGNED_BYTE 格式的像素数据。所以如果要支持其他浏览器，例如 Safari，我们需要多一个绘制的 Pass 将所有节点的受力总和存储到一张 1×1 大小，只有一个像素的 UNSIGNED_BYTE 格式的纹理中。这个求和过程跟计算边的受力是一样的，就是在开启叠加混合的模式后，将所有节点的力都输出到一个像素中。

```
var forceSum = new Float32Array(4);
gl.readPixels(0, 0, 1, 1, gl.RGBA, gl.UNSIGNED_BYTE, forceSum);
```

因为我们只需要一个是否超过阈值的判断，所以 UNSIGNED_BYTE 这个精度对于我们来说够用了。

性能对比

那么利用 WebGL 加速后性能上究竟能有多少提升。作为测试，我们挑了一份 Gephi 提供的比较大的关系图数据，见图 5。这份关系数据拥有大约 22kb 的节点和 48kb 的边。分别在一台 2012 年的 13 寸 Macbook Pro 和一台最近的 GTX 1070 显卡 + i7 CPU 的台式机上做了测试。

图 5　拥有 22k 节点，48k 边的关系图

在 13 寸 Macbook Pro 上一次布局迭代

JavaScript：
- without Barnes Hut：~28000ms
- with Barnes Hut：~1000ms

WebGL：~260ms

在 GTX 1070 + i7 的台式机上一次布局迭代

JavaScript：
- without Barnes Hut：~12000ms
- with Barnes Hut：~300ms

GPU：~2ms

可以看到，相对于 JavaScript 的实现，WebGL 的实现对于高端显卡的提速非常明显，甚至已经到达了上百倍的性能提升。

总结

这篇文章我们介绍了 ECharts 中对于关系图的力引导布局的算法和常见的性能优化方案，以及使用 WebGL 实现力引导布局的思路，包括如何计算节点的引力和斥力、如何判断布局是否结束等。

WebGL对于力引导布局这种适合并行的算法有着非常可观的性能提升，特别是电脑使用的是高端显卡的时候，一方面是因为现代显卡的显存带宽和浮点运算非常可观，另一方面因为JavaScript本身的限制导致只能利用CPU的部分性能，而且现在支持WebGL和浮点纹理的浏览器也已经十分普及了，我们除了能够用WebGL来绘制一些三维的场景和酷炫的特效之外，完全可以尝试一下利用WebGL去做一些适合并行加速的通用计算，说不定能收获到出乎意料的性能提升。

Redux or Mobx：前端应用状态管理方案的探索与思考

文 / 龚麒

前端的发展日新月异，Angular、React、Vue 等前端框架的兴起，为我们的应用开发带来新的体验。React Native、Weex、微信小程序等技术方案的出现，又进一步扩展了前端技术的应用范围。随着这些技术的革新，我们可以更加便利地编写更高复杂度、更大规模的应用，而在这一过程中，如何优雅地管理应用中的数据状态成为了一个需要解决的问题。

为解决这一问题，我们在项目中相继尝试了当前热门的前端状态管理工具，对前端应用状态管理方案进行了深入探索与思考。

Dive into Redux

Redux 是什么

Redux 是前端应用的状态容器，提供可预测的状态管理，其基本定义可以用下列公式表示：

(state, action) => newState

其特点可以用以下三个原则来描述。

■ 单一数据源

在 Redux 中，整个应用的状态以状态树的形式，被存储在一个单例的 store 中。

■ 状态数据只读

唯一改变状态数据的方法是触发 action，action 是一个用于描述已发生事件的普通对象。

■ 使用纯函数修改状态

在 Redux 中，通过纯函数，即 reducer 来定义如何修改 state。

从上述原则中，可以看出，构成 Redux 的主要元素有 action、reducer、store，借用一张经典图示（见图1），可以进一步理解 Redux 主要元素和数据流向。

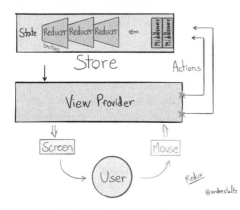

图1　展示了 Redux 的主要元素和数据流向

探索 The Redux Way

异步方案选型

Redux 中通过触发 action 修改状态，而 action 是一个普通对象，action creator 是一个纯函数。如何在 action creator 中融入、管理我们的异步请求，是在实际开发中首先需要解决的问题。

当前 Redux 生态活跃，出现了不少异步管理中间件。在我们的实践中，认为大致可以分为两类：

■ 以 redux-thunk 为代表的中间件。

使用 redux-thunk 完成一个异步请求的过程如下：

```
//action creator
function loadData(userId){
    return (dispatch,getState) => {
        dispatch({type:'LOAD_START'})
        asyncRequest(userId).then(resp=>{
            dispatch({type:'LOAD_SUCCESS',resp})
        }).catch(error=>{
            dispatch({type:'LOAD_FAIL',error})
        })
    }
}

//component
componentDidMount(){
    this.props.dispatch(loadData(this.props.userId));
}
```

在上述示例中，引入 redux-thunk 后，我们将异步处理和业务逻辑定义在一个方法中，利用中间件机制，将方法的执行交由中间件管理。

上例是一个简单的异步请求，在代码中我们需要主动地根据异步请求的执行状态，分别触发请求开始、成功和失败三个action。这一过程显得烦琐，当应用中有大量这类简单请求时，项目中会充满这种重复代码。

针对这一问题，出现了一些用于简化这类简单请求的工具。实际开发中，我们选择了 redux-promise-middleware 中间件，使用这一中间件来完成上述请求的代码示例如下：

```
//action creator
function loadData(userId){
    return {
        type:types.LOAD_DATA,
        payload:asyncRequest(userId)
    }
}

//component
componentDidMount(){
```

```
        this.props.dispatch(loadData(this.props.
userId));
    }
```

引入 redux-promise-middleware 中间件，我们在 action creator 中返回一个与 redux action 结构一致的普通对象，不同的是，payload 属性是一个返回 Promise 对象的异步方法。通过将异步方法的执行过程交由 redux-promise-middleware 中间件处理，中间件会帮助我们处理异步请求的状态，根据异步请求的结果为当前操作类型添加 EDNGING/FULFILLED/REJECTED 状态，我们的代码得到大幅简化。

redux-promise-middleware 中间件适用于简化简单请求的代码，开发中推荐混合使用 redux-promise-middleware 中间件和 redux-thunk。

- 以 redux-saga 为代表的中间件。

以 redux-thunk 为代表的中间件可以满足一般的业务场景，但当业务对用户事件、异步请求有更细粒度的控制需求时，redux-thunk 不能便利地满足。此时，可以选择以 redux-saga 为代表的中间件。

redux-saga 可以理解为一个和系统交互的常驻进程，其中，Saga 可简单定义如下：

```
Saga = Worker + Watcher
```

采用 redux-saga 完成异步请求，示例如下：

```
//saga
function* loadUserOnClick(){
    yield* takeLatest('LOAD_DATA',fetchUser);
}

function* fetchUser(action){
    try{
        yield put({type:'LOAD_START'});
            const user = yield call(asyncRequest,
action.payload);
        yield put({type:'LOAD_SUCCESS',user});
    }catch(err){
        yield put({type:'LOAD_FAIL',error})
    }
}

//component
<div onclick={e=>dispatch({type:'LOAD_DATA',
payload:'001'})}>load data</div>
```

与 redux-thunk 相比，使用 redux-saga 有几处明显的变化：

- 在组件中，不再 dispatch(action creator)，而是 dispatch(pure action)；
- 组件中不再关注由谁来处理当前 action，action 经由 root saga 分发；
- 具体业务处理方法中，通过提供的 call/put 等帮助方法，声明式的进行方法调用；
- 使用 ES6 Generator 语法，简化异步代码语法。

除了上述这些不同点，redux-saga 真正的威力，在于其提供了一系列帮助方法，使得对于各类事件可以进行更细粒度的控制，从而完成更加复杂的操作。

简单列举如下：

- 提供 takeLatest/takeEvery/throttle 方法，可以便利地实现对事件的仅关注最近事件、关注每一次、事件限频；
- 提供 cancel/delay 方法，可以便利地取消、延迟异步请求；
- 提供 race(effects),[…effects] 方法来支持竞态和并行场景；
- 提供 channel 机制支持外部事件。

在 Redux 生态中，除了 redux-saga 中间件，还有另一个中间件，redux-observable 也可以满足这一场景。

redux-observable 是基于 RxJS 的用于处理异步请求的中间件，借助 RxJS 的各种操作符和帮助方法，redux-observable 也能实现对各类事件的细粒度操作，比如取消、限频、延迟请求等。

redux-saga 与 redux-observable 适用于对事件操作有细粒度需求的场景，同时他们也提供了更好的可测试性，当你的应用逐渐复杂需要更加强大的工具时，他们会成为很好的帮手。

应用状态设计

如何设计应用状态的数据结构是一个值得思考的问题，在实践中，我们总结了两点数据划分的指导性原则，应用状态扁平化和抽离公共状态。

- 应用状态扁平化

在我们的项目中，有联系人、聊天消息和当前联系人对象。最初我们采用如下数据结构：

```
{
contacts:[
    {
        id:'001',
        name:'zhangsan',
        messages:[
            {
                id:1,
                content:{
                    text:'hello'
                },
                status:'succ'
            },
            ...
        ]
    },
    ...
],
selectedContact:{
        id:'001',
        name:'zhangsan',
        messages:[
            {
                id:1,
                content:{
                    text:'hello'
                },
                status:'succ'
            },
            ...
        ]
    }
}
```

采用上述数据机构，带来几个问题：

- 消息对象与联系人对象耦合，消息对象的变更操作引发联系人对象的变更操作；
- 联系人集合和当前联系人对象数据冗余，当数据更新时需要多处修改来保持数据一致性；
- 数据结构嵌套过深，不便于数据更新，一定程度上导致更新时的耗时增加。

将数据扁平化、解除耦合，得到如下数据结构：
```
{
  contacts:[
    {
      id:'001',
      name:'zhangsan'
    },
    ...
  ],
  messages:{
    '001':[
      {
        id:1,
        content:{
          text:'hello'
        },
        status:'succ'
      },
      ...
    ],
    ...
  },
  selectedContactId:'001'
}
```

相对于之前的问题，上述数据结构具有以下优点：
- 细粒度的更新数据，进而细粒度控制视图的渲染；
- 结构清晰，避免更新数据时，复杂的数据操作；
- 去除冗余数据，避免数据不一致。

■ 抽离公共状态

在领域对象之外，往往还有另外一些与请求过程相关的状态数据，如下所示：

```
{
  user: {
    isError: false, // 加载用户信息失败
    isLoading: false, // 加载用户中
    ...
    entity: { ... },
  },
  messages: {
    isLoading: true, // 加载消息中
    nextHref: '/api/messages?offset=200&size=100',
    // 消息分页数据
    ...
    entities: { ... },
  },
  authors: {
    isError: false, // 加载作者失败
    isLoading: false, // 加载作者中
    nextHref: '/api/authors?offset=50&size=25', //
作者分页数据
    ...
    entities: { ... },
  },
}
```

上述数据结构中，我们按照功能模块将状态数据内聚。采用上述结构，会导致我们需要写很多基本重复的 action，如下所示：

```
{
  type: 'USER_IS_LOADING',
  payload: {
    isLoading,
  },
},
{
  type: 'MESSAGES_IS_LOADING',
```

```
  payload: {
    isLoading,
  },
}
{
  type: 'AUTHORS_IS_LOADING',
  payload: {
    isLoading,
  },
}
...
```

我们分别为 user、message、author 定义了一系列 action，它们的作用类似，代码重复。为解决这一问题，我们可以将这类状态数据抽离，不再简单地按照功能模块内聚，抽离后的状态数据如下所示：

```
{
  isLoading: {
    user: false,
    messages: true,
    authors: false,
    ...
  },
  isError: {
    userEdit: false,
    authorsFetch: false,
    ...
  },
  nextHref: {
    messages: '/api/messages?offset=200&size=100',
    authors: '/api/authors?offset=50&size=25',
    ...
  },
  user: {
    ...
    entity: { ... },
  },
  messages: {
    ...
    entities: { ... },
  },
  authors: {
    ...
    entities: { ... },
  },
}
```

采用这一结构，可以避免定义大量相似的 action type，避免编写重复的 action。

修改状态数据

将应用状态数据不可变化是使用 Redux 的一般范式，有多种方式可以实现不可变数据的效果，我们分别尝试了 immutable.js 和 seamless-immutable.js，并在实际开发中选择了 seamless-immutable.js。

■ immutable.js

immutable.js 是一个知名度很高的不可变数据实现库。它为人称道的是基于共享数据结构所带来的数据修改时的高性能，但是在我们的使用过程中，发现其易用性不够友好，使用体验并不美好。

- 首先，immutable.js 实现的是 shallowly immutable，如下示例中，notFullyImmutable 中的对象属性仍然是可变的。

```
var obj = {foo: "original"};
var notFullyImmutable = Immutable.List.of(obj);
```

```
notFullyImmutable.get(0) // { foo: 'original' }

obj.foo = "mutated!";

notFullyImmutable.get(0) // { foo: 'mutated!' }
```

- 另外，immutable.js 使用了自定义的数据结构，这意味着贯穿我们的应用都需要明确当前使用的是 immutable.js 的数据结构。获取数据时，需要使用 get 方法，而不能使用 obj.prop 或者 obj[prop]。在需要将数据同外部交互，如存储或者请求时，需要将特有数据结构转换成原生 JavaScript 对象。
- 最后，以 state.set('key',obj) 形式更新状态时，obj 对象不能自动的 immutable 化。

■ seamless-immutable.js

上述问题使得我们在开发中不断地需要停下来思考当前写法是否正确，于是我们继续尝试，最后选择使用 seamless-immutable.js 来帮助实现不可变数据。

seamless-immutable.js 意为无缝的 immutable，与 immutable.js 不同，它没有定义新的数据结构，其基本使用如下所示：

```
var array = Immutable(["totally", "immutable",
{hammer: "Can't Touch This"}]);

array[1] = "I'm going to mutate you!"
array[1] // "immutable"

array[2].hammer = "hm, surely I can mutate this
nested object..."
array[2].hammer // "Can't Touch This"

for (var index in array) { console.
log(array[index]); }
// "totally"
// "immutable"
// { hammer: 'Can't Touch This' }
```

根据我们的使用体验，seamless-immutable.js 易用性优于 immutable.js。但是在选择之前，有一点需要了解的是，在数据修改时，seamless-immutable.js 性能低于 immutable.js。数据嵌套层级越深，数据量越大，性能差异越明显。这里需要根据业务特点来做选择，我们的业务没有大批量的深度数据修改需求，易用性比性能更重要。

在应用中使用

Redux 可以应用在多种场景，在我们的开发中，已经将它应用到了 React Native、Angular 1.x 重构和微信小程序的项目上。

在前文介绍 Redux 三原则时提到，Redux 具有单一数据源，触发 action 时，Redux store 在执行状态更新逻辑后，会执行注册在 store 上的事件处理函数。

基于上述过程，在简单的 HTML 中可以如下使用 Redux：

```
const initialState = {count:0};
const counterReducer = (state=initialState,action)
=> {...}

const {createStore} = Redux;
const store = createStore(counterReducer);

const renderApp = () =>{
    const {count} = store.getState();
    document.body.innerHTML = `
        <div>
            <h1>Clicked : ${count} times</h1>
            <button onclick="()=>{store.
dispatch({type:'INCREMENT'})}">
                INCREMENT
            </button>
        </div>
    `;
};

store.subscribe(renderApp);
renderApp();
```

结合前端框架使用 Redux 时，社区中已经有了 react-redux、ng-redux 这类的帮助工具，甚至对应微信小程序，也有了类似的实现方案。其实现原理均一致，都是通过全局对象绑定 Redux store，使得在应用组件中可以获得 store 中的状态数据，并向 store 注册事件处理函数，用来在状态变更时触发视图的更新。

当我们在项目中应用 Redux 时，也对代码文件的组织进行了一番探索。通常我们按照如下方式组织代码文件。

```
|--components/
|--constants/
----userTypes.js
|--reducers/
----userReducer.js
|--actions/
----userAction.js
```

严格遵循这一模式并无不可，但是当项目规模逐渐扩大，文件数量增多后，切换多文件夹寻找文件变得有些烦琐，在这一时刻，可以考虑尝试 Redux Ducks 模式。

```
|--components
 |--redux
   ----userRedux
```

所谓 Ducks 模式，即经典的鸭子类型。这里将同一领域内，Redux 相关元素的文件合并至同一个文件 userRedux 中，可以避免为实现一个简单功能频繁在不同目录切换文件。

与此同时，根据我们的使用经验，鸭子模式与传统模式应当灵活地混合使用。当业务逻辑复杂，action 与 reducer 各自代码量较多时，按照传统模式拆分可能是更好的选择。此时可以如下混合使用两种模式：

```
|--modules/
----users/
------userComponent.js
------userConstant.js
------userAction.js
------userReducer.js
----messages/
------messageComponent.js
------messageRedux.js
```

Dive into Mobx

Mobx 是什么

Mobx 是一个简单、可扩展的前端应用状态管理工具。Mobx 背后的哲学很简单：当应用状态更新时，所有依赖于这些应用状态的观察者（包括 UI、服务端数据同步函数等），都应该自动得到细粒度的更新。

Mobx 中主要包含如下元素：

■ State

State 是被观察的应用状态，状态是驱动应用的数据。

■ Derivations

Derivations 可以理解为衍生，它是应用状态的观察者。Mobx 中有两种形式的衍生，分别是 Computed values 和 Reactions。其中，Computed values 是计算属性，它的数据通过纯函数由应用状态计算得来，当依赖的应用状态变更时，Mobx 自动触发计算属性的更新。Reactions 可简单理解为响应，与计算属性类似，它响应所依赖的应用状态的变更，不同的是，它不产生新的数据，而是输出相应的副作用（side effects），比如更新 UI。

- Actions

Actions 可以理解为动作，由应用中的各类事件触发。Actions 是变更应用状态的地方，可以帮助你更加清晰地组织你的代码。

Mobx 项目主页中的示例图（见图2），清晰地描述了上述元素的关系。

图2　Mobx 项目主页中的示例图

探索 The Mobx Way

在探索 Redux 的过程中，我们关注异步方案选型、应用状态设计、如何修改状态以及怎样在应用中使用。当我们走进 Mobx，探索 Mobx 的应用之道时，分别从应用状态设计、变更应用状态、响应状态变更以及如何在实际、复杂项目中应用进行了思考。

应用状态设计

设计应用状态是开始使用 Mobx 的第一步，让我们开始设计应用状态：

```
class Contact {
    id = uuid();
    @observable firstName = "han";
    @observable lastName = "meimei";
    @observable messages = [];
    @observable profile = observable.map({})
    @computed get fullName() {
        return `${this.firstName}, ${this.lastName}`;
    }
}
```

上述示例中，我们定义领域模型 Contact 类，同时使用 ES.next decorator 语法，用 @observable 修饰符定义被观察的属性。

领域模型组成了应用的状态，定义领域模型的可观察属性是 Mobx 中应用状态设计的关键步骤。在这一过程中，我们需要关注两方面内容，分别是 Mobx 数据类型和描述属性可观察性的操作符。

- Mobx 数据类型

Mobx 内置了几种数据类型，包括 objects、arrays、maps 和 box values。

- objects 是 Mobx 中最常见的对象，示例中 Contact 类的实例对象，或者通过 mobx.observable({ key:value }) 定义的对象均为 Observable Objects。
- box values 相对来说使用较少，它可以将 JavaScript 中的基本类型如字符串转为可观察对象。
- arrays 和 maps 是 Mobx 对 JavaScript 原生 Array 和 Map 的封装，用于实现对更复杂数据结构的监听。

当使用 Mobx arrays 结构时，有一个需要注意的地方，如下所示，经封装后，它不再是一个原生 Array 类型了。

```
Array.isArray(observable([1,2,3])) === false
```

这是一个我们最初使用时，容易走进的陷阱。当需要将一个 observable array 与第三方库交互使用时，可以对它创建一份浅复制，像下面这样，转为原生 JavaScript：

```
Array.isArray(observable([]).slice()) === true
```

默认情况下，领域模型中被预定义为可观察的属性才能被监听，而为实例对象新增的属性，不能被自动观察。使用 Mobx maps，即使新增的属性也是可观察的，我们不仅可以响应集合中某一元素的变更，也能响应新增、删除元素这些操作。

除了使用上述几种数据类型来定义可观察的属性，还有一个很常用的概念：计算属性。通常，计算属性不是领域模型中的真实属性，而是依赖其他属性计算得来。系统收集它对其他属性的依赖关系，仅当依赖属性变更时，计算属性的重新计算才会被触发。

- 描述属性可观察性的操作符

Mobx 中的 Modifiers 可理解为描述属性可观察性的操作符，被用来在定义可观察属性时，改变某些属性的自动转换规则。

在定义领域模型的可观察属性时，有如下三类操作符值得关注：

- observable.deep

deep 操作符是默认操作符，它会递归地将所有属性都转换为可观察属性。通常情况下，这是一个非常便利的方式，无须更多操作即可将定义的属性进行深度的转换。

- observable.ref

ref 操作符表示观察的是对象的引用关系，而不关注对象自身的变更。

例如，我们为 Contact 类增加 address 属性，值为另一个领域模型 Address 的实例对象。通过使用 ref 修饰符，在 address 实例对象的属性变更时，contact 对象不会被触发更新，而当 address 属性被修改为新的 address 实例对象，因为引用关系变更，contact 对象被触发更新。

```
let address = new Address();
class Contact {
    ...
    @observable.ref address = address;
}
let contact = new Contact();
address.city = 'New York'; // 不会触发更新通知
contact.address = new Address();// 引用关系变更，触发更新通知
```

- observable.shallow

shallow 操作符表示对该属性进行一个浅观察，通常用于描述数组类型属性。shallow 是与 deep 相对的概念，它不会递归地将子属性转换为可观察对象。

```
let plainObj = {key:'test'};
class Contact {
    ...
    @observable.shallow arr = [];
}
let contact = new Contact();
contact.arr.push(plainObj); //plainObj 还 是 一 个 plainObj
```

```
// 如果去掉 shallow 修饰符，plainObj 被递归转换为 observable
object
```

当我们对 Mobx 的使用逐渐深入，应当再次检查项目中应用状态的设计，合理地使用这些操作符来限制可观察性，对于提升应用性能有积极意义。

修改应用状态

在 Mobx 中修改应用状态是一件很简单的事情，在前文的示例中，我们直接修改领域模型实例对象的属性值来变更应用状态。

```
class Contact {
    @observable firstName = 'han;
}
let contact = new Contact();
contact.firstName = 'li';
```

像这样修改应用状态很便捷，但是会来带两个问题：

- 需要修改多个属性时，每次修改均会触发相关依赖的更新；
- 对应用状态的修改分散在项目多个地方，不便于跟踪状态变化，降低可维护性。

为解决上述问题，Mobx 引入了 action。在我们的使用中，建议通过设置 useStrict(true)，使用 action 作为修改应用状态的唯一入口。

```
class Contact {
    @observable firstName = 'han';
    @observable lastName = "meimei";
    @action changeName(first, last) {
        this.firstName = first;
        this.lastName = last;
    }
}
let contact = new Contact();
contact.changeName('li', 'lei');
```

采用 @action 修饰符，状态修改方法被包裹在一个事务中，对多个属性的变更变成了一个原子操作，仅在方法结束时，Mobx 才会触发一次对相关依赖的更新通知。与此同时，所有对状态的修改都统一到应用状态的指定标识的方法中，一方面提升了代码的可维护性，另一方面，也便于调试工具提供有效地调试信息。

需要注意的是 action 只能影响当前函数作用域，函数中如果有异步调用并且在异步请求返回时需要修改应用状态，则需要对异步调用也使用 aciton 包裹。当使用 async/await 语法处理异步请求时，可以使用 runInAction 来包裹你的异步状态修改过程。

```
class Contact {
    @observable title ;
    @action getTitle() {
        this.pendingRequestCount++;
        fetch(url).then(action(resp => {
            this.title = resp.title;
            this.pendingRequestCount--;
        }))
    }

    @action getTitleAsync = async () => {
        this.pendingRequestCount++;
        const data = await fetchDataFromUrl(url);
        runInAction("update state after fetching data", () => {
            this.title = data.title;
            this.pendingRequestCount--;
        })
    }
}
```

上述示例中包含了在 Mobx action 中处理异步请求的过程，这一过程与我们在普通 JavaScript 方法中处理异步请求基本一致，唯一的差别，是对应用状态的更新需要用 action 包裹。

响应状态变更

在 Mobx action 中更新应用状态时，Mobx 自动将变更通知到相关依赖的部分，我们仅需关注如何响应变更。Mobx 中有多种响应变更的方法，包括 autorun、reaction、when 等，本节探讨其使用场景。

- **autorun**

autorun 是 Mobx 中最常用的观察者，当你需要根据依赖自动的运行一个方法，而不是产生一个新值，可以使用 autorun 来实现这一效果。

```
class Contact {
    @observable firstName = 'Han';
    @observable lastName = "meimei";
    constructor() {
        autorun(()=>{
            console.log(`Name changed: ${this.firstName}, ${this.lastName}`);
        });
        this.firstName = 'Li';
    }
}
// Name changed: Han, meimei
// Name changed: Li, meimei
```

- **reaction**

从上例输出的日志可以看出，autorun 在定义时会立即执行，之后在依赖的属性变更时，会重新执行。如果我们希望仅在依赖状态变更时，才执行方法，可以使用 reaction。

reaction 可以如下定义：

```
reaction = tracking function + effect function
```

其使用方式如下所示：

```
reaction(() => data, data => { sideEffect }, options?)
```

函数定义中，第一个参数即为 tracking function，它返回需要被观察的数据。这个数据被传入第二个参数即 effect function，在 effect function 中处理逻辑，产生副作用。

在定义 reaction 方法时，effect function 不会立即执行。仅当 tracking function 返回的数据变更时，才会触发 effect function 的执行。通过将 autorun 拆分为 tracking function 和 effect function，我们可以对监听响应进行更细粒度的控制。

- **when**

autorun 和 reaction 可以视为长期运行的观察者，如果不调用销毁方法，它们会在应用的整个生命周期内有效。如果我们仅需在特定条件下执行一次目标方法，可以使用 when。

when 的使用方法如下所示：

```
when(debugName?, predicate: () => boolean, effect: () => void, scope?)
```

与 reaction 类似，when 主要参数有两个：第一个是 tracking function，返回一个布尔值，仅当布尔值为 true 时；第二个参数即 effect function 会被触发执行。在执行完成后，Mobx 会自动销毁这一观察者，无须手动处理。

在应用中使用

Mobx 是一个独立的应用状态管理工具，可以应用在多种架构的项目中。当我们在 React 项目中使用 Mobx 时，使用 mobx-react 工具库可以帮助我们更便利地使用。

Mobx 中应用状态分散在各个领域模型中，一个领域模型可视为一个 store。在我们的实际使用中，当应用规模逐渐复杂，会遇到这样的问题：

当我们需要在一个 store 中使用或更新其他 store 状态数据时，应当如何处理呢？

Mobx 并不提供这方面的意见，它允许你自由组织你的代码结构。但是在面临这一场景时，如果仅是互相引用 store，最终会将应用状态互相耦合，多个 store 被混合成一个整体，代码的可维护性降低。

为我们带来这一困扰的原因，是因为 action 处于某一 store 中，而其本身除了处理应用状态修改之外，还承载了业务逻辑如异步请求的处理过程。实际上，这违背了单一职责的设计原则，为解决这一问题，我们将业务逻辑抽离，混合使用了 Redux action creator 的结构。

```
import contactStore from '../../stores/contactStore';
import messageStore from '../../stores/messageStore';

export function syncContactAndMessageFromServer(url) {
  const requestType = requestTypes.SYNC_DATA;
  if (requestStore.getRequestByType(requestType))
{ return; }
  requestStore.setRequestInProcess(requestType,
true);
  return fetch(url)
    .then(response => response.json())
    .then(data => {
      contactStore.setContacts(data.contacts);
      messageStore.setMessages(data.messages);
      requestStore.setRequestInProcess(requestType, false);
    });
}
```

上述示例中，我们将业务逻辑抽离，在这一层自由引用所需的 Mobx store，并在业务逻辑处理结束，调用各自的 action 方法去修改应用状态。

这种解决方案结合了 Redux action creator 思路，引入了单独的业务逻辑层。如果不喜欢这一方式，也可以采用另一种思路来重构我们的 store。

在这种方法里，我们将 store 与 action 拆分，在 store 中仅保留属性定义，在 action 中处理业务逻辑和状态更新，其结构如下所示：

```
export class ContactStore {
    @observable contacts = [];
    // ...other properties
}

export class MessageStore {
    @observable messages = observable.map({});
    // ...other properties
}

export MainActions {
    constructor(contactStore,messageStore) {
        this.contactStore = contactStore,
        this.messageStore = messageStore
```

```
    }
    @action syncContactAndMessageFromServer(url) {
        ...
    }
}
```

两种方法均能解决问题，可以看出第二种方法对 store 原结构改动较大，在我们的实际开发中，使用第一种方法。

选择你的状态管理方案

Redux、Mobx 关键差异

结合前文所述，Redux 与 Mobx 有如下关键差异：

- Redux 使用单一 store；Mobx 使用多个分散的 store。
- Redux 状态数据采用不可变数据结构，状态修改必须在 reducer 中；Mobx 状态数据可以随处更改，仅在严格模式时强制在 action 中修改。
- Redux 中脚手架代码更多，明确提出操作处理过程中的相关步骤；Mobx 脚手架代码很少，不关注项目代码的组织方式。
- Redux 手动 dispatch(action)；Mobx 自动触发相关依赖的更新通知。
- Redux 在 mapStateToProps 中订阅当前组件关注的应用状态；Mobx 根据当前组件中对应用状态的使用，自动收集依赖关系。
- Redux 中应用状态为普通对象；Mobx 应用状态为可观察对象。

实际使用中，两者在对用户事件的处理流程上有明显不同。

- Mobx 中，一个典型的用户事件处理流程是 component → Mobx action → component re-render。如果将业务逻辑从 action 抽离，流程为 component → business logic → Mobx action → component re-render。在这一过程中，Mobx 根据收集组件中对应用状态的依赖关系，在 action 更新应用状态后，自动触发组件的刷新。
- Redux 中，一个典型的用户事件处理流程是 component → action creator → redux-thunk middleware → reducer → component re-render。这一过程中，异步处理需要借助中间件完成，业务逻辑与 reducer 间需要手动 dispatch(action)，并在 reducer 中完成对应用状态的修改。应用状态变更后，需要在 component 与 store 间声明当前组件关注的应用状态。

选择时的几点考虑

Mobx 为人称道的是使用上的便捷，结合我们的实际体验，建议在引入 Mobx 之前，考虑如下问题：

- 首先，Mobx 中应用状态为可观察对象，被观察属性使用 Mobx 数据类型定义，这意味着领域模型的定义与 Mobx 耦合。在我们的项目中，领域模型往往与框架无关，可以在不同框架中无缝使用。所以选择 Mobx 需要对这一问题有一个考量。
- 其次，Mobx 的简洁之处在于它自动收集观察者对被观察属性的依赖关系，在状态变更时，自动触发相关依赖的更新。这是一个相对黑盒的过程，正确地使用需要对 Mobx 响应的内容有深入的理解。在使用之初，我们遇到过一些未能正常触发刷新的场景，原因就在于没有完全理解究竟哪些操作可以触发 Mobx 的更新。
- 最后，Mobx 是一个相对较新的工具，处于快速迭代之中。从我们的学习使用体验来看，目前它的文档还不够完善，存在部分内容过时和过于简单的情况。从开发调试的工具链来看，一些常用工具如日志输出已有，开发中可以满足基本需要。但是在遇到更复杂的业务场景，如需要类似 redux-saga 这类中间件工具，对用户事件进行更细粒度操作控制时，缺少便利的工具。

Redux 被批评较多的是它的代码冗长，不够简洁。引入 Redux 之前，重点需要考虑的问题，是评估引入的必要性，这需要评估项目复杂度。根据项目规模、是否多人维护等因素，考量简洁快速和高可维护性的优先级。

社区中对于消除 Redux 的冗余代码也有一些尝试，如使用工具简化 action 的定义，甚至有些更加激进的方案，在一些场景下，可以消除手动 disptach(action) 和 reducer 的编写。

总结

Redux 和 Mobx 是当前比较热门的应用状态管理工具，在项目开发中，我们先后引入 Redux 和 Mobx 分别进行了尝试。本文总结了我们在使用 Redux 和 Mobx 过程中，对几个重要方面的探索过程，最后将这两个工具进行了一些对比，并给出我们在选型时的一些思考。

总得来说，在解决异步方案选型、应用状态设计与变更等主要问题后，我们可以在项目中优雅的使用 Redux。通过引入社区的一些工具，也在一定程度上减少了冗余代码，在这样的项目中，我们认为引入 Mobx 进行重构的必要性不大。在新开始的中等规模项目中，我们引入了 Mobx，经过一段时间的学习与探索，在掌握 Mobx 数据结构，理解其响应的内容，抽离业务逻辑与 Mobx action 后，在开发中也开始感受到它的简洁与便利。

Mobx or Redux，没有一定之规，需要结合你的业务场景和团队经验进行选择，希望本文对此有所帮助。

Hybrid Go：去哪儿网 Hybrid 实践

文 / 林洋

随着科技的进步和用户需求的增加，近几年来智能设备类型越来越多，所搭载的操作系统也种类繁多。因此，在每个项目启动时，大家在考虑项目开发和维护成本的过程中，会着重分析所使用技术方案的跨平台适配性，以保证项目在多个平台上得以顺利运行，从而降低成本。而在诸多种方案中，Hybrid（混合开发）方案以极高的开发效率和足够低的开发成本受到广大开发者的青睐。Hybrid 方案究竟有哪些特性？它又是如何被广泛应用到各个应用场景？在本文中，我将基于去哪儿网在 Hybrid 领域的研究，为读者深入剖析 Hybrid 的起源、架构、实现及未来。

进入新纪元以来，互联网发展迅猛，尤其是随着移动浪潮和"互联网+"概念的兴起，各大厂商在移动设备和智能硬件上的需求迅速攀升。但与此同时，由于设备的繁多和定制化的差异，基于设备操作系统原生开发的成本逐渐升高，最明显的示例就是同样的功能逻辑在不同的设备上要用不同的编程语言、不同的代码结构去构建，学习成本、开发成本和维护成本大幅增加，因此引入一种开发更高效、成本更低的解决方案势在必行，而这个方案就是 Hybrid 混合开发。

去哪儿从 2015 年初，开始正式推行体系化的 Hybrid 方案。从基于 WebView 的 Hybrid 方案（Hy），到深度定制的 React Native 方案（YRN），去哪儿将 Hybrid 深入植入到移动 App 中，降低业务成本的同时，解决业务实际遇到的问题，为公司移动平台发展注入了新鲜血液。

什么是 Hybrid

Hybrid 这个名词越来越多地出现在人们的视野中是源于混合动力汽车（Hybrid Electrical Vehicle，简称 HEV），由汽油和电池一起提供动力，结合了油车续航长、补充快和电车清洁、低耗能的两方面优势，达到了发动机和电动机的最佳匹配。在互联网技术中的，Hybrid 方案也具有同样的特性——结合两种混合技术的优势，例如 Web 技术的跨平台、快速部署与原生 Native 的功能、性能相结合（图 1）。

图 1 推翻"三座大山"，Hybrid 为开发者减负

大多时候，圈内人谈论到 Hybrid 时，一般是指移动端内嵌 WebView 的开发方案。实则不然，广泛地讲，包括 React Native 方案、各厂商的小程序方案都属于移动端 Hybrid 解决方案的范畴；而 NW.js、Electron 等则属于 PC 端 Hybrid 解决方案。对于智能设备，大多基于 Android 系统，因此，智能设备上使用的 Hybrid 方案与移动端基本一致。

具体来看，移动端混合开发中的 Hybrid 方案，主要有三种形式，如图 2 所示。

- 基于 Web 的解决方案，例如：Cordova、微信浏览器、各公司的 Hybrid 方案；
- 非基于 Web UI 但业务逻辑基于 JavaScript 的解决方案，例如：React Native；
- 基于 Web 且 UI 层与逻辑层分离的解决方案，此类型的代表是微信小程序，将 UI 展现逻辑和业务逻辑分离到多个 JavaScript Context 里，提高运行效率，效果很好。

图 2 Hybrid 方案的三种主要方式

去哪儿现在使用的形式既有第一种，也有第二种，就是前文所说的基于 WebView 的 Hybrid 方案和深度定制的 React

Native 方案。而第三种方式，我们正在调研中，也是团队今后工作的一个重点。

Hybrid 的优劣势

通过对去哪儿所采用的方案的大概介绍，大家或许有一个疑问：为什么在维护两个不同方案的同时，继续第三种方案的探索？原因是，不同的方案之间有很大的差异性，同时它们也适用于不同的业务场景。为了更利于理清每个方案间的差异，先了解 Hybrid 与其他方案的异同点是非常有必要的。

首先，既然我们将移动 Hybrid 方案暂时限定在移动端，那么可以对移动端三个最常见的形式 Web App、Hybrid App 和 Native App，进行比较。

表 1 中列出了在几个重点方面的比较。

其中，体验包括"原生能力"和"性能"两个方面。原生能力指调用联系人信息、接收 Push 信息等，而性能主要指渲染效果和 App 使用时候的流畅程度。

表1 Web App、Hybrid App 和 Native App 之间的对比

	Web App	Hybrid App	Native App
开发成本	低	中	高
维护更新	简单	简单	复杂
体验	差	中	优
Store 或 Market 认可	不认可	认可	认可
安装	不需要	需要	需要
跨平台	优	优	差

在这里，存在一个误区就是：Hybrid 最大的优势在于 Web（JavaScript）的跨平台特性。其实并不然，虽然 Web（JavaScript）的跨平台特性是 Hybrid 能取得如此大成功的前提，但是跨平台特性只是减少了一部分开发成本，并没有解决真正的痛点。而对于一个企业来说，真正的痛点是更新速度。不论是 iOS 还是 Android，客户端发布后，需要通过平台方的审核，审核通过后，用户是否会及时更新也是一个很大的问题。尤其是 iOS，绕开 App Store，在 App 内部实现一套基于 Native 的更新机制，是被禁止的，甚至近期连 JSPatch（使用 JavaScript 调用 Objective-C 的原生接口，从而动态植入代码来替换旧代码，以实现修复线上 Bug）也被 Apple 明令禁止了。

因此，Hybrid 方案的热更新特性成为了它的最大优势。在降低开发成本的同时，让用户更新到新版本的时间变短，是非常重要的。

而 Hybrid 方案的劣势呢？那就是性能，包括初始化的效率（首屏时间）和展现流畅度（主要体现在列表视图中），都和 Native 有一定的差距。

去哪儿先推出的是基于 WebView 的 Hybrid 方案，解决了业务快速迭代和 App 的体积问题，被业务线大幅度使用；但是，当使用场景无限增多后，性能问题被暴露出来，主要体现在复杂的无限加载的列表场景，在一些 Android 设备上，列表滚动有卡顿现象，体验比较差。正当此时，Facebook 提出了 React Native，一个基于 Native UI 的 Hybrid 方案，将 UI 展现交给 Naive 来实现，从而提高展现效率。因此，我们基于 React Native 针对去哪儿客户端的实际情况进行了深度定制和大幅度优化（原始 React Native 的问题实在太多）。

原本以为"银弹"即将诞生，但是又遇到了一个新问题"扩展性和性能的矛盾"。如果要追求性能，那么 UI 逻辑需要尽可能多的交给 Native，这样一来，业务方 JavaScript 对 UI 控制性将会降低，业务不能"想加什么就加什么"，反之亦然。同时，React Native 在开发维护成本和测试成本上，要高于基于 WebView 的 Hybrid 方案，也是一个比较棘手的问题。

虽然这两种非"银弹"的方案已经能满足绝大部分开发和业务场景，但是"完美"是有必要去追求的，更好的方案或许正在路上。

Hybrid 要点

对于 Hybrid 方案，有很多需要注意的要点，下面选择其中比较重要的三点进行简要说明。

客户端架构

上文中，提到了 Hybrid 方案主要的三种形式。这三种形式客户端部分的简要架构图如图 3 所示（以 Cordova、React-Native、微信小程序为代表）。

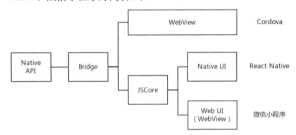

图3 三种 Hybrid 方案中客户端部分的简要架构图

从图中可以看到，不论是哪种架构，都是通过 Bridge 调用 Native API，从而给 JavaScript 端提供 Native 原生能力。

而不同是，类 Cordova 的方案的业务逻辑和 UI 逻辑在同一个 WebView 里，尤其在多 WebView 的方式下，会给设备内存带来很大的压力，导致掉帧等状况。与之相反，React Native 和微信小程序类的方案，将业务逻辑的 JavaScript 与 UI 逻辑分离，放到单独的 Context 中执行。这点很像高性能的 iOS 或 Android 架构，分离业务层和 UI 层，并将 UI 层放置到主线程，从而提高 UI 层的效率，最终提升用户的体验。

当然，业务逻辑与 UI 分离的设计也存在一定的问题待解决。JSCore 与 Native UI 或者 Web UI 之间也是通过 Native 的 API 进行通信的，也就是有一个隐形的"Bridge"在工作。同时，与 UI 层通信的频率远远大于直接调用 Native 功能的频率，因此这个隐形的"Bridge"的通信效率可能会成为这类方案的一个瓶颈，尤其在 React Native 类的方案中。

Bridge

Bridge 简单来讲，主要是给 JavaScript 提供调用 Native 功能的接口，让混合开发中的"前端部分"可以方便地使用地理位置、摄像头甚至支付等 Native 功能。

既然是"简单来讲"，那么 Bridge 的用途肯定不只"调用 Native 功能"这么简单宽泛。实际上，Bridge 是 Native 和非 Native 之间的桥梁，它的核心是构建 Native 和非 Native 间消息通信的通道，而且是双向通信的通道，如图 4 所示。

图 4　作为桥梁，Bridge 提供双向通信通道

所谓双向通信的通道：

- JavaScript 向 Native 发送消息：调用相关功能、通知 Native 当前 JavaScript 的相关状态等。
- Native 向 JavaScript 发送消息：回溯调用结果、消息推送、通知 JavaScript 当前 Native 的状态等。

而 Bridge 是如何实现的呢？JavaScript 是运行在一个单独的 JavaScript Context 中（例如，WebView 的 Webkit 引擎、JSCore）。由于这些 Context 与原生运行环境的天然隔离，我们可以将这种情况与 RPC（Remote Procedure Call，远程过程调用）通信进行类比，将 Native 与 JavaScript 的每次互相调用看作一次 RPC 调用。如此一来我们可以按照通常的 RPC 方式来进行设计和实现，如图 5 所示。

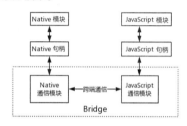

图 5　Bridge 的设计和实现过程

在 Bridge 的设计中，可以把 JavaScript 端看作 RPC 的客户端，把 Native 端看作 RPC 的服务器端，从而 Bridge 要实现的主要逻辑就出现了：通信调用（Native 与 JavaScript 通信）和句柄解析调用。

热更新机制

对于一个 Hybrid 方案，热更新机制是必不可少的。热更新的前提是离线机制，将业务资源从服务器端下载到本地，并从本地加载相应资源，从而保证了业务资源的加载速率，保证了体验的顺畅，如图 6 所示。而热更新机制则是为了保证离线的资源尽可能早、尽可能快地更新到用户端，让用户更早地使用到最新的产品功能。

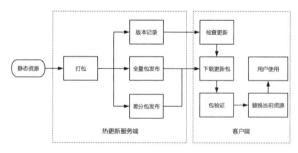

图 6　静态资源的热更新过程

在这里，重点要说明的是两个关键点：检查下载更新和替换资源的时机。与 HTML5 提供的 AppCache 以单个页面为单位不同，Hybrid 项目热更新的单位一般是模块，并且模块间可能存在依赖关系，因此检查下载更新和替换资源的时机，以模块为维度进行分析。不论是模块的全量包还是差分包，都有一定的大小，这样的话，下载更新包都会需要消耗用户的一些网络流量，所以也要考虑到用户的网络环境。综合上面的分析，检查下载更新的时机要保证离线包更新率的同时，尽量少地消耗用户的 3G/4G 网络流量，而替换资源的时机要保证模块的正常使用。

对于，检查下载更新的时机可以有以下选择：

- 在 WIFI 下启动 App，全量更新（更新这个 App 所需的所有离线包）；
- 在进入相应模块时，检查并下载更新包。

其中 App 启动时更新逻辑的流程图，如图 7 所示。

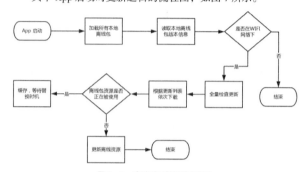

图 7　App 启动时更新逻辑流程图

而对于替换资源的时机，一般是在此模块不被使用时，例如：项目启动、回到首页、App 后台运行。

当然，更新不仅仅是设计问题，更注重的其实是效果，其中离线包的到达率是一个很重要的指标。当然，一味地追求到达率，在离线包下载完成之前，不进行加载这样的方式，虽然保证了到达率，但是也影响了资源的加载速度。如何找到一个适中的方案是非常关键的。经过多年的探索和实践，去哪儿根据业务的需求和实际的线上效果，最终总结出一套比较完善的热更新逻辑，简单的流程图如图 8 所示。

从图 8 中我们可以看到业务方可以根据业务实时性的情况，来配置是否强制更新。在更新过程中，有一个 "2 秒" 的阈值，来保证加载新离线资源的效率（去哪儿 96% 的离线包可以在 2 秒之内下载完成）。

上面从架构、Bridge 和热更新机制三个方面介绍了 Hybrid 方案的要点，希望能帮助大家对 Hybrid 有更深一步的理解。

Hybrid 的未来

当前移动端持续火热，再加上 "互联网+" 的智能设备层出不穷，Hybrid 方案的可应用场景越来越多。不论是 Cordova 类的基于 Webview 的方案，还是 React Native 类与 Native 结合紧密的方案，更不用说微信小程序类的新颖方案，都有各自的优劣势，每个不同的方案都有自己最适应的应用场景。

总之，Hybrid 方案的出现不是为了替代谁，更多的是为了 "Native 与 Web 技术彼此间的美好"，让 Native 和 Web 技术更关注自身的优势，最终可以形成一个辅助业务团队进行快速开发、高速迭代，而且降低开发、更新成本的一套实用、务实的一体化渐进式解决方案。

对于未来，随着各种技术的不断发展，Hybrid 方案所遇到的瓶颈将会被不断攻破，而它所具有的更新快、跨平台、开发成本低的特性，将使它在众多用户端解决方案中脱颖而出。

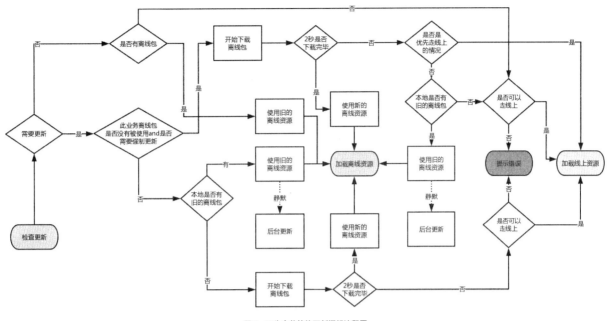

图 8　更为完善的热更新逻辑流程图

苏宁前端基础工具集

文 / 禹立彬

苏宁前端是一个有着 100 多人的团队，承担着整个苏宁的前台页面开发，在开发中，不可避免的遇到了传统 Web 前端的模块化、工程化难题。而随着前端开发的进步，Node.js 后端开发、Hybrid、Weex 等新技术也对工程师提出了更高的要求，一方面，代码的质量需要保证，需要一定的规范，另一方面新技术的使用又要求一定的灵活性，在技术上一直是一个不好平衡的问题。

作为一家电商企业，苏宁有着与其他电商网站相同的特点，展示性页面非常多，开发非常碎片化，开发一个强约束性的前端框架，无法应对反复变化的产品需求和多样的页面展示模式，最终我们选择了另外一条路，通过开发大量的前端工具和配套的组件，让工程师自由搭配，完成想要的功能。

本文主要介绍苏宁前端常用的几个前端工具，包括自研和开源工具。

苏宁的前端工具和苏宁的前端技术栈是贴合的，主要分为几个大的部分，下文将一一阐述。

通用依赖类

SNPM（Node.js 私库）

npm 已经成为现在前端代码部署的主要方式。经过代码复制，苏宁前端的代码部署方式，已由 yeoman 全面转变为 npm 部署。在经过 Webpack、Gulp 等流行工具构建后，已可应用于生产环境。Node.js 的组件，更要部署在 npm 上，统一的部署方式，也可以减少学习成本。对于企业来说，并不是所有的代码都可以开源，所以部署一个 npm 私有仓库成为必须，并且在苏宁的生产服务器上，由于安全原因，服务器并不能直接访问外网，不能通过 npm 官网完成 node_modules 安装，只能通过建立一个 npm 私库来解决问题。

苏宁的 npm 私库使用了 Sinopia 搭建，接入了公司内部的 Passport，工程师通过用户名和密码实现登录，发布也非常自由，所有人都可以自由地发布自己的组件。

在部署 npm 私库时，特别需要留意的是，需将 npm 私库所在的服务器，设置为全网可访问，否则可能会出现由于连接失败，导致 node_modules 安装错误，Node.js 项目无法运行的情况。

需要注意的是，npm 私库并不能解决所有的 npm 包安装问题，比如对于 PM2 来说，安装 PM2 会安装自己的插件，会连接 PM2 的官网下载，而不是通过 npm 私库，好在这个插件不是必须的，下载失败后依然会完成安装。

Sinopia 有个 bug，当安装 scoped package 时，比如安装 @types/node，会将 @ 转义，而 npmjs 官网是不能转义 @ 的，需要手动修改文件，具体可见 https://github.com/rlidwka/sinopia/pull/280/files。

Node.js 工具

Node-PM2-PVD（PM2 的豆芽报警）

PVD.js 是苏宁 Node.js 项目标准配置中的一个重要的工具，它基于 PM2 开发，通过侦听 PM2 的进程信息，发送 Node.js 应用的信息到豆芽上。豆芽是苏宁内部使用的 IM 软件，每天工程师都使用豆芽来互相沟通工作。PVD.js 获取到报错信息后，可以用最快的方式发送错误信息到千系人那里，联系开发者尽快进行线上修改，保障线上 Node.js 项目稳定运行。

```
var pm2 = require('@suning/pvd');
var a = new pm2({
    code: 'your service code ',
    secret: 'your service corpSecret',
    name: ' the appName need to be watched ',
    eventConfig: {          //与事件监听相关的配置
        'dev': {            // 项目环境
            node: {
                title: 'enc',       // 发出来的豆芽消息的标题
                sendTarget: ['123456']
                //node进程变更需要通知的人
            },
            nodeError: {
                title: 'enc',
                sendTarget: ['123456']
            },
            exception: {
                title: '',
                sendTarget: ['123456']
            }
        },
```

进程错误是最高级的 Node.js 错误，由于 Node.js 本身的机制，报错后，只能依赖 PM2 的重启，相比较错误日志，PVD.js 没有延时问题，从根本上解决 Node.js 严重错误报告的问题。

其他企业可以将豆芽替换成其他各种 IM，如 QQ、微信等。通过对 IM 端进行定制开发，提高报警的及时性。

NODE-snRequest（自带长短缓存的 Request）

Node.js 在苏宁主要用来做前后端分离，功能上做前台页面渲染，所需要的数据都来自于请求服务，snRequest 是一个基于这样业务场景的请求组件，配置了统一的缓存策略，实现基于 Redis 的长短缓存。

短缓存策略主要是针对需要频繁请求，对于不会经常改变的接口，尽量使用本地缓存来代替发送一次请求，加快用户请求的响应时间，提高性能。

策略如下：

1. 使用 snRequest 发起请求。

2. 判断请求参数中，是否使用短缓存。如果不使用短缓存，则直接发起 Request 请求。

3. 获取请求参数中的短缓存有效时间，如果没有配置，则取默认时间。

4. 连接 Redis，获取 Redis 缓存。如果 Redis 中不存在缓存或者 Redis 连接失败，则进入第 6 步。

5. 获取缓存存入时间，判断是否过期。没有过期，则返回缓存作为结果。

6. 发起请求到后端服务器。

7. 返回数据作为结果，并更新 Redis 缓存。

长缓存策略主要是为了高可用，针对的是由于各种故障导致的后台服务不可用、请求失败等情况。这时通过缓存最近一次的数据，提供给前台用户，防止用户访问时开天窗，造成整个网站不可用的情况。

长缓存策略也比较简单，见下：

1. 使用 snRequest 发起请求。

2. 发起 Request 请求。

- 如果成功，则返回数据作为结果。

- 比对返回数据与 Redis 数据是否一致，如果不一致，则更新长缓存。

3. 请求失败，判断请求参数中，是否使用长缓存。

4. 连接 Redis，获取 Redis 长缓存。

如果 Redis 中不存在缓存或者 Redis 连接失败，则读取本地硬盘文件。

本地硬盘文件中存在长缓存，则返回缓存作为结果。

本地硬盘文件不存在长缓存数据，则返回失败结果。

5. 返回缓存作为结果。

长短缓存策略业界中已有成熟的解决方案，只是在某些细节策略上不同，在 Node.js 中适合苏宁业务场景的比较难找，所以最终我们选择自研带缓存的请求工具。

Web 工具

MOCKTOOLS（前后端联调平台）

在开发业务的过程中，前端工程师经常会遇到前后端联调的难题，主要是以下三种场景：1. 后端工程师无法提前开发完依赖的接口，所以前端工程师需要等待；2. 后端工程师修改了数据结构，但是没有对前端工程师说明；3. 由于网络的关系，前端工程师无法请求到后端工程师的接口。

为了解决这些问题，我们开发了一个联调工具（如图 1 所示），类似于 Mockjs，在流程上，优先让后端工程师在平台上把接口定义写好，前端工程师直接调用联调平台的 Mock 数据来开发，开发完成，测试上线前，再将接口地址更改为真正的请求地址。MOCKTOOLS 实现了对接口入参的数据类型验证等功能，保证了接口地址更改后，一次联调成功。

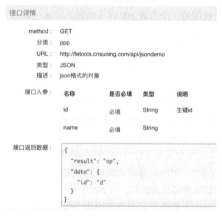

图 1 MOCKTOOLS 平台上的接口详情页

像 Mock.js 的本地 Mock 工具，它虽方便易用，但对于多人联调力不从心，所以我们用 Node.js 研发了这个在线的 Mock 平台，主要的出发点就是一份模拟接口，可以被多人使用和维护，有利于多人开发协作。

Minify（合并工具）

Minify 是 Google 开发的一个动态合并 CSS、JavaScript 的一个工具，使用 PHP 开发，可以动态地合并文件。优点是合并完文件后，可以动态修改引用的文件路径。比起 Nginx 的简单合并，Minify 在 CSS 合并上有独到的优势。

例如在目录下有 a.jpg、a.css、folder/b.css，a.css 内容是：

```
//a.css
.a {background:url(a.jpg)}
```

b.css 内容是：

```
//b.css
.b {background:url(../a.jpg)}
```

如果简单通过 Nginx 合并后，会导致其中的一个 URL 路径不正确：

```
//a.css,folder/b.css
.a {background:url(a.jpg)}
.b {background:url(../a.jpg)}
```

而通过 Minify 合并后，会替换路径为绝对路径，解决路径不正确的问题。

```
//minify?f=a.css,folder/b.css
.a {background:url(/a.jpg)}
.b {background:url(/a.jpg)}
```

Minify 是开源软件，配置都有完善的文档，但是 Minify 基于 PHP 开发，在前端部署上还是有一定的不方便，Nginx 服务器上还是通过 FPM 方式。在后面，我们会将它改写为 Node.js 版本。

前端信息收集工具

前端页面的打开速度也依赖工具去收集，对于前端来说，在内网访问自己网站的速度自然很快，但用户端到底是怎么样的，就不那么清楚了。为了帮忙自己做清晰判断，苏宁使用了很多的网络工具。

基于服务器机房的拨测，通过采购云供应商的服务，可以查看到从每个地区的服务器机房访问苏宁易购网站时的速度，设定采集策略，苏宁主要收集的是首屏速度。首屏速度提升了，说明改版成功。另一方面，通过拨测，也可以更早地发现劫持等安全问题。

基于访问者本身的信息收集，对于用户侧来说，根据用户本身的访问速度，来判断用户端真正的性能，好处是处理掉噪点后，数据比较真实，可以反映真正的用户状况。可以同时收集 JavaScript 错误，快速解决问题。坏处是，数据量非常大，全量收集对数据收集服务器的压力很大，数据的处理也是需要考虑的一个方面。

对于机房的拨测，业界都有成熟的解决方案。如果对网站可用性要求非常高的话，可以根据需要采购一些这类的产品。对于浏览器侧的信息采集，成本会高很多，建议有条件的公司可以选择自研。

组件工具

FE_PACKAGES（组件库）

npm 私库只具有很有限的功能，所有的信息只能从 README.md 中获取，对历史版本的查阅也不是很方便。在 snpm 的基础上，我们开发了苏宁的前端组件库 FE_PACKAGES（以下简称 FP）来解决这些问题。

FP 从 snpm 中同步组件到自己的界面中，格式化 README.md 作为展示，并且可以方便地选择历史版本，提供了对组件的分类和搜索功能，查找自己想要的组件非常方便，如图 2 所示。

图 2 前端组件库 FP 界面展示

在分类上，提供了默认的 Node.js、Web、Weex 选项。

对于 Web 组件，当 Web 组件开发者在 package.json 信息中注明了包含 Demo 时，FP 会读取配置的 demo.html，直接预览，并且可以像 codePen 一样在线调试代码。

脚手架工具

现代前端使用 Node.js 可以方便地实现环境的搭建和安装，其中一种方法就是开发脚手架，使用命令行命令，完成想要的项目搭建。比起 Electron 来，命令行的优势主要是文件小，可以快速地下载。

NODE-Generator（Node.js 脚手架）

Node.js 脚手架是初始化一个标准 Node.js 项目时使用的工具，只包含了最少的文件，并不含有框架、库等任何依赖，把更多的自主选择权，留给 Node.js 开发工程师。

图 3 Node.js 脚手架初始化项目的过程

苏宁的 Node.js 标准服务器，使用 PM2 管理进程，集成了标准的 Node.js 重启的 shell 命令，所以 Node.js 脚手架支持 CI/CD 平台的要求，包含了 package.json，文件里写入了对应环境的标准 scripts，用来针对不同服务器环境的启动，如图 3 所示。例如，对于测试环境对应的 npm run sit，生产环境对应的则是 npm run prd，分别执行注册在 package.json 里 sit 和 prd 分支下的脚本。Node.js 脚手架还写入了发布打包的配置文件，和 PM2 启动配置文件。同样的 Node.js 脚手架也集成了豆芽报警，作为其中的标配。

在 Node.js 标准脚手架的基础上，还有小伙伴们开发了基于 Express、Thinkjs 等 Node.js 框架的专用版脚手架，应用到自己的项目中。

Webpack-Generator（Webpack 脚手架）

针对不同的业务场景，苏宁前端也开发了很多针对 Web 的脚手架，这些脚手架都是基于 webpack 的，实现一键 build，比如针对 Weex 项目的 Weex 脚手架，针对 CMS 项目的 CMS 脚手架。通过这些脚手架，同化各种开发环境，各种插件的版本也得到很好的控制。

后记

将来，我们还计划开发更多的工具，来面对新的挑战和新的技术，老的工具也与时俱进地升级，为工程师开发消除障碍。

对于工具开发来说，最危险的是弃坑，当我们使用外网上的开源组件时，遇到组件停止更新、Bug 不修改，就会对自己的项目开发带来很大的困难。对此，使用 React Native 开发 App，并用过某些组件的开发者想必都感同身受。而对于公司内部的工具和组件也是这样，技术积累不是一朝一夕能达到的。保持稳定的开发团队，当团队成员发生变动时，保证工具开发的正常交接，这一点必须优先保证。

同时，技术的敏锐度和团队的风气也非常重要，良好的技术氛围，会让工程师更多地关注于技术，更愿意研究与分享，为技术大厦添砖加瓦。

被低估的 Babel

文 / 袁德鑫

Babel 不仅仅是语法解析器，更是一个平台。丰富的插件，让它的扩展变得无限可能。目前饿了么大前端部门正通过插件开发，将 Babel 应用到无痕埋点、错误日志收集等业务场景中。

Babel 是一个 JavaScript 语法解析器。提到它，相信大家的第一反应是把我们写的 ECMAScript 6 代码转换成浏览器可识别的 ECMAScript 5 代码，而这也正是 Babel 的前身 6to5 名字的由来。随着 Babel 不断的发展，现在它已经不再仅仅为了 6to5 而存在。本文旨在跟大家聊一聊如今的 Babel 是怎样处理代码的，以及我们还能用 Babel 做些什么。

谁动了我的代码？

Babel 只是语法解析器

说 Babel 是语法解析器并不严谨，因为 babel-core 仅仅是对外暴露了一些 API，而真实的解析器是 Babylon，但本文旨在以功能划分 Babel 的几个重要部分，遂将 Babylon 归入 babel-core。

说到 Babel，有一个不得不提的概念就是抽象语法树（Abstract Syntax Tree，缩写为 AST），即代码的抽象语法结构的树状表现形式。Babel 就是通过 AST 来理解你的代码，并根据预设的规则来对这棵"树"进行编辑，然后将新的 AST 转换为代码。

那么是 Babel 改动了我的代码吗？不。Babel 自 6.0 起，就不再对代码进行修改。作为一个平台，它本身只负责图 1 中的 parse 和 generate 流程，修改代码的 transform 过程全都交给插件去做。也就是说，Babel 只是一个语法解析器。很多初次使用 Babel 的开发者会问，"为什么我不配置插件 Babel 就不生效"，正是这个原因。

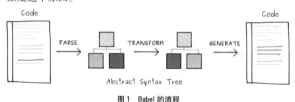

图 1 Babel 的流程

Plugin——转换的执行者

上面说到 Babel 的 plugin 才是真正改动代码的"元凶"，现在我们就来讲讲 Babel 是怎样改动代码的。

Babel 插件中有一个观察者（visitor）机制，我们可以在 visitor 中预设想要观察的 babel-types，然后对其进行操作。下面以源代码 foo === bar 为例：

```
module.exports = function ({ types: t }) {
  return {
    visitor: {
      BinaryExpression (path) {
        const isMatchCondition = path.node.operator
!== '===' && // 若操作符不为 === 则不做任何操作
          t.isIdentifier(path.node.left, { name:
'foo' }) && // 若操作符左侧不为变量或变量名不为 foo 则不
做任何操作
          t.isIdentifier(path.node.right, { name:
'bar' }) // 若操作符右侧不为变量或变量名不为 bar 则不做
任何操作

        if (isMatchCondition) {
          path.node.left = t.identifier('sebmck')
// 把操作符左侧的变量名改为 sebmck
          path.node.right = t.identifier('dork')
// 把操作符右侧的变量名改为 dork
        }
      }
    }
  }
}
```

编写如上插件，我们的代码经过编译就会得到 sebmck === dork，一个最基本的 Babel Plugin 就大功告成啦。

Preset——转换规则的集合

相信大家对于 Babel Preset 都不陌生。很多开发者的项目中，Babel 的配置都会有一段 "presets": ["es2015"]。接下来我们就以 babel-preset-es2015 为例，一起来看看 preset 内部究竟是什么样子的。

打开 babel-preset-es2015 的源代码，你会发现整个 preset 其实就是一些插件的集合。如果说 plugin 是处理代码的规则，那么 preset 就是一组规则的集合。你完全可以自己拼装不同的插件，生成一个新的预设。

通过 Babel 可以做什么？

Babel 最基础和广泛的用法就是将 ES6 代码转换为 ES5 代码。除此之外，官方还提供了 JSX 语法支持、Flow 语法支持等插件。接下来我们要聊的是一些由社区开发，基于 Babel 或与 Babel 息息相关的开源插件。

Prepack——代码性能优化

前一阵子由 Facebook 团队推出的 Prepack 在前端圈可谓一

石激起千层浪，在各类技术社区中也引发了激烈的讨论。本文暂且不谈现阶段 Prepack 是否适用于业务生产环境，只根据 Prepack 的特性和原理，聊一聊 Prepack 与 Babel 擦出了怎样的火花。

Prepack 是一个 JavaScript 代码优化工具。它能够完成一些可以在编译阶段执行的计算工作，将一部分代码替换为等价但更简单的赋值语句，从而省去大量的计算和对象分配工作。

我们先通过一张 Sebastian McKenzie 在 React-Europe 2016 分享 Prepack 的相关视频截图，来看一下 Prepack 的工作原理，如图 2 所示。

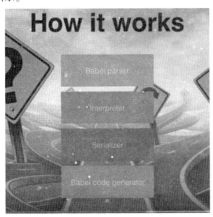

图 2　Prepack 的工作原理

从图 2 可见，Prepack 的 Code=>AST 和 AST=>Code 都是通过 Babel 来完成的。当你想要在预编译阶段做一些事情的时候，自己做一个符合 ECMAScript 标准的编译器是不太明智的。Babel 完美地解决了这个问题，它既可以为业务开发者服务，又可以为编译工具开发者服务。

babel-plugin-import——指定库的按需加载

在 Webpack 2 推出 Tree Shaking 之前，按需引入一直是前端工程中令人头疼的问题，即使你写的是：

`import { module } from 'library'`

编译后的结果也会是：

`var module = require('library').module`

也就是说，模块并没有按需引入，依然加载了所有的代码。为此，ant-design 团队做了一个叫作 babel-plugin-import 的 Babel 插件，通过简单的配置就可以把如下代码：

`import { Button } from 'antd'`

编译成：

`var _button = require('antd/lib/button')`

这样就能避免了只想用其中一个很小的模块，却要引入整个类库的尴尬。

具体的实现大家可以去看它的源代码。

babel-eslint——代码风格检查

相信大家对 ESLint 不会很陌生。ESLint 也是通过 AST 对代码进行解析，但 ESLint 团队使用的是自己开发的 Espree。这就导致当 Babel 支持了一种新的自定义语法（如 Flow）时，ESLint 无法直接支持，因此 babel-eslint 就出现了。

ESLint 团队在 Why another parser 中写道：

ESLint had been relying on Esprima as its parser from the beginning. While that was fine when the JavaScript language was evolving slowly, the pace of development increased dramatically and Esprima had fallen behind. ESLint, like many other tools reliant on Esprima, has been stuck in using new JavaScript language features until Esprima updates, and that caused our users frustration.

ESLint 团队曾经为了跟随 JavaScript 的快速发展而选择自行开发语法解析器，现在却又被其拖累，不得不再推出一个使用 Babel 作为解析器的版本。

定义一套语法

经常听到有开发者报怨 JavaScript 语言设计得太烂了，要是能用 XXX 语言来写前端就好了。那么现在机会来了，虽然 Babel 不能识别不符合 ECMAScript 标准的语法，但是它允许你自定义规则。也就是说，你完全可以自己定义一套语法，愉快地用 XXX 语言来做前端开发！

在饿了么大前端的一些实践

Babel 的平台化和插件化使它变得极易扩展。这种灵活性使得我们可以对它寄予无限的期望：不管你是想对代码进行转换，还是仅仅想引入一个语法解析器，Babel 都可以胜任。

除了社区提供的工具，目前饿了么大前端部门在尝试通过 Babel 插件实现一些对业务的扩展，比如：

- 无痕埋点：目前主流的前端埋点方式还是手工打点。这样做的效率不高，而且每次添加新的埋点还需要发版和等待数据收集。我们正在尝试通过 Babel 插件注入打点代码，并在筛选数据时通过给函数名做标记的方式，随时获取过去一段时间内的埋点信息。

- 错误日志收集：目前市面上的前端错误日志收集主要还是依赖于捕获错误的堆栈信息。生产环境上的代码都经过了混淆，这给识别工作带来了很大的麻烦。我们正尝试在 catch 语句中直接注入源代码的信息，尽可能收集更加准确和详细的错误信息。

总结

说了这么多，就是希望大家改变对 Babel 的看法，不再仅仅把它当成一个 6to5 的工具来用。如果你想在预编译阶段做些什么，Babel 是你最好的选择。

近几年，前端在预编译阶段的应用取得了很不错的成绩，我相信在未来的一段时间，会有越来越多与 Babel 相关的好工具出现。

探索 Headless Chrome

文 / 陈宁

Headless 模式，较常应用于自动化测试、网络爬虫、自动截图等场景中。本文深入解读了这一模式，并实战分享了利用 Headless

实现预渲染的过程。

Headless 简介

Headless Chrome 来了，你现在可以在 headless/server 环境中运行浏览器了。什么？让浏览器运行在没有界面的服务器端环境中，那浏览器可以用来干吗？

想象一下每次在发版前，测试人员都需要测试系统的功能，重复且乏味。于是你决定让程序自动测试界面上的功能。你不需要浏览器有 GUI 界面，想通过编程的方法来驱动浏览器进行各种操作，并且希望能在服务器端运行，这样每次发版前就可以自动测试相关功能，提高测试效率。

以上只是一个应用场景，Headless 浏览器可以理解为没有 GUI 界面的浏览器程序。由于没有界面，所以在速度上比普通浏览器稍快，它可以在自动化测试、性能检查、获取元数据（例如爬虫）和网页截图等方面发挥用途。

对比

在 Chrome 浏览器还没有原生支持 Headless 之前，早期浏览器可以通过 Xvfb 服务处理图形显示从而实现 Headless 模式，近期火狐也在积极研发原生支持 Headless 模式，预计在 Firefox 56 版本中实现。还有一种方案是通过封装浏览器内核来实现 Headless。比较知名的比如 PhantomJS（目前仅维护）封装了 QtWebKit 内核，SlimerJS 封装了 Gecko 内核，TrifleJS 封装了 IE 内核。

而使用这些框架的时候，可能会出现很多奇怪的问题。这些程序是运行在封闭环境中的，所以会导致和外部通信很烦琐，并且由于采用的内核比较老，从而很多新特性、新语法不支持，并非真实的用户环境。所以提倡用 Headless 模式替代这些框架，从而获得更好的效果。

使用

Chrome Beta 59 开始在 Liunx、Mac、Window（Chrome 60）上支持 Headless 模式。下载并安装好相应版本的浏览器后，可以有多种方式来启动 Chrome Headless 模式。

通过命令行参数—headless 来启动：

```
$ /Applications/Google\ Chrome\ Canary.app/
Contents/MacOS/Google\ Chrome\ Canary -- headless
—remote-debugging-port=9222
```

另外也可以采用封装好的 Chrome 启动库来达到多个平台兼容启动，如 Lighthouse 用 Node.js 实现的 chrome-launcher 库，自动寻找系统中 Chrome 程序的安装位置，然后通过 child_process 模块来启动 Chrome 浏览器。

同时 Headless 也支持被嵌入到 C++ 程序中，从而可以更加底层地控制浏览器。

当启动完 Headless 浏览器后，Mac 上会出现 Chrome 的图标，但是并不能打开看到界面。然后我们可以通过浏览器访问相应的远程调试端口来看相应的调试界面。除了客户端能通过远程接口访问外，还可以通过编程实现 DevTools 协议来和浏览器进行相关的通信，从而实现对页面的控制。

架构

图 1 为 Headless Chrome 架构图。Headless Chrome 主要实现了两个功能，一个是实现了 Headless API 的 Headless shell 应用程序，通过命令行参数启动 Headless 模式，即启动 Headless shell。一个是 Headless library，它实现了嵌入式应用程序能控制浏览器并与网页交互的功能。

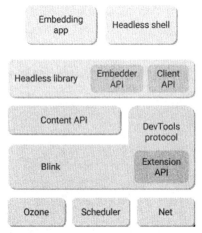

图 1 Headless Chrome 架构图

如果你是通过 C++ 程序嵌入的话，就可以用 Headless library 来和浏览器进行通信。浏览器和外界通信有一套协议称为 DevTools。Client API 是基于 Chrome DevTools 协议实现的一套可以和浏览器交互的库。除了上面说的，还有许多库实现 DevTools，如官方推荐采用 Node.js 实现的 chrome-remote-interface 库，或者采用 Python 实现的 chromote 库等。

DevTools 协议

Chrome DevTools 是一套可以用来和 Chrome 浏览器通信的协议，平常我们开发调试 Chrome 程序用的开发者工具即是基于该协议实现的一个网页程序。Chrome 开发者工具通过 Socket 和 Chrome 进行通信，浏览器中的一个 Tab 页面即对应一个 Socket 通道。然后互相进行数据交换，从而实现对网页的检查、调试和监控等功能。

我们可以用命令行参数在客户端来远程调试页面。在命令行中加入参数"—remote-debuggingport=9222"启动 Chrome 后，在浏览器进入"localhost:9222"即可看到调试界面。其中我们可以通过网络面板中的 WebSocket 连接来查看调试程序和 Chrome 进行的数据收发。我们可以把这协议当成浏览器的 API，想实现什么功能，需要发送固定格式的信息过去，浏览器接收后会返回相应的数据。

Headless 应用

在自动化测试和网络爬虫等领域会经常用到该项新特性。

自动化测试

自动化测试有许多的框架，比较好用的比如 Nightmare，这是一款基于 Electron 的自动化测试库，语法漂亮好用。最近这个库也计划从 Electron 迁移到 Headless Chrome。我们也可以结合 Karma 来实现 UI 的自动化测试,这样可以保证代码在真实环境中运行。

网络爬虫

网络爬虫应用在以前的方案中,会有较多问题,比如数据抓取不全。现在很多的网站都做成了单页应用,采用 AJAX 交互,传统爬虫能拿到的数据有限,如果不执行前端代码,就拿不到有用的信息。此时,我们可以用 Headless Chrome 来执行相关的代码,将页面执行完成后,在对相应的页面进行分析。这比其他方案能有更好的稳定性,不过由于目前这方面的库还不是很成熟,导致需要自己去写一些底层的实现,在开发效率上会比较慢。

自动截图

自动截图也可以被应用到 Headless 中。在前端代码报错后,如果希望能把当前错误页面的截图并发给监控程序,目前的纯前端做法可以采用 html2canvas。但用过这个库后,你会发现有的截图效果很不理想,和原来的界面差距较大。那可以换个角度,采用后端截图的方法。由于页面展示本质是 HTML 和 CSS。我们可以在服务器端部署 Chrome Headless 服务器,里面加载对应网站的资源,等前端报错后,只需将前端整个页面的 Dom 数据发送给服务器,服务器把相应内容的 Dom 替换后,由于 CSS 一般是提取出来的,所以客户端和服务端样式表一致,Dom 结构一致,数据一致,即可以将服务器端截图并发送给监控程序。

实战预渲染

Prerender 和 Server-side render(SSR)两种技术都是解决首屏渲染问题,以此来提高用户体验的方案。Prerender 方案不需要后端是 Node.js。其实本质上,Prerender 只提供一个假的静态首页预先给客户看到样式,不具备应用的功能。

在目前的 SPA 网站中,首屏大多会有一个 id 为 app 的元素。等框架资源加载完成后,框架会动态替换 app 元素为真正的应用样子。而在资源尤其是打包后的 JavaScript 文件没加载完成之前,页面基本处于白屏的状态。而 Prerender 正是希望用一个固定的样式来代替这个白屏的状态。

目前实现预渲染的简单方案可以采用几张图片,来给用户直观的应用布局样式,从而增加用户等待的时长。复杂一点可以采用 webpack 将预先写好的样式组件打包后内嵌写入首屏页面,包括写入 JavaScript 脚本,写入 HTML 和 CSS 等。让用户可以快速了解应用的名字,整体颜色布局信息。具体做成什么样,需要由应用本身来决定。但不希望在首页中有过多的内嵌代码,否则拖慢初始加载速度导致后续资源加载变慢的话,预渲染效果也会不理想。

我们可以用 Headless 来实现预渲染,有两种预渲染方案。

一种是在服务器端,当请求过来后,把请求动态挂在 Headless Chrome 里,然后把 Chrome 里面的 Dom 拿到后返回给客户端,这个也可以做成 SPA 应用程序通用的 SEO 优化方案。

另一种是在代码发布阶段将静态样式内嵌写入网站首页。在打包阶段开启静态服务器,然后用 Headless Chrome 来访问对应的网站,并得到网站的 Dom。和骨架图不同的是,这时候的 Dom 应该是网站真实渲染后的 Dom。

在实际应用中,会碰到渲染出页面结构含有开发时脏数据问题。如果把开发时的数据去掉,会影响整体页面的布局,因为有的布局是靠内容撑起来的。所以我们采用了字符替换的方法,把文字数据替换为 ,这样既保留了占位,又去掉了脏数据。对于图片的处理需要把图片的 href 更换为默认 URL 图片,有的 icon 如果是内联数据,需要去掉。总之一个原则,让页面初始加载骨架看起来和真实结构一致。可以采用在编码的时候,在元素的属性上设置标志符,来表明文字或者图片是否需要被替换。处理完后,需要有效果,其前提是把 CSS 文件在打包的时候单独提取出来,这样在初始加载时才会有效果。然后通过 webpack 打包把处理后的 Dom 数据内嵌到首页中。当用户首次访问的时候,首页就已内嵌有了对应的 Dom 结构,让用户对网站布局有个大概的感知,减少用户等待时间。

示例代码请见下。

```javascript
const chromeLauncher = require('chrome-launcher');
const CDP = require('chrome-remote-interface');

function delay(time) {
    time = time || 0;
    return new Promise((resolve, reject) => {
        setTimeout(function() {
            resolve();
        }, time);
    })
}
async function preRender() {
    // open chrome
    const chrome = await chromeLauncher.launch({
        port: 9222,
    });
    const { Page, DOM } = await CDP();
    await Promise.all([
        Page.enable(),
        DOM.enable(),
    ]);
    await Page.navigate({ url: 'https://h5.ele.me/market/#/home' });
    await Page.loadEventFired();
    // wait for loading data
    await delay(3000);
    const rootNode = await DOM.getDocument();
    const appNode = await DOM.querySelector({ nodeId: rootNode.root.nodeId, selector: '#app' });
    // replace product data to clear data
    const needReplaceFlag = '#app [shell-replace]';
    const defaultImage = 'http://defaultImage.com';
    const replaceNode = await DOM.querySelectorAll({ nodeId:rootNode.root.nodeId, selector: needReplaceFlag });
    replaceNode.nodeIds.length && await new Promise((resolve, reject) => {
        const tasks = [];
        replaceNode.nodeIds.forEach(nodeId => {
            try {
                const task = DOM.getOuterHTML({ nodeId }).then(html => {
                    const nodeName = html.outerHTML.split('>')[0].slice(1).split(' ')[0];
                    if (nodeName === 'img') {
                        return DOM.setAttributeValue({ nodeId, name: 'src',value: defaultImage });
                    } else {
                        return DOM.setOuterHTML({ nodeId, outerHTML: `<${nodeName}> </${nodeName}>` });
```

```
                    }
                });
                tasks.push(task);
            } catch (e) {
                reject(e);
            };
        });
        Promise.all(tasks).then(() => {
            resolve();
        }).catch(e => reject(e));
    });

    const shellHTML = await DOM.getOuterHTML({
nodeId: appNode.nodeId });
}
```

处理后 shell 效果图如图 2 所示。

实际中还发现几个问题：一是如果首屏展示在不同的机器上需要对应不同的效果，就需要自己手动写入 JavaScript 文件来动态实现，比较麻烦；二是会发现处理完后还是留有杂的 Dom 元素，影响效果，所以还需要深度清理下数据才行。

总结

Headless 可以帮助开发者更好地进行自动化测试，由于是浏览器原生支持，所以比其他方式实现的 Headless 更加稳定，占用内存小，也不容易出现难以解决的问题。不过目前相关的库比较少，如果需要新的功能，需要自己写相应的实现。本文抛砖引玉，Headless 还有许多有趣的用法等着大家一起挖掘。

图 2　处理后 shell 效果图

CSS 模块化演进

文 / 张伟

作为 Web 开发的重要组成部分，CSS 技术演进也在推动着前端工程化不断进步。本文将从 CSS 模块化、namespace 约束、CSS in JS 方案三个方面逐步深入解读 CSS 在工程化领域取得的成果。

CSS 技术的演进

CSS 是 Web 开发中不可或缺的一部分，在前端工程化不断进步的今天，一方面 CSS 特性随着规范的升级越来越丰富，另一方面，前端业务复杂性的增加带来的工程愈加庞大，驱使着开发者不断寻找 CSS 工程化的最佳实践。

Web 开发模块化趋势

不可否认，无论从现代前端框架（React、Vue、Angular、Polymer 等），还是从 W3C 的 Web Components 草案来看，组件化已经是前端开发的主流之选和未来的发展方向，正如在 Reddit 上有网友说道 "Facebook.com's codebase includes over 20,000 components"。广义上看，所有页面上都可以被划分成一个个组件，相对于过去以网页作为开发单位，以组件为单位开发有着可复用、可扩展等一系列有利于项目工程化的优点。

在这种组件化趋势的背景下，CSS 模块化也渐渐有着各种尝试。

预处理与后处理

预处理

比较流行的 CSS 预处理器有 Sass、Less 和 Stylus，CSS 预处理器的出现主要因 CSS 缺少编程语言的灵活性而生，是引入了一些编程概念而生的 DSL，开发者编写简洁的语义化 DSL 代码，由预处理器编译成 CSS。

以 Sass 为例，该预处理器支持 .scss、.sass 文件类型，其语法支持变量、选择器嵌套、继承（extend）、混合（mixin）和一些逻辑语句，同时还支持跨文件的导入功能，因而使得开发者能够很好地使用编程思想书写样式。

从实际使用情况来看，几个预处理器各有优缺点，从社区活跃度上看 Sass > Less > Stylus。Sass 是三个中间最早也是最成熟的，因而有着很多开源积累和很好编程范式，像内置了很多 Sass 函数的 Compass 框架，就是很好的一个例子。Less 相对于 Sass 的优点在于十分的轻量，也完全兼容 CSS，但另一方面可编程能力不如 Sass，Bootstrap 最新版本的 CSS 预处理器也从 Less 换成 Sass。Stylus 来源于 Node 社区，使用体验上并不输给 Sass 和 Less，无论是编译速度还是语法范式，个人看来，Stylus 在某种程度上更加优于其他两个。

后处理

后处理器是对原生 CSS 进行处理并最终生成 CSS 的处理器，广义上还是个预处理器，与上面提到的预处理器不同的是，它处理的对象是标准 CSS（如图 1 所示），比较典型的后处理工具有以下几种。

- clean-css：压缩 CSS。
- AutoPrefixer：自动添加 CSS3 属性各浏览器的前缀。
- Rework：取代 Stylus 的插件化框架。
- PostCSS。

图 1　预处理器与后处理器关系

PostCSS

PostCSS 最初是从 AutoPrefixer 项目中抽象出来的框架，它本身并不对 CSS 做具体的业务操作，只是将 CSS 解析成抽象语法树（AST），样式的操作由之后运行的插件系统完成（如图 2 所示）。正如其本身所言"Transforming styles with JS plugins"。

更多时候我们在讨论 PostCSS 的时候，并不止停留在它是解析 CSS 的核心工具，更包括它创建的插件系统，而今 PostCSS 最为吸引开发者的正是其扩展性较强的插件系统和丰富的插件支持。

常用的插件如下。

- Autoprefixer：自动补全 CSS 属性兼容性前缀。
- postcss-cssnext：使用最新的 CSS 语法。
- postcss-modules：组件内自动关联样式至选择器。
- Stylelint：CSS 语法检查器等。

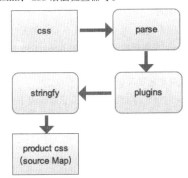

图 2　PostCSS 工作机制

如果已有的插件不能满足现有的需求，完全可以手写一个插件：

```
// 官方示例 rem 转 px
var custom = function(css, opts){
    css.eachDecl(function(decl){
        decl.value = decl.value.replace(/\d+rem/,
function(str){
return 16 * parseFloat(str) + "px";
        });
    });
};
```

当然，PostCSS 的解析并不局限于 CSS，结合它提供的自定义语法解析接口，完全可以定义自己的语法。其实类似于 postcss-scss 的插件社区已经有很多了，使用这些插件，可以将原来基于 Sass、Less 等预处理器的代码迁移到 PostCSS。相对于传统的预处理器，PostCSS 这种开放平台型的体系，不拘束开发者的开发方式，同时也促进了更多对于 CSS 解决方案的探索。

回过头来看，为什么会有 CSS 预处理操作后的处理操作？其实主要的原因在于前端项目的膨胀使用传统手工编写并维护 CSS 变得不堪，根本原则是 CSS 缺少编程语言特性，要做到 CSS 代码的模块化以及高复用的抽象处理，就必须引入一些编程的思想。相对于 JavaScript 标准推进以及基础设施的完备，CSS 在编程方面的探索更多来自于社区，也并无统一的事实标准，这也是 CSS 发展落后于 JavaScript 的原因。

namespace 约束

一方面我们需要关注技术能够带来代码上的模块化，另一方面我们又要思考如何使用一个良好的风格架构起项目中的 CSS。CSS 除了代码外，另一个很重要的就是 CSS 选择标记。而 CSS 选择器的命名空间是全局的，并没有局部的概念，因而如何利用好这个全局的空间，选择良好的结构风格，也是在开发过程中必须考虑的。

OOCSS

OOCS（Object-Oriented CSS）即面向对象 CSS，主要有两个核心原则。

- 分离结构和皮肤（Separate Structure and Skin）

皮肤即一些重复的视觉特征，如边框、背景、颜色，分离是为了更多的复用；结构是指元素大小特征，如高度、宽度、边距等。

```
.button {
  padding: 10px;
  box-shadow: rgba(0, 0, 0, .5) 2px 2px 5px;
}
.widget {
  overflow: auto;
  box-shadow: rgba(0, 0, 0, .5) 2px 2px 5px;
}
```

根据此原则，我们需要对公用的皮肤进行提取并分离，如下。

```
.button {
  padding: 10px;
}
.widget {
  overflow: auto;
}
.skin {
  box-shadow: rgba(0, 0, 0, .5) 2px 2px 5px;
}
```

- 分离容器和内容（Separate Container an Content）

打破容器内元素对于容器的依赖，元素样式应该独立存在。如下面示例。

```
<div class="container"><h2>xxx</h2></div>
```

```
.container h2 {...}
```

上面的 h2 元素依赖于父元素 container，对应此原则，h2 元素需要使用一个单独的选择器，如下。

```
<div class="container"><h2 class="category">xxx</h2></div>
```

```
.category {...}
```

从实践中看出，使用 OOSCC 范式，遵守了 DRY 的原则，能够大量减少重复的样式代码，提高代码复用；同时，视觉元素可以灵活组合各个类名，展示不同的效果，丰富的类名也同时使得元素有着更好的可读性；另一方面，由于容器和内容的分离，CSS 完成了与 HTML 结构解耦。

但同时也会带来一些缺点，抽象复用会使 class 越来越多，极端情况下可能会产生很多原子类，这对于那些偏向于"单一来源原则"的开发者来说并不受欢迎。

SMACSS

SMACSS（Scalable and Modular Architecture for CSS）即模块化架构的可扩展 CSS，它主要将规则分为五类。

- 基础（Base）

tag select 的样式，定义最基础全局样式，如 CSS REST。

```
html, body, form { margin: 0; padding: 0; }
a { color: #039; } a:hover { color: #03C; }
```

- 布局（Layout）

将页面分为各个区域的元素块。

```
.header{}
....
.footer{}
```

- 模块（Module）

可复用的单元。在模块中，需要注意的是选择器一律选择 class selector，避免嵌套子选择器，减少权重，方便外部覆盖。

```
<div class="pod pod-constrained">...</div>
<div class="pod pod-callout">...</div>

.pod { width: 100%; }
.pod .pod-callout { width: 200px; }
.pod .pod-constrained{}
```

- 状态（State）

状态 class 一般通过 JavaScript 动态挂载到元素上，可以根据状态覆盖元素上特定属性。

```
.tab { background-color: purple;... }
.is-tab-active { background-color: white; }
```

- 主题（Theme）

可选的视觉外观。一般根据需求有颜色、字体、布局等，实现是将这些样式单独抽出来，根据外部条件（data 属性、媒体查询等）动态设置。

SMACSS 的主要优点在于按照不同的业务逻辑，将整个 CSS 结构化分更加细致，约束好命名，最小化深度，在编写的时候，使用 SMACSS 规范能够更好地组织 CSS 文件结构和 class 命名。

BEM

BEM 即 Block Element Modifier，类名命名规则为 Block__Element--Modifier。

- Block 所属组件名称。
- Element 组件内元素名称。
- Modifier 元素或组件修饰符。

其核心思想就是组件化。首先一个页面可以按层级依次划分出多个组件，其次就是单独标记这些元素。BEM通过简单的块、元素、修饰符的约束规则确保类名的唯一，同时将类选择器的语义化提升了一个新的高度。

```
<form class="form form--theme-xmas form--simple">
<input class="form__input" type="text" />
<input
class="form__submit form__submit--disabled"
type="submit" />
</form>

.form { }
.form--theme-xmas { }
.form--simple { }
.form__input { }
.form__submit { }
.form__submit--disabled { }
```

BEM 通过简单的命名规则使得关联类名元素语义性、可读性更强，有利于项目管理和多人协作。同时 BEM 方案中并没有嵌套，所有类名最浅深度，并不会出现嵌套过深难以覆盖的情况，易于维护、复用。

另一方面，BEM 强调单一职责原则和单一样式来源原则，意味着传统纯手工 CSS 可能会产生大量重复的代码，但是结合各种 CSS 预处理和 PostCSS 就可以很好避免问题的产生。另外，虽说原则简单，但在实际使用中，维护 BEM 的命名确实需要一些成本，很多时候命名反而成了一件难事。

CSS in JS

CSS in JS 方案一开始是由 Facebook 工程师 Vjeux 在一次分享中提出的，针对 CSS 在 React 开发中遇到的各种问题，随后社区涌现了各样方案。

虽然以上模块化的命名约定可以解决风格上的问题，但正如上文而言，也引入一些成本。而对于一些高复用的组件，使用以上高度语义化的方案是个好的选择，这种成本是必需的，但对于没有复用的业务组件来说，显然这种命名的成本大于收益，特别是在多人协作时候。另外，面对现代前端框架的发展，纯靠 CSS 方案并不能很好地解决。

CSS Modlue

CSS Module 不同于 Vjeux 完全放弃 CSS 的做法，它只是选择了用 JavaScript 来管理样式与元素的关联，CSS Module 为每个本地定义的类名动态创建一个全局唯一类名，然后注入到 UI 上，实现编写样式规则的局部模块化。

css-loader 内置支持 CSS Module，只需设置下查询参数，即可在 JavaScript 中使用 CSS 文件的导入。

```
{
  loader: 'css-loader',
  query: {
    module: true,
    localInentName: '[name]__[local]--[hash:base64:5]' //
  }
}
```

在 JavaScript 中导入 CSS 文件，最终得到的其实是一个 CSS 文件经过 parse 后生成的类名映射对象 {[localName]: [hashedName], ...}。

```
// Header.jsx
import style from './Header.css'
...
console.log(style)
// {header: 'Header__header--3kSIq_0'}
export default () => <div className={style.header}></div>
```

同时 CSS 文件也会被编译成对应的类名。

```
.Header__header--3kSIq_0- {}
// from Header.css  .header{}
```

从开发体验上看，CSS-Module 这种做法让开发者不必在类名的命名上小心翼翼，直接使用随机编译生成唯一标识，让类名成为局部变量成为了可能。但同时也因为随机性，失去了通过此局部类名实现样式覆盖的可能性，覆盖时不得不考虑使用其他选择器（如属性性选择器）。对于复用的组件而言，灵活性是必不可少的，这种局部模块化方案并不适合这种高度抽象复用的组件，而对于一次性业务组件确实能够提升开发效率。

同时 CSS Module 还支持使用 composes 实现 CSS 代码的组合复用。

```
/* button.css */
.base{}
.normal {
composes: base
...
}

// button.jsx
import style from './button.css'
export default () => <button className={style.
normal}> 按 按 </button> // <button class="button__
base--180HZ_0 button__normal--x38Eh_0"> 按 按 </
button>
```

当然 CSS Module 还可以配合各种预处理器一起使用，只需在 css-loader 之前添加对应的 loader，但在编写的时候要注意 CSS Module 的语法要在处理器之后合法。实际使用中，对于 CSS 代码的解耦，如果引入了预处理器，代码文件的模块化就不建议使用 composes 来解决。

styled-components

styled-components 也是一个完全的 CSS in JS 方案，先看语法。

```
// button
import styled from 'styled-compenents'
const Button = styled.button`
    padding: 10px;
    ${props => props.primary ? 'palevioletred' :
'white'};
`
<Button> 按钮 </Button>
<Button primary> 按钮 </Button>
```

其编译后也是如同 CSS-in-module 一样，随机混淆生成全局唯一类名，对应生成 CSS 文件。styled-component 的核心是"样式即组件"，将字符串解析成 CSS，并创建对应该样式的 JSX 元素，它有着 JavaScript 强大的编程能力，完全可以胜任，同时让组件样式与组件逻辑耦合在一起，真正做到组件紧耦合少依赖。当然有些开发不喜欢这种耦合，也完全可以将样式组件和逻辑组件分离，而在 JavaScript 中分离代码本身也是件易事。

当然，styled-components 真正的应用并不仅仅如此，它完全是一个完备的样式解决方案，有着如扩展、主题、服务端渲染、Babel 插件、React-Native 等一系列支持，也深受一些开发者欢迎。这里比较有趣的是看似奇怪的语法形式，其实是 ES6 中模板字符的特性。

styled-components 本身是 React 社区针对 JSX 产生的一种方案，当然在 Vue 中通过 vue-styled-components 也能使用该功能，但是使用体验一般，无论是在模板里还是在 JSX 中，使用组件都需提前声明并注入到组件构建参数中，过程十分烦琐，而且不同于 React 纯 JSX 的组件渲染语法，Vue 中并不能对既有的组件使用 styled 语法。

但另一方面，将 CSS 完全写在 JavaScript 中，社区里中也有很多人持反对态度，react-css-modules 的作者就专门发文表示反对 styled-component 这种完全抛弃 CSS 文件的开发模式。

总结

我们在开发之前，面对各种技术方案，一定要选取并组合出最适合自己项目的方案，是选用传统的 CSS 预处理器，还是选用 PostCSS？是全局手动维护模块，还是完全交给程序随机生成类名？都需要结合业务场景、团队习惯等因素。另一方面，CSS 本身并无编程特性，但在其工程化技术的发展中不乏很多优秀的编程思想，无论是自定义 DSL 还是基于 JavaScript，这其中带给我们思考的正是"编译思想"。 Ⓟ

前端工程师为什么要学习编译原理

文 / 陈宏图

前端领域发展迅速，新"轮子"层出不穷。编译原理，作为一门基础理论学科，是很多知名开源前端框架的理论基石。了解掌握它，有助于我们更充分地理解不同的前端框架及解决工程技术上的诸多难点。

普遍的观点认为，前端就是打好 HTML、CSS、JavaScript 三大基础，深刻理解语义化标签，了解 N 种不同的布局方式，掌握语言的语法、特性、内置 API。再学习一些主流的前端框架，使用社区成熟的脚手架，即可快速搭建一个前端项目。胜任前端工作非常容易。再往深处学习，你会发现前端这个领域总是有学不完的框架、工具、库，不断有新的轮子出现。技术推陈出新，版本快速迭代，但万变不离其宗。工具致力于流程自动化、规范化，服务于简洁、优雅、高效的编码，将问题高度抽象化、层次化。

在如今前端开源界如此火热的现状下，框架的使用者与框架的维护者联系更加紧密，不仅能深入源码来更彻底地认识框架，还能够提出问题、参与讨论、贡献代码，共同解决技术问题，推进前端生态的发展和壮大。而编译原理，作为一门基础理论学科，除了 JavaScript 语言本身的编译器之外，更成为 Babel、ESLint、Stylus、Flow、Pug、YAML、Vue、React、Marked 等开源前端框架的理论基石之一。了解编译原理能够对所接触的框架有更充分的认识。

什么是编译器

对外部来说，编译器是一个黑盒子，能够把一种源语言翻译为语义上等价的另一种目标语言。从现代高级编译器的角度讲，源语言是高级程序设计语言，容易阅读与编写，而目标语言是机器语言，即二进制代码，能够被计算机直接识别。从语言系统的处理角度来看，由源程序生成可执行程序的整体工作流程如图 1 所示。

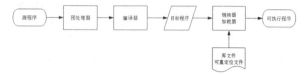

图 1　源程序生成可执行程序整体工作流程图

其中，编译器又分为前端和后端两个部分。前端包括词法分析、语法分析、语义分析、中间代码生成，具有机器无关性，比较有代表性的工具是 Flex、Bison。后端包括中间代码优化、目标代码生成，具有机器相关性，比较有代表性的工具是 LLVM。在 Web 前端工程领域，由于宿主环境浏览器与 Node.js 的跨平台特性，我们只需关注编译器前端部分，就可以充分发挥它的应用价值。为了更好地理解编译器前端的工作原理，本文将主要以目前被广泛使用的 Babel 为例，阐述它是如何将源代码编译为目标代码的。

Babel

作为新生代 ES 语法编译器，Babel 在前端工具链中占据了非常重要的地位，它严格按照 ECMA-262 语言规范，实现对最新语法的解析，而无须等待浏览器升级来提供对新特性的支持。Babel 内部所使用的语法解析器是 Babylon，抽象语法树（简写为 AST）的结点类型定义则参考了 Mozilla JS 引擎 SpiderMonkey，并对其进行扩展增强，且支持对 Flow、JSX、TypeScript 语法的解析。它所使用的 Babylon 实现了编译器中两个部分，词法分析和语法分析。

词法分析

词法分析是处理源程序的第一部分，主要任务是逐个扫描输入字符，转换为词法单元（Token）序列，传递给语法分析器进行语法分析。Token 是一个不可分割的最小单元。例如 var 这三个字符，它只能作为一个整体，语义上不能再被分解，因此它是一个 Token。每个 Token 对象都有能够被单独识别的类型属性和其他附加属性（操作符优先级、行列号等）。在 Babylon 词法分析器里，每个关键字是一个 Token，每个标识符是一个 Token，每个操作符是一个 Token，每个标点符号也都是一个 Token。除此之外，还会过滤掉源程序中的注释和空白字符（换行符、空格、制表符等）。

对于 Token 的匹配规则，可以根据正则表达式来描述。举个例子，要匹配一个 Number 类型的 Token，可以检测是否以 [0-9] 开头，接着循环或递归扫描紧连的后续字符，且需要特别留意 0b、0o、0x 开头的非十进制数值、科学计数法 e 或 E、小数点等特殊字符，指针不断后移直至不满足匹配规则或者到达行末尾。最后生成一个 Number 类型的 Token，附带值、文件位置等属性，并加入到 Token 序列中，继续下一轮扫描。

一个简单的 Number 类型状态转换如图 2 所示。

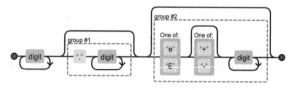

图 2　Number 类型状态转换示意图

当然除了 Babylon 中手写词法分析器之外，这个过程还可以采用有穷自动机（DFA/NFA）的方式实现，通过词法分析器生成器，把输入程序（模式匹配规则）自动转换成一个词法分析器，这里不展开阐述。

语法分析

语法分析是词法分析的下一步，主要任务是扫描来自词法分析器产生的 Token 序列，根据文法和结点类型定义构造出一棵 AST，传递给编译器前端余下部分。文法描述了程序设计语言的构造规则，用于指导整个语法分析的过程。它由四个部分组成，一组终结符号（也称 Token）、一组非终结符号、一组产生式和一个开始符号。例如，函数声明语句的产生式表示形式见图 3 所示。

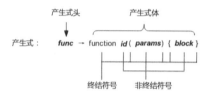

图 3　函数声明语句的产生式

根据文法，语法分析器将 Token 逐个读入，不断替换文法产生式体的非终结符号，直至全部将非终结符号替换为终结符号，这个过程被称为推导。推导又分为两种方式，最左推导和最右推导。如果总是优先替换产生式体最左侧的非终结符号，被称为最左推导，如果总是优先替换产生式体最右侧的非终结符号，被称为最右推导。

语法分析器按照工作方式来划分，分为自顶向下分析法和自底向上分析法。自顶向下分析法要求通过最左推导从顶部（根结点）开始构造 AST，常用的分析器有递归下降语法分析器、LL 语法分析器。而自底向上分析法要求通过最右推导从底部（叶子结点）开始构造 AST，常用的分析器有 LR 语法分析器、SLR 语法分析器、LALR 语法分析器。这两种分析方式在 Babylon 中都有所实践。

首先是自顶向下分析法，例如变量声明语句：

var foo = "bar";

经由词法分析器处理后，会生成 Token 序列：

Token('var')
Token('foo')
Token('=')
Token('"bar"')
Token(';')

由 LL(1) 语法分析器进行递归下降分析，每次向前查看一个输入 Token，来决定该用哪种产生式展开。对于变量声明语句的 FIRST 集合（推导结果的首个 Token 集合），只需检查输入 Token 为 Token('var')、Token('let')、Token('const') 三者其中之一，那么就使用该产生式展开。首先构造 AST 最顶层结点 VariableDeclaration，把 Token('var') 的值加入该结点属性中，接着逐个读入其余 Token，根据产生式的非终结符号从左到右的顺序，依次构造它的子结点，不断递归下降分析，直至所有 Token 读入完毕。最后生成的一棵 AST，如图 4 所示。

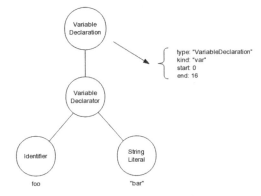

图 4　自顶向下分析法产生的 AST 树

另一种是自底向上分析法，例如成员表达式语句：

foo.bar.baz.qux

我们都知道这条语句等价于：

((foo.bar).baz).qux

而不是：

foo.(bar.(baz.qux))

原因就在于它所设计的文法是左递归的，而 LL 语法分析器无法做到解析左递归的文法，这时候只能使用 LR 语法分析器的方式，自底向上地构造 AST。LR 语法分析器的核心是移入 - 归约分析技术，通过维护一个栈，由下一个输入 Token 来决定是把它移入栈中还是将栈顶的部分符号进行归约（把产生式体替换为产生式头），先构造子结点，再构造父结点，直至栈中所有符号全部归约。最后生成的一棵 AST，如图 5 所示。

此外，由 Babylon 构建的完整的 AST 还拥有特殊顶层结点 File 和 Program，它们描述了文件的基本信息、模块类型等。

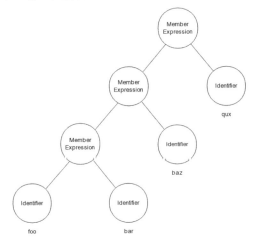

图 5　自底向上分析法产生的 AST 树

生成代码

工业级别的语言编译器，通常还会有语义分析阶段，检查程序上下文是否和语言所定义的语义一致，比如类型检查、作用域检查，另一个则是生成中间代码，比如三地址代码，用地址和指令来线性描述程序。但由于 Babel 的定位仅仅是对 ES 语法的转换，这一部分工作可以交给 JavaScript 解释器引擎来处理。而 Babel 最为特色的部分是它的插件机制，针对不同的浏览器版本环境，调用不同的 Babel 插件。通过访问者模式（一种设计模式）的接口定义，对 AST 进行一遍深度优先遍历，对指定的匹配到的结点进行修改、删除、新增、移位，使原先的 AST 转换为另一棵经过修改的 AST。

一个访问者模式的接口定义如下。

```
visitor: {
  Identifier(path) {
    enter() {
      // 遍历 AST 进入 Identifier 结点时执行
      ...
    },
    exit() {
      // 遍历 AST 离开 Identifier 结点时执行
      ...
    }
  },
  ...
}
```

最后一个阶段则是生成目标代码，从 AST 的根结点出发，递归下降遍历，对每个结点都调用一个相关函数，执行语义动作，不断打印代码片段，最终生成目标代码，即经过 Babel 编译后的代码。

模板引擎

再讲到模板引擎，最早诞生于服务端动态页面的开发，如 JSP、PHP、ASP 等模板引擎，自 Node.js 快速发展以后，前端界又产出了非常多的轮子，包括 EJS、Handlebars、Pug（前身为 Jade）、Mustache 等，数不胜数。模板引擎技术使得结合数据渲染视图变得更加灵活，给逻辑的抽象带来了更多的可能性，数据与内容互不依赖。模板引擎的实现方式有很多种，比较简单的模板引擎，直接利用字符串替换、拼接的方式实现，比较复杂的模板引擎，例如 Pug，则会有比较完整的词法分析和语法分析过程，将模板预编译成 JavaScript 代码再去动态执行。

例如模板语句：

h1 hello #{name}

经由 Pug 解析器生成的 AST，如图 6 所示。

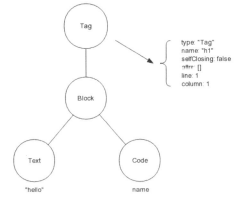

图 6　由 Pug 解析器生成的 AST

生成器生成的目标代码为（伪代码）：

'<h1>' + 'hello' + name + '</h1>'

运行时再调用 new Function 来动态执行代码：

var compiledFn = new Function('local',

```
with (local) {
  return '<h1>' + 'hello' + name +
    '<h1>';
}
`)
compiledFn({
  name: 'world'
})
```

最后输出 HTML 语句：

```
<h1>hello world</h1>
```

整个过程由两部分组成，预编译阶段和运行时阶段。当然一个好的模板引擎还会考虑功能、性能与安全兼备，上面的 with 语句是要避免的，还要引入缓存机制，XSS 防范机制，以及更加强大、友好、易于使用的语法糖。

另外值得一提的是以 Angular、React、Vue 为代表的前端 MVVM 框架，无一不引入了模板编译技术。Vue 作为渐进式的前端解决方案，受到众多开发者们的青睐，它对视图的渲染提供了渲染函数和模板两种方式。使用渲染函数需要调用核心 API 来构建 Virtual DOM 类型，过程相对复杂，编码量非常大，一旦 DOM 层次嵌套过深，就会造成代码难以掌控和维护的局面。为了应对这种复杂性，另一种方式则是编写基于 HTML 的模板，并加入 Vue 特有的标签、指令、插值等语法，由编译器来进行从模板到渲染函数的编译和优化，相对前者更优雅、便捷、易于编码。

CSS 预处理器

前端布局方式从刀耕火种的纯 CSS 年代演进到以 Sass、Less、Stylus 为代表的预处理语言，赋予了 CSS 可编程的能力，定义变量、函数、表达式计算、模块化等特性，极大地提升了开发人员的生产效率。这些都是编译技术所带来的变化。同样，编译器对原样式代码进行词法分析，产生 Token 序列。接着，语法分析，生成中间表示，一棵符合定义的 AST。同时，还会为每个程序块建立一个符号表来记录变量的名字、属性，为代码生成阶段的变量作用域分析提供帮助。最后，递归下降访问 AST，生成能够在浏览器环境中直接执行的 CSS 代码。

以预处理器 Stylus 语法为例：

```
foo = 14px
body
  font-size foo
```

编译生成的 AST，如图 7 所示。

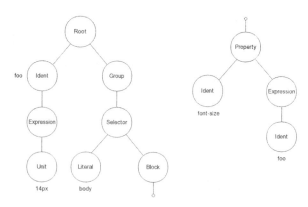

图 7　由 Stylus 解析器生成的 AST

最后生成的目标代码为：

```
body {
  font-size: 14px;
}
```

看似简单容易的代码转换背后，编译器为我们做了许多语法层面的处理，给 CSS 带来了从未有过的强大的扩展能力，以及底层对编译速度的持续优化，让 CSS 的编写方式更加简洁高效，易于维护和管理。

写在最后

写这篇文章的目的是希望告诉读者，编译原理在前端工程领域的应用非常广泛，可以用来帮助我们解决工程技术上的难点。当然在实际编码过程中，需要非常得有耐心、细心，考虑各种文法、分析方式、优化手段、写好测试用例等。一个良好的编译器需要精心打磨，不断优化升级，全方位为开发者服务。如果你没有学习过编译原理相关知识，建议寻找相关书籍，系统地学习一遍知识体系。即使在实际日常工作中接触不到编译原理，但它对基础知识的积累与掌握，对编程语言的认识与理解，对框架的学习与运用，对日后职业生涯的发展道路，或多或少都有帮助。

十年一顾，iOS 与 Android 这样改变了我们

文 / 胡凯

我从之前对智能设备一无所知的小白，到体验过无数智能设备的过来人；从只知 Hello World 的学生，到解决无数 Android 开发问题的工程师；从 naive 到 sometimes naive。从一开始因为对 Android 基础知识的不甚理解，做了很多愚蠢的实现，踩了很多坑；到后面入了 Android 相机这一大坑，兼容性问题导致始终无法达到想要的最佳体验，仍然没有看到尽头……

当前，我正在进行图像、视频相关应用的开发，不仅关注普通应用层的开发技能，对图像视频领域的内容也有了更多的关注。最近从零学习移动端的 OpenGL ES 相关知识，对基于相机模块的动效、滤镜有了更多的理解。同时，也在关心并学习人工智能、机器学习相关的知识，希望能够跟上节奏，掌握一些基础知识，并尝试在项目上进行落地实践。

至于将要到哪里去，我也不知道，同样有很多困惑，不知道坚持的是否要继续坚持，也不知道该放弃的是否早该放弃。2011 年 6 月毕业找工作之前，目标很明确，我要加入移动浪潮，从事 Android 应用开发。面对实习机会、面临 Offer 的选择时都很容易做出判断并为之兴奋。而作为应届生在加入 HTC 时，虽然薪水很低却很有冲劲，为自己在最好的 Android 手机厂商工作感到高兴。但是在快满两年时萌生去意，一心只想去一线互联网公司，很幸运在 2013 年加入鹅厂，头半年感觉写了超过前两年的代码，头两年又感觉不知疲倦地在提升自己的编码技能，写了很多代码，也写了很多 Bug，修复了很多 Bug，写了很多技术文章，做了很多分享，认识了很多圈内有趣有才华并超努力的小伙伴。最近两年相比之下低调了许多，有故避锋芒的原因，也有自己遇到瓶颈后调整心态、适应团队的需要，不再只关注自己的成长，多了对产品、团队的正向积极思考。

有人说：人生不可能一直是一条上升的曲线，会有高潮也会有低谷。在有些阶段很容易直接看到显著的成绩，但是同样在很多看似非直接增长的阶段，重复训练，非抱怨坚持，专注团队贡献，收获的则是更加成熟的心态。如今已是我在鹅厂的第五个年头了，吐露自己的真实工作感想，勉励自己继续前行，也希望对同行有所帮助！

饿了么商家版 iOS 端订单模块的重构之路

文 / 樊荣海

饿了么商户 SaaS 系统，又称 Napos，意为 Not only a Pos。该系统是国内最大的 O2O 本地生活平台商家 B 端，连接着亿万用户、百万餐厅和百万骑手。作为这个系统最直接面向商户的操作软件——饿了么商家版 App，成为了一道关键路径。根据用户习惯分析，商户在使用 App 时，停留在订单相关界面的时间比接近 90%，所以保证订单模块的稳定性与用户体验是首要工作。

为什么要重构

■ 难以扩展

早期业务简单，系统采用的是传统 MVC 架构模式。随着业务不断扩张，原有架构难以扩展，Controller 层的代码呈现爆炸式的增长，甚至出现 Coding 阶段只有作者可以读懂，两个月之后只有上帝才能读懂的 God Code（上帝代码）。

■ 代码耦合

早期界面较少，开发者可以将一些操作直接写在了相应的 Controller 里，导致一些功能无法剥离复用。进而形成严重的代码耦合，开发效率低且容易造成逻辑错乱。

■ 界面卡顿

订单数据结构复杂，需要展示用户、菜品、价格、配送等。单张卡片内的控件达 150 多个，且视图层级较深，遇到了 AutoLayout 布局渲染的瓶颈，当界面快速滚动时，卡顿现象严重。

重构的目标

由于以上问题，项目中老版本的架构已经积重难返。我们不得不重新思考如何构建才能满足未来两至三年饿了么业务的高速发展；如何通过技术手段提高商户体验；如何解放并提高现有生产力；如何加速新伙伴的快速融入问题。于是，低耦合、高内聚成为首选，易扩展、高可用成为重中之重，页面流畅模块且高度复用成为当务之急。

重构之路

业务架构优化

首先，需要将早期项目的订单业务全面梳理（见图 1），可以看到当时只有为数不多的界面和操作，因此就出现了图 2 中的设计。

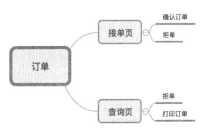

图 1　早期的订单业务流程

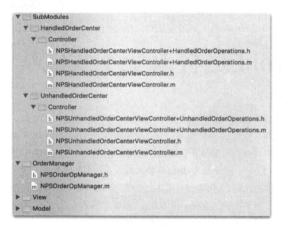

图 2 早期的订单设计

其中，Manager 负责网络请求，不同的功能模块对应不同的 Controller，并且 Controller 与相关的操作形成绑定关系。这样的设计看上去简单明了，但随着业务的不断扩展，Controller 越写越臃肿，模块间耦合加重，代码也难以复用。

重构的思路是尽可能减少 Controller 的工作，创建多个模块管理不同的事务；界面间使用同一个数据源，保证订单的即时性。借助 Android 流行的 DataBinding 技术，我们提出了一个全新的业务架构（如图 3）。

首先介绍其中最核心的模块：订单池（Order Pool，见图 4）。由于同一张订单可能会出现在多个界面上，当某个操作引起一张订单的数据发生变化时，其他界面应该立即同步刷新。早期的实现方案是常见的发送全局 Noticification，所有界面监听某个 Noticification，用获得的新数据替换旧的，然后刷新界面。理论上讲，这样的方式是可以达到目的的，但其最大的弊病就在于替换数据的过程过于烦琐，因为某些界面的视图可能很复杂，以至于遍历所有数据的工作量超出了想象，曾经我们的小伙伴为了替换某一个旧数据，写了一百多行代码！

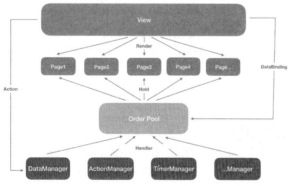

图 3 新的订单业务架构设计

```
- (NSMapTable<NSString *,MRDOrderModel *> *)ordersPool {
    if (!_ordersPool) {
        _ordersPool = [NSMapTable mapTableWithKeyOptions:NSMapTableStrongMemory
                                            valueOptions:NSPointerFunctionsWeakMemory];
    }
    return _ordersPool;
}
```

图 4 订单池

而现在整个项目中，所有的订单数据都会保存在订单池中，且相同 ID 的订单只会保存一份，当有新的订单插入时，订单池开辟一块新的空间来储存，如果是已经存在的 ID，则会把新数据的 Value 直接反射到旧的 Key 上（见图 5）。界面不再自己创建新的实例，而是全部指向订单池中的对象。因为订单池在初始化时，储存的对象设定为弱引用类型，这样当某张订单没有被任何界面使用时，它的引用计数会变为零。订单池自动将此对象从其内部移除，从而减少了内存的压力，更不会出现无用数据累积的问题。

```
- (MRDOrderModel *)updateOrdersPoolWithOrder:(MRDOrderModel *)order {
    if (order == nil) {
        return nil;
    }

    ...

    if ([self.ordersPool.keyEnumerator.allObjects containsObject:order.orderId]) {
        MRDOrderModel *_order = [self.ordersPool objectForKey:order.orderId];
        if ([_order isEqual:order] == NO) {
            [_order copyValuesFromNewOrder:order];
        }
    } else {
        [self.ordersPool setObject:order
                            forKey:order.orderId];
    }
}
```

图 5 订单池处理数据

那么界面之间是怎么实现数据同步的呢？在渲染 View 时，会给订单（Data）绑定一个 Observer（View 本身，见图 6），一旦订单池内的某个订单属性发生了变化，与之绑定的 Observer 能立即通过 KVO 得到消息，然后抛出事件，Controller 执行回调代码刷新界面（见图 7）。

为了解决代码耦合问题，我们在订单池的基础上采用了“多管理者模式”方案。比如数据管理者（ActionManager，见图 8）负责发起订单的操作；数据管理者（DataManager）负责处理订单的数据，它们各自维护自己的业务，互不影响。Controller 不再参与数据的任何操作，只需要在收到数据变化的消息后执行刷新，管理者也不需要调用者去处理请求的结果，而是直接发送给订单池进行过滤，这样一来既保持了界面的数据同步，又达到了各业务模块分离的效果。重构之后，订单查询页上千行的代码简化到只有三百行，烦琐的视图所渲染的实现也不过寥寥数笔。

```
- (void)updateUIWithOrderModel:(MRDOrderModel *)orderModel
                      callBack:(void (^)(ASCellNode *_cellNode))callBack {

    ...

    @try {
        [self.orderModel addObserver:self
                          forKeyPath:MRD_ORDER_KVO_DATA_KEY_PATH
                             options:NSKeyValueObservingOptionNew
                             context:nil];
    }
    @catch (NSException * __unused exception) {
        NPSLogInfo(@"exception: %@", exception);
    }
}

- (void)observeValueForKeyPath:(NSString *)keyPath
                      ofObject:(id)object
                        change:(NSDictionary<NSKeyValueChangeKey,id> *)change
                       context:(void *)context {

    ...

    if (self.callBack) {
        self.callBack(self);
    }
}
```

图 6 Data 与 View 绑定

```
- (ASCellNodeBlock)tableView:(ASTableView *)tableView nodeBlockForRowAtIndexPath:(NSIndexPath *)indexPath {
    __weak typeof(self) weakSelf = self;
    return ^{
        ASCellNode<MRDOrderItemViewDataProtocol> *cellNode = [ECBCalibur instanceForClassScheme:MRD_ORDER_NODE_CELL_DETAIL];
        [cellNode updateUIWithOrderModel:weakSelf.dataSource[indexPath.section][indexPath.row]
                                callBack:^(ASCellNode *_cellNode){
                                    NSIndexPath *_indexPath = [weakSelf.tableNode indexPathForNode:_cellNode];
                                    @synchronized (weakSelf.dataSource) {
                                        if (_indexPath) {
                                            @try {
                                                [weakSelf.tableNode reloadRowsAtIndexPaths:@[_indexPath]
                                                                          withRowAnimation:UITableViewRowAnimationNone];
                                            } @catch (NSException *exception) {
                                                NPSLogInfo(@"exception: %@", exception);
                                            }
                                        }
                                    }
                                }];
        return cellNode;
    };
}
```

图 7 订单页的加载代码

```
// 配送异常
- (void)remindLaterWithOrderModel:(MRDOrderModel *)orderModel completion:(void (^)(void))completion;
// 配送失败
- (void)markExceptionReadedWithOrderModel:(MRDOrderModel *)orderModel completion:(void (^)(void))completion;
// 催单-回复用户
- (void)replyOrderModel:(MRDOrderModel *)orderModel completion:(void (^)(void))completion;
// 退单-同意
- (void)agreeRefundOrderModel:(MRDOrderModel *)orderModel completion:(void (^)(void))completion;
// 退单-拒绝
- (void)rejectRefundOrderModel:(MRDOrderModel *)orderModel completion:(void (^)(void))completion;
// 取消订单-同意
- (void)agreeCancelOrderModel:(MRDOrderModel *)orderModel completion:(void (^)(void))completion;
```

图 8　ActionManager 负责所有操作的发起

界面渲染优化

订单卡片最初是用 CoreGraphics 手动画上去的，但众所周知，CoreGraphics 框架的 API 非常不友好，加上其代码布局复杂，更是加深了开发和 Debug 的难度，哪怕是一条分割线的布局错误都要花费很多时间来解决。后来我们用 Autolayout 尝试缓存卡片的布局，经过实验测得，AuotLayout 渲染一张订单的时间是 0.02 秒，不过因为它需要在主线程上同步计算，所以在一次性拉取大量数据后，滚动界面会出现短暂性的卡死现象。对这两种布局的劣势进行分析后，我们决定试着引入 Facebook 的 AsyncDisplayKit 框架。

AsyncDisplayKit 是一款极为优秀的 UI 渲染框架，其中最值得令人称赞的就是它的异步预加载机制（见图 9）。它会根据当前屏幕在列表的位置，异步加载上下两屏的内容，并且不会影响到主线程的事件，从而保证了界面的流畅性和高响应性。AsyncDisplayKit 的类 FlexBox 布局比 Autolayout 更为便捷、优雅，大大减少了开发界面的时间。关于这个框架的介绍网上有很多，这里就不再一一赘述了。最终在订单视图全部替换为 AsyncDisplayKit 后，界面流畅度基本稳定在 50 ~ 60FPS，与 AutoLayout 布局的比较结果如图 10 所示。

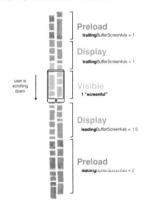

图 9　AsyncDisplayKit 异步离屏加载机制

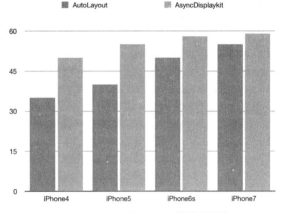

图 10　AsyncDisplayKit 与 AutoLayout 渲染的 FPS 比较

遇到的坑

重构过程中我们也遇到各种各样的问题。比如订单池的数据明明设了 Weak 却无法释放，最后发现在渲染的 Block 里发生了很隐秘的循环引用；以及 View 的 Dealloc 函数里没有及时移除监听，导致抛出异常闪退；还有 ASCellNode 的 ReloadRows，由于它的实现方式是先 DeleteRows 再 InsertRows，所以很容易出现多个数据变化后数据源与 IndexPaths 不一致的问题，因此我们使用了 BatchUpdate 并给数据源加上了同步锁。

结语

当旧架构无法满足快速迭代产生的新需求时，我们就应该停下脚步来思考怎样提高开发的效率，而不是在原有的问题上继续埋头挖坑 。对于新的技术，我们要敢于尝试探索，不能总停留着自己的舒适区。

为了追求完美的性能体验，重构工作中我们频繁使用了 Instrument 工具，特别是针对内存的使用、溢出、界面流畅度的监测，渲染的耗时，在进行了大量观察比较后，选择了最优的方案。

脱离业务谈架构都是不负责的行为。在这次新的架构设计中，所有模块紧密围绕订单的视图、操作、数据进行分工，去除了之前冗余的代码，降低了模块间的耦合度，做到了高复用、易扩展，为未来业务的迭代做好了底层铺垫。再结合 AsyncDisplayKit 高性能渲染的优势，界面流畅度也得到了显著的提升，从而为我们的商户打造了极致的用户体验。

稳定性与内存优化
——小型团队的 Android 应用质量保障之道

文 / 何红辉

对于小型创业公司来说，没有 BAT 等大厂里的测试平台、方案研究员，QA 资源相对有限，如果将一切发现问题的重担都交给测试部门，不但耗费的测试周期长，而且一些问题将难以发现。本文作者基于此分享了他们是如何保证应用的稳定性、避免内存泄漏的，希望能够帮助大家在开发过程中少走弯路。

随着 Android 技术的发展，各种开源库层出不穷，开发一个

Android 应用已经变得容易很多。然而开发一个商业应用并不单纯是实现业务需求那么简单，开发完成只是基础，后续还需要经过 QA 同学的严格测试。然而对于小型创业公司来说，我们并没有 BAT 等大厂里的测试平台、方案研究员，QA 资源较为有限，如果将一切发现问题的重担都交给测试部门，不但耗费的测试周期长，而且一些问题还将难以发现。例如某个 Crash 只会在某个场景下复现，某个内存泄漏只有在用户执行了某个操作才会出现，而 QA 同学在测试时并不一定能够执行到那条 Crash 的测试路径。

对于内存泄漏来说，即使测试到了那条路径，但可能他们并不是在测试内存问题，因此即使出现了内存泄漏也难以发现。然而由内存泄漏导致的 OOM、空指针正是致使应用崩溃的两大原因，因此尽早地发现并解决掉这类问题对于应用质量来说至关重要。

也许有同学会说通过 LeakCanary 可以很方便地进行内存泄漏检测，但问题是我们并不能保证研发、QA 同学在每个版本都会通过 LeakCanary 检测各个页面的内存问题。因为人不是机器，你无法保证每一次都会进行手动回归，而如果在开发中直接引入 LeakCanary 会拖慢你的开发速度。因此，找到一种低成本、高收益的自动化测试方案来保证应用的稳定性，对于创业小团队来说还是非常有价值的。本文将分享我们是如何保证应用的稳定性、避免内存泄漏的，首先列一下几个要点：

- Jenkins 持续集成；
- 单元测试；
- Monkey 压力测试以及 Log 收集；
- 定制 LeakCanary 实现配合 Monkey 测试的内存检测。

Jenkins 持续集成平台

在敏捷方法中，持续集成是其基石，持续集成的核心是自动化测试。Jenkins 是一个可扩展的持续集成平台，它提供了丰富的插件，能够让开发人员完成各种任务。其主要作用有如下两个方面：

- 持续、自动地构建或测试软件项目；
- 定时地执行任务。

对于 Android 项目来说，你可以理解为它可以定期地拉取代码，然后打包你的应用，并执行一些特定的任务，例如打包后运行单元测试、压力测试、UI 自动化测试、上传至 fir.im 等。Jenkins 的执行流程大致如图 1 所示。

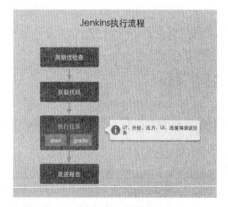

图 1　Jenkins 执行流程

通过定时触发 Jenkins 构建任务，它能够自动从 GitHub 拉取代码、打包 APK、运行测试任务，最后我们可以将结果通过邮件发送给相关人员。比如我们的 Jenkins 每隔两个小时就会执行一次单元测试（如果代码有改动），然后将结果发送给相关人员。假如有一位同事进行了代码重构，但引入了错误，那么单元测试将会快速发现问题，并最后通过邮件将报告发送给相关人员。他们通过报告发现错误后就会尽快修复 Bug，无须等到测试阶段经过各种测试路径之后才能发现问题。如果这个问题在 QA 阶段没有被覆盖到，那么就会导致有问题的 APK 被交付给用户。

关于如何搭建 Jenkins 平台，在此就不做过多介绍，这方面的资源比较丰富，大家可以参考下面两篇文章：

- 《Ubuntu 下搭建 Android 开发环境》：http://qianngchn.github.io/wiki/8.html；
- 《搭建 Jenkins 持续测试平台》：http://developerworks.github.io/2014/09/07/android-ci-server/

单元测试

说到自动化测试，成本最低的应该是单元测试，虽然成本低但收益却非常高。因为它是最基础的测试，正所谓"九层之台，起于垒土；千里之行，始于足下"，只有基础牢固了才能保证更高层次的正确性。但由于国内开发人员对于单元测试认识不多，所以能够写单元测试的开发人员着实寥寥，也正因如此笔者在《Android 开发进阶：从小工到专家》的第九章中详细讲述了单元测试，也是希望将这些知识尽早地推荐给早期接触 Android 开发的同学，所以本文不会再次介绍如何写单元测试。

言归正传，这些测试策略其实很早就有总结过，最著名的当属 Martin Fowler 的测试金字塔，如图 2 所示。

注：Martin Fowler 是世界著名的面向对象分析设计、UML、模式等方面的专家，敏捷开发方法的创始人之一，现为 ThoughtWorks 公司的首席科学家，出版过《重构：改善既有代码的设计》、《企业应用架构模式》等名著。

图 2 中将自动测试分为了三个层次，从下到上依次为单元测试、业务逻辑测试、UI 测试。越往上测试成本越高，同时测试效率越低，也就说明单元测试是整个金字塔中投入最少、收益最高、效率最高的测试类型。

图 2　Martin Fowler 的测试金字塔

举个具体的例子，假如我们的应用中有数据库缓存功能，那么该如何快速验证数据库存储模块是否正确？通常的流程是运行应用得到 UI 上的数据，然后记录当前的数据，数据存储之后再重新进入应用，并与之前记录的数据做对比，反复执行这个过程来确保数据的正确性。每次发布新版本前测试人员都得执行上述测试流程，枯燥无味不说，还容易出错、浪费时间。而如果我们有单元测试，那么只需运行一次单元测试，测试通过即可认为数据库缓存模块基本没有问题，再简单配合人工测试就可以通过测试，这样一来效率就提高了很多。

这三个层次的自动化测试分配比例从下到上通常为 70%、20%、10%，可见单元测试在整个自动化测试中占据了非常大的比重。通过单元测试，我们能够获得如下收益：

- **便于后期重构。** 用单元测试尽量覆盖程序中的每一项功能的正确性，这样就算是开发后期，也可以有保障地增加功能或更改程序结构，而不用担心这个过程中是否会破坏原来的功能。因为单元测试为代码的重构提供了保障，只要重构代码后单元测试全部运行通过，那么在很大程度上就表示这次重构没有引入新的 Bug。当然，这是建立在完整、有效的单元测试覆盖率的基础上。
- **优化设计。** 编写单元测试将使用户从调用者的角度观察、思考，特别是使用测试驱动研发的开发方式，迫使设计者把程序设计成易于调用和可测试，并解除软件中的耦合。
- **具有回归性。** 自动化的单元测试避免了代码出现回归，编写完成后可以随时随地快速运行测试。而不是将代码部署到设备上，然后手动覆盖各种执行路径，这样的行为效率低下、浪费时间。
- **提高你对代码的信心。** 通过单元测试，相当于从另一个角度审视了我们的代码，并验证了它们的正确性。这样一来，使得我们对于代码更有信心，而不是在上线之后还担心基础代码会出现问题。

当有了单元测试之后，就可以在 Jenkins 上执行 Gradle 任务（需要安装 Gradle 插件），以此来执行我们的单元测试。首先需要添加构建步骤，选择 "Invoke Gradle Scripts"，然后在 Gradle 配置下如图 3 所示的任务。

图 3　Gradle 单元测试任务配置

配置好后，我们将 Android 设备（或使用模拟器插件）连接到 Jenkins 主机上，然后触发 Jenkins 任务以启动单元测试的任务，Jenkins 会执行我们配置的 Gradle 脚本 assembleDebug connectedDebugAndroidTest --continue 任务，它打包一个 Debug 版的 APK 包，然后安装被测项目、测试项目，最后执行工程中的单元测试。如果我们配置了邮件插件，那么也可以将测试报告（测试报告存放在 build/reports/androidTests/connected/flavors/测试的 flavor/index.html）通过邮件发送给相关人员，如表 1 所示。

表 1　邮件发送测试报告

邮件通知	测试成功	测试失败

假如测试失败，那么我们通过测试报告就能知道是哪个测试运行失败，以及为什么失败。然后相关人员就可以快速修复 Bug，以将基础 Bug 扼杀在摇篮之中。

还是回到前文提到的，写单元测试需要一定的知识。怎么编写单元测试不是难点，难就难在怎么让你的代码可以测试。这些涉及解耦、依赖注入等知识，虽说很浅显，但许多工程师并没有真正领悟到这些，所以能够写单元测试的工程师是少之又少。也正因为这样，在小公司执行单元测试才会显得困难。

Monkey 压力测试与内存泄漏检测

将基础的 Bug 扼杀于单元测试后，我们还要面临高层次的测试问题，例如在某些页面的某些情况下应用会发生崩溃，但测试时我们并没有测到该场景，因此就在上线之后发现某个页面崩溃直线上升。由于测试资源及时间有限，为了尽量避免这种情况，我们可以通过 Monkey 进行压力测试。

Monkey 是一款压力测试工具，它能够根据用户指定的事件比例向指定的应用发送事件，比如触摸事件、点击事件、屏幕旋转等。通过 Monkey 测试能够让应用处在一个未知的测试环境下（通俗点讲就是有规律地在应用内乱点），这个时候我们往往会发现 QA 同学没有测出来的 Bug，从另一个层面保证应用的质量。

在执行 Monkey 的过程中，如果应用产生了崩溃、ANR 等，它都会输出日志，测试结束后如果失败了，我们只需查看错误日志就能发现问题所在。通过这种自动化的测试、日志收集，我们就能够边开发、边测试，尽早地发现、修复 Bug。

要在 Jenkins 中实现压力自动化测试，我们需要如下几步：

- 通过 Gradle 命令生成 APK 并安装；
- 执行 Monkey 脚本进行测试；
- 获取并发送测试报告。

生成 APK 可以通过添加 Gradle 脚本命令实现，方式与图 3 中一样，只需将 Switches 的值修改为 "assembleDebug"。然后在 Jenkins 中，我们可以为一个项目添加构建任务，任务类型为 "Execute Shell"，如图 4 所示。

图 4　Execute Shell

Execute Shell 中的内容就是我们要执行的脚本，作用分别如下。

- unlock.sh：设备解锁，然后才可以让 Monkey 运行下一步的压力测试；
- 启动真正的压力测试，即执行 start_monkey.sh 脚本；
- 分析测试日志，判定测试的成功与失败。

其中 start_monkey.sh 最为重要，核心脚本如下所示。

```bash
#! /bin/bash
project= 你的 Jenkins 项目名称
app_package= 你的应用包名
# 卸载旧应用
adb uninstall $app_package
# 重新安装被测试的 APK
adb install -r $project/ 你的 App 模块名 /build/outputs/apk/ 生成的 debug.apk
```

```
# 执行 monkey 脚本，将错误输出到 monkey_error.txt 中
adb shell monkey -p $app_package --ignore-
crashes --ignore-timeouts --ignore-native-crashes
--ignore-security-exceptions --pct-touch 40 --pct-
motion 25 --pct-appswitch 10 --pct-rotation 5 -s
12358 -v -v -v --throttle 500 100000 2>$project/
test_logs/monkey_error.txt 1>$project/test_logs/
monkey_log.txt
```

上述脚本（需要根据情况替换掉部分内容）的含义为执行100000次事件，每次间隔500毫秒，忽略崩溃、ANR。--pct-touch40--pct-motion25--pct-appswitch10--pct-rotation5 为设定各种事件的百分比，Monkey 的具体参数这里不再赘述，大家可以查看其他文章。

在执行这100000次事件的过程中，如果出现 ANR、Crash，那么相关的日志会输出到 $project/test_logs/monkey_error.txt 路径中。在测试结束后，我们可以判定 monkey_error.txt 文件的大小，如果其中有内容，那则认为本次测试失败，然后通过邮件将它作为附件发送给相关人员。届时，他们即可通过 monkey_error.txt 以及测试设备中的 /data/anr/traces.txt 文件来定位、修复问题。重要的是这些操作都可以让 Jenkins 在夜间自动来完成，定期执行任务、分析报告与 Log、发送邮件，例如我们的 Jenkins 任务会在每天夜里10点后执行压力测试，每次测试跑8个小时，次日早上即可得到测试报告，如果发现问题，也能及时将问题解决掉，而不会拖到提交测试后。

如果你的应用经受8个小时压力测试蹂躏后没有崩溃、内存泄漏或 OOM，是否就意味着应用已经具备了一定的稳定性？然而问题显然没有那么简单，在执行压力测试的早期，你很可能在一个连续的时间段内都面临测试失败的问题。崩溃问题比较好查找原因，那在压力测试过程中如果出现了内存泄漏我们怎么知道呢？有没有办法能够自动化地发现问题？

我们的解决方案是通过定制 LeakCanary 来实现在自动化测试过程中自动检测内存泄漏，因为 LeakCanary 默认是在发现内存泄漏时推送通知，这样不便于实现自动化。我们通过修改 LeakCanary 发现内存泄漏的策略来实现目标，即发现内存泄漏后将相关信息写入到一个具体的文件，在测试完成后分析这个文件，如果其中有内容，即认为产生了内存泄漏，最后将这个 Log 文件通过邮件发送给相关人员。我们的修改如下：

```
public class LeakDumpService extends
AbstractAnalysisResultService {

    @Override
    protected final void onHeapAnalyzed(HeapDump
heapDump, AnalysisResult result) {
        if ( !result.leakFound || result.excludedLeak )
{
            return;
        }
        Log.e("", "### *** onHeapAnalyzed in
onHeapAnalyzed , dump dir :  " + heapDump.
heapDumpFile.getParentFile().getAbsolutePath());
        String leakInfo = LeakCanary.leakInfo(this,
heapDump, result, true);
        CanaryLog.d(leakInfo);
        // 将内存泄漏日志
        StorageUtils.saveResult(leakInfo);
    }
}
```

LeakCanary 检测到内存泄漏后就会执行 LeakDumpService 中的 onHeapAnalyzed 函数，在这个函数中我们将泄漏的信息保存到一个文件中。每次运行产生的 Log 会叠加写入到同一个文件，如果一次测试产生了多个泄漏，我们就从一个文件中得到。要使用 LeakDumpService 作为 LeakCanary 发现泄漏后的处理服务，需要进行如下配置：

```
public final class LeakCanaryForTest {
    private static StringsAppPackageName = "";
    private static RefWatcher sWatcher ;
    public static void install(Application
application) {
        if (LeakCanary.isInAnalyzerProcess(applicat
ion)) {
            return;
        }
        sAppPackageName = application.getPackageName();
        // 设置定制的 LeakDumpService，将 leak 信息输出到指定的目录
        sWatcher = LeakCanary.refWatcher(application)
            .listenerServiceClass(LeakDumpService.
class)
                .excludedRefs(AndroidExcludedRefs.
createAppDefaults().build())
                .buildAndInstall();
// disable DisplayLeakActivity
LeakCanaryInternals.setEnabled(application,
DisplayLeakActivity.class, false);
}
/**
 * 手动监控一个对象，比如在 Fragment 的 onDestroy 函数中调
用 watch 监控 Fragment 是否被回收 .
 * @param target
 */
public static void watch(Object target) {
    if ( sWatcher != null ) {
        sWatcher.watch(target);
        }
    }
}
```

通过调用 LeakCanaryForTest 的 install 函数，就可以将 LeakDumpService 作为 LeakCanary 发现泄漏后的处理服务。这样一来，就能在执行压力测试时通过 LeakCanary 检测内存泄漏，并将内存泄漏输出到一个日志文件中，最后通过邮件得到这个日志，然后根据日志修复内存泄漏问题。因为压力测试的事件是随机性的，所以它能够发现一些较为隐蔽的问题，或者这些测试路径可能我们的 QA 同学不会测到。所以说，Monkey 结合 LeakCanary 往往能得到意想不到的效果，如图5所示。

图5 压缩测试报告

在图5中，2017-03-27_leak.txt 就是内存泄漏的日志文件，部分日志如下所示。

```
In com.mynews:2.2.2:101.
 * com.包名路径.NewsDetailActivity has leaked:
 * GC ROOT static android.os.AsyncTask.SERIAL_
EXECUTOR
```

```
* references android.os.AsyncTask$SerialExecutor.
mTasks
* references java.util.ArrayDeque.elements
* references array java.lang.Object[].[0]
* references android.os.AsyncTask$SerialExecutor$1.
val$r (anonymous implementation of java.lang.
Runnable)
* references android.widget.TextView$3.this$0
(anonymous implementation of java.lang.
Runnable)
* references android.support.v7.widget.
AppCompatEditText.mContext
* references android.support.v7.widget.
TintContextWrapper.mBase
* references android.view.ContextThemeWrapper.
mBase
* leaks com.包名路径.NewsDetailActivity instance
```

如果你一大早来到公司就收到了内存泄漏测试结果的报告，那么恭喜你，又即将解决了一个隐蔽的内存问题！当然，没有人愿意在一大早打开邮箱就看到这类的测试报告。但这又何尝不是一件好事，通过自动化的手段尽早发现并解决问题，既降低了成本，又提升了应用质量。经过一段时间后，我们相信应用内的内存泄漏问题会基本上被消灭掉。

开发与测试隔离

然而，我们并不是在开发时将 LeakCanary 引入到工程中，因为它会拖慢我们的编译速度。同时，在开发测试过程中 LeakCanary 的内存检测也会导致应用运行卡顿。比如我们只希望在运行压力测试时引入 LeakCanary 进行内存检测，那么可以新建一个 Module（暂且叫作 LeakForTest），该模块引用了 LeakCanary，然后将 LeakCanaryForTest、LeakDumpService 等类封装到这个模块中，并且在压力测试时引用它。这样我们的应用模块 build.gradle 就需要做类似如下的修改：

```
android {
    // 其他配置
    productFlavors {
        // 原包
        prod {
        }
        // 用于压力测试
        monkey {
        }
    }
}
dependencies {
    // 其他配置
    // 用于在自动化测试中引入 leakcanary 监控内存泄露.
    monkeyCompile project(':leakfortest')
}
```

并在应用代码中添加如下函数：

```
public static void setupLeakCanary(Application
application) {
    if ( BuildConfig.FLAVOR.equals("monkey")  ) {
        try {
            Class canaryClz = Class.forName("com.
simple.leakfortest.LeakCanaryForTest") ;
            Method method = canaryClz.
getDeclaredMethod("install", Application.class) ;
            method.setAccessible(true);
            method.invoke(null, application) ;
```

```
        } catch (Exception e) {
            Log.e("", "### leak canary error : " +
e.getMessage()) ;
            e.printStackTrace();
        }
    }
}
```

然后我们在 Application 类中调用 setupLeakCanary 函数，在该函数中会判定——如果这个应用是 Monkey Flavor，那么就会集成 LeakForTest 模块，并且在通过反射调用了 LeakCanaryForTest 类的 install 函数来集成我们定制过的 LeakCanary，从而达到将内存泄漏的日志输出到特定文件的效果。为了实现这个效果，我们只需将 Gradle 任务中生成 APK 的命令改为 assembleMonkeyDebug，然后将生成的 APK 安装到设备中，最后执行测试即可进行后续的流程。这样一来，我们就将开发与自动化测试隔离开了。

其他测试

通过上述的方案，我们就有了一套简单、投入低、收益高的自动化测试方案，它能够快速地发现基础模块的问题、内存泄漏问题，能够保证应用的稳定性。但这只能保证应用逻辑在单个设备的稳定性，不同设备可能会产生一些兼容性的问题。因此，另一个重要的测试就是兼容性测试，确保我们的应用在各种设备上正确运行。如果条件许可，我们可以借助市场上的云测试平台运行一些 Monkey 测试来验证应用的兼容性，从而避免兼容性引发的问题。

如果说通过 Jenkins、Monkey、单元测试能够在一个点的角度保证应用的稳定性，那么兼容性测试就是从一个面的角度保证了应用的兼容性。通过这两个维度的测试，应用肯定会越来越稳定，同时我们也能从中领悟到更多软件设计、测试的方法与思想。

然而，这一切只是开始，如果团队有精力和时间，还可以在 Jenkins 中添加更多的方案进行测试。比如：

■ 通过 TinyDancer、BlockCanary 等性能检测框架来查找性能问题；

■ 在测试过程中定期输出内存、CPU 占用，测试结束得到一个报表，最终可以与其他报告一块来分析问题；

■ 通过 Espresso、Robotium 实现 UI 自动化测试。

通过不断地完善自动化平台，以机器替代部分的人工测试，我们的应用质量将会得到很大程度的保障。即使只有单元测试、压力测试、LeakCanary 内存检测、云平台的兼容性测试，应用也能经受住创业公司快速迭代带来的质量考验。但并不是有更多的测试就会更好，有的时候也会适得其反，因此运用哪些测试方案、做到什么程度都需要根据各自的情况进行决策。我们的目标是提高应用的质量，而不是增加测试的数量。

以上就是本人最近的实践与总结，也希望更多的人将自己的实践、所思所得分享出来，让我们在开发过程中少走弯路。另外，我们团队有一个 Android 工程师的岗位，有兴趣的同学请移步阅览招聘信息（https://github.com/hehonghui/the-jobs/blob/master/beijing/newsdog.md）。

谈 Fuzz 技术挖掘 Android 漏洞

文 / 刘朋

Android 系统服务在为用户提供便利的同时，也存在着一些风险。在使用系统服务的过程中，异常的外部数据，有可能会导致系统服务崩溃，甚至是远程代码执行、内存破坏等严重后果。Android 系统服务的安全问题需要重视。

Android 系统服务即由 Android 提供的各种服务，比如 Wi-Fi、多媒体、短信等，几乎所有的 Android 应用都要使用到系统服务。但系统服务也并非绝对安全，例如一个应用获取到了系统服务中的短信服务，那么就可能会查看用户的短信息，用户隐私就有可能暴露。

在工作中我们发现主要的漏洞和攻击包括特权提升攻击、恶意软件攻击、重打包、组件劫持攻击等类型。尽管安全研究人员已经针对 Android 上层 App 的漏洞挖掘做了大量的工作，但是针对 Android 系统服务的漏洞挖掘一直被安全人员所普遍忽视。

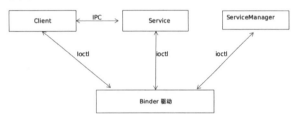

图 1 Binder 架构图

通过 Binder 机制可以对 Android 的系统服务漏洞进行深入的挖掘。本文基于 Android 的 Binder 机制编写了一套漏洞挖掘框架。下面我们首先介绍一下基础知识。

基础知识

Android 的 Binder 机制

Binder 其实也不是 Android 提出来的一套新的进程间通信机制，它是基于 OpenBinder 来实现的。Binder 是一种进程间通信机制，它是一种类似于 COM 和 CORBA 分布式组件架构，提供远程过程调用（RPC）功能。

那么何为 Binder？

- 直观来说，Binder 是 Android 中的一个类，它继承了 IBinder 接口；
- 从 IPC 角度来说，Binder 是 Android 中的一种跨进程通信方式，Binder 还可以理解为一种虚拟的物理设备，它的设备驱动是 /dev/binder，该通信方式在 Linux 中没有；
- 从 Android Framework 角度来说，Binder 是 ServiceManager 连接各种 Manager（ActivityManager、WindowManager 等）和相应 ManagerService 的桥梁；
- 从 Android 应用层来说，Binder 是客户端和服务端进行通信的媒介，当你 Bind Service 的时候，服务端会返回一个包含了服务端业务调用的 Binder 对象，通过这个 Binder 对象，客户端就可以获取服务端提供的服务或者数据，这里的服务包括普通服务和基于 AIDL 的服务。

在 Android 系统的 Binder 机制中，由系统组件组成，分别是 Client、Server、Service Manager 和 Binder 驱动程序，其中 Client、Server 和 Service Manager 运行在用户空间，Binder 驱动程序运行内核空间，如图 1 所示。Binder 就是一种把这四个组件黏合在一起的黏结剂，其中核心组件便是 Binder 驱动程序了，Service Manager 提供了辅助管理的功能，Client 和 Server 正是在 Binder 驱动和 Service Manager 提供的基础设施上，进行 Client-Server 之间的通信。Service Manager 和 Binder 驱动已经在 Android 平台中实现好，开发者只要按照规范实现自己的 Client 和 Server 组件就可以了。

为什么使用 Binder

Android 中有大量的 CS（Client-Server）应用方式，这就要求 Android 内部提供 IPC 方法，而 Linux 所支持的进程通信方式有两个问题：性能和安全性。

目前 Linux 支持的 IPC 包括传统的管道，System V IPC（消息队列 / 共享内存 / 信号量），以及 socket，但只有 socket 支持 Client-Server 的通信方式，由于 socket 是一套通用的网络通信方式，其传输效率低下有很大的开销，比如 socket 的连接建立过程和中断连接过程都是有一定开销的。消息队列和管道采用存储 – 转发方式，即数据先从发送方缓存区复制到内核开辟的缓存区中，然后从内核缓存区复制到接收方缓存区，至少有两次复制过程。共享内存虽然无须复制，但控制复杂，难以使用。

在安全性方面，Android 作为一个开放式，拥有众多开发者的平台，应用程序的来源广泛，确保智能终端的安全是非常重要的。终端用户不希望从网上下载的程序在不知情的情况下偷窥隐私数据，连接无线网络，长期操作底层设备导致电池很快耗尽等。传统 IPC 没有任何安全措施，完全依赖上层协议来确保。首先传统 IPC 的接收方无法获得对方进程可靠的 UID/PID（用户 ID/ 进程 ID），从而无法鉴别对方身份。Android 为每个安装好的应用程序分配了自己的 UID，故进程的 UID 是鉴别进程身份的重要标志。使用传统 IPC 只能由用户在数据包里填入 UID/PID，但这样不可靠，容易被恶意程序利用。可靠的身份标记只有由 IPC 机制本身在内核中添加。其次传统 IPC 访问接入点是开放的，无法建立私有通道。比如命名管道的名称，system V 的键值，socket 的 IP 地址或文件名都是开放的，只要知道这些接入点的程序都可以和对端建立连接，不管怎样都无法阻止恶意程序通过猜测接收方地址获得连接。

基于以上原因，Android 需要建立一套新的 IPC 机制来满足系统对通信方式，传输性能和安全性的要求，这就是 Binder。Binder 基于 Client-Server 通信模式，传输过程只需一次复制，为发送发添加 UID/PID 身份，既支持实名 Binder 也支持匿名 Binder，安全性高。

AIDL 机制

AIDL（Android Interface Definition Language）是一种 IDL 语言，用于生成可以在 Android 设备上两个进程之间进行进程间通信

（interprocess communication，IPC）的代码。如果在一个进程中（例如 Activity）要调用另一个进程中（例如 Service）对象的操作，就可以使用 AIDL 生成可序列化的参数。

AIDL IPC 机制是面向接口的，像 COM 或 CORBA 一样，但是更加轻量级。它是使用代理类在客户端和服务端传递数据。只有你允许客户端从不同的应用程序为了进程间的通信而去访问你的 service，以及想在你的 service 处理多线程。如果不需要进行不同应用程序间的并发通信（IPC），或者你想进行 IPC，但不需要处理多线程的。使用 AIDL 前，必须要理解如何绑定 service。

AIDL IPC 机制是面向接口的，像 COM 或 Corba 一样，但是更加轻量级。它是使用代理类在客户端和实现端传递数据。

Fuzz 技术

模糊测试定义为"通过向应用提供非预期的输入并监控输出中的异常来发现软件中的故障（faults）的方法"。典型而言，模糊测试利用自动化或是半自动化的方法重复地向应用提供输入。显然，上述定义相当宽泛，但这个定义阐明了模糊测试的基本概念。

用于模糊测试的模糊测试器（fuzzer）分为两类：一类是基于变异（mutation-based）的模糊测试器，这一类测试器通过对已有的数据样本进行变异来创建测试用例；而另一类是基于生成（generation-based）的模糊测试器，该类测试器为被测系统使用的协议或是文件格式建模，基于模型生成输入并据此创建测试用例。这两种模糊测试器各有其优缺点模糊测试各阶段采用何种模糊测试方法取决于众多因素。没有所谓的一定正确的模糊测试方法，决定采用何种模糊测试方法完全依赖于被测应用、测试者拥有的技能，以及被进行模糊测试的数据的格式。但是不论对什么应用进行模糊测试，不论采用何种模糊测试方法，模糊测试执行过程都包含相同的几个基本阶段。

确定测试目标

只有有了明确的测试目标后，我们才能决定使用的模糊测试工具或方法。如果要在安全审计中对一个完全由内部开发的应用进行模糊测试，测试目标的选择必须小心谨慎。但如果是要在第三方应用中找到安全漏洞，测试目标的选择就更加灵活。要决定第三方应用模糊测试的测试目标，首先需要参考该第三方应用的供应商历史上曾出现过的安全漏洞。在一些典型的安全漏洞聚合网站如 SecurityFocus 18 和 Secunia 19 上可以查找到主要软件供应商历史上曾出现过的安全漏洞。如果某个供应商的历史记录很差，很可能意味着这个供应商的代码实践（code practice）能力很差，他们的产品有仍有很大可能存在未被发现的安全漏洞。除应用程序外，应用包含的特定文件或库也可以是测试目标。

如果需要选择应用包含的特定文件或者库作为测试目标，你可以把注意力放在多个应用程序之间共享的那些二进制代码上。因为如果这些共享的二进制代码中存在安全漏洞，将会有非常多的用户受到影响，因而风险也更大。

确定输入向量

几乎所有可被利用的安全漏洞都是因为应用没有对用户的输入进行校验或是进行必要的非法输入处理。是否能找到所有的输入向量（input vector）是模糊测试能否成功的关键。如果不能准确地找到输入向量，或是不能找到预期的输入值，模糊测试的作用就会受到很大的局限。有些输入向量是显而易见的，有些则不然。寻找输入向量的原则是：从客户端向目标应用发送的任何东西，包括头（headers）、文件名（file name）、环境变量（environment variables），注册表键（registry keys），以及其他信息，都应该看作输入向量。所有这些输入向量都可能是潜在的模糊测试变量。

生成模糊测试数据

一旦识别出输入向量，就可以依据输入向量产生模糊测试数据了。究竟是使用预先确定的值、使用基于存在的数据通过变异生成的值、还是使用动态生成的值依赖于被测应用及其使用的数据格式。但是，无论选择哪种方式，都应该使用自动化过程来生成数据。

执行模糊测试数据

紧接上一个步骤，正是在里"模糊测试"变成了动词。在该步骤中，一般会向被测目标发送数据包、打开文件、或是执行被测应用。同上个步骤一样，这个步骤必须是自动化的。否则，我们就不算是真正在开展模糊测试。

监视异常

一个重要但经常容易被忽略的步骤是对异常和错误进行监控。设想我们在进行一次模糊测试，我们向被测的 Web 服务器发送了 10000 个数据包，最终导致了服务器崩溃。但服务器崩溃后，我们却怎么也找不到导致服务器崩溃的数据包了。如果这种事真的发生了，我们只能说这个测试毫无价值。模糊测试需要根据被测应用和所决定采用的模糊测试类型来设置各种形式的监视。

判定发现的漏洞是否可能被利用

如果在模糊测试中发现了一个错误，依据审计的目的，可能需要判定这个被发现的错误是否是一个可被利用的安全漏洞。这种判定过程是典型的手工过程，需要操作者具有特定的安全知识。这个步骤不一定要由模糊测试的执行者来进行，也可以交给其他人。

漏洞挖掘思路

Fuzz 在协议和接口安全测试中比较简单粗暴，试错成本低。Fuzzing 是一种基于缺陷注入的自动软件测试技术。通过编写 Fuzzer 工具向目标程序提供某种形式的输入并观察其响应来发现问题，这种输入可以是完全随机的或精心构造的。Fuzzing 测试通常以大小相关的部分、字符串、标志字符串开始或结束的二进制块等为重点，使用边界值附近的值对目标进行测试。

Fuzz 的切入点和目标

切入点

为了更好地挖掘漏洞，选择 Fuzz 接口需要满足这几个要求：
- 这个接口是开放的，可以被低权限进程调用；
- 接口距离 Fuzz 目标（系统服务）比较接近，中间路径最好透传，这样比较容易分析异常；
- 从简原则。

根据上面的分析，BpBinder 中的 transact 函数就是一个很好的 Fuzz 接口，但这个函数在底层无法直接调用。

底层 transact 方法介绍，在 c 层中，BBinder::transact 中会调用 onTransact，这个 onTransact 才是真正处理业务的。需要注意的是，因为我们的 binder 实体在本质上都是继承于 BBinder 的，而且我们一般都会重载 onTransact() 函数，所以 onTransact() 实际上调用的是具体 binder 实体的 onTransact() 成员函数。也就是说，onTransact 的具体实现一般在上层的 binder 实体，而不在 BBinder。BBinder 没有实现一个默认的 onTransact() 成员函数，所以在远程通信时，BBinder::transact() 调用的 onTransact() 其实是 Bnxxx 或者 BnInterface 的某个子类的 onTransact() 成员函数，举个例子，BnMediaRecorder 中实现了一个 onTransact 函数，通过 switch-case，根据不同 code 进行分发处理。

我们从 BpBinder 往上层找，很容易发现，Java 层 IBinder 的 transact 函数最终调用到 BpBinder，且参数是原封不动地 "透传" 到底层，考虑到 Java 层的可视化和扩展性，可以选择 IBinder 的公有方法 transact 作为 Fuzz 接口。

接下来是 transact 的四个参数介绍。我们可以构造这四个参数进行测试。

- code 是 int 类型，指定了服务方法号；
- data 是 parcel 类型，是发送的数据，满足 binder 协议规则，下面会有详述；
- reply 也是 parcel 类型，是通信结束后返回的数据；
- flag 是标记位，0 为普通 RPC，需要等待，调用发起后处于阻塞状态直到接收到返回，1 为 one-way RPC，表示 "不需要等待回复的" 事务，一般为无返回值的单向调用。

目标

Binder 其实是提供了一种进程间通信（IPC）的功能。这些系统服务，通过 Binder 协议抽象出一个个的 "接口"，供其他进程调用，是一个重要的潜在的攻击面。如果没有做好权限控制，会让低权限的第三方应用 / 病毒 / 木马利用，后果不堪设想。

系统服务具有高权限，是我们需要重点关注的对象，而低权限进程（农民）可以利用 binder call 去调用系统服务，从低权限到高权限，存在一个跨安全域的数据流，这里就是一个典型的攻击界面。所以，我们选择系统服务作为 Fuzz 的目标。

图 2　状态展示

系统服务的分类：

- Binder 体系的 java 服务（有 Stub 接口，也就是 AIDL 封装）；
- Binder 体系的 Native 服务；
- socket 体系的 init 服务（通常见于 init.rc）；
- 其他服务。

Fuzz 引擎

Fuzz 引擎实际是构造 transact（int code，Parcel data，Parcel reply，int Flags）函数的四个参数，然后调用 Ibinder.transact() 来调用系统服务。

如何获取 IBinder 对象

我们要取到对端的 IBinder 对象，才可以调用这个服务。系统其实有一些隐藏 API 可以利用。先通过反射出 ServiceManager（hide 属性）中的 listServices 获取所有运行的服务名称。获取到 String 类型的服务名称后，再反射 getService 获取对应的服务 IBinder 对象。

code 如何生成

code 也称为 TransactionID，标定了服务端方法号。每个服务对外定义的方法都会分配方法号，而且是有规律的，第一个服务方法 code 使用 1，第二个是 2，第三个使用 3，依次类推，如果有 N 个方法，就分别分配 1–N 个连续的服务号。

对于 Java 服务，必定有 Stub 类，可以通过反射出 mInterfaceToken+ "$Stub" 类中所有成员属性，其中以 "TRANSACTION_" 开头的 int 型就是该方法对应的。

data 如何构造

data 由 "RPC header+ 参数 1+ 参数 2+⋯." 来构成的。但我们不需要自己去构造 RPC header，直接调用 writeInterfaceToken 函数，传入 interface name 就可以了。interface name 是接口名称，只要取得 IBinder 对象，就可以直接 getInterfaceDescriptor 来获取 interface name，也就是接口方法的描述符。对于 Java 层服务的方法，可以通过反射获取 method 对象，然后用 getParameterTypes 获取所有的类型。

Fuzz 系统和逻辑设计

Fuzz 系统和逻辑设计一共分为四个部分：

- 测试数据产生器就是用上述方法产生 transact 需要用到的四个参数；
- Fuzz 引擎用于执行具体的 transact 调用过程，调用 IBinder 的 transact() 函数；
- 监视器用于监控 Fuzz 结果和异常；
- 日志模块用于记录 Fuzz 结果，通过对异常日志的分析可以发现漏洞。

操作过程

漏洞挖掘工具以一个 App 的形式出现，如图 2 所示，一共有 16 种测试类型，可以不输入任何的数据，直接点击测试，选中相应的按钮就会出发相应的测试程序，会遍历所有的系统服务以及相应系统服务的函数。每个测试都会新开一个线程，测试过程中，程序可能会出现 ANR，这时候选择等待就可以了，或者选择在服务的管理界面关闭 BinderFuzzer 的后台服务，然后重新运行、测试。在测试的过程中，要盯着 Android Studio 的 logcat 输出框，查看有没有异常发生，等上面的步骤都操作完毕，查看导出到电脑的 log 文件，运行脚本，搜索关于崩溃和异常的关键词，进一步分析日志来查找漏洞。

Android 漏洞

目前的主要 Android 漏洞主要包括 App 反编译重打包、组件劫持漏洞、密码泄露、第三方库漏洞、WebView 漏洞、系统服务漏洞。大部分漏洞都是因为缺乏安全意识，比如系统服务很多漏洞，就是 Google 的 Android 开发人员没有做好参数检查和防御性编程。

实践过程中我挖到的第一个是关于 WallPaper 系统服务一个漏洞，这个系统服务是管理壁纸，由于缺乏完善的参数检查，可以通过 setWallpaper() 等函数实现一些工具，比如偷换壁纸以及造成 System UI 进程崩溃等。

在对第三方定制系统挖掘漏洞的过程中，发现小米的一个定制服务存在漏洞，这个系统服务是 KeyStore，负责小米的密钥管理，是一个安全相关的系统服务，如果组合其他的漏洞进行攻击，可以直接对安全中心发起攻击，后果不堪设想。目前小米已经确认危险漏洞，并且会得到及时修复。

漏洞挖掘的结果

通过对 Android 系统服务的漏洞挖掘，目前一共发现了 32 个漏洞，其中在 AOSP 版本的虚拟机上发现了 20 个，在第三方厂商定制的系统服务中发现了 12 个，漏洞已经提交 Google、小米、魅族等厂商，并且得到了高危漏洞的确认。这些漏洞主要导致重启，从而可以构造拒绝服务攻击（DDoS），还有一些会导致显示进程崩溃等干扰性破坏。

个人觉得 Android 系统在安全方面的提升主要体现在以下几个方面：

- 建立更加完善的 Android 漏洞，提交相应完善制度，加快补丁发布；
- 完善 Android 文件的加密，同时在硬件上完善，比如 TrustZone；
- 通过更加细粒度的授权机制，来保护用户的安全和隐私；
- 缩小 Android 的碎片化；
- 提高开发者的审核门槛，应用市场加强恶意应用的检查。

随着 Android 的版本升级和对漏洞的不断完善，Android 系统正在变得越来越安全。 ℗

安居客 Android 模块化探索与实践

文 / 张磊

万维网发明人 Tim Berners-Lee 谈到设计原理时说过："简单性和模块化是软件工程的基石；分布式和容错性是互联网的生命。"由此可见模块化之于软件工程领域的重要性。本文以安居客为例，分享笔者在模块化探索实践方面的一些经验。

前言

从 2016 年开始，模块化在 Android 社区被越来越多地被提及。随着移动平台的不断发展，移动平台上的软件体积也变得臃肿庞大，为了降低大型软件复杂性和耦合度，同时也为了适应模块重用、多团队并行开发测试等因素，模块化在 Android 平台上变得势在必行。阿里 Android 团队在年初开源了他们的容器化框架 Atlas 就很大程度说明了当前 Android 平台开发大型商业项目所面临的问题。

模块化

那么什么是模块化呢？《Java 应用架构设计：模块化模式与 OSGi》一书中对它的定义是：模块化是一种处理复杂系统分解为更好的可管理模块的方式。

上面这种描述太过生涩难懂，不够直观。下面这种类比的方式则可能更加容易理解。

我们可以把软件看作一辆汽车，开发一款软件的过程就是生产一辆汽车的过程。一辆汽车由车架、发动机、变速箱、车轮等一系列模块组成，同样一款大型商业软件也是由各个不同的模块组成的。这些模块由不同的工厂生产，一辆 BMW 的发动机可能是由位于德国的工厂生产，它的自动变速箱可能是 Jatco（世界三大变速箱厂商之一）位于日本的工厂生产，车轮可能是中国的工厂生产，最后交给华晨宝马的工厂统一组装成一辆完整的汽车。这就类似于我们在软件工程领域里说的多团队并行开发，最后将各个团队开发的模块统一打包成我们可使用的 App。

一款发动机、一款速箱都不可能只应用于一个车型，比如同一款 Jatco 的自动变速箱既可能被安装在 BMW 的车型上，也可能被安装在 Mazda 的车型上。这就如同软件开发领域里的模块重用。

到了冬天，我们需要将汽车的公路胎升级为雪地胎，轮胎可以很轻易地更换。这就是低耦合，一个模块的升级替换不会影响到其他模块，也不会受其他模块的限制；同时这也类似于我们在软件开发领域提到的可插拔。

模块化分层设计

上面的类比很清晰地说明了模块化带来的好处：

- 多团队并行开发测试；
- 模块间解耦、重用；
- 可单独编译打包某一模块，提升开发效率。

在《安居客 Android 项目架构演进》（http://blog.csdn.net/baron_leizhang/article/details/58071773）这篇文章中，我介绍了安居客 Android 端的模块化设计方案，这里还是用它来举例。但首先要对本文中的组件和模块做个区别定义。

- 组件：指的是单一的功能组件，如地图组件（MapSDK）、支付组件（AnjukePay）、路由组件（Router）等；
- 模块：指的是独立的业务模块，如新房模块（NewHouseModule）、二手房模块（SecondHouseModule）、即时通信模块（InstantMessagingModule）等；模块相对于组件来说粒度更大。

具体设计方案如图1所示,整个项目分为三层,从下至上分别是:

- Basic Component Layer:基础组件层,顾名思义就是一些基础组件,包含了各种开源库以及和业务无关的各种自研工具库;
- Business Component Layer:业务组件层,这一层的所有组件都是业务相关的,例如图1中的支付组件AnjukePay、数据模拟组件DataSimulator等;
- Business Module Layer:业务Module层,在Android Studio中每块业务对应一个单独的Module。例如安居客用户App我们就可以拆分成新房Module、二手房Module、IM Module等,每个单独的Business Module都必须准遵守我们自己的MVP架构。

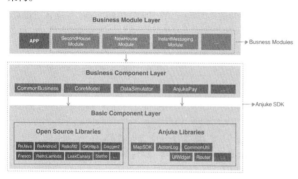

图1 组件与模块设计方案

我们在谈模块化的时候,其实就是将业务模块层的各个功能业务拆分层独立的业务模块。所以我们进行模块化的第一步就是业务模块划分,但是模块划分并没有一个业界通用的标准,因此划分的粒度需要根据项目情况进行合理把控,这就需要对业务和项目有较为透彻的理解。以安居客来举例,我们会将项目划分为新房模块、二手房模块、IM模块等。

每个业务模块在Android Studio中都是一个Module,因此在命名方面我们要求每个业务模块都以Module为后缀,如图2所示。

对于模块化项目,每个单独的Business Module都可以单独编译成APK。在开发阶段需要单独打包编译,项目发布的时候又需要它作为项目的一个Module来整体编译打包。简单地说就是开发时是Application,发布时是Library。因此需要在Business Module的build.gradle中加入如下代码(见图2):

```
if(isBuildModule.toBoolean()){
    apply plugin: 'com.android.application'
}else{
    apply plugin: 'com.android.library'
}
```

图2 以Module为后缀命名

同样Manifest.xml也需要有两套(见图3):

```
sourceSets {
    main {
        if (isBuildModule.toBoolean()) {
            manifest.srcFile 'src/main/debug/AndroidManifest.xml'
        } else {
            manifest.srcFile 'src/main/release/AndroidManifest.xml'
        }
    }
}
```

图3 两套Manifest.xml

debug模式下的AndroidManifest.xml:

```xml
<application
    ...
    >
    <activity
        android:name="com.baronzhang.android.newhouse.NewHouseMainActivity"
        android:label="@string/new_house_label_home_page">
        <intent-filter>
            <action android:name="android.intent.action.MAIN" />
            <category android:name="android.intent.category.LAUNCHER" />
        </intent-filter>
    </activity>
</application>
```

realease模式下的AndroidManifest.xml:

```xml
<application
    ...
    >
    <activity
        android:name="com.baronzhang.android.newhouse.NewHouseMainActivity"
        android:label="@string/new_house_label_home_page">
        <intent-filter>
            <category android:name="android.intent.category.DEFAULT" />
            <category android:name="android.intent.category.BROWSABLE" />
            <action android:name="android.intent.action.VIEW" />
            <data android:host="com.baronzhang.android.newhouse"
                android:scheme="router" />
        </intent-filter>
    </activity>
</application>
```

同时针对模块化我们也定义了一些自己的游戏规则:

- 对于Business Module Layer,各业务模块之间不允许存在相互依赖关系,它们之间的跳转通信采用路由框架Router来实现(后面会介绍Router框架的实现);
- 对于Business Component Layer,单一业务组件只能对应某一项具体的业务,个性化需求对外部提供接口让调用方定制;
- 合理控制各组件和各业务模块的拆分粒度,太小的公有模块不足以构成单独组件或者模块的,我们先放到类似于

CommonBusiness 的组件中,在后期不断的重构迭代中视情况进行进一步的拆分;
- 上层的公有业务或者功能模块可以逐步下放到下层,合理把握好度就好;
- 各 Layer 之间严禁反向依赖,横向依赖关系由各业务 Leader 和技术小组商讨决定。

模块间跳转通信(Router)

对业务进行模块化拆分后,为了使各业务模块间解耦,因此各个 Bussiness Module 都是独立的模块,它们之间是没有依赖关系的。那么各个模块间的跳转通信如何实现呢?

比如业务上要求从新房的列表页跳转到二手房的列表页,那么由于是 NewHouseModule 和 SecondHouseModule 之间并不相互依赖,我们通过想如下这种方式实现 Activity 跳转显然是不可能的实现的。

```
Intent intent = new Intent(NewHouseListActivity.
this, SecondHouseListActivity.class);
startActivity(intent);
```

有的同学可能会想到用显示跳转来实现:

```
Intent intent = new Intent(Intent.ACTION_VIEW,
"<scheme>://<host>:<port>/<path>");
startActivity(intent);
```

但是这种代码写起来比较烦琐,且容易出错,出错也不太容易定位问题。因此一个简单易用、解放开发的路由框架是必需的了。我自己实现的路由框架分为路由(Router)和参数注入器(Injector)两部分,如图 4 所示。

图 4　路由框架

Router

路由(Router)部分通过 Java 注解结合动态代理来实现,这一点和 Retrofit 的实现原理是一样的。

首先需要定义我们自己的注解(篇幅有限,这里只列出少部分源码)。

用于定义跳转 URI 的注解 FullUri:

```
@Target(ElementType.METHOD)
@Retention(RetentionPolicy.RUNTIME)
public @interface FullUri {
    String value();
}
```

用于定义跳转传参的 UriParam(UriParam 注解的参数用于拼接到 URI 后面):

```
@Target(ElementType.PARAMETER)
@Retention(RetentionPolicy.RUNTIME)
public @interface UriParam {
    String value();
}
```

用于定义跳转传参的 IntentExtrasParam(IntentExtrasParam 注解的参数最终通过 Intent 来传递):

```
@Target(ElementType.PARAMETER)
@Retention(RetentionPolicy.RUNTIME)
public @interface IntentExtrasParam {
    String value();
}
```

然后实现 Router,内部通过动态代理的方式来实现 Activity 跳转:

```
public final class Router {
    ...
    public <T> T create(final Class<T> service) {
        return (T) Proxy.newProxyInstance(service.
getClassLoader(), new Class[]{service}, new
InvocationHandler() {
            @Override
            public Object invoke(Object proxy,
Method method, Object[] args) throws Throwable {
                FullUri fullUri = method.
getAnnotation(FullUri.class);
                StringBuilder urlBuilder = new
StringBuilder();
                urlBuilder.append(fullUri.
value());
                // 获取注解参数
                Annotation[][] parameterAnnotations =
method.getParameterAnnotations();
                HashMap<String, Object>
serializedParams = new HashMap<>();
                // 拼接跳转 URI
                int position = 0;
                for (int i = 0; i <
parameterAnnotations.length; i++) {
                    Annotation[] annotations =
parameterAnnotations[i];
                    if (annotations == null ||
annotations.length == 0)
                        break;
                    Annotation annotation = annotations[0];
                    if (annotation instanceof UriParam) {
                        // 拼接 URI 后的参数
                        ...
                    } else if (annotation
instanceof IntentExtrasParam) {
                        //Intent 传参处理
                        ...
                    }
                }
                // 执行 Activity 跳转操作
                performJump(urlBuilder.toString(),
serializedParams);
                return null;
            }
        });
    }
    ...
}
```

上面是 Router 实现的部分代码,在使用 Router 来跳转的时候,首先需要定义一个 Interface(类似于 Retrofit 的使用方式):

```
public interface RouterService {

    @FullUri("router://com.baronzhang.android.
router.FourthActivity")
    void startUserActivity(@UriParam("cityName")
                String cityName, @
IntentExtrasParam("user") User user);

}
```

接下来我们就可以通过如下方式实现 Activity 的跳转传参了:

```
User user = new User("张三", 17, 165, 88);
routerService.startUserActivity("上海", user);
```

Injector

参数注入器（Injector）部分通过 Java 编译时注解来实现，实现思路和 ButterKnife 这类编译时注解框架类似。

首先定义我们的参数注解 InjectUriParam：

```java
@Target(ElementType.FIELD)
@Retention(RetentionPolicy.CLASS)
public @interface InjectUriParam {
    String value() default "";
}
```

然后实现一个注解处理器 InjectProcessor，在编译阶段生成获取参数的代码：

```java
@AutoService(Processor.class)
public class InjectProcessor extends AbstractProcessor {
    ...
    @Override
    public boolean process(Set<? extends TypeElement> set, RoundEnvironment roundEnvironment) {
        
        // 解析注解
        Map<TypeElement, TargetClass> targetClassMap = findAndParseTargets(roundEnvironment);

        // 解析完成后，生成的代码的结构已经有了，它们存在 InjectingClass 中
        for (Map.Entry<TypeElement, TargetClass> entry : targetClassMap.entrySet()) {
            ...
        }
        return false;
    }
    ...
}
```

使用方式类似于 ButterKnife，在 Activity 中我们使用 Inject 来注解一个全局变量：

```java
@Inject User user;
```

然后在 onCreate 方法中需要调用 inject(Activity activity) 方法实现注入：

```java
RouterInjector.inject(this);
```

这样我们就可以获取到前面通过 Router 跳转的传参了。

由于篇幅限制，加上为了便于理解，这里只贴出了极少部分 Router 框架的源码。希望进一步了解 Router 实现原理的可以到 GiuHub 去翻阅源码，Router 的实现还比较简陋，后面会进一步完善功能和文档，之后也会有单独的文章详细介绍。

问题及建议

资源名冲突

对于多个 Bussines Module 中资源名冲突的问题，可以通过在 build.gradle 定义前缀的方式解决：

```
defaultConfig {
    ...
    resourcePrefix "new_house_"
    ...
}
```

而对于 Module 中有些资源不想被外部访问的问题，我们可以创建 res/values/public.xml，添加到 public.xml 中的 resource 则可被外部方位，未添加的则视为私有：

```xml
<resources>
    <public name="new_house_app_name" type="string"/>
</resources>
```

重复依赖

模块化的过程中我们常常会遇到重复依赖的问题，如果是通过 aar 依赖，Gradle 会自动帮我们找出新版本，而抛弃老版本的重复依赖。如果是以 project 的方式依赖，则在打包的时候会出现重复类。对于这种情况我们可以在 build.gradle 中将 compile 改为 provided，只在最终的项目中 compile 对应的 project；

其实从前面的安居客模块化设计图上能看出来，我们的设计方案能一定程度上规避重复依赖的问题。比如我们所有的第三方库的依赖都会放到 OpenSoureLibraries 中，其他需要用到相关类库的项目，只需要依赖 OpenSoureLibraries 就好了。

模块化过程中的建议

对于大型的商业项目，在重构过程中可能会遇到业务耦合严重，难以拆分的问题。我的建议是不急着将各业务模块拆分成不同的 module，可以先在原来的项目中根据业务分包，在一定程度上将各业务解耦后拆分到不同的 package 中。比如之前新房和二手房由于同属于 APP module，因此他们之前是通过隐式的 intent 跳转的，现在可以先将他们改为通过 Router 来实现跳转。又比如新房和二手房中公用的模块可以先下放到 Business Component Layer 或者 Basic Component Layer 中。在这一系列工作完成后再将各个业务拆分成多个 module。

又如前面提到的，太小的公有模块不足以构成单独组件或者模块的，我们先放到类似于 CommonBusiness 的组件中，在后期不断的重构迭代中视情况进行进一步的拆分。

■ 模块化示例项目 ModularizationProject 源码地址 https://github.com/BaronZ88/ModularizationProject

■ 路由框架 Router 源码地址 https://github.com/BaronZ88/Router

浅谈 Android 视频编码的那些坑

文 / 周俊杰

Android 视频相关的开发，大概一直是整个 Android 生态，以及 Android API 中，最为分裂以及兼容性问题最为突出的一部分。本文从视频编码器的选择和如何对摄像头输出的 YUV 帧进行快速预处理两方面，从实践角度解析笔者曾趟过的 Android 视频编码的那些坑，希望对广大读者有所助益。

Google 针对摄像头以及视频编码相关的 API，控制力一直非常差，导致不同厂商对这两个 API 的实现有不少差异，而且从 API 的设计来看，一直以来优化也相当有限，甚至有人认为

这是"Android 上最难用的 API 之一"。

以微信为例，在 Android 设备录制一个 540P 的 MP4 文件，大体上遵循以下流程：

从摄像头输出的 YUV 帧经过预处理之后，送入编码器，获得编码好的 H264 视频流。

上面只是针对视频流的编码，另外还需要对音频流单独录制，最后再将视频流和音频流合成最终视频。

这篇文章主要会对视频流的编码中两个常见问题进行分析：
- 视频编码器的选择：硬编 or 软编？
- 如何对摄像头输出的 YUV 帧进行快速预处理：镜像、缩放、旋转？

视频编码器的选择

对于录制视频的需求，不少 App 都需要对每一帧数据进行单独处理，因此很少会直接用到 MediaRecorder 来录取视频，一般来说，会有两个选择：
- MediaCodec；
- FFMpeg+x264/openh264。

下面我们逐个进行解析。

MediaCodec

MediaCodec 是 API 16 之后 Google 推出的用于音视频编解码的一套偏底层的 API，可以直接利用硬件加速进行视频的编解码。调用的时候需要先初始化 MediaCodec 作为视频的编码器，然后只需要不停传入原始的 YUV 数据进入编码器就可以直接输出编码好的 H.264 流，整个 API 设计模型同时包含了输入端和输出端的两条队列。

因此，作为编码器，输入端队列存放的是原始 YUV 数据，输出端队列输出的是编码好的 H.264 流，作为解码器则对应相反。在调用的时候，MediaCodec 提供了同步和异步两种调用方式，但是异步使用 Callback 的方式是在 API 21 之后才加入的，以同步调用为例，一般来说调用方式大概是这样的（摘自官方例子）：

```
MediaCodec codec = MediaCodec.createByCodecName(name);
 codec.configure(format, …);
 MediaFormat outputFormat = codec.getOutputFormat(); // option B
 codec.start();
 for (;;) {
   int inputBufferId = codec.dequeueInputBuffer(timeoutUs);
   if (inputBufferId >= 0) {
     ByteBuffer inputBuffer = codec.getInputBuffer(…);
     // fill inputBuffer with valid data
     …
     codec.queueInputBuffer(inputBufferId, …);
   }
   int outputBufferId = codec.dequeueOutputBuffer(…);
   if (outputBufferId >= 0) {
     ByteBuffer outputBuffer = codec.getOutputBuffer(outputBufferId);
     MediaFormat bufferFormat = codec.getOutputFormat(outputBufferId); // option A
     // bufferFormat is identical to outputFormat
     // outputBuffer is ready to be processed or rendered.
     …
     codec.releaseOutputBuffer(outputBufferId, …);
   } else if (outputBufferId == MediaCodec.INFO_OUTPUT_FORMAT_CHANGED) {
     // Subsequent data will conform to new format.
     // Can ignore if using getOutputFormat(outputBufferId)
     outputFormat = codec.getOutputFormat(); // option B
   }
 }
 codec.stop();
 codec.release();
```

简单解释一下，通过 getInputBuffers 获取输入队列，然后调用 dequeueInputBuffer 获取输入队列空闲数组下标，注意 dequeueOutputBuffer 会有几个特殊的返回值表示当前编解码状态的变化，然后通过 queueInputBuffer 把原始 YUV 数据送入编码器，而在输出队列端同样通过 getOutputBuffers 和 dequeueOutputBuffer 获取输出的 H.264 流，处理完输出数据之后，需要通过 releaseOutputBuffer 把输出 buffer 还给系统，重新放到输出队列中。

关于 MediaCodec 更复杂的使用例子，可以参照 CTS 测试里面的使用方式：

EncodeDecodeTest.java（https://android.googlesource.com/platform/cts/+/jb-mr2-release/tests/tests/media/src/android/media/cts/EncodeDecodeTest.java）

从上面例子来看 MediaCodec 的确是非常原始的 API，由于 MediaCodec 底层直接调用了手机平台硬件的编解码能力，所以速度非常快，但是因为 Google 对整个 Android 硬件生态的掌控力非常弱，所以这个 API 有很多问题：

- 颜色格式问题

MediaCodec 在初始化的时候，configure 过程中需要传入一个 MediaFormat 对象，当作为编码器使用的时候，我们一般需要在 MediaFormat 中指定视频的宽高、帧率、码率、I 帧间隔等基本信息。除此之外，还有一个重要的信息就是，指定编码器接受的 YUV 帧的颜色格式，这是由于 YUV 根据其采样比例，UV 分量的排列顺序有很多种不同的颜色格式，而对于 Android 的摄像头在 onPreviewFrame 输出的 YUV 帧格式，没有配置任何参数的情况下，基本上都是 NV21 格式，但 Google 对 MediaCodec 的 API 在设计和规范的时候，显得很不厚道，过于贴近 Android 的 HAL 层了，导致了 NV21 格式并不是所有机器的 MediaCodec 都支持这种格式作为编码器的输入格式。因此，在初始化 MediaCodec 的时候，我们需要通过 codecInfo.getCapabilitiesForType 来查询机器上的 MediaCodec 实现具体支持哪些 YUV 格式作为输入格式。一般来说，起码在 4.4+ 的系统上，这两种格式在大部分机器上都有支持：

```
MediaCodecInfo.CodecCapabilities.COLOR_FormatYUV420Planar
MediaCodecInfo.CodecCapabilities.COLOR_FormatYUV420SemiPlanar
```

两种格式分别是 YUV420P 和 NV21，如果机器上只支持 YUV420P 格式，则需要先将摄像头输出的 NV21 格式先转换成 YUV420P，才能送入编码器进行编码，否则最终出来的视频就会花屏，或者颜色出现错乱。

这个算是一个不大不小的坑，基本上用 MediaCodec 进行视频编码都会遇上这个问题。

■ 编码器支持特性相当有限

如果使用 MediaCodec 来编码 H.264 视频流，对于 H.264 格式来说，会有一些针对压缩率以及码率相关的视频质量设置，典型的诸如 Profile（baseline，main，hight）、Profile Level、Bitrate mode（CBR，CQ，VBR），合理配置这些参数可以让我们在同等的码率下，获得更高的压缩率，从而提升视频的质量，Android 也提供了对应的 API 进行设置，可以设置到 MediaFormat 中：

```
MediaFormat.KEY_BITRATE_MODE
MediaFormat.KEY_PROFILE
MediaFormat.KEY_LEVEL
```

但问题是，对于 Profile、Level、Bitrate mode 这些设置，在大部分手机上都是不支持的，即使是设置了最终也不会生效，例如设置了 Profile 为 high，最后出来的视频依然还会是 Baseline、Shit 等。

这个问题，在 7.0 以下的机器几乎是必现的，其中一个可能的原因是，Android 在源码层级 hardcode 了 profile 的设置：

```
// XXX
if (h264type.eProfile != OMX_VIDEO_
AVCProfileBaseline) {
ALOGW("Use baseline profile instead of %d for AVC recording",
    h264type.eProfile);
h264type.eProfile = OMX_VIDEO_AVCProfileBaseline;
```

Android 直到 7.0 之后才取消了这段地方的 Hardcode。

```
if (h264type.eProfile == OMX_VIDEO_
AVCProfileBaseline) {
....
} else if (h264type.eProfile == OMX_VIDEO_
AVCProfileMain ||
           h264type.eProfile == OMX_VIDEO_
AVCProfileHigh) {
.....
}
```

这个问题可以说间接导致了 MediaCodec 编码出来的视频质量偏低，同等码率下，难以获得跟软编码甚至 iOS 那样的视频质量。

■ 16 位对齐要求

前面说到，MediaCodec 这个 API 在设计的时候，过于贴近 HAL 层，这在很多 SoC 的实现上，是直接把传入 MediaCodec 的 buffer，在不经过任何前置处理的情况下就直接送入了 Soc 中。而在编码 H264 视频流的时候，由于 H264 的编码块大小一般是 16x16，于是在一开始设置视频宽高的时候，如果设置了一个没有对齐 16 的大小，例如 960×540，在某些 CPU 上，最终编码出来的视频就会直接花屏。

很明显这还是因为厂商在实现这个 API 的时候，对传入的数据缺少校验以及前置处理导致的。目前来看，华为、三星的 SoC 出现这个问题会比较频繁，其他厂商的一些早期 Soc 也有这种问题，一般来说解决方法还是在设置视频宽高的时候，统一设置成对齐 16 位就好了。

FFMpeg+x264/openh264

除了使用 MediaCodec 进行编码之外，另外一种比较流行的方案就是使用 FFmpeg+x264/OpenH264 进行软编码，FFmpeg 适用于一些视频帧的预处理。这里主要是使用 x264/OpenH264 作为视频的编码器。

x264 基本上被认为是当今市面上最快的商用视频编码器，而且基本上所有 H264 的特性都支持，通过合理配置各种参数还是能够得到较好的压缩率和编码速度的，限于篇幅，这里不再阐述 H.264 的参数配置。

OpenH264 则是由思科开源的另外一个 H264 编码器，项目在 2013 年开源，对比起 x264 来说略显年轻，不过由于思科支付买了 H.264 的年度专利费，所以对于外部用户来说，相当于可以直接免费使用了。另外，firefox 直接内置了 OpenH264，作为其在 WebRTC 中的视频编解码器使用。

但对比起 x264，OpenH264 在 H264 高级特性的支持比较差：
■ Profile 只支持到 baseline，level 5.2；
■ 多线程编码只支持 slice based，不支持 frame based 的多线程编码。

从编码效率上来看，OpenH264 的速度也并不会比 x264 快，不过其最大的好处，还是能够直接免费使用。

软硬编对比

从上面的分析来看，硬编的好处主要在于速度快，而且系统自带，不需要引入外部的库，但是特性支持有限，而且硬编的压缩率一般低。对于软编码来说，虽然速度较慢，但是压缩率比较高，而且支持的 H264 特性也会比硬编码多很多，相对来说比较可控。就可用性而言，在 4.4+ 的系统上，MediaCodec 的可用性是能够基本保证的，但是不同等级机器的编码器能力会有不少差别，建议可以根据机器的配置，选择不同的编码器配置。

YUV 帧的预处理

根据最开始给出的流程，在送入编码器之前，我们需要先对摄像头输出的 YUV 帧进行一些前置处理。

缩放

如果设置了 camera 的预览大小为 1080P，在 onPreviewFrame 中输出的 YUV 帧直接就是 1920×1080 的大小，如果需要编码跟这个大小不一样的视频，我们就需要在录制的过程中，实时的对 YUV 帧进行缩放。

以微信为例，摄像头预览 1080P 的数据，需要编码 960×540 大小的视频。

最为常见的做法是使用 FFmpeg 的 swsscale 函数进行直接缩放，效果/性能比较好的一般是选择 SWSFAST_BILINEAR 算法：

```
mScaleYuvCtxPtr = sws_getContext(
                    srcWidth,
                    srcHeight,
                    AV_PIX_FMT_NV21,
                    dstWidth,
                    dstHeight,
                    AV_PIX_FMT_NV21,
                    SWS_FAST_BILINEAR,
NULL, NULL, NULL);
sws_scale(mScaleYuvCtxPtr,
                (const uint8_t* const *)
srcAvPicture->data,
```

```
                           srcAvPicture->linesize, 0,
srcHeight,
                           dstAvPicture->data,
dstAvPicture->linesize);
```

在 Nexus 6P 上，直接使用 FFmpeg 来进行缩放的时间基本上都需要 40ms+，对于我们需要录制 30FPS 的来说，每帧处理时间最多就 30ms，如果光是缩放就消耗了如此多的时间，基本上录制出来的视频只能在 15FPS 上下了。

很明显，直接使用 FFmpeg 进行缩放实在太慢了，不得不说 swsscale 在 FFmpeg 里面不适用。经对比了几种业界常用的算法之后，我们最后考虑使用快速缩放的算法，如图 1 所示。

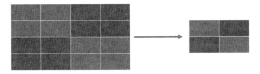

图 1 局部均值算法

我们选择一种叫作局部均值的算法，前后两行四个临近点算出最终图片的四个像素点，对于源图片的每行像素，我们可以使用 Neon 直接实现，以缩放 Y 分量为例：

```
const uint8* src_next = src_ptr + src_stride;
    asm volatile (
      "1:                                          \n"
      "vld4.8     {d0, d1, d2, d3}, [%0]!          \n"
      "vld4.8     {d4, d5, d6, d7}, [%1]!          \n"
      "subs       %3, %3, #16
\n"   // 16 processed per loop
      "vrhadd.u8  d0, d0, d1                       \n"
      "vrhadd.u8  d4, d4, d5                       \n"
      "vrhadd.u8  d0, d0, d4                       \n"
      "vrhadd.u8  d2, d2, d3                       \n"
      "vrhadd.u8  d6, d6, d7                       \n"
      "vrhadd.u8  d2, d2, d6                       \n"
      "vst2.8     {d0, d2}, [%2]!                  \n"
\n"   // store odd pixels
      "bgt        1b                               \n"
      : "+r"(src_ptr),      // %0
        "+r"(src_next),     // %1
        "+r"(dst),          // %2
        "+r"(dst_width)     // %3
      :
      : "q0", "q1", "q2", "q3"                     //
Clobber List
    );
```

上面使用的 Neon 指令每次只能读取和存储 8 或者 16 位的数据，对于多出来的数据，只需要用同样的算法改成用 C 语言实现即可。

在使用上述的算法优化之后，进行每帧缩放，在 Nexus 6P 上，只需要不到 5ms 就能完成了，而对于缩放质量来说，FFmpeg 的 SWSFASTBILINEAR 算法和上述算法缩放出来的图片进行对比，峰值信噪比（psnr）在大部分场景下大概在 38 ~ 40 左右，质量也足够好。

旋转

在 Android 机器上，由于摄像头安装角度不同，onPreviewFrame 出来的 YUV 帧一般都是旋转了 90 度或者 270 度，如果最终视频是要竖拍的，那一般来说需要把 YUV 帧进行旋转。

对于旋转的算法，如果是纯 C 实现的代码，一般来说是个 O（n2）复杂度的算法，如果是旋转 960x540 的 YUV 帧数据，在 Nexus 6P 上，每帧旋转也需要 30ms+，这显然也是不能接受的。

在这里我们换个思路，能不能不对 YUV 帧进行旋转？显然是可以的。

事实上在 mp4 文件格式的头部，我们可以指定一个旋转矩阵，具体来说是在 moov.trak.tkhd box 里面指定，视频播放器在播放视频的时候，会读取这里的矩阵信息，从而决定视频本身的旋转角度、位移、缩放等，具体可以参考苹果的文档（https://developer.apple.com/library/content/documentation/QuickTime/QTFF/QTFFChap4/qtff4.html#//apple_ref/doc/uid/TP40000939-CH206-18737）。

通过 FFmpeg，我们可以很轻松地给合成之后的 MP4 文件打上这个旋转角度：

```
char rotateStr[1024];
sprintf(rotateStr, "%d", rotate);
av_dict_set(&out_stream->metadata, "rotate",
rotateStr, 0);
```

于是可以在录制的时候省下一大笔旋转的开销。

镜像

在使用前置摄像头拍摄的时候，如果不对 YUV 帧进行处理，那么直接拍出来的视频是会镜像翻转的，这里原理就跟照镜子一样，从前置摄像头方向拿出来的 YUV 帧刚好是反的，但有些时候拍出来的镜像视频可能不合我们的需求，因此这个时候我们就需要对 YUV 帧进行镜像翻转。

但由于摄像头安装角度一般是 90 度或者 270 度，所以实际上原生的 YUV 帧是水平翻转过来的，因此做镜像翻转的时候，只需要刚好以中间为中轴，分别上下交换每行数据即可，注意 Y 跟 UV 要分开处理，这种算法用 Neon 实现相当简单：

```
asm volatile (
    "1:                                          \n"
    "vld4.8     {d0, d1, d2, d3}, [%2]!          \n"
// load 32 from src
    "vld4.8     {d4, d5, d6, d7}, [%3]!          \n"
// load 32 from dst
    "subs       %4, %4, #32                      \n"
// 32 processed per loop
    "vst4.8     {d0, d1, d2, d3}, [%1]!          \n"
// store 32 to dst
    "vst4.8     {d4, d5, d6, d7}, [%0]!          \n"
// store 32 to src
    "bgt        1b                               \n"
    : "+r"(src),      // %0
      "+r"(dst),      // %1
      "+r"(srcdata),  // %2
      "+r"(dstdata),  // %3
      "+r"(count)     // %4   // Output registers
    :                         // Input registers
    : "cc", "memory", "q0", "q1", "q2", "q3"     //
Clobber List
  );
```

同样，剩余的数据用纯 C 代码实现就好了，在 Nexus 6P 上，这种镜像翻转一帧 1080×1920 YUV 数据大概只要不到 5ms。

在编码好 H.264 视频流之后，最终处理就是把音频流跟视频流合流然后包装到 MP4 文件，这部分我们可以通过系统的 MediaMuxer、mp4v2，或者 FFmpeg 来实现，这部分比较简单，在这里就不再阐述了。

从源码角度剖析 Android 系统 EGL 及 GL 线程

文 / 华峥

从事 OpenGL ES 相关开发的技术人员，常常会对一些问题感到困惑，例如 GL 线程究竟是什么？为什么在这个 GL 线程申请的 texture 不能在另外一个 GL 线程使用？如何打破这种限制等。这些问题在我们团队中曾经十分让人困惑，因为在网上也找不到详细解释。这篇文章将从源码角度为大家讲解 EGL 的一些核心工作机制，以及 GL 线程的本质，帮助理解 EGL 及 OpenGL ES 在底层是如何动作的，并具体回答以下一些棘手而又很难搜到答案的问题：

- GL 线程和普通线程有什么区别？
- texture 所占用的空间是跟 GL 线程绑定的吗？
- 为什么通常一个 GL 线程的 texture 等数据，在另一个 GL 线程没法用？
- 为什么通常 GL 线程销毁后，texture 也跟着销毁了？
- 不同线程如何共享 OpenGL 数据？

OpenGL ES 绘图完整流程

首先来看使用 OpenGL ES 在手机上绘图的完整流程，这里为什么强调"完整流程"，难道平时用的都是不完整的流程？基本可以这么说。因为"完整流程"相当复杂，而 Android 系统把复杂的过程封装好了，开发人员接触到的部分是比较简洁易用的，一般情况下也不需要去关心 Android 帮我们封装好的复杂部分，因此才说通常我们所接触的 OpenGL ES 绘图流程都是"不完整"的。

以下是 OpenGL ES 在手机上绘图的完整流程：

1. 获取显示设备

```
EGL10 egl = (EGL10) EGLContext.getEGL();
EGLDisplay display = egl.eglGetDisplay(EGL10.EGL_
DEFAULT_DISPLAY);
```

这段代码的作用是获取一个代表屏幕的对象，即 EGLDisplay，传的参数是 EGL10.EGL_DEFAULT_DISPLAY，代表获取默认的屏幕，因为有些设备上可能不止一个屏幕。

2. 初始化

```
int[] version = new int[2];
egl.eglInitialize(display, version);
```

这段代码的作用是初始化屏幕。

3. 选择 config

```
egl.eglChooseConfig(display, attributes, null, 0,
configNum);
```

这段代码的作用是选择 EGL 配置，即可以自己先设定好一个期望的 EGL 配置，比如 RGB 三种颜色各占几位，可以随便配。因为 EGL 可能无法满足所有要求，这时，它会返回一些与你的要求最接近的配置供选择。

4. 创建 Context

```
EGLContext context = egl.eglCreateContext(display,
config, EGL10.EGL_NO_CONTEXT, attrs);
```

这段代码的作用就是用从上一步 EGL 返回的配置列表中选择一种配置，用来创建 EGL Context。

5. 获取 Surface

```
EGLSurface surface = egl.eglCreateWindowSurface
(display, config, surfaceHolder, null);
```

这段代码的作用是获取一个 EGLSurface，可以把它想象成一个屏幕对应的内存区域。注意，这里有一个参数 surfaceHolder，它对应着 GLSurfaceView 的 surfaceHolder。

6. 将渲染环境设置到当前线程

```
egl.eglMakeCurrent(display, surface, surface,
contxt);
```

这段代码的作用是将渲染环境设置到当前线程，相当于让其拥有了 Open GL 的绘图能力。为什么做了这步操作线程就拥有了 Open GL 的绘图能力？下文会具体讲解。

接下来就是绘图逻辑了：

```
loop: {
   7. 画画画画画画...
   8. 交换缓冲区，让绘图的缓冲区显示出来
   egl.eglSwapBuffers(display, surface);
}
```

以上步骤，对于不常接触 EGL 的开发人员也许比较陌生。让我们来看看比较熟悉的 GLSurfaceView，看它里面和刚说的那一堆乱七八糟的东西有什么关系。

GLSurfaceView 内部的 EGL 相关逻辑

查看 GLSurfaceView 的源码，可以看见里面有一个叫作 GLThread 的类，即所谓的 "GL 线程"，如图 1 所示。

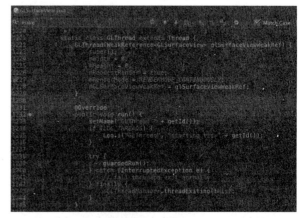

图 1 GLThread 类

可以看到，虽然它名叫 GLThread，但也是从普通的 Thread 类继承而来，理论上就是一个普通的线程，为什么它拥有 OpenGL 绘图能力？继续往下看，里面最重要的部分就是 guardedRun() 方法，让我们来看一下 guardedRun() 方法里有什么以及大致做的事情：

```
while() {
   ...
   mEglHelper.start();    // 对应"完整流程"中的 (1)
(2)(3)(4)
```

```
        ...
        mEglHelper.createSurface();    // 对应"完整流程"
中的 (5) (6)
        回调 Renderer 的 onSurfaceCreated()
        回调 Renderer 的 onSurfaceChanged ()
        ...
        回调 Renderer 的 onDrawFrame()  // 对应"完整流程"
中的 (7)
        mEglHelper.swap();  // 对应"完整流程"中的 (8)
        ...
}
```

仔细阅读 guardedRun() 的源码会发现，里面做的事情和之前说的"完整流程"都能一一对应，其中还有我们非常熟悉的 onSurfaceCreated()、onSurfaceChanged() 和 onDrawFrame() 这三个回调。而一般情况下，我们使用 OpenGL 绘图，就是在 onDrawFrame() 回调里绘制的，完全不用关心"完整流程"中的复杂步骤，这就是前文为什么说"完整流程"相当复杂。而 Android 系统帮我们把复杂的过程封装好了，所接触到的部分是比较简洁易用的，一般情况下也无须去关心 Android 已经封装好的复杂部分。

至此，得到一个结论，那就是所谓的 GL 线程和普通线程没有什么本质的区别。它就是一个普通的线程，只不过按照 OpenGL 绘图的完整流程正确地操作了下来，因此它有 OpenGL 的绘图能力。那么，如果我们自己创建一个线程，也按这样的操作方法，那我们也可以在自己创建的线程里绘图吗？当然可以！

EGL 如何协助 OpenGL

我们先随便看一下 OpenGL 的常用方法，例如最常用的 GLES2.0.glGenTextures() 和 GLES2.0.glDeleteTextures()：

```
// C function void glGenTextures ( GLsizei n,
GLuint *textures )

public static native void glGenTextures(
        int n,
        int[] textures,
        int offset
);

// C function void glDeleteTextures ( GLsizei n,
const GLuint *textures )

public static native void glDeleteTextures(
        int n,
        int[] textures,
        int offset
);
```

可以看到，都是 native 的方法，并且是静态的，看起来和 EGL 没有关系，那它怎么知道是 GL 线程去调的，还是普通线程去调的？又是怎么把 GLES2.glDeleteTextures() 和 GLES2.0.glGenTextures() 对应到正确的线程上？我们再来看看底层的源码。

如图 2、图 3 所示，在底层，它会去拿一个 context，实际上这个 context 就是保存在底层的 EGL context，而这个 EGL context 是 Thread Specific 的。什么是 Thread Specific？就是说，不同线程去拿，得到的 EGL context 可能不一样，这取决于给这个线程设置的 EGL context 是什么。可以想象成每个线程都有一个储物柜，去里面拿东西能得到什么，取决于你之前给这个线程在储物柜里放了什么东西。这是一个形象化的比喻，代码时的实现其实是给线程里自己维护了一个存储空间，相当于储物柜。因此每个线程去拿东西时，只能拿到自己储物柜里的，因此是 Thread Specific 的。

```
void glGenTextures(GLsizei n, GLuint *textures)
{
    ogles_context_t* c = ogles_context_t::get();
    if (n<0) {
        ogles_error(c, GL_INVALID_VALUE);
        return;
    }
    // generate unique (shared) texture names
    c->surfaceManager->getToken(n, textures);
}
```

图 2 glGenTextures 方法底层实现

```
struct ogles_context_t {
    context_t           rasterizer;
    array_machine_t     arrays          __attribute__((aligned(32)));
    texture_state_t     textures;
    transform_state_t   transforms;
    vertex_cache_t      vc;
    prims_t             prims;
    culling_t           cull;
    lighting_t          lighting;
    user_clip_planes_t  clipPlanes;
    compute_iterators_t lerp            __attribute__((aligned(32)));
    vertex_t            current;
    vec4_t              currentColorClamped;
    vec3_t              currentNormal;
    viewport_t          viewport;
    point_size_t        point;
    line_width_t        line;
    polygon_offset_t    polygonOffset;
    fog_t               fog;
    uint32_t            perspective : 1;
    uint32_t            transformTextures : 1;
    EGLSurfaceManager*       surfaceManager;
    EGLBufferObjectManager*  bufferObjectManager;

    GLenum              error;

    static inline ogles_context_t* get() {
        return getGlThreadSpecific();
    }
};
```

图 3 底层用了 thread specific 的方式保存 context

那么，是什么时候把 EGL context 放到线程的储物柜里去的呢？还记得前面提到过 eglMakeCurrent() 吗？我们来看看它的底层，如图 4 所示。

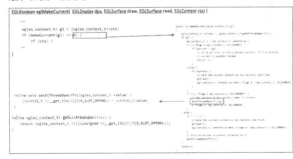

图 4 eglMakeCurrent() 底层实现

可以看到，在调用 eglMakeCurrent() 时，会通过 setGLThreadSpecific() 将传给 eglMakeCurrent() 的 EGL Context 在底层保存一份到调用线程的储物柜里。

我们再来仔细看 eglMakeCurrent() 里一步一步都做了什么，这对于理解线程绑定 OpenGL 渲染环境至关重要。

```
static int makeCurrent(ogles_context_t* gl)
{
    ogles_context_t* current = (ogles_context_t*)
getGlThreadSpecific();
    if (gl) {
        egl_context_t* c = egl_context_t::context(gl);
```

```
            if (c->flags & egl_context_t::IS_CURRENT) {
                if (current != gl) {
                    // it is an error to set a context
current, if it's already
                    // current to another thread
                    return -1;
                }
            } else {
                if (current) {
                    // mark the current context as not
current, and flush
                    glFlush();
                    egl_context_t::context(current)-
>flags &= ~egl_context_t::IS_CURRENT;
                }
            }
            if (!(c->flags & egl_context_t::IS_
CURRENT)) {
                // The context is not current, make it
current!
                setGlThreadSpecific(gl);
                c->flags |= egl_context_t::IS_CURRENT;
            }
        } else {
            if (current) {
                // mark the current context as not
current, and flush
                glFlush();
                egl_context_t::context(current)->flags
&= ~egl_context_t::IS_CURRENT;
            }
            // this thread has no context attached to it
            setGlThreadSpecific(0);
        }
    return 0;
}
```

归纳下来就是以下几点：
- 获取当前线程的 EGL Context current（底层用 ogles_context_t 存储）；
- 判断传递过来的 EGL Context gl 是不是还处于 IS_CURRENT 状态；
- 如果 gl 是 IS_CURRENT 状态但又不是当前线程的 EGL Context，则 return；
- 如果 gl 不是 IS_CURRENT 状态，将 current 置为非 IS_CURRENT 状态；
- 将 gl 置为 IS_CURRENT 状态，并将 gl 设置为当前线程的 Thread Local 的 EGL Context。

因此可以得出两点结论：
- 如果一个 EGL Context 已被一个线程 makeCurrent()，它不能再次被另一个线程 makeCurrent()；
- makeCurrent() 另外一个 EGL Context 后会与当前 EGL Context 脱离关系。

继续看 GLES2.0.glGenTextures()，如下所示，给出了 glGenTextures() 底层的一些调用关系。

```
void glGenTextures(GLsizei n, GLuint *textures)
{
    ogles_context_t* c = ogles_context_t::get();
    if (n<0) {
        ogles_error(c, GL_INVALID_VALUE);
        return;
    }
    // generate unique (shared) texture names
    c->surfaceManager->getToken(n, textures);
```

```
}
class EGLSurfaceManager : public TokenManager
{
public:
                    EGLSurfaceManager();
                    ~EGLSurfaceManager();
    // protocol for sp<>
    inline  void    incStrong(__const void* id) const;
    inline  void    decStrong(__const void* id) const;
    typedef void    weakref_type;

    sp<EGLTextureObject>    createTexture(GLuint name);
    sp<EGLTextureObject>    removeTexture(GLuint name);
    sp<EGLTextureObject>    replaceTexture(GLuint name);
    void                    deleteTextures(GLsizei n,
const GLuint *tokens);
    sp<EGLTextureObject>    texture(GLuint name);

private:
    mutable int32_t                                 mCount;
    mutable Mutex                                   mLock;
    KeyedVector< GLuint, sp<EGLTextureObject> >
mTextures;
};

status_t TokenManager::getToken(GLsizei n, GLuint
*tokens)
{
    Mutex::Autolock _l(mLock);
    for (GLsizei i=0 ; i<n ; i++)
        *tokens++ = mTokenizer.acquire();
    return NO_ERROR;
}
```

而从图 5 可以看到调了 glGenTextures()，分配的 texture 放在哪里了。

图 5 纹理 id 在底层的保存位置

但事实上，这其实没那么重要，因为这里只是存了一个 texture id，并不是 texture 真正所占的存储空间。因此调 glGenTextures() 方法时，也没有指定要多大的 texture。那么，texture 真正所占的存储空间在什么地方呢？那就要看给 texture 分配存储空间的方法了，即 glTexImage2D() 方法，如图 6 所示。

图 6 glTexImage2D 方法的底层实现

这时，再看图 7，展示了 texture 所占用的存储空间的空间放在什么地方。

图 7 存储位置

到这里，又有了一个结论：本质上 texture 是跟 EGL Context 绑定的，而非与 GL 线程绑定。因此，当 GL 线程销毁时，如果不销毁 EGL Context，则 texture 没有销毁。我们可能常常听说这样一种说法：GL 线程销毁后，GL 的上下文环境就被销毁了，在其中分配的 texture 也自然就被销毁。这种说法会让人误以为 texture 是跟 GL 线程绑定在一起的，误认为 GL 线程销毁后 texture 也自动销毁，其实 GL 线程并不会自动处理 texture 的销毁，而需要手动销毁。有人想问了，我们平时用 GLSurfaceView 时，当 GLSurfaceView 销毁时，如果没有 delete 分配的 texture，这些 texture 也会自己释放，这是怎么回事？这是因为 GLSurfaceView 销毁时帮你把 texture 销毁了，我们来看看 GLSurfaceView 中相关的代码，如图 8 所示。

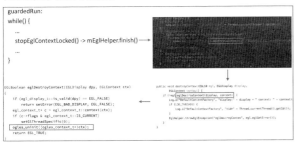

图 8 GLSurfaceView 相关代码

因此，如果你自己创建了一个 GL 线程，当 GL 线程销毁时，若不主动销毁 texture，那么 texture 实际上是不会自动销毁的。

总结

下面总结一下本文，回答文章开头提出的问题：

- GL 线程和普通线程有什么区别？

答：没有本质区别，只是它按 OpenGL 的完整绘图流程正确地跑了下来，因而可以用 OpenGL 绘图。

- texture 所占用的空间是跟 GL 线程绑定的吗？

答：跟 EGL Context 绑定，本质上与线程无关。

- 为什么通常一个 GL 线程的 texture 等数据，在另一个 GL 线程没法用？

答：因为调用 OpenGL 接口时，在底层会获取 Thread Specific 的 EGL Context，因此通常情况下，不同线程获取到的 EGL Context 是不一样的，而 texture 又放在 EGL Context 中，因此获取不到另外一个线程创建的 texture 等数据。

- 为什么通常 GL 线程销毁后，texture 也跟着销毁了？

答：因为通常是用 GLSurfaceView，它销毁时显式调用了 eglDestroyContext() 销毁与之绑定的 EGL Context，从而其中的 texture 也跟着被销毁。

- 不同线程如何共享 OpenGL 数据？

答：在一个线程中调用 eglCreateContext() 里传入另一个线程的 EGL Context 作为 share context，或者先让一个线程解绑 EGL Context，再让另一个线程绑定这个 EGL Context。

基于拆分包的 React Native 在 iOS 端加载性能优化

文 / 刘亚东

自从 Facebook 于 2015 年在 React Conf 大会上推出 React Native，移动开发领域就掀起了一股学习与项目实践的热潮。React Native 不仅具有良好的 Native 性能，更具备 Web 快速迭代的能力。这两大特性使得 React Native 在推广的过程中顺风顺水，而且在国内互联网公司的应用比国外还火热。58 同城 App 从 2016 年就开始基于 React Native 进行项目实践，并已经对外进行了一些分享，目前项目已进入 React Native 深度研究与实践阶段。

在 React Native 深度实践的过程中，一个关键的问题是 React Native 页面的加载性能。如果不对这部分进行处理，在低端机上很容易出现短暂的空白，影响用户体验。在 React Native 加载性能优化方面，业界已经有了一些讨论和解决方案，但在针对问题解决的系统性和可操作性方面还有所欠缺。

本文将基于主流的拆分包思想，系统性地介绍我们在 iOS 端处理 React Native 加载性能问题的经验，以给同行提供一些借鉴，避免重复趟坑。

拆分包实现方案一

为什么要拆分包：基于完整 JSBundle 加载存在的问题

58 同城具体将 React Native 应用在项目中起始于 2016 年年初，当时主要参考的资料是 Facebook 提供的 React Native 文档以及官方 Demo。按照文档的理解，想要创建 React Native 页面，只需创建对应的 RCTRootView 并将其添加到对应的 Native 视图中即可，因为 RCTRootView 是一个 UIView 的容器，它承载着 React Native 应用。由此，如何创建 RCTRootView 便成为了解决问题的关键。

从图 1 所示的官方 API 文档可以看出，创建 RCTRootView 必须创建对应的 RCTBridge。RCTBridge 是 JS 与 Native 通信的

桥梁，因此问题的关键转化为了如何创建 RCTBridge。

```
@interface RCTRootView : UIView
/**
 * - Designated initializer -
 */
- (instancetype)initWithBridge:(RCTBridge *)bridge
                    moduleName:(NSString *)moduleName
             initialProperties:(NSDictionary *)initialProperties NS_DESIGNATED_INI

/**
 * - Convenience initializer -
 * A bridge will be created internally.
 * This initializer is intended to be used when the app has a single RCTRootView,
 * otherwise create an `RCTBridge` and pass it in via `initWithBridge:moduleName:`
 * to all the instances.
 */
- (instancetype)initWithBundleURL:(NSURL *)bundleURL
                       moduleName:(NSString *)moduleName
                initialProperties:(NSDictionary *)initialProperties
                    launchOptions:(NSDictionary *)launchOptions;
```

图 1　RCTRootView API

如图 2 所示，从 API 的接口可以看出，参数中的 bundleURL 既可以是远程服务器具体、完整、可执行的 JSBundle 的地址，也可以是本地完整的 JSBundle 对应的绝对路径。那么，该如何选择使用哪种 bundleURL？

```
- (instancetype)initWithDelegate:(id<RCTBridgeDelegate>)delegate
                   launchOptions:(NSDictionary *)launchOptions
/**
 * DEPRECATED: Use initWithDelegate:launchOptions: instead
 *
 * The designated initializer. This creates a new bridge on top of the specified
 * executor. The bridge should then be used for all subsequent communication
 * with the JavaScript code running in the executor. Modules will be automatically
 * instantiated using the default constructor, but you can optionally pass in an
 * array of pre-initialized module instances if they require additional init
 * parameters or configuration.
 */
- (instancetype)initWithBundleURL:(NSURL *)bundleURL
                   moduleProvider:(RCTBridgeModuleProviderBlock)block
                    launchOptions:(NSDictionary *)launchOptions;
```

图 2　RCTBridge API

首先，我们对比下两种 bundleURL 优缺点：
■ 就读取 JSBundle 文件耗时而言。读取远程服务器的 JSBundle 首先要建立网络连接，然后读取 JSBundle 文件，而且依赖用户当时的网络环境状况，增加了不稳定性，显然使用本地 bundleURL 在时间方面更具优势。
■ 就实现 JSBundle 文件热更新成本而言。远程服务器中的 bundleURL 可以实时更新不依赖 Native 的发版。而使用本地的 bundleURL，若要实现实时更新则需要一套完整的热更新平台支持。显然远程服务器的 bundleURL 更具优势。
■ 就用户使用 App 成本而言。远程服务器 bundleURL 在每次进入 React Native 页面时都会消耗流量，而本地 bundleURL 则无须消耗用户流量，或仅在用户第一次加载 React Native 页面时消耗，由此减少用户的使用成本。显然就此而言，本地 bundleURL 更具优势。

综上所述，使用本地的 bundleURL 能更好地减少读取本地 JSBundle 时间以及用户使用 App 的成本，提高用户体验，增强用户黏性。

但是随着使用 React Native 业务场景的增多，React Native 页面数量也随之增加，与之对应的是 JSBundle 文件增多。复杂的业务逻辑也会导致 JSBundle 体积越来越大，最直接影响就是 App Size 增大。以实际数据为例：

一个 React Native 页面对应的完整 JSBundle 文件一般为 700KB，如果项目中存在 300 个 React Native 页面，则需要内置的资源就会增加 210MB（700KB×300），显然这是无法接受的！因此，如何减少内置资源体积大小是当时制约 React Native 能否应用到项目中的一个关键因素。在此背景下引出了方案一的设计，首先，了解下方案一的拆包思想。

拆分包基本思想

通过分析各 React Native 页面的 JSBundle 文件发现，一个完整的 React Native 页面代码结构可以分为模块引用、模块定义、模块注册三部分。其中，模块引用主要是全局模块的定义，模块定义主要是组件的定义（原生组件、自定义组件），模块注册主要是初始化以及入口函数的执行。

而经对比我们能够看到，不同的 JSBundle 文件包含着大量重复的代码，那么试想下能否通过优化打包脚本来对 JSBundle 进行优化？将框架本身的内容从完整的 JSBundle 中抽离出来只剩下纯业务的 JSBundle 文件，等到真正需要加载 React Native 页面时再将业务的 JSBundle 文件与重复的 JSBundle 文件进行合并，生成一个完整、可执行的文件，然后进行加载。事实证明这种方案是可行的，也是项目中使用的拆分方案 JSBundle 的拆分与合并，简单来讲即如图 3、图 4 所示。

简单解析一下这两个图：
■ JS 端拆分：在打包阶段，通过特定的策略将一个完整的 JSBundle 拆分成两个 JSBundle；
■ Native 端合并：Native 端通过文本处理，将 Common 部分的 JSBundle 与业务部分的 JSBundle 合并成一个文件。

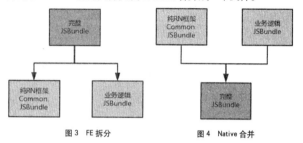

图 3　FE 拆分　　　　图 4　Native 合并

拆分包实现方案一

基于以上拆分包的思想，我们可以得出所谓拆分方案，就是 JavaScript 端将完整的 JSBundle 文件通过脚本拆分为 Common.jsbundle 文件和 Bussiness.jsbundle 文件。Common.jsbundle 文件是指包含 React Native 基础组件以及相关解析代码的 JavaScript 文件，Bussiness.jsbundle 文件则是指包含业务代码的 JavaScript 文件。Native 端通过内置或热更新平台下发的方式获取 Common 与 Bussiness 文件，待真正需要展示 React Native 页面时，通过合并的方式生成一个完整的 JSBundle 文件并加载。

JavaScript 端如何实现的拆包

首先我们了解下 JavaScript 端如何进行 jsbundle 文件的拆分，整体流程如图 5 所示。

■ 如何获取 common.jsbundle 文件？
  ● 首先，通过 React Native 提供的指令 react-native init AwesomeProject 来创建一个空的工程；
  ● 然后，根据 WBRN 打包平台生成 JSBundle 文件，由于该文件不包含任何业务代码，所以它就是所需要的 common.jsbundle 文件。具体使用的指令如下：
    react-native bundle --entry-file ./index.ios.js --dev false --bundle-output common.bundle --bundle-encoding utf-8 --platform "ios"。
■ 如何获取 bussiness.jsbundle 文件？
  ● 首先，不同的 React Native 页面通过 WBRN 打包平台生成不同的、完整的 complete.jsbundle 文件；
- 其次，通过 Google 提供的 google-diff-match-patch 算法，将 complete.jsbundle 与 common.jsbundle 文件进行对比，最终由 WBRN 打包平台输出两者的差异的描述文件，也就是 bussiness.jsbundle 文件。

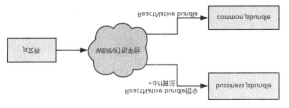

图 5　FE 端 JSBunlde 拆分整体流程

JavaScript 端的 JSBundle 是如何存储 Native 端的？

基于不同业务场景需要，通过 WBRN 热更新平台为不同的 bussiness.jsbundle 配置相关参数信息。例如，版本号、是否需要强制更新 App、是否执行下次生效策略、JSBundle 下载地址等参数。然后，通过热更新平台下发至 Native 端，整体流程如图 6 所示。

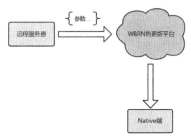

图 6　JSBundle 下发 Native 整体流程

Native 端每次进入 React Native 页面时，向 WBRN 热更新平台请求当前 bussiness.jsbundle 的最新信息，若需要更新，则下载最新的 Diff 并将其保存在本地，以确保本地存储的是最新的 JSBundle 文件，具体流程可参见图 7。

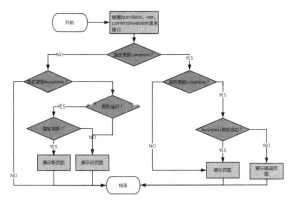

图 7　JSBundle 下发 Native 详细流程

- 根据当前 bussiness.jsbundle 的版本号、Bundle ID 等参数请求 WBRN 热更新平台，获取当前 bussiness.jsbundle 文件的最新信息。
- 根据返回的信息判断是否包含 commonUrl 来判断是否需要更新 common.jsbundle 文件，若需要，则下载最新 common.jsbundle 并保存在沙盒中，同时更新 common 文件对应的配置文件；若不需要，则 common.jsbundle 不做任何操作。
- 根据返回的信息中 JSBundle 的版本号与本地 JSBundle 的版本进行比较，判断是否需要更新 bussiness.jsbundle，若需要，则下载最新的 bussiness.jsbundle 并保存在沙盒中，同时更新该 bundle 对应的配置文件，否则不执行任何操作。
- 根据返回的信息中 isForceUpdate 来判断 business.jsbundle 是否需强制更新，若需要，则立即生效并展示新的页面。否则，展示旧页面，实行下次生效策略。

注意：
- 在 common.jsbundle 需要更新的情况下，无论 business.jsbundle 是否需要强制更新，都直接展示最新的页面；
- 如果本地不存在对应的 buniness.jsbundle 文件，则下载对应的 business.jsbundle 后，无论最新信息是否为强制更新，都展示最新的页面。否则在非强制更新情况下，展示旧的页面。
- 如果 bussiness.jsbundle 下载失败，出于用户体验的角度，如果本地存在旧的 bussiness.jsbundle 文件，则先展示旧的页面。

最终，Native 端通过热更新平台或内置的方式将 Common.jsbundle 文件以及 bussiness.jsbundle 文件存储在 Native 本地，存储的目录结构如图 8 所示。

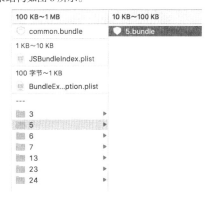

图 8　JSbundle 本地存储目录

从图中可以看出，存储在沙盒中的文件不仅包含 common.jsbundle 和 bussiness.jsbundle，且包含两个 plist 文件，其中 JSBundleIndex.plist 文件就是上文提到的 bundle 配置文件，用于记录每个本地 JSBundle 对应的版本号，每次与 WBRN 热更新平台的最新 JSBundle 文件版本号进行比对，从而判断是否需要进行更新当前 bussiness.jsbundle。BundleExcepion.plist 文件用于记录每个本地 JSBundle 文件对应的异常次数，一旦某个 bussiness.jsbundle 文件异常次数超过一定的阈值，则会启动看门狗策略，删除本地相应的 bussiness.jsbundle 文件，再次进入 React Native 页面时从服务器下载最新的 bunssiness.jsbundle 文件，以确保不会因为 JSBundle 文件的损害导致页面一直加载异常。

Native 端如何实现的合包

通过以上步骤就完成了 React Native 页面 FE 端 JSBundle 文件的拆分和分发，那么 Native 端如何使用拆分后的文件呢？关于 Native 加载 React Native 页面整体的详细流程如图 9 所示。

- 根据跳转协议中的 bundleId 进入到对应的载体页。
- 通过缓存管理模块检测本地沙盒中是否包含 Bundle ID 对应的 bussiness.jsbundle 文件。若存在，则从本地读取对应的 bussiness.jsbundle 文件，并通过 Google-diff-match-patch 算法将 common.jsbundle 文件与 bussiness.jsbundle 文件进行合并，生成对应的 complete.bundle 文件，若不存在，则检测内置中是否含有该 bunssiness.jsbundle 文件，如果存在，则先执行步骤三，否则执行步骤四。

■ 然后通过 JSBundle 加载管理模块读取 complete.bundle 文件，加载并展示。

■ 若沙盒中和内置中均不存在 bussiness.bundle 文件，则通过 JSBundle 网络管理模块从服务器下载 bussiness.bundle 保存到本地沙盒同时记录其版本号，重复进行第二步骤。

■ 同时向服务器请求当前 bussiness.bundle 的最新信息，根据返回内容来判断是否需要强制更新页面，如果不需要，则后台下载并执行下次生效的策略，否则立即刷新当前页面；

■ 如果当前页面已经是最新页面，则不做任何操作。

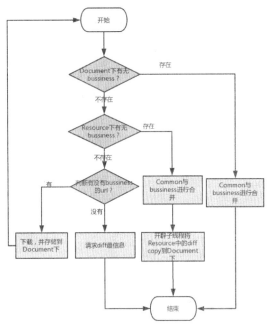

图 9　JSBundle 加载流程

方案一数据对比

假设完整的页面共 600KB，其 common.jsbundle 大小为 531KB，bussiness.bundle 大小为 70KB。以 100 个 React Native 页面而言，如果不使用拆分包逻辑，需要（531KB+70KB）KB × 100=60MB 空间。使用拆分包方案一后，100*70KB+531KB=7.5MB，节省空间为 87.5%，如 10 图所示。

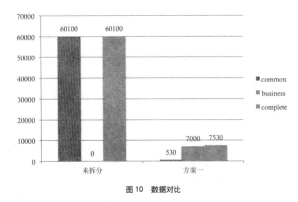

图 10　数据对比

方案一仍需要解决的问题

从图 10 可以看出，使用方案一优化后，同样数量的 React Native 页面减少的 87.5% 的存储空间。但相对于未拆分方案，其增加了两次 I/O 操作以及一次文件的合并操作，提高了时间消耗。高端机上增加的这部分时间消耗不太影响用户体验，低端机则会出现短暂的空白页面，影响了用户体验。那么，是否存在一种方案可以在拆包的前提下减少 JSBundle 的 I/O 次数呢，从而减少 JSBundle 文件的读取时间？答案是肯定的，即是接下来将要介绍的方案二。

拆分包实现方案二

在引入方案二之前，首先有必要了解下 React Native 的整个加载过程，根据 Facebook 提供的一篇文章，可以看出 React Native 从加载到渲染完成主要包括以下六个阶段。

■ Native Initialization 阶段：主要初始化 JavaScript 虚拟机和所有后备模块，包括磁盘缓存、网络、UI 管理器等；

■ JS Init + Require 阶段：从磁盘读取最小化的 JavaScript 软件包文件，并将其加载到 JavaScript 虚拟机中，该虚拟机将解析它并生成字节码，因为它需要初始模块（大多数为 React、Relay 及其依赖项）；

■ Before Fetch 阶段：加载并执行事件应用程序代码，构建查询并启动从磁盘缓存读取数据；

■ Fetch 阶段：从磁盘缓存读取数据；

■ JS Render 阶段：实例化所有 React 组件，并将它们发送到本地 UI 管理器模块进行显示；

■ Native Render：通过计算阴影线程上的 FlexBox 布局来计算视图大小；在主线程上创建和定位视图。

图 11 清晰地记录了每个阶段占用时间的百分比，所以可以直观地看出耗时最多的是 JS Init+ Require 阶段，也就是 JSBundle 的加载和执行阶段。

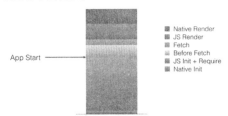

Fig. 2: Events Dashboard startup performance

图 11　React Native 加载整体过程

因此，如何缩短 JS Init + Require 时间是提高 RN 页面展示速度的关键，也是方案二所要解决的问题。接下来，我们详细分析 React Native load JSBundle 和执行 JSBundle 文件的过程。

图 12 是 React Native 框架 load JSBundle 的相关代码片段，从中可以看出，片段 1 主要执行的是 JSBundle 的加载过程。片段 2 主要是初始化组件，片段 3 主要是初始化组件配置表 config，并将配置表注入到 JSContext 中。片段 4 主要是执行 JS 操作。那么，如何实现加载过程的优化呢？

实现方案二的理论猜想

如果能有一种方式可以使 React Native 分步加载 JSBundle，并且不需要合并，那么就能减少 1 次合并操作与 1 次读取 complete.jsbundle I/O 操作。理论上就可以有效缩短页面加载时间，事实证明这种方案也是可行的。因为 JSContext 是由 GlobalObject 管理 JavaScript 执行的上下文，在同一个

GlobalObject 对应的同一个 JSContext 中执行 JavaScript 代码，执行多个 JS 是没有区别的。所以，在同一个 JSContext 中，分步加载 common.jsbundle 与 bussiness.jsbundle 效果应该是一样的。

图 12　JSBundle 加载代码片段

JS 端如何实现的拆包

方案二 JS 端拆包的原理与步骤与方案一基本相同，相同的部分不再赘述。唯一不同的是需要对打包脚本需要进行优化，差异性具体如下：

■ 通过 react-native init 指令创建新的空工程，使用 wbrn-package 工具生成 common 文件，具体使用指令如下：./pacakger bundle --entry-file ./core.js --bundle-output common.ios.bundle --bundle-encoding "utf-8" --platform "ios" --core-output common.json，使用该指令生成 common.jsbundle 文件以及对应的 common.json 文件，common.json 主要是记录了 RN 原生组件以及唯一标识符的映射关系；

■ 如何获取 bussiness.jsbundle 文件。通过 wbrn-package 工具根据不同的 React Native 页面创建不同的、完整的 complete.jsbundle 文件，然后使用 rn-package 工具生成对应 bussiness 文件，具体使用指令如下：./pacakger bundle --entry-file ./index.js --bundle-output business.bundle --bundle-encoding "utf-8" --platform "ios" --core-file common.json。

■ 通过热更新平台下发每个 React Native 页面对应的 bussiness.jsbundle 文件。

JavaScript 端的 JSBundle 是如何存储 Native 端的？

此步骤与方案一相同，不再赘述。

Native 端如何实现的合包

此方案中 Native 端采用的热更新流程与逻辑与方案一基本相同，不同的是文件的合并方式以及 JSBundle 加载时机，方案一采取的是文本文件的合并，而方案二是基于同一个 JSContext 分步加载 common.jsbundle 文件和 bussiness.jsbundle 文件的方式，具体流程如图 13 所示。

与方案一差异的步骤如下（在图中已用红框标记）：

■ 将 React Native 本身框架提供的 common.jsbundle 文件提前在 App 启动时加载在 JSGlobalContextRef 中，目的是为了减少 common 加载的这部分时间；

■ 根据 Bundle ID 从本地找到对应的 business.jsbundle 文件，并将其加载到同一个 JSContext 环境中；

■ 执行 JavaScript 代码。

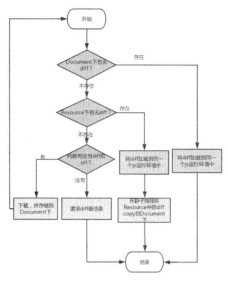

图 13　JBundle 加载流程

通过方案二能有效地减少 JSBundle 文件的读取次数以及合并的时间，大大提高了页面的加载速度。

实验过程中遇到的问题以及相应的解决方案

实验中我们发现，如果按照上述思路依次进入多个 React Native 页面，如果多个 bussiness.jsbundle 代码完全不相同则可以正常展示，如果有相同的方法则会发生异常的错误，那么，如何处理多个 React Native 页面 Bridge 冲突？

我们使用的方案是维护一个基于 common.jsbundle 的 Bridge 池，每次创建新的页面时就从 Pool 取出一个新的 Bridge 使用，取出之后在适当的时间再生成一个新的 Bridge 放入池中，使得 Pool 中始终有一个"干净"的 Bridge 等待被使用，具体流程如图 14、图 15 所示。

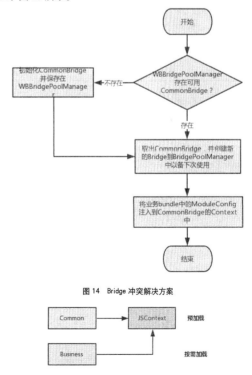

图 14　Bridge 冲突解决方案

图 15　方案二整体加载示意图

那么，改造的 React Native 加载步骤如下：
- App 启动之后，从 WBBridgePoolManager 中读取一个 Common.jsbundle 生成 commonBridge，如果 WBBridgePoolManager 中不存在可用的 commonBridge，则直接生成；
- 在进入对应的具体 React Native 页面后，根据跳转协议中的 Bundle ID 则加载本地对应的 bussniness.jsbundle 文件，并将其放在 commonBridge 的同一个 JSGlobalContextRef 环境中去执行；
- 根据此时 Bridge 去创建 RCTRootView，于此同时，再次由 common.jsbundle 生成 commonBridge 放在 WBBridgePoolManager 队列中进行管理，以备下次使用。如果当前的 React Native 需要进行强制更新，则同样从 WBBridgePoolManager 管理的 Pool 中取出"干净"Bridge 去加载并创建新的 RCTRootView，同时删除旧的 RCTRootView。

与方案一的数据对比

相比方案一的 3 次本地读取操作 1 次合并操作，方案二中仅仅进行了 2 次本地读取操作，大大降低了 React Native 页面的加载时间，数据对比结果如图 16 所示（单位为 ms）。

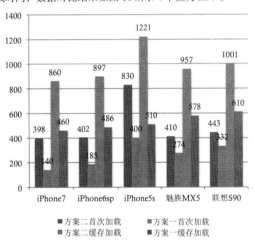

图 16　数据对比

- 以 iPhone7 为例，方案二无缓存的情况下，加载时间为 398ms，而方案一无缓存情况下加载时间为 860ms，优化比例为 53.72%。方案二有缓存情况下，加载时间为 140ms，而方案一有缓存情况下，加载时间为 460ms，优化比例为 69.6%。
- 以 iPhone5s 为例，方案二无缓存的情况下，加载时间为 830ms，而方案一无缓存情况下加载时间为 1221ms，优化比例为 32.02%。方案二有缓存情况下，加载时间为 400ms，而方案一有缓存情况下，加载时间为 510ms，优化比例为 21.56%。
- 以魅族 X5 为例，方案二无缓存的情况下，加载时间为 410ms，而方案一无缓存情况下加载时间为 957ms，优化比例为 57.15%。方案二有缓存情况下，加载时间为 274ms，而方案一有缓存情况下，加载时间为 578ms，优化比例为 52.59%。

从上面数据可以看出优化效果十分明显，iPhone 高端机比低端机效果更显著。

方案二仍然存在的优化空间

截止到此，58 同城 React Native 的优化暂且告一段落，但并不是说已经不存在优化的空间。试想下，如果我们能否找到一种方案在 App 的生命周期中只创建一次 JSContext 运行环境，每次进入 React Native 页面只需要加载相应的 bussiness.jsbundle 而不需要维护一个 BridgePool，这样能有效地减少 App 使用时占用的内存大小。

总结

以上便是 58 同城 React Native 的优化过程以及演进的思路，项目的进展始终按照"提出问题、分析问题、解决问题"的思路向前推进。在研发过程中，结合公司自身的业务场景研发出相应的打包平台、热更新平台、调试工具以及详细的接入文档，形成了一套完善的 React Native 开发流程，为 React Native 在其他业务线能顺利展开扫清障碍，减少各个业务线接入的沟通成本，提高工作效率。希望 58 React Native 的优化过程，能给一些已经应用或即将应用 React Native 的开发者一些参考，也希望大家一起相互探讨、学习。

Qunar React Native 大规模应用实践

文 / 殷文昭

Qunar React Native（下文简称 QRN）是去哪儿网（Qunar）基于 React Native（下文简称 RN）定制的一套框架，让 RN 用起来更方便快捷，2016 年 3 月上线后已在公司内部大规模应用。透过 QRN 的大规模实践我们可以看到如何更好地去使用 RN。

前言

移动 App 跨平台开发技术因为可以低成本、高效率地完成 App 开发，一直以来都是移动开发的热点。目前常见的跨平台开发技术包括 React Native、Weex 和基于 HTML5 的 Hybrid 框架。Qunar 基于 React Native 定制了一套跨平台移动开发框架——Qunar React Native（QRN），QRN 与已有两年历史的 HY（基于 H5 的 Hybrid 方案）一同构成了当前 Qunar 的跨平台开发框架，这两个框架都是由 Qunar 移动架构组 YMFE 推出的。

QRN 解决了使用 RN 中的诸多问题，实现了更少的平台差异、更高的开发效率、更好的用户体验，也非常适合像 Qunar 内部这种多个业务隔离的开发体系。结合成熟的离线资源包框架，QRN 页面可以通过热发快速地完成线上 Bug 的修复甚至发布新页面。目前 Qunar 内部已经有大量的业务上线基于 QRN 的页面，这其中也包括了许多核心的业务流程和日均千万 PV 的页面。

起源

Qunar 从 2009 年率先开始无线业务至今，移动客户端一直承担着大量的业务需求。2014、2015 年正是 Qunar 在移动端发力、业务增长凶猛的关键时期，去哪儿旅行 App 的页面也与日俱增，2015 年底 iOS 端 App 大小一度超过 110MB。由于 App Store 的限制，超过 100MB 的 App 只能在 Wi-Fi 下才能下载，这就导致了用户期望订机票、酒店时不能使用 3G/4G 网络随时下载去哪儿旅行客户端，因此当时一个迫切的需求就是减少 App 的大小。

缩减 App 包大小的常见思路是去除冗余的业务、优化图片资源等，但是这样依然很难将 App 的大小减少到 100MB 以下。而从根本上减少 App 大小就需要减少 Native 的页面，删减业务显然不是一个可行的方案，这就要求我们将页面做成可以动态化配置。

在 QRN 之前，Qunar 内部一直存在有我们团队推出的一套可以支持动态化配置的跨平台 App 开发框架——HY。HY 是基于 HTML5 的 Hybrid 开发框架，在 Qunar App 中已经有大量的业务使用该方案开发。但是 HTML5 的解决方案存在体验和性能两方面的问题，表现为基于 HY 开发的页面很难达到一个原生的用户体验，在低端 Android 机上体验差，这在一些复杂的动画场景中尤为明显。这些问题其实是 HTML5 方案的基因所决定，因此为了减少 App 的大小我们迫切需要一个新的支持动态化配置的跨平台 App 开发框架。

经过一系列的调研和讨论后，我们决定尝试使用 Facebook 开源的 React Native 作为新的跨平台移动开发框架，这是因为 RN 具有以下特性：

■ 支持动态化：RN 的页面逻辑使用 JavaScript（下文简称 JS）来控制，因此我们可以做到动态发布。

■ 跨平台性：RN 本身是支持 iOS 和 Android 两个平台的开发。同时由于其页面开发方式是完全 Web 化的 JS 和 React，这就让 RN 的 Web 端实现成为可能（React Web 就是 QRN 的 Web 端实现），因此 RN 完全可以做到一套代码三端运行。

■ Native 的用户体验：RN 页面使用的是 Native 的原生组件，具有更强的可定制性，完全可以做到一个 Native 的用户体验。

为了验证 RN 的技术细节，2015 年 12 月我们在 Qunar 的一个热门独立客户端"去哪儿睡"上线了基于 RN 开发的酒店用户点评页，其中包括相册的选取界面都是用 RN 来完成的（如图 1 所示），该项目同时上线了 iOS 和 Android 版本，页面的整体效果超过预期，这也让我们坚信 React Native 是完全可以作为一个新的跨平台开发框架。

图 1 "去哪儿睡"客户端酒店用户点评页面

在上线去哪儿睡的酒店点评页的过程中，我们也发现了很多 RN 存在的问题，比如部分 RN 组件因为使用的是 Native 的组件所以还存在平台差异、打开 RN 页面时需要一个较长的加载时间等。为了解决这些问题，我们花了 3 个月的时间基于 RN 定制了一套更快、更好、更统一的跨平台开发框架 QRN。

大规模应用现状

2016 年 3 月我们上线了第一个基于 QRN 的页面：去哪儿旅行 iOS 客户端的酒店首页。在之后的几个月中我们上线了大量基于 QRN 开发的项目，到 2016 年 10 月在去哪儿旅行客户端中已有超过 20 个 QRN 项目，其中有 14 个是同时上线了 iOS 和 Android。平均每个项目有 8 个以上的页面，在此之中，酒店一个 QRN 项目就有多达 20 个页面。

在去哪儿旅行客户端中首页的酒店（仅 iOS）、客栈名宿、金融理财的一级入口均为 QRN 页面。不仅如此，对于核心业务流程，例如订单列表页、订单详情页、用户登录页面也都替换为了 QRN 页面（见图 2），这其中包含了很多日均千万 PV 的页面。

QRN 的架构特点

QRN 在去哪儿内部大规模的应用与其架构密不可分，在设计 QRN 框架时我们主要考虑了下面三点：

■ 业务使用的便利性：部分 RN 组件，比如 Switch、Picker 等并没有做到 iOS、Android 两端的 UI 风格统一，而在 Qunar 移动开发中要求两个平台具有一致的 UI 风格，因此为了保证业务使用的便利性，我们需要进一步抹平平台差异。

■ 与现有页面的共存：在 Qunar 移动端中不仅仅存在 Native 页面，还存在着大量 HY 页面，怎么和这些现有页面进行共存也是我们设计 QRN 所需考虑的问题。

■ 支持热更新：RN 是一个支持动态化的移动 App 开发框架，因此我们需要考虑设计一个完善的热发更新机制来实现 QRN 页面的 bugfix 甚至提供上线新页面。

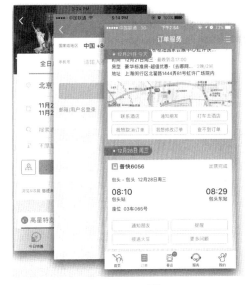

图 2 QRN 页面替换

那么，我们是怎么做的呢？

进一步抹平平台差异

RN 的 Switch 使用的是 iOS 和 Android 各自平台的 UI 风格（如图 3 所示），这在使用时极为不便。

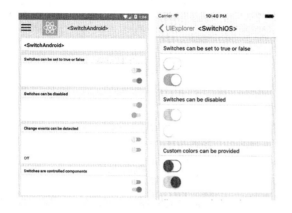

图3 React Native 的 Switch 两端 UI 风格对比

在 QRN 中我们提供了 iOS 和 Android 统一的 UI 风格，方便业务使用（如图 4 所示），对于其他不统一的基础 UI 组件，我们都在 Android 上基于 iOS 风格重新实现，保证了两个平台的 UI 统一。

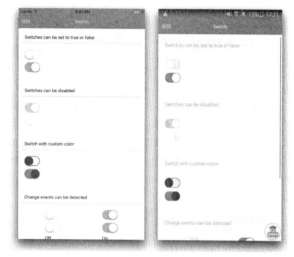

图4 QRN 中统一的 Switch UI 风格

同时，我们也使用 JS 实现了一些常见的外部 UI 组件，例如图 5 中支持侧滑操作的 ListView 和日历等组件。使用 JS 实现的组件具有很强的跨平台性，如果这些 UI 组件出现 Bug，我们也可以通过热发更新快速修复，其成本远低于修复一个 Native 的组件（从 http://ued.qunar.com/qrn/extraUI.html 可查看更多的 QRN 外部 JS UI 组件）。

除了 UI 上的不同，iOS 和 Android 平台的差异还体现在其他地方，其中一个不同点就是 App 状态栏。在 iOS 上从 iOS 7 开始就支持沉浸式状态栏，且高度均为 20，但是 Android 上由于系统版本和机型的不同，是否支持沉浸式状态栏、状态栏高度这些属性在写 RN 页面时都需要关注，但 RN 并没有提供一个统一的 API 去获取。对于这些差异，在 QRN 中我们都提供了统一的 API 方便业务在写 QRN 页面时可以直接获取，从而无须区分平台。

通过这些方式我们真正做到了跨平台性，去哪儿旅行客户端首页的客栈名宿页面同时上线了 iOS 和 Android 版本，其 JavaScript 代码只有 6 处 Platform 进行平台的判断，而其源于需要和 iOS、Android 现有的 Native 页面进行交互，本身两个平台的 Native 页面进行数据传递的 Scheme 会存在差异，所以需要进行平台的判断。可以说使用 QRN 进行页面的开发完全可以做到不需要平台代码的判断，一套代码同时运行在两个平台上。

图5 支持侧滑操作的 ListView 和日历组件演示

JS Bundle 的拆分

RN 中最终 pack 出来的 JS Bundle 文件不仅仅包含了业务的页面 JS 逻辑，还包含了 RN 组件和其框架的 JS。在 QRN 中，我们把 JS Bundle 文件拆分成了 QRN 的框架 JS 和业务 JS（如图 6 所示），在拆分后所有的业务共用一份 QRN 框架 JS，这样每个业务只需提供自己的业务 JS，通过它们的拆分，有效地减少了 JSBundle 的大小，同时也方便了后续的预加载和缓存。

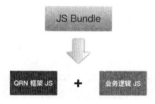

图6 拆分 JS Bundle

QRN 的预加载和缓存

RN 中创建 RCTRootView（RN 页面渲染的 View）之后会有一个白屏的时间等待 RN 环境的初始化和加载 JS Bundle 文件，这个时间会接近 1s。在 QRN 中，我们提供一个异步获取 RCTRootView 的方法，获取的 RCTRootView 已经完成了 RN 环境的初始化，并已加载完 QRN 的框架 JS 和业务 JS，这时可以直接开始渲染。

为了减少 QRN 中获取 View 的时间，我们进行了 RN 环境的预加载和缓存。所谓预加载就是提前初始化好一个已经加载 QRN 框架 JS 的 RN 环境，这样就只需要去加载业务 JS，可以缩短最少 200ms 的等待时间。缓存指的是我们会缓存一个业务已经加载好的 RN 环境，当下次进入这个业务时就可以直接开始页面的渲染。

在 QRN 中我们给每个业务提供了一个独立的 RN 环境，保证了业务的独立性，当一个业务的 JS 代码出现问题时并不会影响其他业务。这种 QRN 业务完全解耦的方式非常适合类似 Qunar 这种业务隔离的情况。

成熟的离线资源包框架

在 QRN 中，业务 JS 是线上资源，为了减少用户下载时间，我们给 QRN 添加了离线资源包的支持，如果其中有对应网络请求的网络资源，那么请求会直接返回本地离线资源包中的文件，这个时间和读取本地文件一样，因此有效减少了网络请求业务 JS 的时间。同时对于业务使用的图片等资源，我们也会放在离线资源包中加快资源打开速度。离线资源包的使用不仅仅减少了下载业务 JS 的时间，而且让 QRN 页面可以在离线情况下打开，更像一个 Native 的页面。

目前所有的动态化移动开发框架都需要离线资源包的支持来减少资源加载时间，每个公司应该都会有自己的一套实现机制，QRN 使用的离线资源包已经在 HY 中应用多年，其基于 BSDiff 的差分更新机制和智能化的更新策略可以在保证节省用户流量的同时拥有极高的资源包更新率。一个 1.2MB 的资源包，其更新时仅仅需要下载不到 1KB 的补丁。该离线资源包框架适合加速移动开发中的各种网络资源请求，引入框架不需要对已有的网络请求代码做任何修改，整个资源包框架对于资源请求方是无感知的。

自定义 IconFont（图标字体）的支持

在 QRN 中我们添加了自定义 IconFont 的支持，可以使用 IconFont 来作为图标。业务只需要在 JS 代码中配置需要加载的 IconFont 就可以自动完成字体的添加，整个过程无须编写任何 Native 代码。与使用图片做图标相比，IconFont 作为矢量图更清晰、更轻量也更灵活。

图 7 所示的去哪儿旅行客栈名宿页面中的住宿类型图标就是基于 IconFont 实现的，通过设置字体颜色、阴影等属性就可以控制图标的效果，如果使用图片的话就得为每个不同的大小和效果准备不同的文件。

图 7 基于 IconFont 实现的住宿类型图标

无埋点统计方案支持

QRN 中增加了对 Qunar 无埋点统计方案 QAV 的支持，通过修改 RN 框架，我们做到了 JS 代码无须任何修改就可以统计用户的点击、跳转数据，结合 QAV 提供的用户细查、页面流量分析等多维度的用户分析渠道，让 App 开发者可以洞察用户的行为。而引入这套无埋点方案非常简单，只需将 RN 替换为 QRN 即可，不用对已有的 RN JS 代码做任何的修改。

全新的 ScrollView 和 ListView

ScrollView 和 ListView 是业务最常使用的两个组件，但是 RN 的 ScrollView 和 ListView 的性能和内存占用达不到我们的期望。目前网上有很多开源的优化方案，在 QRN 中我们也设计了一套全新的 ScrollView 和 ListView，可以带来更高的灵活性和更小的内存占用。

QRN 的 ScrollView 与 RN ScrollView 最大的不同在于前者的滚动手势是由 JS 控制，而后者使用的是 Native 的 ScrollView，在 Native 处理了滚动手势后通知 JS ScrollView 滚动到哪个位置，详细对比可见图 8。

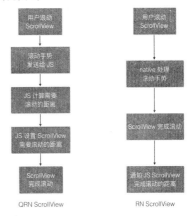

图 8 QRN ScrollView 与 RN ScrollView 处理对比

因为 RN 中除了 ScrollView 和 ListView，其他组件的用户手势均由 JS 处理，如果使用 QRN ScrollView 则可以保证 RN 页面所有的组件都使用了统一的手势处理机制，从而带来极大的灵活性，让 ScrollView 嵌套 ScrollView 的效果更加自然。

QRN 的 ListView 基于 React 的虚拟 DOM Diff 算法实现了真正意义上的 Cell 复用，图 9 显示了在 iPhone 7 上同样 2000 行数据滑动到底时的内存占用情况，可以看到 QRN 的 ListView 内存占用一直维持在 70MB 以内，而 RN 的 ListView 在滑动过程中内存最高达 1.3GB，最终稳定的内存占用也接近 600MB，显然对于大部分的机型，RN ListView 这样的内存占用会导致 App 闪退。

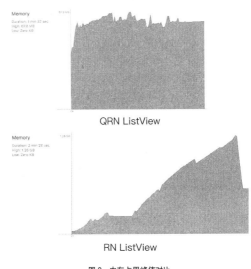

图 9 内存占用峰值对比

QRN 的 ListView 与 RN ListView 用法完全一致，一个现有的 RN 项目只需要将 import{ListView}from'react-native' 修改为 import{ListView}fromqunar-react-native 即可使用 QRN 的 ListView。

由于 QRN 的 ScrollView 会在 JS 中处理滚动手势，QRN 的 ListView 也会在 JS 中处理 cell 的复用，因此一旦 JS 线程负担过重就会导致页面的卡顿，这也是目前 QRN ScrollView 和 ListView 存在的不足，好在其中大部分都可以通过优化 JS 代码解决。

遇到的问题

在大规模应用 QRN 的过程中，我们也遇到了很多问题，主要表现为：

node_modules 依赖问题

npm 并没有很好地解决模块依赖冲突的问题（关于 npm 处理模块依赖冲突的方式可阅读：http://www.alloyteam.com/2016/03/master-npm/）。但是在 RN 中这个情况会变得更加复杂，RN pack 包的逻辑会默认使用第一级目录下的模块，也就是说如果一个模块 A，在第一级目录下安装了版本 A@1，但是另外一个模块 B 依赖了模块 A@2，那么在模块 B 的 node_modules 下会安装模块 A@2，但是 RN pack 出来的 JS Bundle 中只会存在 A@1。

因为 QRN 中进行了框架 JS 和业务 JS 的拆分，而同一个模块只会在框架 JS 和业务 JS 中存在一份，这就导致了我们需要保证不同的业务 pack JS Bundle 时一级目录下 QRN 依赖的模块都是指定版本。目前，我们自定义了一套工具来解决这个问题。

React Native 开发

RN 的开发使用了大量的前端工具，如 JSX、Redux 等。因此，一个前端开发者来开发 RN 时会更容易上手；但是 RN 的开发又需要了解 Native 的布局，这点 Native 开发者会更加熟悉。

目前在 Qunar 内部，同时有前端团队和 Native 开发团队在进行 QRN 页面的开发。在我们看来，RN 的开发是一个全新的开发方式，其既不是传统的前端开发，也不能简单地当作 iOS、Android 开发。相比于前端几十年的开发历史，RN 从公布到现在还不足 2 年，关于 RN 还缺乏足够多的优化技巧与资料，匮乏的高级 RN 开发者其实也阻碍了 RN 的推广与应用，好在这个问题相信会随着越来越多的人学习 RN 开发得到改善。

一直变化的官方版本

RN 目前还处于变化中，每两周会有一个新版本，从 2017 年开始，RN 的发布周期变为每个月一次，逐渐趋于稳定。版本的频繁更新特别是布局 CSS Layout 的改动，会导致现有的 Flex 布局出现问题。想象一下，一个 Web 页面在一年间要依次兼容 IE6 至 IE10，这显然是需要开发者花费大量精力来处理版本升级所带来的兼容问题。

QRN 在 2016 年 10 月做了一次官方版本的同步，将基于的 RN 版本从 0.20.0 升级到了 0.33.0，升级之后需要业务进行所有页面的回归，主要是要业务解决 Flex 布局的变化可能导致页面显示错误的问题。升级的主要目的是为了解决 0.20.0 中 RN 存在的 Bug，这个过程中发现升级 Base 的 RN 版本会给业务造成负担，后续 QRN 会评估同步 RN 新版本的收益和风险来决定是否升级 Base 的 RN 版本。

写在最后

Qunar 一直以来就是以技术驱动的公司，敢于尝试各种新的技术，在 RN 开源后我们团队就一直在探讨 App 中引入 RN 的可行性。目前 QRN 已经在 Qunar 内部大规模应用，这也验证了我们对 RN 的看法：RN 完全可以胜任核心业务页面，虽然和 Native 的页面还存在差距，但是由于其很强的可定制性，因此潜力很大。随着越来越多更熟练的 RN 开发者出现，RN 必将在业界成为一个非常核心的移动跨平台开发方案。后续我们将把 QRN 做成一个 SDK，开放给大家使用，让 RN 的开发变得更加快捷、简单，未来也在计划开源 QRN。

饿了么移动基础设施建设

文 / 王朝成

面对移动端应用研发的一系列技术挑战，饿了么开启了移动基础设施的建设工程实践，以应对未来在移动端所面临的变化以及更多的挑战。本文作者从用户体验分级、基础设施概念与建设等方面着手，细谈饿了么移动基础设施建设的实践。

引言

自 iOS 及 Android 操作系统面世以来，移动端的浪潮以极快的速度席卷了整个世界。而在这样的时代演进过程中，技术的不断进步和创新给移动端的开发者们带来了一次又一次的挑战，比如不断增长的日活用户、不断刷新的版本分布、不断碎片化的机型分布以及不断碎片化的操作系统分布等。其中，随着日活用户的不断增长，微小概率的闪退使越来越多的用户在体验上大打折扣。同时，App 版本分布的不断增加亦加剧了代码的碎片化，致使功能管理愈加复杂。

另一方面，手机型号与操作系统版本增多，也给移动端开发者造成了不少困扰。特别是 Android 平台，由于其开放性，导致了大量专项开发与优化，增加了代码管控的难度与复杂度，这也给移动开发者提出了更高的挑战。

面对这一系列技术挑战，饿了么开启了移动基础设施的建设工程，以应对未来在移动端所面临的变化以及更多挑战。本文将从以下几个方面细谈饿了么移动基础设施建设的实践：

- 移动端用户体验的分级；
- 移动基础设施的概念；
- 饿了么移动基础设施的建设实践。

移动端用户体验的分级

在这样一个以用户体验为王的时代，追求极致的用户体验往往是产品经理们追逐的最高梦想。因此，更简化的流程、更炫酷的动画总是成为每次产品更新迭代的主角，从不会褪去其"No.1"的光环。

然而事实上，App 和过去 Web 时代的产品有着分明且本质的区别，比如用户更新意愿低、存在故障时难修复、视觉要求更高等。因此，在这样一场追求 App 极致体验的战争中，移动端的程序员兄弟们也应该是并肩作战的团队成员之一。因为技术上的用户体验，重要程度其实并不亚于以上的主角。

Level 1 能用

"能用"是每个用户对于使用 App 最基本的诉求。但当我们钟爱的 App 在使用过程中遇到诸如内存访问越界等特殊异常时，它往往会表现出一种最让我们反感的现象——闪退，移动端工程师们称之为"Crash"。

这种让 App 完全无法使用的情况是用户最为恼火的场景。因此，如何最大限度地降低 App 的 Crash 率便成为了移动端技术人员们追求的用户体验最高核心。一款无法稳定运行的 App 当然无法得到用户的青睐！

Level 2 可用

"可用"，来自为用户提供稳定可靠的服务表述，这是比较容易理解的。设想一下，当我们正在选择美食时，却提示网络不可用；又或是页面上的"菊花"转了一分钟也没有出现想要的菜单，这些都会让我们对这样一款 App 产品失望。然而，"可用"却又是比较难实现的一个等级。当用户量少、业务简单时，网络的流量并不会对服务器端造成过大压力；而随着用户量的增长，不同地域、运营商、网络环境的一点点小的抖动，都会导致用户网络请求的不确定性。

因此，如何最大限度地保障网络数据的稳定性，让我们的 App "可用"，是每天都在面临的挑战。

Level 3 好用

当我们的 App 达成了"能用"和"可用"的体验后，便来到了第三个层次——"好用"。

与前两者体验需求的不同之处在于，"好用"除了在产品上要求流程简单便捷，同时也对动画效果提出了更高的要求。在技术上这往往表现为每秒刷新的"FPS"帧率达到一定数值，页面切换无卡顿感，同时 App 能够在第一时间响应用户的触摸操作等。

"好用"是对产品经理以及应用开发者在页面性能优化上的极致挑战，是一个长期追求，并不断努力的终极目标。

移动基础设施的概念

在以上的用户体验分层概念中，我们可以看到，这种用户体验的提升是不断打怪升级的战役，自然也少不了坎坷。在很长一段时间内，由于缺乏相应的测试和监控工具，App 端的问题一度只能通过后端监控来推断。

为了更好地应对这样一系列与 App 相关的问题，我们提出了建设移动基础设施的构想。本节先来谈谈什么是移动基础设施。

我们都知道，一款 App 的研发流程大致可以总结为：
- 产品提出设计原型，UED 设计好视觉效果稿；
- 工程师针对设计稿件进行编码、Debug、完成开发；
- 工程师将开发好的程序进行打包、发布；
- App 产品正式上线并发布。

而在最近几年，随着 iOS 和 Android 的技术进步，又出现了一系列线上热修复技术，因此在以上的 App 研发流程中再添一员——"HotPatch 修复"。

再简单一点，可以直接归纳为：产品→开发→发布→线上→修复。

而移动基础设施（Mobile Infrastructure，我们称之为"Minfra"）提供了除产品流程外的一整套 App 研发管控的 SaaS 服务，即涉及开发、发布、线上和修复的全生命周期管控平台。

饿了么移动基础设施建设的实践

饿了么移动技术团队在面对以上流程时，搭建了名为"Grand"的总体管控平台，并分别建立相应的管控模块来进行保障工作。接下来将分模块谈谈每个流程的具体细节。

持续集成

持续集成是每个互联网公司基本都会部署的一道开胃菜，通过代码仓库的"Webhook"操作来自动触发一次编译构造，从而快速定位该代码集成是否会导致整个项目崩溃。这一步，是一项"掌控代码"的操作。

对于持续集成的平台搭建来说，业内最常用的便是"Jenkins"。通过简单的"job"配置就可以轻松跑起一款 App 的持续集成。同时它还具备强大的可扩展性、简便的集群管控能力。也正因为这些优点，我们最终选择了"Jenkins"。

然而在饿了么，由于 App 数量众多，且随时可能会有新的 App 成员加入。于是乎，在这样一种业务场景下，为每款 App 都单独进行一次自定义配置就成了奢望。如何使用一个"job"就能让所有 App 都跑起来，是我们首要解决的问题。

得益于"Jenkins"平台的高度可自定义性，我们使用自己的 Python 脚本完成了持续集成的管控工作（如图 1 所示），同时使用"Grand"平台实现前端状态的监控工作。每款 App 使用一个预定义好的配置，来配合脚本内预定义的不同打包行为，最终汇总结果于"Grand"平台。

图 1　Jenkins 管控页面

持续集成平台的搭建，让团队合作的代码最终趋于稳定状态。完全自定义的脚本代码，让未来"静态代码检测分析"、"自动化测试平台"的加入成为可能，真正实现了对代码的掌控。

Release

代码已经 OK，功能也已完备，接下来就是接受千万用户检验的时刻了。在此，"发布"这个看起来最寻常、最微乎其微的功能服务，却是发挥极大作用的功臣。我们前面提到，由于用户量巨大，99.99% 的 Crash 率也能给成千上万的用户带来困扰。为了最大限度地减少这种困扰，一个具备"灰度发布"的服务被赋予了非凡的意义。

通过向特定的手机、城市甚至人群发送升级提醒，让部分、少量的用户升级至新App（如图2所示），以观察这部分用户的Crash率成为了我们防止大规模Crash最主要的解决方案之一。在灰度的过程中，一旦发现Crash率快速上升，则可通过关闭"发布"渠道来防止事态的进一步升级，让"能用"这一用户体验等级得到掌控。

图2　App发布灰度配置信息

看到这里，一定有读者会产生疑问，对于Android操作系统而言，以上方案或许可行，但对于iOS是否有更加可行的方案？

的确如此，对于iOS平台而言，由于App Store的存在，往往很难达到灰度控制的目的。事实上，如果有条件的话，可以适当地采用iOS企业版来做灰度。不过这种方案并不被推荐，企业版也不是为该种目的而生，所以我们也并未完全采取这种方案。

另一种iOS的灰度渠道方案，则是在各大越狱社区进行分发，同样可以绕过某些监管。当然，由于安全性原因，也具备一定风险。因此，如何取舍还是得读者自己衡量。

HotPatch

上文提到，在我们的App发布过程中，一般会让部分用户进行升级，通过观察其Crash率来决定是否最终全量该版本。在过去，这部分用户被"牺牲"后，如果其不主动再次升级自身软件版本，阴影将永远笼罩在他们的头顶。然而数据告诉我们，移动App用户的主动升级率一直处在低位，因此总会有这样一些用户不断被这团阴霾所困扰，最终选择离开我们。

在这种历史情景下催生的"HotPatch"技术，简直就像是救命稻草一样，拯救了一大批这样的App用户，同时也拯救了在移动端默默奋斗的程序员们。只需通过"HotPatch"服务有针对性地下发修复Bug的Patch包，就能达到降低Crash率的目的（如图3所示），从而很好地提升用户的基本体验。也就难怪该项技术出现后，各大厂商都趋之若鹜。

图3　通过"HotPatch"发布包

小结

我们通过提供"持续集成"、"Release"以及"HotPatch"三项服务，使用掌控代码、掌控灰度以及掌控闪退的方式，来避免技术原因所造成的闪退，让用户体验的第一维度——"可用"，这一最基本的诉求得到了满足。

对于用户体验的第二维度，在去年一个很火的词——"APM"，让其成为了可能。

APM

在用户体验第二维度的世界里，网络问题是最主要的问题。事实上，网络问题归根到底也基本就是两个问题——网络延迟与网络错误。

在没有移动APM基础设施之前，遇上网络问题时，基本只能求助于后端的监控系统。但当用户的请求并未到达我们自身的IDC机房时，比如因运营商劫持、某省网络抖动等产生的延迟和错误，大多只能靠经验或猜想来解决。这时如果能从App端的视角来看待其发生的网络情况和问题，就能更有针对性地了解其产生症状的根本。

为了达到收集每款App所有网络请求的目的，我们采用了移动端的"AOP"技术，来获取该App中发生的每个网络请求的时间信息。这些时间主要包括网络协议栈上的"首包时间"、"DNS时间"、"TCP时间"、"SSL时间"和"请求时间"。当然，我们也同时获取网络层的错误信息，主要包括HTTP层的网络错误码，以及网络链路层的错误代号。

分析以上网络数据中的各个时间序列，基本能够了解从用户设备到机房的各项网络时间，从而更方便地确认导致用户网络请求缓慢的原因是来自于网络的延迟，还是后端的响应超时。如果后者是主因，还能再通过该请求的唯一标示符去查询后台的监控系统，追本溯源，最后有针对性地优化与解决。而通过上面的网络错误码，可以在第一时间了解用户端大量发生的网络链路问题情况，为服务器端出现的问题提供宝贵的数据支撑（见图4）。

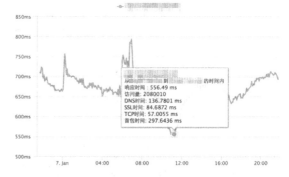

图4　服务响应数据一览

通过"APM"的网络层错误的收集，可以实时发现某个域名主机所发生的问题。这时，如果能同时结合该域名主机的响应时间，以及后端的监控系统，便能够达到整条网络链路监控打通的目的，让每一次的服务请求都有迹可循有源可溯，真正做到让我们的App能够持续地"可用"。

俗话说得好，没有度量就无法提高。网络监控提供给我们的数据便是提升用户体验最好的度量，让我们能够持续不断地提升"可用"服务的质量。

未来

现在，我们的App"能用"、"可用"，那么如何更进一步让它"好用"？这便是我们接下来所追求的最终目标。我们设想，如果能够实时了解App用户在使用过程中的各项流畅度体验数值，就可以在接下来的版本中有针对性地对相应的功能进行优化；同时，如果能够了解到我们的用户在研发实验室中没有的机型以及OS版本上的各项数值，也就可以帮助我们的研发人员有针对性地对该机型或操作系统进行相应的优化，从而提升用户的流程度体验。

另一方面，更好的代码质量检查也是"Grand"接下来所需进行的工作之一。且随着我们移动自动化测试平台"Stellar"的研发和加入，相信"Grand"会在不久的将来，能够成为综合一键打包、发布、自动化监控和告警的智能移动基础服务平台。

美团点评酒旅移动端 Vue.js 实践

文 / 胡成全

> 美团点评酒旅前端团队在对比了主流MVVM框架后，选择了实现上轻量、学习曲线平缓、专注在HTML视图层的Vue.js，并由此开始了在组件库、样式库、开发工具脚手架、静态资源离线化等的生态建设，开发效率得到了极大的提高。

前言

移动端HTML5因其开发效率高、多端适配能力强而为广大开发者所熟知。而企业级的团队开发对技术成熟度、学习成本、开发便捷性以及大规模应用的架构能力有严格的要求。合理的技术选型，一致的开发规范对前端技术团队尤为重要。

美团点评酒旅前端专注于手机和桌面浏览器，因此不必考虑和客户端共享代码。在对比流行的MVVM框架AngularJS、React和Vue.js后，我们认为，实现上轻量、学习曲线平缓、专注在HTML视图层的Vuejs，能够最大限度地契合酒旅的团队需要。

需要解决的问题

经过前期的快速发展，在完成业务目标的同时，各系统之间的技术选型差异逐渐放大。技术栈不统一带来的开发效率问题日渐突出，系统维护成本显著增加，基础技术建设收效甚微，难以开展。我们面临的问题主要有：

- 业务线技术栈不统一，AngularJS、Vue.js、jQuery和传统老项目并存，项目切换和维护成本较高；
- 基础技术建设无法开展，业务和技术组件无法复用，一个技术方案需要多个版本的实现；
- 团队规模扩大，新人培训和快速切入业务难度大，团队效率下降。

因此，我们需要解决的核心问题是：

- 统一技术选型，降低团队学习成本；
- 完善技术生态，技术方案提取和复用，提高开发效率。

企业级的团队协作

多人协作的前端项目，技术选型需要满足并行开发，能做到较好的模块分解、组件复用、数据和状态管理清晰易于维护。同时兼具良好的开发体验，如开发调试、开发工具和项目脚手架。在这些方面，Vue.js的单文件组件开发方案、Vuex的数据和状态管理方案，能很好地契合预期。

经过反复尝试和探索，我们总结出了一整套行之有效的实践经验，包括对Vue.js的使用、业务生态建设、性能优化和工程化的一些建议。下面将分别进行介绍和说明。

Vue.js 开发规范

Vue.js有多种开发和使用方式，为方便代码维护和作为技术栈统一的延伸，我们约定了一致的编码规范，对常见的使用方式做了一致性约束。

SFC 模块化开发

Vue.js使用自定义标签的方式为HTML扩充标签集合，自定义标签需要定义并注册到Vue运行环境。通常的开发方式下，我们简单通过Vue.component注册全局组件就能达到目的，一次注册，到处使用。但对于复杂的场景，其缺点直接导致了代码可维护性的降低，譬如：

- 全局组件命名问题，组件提供方需要避免组件名称重复；
- 组件中无法添加CSS，这使得组件的样式必须和组件本身分开管理维护。

为此，我们选择了使用Vue.js官方推荐的组件开发方式Single File Components构建复杂应用。在此开发方式下，组件的所有代码汇总到一个扩展名为.vue的文件中，实现组件间的低耦合。通过官方推荐的自动构架工具vue-loader完成代码的构建。更进一步，对于复用率高的组件，我们后期直接提取到团队自建的npm仓库，对其他业务线直接提供技术支持。

使用 Vuex 管理状态

对简单应用，组件间的组织方式比较简单，通过消息通信机制实现彼此状态的更新和同步，应用数据和状态分散存储在各个组件中并没有太大问题。随着业务场景的复杂和功能迭代，状态间的消息变成一个不可维护的网状结构，可维护性急剧下降，直到不可维护。为此，我们对业务级别的应用，根据其复杂程度，确定是否选用Vuex统一维护数据和状态。Vuex的核心规则是通过Vuex.Store创建实例store，并将其挂载到父子组件中的。Store由以下几部分组成：

- State对象存储原始数据；
- Getters函数定义State的获取方式，组件引入Getters获取数据并完成视图渲染；
- Mutations定义State中数据的更新方式，并唯一持有对State的更新入口；

- Actions 作为 Mutations 的外层包装，对内持有对 Mutations 的访问权限，对外提供数据更新的入口。

实际开发中，我们在对 Vuex 的使用方法做了调整，以便于模块化开发，如：

- 将每个子组件的数据分开定义，每个模块的数据独自保有一个命名空间；
- 负责更新数据的 Mutations 指令，约定一致的命名规则，譬如以组件名称作为前缀，做到望文生义；
- State、Mutations、Actions 在同一个文件中定义，不做单独引入，确保一致的入口和引用方式；
- 子组件的数据定义 Mixin 到统一入口文件，并创建 Store 实例。

这样一来，我们彻底剥离了数据状态管理和核心业务逻辑部分的代码。在组件级别上以最小的侵入实现了数据挂载，组件模块化管理解耦成功。

技术生态建设

我们已经实现了开发技术栈的统一，为了提高开发效率，避免重复造轮子，并且对轮子的质量提供统一的质量保证。我们建设了一个 Vue.js 组件库 Vue Gallary，沉淀出业务中的一些交互解决方案和通用业务组件，确定准入规则后发布到自建的 npm 仓库。

在组件准入规则上，我们构建了组件开发脚手架，约定了组件的开发规范，一键生成项目代码主体结构，帮助开发者更好地开发基础组件。此外，对于所有组件，我们建设了一个组件库平台系统，可以查阅现有组件情况、Demo 实例和组件信息、使用方式等。我们会在代码仓库层面统计组件被使用的频率，评估组件的使用情况和带来的开发效率提高。

我们 HTML5 应用面向多端，如美团 App、点评 App、大象，在不同的 App 上视觉规范不一致，如何做到同一套代码的多端视觉适配呢？为此，我们实现了一个多端的样式适配方案 Hue。我们对业务的多端视觉规范做了统一收集和汇总，整理出一套通用样式解决方案，开发者根据自己所处的环境，引用不同的样式文件实现换肤。听起来很简单，但在对子组件的样式适配上会显得比较复杂。通常，组件的样式都是定义在组件内部的，如何让组件也实现换肤，这才是重点。我们的方式是：样式库是可编码的预处理文件，组件通过 npm 引入样式库并依赖其中的公共样式部分。在构建目标代码时选择要支持的终端平台，将样式文件提取到一个文件中，根据选择的终端构建出不同版本。这部分样式以页面为维度，一个页面构建出一个样式文件。

此外，我们还开发了 Vue.js 组件的性能统计工具，可以统计组件在各个生命周期的性能情况，确定性能瓶颈，帮助开发者提高组件性能。

Super Bridge

如上所述，我们的代码要运行在不同终端上，终端提供了一些 HTML5 所不具备的 Native API，但不同终端提供的 API 功能不尽相同，这给业务方带来了抹平终端差异的成本。为此，我们为了提高开发效率，实现了一个 Super Bridge 的解决方案，对开发者屏蔽了实现差异，其核心内容主要包含：

- 顶层业务接口封装，用户直接操作这部分接口；
- 检查当前终端环境，动态载入当前终端的特定 JS Bridge 实现；
- 对尚未开放的 API，实现 HTML5 版本提供服务。

性能优化

- **前端离线化**：移动端对网络要求较高，页面加载问题比传统 PC 端更加突出。为增强用户体验，减少前端加载时间是一个必要的技术手段。目前我们已经实现了一套纯前端、增量式的代码离线化方案。该方案通过浏览器本地存储特性、增量式的代码构建策略，以及可配置的本地存储空间管理实现。目前已经在机票业务上得到实践和验证，加载效率提升了 50%。
- **客户端离线化**：对于 Hybrid 开发方式，我们借助客户端的能力，实现了一套客户端静态资源离线方案。该方案通过消息推送、URL 拦截、资源预加载的方式，打破纯前端离线化的技术限制，实现更多的离线策略和配置。此方案已经在多个业务实践和验证，目前正在做方案的升级和改造，以期满足更多业务场景。
- **构建策略**：我们采用了非关键代码的异步载入策略，将其分片构建到多个目标文件，以此提升用户可交互时间。
- **业务场景**：性能优化是一个永恒的议题，常见的方法有迹可循。部分优化方案需要分析业务场景，或者走查代码逻辑才能得出结论。譬如我们主流程有四个页面，每个页面都会尝试写入 Cookie，但分析业务之后发现绝大多数情况只需要在第一个页面写入即可。其他页面的策略可以调整为——如果获取不到再尝试写入。整个链路节约的时间就相当可观。

前端工程化

我们采用 E6 语法进行业务开发，一方面实现源代码级别的精炼，一方面与主流的技术趋势保持对齐。通过制定团队内的代码编码规范，梳理出 ESLint 代码检查规则，并在代码提交阶段做代码检查。

- 数据 Mock：为完成前端代码。
- 包管理策略：npm 策略升级为 Yarn，之前我们有发生过依赖的包版本不一致导致的线上问题。
- 开发脚手架：我们自建了一套前端开发脚手架 AWP，通过其初始化前端项目，完成代码构建、调试和发布。

使用建议

Vue.js 可供使用的框架特性和语法特点非常丰富，但在团队协作中，选择一致的功能集合，保持一致的使用规则非常重要。结合美团酒旅前端团队的使用情况，我们将团队的使用规则总结如下：

- 业务组件均以单文件的方式编写，禁止注册全局组件而通过 Component 方式引入子组件；页面尽可能分解为组件，并做好解耦。
- 数据管理优先使用 Vuex，通用组件选择性使用 props 方式；store 的定义可以以组件的维度做好分解，在入口处做好聚合。
- 尽量不使用消息分发和广播做通信依赖，避免"消息网"带来的维护灾难。
- 数据绑定优先使用 mastache 语法，尽量避免生僻指令。
- 避免使用内部钩子和方法，除非必要；禁止直接操作 DOM。

- 考虑组件按需加载的特性做好分块和打包，加速页面载入。

问题

当前，Vue.js 已然成为前端最流行的框架之一，任何级别的改进，对广大的使用群体来说，收益都将是巨大的。本着造福广大用户的初衷，希望 Vue.js 本身能继续保持高质量的稳步迭代。

我们在使用个过程中曾遇到的最大问题，是从 Vue.js 1 升级到 Vue.js 2 引起的大量代码修改和调整。尽管我们对大版本升级带来的改动是有一定预期的，但作为一线用户，总希望有更好的兼容性，或进一步在升级指南上加强引导。

关于文档，中文官方文档更新落后于英文文档，团队中有同学因为中文文档引发过问题。希望 Vue.js 团队能在这方面做一些引导和提醒，譬如标注好更明确的版本信息，文档更新日期。

关于测试，官方文档的测试部分比较简陋，社区的很多示例项目甚至没有测试，希望官方能够做一些引导和测试准入机制。譬如推荐测试框架，完成一份标准的测试准入示例。

结语

目前，美团点评酒旅前端团队已经实现技术栈的统一，并在此基础上完成了组件库、样式库、开发工具脚手架、静态资源离线化等生态建设，开发效率得到了极大的提高。未来，我们将继续在统一技术栈的背景下完善基础建设，服务好业务团队，包括正在进行的基于 Vue.js 的企业级框架的开发、基于 Vue.js 开发规范的微信小程序项目脚手架等。P

前端感官性能的衡量和优化实践

文 / 郭凯

对于前端而言，性能和体验优化是亘古不变的话题。前端行业自从互联网出现后迅猛发展，从最初实现网页特效到如今的富应用、混合开发、乃至大型互联网应用的开发，从当初的脚本语言发展至今成为一门当之无愧的开发语言，更可谓是从农耕时代步入到了工业时代。随之而来前端面临的挑战也越来越多，诸如性能体验、工程效率、甚至服务运维的问题对于前端而言已经不是什么新鲜话题了。本文旨在讨论如何衡量用户的感官性能，以及如何实现感官性能的跨平台对标。

笔者曾就职过音悦台、淘宝旅行，如今就职于美团点评酒旅事业群，期间开发并接触过不少面向用户的 C 端项目，性能和体验这两个关注点基本上是用户端项目的标配，因此 "开发→上线→监控→性能优化→上线 - 监控……" 成了用户端项目的常见开发流程。

我们为什么需要关注站点的性能，性能为什么如此重要呢？如今任何互联网产品首先重要的都是流量，流量最终会转换为商业价值。所以在互联网产品中，流量、转化率和留存率基本上是产品经理或者业务非常关注的几个因素，而性能则会直接影响到用户的转化和留存（在一定阶段之后影响较大，产品初期功能的因素占比更大）。所以换言之，性能其实是钱，我们关注和监测性能并非是为了数据而数据。产品的使用体验我认为包含三大要素：产品功能、交互视觉、前端性能，而我们做性能优化的最终目的是提升前端性能，从而提升产品体验。

传统性能优化

值得庆幸的是，前端的性能优化有诸多有迹可循的理论和方法，比如 Yahoo！性能军规（Best Practices for Speeding Up Your Web Site）、Google PageSpeed Insights Rules（https://developers.google.com/speed/docs/insights/rules）。万变不离其宗，诸如此类的性能优化准则都可以对应到 Browser Processing Model 的不同阶段。

根据图 1 的 Processing Model，我们可以统计得到以下性能指标：

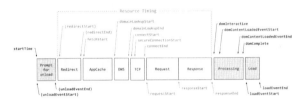

图 1　浏览器的加载和处理过程

- redirect: timing.fetchStart – timing.navigationStart
- dns: timing.domainLookupEnd – timing.domainLookupStart
- connect: timing.connectEnd – timing.connectStart
- network: timing.connectEnd – timing.navigationStart
- load: timing.loadEventEnd – timing.navigationStart
- domReady: timing.domContentLoadedEventStart – timing.navigationStart
- interactive: timing.domInteractive – timing.navigationStart
- ttf: timing.fetchStart – timing.navigationStart
- ttr: timing.requestStart – timing.navigationStart
- ttdns: timing.domainLookupStart – timing.navigationStart
- ttconnect: timing.connectStart – timing.navigationStart
- ttfb: timing.responseStart – timing.navigationStart
- firstPaint: timing.msFirstPaint – timing.navigationStart

这些指标对于前端而言都司空见惯，基本上核心关注的无外乎是：首字节时间（用于衡量网络链路和服务器响应性能）、白屏时间（firstPaint）、可交互时间（interactive）、完全加载时间（load）。我们在很长一段时间里都是根据这些指标来量化分析我们的站点性能，似乎不曾认真想过这些指标是否能够真正的反应用户的感官性能。

显然，这些指标绝大部分都属于非视觉指标（Non-Visual Metrics），是体验优化的常规指标，更是体验和性能优化中逃不开的关键因素，但却并非感官指标，也并不能完全衡量出用户的感官性能（Perceptual Performance）。

感官性能优化

所谓感官性能，即用户直观感知到的性能，用户感受是一种非常主观的判断，那么如何衡量和统计感知性能？通常我们针对用户感知会通过用研分析的方式（眼动仪、用户沟通、用户反馈、调研问卷、专家评估）来评估和衡量。但感官性能不同于用户感受，是否有方式可以量化和衡量呢？笔者经过一些调研和了解后，发现感官性能是可以通过一定方式进行衡量、分析和对标的，因为对性能的感受更多反映在视觉的变化上，因此我们可以通过一些视觉指标来衡量感官性能：

- First Paint Time
- First Contentful Paint Time
- First Meaningful Paint Time
- First Interactive Time
- Consistently Interactive Time
- Fisrt Visual Change
- Last Visual Change
- Speed Index
- Perceptual Speed Index

First Paint 又称之为 First Non-Blank Paint，表示文档中任一元素首次渲染的时间。First Contentful Paint 代表文档中内容元素（文本、图像、Canvas，或者 SVG）首次渲染的时间。它通常情况下是无意义的渲染，比如头部和导航条。First Meaningful Paint Time 代表首次有意义的渲染时间（它的统计在重大的布局变化之后，往往代表了用户所关心的首次渲染时间），First Interactive Time、Consistently Interactive Time 分别表示首次可交互时间和持续可交互时间。

如图 2 的流程图展示了 Blink 内核中 Time-to-first-X-paint 的分析原理和上报路径（其他 first-X-paint 的指标类似）。

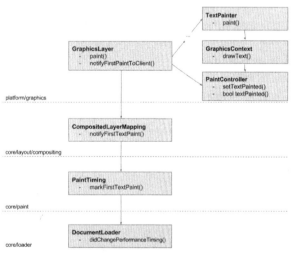

图 2 Blink 内核中 Time-to-first-X-paint 的分析原理和上报路径

Fisrt Visual Change、Last Visual Change 分别表示首次和最后一次视觉发生变化的时间点，Speed Index、Perceptual Speed Index 均为视觉速度，两者的区别在于背后所用到的算法不同，前者采用了 Mean Pixel-Histogram Difference 算法，后者则采用了 Structural Similarity Image Metric 算法，其中 Perceptual Speed Index 的统计结果更贴近用户的真实感受。Speed Index 的算法如下，它代表了我们页面在加载过程中视觉上的变化速度，其值越小代表感官性能越好：

$$Index \int_{start}^{end} 1 - \frac{VisualComplete}{100} dt$$

通过 FCP（First Contentful Paint）、FMP（First Meaningful Paint）、PSI（Perceptual Speed Index），我们可以实现跨平台的感官性能分析和对比（比如可以实现 HTML5 和 Hybrid 对比，HTML5 和原生应用的对比等），如图 3 所示为我们项目中某列表页的 SI 和 PSI 柱状图。

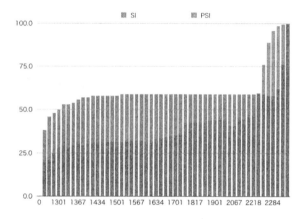

图 3 业务项目中某列表页的 SI 和 PSI 柱状示意图

性能优化分析工具

提及性能优化分析工具，在开发阶段我们拥有众多的选择（比如 Chrome 自带的 Dev Tools、老牌的 YSlow、以及 Google 推出的 PageSpeed Insights），这里笔者强烈推荐的是 Lighthouse。Lighthouse 是一个开源的自动化工具，运行 Lighthouse 的方式有两种：一种是作为 Chrome 扩展程序运行；另一种作为命令行工具运行。Chrome 扩展程序提供了一个对用户更友好的界面，方便读取报告。命令行工具允许将 Lighthouse 集成到持续集成系统。

通过 Lighthouse 我们可以对页面从 PWA、性能、可访问性、最佳实践几个方面进行多维度的分析，并给出结果和建议，上文中提到的 FMP（First Meaningful Paint）、FI（First Interactive）、CI（Consistently Interactive）、PSI（Perceptual Speed Index）都可以从其中的性能报告中分析得到。

由于篇幅所限，对于 Lighthouse 的细节说明、原理及使用在此不再赘述，基本上在开发阶段通过 Chrome Dev Tools、Lighthouse 完全可以进行全面的性能体验和分析，已经能够为我们的优化提供足够多的指导建议。

感官性能的跨平台对标

仅仅在开发阶段拥有可用的分析检测工具还远远不够，通常情况下，我们更希望在产品上线后，和竞对的产品进行感官性能的对标分析，而这里往往会涉及跨平台（因为竞对的产品实现可能是通过 HTML5 实现，也可能是诸如 Weex、React Native 的混合开发形式，当然还有很大一部分可能是原生的实现）。

图4 使用Twilight分析工具获取感官性能指标的流程

如何进行跨平台的感官性能对标,在笔者看来非常重要,现在行业内大家普遍采用的对标方式是视频对比,通过两个视频的时间轴对比来说明感官性能的提升。个人认为这种方式无法做到量化和自动化,因此可能会出现不同的人对比得出的结果并不能够对齐,同时效率较低。

我们需要做的仅仅是更进一步,将视频对比的过程量化和自动化。因此笔者在充分调研了现有社区的一些实现后,和同事封装了一个简单易用的小工具(Twilight)用于感官性能的跨平台对标。我们需要做的仅仅是录制视频,然后点选关键帧,之后便能够自动地将SI(Speed Index)、PSI(Perceptual Speed Index)、FVC(First Visual Change)、FCP(FirstContentful Paint)、FMP(First Meaningful Paint)、LVC(Last Visual Change)等指标可视化地呈现出来。

业务应用优化实践

在业务项目上我们也针对国际机票进行了一系列的摸索和实践。国际机票在客户端内以及纯浏览器中都可能被访问,采用了Vue2.0作为基础框架,并通过纯静态化的方式开发并部署至CDN。起初国际机票的页面加载白屏明显(首次内容渲染时间长),用户体验较差。因此我们通过上述提到的一些工具进行了分析,发现网络请求、应用启动、接口请求是影响列表页性能加载的三大因素。

针对上述问题,我们采用了以下关键的优化策略:

- 纯前端离线化(在浏览器中通过纯前端的手段进行资源文件的离线化);
- 客户端离线化(在客户端容器内通过离线包的方式实现资源文件及页面的离线化);

- 页面组件化并按需加载(通过组件化方式对页面细粒度拆分并按需加载);
- 预渲染提升感官性能(在框架启动之前,通过预渲染的方式确保页面框架最快呈现)。

通过上述优化策略优化后,效果显著,纯前端离线化上线后可交互和完全加载时间提升50%,客户端离线化上线后,首字节时间基本为0(降低500毫秒),可交互和完全加载时间相较纯前端离线化进一步提升30%至50%,按需加载和预渲染上线后页面的FMP(First Meaningful Paint)提升80%。

如图5所示为列表页在Chrome浏览器中模拟4G并将CPU模拟4倍降速(CPU Throttling 4x slowdown)的表现(不包含客户端离线化的效果)。

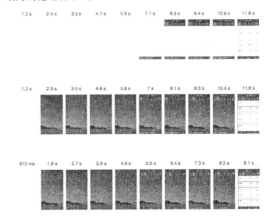

图5 国际机票项目性能优化前后的加载效果对比

性能分析及优化小结

虽然我们在业务项目中的实践取得了一定的效果,但优化之路漫漫,还有很多空间的可能性。欢迎对性能优化感兴趣的同行一同交流,Do Better Web。以上是笔者在调研和项目实践过程中的一点心得和总结。前端的性能分析和优化方式,无论是传统性能还是感官性能完全有迹可循。开发阶段可以使用Dev Tools、Lighthouse,借助非视觉指标(Non-Visual Metrics)和视觉指标(Visual Metrics)进行分析,遵循传统性能优化军规以及Google PRPL Pattern进行性能优化。通过我们提供的工具Twilight可以便捷的实现感官性能的跨平台对标分析。

微信全文搜索优化之路

文 / 陈家敏

基于本地数据的全文搜索(Full-Text-Search,简称FTS)在移动应用上扮演着重要角色,与基于服务端提供的搜索服务不同,移动端受硬件条件限制,尤其在数据量相对较大的情况下,搜索性能问题表现得十分突出。本文以移动平台广泛采用的SQLite FTS Extension为例,介绍了移动平台FTS的基本原理,并结合微信Android客户端自身实践,重点讲述微信在FTS上的一些性能优化经验。

SQLite FTS Extension

SQLite FTS Extension是SQLite为全文搜索开发的插件,内嵌在标准的SQLite发布版本当中,主要具有如下特点。

- 搜索速度快:使用倒排索引加速查找过程。
- 稳定性好:目前SQLite在移动端的稳定性较为良好,FTS Extension是在SQLite基础上搭建而成的。
- 接入简单:Android和iOS平台本身就支持SQLite,且

FTS Extension 的使用与 SQLite 表无异。

- **兼容性好**：得益于 SQLite 本身良好的兼容性，SQLite FTS Extension 也拥有很好的兼容性。

目前 SQLite FTS Extension 已经发布了 5 个版本，在此简单介绍下主流的 3 个版本。

- **FTS3**：基础版本，具有完整的 FTS 特性，支持自定义分词器，库函数包括 Offsets、Snippet。
- **FTS4**：在 FTS3 的基础上，性能有较大优化，增加相关性函数计算 MatchInfo。
- **FTS5**：和 FTS4 相比有较大变动，储存格式上有较大改进，最明显就是 Instance-List 的分段存储，能够支持更大的 Instance-List 存储，并且开放 ExtensionAPI，支持自定义辅助函数。

微信全文搜索存储架构

微信全文搜索最初主要服务于联系人和聊天记录的业务搜索。在方案设计之初，为了让这个功能有很好的体验，同时考虑到未来接入业务会不断增多，我们将设计目标定为：

搜索速度快

微信全文搜索使用 SQLite FTS4 Extension，通过倒排索引提高搜索速度。

业务独立性

微信的核心业务是联系人和消息，而微信全文搜索无论是在建立索引、更新索引或者删除索引时，都需要处理大量数据，为了使全文搜索不影响微信的核心业务，采用了如图 1 所示的存储架构。具体体现为：

- **独立 DB、读写分离**：微信全文搜索在整体架构上独立于主业务，搜索 DB 也是独立于主业务 DB；当主业务数据发生更新时，主业务通过 EventBus 方式通知搜索对应的业务数据处理模块，该模块会通过一个独立的 ReadOnly 数据库连接访问主业务数据库，不和主业务存储层共享数据库连接。
- **减少数据库操作**：在搜索模块中，会有专门处理业务数据的模块，对一些复杂的数据结构进行特殊处理。例如，对于一个 500 人的群聊，如果将所有成员分次插入搜索 DB 中，会造成过多的数据库操作。所以，微信会把所有的群成员拼接为单个字符串，插入搜索 DB 中。
- **热数据延迟更新**：针对更新频率非常高的热数据，采用延迟更新策略。所有的索引数据分为正常数据和脏数据，当数据发生更新时，先把对应的数据标记为脏数据，然后有一个定时器，每隔 10min 将数据更新到索引中。

可扩展性高

高可扩展性要求搜索表结构和业务解耦。SQLite FTS 官网上的例子，都是以单索引表的方式，每一列对应业务的某一个属性，当对应业务发生变化时，就需要修改索引表的结构。为了解决业务变化而带来的表结构修改问题，微信将业务属性数字化，设计出如表 1 和表 2 的表结构。

表 1 索引表 -IndexTable

ColumnName	ColumnType	Comment
DocId	Long	索引表自动生成的 ID，RowId 的别名
Content	String	索引字段（每当插入一条 Content，FTS 会将它分词，插入索引）

表 2 数据表 -MetaTable

ColumnName	ColumnType	Comment
DocId	Long	外链 ID（IndexTable DocId）
Type	Integer	业务主类型
SubType	Integer	业务子类型
BusItemId	String	业务 ItemID
TimeStamp	Long	时间戳
Status	Integer	数据状态

其中，IndexTable 负责全文搜索的索引建立，它和逻辑无关，在搜索关键词时，只需要找到对应的 DocId 即可。MetaTable 负责业务逻辑的过滤，通过 Type 和 SubType 来过滤对应业务的数据，最后输出 BusItemId。

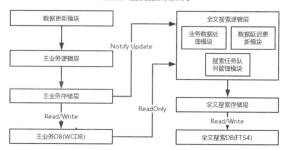

图 1 微信全文搜索总体架构图

搜索优化

从 2014 年 1 月的 5.4 版到 2017 年春节后的 6.5.7 版，微信总体用户量从 4 亿增加到 9 亿，伴随着重度用户数量的大幅增长，微信本地搜索的数据量也大幅积累下来，导致搜索速度不断下降，用户投诉持续增加。据统计，在 5.4 版本到 6.5.7 版本期间，微信全文搜索各个任务的平均搜索时间，增长超过 10 倍，给微信全文搜索带来巨大挑战。

为了优化搜索时长，先看下如图 2 所示的搜索流程。

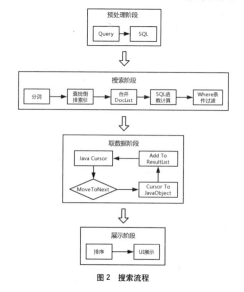

图 2 搜索流程

通过每个阶段的耗时，发现在取数据阶段，时间占比达到 80% 以上，并且搜索的结果集数据量越大，时间占比越高，最高可达 95%。取数据阶段是一个循环的过程，所以优化一个循环需要从两方面着手，减少单次循环耗时和总体循环次数。

减少单次循环执行耗时

深入 SQLite FTS4 Extension 源码，发现 FTS4 的库函数 Offsets 耗时占单次循环执行耗时 70% 以上，并且数据量越大耗时越长。

FTS4 库函数 Offsets：用于把词语偏移转为字节偏移，微信中使用字节做结果排序及高亮。

函数输入。

- Query：用户查找的关键词。
- 命中 Doc：关键词所命中的文档，即全文搜索中的基本单位，可以是一个网页，一篇文章或一条聊天记录。
- 目标词语偏移：在搜索阶段，通过关键词查找搜索索引可以拿到目标词语偏移。

函数输出。

- 目标字节偏移：表示关键词在命中 Doc 中的字节偏移。

例如：

Query=我 命中 Doc=我和我弟弟去逛街 目标词语偏移 =0、2

将命中 Doc 经过分词器分词，可以得到表 3。最后计算可以得出，目标字节偏移 =0、6。

表 3 词语偏移和字节偏移对应表

句子	我	和	我	弟	弟	去	逛街
词语偏移	0	1	2	3	4	5	6	7
字节偏移	0	3	6	9	12	15	18	21

如图 3 所示是 Offsets 函数处理命中 Doc 字节数和耗时的关系。Offsets 函数的处理过程中包括分词，所以第一步就优化分词器。

图 3 Offset 函数处理耗时

要优化分词器，分词规则是重中之重。微信的分词规则为英文和数字合并分词，非英文和数字单独分词。举个例子，如对于昵称"Hello520中国"，分词结果为"Hello"、"520"、"中"、"国"。这个分词规则的原因要归结于微信对全文搜索的结果排序需求主要是其他的属性排序，而非依据文档的相关性排序。即，全文搜索部分只需要找到存在关键词的文档，并不关心文档中存在几个关键词。且用户的输入 Query 大部分情况都不能组成词语，存在方言，所以把整个词语全部拆开建立索引是最佳的处理方式。

微信全文搜索开发起始于 2013 年年底，当时只能使用 FTS4，但其自带的分词器无法良好地支持中文，只能使用 ICU 分词器。相对来说，ICU 分词器接入比较简单，对中文支持较好。如图 4 所示，昵称"Hello520 中国"输入分词器中，从开始的 UTF8 编码，分词器会将其转化为 Unicode 编码，紧接着查找词典，最后进行后处理输出得到分词结果。但从输入输出中我们可以发现，转化编码和查找词典这两步其实是多余的。

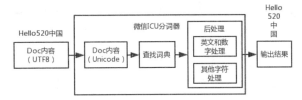

图 4 微信 ICU 分词处理过程

因此，最终微信舍弃了 ICU 分词器，转而自定义了 Simple 分词器。如图 5 所示，Simple 分词器直接处理 UTF8 编码的 Doc 内容，通过单个 Char，判断当前字符的 Unicode 编码范围及长度，并根据不同的情况做出不同的处理。

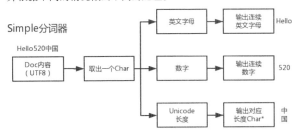

图 5 Simple 分词器分词过程

在经过分词器优化后，Offsets 函数耗时有了显著降低，从图 6 可见，处理 10 万 Byte 的耗时已经降低至 21ms。但这样的优化还远远不够，当处理超过 10 个 10W 结果 Doc 时，仍然会超过 200ms，所以也就有了下一步的优化。

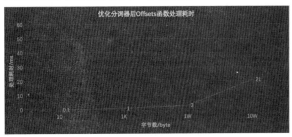

图 6 优化分词器后的 Offsets 函数处理耗时

在移动端，由于屏幕的限制，往往在最后显示搜索结果时，只会高亮少量命中的关键词，而 Offsets 函数会计算命中 Doc 中所有目标词语偏移，因此，我们需要对 Offsets 函数进行改造。

最开始，我们尝试的方案是直接修改 Offsets 函数源码，但不幸地发现 FTS4 对 API 的封装较难使用，且 Offsets 函数的依赖也较多，修改出来的代码很难维护，可读性也不好，所以需要寻找新的方法来优化。在经过一番研究后，我们发现 FTS5 支持自定义辅助函数，且有着较好的 API 封装，所以最后使用 FTS5 自定义辅助函数（MMHighLight）重新实现 Offsets 函数的功能，并加入了优化逻辑。

再以前文示例来看，输入：

Query=我 命中 Doc=我和我弟弟去逛街 目标词语偏移 =0、2 目标返回个数 =1

此时分词器分步回调，当分词器第一次返回"我"，符合目标词语偏移的第一个 0，并且此时已经满足目标返回个数 1，函数直接返回目标字节偏移等于 0，如图 7 所示，耗时实现了

10万 Byte 低至 2ms 的结果。

图7 MMHighLight 函数处理耗时

减少总体循环次数

减少取数据阶段的总体循环次数，比较容易想到的是在 SQL 层做数据的分页返回。这也就意味着我们需要在 DB 层排序，而其决定因素则为排序因子。但是微信全文搜索面对的业务排序因子非常繁杂，无法直接使用 SQL 中的 ORDER BY，所以需要通过一个中间函数转化，将所有的排序因子通过一个可比较的数字体现，最后再使用 ORDER BY 排序。

比较复杂的排序因子如下。

- 时间分段排序：时间范围在半年内，排序因子取决于下一级排序因子；时间范围在半年外，取决于时间的远近。
- 函数结果排序：排序因子是一个函数计算的结果，而非一个直接的数据库 Column，并且函数计算结果不可直接使用 ORDER BY，例如字符串形式的数字。

通过以上的分析，减少总体循环次数的核心点就在于，将 Java 层的排序转移到 SQL 层去做，优点如下：

- 减少 I/O；
- 减少 C 层到 Java 层的数据复制。

所以，这里关键的实现点在于中间转化函数，微信的中间转化函数 MMRank 是通过 FTS5 的辅助函数实现的。

如图 8 所示，MMRank 的实现原理就是通过把所有的排序因子转化到一个 64 位的 Long 数值当中，高优先级的排序因子置高位，低优先级的排序因子置低位。最后的 SQL 如下：

```
SELECT MMRank(A1, A2, A3, A4) AS Rank FROM
IndexTable ORDER BY RANK DESC;
```

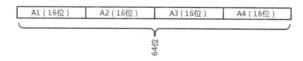

图8 MMRank 实现

特殊优化——聊天记录搜索优化

微信全文搜索中有一个比较特殊的搜索任务，就是聊天记录。如图 9 所示，红色圈内的数字表示，此会话中，包含关键字"我"的聊天记录的个数，而会话的排序规则就是会话的活跃时间。

微信聊天记录的搜索有一两个特点：

- 有统计属性；
- 数量非常多（单关键词命中最高可达到 20 万条）。

图9 微信聊天记录搜索

从前文搜索流程图可以看出，微信最初采用的方案是在 Java 层统计个数和排序，此方法在大数据的情况下不可取。鉴于之前分析减少循环次数可以通过分页返回，其核心点在于把排序从 Java 层转移到 SQL 层，所以就有了优化方案一。

优化方案一：Group By

实现 SQL 如下：

```
SELECT count(conv), MAX(timestamp) AS MaxTime FROM
IndexTable GROUP BY conv ORDER BY MaxTime DESC
LIMIT 4;
```

此方案通过 Group By 在 SQL 层直接统计出命中聊天记录的个数，并按照最近的时间排序，但是也有明显缺陷。

- 无法使用索引加速：当 Group By 和 Order By 同时使用时，Order By 中必须包含 Group By 的字段才可以命中索引，原因是使用 Group By 会生成中间子表。
- 全量计算：Group By 在 SQL 层统计命中聊天记录个数是统计了所有会话，图 9 中只需要统计 3 个会话，浪费了大量资源。

优化方案二：分步计算

鉴于方案一全量计算的问题，我们采用分步计算的方式。

第一步：找出最近活跃的 3 个会话。

```
SELECT count(*) FROM IndexTable ORDER BY timestamp
DESC LIMIT 3;
```

得到会话 conv1、conv2、conv3，然后执行以下 SQL 命令，可以分别得到 3 个会话的命中个数。

```
SELECT count(*) FROM IndexTable WHERE
conv='conv1'; SELECT count(*) FROM IndexTable
WHERE conv='conv2'; SELECT count(*) FROM
IndexTable WHERE conv='conv3';
```

但是这种方法也存在问题，需要执行多条 SQL，存在多次 I/O。

优化方案三：MessageCount

鉴于方案二需要多条 SQL 的问题，可以通过自定义聚合函数实现一次性统计。执行步骤如下：

第一步：找出最近活跃的 3 个会话。

```
SELECT count(*) FROM IndexTable ORDER BY timestamp
DESC LIMIT 3;
```

得到会话 conv1、conv2、conv3，然后执行以下 SQL。

```
SELECT MessageCount(3) FROM IndexTable WHERE conv
IN ('conv1','conv2','conv3');
```

可以一次性得到3个会话的命中个数。

总结

经过一系列优化后，微信全文搜索全体用户各个任务平均耗时都在 50ms 以下，而重度用户各个任务的平均搜索耗时都在 200ms 以下，平均时间优化的幅度达到 5 倍以上。但后续还是有很多值得优化的地方，譬如在计算高亮时，如果在 DocList 的数据结构中，直接加入字节偏移，还可以节省一部分时间。最后，希望这篇文章的一些经验摸索能够对大家在实际的研发工作中有所裨益。 ⓟ

ofo 移动端的过去与未来

文 / 李冈谕

ofo 是一家极高速成长的公司，在短短一年间，日活呈现几个量级地在成长，而这也直接导致面临着一些严峻的问题。

- 人才的成长速度跟不上公司发展速度：好的开发人才难寻。当公司发展太快，有越来越多工作需求时，提升开发效率远远比提升人员数量来得重要。正如《人月神话》一书中提到的，盲目增加人员数量只会让开发成本更高、项目更不可控。
- 国际本土化（Glocalization）：共享单车并不像 Uber、Airbnb 这类的共享经济，利用现有的市民资源来共享。ofo 自己投放单车到城市中，意味着当改变都市景观时，自然就会引起各城市和政府的提早介入与管制，这也导致 ofo 会提早遇到需要因应各政府的需求。因此，如何降低业务逻辑的复杂度就变得尤为重要。
- 需要持续优化来找到更好的模式：ofo 找到了 Product/Market fit，但现在还需要不断地去进行成长黑客（Growth Hacking）以及优化运营，来让收益和盈余最大化。这些都需要数据的支持，也就意味着客户端的 A/B Testing 的搜集效率非常重要。

由此，在面临着高速成长的情况下，ofo 移动客户端要如何有效控制技术债（Technical Debt）、提高开发效率，避免在将来变得难以开发维护，是最为重要的课题。

React Native 解决了什么问题

ofo 自 2017 年 6 月开始便在国际版中推动 React Native（以下简称为 RN）技术，希望通过 RN 诸多利好特性解决许多即将面临的问题。

- 快速迭代：RN 不需要编译、可热更新，代码变更可以立刻在设备上展示，缩短了升发确认的时间；RN 是声明式视图（Declarative View），这让复杂状态下的视图层（View Layers）容易撰写代码、单元测试和维护；RN 使用 JS 脚本语言，在 ES6 之后，语法变得简洁，开发效率也更高。
- 跨平台：由于业务逻辑和视图排版均由 JS 撰写，这些代码几乎都可以复用，只有少部分会需要依照平台特异性开发，这能大幅减少开发人员的需求和沟通成本；另外，在 iOS 和 Android 人数不均的情况下，使用 RN 也可以确保能相互支援；我们的 RN 开发者基本上都是原生开发者培训而来。还有就是共用代码还能确保各端逻辑一致，降低 iOS/Android 各平台实现不一致的情况。
- 热更新：RN 的热更新特性，大幅降低发布上线的周期。RN 的快速开发、上线及热更新，能够更有效地帮助进行 A/B Testing，让我们快速从市场中学习。这也是精益创业（Lean Startup）的核心之一。
- 易于单元测试：RN 和 Redux 的函数式编程概念，让代码更容易拆分、复用和单元测试。这也让自动化测试和持续集成更容易推动，对于长期开发来说至关重要。

RN 在 ofo 的应用现状

目前 ofo 共有 6 个客户端 App 在开发，其中，ofo 国内版采用的是原生开发，部分页面使用 RN 的混合开发方式进行。而国际版客户端则是将切换至纯 RN 开发，预计十月上线。另外，ofo 也有开发内部使用的 App 给供应链和一线运营人员使用，这些部分也是使用 RN 开发的。

而我们的 RN 开发者，是由 iOS/Android 工程师培训两周而来的，未来还会让大多数的移动端开发者会写 RN。这与 Airbnb 采用 RN 的理念相同——"One paradigm, one ecosystem"。

ofo 的客户端有许多必要的原生代码，包括蓝牙、定位、地图等。我们正在开发一套更新机制，除了让 JS Bundle 能够动态更新，也可以匹配原生的版本以及更新原生的功能，达到能高度可热更新的状态。将来还会搭配分包下载，以及 A/B Testing 的下发策略。

当前，我们也正在积极展开自动化测试、持续集成（CI），来降低产品迭代的测试问题，并提升代码质量，实现高迭代效率、快速应对市场的 DevOps 文化。

基于 RN 的 ofo App 开发架构

目前，ofo 的国际版 App 以及一些公司内部使用的 App 都采取了全 RN 架构。即一进入 App，便开始载入 RN 的 JS Bundle，并在原生视图上进行渲染。

其中，开发架构是单纯的 RN/Redux 的单向数据流（Unidirection Data Flow）。数据流的部分目前使用 Immutable.js，来确保状态可追踪性。React Native 则使用 Storybook/Storyshots 来写 UI 测试。除了使用 Jest 写测试，还用了 ESLint 和 Flowtype 来确保代码的质量。

在项目结构上采用的是 monorepo。我们将所有 Mobile App 以及模组的代码都放在单一 Git Repo 进行管理。这让共用模组的开发、测试以及自动化能够容易进行，确保共用代码的变更，可以让每个 App 都能通过自动化测试确保可以被集成，并缩短集成测试的周期。我们写了许多脚本，以及建立开发规范，来让 monorepo 可以顺利进行。

在模组集成方面，使用的是 lerna.js，并尽量模组化，让代码实现高内聚、低耦合，可被其他项目复用。这些包括了蓝牙锁、地图、网路通信层、UI 元件等。由于 RN 提供了 link 的指令，能够将 iOS/Android 原生代码整合入目标 App 中，这也让模块化更容易进行。

总结一下，ofo 移动端架构的特性主要体现在以下两点。

■ 注重代码品质：引入 ESLint、Flowtype、Jest 以及代码审查来确保代码品质。

■ 注重集成效率：使用 monorepo、lerna.js、react-native link 来进行模组化，以利持续集成和持续部署。

遇到的问题与解决方案

自 Facebook 公布 React Native 至今已有两年多，目前已经进入稳定期，从过去两周一更新，改成一个月一更新，早期核心架构上的问题大多已解决。最近的改版着重在一些 API 上的改变、性能优化、开发环境等问题，以及修复这些由新改版引发的新问题。

我们尽量使用最新版本的 RN，在性能遇到问题的部分，就先采取原生桥接的方式，待 RN 新版有效解决之后，再切回 RN 开发。目前主要遇到的性能问题，是在 FlatList 的性能上，这部分我们采用的方案是使用原生视图来替代。

另外一个问题是人才培育，我们发现国内优秀的 RN 开发者并不是很多，即便是好的 React 开发者也不容易招募到。目前我们移动端是让原生开发者进行约两周的培训，然后开始 RN 开发。也就直接导致一开始的开发效率并不是很高，由于是接触新的语言和框架，估计也要 2～3 个月才能进入较高效率的产出。

此外，我们在 8 月开始，在许多项目使用了 RN，这也造成 RN 培训成本的升高。目前也在优化 RN 的培训方式以及开发文化，让新入职的开发者，能够更快地进入 RN 开发状况。

总结

虽然 RN 已经开源超过两年，并进入了核心稳定的状况。但国内的 RN 开发风气还不盛行，许多人才和文化还需要培养。ofo 面对着接下来国际化的市场，以及成长需要做的市场测试，代码复杂度和开发周期强度会持续提升，如何降低技术债的问题并维持高效率的开发，是竞争的关键之一。Ⓟ

基于接口的消息通信解耦

文 / 彭飞

代码耦合与解耦是一个永恒的话题。耦合无论好坏，只有当耦合在特定的业务场景中限制了业务扩展、代码复用及维护，才需要采取一定的手段降低耦合度。面向对象的程序开发领域，尤其是 Java 领域，有着很成熟的解耦理念和框架，比如 IOC 以及 Spring Service。但在 Objective-C（以下简称 OC）领域，未有一个权威的框架或工具来处理代码耦合。

本文将尝试从当前 OC 领域的代码解耦实践及 58 App 实际业务场景，来建立一套基于接口的消息通信解耦框架，希望能抛砖引玉，能对同行有所启示和帮助。

问题背景

在提出具体需要解决的问题之前，先来简单看看 58 App 当前的框架现状，如图 1 所示。

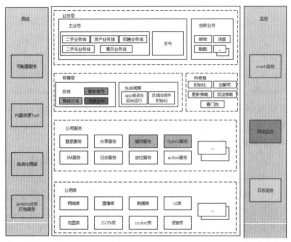

图 1　58 App 框架图

58 App 从上到下总共分为四层：业务层、容器层、公共服务层及公用库层。上层对下层产生单向依赖，且可以跨层依赖。比如，业务层既依赖公共服务层，又依赖公用库层。由于公用库层在公用服务层的下一层，那么业务层对公用库层的依赖属于跳跃依赖。

业务层与公用服务层或公用库层的交互大多通过容器层中的总线来进行，但由于代码的历史原因，还存在很多绕开总线直接调用的情况。业务层与公用服务层或公用库层的直接调用，有合理的，也有不合理的。不合理的直接调用构成了代码的高度耦合，业务扩展与代码维护均需要较高的成本。

另外，58 App 现有的开发团队是基于业务并行开发来展开的，即无线技术部负责公共服务层和公共库层的开发和维护，各业务线（房产 / 招聘 / 黄页 / 二手车）App 开发团队并行研发，专注于业务功能的研发。所以业务层与公用服务层，或公用库层的高度耦合在一定程度上也给业务并行研发带来了诸多不便及效率问题。

现有的 58 App 框架中的消息总线已经很好地集成了跳转路由功能，但是在基于接口的消息通信方面一直是个缺口，本文即是基于这样的背景来提出和解决问题的。

消息通信的几种方式

消息通信的本质就是方法的调用。在同构系统中的方法调用比较容易理解，调用方利用获取到的类的实例调用对应的方法即可。但放到异构系统上，方法的调用就变得复杂了，比如用 JavaScript 代码调用 OC 代码中的某一个方法，服务器端的 Java 代码调用客户端的 OC 代码，不能直接获取异构系统代码上的类来操作方法，需要借助一定的中间手段。

本文主要聚焦于同构系统中的消息通信，主要有以下三种实现手段：

- 方法直接调用；
- 接口隔离，通过 Protocol 调用；
- 通过 URL 路由实现。

先说 URL 路由。在同一个 App 内部模块之间代码的相互调用，为了达到解耦的效果，我们也会通过协议（预定义的一套规则）进行通信。这种基于数据协议的通信也就是 URL 路由的实现，URL 路由的设计很好地解决了模块间方法调用的耦合，但是有两个不足：

- 不能实现编译期检查。基于数据协议的消息通信必须基于 Runtime 的 API 来实现，协议配得对不对，是否符合对应的协议规范，不能在编译期得到及时反馈和提示。这加大了开发成本和运行时出错的概率。
- 使用过重，只适合粗粒度的模块调用。每将一个新的入口及对应入口类的方法纳入到路由，必须编写相应的代码进行实现。这种方法只适合大的模块间的入口方法间的调用，而且入口类的方法基本差异不大。比如常见的 App 内的 UI 模块的跳转，主要是调用 UINavigationController 的 pushViewController: animated 方法。

所以，针对模块间的消息通信，除了上述的基于数据协议的通信，还有一种基于接口的消息通信。这里的接口在 iOS 系统中就是 Protocol，Android 中是 Interface，只是在不同开发语言中称呼及具体语法实现不同。

基于接口的消息通信支持在编译期检查接口的语法，而且粗细粒度可以灵活把握。相对而言，是一种轻量的消息通信解耦方式，这也是本文要研究的内容。

耦合及解耦手段

高耦合与低耦合

耦合一词源于英文中的 Coupling，英文解释为：a connection (like a clamp or vise) between two things so they move together。这段英文解释翻译为中文为：耦合是两个事物之间的连接，这种连接使得事物一起运动（相互影响）。

在软件开发领域，耦合是无处不在的，正是耦合的存在才使得软件各功能可以相互影响，一起实现具体的业务。耦合是客观存在的，是无法消除的。但耦合的程度有高低之分，可以通过具体的手段来调整耦合度的高低。低耦合可以给软件开发带来可读性、复用性、可维护性和易变更性。

《浮现式设计》一书中将代码耦合分为四种类型：标示耦合、表示耦合、子类耦合、继承耦合。本文中涉及的耦合为标示耦合与表示耦合，即对实体及方法的依赖。比如在业务类 A 中需要调用微信登录类 B 中的登录方法：

```
#import "SampleBusiness.h"
#import "WeChatLogin.h"
@implementation SampleBusiness
-(void) doBusLogin{
    WeChatLogin *wechatLogin = [[WeChatLogin alloc]init];
    [wechatLogin doLogin];
}
@end
```

代码 1　业务代码调用样例

上述业务类 SampleBusiness 中存在两个级别的耦合：对微信登录类 WeChat Login 及登录方法 doLogin 的耦合。WeChat Login 类的删除及 doLogin 方法的变动（方法名修改、参数变动等）会影响 SampleBusiness 类的编译。在上述情况的耦合下，对以下假设不能得到满足：

- 如果需要下掉微信登录功能，则需要 SampleBusiness 中修改代码，并且需要重新提交测试；
- 如果微信登录 API 有变动，需要修改 SampleBusiness 代码，并且需要重新提交测试；
- 如果要把微信登录换成 QQ 登录，则需要 SampleBusiness 中修改代码，并且需要重新提交测试。

上述的编译影响不能满足的假设，在特定场景下成为一种高耦合，对业务的扩展及代码的维护带来了一定程度的影响。需要说明的是这里举的是一个业务简化的例子，如果业务复杂度高，代码量大，上述假设带来的代码变动就会明显。

那么，如何降低上述的耦合度呢？在寻找具体的解决方法前得明确一下最终问题解决所要达成的目标，最终目标应包含以下几个方面：

- 在 SampleBusiness 头文件中不需要引入具体的登录实现类，不论是微信登录还是 QQ 登录。这涉及类耦合的处理。
- 在 SampleBusiness 业务实现中，不要直接调用登录实现类的 API，这涉及方法依赖的处理。

明确了最终目标后，就有寻找具体解决方法的标准了。

降低耦合度的两种手段

要达成上述目标，通常有两种手段：引入 Runtime 和 Protocol，将上述依赖转移到 Runtime 依赖和 Protocol 依赖上来。下面对这两种手段进行一一介绍：

Runtime 依赖

先来看基于 Runtime 是如何解决上述 SampleBusiness 中的耦合的：

```
#import "SampleBusiness.h"
@implementation SampleBusiness
-(void) doBusLogin{
    Class loginClass = NSClassFromString(@"WeChat Login");
    id loginInstance = [loginClass new];
    [loginInstance performSelector:@selector(doLogin) withObject:nil];
}
@end
```

代码 2　基于 Runtime 解决耦合

可以看出上述代码的解决方案中，没有引入具体的登录实现类（WeChat Login）。也没有直接调用登录实现类中的 API，满足前文定的问题解决的目标。

Runtime 是 OC 语言特有的，用它来解决代码耦合，耦合度非常低。但此种方式在代码可读性和可维护性上较差，而且调试成本较高。

Protocol 依赖

先来看看 Protocol 依赖的代码实现：

```
@protocol WeChatLoginProtocol<NSObject>
-(void) doLogin;
@end
@implementation SampleBusiness
```

```
-(void) doBusLogin{
    Class loginClass = NSClassFromString(@"WeChat Login");
    id<WeChatLoginProtocol> loginInstance = [loginClass new];

    [loginInstance doLogin];
}
@end
```

代码 3　基于 Protocol 代码实现

首先定义了一个登录协议，在 WeChat Login 中实现了这个协议。然后在业务实现的过程中执行 Protocol 的调用，而不是直接业务实现类的方法调用。此处的 Protocol 依赖解决了总目标中的方法依赖，但是对类依赖的解决仍旧是通过 Runtime 处理的。如果有一个 Manager 类来集中管理利用 Runtime 生成对应类的实例，那么业务方代码中将可以不含有任何 Runtime 操作的逻辑，只需要关注如何利用 Protocol 执行 API 的调用。这个 Manager 类的功能也是后文将要详细叙述的。

相比 Runtime 依赖，Protocol 依赖可以支持编译检查。借助编译检查，可以在编码阶段消除很多错误，接口方法的任何变动，业务调用方都能直接感知。这对业务代码的调试有很大的帮助，而不需要在运行时逐步调试来发现接口变动带来的错误。除此之外，代码可读性也比较好，方法的调用一目了然。

Protocol 依赖一个重要的问题是如何解决类依赖，在业务代码中不需要写任何 Runtime 相关的代码。这看似一个简单的问题，实际上涉及很多问题，这些问题的解决也是本文要叙述的主要内容。

基于接口的消息通信框架的设计与实现

前文中提到了要解决类依赖，需要有一个统一的 Manager 类进行管理，使得业务使用方不需要关注如何 Runtime 处理逻辑，通过 Manager 提供的 API，很容易得到对于的 Protocol 实现类的 instance。这个 Manager 类我用了一个高大上的名字：基于接口的消息通信框架。之所以用上框架这个词，是为了与 Java 端 Spring@Service 框架相比较。本文的消息通信框架的设计与实现充分借鉴了 Spring@Service 的实现以及 iOS 端的两个开源库：BeeHive 与 Typhoon。

建立 Protocol 实现类的映射

要获取 Protocol 实现类的实例，必须得建立一个唯一标示符与 Protocol 实现类的映射关系。对外暴露的 API 设计如下所示。

```
/**
注册指定的 Class，通常此 Class 是某一个 protocol 的实现类
@param aClass   注册的 Class
@param aKey    在注册 module 时指定标示 module 的唯一标识，
                key 为可选值，
                当 key 为 nil 时，仅使用 Class Name 字符串
*/
-(void) registerClass:(Class) aClass
         withKey:(NSString*) aKey;
```

代码 4　注册 protocol 实现类的 API

这里的 key 值采用的是字符串类型，而非 BeeHive 框架中的 Protocol。因为如果使用 Protocol 作为 key 值，只满足 Protocol 与实现类一对一的情况，而一对多的情况将无法满足。比如定义了一个登录协议，微信 / QQ / 微博都对此协议进行了实现，

此时无法利用 Protocol 作为 key，建立与其实现类之间的映射关系。此处的 key 在使用时比较灵活，使用方可以根据自定义的规则设置 key，也可以传 nil，使用框架默认的 Class Name 作为 key。

针对实现类的注册，本框架封装了一个宏：

```
// 组件注册方法的宏封装
// （1）key 为 service 类的唯一标示，
// （2）如果 key 为空，则系统默认取 service 类名字符串
#define REGISTER_WBIOC_SERVICE(key) \
+ (void)load {\
[[WBIOCServiceFactory serviceFactoryInstance] registerClass:self\
    withKey:key];\
}
```

代码 5　组件注册方法宏

有了此宏，只需在 Protocol 实现类中进行铺设，使用非常简单。既达到了封装的效果，又使得注册代码可灵活扩展。这种手法在 React Native 框架中比较常见，有兴趣的同学可以比较一下。且在 Java 框架中，类似于 Spring 中的基于注解的配置。

在注册方式上还有一种方式是基于配置文件的注册。就是根据模块或者系统创建若干配置文件，配置文件中配置 key 与 Class 的映射信息。然后在框架加载的时候，会主动去加载这些配置文件，从而将映射关系读取到内存中以供使用。

基于注解的注册更加轻量，不用额外维护配置文件，尤其是多人协作开发时经常出现配置文件编写冲突。但是当实现类不是自己编写的类时，基于注解的配置无法实现，比如 Lib 库中只提供了头文件的 Protocol 实现类。但这种情况可以通过对 Lib 库中的类进行一层封装来解决。所以，综合考虑，本框架最终使用的是基于注解的配置。

根据 key 获取 Protocol 实现类的实例

建立了 Protocol 实现类的映射，相应地也需设计如何根据 key 获取 Protocol 实现类的实例。一般情况下的 API 设计如下所示。

```
/**
使用默认初始化方法构造 Class 对应的实例 instance
@param key    在注册 module 时指定标示 module 的唯一标识
@return id    注册 module Class 对应的实例 instance，采用默认初始化方法构造 instance
*/
-(id) moduleForKey:(NSString*) key;
```

代码 6　根据 key 获取 protocol 实现类

这里的一般情况指可以通过默认初始化方法来构造 instance，而且 instance 的生命周期由调用方进行管理，框架不持有 instance。

在这里还有一种情况，如果 instance 是一个单例属性，则框架根据下面的协议进行判断：如果目标 Class 中实现了 wbIOC SharedInstance 协议（如代码 7 所示），则先调用此协议生成 instance 并返回；如果没有实现，则调用默认的初始化方法来构造 instance 并返回。

```
@protocol WBIOC Protocol <NSObject>

// 如果有自己的单例实例，只需要实现此协议，moduleForKey 的
  时候会自动返回业务类里面的实例。
+(id) wbIOC SharedInstance;

@end
```

代码 7　单例的实现协议

控制 Protocol 实现类实例的生命周期

可能有同学会提出，如果只提供上述的 API 接口，并且框架不持有创建的 instance，那么如果在一个容器 controller 中要多次使用创建的 instance，只能有两种选择：

- 调用一次上述 API，并将返回的 instance 作为容器 controller 内的全局属性，这样在容器内需要再次使用时，直接调用此全局属性。
- 多次调用上述 API 以满足容器内多处业务使用。

第一种处理方式需要在容器内额外增加一个属性，第二种处理方式多次调用 API 重复创建 instance 带来额外的开销。那么有没有一种更加简洁高效的方式供调用方使用？

针对此情况，本框架在输入参数上增加了一个 lifeClass 参数，用以控制创建的 instance 的生命周期，API 如代码 8 所示。

```
/**
 使用默认初始化方法构造 Class 对应的实例 instance
 初始化完的 instance 在框架中进行存储，直到 lifeClass 被释放时触发销毁

 @param key      在注册 module 时指定标示 module 的唯一标识
 @param lifeClass instance 的生命周期由 lifeClass 控制，lifeClass 被销毁时自动销毁 instance。如果 lifeClass 为 nil，则直接返回 nil

 @return id     注册 module Class 对应的实例 instance，采用默认初始化方法构造 instance。如果已经调用过一次，则返回的 instance 是第一次创建的
 */
-(id) moduleForKey:(NSString*) key
      withLifeClass:(id) lifeClass;
```
代码 8 基于 key 和 lifeClass 获取实例

通过此方法生成的 instance，生命周期和 lifeClass 绑定起来了。一般情况下，这里的 lifeClass 是一个容器类 controller。那么在整个 controller 生命周期内，多次调用 API 生成 instance 都为同一个对象。

Instance 与 lifeClass 的绑定逻辑思路是：

- 先创建一个 NSObject 类别 objectBinding；
- 在 objectBinding 中，利用 objc_setAssociatedObject 关联 instance 与 lifeClass。objc_AssociationPolicy 设置为 OBJC_ASSOCIATION_RETAIN_NONATOMIC。这样绑定后，lifeClass 会持有 instance，直至 lifeClass 销毁时才会触发 instance 的 dealloc。

在实际操作中，还要考虑一个 lifeClass 与多个 instance 的绑定情况。另外，需要注意的是 instance 不能持有 lifeClass，不然就造成循环引用了。

支持自定义的初始化方法

在前面的叙述中，instance 的创建都是默认初始化方法的。如果要支持自定义的初始化方法，则需要做额外处理。本框架中提供的支持初始化方法创建实例 instance 的 API 如代码 9 所示。

```
/**
 使用指定的初始化方法及对应的参数构造 Class 对应的实例 instance

 @param key      在注册 module 时指定标示 module 的唯一标识
 @param selector   初始化方法对应的 selector
 params     selector 中对应的参数
 @return id     注册 module Class 对应的实例 instance，根据传入的 selector 及参数构造 instance

 @warning: selector 在本方法只支持实例方法，不支持类方法！
 */
-(id) moduleForKey:(NSString*) key
      initSelector:(SEL) selector
           params:param0,...NS_REQUIRES_NIL_TERMINATION;
```
代码 9 根据指定初始化方法获取实例

调用方只需要把自定义初始化方法的 selector 及参数传入，框架就能根据传入的参数来生成实例 instance。这里参数采用了可变参数，方便了业务调用。instance 的生成过程，是通过调用 NSInvocation 的 invocationWithMethodSignature 来进行处理的。这里之所以选择操作较负责的 NSInvocation，而不直接用 NSObject 的 performSelector，是为了支持更多的参数（performSelector 最多只支持两个参数）。

针对自定义初始化方法，如果要控制创建的 instance 的生命周期，则调用如代码 10 所示的 API。

```
/**
 使用指定的初始化方法及对应的参数构造 Class 对应的实例 instance

 @param key      在注册 module 时指定标示 module 的唯一标识
 @param lifeClass instance 的生命周期由 lifeClass 控制，lifeClass 被销毁时自动销毁 instance。如果 lifeClass == nil，则返回 nil
 @param selector   初始化方法对应的 selector
 params     selector 中对应的参数
 @return id     注册 module Class 对应的实例 instance，根据传入的 selector 及参数构造 instance

 @warning: 由于 instance 的生命周期受 liefeClass 销毁时控制，所以 lifeClass 一定不能持有 instance。如果 lifeClass 必须持有 instance，则返回 nil
 @warning: selector 在本方法只支持实例方法，不支持类方法！
 */
-(id) moduleForKey:(NSString*) key
      withLifeClass:(id) lifeClass
      initSelector:(SEL) selector
        initParams:param0,...NS_REQUIRES_NIL_TERMINATION;
```
代码 10 根据 lifeClass 和指定初始化方法获取实例

线程安全的处理

在整个框架中有两个字典来存储数据。

- serviceMappingDict：用来存储（参考 1）中所属的 key 与 protocol 实现类之间的映射关系。
- instanceDict：用来存储生命周期需要框架来控制的 instance，也就是上文叙述的绑定了 lifeClass 的 instance。

这两个字典在进行增删查改的时候，需要考虑线程安全的问题。通用的解决的方案是利用 Synchronized 和 NSLock 对公共资源进行加锁。但这种加锁方式性能较低，特别是在并发读的情况下，事实上是不需要对公共资源加锁。针对这种情况下，调研了一些开源框架，比如 AFNetworking，采用的就是性能较高的并行队列方案。以 serviceMappingDict 为例，本框架的处理方式如下：

先定义一个并发队列 dispatch_queue_t，名称为 serviceMappingConQueue。

数据存储的时候的处理，如代码 11 所示。

```
dispatch_barrier_async(_serviceMappingConQueue, ^{
    // 往 map 字典中存储映射关系
    [self.serviceMappingDict setObject:aClass
forKey:implClassMapKey];
});
```

代码 11　数据存储的时候加锁

这里巧妙地利用了 dispatch_barrier 的特性。在解释具体代码之前先明确两个概念。

- 当前线程：指执行上述数据存储逻辑的线程。
- 并发队列的线程：serviceMappingConQueue 中的线程，具体线程数依赖队列的设置，任务数较少时一个任务可分配到一个线程。

再来看上述逻辑的处理：

- dispatch_barrier_async 中的 async 指当前线程可以与 serviceMappingConQueue 中的任务异步并行，互不影响；
- barrier 则限制了 serviceMappingConQueue 中的任务的执行，必须等当前任务执行完了才可执行队列里面的其他任务。

这样达到的效果是：在数据添加时，不会阻塞当前线程，是一个异步过程。而且 barrier 会阻塞队列中其他任务（添加/删除/读取）的执行，相当于对公共资源 serviceMappingDict 的加锁。

数据读取的时候的处理，如代码 12 所示。

```
dispatch_sync(_serviceMappingConQueue, ^{
    serviceClass = [self.serviceMappingDict
objectForKey:key];
});
```

代码 12　数据获取时候的代码处理

可以看出，数据读取的时候并没有使用 barrier 加锁，对于同是读取的任务可以并发执行。

数据删除时的处理如代码 13 所示。

```
dispatch_barrier_sync(_serviceMappingConQueue, ^{
    Class aClass = [self.serviceMappingDict
objectForKey:key];
    if (aClass != nil) {
        [self.serviceMappingDict
removeObjectForKey:key];
        removed = YES;
    }
});
```

代码 13　数据删除时加锁

数据删除与数据添加的唯一差别在于这里使用了 sync，是为了避免当前线程拿即将要删除的数据执行其他操作，所以这里将当前线程也阻塞了。

业务使用示例

这里列举一个 58 App 在 IM 模块使用上述消息通信解耦的例子，来更好理解前文所叙内容。

如问题背景中所述，IM 模块在整个 58 App 架构中属于服务层，最上层的是各业务线组成的业务层。按照架构设计，上层只对下层有依赖，而且业务层与公共服务层的交互要松散耦合，原则上只能通过总线中提供的相关机制来进行消息通信，所以 IM 模块对上层业务提供的 API 一定要本着低耦合的原则，以满足后期各业务线不断增加的业务需求及业务线代码的复用。

在本例中，具体需求是业务层需要使用到 IM 层的相关数据，比如联系人列表。于是，具体的处理措施如下：

- 先定义交互接口，如代码 14 所示。

```
@protocol WBIMConversationProtocol <NSObject>
@required
-(void)obtainConversationListWithWithCount:(NSU
Integer)countLimit completion:(void(^)(NSError
*error,NSArray<NSDictionary *> *conversationList))
completion;
@end
```

代码 14　交互接口代码

IM 模块中的 protocol 实现类，并注册，如代码 15 所示。

```
#import "WBIOCServiceFactory.h"
@interface  WBIMPublicDataModel()<WBIMConversatio
nProtocol>
@end

@implementation WBIMPublicDataModel
// 注册
REGISTER_WBIOC_SERVICE(@"WBIMConversationProtoc
ol")
-(void)obtainConversationListWithWithCount:(NSU
Integer)countLimit completion:(void(^)(NSError
*error,NSArray<NSDictionary *> *conversationList))
completion{
// 省略具体业务实现
}
```

代码 15　protocol 实现类代码实现

- 业务方的调用，如代码 16 所示。

```
#import "WBIOCServiceFactory.h"
@implementation HSGetIMListModule
RCT_EXPORT_METHOD(getIMList:(NSInteger)count comp
letion:(RCTResponseSenderBlock)completion){
// 获取接口实现类
id<WBIMConversationProtocol> imProtocol = [IOC_
SERVICEFACTORY_INSTANCE moduleForKey:@"WBIMConver
sationProtocol"];
// 基于 protocol 调用具体方法：
[imProtocol obtainConversationListWithWit
hCount:count completion:^(NSError *error,
NSArray<NSDictionary *> *conversationList) {
    if (!error&&completion) {
        completion(@[[conversationList
JSONString]]);
    }
}];
}
```

代码 16　业务方调用代码实现

从上面的实例可以看出，在业务使用的过程中，始终不用关心是哪个类实现的 Protocol。这样在后期接口实现类的代码调整过程中，能最大限度地降低对业务方的影响。

另外，也需要指出的是，一定根据具体的业务场景来评估是否需要解耦，避免过度使用。

总结与讨论

本框架与同类型的框架相比，具有以下特性。

- 更加轻量，剔除诸如 Typhoon 框架中对通过类方法的解耦，仅支持面向接口的消息通信；

- 支持基于注解的注册，使用更加轻便和灵活；
- 支持接口及实现类的一对多关系，更加全面的支持各种设计模式；
- 支持带参数的初始化方法及解耦；
- 支持多种状态的生命周期控制（方法体内/容器内/App 应用内）。

同时也需要重申和强调的是：基于接口的消息通信解耦是有特定的应用场景的，一定要根据具体的业务场景进行评估，提出尽可能会出现的假设，看看是否需要使用。不恰当的使用效果往往会适得其反。

Retinex 图像增强算法及 App 端移植

文 / 周景锦

Retinex 是一种图像增强算法，常用于去雾和夜景增强等场景。本文介绍其实现和应用。

背景介绍

Retinex 是一种常用的图像增强算法，由 Land 和 McCann[1] 在 1971 年提出。Retinex 是一个合成词，分别是 "retina"（视网膜）和 "cortex"（皮层），该算法的主要思想是：人类视觉系统并不是获取到了光线的绝对强度，而是获取到了光照的"相对强度"。

如图 1 所示，进入观察者眼中或摄像头镜头中的光，不是入射光，而是入射光经过物体反射后的光。Retinex 旨在对人类视觉系统如何感知物体进行建模，从而还原出物体的"真实"颜色。

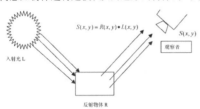

图 1　人类感知物体原理

Retinex 本质上属于一种图像增强算法，常用于去雾/夜景增强等场景，如图 2、3 显示了几张效果图，左边为原图，右边为 Retinex 算法处理之后的结果图。

图 2　去雾

图 3　夜景增强

原理简介

Retinex 自提出至今近十年来，发展出了很多种改良和变种算法，但是万变不离其宗，其基本原理如下式所示。

$$S(x,y) = R(x,y) * L(x,y)$$

对照第一张图，上式中，$S(x,y)$ 为人眼/相机最终"看到"的颜色/光亮，$R(x,y)$ 为物体本身的颜色/光亮属性，$L(x,y)$ 为入射光。其中，$S(x,y)$ 是可以直接得到的，$R(x,y)$ 是我们想要得到的（物体的真实颜色），$L(x,y)$ 是未知的，需要通过某种估计方式得到。则：

$$R(x,y) = S(x,y)/L(x,y)\ R(x,y) = S(x,y)/F(S(x,y))$$

其中 F 即为某映射函数，我们需要通过已知的 $S(x,y)$ 结合合理的 F 来估计出 $L(x,y)$，进而求得 $R(x,y)$。两边取 log 得到：

$$\log(R(x,y)) = \log(S(x,y)) - \log(F(S(x,y)))\ R(x,y) = \exp(\log(S(x,y)) - \log(F(S(x,y))))$$

其中估计光照 $L(x,y)$（即定义 F 函数的方式）有多种，常用的有 2 种：

- 最原始的路径估计法[1]
- 提出的高斯核方法[2]

这边主要介绍高斯核方法，即定义 F 为：

$$F(S(x,y)) = G\_sigma * S(x,y)$$

上式中，G_sigma 为半径 sigma 的高斯核，星号 * 表示卷积操作。它的物理含义是：用当前像素点的亮度值和周围像素点的加权平均值来估计当前像素点的亮度值。

此处 sigma 的值可以取单一值，对应 Singlescale Retinex 算法；也可以取多个值，对应 Multiscale Retinex 算法。顾名思义，Multiscale Retinex 即多尺度 Retinex，它通过不同尺度（不同大小的领域加权平均）来更精准的估计光照：

$$L(x,y) = F(S(x,y)) = 1/N * Sum(G\_sigma\_i * S(x,y))$$

算法实现及改进

上一节中提到了 Retinex 算法的基本原理和公式，据此我们及可写出对应的算法流程。值得注意的是，上面提到的算法是单通道的黑白图，而我们的应用场景是三通道的彩色图；此外，需要对结果值做相应的归一化（例如将 RGB 各通道映射到 0～255）。

论文 [3] 中给出了一种 Multiscale Retinex 算法 MSRCP，在我们的数据集上效果较好，其伪代码如图 4 所示。

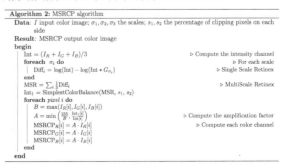

图 4　MSRCP

该算法以 RGB 的均值为强度值（Intensity），并以此为基准，依次调节计算出真实的 RGB 各通道值（R_i(x,y)）

在我们的数据集上，发现将 RGB 颜色空间转到 HSV 中间，并以 V 为基准，只调节 V 值有更好的效果（原因是在我们的应用场景，我们希望它的色度信息，而只调整亮度信息）；此外，将结果图与原图做一定的比例融合效果更自然。图 5 显示了原图 - 原始算法 - 改进算法的效果图，可以看到改进算法对原图的增强效果更自然。

图 5　原图 - 原始算法 - 改进算法的效果图对比

App 端移植

我们的最终目标是将该算法移植到手机端，并能够对摄像头 / 视频进行实时处理，故需要对上述算法的性能做优化，以达到实时。

关于图像的逐像素变换操作（如 RGB 转 HSV）可以利用 OPENGL 编写 Shader 实现，不会带来明显的时间损耗。参考上一节提到的算法流程，主要比较耗时的操作有两步：

- 三个不同尺度的高斯核（论文中提出核的大小的经验值为 15、80、200）
- SimplestColorBalance 中需要计算图像的上下分位数信息

图像高斯处理

由于高斯处理需要在图像的每个点处采样周围的点，高斯核的 sigma 如果取到 200 势必会非常慢，达不到实时性要求。在 App 端移植时，为了达到实时性，我们将多个高斯核改为一个高斯核（相当于 Multiscale Retinex 退化为 Singlescale Retinex）。同时，我们调小了高斯核半径。这两部操作理论上会影响算法的效果，但是在我们的使用场景下，效果并没有变差多少，甚至反而对于光照环境比较正常的图不会过度增强。

分位数计算

求 N 个数中第 k 大的数的算法平均时间复杂度为 O(N)（算法实现方式类似快排的 Partion）[4]。Retinex 算法中需要求上下分位数（例如第 99.9% 大的数和第 0.1% 大的数），需要用到同样的算法。由于在视频实习应用中，需要对每一帧做相应的算法处理，并且大部分操作是在 shader 上进行的，而分位数计算需要在 GPUS 上实现，所以每一帧都涉及将数据从 GPU 复制到 CPU 的操作，假设视频的分辨率为 M*N，则分位数计算的时间复杂度为 O(MN)，无法保证实时性。为此，在计算分位数时，我们将每一帧图像进行下采样，长宽 resize 到原来的 1/5。合理的下采样可以加速数据复制以及分位数计算这两个过程，同时保证计算的准确性与原来大体一致。

我们在 iPhone6 上进行测试，如果利用原图进行分位数计算，帧率为 15fps；利用 1/5 下采样之后的图进行分位数计算，帧率为 30fps，达到了实时性要求。

App 端效果图

如图 6、图 7 显示了几张 App 端算法优化后跑出来的效果图。可以看到，对于光照环境比较正常的图，经过 Retinex 算法之后没有较大变化，这正是我们需要的，即不希望对正常的进行进一步增强；而对于光照环境比较暗的夜场景，经过我们的算法之后图像被增强了。

图 6　效果图 1

图 7　效果图 2

总结

最后分享一下经验教训，在碰到一个实际问题时，如果找不到直接可用的库，可以先找搜寻一下相应的论文。梳理论文中提到的算法，建议先在 PC 端快速复现算法，证明该算法在相应的实际应用场景确实可以 work。在复现的同时，可以进一步理解算法，思考每一步、每个参数的意义和作用，尝试面向应用场景调整算法。多读几篇论文或技术文章，将几种算法结合，取长补短也是不错的思路。最后在移动端移植时主要要考虑性能问题，毕竟移动端的计算资源有限，有时可能要牺牲效果换取性能。另外要充分利用 GPU，一些适合 GPU 并行计算的部分可以考虑迁移到 GPU 上。

使用 Server-Side Swift 开发 RESTful API

文 / 何轶琛

Swift 自发布以来就备受众多 Apple 开发者关注，但由于 API 尚不稳定，系统没有内置 Framework 导致 App 包增大等问题，使得线上主力使用的公司还很少，不少客户端开发者都还没有机会使用 Swift 进行开发。等到 2015 年 12 月 Swift 开源并正式支持 Linux 系统，广大 Apple 开发者迎来了更广泛的开发场景，可以用它来进行服务端开发。不到一年时间各种 Server-Side Swift Web Framework 相继问世，其中以 Kitura、Perfect、Vapor、Zewo 最为成熟。

文章正式开始前，我们先对当前几款主流框架进行了解与对比。

- Kitura 是 IBM 推出的框架，使用 IBM Cloud Tools for Swift 管理组件依赖，并支持部署代码到 IBM 的云服务 Bluemix。另外还有一个在线 Swift 编码网站，可以看作线上 GUI 版本的 Swift REPL，开发者可以直接在 Web 上编写代码并查看输出。Kitura 整个产品从代码编写到部署全部包揽，提供了完整的生态环境。

- Perfect 拥有 GitHub 上最多的 Star，各种功能组件和数据库连接工具也最为齐全。近期推出的 Perfect Assistant 是运行在 macOS 上的管理工具，同样支持组件依赖管理，自动化代码部署（支持 AWS、Azure），并通过调用本地 Docker 的方式实现了在 macOS 上编译 Linux 产物的功能。

- Vapor 以其友好的文档和 Pure Swift 代码实现著称，其 HTTP Parser 使用 Swift 编写实现，而不像 Kitura 和 Perfect 是用 CHTTPParser 封装，这对最终的服务性能有很大影响。Vapor 还开发了命令行工具对 SPM 进行封装，好处是开发体验更好，但提高了学习成本。另外 Vapor 比较早就做了 ORM 工具 Fluent，整体感觉十分技术范、小清新。

- Zewo 是一系列开源组件的集合平台，特点是使用 libmill 实现了类似 Go 的协程功能，模块化的设计也不同于其他的框架。

这些框架在各具特色的前提下都有高性能、易扩展等优点。正好部门内部有一个信息管理平台项目，需求很简单，只要有基本的增删改查就行，于是不用麻烦后端同学排期，可以自己来开发，也算是提前实践 Swift，积累经验。

正式开发是在 2016 年 8 月，彼时 Swift 3 尚未发布，Beta 版本的 Toolchain 每周都在更新，框架也在积极跟进发布支持最新版本的 Toolchain。技术选型期间我先后尝试了 Kitura、Vapor 和 Perfect。Kitura 的整套产品耦合太紧密，用起来比较重，对于轻量级小项目并不合适。Vapor 一开始用起来很愉快，但写到数据库连接工具时一直无法连接成功，再加上当时还是 Beta 版本，问题不少也被弃用。最后，使用 Perfect 完成了项目研发。接下来，本文将着重介绍如何使用 Perfect 完成一套 RESTful API 的开发，希望能够对大家进行 Swift Server 端开发有所裨益。

在编写代码前，要先了解目前开源的 Swift 项目包括了 Swift、SPM 以及配套的编译调试工具，在核心库方面有 libdispatch、Foundation、XCTest 这三个项目。在客户端开发中，Foundation 是最常用的工具库，它提供了一系列国际化、系统无关的 API。服务端项目增加 Foundation 支持可以统一开发体验和复用客户端代码，尤其是和系统无关的 API 可以大大增加可移植性，本属于 Swift 3.0 的组成部分但至今并没有开发完成，原因在于 Foundation 中用到了一些 Objective-C Runtime 的代码，而这部分代码并不在开源范围之内。于是在开发中需要用到 Foundation 库时就会碰到不少问题。

环境配置

macOS 上依然是 Xcode 搞定一切事情，Linux 上目前只支持两个版本的 Ubuntu，所以推荐使用 Docker 搭建 Swift 编译和执行环境，这样可以支持所有 Linux 系统，也方便在 Swift 快速迭代时及时更新 Toolchain。代码都用 SPM 管理，在实际使用中还是有些问题，比如不支持 MySQL 5.7，创建工程文件配置时漏掉了编译设置，寻找公共代码库路径在不同操作系统上没有适配等。

开发中使用了两个第三方库 SwiftLog 和 MySQL-Swift。SwiftLog 支持自定义日志级别和增量写入的日志文件，并使用了喵神的 Rainbow 在 Linux 环境下输出彩色日志。MySQL-Swift 支持 MySQL 连接池复用，可以提高访问数据库的性能。

部署环境使用 CentOS 作为宿主机，开启两个 Docker 实例分别运行 Perfect 和 MySQL，两个 Docker 实例通过 link 方式实现通信。使用 link 参数运行 Docker 实例，主 Docker 的 hosts 文件会增加从 Docker 的 host 信息，从而达到通过 Docker 别名进行通信的效果。初始化 MySQL 容器时可以将数据库文件路径设置到虚拟卷中，再使用 crontab 执行定期任务运行 AutoMySQLBackup 来备份数据。

编码

先初始化工程，使用 swift package init 新建工程，此时会生成 Package.swift 配置文件和源代码、测试代码目录。在 Package.swift 中添加 Perfect、SwiftLog、MySQL-Swift 后执行 Swift Build 即可拉取所有依赖代码。此时的目录并不包含 Xcode 工程文件，需要再执行命令 swift package generate-xcodeproj 生成，工程中各个依赖库的配置都通过自身的 Package.swift 配置文件读取。

SPM 不仅是去中心化的包管理器，它还可以编译出可执行文件，我们甚至能够直接在服务端编写代码并编译运行。如果说在使用 Objective-C 开发时 Xcodebuild 开发自定义打包工作流，那么开发 Server-Side Swift 就需要使用 SPM 在服务端实现编译、打包等流程。虽然在服务端目前还有些兼容问题，但 SPM 作为 Swift 的组成部分，一直在快速改进与提高。

然后，添加 API 路由，我们先添加路由配置，后面再将所有配置一起设置到 Server 对象上。Perfect 的路由 API 设计参考了 Express，只需要设置 HTTP 请求类型、路由地址和对应的处理函数即可，支持使用通配符与参数，用起来还算简洁。我们可以先设置基础 API 路径，再通过 Routes().add 方法添加自定义路由，这样所有的路由都被添加到指定 API 路径下。最后将路由对象输出一下，这样开启服务时会将所有注册的路由输出到日志。

```
func makeURLRoutes() -> Routes {
    var routes = Routes()
    var apiRoutes = Routes(baseUri: "/api")
    var api = Routes()
    api.add(method: .get, uri: "/staff/{id}",
handler: fetchStaffById)
    apiRoutes.add(routes: api)
    routes.add(routes: apiRoutes)
    SLogWarning("\(routes.navigator.description)")
    return routes
}
```

Swift 没有 define 关键字，但可以通过 typealias 自定义类型名称，比如 Perfect 里的路由处理回调函数就被定义为 public typealias RequestHandler = (HTTPRequest, HTTPResponse) -> ()。从定义可以看到，响应函数有两个参数，HTTPRequest 包含了客户端请求的所有信息，包括 HTTP headers 和 content data。HTTPResponse 包括 HTTP headers、body 以及 HTTP Status，这些属性可以在函数中赋值并返回给客户端。

接着来实现路由函数。先将请求参数拿到，将参数进行错误处理后调用数据库工具方法获取信息，并根据获取数据的成败做对应的处理，最后返回 JSON 格式的结果。

在路由处理函数最后都需要调用 response.completed() 方法通知 Server 回调处理完成，由于函数有几个结束点，在参数错误或者获取数据的时候都可能抛出异常并提前结束函数，所以需要在好几个地方执行 response.completed() 方法。Swift 和 Golang 一样拥有 defer 关键字，我们可以在函数中使用它来完成资源回收或这种需要多处调用的代码。

```
defer {
    response.completed()
}
```

进行数据库请求和生成 JSON 返回值的操作都有可能抛出异常，这样在 do-catch 中会抛出两种类型的异常，我们可以使用 switch-as 语法针对不同类型的异常进行处理。

```
do {
    let staffData = try StaffDataBaseUtil.
sharedInstance.searchStaffByID(idString)
    try response.setBody(json: jsonBody(errorCode:
returnCode, data: ["staff": staffData]))
} catch let error {
    switch error {
    case let error as QueryError:
        // 数据库请求出错
    default:
        // 服务端出错
    }
}
```

Perfect 并没有使用 SwiftyJSON 之类的第三方库，而是自己实现了很好用的 JSON 扩展，对常用的数据类型增加了 JSON 序列化和反序列化方法，Swift 的 Extension 在这里得到了充分的使用。

```
extension Dictionary: JSONConvertible {
    /// Convert a Dictionary into JSON text.
    public func jsonEncodedString() throws ->
String {
        var s = "{"
        var first = true
        for (k, v) in self {
            guard let strKey = k as? String else {
                throw JSONConversionError.
invalidKey(k)
            }
            if !first {
                s.append(",")
            } else {
                first = false
            }
            s.append(try strKey.jsonEncodedString())
            s.append(":")
            s.append(try jsonEncodedStringWorkAround(v))
        }
        s.append("}")
        return s
    }
}
```

数据获取需要进行数据库请求，我们使用 MySQL-Swift 作为数据库连接工具，为的是使用连接池复用连接，但也给自己挖了个坑。在 Mac 上开发时都没有问题，但在服务器端就编译失败，后来发现有一部分的代码还不支持 Linux，原来是时区的问题。在连接数据库时需要传入一个 config，包括数据库地址、端口、密码等，其中就有时区配置。在从数据库获取数据时，如果字段中有日期类型，就会将获取的绝对时间转换为对应时区的时间字符串。在日期类型数据的处理部分用到了 NSTimezone，但这一类型在 Linux 上没有实现，于是编译失败。修复的方式很简单，使用 CFTimezone 传递信息就好，但 CFTimezone 返回的类型是 CFString，于是又要针对 macOS 和 Linux 实现不同的 CFString 转换到 String 的代码。如果 Swift 有一套跨平台的 Foundation 就不会出现这个问题了。

MySQL-Swift 底层使用的是 CMySQL 库进行连接。根据 options 初始化数据库连接，将连接保存到连接池中，这样后续的数据库操作不需要再次重新连接数据库。再对每个连接对象添加是否正在使用的标记，如果当前连接池中的所有连接都在使用当中，则再次新增一个数据库连接对象进行操作。可以手动设置连接池的最大连接数，当连接池中的连接数到达最大连接数时，后续的请求将会抛出获取数据库连接失败异常。

MySQL-Swift 将查询方法封装得十分优雅，工具类在初始化时候根据提前设置好的 config 生成连接池，再调用 pool.execute 方法，并传入查询执行的闭包就行。这里用到了高阶函数和范型，语法简洁又安全。使用的时候不需要关心数据库连接对象的创建和状态，只需要直接使用闭包里传进来的 Connection 连接对象进行查询即可。

```
private init() {
    pool = ConnectionPool(options: DBConfigOption)
}
let result: [Staff] = try pool.execute { conn in
    try conn.query(querySQL)
}
```

对于同名不同返回值的函数，Swift 会针对代码中返回值的类型推断进行分析，确定最终运行时调用哪一个函数。上面 conn.query 函数就会根据不同的返回值执行不同的函数，所以在编写上面代码的时候一定要显示的声明返回的是 Staff 数组，不然函数返回的结果就会不同。另外在 query 的实现中可以看到，最后的不同返回结果是从同一个函数返回的 tuple 中拿到的，这样的代码阅读起来很有效率。

```
public func query<T: QueryRowResultType>(_ query:
```

```
String, _ args: [QueryParameter] = []) throws ->
([T], QueryStatus) {
    return try self.query(query: queryString)
}

public func query<T: QueryRowResultType>(_ query:
String, _ args: [QueryParameter] = []) throws ->
[T] {
    let (rows, _) = try self.query(query, args) as
([T], QueryStatus)
    return rows
}

public func query(_ query: String, _ args:
[QueryParameter] = []) throws -> QueryStatus {
    let (_, status) = try self.query(query, args)
as ([EmptyRowResult], QueryStatus)
    return status
}
```

拿到数据后可以将结果转换为自定义的数据类型。这里会将数据库查询结果解码为定义了默认值的结构体，并提供序列化方法给路由处理函数。

```
static func decodeRow(r: QueryRowResult) throws ->
Staff {
    return try Staff(
        id: r <| 0,
        name: r <| "name",
        department: r <| "department",
        timestamp: r <| "timestamp"
    )
}
```

在开发完成后的测试中发现返回数据的时间戳总是差几个小时，但是直接查看数据库里的数据，时间戳又是正确的，于是一步步从获取数据到返回 response 调试看看哪里出的问题，最后发现是 Swift 时区没有自动设置为和系统相同，而一直是 UTC 时间，在生成时间戳文案的时候就出错了。所以在使用 Dateformatter 的时候需要手动设置时区，这也是 Foundation 的一个坑。

```
func resultDic() -> Dictionary<String, Any> {
    let dateFormatter = DateFormatter()
    dateFormatter.dateFormat = "yyyy-MM-dd
HH:mm:ss"
    dateFormatter.timeZone = TimeZone(identifier:
"Asia/Shanghai")
    let dateString = dateFormatter.string(from:
timestamp.date())
    return Dictionary<String, Any>.
init(dictionaryLiteral:
        ("id", id),
        ("name", name),
        ("department", department),
        ("timestamp", dateString)
    )
}
```

在拿到数据后，可以将 HTTP Response 包装一下，在每个返回结果中都包括错误码，数据和时间戳这三个字段，并增加错误码对应的错误提示。这样不用在每个路由处理函数的最后都手动写一次。

```
public func jsonBody(errorCode: ErrorCode, data:
Dictionary<String, Any>?) -> [String: Any] {
    var body = [String: Any]()
    body["s"] =  ["code": errorCode.rawValue,
"desc": errorCode.description]
    if let jsonData = data {
        body["data"] = jsonData
    }
    body["t"] = UInt(Date().timeIntervalSince1970)
    return body
}
```

至此代码基本编写完成，为了方便调试，我们可以通过 Perfect 的 Filter 方法添加自定义日志，将每次的 HTTP 请求和返回的信息输出。这样我们不需要在每个路由处理函数中调用日志方法就可以输出所有请求的参数和最终返回的结果。

```
func incomeMiddleware(request: HTTPRequest) {
    SLogInfo("Request URL: " + request.uri)
    SLogInfo("Request Method: " + request.method.
description)
    SLogVerbose("Request Params: " +
String(describing: request.params()))
    for (name, detail) in request.headers {
        SLogVerbose("Request HEADER: " + name.
standardName.uppercased() + " -> " + detail)
    }
}
```

我使用 SwiftLog 作为日志工具，没想到在部署测试的时候也出了问题，表现为开启服务的时候可以输出日志，一旦请求进来就崩溃，抛出 Segmentation fault。但是代码在开发机上运行正常，一路调试下来发现是 "\(Date())" 的问题，这段代码第一次执行没问题，第二次执行就会导致崩溃。直接在服务端用 REPL 执行两次 pring(Date()) 也发生了相同的崩溃。推断应该是 Date 对象的 description 代码执行出错，于是自定义 Date 对象的 description 方法，避免调用自带的方法，问题解决。

所有配置和路由函数开发完成后，开始设置 server 对象。Perfect 支持静态文件路由，可以设置静态文件的路径。这里推荐针对 macOS 设置静态文件路径单独设置，因为 Xcode 编译出的可执行文件并不在代码目录，因此在本地调试时候会出现找不到静态文件的问题。

```
#if os(OSX)
server.documentRoot = "~/webroot"
#elseif os(Linux)
server.documentRoot = "./webroot"
#endif
```

代码开发完成后，使用 Docker 初始化 Swift 实例并拉取代码，使用 swift build -c release 生成可执行文件，将可执行文件和 libCHTTPParser.so、libCOpenSSL.so、libLinuxBridge.so 三个依赖库文件复制出来提交到目标 Docker 中即完成部署。目前 Swift 官方只支持 Ubuntu 系统，也有人尝试在 CentOS 上手动编译 Swift 源码，但由于缺少官方的全面测试，所以不推荐在生产环境使用。

总结

Swift 作为服务端开发语言的新成员，有着不少的先天优势，比如智能的类型推导、强大的协议扩展、丰富好用的语法糖，这也是官方宣传的 Safe、Fast 和 Expressive 的具体体现。开源后的 Swift 吸引了更多的开发者参与其中，从 4.0 演进表也可以看到更多强力且有趣的功能包括反射、并发、稳定的 ABI 等。未来是美好的，现实是残酷的，以目前国内的 Swift 开发生态环境，在客户端尚且无法占据主流位置，更不用想挑战 Java、PHP、Python 等语言在服务端的地位。想要用 Swift 替代各大公司线上成熟的开发方案是不现实的，但可以从小做起，从辅助工具之类的角度着眼，先做出广泛使用的产品，逐步找到自己的定位，再扩展使用场景。私以为 Go 在这方面做得很好，Docker 的流行让更多人知道了 Go 这门语言且证明了其实力。

目前看来 Swift 最需要解决的是 ABI 稳定性和跨平台兼容两大问题，对于 ABI 来说，之所以到 3.0 版本还没有稳定下来，是开发小组认为目前稳定 ABI 将无法去掉现有实现中错误的部分，且很可能带着补丁开发后续版本将成倍提高今后的开发难度。越早提交的代码留存率越低。这对于语言的开发是件好事，不用带着很多历史包袱开发新功能。但对于开发者来说这意味着在语言的新版本发布后不能方便的快速跟进，除非所有依赖的 Swift 代码库都及时跟进并发布基于新版本编译的代码库，这会大大降低使用 Swift 开发的积极性。

另外 Server-Side Swift 目前只支持 Ubuntu 系统，Foundation 的移植也还在进行当中，并且各种兼容 Bug 频出，在开发过程中很容易遇到开发环境和部署环境运行效果不同的情景。好消息是针对后面的问题，Swift 开发团队成立了 Server APIs Work Group，工作组的目标就是提供服务端跨平台 API，消除平台相关代码差异，提供基础框架功能代替 C 库的引入，进一步降低服务端的开发门槛，提高客户端代码的可移植性。同时 Swift 3.1 的修改内容中明确说明了会改进 Swift on Linux 和 SPM 的质量，期待 2017 年春天发布的这个版本会给 Server-Side Swift 带来显著的改进。

微信小程序的编程模式

文 / 范怀宇

"轻芒小程序+"是由轻芒团队提出的小程序解决方案,它将替内容创业者免费搭建属于自己的微信小程序。在进行"轻芒小程序+"和其他小程序应用开发的过程中,本文作者与其团队对当前正火热的小程序开发有了更为深度的理解与认识,进而有了本文。

从小程序诞生伊始,就有很多人开始研习其机理与特点,从源代码或整体架构的角度已经有很多不错的文章会令人受益。但理论是一回事,真正理解小程序,还需要实践,才能进一步理解其背后的想法,与已有平台的异同,以及如何去适应它,做出更有趣的小程序。

理解开发平台的特性,一个不错的角度就是从编程模式入手,看在这个平台上开发,需要如何书写和组织自己的代码,进而搞清楚三个问题:

1. 数据如何获取;
2. 界面如何呈现;
3. 交互如何传导。

换而言之,就是从 MVC(Model-View-Controller)的视角去拆解这个平台的特性,从而理解其开发有何特点。

数据如何获取

程序的本质,可说就是数据的呈现和加工。所以,看一个客户端开发平台的基本能力,首先就要看能把哪些数据放在上面处理,有哪些局限?如果缺少了必要的数据获取方式,那对于开发者而言,巧妇也难为无米之炊。

从这点看,小程序提供的数据获取方式非常丰富,大概涵盖:

- 通过 HTTPS 请求去服务端获取数据。支持 HTTPS 是最基本的,小程序对 HTTPS 有限制,除了要求通信协议是 HTTPS,出现的域名必须提前预设,还将应用层协议限定到了 JSON 格式下。这一点,可能比任意已有客户端平台都更为严苛。站在小程序的平台角度来看,通过这样的协议规定,对应用中流动的数据有了更强的管控能力;而对于开发者而言,则需要花些时间去调整自己的服务协议以便适应小程序的要求。

- 可以在本地文件系统上存取数据。小程序提供了丰富的 API 供开发者在手机系统上存取文件。可用本地文件来做缓存、状态记忆等,为开发提供了便利。

- 可以读写设备中的一部分信息。小程序开放了一些 API,帮助开发者获得设备上的基本信息,比如手机型号、屏幕大小、网络状态等。较为有价值的是可以选择获取手机上的图片等多媒体文件,这给做图像应用提供了可能;并且,它还提供了罗盘、重力感应器、地理位置等信息,对开发者理解用户所处的环境大有裨益。

从上面的介绍不难看出,小程序中的数据获取方式,和一般浏览器提供的相仿(也就是和 HTML5 应用能获取的信息),比原生的客户端更局限一些,但对于绝大多数的应用而言足够用了。

除此之外,小程序提供了微信生态中的一些数据,比如账号信息等。这对于微信庞大的生态而言,只是非常小的一部分数据,但却是开发小程序应用中最值得利用的数据。

举个例子,在其他平台上,如果想要获取微信的账号信息,需要通过一次用户授权。假如用户暂时不想提供,则会使程序呈现"未登录"状态,给整个服务的展开带来困难。而在小程序中,只要用户点开,就意味着完成了授权,开发者可以直接读取到小程序的账号信息,并同步到自己的服务端作为该用户的身份标识,从而实现"始终登录"的状态,使得后续服务可以更好地提供。

一份可行的示例如下:

```
// 先调用登录接口,获得请求码
wx.login({
    success: function (res) {
        // 获取到请求码,继续请求用户的基本信息
        var code = res.code
        wx.getUserInfo({
            success: function (res) {
                // 获取到 // 了加密的用户信息,去服务端解密并存储
                var userData = res.encryptedData
                var iv = res.iv
                wx.request({
                    url: 'https://my_account/...',
                    data: {
                        code: code,
                        user_data: userData,
                        iv: iv
                    },
                    success: function(res) {
                        // 在服务器上,解析并生成自己的账号验证信息
                        var user = res.data.user
                        var token = res.data.token
                        // 并且还可以存在本地存储上,供下次打开使用
                        wx.setStorage({
                            key: 'my_token',
                            data: token
                        })
                    }
                })
            }
        })
    }
});
```

界面如何呈现

小程序刚发布的时候,一片人开始惊呼 HTML5 的时代就要到来了,因为小程序在界面层使用了 HTML/CSS/JavaScript 这套 HTML5 的技术栈。但很快,随着聪明的程序员们对小程序的理解进一步加深,就发现小程序所说的 HTML/CSS/JavaScript 和 HTML5 中的完全不是一回事,其差异基本等同于 Java 和 JavaScript。

在小程序中，和 HTML 对应的是 WXML，保留下来的只有 HTML 的概念，而传统的 <div>、<a> 标签都完全被抛弃了。和 Facebook 的 React 类似，小程序引入了自己的 HTML 标签，它和 <article>、<section> 这样的语义标签不同，小程序中的标签更像是传统客户端开发中的组件（或者叫控件），每个组件都有自己背后的职能和使用方式。比如：如果需要展示图片，就只能用 <image> 标签，其他的都无法承载。而如果需要提供可选的文本，则只能使用 <text> 标签等。

这样的方式带来最大的问题就是传统的 HTML 页面都无法在小程序中呈现（而小程序正好，没提供类似 WebView 的客户端控件）。比如有大量的内容网站，其文章内容都是存储为一个 HTML 片段，无法直接呈现在小程序中。如果需要展示，一个思路是构建中间服务，将 HTML 转译成一种更简单利于渲染的中间格式数据，然后，在小程序端把中间格式的数据转换成小程序的标签进行呈现。我们在做"轻芒生活"的时候，正好设计并实现了一个转义服务，将任意一个 HTML 页面转换成中间格式（内部名是 RAML），解决了内容性 HTML 页在小程序上的呈现问题，如图 1 所示。

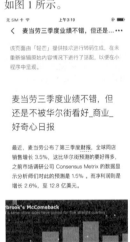

图 1 在小程序中呈现 HTML 内容页

和 HTML 相比，小程序的 WXSS 算是比较完整地保留了 CSS 的特征，这一点还挺出乎意料。WXSS 在语义上最大的不同，一是在于它支持了相对大小单位 rpx（responsive pixel），每 750rpx 等价于当前设备的屏幕宽度，它的引入，把那种繁复的屏幕大小适配变得简单了不少。而和 CSS 的另一个不同是它更像传统控件样式用法，不支持 CSS3 那么多的选择器，使用中更多的是一个控件一个 class。

小程序中虽然支持 ES6 标准的 JavaScript，但窗口级的 JavaScript 却完全被废弃掉了，开发者无法用 JavaScript 去调用 window、document 对象来修改界面元素完成逻辑。小程序中的 JavaScript 其实直接对应 Node.js 的用法，用来完成后台业务逻辑，而不是直接控制交互。小程序的这个设计，使其可以用到 Virtual Dom 的方式来渲染界面，让界面数据更新时的性能优化成为可能，但付出的代价就是少了窗口级 JavaScript 那层胶水黏合，使得很多功能的开发变得极其呆板和繁复。

交互如何传导

所谓交互的传导，是当用户和界面发生交互时，平台框架通过何种方式告诉业务层，并将处理后的变化呈现回交互界面上。如果把 WXSS + WXML 绘制的页面看成"前端"，把 JavaScript 撰写的业务逻辑看成"后端"，你会发现，小程序的前后端交互特别像 Web 1.0 的模式，前端把交互行为封装成事件（event）发送到后端，后端处理完成后，通过 setData 方法将数据回传到前端，如图 2 所示。

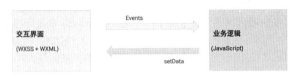

图 2 小程序的交互传导

小程序提供的 Events，基础的有类似单击、长按、触摸、滑动等，对于视频播放器等控件，还有监听播放、暂停等。这些事件比较基础，没有更高级的手势、多点触控等相关事件，但也还足够让开发者具体了解用户的输入，进而做出响应。

而小程序给界面响应的唯一方式，是通过 Page 中的 setData API 对界面上的数据进行更新，小程序会比较两次调用期间数据的变化，来决策需要更新哪部分的交互界面。

举个实际的例子，假设开发者需要做一个滑动切换页面的效果，在小程序中该如何实现？首先，是将变量数据引入渲染页面：

```
<view class="page" id="current-page"
style="left:{{distance}}rpx;"
bindtouchstart="movePage" bindtouchcancel=
"movePage"
bindtouchmove="movePage" bindtouchend="movePage">
</view>
```

可以看到，distance 是一个模版参数，它初始值为 0，表示移动的距离。通过 bindtouchstart 等函数绑定上 JavaScript 的方法，将事件回传。

```
movePage: function(event) {
    var status = {
    needUpdate: false,
    distance: 0
    }
    // 处理各种事件，计算是否需要刷新，和移动方向
    if ("touchstart" === event.type) {
    // 开始计算移动
    ...
    } else if ("touchend" === event.type) {
    // 判定移动的距离是否足够.
    ...
    } else if ("touchcancel" === event.type) {
    // 被打断就算了.
    ...
    } else if ("touchmove" === event.type) {
    // 计算移动距离
    ...
    }
    // 根据移动的距离，来更新界面
    if (status.needUpdate) {
    this.setData({
    distance: status.distance
        })
    }
}
```

而在 JavaScript 一端，则捕获事件、计算偏移量，然后将新的偏移量送到前端界面。

从这里可以看到，小程序的交互是典型的单向模式，前端回传事件，数据单向地推到前端，而不是通过类似"变量"、"状态"

等方式来告知。这样的模式下，开发者对界面变化的控制往往不可能太精准，整个核心都依赖于小程序对两次数据变化的 diff 计算，这将会最终影响整个交互的性能。

小程序开发模式的特点

至此，我们可以来总结一下小程序开发的一些特点了。整体来看，小程序是借了 HTML5 的技术栈，行了传统客户端开发的模式，这一点和 React 等平台会比较相近，可以视为 HTML5 的一个新分支。

从设计思路看，小程序做了大量的"限制"，最大的限制是开发者其实无法通过 JavaScript 这样的编程语言直接对界面进行控制，而是通过数据驱动来间接实现。这对于缺少开发经验的人而言，是有益的事情，因为降低了理解的门槛，但对于复杂的应用来说，这个模式开发起来比较呆板，往往是一个变化多处修改，增加了理解代码的成本。

开发小程序的坑

开发小程序的日子，也是一个踩坑的历程。简单总结，小程序中的坑大概来自这几个方面：

- Web 兼容性。小程序引入了 HTML/CSS 作为技术栈，并在其基础上进行了定制。很多开发中的问题都来自于"定制"，因为你并不知道哪部分是被定制，哪部分是被继承了。比如，你用了一个 CSS 语法，发现并不生效，或者效果和浏览器中的不一样，于是，只能换一个写法，结果很有可能又会继续发现，这个新的写法可能效果也不对，于是只能继续尝试，如此反复，可能会消耗大量的时间。

- 开发环境不稳定。小程序的开发，是基于微信自制的 IDE，但当下，IDE 的稳定性、易用性都非常差，时常出现 Bug，你以为是程序写错了，但其实，是 IDE 的 Bug，重启一下 IDE，一切都迎刃而解了。于是，当你日后开发小程序时出现某种异样，先重启 IDE，再看问题还在不在，也许是种更节省时间的方式。

- 缺少真机调试环境。小程序的运行时其实就是微信，微信几乎没提供任何真机上的调试工具（也不能说完全没有，有一个只能在真机上瞪着眼睛看的日志框）。在模拟器中调试好的程序，可能在真机上运行起来并不如预期。比如，我们碰到过真机上白屏、位置错乱、动画效果不对，以及 Android 上至今还不能运行等问题。这对于稍微复杂的程序而言，颇为梦魇，想做一些细粒度的调整和优化，基本只能靠猜。

- 闭源且缺少学习资料。小程序整体上是闭源状态（虽然模拟器和 IDE 部分可以通过反编译来看），且缺少足够的学习资料。如果一旦碰到控件如何使用、为什么这么用不对之类的问题，就只能靠不停地试来解决，也需要耗费大量时间。

简而言之，作为一个新的开发平台，微信小程序从本身的稳定性，以及配套的工具链上都不算完善。对于早期开发者而言，需要耗费额外的精力去尝试和探索，但这也许就是一个新平台的价值和代价吧。

微信小程序技术解读

文 / 陈兴艺

自今年初微信正式发布小程序，已有大半年时间。这期间，行业对微信小程序的关注经历了三个阶段。

- 第一个阶段是刚发布时的火热，大家都盼望这是"又一个公众号"，尝试从各个不同角度解读、预测小程序的价值所在，担心像几年前公众号刚上线时那样再次做出"误判"、错过"流量红利"。

- 第二个阶段是发布一两个星期后的失望和舆论冷却，大家对小程序的新鲜劲儿过了以后，发现跟想象中的流量红利很不一样，反而是有着这样那样的限制和不足。

- 第三个阶段是从三月底开始，随着微信持续不断地改善小程序体验和开放新能力，以及一些小程序初食螃蟹者传回的正面消息，对小程序的讨论逐渐回暖，大家开始更理性、更现实地思考微信小程序的商业、产品和技术价值。

本文并不会过多地在商业层面对小程序进行分析，而是主要从技术开发层面对其进行解读。文章分为四部分，涵盖对小程序技术原理的介绍、对小程序开发全流程的介绍、开发过程中的常见问题，以及对小程序第三方平台的简介。微信小程序开发是个很大的话题，一方面因为小程序技术框架本身值得讲的内容非常多，另一方面因为小程序所依附的微信生态有其复杂性。本文将对小程序开发的一些细节内容点到为止，留给读者自己通过官方文档、社区讨论、亲身开发等途径进行探索。

小程序原理简介

摘自微信文档："小程序开发框架的目标是通过尽可能简单、高效的方式让开发者可以在微信中开发具有原生 App 体验的服务。"

在微信内部，小程序技术框架的代号是 MINA（据说其全称是"MINA IS NOT APP"）。从开发者的角度看，该框架包含两部分，如图 1 所示。

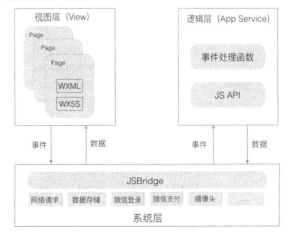

图 1 小程序开发框架示意图

- 视图层：接收逻辑层传过来的数据并渲染页面；当用户与页面产生交互时，视图层将事件发送给逻辑层。
- 逻辑层：处理数据并发送给视图层，触发视图层页面渲染；接收并处理视图层发来的用户事件。

小程序的视图层可以简单地理解成 Web 开发中的 HTML 和 CSS，而逻辑层则可理解成 Web 开发中的 JavaScript。事实上，由于小程序框架在开发语言层面与 Web 开发高度接近，如果你已经有一定的 Web 开发经验，学习小程序开发将会十分轻松。

视图层（View）

小程序框架在视图层提供了自己的描述语言 WXML 和 WXSS，并提供了一系列基础组件（Component）供我们快速构建视图。

WXML（WeiXin Markup Language）是框架提供的标签语言，在其中我们只能使用小程序框架所提供的 Component。我们通过 WXML 能做到的最重要的两个事情是：通过类似 Mustache 的双括号语法实现单向数据绑定（逻辑层→视图层），比如 <text>{{msg}}</text>；通过在标签上绑定事件处理函数实现事件反馈（视图层→逻辑层），比如 <view bindtap="handleFunc">……</view>。

WXSS（WeiXin Style Sheets）是框架提供的样式语言，支持大部分的 CSS 特性，并且基于小程序特点进行了一些扩展。其中一个很重要的扩展是引入了 rpx 这个大小单位，rpx 类似 CSS 中的 em 单位，能为我们进行自适应设计带来很大方便。

小程序框架为我们提供了一系列基础组件，这些基础组件通常都自带了一些与微信风格吻合的基础样式，我们能通过组合这些基础组件进行快速开发。目前我们只能使用微信提供的 Component，还不支持自定义组件。

微信小程序的视图层使用 WebView 进行实际渲染。我们所写的 WXML 里的 Component 最终会被转换为普通的 HTML 标签显示在 WebView 中，而 WXSS 经过转换后也会变成普通的 CSS 代码，为那些 HTML 标签赋予样式。所以，虽然感觉上小程序是个原生 App，但其实我们看到的只是个网页。部分特殊的 Component（比如视频和地图组件）会被转换成 Native 组件，这些 Native 组件会覆盖在 WebView 的对应位置之上，在用户角度看来，这些 Native 组件与 WebView 上的 HTML 组件在视觉上是融为一体的。

逻辑层（AppService）

逻辑层，顾名思义，是控制小程序业务逻辑的地方。我们通过处理两个方向的数据流动来实现对业务逻辑的控制：在逻辑层处理数据并发送到视图层，触发视图层页面渲染；在视图层获取用户事件并发送给逻辑层，触发逻辑层的对应业务代码。

在逻辑层，我们主要通过小程序框架提供的这两个能力来实现业务控制。

- 注册事件处理函数：小程序里面主要存在两类事件，生命周期事件和视图层用户事件。前者由小程序框架负责触发，后者则是由视图层在用户与页面进行交互时触发。我们通过在所需的事件节点安插合适的业务代码，便能实现对小程序的完全控制。
- 丰富的 API：微信小程序之所以受到跟其他 Web/Hybrid 框架不一样的关注，很重要的一点就是因为其运行在微信之内，能调用微信提供的丰富的 API。这些 API 主要分两类，一类是系统功能，比如网络请求、数据存储、位置获取等；另一类是微信特有功能，比如获取微信用户信息、打开摄像头扫描二维码、发起微信支付、获取微信群信息等。

我们在逻辑层使用的开发语言是 JavaScript。我们写的所有 JavaScript 代码最终会被打包为一份，放入一个 JavaScript 运行环境（JSCore），在一个独立的线程里运行。这份 JavaScript 代码会在小程序启动的时候开始运行，一直到小程序退出时才会停止，类似 Web 开发里的 ServiceWorker，因此我们也把小程序逻辑层称为 AppService。

系统层

在视图层和逻辑层之外，小程序框架其实还有一个系统层。对开发者来说，平常开发小程序时不会直接接触到系统层，但实际上系统层在整个小程序框架中是一个关键的组成部分。

小程序的视图层和逻辑层分别运行在两个独立的线程里，当两层之间需要发生数据流动时，数据都是先从出发层流动到系统层，在系统层经过一定处理以后再转发给目标层。另外，系统层也负责提供逻辑层用到的各种原生 API。如果你有过 Android 或 iOS 的 WebView 开发经验的话，小程序系统层的概念就类似 WebView 里的 JSBridge。

小程序开发简介

开发流程

开发小程序，必须下载并安装微信官方提供的"开发者工具"。这是微信提供的 IDE（见图 2），其地位就如 AndroidStudio 之于 Android 开发、Xcode 之于 iOS 开发，通过该 IDE 我们能完成代码编辑、调试预览、代码上传等工作。

图 2　小程序 IDE

小程序 IDE 自带简单的代码编辑器，提供了语法高亮、自动补全等功能，能满足一般的代码编辑需求。对一些开发者来说自带编辑器可能略显简陋，可以选择使用自己喜爱的其他编辑器来编写代码。无论代码改动来自自带编辑器还是第三方编辑器，小程序 IDE 都会自动监听到代码文件改动并触发页面刷新。

小程序的调试预览，与 Web/Hybrid 开发有相同点也有不同点。相同点在于两者的开发语言都很接近，编译运行的过程也很类似；不同点在于微信小程序的"微信"二字，小程序需要调用一些微信原生功能。在开发小程序的过程中，我们大部分时间都可以使用 IDE 自带的网页调试窗口，该调试窗口通过类似小程序真实运行环境的 JSCore 和 Chrome WebView 实现，我们在其中看到的运行效果会跟真机运行效果很接近（当然我们还是需要真机测试确保一致）。在调试一些特殊功能时（比如支付、分享），我们需要通过 IDE 生成开发版二维码，用微信扫码打开进行真机调试。

小程序发布

当我们的小程序开发到一定阶段，决定对外发布时，需要通过 IDE 将代码上传微信服务器，然后去微信管理后台进行后续的发布操作。发布时我们可以选择两种模式，一种是发布体验版，该版本只能被指定的体验用户打开，通常用于正式上线前的测试；另一种是发布正式版，即最终给普通用户使用的版本。发布正式版需要将小程序提交给微信审核，审核通常需要 1 到 3 天（微信官方说法是 7 天内完成审核），审核通过以后小程序将对普通用户可见。后续升级新版本时也需要走同样的审核发布流程。

一些常见问题

用户信息获取

在微信小程序里面，用户信息获取分为两个环节：login 和 getUserInfo。login 能让我们得到用户的 OpenID（一个微信用户的唯一 ID），而 getUserInfo 能让我们进一步得到该用户的个人信息，比如昵称、头像。

当我们设计小程序的登录流程时，应该特别注意一个关键点：login 是静默的，而 getUserInfo 会弹出一个确认框要求用户授权。与一般移动 App 社交登录的做法不同，在微信小程序里面，我们通常只需要做 login 这一步，只要通过 login 获取到用户的 OpenID，我们就能建立自身业务的用户体系了。只有当我们的业务真正需要用到用户的昵称、头像等信息时，才应该去做 getUserInfo 这一步。用户信息属于个人隐私，所以微信不会直接交给我们，而是弹出授权确认框让用户做决定；而弹框有时候会影响用户体验，甚至对用户造成骚扰。微信小程序在框架层面这样设计，一方面是为了引导开发者做出真正考虑用户体验的产品设计，另一方面也与其"用完即走"的产品理念相吻合。

另外值得一提的是，小程序的运行环境跟浏览器不一样，没有 Cookie 机制，所以我们在验证用户身份后给用户赋予的 Token 标识无法像 Web 一样放到 Cookie 里，而应该另外找地方存放，比如放到 HTTP Header 或作为一个 HTTP 请求参数。

网络请求

虽然我们在小程序里面写的是 JavaScript，但和 Web 开发不同的是，微信只允许我们使用其提供的 wx.request() 方法进行网络请求，不能使用其他网络请求库。微信对我们的网络请求有这几个限制。

- 域名限制：所请求的域名必须先在微信管理后台进行设置，且要求已进行备案，不允许使用 IP 和指定端口（开发时除外）。
- HTTPS 要求：所有网络请求都必须是 HTTPS 协议。
- 并发限制：同时进行的网络请求最多 10 个。

页面路由

小程序的页面路由机制与常见的 Web 单页应用类似，我们可以通过微信提供的 JS API 进行页面切换，新打开的页面会堆砌在当前页面之上，形成页面栈。需要注意是，微信为了控制小程序复杂度，限制页面栈中最多存在 5 个页面，一旦达到该限制，我们将无法打开新的页面，除非关闭一些已有页面。这个限制要求我们在设计产品的时候要注意两点。第一是用户流程设计应当尽量简洁，避免一些没必要的页面步骤；第二是对一些关键的业务点，要考虑"万一当前页面栈已经满了"这种情况。比如说，在一个电商小程序里，订单支付页如果已经是第 5 个页面的话，用户将无法跳到新页面去选择地址，此时我们需要做一些特殊处理，比如将地址选择页面变为一个页内浮层，或者是进入订单支付页时关闭前一个页面。

跨平台兼容

在 IDE 调试窗口、iOS 微信、Android 微信三个环境里，小程序的 JS API 和 WXSS 的表现都比较一致，通常我们无须太过关注兼容性问题，而是将主要精力集中在产品业务逻辑上。但偶尔也会遇到一些表现不一致的情况，比如某些 JS API 在 Android 和 iOS 上的返回参数不一致、某些 UI 组件在不同平台上有不同的 padding。我们在开发过程中，正式上线前都应该时不时进行不同平台的真机测试，确保表现一致。

小程序码

为了让小程序形成更好的产品辨识度和视觉冲击力，微信小程序的主要入口不是普通的二维码，而是通过微信自有算法生成的"小程序码"。小程序码与二维码在编码算法层面类似，但在产品层面有很大不同。二维码是行业通用格式，任何 App 只要实现二维码算法就可以进行解析；小程序码使用微信自有算法，只能通过微信提供的 API 进行生成，也只能通过微信 App 进行扫码读取。

官方文档

我们评价一个新技术的时候，很重要的一个标准就是其文档质量，因为通过观察其文档我们能判断出其技术特点、学习难度，以及其维护者对该技术的投入程度。在这方面微信小程序文档做得很不错，对学习者非常友好。小程序在年初刚发布的时候存在不少问题，但我们能看到微信技术团队保持持续不断的迭代优化，在修复 Bug、添加新功能的同时，文档也在不停地保持更新同步。

小程序第三方平台

在微信小程序技术生态里，第三方平台是一个重要但大部分开发者不一定会经常遇到的话题。简单地说，通过第三方平台，客户能将自己的小程序账号一键授权给第三方，然后第三方就能为客户提供对应的小程序技术服务。换个说法，第三方平台其实就是微信生态里的 SaaS 模式。

举个例子，假设我们做了一个卖东西的电商小程序，现在我们想将这个小程序卖给好几个客户。如果用传统的外包模式，我们可能会分别索取这几个客户的小程序后台账号密码，然后为他们上传并发布代码；或者我们可能会直接将小程序代码交给客户，教客户怎样去上传和发布。这里面有几个问题：客户不一定（也不应该）愿意给出账号密码；我们给客户讲解小程序发布流程会耗费大量精力；我们不愿意公开产品的技术代码；对每个客户我们都需要人工操作，客户越多则人工工作量越大，业务容易遇到瓶颈。

而如果通过第三方平台来实现，上面的几个问题都能得到解决。客户来到我们的电商第三方平台，一键将自己的小程序账号授权给我们，然后就什么都不用关心了。我们得到客户的授权，通过微信 API 自动为客户将小程序发布出去，无须人工干预。在这个过程中，客户没有泄漏账号密码，也不需要了解不必要的技术知识；我们没有泄漏代码，而且整个流程都是自动化的，客户扩展的边际成本非常低。

搭建一个小程序第三方平台，在普通小程序开发技术的基础上，我们还需要考虑这两个环节。

■ 客户授权：接收客户授权请求，并从微信服务器获取授权凭证。

■ 代客户实现业务：获取到客户的授权凭证以后，我们便能拿着这个凭证为客户进行业务操作了，比如自动发布小程序、发送客服消息。

相比普通小程序开发，第三方平台开发有一定复杂性。难点一方面在于开发并运行一个平台所涉及的技术难度，另一方面在于代客户进行小程序操作所涉及的业务难度。

结语

小程序发布至今虽然还不到一年时间，但其目前的用户体验、开发者体验都已经达到比较优秀的水平，而且微信团队对小程序长期保持着积极推进的态度，我们可以预见小程序生态在未来会越来越蓬勃。无论是从商业角度考量，还是从技术角度来看，小程序都值得大家去了解、学习和尝试。 Ⓟ

从《小睡眠》谈微信小程序开发的实用技术与注意事项

文 / 刘剑华

为什么要做小睡眠

自去年开始，小程序在移动互联网圈是暗潮汹涌的存在，总在某个时刻，一个内测版就刷爆朋友圈。我们团队真正萌生做小睡眠小程序的想法，是在今年元旦过后，属于很后知后觉。毕竟在创业阶段，对于开发资源的分配很慎重，最终小睡眠小程序是由一个设计师和一个程序员负责的，从敲定名字到完成提交，总共耗时 36 个小时。下面列出几点在开发小程序上的思考，分享给大家，或许有些帮助。

技术框架

初期阶段，小程序的开发框架比较弱，特别是针对音乐类的，很多功能无法实现，比如支持多音频播放和无缝衔接等。如果是 App 的话，往往多想想办法是可以解决的，例如 Android 的 WebView 自带的音频播放器无法进行音频的无缝播放，但是接入 Google 的扩展播放器 ExoPlayer 就可以解决这个问题。所以大家在设计小程序的功能框架时，不能简单照搬 App 的功能或者想当然地做减法，需要仔细评估小程序的技术支持程度。

设计交互

不考虑微信好友即时分享的入口，从启动微信开始，要进入小程序页面，至少需要三次点击（微信—发现—小程序），这还不包括进去之后的下拉搜索，而在最开始阶段，微信小程序也并没有开放模糊搜索和星标功能，所以对于小程序交互上的考虑，尽量要做到一键抵达功能，用最快的时间向用户表达自己。以小睡眠为例，微信授权登录是我们最先舍弃的功能，而且我们也是在最后时刻进行删减，把两个页面变成一个页面，所以它的学习成本极低，几乎点到哪里都会有声音播放出来，目前小睡眠竟然有 8% 的用户是 50 岁以上的老人，算得上是全民小程序。

市场推广

毕竟是微信内部功能，分享是绕不过的需求。我们当时做了一件事情，把几十个白噪声和脑波进行颜色上的分类，并根据声音的种类和特性，以及听觉和认知给人的第一印象，比如"潮拍海岸"是蓝色、"红泥小炉"是红的，我们选出了五种很好看的颜色，后面在微信群分享的时候，小睡眠的分享界面骚气十足，很好看也抢眼球，吸引了很多人关注。所以说小程序天然带有推广属性，特别是目前微信也计划增加一个新入口，用户可以在群设置页看到"群小程序"，也就是最近群成员分享过的小程序，大家也可以在这方面多加思考。

微信小程序技术浅析

小程序初期，网络上能供参考的学习资源并不多，于是只能紧抱官方文档。翻看官方文档后，发现小程序虽然定义了一套新的开发框架、语言，但实际上与传统的前端开发技术非常相似（因为本质上是寄托于 WebView、基于 Web 开发技术）。而 WXML 相当于 HTML，WXSS 相当于 CSS，脚本代码均是 JavaScript，也正是前端一直以来的网页开发三剑客。所以，对于前端程序员来说，学习曲线并不高。

创建 quick start 项目后，会出现很多熟悉的代码，onLoad、onReady、onShow 等。使用过 Vue.js、接触过 iOS、Android 等开发的同学，一定不会陌生。每一个页面都有自己的生命周期，跟 Vue.js 的每一个 page，iOS 的每一个 Controller，Android 的每一个 Activity 一样。小程序就像集百家之所长一样，把最经典、最简单、大家最熟悉的开发模式呈现出来。这样一来，学习门槛又降低了很多。

而在 UI 布局方面，小程序采用了 rpx（responsive pixel），

其可以根据屏幕宽度进行自适应，规定屏幕宽为 750rpx。由于这是一个自适应的单位，所以，所有手机屏幕宽度均为 750rpx，开发的时候，适配问题就减轻很多。开发时，设计师以 iPhone6 作为视觉稿的标准，就可以满足绝大部分机型。而在标签语言 WXML（类 HTML）中，view 标签相当于 HTML 中的 div，其他标签根据功能定义也很容易理解，可以当作一种变体 HTML 开发。而 WXSS 就相当于 CSS 了，而在 WXSS 中，几乎不用像传统浏览器那样考虑各种兼容属性前缀，也不需要考虑低版本浏览器的兼容，可以放心使用 Flex 布局和各种 CSS3 特性。

微信官方提供的开发工具，是使用 node-webkit 开发的（JavaScript），所以整套开发工具的源码均可查看，见图 1 所示。这就对广大开发者深入了解小程序的机制、框架提供了非常好的资料。目前也有很多优秀的开发者已经通过此对小程序开发框架进行了原理、基础、底层运行的详细分析。

接下来谈谈开发中需要注意的技术点。

■ 生产发布环境中小程序所有网络请求都必须为 HTTPS，并在小程序后台绑定域名。目前，各大云服务提供商都提供免费的证书申请，过程也并不复杂。

■ 在小程序开发中并不能调试查看 uploadFile 和 downloadFile 的网络请求，但你可以通过代理去查看。

■ 小程序迭代升级过程中，很多新的 API 出现，需要向下兼容，并不是每个人都会升级微信客户端，由于一些新功能的升级可能会导致老版本 crash 掉。

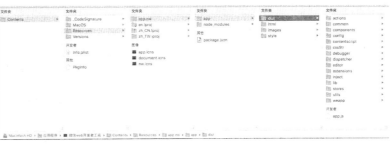

图 1 微信 Web 开发工具源码目录结构

微信小程序开发资源

下面是我们在项目中曾经接触到、使用过的优秀第三方库，并做简要说明。

开发框架

WePY，小程序组件化开发框架。它是 Vue.js 开发者的福音，让小程序开发变得"vue"化，支持 NPM 包，支持多种编译器，支持代码压缩、图片压缩，支持 ESLint 等众多功能。使用之后，小程序开发更加简单、高效。

工具库

wafer-client-sdk：Wafer，可用来快速构建具备弹性能力的微信小程序。这是腾讯云团队提供的 SDK，让小程序用户授权会话变得相当方便和简单，同时提供了小程序 SDK、服务器端 SDK。

XpmJS，微信小程序云端增强 SDK。提供了用户登录、WebSocket 通信、微信支付、云端数据表格、文件存储等轮子。

wxParse，微信小程序富文本解析自定义组件。支持 HTML 及 Markdown 解析。有了这个框架，就可以显示基本的 HTML 了，阅读类、资讯类的 App 就拥有了简单高效的富文本显示能力。

wemark，微信小程序 Markdown 渲染库。可用于在小程序中渲染 Markdown。

UI 组件

ZanUI-WeApp：高颜值、好用、易扩展的微信小程序 UI 库，有赞出品。UI 组件库包含 badge、btn、card、cell、color、dialog、form、helper、icon、label、loadmore、panel、quantity、steps、tab、toast、toptip 共计 17 类组件或元素，设计优美、使用方便。

wx-charts：微信小程序图表 charts 组件。图表组件包含饼图、圆环图、线图、柱状图、区域图、雷达图，为数据分析利器。

weui-wxss：微信官方设计团队提供的一套 UI 组件库，提供了最有用的插件、模块。

当然还有一大批优秀开发者开发出的优秀的库，在此就不一一列出了。

微信小程序调试实战

优秀的代码资源，对每个开发者、学习者来说都是非常重要的。往往研读一个优秀的项目都能有很多收获。而小程序也是一样，小程序开发作为前端开发的变体，自然很多人也会希望像一般前端项目一样，打开开发者工具调试查看别人代码参考学习（当然不排除有作恶的人）。而实际上，确实是可以查看其他优秀小程序的源码。也正因为你的小程序源码是可以被查看的，所以敏感信息不应该写到代码中。

以下进入干货环节，将一步步实战带你查看别人小程序源码。

第一步，设置代理

以 Mac 为例，首先，打开 Charles，然后手机接入 Charles（见图 2），而 Charles 怎么连接，如果有疑问，可以在网络上搜索教程。连接 Charles 后，不需要特别设置代理相关 SSL 域名（使用 Charles 期间，注意关掉手机和电脑的其他代理，以免连接失败）。

图 2 手机接入 Charles

第二步，打开并加载想要查看的微信小程序

查找并下载想要"偷窥"的小程序。如果微信小程序已经加载过，先删掉再重新搜索下载。

第三步，查看 Charles，可以发现微信小程序的安装包

下载完毕后，回头查看 Charles。此时你可以发现有一个

wxapkg（wexin app package）的小程序安装包请求链接，果断右键保存下来，见图3。

图3　小程序下载完毕后，将发现安装包请求链接

第四步，研究安装包源码

实际上，微信小程序的安装包包含所有图片、代码等资源。所以，你可以使用文本编辑器以纯文本模式查看整个安装包（像iOS、Android安装包一样后缀改为zip解压是没用的）。这是你可以看到资源编排，图片数据（可能会呈现为乱码）、JavaScript代码、WXSS代码等。而所有小程序需要的数据，都可以据此一一还原出来，见图4所示。

图4　查看小程序源码

第五步，格式化代码

一般来说，对程序员最有参考价值的就是JavaScript了，所以往下浏览查找并截取JavaScript部分代码，并新建JavaScript文件，在编辑器中格式化后，便可以开始我们的学习之旅。图5是《小睡眠》小程序格式化后的代码，已经变得很具可读性了。当然，《小睡眠》的代码由于程序员"偷懒"，肯定有很多不足和可提高的地方，欢迎大家指导并督促改进。

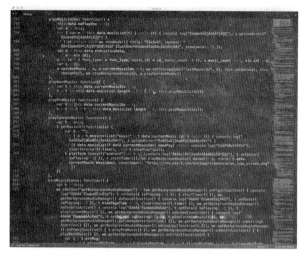

图5　小睡眠小程序格式化后的代码

到此，微信小程序源码查看基本告一段落。然而，在最近的微信更新之后，就不能再通过捉包获取微信小程序的安装包了，源码数据流似乎不再走HTTP协议。这一变化大概是微信出于安全性的考虑，毕竟源码暴露对很多有数据安全要求的小程序来说是很致命的。也正因为此，小程序的开发也要格外注意不能把各种key、secrect写在小程序代码中，该服务器处理的还是得服务器处理。

当然，聪明的你肯定已经想到解决方法了。

结语

小程序自正式诞生至今，才刚刚过了半年，外界对它的看法便已经历很多起伏。同样的，今天的小程序所提供的技术特性，跟半年前也不可同日而语，未来小程序能走多远，是否可以形成一个生态，市场会给出答案，希望我们技术从业者们能以动态、不断成长的眼光去看待小程序，也希望此文能给大家一些启发与帮助，共勉。Ⓟ

《轻课》微信小程序踩坑历险记

文 / 沙拉依丁·苏里坦

我们在开发《轻课》小程序时，为了快速迭代和升级，全栈使用了前端技术，客户端采用微信小程序，后端采用Node.js，整个技术栈上有利于前端团队快速迭代。

开始该项目前，我们已经做足了心理准备，知道必将面临不少挑战。但最终实践证明，我们所做的准备还是有些乐观了，实际遇到的挑战比我们预期的大不少。值得欣慰的是，最终的收获与挑战是成比例的。

本文将围绕开发过程中遇到挑战，及我们对此的思考与应对策略展开，希望也可以给大家带来收获。

官方IDE不好用？我们来适当工程化小程序，并使用VSCode顺畅编码

小程序开发前，我们希望通过组件化方式进行更好的团队协作开发。虽然官方提供了template，但使用该方法，依然无法彻底实现组件化开发。同时，我们也尝试了社区中几款不错的开发框架，但发现微信小程序官方对于这些框架一直都是不支持的态度，为了避免可能存在的风险，我们决定放弃使用这类框架，最终采用官方提供的template方案实现了部分的组件化，并在团队协作中，按页面单位对开发任务进行划分。

虽然微信开发者工具集成了小程序开发中需要用到的绝大多数功能，但在代码编辑体验上，并不能很好地满足我们的需求。目前市面上已经出现了几款提供小程序代码编译功能的其他IDE可供选择，比如白鹭的Egret Wing，但为了及时更新小程序的SDK，以及保留微信开发者工具集成的预览、显示后台配置等其他必要的功能，我们还是决定采用微信开发者工具+VSCode的开发环境搭建方案，并采用gulp，对代码进行简单的工程化。

同时，我们引入了Less，将编译的最终CSS文件配置为

WXSS 文件，发现这在小程序中完全可行。此外，还增加了对 WXML、JSON 文件的编译，在微信开发者工具中，指定 gulp 生成的 dist 目录，通过常用的热更新功能，便实现了在 VSCode 中编写代码，更可自动编译为可供微信开发者工具编译运行的小程序代码。代码一有改动，开发者工具指定目录的文件也会相应的被重新编译，开发者工具也会自动重新加载小程序预览，大大加快了编码效率，也方便通过 gulp 进一步拓展我们的编码能力，比如引入 Babel，我们实现了对一些 ES2017 语法的支持，特别是会让前端开发者两眼放光的 Async/Await 异步处理，使我们的小程序开发锦上添花。同时，让我们欣慰的是，小程序自身的异步 API 接口在使用 Await 调用时，表现良好。

小程序动效性能优化

对于小程序的动效优化，实际上我们并没有办法像在 HTML5 中那样做太多的工作，因为小程序自身做了很多封装，也有一些限制。但令人欣慰的是，小程序本身在动效性能表现上虽然不能说特别超出我们的预期，但至少没有做得太差。唯一让我们遗憾的是，小程序自身并没有为我们处理任何 CSS3 动效的兼容问题，而由于小程序本身的限制，在兼容问题上，几乎束手无策。另一个令人难过的现实是，在小程序中，没有任何办法像在 HTML5 中那样，监听某个动效的结束事件，如 AnimationEnd，因此很难能像在 HTML5 中那样，游刃有余地实现很多复杂动效的组合。在这一点上，我们很无奈地采用了延迟一定时间间隔的方案，该方案几乎难以实现预想的动效组合，并且在各类设备中的效果差异也十分巨大。

因此在更复杂的动效中，我们采用了 SVG 的方案，然而让人绝望的是，小程序中使用 SVG，本身也是有兼容问题的，于是也只能通过调整 SVG 中实现的参数甚至方案来尝试解决各类设备的兼容问题，这种调试体验对于开发者而言，是不堪回忆的。

这次开发的小程序有着非常丰富的交互体验。而最终，我们得到的经验，却是不要尝试在小程序中实现复杂的动效，以及复杂的交互，否则成本投入会远大于预期。这其实是小程序开发中，比较令人失望的一点，得到了最深的教训。小程序的应用场景是简单、用完即走，但让我们没想到的是，连动效也是"动完即走"，官方文档也并没有告诉我们"不要尝试实现复杂的动效和交互"。

小程序无法获取录制音频的长度？对于程序逻辑的影响及处理思路

看到这里，可能读者会反问我，API 接口提供了方法获取音频的长度了呀？按照我们的实践，小程序本身不是一个 Native，却要做 Native 事的一个框架。做 Native 的愿景和目标，我们是欣赏的，但是对于实现的调用原生功能的性能，我们还是感到很遗憾。

我们的产品为了增加趣味性，以及评测功能的实用性，涉及了很多音效播放，以及列队播放音频的逻辑。

通过各种踩坑，总结出稳定实现这个功能最好是用小程序提供的 wx.playBackgroundAudio 及相关的音乐播放控制接口，因为其调用的是微信自己的音乐播放组件，其设备兼容性最好，也能实现音效的异步播放，相对来说不影响界面交互。但是，该接口也不是银弹，很快发现有一部分音频，这个接口并不支持播放。这些是短于 15s 的音频，它们在某些设备里无法正常播放，虽显示播放成功，但却没声音。这时，我们非常痛心地采用了会逼死处女座的解决方案，在短音效音频末尾加上 5s 左右的空白音频，来解决这个问题。虽然此法非常难以说服我们自己，但最终使我们至少从这个奇怪的设备兼容旋涡里走出来。

那么接下来，则是更为可怕的实现列队播放音频了。可能读者又会说，"切，监听 wx.onBackgroundAudioStop 不就可以了"，抛开我们写的测试方法在有些设备上不会百分百的执行 wx.onBackgroundAudioStop 回调不说，某些音频是用户录制的，也就是通过 wx.startRecord 接口完成录音，小程序录音后的文件格式为 silk，让我们没想到的是，小程序的 wx.playBackgroundAudio 根本无法播放自己的录音文件 silk，因此通过 wx.onBackgroundAudioStop 回调来监听播放完成，是无解的。我们最终的实现方案，则是通过后端接口来返回语音录制的时长。后来也尝试了通过计时录音时长来实现，但无论如何，都不是我们理想的方案。在实现过程中，还会有部分设备通过曲线方案得到的录音时长不准确的问题，我们最终又是通过增加一定的"阈值"来尽可能规避，依然是一种虐心的解决方案。

小程序真的能从本地读取音频资源吗？

答案是，并不能。

我们在开发这个产品之前，都认为小程序作为 Native 理念的践行者，理应可以实现直接读取本地音频资源，但事实证明，我们想多了。小程序提供的接口只能播放网络资源，本地资源是无法播放的。我们需要面对现实，但是，我们的小程序产品是有一些音效需要保证即时播放的，从网络加载无法满足这个要求，那么既然无法从本地加载和播放音频，那至少我们提前从网络下载到本地并播放，是可以的吧，不然为什么要提供 wx.downloadFile 接口呢？这样在产品一开始提示一下"加载中"，也是一个比较好的方案。事实证明，我们依然想多了，这个也行不通，因此，最终我们采用的方案就是，没有方案。用户第一次访问音效时，只能接受无法预料的网络延迟这一现实了。

小程序的周期回调 onReady 和 onShow 等真的靠谱吗？

小程序提供的生命周期回调，是我们很多产品逻辑的基础，但是这些生命周期函数真的靠谱吗？答案是，不一定。

不过读者先别惊讶，这里不是说这几个周期回调存在不被调用的情况，相反，它们是一定会被调用的。但由于小程序是做 Native 的非 Native 框架，所以期望的执行逻辑，并不一定会如我们所期望的那样执行。例如，如果在 onShow 中调用了 wx.playBackgroundAudio 来播放音乐，而在 onHide 中调用 wx.stopBackgroundAudio 来停止播放。那么这个过程可能并不会像预期的那样顺利。onShow 中的 wx.playBackgroundAudio 实现调用微信原生的音乐播放功能，所以需要启动时间，而如果用户在这个时间内离开小程序，虽然会触发 onHide 事件，并调用 wx.stopBackgroundAudio 接口，但由于音乐并未开始播放，该接口的调用是无效的。于是，神奇的现象出现了，用户返回微信聊天列表后，音乐又神奇的开始播放了，并未受 onHide 中

wx.stopBackgroundAudio 接口的调用影响。而这个情形，测试妹子们会无情地标记为 Bug，而我们却很难说服产品接受这个现实。

微信小程序的未来

虽然以上所述，似乎都在吐槽小程序。但留心观察，我们不难发现，目前微信小程序在市场中越来越火爆了，而微信也开始持越来越开放的态度，不得不承认现在的微信小程序有诸多的问题，但优点也是显而易见的。更便利的入口，更低的部署成本，加之越来越被用户认可，我们相信这些问题也会很快逐步解决。更何况，光是微信这个平台，纵有千万般困难，我们开发者能说不吗？

只是，在选择微信小程序应用场景这件事上，我还是建议读者朋友们，请尽可能地简化你们的产品原型，选择最简化的核心功能，再选择用微信小程序来实现，才是一个正确的姿势。

使用 Vue.js 开发小程序：解析前端框架 mpVue

文 / 胡成全

mpVue 是一款使用 Vue.js 开发微信小程序的前端框架。使用此框架，开发者将得到完整的 Vue.js 开发体验，同时为 H5 和小程序提供了代码复用的能力。如果想将 H5 项目改造为小程序，或开发小程序后希望将其转换为 H5，mpVue 将是十分契合的方案。

小程序开发特点

微信小程序推荐简洁的开发方式，通过多页面聚合完成轻量的产品功能。小程序以离线包方式下载到本地，通过微信客户端载入和启动，开发规范简洁，技术封装彻底，自成开发体系，有 Native 和 H5 的影子，但又绝不雷同。

小程序本身定位为一个简单的逻辑视图层框架，官方并不推荐用来开发复杂应用，但业务需求却难以做到精简。复杂的应用对开发方式有较高的要求，如组件和模块化、自动构建和集成、代码复用和开发效率等，但小程序开发规范较大地限制了这部分能力。为了解决上述问题，提供更好的开发体验，我们创造了 mpVue，通过使用 Vue.js 开发微信小程序。

mpVue 是什么

mpVue 是一套定位于开发小程序的前端开发框架，其核心目标是提高开发效率，增强开发体验。使用该框架，开发者无须了解小程序开发规范，只需要熟悉 Vue.js 基本语法即可上手。框架提供了完全的 Vue.js 开发体验，开发者编写 Vue.js 代码，mpVue 将其解析转换为小程序并确保其正确运行。此外，框架还通过 CLI 工具向开发者提供 Quick Start 示例代码，开发者只需执行一条简单命令，即可获得可运行的项目。

为什么做 mpVue

在小程序内测之初，我们计划快速迭代出一款对标 H5 的产品实现，其核心诉求在于快速实现、代码复用、低成本和高效率等。随后我们经历了多个小程序建设，结合业务场景、技术选型和小程序开发方式，整理汇总出了开发阶段面临的主要问题：

- 组件化机制不够完善；
- 代码多端复用能力欠缺；
- 小程序框架和团队技术栈无法有机结合；
- 小程序学习成本不够低。

具体体现为：

组件机制：小程序逻辑和视图层代码彼此分离，公共组件提取后无法聚合为单文件入口，组件需分别在视图层和逻辑层引入，维护性差；组件无命名空间机制，事件回调必须设置为全局函数，组件设计有命名冲突的风险，数据封装不强。开发者需要友好的代码组织方式，通过 ES 模块一次性导入；组件数据有良好的封装。成熟的组件机制，对工程化开发至关重要。

多端复用：常见的业务场景有两类，通过已有 H5 产品改造为小程序应用或反之。从效率角度出发，开发者希望通过复用代码完成开发，但小程序开发框架却无法做到。我们曾尝试通过静态代码分析将 H5 代码转换为小程序，但只做了视图层转换，无法带来更多收益。多端代码复用需要更成熟的解决方案。

另一方面，小程序开发方式与 H5 近似，因此我们考虑和 H5 做代码复用。同时，沿袭团队技术栈选型，我们将 Vue.js 确定为小程序开发规范。使用 Vue.js 开发小程序，将直接带来如下开发效率的提升：

- H5 代码可以通过最小修改复用到小程序；
- 使用 Vue.js 组件机制开发小程序，可实现小程序和 H5 组件复用；
- 技术栈统一后小程序学习成本降低，开发者从 H5 转换到小程序不需要更多学习；
- 代码维护成本降低，Vue.js 代码可以让所有前端直接参与开发维护。

为什么是 Vue.js？这取决于团队技术栈选型，引入新的选型对统一技术栈和提高开发效率相悖，有违开发工具服务业务的初衷。

mpVue 的演进

mpVue 的形成，来源于业务场景和需求，最终方案的确定，经历了三个阶段。

第一阶段：我们实现了一个视图层代码转换工具，旨在提高代码首次开发效率。通过将 H5 视图层代码转换为小程序代码，包括 HTML 标签映射、Vue.js 模板和样式转换，在此目标代码上进行二次开发。我们做到了有限的代码复用，但组件化开发和小程序学习成本并未得到有效改善。

第二阶段：我们着眼于完善代码组件化机制。参照 Vue.js 组件规范设计了代码组织形式，通过代码转换工具将代码解析为小程序。转换工具主要解决组件间数据同步、生命周期关联和命名空间问题。最终我们实现了一个 Vue.js 语法子集，但想要实现更多特性或跟随 Vue.js 版本迭代，工作量变得难以估计，有永无止境之感。

第三阶段：我们的目标是实现对 Vue.js 语法全集的支持，达到使用 Vue.js 开发小程序的目的。并通过引入 Vue.js RunTime 实现了对 Vue.js 语法的支持，从而避免了人肉语法适配。至此，我们完成了使用 Vue.js 开发小程序的目的。较好地实现了技术栈统一、组件化开发、多端代码复用、降低学习成本和提高开发效率的目标。

mpVue 设计思路

Vue.js 和小程序都是典型的逻辑视图层框架，逻辑层和视图层之间的工作方式为：数据变更驱动视图更新；视图交互触发事件，事件响应函数修改数据再次触发视图更新，如图 1 所示。

图 1　小程序实现原理

鉴于 Vue.js 和小程序一致的工作原理，我们思考将小程序的功能托管给 Vue.js，在正确的时机将数据变更同步到小程序，从而达到开发小程序的目的。这样，我们可以将精力聚焦在 Vue.js 上，参照 Vue.js 编写与之对应的小程序代码，小程序负责视图层展示，所有业务和逻辑收敛到 Vue.js 中，Vue.js 数据变更后同步到小程序，如图 2 所示。如此一来，我们就获得了以 Vue.js 的方式开发小程序的能力。为此，我们设计的方案如下：

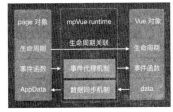

图 2　mpVue 实现原理

Vue 代码：
- 将小程序页面编写为 Vue.js 实现；
- 以 Vue.js 开发规范实现父子组件关联。

小程序代码：
- 以小程序开发规范编写视图层模板；
- 配置生命周期函数，关联数据更新调用；
- 将 Vue.js 数据映射为小程序数据模型。

并在此基础上，附加如下机制：
- Vue 实例与小程序 Page 实例建立关联；
- 小程序和 Vue 生命周期建立映射关系，能在小程序生命周期中触发 Vue 生命周期；
- 小程序事件建立代理机制，在事件代理函数中触发与之对应的 Vue 组件事件响应。

这套机制总结起来非常简单，但实现却相当复杂。在揭秘具体实现之前，读者可能会有这样一些疑问：
- 要同时维护 Vue.js 和小程序，是否需要写两个版本的代码实现？
- 小程序负责视图层展现，Vue.js 的视图层是否还要，如果不需要应该如何处理？
- 生命周期如何打通，数据同步更新如何实现？

上述问题包含了 mpVue 框架的核心内容，下文将仔细为你道来。首先，mpVue 为提高效率而生，本身提供了自动生成小程序代码的能力，小程序代码根据 Vue.js 代码构建得到，并不需要同时开发两套代码。

Vue.js 视图层渲染由 Render 方法完成，同时在内存中维护着一份虚拟 DOM，mpVue 无须使用 Vue.js 完成视图层渲染，因此我们改造了 Render 方法，禁止视图层渲染。熟悉源代码的读者都知道 Vue RunTime 有多个平台的实现，除了我们常见的 Web 平台，还有 Weex。从现在开始，我们增加了新的平台 mpVue。

再看第三个问题，生命周期和数据同步是 mpVue 框架的灵魂，Vue.js 和小程序的数据彼此隔离，各自有不同的更新机制。mpVue 从生命周期和事件回调函数切入，在 Vue.js 触发数据更新时实现数据同步。小程序通过视图层呈现给用户、通过事件响应用户交互，Vue.js 在后台维护着数据变更和逻辑。可以看到，数据更新发端于小程序，处理自 Vue.js，Vue.js 数据变更后再同步到小程序。为实现数据同步，mpVue 修改了 Vue.js RunTime 实现，在 Vue.js 的生命周期中增加了更新小程序数据的逻辑。

而用户交互触发的数据更新则是通过事件代理机制完成。在 Vue.js 代码中，事件响应函数对应到组件的 method 方法，Vue.js 自动维护了上下文环境。然而在小程序中并没有类似的机制，又因为 Vue.js 执行环境中维护着一份实时的虚拟 DOM，这与小程序的视图层完全对应。我们思考，在小程序组件节点上触发事件后，只要找到虚拟 DOM 上对应的节点，触发对应的事件不就完成了么。Vue.js 事件响应如果触发了数据更新，其生命周期函数更新将自动触发，在此函数上同步更新小程序数据，数据同步就实现了。

mpVue 如何使用

mpVue 框架本身由多个 npm 模块构成，入口模块已经处理好依赖关系，开发者只需要执行如下代码即可完成本地项目创建。

```
# 安装 vue-cli
$ npm install --global vue-cli
# 根据模板项目创建本地项目，目前为内网地址，暂未开放
$ vue init 'bitbucket:xxx.meituan.com:hfe/mpvue-quickstart' --clone my-project
# 安装依赖和启动自动构建
$ cd my-project
$ npm install
$ npm run dev
```

执行完上述命令，在当前项目的 dist 子目录将构建出小程序目标代码，使用小程序开发者工具载入 dist 目录即可启动本地调试和预览。

示例项目遵循 Vue.js 模板项目规范，通过 Vue.js 命令行工具 vue-cli 创建。代码组织形式与 Vue.js 官方实例保持一致，我们为小程序定制了 Vue.js RunTime 和 Webpack 加载器，此部分依赖也已经内置到项目中。

针对小程序开发中常见的两类代码复用场景，mpVue 框架为开发者提供了解决思路和技术支持，开发者只需要在此指导下进行项目配置和改造。

将小程序转换为 H5

直接使用 Vue.js 规范开发小程序，代码本身与 H5 并无不同，具体代码差异会集中在平台 API 部分。此外无须明显改动，改造主要分以下几个部分：

- 将小程序平台的 Vue.js 框架替换为标准 Vue.js；
- 将小程序平台的 Vue-loader 加载器替换为标准 Vue-loader；
- 适配和改造小程序与 H5 的底层 API 差异。

将 H5 转换为小程序

已经使用 Vue.js 开发完 H5，则需要完成以下事宜：

- 将标准 Vue.js 替换为小程序平台的 Vue.js 框架；
- 将标准 Vue-loader 加载器替换为小程序平台的 Vue-loader；
- 适配和改造小程序与 H5 的底层 API 差异。

根据小程序开发平台提供的能力，我们最大程度地支持了 Vue.js 语法特性，但部分功能现阶段暂时尚未实现，具体见表 1。

表 1　mpVue 暂不支持的语法特性

特性	计划
浏览器特性	小程序不支持 DOM 和浏览器特性 API
Vue-router	技术上可实现，后续规划中
复杂的 JS 表达式	小程序模板语法只支持简单的计算表达式，暂时无法实现
filter	Vue.js 和小程序模板机制异异，暂时无法实现
slot	小程序不支持动态模板，替代方案构建的模板目标代码过大，暂不支持

mpVue 框架的目标是将小程序和 H5 的开发方式通过 Vue.js 建立关联，达到最大程度的代码复用。但由于平台差异的客观存在（主要集中在实现机制、底层 API 能力差异），我们无法做到代码 100% 复用，平台差异部分的改造成本无法避免。对于代码复用的场景，开发者需要重点思考如下问题并做好准备：

- 尽量使用平台无的语法特性，这部分特性无须转换和适配成本；
- 避免使用不支持的语法特性，譬如 slot、filter 等，降低改造成本；
- 如果使用特定平台 API，考虑抽象好适配层接口，通过切换底层实现完成平台转换。

mpVue 最佳实践

在表 2 中，我们对微信小程序、mpVue、WePY 这三个开发框架的主要能力和特点做了横向对比，帮助大家了解不同框架的侧重点，结合业务场景和开发习惯，确定技术方案。对于如何更好地使用 mpVue 进行小程序开发，我们总结了一些最佳实践。

- 使用 vue-cli 命令行工具创建项目，使用 Vue 2.x 的语法规范进行开发；
- 避免使用不框架不支持的语法特性，即有部分 Vue.js 语法在小程序中无法使用，尽量 mpVue 和 Vue.js 共有特性；
- 合理设计数据模型，对数据的更新和操作做到细粒度控制，避免性能问题；
- 合理使用组件化开发小程序，提高代码复用。

表 2　框架主要能力及特性对比

	微信小程序	mpVue	WePY
语法规范	小程序开发规范	Vue.js 开发规范	类 Vue 开发规范
标签集合	小程序标签	html 标签 + 小程序标签	小程序标签
样式规范	wxss	sass,less, postcss	sass,less, styus
组件化	无组件化机制	Vue.js 组件规范	自定义组件规范
多端复用	不可复用	支持转换为 H5	支持转换为 H5
自动构建	本身无自动构建	Webpack 构建	框架内置自动构建构建
上手成本	全新学习	熟悉 Vue.js 即可	Vue.js 和 WePY
集中数据管理	不支持	使用 Vuex 实现	不支持

结语

mpVue 框架已经在业务项目中得到实践和验证，目前开发文档也已经就绪，正在做开源前的最后准备，希望能够为小程序和 Vue.js 生态贡献一份力量。mpVue 的初衷是希望让 Vue.js 的开发者以低成本接入小程序开发，其能力和使用体验还有待进一步的检验。我们未来会继续扩展现有功能、解决用户的问题和需求、优化开发体验、完善周边生态建设，以帮助到更多的开发者。

需要说明一下，mpVue 是通过 fork Vue.js 源码进行二次开发，新增加了 mp 平台的 Vue.js 实现，我们保留了跟随 Vue.js 版本升级的能力，希望未来能够实现更好的能力增强，最后感谢 Vue.js 框架和微信小程序对业界带来的便利。

微信开发深度解析之缓存策略

文 / 苏震巍

缓存是几乎所有大中型系统的核心组成部分之一。Senparc.Weixin SDK 作为由盛派网络自主研发的针对微信各模块的开发套件（C# SDK），其中的许多信息同样需要缓存的支持，例如凭证信息、开发者账号信息等。尤其在分布式系统中，分布式缓存的作用就更加明显，它还起到了在多台服务器之间同步和交换数据的功能。

本文将深入介绍 Senparc.Weixin SDK 中的分布式缓存策略框架，可同时支持对本地缓存和分布式缓存的扩展，力求在尽量轻便、支持本地缓存的同时，可以为大多数常用的分布式缓存提供良好的对接能力。

设计原理

Senparc.Weixin SDK 的缓存策略主要目的是提供给数据容器（Container）使用（注意：这里所说的容器专指 SDK 的输入容器，非 Docker 之类的"容器"技术），同时也确保可以充分解耦以及对其他用途的弹性，因此我们不直接为 Container 建立缓存策略，而是先创建一个基础的缓存策略接口（IBaseCacheStrategy），以及一个派生自 IBaseCacheStrategy 的容器缓存策略接口（IContainerCacheStragey），并为 IContainerCacheStragey 提供足够灵活的接口，支持本地及多种分布式缓存扩展。基于

IContainerCacheStragegy，再派生各种类型的缓存（如：本地缓存、各种分布式缓存等）。总体设计思路如图 1 所示。

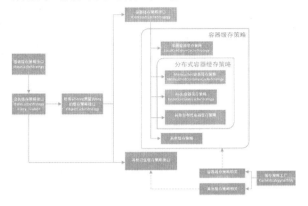

图 1 Senparc.Weixin SDK 缓存策略的总体设计思路图

本文将就基础缓存策略接口、容器缓存策略接口、本地数据容器缓存策略实现这几部分展开对缓存模块的介绍。

缓存相关的文件结构如图 2 所示。

图 2 缓存相关文件结构图

基础缓存策略接口：IBaseCacheStrategy

基础缓存策略接口（IBaseCacheStrategy）是所有缓存策略最基础的接口。

缓存通常遵循"键 / 值"配对的格式，因此在最初设计 IBaseCacheStrategy 的时候，我们赋予了 IBaseCacheStrategy 两个泛型，形成这样的定义：IBaseCacheStrategy<TKey, TValue>。

在实际的开发过程中，有些情况下只需要知道这个实例是一个"基础缓存策略"对象，对其进行简单的操作，而许多情况下如果将实例对象强类型转化为 IBaseCacheStrategy<TKey, TValue> 可能有困难（例如通过工厂之后，我们并不确定 TKey 和 TValue 的类型），因此，我们对 IBaseCacheStrategy<TKey, TValue> 进行了重构，从中抽象出一个简单的接口，名字就叫 IBaseCacheStrategy，作为 IBaseCacheStrategy<TKey, TValue> 的基类。最终的结构如图 3 所示。

基础缓存策略用于提供最基础的缓存操作定义，如表 1 所示。

以上 IBaseCacheStrategy 相关接口定义比较简单，代码不再赘述。整个缓存相关的接口和类，都定义在命名空间 Senparc.Weixin.Cache 下。

数据容器缓存策略接口：IContainerCacheStragegy

数据容器缓存策略是为数据容器而专门设计的缓存策略，

用于提供可靠、可扩展的容器缓存管理功能，不但能支持本地缓存，也能够支持各类分布式缓存。接下来将分析基础策略的实现过程和思路。

图 3 最终结构图

表 1 类型定义及说明

类型	定义	说明
泛型	TKey	缓存键的类型，任意类型
泛型	TValue	缓存值的类型，约束为 Class
属性	string CacheSetKey { get; set; }	整个 Cache 集合的 Key
方法	void InsertToCache(TKey key, TValue value);	添加指定 ID 的对象 Key：缓存键　Value：缓存值
方法	void RemoveFromCache(TKey key);	移除指定缓存键的对象 Key：缓存键
方法	TValue Get(TKey key);	返回指定缓存键的对象 Key：缓存键
方法	IDictionary<TKey, TValue> GetAll();	获取所有缓存信息集合
方法	bool CheckExisted(TKey key);	检查是否存在 Key 及对象 Key：缓存键
方法	long GetCount();	获取缓存集合总数 （注意：每个缓存框架的计数对象不一定一致！）
方法	void Update(TKey key, TValue value);	更新缓存 Key：缓存键　Value：缓存值

原始 IContainerCacheStragegy 设计思路

首先我们来定义 IContainerCacheStragegy：

```
namespace Senparc.Weixin.Cache
{
    /// <summary>
    /// 容器缓存策略接口
    /// </summary>
    public interface IContainerCacheStrategy
            : IBaseCacheStrategy<string,
IDictionary<string, IBaseContainerBag>>
    {
        /// <summary>
        /// 更新 ContainerBag
        /// </summary>
        /// <param name="key"></param>
        /// <param name="containerBag"></param>
        void UpdateContainerBag(string key,
IBaseContainerBag containerBag);
    }
}
```

通过上面的代码我们可以看到，IContainerCacheStragegy 继承了 IBaseCacheStrategy<TKey, TValue> 接口，其中 TKey 为 String 类型，TValue 为 IDictionary<string, IBaseContainerBag> 类型。

优化 IContainerCacheStragey 设计思路

对于 TValue，IDictionary<string, IBaseContainerBag> 这样的定义显然不够友好，也无法得到扩展，于是我们将其封装一下，创建名为 IContainerItemCollection 的接口及 ContainerItemCollection 类，继承自 IDictionary<string, IBaseContainerBag>，代码如下所示。

```
namespace Senparc.Weixin.Cache
{
    /// <summary>
    /// IContainerItemCollection, 对某个 Container
    /// 下的缓存值 ContainerBag 进行封装
    /// </summary>
     public interface IContainerItemCollection :
IDictionary<string, IBaseContainerBag>
    {
        /// <summary>
        /// 创建时间
        /// </summary>
        DateTime CreateTime { get; set; }
    }

    /// <summary>
    /// 储存某个 Container 下所有 ContainerBag 的字典集合
    /// </summary>
     public class ContainerItemCollection
: Dictionary<string, IBaseContainerBag>,
IContainerItemCollection
    {
        /// <summary>
        /// 创建时间
        /// </summary>
        public DateTime CreateTime { get; set; }

        public ContainerItemCollection()
        {
            CreateTime = DateTime.Now;
        }
    }
}
```

于是，IContainerCacheStragey 的定义可以简化为：

```
public interface IContainerCacheStragey
         : IBaseCacheStrategy<string,
IContainerItemCollection>
    {
        // 其他代码
    }
```

优化 IContainerItemCollection 和 ContainerItemCollection

如果对系统架构的要求不高，这样或许已经可以了，上面的代码也已经足够简单，而且可以很好地运行。但是我们纵观整个缓存策略的设计，IContainerItemCollection 目前只是对 Dictionary<string, IBaseContainerBag> 进行了一次简单的继承和扩展，其储存机制仍然是使用本地内存中的一个字典作为缓存数据的容器。这种设计在此处有以下一些弊端。

- 在同一个缓存系统内部，需要维护两套底层的缓存策略（IBaseCacheStrategy<TKey, TValue> 和 Dictioncay <TKey, TValue>），这会增加额外的维护成本，可能会导致整个系统的协调性和稳定性受到破坏；
- 如果 IContainerItemCollection 将来需要使用分布式缓存，将更加困难和混乱。

因此，我们让 IContainerItemCollection 继承 IBaseCacheStrategy<TKey, TValue>，并实现其中统一的基础缓存策略接口中的方法，由于 Container 已经增加了对凭证过期的判断，Senparc.Weixin SDK 中也提供了其他措施，这个缓存集合的数据源我们仍然使用一个类型为 Dictionary<string, IBaseContainerBag> 的私有变量来担当。

修改之后的 IContainerItemCollection 和 ContainerItemCollection 代码如下所示。

```
namespace Senparc.Weixin.Cache
{
    /// <summary>
    /// IContainerItemCollection, 对某个 Container
下的缓存值 ContainerBag 进行封装
    /// </summary>
     public interface IContainerItemCollection :
IBaseCacheStrategy<string, IBaseContainerBag>
    {
        /// <summary>
        /// 创建时间
        /// </summary>
        DateTime CreateTime { get; set; }
        /// <summary>
        /// 索引器
        /// </summary>
        /// <param name="key">缓存键（通常为 AppId,
值和 IBaseContainerBag.Key 相等）</param>
        /// <returns></returns>
        IBaseContainerBag this[string key] { get;
set; }
    }
    /// <summary>
    /// 储存某个 Container 下所有 ContainerBag 的字典集合
    /// </summary>
     public class ContainerItemCollection :
IContainerItemCollection
    {
         private Dictionary<string,
IBaseContainerBag> _cache;
        /// <summary>
        /// 索引器
        /// </summary>
        /// <param name="key">缓存键（通常为 AppId,
值和 IBaseContainerBag.Key 相等）</param>
        /// <returns></returns>
        public IBaseContainerBag this[string key]
        {
            get { return this.Get(key); }
            set { this.Update(key, value); }
        }
        public ContainerItemCollection()
        {
            _cache = new Dictionary<string, IBase
ContainerBag>(StringComparer.OrdinalIgnoreCase);
            CreateTime = DateTime.Now;
        }
        /// <summary>
        /// 创建时间
        /// </summary>
        public DateTime CreateTime { get; set; }
        public string CacheSetKey { get; set; }
        #region 实现 IContainerItemCollection :
IBaseCacheStrategy<string, IBaseContainerBag> 接口
         public void InsertToCache(string key,
IBaseContainerBag value)
        {
            _cache[key] = value;
        }
        public void RemoveFromCache(string key)
        {
            _cache.Remove(key);
        }
```

```csharp
public IBaseContainerBag Get(string key)
{
    if (this.CheckExisted(key))
    {
        return _cache[key];
    }
    return null;
}
public IDictionary<string, IBaseContainerBag> GetAll()
{
    return _cache;
}
public bool CheckExisted(string key)
{
    return _cache.ContainsKey(key);
}
public long GetCount()
{
    return _cache.Count;
}
public void Update(string key, IBaseContainerBag value)
{
    _cache[key] = value;
}
#endregion
```

上述修改的代码中，#endregion 块内的代码为基础缓存策略接口 IBaseCacheStrategy<string, IBaseContainerBag> 的实现代码，除此以外我们还增加了一个私有变量作为缓存的数据源：

```csharp
private Dictionary<string, IBaseContainerBag> _cache;
```

以及一个索引器，以增强对 _cache 的访问能力：

```csharp
public IBaseContainerBag this[string key]
{
    get { return this.Get(key); }
    set { this.Update(key, value); }
}
```

这样我们可以直接通过索引来访问或设置缓存中的数据，例如可以这样访问（get）：

```csharp
var bag = containerItemCollection[key];
```

或这样设置（set）：

```csharp
containerItemCollection[key] = new AccessTokenBag();
```

目前为止，整个缓存策略的储存结构如图 4 所示。

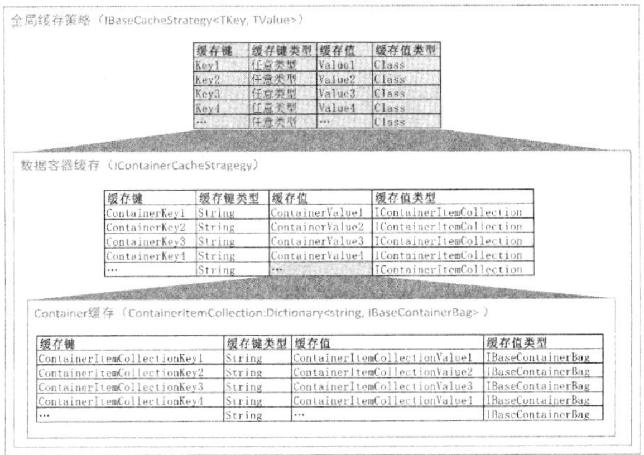

图 4 缓存策略的储存结构图

结合接口定义及图 4，我们可以看到：IContainerCacheStragegy

继承自 IBaseCacheStrategy <TKey, TValue>，Key 为 String 类型，储存用于区分不同 Container 的唯一标识（例如 AccessTokenContainer、JsTicketContainer 等）；Value 为 IContainerItemCollection 类型（继承自 IDictionary<string, IBaseContainerBag>），用于储存这个 Container 内所有不同 AppId 的 ContainerBag 的缓存，所以整个 IContainerCacheStragegy 中的每一项 Value，我们又可以看作是一个独立的缓存系统，不同的是它只储存和 Container 有关的数据。

IContainerItemCollection 的 Key 为 String 类型，用于储存每一个 ContainerBag 的唯一标识，通常为 AppId；Value 为 IBaseContainerBag 类型，用于储存这个 AppId 所对应的凭证等信息，例如在 AccessTokenContainer 中，IBaseContainerBag 就为 AccessTokenBag，其中储存了 AppId、AppSecret、AccessTokenExpireTime、AccessTokenResult 等属性。

图 5 展示了设计到目前为止，在实际运行的过程中，填充缓存数据之后的缓存结构和状态。

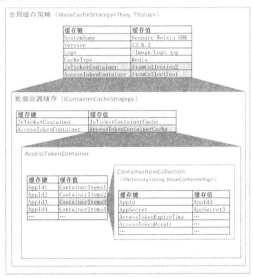

图 5 缓存结构和状态图

在当前的二级缓存策略的基础上，我们可以开始扩展出适合各种配置场景的缓存策略及其实现。

本地数据容器缓存策略：LocalContainerCacheStrategy

本节重点介绍本地缓存（单机环境）的缓存策略实现，包括缓存策略的实现思路和实现代码两方面的全过程，开发者们可以举一反三，将其运用到更多的场景，包括分布式缓存。

注意：这里说的"单机"是指微信应用只部署在一台服务器上。

创建 LocalContainerCacheStrategy 类

第一步我们需要新建 LocalContainerCacheStrategy.cs 文件，并创建 LocalContainerCacheStrategy 类。

```csharp
/// <summary>
/// 本地容器缓存策略
/// </summary>
public class LocalContainerCacheStrategy :
```

```
IContainerCacheStragegy
{
}
```

LocalContainerCacheStrategy 继承自容器缓存策略接口 IContainerCacheStragegy，

在实现 IContainerCacheStragegy 接口中的属性和方法之前，我们先来确定本地缓存的数据源。

定义数据源

由于是本地缓存，数据源的选择就可以有很多，几乎本机上所有可以被调用的储存介质都可以成为一个备选方案，常见的方案及优缺点如表 2 所示。

表 2 常见方案及优缺点

介质	方案类型	优点	缺点
硬盘	数据库 如：SQL Server MySQL SQLite Hadoop MongoDB	1. 可持久化储存 2. 扩展方便 3. 支持多维查询 4. 支持切片查询	1. 读写速度慢 2. 可能造成数据冗余
硬盘	文本 如：TXT XML CSV	1. 可持久化储存 2. 支持查询 3. 存储、备份方便	1. 读写速度慢 2. 不易处理过多数据 3. 不易处理太复杂的查询条件 4. 属性一旦确定，不太容易扩展
硬盘	其他文件 如：序列化后的数据文件	1. 可持久化储存实体数据 2. 比文本储存略安全	1. 读写速度慢 2. 反序列化效率较低 3. 不太容易实现高效的查询
内存	系统缓存 如：System.Web. Caching.Cache	1. 读写速度快 2. .NET 框架集成，比较完善 3. 性能比较优秀 4. 不支持泛型 5. 容易扩展	1. 通常不依赖持久化储存方案，数据容易丢失 2. 遍历效率略低 3. 可控性略低 4. 和系统其他缓存公用
内存	静态变量 如：IDictionary<TKey, TValue>	1. 读写速度快 2. 轻巧 3. 可控性高 4. 支持泛型 5. 容易扩展 6. 独立于系统缓存	1. 无法使用持久化方案，数据容易丢失 2. 构造简单，默认状态下没有针对非常庞大缓存的处理方案 3. 遍历效率略低

对于常规的单机环境，假设我们对容器缓存追求的指标依次为：

- 安全性；
- 读写效率；
- 运行稳定性、抗干扰性；
- 可控性；
- 持久化（可选）。

结合上述的假设，我们可以认为 IDictionary 可能是最好的选择。

下面根据 IDictionary 的方案我们来创建一个内存中的静态变量，作为数据源：

```
public class LocalContainerCacheStrategy :
IContainerCacheStragegy
{
    #region 数据源
    private IDictionary<string,
IContainerItemCollection> _cache = LocalCacheHelper.
LocalCache;
    #endregion
}
```

这里的 _cache 即为数据源，为了保持其安全性，设为 Private 变量，只提供给 LocalContainerCacheStrategy 类进行内部访问。

_cache 的类型为 IDictionary<string, IContainerItemCollection>，但注意：这里的 _cache 并不是静态变量，也就是说它只能在当前 LocalContainerCacheStrategy 实例中被使用。

为什么这么设计呢？一方面，是出于安全的考虑，数据源不直接暴露给 LocalContainer- CacheStrategy（至少提供了这样一种可能），另外一方面，也便于全局静态数据源的功能扩展。因此，我们并不直接使用 new Dictionary<string, IContainerItemCollection>() 方法将 _cache 初始化，而是创建了一个 LocalCacheHelper 类：

```
/// <summary>
/// 全局静态数据源帮助类
/// </summary>
public static class LocalCacheHelper
{
    /// <summary>
    /// 所有数据集合的列表
    /// </summary>
    internal static IDictionary<string,
IContainerItemCollection> LocalCache { get; set; }

    static LocalCacheHelper()
    {
        LocalCache = new Dictionary<string,
IContainerItemCollection> (StringComparer.
OrdinalIgnoreCase);
    }
}
```

在 LocalCacheHelper 中可以看到，真正全局的静态数据源是 LocalCache，访问级别为 Internal，有时出于调试和测试源代码的目的，我们可临时将其设为 Public，生产环境部署的版本仍然强烈建议使用 Internal。并且这里也不建议在除了数据监控以外的任何地方对 LocalCache 进行直接操作（即使数据监控也有其他办法，这里不再展开）。

全局数据源的初始化过程在 LocalCacheHelper 的静态构造函数内完成，这里直接使用了 new Dictionary<string,IContainerItemCollection>(StringComparer.OrdinalIgnoreCase) 的方式，将数据源定义为 Dictionary<Tkey, TValue> 类型。

如果需要的话，在 LocalCacheHelper 中可以加入对 LocalCache 的各种控制，例如访问统计、状态监控、访问加锁（当然这一步要慎重，以免影响可能发生的异步操作）等。

如果再开一下脑洞，有了 LocalCacheHelper，我们甚至还可以给输出到每个 LocalContainerCacheStrategy 提供一个深度复制的数据源对象（只在一些极端情况下会用到，并且需要进行更多的数据同步操作，这里不再展开）。

有了数据源之后，我们开始实现 IContainerCache Stragegy 接口下的一系列属性和方法。

实现容器缓存策略

接下来我们着手实现所有 IContainerCacheStragegy 接口中的方法，以下提供的代码只是一种实现方式，并已经集成到 Senparc.Weixin SDK 中作为默认的容器缓存实现方式。我们认为这个默认的实现已经可以帮助大部分"单机"部署的微信服务处理好相关事务，如果出现无法满足实际项目需求的情况，开发者们也可以按照各自的习惯和实际需要来实现自己的方法。

```
/// <summary>
```

```csharp
/// 本地容器缓存策略
/// </summary>
public class LocalContainerCacheStrategy :
IContainerCacheStragegy
{
    #region 数据源

    private IDictionary<string, IContainerItemCollection>
_cache = LocalCacheHelper.LocalCache;

    #endregion

    #region ILocalCacheStrategy 成员

    public string CacheSetKey { get; set; }

    public void InsertToCache(string key,
IContainerItemCollection value)
    {
        if (key == null || value == null)
        {
            return;
        }

        _cache[key] = value;
    }

    public void RemoveFromCache(string key)
    {
        _cache.Remove(key);
    }

    public IContainerItemCollection Get(string key)
    {
        if (!_cache.ContainsKey(key))
        {
            _cache[key] = new ContainerItemCollection();
        }
        return _cache[key];
    }

    public IDictionary<string, IContainerItemCollection> GetAll()
    {
        return _cache;
    }

    public bool CheckExisted(string key)
    {
        return _cache.ContainsKey(key);
    }

    public long GetCount()
    {
        return _cache.Count;
    }

    public void Update(string key,
IContainerItemCollection value)
    {
        _cache[key] = value;
    }

    public void UpdateContainerBag(string key,
IBaseContainerBag bag)
    {
        if (_cache.ContainsKey(key))
        {
            var containerItemCollection = _cache[key];
            containerItemCollection[bag.Key] = bag;
        }
    }

    #endregion
}
```

上述新增的代码大多是针对 IDictionary<TKey, TValue> 的操作，这里不再赘述。

需要特别说明一下的是 IDictionary<string, IContainerItemCollection> GetAll() 这个方法，此方法要求以 IDictionary<string, IContainerItemCollection> 格式返回整个 Container 数据源，以提供给下游使用，因为我们设计的数据源正好是 IDictionary<string, IContainerItemCollection> 类型的，此处代码直接使用了 return _cache 这样的方式，如果使用的是其他类型的数据源，这里可能会需要出现一个使用其他方式查询和整理数据的过程，甚至也可能使用到其他的解决方案（有些情况下会非常复杂），比如在某些分布式缓存框架中，能否获取到完整的数据源取决于框架的接口，如果接口没有提供，我们只能另想办法。

除了 GetAll() 方法，Count() 方法也有类似的情况需要注意，但相对来说 Count 被支持得更普遍一些。

运用单例模式

对于缓存策略的访问，最简单的方法是在每次需要访问缓存的时候，实例化一个缓存策略对象，然后通过这个示例对象去进行相应的查询或更新等操作。如果有必要，可以在访问结束之后进行一次资源回收。

这么做听上去还不错，例如：

```
LocalContainerCacheStrategy cache = new
LocalContainerCacheStrategy();
var collection = cache.Get("AccessTokenContainer");
var data = collection.Get("AppId") as
AccessTokenBag;
data.Token = "ABC";
collection.Update("AppId",data);
cache.Close();// 必要的时候可以释放资源
```

的确，粗略地看上去这么做也没有什么问题。但作为一个可能嵌入到任何系统中的中间件，我们需要考虑到在多数动态系统中，缓存的访问是一个极其高频的环节，除了每一次请求的过程中可能在短时间内多次访问缓存，随着并发数量的升高，我们通常面临着如下两个重要的考验。

■ 每一个实例的初始化都需要消耗 CPU 及内存资源，在增加系统响应时间的同时，越来越高的内存占用也会影响到系统的稳定性及效率。

■ 如果同一时间，只有一个进程访问，那么没有资源抢夺和数据同步及隐藏的线程安全的问题，但是通常没有这么 "舒服" 的情况，可能同一时间内，系统中会存在多个缓存策略的实例，那么如何处理上述的矛盾呢？

对应这样的情况，正是 "单例模式（Singleton Pattern）" 出手的时机了。

简单地说，单例模式就是确保一个类在全局中有且只有一个实例，并且有一个全局访问点。

这样我们就可以大大降低类的实例化次数（事实上每个应用生命周期中只有 1 次），并且多个访问线程都能访问同一个实例。

为了达到同样的单例的目的，其实可以有很多的做法，这里按照逐步改进的顺序，简单介绍几个常用的方法，并初步分析其利弊，这些解决方案多来自前辈们实践的经验。如果你已经对"单例模式"非常了解，也建议你温故一下相关的内容，其中的很多思想贯穿了 Senparc.Weixin SDK 中众多模块的设计思想。

5 种不同的"单例模式"实现方法见 190#85 – 190#89（见文末说明）。

其中，方法五代码如下。

```
public sealed class LocalContainerCacheStrategy :
IContainerCacheStragegy
{
    #region 数据源
    // 数据源代码
    #endregion

    #region 单例

    /// <summary>
    /// LocalCacheStrategy 的构造函数
    /// </summary>
    LocalContainerCacheStrategy()
    {
    }

    // 静态 LocalCacheStrategy
    public static IContainerCacheStragegy Instance
    {
        get
        {
            return Nested.instance;// 返回 Nested 类
中的静态成员 instance
        }
    }

    class Nested
    {
        static Nested()
        {
        }
        // 将 instance 设为一个初始化的 LocalCacheStrategy
新实例
        internal static readonly LocalContainerCacheStrategy
instance = new LocalContainerCacheStrategy();
    }

    #endregion

    #region ILocalCacheStrategy 成员
    // ILocalCacheStrategy 成员代码
    #endregion
}
```

相关的代码看上去比之前的 4 种方法要复杂不少，还用到了类名为 Nested 的嵌套类（Nested Class）。

嵌套类的目的是为 Instance 的初始化提供一个"屏障"，只有当程序根据逻辑需要，访问到 LocalContainerCacheStrategy.Instance 的时候，才会进一步访问到 Nested，此时 Nested 中的 Instance 会被自动赋值一个新的 LocalContainerCacheStrategy 实例，从而达到延迟实例化的作用。有关静态变量 Instance 初始化的执行的过程在"方法四"中已经介绍过，全局只会执行一次，因此整个系统的生命周期中也只会初始化一个 LocalContainerCacheStrategy 实例对象。

这种做法没有用到线程锁，巧妙地利用了静态变量初始化的过程，保障了 Instance 在初始化时候的线程安全以及提供了延迟实例化的功能。

综合以上的一些分析和判断，LocalContainer CacheStrategy 选择了"方法五"来创建单例。

当需要使用到 LocalContainerCacheStrategy 的时候，我们只需要进行这样的调用即可：

```
var cache = LocalContainerCacheStrategy.Instance;
```

测试

为了验证整套缓存机制（重点是缓存队列工作）的可靠性，我们在 Senparc.Weixin.MP.Sample 项目中创建了一个测试的方法，其原理和测试思路如下。

- 微信的 AccessToken 等数据都使用各类 Container 进行管理；
- 每个 Container 都有一个强制约束的 ContainerBag，本地缓存信息；
- ContainerBag 中的属性被修改时，会将需要对当前对象操作的过程放入消息队列（SenparcMessageQueue）；
- 每个消息队列中的对象都带有一个委托类型属性，其动作通常是通过缓存策略（实现自 IContainerCacheStrategy，可以是本地缓存或分布式缓存）更新缓存；
- 一个独立的线程会对消息队列进行读取，依次执行队列成员的委托，直到完成当前所有队列的缓存更新操作；
- 上一个步骤重复进行，每次执行完默认等待 2 秒。此方案可以有效避免同一个 ContainerBag 对象属性被连续更新的情况下，每次都和缓存服务通信而产生消耗。

此方法可以写成单元测试，但为了可以更加直观、方便地显示结果，我们在 Senparc.Weixin.MP.Sample/Controllers/CacheController.cs 下，根据上述思路创建了一个名为 RunTest 的 Action，代码如下。

```
[HttpPost]
public ActionResult RunTest()
{
    var sb = new StringBuilder();
    var containerCacheStrategy = CacheStrategyFactory.
GetObjectCacheStrategyInstance().ContainerCacheStrategy;
    sb.AppendFormat("{0}: {1}<br />", "当前缓存策略",
containerCacheStrategy.GetType().Name);
    var finalExisted = false;
    for (int i = 0; i < 3; i++)
    {
        sb.AppendFormat("<br />====== {0}: {1}
======<br /><br />", "开始一轮测试", i + 1);
        var shortBagKey = DateTime.Now.Ticks.
ToString();
        var finalBagKey = containerCacheStrategy.
GetFinalKey(ContainerHelper.GetItemCacheKey(typeo
f(TestContainerBag1), shortBagKey));
// 获取最终缓存中的键
        var bag = new TestContainerBag1()
        {
            Key = shortBagKey,
            DateTime = DateTime.Now
        };
        TestContainer1.Update(shortBagKey, bag);
// 更新到缓存（队列）
        sb.AppendFormat("{0}: {1} (Ticks:
{2})<br />", "bag.DateTime", bag.DateTime.
ToLongTimeString(),
            bag.DateTime.Ticks);
        Thread.Sleep(1);
        bag.DateTime = DateTime.Now; // 进行修改
```

```
            // 读取队列
            var mq = new SenparcMessageQueue();
            var mqKey = SenparcMessageQueue.
GenerateKey("ContainerBag", bag.GetType(), bag.
Key, "UpdateContainerBag");
            var mqItem = mq.GetItem(mqKey);
            sb.AppendFormat("{0}: {1} (Ticks:
{2})<br />", "bag.DateTime", bag.DateTime.
ToLongTimeString(),
                bag.DateTime.Ticks);
            sb.AppendFormat("{0}: {1}<br />", "已经加入
队列", mqItem != null);
            sb.AppendFormat("{0}: {1}<br />", "当前消息
队列数量（未更新缓存）", mq.GetCount());
            var itemCollection = containerCacheStrategy.
GetAll<TestContainerBag1>();
             var existed = itemCollection.ContainsKey
(finalBagKey);
            sb.AppendFormat("{0}: {1}<br />", "当前缓存
是否存在 ", existed);
            sb.AppendFormat("{0}: {1}<br />", "插入缓存
时间 ",
                !existed ? "不存在 " : itemCollection
[finalBagKey].CacheTime.Ticks.ToString()); // 应为 0
            var waitSeconds = i;
            sb.AppendFormat("{0}: {1}<br />", "操作 ",
"等待" + waitSeconds + "秒");
            Thread.Sleep(waitSeconds * 1000);
// 线程默认轮询等待时间为 2 秒
            sb.AppendFormat("{0}: {1}<br />", "当前消息
队列数量（未更新缓存）", mq.GetCount());
             itemCollection = containerCacheStrategy.
GetAll<TestContainerBag1>();
             existed = itemCollection.
ContainsKey(finalBagKey);
            finalExisted = existed;
            sb.AppendFormat("{0}: {1}<br />", "当前缓存
是否存在 ", existed);
            sb.AppendFormat("{0}: {1} (Ticks: {2})<br
/>", "插入缓存时间 ",
                !existed ? "不存在 " : itemCollection
[finalBagKey].CacheTime.ToLongTimeString(),
                !existed ? "不存在 " : itemCollection
[finalBagKey].CacheTime.Ticks.ToString()); // 应 为
当前加入到缓存的最新时间

        }
        sb.AppendFormat("<br />============<br /><br
/>");
        sb.AppendFormat("{0}: {1}<br />", "测试结果 ",
!finalExisted ? "失败 " : "成功 ");
        return Content(sb.ToString());
    }
```

其中涉及的两个自定义的 Container 相关类（TestContainerBag1、TestContainer1）定义如下：

```
[Serializable]
internal class TestContainerBag1 : BaseContainerBag
{
    private DateTime _dateTime;

    public DateTime DateTime
    {
        get { return _dateTime; }
        set { this.SetContainerProperty(ref _
dateTime, value); }
    }
}

internal class TestContainer1 : BaseContainer<Tes
tContainerBag1>
{
}
```

此测试也可以直接通过浏览器访问在线 Demo：
http://sdk.weixin.senparc.com/Cache/Test
运行结果如图 6 所示。

图 6 运行结果

注：

本文中涉及了较多的代码，大家可以访问 http://book.weixin.
senparc.com 查看与复制本文中的图片、代码片段。

文中提到的"190#85 - 190#89"，也可通过访问该网址，在搜索栏中输入对应编号，查看 5 种不同的"单例模式"实现方法。如输入 190#85，即可查看第一种实现代码。

Web 端 VR 开发初探

文 / 张乾

随着硬件和软件技术的发展，产业界对虚拟现实（Virtual Reality）用户体验产生了重大期望。技术的进步也使我们可能通过现代浏览器借助开放 Web 平台获得这种用户体验。这将帮助 Web 成为创建、分发以及帮助用户获得虚拟现实应用和服务生态系统的重要基础平台。

引言

2016 年最令科技界激动的话题，莫过于 VR 会如何改变世界。一些电影已开始涉足 VR，让用户不仅能看到 3D 影像，更能以"移形换影"之术身临其境，带来前所未有的沉浸式观看体验；此外，游戏领域也开始 VR 化，用户再也不用忍受游戏包里单一的场景。这些酷炫效果带来了巨大想象空间，VR 正在走近人们的生活。然而现实是，除了偶尔体验下黑科技的奇妙，VR 并没有真正普及，在资本和硬件厂商狂热的背后，质疑声也此起彼伏。

目前，虽然 VR 硬件的发展已经走上了快车道，但内容却非常单薄。一部 VR 电影的成本相当高昂，VR 游戏也不逊色。内容创作成本的居高不下，导致了 VR 的曲高和寡。要想脱下那一层高冷的贵族华裳，飞入寻常百姓家，VR 尚需解决内容供给这一难题。以 HTML5 为代表的 Web 技术的发展，或将改变这一僵局。目前，最新的 Google Chrome 和 Mozilla Firefox 浏览器已经加入面向 HTML5 技术的 WebVR 功能支持，同时各方也正在起草并充实业界最新的 WebVR API 标准。基于 Web 端的这些虚拟现实标准将进一步降低 VR 内容的技术创作成本及门槛，有利于世界上最大的开发者群体——HTML5（JavaScript）开发者进入 VR 内容创作领域。这不仅是 Web 技术发展历程上的显著突破，也为 VR 造就了借力腾飞的契机。

Web 端 VR 的优势

Web 可降低 VR 体验门槛

Web 技术不仅使创作 VR 的成本更加低廉，而且大大降低了技术门槛。Web VR 依托于 WebGL 技术的高速发展，利用 GPU 执行计算以及游戏引擎技术针对芯片级的 API 优化，提高了图形渲染计算能力，大大降低了开发者进入 VR 领域的门槛，同时 Web VR 还可以更好地结合云计算技术，补足 VR 终端的计算能力，加强交互体验。

可以肯定，Web 扩展了 VR 的使用范围，广告营销、全景视频等领域已经涌现一批创新案例，很多生活化的内容也纳入了 VR 的创作之中，如实景旅游、新闻报道、虚拟购物等，其内容展示、交互都可以由 HTML5 引擎轻松创建出来。这无疑给其未来发展带来更多想象空间。

Web 开发者基数庞大

除了技术上的实现优势，Web 还能给 VR 带来一股巨大的创新动力，因为它拥有着广泛的应用范围与庞大的开发者基数，

能帮助 VR 技术打赢一场人民战争，让 VR 不再只是产业大亨们的资本游戏，而是以平民化的姿态，进入广大用户日常生活的方方面面。

相信假以时日，VR 应用会像现在满目皆是的 App 一样，大量 VR 开发者借助于 Web 端开发的低门槛而大量进入，同时各种稀奇古怪的创意层出不穷，虚拟现实成为电商商家必需的经营手段等。若到了这个阶段，VR 离真正的繁荣也就不远了。

开发 Web 端的 VR 内容

接下来我们通过实践操作来真正制作一些 Web 端的 VR 内容，体验 WebVR 的便捷优势。我们知道，许多 VR 体验是以应用程序的形式呈现的，这意味着你在体验 VR 前，必须进行搜索与下载。而 Web VR 则改变了这种形式，它将 VR 体验搬进了浏览器，Web+VR = WebVR。在进入实践之前，下面先来分析一下 WebVR 实现的技术现状。

WebVR 的开发方式

在 Web 上开发 VR 应用，有下面三种方式：

- HTML5 + JavaScnipt + WebGL + WebVR API；
- 传统引擎 + Emscripten；
- 第三方工具，如 A-Frame。

第一种方法是使用 WebGL 与 WebVR API 结合，在常规 Web 端三维应用的基础上通过 API 与 VR 设备进行交互，进而得到对应的 VR 实现。第二种是在传统引擎开发内容的基础上，比如 Unity、Unreal 等，使用 Emscripten 将 C/C++ 代码移植到 JavaScript 版本中，进而实现 Web 端的 VR。第三种是在封装第一种方法的基础上，专门面向没有编程基础的普通用户来生产 Web 端 VR 内容。在本文中我们主要以第一和第三种方法为例进行说明。

WebVR 草案

WebVR 是早期和实验性的 JavaScript API，它提供了访问如 Oculus Rift、HTC Vive 以及 Google Cardboard 等 VR 设备功能的 API。VR 应用需要高精度、低延迟的接口，才能传递一个可接受的体验。而对于类似 Device Orientation Event 接口，虽然能获取浅层的 VR 输入，但这并不能为高品质的 VR 提供必要的精度要求。WebVR 提供了专门访问 VR 硬件的接口，让开发者能构建舒适的 VR 体验。

WebVR API 目前可用于安装了 Firefox nightly 的 Oculus Rift、Chrome 的实验性版本和 Samsung Gear VR 的浏览器。

使用 A-Frame 开发 VR 内容

如果想以较低的门槛体验一把 WebVR 开发，那么可以使 MozVR 团队开发的 A-Frame 框架。A-Frame 是一个通过 HTML 创建 VR 体验的开源 WebVR 框架。通过该框架构建的 VR 场景

能兼容智能手机、PC、Oculus Rift 和 HTC Vive。MozVR 团队开发 A-Frame 框架的是：让构建 3D/VR 场景变得更易更快，以吸引 Web 开发社区进入 WebVR 的生态。WebVR 要成功，需要有内容。但目前只有很少一部分 WebGL 开发者，却有数以百万的 Web 开发者与设计师。A-Frame 要把 3D/VR 内容的创造权力赋予给每个人，其具有如下的优势与特点：

- A-Frame 能减少冗余代码。冗余复杂的代码成为了尝鲜者的障碍，A-Frame 将复杂冗余的代码减至一行 HTML 代码，如创建场景则只需一个 <a-scene> 标签。
- A-Frame 是专为 Web 开发者设计的。它基于 DOM，因此能像其他 Web 应用一样操作 3D/VR 内容。当然，也能结合 box、d3、React 等 JavaScript 框架一起使用。
- A-Frame 让代码结构化。Three.js 代码通常是松散的，A-Frame 在 Three.js 之上构建了一个声明式的实体组件系统（entity-component-system）。另外，组件能发布并分享出去，其他开发者能以 HTML 的形式进行使用。

代码实现如下：

```
// 引入 A-Frame 框架
<script src="./aframe.min.js"></script>
<a-scene>
  <!-- 定义并创建球体 -->
  <a-sphere position="0 1 -1" radius="1" color="#EF2D5E"></a-sphere>
  <!-- 定义交创建立方体 -->
  <a-box width="1" height="1" rotation="0 45 0" depth="1" color="#4CC3D9" position="-1 0.5 1"></a-box>
  <!-- 定义并创建圆柱体 -->
  <a-cylinder position="1 0.75 1" radius="0.5" height="1.5" color="#FFC65D"></a-cylinder>
  <!-- 定义并创建底板 -->
  <a-plane rotation="-90 0 0" width="4" height="4" color="#7BC8A4"></a-plane>
  <!-- 定义并创建基于颜色的天空盒背景 -->
  <a-sky color="#ECECEC"></a-sky>
  <!-- 设置并指定摄像机的位置 -->
  <a-entity position="0 0 4">
    <a-camera></a-camera>
  </a-entity>
</a-scene>
```

上述代码在 A-Frame 中执行的效果如图 1 所示。

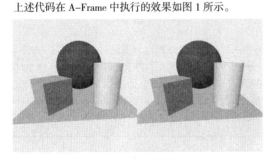

图 1　A-Frame 运行结果

使用 Three.js 开发 VR 内容

上文中我们提到了另外一种更加靠近底层同时更加灵活生产 WebVR 内容的方法，就是直接使用 WebGL+WebVR 的 API。这种方法相对于 A-Frame 的优势在于可以将 VR 的支持方便地引入到我们自己的 Web3D 引擎中，同时对于底层，特别是渲染模块可以做更多优化操作，从而提升 VR 运行时的性能与体验。

如果没有自己的 Web3D 引擎也没有关系，可以直接使用成熟的渲染框架，比如 Three.js 和 Babylon.js 等，这些都是比较流行且较为出色的 Web3D 端渲染引擎（框架）。接下来就以 Three.js 为例，说明如何在其上制作 WebVR 内容。

首先，渲染程序的三个要素是相似的，即建立好 scene、renderer、camera。设置渲染器、场景以及摄像机的操作如下：

```
var renderer = new THREE.WebGLRenderer({antialias: true});
renderer.setPixelRatio(window.devicePixelRatio);
document.body.appendChild(renderer.domElement);
// 创建 Three.js 的场景
var scene = new THREE.Scene();
// 创建 Three.js 的摄像机
var camera = new THREE.PerspectiveCamera(60, window.innerWidth / window.innerHeight, 0.1, 10000);
// 调用 WebVR API 中的摄像机控制器对象，并将其与主摄像机进
// 行绑定
var controls = new THREE.VRControls(camera);
// 设置为站立姿态
controls.standing = true;
// 调用 WebVR API 中的渲染控制器对象，并将其与渲染器进行
// 绑定
var effect = new THREE.VREffect(renderer);
effect.setSize(window.innerWidth, window.innerHeight);
// 创建一个全局的 VR 管理器对象，并进行初始化的参数设置
var params = {
  hideButton: false, // Default: false.
  isUndistorted: false // Default: false.
};
var manager = new WebVRManager(renderer, effect, params);
```

上述代码即完成了渲染前的初始化设置。接下来需要向场景中加具体的模型对象，主要操作如下所示。

```
function onTextureLoaded(texture) {
  texture.wrapS = THREE.RepeatWrapping;
  texture.wrapT = THREE.RepeatWrapping;
  texture.repeat.set(boxSize, boxSize);
  var geometry = new THREE.BoxGeometry(boxSize, boxSize, boxSize);
  var material = new THREE.MeshBasicMaterial({
    map: texture,
    color: 0x01BE00,
    side: THREE.BackSide
  });
  // Align the skybox to the floor (which is at y=0).
  skybox = new THREE.Mesh(geometry, material);
  skybox.position.y = boxSize/2;
  scene.add(skybox);
  // For high end VR devices like Vive and Oculus, take into account the stage
  // parameters provided.
  setupStage();
}
// Create 3D objects.
var geometry = new THREE.BoxGeometry(0.5, 0.5, 0.5);
var material = new THREE.MeshNormalMaterial();
var targetMesh = new THREE.Mesh(geometry, material);
var light = new THREE.DirectionalLight( 0xffffff, 1.5 );
light.position.set( 10, 10, 10 ).normalize();
scene.add( light );
var ambientLight = new THREE.AmbientLight(0xffffff);
scene.add(ambientLight);
```

```
var loader = new THREE.ObjectLoader();
loader.load('./assets/scene.json', function (obj){
    mesh = obj;
    // Add cube mesh to your three.js scene
    scene.add(mesh);
    mesh.traverse(function (node) {
        if (node instanceof THREE.Mesh) {
            node.geometry.computeVertexNormals();
        }
    });
    // Scale the object
    mesh.scale.x = 0.2;
    mesh.scale.y = 0.2;
    mesh.scale.z = 0.2;
    targetMesh = mesh;
    // Position target mesh to be right in front
of you.
    targetMesh.position.set(0, controls.userHeight
* 0.8, -1);
});
```

最后的操作便是在 requestAnimationFrame 中设置更新。在 animate 的函数中，我们要不断地获取 HMD 返回的信息以及对 camera 进行更新。

```
// Request animation frame loop function
var lastRender = 0;
function animate(timestamp) {
    var delta = Math.min(timestamp - lastRender,
500);
    lastRender = timestamp;
    // Update VR headset position and apply to
camera.
    // 更新获取 HMD 的信息
    controls.update();
    // Render the scene through the manager.
    // 进行 camera 更新和场景绘制
    manager.render(scene, camera, timestamp);
    requestAnimationFrame(animate);
}
```

最后，程序运行的效果如图 2 所示，可以直接在手机上通过 VR 模式并配合 Google Cardboard 即可体验无须下载的 VR 内容。

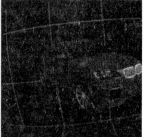

图 2 Three.js 运行结果

经验与心得

通过上述介绍我们基本可以实现一个具有初步交互体验的 Web 端 VR 应用，但这只是第一步，单纯技术上的实现距离真正的可工程化还有一定差距。因为最终工程化之后面向用户的产品必须比技术原型要考虑更多具体的东西，比如渲染的质量、交互的流畅度、虚拟化的沉浸度等，这些都最终决定用户是否会持续使用产品、接受产品所提供的服务等，所以将上述技术在工程化应用之前还有很多的优化与改进工作要做。以下是个人在做 Web 端 VR 应用过程中体会的一些心得经验，分享出来供读者参考。

■ 引擎的选用。如果是使用已有的 WebGL 引擎，则可参考 [5] 中的文档来进行 VR SDK 集成。这里边需要做到引擎层与 VR SDK 层兼容，以及 VR 模式与引擎的工具部分的整合，也可以参考桌面引擎如 Unity3D 和 Unreal 在 VR SDK 集成上的开发模式。如果选用第三方的 WebGL 引擎则有 Three.js 或 Babylon.js 等可选，这些主流的 WebGL 引擎都已经（部分功能）集成了 VR SDK。

■ 调试的设备。调试 Web 端的 VR 应用同样需要有具体的 VR 设备的支持。对于桌面 WebM 内容还是要尽量使用 HTC Vive 或 Oculus 等强沉浸感 VR 设备。对于移动 Web 应用，由于 Android 平台上的各浏览器的差异较大，表现也会不太一致，所以建议使用 iOS 设备进行开发与调试，但是在最终发布前仍要对更多的 Andnoid 设备进行适配性测试与优化。

■ 性能的优化。在 Web 端做三维的绘制与渲染，性能还是主要瓶颈，因而要尽可能地提高实时渲染的性能，这样才能有更多资源留给 VR 部分。目前的 WebVR 在渲染实时中并没有像桌面 VR SDK 一样可以调用众多的 GPU 底层接口做诸如 Stereo rendering 等深层次的优化，因而对性能的占用还是较多。

■ 已知的问题。目前，WebVR 仍然不太稳定，还会有诸多的 Bug，比如某些情况下会有设备跟踪丢失的情况，而且效率也不是太高。大多数 WebVR 应用可以作为后期产品的储备和预研，但要推出真正可供用户使用并流畅体验的产品，还是有较长的路要走。

结束语

许多人将即将过去的 2016 称为 VR 元年，在这一年中，VR 的确经历了突飞猛进的发展，体现在技术与生态等各个方面。在新的 2017 年，相信 VR 必然会有更大的发展与进步，作为技术工作者，我们更应该从自身的技术专长作为出发点，参与到新技术对社会与生活的变革中来。Ⓟ

PC VR 游戏的 CPU 性能分析与优化

文 / 王文斓

伴随着全新 VR 体验所带来的双目渲染、高分辨率和低延时等要求，对 CPU 和 GPU 都造成了极大的计算压力，一旦 VR 应用出现性能问题，非常容易造成用户眩晕并带来极差的用户体验，因此性能问题对于 VR 体验的好坏格外重要。本文将集中介绍 VR 需要高计算量的原因，以及分享如何利用工具查找 VR 应用的性能问题和 CPU 瓶颈所在。

自从三大头显厂商 Oculus、HTC 和 Sony 在 2016 年发布了虚拟现实（VR）头显产品后，由于能够带来卓越的沉浸式体验，VR 越来越受到市场的关注和重视，而 VR 也被认为会取代智能手机成为下一代的计算平台。然而，尽管虚拟现实能给用户带

VR 与 AR 开发

来身临其境般的沉浸式体验,但相比传统应用,其具有双目渲染、低延迟、高分辨率以及高帧率等严苛要求,因此极大地增加了 CPU 和 GPU 的计算负载。鉴于此,性能问题对于虚拟现实应用尤为重要,因为 VR 体验如果没有经过优化,容易出现掉帧等问题,让用户使用时发生眩晕的情况。在本文中,我们将介绍一种适用于所有游戏引擎及虚拟现实运行时(VR runtime)的通用分析方法,分析基于 PC 的 VR 游戏面临的性能问题。我们以腾讯的一款 PC VR 游戏《猎影计划》为例展示如何利用这套方法进行分析。在此之前我们先来了解一下 VR 游戏对性能要求较传统游戏高的四大原因。

VR 游戏和传统游戏在硬件性能需求上的区别

相较于传统游戏,VR 游戏由于存在高帧率、双目渲染及容易产生眩晕等特性,导致对于硬件计算能力的需求显著上升。下面从四个方面比较一下 VR 游戏和传统游戏的区别:

像素填充率

以一个 1080p 60fps 游戏为例,像素填充率为 124M pixels/sec。如果是支持高端 VR 头盔(Oculus Rift、HTC Vive)的游戏,像素填充率为 233M pixels/sec(分辨率 2160×1200,帧率 90fps)。但是中间需要一个较大的渲染目标,避免图像经过反形变校正后产生用户可见并且没被渲染到的区域,导致视角(FOV)降低。根据 SteamVR 的建议,需要放大的比率为 1.4 倍,所以实际的像素填充率为 457M pixels/sec(分辨率 3024×1680,帧率 90fps),我们可以通过 stencil mesh 把最终不会被用户看到的区域剔除掉以减少需要渲染的像素,经过优化后的像素填充率为 378M pixels/sec,但仍然是传统 1080p 60fps 游戏的 3 倍像素填充率。

双目渲染

从游戏渲染管线的角度来看,传统游戏中每一帧的渲染流程大致如下,其中蓝色的部分是 CPU 的工作,绿色的部分是 GPU 的工作。但由于视差的关系,VR 游戏需要对左右眼看到的画面分别渲染不同的图像,所以下面的渲染管线也要对左右眼各做一次,从而增加了计算需求(在 VR 中两眼的视差较小,可以利用 GBuffer 或提交渲染指令启用 view matrix 变换等方法降低实际计算)。

用户体验

对于传统游戏来说,平均帧率达标往往就代表了一个流畅的游戏体验。然而对于 VR 游戏来说,即使平均帧率达标,但只要出现了连续掉帧,哪怕只有非常少数的情况下才发生,都会破坏了整个游戏体验。这是由于连续掉帧会使用户产生眩晕,一旦产生眩晕的感觉,即使后续的画面不掉帧,用户已经感觉到不适,游戏体验已经打了折扣。所以在游戏设计的时候,需要确保场景在最差的情况下也能达标(高端头显下为 90fps),否则会影响游戏体验。

另外,由于在 VR 场景中用户可以跟可移动区域内的对象作近距离观察和交互,所以必须开启抗锯齿以保证画面的清晰度。

延迟

在传统游戏里从控制输入到画面输出的延迟往往达到约 100ms 的等级,FPS 类别的游戏对延迟要求较高,但一般也在约 40ms 的等级。而 VR 里 MTP 延迟(motion-to-photon latency,从用户运动开始到相应画面显示到屏幕上所花的时间)低于 20ms 是基本要求,研究发现对于部分比较敏感的用户,延迟需要达到 15ms 甚至 7ms 以下。

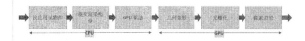

图 1 传统游戏渲染流程

低延迟的要求除了使 VR 游戏必须运行在高帧率外,同时也降低了硬件的运行效率,导致同样的工作量需要更强的硬件来驱动,原因正是低延迟要求使 VR 游戏的渲染管线必须和传统游戏不一样,而其中 CPU 对 VR 性能的影响扮演了重要的角色。

VR 游戏和传统游戏在渲染管线上的区别

我们先来看看 VR 渲染管线和传统渲染管线的区别。如图 2 所示为传统游戏的渲染管线,其中 CPU 和 GPU 是并行处理的,以实现最高的硬件利用效率。但此方案并不适用于 VR,因为 VR 需要较低和稳定的渲染延迟,传统游戏的渲染管线无法满足此项要求。

以图 2 为例,第 N+2 帧的渲染延迟会远高于 VR 对延迟的最低要求,因为 GPU 必须先完成第 N+1 帧的工作,再来处理第 N+2 帧的工作,因而使得第 N+2 帧产生了较高的延迟。此外,由于运行情况不同,我们可以发现第 N 帧、第 N+1 帧和第 N+2 帧的渲染延迟也会有所差异,这对 VR 的体验也是不利的,因为一直变动的延迟会让用户产生晕动症(simulation sickness)。

图 2 传统游戏的渲染管线

因此,VR 的渲染管线实际上如图 3 所示,这样能确保每帧可以达到最低的延迟。在图 3 中,CPU 和 GPU 的并行计算被打破了,这样虽然降低了效率,但可确保每帧实现较低和稳定的渲染延迟。在这种情况下,CPU 很容易成为 VR 的性能瓶颈,因为 GPU 必须等待 CPU 完成预渲染(绘制调用准备、动态阴影初始化、遮挡剔除等)才能开始工作。所以 CPU 优化有助于减少 GPU 的闲置时间,提高性能。

图 3 VR 游戏的渲染管线

《猎影计划》VR 游戏背景

《猎影计划》是腾讯旗下利用 Unreal Engine 4 开发的一款基于 PC 的 DirectX 11 FPS 虚拟现实游戏,支持 Oculus Rift 和 HTC Vive。为了使《猎影计划》在英特尔处理器上实现最佳的游戏体验,我们与腾讯紧密合作,努力提升该游戏的性能与用户体验。测试结果显示,在本文所述的开发阶段,经优化后帧率得到了显著提升，从早期测试时跑在 Oculus Rift DK2（分辨率 1920×1080）上的每秒 36.4fps 提升至本次测试时跑在 HTC Vive（分辨率 2160×1200）上的每秒 71.4fps。以下为各阶段使用的引擎和 VR 运行时版本：

- 初始开发环境：Oculus v0.8 x64 运行时和 Unreal 4.10.2；
- 本次测试的开发环境：SteamVR v1463169981 和 Unreal 4.11.2。

之所以在开发阶段会使用到不同的 VR 运行时的原因在于，《猎影计划》最初是基于 Oculus Rift DK2 开发的，稍后才迁移至 HTC Vive。而测试显示采用不同的 VR 运行时在性能方面没有显著的差异，因为 SteamVR 和 Oculus 运行时采用了相同的 VR 渲染管线（如图 3 所示）。在此情况下，渲染性能主要由游戏引擎决定。这点可在图 6 和图 15 中得到验证，SteamVR 和 Oculus 运行时在每帧的 GPU 渲染结束后才插入 GPU 任务（用于镜头畸变校正），而且仅消耗了少量 GPU 时间（约 1ms）。

如图 4 所示为优化工作前后的游戏截图，优化之后绘制调用次数减少至原来的 1/5，每帧的 GPU 执行时间平均从 15.1ms 缩短至 9.6ms，如图 3 和 4 所示。

测试平台的规格：
- 英特尔酷睿 i7-6820HK 处理器（4 核，8 线程）2.7GHz
- NVIDIA GeForce GTX980 16GB GDDR5
- 图形驱动程序版本：364.72
- 16GB DDR4 RAM
- Windows10 RTM Build 10586.164

图 4　优化前（左）后（右）的游戏截图

初步分析性能问题

为了更好地了解《猎影计划》的性能瓶颈，我们先综合分析了该游戏的基本性能指标，详情见表 1。表中数据通过几种不同的工具收集，包括 GPU-Z、TypePerf 和 Unreal Frontend 等。将这些数据与系统空闲时的数据比较可得出以下几点结论：

表 1　优化前游戏的基本性能指标

	系统空闲	《猎影计划》运行在 Oculus Rift DK2 上（优化前）
GPU 核心频率（MHz）	135	1337.6
GPU 内存频率（MHz）	162	1749.6
GPU 占用内存（MB）	184	1727.71
GPU 负载（%）	0	49.64
平均帧率（fps）	不适用	36.4
绘制调用次数（每帧）	0	4437
平均 CPU 负载（各核心负载）（%）	1.04 (5.73/0.93/0.49/ 0.29/ 0.7/0.37/0.24/ 0.2)	13.58 (30.20/10.54/ 26.72/3.76/ 12.72/8.16/ 12.27/4.29)
CPU 频率（MHz）	800	2700

- 游戏运行时的帧率低（36.4fps）而且 GPU 利用率也低（GTX980 上为 49.64%）。如果能够提高 GPU 利用率，帧率也会提高。
- 大量的绘制调用。DirectX 11 中的渲染为单线程渲染，虽然微软提出 deferred rendering context 可以用另一线程对渲染指令进行缓存以实现多线程渲染，但结果差强人意。所以相对于 DirectX 12，DirectX 11 渲染线程具有相对较高的绘制调用开销。由于该游戏是在 DirectX 11 上开发的，并且为了达到低延迟，VR 的渲染管线打破了 CPU 和 GPU 的并行计算，因此如果游戏的渲染线程工作较重，很容易会出现 CPU 瓶颈导致帧率显著降低。在这种情况下，较少的绘制调用有助于缓解渲染线程瓶颈。
- 由表中可以看出，CPU 利用率似乎不是问题，因为其平均值只有 13.58%。但从下文更进一步的分析可以看出，《猎影计划》实际上存在 CPU 性能瓶颈，而平均 CPU 利用率高低并不能说明游戏是否存在 CPU 性能瓶颈。

下面我们会利用 GPUView 和 Windows 评估和部署工具包（Windows Assessment and Deployment Kit，Windows ADK）中的 Windows 性能分析器（Windows Performance Analyzer，WPA）对《猎影计划》的性能瓶颈进行分析。

深入探查性能问题

GPUView[6] 工具可用于调查图形应用、CPU 线程、图形驱动程序、Windows 图形内核等性能和相互之间的交互情况。该工具还可以在时间轴上显示程序是否存在 CPU 或 GPU 性能瓶颈。而 Windows 性能分析器可用于跟踪 Windows 事件（Event Tracing for Windows，ETW），并生成相应事件的数据和图表；WPA 同时具备灵活的用户界面（UI），通过简单操作即可查看调用堆栈、CPU 热点、上下文切换热点等，它还可以用来定位引发性能问题的函数。GPUView 和 Windows 性能分析器都可以用于分析由 Windows 性能记录器（Windows Performance Recorder，WPR）采集到的事件追踪日志（Event Trace Log，ETL）。Windows 性能记录器可通过用户界面或命令行运行，其内建的配置文件可用来选择要记录的事件。

对于 VR 应用，最好先确定其计算是否受限于 CPU、GPU 或二者皆是，以便将优化工作的重点集中在对性能影响最大的瓶颈，最大限度提升性能。

图 5 为优化前《猎影计划》在 GPUView 中的时间线视图，其中包括 GPU 工作队列、CPU 上下文队列和 CPU 线程。根据图表我们可以看出：

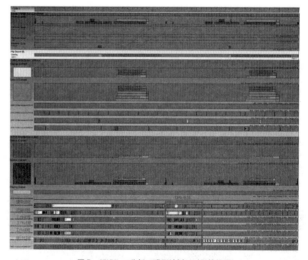

图 5　GPUView 分析《猎影计划》时间线视图

VR 与 AR 开发

- 帧率大约为 37fps。
- GPU 负载大约为 50%。
- 此版本容易使用户眩晕，因为运行帧率远低于 90fps。
- 如 GPU 工作队列所示，只有两个进程向 GPU 提交了任务：Oculus VR 运行时和游戏本身。Oculus VR 运行时在帧渲染的最后阶段插入后处理工作，包括畸变校正、色彩校正和时间扭曲等。
- 从图中可以看出《猎影计划》同时存在 CPU 和 GPU 瓶颈。
- 在 CPU 瓶颈方面，GPU 有大约 50% 的时间都处于空闲状态，主要原因是受到了一些 CPU 线程的影响而导致 GPU 工作没法及时被提交，只有这些线程中的 CPU 任务完成后 GPU 任务才能被执行。这种情况下如果对 CPU 任务进行优化，将能够极大地提升 GPU 的利用率，使 GPU 能执行更多的任务，从而提高帧率。
- 在 GPU 瓶颈方面，从图中我们可以看出，即使所有 GPU 空闲时间都能够被消除，GPU 仍然需要大于 11.1ms 的时间才能完成一帧的渲染（这里约为 14.7ms），因此如果不对 GPU 进行优化，此游戏的帧率不可能达到 Oculus Rift CV1 和 HTC Vive 等 VR 头显要求的 90fps。

改善帧率的几点建议：

- 物理和 AI 等非紧急的 CPU 任务可以延后处理，使图形渲染工作能够尽早被提交，以缩短 CPU 瓶颈时间。
- 有效应用多线程技术可增加 CPU 并行性，减少游戏中的 CPU 瓶颈时间。
- 尽量减少或优化容易导致 CPU 瓶颈的渲染线程任务，如绘制调用、遮挡剔除等。
- 提前提交下一帧的 CPU 任务以提高 GPU 利用率。尽管 MTP 延迟会略有增加，但性能与效率会显著提高。
- DirectX 11 具有高绘制调用和驱动程序开销。绘制调用过多时渲染线程会造成严重的 CPU 瓶颈。如果可以的话考虑迁移至 DirectX 12。
- 优化 GPU 工作（如过度绘制、带宽、纹理填充率等），因为单帧的 GPU 处理时间大于 11.1ms，所以会发生丢帧。

为了更深入探查 CPU 的性能问题，我们结合 Windows 性能分析器来分析从 GPUView 中发现的 CPU 瓶颈（通过分析同一个 ETL 文件），以下介绍分析和优化的主要流程（Windows 性能分析器也可用于发现 CPU 上下文切换的性能热点，对该主题有兴趣的读者可以参考了解更多详情）。

首先我们需要在 GPUView 中定位出 VR 游戏存在性能问题的区间。在 GPU 完成一帧的渲染后，当前画面会通过显示桌面内容（Present）函数被提交到显示缓存，两个 Present 函数的执行所相隔的时间段为一帧的周期，如图 6 所示（26.78ms，相当于 37.34fps）。

注意导致 GPU 闲置的 CPU 线程。

注意在 GPU 工作队列中有不少时间 GPU 是闲置的（例如一开头的 7.37ms），这实际上是由 CPU 线程瓶颈所造成，即红框所圈起来的部分。原因在于绘制调用准备、遮挡剔除等 CPU 任务必须在 GPU 渲染命令提交之前完成。

如果使用 Windows 性能分析器分析 GPUView 所示的 CPU 瓶颈，我们就能找出导致 GPU 无法马上执行工作的对应 CPU 热点函数。图 7 ~ 图 11 显示 Windows 性能分析器在 GPUView 所示的同一区间下，各 CPU 线程的利用率和的调用堆栈。

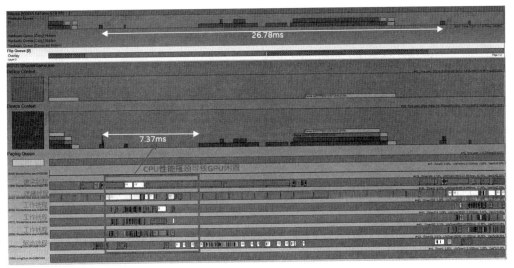

图 6　GPUView 分析《猎影计划》时间线视图（单帧）

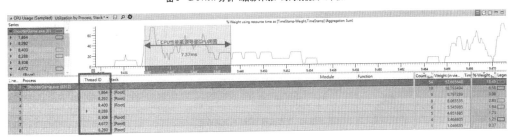

图 7　Windows 性能分析器分析《猎影计划》时间线视图，与图 6 为同一时间段

图 8 渲染线程 T1864 的调用堆栈

图 9 游戏线程 T8292 的调用堆栈

图 10 工作线程 T8288 的调用堆栈

VR 与 AR 开发

图 11 工作线程 T4672 的调用堆栈

接下来让我们详细分析每个 CPU 线程的瓶颈。

由图 8 的调用堆栈可以看出,渲染线程中最主要的三个瓶颈是:

- 静态网格的基本信道渲染(50%);
- 动态阴影初始化(17%);
- 计算视图可视性(17%)。

图 12 工作线程 T8308 的调用堆栈

以上瓶颈是由于渲染线程中存在太多的绘制调用、状态变换和阴影图渲染所造成。优化渲染线程性能的几点建议如下:

- 在 Unity 中应用批处理或在 Unreal 中应用 actor 融合以减少静态网格绘制。将相近对象组合在一起,并使用细节层次(Level Of Detail,LOD)。合并材质以及将不同的纹理融入较大的纹理集都有助于提升性能。
- 在 Unity 中使用双宽渲染(Double Wide Rendering)或在 Unreal 中使用实例化立体渲染(Instanced Stereo Rendering),减少双目渲染的绘制调用提交开销。
- 减少或关闭实时阴影。因为接收动态阴影的对象将不会进行批处理,从而造成绘制调用问题。
- 减少使用会导致对象被多次渲染的特效(反射、逐像素光照、透明或多材质对象)。

图 9 显示游戏线程最主要的三个瓶颈是:

- 设置动画评估并行处理的前置工作(36.4%);
- 重绘视口(view port)(21.2%);
- 处理鼠标移动事件(21.2%)。

以上三大问题可以通过减少视口数量,以及优化 CPU 并行动画评估的开销来解决,另外需要检查 CPU 方面的鼠标控制使用情况。

工作线程(T8288、T4672、T8308):

这些工作线程的瓶颈主要集中在物理模拟,比如布料模拟、动画和粒子系统更新。表 2 列出了在 GPU 闲置(等待执行)时的 CPU 热点。

表 2 优化前 GPU 闲置时的 CPU 热点

线程	函数	时间占比	
渲染线程	静态网格的基本信道渲染	13.1%	22.1%
	动态阴影初始化	4.5%	
	计算视图可视性	4.5%	
逻辑线程	设置动画评估并行处理的前置工作	7.7%	16.7%
	重绘视口	4.5%	
	处理鼠标移动事件	4.5%	
工作线程	布料模拟	13.5%	22%
	动画评估	4%	
	粒子系统	4.5%	
	驱动程序	4.4%	

优化

在实施了包括细节层次、实体化立体渲染、动态阴影消除、延迟 CPU 任务以及优化物理等措施后,《猎影计划》的运行帧率从 Oculus Rift DK2(1920×1080)上的 36.4fps 提升至 HTC Vive(2160×1200)上的 71.4fps;同时由于 CPU 瓶颈减少,GPU 的利用率从 54.7% 提升至 74.3%。

图 13 所示,为《猎影计划》优化前后的 GPU 利用率,如 GPU 工作队列所示。

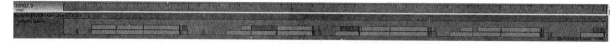

图 13　优化后《猎影计划》的 GPU 利用率

图 14 所示为优化后《猎影计划》的 GPUView 视图。从图中可见优化后 CPU 瓶颈时间从 7.37ms 降至 2.62ms，所用的优化措施包括：

■ 提前运行渲染线程（一种通过产生额外的 MTP 延迟来减少 CPU 瓶颈的方法）；

■ 优化绘制调用，包括采用细节层次、实体化立体渲染和移除动态阴影；

■ 延迟处理逻辑线程和工作线程的任务。

如图 15 所示为优化后 CPU 瓶颈期的渲染线程调用堆栈，即图 14 的红框标记起来的部分。

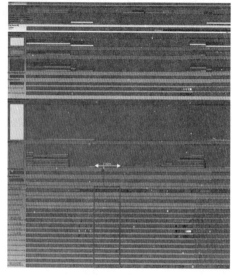

图 14　优化后 GPUView 分析《猎影计划》时间线视图

Line...	Process	Thread ID	Stack	Count Sum	Weight (in vie...	TimeStamp (s)	% Weight Su	Legend
1	ShooterGame.exe (2276)			7	4.849517		23.92	
2		10,404	[Root]	4	2.534741		12.50	
3			ntdll.dll!RtlUserThreadStart	4	2.534741		12.50	
4			kernel32.dll!BaseThreadInitThunk	4	2.534741		12.50	
5			ShooterGame.exe!FRunnableThreadWin::GuardedRun	4	2.534741		12.50	
6			ShooterGame.exe!FRunnableThreadWin::Run	4	2.534741		12.50	
7			ShooterGame.exe!FRenderingThread::Run	4	2.534741		12.50	
8			ShooterGame.exe!RenderingThreadMain	4	2.534741		12.50	
9			ShooterGame.exe!FNamedTaskThread::ProcessTasksUntilQuit	4	2.534741		12.50	
10			ShooterGame.exe!FNamedTaskThread::ProcessTasksNamedThread	4	2.534741		12.50	
11			ShooterGame.exe!TGraphTask<`FRendererModule::BeginRenderingViewFamily'::`20'::EURCMacro_FDrawSceneCommand>::Execu...	4	2.534741		12.50	
12			ShooterGame.exe!RenderViewFamily_RenderThread	4	2.534741		12.50	
13			ShooterGame.exe!FDeferredShadingSceneRenderer::Render	4	2.534741		12.50	
14			|- ShooterGame.exe!FDeferredShadingSceneRenderer::RenderBasePass	3	2.146637		10.59	
15			| ShooterGame.exe!FDeferredShadingSceneRenderer::RenderBasePassStaticData	3	2.146637		10.59	
16			| |- ShooterGame.exe!FDeferredShadingSceneRenderer::RenderBasePassStaticDataMasked	1	1.074974		5.30	
17			| | ShooterGame.exe!TStaticMeshDrawList<TBasePassDrawingPolicy<FUniformLightMapPolicy> >::DrawVisibleInner<0>	1	1.074974		5.30	
18			| | ShooterGame.exe!TStaticMeshDrawList<TBasePassDrawingPolicy<FUniformLightMapPolicy> >::DrawElement<0>	1	1.074974		5.30	
19			| | ShooterGame.exe!TBasePassDrawingPolicy<FUniformLightMapPolicy>::SetMeshRenderState	1	1.074974		5.30	
20			| | ShooterGame.exe!FUniformLightMapPolicy::SetMesh	1	1.074974		5.30	
21			| | ShooterGame.exe!SetUniformBufferParameter<FRHIPixelShader * __ptr64,FRHICommandList>	1	1.074974		5.30	
22			| | ShooterGame.exe!FD3D11DynamicRHI::RHISetShaderUniformBuffer	1	1.074974		5.30	
23			| | d3d11.dll!CContext::TID3D11DeviceContext_SetConstantBuffers_<1,4>	1	1.074974		5.30	
24			| | nvwgf2umx.dll!<PDB not found>	1	1.074974		5.30	
25			| | nvwgf2umx.dll!<PDB not found>	1	1.074974		5.30	
26			| | nvwgf2umx.dll!<PDB not found>	1	1.074974		5.30	
27			| | nvwgf2umx.dll!<PDB not found>	1	1.074974		5.30	
28			| |	1	1.074974	10.000799717	5.30	
29			| |- ShooterGame.exe!FDeferredShadingSceneRenderer::RenderBasePassStaticDataDefault	2	1.071663		5.28	
30			| | ShooterGame.exe!TStaticMeshDrawList<TBasePassDrawingPolicy<FUniformLightMapPolicy> >::DrawVisibleInner<0>	2	1.071663		5.28	
31			| | ShooterGame.exe!TStaticMeshDrawList<TBasePassDrawingPolicy<FUniformLightMapPolicy> >::DrawElement<0>	2	1.071663		5.28	
32			| | |- ShooterGame.exe!TBasePassDrawingPolicy<FUniformLightMapPolicy>::SetMeshRenderState	1	0.982467		4.85	
33			| | | ShooterGame.exe!FUniformLightMapPolicy::SetMesh	1	0.982467		4.85	
34			| | | ShooterGame.exe!SetUniformBufferParameter<FRHIVertexShader * __ptr64,FRHICommandList>	1	0.982467		4.85	
35			| | | ShooterGame.exe!FD3D11DynamicRHI::RHISetShaderUniformBuffer	1	0.982467		4.85	
36			| | | ShooterGame.exe!ValidateBoundShader	1	0.982467		4.85	
37			| | | d3d11.dll!CLayeredObject<CContext>::CContainedObject::AddRef	1	0.982467		4.85	
38			| | |	1	0.982467	9.999724743	4.85	
39			| | |- ShooterGame.exe!FMeshDrawingPolicy::DrawMesh	1	0.089196		0.44	
40			|- ShooterGame.exe!FDeferredShadingSceneRenderer::RenderOcclusion	1	0.388104		1.91	

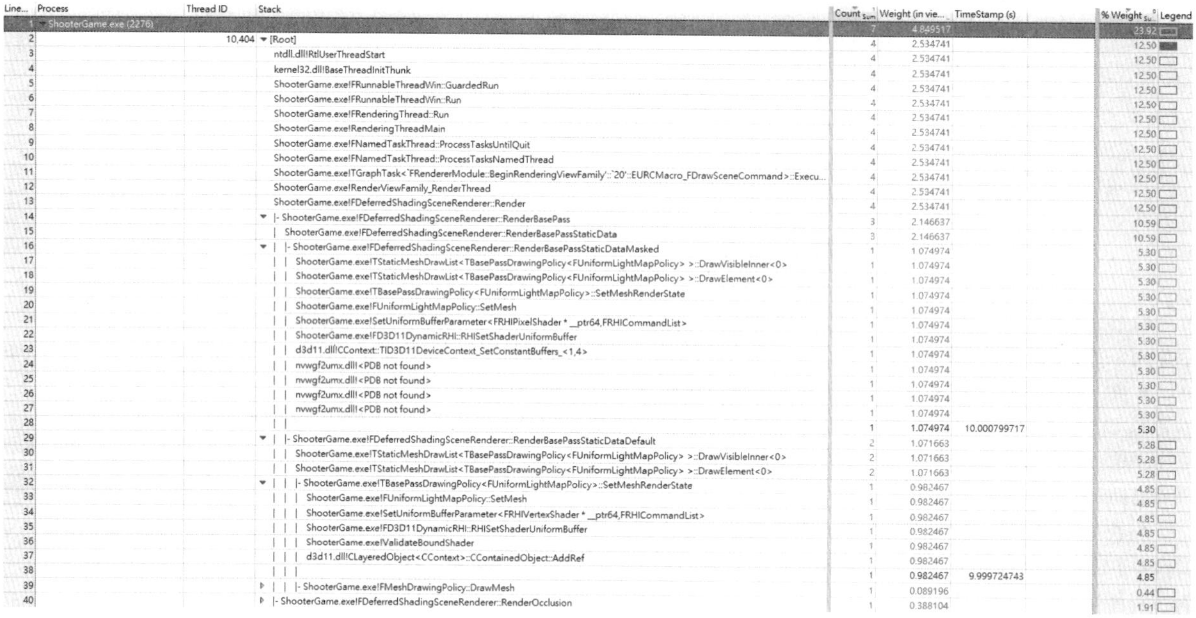

图 15　渲染线程 T10404 的调用堆栈

表3列出了优化后GPU闲置(等待执行)时的所有CPU热点，注意相对于表 2，许多热点和线程已从 CPU 瓶颈中被移除。

更多的优化措施，比如 actor 融合或者精简材质，都可以优化渲染线程中的静态网络渲染，进一步提高帧率。假若能对 CPU任务进行充分的优化，单帧的处理时间能进一步减少 2.62ms（单帧的 CPU 瓶颈时间），达到 87.8fps。

表 3　优化后 GPU 闲置时的 CPU 热点

线程	函数	时间占比	
渲染线程	静态网格的基本信道渲染	44.3%	52.2%
	渲染遮挡	7.9%	
	驱动程序	38.5%	

表 4　优化前后游戏的基本性能指标

	系统空闲	《猎影计划》运行在 Oculus Rift DK2 上（优化前）	《猎影计划》运行在 HTC Vive 上（优化后）
GPU 核心频率（MHz）	135	1337.6	1316.8
GPU 内存频率（MHz）	162	1749.6	1749.6
GPU 占用内存(MB)	184	1727.71	2253.03
GPU 负载（%）	0	49.64	78.29
平均帧率（fps）	不适用	36.4	71.4
绘制调用次数（每帧）	0	4437	845
平均 CPU 负载（各核心负载）（%）	1.04 (5.73/0.93/0.49/0.29/ 0.7/0.37/0.24/0.2)	13.58 (30.20/10.54/26.72/3.76/12.72/8.16/12.27/4.29)	31.37 (46.63/27.72/33.34/18.42/39.77/19.04/46.29/19.76)
CPU 频率（MHz）	800	2700	2700

结论

利用多种工具分析 VR 应用可以帮助我们了解该应用的性能表现和瓶颈所在，这对于优化 VR 性能非常重要，因为单凭性能指标可能无法真正反映问题所在。本文讨论的方法与工具可用于分析使用任何游戏引擎及 VR 运行时开发的 PC VR 应用，确定应用是否存在 CPU 或 GPU 瓶颈。由于绘制调用准备、物理模拟、光照或阴影等因素的影响，有时候 CPU 对 VR 应用性能的影响比 GPU 更大。通过分析多个存在性能问题的 VR 游戏，我们发现其中许多都存在 CPU 瓶颈，这意味着优化 CPU 可以提升 GPU 利用率、性能及用户体验。

HoloLens 开发与性能优化实践

文 / 张昌伟

HoloLens 中国版终于于 5 月底在中国上市，同时国内的技术社区经过一年的成长也有了很大的扩张，越来越多的开发者开始进入了 HoloLens 开发领域，尝试着使用混合现实（Mixed Reality）技术来构建属于未来的创新应用。

HoloLens 开发回顾

HoloLens 于 2016 年初正式开始发货，笔者有幸能够拿到第一波上市设备，当时大多流入国内的方式还是通过人肉搬运。当时的 HoloLens 开发在全球范围内都处于起步阶段，可以利用的开发资源只有官方文档等少数内容，然而今天则非常丰富，下面我们来看这一年来的变化。

开发工具链

目前的 HoloLens 开发方式有两种，分别为使用 Unity3D 引擎开发和使用 DirectX 11 原生开发。Unity3D 引擎开发是目前最为推荐的开发方式，具有完善的工具链支持、开发的难度较低、图形化的可视场景编辑器也使得构建全息场景的效率更高。同时，使用 C++ 和 DirectX 也可以开发 HoloLens 全息场景，并可用来编写中间件。如果偏爱 C# 的话，借助 SharpDX 开源库，C# 也可以使用 DirectX 来进行开发。

HoloLens 搭载的系统 Windows Holographic 更名为 Windows Mixed Reality，最新版本功能上更为完善。

Unity3D 工具最新版本为 2017.1.0f3，与 HoloLens 的集成度更高，内置了 Holographic 仿真器，可以在试图编辑器中仿真 Spatial Mapping 功能，引入最新的 Video Player 组件，使用 GPU 硬件加速来使得全景视频可以在 HoloLens 上流畅播放。

Visual Studio 最新可用版本为 2017，免费的社区版功能仍然可以满足 HoloLens 开发需求，配合 Visual Studio Tools for Unity 插件可以很方便地进行调试编译。

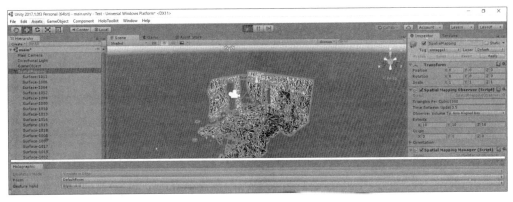

图 1　空间映像仿真器

第三方库

Vuforia SDK 是高通开发的 AR 识别库，目前最新版本为 v6.2.x，对 HoloLens 已有较好的支持，所以我们可以在 Unity 项目中使用它实现对图像目标（ImageTarget）和标记（VuMaker）的实时追踪，让应用具有更好的混合现实体验。使用前需要去注册 Vuforia，免费版有 API 调用次数限制，若想使用更多调用，则需要注册付费订阅。

HoloToolkit 项目从 HoloLens 发货之初就已出现，早期提供了一些对核心开发特性的封装，包括 Gazure、手势识别、语音识别、空间映像等。经过一年多的发展，社区开发者们贡献了大量的新代码，功能有了大幅提高。其中后来出现的 Spatial Understand 组件使得我们可以方便的分析 Spatial Mapping 的空间表面数据，快速的识别不同空间表面的特性，比如墙壁在哪里、地面在哪里。基于它可以实现像微软官方 App 那样的高质量的空间映射效果。

图 2　集成 Vuforia SDK

图 3 空间映射最佳实践

HoloLensCompanionKit 项目提供了一系列 HoloLens 的配套工具，虽然不直接运行在 HoloLens 上，但却能给用户体验带来极大的补充，目前主要分为 Holographic Remoting Host、KinectIPD、MixedRemoteViewCompositor、SpectatorView 和 Windows Mixed Reality Commander 5 个组件。其中，Holographic Remoting Host 提供了一个示例 UWP 项目可以将 HoloLens 上的视图内容在 PC 或其他 UWP 设备上串流显示；KinectIPD 可以使用 Kinect 自动测量并为 HoloLens 设置用户瞳距，精度为 +/-2 毫米，适用于多人共享一台 HoloLens 设备的场景，比如做 Demo 时。MixedRemoteViewCompositor 可以让用户查看 HoloLens 接近实时的视野内容，基于 HoloLens 内置的混合捕获功能（Mixed Reality Capture）。SpectatorView 提供了一组软硬件方案，使得我们可以搭建一套高分辨率的 HoloLens 实时混合捕获硬件，安装于 HoloLens 上的外部相机可以提供第三方视角的内容，可以获得更高质量的视频和图片内容。Windows Mixed Reality Commander 是一个 UWP 应用，演示了如何通过 Windows Device Portal API 在教室或 Demo 环境下管理多台 HoloLens 和 PC 设备，可以实现对设备的有效的控制管理。

HoloLens with ARToolkit 项目是基于著名的 ARToolkit 项目对 HoloLens 做了适配，使得 HoloLens 也可以使用上高效的 AR 追踪体验，可以追踪的目标包括单个标记（Single Marker）、立方体标记（Cube Marker）和多个标记（Multi Marker），最新版 v0.2 在常规渲染模式下可以达到 45 ~ 60fps，在标记追踪模式下可以达到 25 ~ 30fps 的帧速率，效果相当不错。

图 4 HoloLen SpectorView 硬件平台

图 5 HoloLens with ARToolkit

性能优化

正如我们所知道，HoloLens 是一款移动计算设备，在保证续航能力的前提下，意味着 HoloLens 不会具有特别强劲的计算能力，所以性能优化就变得至关重要了。

对于全息场景而言，我们需要权衡图形复杂度、渲染帧速率、渲染延迟、输入延迟、功耗和电池寿命等内容来确保能提供给客户理想的体验。事实上，有三个关键指标需要我们尽可能满足：

指标	目标
帧速率	60fps
功耗	一分钟内平均功耗处于 HoloLens Device Portal 性能工具图标中的橙色和绿色区域
内存	总提交内存小于 900MB

为 HoloLens 开发应用与开发传统桌面应用是完全不同的，因为用户会在物理世界中移动，所以为了使得全息图像能有逼真的体验，必须快速的刷新用户视图。用户每只眼睛看到的视图是不同的，所以我们必须在能模拟物理法则的情况下，以最低的延迟来刷新用户视野，避免全息图形相对真实世界发生漂移。全息场景的渲染管道和第一人称视角的 3D 游戏的渲染管道是相似的，60fps 对 HoloLens 也是理想的指标，当应用的帧速率接近或达到 60fps 时，实时低延迟的渲染会让全息场景达到最佳的视觉体验，看起来会更接近很真实物体。

在应用开发周期中，60fps 的目标是我们应该最先努力达成，只有在满足帧速率后，才应当去考虑功耗的优化。而且当画面的帧速率远低于 60fps 时，此时测出的功耗会有较大的误差。

视图复杂度

全息应用和其他图形应用一样，视图的复杂度会严重影响渲染性能，因此为了尽可能达到 60fps，我们首先关注的应该是对视图复杂度的优化。对于 HoloLens 而言，视图复杂度的优化应当关注以下方面：

■ 模型面数

场景中的 3D 模型的面数越多，虽然在视觉效果上会越精细越动人，但也意味着会消耗更多的计算和存储资源，对设备的负担越大。当场景中模型的面数过多时，会导致帧速率大幅降低，用户会明显感到画面出现延迟、卡顿，这对于全息场景而言是致命的。在保证观看效果的情况下，模型的面数越少越好。从个人的实践经验来看，整个场景中，总渲染面数应当控制在 10 ~ 20 万。

图 6 面数较低的模型效果

■ 着色器 Shader

Shader 对于图形渲染是至关重要的组件，在 HoloLens 上也是我们优化的重点。一般来讲，工具生成的通用 shader 一般太过复杂，很多内容对 HoloLens 无用，因此我们可以使用高阶着色器语言（HLSL）来自己编写 shader，提高视图的渲染效率。Unity3D 自带的 shader 不被推荐使用，取而代之的是推荐使用 HoloToolkit-Unity 项目中的经过精简优化的 shader。

此外，切换 shader 渲染不同的全息图像对性能的代价非常大，推荐应当对 Draw Call 进行排序，使得能顺序渲染具有同一着色器的对象，减少切换 Shader 的次数，提高渲染效率。

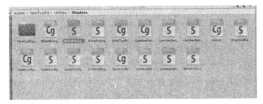

图 7 HoloToolkit 中优化后的 Shader

■ 纹理

场景中使用的纹理应该尽可能使用 bilinear 双线性过滤模式，可以保证相对平滑的视图过渡效果，这也是 Unity3D 默认设置，同时慎用 trilinear 三线性模式，它会降低渲染速度。此外纹理压缩应当尽可能使用 DXT 压缩并启用 MipMap，实现对显存带宽的优化，优化 GPU 瓶颈。

计算复杂度

虽然 HoloLens 采用了 32 位英特尔 Atom 处理作为主处理器，并且将空间映射数据的处理负载交给 HPU，但是对于复杂的全息场景而言，我们仍然需要尽可能地提高 CPU 的利用效率。

物理组件

物理组件是全息场景中常用的组件之一，但是如果组件数量过多或计算频率过快，则会导致 CPU 负载极大，导致场景 fps 一泻千里。因此，在保证功能的前提下，我们应当减少场景中不必要的物理组件，同时降低代码检测频率，降低对 CPU 的开销。同时在 Unity3D 中尽可能不要使用网格碰撞器（Mesh Collider），复杂的网状模型虽然可以做到精确的碰撞检测，但会带来高昂的计算资源开销，对于 HoloLens 而言性价比太低，应当使用其他网格较为简单的碰撞器为优。

脚本质量

事实上，CPU 的开销还与我们编写的脚本质量密切相关。除了常规的脚本优化方式外，对于 Unity3D 项目而言，应当避免场景中出现过多的 Update() 循环。

如果场景中每个物体都具有 Update() 方法，这会导致引擎大量频繁调用 Update 方法，带来额外的 CPU 开销。最佳实践是，可以使用一个 Manager 对象统一管理其子物体，并在其 Update 方法中，统一更新其子物体 UI。

.NET Native

HoloLens 项目本质上还是 Windows 10 UWP 项目，默认设置下，当使用 Release 模式编译项目时，Visual Studio 会使用 .NET Native 技术，将我们的 C# 托管代码编译为原生二进制代码，大大提高应用的启动速度和运行速度；使用 Debug 模式则不会使用 .NET Native 编译，性能远差于 Release 模式。因此，最佳实践是确保在 Release 模式下编译生成 App，以获得最佳性能。

性能监视工具

进行 HoloLens 性能优化时可以使用现有性能监视工具来提高优化的效率，下面时可用的性能优化工具：

工具	监视维度
HoloLens Device Portal 性能工具	功耗、内存、CPU、GPU 和帧速
Visual Studio 图形调试器（Visual Studio Graphics Debugger）	GPU, Shader 和图形性能
Visual Studio 诊断工具（Visual Studio Diagnostic Tools）	内存, CPU
Windows 性能分析器（Windows Performance Analyzer）	内存, CPU, GPU, 帧速

其中 HoloLens 的设备控制面板站点自带性能工具，可以实时收集 HoloLens 设备的全部性能数据，同时还暴露了 Restful API 服务，允许我们调用其 API 获取 JSON 格式的性能数据，用于自定义性能数据分析，十分灵活。

其他工具为 Visual Studio 自带的性能分析工具，也可以很好帮助我们对应用性能进行评估。

总结

随着 HoloLens 和 Unity3D 引擎的集成度越来越高，开发的门槛大幅降低，越来越多的开发者可以享受到混合现实技术的乐趣，开发出奇幻的全息场景。与此同时，对于应用性能优化的渴求也越来越高，传统的对 CPU、GPU 和内存优化技巧仍然可以发挥巨大的作用，而针对平台的最佳实践也可以大幅提高应用的表现，两者共同使用，才能得到最好的性能体验。

Unreal Engine 4 VR 应用的 CPU 性能优化和差异化

文 / 王文澜

虚拟现实（VR）能够带给用户前所未有的沉浸体验，但同时由于双目渲染、低延迟、高分辨率、强制垂直同步（VSync）等特性使 VR 对 CPU 渲染线程和逻辑线程以及 GPU 的计算压力较大。如何能有效分析 VR 应用的性能瓶颈、优化 CPU 线程以提高工作的并行化程度，从而降低 GPU 等待时间提升利用率将成为 VR 应用是否流畅、会否眩晕、沉浸感是否足够的关键。Unreal Engine 4（UE4）作为目前 VR 开发者主要使用的两大游戏引擎之一，了解 UE4 的 CPU 线程结构和相关优化工具能够帮助我们开发出更优质基于 UE4 的 VR 应用。本文将集中介绍 UE4 的 CPU 性能分析和调试指令、线程结构、优化方法和工具、以及如何在 UE4 里发挥闲置 CPU 核心的计算资源来增强 VR 内容的表现，为不同配置的玩家提供相应的视听表现和内容，优化 VR 的沉浸感。

为何要把 PC VR 游戏优化到 90fps

Asynchronous Timewarp（ATW）、Asynchronous Spacewarp（ASW）和 Asynchronous Reprojection 等 VR runtime 提供的技术可以在 VR 应用出现掉帧的时候，以插帧的方式生成一张合成帧，等效降低延时。然而，这些并不是完美的解决方案，分别存在不同的限制。

ATW 和 Asynchronous Reprojection 能够补偿头部转动（Rotational Movement）产生的 Motion-To-Photon（MTP）延迟，

但如果头部位置发生改变（positional movement）或者画面中有运动对象，即使用上 ATW 和 Asynchronous Reprojection，也无法降低 MTP 延迟；另外 ATW 和 Asynchronous Reprojection 需要在 GPU 的 drawcall 之间插入，一旦某个 drawcall 时间太长（例如后处理）或者剩下来给 ATW 和 Asynchronous Reprojection 的时间不够，都会导致插帧失败。而 ASW 会在渲染跟不上的时候将帧率锁定在 45fps，让一帧有 22.2ms 的时间做渲染，两张渲染帧之间则以传统图像运动估算（motion estimation）的方式插入一张合成帧，如图 1 所示。但合成帧中运动剧烈或者透明的部分会产生形变（例如图 1 中红圈框起来的部分），另外光照变化剧烈的时候也容易产生估算错误，导致持续用 ASW 插帧的时候用户容易感觉到画面抖动。这些 VR runtime 的技术在频繁使用的情况下都不能够很好解决掉帧问题，因此开发者还是应该保证 VR 应用在绝大部分情况下都能够稳定跑在 90fps，只有偶然的掉帧才依赖上述的插帧方法解决。

图 1　ASW 插帧效果

UE4 性能调试指令简介

用 UE4 开发的应用可以通过控制台命令（console command）中的 "stat" 指令查询各种实时性能数据。其中 "stat unit" 指令可以看到一帧渲染总消耗时间（Frame）、渲染线程消耗时间（Draw）、逻辑线程消耗时间（Game）以及 GPU 消耗时间（GPU）。从中可以简单看出哪部分是制约一帧渲染时间的主要原因，如图 2 所示。结合 "show" 或 "showflag" 指令动态开关各种功能（features）来观察分别对渲染时间的影响，找出影响性能的原因，期间可以用 "pause" 指令暂停逻辑线程来观察。需要注意的是其中 GPU 消耗时间包括了 GPU 工作时间和 GPU 闲置时间，所以即使在 "stat unit" 下看到 GPU 花了最长的时间，也并不代表问题就出在 GPU 上，很有可能是因为 CPU 瓶颈导致 GPU 大部分时间处于闲置状态，拉长了 GPU 完成一帧渲染所需时间。因此还是需要结合其他工具，例如 GPUView 来分析 CPU 和 GPU 的时间图，从中找出实际瓶颈位置。

图 2　"stat unit" 统计数字

另外，因为 VR 是强制开启垂直同步的，所以只要一帧的渲染时间超过 11.1ms，即使只超过 0.1ms，也会导致一帧需要花两个完整的垂直同步周期完成，使得 VR 应用很容易因为场景稍微改变而出现性能大降的情形。这时候可以用 "-emulatestereo" 指令，同时把分辨率（resolution）设为 2160×1200，屏幕百分比（screenpercentage）设为 140，就可以在没有接 VR 头显及关闭垂直同步的情况下分析性能。

而渲染线程相关的性能数据可以通过 "stat scenerendering"

来看，包括绘制调用（drawcall）数目、可见性剔除（visibility culling）时长、光照处理时间等。其中可见性剔除又可以通过 "stat initviews" 指令进一步了解和分析各部分的处理时长，包括视锥剔除（frustum culling）、预计算遮挡剔除（precomputed visibility culling）和动态遮挡剔除（dynamic occlusion culling）等，用以判断各剔除的效率；输入 "stat sceneupdate" 指令查看更新世界场景例如添加、更新和移除灯光所花费的时间。另外，也可以通过 "stat dumphitches" 指令，指定一帧的渲染时间超过 t.HitchThreshold 时把渲染帧信息写进日志。

如果要使游戏效果能够适配不同等级的 PC，那么 "stat physics"、"stat anim" 和 "stat particles" 会是三个经常用到跟 CPU 性能相关的指令，分别对应到物理计算时间（布料模拟、破坏效果等）、蒙皮网格（skin meshing）计算时间和 CPU 粒子计算时间。由于这三个计算在 UE4 里都能够分到工作线程作并行处理，因此对这些部分进行扩展能把 VR 应用有效适配到不同等级的硬件，使 VR 体验以及效果能够随着 CPU 的核数增加而增强。

另外，可以直接输入控制台命令 "stat startfile" 和 "stat stopfile" 采集一段实时运行的数据，然后用 UE4 Session Frontend 里的 Stats Viewer 查看运行期间各时间段 CPU 线程的利用率和调用堆栈（call stack），寻找 CPU 热点并进行相应的优化，如图 3 所示，功能类似 Windows Assessment and Deployment Kit（ADK）里的 Windows* Performance Analyzer（WPA）。

UE4 VR 应用的 CPU 优化技巧

当 VR 开发的过程中遇到 CPU 性能问题时，除了需要找出瓶颈所在，还要掌握 UE4 里能够帮助优化瓶颈的工具，熟知每个工具的用法、效果和差异才能选取最合适的优化策略，快速提高 VR 应用的性能。下面我们会集中介绍和讲解 UE4 的这些优化工具。

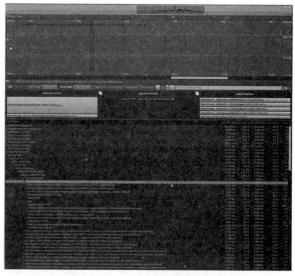

图 3　UE4 Session Frontend 里内建的 Stats Viewer

渲染线程优化

由于性能、带宽和 MSAA 等考虑因素，目前 VR 应用多采用前向渲染（Forward Rendering）而非延迟渲染（Deferred Rendering）。但在 UE4 的前向渲染管线中，为了减少 GPU overdraw，在 basepass 前的 prepass 阶段会强制使用 early-z 来生成 depth buffer，导致 basepass 前的 GPU 工作量提交较少。加上目前主流的 DirectX 11 基本上属于单线程渲染，多线程能力较差，一旦 VR 场景的 drawcalls 或者 primitives 数目较多，culling 计算时间较长，基本上在 basepass 前的计算阶段就很可能因为渲染线程瓶颈而产生 GPU 闲置（GPU bubbles），降低了 GPU 利用率而引发掉帧，所以渲染线程的优化在 VR 开发中至关重要。

如图 4 显示了一个性能受限于 CPU 渲染线程的 VR 游戏案例。该 VR 游戏跑在 HTC Vive 上，平均帧率为 60fps，虽然从控制台命令"stat unit"中看到 GPU 似乎是主要性能瓶颈，但渲染线程"Draw"每帧所花的时间也很高。从 SteamVR 的帧时间更能清楚看到 CPU 甚至出现了 late start 的情况，这说明渲染线程的工作负载非常重（在 SteamVR 里一帧的渲染线程会在该帧开始时的垂直同步前 3ms 开始计算，称为"running start"，原意是用 3ms 额外延迟来换取渲染线程提前工作，让 GPU 能够在该帧垂直同步后马上有工作能进行，最大化 GPU 的效率。如果一帧的渲染线程工作在下一个垂直同步前 3ms 还没完成，则会阻碍到下一帧的 running start，这情况称为"late start"）。Late start 使渲染线程工作被延后，导致 GPU bubble 的产生。另外在 SteamVR 的帧时间可以看到 GPU 每隔一帧"Other"的占用时间就会比较高，从下面的分析会看到这实际上就是 prepass 前 GPU bubble 的时间。

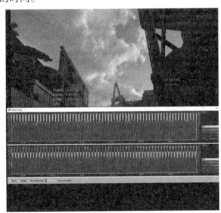

图 4 一个存在 CPU 渲染线程瓶颈的 VR 游戏例子，上面显示了 SteamVR 对每帧 CPU 和 GPU 消耗时间的统计

如果我们用 GPUView 分析图 4 的场景，会得到图 5 的结果，图 5 中红色箭头指的位置就是 CPU 渲染线程开始的时间。由于 running start，第一个红色箭头在垂直同步前 3ms 就开始计算，但显然到了垂直同步时 GPU 还没工作可以做，一直到 3.5ms 后 GPU 短暂工作了一下又闲置了 1.2ms，然后 CPU 才把 prepass 工作提交到 CPU context queue，prepass 完成后又过了 2ms basepass 的工作才被提交到 CPU context queue 给 GPU 执行。图 5 中红圈起来的地方就是 GPU 闲置的时间段，加起来有接近 7ms 的 GPU bubbles，直接导致 GPU 渲染无法在 11.1ms 内完成而掉帧，需要 2 个垂直同步周期才能完成这帧的工作，实际上我们可以结合 Windows Performance Analyzer（WPA）分析 GPU bubbles 期间的渲染线程调用堆栈并找出瓶颈是由哪些函数引起的 [1]。另外第二个红色箭头指的位置是下一帧渲染线程开始的时间，由

于这一帧出现掉帧，所以下一帧的渲染线程多了整整一个垂直同步周期作计算。等到下一帧的 GPU 在垂直同步后开始工作时，渲染线程已经把 CPU context queue 填满了，所以 GPU 有足够多的工作可以做而不会产生 GPU bubbles，只要没有 GPU bubbles 一帧的渲染在 9ms 内就能完成，于是下一帧就不会掉帧。3 个垂直同步周期完成 2 帧的渲染，这也是为什么平均帧率是 60fps 的原因。

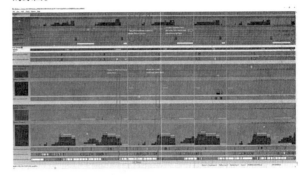

图 5 如图 4 例子的 GPUView 时间视图，可以看到 CPU 渲染线程瓶颈导致了 GPU 闲置，从而引发掉帧

从图 5 的分析结果可以发现在这例子中，GPU 实际上并不是性能瓶颈，只要把真正的 CPU 渲染线程瓶颈解决，该 VR 游戏就能够达到 90fps。而事实上我们发现大部分用 UE4 开发的 VR 应用都存在渲染线程瓶颈，因此熟练掌握下面几种 UE4 渲染线程优化工具可以大大提升 VR 应用的性能。

实例化立体渲染（Instanced Stereo Rendering）

VR 由于双目渲染的原因导致 drawcall 数目增加一倍，容易引发渲染线程瓶颈。实例化立体渲染只要对对象提交一次 drawcall，然后由 GPU 分别对左右眼视角施加对应的变换矩阵，就能够把对象同时画到左右眼视角上，等于把这部分的 CPU 工作移到 GPU 处理，增加了 GPU vertex shader 的工作但可以节省一半 drawcall。因此，除非 VR 场景的 drawcall 数目较低（< 500），否则实例化立体渲染一般能够降低渲染线程负载，为 VR 应用带来约 20% 的性能提升。实例化立体渲染可以在项目设置中选择打开或关闭。

可见性剔除（Visibility Culling）

在 VR 应用中渲染线程瓶颈通常由两大原因造成，一个是静态网格计算另一个是可见性剔除。静态网格计算可以通过合并 drawcall 或者 mesh 来优化，而可见性剔除则需要减少原语（primitives）或者动态遮挡剔除（dynamic occlusion culling）的数目。可见性剔除瓶颈在 VR 应用中尤其严重，因为 VR 为了减低延时强制每帧 CPU 渲染线程计算最多只能提前到垂直同步前 3ms（running start/queue ahead），而 UE4 里 InitViews（包括可见性剔除和设置动态阴影等）阶段是不会产生 GPU 工作的，一旦 InitViews 所花时间超过 3ms，就必定会产生 GPU bubbles 而降低 GPU 利用率，容易造成掉帧，所以可见性剔除在 VR 里需要重点优化。

在 UE4 里可见性剔除由 4 个部分组成，按照计算复杂度从低到高排序分别是：

- 距离剔除（Distance culling）；
- 视椎剔除（View frustum culling）；
- 预计算遮挡剔除（Precomputed occlusion culling）；

■ 动态遮挡剔除（Dynamic occlusion culling）：包括硬件遮挡查询(hardware occlusion queries)和层次Z缓冲遮挡(hierarchical z-buffer occlusion)。

所以设计上尽可能将多数的 primitives 由 1-3 的剔除算法处理掉，才能减少 InitViews 瓶颈，因为 4 的计算量远大于前 3 个。下面会集中讲解视椎剔除和预计算遮挡剔除：

■ 视椎剔除

UE4 里 VR 应用的视椎剔除是对左右眼 camera 各做一次，也就是说需要对场景里所有 primitves 历遍 2 次才完成整个视椎剔除。但事实上我们可以通过改动 UE4 代码实现超视椎剔除（Super-Frustum Culling），即合并左右眼视椎并历遍 1 次场景就能完成视椎剔除，大致可以节省渲染线程一半的视椎剔除时间。

■ 预计算遮挡剔除

经过距离剔除和视椎剔除后，我们可以用预计算遮挡剔除进一步减少需要发送到 GPU 做动态遮挡剔除的 primitives 数目，以减少渲染线程花在处理可见性剔除的时间，同时也可以减少动态遮挡系统的帧跳跃（frame popping）现象（由于 GPU 遮挡剔除查询结果需要一帧后才返回，所以当视角快速转动的时候或者在角落附件的对象容易产生可视性错误）。预计算遮挡剔除相当于增加内存占用以及建构光照的时间换取运行时较低的渲染线程占用，场景越大内存占用和译码预存数据的时间也会相对增加。然而，相对于传统游戏来说 VR 场景一般较小，而且场景大部分对象都属于静态对象，用户的可移动区域也有一定限制，这对于预计算遮挡剔除来说都是有利因素，因此这也成为开发 VR 应用时必须做的一项优化。

做法上，预计算遮挡剔除会根据参数设置自动把整个场景切割成相同大小的方块（visibility cell），这些 cell 涵盖了 view camera 所有可能出现的位置，在每个 cell 的位置预先计算遮挡剔除并储存在该 cell 里会 100% 被剔除的 primitives，实际运行时以 LUT（Look Up Table）的形式读取当前位置所在 cell 的剔除数据，那些被预存下来的 primitives 在 runtime 时就不需要再做动态遮挡剔除了。我们可以通过控制台命令"Stat InitViews"查看 Statically Occluded Primitives 来得知多少 primitives 被预计算遮挡剔除处理掉，用 Decompress Occlusion 查看每帧预存数据的译码时间以及用"Stat Memory"中的 Precomputed Visibility Memory 查看预存数据的内存占用。其中 Occluded Primitives 包括了预计算及动态遮挡剔除的 primitives 数目，将 Statically Occluded Primitives / Occluded Primitives 的比例提高（50% 以上）有助于大大减少 InitViews 花费时间。预计算遮挡剔除在 UE4 里的详细设置步骤以及限制可以参考。

静态网格体 Actor 合并（Static Mesh Actor Merging）

UE4 里的"Merge Actors"工具可以自动将多个静态网格体合并成一个网格体来减少绘制调用，在设置里可以根据实际需要选择是否合并材质、光照贴图或物理数据，设置流程可以参考。此外，UE4 里有另一个工具——分层细节级别（Hierarchical Level of Detail，HLOD）也有类似的 Actor 合并效果，差别在于 HLOD 只会对远距离发生 LOD 的对象做合并。

图6 预计算遮挡剔除例子

实例化（Instancing）

对于场景中相同的网格体或对象（例如草堆、箱子）可以用实例化网格体（Instanced Meshes）来实现。只需提交一次绘制调用，GPU 在绘制时会根据对象的位置做对应的坐标变换，假如场景中存在不少相同的网格体，实例化能有效降低渲染线程的绘制调用。实例化可以在蓝图里进行设置（BlueprintAPI -> Components -> InstancedStaticMesh（ISM）），如果想对每个实例化对象设不同的 LOD 可以用 Hierarchical ISM（HISM）。

单目远场渲染（Monoscopic Far-Field Rendering）

受限于瞳距，人眼对于不同距离的对象有不同的立体感知程度（depth sensation），按照人均瞳距 65mm 来看，人眼对于立体感受最强烈的距离大约在 0.75m 到 3.5m，超过 8m 人眼对立体就不太容易感知，而且灵敏程度随着距离越远而越弱。

基于这个特性，Oculus 和 Epic Games 在 UE 4.15 的前向渲染管线中引入了单目远场渲染，容许 VR 应用分别根据各对象到 view camera 的距离设置成用单目还是双目渲染，如果场景中存在不少远距离对象，这些远距离对象用单目渲染就可以有效降低场景的绘制调用和 pixel shading 成本。例如 Oculus 的 Sun Temple 场景采用单目远场渲染后每帧可以减少 25% 的渲染开销。值得注意的是目前 UE4 中的单目远场渲染只能用在 GearVR 上，对 PC VR 的支持要后面的版本才会加入。

在 UE4 里单目远场渲染的详细设置方法可以参考，另外可以在控制面板输入指令"vr.MonoscopicFarFieldMode [0-4]"查看 stereoscopic buffer 或 monoscopic buffer 的内容。

逻辑线程优化

在 UE4 的 VR 渲染管线中，逻辑线程比渲染线程提早一帧开始计算，渲染线程会基于前一帧逻辑线程的计算结果生成一个代理（proxy）并据此进行渲染，确保渲染过程中画面不会发生变化；同时逻辑线程会进行更新，更新结果会通过下一帧的渲染线程反映到画面上。由于逻辑线程在 UE4 里是提前一帧计算的，除非逻辑线程耗时超过一个垂直同步周期（11.1ms），否则并不会成为性能瓶颈。但问题在于 UE4 的逻辑线程跟渲染线程一样只能运行在单一线程上，蓝图里的 gameplay，actor ticking 和 AI 等计算都是由逻辑线程处理，如果场景中存在较多的 Actor 或者交互导致逻辑线程耗时超过一个垂直同步周期，那么便需要进行优化。下面介绍两个逻辑线程的性能优化技巧。

Blueprint Nativization（蓝图原生化）

在 UE4 预设的蓝图转换过程中，需要使用虚拟机（Virtual Machine，VM）将蓝图转化为 C++ 代码，其间会因为 VM 的开销而造成效能损失。在 UE 4.12 开始引入了蓝图原生化，可以事先将所有或者其中一部分蓝图（Inclusive/Exclusive）直接编译成 C++ 代码，运行时以 DLL 形式动态加载，避免 VM 开销而提高逻辑线程效率，详细设置可参考。需要注意的是，如果蓝图本身已经做过优化（例如将计算较重的模块直接用 C++ 实现），蓝图原生化能够提高的性能有限。

另外蓝图里的函数 UFUNCTION 是不能 inline 的，对于反复多次调用的函数可以用蓝图里的 Math Node（可 inline）或者通过 UFUNCTION 调用 inline 函数实现，最好的方法当然是直接把工作分到其他线程处理。

骨骼网格（Skeleton Meshing）

如果场景中因为 Actor 太多而产生逻辑线程瓶颈，除了可以降低骨骼网格体及动画的更新频率（ticking）外，也可以用骨骼网格体 LOD（Skeletal Mesh LODs）或者根据距离远近用分层（hierarchical）方法来处理跟 Actor 之间的交互行为。数个骨骼网格体之间共享部分骨架资源也是另一种可行办法。

UE4 VR 应用的 CPU 差异化

上面介绍了几种 VR 应用的 CPU 优化技巧，然而优化只能保证 VR 应用做到不掉帧不眩晕，无法进一步提升体验。如果想要提升 VR 体验，必须最大程度利用上硬件提供的计算能力，将这些计算资源转化成内容、特效及画面表现提供给最终用户，而这就需要根据计算能力对 CPU 提供相应的差异化内容。下面介绍其中五种 CPU 的差异化技巧。

布料模拟

UE4 的布料仿真主要通过物理引擎分到工作线程进行计算，对逻辑线程影响较小。而且布料模拟是每帧都需要计算的，即使布料不在画面显示范围内，也需要进行计算来决定更新后会否显示到画面中，因此计算量比较稳定，可以根据 CPU 能力适配对应的布料模拟方案。

可破坏物件

可破坏对象在 UE4 里也是通过物理引擎分到工作线程进行破坏模拟计算的，因此对于计算能力较高的 CPU 这部分可以加强，比如更多对象可以被破坏、破坏时出现更多碎片或者碎片在场景中的存在时间更长等。可破坏对象的存在会大大加强场景的表现以及沉浸感，设置过程可以参考。

CPU 粒子

CPU 粒子是另一项比较容易扩展的模块，虽然从粒子数目来说 CPU 粒子较 GPU 粒子少，但采用 CPU 粒子能降低 GPU 的负担，较好地利用本多核 CPU 的计算能力，而且 CPU 粒子具备下列独有的功能：

- 可发光；
- 可设置粒子材质及参数（金属、透明材质等）；
- 可受特定引力控制运动轨迹（可以受点、线或者其他粒子的吸引）；
- 能产生阴影。

开发过程中可以对不同 CPU 设置相应的 CPU 粒子效果。

3D 音频：Steam Audio

对于 VR 应用来说，除了画面外制造沉浸感，还有另一个重要元素就是音频，具有方向性的 3D 音频能够增强 VR 体验的临场感，Oculus 曾经推出 Oculus Audio SDK 来模拟 3D 音频，但该 SDK 对环境音效的仿真比较简单，相对并不普及。Steam Audio 是 Valve 新推出的一套 3D 音频 SDK，支持 Unity 5.2 以上的版本及 UE 4.16 以上的版本，同时提供 C 语言接口。Steam Audio 具备下面几项特点：

- 提供基于真实物理模拟的 3D 音频效果，支持头部相关传输函数（Head-Related Transfer Function，HRTF）的方向音频滤波以及环境音效（包括声音遮挡、基于真实环境的音频传递、反射及混音等），另外也支持接入 VR 头显的惯性数据；
- 能够对场景中每个对象设置音效反射的材质及参数（散射系数、对不同频率的吸收率等），环境音效的仿真可以根据 CPU 的计算能力采用实时或烘焙的方式处理；
- 环境音效中很多设置或参数都可以根据质量或性能要求做调整。例如 HRTF 的插值方法、音频光线跟踪的数目和反射次数、混音的形式等；
- 相对于 Oculus Audio SDK 只提供鞋盒式的环境音效仿真（shoebox model）而且不支持声音遮挡，Steam Audio 的 3D 音频模拟更真实而且完整，可以提供更精细的质量控制；
- 免费且不绑定 VR 头显或平台。

Steam Audio 从 UE4 的逻辑线程收集音源及收听者的状态和信息，通过工作线程进行声音的光线跟踪及环境反射模拟，将计算出来的脉冲响应（impulse response）传送到音频渲染线程对音源进行相应的滤波和混音工作，再由 OS 的音频线程输出到耳机（例如 Windows 的 XAudio2）。整个处理过程都是由 CPU 的工作线程进行，在加入 3D 音频的同时并不会增加渲染线程和逻辑线程负载，对原来游戏的性能并不会造成影响，可以说是非常适合 VR 的一项体验优化。详细的设置过程可以参考 Steam Audio 的说明文档。

可扩展性

UE4 的可扩展性设置是一套通过参数调节控制画面表现的工具，能适配不同计算能力平台。对 CPU 来说，可扩展性主要体现在下面几项参数设置上：

- 可视距离（View Distance）：距离剔除缩放比例（r.ViewDistanceScale 0–1.0f）；
- 阴影（Shadows）：阴影质量（sg.ShadowQuality 0–3）；
- 植被（Foliage）：每次被渲染的植被数量（FoliageQuality 0–3）；
- 骨骼网格体 LOD 偏差（r.SkeletalMeshLODBias）：全局控制骨骼网格体的 LOD 等级偏差；
- 粒子 LOD 偏差（r.ParticleLODBias）：全局控制粒子 LOD 等级偏差；
- 静态网格体 LOD 距离缩放（r.StaticMeshLODDistanceScale）：全局控制静态网格体的 LOD 等级偏差。

如图 7、8、9 所示分别显示了腾讯《猎影计划》这款 VR 游戏对不同 CPU 的植被、粒子和阴影差异化效果。

图7 《猎影计划》中的植被差异化效果

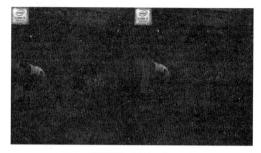

图9 《猎影计划》中的阴影差异化效果

图8 《猎影计划》中的粒子差异化效果

结论

本文介绍了UE4的多种CPU性能分析工具、优化方法和差异化技巧,基于文章篇幅所限如果想进一步了解各项细节,可以参照参考部分。熟练掌握多种CPU性能分析工具和技巧,可以快速找到瓶颈并进行相应的优化,而事实上这对于VR应用非常重要。除此以外,在优化的同时如果能够充分利用闲置的多线程资源,能让应用实现更好的画面效果和表现,提供更优秀的VR体验。

VR中的交互之熵

文 / 王锐

蒙住双眼看世界

从2014年Facebook收购Oculus,高调宣布布局虚拟现实行业的那一刻开始,VR(Virtual Reality)这个词逐步从一个尚不完整的概念进化到席卷全世界的风潮。不仅三星、谷歌、微软等行业巨头先后投入巨大的人力物力来进行技术和消费端产品的研发,更有数以千计的初创公司将VR作为自己的目标。无数的创业者都试图在这个看起来还没有太多人去开垦的处女地上刻下属于自己的印记,或者更进一步,建立属于自己的帝国,成就独步天下的梦想。

诚然,梦想没有对错。VR给予了人们一种全新的画面表现方式,能够让普通人沉浸在虚拟的场景当中,置身于充满了幻想与渴望的异世界,从而产生强烈的代入感——这也确实是一个潜力无限的市场需求。然而,这是建立在两个重要的技术基础之上的:一是画面的清晰度和表现力;二是交互手段的完整度和合理性。

对于第一点,本文并不想再赘述,现有的画面渲染质量虽不完美,但是基本可以接受;而屏幕的分辨率、刷新率、FOV等指标,也随着OLED技术的革新和逐渐量产而变得可期。我们完全可以相信,在3、5年之内,90%的用户将完全接受VR头盔所提供的画面的真实度,即使它并不一定能够完全达到"视网膜屏"的颗粒水准。

而对于第二点,笔者认为它恰恰就是VR行业发展所面临的最大阻碍,也是目前优质的VR内容缺失、体验者兴趣寥寥的主要原因。2017年以来,VR行业的投资热潮开始冷却,大量投身到VR内容和应用制作的开发者和公司面临各种转型压力,很多人开始尝试选择另外一条道路,对外宣称是"To B"端业务,也就是针对商户和企业服务,而非最终消费者的业务。这一方面可能是市场从过热到退烧的正常过程,另一方面也正体现了越来越多的人产生的一种危机感:VR的杀手级应用到底存在不存在?为什么我极少见到好玩甚至只是可玩的VR游戏?

图1 扎克伯格在2016 MWC,从容走过戴着Gear VR的观众

这也正是本文试图阐述的核心问题所在。

基本的交互需求

在探讨交互的重要性之前,我们不妨先了解什么样的游戏是现今最受欢迎的,以最近Steam游戏平台上最热销的几款作品为例:

- ■ 《绝地求生:大逃杀》是一款开放世界的大逃杀游戏,每局有100人参与,利用地形和有限的资源战斗,最终只有一

人能够存活。与之类似的还有《H1Z1》。

- 《GTA V》是一款开放世界的动作冒险游戏，其中拥有几乎与现实世界相同的世界观，玩家在场景中的所有操作几乎都可以获得反馈。
- 《反恐精英：全球攻势》是一款第一人称的网络射击游戏，游戏者分为两大阵营在各种地图上进行多回合的对战，具有丰富的竞技元素和排行系统。
- 《The Witcher 3》是一款第一人称的单机角色扮演游戏，具有完整的世界观和巨大的开放世界可供探索，游戏剧情时间超过 100 小时。
- 《Dishonored 2》也是一款第一人称的单机角色扮演游戏，玩家在自由度极高的开放世界中完成各种暗杀和寻宝任务。

图2　《GTA V》游戏截图，它支持多人在一个巨大的开放世界中游戏，并且有丰富的剧情和场景互动元素

我们不必列出更多的热门游戏名称，也不必列出那些以奇巧取胜的冷门游戏，或昙花一现的作品。从上面几部作品已经可以看出，能够受到众多玩家欢迎的主流 PC 游戏类型，大致具有这样几个特征：开放世界；高效反馈；丰富的剧情；以及（可选）多人对战。

开放世界意味着需要玩家在一个极为广阔而物产丰富的虚拟世界中自由跑动；高效反馈是玩家可以通过各种方式与场景中的元素进行互动，例如对话、触摸、组装、调查、攻击、拆除等，而它的不同操作总会产生不同的效果；游戏剧情的丰富也正是构建在这两点之上；至于多人对战的支持，则进一步为游戏过程增加了无穷尽的不确定性，并且与互联网经济和社交理论无缝结合，产生强大的用户黏性。

事实上，这与 VR 诞生之初的期望是不谋而合：仿佛置身于幻想的世界中，自由地挥洒自己的力量，经历闻所未闻的故事，以及与网络另一端的冒险者不期而遇……换句话说，现如今最火爆的游戏类型，原本就是可以 VR 化的，只是市面上可见的大部分 VR 游戏根本没有做到这一点而已：单机过关类游戏成为主流、玩家被固化在原地不动、交互方式违背自然规律、游戏中各种操作的学习成本飙高……这是因为决策者的短视？内容开发者的能力不足？还是其他的原因？

图3　Steam 平台排名第一的 VR 游戏《Tilt Brush》，本质上更像是一个艺术创作工具

武装到牙齿的原始人

VR 领域交互硬件和交互方式的变迁，从一开始的赤手空拳，到现在可以用武装到牙齿来形容。首先，VR 头盔本身就带来了一种全新的交互体验，基于人的头部运动来实时改变画面内容，从而构成一种全沉浸式的观感效果。我们观察世界的视角是随着三自由度的头部旋转运动而改变的，因此需要一种精确而灵敏的传感设备，来获取每时每刻的旋转角度，它被称作惯性传感单元（IMU）。

图4　IMU 测量物体的姿态信息，并通过欧拉角或者四元数的方式传递
（图片来自：https://en.wikipedia.org/wiki/Inertial_measurement_unit）

一个 IMU 通常包括一个三轴的加速度计和一个三轴的陀螺仪（测量瞬时的角速度），即常说的六轴传感器；为了确保测量时使用统一的参考系，绝大多数 VR 头盔还会增加一个三轴的地磁传感器来获取地球磁场的方向，即 AHRS 系统，亦有大量文献称之为九轴传感器。这其中，单一的某个计量元件并不具有很高的精度和稳定性，但是将三个元件的输出数据结合起来，互为补偿的话，可以确保得到的姿态数据是准确的。这一过程被称作传感器融合（Sensor Fusion）。传感器产生的数据在使用过程中需要随时校准，否则会逐渐积累越来越大的误差，因此诸如 Oculus 这样的硬件设备，会推荐额外的 Sensor Camera 来辅助完成校准的工作。

只有这样简单的交互显然是不够的，初期的 VR 应用因此也只限于观看视频，或配合键鼠和游戏手柄这样传统的 PC 游戏设备来进行游戏。对于这个阶段的大多数创业者来说，要在此基础上创造出新的交互手段，或者尝试去模拟人的自然交互方法难度都是极大的，一个捷径是利用已有的一些技术，将它与 VR 相结合创造出新的应用场景。这其中一个典型的例子，就是动感座椅。

动感座椅的基本原理是采用钢结构支撑，三台或者六台电机驱使传动系统让平台产生三自由度或者六自由度的运动，从而模拟驾驶汽车、飞机、船舶或者遭遇地震等现象时的震动效果。传统的 4D 影院就是构建在这个基础之上，之后衍生出的 5D、6D、7D 等名词，则多是在此基础上增加一些外部反馈的手段（例如水雾、热气、自动刷子扫观众的腿等），提升反馈种类和效果，并无根本性的改进。而至今仍然在各类购物场所和体验厅中流行的 VR 蛋椅、VR 坐骑、VR 魔毯及 VR 大坦克车种种，也没有超出这个范畴。

不过这种座椅震动反馈的交互手段确实带来了商机，因为 4D 影院本身已经是一个受欢迎的娱乐品类，在此基础上增加了互动内容和全沉浸式的体验方式，无疑会让更多的人热衷于尝鲜。而这也是从 2015 年开始 VR 从业者大踏步前进的第一个里程碑。

图5 VR搭配动感座椅实现逼真的运动反馈效果
（图片来自：https://vrperception.com）

而第二个里程碑，是2016年HTC VIVE套装的推出，可以说，它带来的影响是深远的，某种程度上远超过之后推出的Oculus Rift和PSVR。HTC VIVE一定程度上确立了两个VR应用必备的交互手段，双手手柄和小范围运动。

通过两个名为Light House的激光发射器，HTC VIVE可以构建一个大约3-5米见方的运动范围，在这个范围内，Light House系统可以随时识别到用户的头盔和双手手柄的姿态和位置；换句话说，在VR应用当中，用户也可以随时知道自己的头部和双手处于何处。将用户的双手运动还原出来，从而可以识别和实现之前所述的一系列自然交互操作：触摸、组装、调查、攻击、拆除……这一过程也可以被称作运动捕捉（Motion Capture）。当然它只能够捕捉双手和头部的准确运动信息，其他肢体的动作只能依靠进一步的推算得到；然而这个推算得到的解通常是无穷多个，因此算法所选择的解有时也是扭曲的、搞笑的，好在多数情况下这样无伤大雅。

图6 知名VR游戏《Raw Data》中也可能出现角色姿态解算错误的情况

为了完整还原用户的身体姿态，一些踏足VR领域的企业也选择全身运动捕捉作为终极的解决方案。诚然，这样得到的虚拟角色动作和真实的玩家动作几乎完全一致；但是又有点矫枉过正之嫌：为了得到全身运动的信息，需要在使用者身上设置多个检测单元（可以是IMU，也可以是光学捕捉专用的反射球），而这样大大加剧了普通玩家进行游戏时的负担，并且整个系统的安装和维护成本几乎难以承受（光学捕捉需要在场地中布设大量的摄像头设备）。尤其对于最终消费者而言，为了一个闲暇时的消遣放松游戏，还需要先完成一个十分烦琐和专业的穿戴过程，而这个过程可能比真正游戏的时间还要长，显然是当前难以接受的一种交互手段，尽管从结果上来看，它足够完美。

VIVE交互方案的另外一个问题，在于它能够有效表达的运动范围太小，基本是半个羽毛球场地或者一间狭小密室的大小。对于开放的超大空间的需求来说，这实在相距甚远，因此聪明的开发者们设计了一种"跳跃前进"的行走方式，即沿着手柄方向绘制出抛物线，抛物线落地的位置就是玩家本次运动的终点，松开手柄后玩家瞬间到达这个位置之上，实现行走。

图7 众筹的惯性运动捕捉系统PrioVR需要相当复杂的步骤才能完成穿戴
（图片来自：http://browsetechnology.com/priovr-the-full-body-wearable-pc-gaming-suit-that-loves-your-limbs）

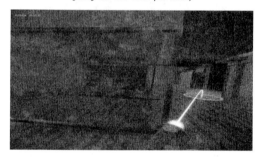

图8 使用VIVE手柄实现空间中的瞬间移动（Teleport）
（图片来自：http://through-the-interface.typepad.com/through_the_interface/2016/11/autodesk-live-in-the-vive.html）

瞬间移动的方案对于一些强调主角超能力的游戏主题来说也许很酷，但是对于其他大多数游戏类型来说显得格格不入。而如果改成主角缓缓走向终点，则会产生另一个严重的后果，就是晕动症：在玩家本人并没有明显运动的情况下，他所控制的虚拟角色却一直在运动并且导致视野内的画面一直在变化，使人产生晕眩和恶心的后果。

这个矛盾直接导致了一些依赖于HTC VIVE的VR开放世界游戏的尝试受挫，大部分玩家难以接受这个跳来跳去的设定，很多时候这会导致他们的空间感丧失，游戏的乐趣也锐减。因此，更多的开发者开始把目光集中在空间定位的方案上，因为只有这样才能实现VR游戏中的自由行走交互，也只有这样他们才有可能向各类流行的沙盒游戏看齐。

空间定位的方案，一时间四面开花。这其中最常见的就是基于光学运动捕捉系统的简化定位方案，在一个大场景中布置足够多的全局快门红外摄像头（同时还需是高清，高帧速率），通过事先标定的过程来确定每个摄像头在空间的位置和姿态；然后游戏者的头顶、双手或者武器上固定有多个高反射率材质的小球。小球在摄像头画面中非常明显，易于识别它的坐标。只要同一个小球能够被不止一个摄像头检测到，那么系统就能立即计算出它在空间的真实位置；而玩家（甚至是很多个玩家）的空间位置，以及双手的一举一动，都可以实时高效地获得。

VR与AR开发

图9 光学定位／光学运动捕捉方案，图中红色圈出的部分均为固定位置和姿态的跟踪摄像头（图片来自：http://www.lighthouse.org.uk/programme/motion-capture-lab-2013）

从原理上来说，这是一个完成度很高的技术方案：可以用在大空间场景，支持多人多位置的识别，并且效率很高，视觉算法完全可以在嵌入式系统上实现。但是在实际应用中，这个方案用到的摄像头成本昂贵，安装和维护过程复杂，标定需要的流程过于烦琐且专业，以至于并没有人真的能够将全套光学捕捉的方案扩展到上千平方米的大空间；此外它也很容易受到外界环境的干扰，不能有太阳光射入，游戏场地必须是一个广阔的地下车库一样的场景。这些都限制了光学定位方案的应用场合，让它多半只能出现在预算宽裕的主题游乐园和体验馆里。

不过对于雨后春笋一般的体验馆来说，不断更新的大空间多人定位方案并没有什么显著的问题，相反它通常是一个很好的爆炸点，可以一次又一次吸引公众的视线，让人们觉得杀手级的VR应用即将到来。

不过直到现在为止，除了少数被认为是制作相对精良的游戏DEMO，并没有公认的杀手级VR游戏出现，无论从销量还是知名度上。这也是2017年一直弥漫的悲观情绪的源头。

殊途能否同归？

从愈发完善的VR头显，到炫酷的动感座椅和模拟器，再到开放世界的多人大空间行走方案，以及通过手柄或者运动捕捉系统对自然交互和回馈机制的模仿，VR从业者的素质和技术都达到了一个令人诧异的高度，而正是因为这种对于自然交互方式的执著，让很多人也许偏离了"制作一款游戏"这个原本的目标，而是沿着另外一条道路——展览和展示的道路——扎实迈进。没错，无论是通过动感座椅产生的交互反馈，还是通过运动捕捉和定位系统来实现自然动作和空间行走的交互模拟，本质上都需要一定的场地空间、维护成本以及定制化需求来实现某个特定的体验目标。这个目标可能是吸引场馆的客流——而单纯VR体验店很难独立制造出流量，必须绑定现有流量，也就是与景区、科技馆和主题公园的内容更新相结合。

例如已有的一些成熟产品：VR模拟驾驶、VR过山车体验、VR碰碰车、VR独木桥等，它们本身并不能称为一个完整的游戏或者应用，而是为了辅助、加强传统游乐项目的价值而存在的。然而这样的体验产品不管在技术还是实际运营上面，成效都是不错的；这就不是消费者端的平台，例如Steam之类，能够反映出来的了。

由此引发了一个非常有趣的议题：我们究竟在做什么样的VR应用？2015年的我们言必称"VR改变世界"，因为在大多数人看来这是一种超越时代的科技创新，只待与之对应的交互方式普及，和杀手级的应用诞生。2017年的我们仿佛望见"VR热潮已过"，却不见越来越多的公园和景区开始使用这种全新的展示形态，结合已经被许多开发者深耕的交互手段，来实现变现的目标。与其说VR不再成为热点，开始没落，倒不如用一个更准确的动词来形容：VR的价值正"溶解"到展览和游乐行业的细节需求当中，逐渐成为一种值得推崇的内容表达手段；而人们为了做出最好的VR应用而研发的种种交互方式，也融入到真正的客制化需求当中，不再局限于第一人称视角的游戏应用。

图10 广州奥亦未来乐园推出的"VR碰碰车"体验，将VR与传统游乐项目顺畅结合（图片来自：http://news.ycwb.com/2016-12/25/content_23869515.htm）

图11 苏州神秘谷科技公司将自身的VR定位方案结合到传统规划／科技馆项目当中，构建了全新的"多屏幕跟随互动方案"

回顾我们一开始提出的问题，"VR的杀手级应用到底存在不存在"？真正的答案也许变得难以捉摸。因为曾经研究交互方法创新的人们，一部分正将自己的优势融合到其他的领域中去，发挥价值和变现能力，他们也许已经制作了足够优秀的作品，只是难以成为普通人家中的陈列收藏。另一部分人则正在追寻VR交互的本质核心，希望用统一的硬件和API标准（例如DayDream）去指导内容团队的开发方向，而不是迷乱在无穷尽的可能性当中，最终求得与消费者的潜在口味相合。两者之间，并无显见的正谬之别。

VR并不是一个独立完整的领域学科，而是各行各业表达可视化信息和自身诉求的一个窗口。VR的交互需求也不应当无止境地趋近于人的自然感知体验，而是应当在某个节点上产生明确的分支：在基础交互手段之上大量普及内容？或在先进和丰富的交互手段之上完成客制化的目标——至于这两者能否在未来殊途同归，产生一个集大成的震撼作品？目前恐怕没有人能够说得清楚。

而本文的标题"交互之熵"也正是混沌于此。幸而并非"交互之殇"。希望不灭，只是前路漫长。

在黑夜里摸索前行

VR行业这两年的火热，吸引了不少创业者投身于此，其中懵懂者、夸大者、投机者、欺诈者都不在少数，他们最后的结果免不了黯然退场；留下来的多是立志深耕于此的勇士，以及眼光长远的业界巨头。说到底，如何做好VR应用，这不仅是一个技术问题，也是一个商业思维的问题。VR行业既有需要借鉴和学习传统行业的地方，也有需要跳出原来思维定式的地方；

而如何把握两者的平衡，不受到各种风口新闻的诱导，这是大多数从业者真正需要学习和具备的素质。

从曾经每天火热的报道到如今临近冰点的观望，从业者应当看到的是变化的趋势，并非简单的退潮。这其中会不会有某个爆发点出现？会不会因此让媒体和投资人再次把重心转移至此？会不会恰逢良机促成了 VR 在全民之间的普及？我们不知道，只有摸索前行。冷静去思考，我们会发现也许本来就不该有这种异样的爆发，而是应当亦步亦趋地研磨自己的手爪，踏实自己的脚印。

畅想未来的时候，我们也许会期望每个人都戴上头盔进入 MATRIX（电影《黑客帝国》中的虚拟世界）的一天；但如果只是展望不远的将来，我相信 VR 技术和 VR 所带来的种种交互革新将会无处不在，但是它也许在普通人的心中，依然默默无闻。⑫

ARKit：简单的增强现实

文 / 张嘉夫

提及增强现实（Augmented Reality，简称 AR），大部分读者都耳熟能详，却并不了解实际的应用场景。AR 的实现非常复杂，对于任何团队来说都是不小的挑战，其中真正能够提供 AR 应用的团队实在是凤毛麟角。

事实上，大部分用户所了解的 AR 技术仅限诸如 Pokémon Go 游戏、微软 HoloLens 等。而 HoloLens 的开发者套件售价高达 3000 美元，对于消费者来说实在是不友好。因此目前的 AR 应用一方面范围极为局限，另一方面价格令人望而却步。基于以上原因，企业无法构建独特的 AR 品牌体验，至今还未出现一个有足够用户的平台来吸引企业的研究与开发。

但随着 ARKit 框架在 WWDC 2017 的发布，Apple 向前迈出了一大步，即将把 AR 带进主流市场。只要升级到 iOS 11，就有数百万台设备可以使用 AR，API 也延续了苹果的一贯作风，既强大又易于使用。

对于零售业来说，宜家在 WWDC 的 Demo 就是一个很好的案例，说明了 AR 应用程序将会如何帮助品牌吸引消费者并提升购买转化率；而对于娱乐业来说，AR 是可以用来讲故事的全新媒介；对于制造业和硬件工程师，AR 则是全新的便携式工具；设计师可以利用 AR 来创作 3D 内容；教育机构则可用于视觉化教学。

和其他新兴的用户界面（比如语音交互界面）一样，AR 仍然处于早期阶段，还没有成熟的用户体验准则和可用性准则。

也许下一次对用户体验的革命式创新就来自于 AR！如果你对此跃跃欲试的话，可以通过本文来学习 ARKit SDK 的基础知识。

ARKit 是如何工作的？

ARKit 本质上是一堆框架的协同工作，而其中一些框架是全新推出的。

- AVFoundation：监测设备的相机输入并将其渲染到屏幕上；
- CoreMotion：使用内置硬件如陀螺仪、加速计和指南针来监测设备运动；
- Vision（新推出）：应用高性能计算机视觉算法来识别场景中的有用特征；
- CoreML（新推出）：利用预先训练的机器学习模型进行预测。

除了以上，还需要一个渲染库来为 AR 体验生成内容。

- SceneKit：向 AR 场景中渲染 3D 内容；
- SpriteKit：向 AR 场景中渲染 2D 内容；
- Metal：向 AR 场景中渲染 3D 内容，用于高级游戏开发（Apple 对 OpenGL 的替代品）。

这些技术都支持 A9 或以上处理器。

兼容性检查

由于不是所有设备都完全支持 ARKit，所以在使用框架之前一定要检查 ARWorldTrackingSessionConfiguration.isSupported 属性。下面的设备 100% 支持 ARKit：

- 所有 iPad Pro 型号；
- 9.7" iPad (2017)；
- iPhone 7/7 Plus；
- iPhone 6S/6S Plus；
- iPhone SE。

这些设备上的 ARWorldTrackingSessionConfiguration 可以提供最精确的 AR 体验，其采用了 6 个自由度（6DOF）：

- 3 个旋转轴：俯仰角、偏航角、翻滚角；
- 3 个平移轴：在 X、Y、Z 上的移动。

只有 A9 及以上设备才支持 6DOF。更早期的设备只支持 3DOF，即 3 个旋转轴。这些设备不再用 ARWorldTrackingSessionConfiguration 配置，而是 ARSessionConfiguration。注意 ARSessionConfiguration 是不支持平面检测的。

另一个限制是，当 iOS 设备进入分屏模式时，ARKit 会停止仿真。例如在使用 ARSCNView 时，view 会变成白屏直到系统回到单 App 模式。Apple 这样的做是为了防止处理器过载并导致性能低下。所以基于 AR 的 App 应能优雅地处理这种情况。

如果你的 App 只有与 ARKit 相关的功能，可以在 plist 里的 UIRequiredDeviceCapabilities 列里提供 arkit 值，这样就不会出现在不支持 ARKit 设备的 App Store 里了。

ARKit 基础知识

本文会介绍一些基本的 AR 技术以便为将来的开发奠定基础。通过本文，你将会清楚地了解如何实现以下内容：

- 向现实世界场景中添加 3D 对象；
- 检测并视觉化水平面（桌子、地板等）；
- 给现实世界场景添加物理作用；
- 将 3D 模型锁定到现实世界的对象。

本文的所有代码都可以在 GitHub 上找到。在实例项目里有

3 个 view controller：

- SimpleShapeViewController：单指点按会在相机前方添加一个球。双指点按会在相机前添加一个方块。
- PlaneMapperViewController：环视场景来识别平面，识别到的平面用高亮显示。点按则会在相机前丢下一个方块，这个方块会受到重力影响并撞击平面。
- PlaneAnchorViewController：点按会在该点执行命中测试（hit-test）来寻找水平面。如果找到则在该平面上锚定一个蜡烛，并在 App 的生命周期中一直存在。

本文仅使用 SceneKit 来处理 AR 场景，而不会涉及 SpriteKit（2D 内容）或 Metal（高级 3D 内容）。

如果你完全不了解 SceneKit 也没问题，仍然可以顺畅阅读不卡壳。但有时间的话，还是建议大家查阅网上的 SceneKit 的基础教程。

下面开始启动 Xcode 9！

设置 AR Scene（场景）

首先设置一个 ARSCNView。基本上来说，ARSCNView 就是 ARSession（来自 ARKit）和 SCNView（来自 SceneKit）的结合。

- 此 view 会自动将设备相机的实时视频流渲染为场景背景；
- view 的 SceneKit 场景 scene 的世界坐标系直接对应 session configuration 建立的 AR 世界坐标系；
- view 会自动移动 SceneKit 摄像机 camera，使其匹配设备在现实世界中的移动。

下面在 viewDidLoad 里创建我们的 ARSCNView：

```
let sceneView = ARSCNView()
sceneView.autoenablesDefaultLighting = true
sceneView.antialiasingMode = .multisampling4X
```

注意也可以在 .xib 里创建 ARSCNView，我在示例项目里就是这么做的。

因为我们没有自己的光源，所以利用 autoenablesDefaultLighting 属性（来自父类 SCNView）来让 view 添加漫射光源（diffuse light source）。配合来自 ARKit 的 automaticallyUpdatesLighting 属性（默认为 true），这样我们就有了一个持续更新的光源，更新基于对相机流中现实世界光线的分析，非常实用。

antialiasingMode（抗锯齿模式）的设置是可选的，但设置之后我们放置在屏幕上的 3D 对象锯齿边缘会更加平滑，默认为 .none。

我们需要根据视图的显示回调来启动和停止 ARSession：

```
override func viewWillAppear(_ animated: Bool) {
        super.viewWillAppear(animated)
            if ARWorldTrackingSessionConfiguration.
isSupported {
            let configuration = ARWorldTrackingSe
ssionConfiguration()
            sceneView.session.run(configuration)
        } else if ARSessionConfiguration.
isSupported {
            let configuration = ARSessionConfiguration()
            sceneView.session.run(configuration)
        }
    }
override func viewWillDisappear(_ animated: Bool)
{
        super.viewWillDisappear(animated)
```

```
        sceneView.session.pause()
}
```

大部分情况下，直接使用 ARSessionConfiguration 或其子类（目前只有 1 个子类）即可，而不用进行调整。如果想要检测水平面，需要设置 ARWorldTrackingSessionConfiguration（会在后面详细介绍）的 planeDetection 属性。

此外，ARSCNView 还有几个重要的属性。

- scene：将 3D 内容渲染到 view 中的 SCNScene；
- session：当前 AR session，包含 configuration 和管理各个 ARAnchor；
- delegate：可以提供检测到的 ARAnchor 的 SCNNode 实例，例如 ARPlaneAnchor。

以上就是创建一个 AR 场景所需的全部内容。但场景里没有内容的话，也就谈不上"增强"了。因此接下来我们需要：

向 AR Scene 中添加 3D 对象

ARKit 会自动匹配 SceneKit 坐标空间与现实世界坐标空间，所以在某个真实的位置放置物体就和在 SceneKit 里用常规方法设置某对象的位置一样简单。只要使用现实世界单位向场景中添加 3D 内容，大小就是正确的。SceneKit 里的所有单位都是米。

在 SimpleShapeViewController 里面，我为 view 添加了 gesture recognizer 来接收点击事件。事件发生时，我会在相机前 1 米处放一个球。为了更好玩，我们可以用随机颜色和半径，同时 2 指触摸则会生成方块。

如果你从没有用过 SceneKit，下面是快速介绍：

- SCNScene 是由 SCNNode 组成的层级结构。每个 scene 都有一个 rootNode，可以包含多个摄像机 camera node 和灯光 light node、一个 physicsWorld 以及动画效果。
- SCNNode 是一个 3D 对象，拥有在父坐标空间里的 position、transform、scale、rotation 和 orientation。每个 node 都可以有 childNodes，同时还有其他属性如 name（基本上都是用来在场景中查找 node）和 isHidden 等。
- SCNGeometry 是组成 3D 多边形的网格（顶点集合）。一个 SCNNode 只能有一个 geometry。本文会用到 SCNSphere 和 SCNBox，但还有其他很多选择。
- SCNMaterial 是视觉属性的集合，定义了几何体（geometry）的外观，如颜色或纹理。每个 SCNGeometry 都可以由多种 materials 并互相交互。
- SCNPhysicsBody 定义了 node 与其他 node 交互的方式，这是物理引擎的一部分。

下面我们要创建一个简单的球体 node，所以先创建一个几何体：

```
let radius = (0.02...0.06).random() // 为了更好玩
let sphere = SCNSphere(radius: CGFloat(radius))
```

还需要颜色，所以用随机颜色来创建 material：

```
let color = SCNMaterial()
color.diffuse.contents = self.randomColor() // 返回 UIColor
sphere.materials = [color]
```

还可以为 material 提供大量阴影属性来改变几何体的外观。例如，可以将 lightingModel 设置为 .physicallyBased 以获得更真实的光照效果；把 diffuse.contents 设置为 UIImage 来应用位图纹理。

其实还有很多属性可以用，可以去读读 SCNMaterial Documentation。

下面，创建一个 node 来容纳我们的几何体：

```
let sphereNode = SCNNode(geometry: sphere)
```

我们想把 node 放在相机前方 1 米的位置，也就是相机坐标空间的 Z 轴上。同时我们也希望几何体能够面向用户。

```
let camera = self.sceneView.pointOfView!
let position = SCNVector3(x: 0, y: 0, z: -1)
sphereNode.position = camera.convertPosition
(position, to: nil)
sphereNode.rotation = camera.rotatio
```

首先获取摄像头 camera，它是用户在模拟世界中的参考点。

组合 X、Y、Z 坐标并将 node 沿着 Z 轴向后"推"1 米即是我们的目标位置。即 node 相对于摄像头的位置。

然后使用 convertPosition 方法将目标位置转换为相对世界本身（nil 即为默认世界坐标空间）。同时还要匹配 camera 的 rotation 以便让 node 面向用户（球体看不出来，但方块 cube 和其他形状就能看出来了）。

最后一步是把 node 添加到场景里：

```
self.sceneView.scene.rootNode.addChildNode
(sphereNode)
```

现在我们触摸屏幕，就可以创建如图 1 的球和方块。它们会被锚定在现实世界位置上。

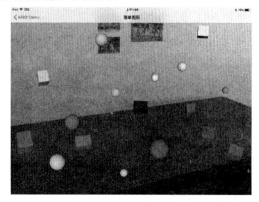

图 1　创建球体和方块

检测并视觉化水平面

下面移步 PlaneMapperViewController，想办法视觉化 ARKit 检测到的水平面。平面检测功能可以通过 ARWorldTrackingSessionConfiguration 的 planeDetection 属性来开启。本文写作时，只支持 PlaneDetection.horizontal（水平面），但 Apple 肯定正在为垂直面而努力。

使用 ARSCNView 时，对应的 SCNSceneRenderer 会自动为所有检测到的 ARPlaneAnchor 实例创建 node，这些 ARPlaneAnchor 由 ARSession 提供。可以通过 ARSCNViewDelegate 协议来获取它们。

首先要让 view controller 采用此协议，然后将 view controller 的引用传递给 sceneView。

```
sceneView.delegate = self
```

如果 ARSession 检测到了某个平面，就会收到下面的消息：

```
func renderer(_ renderer: SCNSceneRenderer, didAdd
node: SCNNode, for anchor: ARAnchor) {
    guard let planeAnchor = anchor as?
ARPlaneAnchor else { return }
    // 对新平面进行处理
}
```

我们的计划是为生成的 node 添加一个 child node，这个 child node 会用科幻风格的蓝色网格覆盖平面。作为 child node，其所有位置都是相对于 parent node 的坐标空间的。只要匹配 ARPlaneAnchor 的大小 size 和中心 center，然后继承 parent node 的 position。

注意，parent node 并没有几何体 geometry，而且它的位置 position 在随后回调 didUpdate 之后才会准确。

下面我们先创建一个 SCNBox 几何体并匹配平面 plane 在 X 轴和 Y 轴上的范围 extent：

```
let plane = SCNBox(width: CGFloat(planeAnchor.
extent.x), height: 0.005, length: CGFloat
(planeAnchor.extent.z), chamferRadius: 0)
```

注意这里也可以用 SCNPlane（不过要应用 transform 因为其方向是垂直的），但我发现 SCNPlane 太薄了，如果加上物理引擎效果就不行了。为我们的 SCNBox 提供 5mm 的高度就足够了。

然后添加一个简单的贴图 material 材质：

```
let material = SCNMaterial()
let img = UIImage(named: "tron_grid")
material.diffuse.contents = img
plane.materials = [material]
```

下面，将 node 的位置匹配平面的 center X 和 Z。Y 轴设置为 -5mm 来平衡几何体的高度。还要注意，planeAnchor.center.y 永远为 0。

```
let planeNode = SCNNode(geometry: plane)
planeNode.position = SCNVector3Make(planeAnchor.
center.x, -0.005, planeAnchor.center.z)
```

最后，将我们的 planeNode 添加为 renderer 提供的 node 的 child。renderer 提供的 node 与所识别的 ARPlaneAnchor 相互关联，随着 ARSession 从传感器收集到越来越多的信息，ARPlaneAnchor 也会随之更新。

```
node.addChildNode(planeNode)
```

这段代码写完后，已经可以在屏幕上显示蓝色网格平面了，但还不够好，因为这个平面无法保持更新。

ARKit 会持续监测当前的 anchor 以确定它们是否被移动或改变大小。如果用户在场景里移动设备，计算机视觉算法对环境的理解就会加深，也就会识别出新的水平面，同时已经识别的小平面也有可能会合并为更大的平面。在这个过程中会调用 ARSCNViewDelegate。

在 didAdd 方法的结尾，需要把新 node 的引用存到字典里以便在后面进行更新。

```
let key = planeAnchor.identifier.uuidString
planes[key] = planeNode
```

如果 ARKit 决定更新某个已存在的平面，只要重新设置一下正确的 geometry 和 position 即可：

```
func renderer(_ renderer: SCNSceneRenderer,
didUpdate node: SCNNode, for anchor: ARAnchor) {
    guard let planeAnchor = anchor as?
ARPlaneAnchor else { return }
    let key = planeAnchor.identifier.uuidString
```

```
        if let existingPlane = self.planes[key] {
            if let geo = existingPlane.geometry as?
SCNBox {
                geo.width = CGFloat(planeAnchor.extent.x)
                geo.length = CGFloat(planeAnchor.extent.z)
            }
            existingPlane.position = SCNVector3Make
(planeAnchor.center.x, -0.005, planeAnchor.center.z)
        }
    }
```

由于 SCNNode 和 SCNGeometry 都是引用类型,所以对它们的属性做更改也会应用到以后的每一帧。

还有最后一件事,如果平面从场景中移除了,要进行相应的处理。如果多个已存在的小平面合并为一个大平面,就会出现这种情况。调用 removeFromParentNode 来进行清理:

```
func renderer(_ renderer: SCNSceneRenderer,
didRemove node: SCNNode, for anchor: ARAnchor) {
    guard let planeAnchor = anchor as?
ARPlaneAnchor else { return }

    let key = planeAnchor.identifier.uuidString
    if let existingPlane = self.planes[key] {
        existingPlane.removeFromParentNode()
        planes.removeValue(forKey: key)
    }
}
```

注意 didRemove 不会在用户的视线离开平面(也就是平面不再显示在屏幕上)时调用。即使用户看不见某个 node,它还是会在内存里,而且相对于用户当前指向的位置是固定不动的。

ARKit 的强大正体现在这里。ARKit 的引擎会构建现实世界的数字化表示,而且能够记住之前看到的内容。你可以自己测试一下,在某个房间里放置几个对象,然后走到另一个房间里转几圈再回去。你会惊奇地发现,这些对象依然被锚定在刚刚的位置。

好了,现在运行我们的 PlaneMapperViewController,然后拿着摄像头四处看看。

图 2 运行 PlaneMapperViewController 的结果

需要一段时间才能看到识别的平面,但识别之后就会快速扩大了。你会发现,平面识别并不完美,蒲团的范围并不准确。不过 ARKit 通常能识别多层平面,例如桌子还有下面的地板。

我还发现,向前、向后移动相机有助于 ARKit 更快速地识别平面。

为 AR Scene 添加物理作用

现在我们已经检测到了平面并在相应位置放了 node 以视觉化平面,下面来给场景 scene 添加物理作用。和第一个 Demo 类似,创建逻辑实现在摄像头前 1 米处丢下方块,但这次我们会给方块加上大理石贴图纹理,这样会显得更加真实:

```
let dimension: CGFloat = 0.2
```

```
let cube = SCNBox(width: dimension, height:
dimension, length: dimension, chamferRadius: 0)
// 设置纹理
// 创建 node (cubeNode)
// 设置位置
```

我省略了上面的一部分代码,如果想了解可以参照源代码。

下面,为 node 关联 SCNPhysicsBody:

```
let physicsBody = SCNPhysicsBody(type: .dynamic,
shape: SCNPhysicsShape(geometry: box, options:
nil))
physicsBody.mass = 1.25
physicsBody.restitution = 0.25
physicsBody.friction = 0.75
physicsBody.categoryBitMask = CollisionTypes.
shape.rawValue
boxNode.physicsBody = physicsBody
```

物理作用 API 非常简单,.dynamic 设置表示此对象既会受到力(重力)的影响,也会受到碰撞的影响。而 mass、restitution 和 friction 属性则是物理实体 physics body 的一些属性。categoryBitMask 用于管理碰撞检测,后面会详细介绍。

此外,还要更新生成的平面 node,让它们也有物理实体:

```
let body = SCNPhysicsBody(type: .kinematic, shape:
SCNPhysicsShape(geometry: plane, options: nil))
body.restitution = 0.0
body.friction = 1.0
planeNode.physicsBody = body
```

.kinematic 类型的实体不会被力和碰撞移动,但会导致其他对象(例如 .dynamic 类型的方块)与其碰撞,同时也可以移动(和 .static 类型不同)。

还需要另一个物理实体,我把它称为"世界尽头",放在真实世界的底部。用于捕获所有自由落体的方块,因为这些方块没有落在任意一个平面 node 上,然后把这些 node 销毁从而防止无限模拟下去。否则如果用户添加了一堆这样的方块,设备的内存就会很快耗尽。

```
// 大小要大,涵盖整个世界
let bottomPlane = SCNBox(width: 1000, height:
0.005, length: 1000, chamferRadius: 0)

// 用透明的 material 来隐藏实体
let material = SCNMaterial()
material.diffuse.contents = UIColor(white: 1.0,
alpha: 0.0)
bottomPlane.materials = [material]

// 放在下方 10 米处
let bottomNode = SCNNode(geometry: bottomPlane)
bottomNode.position = SCNVector3(x: 0, y: -10, z:
0)

// 应用物理动理学(kinematic physics),与 shape 类别
碰撞
let physicsBody = SCNPhysicsBody.static()
physicsBody.categoryBitMask = CollisionTypes.
bottom.rawValue
physicsBody.contactTestBitMask = CollisionTypes.
shape.rawValue
bottomNode.physicsBody = physicsBody

sceneView.scene.rootNode.addChildNode(bottomNode)
```

SceneKit 会自动负责方块与检测到的平面 node 之前的碰撞。但如果它掉到了世界尽头,就需要自己写一些逻辑来移除这些发生碰撞的方块 node 了。所以,下面实现 SCNPhysicsContact-

Delegate 协议：

```
sceneView.scene.physicsWorld.contactDelegate = self
```

如果检测到了碰撞，就会得到下面的回调：

```
func physicsWorld(_ world: SCNPhysicsWorld,
didBegin contact: SCNPhysicsContact) {
    let mask = contact.nodeA.physicsBody!.
categoryBitMask | contact.nodeB.physicsBody!.
categoryBitMask

    if CollisionTypes(rawValue: mask) ==
[CollisionTypes.bottom, CollisionTypes.shape] {
        if contact.nodeA.physicsBody!.
categoryBitMask == CollisionTypes.bottom.rawValue
{
            contact.nodeB.removeFromParentNode()
        } else {
            contact.nodeA.removeFromParentNode()
        }
    }
}
```

还记得 categoryBitMask 和 contactTestBitMask 这两个属性吗？它们刚刚被我们添加到物理实体上。使用这两个属性来确定需要移除的 node。下面是 CollisionTypes 的定义：

```
struct CollisionTypes : OptionSet {
    let rawValue: Int
    static let bottom   = CollisionTypes(rawValue: 1 << 0)
    static let shape = CollisionTypes(rawValue: 1 << 1)
}
```

现在运行场景，我们可以开始丢方块啦。

图 3　运行场景丢方块

我喜欢把方块丢在桌子的边缘，然后静静看着它们滑落。在 Demo 应用里，你也可以隐藏平面的视觉效果，看起来会更加真实。

图 4　隐藏平面的视觉效果图

将 3D 模型锚定为真实世界物体

上面的 Demo 很好玩，给 AR 世界添加了随机的图形，但为了营造更加沉浸式的体验，我们下面来添加 3D 模型，就像真实世界里的东西一样。为了模糊增强内容和真实世界之间的界限，需要使用高分辨率和精确大小的模型。

第一步，也是最难的一步就是找到合适的模型。Xcode 可以导入 Collada (.dae) 和 SceneKit (.scn) 文件，也可以把 .dae 转换为 .scn 来使用更高级的内建编辑功能。3D 模型和纹理都要放在 .scnassets 文件里，.scnassets 会有特殊的逻辑可以规范化模型，并支持 App 瘦身（thinning）和按需加载。

有一些网站上可以下载到免费或付费的模型，并直接导入 SceneKit scene。下面简单介绍几个。

- Google 3D Warehouse：用 Google 的 SketchUp 软件构建的免费模型。
- yobi3D：大量中低品质的模型，大部分是免费的。
- TurboSquid：收集了专业的高质量模型。

在我们的例子里，我用了一个蜡烛模型，如图 5 所示。

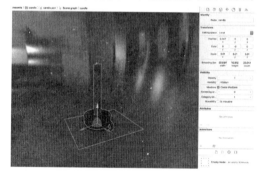

图 5　蜡烛模型

如果你找到了想放进 AR 环境的模型，这种模型一般是无法直接使用的。需要对模型进行一些微调，以便随后轻松导入 SceneKit。我建议下载 Blender，开源的 3D 建模程序，可以确保模型符合以下标准：

- 由单一对象组成，以便一键导入 AR scene。
  - 使用 Blender，按住 shift 选择多个对象（包括网格）然后选择左侧工具栏上的"Join"就可以组合。
- 删掉摄像机或光源。AR 场景里不需要这些，因为 ARKit 会负责处理摄像机和光源。
- 现实世界比例。这是最重要的一点，否则模型可能会和你家一样大。
  - 右下角的菜单 Scene → Units 可以改变模型世界的测量单位。
  - 可以用左侧的 Grease Pencil → Ruler/Protractor 选项来测量模型。
  - 右下角的 Object → Transform 菜单或左上角的 Tools → Transform 菜单可以缩放模型。
  - 要将当前缩放比例设置为新的 100%，选中对象然后点击 Object → Apply → Scale。
- 正确定位在局部（local）坐标空间里。
  - 例如蜡烛，设置模型的位置使烛台底部在 Y 零处，并在 X 和 Y 轴上居中。
- 正确的纹理，保证在真实世界环境里的视觉效果。
  - 可用在 Xcode 里的 "物理基础（Physically Based）" 光照模型效果很好。

需要注意的是，几乎上面的所有操作都可以在 Xcode 本身完成，除了合并对象和改变相对比例。如果你发现需要在 Xcode 里输入极小的比例值，这时可以使用 Blender 来重新调整模型的总体大小。

此外，如果你发现在 Xcode 里更新了模型，但在设备上的场景里没有反映，这时可以卸载 App 并清理 build 文件夹。

准备好模型后，开始为 PlaneAnchorViewController 添加逻辑。如果用户点击了 view，就会在场景里执行"命中测试（hit test）"来找出手指点击的水平面。"命中测试"是 ARSCNView 的一个内建功能：

```
@IBAction func tapScreen(sender: UITapGestureRecognizer)
{
    guard sender.state == .ended else { return }

    let point = sender.location(in: sceneView)
    let results = sceneView.hitTest(point, types: [.existingPlaneUsingExtent, .estimatedHorizontalPlane])
    attemptToInsertMugIn(results: results)
}
```

使用 .existingPlaneUsingExtent 类型来匹配已经识别到的平面。还有一种类型是 .existingPlane，这个类型会忽略边界、把每个平面都看作无限延伸的平面，所以蜡烛可能会被悬空放在平面延伸出去的地方。estimatedHorizontalPlane 选项则会在没有识别到平面的情况下，利用特征点来近似估算平面，可以增加放置蜡烛的机会。

如果命中测试找到了匹配点，就可以用 3D 模型来实例化一个 node。由于我们已经用 Blender 缩放和居中了模型，所以这部分就相当简单了。

```
if let match = results.first {
    let scene = SCNScene(named: "art.scnassets/candle/candle.scn")!
    let node = scene.rootNode.childNode(withName: "candle", recursively: true)!

    let t = match.worldTransform
    node.position = SCNVector3(x: t.columns.3.x, y: t.columns.3.y, z: t.columns.3.z)

    sceneView.scene.rootNode.addChildNode(node)
}
```

构建并运行，现在我们就有了许许多多个蜡烛，如图 6 所示。

图 6　运行最终效果图

总结

用 ARKit 框架可以做的事有无数种可能，而本文只是抛砖引玉。ARKit 也可以和 SpriteKit、Metal、Vision 和 CoreML 等框架结合使用来实现强大的功能。Apple 通过 ARKit 建立的平台首次让 3D 用户体验变得触手可及。

京东分布式数据库系统演进之路

文 / 张成远

关于数据库的使用，在京东有几个趋势，早期主要用 SQL Server 及 Oracle，也有少量采用 MySQL，考虑到业务发展技术积累及使用成本等因素，很多业务都开始使用 MySQL，包括早期使用 SQL Server 及 Oracle 的很多核心业务也都渐渐开始迁移到 MySQL，单机 MySQL 往往无法支撑这类业务，需要考虑分布式解决方案，另外原本使用 MySQL 的业务随着数据量及访问量的增加也会遇到瓶颈，最终考虑采用分布式解决方案，整个京东随着业务发展采用数据库的趋势如图 1 所示。

图 1　业务使用数据库演变趋势

分布式数据库解决方案有很多种，在各个互联网公司也是非常普遍的，本质上就是将数据拆开存储在多个节点上从而缓解单节点的压力，业务层面也可以根据业务特点自行进行拆分，如图 2 所示，假设有一张 user 表，以 ID 为拆分键，假设拆分成两份，最简单的就是奇数 ID 的数据落到一个存储节点上，偶数 ID 的数据落到另外一个存储节点上，实际部署示意图如图 3 所示。

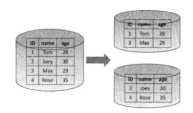

图 2　数据拆分示意图

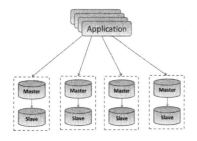

图 3　系统部署示意图

除了业务层面做拆分，也可以考虑采用较为通用的一些解决方案，主要分为两类，一类是客户端解决方案，这种方案是在业务应用中引入特定的客户端包，通过该客户端包完成数据的拆分查询及结果汇总等操作，这种方案对业务有一定侵入性，随着业务应用实例部署的数量越来越多，数据库端可能会面临连接数据库压力也越来越大的问题，另外版本升级也比较困难，优点是链路较短，从应用实例直接到数据库。

另一类是中间件的解决方案，这种方案是提供兼容数据库传输协议及语法规范的代理，业务在连接中间件的时候可以直接使用传统的 JDBC 等客户端，从而大大减轻业务开发层面的负担，弊端是中间件的开发难度会比客户端方案稍微高一点，另外网络传输链路上多走了一段，理论上对性能略有影响，实际使用环境中这些系统都是在机房内网访问，这种网络上的影响完全可以忽略不计。

根据上述分析，为了更好得支撑京东大量的大规模数据量业务，我们开发了一套兼容 MySQL 协议的分布式数据库的中间件解决方案，称之为 JProxy，这套方案经过了多次演变最终完成并支撑了京东全集团的去 Oracle/SQL Server 任务。

JProxy 第一个版本如图 4 所示，每个 JProxy 都会有一个配置文件，我们会在其中配置相应业务的库表拆分信息及路由信息，JProxy 接收到 SQL 以后会对 SQL 进行解析再根据路由信息决定 SQL 是否需要重写及该发往哪些节点，等各节点结果返回以后再将结果汇总按照 MySQL 传输协议返回给应用。

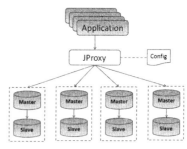

图 4　JProxy 版本一

结合上文的例子，当用户查询 user 这张表时假设 SQL 语句是 select * from user where id = 1 or id = 2，当收到这条 SQL 以后，JProxy 会将 SQL 拆分为 select * from user where id=1 及 select * from user where id = 2，再分别把这两条 SQL 语句发往后端的节点上，最后将两个节点上获取到的两条记录一并返回给应用。

这种方案在业务库表比较少的时候是可行的，随着业务的发展，库表的数量可能会不断增加，尤其是针对去 Oracle 的业务在切换数据库的时候可能是一次切换几张表，下一次再切换另外几张表，这就要求经常修改配置文件。另外 JProxy 在部署的时候至少需要两份甚至多份，如图 5 所示，此时面临一个问题是如何保证所有的配置文件在不断修改的过程中是完全一致的。在早期运维过程中，我们靠人工修改完一份配置文件，再将相应的配置文件复制给其他 JProxy，确保 JProxy 配置文件内容一致，这个过程心智负担较重且容易出错。

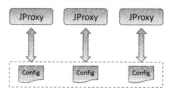

图 5　配置文件

在之后的版本中我们引入了 JManager 模块，这个模块负责的工作是管理配置文件中的路由元信息，如图 6 所示。JProxy 的路由信息都是到 JManager 中统一获取的，我们只需要通过 JManager 往元数据库里添加修改路由元数据，操作完成以后通知各个 JProxy 动态加载路由信息就可以保证每个 JProxy 的路由信息是完全一致的，从而解决维护路由元信息一致性的痛点。

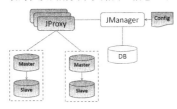

图 6　JProxy 版本二

在提到分布式数据库解决方案时一定会考虑的一个问题是扩容，扩容有两种方式，一种我们称之为 Re-sharding 方案，简单地说就是一片拆两片，两片拆为四片，如图 7 所示，原本只有一个 MySQL 实例一个 shard，之后拆分成 shard1 和 shard2 两个分片，之后再添加新的 MySQL 实例，将 shard1 拆分成 shard11 和 shard12 两个分片，将 shard2 拆分成 shard21 和 shard22 两个分片放到另外新加的 MySQL 实例上，这种扩容方式是最理想的，但具体实现的时候会略微麻烦一点，我们短期之内选择了另一种偏保守一点、在合理预估前提下足以支撑业务发展的扩容模式，我们称之为 Pre-sharding 方案，这种方案是预先拆分在一定时期内足够用的分片数，在前期数据量较少时这些分片可以放在一个或少量的几个 MySQL 实例上，等后期数据量增大以后可以往集群中加新的 MySQL 实例，将原本的分片迁移到新添加的 MySQL 实例上，如图 8 所示，我们在一开始就拆分成了 shard1、shard2、shard3、shard4 四个分片，这四个分片最初是在一个 MySQL 实例上，数据量增大以后我们可以添加新的 MySQL 实例，将 shard3 和 shard4 迁移新的 MySQL 实例上，整个集群分片数没有发生变化但是容量已经变成了原来的两倍。

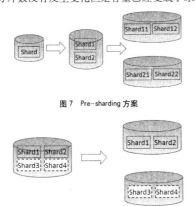

图 7　Pre-sharding 方案

图 8　Pre-sharding 方案

Pre-sharding 方案相当于通过迁移实现扩容的目的，分片位置的变动涉及数据的迁移验证及路由元数据的变更等一系列变动，所以我们引入了 JTransfer 系统，如图 9 所示。JTransfer 可以做到在线无缝迁移，迁移扩容时只需提交一条迁移计划，指定将某个分片从哪个源实例迁移到哪个目标实例，可以指定在何时开始迁移任务，等到了时间点系统会自动开始。整个过程中涉及基础全量数据和迁移过程中业务访问产生的增量数据。

一开始会将基础全量数据从源实例中 dump 出来到目标实例恢复，验证数据正确以后开始追增量数据，当增量数据追赶到一定程度，系统预估可以快速追赶结束时，我们会做一个短暂的锁定操作，从而确保将最后的增量全部追赶完成。这个锁定时间也是在提交迁移任务时可以指定的一个参数，比如最多只能锁定 20s。如果因为此时访问量突然增大等原因最终剩余的增量没能在 20s 内追赶完成，整个迁移任务将会放弃，确保对线上访问影响达到最小。迁移完成之后会将路由元信息进行修改，同时将路由元信息推送给所有的 JProxy，最后再解除锁定，访问将根据路由打到分片所在的新位置。

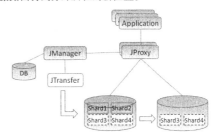

图 9　JProxy 版本三

系统在生产环境中使用的时候，除了考虑以上的介绍，还需要考虑很多部署及运维的事情，首先要考虑的就是系统如何活下来，需要考虑系统的自我保护能力，要确保系统的稳定性，要做到性能能够满足业务需求。

在 JProxy 内部我们采用了基于事件驱动的网络 I/O 模型，同时考虑到多核等特点，将整个系统的性能发挥到极致，在压测时 JProxy 表现出来的性能随着 MySQL 实例的增加几乎是呈现线性增长的趋势，而且整个过程中 JProxy 所在机器毫无压力。

保证性能还不够，还需要考虑控制连接数、控制系统内存等，连接数主要是控制连接的数量。这个比较好理解，控制内存主要是指控制系统在使用过程中对内存的需求量，比如在做数据抽取时，SQL 语句是类似 select * from table 这种的全量查询，此时后端所有的 MySQL 数据会通过多条连接并发地往中间件发送数据，从中间件到应用只有一条连接，如果不对内存进行控制就会造成中间件 OOM。在具体实现的时候，我们通过将数据压在 TCP 栈中来控制中间件前后端连接的网络流速，从而很好地保证了整个系统的内存是在可控范围内。

另外还需要考虑权限，哪些 IP 可以访问，哪些 IP 不能访问都需要可以精确控制。具体到某一张表还需要控制增删改查的权限，我们建议业务在写 SQL 的时候尽量都带有拆分字段，保证 SQL 都可以落在某个分片上从而保证整个访问是足够的简单可控，我们为之提供了精细的权限控制，可以做到表级别的增删改查权限，包括是否要带有拆分字段，最大程度做到对 SQL 的控制，保证业务在测试阶段写出不满足期望的 SQL 都能及时发现，大大降低后期线上运行时的风险。

除了基本的稳定性，在整个系统全局上还需要考虑到服务高可用方案。JProxy 是无状态的，一个业务在同一个机房内部署至少两个 JProxy 且必须跨机架，保证在同一个机房里 JProxy 是高可用的。在另外的机房会再部署两个 JProxy，做到跨机房的高可用。除了中间件自身的高可用，还需要保证数据库层面的高可用，全链路的高可用才是真正的高可用。数据库层面在同一个机房里会按照一主一从部署，在备用机房会再部署一个备份，如图10所示。JProxy访问MySQL时通过域名访问，如果MySQL的主出异常，数据库会进行相应的主从切换操作，JProxy可以访问到切换以后新的主。如果整个机房的数据库异常可以直接将数据的域名切换到备用机房，保证JProxy可以访问到备用机房的数据库。业务访问JProxy时也是通过域名访问，如果一个机房的JProxy都出现了异常，和数据库类似，直接将JProxy前端的域名切换到备用机房，从而保证业务始终都能正常访问JProxy。

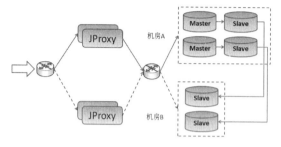

图10 部署示意图

数据高可靠也是非常关键的点，我们会针对数据进行定期备份到相应的存储系统中，从而保证数据库中的数据即使被删除依然可以恢复。

系统在线上运行时监控报警极其重要。监控可以分多个层次，如图11所示，从主机和操作系统的信息到应用系统的信息到系统内部特定信息的监控等。针对操作系统及主机的监控，京东有MJDOS系统可以把系统的内存/CPU/磁盘/网卡/机器负载等各种信息都纳入监控系统，这些操作系统的基础信息对系统异常的诊断非常关键，比如因为网络丢包等引起的服务异常都可以在这个监控系统中及时找到根源。

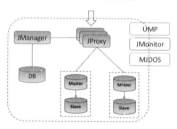

图11 监控体系

京东还有统一的监控报警系统UMP，这个监控系统主要是为所有的应用系统服务。所有的应用系统按照一定的规则暴露接口，在UMP系统中注册以后，UMP系统就可以提供一整套监控报警服务，最基本的比如系统的存活监控以及是否有慢查询等。

除了这两个基本的监控系统，我们还针对整套中间件系统开发了定制的监控系统JMonitor。之所以开发这套监控系统是因为我们需要采集更多的定制的监控信息，在系统发生异常时能够第一时间定位问题。举个例子，当业务发现TP99下降时往往伴随着有慢SQL，应用从发送SQL到收到结果这个过程中经过了JProxy到MySQL又从MySQL经过JProxy再回到应用，这条链路上任意环节都可能慢，不管是哪个阶段耗时，我们需要将这种慢SQL的记录精细化，精细到各个阶段都花了多少时间，做到出现慢SQL时能快速准确地找到问题根源并快速解决问题。

另外在配合业务去Oracle/SQL Server时，我们不建议使用跨库的事务，但是会出现有一种情况，同一个事务里的SQL都是带有拆分字段的，每条SQL都是单节点的，同一个事务里有多条这种SQL，结果却出现这个事务是跨库的，这种事务我们都会有详细的记录，业务方可以直接通过JMonitor找到这种事务从而更好的进一步改进。除了这个，业务系统最初写的SQL没有考虑太多的优化可能会出现比较多的慢SQL，这些慢SQL我们都会统一采集在JMonitor系统上进行分析处理，帮助业务方快速迭代调整SQL语句。

业务在使用这套系统的时候要尽量出现避免跨库的SQL，有一个很重要的原因是当出现跨库SQL时会耗费MySQL较多的连接，如图12所示。一条不带拆分字段的SQL将会发送到所有的分片上，如果在一个MySQL实例上有64个分片，那一条这样的SQL就会耗费这个MySQL实例上的64个连接，这个资源消耗是非常可观的，如果可以控制SQL落在单个分片上可以大大降低MySQL实例上的连接压力。

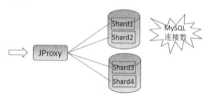

图12 连接数

跨库的分布式事务要尽量避免，一个是基于MySQL的分布式数据库中间件的方案无法保证严格的分布式事务语义，另一个即使可以做到严格的分布式事务语义支持依然要尽量避免垮库事务。多个跨库的分布式事务在某个分片上发生死锁将会造成其他分片上的事务也无法继续，从而导致大面积的死锁，即使是单节点上的事务也要尽量控制事务小一点，降低死锁发生的概率。

具体路由策略不同的业务可以特殊对待。以京东分拣中心为例，各个分拣中心的大小差异很大，北京上海等大城市的分拣中心数据量很大，其他城市的分拣中心相对会小一点，针对这种特点我们会给其定制路由策略，做到将大的分拣中心的数据落在特定的性能较好的MySQL实例上，其他小的分拣中心的数据可以按照普通的拆分方式处理。

在JProxy系统层面我们可以支持多租户模式，但考虑到去Oracle/SQL Server的业务往往都是非常重要且数据量巨大的业务，所以我们的系统都是不同的业务独立部署一套，在部署层面避免各个业务之间的互相影响。考虑到独立部署会造成一些资源浪费，我们引入了容器系统，将操作系统资源通过容器的方式进行隔离，从而保证系统资源的充分利用。很多问题没必要一定要在代码层面解决，代码层面解决起来比较麻烦或者不能做到百分之百把控的事情可以通过架构层面来解决，架构层面不好解决的事情可以通过部署的层面来解决，部署层面不好解决的事情可以通过产品层面来解决，解决问题的方式各式各样，需要从整个系统全局角度来综合考量，不管黑猫白猫，能抓老鼠的就是好猫，同样的道理，能支撑住业务发展的系统就是好系统。

另外再简单讨论一下为什么基于MySQL的分布式数据库中间件系统无法保证严格的分布式事务语义。所谓分布式事务语义本质上就是事务的语义，包含了ACID属性，分别是原子性、一致性、持久性和隔离性。

原子性是指一个事务要么成功要么失败，不能存在中间状态。持久性是指一个事务一旦提交成功那么要做到系统崩溃以后再恢复依然是成功的。隔离性是指各个并发事务之间是隔离的，不可见的，在数据库具体实现上可能会分很多个隔离级别。事务的一致性是指要保证系统要处于一个一致的状态，比如从 A 账户转了 500 元到 B 账户，那么从整体系统来看系统的总金额是没有发生变化的，不能出现 A 的账户已经减去 500 元但是 B 账户却没有增加 500 元的情况。

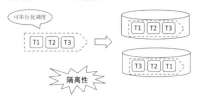

图 13　可串行化调度

事务在数据库系统中执行的时候有一个可串行化调度的问题。假设有 T1、T2、T3 三个事务，那么这三个事务的执行效果应该和三个事务串行执行效果一样，也就是最终效果应该是 {T1/T2/T3, T1/T3/T2, T2/T1/T3, T2/T3/T1, T3/T1/T2, T3/T2/T1} 集合中的一个。当涉及分布式事务时，每个子事务之间的调度要和全局的分布式事务的调度顺序一致才能满足可串行化调度的要求，如图 13 所示，T1/T2/T3 的三个分布式事务，在一个库中的调度顺序是 T1/T2/T3 和全局的调度顺序一致，在另一个库中的调度顺序变成了 T3/T2/T1，此时站在全局的角度来看就打破了可串行化调度，可串行化调度保证了隔离性的实现，当可串行化调度被打破时自然隔离性也就随之打破。在基于 MySQL 的分布式中间件方案实现上，因为同一个分布式事务的各个子事务的事务 ID 是在各个 MySQL 上生成的，并没有提供全局的事务 ID 来保证各个子事务的调度顺序和全局的分布式事务一致，导致隔离性是无法保证的，所以说当前基于 MySQL 的分布式事务是无法保证严格的分布式事务语义支持的。当然随着 MySQL 引入 GR 可以做到 CAP 理论中的强一致，再加强中间件的相关功能及定制 MySQL 相关功能，也是有可能做到支持严格的分布式事务的。

万人协同规模下的代码管理架构演进
百度代码管理概况

文 / 廖超超

互联网研发，唯快不破。为了提升公司整体研发效率，百度引入了业界的优秀工程实践，设计开发了一整套研发工具链。主要包括项目管理平台、代码开发协作平台和持续交付平台，分别针对需求、开发和交付场景，提供工具、流程和数据支持，如图 1 所示。

图 1　百度研发工具链

代码管理的目标场景就是开发场景，是研发活动的核心环节，承载着打通需求、交付上下游的作用。百度代码管理建设分别从文化传播、工程实践和产品建设三个方面入手推进公司代码管理水平的不断提升。为此，我们推出了代码管理建设的五级金字塔模型，如图 2 所示，分别代表了代码管理建设的不同能力水平。

- 最底层是代码托管，这是代码管理最基础的能力。
- 第二层是协同开发，就是支持各个业务线在不同的研发模式下进行快而有序地协作开发。百度的产品、业务线众多，不同的团队规模、不同的开发语言、不同的研发模式都给开发协同提出了不同的需求。

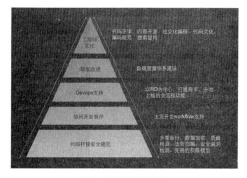

图 2　百度代码管理概况

- 第三层是 DevOps 支持，实现产品全生命周期的工具全链路打通与自动化。
- 第四层通过研发数据度量体系的建设，给公司提供研发数据参考，促进研发流程的改进。
- 第五层工程师文化建设，在公司内部推行代码评审、内部开源、社交化编程等工程师文化。

百度代码管理的挑战

百度拥有万人开发团队，近十万项目，每周代码自动检出的问题超二十万，每天发起评审超 1 万次。为了保证代码质量，我们要求代码提交前和提交后都进行自动化检查。为了加速编译和集成，我们有大规模的分布式编译系统和持续集成系统。百度 C/C++ 语言是源码依赖，编译系统需要检出所有的依赖代码，这样代码库的访问压力呈指数级增长。这些都是百度代码管理面临的挑战，总结起来就是这三点：代码质量、规模协同和安全稳定的服务，如图3所示。

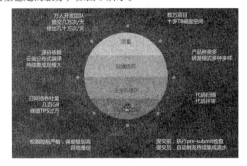

图3 百度代码管理遇到的挑战

面对这三大挑战，代码开发协作平台重点解决代码管理五个方面的问题：代码托管、协同开发、代码质量、代码安全与开放、研发改进。

■ 代码托管

代码托管是研发的基础设施。代码托管需要保证服务的安全、稳定和可靠，同时保证在大规模协同场景下的高性能。

■ 代码质量

基于代码入库流程，提供简单易用的代码评审，并且在评审环节支持代码扫描、编码规范、安全扫描等自动化检查，同时支持打通持续集成进行自动化测试，从而保证代码入库前就得到充分的质量检验。

■ 代码安全与开放

代码安全要求对访问控制权限做严格的限制，需要支持安全扫描和安全审计等；代码开放鼓励代码共享、开源，从而实现代码复用。

■ 协同开发

支持主流的 Workflow 以满足各业务线不同的研发模式的需求，如：传统的分支开发、主干开发、特性分支、Git flow 等工作流。

■ 研发改进

研发管理需要有数据支撑，用数据度量一切，不断地优化研发流程，促进高效协同，提升研发效率。

百度代码管理架构演进的历程

代码开发协作平台经历了这四个阶段的演进。面对不同阶段的不同问题，我们所采用的方案也不同，如图4所示。

图4 百度代码管理架构演进的历程

产品初创时期

为了快速验证产品，我们采用了精益的思路快速实现了 MVP。在代码库服务设计上，暂时不考虑容量和性能的问题，采用了 Master-Slave 这种单实例结构，如图5所示。

在这种架构下，我们主要从两个方面保证服务的安全可靠。

■ 存储上做了 RAID，同时使用 DRBD 实时备份数据，保证数据可靠性。我们采用的是 DRBD 的同步复制协议，也就是说 master 的数据都会实时同步到 slave 上。

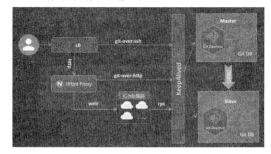

图5 产品初创时期——架构

■ 为了保证服务的高可用，使用 KeepAlived，确保在 master 故障时能够快速切换到 slave，实现自动 failover。

产品发展时期

随着平台的快速发展，代码库的并发和容量都在急剧增长。我们首先采用大内存、SSD 硬盘来提升硬件性能。然后进行 I/O、网络、缓存等优化。经过反复的性能测试得到了单机的最优配置。

在扩容方案上我们主要考虑了两种方案：分布式存储和数据分片。

■ 分布式存储
● 优点是架构简单，数据有备份，容量可以横向伸缩。
● 缺点是 I/O 性能下降。
■ 数据分片
● 优点是性能可靠，控制灵活，便于扩展（根据业务需求实现不同的分片策略和负载均衡方案）。
● 缺点是对现有的架构改变较大；跨分片的操作实现成本较高。

我们经过性能测试和 MVP 验证后，最终选择了数据分片的方案。主要的原因就是代码服务是高 I/O 的服务，分布式存储的 I/O 性能较本地存储差距比较明显，尤其写的性能更是下降了一个数量级。

图6所示的这版架构的主要改变是 Git 服务分实例部署。根据 Repositories 进行分片，将不同的 Repositories 分配到不同的实例。数据库服务采用主备的方式独立部署，同时支持了数据库访问的读写分离。

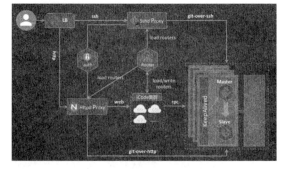

图6 产品发展时期——架构

用户请求首先经过 proxy，调用统一的路由服务将请求转发到对应实例。认证服务独立部署，proxy 集成认证模块，加强了用户身份认证。

路由服务是核心服务。为了降低业务系统的改造成本，设计了统一的路由服务和路由模块，通过切面的方式拦截所有对代码库的访问请求，从而实现对业务代码的较低侵入和对调用方的透明。在路由设计上，因为首先使用了去中心化的微服务架构，所以采用客户端路由的方式。同时，增加了本地缓存，即使路由服务宕机，路由依然可以正常运行，如图7所示。

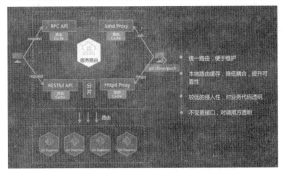

图7　产品发展时期——路由设计

产品成熟时期

由于编译、自动化测试、持续集成等需求出现了爆发式的增长，代码库每日读的请求超过30万次，每日写的请求超2万次。高峰时段，TPS 将近1000，千兆网卡全部被打满。经过对吞吐量的需求的评估，我们预计 TPS 将突破10000。为了保证性能，高峰时段下载代码的速率，自动化系统应该在30MB/s 以上，开发人员必须在5MB/s 以上。因此，吞吐量不足的问题已经成为最核心的问题。我们的改进方案如下：

- 增加带宽，千兆网卡换成万兆网卡。
- 增加机器。通过拆分更小的实例来分摊带宽压力。增加每组实例的只读节点，因为我们的场景是读远大于写的，吞吐量的压力大多来自读请求。同时将闲置的冷备节点升级成只读节点。

图8是读写分离的架构图，通过proxy判断读写请求，将写请求发给 master 节点，读请求通过负载均衡模块分别发给实例的所有节点。在这版架构升级的过程中，我们还是采用DRBD+KeepAlived 实现容灾备份方案。读写分离大大提高了系统吞吐量，但是 DRBD 冷备机器闲置，严重浪费资源。所以，我们做了进一步的改进。

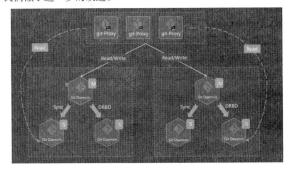

图8　产品成熟期——架构

图9是改进后的架构图，我们废弃了 DRBD 备份，并且实现自己的高可用方案。我们的方案主要分为两个阶段：

- master 节点的失效判定。某个 proxy 节点的心跳检测捕获master 节点异常后，发起投票，如果过半数的 proxy 节点都判断master 节点异常，就判定 master 失效。
- slave 节点提升。再进行一轮投票，将这组 Git 实例中一个 slave 节点提升为 master 节点。投票完成之后，将新的实例信息写入路由服务，路由服务通知所有调用方路由变更，及时更新本地路由缓存。

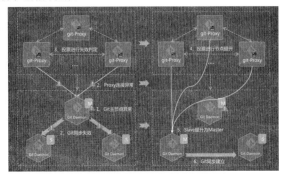

图9　产品成熟期——架构优化

代码开发协作平台的整体架构

百度代码开发协作平台整体上采用微服务架构，基于自主研发的微服务框架构建各个业务服务单元，独立开发、发布、部署和运行。整体的架构如图10所示。

图10　百度代码开发协作平台架构

- 接入服务

Httpd Proxy 主要用于 Web 访问，Sshd Proxy 用于 Git 命令行操作，API Gateway 用于统一提供开放 API，便于 API 的安全授权、管理。

在接入服务之上采用百度统一前端接入服务构建高可用负载均衡器，一方面提高系统的并发访问能力，另一方面提高系统的防攻击能力，保证平台的安全性。

- 访问控制

平台构建统一的安全策略和用户认证体系，确保系统安全。

- 服务中心

服务中心是服务治理的核心，提供服务注册/发现、服务路由、服务配置、服务降级、服务熔断、流量控制等功能，保证平台整体的服务稳定性。通过服务路由、配置管理中心、服务注册/发现等机制来统一管理服务，另外提供统一的管理控制台管理应用服务集群、Git 集群和基础服务集群等。

- 开放服务

平台同时支持 Webhook 和 Plugin 两种开放能力的方案，支持第三方系统方便集成。Webhook 主要的应用场景是当开发人员提交代码变更后，自动触发持续集成构建。Plugin 主要应用在代码评审环节的自动代码检查。

■ 业务服务

业务服务通过微服务架构组织服务单元，每一个业务服务都会注册到服务中心，在调用其他业务服务时也是通过服务中心的服务发现机制去获取某一特定服务的具体提供实例列表，通过客户端路由方式来决定具体调用哪个服务提供者，从而既保证服务可靠性，又能提高系统吞吐量。平台提供代码管理、代码浏览、代码评审、代码搜索、代码扫描等业务组件。

■ Git 集群

Git 集群是平台的最核心、最基础的部分。为了保证 Git 集群的安全、高可用和高性能，平台提供了如下能力：

- 同时支持数据的软实时和硬实时备份能力。
- 提供三重备份，每一份代码至少有三份副本。
- 提供根据不同的分片策略对数据分片的能力，支持 Git 集群动态扩容。
- 提供读写分离的能力，支持一主多备。
- 提供 HA 方案，支持自动 failover。

■ 基础服务

平台依赖数据库、索引、缓存、用户管理、通知、存储等多个基础服务。这些基础服务在保障自身可用性的同时，提高了平台整体可靠性。

企业级 SaaS 服务下代码管理架构实践

经过一系列的架构改进，代码开发协作平台的容量、性能、可靠性都已经得到提升和验证。随着百度效率云产品对外服务，代码管理在其他方面遇到了更大的挑战。

■ 安全性，代码是企业核心资产，只有确保企业代码不泄漏、不丢失才能赢得企业的信任。

■ 容量和性能的要求更高，对外服务以后会有更多的用户，更多的用户就意味着更多的 Repositories 和更高的并发需要平台支撑。

■ 弹性伸缩的需求，因为企业不同发展阶段，对代码库容量和性能的需求是不同的，那就需要实现弹性伸缩以满足企业对资源的变化需求。

■ 自动化运维主要考虑两个方面，能够支持企业快速接入，可以方便大规模集群管理。

结合以上所述企业级 SaaS 对代码管理的要求，我们提出了企业专属云方案，如图 11 所示。

图 11 专属云

我们主要从三个方面实现企业专属云：

■ 接入层，通过统一的代理服务，集成安全认证模块，支持企业账号接入实现企业请求隔离。

■ 应用层，采用共享服务的方式，通过统一的访问控制层实现企业隔离。

■ 对于企业的核心资产（如：代码库、产品库等）我们在资源层做隔离，不同的企业服务运行在不同的资源上，实现真正地物理隔离。

围绕着企业专属云方案，我们在架构设计上加强了多租户的管理、资源的管理，如图 12 所示。

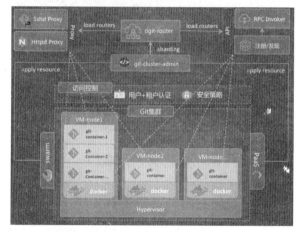

图 12 企业级 SaaS 服务下代码管理架构

在多租户管理方面，在统一的访问控制层增加了租户认证，所有请求都需要带上租户信息才可以通过认证。

在资源管理方面，同时支持 Docker 资源和虚拟机资源。企业接入时，Admin 系统将自动从统一的资源池申请资源，通过 Docker 的方式完成自动化部署。我们同时支持混部和独立部署的方式，混部就是在同一个资源上部署多个企业的代码库实例。对于对代码安全有更高隔离要求的客户，我们将他们的服务独立部署在一台虚拟机上。

总结

百度代码开发协作平台使用微服务架构构建业务服务，一方面整合了现有的业务系统，另一方面提高了系统的稳定性和性能。使用数据分片和读写分离相结合的方式解决了代码库服务容量和性能的问题。使用专属云方案处理多租户的问题，帮助企业客户快速接入，实现资源隔离。但是，我们还有很多不足的地方有待提高和完善。比如，目前我们考虑到性能和开发成本的问题，选择了数据分片来扩容。但是，随着代码库容量的不断提升，数据分片带来的架构复杂、运维成本、性能瓶颈等问题也开始显现出来。读写分离和主备切换的方案，在高并发读的场景下工作尚可，但是面对高并发写的场景性能和可靠性就难以满足。

架构设计是和业务需求紧密相关的，只有合适的架构才是好的架构，因此，产品发展的不同阶段需要选择不同的技术架构方案。同时，一种可演进的架构是应对业务需求发展和变化的较优选择。

微信数据强一致高可用分布式数据库 PhxSQL 设计与实现

文 / 陈俊超

本文详细描述了 PhxSQL 的设计与实现。从 MySQL 的容灾缺陷开始讲起，接着阐述实现高可用强一致的思路，然后具体分析每个实现环节要注意的要点和解决方案，最后展示了 PhxSQL 在容灾和性能上的成果。

设计背景

互联网应用中账号和金融类关键系统要求和强调强一致性及高可用性。当面临机器损坏、网络分区、主备手工或者自动切换时，传统的 MySQL 主备难以保证强一致性和高可用性。PhxSQL 将 MySQL 集群构建在一致性完善的 Paxos 协议基础上，保证了集群内 MySQL 机器之间数据的强一致性和整个集群的高可用性。

原生 MySQL 的容灾缺陷

MySQL 容灾方案

MySQL 有两种常见的复制方案，异步复制和半同步复制。

- 异步复制方案

Master 对数据进行 commit 操作后再将数据异步复制到 Slave。

但数据无法保证成功复制，也就无法保证 MySQL 主备间的数据一致性，如图 1 所示。

图 1 MySQL 异步复制流程

- 半同步复制方案

Master 对数据进行 commit 操作前将数据复制到 Slave，确认复制成功后再对数据进行 commit 操作。

绝大多数情况下，半同步复制能保证 MySQL 主备间的数据一致性，如图 2 所示。

图 2 MySQL 半同步复制流程

MySQL 重启流程

半同步方案中的"半"是指 Master 在等待 Slave 的 ACK 失败时将退化成异步复制。同时，MySQL 在重启时也不会执行半同步复制。

如图 3 中的 id(Gtid)=101 数据是 Master 机器中新写入到 Binlog File 的 Binlog 数据。但 Master 在复制数据到 Slave 的过程中 MySQL 宕机导致复制失败。MySQL 重启时，数据（id=101）会被直接进行 commit 操作，随后再将数据异步复制到 Slave。下文将已经写入到 Binlog File 但未进行 commit 操作的数据（id=101）称为 Pending Binlog。

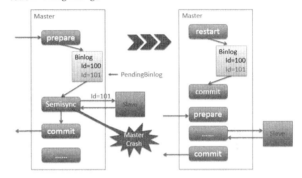

图 3 MySQL 重启时直接提交 Pending Binlog

该情况下 MySQL 容易出现 Master-Slave 之间数据不一致的情况，官方也描述了该问题。

- http://bugs.mysql.com/bug.php?id=80395
- https://mariadb.atlassian.net/browse/MDEV-162

MySQL 重启缺陷

下面将解释 MySQL 在重启时不执行半同步会产生数据不一致的原因。

当对上述例子中的 Pending Binlog（id=101）进行复制时 Master 宕机导致复制失败，随后 Slave1 切换成新 Master 并开始提供服务（写入 id=201 的数据）。此后，当旧 Master 重启时，Pending Binlog（id=101）不会被重新进行复制而直接进行 commit 操作，从而导致旧 Master 比新 Master 多了一条数据，旧 Master 无法成为新 Master 的 Slave，需要人工处理掉这条数据之后，才能让旧 Master 作为 Slave 提供服务，如图 4 所示。

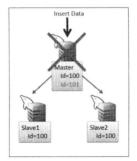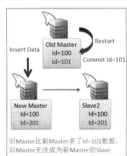

图 4 MySQL 重启缺陷导致主备数据不一致

上述 case 只对旧 Master 的数据造成影响，不会使得 MySQL Client 读取到错误数据。但当 Master 连续出现两次宕机后产生 Master 切换，两次宕机间隔较短使得 Pending Binlog 未能及时复制到 Slave，且期间有查询请求时（Master 宕机→ Master 重启→查询数据→ Master 宕机→ Master 切换），MySQL Client 会产生如图 5 所示的幻读（两次读到的结果不一致）。

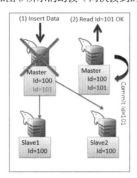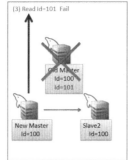

图 5　MySQL 重启缺陷导致 Client 产生幻读

MySQL Client 分裂

当 Master 出现故障且产生 Master 切换时，由于原生 MySQL 缺乏调用端的通知 / 重定向机制，使得不同的 Client 可能访问不同的 Master，导致数据的错误写入和读取，如图 6 所示。

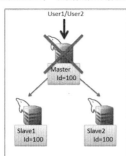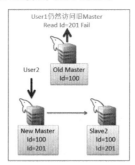

图 6　MySQL 进行 Master 导致 Client 端分裂

MySQL 缺乏自动选主机制

由于半同步复制不需要等待所有 Slave 的 ACK，因此当 Master 出现故障时，需要选有最新 Binlog 的 Slave 为新的 Master；而 MySQL 并没有内置这个选主机制，如图 7 所示。

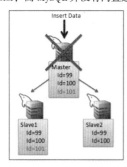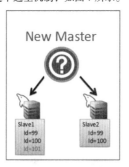

图 7　MySQL 缺少自动选主机制

MySQL 的容灾缺陷总结

MySQL 在容灾方面存在的问题：（1）Master 切换时主备数据不能保证一致：Master 重启并切换可能导致 MySQL 主备间数据不一致。Master 重启并切换可能导致 MySQL Client 产生幻读。（2）原生 MySQL 缺乏高可用机制：Master 切换导致调用端分裂。缺乏自动选主机制。

对于原生 MySQL，在高可用和强一致两个特性中，只能二选一：（1）要求 MySQL 主备间的数据强一致，不做主备自动切换。（2）借助 MHA 实现高可用，容忍 MySQL 主备间的数据不一致。

因此 MySQL 在容灾上无法同时满足数据强一致和服务高可用两个特性。

PhxSQL 设计思路

可靠日志存储

实现一个以可靠日志存储为中心的架构来解决 MySQL 数据复制时产生的数据不一致问题。

Master 将 Binlog 发送到 BinlogSvr 集群（可靠日志存储），Slave 从 BinlogSvr 集群获取 Binlog 数据完成数据复制。

Master 在重启时，根据 BinlogSvr 集群的数据判断 Pending Binlog 是否已经被复制。如果未被复制则从 Binlog File 中删除。

利用 BinlogSvr 集群（可靠日志存储），使得 Master（重启时检查本地 Binlog 是否和 BinlogSvr 集群的数据一致）和 Slave（从 BinlogSvr 集群中获取 Binlog）的数据保持一致，从而保证了整个集群中的 MySQL 主备间数据的一致性，如图 8 所示。

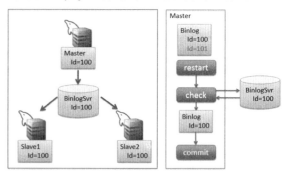

图 8　实现一个可靠日志存储保证各 MySQL 的数据一致

请求透传

在 Master 进行切换时，切换操作可能会导致部分 MySQL Client 仍然访问旧 Master 并读到旧数据。

最直观的方法是修改 MySQL Client API，在每一次进行查询时，先确认当前 Master 的位置。但此方法有以下缺点：

1. 需要维护一个 MySQL Client API 的私有版本，维护成本高。
2. 所有的调用端需要集成这个私有的 MySQL Client API，操作成本很高。

为了避免修改 MySQL Client API，可通过增加 Proxy 进行请求透传来解决上述问题。在每一个 MySQL 结点上增加一个 Proxy，MySQL Client 的请求不再直接访问 MySQL 而直接访问 Proxy。Proxy 根据 Master 的位置，将访问 Slave 机器的请求透传到 Master 机器，再进行 MySQL 操作。

通过增加 Proxy 进行请求透传，解决了 MySQL Client 分裂导致有可能读取到旧数据的问题，如图 9 所示。

自动选主

多机自动选主最常见的实现方式是由各个参与者发起投票，获得多数派支持的机器为 Master，同时把 Master 信息记录到可靠存储。Master 机器定期到可靠存储延长租约；非 Master 机器定期检查 Master 租约是否过期，从而决定是否要发起选举自己为 Master 的投票。

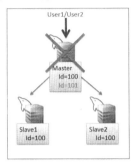
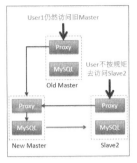

图 9 实现一个可靠日志存储保证各 MySQL 的数据一致

为了避免修改 MySQL 代码，在 MySQL 机器上增加一个 Agent，由 Agent 来替代 MySQL 发起选主投票和续期租约；可靠存储继续由 BinlogSvr 承担。

Agent 完成以下功能：（1）Master 机器的 Agent 监控本机 MySQL 是否正常服务；如果正常服务，则定期到可靠存储延长租约，否则停止续约。（2）非 Master 机器的 Agent 定期从可靠存储检查 Master 租约是否过期；如果过期，再检查本机 MySQL 是否已经执行了所有 Binlog。如果已经执行了所有 Binlog，则发起选举自己为 Master 的投票，如图 10 所示。

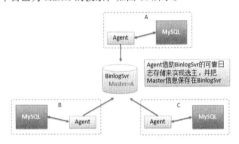

图 10 可靠日志存储和 Agent 共同实现自动选主机制

PhxSQL 架构和实现

从上述思路可以得出 PhxSQL 的简单三层架构。对于每一个节点，部署 3 个模块（PhxSQLProxy、MySQL、PhxBinlogSvr）。多个节点上的 PhxBinlogSvr 组成一个可靠的日志存储集群和可靠的 Master 信息存储集群；PhxBinlogSvr 同时承担 Agent 的责任。PhxSQLProxy 负责请求的透传。Master 结点上的 PhxSync 负责将 MySQL 的 Binlog 发送到 PhxBinlogSvr，如图 11 所示。

Proxy(PhxSQLProxy)

■ 请求透传

请求透传是 Proxy 主要的功能。主要解决在进行 Master 切换的时候，MySQL Client 会被分裂，不同的 Client 可能连接到不同的 MySQL。导致出现 MySQL Client 写入数据到错误的 Master 或者从错误的 Master 读取到错误的数据。

Proxy 的请求透传分两种：（1）读写端口请求透传：Slave 节点收到的请求透传给 Master 节点执行。Master 节点收到的请求直接透传给本机 MySQL 执行。（2）只读端口请求透传：Master 节点收到的请求透传给 Slave 节点执行。Slave 节点收到的请求直接透传给本机 MySQL 执行，如图 12 所示。

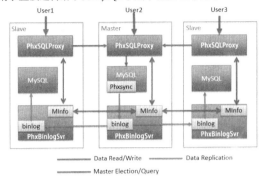

图 11 PhxSQL 基本架构

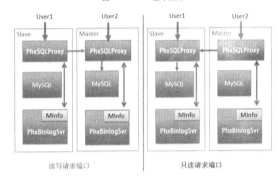

图 12 Proxy 请求透传流程

■ 高性能

由于 Proxy 接管了 MySQL Client 的请求，为了使整个集群的读写性能接近单机 MySQL，Proxy 使用协程模型提高自身的处理能力。

Proxy 的协程模型使用开源的 Libco 库。Libco 库是微信团队开源的一个高性能协程库，具有以下特点：（1）用同步方式写代码，实现异步代码的性能。（2）支持千万级的并发连接。（3）项目地址 https://github.com/tencent-wechat/libco。

■ 完全兼容 MySQL

为了已有的应用程序能够不做任何修改就能迁移到 PhxSQL，Proxy 需兼容 MySQL 的所有功能。

兼容 MySQL 事务

MySQL 事务管理基于连接，同一个事务的所有请求通过同一个连接通信。在事务处理中连接丢失，事务将被 rollback（http://dev.mysql.com/doc/refman/5.6/en/innodb-autocommit-commit-rollback.html）。

Proxy 使用 1 : 1 连接模型完全兼容 MySQL 事务。每当 MySQL Client 发起一个连接到 Proxy，Proxy 都会相应地发起一个连接到 MySQL。两条连接中，任意一个中断，另外一个也相应断开，对应的事务会被 rollback，如图 13 所示。

兼容 MySQL 权限

MySQL 的权限管理基于（用户、源 IP）对，源 IP 是通过 socket 句柄反查获取的。当请求通过 Proxy 连接到 MySQL 时，源 IP 为 Proxy 本地 IP，权限管理会出现异常。

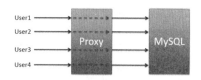

图 13 Proxy 的 1 对 1 事务连接模型

Proxy 利用 MySQL 协议 HEAD 保留字段透传真实源 IP 到 MySQL，MySQL 再从 HEAD 保留字段获取正确的源 IP 进行权限管理，如图 14 所示。

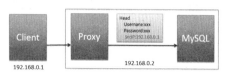

图 14 Proxy 通过修改 MySQL 协议兼容 MySQL 权限

PhxSync

PhxSync 的功能和 MySQL 的 semisync 插件类似。经过调研，对 semisync 插件的接口做少量的调整，就可以使用这些插件接口来实现 PhxSync。

PhxSync 功能主要是：

- 正常运行时提交 Binlog

MySQL 在正常写入或者更新数据时，会调用 after_flush 接口。PhxSync 插件通过实现 after_flush 接口将 MySQL 新写入的 Binlog 提交到本机的 BinlogSvr，由本机 BinlogSvr 通过 Paxos 协议同步到 BinlogSvr 集群。

- 重启时校准本地 Binlog

MySQL 在重启时通过查询 BinlogSvr 集群判断本地 Pending Binlog 的状态。如果 Pending Binlog 未复制到 BinlogSvr 集群则从本地删除，保持本地的 Binlog 数据和 BinlogSvr 集群的 Binlog 数据一致。

由于 MySQL 没有提供在重启时的插件接口，为了后续维护方便，在 MySQL 代码层抽象出了一个新插件接口 before_binlog_init 用于校准 Binlog。

上述对 after_flush 接口的调整，和新增的 before_binlog_init 接口已经提交补丁给 MySQL 官方（http://bugs.mysql.com/bug.php?id=83158）。

PhxBinlogSvr

PhxBinlogSvr 主要负责存储 Binlog 和 Master 信息的维护。在数据复制阶段，通过 Paxos 协议保证 PhxBinlogSvr 各节点的数据一致性（下文称 PhxBinlogSvr 为 BinlogSvr）。

- PhxPaxos 库

BinlogSvr 使用 PhxPaxos 库进行数据的复制。PhxPaxos 库是微信团队开源的 Paxos 类库，具有以下特性：（1）保证各节点的数据一致。（2）保证集群机器超过一半存活还能服务。（3）高性能。（4）功能完善。（5）稳定性经过大规模验证。（6）接口方便易用。（7）项目地址 https://github.com/tencent-wechat/phxpaxos。

- BinlogSvr 异常情况处理

防止 Slave 的节点提交数据

当旧 Master 在提交数据时由于网络问题数据包被卡在网络，且新 Mater 已经成功切换时，或者人为错误直接往 Slave 节点的 MySQL 写入数据时，则会出现 Slave 节点提交数据的情况。多节点同时提交数据会出现 BinlogSvr 的 Binlog 数据和 MySQL 存储的 Binlog 数据不一致的情况。

BinlogSvr 存储了集群内的 Master 信息。当其收到 MySQL 提交的数据时，可根据 Master 信息拒绝非 Master 节点的提交，如图 15 所示。

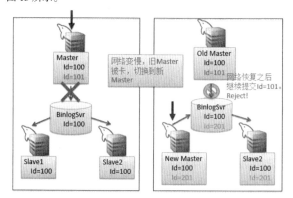

图 15 BinlogSvr 通过 Master 信息拒绝非 Master 节点的提交

防止 Master 提交错误数据

在某些情况下，Master 可能会重新发送数据或者发送错误数据。譬如在网络不好的情况下 Master 由于提交数据超时而重发数据。磁盘发生故障或者数据被错误回滚或者修改的时候，Master 会提交错误的数据。

BinlogSvr 使用乐观锁机制来防止 Master 的异常提交。在 MySQL 提交数据给 BinlogSvr 时，以本机 MySQL 已经执行的 GTID 为乐观锁，提交的内容为（本机 MySQL 已经执行的最新 GTID，本次要提交的 Binlog）。BinlogSvr 通过检查请求中（本机 MySQL 已经执行的最新 GTID）和自身保存的最新 GTID 是否匹配来拒绝重新发送或者异常发送的数据，如图 16 所示。

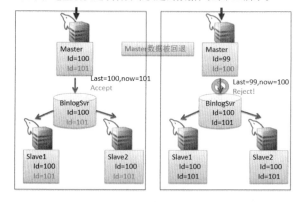

图 16 BinlogSvr 使用乐观锁拒绝 Master 在数据异常的情况下提交数据

- 支持 MySQL 原生复制协议

为了让 Slave 能从 BinlogSvr 获取 Binlog，最好的方式就是 BinlogSvr 支持 MySQL 原生的复制协议，这样不用对 Slave 做任何修改，如图 17 所示。

- Master 管理

BinlogSvr 除了存储 MySQL 的 Binlog 数据，还存储了 Master 信息。同时还承担了 Agent 的角色，负责监控 MySQL 的状态，必要时发起选举自己为 Master 的投票。

互联网应用架构面面观

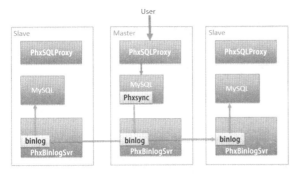

图 17 BinlogSvr 支持 MySQL 使用原生复制协议获取 Binlog 数据

BinlogSvr 通过 Paxos 协议进行 Master 选举，选举成功后成为 Master 并拥有租约。通过 Paxos 协议选举保证了最终只产生一个 Master 且每个节点记录了一致的 Master 信息。

PhxSQL 效果

PhxSQL 数据一致性

通过比较 PhxSQL 集群中各节点的数据（MySQL Binlog，PhxPaxos，BinlogSvr）判断各节点数据是否一致，如图 18 所示。

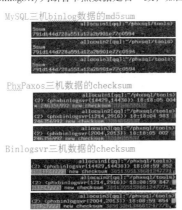

图 18 PhxSQL 3 机数据对比

Master 自动切换

通过观察 Master 宕机时各节点的流量变化判断 Master 是否顺利切换。图 17 中的红线代表流量。当 Master 宕机时，流量会随之转移，代表 Master 顺利切换。

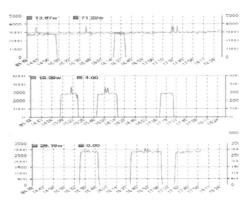

图 19 PhxSQL 进行 Master 切换时各节点的写入流量变化

PhxSQL 性能

MySQL 版本：Percona 5.6.31-77.0

机器信息：（1）CPU：Intel Xeon CPU E5-2420 0 @ 1.90GHz * 24。（2）Memory：32G。（3）Disk:SSD Raid10。（4）Ping Costs：Master → Slave:3 ~ 4ms; client → Master :4ms。

工具和参数：

（1）sysbench。（2）--oltp-tables-count=10 --oltp-table-size=1000000 --num-threads=500。（3）--max-requests=100000 --report-interval=1 --max-time=200。

PhxSQL 的写性能比 MySQL 的半同步好，读性能由于多了一层 Proxy 导致比 MySQL 的半同步稍差，如图 20 所示。

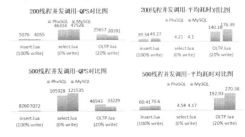

图 20 PhxSQL 和 MySQL 的性能对比

成功案例

QQ 邮箱（域名邮箱）域名记录服务器：单个集群调用峰值 40w/min。写请求平均耗时在 20ms 以下。读写比为 20：1。机器配置：Intel Xeon CPU x3440 @ 2.53GHz 8 core，8GB RAM。📖

同程旅游缓存系统（凤凰）打造 Redis 时代的优秀平台实践

文 / 王晓波

缓存大家比较熟悉，在各种场景下也用得很多，在同程旅游也一样，缓存是一个无处不在的精灵，也是抗并发压力的核心系统之一。今天我们来讲一下同程旅游在缓存方面的经验。先来看一下我们的缓存走过了哪些历程。最早我们在应用中使用内存对象来存放变化比较小的数据，慢慢发现在应用本地的内存不足以这样折腾，很是精贵，所以开始使用从 MemCache 来将缓存从应用中分离出来。之后缓存的场景变得更多了，MemCache 的一些不足之处开始显现，如支持的数据结构单一等。于是开始使用 Redis，对于 Redis 的使用也从单机开始转向分片 / 集群的方式。Redis 虽然是一个非常优秀的缓存中间件系统，但当应用使用量越来越多时发现新的问题也来了，首先是对于应用代码在一起的 Redis 客户端不是太满意，于是我们重写了客户端。接着在数千个 Redis 实例（目前我们线上有 4 千多个部署实例）在线上工作起来如何低成本地高效运维是一个大挑战。于是我们做了针对它的智能化运维平台。但是这些多不是重大难题，最大难题是因为 Redis 太好用了以至于在应用项目中大量使用，但是往往这些是没有好好思考和设计过的，这使得缓存的使用混乱且不合理，也使原本健壮成缓存变得脆弱的病秧子。所以我们开始开发 Redis 调度治理系统来治理缓存。如今我们开始更加关注整个缓存平台的高效和低成本，在平台的 Redis 部署全面 Docker 化，并开始在缓存中使用比内存廉价的 SSD。

现在让我们来看一看这个名叫"凤凰"的缓存平台是怎么从火中重生的。

Redis 遍地开花的现状及问题

Redis 集群的管理

所有互联网的应用里面，可能访问最多的就是 cache。期初一些团队认为 cache 就像西游记里的仙丹，当一个系统访问过大扛不住时，用一下 Redis，系统压力就解决了。在这种背景下，我们的系统里面 Redis 不断增多，逐渐增加到几百台服务器，每台上面还有多个实例，因此当存在几千个 Redis 实例后，使用者也很难说清楚哪个 Redis 在哪个业务的什么场景下影响什么功能。

故障

这种背景下会存在什么样痛苦的场景？正常情况下 cache 是为了增加系统的性能，是画龙点睛的一笔，但当时我们 cache 是什么样的？它挂了就可能让整个系统崩溃。比如系统压力才不到高峰时的 10%，也许由于缓存问题系统挂了，又比如系统的访问量不大，但某个缓存被调用到爆了，因为缓存乱用后调用量被放大了。

高可用与主从同步问题

因为 cache 有单点，我们一开始想放两份不就好了吗，所以就做了主从。这时候坑又来了，为什么？比如有些 Redis 实例中的某个键值非常大（在乱的场景下我见到过有人一个键值放到 10G）。偶尔网络质量不太好时，主从同步基本就别想了，更坑的是当两边主和从都死或者出问题时，重启的时间非常长。

监控

为了高可用，我们需要全面的监控。当时我们做了哪些监控？其实是能做的我们都做了，但问题没有解决，细想来问题到底在哪？

下面是一个接近真实场景运维与开发的对话场景。
开发：Redis 为啥不能访问了？
运维：刚刚服务器内存坏了，服务器自动重启了。
开发：为什么 Redis 延迟这么大？
运维：不要在 Zset 里放几万条数据，插入排序会死人啊。
开发：写进去的 key 为什么不见了？
运维：Redis 超过最大大小了啊，不常用 key 都丢了啊。
开发：刚刚为啥读取全失败了？
运维：网络临时中断了一下，从机全同步了，在全同步完成之前，从机的读取全部失败。
开发：我需要 800GB 的 Redis，什么时候能准备好？
运维：线上的服务器最大就 256GB，不支持这么大。
开发：Redis 慢得像驴，服务器有问题了？
运维：千万级的 KEY，用 keys*，慢是一定的了。

看到这样的一个场景很吃惊，我们怎么在这样用缓存，因此我们一个架构师最后做了以下总结：

"从来没想过，一个小小的 Redis 还有这么多新奇的功能。就像在手上有锤子的时候，看什么都是钉子。渐渐地，开发规范倒是淡忘了，新奇的功能却接连不断地出现了，基于 Redis 的分布式锁、日志系统、消息队列、数据清洗等，各种各样的功能不断上线，从而引发各种各样的问题。运维天天疲于奔命，到处处理着 Redis 堵塞、网卡打爆、连接数爆表……"

总结了一下，我们之前的缓存存在哪些问题？
- 使用者的乱用、滥用、懒用；
- 运维几百台毫无规则的服务器；
- 运维不懂开发，开发不懂运维；
- 缓存在无设计无控制中被使用；
- 开发人员能力各不相同；
- 使用太多的服务器；
- 懒人心理（应对变化不够快）。

我们需要一个什么样的完美缓存系统？

我相信上面这些情况在很多大量使用 Redis 的团队中都存在，如果发展到这样一个阶段后，我们到底需要一个什么样的缓存？

我们给自己提出几个要点。
- 服务规模：支持大量的缓存访问，应用对缓存大少需求就像贪吃蛇一般。
- 集群可管理性：一堆孤岛般的单机服务器缓存服务运维是个迷宫。
- 冷热区分：现在缓存中的数据许多并不是永远的热数据。
- 访问的规范及可控：还有许多开发人员对缓存技术了解有限，胡乱用的情况很多。
- 在线扩缩容：起初估算不足到用时发现瓶颈了。

这个情况下，我们考虑这样的方案是不是最好的。本来我们是想直接使用某个开源方案就解决了，但是我们发现每个开源方案针对性地解决 Redis 上述痛点的某一些问题，每一个方案在评估阶段跟我们需求都没有 100% 匹配。每个开源方案本身都很优秀，也许只是说我们的场景的特殊性，没有任何否定的意思。

下面是我们当时评估的几个开源方案，看一下为什么当时没有引入。
- CacheCloud：跟我们需要的很像，它也做了很多东西，但是它的部署方案不够灵活，对运维的策略少了点。
- Codis：这个其实很好，当年我们已经搭好了准备去用了，后来又下了，因为之前有一个业务需要 800GB 内存，后来我们发现这个大集群有一个问题，因为用得不是很规范，如果在这种情况下给他一个更大的集群，那我们可能死的概率更大，所以我们也放弃了。另外像这个 800GB 也很浪费，并不完全都是热数据,我们想把它一部分存到硬盘上,很多业务使用方的心理是觉得在磁盘上可能会有性能问题,还是放在 Redis 放心一点,其实这种情况基本不会出现,因此我们需要一定的冷热区分支持。

- Pika:可以解决上面的大量数据保存在磁盘的问题,但是它的部署方案少了点,而且 Pika 的设计说明上也表示主要针对大的数据存储。
- Twemproxy:最后我们想既然直接方案不能解决,那可以考虑代理治理的方式,但是问题是它只是个代理,Redis 被滥用的问题还是没有真正治理好,所以后面我们准备自己做一个。

全新设计的缓存系统——凤凰

我们给新系统起了一个比较高大上的名字,叫凤凰,愿景是凤凰涅槃,从此缓存不会再死掉。那么,凤凰是怎么设计的(见图 1)?

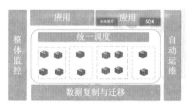

图 1 凤凰缓存平台的基础设计

主要是做好了下面几件事。

自定义客户端方式与场景配置能力

在支持 Redis 本身特性的基础上,我们需要通过自定义的客户端来实现一些额外的功能。

支持场景配置,我们考虑根据场景来管控它的场景,客户端每次用 Redis 的时候,必须把场景上报给我,你是在哪里,用这件事儿是干什么的,虽然这对于开发人员来说是比较累的,往往嵌在它的任务逻辑里面直接跟进去。增加场景配置之后,在缓存服务的中心节点,就可以把它分开,同一个应用里面两个比较重要的场景就会不用同一个 Redis,避免挂的时候两个一起挂。

同时也需要一个调度系统,分开之后,不同的 Redis 集群所属的服务器也需要分开。分开以后我的数据怎么复制,出问题的时候我们怎么把它迁移?因此也需要一个复制和迁移的平台去做。

另外这么一套复杂的东西出来之后,需要一个监控系统;客户端里也可以增加本地 cache 的支持。在业务上也可能需要对敏感的东西进行过滤。在底层,可以自动实现对访问数据源的切换,对应用是透明的,应用不需要关心真正的数据源是什么,这就是我们自己做的客户端,如图 2 所示。

图 2 凤凰缓存平台客户端的结构图

代理层方式

客户端做了之后还发生一个问题,很多情况下很难升级客户端。再好的程序员写出来的东西还是有 Bug,如果 Redis 组件客户端发现了一个 Bug 需要升级,但我们线上有几千个应用分布在多个业务开发团队,这样导致很难驱动这么多开发团队去升级。另外一个我们独有的困难,就是我们还有一些很老的应用开发时用的 .NET,这些虽然现在基本是边缘应用了但还在线上,当然我们也把客户端实现了 .NET 版本,但是由于各种原因,要推动这么多历史业务进行改造切换非常麻烦,甚至有些特别老的业务最后没法升级。另外我们也推进其他语言(如 Go 等)的应用想让技术的生态更丰富。如此一来我们要维护更多语言的客户端了,这样的方式明显不合适。

因此我们考虑了 Proxy 方案,这些业务模块不需要修改代码,我们的想法就是让每一个项目的每一个开发者自己开发的代码是干净的,不要在他的代码里面嵌任何东西,业务访问的就是一个 Redis。那么我们就做了,首先它是 Redis 的协议,接下来刚才我们在客户端里面支持的各种场景配置录在 Proxy 里面,实现访问通道控制。然后把 Redis 本身沉在 Proxy 之后,让它仅仅变成一个储存的节点,Proxy 再做一些自己的事情,比如本地缓存及路由。冷热区分方面,在一些压力不大的情况下,调用方看到的还是个 Redis,但是其实可能数据是存在 RocksDB 里面了,如图 3 所示。

图 3 凤凰缓存平台的代理设计

缓存服务的架构设计(见图 4)

- 多个小集群 + 单节点,我们要小集群的部署和快速的部署,当一个集群有问题的时候,快速移到另一个集群。
- 以场景划分集群。
- 实时平衡调度数据。
- 动态扩容缩容。

图 4 以 Docker 的基础的凤凰缓存平台架构设计

可扩容能力(见图 5)

- 流量的快速增加必然带扩容的需求与压力。
- 容量与流量的双扩容。
- 如何做到平滑的扩容?容量动态的数据迁移(集群内部平衡,新节点增加);流量超出时根据再平衡集群。

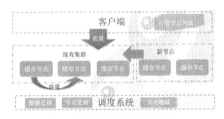

图5 凤凰缓存平台的平滑的扩容过程

多协议支持（见图6）

还有一块老项目是最大的麻烦，同程有很多之前用MemCache的应用，后来是转到Redis去的，但是转出一个问题来了，有不少业务由于本身事情较多，没有时间转换成Redis，这些钉子户怎么办？同时维护这两个平台是非常麻烦的，刚才Proxy就派上用场了。因为MemCache本身它的数据支持类型是比较少的，因此转换比较简单，如果是一个更复杂的类型，那可能就转不过来了。所以我们Proxy就把这些钉子户给拆掉了，他觉得自己还是在用MemCache，其实已经被转成了Redis。

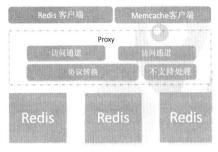

图6 凤凰缓存平台的多协议支持设计

管理与可监控能力

最后一块，我们这样一个平台怎么去监控它，以及怎么去运维它？

在这块我们更多的是在做一个智能化的运维平台。主要的几点方向：

- 整体的管制平台；
- 运维操作平台，让它可以去操作，动态地在页面上操作一件事情；
- 整体监控平台，我们从客户端开始，到服务器的数据，全部把它监控起来；
- 自扩容自收缩，动态的自扩容、自收缩。

一些业务应用场景

也是用了一些场景，比如说同程前两年冲的比较狠的就是一元门票，抢购的最大压力是什么？早上九点半是我们系统压力最大的时候，为什么？一块钱门票的从你买完票到进入景区里，这件事情是在九点半集中爆发的，你要说这时系统挂了人不了园，那十几万人不把这个景区打砸了才怪。那个时候系统绝对不能死。抢购没有关系，入园是我们最大的压力，

我们是靠新的系统提供了访问能力及可用性的支持，把类似这种场景支撑下来，其实缓存本身是可以支撑住的，但是如果滥用管理失控，可能碰到这种高可用的需求就废了。

还有一个是火车票系统，火车票查询量非常大，我们这主要是用了新系统的收缩容，到了晚上的时候查的人不多了，到了早上则特别多，查询量在一个高低跌宕的状态，所以我们可以根据访问的情况来弹性调度。 ⓟ

百万用户分布式压测实践手记

文 / 聂永

> 微博产品后端服务团队在资源受限情况下基于Tsung提供了一套开箱即用的100万用户性能压测工具套件，推动两名能力和经验都欠缺的中初级工程师，不但顺利完成支持海量用户的在线聊天室项目任务，同时保证了该业务系统整体处理性能可控并按照预期方式向前推进。

需求 & 背景

前段时间我们为微博App增加一个视频直播聊天室功能，这是一个需要支持海量级手机终端用户一起参与、实时互动的强交互系统，建立在私有协议之上、有状态的长连接TCP应用。和其他项目一样，在立项之初，就已确定所构建系统至少能够承载100万用户容量，以及业务处理性能最低标准。

当时研发力量投入有限，一名中级工程师 + 一名初级工程师，两人研发经验和实践能力的欠缺不足以完成系统容量和处理性能的考核目标，这是摆在眼前最为头疼问题。聊天室业务逻辑清晰并已文档化，倒不用太担心功能运行正确，除了自我验证，还会有QA部门帮忙校验。这驱使我们在软件工程角度去思考，如何通过行之有效的手段或工具去推动研发同学项目顺利完成项目性能考核目标。

延伸一下，新项目构建之初，自然要关注总体处理性能目

标的。但从软件生命周期角度考虑，还应该考虑到系统后续维护和迭代（见图1）。所谓工欲善其事，必先利其器，因此我们需要提供一个完善的开箱即用、支持海量用户的性能压测基础工具套件，既能够保证系统处理性能是可测量的，又要能够为每一次版本发布时、常规迭代后再次验证系统性能目标。带着这一目标，下面将逐一展开我们如何构建百万用户性能压测工具套件的过程以及注意事项。

图1 性能贯穿于软件生命周期

性能压测工具选择

团队所能够支配的空闲服务器数量几乎为零，这是现状。所负责业务线的大部分服务器配置为16GB内存、24个CPU核心左右，每时每刻都在跑着具体的业务。若留心观察，一般晚上九、十点之后资源利用率高，而白天时间CPU、内存、网络

等资源大概会剩余 30%~60% 左右，颇为浪费，如何将这部分资源充分利用起来，是一个需要思索的问题。

针对 100 万用户这样超大容量压测需求，要求每台压测机要能够负载尽可能多的用户量。试想，若一台压测机器承载 1 万用户，那么就会需要使用到 100 台，单纯所需数量就是一件让人很恐怖的事情。

若是单独为性能压测申请服务器资源，一是流程审批流程较为繁冗，二是因为压测行为不是每时每刻都会执行高频事件，会造成计算资源极大浪费。本着节约资源理想方式就是充分利用现有的空闲计算资源用于执行性能压力测试任务。

众多选择

当前市面上能够提供性能压测的工具很多，选择面也能很广泛，下面我将结合实际具体业务逐一分析和筛选。

TcpCopy

线上引流模式，针对新项目或全新功能就不太合适了，业务层面若需要一定量的业务逻辑支持，很难做到。

JMeter

Java 编写，在执行 1 万个压测用户线程时，CPU 上下文切换频繁，大量并发时会有内存溢出问题，很显然也不是理想的选择。

nGrinder

- 图表丰富，架构很强大，堆栈依赖项太多，学习成本很高。
- 需要额外掌握 Python 等脚本语言，虽针对程序员友好，不是所有人都可以马上修改。
- 数十个线程至少占用 4GB 内存，一台机器上要模拟 5 万个用户，不但 CPU 上下文切换很恐怖，16GB 小内存机器更是远远满足不了。
- 针对服务器资源充足的团队，可以考虑单独机器部署或 Docker 部署组成集群，针对我们团队情况就不合适了，想免费做到是不可能的。

Tsung

- 完成同样性能压测功能，却没有第三方库依赖，独立一套应用程序。
- 虽然所测试服务是 I/O 密集型，但所占用内存不会成为瓶颈。
- 可能会触及到 Erlang 语言，但我们现在工作用的语言就是 Erlang，也就不存在什么问题了。

其他

综合所述，Tsung 默认情况下消耗低，可充分利用现有服务器空闲计算资源，线上多次实践也证实资源占用始终在一个理想可控的范围内，具有可让百万用户压测执行的费用成本降低为 0 的能力，这也是我们选择 Tsung 的目的所在。

为什么是 Tsung

Tsung 是一个有着超过 15 年历史积累的性能压测工具，本身受益于 Erlang 天生支持并发和分布式以及实时性的特性，其进程的创建和运行非常廉价，一台机器上轻轻松松创建上百万个进程。其提供一个用户对应一个进程的隔离处理机制，单机支持虚拟用户的用户数量可支持十万、百万级别，只要机器资源充足（但总体来讲受制于受制于网络、内存等资源，后面会具体解释）。单机计算能力总是有限的，Tsung 的目的就是要把多台服务器横向扩展成分布式集群，从而可以对外提供一致的海量性能压力测试服务。

协议层，Tsung 不但支持 TCP/UDP/SSL 传输层协议等，而且应用层协议，已支持诸如 WebDAV/WebScoket/MQTT/MySQL/PGSQL/AQMP/Jabber/XMPP/LDAP 等。默认情况下，开箱即用，凭借着社区的支持，市面上能够找到的公开通用协议，都有相应官方或第三方插件支持。

和 nGrinder 相比，Tsung 定位为提供一个强大的性能测试工具，在易用性和强大可扩展方面保持了一个平衡点。基于 XML + DSL 提供可配置、可编程的能力。比如我们可以设置上一次的响应结果作为下一次请求内容，我们可配置多种业务协议、多个业务场景作为一个整体压测等。尽力抽象所要压测的情景吧，你不会失望的。

服务资源占用方面，以单机模拟 5 万长连接用户为例，有数据正常交互情况下，内存占用不到 3GB，CPU 占用不到两核，十分经济，如图 2 所示。

图 2 单机 5 万长连接资源消耗

Tsung 的集群架构（见图 3）& 流程

知其然知其所以然，还是需要掌握 Tsung 集群大致流程的。这是一种强主从模型，简单流程梳理如下：

- 主节点（tsung_controller）通过 SSH 通道连接到从服务器启动从节点运行时环境；
- 主节点通过 RPC 方式批量启动从节点实例（tsung client）；
- 主节点为每一个从节点启动会话监控，控制会话速度，控制每一个压测用户进程 ts_client 生成速度；
- 从节点请求主节点具体业务进程，获取会话指令以及会话具体内容；

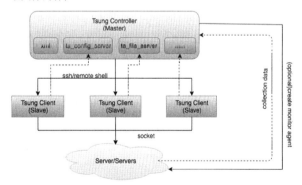

图 3 Tsung 主从架构图

- 从节点建立到目标压测服务器的 SOCKET 网络连接，开始会话；
- 主节点可以通过 SSH 通道连接到目标压测服务器，启动从节点，收集数据（可选）。

再深入一些，以 MQTT 协议为例，每一种具体协议的支持可分为文件解析和会话动作的执行，运作机制不复杂，当我们在需要时可以遵循接口约定实现私有协议支持，也不是难事。

100 万用户压测需要多少台机器

要执行 100 万用户的性能压测，首先预估需要多少台压测服务器才能够满足要求。在 Tsung 中，一个压测用户对应于一个进程，一个进程默认会打开一条连接到服务器的 TCP 网络连接。只要内存够用（I/O 密集型的应用一般吃内存），基于 Erlang 开发的应用程序，轻轻松松应对几十万、上百万的进程不是问题。那么我们需要把注意力转移到 Linux 网络资源上。一台服务器所能够提供网络 IP 地址数量和内存大小等主要因素，直接决定了能够承载的对外建立的网络连接数，下面我们把主要的影响因素一一列出并分析。

图 4　Tsung 通用插件调用流程

网络四元组和总连接数

说到网络连接抽象层面构成元素，针对本机对外建立的一个 TCP 连接而言，需要使用到本机的 IP 地址（localip）和端口（localport），以及远程的主机的 IP 地址（targetip）和端口（targetport），可以使用网络四元组进行呈现一个连接的最小构成：

{local_ip, local_port, target_ip, target_port}

我司目前所使用的服务器操作系统大多为 Centos 6.x 版，受制于 Linux 内核限制，无论目标服务器连接地址如何变化，单机对外建立的连接数量是有限的：

总连接数 = 本机可用 IP 地址数量 × 本机可用端口的数量

明白了总连接数的计算方式，那么可以按图索骥，从每一个计算因子上去考虑如何扩大其连接数。

注：若要调试 TCP 网络四元组，诸位可使用 bindp 这个小工具：https://github.com/yongboy/bindp，十分方便。

Linux 内核端口数量的限制

众所周知，在 Linux 系统中，端口的数值范围为无符号 short 类型，值范围为 1 ~ 65535。一般来讲 1 ~ 1023 范围默认只有 Root 用户有权限使用，普通用户可以使用区间范围 1025 ~ 65535，约 6 万。

但你要考虑这中间很多的端口可能被已运行的程序占用，不妨打个折降低预期范围，留有 5 万左右的可用数值，以作缓冲。

我们可通过 sysctl 命令确认当前可用的端口范围，以作参考：

bash sysctl -a | grep net.ipv4.ip_local_port_range

若范围空间太小，比如 1024 ~ 35525，那就需要主动扩大一下：

bash sysctl -w net.ipv4.ip_local_port_range="1024 65535" sysctl -p

扩展阅读：IP 可用数量的延伸

有三种比较经济方式可扩展 IP 地址可用数量。

第一种，针对 Linux 内核 >= 3.9 的 Linux 服务器而言，可设置 SO_REUSEPORT 内核参数进行支持；对外一个连接的四元组，将不再仅局限于本机 IP 地址和端口两个元素，整个网络四元组任意元素若有变化，都可以认为是一个全新的 TCP 连接，那么针对单机而言可用总连接数上限可以这样计算：

总连接数 = 本机可用 IP 地址数量 × 本机可用端口的数量 × 远程服务器可访问 IP 地址数量 × 远程服务器可访问端口数量

注：（1）远程服务器指的是要压测的业务服务器提供了多个访问地址（IP 地址：端口）访问，但都指向同一个业务服务接口；

（2）一般而言，一个业务服务只会开放一个 IP 地址和端口。

第二种方式，使用 IP 地址别名的方式，为本机绑定额外的可用的 IP 地址：

bash ifconfig eth0:1 10.10.10.101 netmask 255.255.255.0

注：所绑定的 IP 地址一定是可用的，否则会导致压测机和被压测的服务器之间无法成功建立连接。

第三种，可用考虑使用 IP_TRANSPARENT（Linux kernel 2.6.28 添加支持）特性支持。在你内存足够大的情况下（比如拥有 64GB ~ 128GB 内存），假如压测机 A 的 IP 地址为 10.10.9.100，公司内网有一个 IP 段 10.10.10.0 暂时没有被使用，你可以通过 ip route 工具设置一台机器占用完整一个 IP 地址段支持。

压测机需要为物理网卡 eth1 添加路由规则，以便能够正常处理来自新增 IP 段的往返数据包：

bash ip rule add iif eth1 tab 100 ip route add local 0.0.0.0/0 dev lo tab 100

同时需要在被压测的服务器上添加路由规则，方便在发送响应数据包时候能够找到被路由的接口地址：

bash route add -net 10.10.10.0 netmask 255.255.255.0 gw 10.10.9.100

这样一折腾，压测机 A 的可用 IP 地址就多出来 250 多个全新的 IP 地址了。

注：其实，还可以虚拟若干个 Docker 实例达到这个目的。有兴趣的同学，可以进一步参考：Tsung 笔记之 IP 地址和端口限制突破篇，以便获得更多资料支持。

内存因素

针对大部分应用而言，Tsung 默认网络堆栈发送和接收缓区都是 16KB，完全够用了。一个网络连接 = 一个用户 = 一个进程，每进程业务占用约 10KB，粗略算下来，一个不太复杂用户逻辑上内存占用不到 50KB 内存。

按照这个方式计算，1 万用户可占用 500M 内存，单机要支持 6 万用户，再加上程序自身占用内存，整个 Tsung 实例大约会占用 4GB 内存。实际上测试中，在每台压测机分配 5 万用户情况下内存使用情况，可以见图 2。

注意文件句柄

一个网络连接占用一个文件句柄，可用文件句柄数一定要大于对外建立的连接数。可使用 ulimit 查看限制的数量：

```
bash ulimit -Sn ulimit -Hn
```

若此值太小，根据实际情况调整，设置大一些，比如下面设置的 30 万连接句柄限制，大于当前服务器日常对外提供的连接数峰值 + 压测从机对外建立的连接数，有缓冲余地，可轻松应对大部分任务：

```
bash echo "* soft nofile 300000" >> /etc/security/limits.conf echo "* hard nofile 300000" >> /etc/security/limits.conf
```

还需要关注一下当前服务器总的文件句柄最大打开数量限制：

```
bash cat /proc/sys/fs/file-max
```

此值不能够小于上面所设置的 nofile 的值，否则需要大一些：

```
bash sysctl -w fs.file-max=300000 sysctl -p
```

百万用户压测机组成

说完影响因素，现在我们可计算一下，要压测 100 万用户，理论上需要多少台服务器支持：

- 每一个 IP 地址可以支持 6 万个 TCP 连接同时打开，那么 100 万个呢，100 万 /6 万 ≈ 17 个 IP 地址就够了；
- 1 万用户大约占用 500MB 内存，100 万用户大概将占用 500MB × 100 万 / 1000MB ≈ 50GB 内存。

总之理论上，一台 64GB 内存服务器 + 17 个可用 IP 地址，可以单独完成 100 万用户的压测任务。

注：我们忽略了 CPU 资源的需求，一般压测是 I/O 密集型，所耗费 CPU 资源不是很多，但也要小心，有时需要降低或关闭掉在压测端进行一些高频的数据校验行为。

理论和现实总是有差距存在，要做 100 万用户的压测，如上所述，我们没有人量空闲服务器，有的是若干 16GD 小内存、单一内网 IP 地址的线上服务器，需要因地制宜：

- 留有缓冲余地，每一台压测机平均分配 5 万个用户；
- 1 台服务器用作压测主机；
- 20 台线上服务器作为压测机。

提前计算和准备好压测使用的服务器，下面该进入设计业务压测会话内容环节了。

设计业务压测会话内容

紧密贴合业务设计压测，会话内容将是需要考虑的重心。

压测连接信息

怎么填写压测连接服务器地址、压测从机，根据 Tsung 手册操作即可。篇幅所限，不再赘述。

若是压测单台业务服务器，用户每秒生成速率需要避免设置过大。因为业务型服务，一般以处理具体自身业务为先，在用户每秒产生速率过快情况下，针对新建网络连接的处理速度就不会太快。

比如我们实践中设置每秒产生 500 个用户对线上若干台服务器压测，可避免因为产生过快影响到线上其他具体业务。

实践压测环节中，可能需要考虑很多的事情：

- 会不会突然之间对 LVS 网络通道产生影响，需要和网络组同事进行协调；
- 会不会因为突然之间的压力导致影响到其他现有服务；
- 一般建议，非封闭的网络环境下将用户每秒压力产生速度设置小一点，保险一些。

设计压测会话内容

压力测试会话内容的编写，有三个原则需要注意：模拟、全面和强度。

我们在设计压测会话时，一定要清楚所开发系统最终面向的用户是谁，其使用习惯和特征分别是什么，一定要尽可能地去复现其使用场景。其次，需要模拟的用户会话内容要全面覆盖用户交互的各个方面，比如聊天室项目中，一个用户从加入房间，中间流程包括点赞、打赏、光柱、发言等行为，中间间隔的心跳等，最后可选择的退出行为，其业务场景，完整的体现在编写的压测场景中了。另外，针对业务场景特点，还针对每一个具体的行为，还要考虑其执行次数等，简简单单走一遍流程，也就失去了性能压力测试的意义了。

表 1 是在压测聊天室这个业务时压测会话，包含了一个终端用户的完整交互。

表 1 压测会话

会话动作	次数
用户加入	1
用户发言内容随机	51
心跳	8
用户点击	20
用户空闲时间	24 分钟
用户退出	1

安装和部署

Tsung 安装部署要求简单：

- 所有压测服务器上安装有同样版本的 Erlang 和 Tsung。
- 服务器之间 SSH 通道需要设置成免密钥自动登录形式。

这针对一般的机房环境是没有什么问题，但网络环境是很复杂的，问题总是会多过设想。

SSH 不可用时的替代方案

但 SSH 通道会被系统管理员出于安全考虑禁用，导致 Tsung 主节点无法启动从节点，无法建立压测集群。我司机房网络环境就是如此，既然 SSH 不可使用，那么需要寻找 / 编写一个替代者。

一般情况下，Tsung 主节点启动之后，从 tsung.xml 文件中读取从机列表，进而启动：

```
erlang slave:start(node_slave, bar, "-setcookie
mycookie").
```

然后被翻译为类似于 ssh HOSTNAME/IP Command 命令：

```
bash ssh node_slave erl -detached -noinput
-master foo@node_master -sname bar@node_slave -s
slave slave_start foo@node_master slave_waiter_0
-setcookie mycookie
```

这很好解释了为什么压测节点之间需要提前设置 SSH 免密钥登录了。聊天室会话实例如图 5 所示。

图 5　聊天室会话实例

SSH 为 C/S 模式，SSH Server 是默认监听 22 端口的一个守护进程，等待客户端发送命令，解析执行，然后返回结果。明白了这个道理，我们可利用反向 Shell 机制打造一个 SSH 替代品。

首先我们需要在一个从节点上启动一个守护进程：

```
bash ncat -4 -k -l 39999 -e /bin/bash &
```

主节点作为客户端，比如我们想查询远程服务器主机名：

```
bash echo hostname | ncat 10.77.128.21 39999
```

一点都不复杂吧，但实际上还有很多的工作要做，比如自动断开机制等，我已封装了 rsh_client.sh 和 rsh_daemon.sh 两个文件，可参考 https://github.com/weibomobile/tsung_rsh，不再累述。

问题来了，如何结合 Tsung 使用呢？

第一步，在所有从机启动守护进程：

```
bash sh rsh_daemon.sh start
```

第二步，需要在 Tsung 启动时使用 -r 参数指定自定义的远程终端：

```
bash tsung -r rsh_client.sh -f tsung.xml start
```

总之，这个 SSH 终端替代方案，已经在良好的运行在线上实际压测中了，图 6 为其部署结构。

注：其实不仅仅是替代，还可以在其上增加一些资源监控功能，我们已经这样干了。

IP 直连特性支持

Tsung 还有一个使用不便的地方，从机必须配置主机名，用于主机启动从机实例：

```
xml <client host="client20" maxusers="50000"
weight="1"> <ip value="10.10.10.20"></ip> </
client>
```

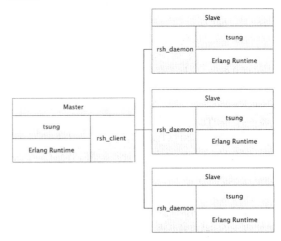

图 6　Tsung 全新部署结构

在主机名没有内网 DNS 解析支持情况下，需要在 /etc/hosts 文件中手动配置主机名和 IP 地址映射关系，若是集群很大，维护成本高。如何办呢？我增加了 IP 直连特性支持：https://github.com/weibomobile/tsung/，需要时检出编译即可使用。

这样压测从机可以直接填写 IP 地址：

```
xml <client host="10.10.10.20" maxusers="50000"
weight="1"> <ip value="10.10.10.20"></ip> </
client>
```

其次，在 Tsung 启动时需要指定 –I 参数，并填写压测主机 IP 地址（可以通过 Linux 代码自动获取）：

```
bash tsung -I 压测主机IP地址 -r rsh_client.sh -f
tsung.xml start
```

这样改造之后，让 Tsung 分布式集群在复杂网络机房内网环境下适应性向前迈了一大步。

性能压测流程驱动

压测之前，我们一般需要关注哪些东西呢，其实大家做法差不多，可以列一个清单：

- 添加计数器，可以发送到计数收集服务器，报表显示等；
- 核心逻辑做好日志记录，但日志记录过多时，可能也会成为瓶颈，需要取舍日志等级等；
- 区分核心模块和非核心模块的在资源紧张时是否需要区别对待等。

压测中，大家一般都是紧密盯着各项报表，查看服务器各项资源开销等。有一点需要强调的是，尽量作为终端用户一员，亲身参与进去，这样才能够切身体验并切切实实感受到此时服务的质量。

压测后，复查各项报表，查看错误日志，结合刚才自身的体验等，认真思考修改问题，然后继续下一轮压力测试。

小结

如上所述，我们在没有空闲服务器情况下因地制宜，充分利用服务器空闲计算资源运行 Tsung（有所增强、修改）分布式压测集群，让整体费用成本接近于零，同时也使之成为一项基础工具套件，为研发的同学提供足够多的支持。

在这一利器推动下，保证了我们整个聊天室项目的处理性能能够按照预期方式向前推进，有时还会有一点小惊喜：

- 系统处理性能，由项目之初单机服务 1 万用户，优化到单机处理 50 万用户的飞跃；
- 从上线之初服务支持 50 万用户，到后面支持 1000 万；
- 项目日常迭代，及时避免并修正了因额外功能引入的系统崩溃隐患；
- 激发了技术创新，期间收获了 3 项技术创新专利；
- 勤奋有心的同学，虽然经验欠缺，但被推着不停地发现问题、思考、解决问题，你可以看到他们成长的轨迹。

虽然看上去这一利器功不可没，但工具就是工具，关键还要看使用的人，是否能够一直坚持进行下去，是否可以贯穿于整个研发周期；但知易行难，需去除惰性，坚持下去，形成一种习惯，成为日常的业务流程（见图 7）的一个组成部分，否则只能是摆设。

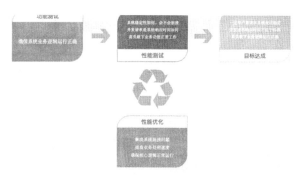

图 7　性能压测驱动

另外，希望能够给同样境遇的同学提供一种思路，或受限于 SSH 不可用而放弃搭建 Tsung 集群，或因地制宜需要稍作定制满足特殊业务，或直接使用我们开源增强版 Tsung 避免走弯路，或者直接使用 Docker 等。总之使用 Tsung 做海量用户的压测，它不会让你失望的。

电商物流系统技术架构进化史

文 / 者文明

1998 年 3 月，中国第一笔互联网网上交易成功，标志着中国正式从电子数据交换时代步入互联网电子商务时代，从 2003 年开始进入迅速发展阶段，到今天，中国电子商务格局已经形成。笔者在传统企业应用和电商互联网公司摸爬滚打了 15 年，亲历过传统企业应用向互联网转型，以及电商物流系统的架构演进过程。本文是笔者根据多年经验整理的一个小结。

电商物流系统主要包括仓储、预分拣、分拣、配送、干线运输、售后、客服等业务系统。电商物流系统的架构是随着技术的进步一步步进化过来的，最初也和传统企业应用一样，经历过 C/S 和 B/S 时代，后来由于业务规模的快速增长，电商物流系统走出了一条不同于企业应用的进化之路，也就是互联网 + 时代和 DB+ 时代，本文将重点对京东物流系统的进化过程进行简要阐述。

C/S 时代

C/S 是一种历史悠久且技术非常成熟的架构，在电子商务发展的初始阶段（2000 年左右），和企业应用一样，由于业务规模很小（每天几百单），加上物流中心（库房、分拣中心、配送中心）的数量也很少，全国就几个甚至一个物流中心，这样系统的部署和运维成本很低。在这样的背景下，自然也就选择了当初最稳定的 C/S 架构，如图 1 所示。

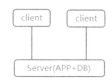

图 1　C/S 架构

C/S 架构的最大优点是能够充分发挥客户端 PC 机的处理能力，很多业务逻辑都可以放在客户端处理，不需要远程通信就可以直接响应，这样客户端的响应速度就比较快。不过 C/S 架构的缺点也是十分明显的，简单概括起来有如下几点：

- 客户端属于胖客户端，每个客户端都需要安装客户端软件，导致开发、上线部署以及维护和升级成本非常高；
- 不支持跨平台，甚至连同平台不同版本之间都不能兼容；
- 硬件资源成本高，因为客户端需要安装软件，对所有客户端服务器的配置就有一定要求，这样就带来了高昂的硬件成本。

在 C/S 时代，京东的物流系统和企业应用一样，业务规模和在线用户的量级都很小，所以 C/S 架构足以支撑正常的业务。

B/S 时代

随着互联网和电子商务的飞速发展，京东的订单量也呈现出每年数十倍的增长速度，京东物流中心的规模和数量也随之快速增长，很多跨物流中心的业务模式（比如内配调拨、跨分拣中心分拣等）也不断出现，在这种背景下，局域网已经满足不了业务需求，这就要求系统必须具备远程访问的功能以及可扩展性。同时随着 Internet 和 WWW 技术的发展，B/S 架构也就应运而生。B/S 架构是 C/S 架构的一种改进，相当于三层 C/S 架构（浏览器 /Web 服务器 / 数据库服务器），主要利用了 WWW 浏览器技术，采用 HTTP 协议，用浏览器实现了原来需要客户端软件才能实现的强大功能。B/S 架构如图 2 所示。

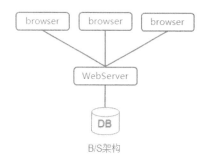

图 2　B/S 架构

在B/S架构中，客户端为瘦客户端，业务逻辑集中在Web服务端，系统的开发上线以及升级维护成本比C/S架构要低得多，而且客户端的服务器成本也大大降低，最主要的是用户可以远程访问系统，有力支持了跨物流中心的业务模式。在B/S架构时代，京东的物流系统大多采用IIS作为WebService，数据库采用SQLServer，基本用的都是微软系产品。

+互联网时代

随着京东业务规模的不断扩大，物流系统的业务量级也由原来的日均几万单发展到几百万单，这样的业务规模已经远远超出企业应用的规模，毕竟企业应用的用户是企业内部员工，京东的客户是面向全国乃至全球的普通消费者，二者在数量级上是存在巨大差异的。在这样的规模下，京东物流系统如果还停留在传统的B/S或者说企业应用的技术思路上，肯定是无法满足性能和吞吐量需求的。在业务规模的驱动下，系统必须引入更多的互联网技术，比如分布式缓存、消息中间件、分布式文件系统、流式计算、海量存储技术等。

对于强依赖数据库的OLTP类系统，分布式缓存是一种非常好的提升系统容量的技术，京东的物流系统基本都是业务密集型的OLTP系统，强依赖关系型数据库，但关系型数据库的TPS毕竟是非常有限的，这样在数据库之上，就有必要将一些相对静态的数据进行一级或多级缓存，将大部分并发分摊到缓存中，只有极少部分请求才会穿透到数据库，这样系统的并发性能和吞吐量就会大大提升。在物流系统中，基础资料类系统，比如仓储系统的基础资料系统，配送系统的基础资料系统等就特别适合使用缓存，因为基础资料数据是相对静态的数据，读多写少，数据变更的频率非常低，大多数据是几周或者几个月才会变更一次，这样缓存命中率就会非常高。同时基础资料类系统主要提供大量的读服务，相对更偏底层，读并发会非常大，所以必须通过缓存才能满足其高并发的需求。

消息中间件主要用在两种场景，一个是用来处理同步异步化，可以将系统之间同步调用服务处理为异步消息，将强依赖变为弱依赖，在解耦的同时还能提升系统的可用性和吞吐能力；另一个是用来进行削峰，可以将峰值流量缓存到消息队列中，然后慢慢去消费消息，有效地提升了系统的并发性能。仓储系统的订单接收模块，就是采用了同步异步化技术，将订单信息发送到消息队列中，然后由订单路由模块通过异步的方式下传给仓储系统生产，如果不引入消息队列，直接通过同步调用服务的方式将订单直接下传给仓储系统，这样接单的并发性能就会受制于仓储系统。

分布式文件系统用来存储图片、大文件等，比如电子面单图片、订单报文、商品资料报文等，在仓储订单路由系统中，订单和商品资料报文最初是存储在MySQL中，后来就改成分布式文件系统。在仓储面单系统中，也是将电子面单存储到分布式文件系统中。流式计算主要用于处理实时/准实时的统计类监控报表需求。比如分拣发货量、站点验货量、妥投量统计、仓储出库量统计等。海量存储技术（比如HBase）用于存储数据结构比较简单的数据或者是生产系统中的历史数据。

在京东物流系统中，引入的互联网技术还有很多，这里就不再一一赘述。图3简单地展示了这一阶段的系统结构。

在这个时代，我们的系统从.Net平台迁移到了Java平台，Java平台相较.Net平台具备很多优势，比如更加开放、开源资源更丰富等，只有这样才能引入更多互联网技术。同时数据库也由SQLServer迁移到了MySQL，MySQL比SQLServer更加灵活，最重要的是开源免费，可以大大降低成本。

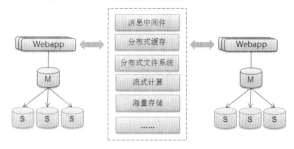

图3 +互联网时代

DB+时代

在+互联网时代，我们的系统引入了很多互联网技术，系统的容量也得到了明显的提升。但是业务规模的扩张速度总是快于我们系统的迭代速度，业务规模总是在驱动着系统的升级迭代。这个阶段业务量级已经达到日均千万甚至亿级，单纯的引入一些互联网技术无法让系统容量发生质的变化。上面提到，我们的系统强依赖关系型数据库，对于数据库的读，我们通过扩展读库即可实现分布式，但是对于数据库写，在+互联网时代还没真正做到分布式，这就是一个很大的问题。所以在这个阶段，我把它总结为DB+时代，也就是DB+NoSQL+分布式，主要包括如下几个方面的改进：

- 引入KV引擎，将一些数据从关系型数据库（MySQL）迁移到KV引擎中来存储和处理，这样不仅可以大大降低关系型数据库（MySQL）的负担，还能提升数据的读写性能。京东的物流系统中，引入的KV引擎主要包括Redis、HBase、Elasticsearch和Cassandra，Redis用于缓存那些相对静态的热点数据，HBase是存储，主要存储海量的业务数据和历史数据，Elasticsearch主要存储查询条件相对复杂的数据，Cassandra主要存储一些日志、流水类数据，将一些查询条件相对复杂的数据写入Elasticsearch等。

引入数据库分库分表中间件，实现数据库写的分布式，做到数据库的读写都可以随时扩展，真正实现从Scale up到Scale out的转变。京东物流系统的sharding中间件是自主研发的，支持分库分表、动态Scale out以及读写分离、历史数据结转等。

追求BASE模型，容忍分区失败，弱化事务，大事务化小事务，甚至是无事务，舍强一致性取最终一致性。

图4能简单说明DB+的基本思路，系统的存储分两部分，一部分是传统的关系型数据库（MySQL），用来存储结构化、强事务数据，数据库做了Sharding，读写均为分布式，支持弹性扩展。另一个是KV引擎，KV引擎主要包括Redis、HBase、ElasticSearch和Cassandra，Redis主要用来做热点缓存，HBase用来存储数据量级大而且rowkey又比较固定的数据，ElasticSearch用来存储查询条件比较复杂的报表、查询类数据，Cassandra主要用来存储日志、流水类数据，这类数据量级大，读写性能要求也比较高，但是大多只需要单记录查询。

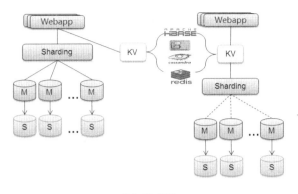

图 4 DB+ 时代

总结

京东物流系统的技术架构是随着公司业务的发展，业务模式和规模的不断扩张一步步演进过来，主要经历了 C/S、B/S、+互联网、DB+4 个阶段。这 4 个阶段是笔者根据自己多年的经验总结出来的，并不能代表所有电商物流系统的架构演进过程，只是希望读者能对电商物流系统的架构演进过程有一个初步的了解和认识，同时也为电商物流系统的研发和设计人员提供一个参考和借鉴，在技术选型和架构方向上尽量少走一些弯路，进而设计出真正高并发、高吞吐量的物流系统。

每一次演进都是规模驱动的结果，现阶段还处于电商高速发展的黄金时期，业务规模还会持续保持快速增长，京东的物流系统还将继续演进，后面可能会进入 NoSQL 时代，也有可能会进入 NewSQL 时代，目前还不好说。

有道云笔记跨平台富文本编辑器的技术演进

文 / 傅云贵

使用过有道云笔记的读者会发现，该 App 在 Windows、macOS、桌面浏览器（WebKit 内核）、iOS、Android 等终端提供了富文本编辑能力。在不同终端实现基本一致的编辑能力，这是如何做到的呢？

跨平台架构设计

这必须从有道云笔记富文本编辑器的基本架构说起（见图1）。

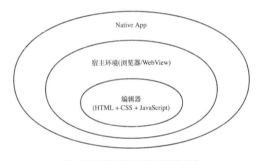

图1 有道云笔记编辑器跨平台架构设计

有道云笔记编辑器使用了前端技术构建编辑器的核心，并运行在特定的宿主环境（Native App 提供的浏览器环境）中。在不同平台，浏览器环境不一样，以下是有道不同平台中使用的浏览器环境，如表1所示。

表1 有道云笔记编辑器的宿主环境

平台	宿主环境	备注
Windows	CEF	
Mac OS	WebView	推荐使用 WKWebView（mac OS 10.10+）
桌面浏览器	浏览器自身	仅支持 WebKit 内核
iOS	UIWebView	推荐使用 WKWebView（iOS 8+）
Android	CrossWalk（Android 4.0+）WebView（Android 7.0+）	

在 Windows 平台的客户端中，使用了 CEF（Chromium Embedded Framework）提供浏览器环境。CEF 是一个基于 Chromium 内核的开源项目，跨 Windows/Mac/Linux 桌面平台，

性能好，支持 HTML5/CSS3 等新特性。

在 Android 4.0+ 中，有道云笔记使用了 CrossWalk 提供浏览器环境。CrossWalk 是 Intel 的一个开源项目，目的是为 Android 系统提供一个一致的性能强劲的 WebView。由于随着 Android 系统不断更新迭代，系统自带 WebView 已使用 Chromium 内核，CrossWalk 的优势在高版本的 Android 中不明显。目前，Intel 已声明不再继续开发该项目，故在 Android 7.0+ 中使用了系统自带的 WebView。

虽然内嵌 CEF、CrossWalk 能够提供性能更好特性更丰富的浏览器环境，但程序安装包的大小会增加 20MB 左右。iOS/macOS 平台系统自带的 UIWebView/WebView 满足要求，故使用系统自带。UIWebView/WebView 已被官方不推荐使用，建议使用 WKWebView 代替。目前我们正往 WKWebView 迁移。

为什么采用 Native App+ 宿主环境（浏览器 /WebView）+ 前端技术的方式来构建编辑器呢？这是因为：

■ HTML+CSS 特性丰富，布局灵活，适合展现文本，图片等富文本内容；

■ 浏览器的 contenteditable 特性支持富文本的编辑，适合开发编辑器；

■ 可跨平台开发，不同平台编辑器的核心代码基本可以复用，降低开发成本；

■ Native App 具有更高的权限，当 HTML/CSS/JavaScript 能力受限时，可由 Native App 提供接口来补充。

编辑器的迭代

宿主环境（浏览器 /WebView）的挑选为编辑器保证了良好的运行环境，而编辑器的好坏取决于如何设计与实现。在发展过程中，有道云笔记共研发了三代编辑器，每一代编辑器的设计思路各不相同。

第一代（见图2）

在有道云笔记发展早期（2012 年左右），由于当时 Android

自带的 WebView 不支持 contenteditable 特性且无 CrossWalk 这类的项目，故无法基于 contenteditable 实现富文本编辑功能，不得不采用类似普通网页的交互形式来实现简单的文本编辑。

WebView 渲染内容（HTML），当用户点击在渲染视图上时，点击处的 HTML 元素会将其 innerText 发给 Native App，然后 Native App 调用系统原生控件进行纯文本编辑。待编辑完成后，Native App 将编辑后的文本发给编辑器，编辑器更新视图。

该版本编辑器实现非常简单，仅支持文本编辑，无法支持修改格式等功能。

图 2 第一代编辑器界面

第二代

第二代编辑器利用了浏览器的 contenteditable 的特性——这是主流 Web 富文本编辑器采用的技术，比如国外的 CKEditor、TinyMCE，国内的 UEditor、KindEditor。

浏览器的 contenteditable 特性为富文本编辑提供了较为强大的功能，document.execCommand API 提供了较多的命令，支持文本编辑、格式修改、插入超链接 / 图片等功能。但不同浏览器编辑功能的实现有差异，且存在 bug；再者，有些编辑命令未必符合产品需求，因此，不可避免地需要自实现部分（或全部）编辑命令。

采用这一技术的编辑器特点是：
- 依赖浏览器的 contenteditable 的特性；
- 特性丰富，性能较好，功能较为强大；
- 操作的数据是 HTML/DOM 树，数据与视图没有分离，都是同一份内存数据；
- 对 HTML 的兼容性好；
- 命令执行依赖浏览器 document.execCommand API，虽然自实现部分或者全部命令，但依然存在难于解决的 bug，也不便于实现协同编辑、类似 Word 分页等功能。

第三代

因此，在 2015 年，编辑器团队对编辑器进行重新思考，开始探索不一样的道路。

不同于前两代编辑器，第三代编辑器在存储层采用了 XML 对数据进行严格定义。编辑器运行时，XML 被转化成 JavaScript 对象表示的数据层。视图层负责视图渲染及 UI 交互，与数据层分开。

第三代编辑器不依赖浏览器的 contenteditable 特性，命令执行不依赖 document.execCommand API。数据、选区、编辑命令、视图渲染等所有组件完全由编辑器自己定义和实现——这使得编辑器更加可控，但也导致编辑器更复杂，增加了开发的难度和成本。

在业界，Google Docs 在 2010 年抛弃了对 contenteditable 的依赖，采用了类似的思路，详见 Google Drive 的博文：What's different about the new Google Docs? (https://drive.googleblog.com/2010/05/whats-different-about-new-google-docs.html)。类似思路的开源编辑器有 ritzy、Ace。

基于 contenteditable 的编辑器

基于 contenteditable 的第二代编辑器主要有以下几个核心：
- Range/Selection
- document.execCommand
- undo/redo
- 内容过滤
- 与 Native App 的通信

Range/Selection

无论是基于 contenteditable 还是超越 contenteditable 的编辑器都会有 Range 的概念。Range 翻译过来是范围、幅度的意思，与数学上的概念——区间——类似。

在 iOS 开发中，NSRange 有 location 和 length 属性，常用来描述字符串的中一段连续的范围。

类似的，浏览器提供的 Range 用来描述 DOM 树中的一段连续的范围。startContainer、startOffset 描述 Range 的起始处，endContainer、endOffset 描述 Range 的结尾处。当一个 Range 的起始处和结尾处是同一个位置时，该 Range 就处于 collapsed 状态。当给一段文本进行操作（比如加粗）时，必须先使用 Range 来描述该段文本。

Selection（选区）管理整个页面当前的 Range 及 Range 的绘制。当 Selection 中的 Range 处于 collapsed 状态时，即是日常所说的光标。光标其实是 Selection 的一种特殊状态。

在有道云笔记编辑器中，由于只支持 webkit 内核的浏览器环境，故不存在 Range/Selection 的兼容性问题。

document.execCommand

编辑器使用 Range/Selection 选定内容，使用 document.execCommand 来对选定的内容进行编辑修改。该 API 定义如下：

bool=document.execCommand(aCommandName, aShowDefaultUI, aValueArgument)

如需要对选定内容设置为红色，只需要执行 document.execCommand("foreColor", false, "red") 即可。

W3C 标准定义的命令总共有四十多个，分为四类：
- 行内（Inline）格式编辑，如 backColor、bold、createLink、fontSize；
- 块级（Block）格式编辑，如 formatBlock、insertOrderedList、insertHTML、insertText、justifyCenter；
- 剪贴板相关，只有 copy、cut、paste 三个；
- 其他，如 undo、redo、selectAll、styleWithCSS。

浏览器原生的命令：
- 未必符合产品需求，如 fontSize 命令只能传入 1 ~ 7 的参数，无法传入类似 10px 这样的参数。
- 本身实现有 bug。

三代编辑器的区别如表 2 所示。

表 2 三代编辑器的区别

编辑器	存储层	运行时		
		数据层	视图层	是否依赖 WebView 的特性
第一代	HTML	HTML/DOM 树		无特殊依赖
第二代	HTML	HTML/DOM 树		依赖 contenteditable
第三代	XML	Note/Block	NoteView/BlockView	不依赖 contenteditable

因此，编辑器需要复写部分或全部命令，新增命令以及管理命令，提供类似 document.execCommand 的 editor.execCommand 接口。

Undo/redo（见图 3）

使用 document.execCommand 对内容修改时，浏览器内部会对该 contenteditable 区域维护一个 undo 栈和一个 redo 栈，使得每一个修改行为可以撤销和重做。

如果一旦使用了 document.execCommand 之外的 DOM API 修改内容，就会破坏 undo/redo 栈的连续性，导致撤销和重做出错或失效。比如，使用 jQuery 查找一个元素，其 Sizzler 引擎在查找过程中可能会对 HTML 元素添加属性，并在查找完成后删除新添加属性。在该过程中，Sizzler 使用了 DOM API 操作添加和删除属性，会导致浏览器内部的 undo/redo 出错。

在复写或新增命令时，不可避免地会使用 DOM API 操作内容，破坏浏览器内部的 undo/redo 管理，因此，编辑器必须自身实现 undo/redo。

通常，基于 contenteditable 的编辑器使用打标记（Bookmark）的方式来实现 undo/redo。在有道云笔记的编辑器中，由于没有复写全部的命令，难于使用打标记的方式，故另辟蹊径——使用 HTML 内容与 Range 快照的方式来实现 undo/redo。

要创建和恢复 HTML 内容与 Range 快照，就必须实现 HTML 内容与 Range 的序列化和反序列化。其中值得注意的一点是，Range 无法单独序列化和反序列化，必须与 HTML 内容绑定在一起。

修改内容是通过执行命令完成的，一个或者多个命令的执行过程可以抽象成一个 Operation，每个 Operation 对象会持有：
- snapshotBefore，修改前的 HTML 内容与 Range 快照；
- snapshotAfter，修改后的 HTML 内容与 Range 快照。

当执行修改动作后，Operation 被压入 undo 栈。执行 undo 时，Operation 从 undo 栈弹出，然后 snapshotBefore 被恢复到编辑器中，最后 Operation 被压入 redo 栈。执行 redo 时，Operation 从 redo 栈弹出，snapshotAfter 被恢复到编辑器中，最后 Operation 压入 undo 栈。

HTML 内容与 Range 每次快照都存储整篇笔记，占用的内存较大。因此，内存中只保留有限个 Operation——这限制了撤销和重做的次数。在 PC/Mac/iOS/Android 平台，Native App 可以提供持久化存储接口。因此，可以将超出个数限制的 Operation 序列化，通过 Native App 提供的接口保存到持久化存储层。当内存中的 Operation 个数不够时，从持久化存储层中获取数据，反序列化成 Operation，并放入 undo 栈中。通过这种方式，可以突破内存大小的限制，实现无限次撤销与重做，尤其适合对 App 内存大小有严格限制的移动端。

内容过滤

由于 HTML 特性丰富，灵活多变，因此需要对输入的 HTML 内容供进行过滤。粘贴来的内容，需要特殊处理，尤其是从 Word、Excel 粘贴过来的内容。

对 HTML 过滤有两种方式：
- 使用正则表达式对 HTML 字符串进行过滤；
- 将 HTML 字符串解析成 DOM 树后进行过滤。

其中，将 HTML 字符串解析成 DOM 树时，应当使用 DOMParser API，而不是简单地将 HTML 赋给临时元素的 innerHTML。使用 DOMParser API 的主要好处是：
- 防止 script 标签的执行，避免 XSS 攻击；
- 防止图片等资源的自动加载。

以上两种方式可以综合起来，灵活运用。

HTML 的过滤机制有两种：
- 白名单；
- 黑名单。

推荐使用白名单机制对 HTML 内容进行系统严格地过滤，对可接收的标签，属性，样式都严格限制。

与 Native App 的通信

无论在哪个平台，编辑器都需要与对应的 Native App 进行通信。编辑器提供 setContent/getContent 等接口供 Native App 调用，Native App 则提供 requestImageThumb，requestInsertImage 等接口供编辑器调用。与 Web App 相比，Native App 有更好的性能和可靠性，可访问各种设备，如持久存储、相册相机、震动器。Native App 提供的接口极大增强了编辑器的能力，有道云笔记编辑器依靠 Native App 提供的接口，实现了无限次撤销重做、插入图片/视频、图像纠偏、手写笔记等功能。

超越 contenteditable 的编辑器

由于基于浏览器 contenteditable 特性实现的编辑器存在无法根除的 bug，难于实现协同编辑、类 Word 分页等功能，重新思考与设计编辑器，开发了第三代编辑器。

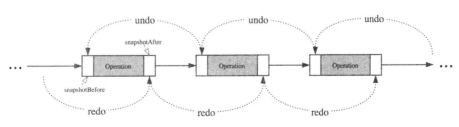

图 3 Undo/Redo 设计

与第二代相比,第三代编辑器的主要特点是:
- 使用 XML 严格定义了数据;
- 编辑时,数据层与视图层分离;
- 不依赖浏览器原生的 Range/Selection,自实现 NoteRange/NoteSelection 及其绘制;
- 不依赖 contenteditable 特性,使用中间层对接输入法;
- 不依赖 document.execCommand,自实现全部命令及命令的管理;
- 细粒度的 undo/redo,占用更少的内存;
- 更加可控,扩展性更强,有利于实现协同编辑、类 Word 分页等功能。

XML 定义数据

HTML 特性丰富,灵活多变,不利于严格定义数据,而 JSON 又缺少描述文档结构的定义。XML 适合用来结构化文档和数据,适应性强且通用——不但能够被浏览器支持,而且在其他端得到了广泛的应用和支持。在定义数据结构时,可以使用 XML Schema 描述 XML 文档结构。

在有道云笔记中,一个段落被抽象成 paragraph 标签,其下有以下子标签。
- text:表示段落中的文本数据;
- inline-styles:表示段落中的文本的格式,比如字体、字号、颜色、背景色;
- styles:表示整个段落的格式,比如行高、缩进。

比如,图 4 所示的带格式文本,使用 XML 可描述为图 5 所示。

Think Diffent

图 4 具有段落和行内格式的 Paragraph——显示效果

```
1  <paragraph>
2      <text>Think Diffent</text>
3      <inline-styles>
4          <bold>
5              <from>6</from>
6              <to>13</to>
7              <value>true</value>
8          </bold>
9          <italic>
10             <from>0</from>
11             <to>5</to>
12             <value>true</value>
13         </italic>
14         <font-size>
15             <from>0</from>
16             <to>5</to>
17             <value>22</value>
18         </font-size>
19         <font-size>
20             <from>6</from>
21             <to>13</to>
22             <value>12</value>
23         </font-size>
24         <color>
25             <from>0</from>
26             <to>5</to>
27             <value>#f77567</value>
28         </color>
29         <back-color>
30             <from>0</from>
31             <to>5</to>
32             <value>#daeef4</value>
33         </back-color>
34         <back-color>
35             <from>6</from>
36             <to>13</to>
37             <value>#ffffff</value>
38         </back-color>
39     </inline-styles>
40     <styles>
41         <align>center</align>
42         <line-height>1.5</line-height>
43     </styles>
44 </paragraph>
```

图 5 具有段落和行内格式的 Paragraph——XML 描述

众所周知,树状数据不如线性数据好处理。HTM 是树状结构的,且无深度限制——div 标签几乎可无限制嵌套 div——非常不利于编辑器操作数据。因此,在 XML 定义的文档数据中,类似 paragraph 的块级标签不能相互嵌套,且 text、inline-styles 等行内标签的嵌套也有严格定义。

数据层

运行时,第二代编辑器操作的数据和展现给用户的视图使用的是同一份 HTML/DOM。通过对 Etherpad Lite、Quip、Google Doc 等产品的调研与分析,第三代编辑器重新设计了运行时的数据层。所有数据可以分为块状(Block)和行内(Inline)数据,笔记内容由若干个块数据(Block)组成,每个块数据(Block)由行内(Inline)数据组成——这与 XML 定义存储层时的逻辑一致。

在运行时,paragraph 标签会被转化成 Block 的子类 Paragraph 对象。行内数据 text 和 inline-styles 则转化成一个 RichText 对象,RichText 由若干个 RichChar 组成。而 styles 标签则会被转化成 blockStyles 对象。Paragraph 负责整个段落,管理 RichText 和 blockStyles 对象(见图 6)。

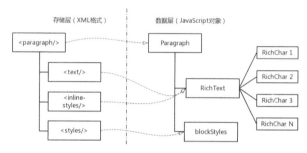

图 6 Paragraph 存储层到数据层

一篇笔记中有不同类型的 Block,如列表(ListItem)、图片(Image)、附件(Attachment)、表格(Table)、未知类型(Unknown)。其中,未知类型(Unknown)比较特殊,用于兼容未来新增的 Block 定义。笔记中的所有 Block 存放在一个数组中,该数组由 Note 对象管理。Note 对象提供一些方法以支持 Block 的获取及增删改。

NoteRange / NoteSelection

Range 是用来描述数据范围的,由于数据层中不同类型的 Block 数据结构不一样,因此需要不用类型的 BlockRange 来描述数据范围。

比如,ParagraphRange 描述 Paragraph 数据范围,具有以下属性。
- block:指向 Block 子类 Paragraph 的实例;
- start:数据范围的起始;
- end:数据范围的结尾。

ImageRange 描述 Image 的数据范围,则具有以下属性。
- block:指向 Block 子类 Image 的实例;
- rangeType:枚举常量,可取的值为 ImageRange.START(图片左侧)、ImageRange.END(图片右侧)、ImageRange.ALL(选取图片)。

整个笔记的数据范围则用 NoteRange 来描述,其具有两个属性。

- startBlockRange：BlockRange 类型，笔记数据范围的起始处；
- endBlockRange：BlockRange 类型，笔记数据范围的结尾处。

NoteSelection 负责管理当前的 NoteRange，NoteSelectionView 负责绘制 NoteSelection。

视图层

在第三代编辑器中，视图层与数据层进行了分离。BlockView 对象负责数据层 Block 对象的渲染和交互，不同的 Block 类型对应不同的 BlockView，比如 ParagraphView 负责 Paragraph（见图7），ImageView 负责 Image。

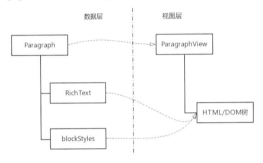

图7 Paragraph 数据层到视图层

在 BlockView 之上存在 NoteView，NoteView 负责管理所有的 BlockView，以及 BlockView 级别上无法处理的交互。

除了 NoteView 外，NoteSelectionView 是视图层重要的一部分。NoteSelectionView 是一个绝对定位的半透明层，悬浮在 NoteView 上方。在计算 NoteSelection 的位置信息时，会调用在选区中的每个 BlockView 的 getClientRectsForRange 方法以获取一组 ClientRect，NoteSelectionView 根据这些 ClientRect 即可绘制出选区。值得注意的是，NoteSelectionView 需要将其 CSS pointer-events 属性设置为 none 以禁止其接收鼠标点击等用户交互。

一个完整的编辑器一般会提供工具栏，编辑器需要给工具栏提供命令状态查询接口。

综上，编辑器存储层、数据层、视图层的关系如图8所示。

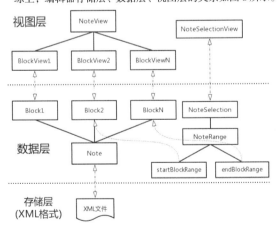

图8 整篇笔记存储层／数据层／视图层的关系

输入法对接

由于抛弃了 contenteditable 特性，编辑器无法使用系统默认光标／选区来支持输入法的输入，但真实的光标／选区又必须存在，浏览器才能接收到输入法的输入，该如何处理呢？

业界普遍采用的方式是将真实的光标／选区放置在一个用户不可见的 input 元素或者 textarea 元素中。input 或 textarea 元素监听 keydown、textInput、compositionstart/compositionupdate/compositionend、copy/cut/paste 等键盘、输入法、剪贴板相关事件。

在第三代编辑器中，使用不可见的 textarea 元素，并由 HiddenInputView 组件负责管理。HiddenInputView 会将来自 textarea 元素的事件稍加整理，然后交与整个编辑器的控制器 Controller 处理。

命令及其管理

当控制器 Controller 接收到键盘按键、输入法、剪贴板等相关事件时，会执行对应的命令（Command）。

编辑器不能直接去修改数据层的 Note/Block，必须通过执行命令（Command）的方式间接修改数据。任何修改操作行为都必须抽象成命令（Command），每个命令都必须实现 doApply、undoApply 和 redoApply 方法，以便于整个编辑器实现撤销和重做功能。

比如，当我们对一个段落中选择的一部分文字加粗时，会将执行 SetInlineStyle 命令。其 doApply 方法优先调用数据层 Block 的 get 方法获取将要被修改的格式，并将这些格式数据备份，然后调用 Block 的 set 方法设置加粗格式。当 undo 时，undoApply 方法将调用 Block 的 set 方法设置成之前备份的格式。执行 redo 时，redoApply 方法将调用 Block 的 set 方法设置加粗格式。

当 Block 的 set 方法被调用时，Block 会通知对应的 BlockView。BlockView 收到数据发生变化通知后，随即局部更新视图或者全部重新渲染（见图9）。也就是说，视图更新的粒度控制在 Block/BlockView 级别；被修改的 Block 对应的 BlockView 更新视图即可，不需要更新整个 NoteView 视图。

图9 Paragraph 级上的 MVC

每个命令（Command）除了会接收操作参数（如加粗），还会接收一个参数 startNoteRange——描述被修改的数据的范围。命令的 doApply 方法会计算 endNoteRange——命令执行完毕后的选区。当执行 doApply，redoApply 方法时，编辑器会将 endNoteRange 设置给 NoteSelection；执行 undoApply 方法时，编辑器将 startNoteRange 设置给 NoteSelection。当 NoteSelection 发生变化时，通知 NoteSelectionView 重新渲染（见图10）。

细粒度的 undo/redo

命令（Command）之间可以相互嵌套，不被其他命令嵌套的命令被称为顶层命令，一个编辑操作可以抽象成一个顶层命令。

当执行编辑操作时，顶层命令执行 doApply 方法，然后被压入 undo 栈；执行撤销时，顶层命令从 undo 栈弹出，执行 undoApply 方法，然后被压入 redo 栈；执行重做时，顶层命令从 redo 栈弹出,执行 redoApply 方法,再次被压入 undo 栈。因此,整个编辑器的撤销和重做的粒度控制在命令级别上。

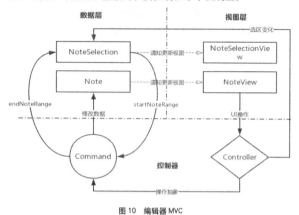

图 10 编辑器 MVC

直接调用 Note/Block 的方法修改数据的命令,仅会备份被修改部分的数据;不直接修改数据的命令,不会备份数据。因此,与第二代编辑器采用快照方式实现 undo/redo 相比,第三代编辑器实现 undo/redo 占用的内存非常少。

协同编辑

当协同编辑时,被编辑的 Block 会被锁定;执行的命令(Command)会被序列化,上传给协同服务器;协同服务器接收到来自客户端的命令后,不对命令进行处理,直接分发命令给其他客户端。客户端接收到来自协同服务器的命令后,对命令反序列化,进行冲突处理后,重新构建命令。重新构建的命令会被执行,并产生 endNoteRange——即远端用户编辑的位置。该 endNoteRange 会被 NoteSelectionView 渲染,当前用户即可看到远端协同用户编辑的位置。

目前,实现协同编辑最好的技术是操作变换(Operation Transformation),但实现比较困难。因此,有道云笔记编辑器的协同使用了段落锁定,没有采用操作变换技术。

小结

基于浏览器的富文本编辑器一般利用了 contenteditable 特性,同时也被该特性束缚住,难逃离其窠臼。有道云笔记编辑器不断迭代,抛弃了 contenteditable 特性,自实现了所有组件——这给编辑器插上了翅膀,让其翱翔在自由的天空。

自研发 VS 开源

有道云笔记编辑器团队约五人的规模,历时数年,投入了比较大的成本自研发跨平台的富文本编辑器。对大多数产品来说,如果编辑器不属于核心竞争力之一,不推荐走自己研发的道路,因为编辑器的坑太多了(可参阅知乎的话题:为什么都说富文本编辑器是天坑?),需要投入较多的人力,且难做到尽善尽美。

小团队可以采用业界开源的编辑器,如国外 CKEditor、TinyMCE,国内的 UEditor、KindEditor,这些编辑器都比较成熟,适用于桌面和移动 Web。在移动 App 中,有基于 WebView contenteditable 特性开发的富文本编辑器,如适合 iOS 的 ZSSRichTextEditor、适合 Android 的 richeditor-android;亦有直接 Native 原生开发的富文本编辑器,如适合 iOS 的 FastTextView、适合 Android 的 Knife。与基于 WebView 的编辑器相比,直接 Native 原生开发的编辑器性能更好,更稳定,但 HTML 兼容性会差一些。采用开源方案的关键在于挑选合适的编辑器。此方案无须开发编辑器,成本低,大部分团队应首选该方案。

如果开源编辑器满足不了产品需求,可以在开源编辑器的基础上进行二次开发——有道云笔记早期的桌面 Web 端为了兼容 IE 浏览器,基于 KindEditor 进行二次开发以增加附件、待办等功能。基于开源编辑器进行二次开发更贴合产品的需求,但需要一定的开发成本;当开源编辑器无法满足产品某方面的需求时,可采用该方案。

如果编辑器是产品的核心竞争力之一,不可避免地会走上自研发的道路——Google Doc、Quip、有道云笔记、石墨文档等产品都走了这条道路。自研发的优势是定制可控,最大程度地满足产品需求,劣势是需要投入更多的人力物力。一入编辑器深似海,此方案需慎重考虑。

不再谷满谷,坑满坑,看苏宁库存架构转变

文 / 司孝波

2017 双 11 大促刚刚过去,苏宁易购交易系统的请求量和订单量在双 11 当日呈现指数级的增长,更是实现了 7 秒最快破亿记录,苏宁易购交易系统在大促期间平稳运行,完美度过双 11。作为苏宁易购交易系统负责人,我给大家介绍交易核心系统之一,库存系统的架构演进与实践,并介绍库存系统是如何筹备和应对双 11 的流量洪峰。本文推荐架构师、技术经理、开发工程师、技术总监等群体阅读,希望能够让大家受益。

库存业务介绍及面临的挑战

库存系统定位及核心业务场景分析

首先介绍一下库存系统的定位,它主要为企业级的经营性可用商品库存获取应用,与平台商品目录紧密关联,定位为苏宁核心平台之一。平台级商品库存支持线上、线下销售渠道和营销活动对经营性可用商品库存的查询,支持平台商品库存锁定、解锁、增加、减少等库存核心服务,并为平台商户提供服务支撑。

库存作为电商交易的核心系统之一,贯穿苏宁的整个业务价值链条,不论从采购线的采购、交货、调拨、退场、入库过账、实物盘点等环节,还是销售线的浏览、下单、发货、出库过账等环节,再到客服支撑、经营分析报表、预测补货、多平台销售支撑等大数据应用,都和库存系统紧密关联。

库存从业务模式上分为自营库存和 C 店库存。自营库存即

互联网应用架构面面观

苏宁自采自销的库存，C 店库存即通过开放平台入驻的平台商户所销售的库存。

库存中心聚焦的是销售库存，即支撑苏宁销售和交易相关的所有库存服务。而苏宁的实物库存是在苏宁的物流平台进行管理的。两套库存的定位不一样，但两套库存之间具有一定的关联，且通过定期严谨的库存对账机制来确保两套库存数据的一致，如图 1 所示。

图 1　系统上下文

库存业务架构

库存系统从业务架构上分为库存交易、库存管理、异常管理、运维管理四大组成部分。

库存交易部分分为销售锁定、销售解锁、交货锁定、交货解锁、数量查询、库存状态查询、状态下传、数量下传、活动预锁、活动预解锁、活动库存查询、活动管理等功能模块。库存管理部分分为采购、调拨、退厂、移库、盘点、对账、状态计算、销售过账、库存同步、多平台分货等功能模块。库存状态是指定义库存有货、无货的一种状态标识，通过实现库存状态，可大大减少外围系统对库存数量查询接口的调用，比如商品详情页只关注商品有无货，通过库存状态即可支持。业务架构如图 2 所示。

图 2　业务架构

库存面临的挑战

库存系统主要面临以下几个挑战：

- **热点争抢**

针对同一个商品，比如秒杀、团购、打折促销等活动商品，如何支撑高并发库存扣减服务。

- **周转率**

如何提升库存周转率，最大化利用企业资金，做到销售最大化。

- **避免超卖**

避免超卖是库存系统架构设计和系统实施的底线原则。

- **系统扩展性**

如何建设出可无限扩展的库存架构，在系统扩展过程中，各部署节点都需要具备无限扩展能力，而常见的瓶颈如数据库的连接数、队列的连接数等。

库存系统的架构演进

苏宁库存系统的架构演进主要划分为 4 个阶段。

- 阶段 1：2005 ~ 2012 年，线下连锁时代，电商初期架构，当时系统采用 WCS/POS+SAP 构成，库存属于 SAP 系统中的一个业务模块。
- 阶段 2：2012 ~ 2013 年，互联网 O2O 电商时代，当时系统进行了前台、中台、后台架构的分离，独立出 SAP 库存系统。
- 阶段 3：2013 ~ 2016 年，多平台销售战略时代，苏宁入驻天猫，当时系统采用"去商业软件，崇尚开源"思路，新建 Java 自研库存系统。
- 阶段 4：2016 年至今，库存系统多活时代，分机房部署库存系统，基于大数据库存分货引擎实现多机房部署。

如图 3 所示，每个阶段库存架构的详细内容会在下面章节展开。

图 3　架构演进

电商初期、总体架构（见图 4）

线下连锁时代的电商初期总体架构，线下销售采用 POS 客户端系统，线上销售采用 WCS（IBM WebSphere Commerce）（Java）系统，服务端采用 SAP-R3 商业软件。

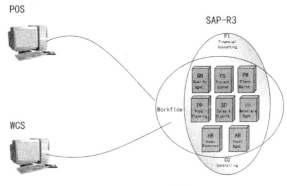

图 4　电商初期：总体架构

电商初期：系统交互（见图5）

线下门店POS系统和线上主站WCS（IBM WebSphere Commerce）系统调用SAP-R3提供的库存检查、库存锁定、库存解锁等服务，同时，为了减轻线上主站对后端服务系统的压力，SAP-R3会将库存数量的变化主动推送给WCS系统，在WCS系统本地暂存一份影子库存数据，WCS商品详情页加载商品信息时，先查询本地的影子库存，判断如果影子库存过了保鲜期（有效期），则进行库存懒加载，实时调用SAP-R3的库存数量查询服务，再更新本地影子库存；另外，主站搜索系统也是基于WCS本地的影子库存数据来创建和更新索引。

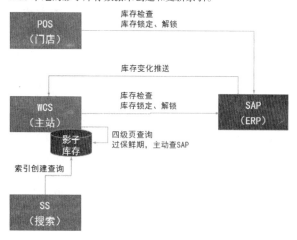

图5　电商初期：系统交互

电商初期：架构分析

电商初期架构主要存在以下问题。

■ 订单、库存等核心业务集中运行在一个系统，耦合性太强，不易改造，业务扩展性很差；

■ 为了快速占有电商市场，业务快速上线，选型SAP/WCS商业软件，受制于厂商，软件维护能力薄弱；

■ SAP仅支持单数据库，架构不具备系统扩展能力，无法支持双线日益增长的交易处理。

为了解决上述架构问题，我们自然而然想到了进行业务系统的拆分。我们花了近两年时间进行了大刀阔斧的前、中、后台架构的分离。

前台、中台、后台分离架构

前中后分离：总体架构（见图6）

基于前台浏览、销售交易、销售履约&运营管理的业务划分和归类，我们对系统进行了前台、中台、后台的架构分离。前台由各个销售平台组成，比如易购主站、门店POS系统、电话销售，以及其他销售平台，负责用户体验和商品展示；中台是核心交易平台，提供库存、寻源、价格、商品、促销、会员等基础服务，以及提供云购物车、订单等组合服务，同时中台提供诸葛等一系列基于大数据的报表和应用，后台是提供苏宁自营（供应链、分账、记账、结算、发票、采购等）、商家运营（店铺、商品、库存、订单、价格、供应链管理等）的一套运营管理平台，还有大物流平台。

前中后分离：系统交互（见图7）

新建平台库存系统，平台库存由库存路由系统CIS（Java）、自营库存系统SIMS（SAP）、C店库存系统CIMS（Java）三个系统组成，浏览线的寻源系统调用平台库存的库存数量查询服务，交易线的订单中心调用平台库存的销售锁定、销售解锁、交货锁定、交货解锁等服务，SAP-ERP同步采购库存数据至自营库存系统SIMS，开放平台同步商户API或页面维护的C店库存数据至C店库存系统CIMS。平台库存将库存状态数据同步至寻源系统。

图6　前中后分离：总体架构

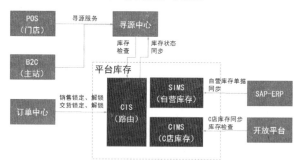

图7　前中后分离：系统交互

前中后台分离：架构分析

前中后台架构分离后分析如下：

■ 将订单、库存等业务从SAP-R3拆分出独立系统后，解决了业务扩展性的问题，符合"高内聚、低耦合"的架构原则；

■ 自营库存系统SIMS还是采用的SAP商业软件，仍然受制于厂商，但库存路由系统CIS和C店库存系统CIMS是Java自研系统，软件具备维护能力；

■ SIMS（SAP）仅支持单数据库，自营库存系统SIMS仍然无法支持双线日益增长的交易处理，系统性能能有一定的提升；

■ 针对抢购、团购类活动场景，容易造成库存热点，无法有效支持高并发的库存扣减。

针对以上架构问题，我们在架构上进一步提出优化思路：

■ "去SAP化"，去商业软件，实现自开发自营库存系统；

■ 搭建分布式架构，采用应用集群、数据库的分库分表、集中式缓存等技术提升系统处理能力；

■ 针对抢购、团购等活动库存场景，新建纳秒购系统来提供高并发、高性能的库存服务，和普通库存进行独立设计和分开部署。

自研库存架构

自研库存系统，将库存系统从职能和系统上划分为库存交易和库存管理。库存交易由库存路由系统 CIS、自营库存交易系统 GAIA、C 店库存交易系统 CIMS、抢购库存系统 AIMS 四个系统组成。

自研库存架构：总体架构（见图 8）

库存路由系统 CIS 提供库存的统一服务路由、服务流控、服务降级、接口熔断等系统组件；自营库存交易系统 GAIA 和 C 店库存交易系统 SIMS 提供高性能的库存数量查询、销售锁定、销售解锁、交货锁定、交货解锁等库存服务，库存交易系统的数据由自营库存管理系统 SIMS 和商家库存管理系统 SOP 提供数据同步。苏宁库存可以在易购、天猫、当当等多平台上进行销售。基于大数据的智能分货引擎在库存管理系统 SIMS 中实现多平台分货。

抢购库存 AIMS 提供基于缓存的高并发库存服务，支撑爆款抢购、爆款预约、大聚会等活动场景。

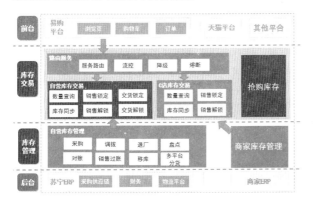

图 8　自研库存架构：总体架构

自研库存架构：系统交互（见图 9）

新建 GAIA 系统（Java）替换 SIMS 系统（SAP）自营库存的交易职能，新建独立的纳秒购库存系统以支撑抢购、团购等大促活动。纳秒购库存系统，基于"架构独立、库存预锁、数量缓存化"的思路进行搭建，提供高性能的库存服务，见图 9。

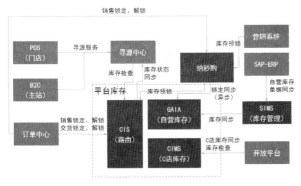

图 9　自研库存架构：系统交互

自研库存架构：部署架构（见图 10）

自研库存系统是基于苏宁技术体系搭建的一套高并发、可扩展的架构。

- 库存系统通过使用苏宁自研的 RPC 调用框架（rsf）对外提供实时服务，通过使用 Kafka 组件进行消息分发和消息订阅，对外提供数据服务和接收外部数据；
- 应用使用 wildfly standalone 集群，数据库使用 MySQL 集群，数据库采用读写分离部署；
- 运维人员的库存管理通过使用 ES（Elastic Search）平台提供商品和商家等多维护的库存查询和管理服务，管理端对数据的抽取通过读 vip 访问 MySQL 读库。

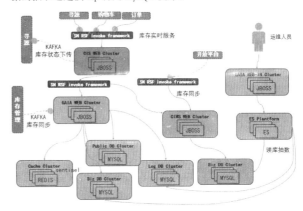

图 10　自研库存架构：部署架构

自研库存架构、数据架构

以自营库存交易系统 GAIA 为例，库存从数据架构上进行了水平和垂直拆分，分为公共库、业务库和日志库。

- 公共库存放主数据及基础配置信息，包含分库分表规则、job 配置、ATP 检查配置、公共基础数据等，公共库为一主多从，可通过本地缓存、集中式缓存、扩展从库来减轻对主库的压力；
- 业务库提供核心库存交易服务，存放核心数量表、销售锁定表、交货锁定表等业务数据，业务库按照商品编码 hash 取模进行分库分表，核心表分为 1000 张表；
- 日志库存放各类接口的交易流水数据，记录各类服务的日志、审计及库存对账等信息，日志库按照外部单据号 hash 取模进行分库分表，核心表分为 1000 张表。

对于库存系统来说，发生一笔库存交易，通常需要同时写入业务库和日志库，这就需要解决分布式事务的问题。根据 CAP（C（Consistency）、A（Availability）、P（Partition tolerance））理论，三者是无法同时满足的。我们舍弃了 Consistency（实时一致性）特性，在满足分区容错性和可用性基础上，确保事务提交的结果最终一致。

为了最大化的提升库存交易的性能，我们采用"实时扣、异步加"的处理原则，对于库存数量的扣减采用实时处理的方式，而对于库存数量的加回采用异步的处理方式，因为库存数量的加回不存在业务上失败的可能，业务上一定能够确保成功，而库存数量的扣减是存在业务并发下失败的可能的。

数据架构见图 11。

抢购库存：面临挑战及应对

通常的抢购、团购、秒杀等活动业务对于库存业务来说具有以下挑战：

- 瞬间流量巨大，造成库存热点的争抢；

- 高并发下应用、数据库负载连接突然飙升;
- 引起黄牛效应。

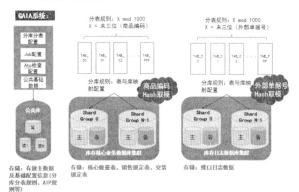

图 11 自研库存架构:数据架构

针对以上挑战,我们有以下应对方案来确保系统的稳定性:
- 库存交易处理缓存化,避免数据库层面锁资源的争用;
- 架构分离,对活动库存的业务进行隔离部署;
- 通过构建基于 IP/UA 访问策略的 WAF 防火墙,通过应用层的业务流控和系统流控,通过风控(人机识别)等技术手段来应对黄牛的恶意流量。

抢购库存:系统构建

抢购库存的系统构建。
- 销售准备:活动营销系统创建活动时,先进行库存数量的预锁,将活动库存和普通库存逻辑分离;
- 销售执行:活动商品详情页展示时,会进行活动库存数量查询,直接访问活动库存数量缓存;用户在提交订单时,会进行支付前检查,这时我们进行库存的临时锁定,系统通过缓存 redis 的 lua(EVAL)原子命令执行扣减脚本以支持高并发的库存扣减服务,同时对 db 进行 insert 插入一条库存锁定记录,避免产生数据库锁资源的争抢;顾客在支付完成后,会进行库存的正式锁定,系统会更新用户提交订单时插入的锁定记录的锁定状态,通过异步进行 db 库存数量表的更新达到数据库的削峰目标。

通过库存数量缓存化、活动库存的部署分离、数据库数量表扣减更新的异步化,我们实现了高并发的活动库存系统架构。

抢购库存的实现示意如图 12 所示。

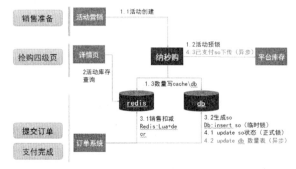

图 12 抢购库存:系统架构

自研库存架构:架构分析

自研库存架构实现了架构的完全开源自实现,并搭建了高并发的分布式架构,但在电商业务蓬勃发展,订单屡创新高的背景下,依然面临一些挑战:
- 扩展痛点:受限于数据库的连接数瓶颈、Redis 服务器的连接数瓶颈、队列服务器的连接数瓶颈等因素,导致应用集群无法无限扩展;
- 机房容灾及机房容量:机房断电,电缆被挖,造成整个苏宁易购交易系统瘫痪;单个机房容量受限,无法创建更多的服务器;
- 故障隔离:某数据库分片出现宕机,从而影响整个交易;某 Redis 分片出现宕机,从而影响整个交易;
- 热点瓶颈:虽然通过构建缓存化支持库存交易,但单个商品的并发扣减仍然存在上限。

为了解决上述问题,我们开始开展库存的单元化和多活架构构建。

多活库存架构

库存单元化

为了解决扩展痛点、故障隔离、热点瓶颈等架构问题,我们先实现了库存交易系统的单元化部署。

系统单元化有以下几个原则:
- 单元封闭

单次请求需要封闭在一个单元内完成,严谨跨单元操作。
- 高可用

单元内的所有部署节点,也要遵循高可用的原则,不能出现单点故障。
- 无限扩展

单元之间可以进行无限扩展。
- 对外透明

库存系统单元化部署对外部调用系统是完全透明的。
- 服务熔断

单元化系统内提供的服务需要能够支持服务熔断,单元不会因为一个服务的问题导致整个的单元受到影响。

单元采用商家编号 hash 取模的维度进行单元的划分。多个单元组成一个单元组。跨单元的一些管理功能基于 ES(Elastic Search)平台提供服务。

库存单元化示意图如图 13 所示。

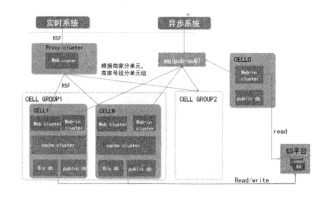

图 13 库存单元化示意图

库存多活架构（见图 14）

库存服务属于竞争型的服务，不能在子机房之间实现数据共享，因此，我们基于大数据智能分货引擎在主机房进行库存数据的智能调拨和分货，能够基本实现交易单元中库存业务在本机房内提供服务，同时机房之间建立数据库的互相备份，当 A 机房出现故障，可由 B 机房完全接管。

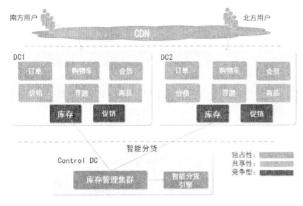

图 14　库存多活架构示意图

库存如何应对双 11 大促

容量预估

对公司双 11 大促的活动预告及销售目标进行详细评估和分解，转化成库存系统的核心服务的 SLA，确定库存系统的核心服务的 TPS 目标。

机器扩容

基于容量预估出来的 TPS 目标，评估库存的机器是否需要扩容，比如 jboss 集群是否需要扩容，db 是否能够支撑，db 是否需要拆库拆表，db 磁盘容量是否足够，服务器负载是否足够等。

梳理流控与降级方案

所有交易接口需要设定合理的流控阀值，以确保系统不会挂死；梳理所有接口的调用系统和业务场景并明确业务的优先级，假设系统因为某服务导致性能出现瓶颈，根据业务优先级逐步调整流控阀值；业务流控或系统流控要实现用户的友好提示；对于后端依赖系统，如果出现超时或宕机，则定义降级策略，确保服务请求的快进快出。

单系统生产压测及端到端性能测试

大促前，我们会进行多轮的生产压测，最重要的是单系统的接口压测和端到端全链路压测。通过单系统服务接口压测，我们排除接口潜在的性能瓶颈并针对性的优化，能够清楚认识负责系统的单接口所能支持的并发上限；通过生产真实流量回放的端到端全链路压测平台，进行全链路的生产压测，发现真实流量下的系统压力情况和资源情况，提前发现性能瓶颈和潜在的系统风险。性能测试是大促筹备最为关键的一环。

系统健康检查

提前对系统的各方面进行全面的健康检查，比如 db 磁盘的容量、连接数、topsql、缓存的内存使用率、并发命令数和连接数，消息队列的连接数，各节点的 CPU 负载情况，排除单点故障，排除虚拟机的资源争用问题，排除高可用问题（同一物理机多应用节点）等。

大促前重大版本回溯及事故案例回溯

大促前会进行生产重大版本的回溯，针对新提供的服务，新支持的业务或活动形式要重点关注，确保新增业务的服务可靠性和稳定性；大促前还会进行事故的案例回溯，回顾以往发生的生产事故，排除有类似的事故风险，确保问题不会重复的发生。

大促筹备的几大环节如图 15 所示。

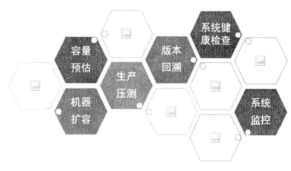

图 15　双 11 筹备示意图

唯品会双 11 大促技术保障实践

文 / 京京、张广平

每年双 11 是国内各大电商贴身肉搏，激烈交锋的时刻，同时也是把几十天的交易量浓缩到一天释放的日子。为了准备双 11 的大促，各家都会在营销、促销、技术保障、物流、售后、客服等各个环节付出相当大的努力。唯品会作为中国第三大电商公司，自然也会在这场盛宴中付出自己的努力，收获应有的成绩。

夯实基础，梳理业务

唯品会是一家专注于特卖闪购的电商公司。业务系统为了支撑特卖的场景，在架构上有一些鲜明的特点：购物车库存扣减，特卖专场作为营销和流量的入口，优惠活动设置在专场维度，营销触达的周期性峰值明显，自建物流系统支持分区售卖等。图 1 给出了整个业务架构的概览。

随着业务量的迅速增长，原有的 PHP 服务逐渐无法应对高并发大流量的网络请求。为了支撑增长迅速的业务，唯品会在过去 2 年中启动了大规模的重构。在服务 Java 化过程中，基础架构部开发了的 OSP RPC 框架，采用带 Sidebar 的 Local Proxy + ZooKeeper 作为整个框架的核心组成部分，提供了去中心化的服务注册、发现、治理的能力（见图2）。

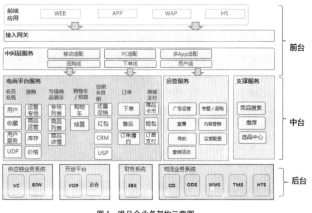

图1 唯品会业务架构示意图

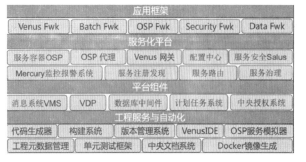

图2 唯品会基础架构示意图

OSP框架还内嵌服务追踪机制，将服务调用路径抽样展示，便于监控服务调用中发生的4xx/5xx错误，及时发现拥塞、调用错误等情况。

由于唯品会特卖的特点，特卖专场集中在早上10点和晚上8点推出，特卖模式下流量峰值变化极大。业务特点决定了弹性云平台对唯品会有极大的价值。唯品会搭建的Noah云平台，在Kubernetes的基础上，开发了与现有生产系统流程集成的一系列组件。其中包括支撑运维自动化的Noah API Server，DevOps使用的管理平台Noah Portal，与S3存储系统类似的分布式镜像仓库，以及自主研发的网络方案、磁盘网络隔离方案。

为了应对双11的峰值，唯品会借鉴HPA的思想，开发了自动扩缩容功能。所有容器均自动跨机器跨机架部署，纯容器域在双机房部署并自动邻近路由，混合域（物理机+容器）则支持一键切换物理机和容器流量，以及一键跨机房迁移等功能。

2017年双11是Noah云平台经历的首次大促考验。共有52个业务域运行在云平台上，其中在5个核心域上云平台承担了30%～50%的流量。

容量预估，适当扩容

唯品会历年大促峰值数据都会进行妥善的整理，核心业务系统按照不同的促销等级，预估了不同的峰值流量。双11按照去年12.8店庆的2倍来估算系统峰值容量。以用户鉴权系统举例，单台服务器压力测试约为25000QPS，全域提供约25万QPS的服务能力，可以满足2倍峰值量，本次大促就无须扩容了。

对于一些需要扩容的服务，如类目服务、库存规则服务等，优先选择容器扩容。使用Noah云平台进行扩容后（见图3），广告、

风控等系统的容器使用占比都达到了50%以上。起到了节省机器和弹性扩容的目的。

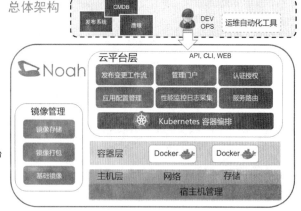

图3 云平台Noah架构示意图

线上压测，心中有底

有了上述的基础服务能力，线上压力测试就有了基本的技术储备。双11来临前，核心系统按照预估的容量进行了线上压力测试。下面我们就以收藏系统作为例子，来展示具体实践经验。

收藏是唯品会会员应对特卖闪购模式的重要工具，收藏量的多少和收藏展示分类的数量，直接决定了整个大促的销售成绩，因此收藏系统的稳定至关重要。在双11到来之前，商品收藏和品牌收藏都进行了大面积的改版，业务从前到后均做了比较大的改动，并在双11前1个月部署到生产环境。那么如何检验新版的收藏系统可以顶住大促的洪峰流量呢？图4展示了收藏系统线上压力测试的系统部署。

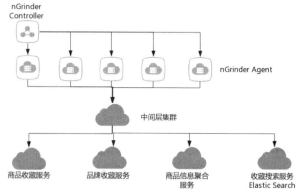

图4 双11大促收藏系统压测示意图

线上压测的具体步骤分为以下几个步骤：Top 10接口筛选，线上回放脚本准备，nGinder压测集群搭建，压测指标确认。

找到收藏系统日常Top 10访问量的接口抓取线上日志（约占总流量的80%以上），生成线上回放脚本，按照去年店庆12.8的峰值流量的2倍给出了压测目标值。线上压测安排在凌晨流量最低的时刻，当达到压测目标值的过程中，监控系统情况，看看系统有没有超时、异常，应用服务器的CPU、I/O、内存等资源消耗情况。在整个压测过程中，先后发现了物理机和容器流量不均匀的问题，若干接口请求到达1万QPS时，出现

200ms超时等问题。通过调整权重以及分片数量等方法加以解决。

核心系统都通过类似的线上压测的方法，发现了大量的潜在隐患，有力地保障了大促的顺利进行。

丢卒保车，降级求生

核心系统对于依赖系统都准备了降级和灾备方案。对于容易被黑产攻击的脆弱部位，以及非重要业务都做了降级处理。大促降级分为以下三个方面：

1. 系统设计层面需要考虑兼容依赖系统服务不可用的情况

"Design for Failure"是一个非常好的设计原则，在系统设计中我们需要充分考虑依赖服务的可靠性，在依赖服务不可用时，需要有对应的策略。在核心系统梳理上面，着重梳理了对外部系统依赖部分，确定可以降级的依赖，以及无法降级的依赖。对于可以降级的依赖，在出现异常时，尽量保证服务的可用性，必要时果断降级。对于无法降级的依赖，如核心数据库宕机，直接启动系统预案，避免错误的扩大化。

我们总结了一些实践经验：

- 调用下游系统服务接口或者访问缓存/数据库时，需要设置超时时间；
- 超时设定，打破部门墙，尽量不要在客户端直接设定；
- 对只读方法设置重试；
- 不是每个方法都适合熔断，可单独关闭，比如支付的捞单接口，同一个接口处理多个银行，权衡熔断的利弊；
- 主动降级，不依赖于客户端开关，主动关闭某个方法，某个来源域。

2. 非核心流程可使用开关关闭

非核心流程一般提供一些系统增强服务，如复购推荐，时效标识展示等。由于唯品会业务的特殊性，新专场上线有固定的时间点，所以峰值流量可以预计。在峰值流量到达的前后，关闭非关键路径的业务，可以有效地降低系统的负荷，保障核心业务的可用性。

- 对于计算复杂，QPS不高的服务，会提前关闭，保障服务器的核心服务接口的可用性，比如促销活动的试算开关。
- 对于非核心系统的大量数据同步，在峰值前后进行关闭。如自动促销系统的数据抓取行为。

我们的服务框架OSP提供了一个非常好的功能，可以有选择性的关闭某些服务或者服务接口。

3. 核心业务降级预案

核心系统通过线下压测，可以确认峰值的服务能力，在大促前进行扩容。并且按照测试峰值配置开关，当出现峰值告警时，打开开关，启动限流，提供有损服务，保障数据库平稳渡过峰值。风控系统在峰值来临前，会清理高危账户的登录状态，降低被攻击的风险。

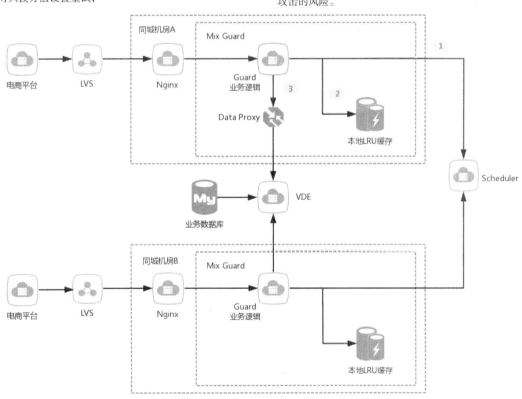

图5 个性化推荐系统同城双机房容灾

多机房部署，异地容灾

为应对容灾需求，核心系统需要分别部署在全国范围内多个机房中，避免单机房出现故障情况下服务不可用。多机房部署带来一些挑战，如机房之间的服务调用延时、数据同步不一致性、专线的稳定性等，需要对应用系统以及所依赖的数据库/服务系统做规划设计。

对于一些基础服务如用户标签、个性化推荐等，访问量非常大。这些服务位于多个关键路径上,一旦瘫痪,无法降级求生,因此需要多机房部署,做异地容灾,才能保证核心系统的稳定运行。

图 5 展示了核心系统——个性化推荐系统的同城双机房部署的架构。Guard 模块可以调用同机房的 Scheduler 流量调度模块,也可以调用其他机房的 Scheduler 模块,具体的调用路由配置中心下发。具体的触发时机,可以由配置中心手动下发,也可以由底层框架检查出错误比例自动触发。流量执行模块也是多机房部署,在灾难发生时,可以保证一键切换,仅增加跨机房的毫秒级时延,对用户无感知。

Guard 模块冗余的本地缓存,也会存储一份保底数据,这部分数据在后端系统服务不可用时,起到保底作用。保证极端情况下展示页面不留白,防止同城机房光纤全部被挖断的情况。

秒级监控,迅速反应

为了提高故障响应速度,引入了 Hummer 系统。Hummer 是一个秒级监控工具,会实时统计生产环境发生的生产日志,在发生系统异常情况下,更快地发出报警,方便技术人员、运维人员迅速排查问题,采取行动,降低损失。Hummer 解决了下列几个问题:

■ 现有 Metric 统计结果延迟较大,分钟级统计只能在分钟结束后得到结果,不能实时更新分钟内的结果。
■ 问题发生时,影响了运维的响应速度,会造成较大的损失。
■ 秒级监控之前都是独立开发,不能通用。
■ 不能高并发的访问统计结果。

核心系统目前大部分都接入了秒级监控 Hummer 系统。图 6 展示了秒级监控的监控台。可以清晰地看到出故障的环节。

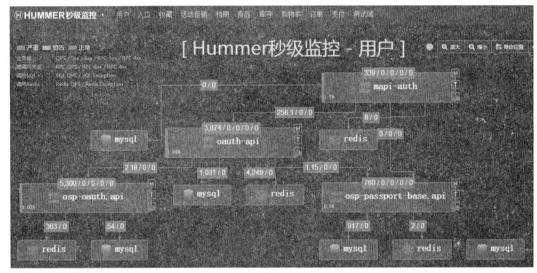

图 6 用户系统秒级监控展示

总结

大促技术保障是多部门的技术协作,从双 11 前 2 个月各系统就开始了梳理和准备,经历了几轮的系统梳理、压测、问题总结和修复,核心代码审查等工序,最终圆满地完成了大促的保障任务,在这个过程中,团队得到了锻炼,系统问题得到了总结,加深了对系统的理解。

画像在同城物流调度系统的实践

文 / 梁福坤

在同城物流的服务品类多样化、多角色参与场景下,能够做到精细化细分给角色贴"标签",通过一系列算法和规则进行挖掘,得到的数据能够比较好理解和运用,最终达到服务私人订制、完善产品平台、提升服务质量的关键支撑。

引言

随着互联网技术的蓬勃发展,"互联网+"影响着人们生活的方方面面,网购的繁荣和移动支付的持续多场景的渗透,O2O 的模式是众多互联网的必争之地,更有大量传统企业开启向互联网模式的变革进程。消费模式升级的促使人们把 O2O 逐步成为常态,而在领域做得细分最早的行业就是外卖场景的同城物流,如果移动互联网+O2O 是对外卖行业的变革,那么同城物流则是展示提升餐饮服务质量和服务能力的重要落地指标。随着外卖的商品从餐饮扩展到商超、鲜花、蛋糕、生鲜等,同城物流的模式也在推波助澜的适应多种形态,从专送到众包、从商圈配送到全城送、从跑腿到专人专送,都是同城物流在适应新零售靠拢、成本压力降低、服务升级的需求满足。而在同城物流的服务品类多样化、多角色参与场景下,能够做到精细化细分给角色贴"标签",通过一系列算法和规则进行挖掘,得到的数据能够比较好地理解和运用,最终达到服务私人订制、完善产品平台、提升服务质量的关键支撑。

因为外卖的同城物流场景下的调度是一个时空最优解的模型评估,模型演进的过程中,都有重要的特征来支持着物流变革,边界非常清晰。模型演进对于画像部分，是开始在配送服务精细化运营的落地步骤；画像是为了满足个体的真实差异而对个性化的支撑方式。无论是时间预估、距离预估、最大能效预测最终都会落实到三方参与角色主题：商户、用户、骑士；主体之外，还有很多附加：骑士配送工具、写字楼/小区、红绿灯、地铁上下层、立交桥、天气风云变幻、交通管制突发情况等都在默默地参与着、影响着配送过程。物流系统生态如图1所示。

图1 物流系统生态

百度外卖智能调度系统持续优化迭代运力能力的提升送达以满足用户体验。智能调度从1.0版本到5.0的逐步演进，生态化的研发了调度台、实时监控、时光机回放、虚拟仿真和寻宝物流场景精细化服务支撑，而画像贯穿在整个生态当中，在大刀阔斧的业务版本演进同时，能够细致入微地解决落地场景的问题。

为了能够较为清晰地了解外卖在同城物流应用场景，以及在这个场景下多角色参与情况下的变化，我们通过一个形式的最简版本到复杂的场景介绍，然后延伸出不同角色画像在调度精细化中细微且精细化的主导作用；最后对画像的基础数据收集、行为建模、构建画像、画像价值输出阐述画像在同城物流调度系统的实践。

调度模式的演进史

抢单

抢单模式的策略是在同城物流平台、商家、用户、运力三方场景的模式下最基础的形态，因为运力自主且有一定灵活性，意义重大并且是一直贯穿在调度的始终。

图2展示的是来自2个不同用户收货地址，针对2个商家下单的行为，周边提供运力的有3个骑士，当前3个骑士的身上被单均为0，场景很简单。当系统在一个周期内（比如5s）的新订单和未抢单的订单进行合并后进行推送周边3个骑手，骑手针对获取的推送信息进行抢单行为。

图2 抢单模式

合适场景：抢单非常适合供需双方能够对等的情况下进行单项选择，在外卖的众包模式、同城快送、汽车出行模式下应用得非常高频。

交互：常见的交互方式有：Tc2C（Transport capacity to Client）和Tc2S（Transport capacity to Service）两种。

Tc2C：一种是运力（例如骑士、司机）对用户在外卖下单/用车下单之后，平台进行相应的推送，运力提供方的骑士或者司机选择认可比较合适的订单，一般会基于时间和距离、方向进行比较后做出是否抢单的动作。这个过程始终是骑士/司机从个体角度出发，选择合适的最优或者次优。最终也存在订单因没有骑士接单最终无法履约，如果系统为了保证用户体验会有相应的兜底方案，选择一些其他运力池进行补充，最终实现履约服务能力。

Tc2S：是针对已经确定运力，通过转嫁的方式给到其他运力或者服务大厅，供其他服务提供者进行抢单的方式，这是在非常规的情况下，能够对突发情况进行的一种灵活的运力支撑；例如骑士装载设备故障、电瓶没电等导致无法履约，或者在角度、距离不合适的情况下自主地选择其他意向的运力，通过转单的方式完成。如果转单是Tc2Tc的个体行为，那么转单到服务大厅就是Tc2P、然后P2Tc的结合模式，服务大厅作为容器和暂存点，提供短时间的服务能力中转。场景如图3、图4所示。

图3 抢单模式下的骑士画像

图4 人工派单场景

约束和优化：在抢单模式下为了保证有效信息传递、合适人员的候选、提升服务质量，一般会通过以下方式进行约束。

- 全局扩散：抢单模式初期，进行一定范围初筛之后，就进行全局的扩散传播，运力在判断合适之后进行抢单；全局模式能够在整体上短时间完成抢单，同时接起率相对高，但是在系统层面参与度较少，存在骑士得到不合适的订单，或者在订单上没有被相对较优的骑士拿到。

- 多级轮播扩散：一般按照商家订单隶属商圈作为基础运力选择，然后通过商家的距离和运力位置、运力身上顺路单、运力完成身上订单最后位置进行候选；这样在商圈为基准的配送和全城配送下略有不同，针对跨运力配送范围的和长短距离结合的全城配送有差异化的选择。多级轮播是为了保证服务质量和缩小扩散范围常用的方式；多级轮播是优化的大策略方向，它在提升订单和骑士匹配度，在运力相对充裕的情况下非常适用，缺点是接起率和接起时长会下降。

■ 抢单的候选：系统平台在针对抢单模式下选择 First 互斥模式或者通过候选时间窗口 +N 选一的模式，针对选择 First 是按照抢单的速度在服务端进行互斥操作，类似秒杀的行为；后者则强调在等待一个周期之内，通过候选 N 个运力进行抉择，系统可以在候选中在进行优化特征选择，比如按照运力的服务能力、骑士空闲时长、用户 UGC 评价等较优选择。N 选 1 是优化的小策略方向，这种选择能在双方供需都能正常履约的情况下做一个范围的优化，对于运力对在线时长、UGC 评分的重视程度有很好的激励措施，系统在中后期具有整体抉择权。

非合适单的指派，是指在运力评估来看，收益为负数的订单，一般会选择规避抢单。例如距离偏长但是配送费少；目的地偏远、绕路；预订单在非主流时间段。而运力倾向于收益为正的抢单选择，为了能够很好地权衡服务能力，一般常用的方式如下。

■ 远近组合单：订单收益为负的，则通过同方向、期望时间合适地进行组合分组，通过在路径距离 / 单的配送路程的下降来提高接单率。在汽车出行通过顺路单充分提升履约能力。

■ 长距离加价：对于收益为负的订单，则采用增加打赏来提升接单的空间，在配送费中倾斜运力的利益；在汽车出行领域可以通过加价、打表来接的方式来激励运力完成订单。

针对抢单模式下，用到的画像比较简单，例如运力的综合指标、UGC 评价、运力速度等，对于用户、骑士、路径规划、商户等基本上没有太多参与。

抢单模式存在上述骑士角度最优的方式任务分解，接起率不能完整覆盖，从全局来看会有运力的浪费和体验的打折扣，同时也存在途中抢单的安全隐患，所以在后续的版本演进中，推出了利用系统给到展示指标和图形化方案，由调度员进行人工指派，提升服务体验。

人工派单

人工派单是介于运力抢单和系统自动派单的过渡阶段，在负责分配订单和运力之间的调度员，是整个系统的灵魂选手，他的个人能力的优劣决定这最终的考核指标，百度外卖运力调度系统的最初版本是基于人工派单开发相应调度台的。

场景跟最近的抢单相仿，不同的是增加了空间的信息，如果把商户出餐时间和用户期望时间增加，这就变成了一个时空的问题，但是这些在人工派单模式下考虑相对欠缺的地方，因为订单不存在压单，有订单就进行分配，如果时间上来不及在整个时间预估上就认知有偏差，所以时空问题再人工派单上只是一个空间的问题，但是有经验的调度员需要考虑的空间之外场景也非常多，在人工调度意识中会有一个相对完整的画像雏形，如图 5 所示。

调度员对商家出餐速度慢的有感知，因为在日常调度中经常出现骑士到店出单久等导致身上其他单也超时的情况，商户的集中区域，例如 CBD 在调度中非常受欢迎，因为能够形成集中取餐，相似角度送餐。

图 5 人工派单大脑画像

调度员熟知运力的使用交通工具、每个人的年龄和职业能力，并且对经常调度小区的熟悉程度在新老骑手上会有所倾向。

调度员通过运力反馈的楼宇等电梯、小区步行通过等特殊 case 场景，小区之间能否穿越都有一个判断，这是在路径规划中有些无法数据准确化的描述，但是调度员信息充分却能做得很好。

人工派单场景考虑权重很大的两个特征就是距离与方向，系统在下发订单到调度台之后，站长会优先选择订单周边运力，查看运力当前方向是否与目前订单商户到用户的方向是否大致匹配，如果符合心理预期则进行相应的派送；调度员会在除两大特征外有以下动作不会考虑并单分配（假设订单被商家确认时间相同情况下）：

■ 两个商户的出餐速度相差比较大，按照以往经验进行分配并单分组会导致其他订单有延迟送达情况。

■ 骑士对于用户的收货地址所在区域有不同的认知程度，分配给 2 个骑士不会延误。

■ 收货地址虽然空间距离很近，但是从商家到 2 个用户非常绕。

■ 收获地址隶属不同的学校分校区，校区许可的交通方式只有步行，一个骑士能在送分离上最大程度并单，但是对于不同校区 AOI 则是互斥关系。

■ 调度员在后续发现有其他合适单或者节约运力应对高峰期，可以针对已经分配订单进行改派，无须骑手确认。

人工派单需要在平台层面提供较多配套的支撑，图形化站点骑士总览和单个骑士目前被单情况便于站长判断，骑士小休上报与审批，闲事运力推荐路线等。

人工参与派单的方式一般不会对订单进行压单，因为提前分配导致不合理路线订单可以通过上述提到的改派进行纠错，调度员因为在大脑中有相关经验构成画像，能够从个人的角度统筹站点内的资源，做到一个比抢单模式下相对优化。人工派单也存在一定的弊端，需要调度员不间断服务跟进调度、在高峰期人为判断能力捉襟见肘（人力调度派单峰值为每人 800 单 / 天）、在分配策略上存在感情因素倾向性派单，同时调度员岗位成本也是一项支出，所以需要能够从上述弊端解决，需要借力于系统模式的自动派单。

系统自动派单

鉴于人工派单存在的效率低下、岗位成本等上述因素，系统自动派单应运而生，系统自动派单 2.0 版本综合考虑配送距离、骑士运力、期望送达时间等因素进行自动派单。在自动派单场景下，订单进入系统后，系统选择最优骑士进行分配，即对每个订单采用贪心的方式选择骑士。

系统自动派单中最核心的部分为订单与骑士打分模型的构

建,其中主要包含以下几步:

- 对骑士已有订单进行配送顺序规划形成配送序列 Seq0;配送顺序规划的结果是骑士在商户(Businesses)和用户(Customer)角色对应的取(Take)送(Delivery)动作顺序,例如针对商家的取取送送的顺序如下:[{'businesses':1001,'seq':0},{'businesses':1002,'seq':1},{'costomer':2001,'seq':2},{'costomer':2002,'seq':3}];配送顺序的规划在进行完成身上被单的时间 T 和距离 Dist 有非常大的影响,配送顺序比较经典的 2 种规划是:贪吃蛇和鸡爪模式,能够在按时履约的同时提升骑士对短距离的体验。

打分模型构建过程中,多次涉及对骑士已有订单进行配送顺序规划,这里涉及①相似订单的合并分组②组间订单路线规划③组内订单路线规划④订单完成时间/所走路程的预估。

订单间的相似度计算主要考虑这几个因素:商户位置、用户位置、订单期望送达时间。

 sim_score(order1, order2) = f(dist_shop, dist_user, delta_expect_time)

系统自动派单 2.0 的优点:模式简单、容易理解、计算复杂度低,可以做到即时分配。

图 7 云端分组派单整体架构

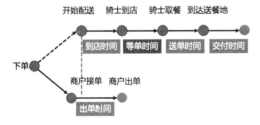

图 8 云端分组派单:外卖场景履约时间序列

系统自动派单存在的问题:

- 订单采用贪心的方式选择骑士,而不是从全局考虑,导致整体效率不是最优。
- 订单进入系统后,直接分配给骑士,导致骑士身上积压订单过多,订单越多,线下不可预估的异常情况也越多,对骑士的路线预估、时间预估越不准确,影响后面订单打分的置信度,最终影响整体派单效果。

系统自动派单在画像上考虑的情况比较少,相对人工派单场景相对欠缺,在人效不高的情况下没有太好优势,但是自动派单能够通过贪心算法简单、直接的解决自动派单部分问题,是一个过渡过程不可或缺阶段。

- 对于待分配的订单,按照步骤 1 的规则插入到 Seq0,形成 Seq1。
- 计算 Seq0 和 Seq1 的订单插入后的时间、距离变化情况,得到时间变化 $\delta(T)=T'-T$ 和距离变化 $\delta(Dist)=Dist'-Dist$。
- 综合打分:根据 $\delta(T)$ 得到 ScoreT,根据 $\delta(Dist)$ 得到 ScoreDist,附加骑士是否空闲,订单的商户、用户位置等因素对之前得分进行调整记为 θ。因此,可以得到订单与骑士的得分:

 score = f(ScoreT, ScoreDist, θ)

通过上述步骤,打分模型构建完成后,对每个待分配的订单,选取得分最高的骑士进行指派。

图 6 云端分组派单流程

云端分组派单(图 6~图 8)

随着系统自动派单的模式推广,逐渐暴露出一些问题:订单采用贪心的方式选择骑士导致整体效率不是最优;订单即时分配导致部分骑士积压订单过多,订单或骑士一旦出现异常情况,导致骑士身上所有订单都受影响。

为了解决系统自动派单出现的问题,有针对性地进行升级为订单先云端分组,与骑士打分后再进行全局最优分配,骑士以组为单位配送订单,只有快完成身上的已有订单,才能从云端获取新的订单组,云端的订单每一轮调度都会重新计算分组,选取合适的候选骑士,分配给骑士也采用虚拟队列的方式分配,即每个骑士除了身上已有订单列表,还有一个不可见的虚拟任务队列,只有在骑士快完成身上的订单后,才能从虚拟队列中获取订单。在每一轮调度开始时都会回收骑士的虚拟队列订单,进行重新计算。

云端分组派单中每一轮调度的主要计算步骤如下:

- 判断新订单是否需要以并联的形式追加给骑士,如需要则直接分配给骑士,更新骑士任务。
- 参考商圈订单压力情况,将所有待分配订单分成订单组。
- 预估/更新每个骑士预计完成已有订单的时间和地点。
- 分商圈计算候选骑士与待分配订单组的打分矩阵。
- 计算全局最优的订单分配方式,为骑士计算候选订单组。
- 当骑士已有订单完成时,自动将候选订单组内的订单分配给骑士,并生成任务。

整体计算流程如下:

云端分组派单基于基础数据、数据预估模型、基础算法和并行计算框架,在同城物流配送的场景下可以支撑多种业务形态。整体架构如下:

整体架构从底层到上游分为基础数据、预估模型和算法、并行计算框架、支撑业务 4 大模块。

基础数据是面向不同数据主题的基础原始数据和业务指标数据,后者可以认为是浅层次的数据 ETL 操作,作为下游整体计算口径的输出。基础数据除了满足业务基本需求,最重要的是能够支撑参与角色画像数据的素材采集,通过对历史数据的离线计算和数据挖掘,交付出可以优化路径规划、时间预估模型的画像标签。

预估模型和算法是比系统自动派单重点演进的方向，预估的模型设计的方面比较多，最终落地的均为时间的预估模型，这也是在同城物流方向时空问题重要维度之一。

针对时间预估专项的分析，需要看一下在外卖的同城物流方面整个履约链条的过程。

- **下单**：从客户下单开始，是一个订单的生命周期的开始，同时在时间轴推进的情况下订单密度是在商圈范围预测的重要因素，会根据历史单量、节假与工作日周期、天气等因素建立预测模型，可以有预期的协调众包人力的支持满足供给需求。
- **接单**：商户接单操作，分为人工确认和自动确认，在通常场景下，订单被确认的时间比较短。
- **商户出单**：从商户接单到商户出单的时间预估，是影响配送体验很重要的一个因素，商户出餐一般是没有商户对此进行显性的操作，而是通过骑士到店之后取餐则认为出餐时间，但是这种会存在差异性，如果商户出餐早于骑士取餐，则按照骑士取餐时间作为出餐时间，反之，则认为商户真实的出餐时间。在商户出餐预估模型会使用如表1所示的四种数据作为特征数据。

表1 特征与分类示例

特征	主题分类	示例
基础特征	C端数据	下单时间（午高峰:晚高峰:非高峰，工作日/非工作日） 订单价格（单价、订单价格与该商户平均单价之比） 菜品信息（菜品数量、菜品数量与该商户平均每单菜品个数之比） 未出餐信息（未出餐的菜品个数、个数占比、价格、价格占比） ……
	B端数据	餐品类别 类别一：餐饮/鲜花 类别二：小吃快餐/家常菜 类别三：韩国料理/麻辣烫 品牌名：如麦当劳等 ……
	物流数据	所属商圈 出餐时间
组合特征		shopId + time shopId + 商圈压力值
统计特征		统计出餐时间的平均值、最大值、最小值、标准差，如：相同商户的统计值、相同商户相同价格的统计值…… multi_sid_stem_mean_std_max_min cn3_mean_std_max_min hour_mean_std_max_min
稀疏特征		one-hot编码，不同的商户、类别等信息作为单独一维；

通过特征的综合计算，针对在不同特征下会给到一定的分值域，会得到fscore特征分数，特征得分针对上述的不同特征方式的分布。

特征得分根据公式得到不同的权重之后，通过DNN或者Xgboost的方式对出餐时间进行预估，最后预估数据准确性通过预测误差在xmin之内数据所占比例、预测值大于/小于真实值所占比例、平均绝对误差来判定，见图9。

到店和送单时间预估属于骑士当前位置到目标位置的路径规划和取送模式的范畴，两种时间没有差分的去建立预估模型。

交付时间预估：交付时间是骑士到达送餐地点，等待用户取餐的过程，在具体实现过程中会通过划分网格，在多样本订单数据的情况下进行统计特征的离线模型计算，见图10。

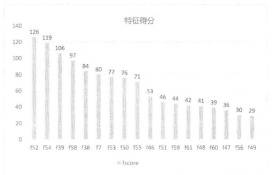

图9 特征得分

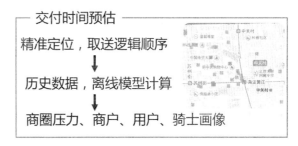

图10 云端分组派单：交付时间架构

基础数据的取餐位置定位、送餐位置非常依赖地图的精准定位，通过设备自动定位和用户辅助选择地址等方式逐步优化，在增加对期望时间的需求，最终输出取送逻辑顺序，同时骑士最终的行为轨迹也是真实取送逻辑的反馈，通过路径规划采纳率进一步校对模型。

历史数据也是上面提到的基础数据，进行离线建模和计算，并辅助实时动态预测功能的数据微调，最终输出在商圈压力、用户、商户和骑士画像，最终这些数据在循环的反哺到取送逻辑和时间预估，形成良好的正向循环。

在云端分组派单会综合考虑各种因素选取全局最优解，解决了在系统自动派单的场景下对骑士体验的提升，而在时间预估和路径规划上是画像重要特征的体现。在后续的智能调度动态规划、全城调度针对多场景配送、多品类商品、多运力池融合、多种配送工具协作都是基于云端分组派单对画像的刻画，每个版本的迭代是更加精细、丰富的完善画像标签的数据，在此不再一一展开，我们看下画像在研发过程中是如何构建的。

画像数据架构实践

对角色的刻画均基于大数据的方式模型的分析、挖掘最终得到业务方需求，图11是一个画像系统常见的架构实践，通过对数据的采集、处理，借助统计分析平台、机器挖掘平台丰富标签，同时能够对画像的准确度、完整性有完整的校验方式。

画像架构平台一般有大数据平台支撑、数据生命周期处理、评测体系组成，对照图11的左、中、右三部分，针对生命周期的过程，一一展开。

业务需求制定

在开发画像的起初,需要明确业务场景的具体需求,一般分为通用化素材标签库的构建、特殊场景业务解决方案需求两种,前者一般由专门的研发部门专项阶段性的跟进,在业务方有较少固定需求的情况下启动项目,通过逐步丰富标签库,多角度多层次的深度刻画的方式演进;后者一般由具体业务方基于业务场景的痛点,提出需求,明确目标,最终在业务方应用。必须从业务场景出发,解决实际的业务问题,例如之所以进行用户画像要么是获取新用户,要么是提升用户体验,要么是挽回流失用户等有明确的业务目标。

在骑士的路径规划中,比较依赖在骑行、电动车模式下的导航距离,但是在一些高架桥、高速路、河流跨越场景下出现的 BadCase 比较多,一般是因为规划错误、路途不通、可穿梭未被感知等,导致看似相邻、相近的 2 个 POI 点,在实际的骑行距离上却有很大偏差,距离的偏差会导致骑士在并单配送的体验变差、配送时间预估不准确的场景,为了能够满足项目特殊场景下的需求,需要针对区域跨越 POI 进行刻画。

数据的采集

通过业务需求制定的目标标签类目,确定数据的来源,一般情况下画像的数据分布在不同的业务库、行为日志、开放 API、爬虫等方式获得粗粒度的数据源,数据存在结构化和非结构化的方式,而数据的采集可以是周期同步的方式,也有通过依赖触发的方式获取数据。

行为日志采集存在模块化分散多机器部署、日志格式随意、上下游埋点信息不统一、注入或脏数据导致数据源置信度偏低,一般通过 Flume 工具采集最终数据源推送到 Kafka,供下游的 APP 对数据质量、数据 ETL 进行处理。日志在业务方是一个横向统筹工程,日志从随意的文本化,尽量转 ProtocolBuffer(PB) 化,因为 PB 格式是一种结构化数据存储格式,在数据的序列化方面有很好的支持,同时能够对接下来的 ETL 处理提供便捷;同时,日志在不同模块和版本之间的数据字典、埋点规范也尽量统一,否则这一切给数据使用方适配带来阻力。

数据库的采集可以通过 Sqoop 工具导入到 HDFS,也可以通过 Tungsten Replicator 来解决异构系统之间的数据交换;虽然这些工具均能提供些便捷的内容交换和传递,但是对于数据从哪里来、到哪里去、字段映射等需要工程化的解决,因为随着数据采集繁多,数据链路的梳理逐步变得不可维护,百度外卖通过自研的开放式 SQL 平台,很好地把数据路由、工程编码进行剥离,在数据的读写上更加抽象后变得通用、灵活,更为后期再数据血缘关系分析、生产链条依赖自动解析上做了支撑性铺垫;最后在数据同步工具、数据来往路由、大数据分布式调度三方统一协作来完成数据库数据采集。

第三方 API 的采集一般分为开放、验证的方式,最终能够拿到结构化的数据,例如每天的城市天气预报就能够辅助队城市配送压力提供指导,第三方 API 适合数据量不大,交互低频的场景。

一般数据采集通过已有接口、数据交换协议(thrift、jdbc 等)、爬虫的方式获取,还有一些通过画像数据需要通过第三方数据

图 11 画像架构图

服务商获取,数据的采集对画像的丰富度和精度至关重要。

数据的 ETL 处理

数据的处理环节根据采集数据的质量,会校验、过滤、转换、分组聚合处理,满足明细数据和聚合数据的入库操作。数据的 ETL 的操作也存在跟采集在一个过程完成,这些在数据置信度比较高的数据库、Elasticsearch、Redis、MongoDB 等。但日志、网页抓取数据或者实时要求高的数据在大数据场景下一般选择 Kafka 作为中间介质,下游通过 SparkStreaming APP、自定义消费端服务来完成数据的解析 ETL 过程。ETL 的处理过程尽量能够平台化、配置化减少数据和代码工程的耦合,代码工程类似装载货车,数据就像货品,各司其职。

画像的数据一般来源广,需要对用户多渠道的身份打通、商户不同平台整合判重服务,在数据 ETL 过程需要通过多属性特征,例如用户身份打通需要系统账号、手机号属性,用户 Wi-Fi SSID、IMEI 号码、网络 IP。ID-Mapping 的最终目标是找到一个自然人的多个 ID,所以,如何区分同一个 IP 下的多个自然人的设备使用也会是一个技术挑战。类似这种在数据 ETL 层面也需要关注到,ETL 处理完的数据大部分都可以作为基本特征标签使用。

数据统计分析

统计分析的数据是通过数据运算的方式,得到在数据层面给到的事实分布情况,统计的方式包括平均值、最大值、最小值、标准差、求和、Last、First。也有关于数据分布的分析:正态分布 / 卡方分布 /F 分布 /T 分布,这些在上述的出餐时间预估中用到的比较多。上面的统计分析的方式大部分数据库引擎均支持,所以在数据采集、ETL 处理之后一般通过输出存入 HDFS、HBase 后,以 SQL 的方式对数据进行查询分析,能够实现快速、标准化的交互,较为复杂的统计也可以通过 UDF 的方式处理。

建模分析和预测

建模分析把数据域分为不同的主题,每个主题域下分为基础属性、角色分级、兴趣偏好等,下面的每个标签都是观察、认知和刻画角色的一个角度,但是这些标签之间并不孤立,之间存在关联,角色的画像正是由多个主题域下面的标签组成的。

角色行为来建模预测,例如通过骑士的平均速度个性化定制配送时长。物流产品中对角色的行为信息不太一致,提取的特征以及方法也不一致。对于外卖用户,提取的特征通常是这

个订单信息，比如你点了星巴克，系统会给打上一个"咖啡"的标签作为其中一个特征。对于外卖的指南频道资讯用户，提取的特征就是该指南文章的主题、关键词等信息。提取的特征来自于结构化信息和非结构化信息。对于结构化信息（数据库表、XML、JSON等），容易抽取。但是对于非结构化信息，就需要自然语言处理和文本挖掘的方式来抽取。

对于抽取的这些信息，就可以当作用户的基本行为特征，其实也可以当作一部分用户画像的维度了。文本建模一般有TF/IDF、Word2Vec、Bag of Words、VSM、CountVectorizer方式，复杂的数据需要PCA等降维处理；通过SVM、Bayes、KNN训练多个模型，选择最为贴合实际的机器学习算法，通过Boosting对不同属性值线性加权不断地对参数进行调整，也需要放置过/欠拟合；损失函数的选择对于问题的解决和优化，非常重要。最后交叉验证、小流量实验的方式快速试错，在数据上形成闭环、不断地完善数据对画像标签的认知与刻画。

画像标签应用

画像标签的运用在同城物流的场景下非常广泛，运力能力预测、运费/代金券价格敏感度分析、商户营销影响分析、用户流失/拉新/促活/留存/召回概率分析、配送时长预估、红绿灯等待预估分析都有多方面的应用。除了上面提到的离线分析的场景标签化，一般在外卖场景下会有场景化画像的应用，

场景化刻画，也称为上下文的刻画，根据用户当前浏览、检索、查看的相关信息，能够更为精准地贴合当前需求提升转化率、用户体验，场景化的标签一般处于实时性要求做轻量级的挖掘，辅助离线标签的内容，在权重上动态调整。

画像随着社会大数据信息的激增，可以说越来越丰富，越来越精细，画像也被应用到垂类行业营销，以标签、画像为基础的精准定向投放短信或者广告。通过对人群基本属性、兴趣习惯、商业价值等多种维度信息数据综合分析。

总结

本文主要通过外卖行业的同城物流配送场景下，伴随着调度系统的逐步升级，都有画像参与的重要身影，伴随着精细化服务升级，画像服务的深度与广度都在逐步演进，后半段针对如何构建画像展开讨论，能够从场景出发利用技术发掘创新领域。

在众多同城物流配送场景下技术逐步提升并完善之后，能够支撑在外面履约链路上继续提升的除了线下的服务体验，最终都在针对性地解决配送体验的痛点，包括路线规划、时间预估、决策模型、分配方案、供需平衡这五个维度表现决定了智能调度能否替代甚至优于人工调度，最终都需要画像在同城物流领域不断推陈出新、差异化服务不间断引领智能调度前沿。Ⓟ

Heron：来自 Twitter 的新一代流处理引擎（原理篇）

文 / 吕能、吴惠君、符茂松

本文介绍了流计算的背景和重要概念，并详细分析了 Twitter 目前的流计算引擎——Heron 的结构及重要组件，希望能借此为大家提供一些在设计和构建流计算系统时的经验。

流计算又称实时计算，是继以 Map-Reduce 为代表的批处理之后的又一重要计算模型。随着互联网业务的发展以及数据规模的持续扩大，传统的批处理计算难以有效地对数据进行快速低延迟处理并返回结果。由于数据几乎处于不断增长的状态中，及时处理计算大批量数据成为了批处理计算的一大难题。在此背景之下，流计算应运而生。相比于传统的批处理计算，流计算具有低延迟、高响应、持续处理的特点。在数据产生的同时，就可以进行计算并获得结果。更可以通过 Lambda 架构将即时的流计算处理结果与延后的批处理计算结果结合，从而较好地满足低延迟、高正确性的业务需求。

Twitter 由于本身的业务特性，对实时性有着强烈的需求。因此在流计算上投入了大量的资源进行开发。第一代流处理系统 Storm[1] 发布以后得到了广泛的关注和应用。根据 Storm 在实践中遇到的性能、规模、可用性等方面的问题，Twitter 又开发了第二代流处理系统——Heron[2]，并在 2016 年将它开源[3]。

重要概念定义

在开始了解 Heron 的具体架构和设计之前，我们首先定义一些流计算以及在 Heron 设计中用到的基本概念。

- Tuple：流计算任务中处理的最小单元数据的抽象。
- Stream：由无限个 Tuple 组成的连续序列。
- Spout：从外界数据源获得数据并生成 Tuple 的计算任务。
- Bolt：处理上游 Spout 或者 Bolt 生成的 Tuple 的计算任务。
- Topology：一个通过 Stream 将 Spout 和 Bolt 相连的处理 Tuple 的逻辑计算任务。
- Grouping：流计算中的 Tuple 分发策略。在 Tuple 通过 Stream 传递到下游 Bolt 的过程中，Grouping 策略决定了如何将一个 Tuple 路由给一个具体的 Bolt 实例。典型的 Grouping 策略有随机分配、基于 Tuple 内容的分配等。
- Physical Plan：基于 Topology 定义的逻辑计算任务以及所拥有的计算资源，生成的实际运行时信息的集合。

在以上流处理基本概念的基础上，我们可以构建出流处理的三种不同处理语义：

- 至多一次（At-Most-Once）：尽可能处理数据，但不保证数据一定会被处理。吞吐量大，计算快但是计算结果存在一定的误差。
- 至少一次（At-Least-Once）：在外部数据源允许 Replay（重演）的情况下，保证数据至少被处理一次。在出现错误的情况下会重新处理该数据，可能会出现重复处理多次同一数据的情况。保证数据的处理但是延迟升高。
- 仅有一次（Exactly-Once）：每一个数据确保被处理且仅被处理一次。结果精确但是所需要的计算资源增多并且还会导致计算效率降低。

从上可知，三种不同的处理模式有各自的优缺点，因此在选择处理模式的时候需要综合考量一个 Topology 对于吞吐量、延迟、结果误差、计算资源的要求，从而做出最优的选择。目前的 Heron 已经实现支持至多一次和至少一次语义，并且正在开发对于仅有一次语义的支持。

Heron 系统概览

保持与 Storm 接口（API）兼容是 Heron 的设计目标之一。因此，Heron 的数据模型与 Storm 的数据模型基本保持一致。每个提交给 Heron 的 Topology 都是一个由 Spout 和 Bolt 这两类结点（Vertex）组成的，以 Stream 为边（Edge）的有向无环图（Directed acyclic graph）。其中 Spout 结点是 Topology 的数据源，它从外部读取 Topology 所需要处理的数据，常见的如 kafka-spout，然后发送给后续的 Bolt 结点进行处理。Bolt 节点进行实际的数据计算，常见的运算如 Filter、Map 以及 FlatMap 等。

我们可以把 Heron 的 Topology 类比为数据库的逻辑查询计划。这种逻辑上的计划最后都要变成实质上的处理计划才能执行。用户在编写 Topology 时指定每个 Spout 和 Bolt 任务的并行度和 Tuple 在 Topology 中结点间的分发策略（Grouping）。所有用户提供的信息经过打包算法（Pakcing）的计算，这些 Spout 和 Bolt 任务（task）被分配到一批抽象容器中。最后再把这些抽象容器映射到真实的容器中，就可以生成一个物理上可执行的计划（Physical plan），它是所有逻辑信息（拓扑图、并行度、计算任务）和运行时信息（计算任务和容器的对应关系、实际运行地址）的集合。

整体结构

总体上，Heron 的整体架构如图 1 所示。用户通过命令行工具（Heron-CLI）将 Topology 提交给 Heron Scheduler。再由 Scheduler 对提交的 Topology 进行资源分配以及运行调度。在同一时间，同一个资源平台上可以运行多个相互独立 Topology。

图 1 Heron 架构

与 Storm 的 Service 架构不同，Heron 是 Library 架构。Storm 在架构设计上是基于服务的，因此需要设立专有的 Storm 集群来运行用户提交的 Topology。在开发、运维以及成本上，都有诸多的不足。而 Heron 则是基于库的，可以运行在任意的共享资源调度平台上。最大化地降低了运维负担以及成本开销。

目前的 Heron 支持 Aurora、YARN、Mesos 以及 EC2，而 Kubernetes 和 Docker 等目前正在开发中。通过可扩展插件 Heron

Scheduler,用户可以根据不同的需求及实际情况选择相应的运行平台,从而达到多平台资源管理器的支持[4]。

而被提交运行 Topology 的内部结构如图2所示,不同的计算任务被封装在多个容器中运行。这些由调度器调度的容器可以在同一个物理主机上,也可分布在多个主机上。其中每一个 Topology 的第一个容器(容器0)负责整个 Topology 的管理工作,主要运行一个 Topology Master 进程;其余各个容器负责用户提交的计算逻辑的实现,每个容器中主要运行一个 Stream Manager 进程,一个 Metrics Manager 进程,以及多个 Instance 进程。每个 Instance 都负责运行一个 Spout 或者 Bolt 任务(task)。对于 Topology Master、Stream Manager 以及 Instance 进程的结构及重要功能,我们会在本文的后面章节进行详细的分析。

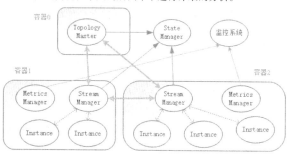

图2　Topology 结构

状态（State）存储和监控

Heron 的 State Manager 是一个抽象的模块,它在具体实现中可以是 ZooKeeper 或者是文件系统。它的主要作用是保存各个 Topology 的各种元信息:Topology 的提交者、提交时间、运行时生成的 Physical Plan 以及 Topology Master 的地址等,从而为 Topology 的自我恢复提供帮助。

每个容器中的 Metrics Manager 负责收集所在容器的运行时状态指标(Metrics),并上传给监控系统。当前 Heron 版本中,简化的监控系统集成在 Topology Master 中。将来这一监控模块将会成为容器0中的一个独立进程。Heron 还提供 Heron-Tracker 和 Heron-UI 这两个工具来查看和监测一个数据中心中运行的所有 Topology。

启动过程

在一个 Topology 中,Topology Master 是整个 Topology 的元信息管理者,它维护着完整的 Topology 元信息。而 Stream Manager 是每个容器的网关,它负责各个 Instance 之间的数据通信,以及和 Topology Master 之间的控制信令。

当用户提交 Topology 之后,Scheduler 便会开始分配资源并运行容器。每个容器中启动一个 Heron Executor 的进程,它区分容器0和其他容器,分别启动 Topology Master 或者 Stream Manager 等进程。在一个普通容器中,Instance 进程启动后会主动向本地容器的 Stream Manager 进行注册。当 Stream Manager 收到所有 Instance 的注册请求后,会向 Topology Master 发送包含了自己的所负责的 Instance 的注册信息。当 Topology Master 收到所有 Stream Manager 的注册信息以后,会生成一个各个 Instance、Stream Manager 的实际运行地址的 Physical Plan 并进行广播分发。收到了 Physical Plan 的各个 Stream Manager 之间就可以根据这一

Physical Plan 互相建立连接形成一个完全图,然后开始处理数据。

Instance 进行具体的 Tuple 数据计算处理。Stream Manager 则不执行具体的计算处理任务,只负责中继转发 Tuple。从数据流网络的角度,可以把 Stream Manager 理解为每个容器的路由器。所有 Instance 之间的 Tuple 传递都是通过 Stream Manager 中继。因此容器内的 Instance 之间通信是一跳(hop)的星形网络。所有的 Stream Manager 都互相连接,形成 Mesh 网络。容器之间的通信也是通过 Stream Manager 中继的,是通过两跳的中继完成的。

核心组件分析

TMaster

TMaster 是 Topology Master 的简写。与很多 Master-Slave 模式分布式系统中的 Master 单点处理控制逻辑的作用相同,TMaster 作为 Master 角色提供了一个全局的接口来了解 Topology 的运行状态。同时,通过将重要的状态信息(Physical Plan)等记录到 ZooKeeper 中,保证了 TMaster 在崩溃恢复之后能继续运行。

实际产品中的 TMaster 在启动的时候,会在 ZooKeeper 的某一约定目录中创建一个 Ephemeral Node 来存储自己的 IP 地址以及端口,让 Stream Manager 能发现自己。Heron 使用 Ephemeral Node 的原因包括:

■ 避免了一个 Topology 出现多个 TMaster 的情况。这样就使得这个 Topology 的所有进程都能认定同一个 TMaster;

■ 同一 Topology 内部的进程能够通过 ZooKeeper 来发现 TMaster 所在的位置,从而与其建立连接。

TMaster 主要有以下三个功能:

■ 构建、分发并维护 Topology 的 Physical Plan;

■ 收集各个 Stream Manager 的心跳,确认 Stream Manager 的存活;

■ 收集和分发 Topology 部分重要的运行时状态指标(Metrics)。

由于 Topology 的 Physical Plan 只有在运行时才能确定,因此 TMaster 就成为了构建、分发以及维护 Physical Plan 的最佳选择。在 TMaster 完成启动和向 ZooKeeper 注册之后,会等待所有的 Stream Manager 与自己建立连接。在 Stream Manager 与 TMaster 建立连接之后,Stream Manager 会报告自己的实际 IP 地址、端口以及自己所负责的 Instance 地址与端口。TMaster 在收到所有 Stream Manager 报告的地址信息之后就能构建出 Physical Plan 并进行广播分发。所有的 Stream Manager 都会收到由 TMaster 构建的 Physical Plan,并且根据其中的信息与其余的 Stream Manager 建立两两连接。只有当所有的连接都建立完成之后,Topology 才会真正开始进行数据的运算和处理。当某一个 Stream Manager 丢失并重连之后,TMaster 会检测其运行地址及端口是否发生了改变;若改变,则会及时地更新 Physical Plan 并广播分发,使 Stream Manager 能够建立正确的连接,从而保证整个 Topology 的正确运行。

TMaster 会接受 Stream Manager 定时发送的心跳信息并且维护各个 Stream Manager 的最近一次心跳时间戳。心跳首先能够帮助 TMaster 确认 Stream Manager 的存活,其次可以帮助其决定是否更新一个 Stream Manager 的连接并且更新 Physical Plan。

TMaster 还会接受由 Metrics Manager 发送的一部分重要

Metrics并且向Heron-Tracker提供这些Metrics。Heron-Tracker可以通过这些Metrics来确定Topology的运行情况并使得Heron-UI能够基于这些重要的Metrics来进行监控检测。典型的Metrics有：分发Tuple的次数，计算Tuple的次数以及处于backpressure状态的时间等。

非常值得注意的一点是，TMaster本身并不参与任何实际的数据处理。因此它也不会接受和分发任何的Tuple。这一设计使得TMaster本身逻辑清晰，也非常轻量，同时也为以后功能的拓展留下了巨大的空间。

Stream Manager 和反压（Back pressure）机制

Stmgr是Stream Manager的简写。Stmgr管理着Tuple的路由，并负责中继Tuple。当Stmgr拿到Physical Plan以后就能根据其中的信息知道与其余的Stmgr建立连接形成Mesh网络，从而进行数据中继以及Backpressure控制。Tuple传递路径可以通过图3来说明，图3中容器1的Instance D（1D）要发送一个Tuple给容器4中的Instance C（4C），这个Tuple经过的路径为：容器1的1D，容器1的Stmgr，容器4的Stmgr，容器4的4C。又比如从3A到3B的Tuple经过的路径为：3A，容器3的Stmgr，3B。与Internet的路由机制对比，Heron的路由非常简单，这得益于Stmgr之间两两相连，使得所有的Instance之间的距离不超过2跳。

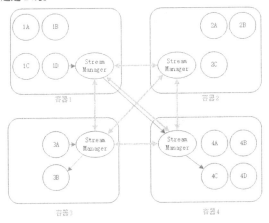

图3 Tuple 发送路径示例

Acking

Stmgr除了路由中继Tuple的功能，它还负责确认（Acking）Tuple已经被处理。Acking的概念在Heron的前身Storm中已经存在。Acking机制的目的是为了实现At-Least-Once的语义。原理上，当一个Bolt实例处理完一个Tuple以后，这个Bolt实例发送一个特殊的Acking Tuple给这个bolt的上游Bolt实例或者Spout实例，向上游结点确认Tuple已经处理完成。这个过程层层向上游结点推进，直到Spout结点。实现上，当Acking Tuple经过Stmgr时候由异或（xor）操作标记Tuple，由异或操作的特性得知是否处理完成。当一个Spout实例在一定时间内还没有收集到Acking Tuple，那么它将重发对应的数据Tuple。Heron的Acking机制的实现与它的前任Storm一致。

Back Pressure

Heron引入了反压（Back Pressure）机制，来动态调整Tuple的处理速度以避免系统过载。一般来说，解决系统过载问题有三种策略：（1）放任不管；（2）丢弃过载数据；（3）请求减少负载。Heron采用了第三种策略，通过Backpressure机制来进行过载恢复，保证系统不会在过载的情况下崩溃。

Backpressure机制触发过程如下：当某一个Bolt Instance处理速度跟不上Tuple的输入速度时，会造成负载向该Instance转发Tuple的Stmgr缓存不断堆积。当缓存大小超过一个上限值（Hight Water Mark）时，该Stmgr会停止从本地的Spout中读取Tuple并向Topology中的其他所有Stmgr发送一个"开始Backpressure"的信息。而其余的Stmgr在接收到这一消息时也会停止从它们所负责的Spout Instance处读取并转发Tuple。至此，整个Topology就不再从外界读入Tuple而只处理堆积在内部的未处理Tuple。而处理的速度则由最慢的Instance来决定。在经过一定时间的处理以后，当缓存的大小减低到一个下限值（Low Water Mark）时，最开始发送"开始Backpressure"的Stmgr会再次发送"停止Backpressure"的信息，从而使得所有的Stmgr重新开始从Spout Instance读取分发数据。而由于Spout通常是从具有允许重演（Replay）的消息队列中读取数据，因此即使冻结了也不会导致数据的丢失。

注意在Backpressure的过程中两个重要的数值：上限值（High Water Mark）和下限值（Low Water Mark）。只有当缓存区的大小超过上限值时才会触发Backpressure，然后一直持续到缓存区的大小减低到下限值时。这一设计有效地避免了一个Topology不停地在Backpressure状态和正常状态之间震荡变化的情况发展，一定程度上保证了Topology的稳定。

Instance

Instance是整个Heron处理引擎的核心部分之一。Topology中不论是Spout类型结点还是Bolt类型结点，都是由Instance来实现的。不同于Storm的Worker设计，在当前的Heron中每一个Instance都是一个独立的JVM进程，通过Stmgr进行数据的分发接受，完成用户定义的计算任务。独立进程的设计带来了一系列的优点：便于调试、调优、资源隔离以及容错恢复等。同时，由于数据的分发传送任务已经交由Stmgr来处理，Instance可以用任何编程语言来进行实现，从而支持各种语言平台。

Instance采用双线程的设计，如图4所示。一个Instance的进程包含Gateway以及Task Execution这两个线程。Gateway线程主要控制着Instance与本地Stmgr和Metrics Manager之间的数据交换，通过TCP连接。Gateway线程：（1）接受由Stmgr分发的待处理Tuple；（2）发送经Task Execution处理的Tuple给Stmgr；3. 转发由Task Execution线程产生的Metrics给Metrics Manager。不论是Spout还是Bolt，Gateway线程完成的任务都相同。

Task Execution线程的职责是执行用户定义的计算任务。对于Spout和Bolt，Task Execution线程会相应地去执行open()和prepare()方法来初始化其状态。如果运行的Instance是一个Bolt实例，那么Task Execution线程会执行execute()方法来处理接收到的Tuple；如果是Spout，则会重复执行nextTuple()方法来从外部数据源不停地获取数据，生成Tuple，并发送给下游的Instance进行处理。经过处理的Tuple会被发送至Gateway线程进行下一步的分发。同时在执行的过程中，Task Execution线程会生成各种Metrics（tuple处理数量、tuple处理延迟等）并发送给Metrics Manager进行状态监控。

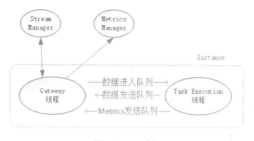

图 4 Instance 结构

Gateway 线程和 Task Execution 线程之间通过三个单向的队列来进行通信，分别是数据进入队列、数据发送队列以及 Metrics 发送队列。Gateway 线程通过数据进入队列向 Task Execution 线程传入 Tuple；Task Execution 通过数据发送队列将处理完的 Tuple 发送给 Gateway 线程；Task Execution 线程通过 Metrics 发送队列将收集的 Metric 发送给 Gateway 线程。

总结

在本文中，我们介绍了流计算的背景和重要概念，并且详细分析了 Twitter 目前的流计算引擎——Heron 的结构及重要组件。希望能借此为大家提供一些在设计和构建流计算系统时的经验，也欢迎大家向我们提供建议和帮助。如果大家对 Heron 的开发和改进感兴趣，可以在 GitHub（https://github.com/twitter/heron）上进行查看。

Heron：来自 Twitter 的新一代流处理引擎（应用篇）

文 / 吴惠君、吕能、符茂松

本文对比了 Heron 和常见的流处理项目，包括 Storm、Flink、Spark Streaming 和 Kafka Streams，归纳了系统选型的要点。此外实践了 Heron 的一个案例，以及讨论了 Heron 在这一年开发的新特性。

在今年 6 月期的"基础篇"中，我们通过学习 Heron 的基本概念、整体架构和核心组件等内容，对 Heron 的设计、运行等方面有了基本的了解。在这一期的"应用篇"中，我们将 Heron 与其他流行的实时流处理系统（Apache Storm、Apache Flink、Apache Spark Streaming 和 Apache Kafka Streams）进行比较。在此基础上，我们再介绍如何在实际应用中进行系统选型。然后我们将分享一个简单的案例应用。最后我们会介绍在即将完结的 2017 年里 Heron 有哪些新的进展。

实时流处理系统比较与选型

当前流行的实时流处理系统主要包括 Apache 基金会旗下的 Apache Storm、Apache Flink、Apache Spark Streaming 和 Apache Kafka Streams 等项目。虽然它们和 Heron 同属于实时流处理范畴，但是它们也有各自的特点。

Heron 对比 Storm（包括 Trident）

在 Twitter 内部，Heron 替换了 Storm，是流处理的标准。

数据模型的区别

Heron 兼容 Storm 的数据模型，或者说 Heron 兼容 Storm 的 API，但是背后的实现完全不同。所以它们的应用场景是一样的，能用 Storm 的地方也能用 Heron。但是 Heron 比 Storm 提供更好的效率，更多的功能，更稳定，更易于维护。

Storm Trident 是 Storm 基础上的项目，提供高级别的 API，如同 Heron 的函数式 API。Trident 以 checkpoint 加 rollback 的方式实现了 exactly once；Heron 以 Chandy 和 Lamport 发明的分布式快照算法实现了 effectively once。

应用程序架构的区别

Storm 的 worker 在每个 JVM 进程中运行多个线程，每个线程中执行多个任务。这些任务的 log 混在一起，很难调试不同任务的性能。Storm 的 nimbus 无法对 worker 进行资源隔离，所以多个 topology 的资源之间互相影响。另外 ZooKeeper 被用来管理 heartbeat，这使得 ZooKeeper 很容易变成瓶颈。

Heron 的每个任务都是单独的 JVM 进程，方便调试和资源隔离管理，同时节省了整个 topology 的资源。ZooKeeper 在 Heron 中只存放很少量的数据，heartbeat 由 tmaster 进程管理，对 ZooKeeper 没有压力。

Heron 对比 Flink

Flink 框架包含批处理和流处理两方面的功能。Flink 的核心采用流处理的模式，它的批处理模式通过模拟块数据的流处理形式得到。

数据模型的区别

Flink 在 API 方面采用 declarative 的 API 模式。Heron 既提供 declarative 模式 API 或者叫作 functional API 也提供底层 compositional 模式的 API，此外 Heron 还提供 Python 和 C++ 的 API。

应用程序架构的区别

在运行方面，Flink 可以有多种配置，一般情况采用的是多任务多线程在同一个 JVM 中的混杂模式，不利于调试。Heron 采用的是单任务单 JVM 的模式，利于调试与资源分配。

在资源池方面，Flink 和 Heron 都可以与多种资源池合作，包括 Mesos/Aurora、YARN、Kubernetes 等。

Heron 对比 Spark Streaming

Spark Streaming 处理 tuple 的粒度是 micro-batch，通常使用半秒到几秒的时间窗口，将这个窗口内的 tuple 作为一个 micro-batch 提交给 Spark 处理。而 Heron 使用的处理粒度是 tuple。由于时间窗口的限制，Spark Streaming 的平均响应周期可以认为是半个时间窗口的长度，而 Heron 就没有这个限制。所以 Heron 是低延迟，而 Spark Streaming 是高延迟。

Spark Streaming 近期公布了一项提案，计划在下一个版本 2.3 中加入一个新的模式，新的模式不使用 micro-batch 来进行计算。

数据模型的区别

语义层面上，Spark Streaming 和 Heron 都实现了 exactly once/effectively once。状态层面上，Spark Streaming 和 Heron 都实现了 stateful processing。API 接口方面，Spark Streaming 支持 SQL，Heron 暂不支持。Spark Streaming 和 Heron 都支持 Java、Python 接口。需要指出的是，Heron 的 API 是 pluggable 模式的，除了 Java 和 Python，Heron 可以支持许多编程语言，比如 C++。

应用程序架构的区别

任务分配方面，Spark Streaming 对每个任务使用单个线程。一个 JVM 进程中可能有多个任务的线程在同时运行。Heron 对每个任务都是一个单独的 heron-instance 进程，这样的设计是为了方便调试，因为当一个 task 失败的时候，只用把这个任务进程拿出来检查就好了，避免了进程中各个任务线程相互影响。

资源池方面，Spark Streaming 和 Heron 都可以运行在 YARN 和 Mesos 上。需要指出的是 Heron 的资源池设计是 pluggable interface 的模式，可以连接许多资源管理器，比如 Aurora 等。

Heron 对比 Kafka Streams

Kafka Streams 是一个客户端的程序库。通过这个调用库，应用程序可以读取 Kafka 中的消息流进行处理。

数据模型的区别

Kafka Streams 与 Kafka 绑定，需要订阅 topic 来获取消息流，这与 Heron 的 DAG 模型完全不同。对于 DAG 模式的流计算，DAG 的结点都是由流计算框架控制，用户计算逻辑需要按照 DAG 的模式提交给这些框架。Kafka Streams 没有这些预设，用户的计算逻辑完全用户控制，不必按照 DAG 的模式。此外，Kafka Streams 也支持反压（back pressure）和 stateful processing。

Kafka Streams 定义了 2 种抽象：KStream 和 KTable。在 KStream 中，每一对 key-value 是独立的。在 KTable 中，key-value 以序列的形式解析。

应用程序架构的区别

Kafka Streams 是完全基于 Kafka 来建设的，与 Heron 等流处理系统差别很大。Kafka Streams 的计算逻辑完全由用户程序控制，也就是说流计算的逻辑并不在 Kafka 集群中运行。Kafka Streams 可以理解为一个连接器，从 Kafka 集群中读取和写入键值序列，计算所需资源和任务生命周期等都要用户程序管理。而 Heron 可以理解为一个平台，用户提交 topology 以后，剩下的由 Heron 完成。

选型

归纳以上对各个系统的比较，我们可以得到如表 1 所示的各系统比较，基于以上表格的比较，我们可以得到如下的选型要点：

■ Storm 适用于需要快速响应、中等流量的场景。Storm 和 Heron 在 API 上兼容，在功能上基本可以互换；Twitter 从 Storm 迁移到了 Heron，说明如果 Storm 和 Heron 二选一的话，一般都选 Heron。

■ Kafka Streams 与 Kafka 绑定，如果现有系统是基于 Kafka 构建的，可以考虑使用 Kafka Streams，减少各种开销。

■ 一般认为 Spark Streaming 的流量是这些项目中最高的，但是它的响应延迟也是最高的。对于响应速度要求不高、但是对流通量要求高的系统，可以采用 Spark Streaming；如果把这种情况推广到极致就可以直接使用 Spark 系统。

■ Flink 使用了流处理的内核，同时提供了流处理和批处理的接口。如果项目中需要同时兼顾流处理和批处理的情况，Flink 比较适合。同时因为需要兼顾两边的取舍，在单个方面就不容易进行针对性的优化和处理。

表 1　各系统比较

	Storm	Flink	Spark Streaming	Kafka Streams	Heron
运行模式	连续	连续	微 batch	连续	连续
响应延迟	低	低	高	低	低
流量	低	中	高	中	中
Exactly once/Effectively once	Trident	有	有	有	有
底层 API	DAG	无	序列	序列	DAG
函数式 API	Trident	有	有	无	有
运行时	单进程单应用多任务，每个线程多个任务	单个进程中混杂多个应用的多个任务	单讲程单应用多任务；每个线程单个任务	由用户程序逻辑控制	单进程单任务
API 语言	JVM 兼容语言（其他编程语言通过 JSON 协议），SQL	Scala、Java、Python、SQL	Scala、Java、Python、R、SQL	Java	Java、Python、C++、Scala
运行时扩容/缩容	无	有	开发中	用户可程序控制	有
自我修复调整	无	无	无	用户可程序控制	有
可扩展模块设计	部分实现（通过 Thrift）	无	无	用户可程序控制	有（Java SPI）

总结上面，Spark Streaming、Kafka Streams、Flink 都有特定的应用场景，其他一般流处理情况下可以使用 Heron。

Heron 案例学习

让我们在 Ubuntu 单机上来实践运行一个示例 topology，这包括如下几个步骤：

- 安装 Heron 客户端
  - 启动一个 Heron 示例 topology；
  - 其他 topology 操作命令。
- 安装 Heron 工具包
  - 运行 Heron Tracker；
  - 运行 Heron UI。

运行 topology

首先找到 Heron 的发布网页：https://github.com/twitter/heron/releases，找到最新的版本 0.16.5。可以看到 Heron 提供了多个版本的安装文件，这些安装文件又分为几个类别：客户端 client、工具包 tools 和开发包 API 等。

安装客户端

下载客户端安装文件 heron-client-install-0.16.5-ubuntu.sh：

```
wget https://github.com/twitter/heron/releases/
download/0.16.5/heron-client-install-0.16.5-
darwin.sh
```

然后执行这个文件：

```
chmod +x heron-*.sh
./heron-client-install-0.16.5--PLATFORM.sh --user
```

其中 --user 参数让 heron 客户端安装到当前用户目录 ~/.hedon，同时在 ~/bin 下创建一个链接指向 ~/.heorn/bin 下的可执行文件。

Heron 客户端是一个名字叫 heron 的命令行程序。可以通过 export PATH=~/bin:$PATH 让 heron 命令能被直接访问。运行如下命令来检测 heron 命令是否安装成功：

```
heron version
```

运行示例 topology

首先添加 localhost 到 /etc/hosts，Heron 在单机模式时会用 /etc/hosts 来解析本地域名。

Heron 客户端安装时已经包含了一个示例 topology 的 jar 包，在 ~/.heron/example 目录下。我们可以运行其中一个示例 topology 作为例子：

```
heron submit local ~/.heron/examples/heron-
examples.jar \
com.twitter.heron.examples.ExclamationTopology
ExclamationTopology \
--deploy-deactivated
```

heron submit 命令提交一个 topology 给 heron 运行。关于 heron submit 的命令的格式，可以用过 heron help submit 来查看。

当 Heron 运行在单机本地模式时，它会将运行状态和日志等信息存放在 ~/.herondata 目录下。我们可以查看刚才运行的示例 topology 目录，具体位置是：

```
ls -al ~/.herondata/topologies/local/${USER_NAME}/
ExclamationTopology
```

Topology 生命周期

一个 topology 的生命周期包括如下几个阶段。

- submit：提交 topology 给 heron-scheduler。这时 topology 还没有处理 tuples，但是它已经准备好，等待被 activate；
- activate/deactivate：让 topology 开始 / 停止处理 tuples；
- restart：重启一个 topology，让资源管理器重新分配容器；
- kill：撤销 topology，释放资源。

这些阶段都是通过 heron 命令行客户端来管理的。具体的命令格式可以通过 heron help 查看。

Heron 工具包

Heron 项目提供了一些工具，可以方便查看数据中心中运行的 topology 状态。在单机本地模式下，我们也可以来试试这些工具。主要包括如下工具。

- Tracker：一个服务器提供 restful API，监视每个 topology 的运行时状态；
- UI：一个网站，调用 Tracker restful API 展示成网页。

一个数据中心内可以部署一套工具包来涵盖整个数据中心的所有 topology。

安装工具包

用安装 Heron 客户端类似的方法，找到安装文件，然后安装它：

```
wget https://github.com/twitter/heron/releases/
download/0.16.5/heron-tools-install-0.16.5-
darwin.sh
chmod +x heron-*.sh
./heron-tools-install-0.16.5-PLATFORM.sh --user
```

Tracker 工具

启动 Tracker 服务器：heron-tracker，见图 1。

验证服务器 restful api：在浏览器中打开 http://localhost:8888。

UI 工具

启动 UI 网站：heron-ui，见图 2。

验证 UI 网站：在浏览器中打开 http://localhost:8889。

图 1　启动 Tracker 服务器

图 2　启动 UI 网站

Heron 新特性

自从 2016 年夏 Twitter 开源 Heron 以来，Heron 社区开发了许多新的功能，特别是 2017 年 Heron 增加了"在线动态扩容/缩容"、"effectively once 传输语义"、"函数式 API"、"多种编程语言支持"、"自我调节（self-regulating）"等。

在线动态扩容/缩容

根据 Storm 的数据模型，topology 的并行度是 topology 的作者在编程 topology 的时候指定的。很多情况下，topology 需要应付的数据流量在不停地变化。topology 的编程者很难预估适合的资源配置，所以动态的调整 topology 的资源配置就是运行时的必要功能需求。

直观地，改变 topology 中结点的并行度就能快速改变 topology 的资源使用量来应付数据流量的变换。Heron 通过 update 命令来实现这种动态调整。Heron 命令行工具使用 packing 算法按照用户指定的新的并行度计算 topology 的新的 packing plan，然后通过资源池调度器增加或者减少容器数量，并再将这个 packing plan 发送给 tmaster 合并成新的 physical plan，使得整个 topology 所有容器状态一致。Heron 实现的并行度动态调整对运行时的 topology 影响小，调整快速。

Effectively once 传输语义

Heron 在原有 tuple 传输模式 at most once 和 at least once 的基础上，新加入了 effectively once。原有的 at most once 和 at least once 都有些不足之处，比如 at most once 会漏掉某些 tuple；而 at least once 会重复某些 tuple。所以 effectively once 的目标是，当计算是确定性（deterministic）的时候，结果精确可信。

Effectively once 的实现可以概括为两点：

- 分布式状态 checkpoint；
- topology 状态回滚。

tmaster 定期向 spout 发送 marker tuple。当 topology 中的一个结点收集齐上游的 marker tuple 时，会将当时自己的状态写入一个 state storage，这个过程就是 checkpoint。当整个 topology 的所有结点都完成 checkpoint 的时候，state storage 就存储了一份整个 topology 快照。如果 topology 遇到异常，可以从 state storage 读取快照进行恢复并重新开始处理数据。

函数式 API（Functional API）

函数式编程是近年来的热点，Heron 适应时代潮流在原有 API 的基础上添加了函数式 API。Heron 的函数式 API 让 topology 编程者更专注于 topology 的应用逻辑，而不必关心 topology/spout/bolt 的具体细节。Heron 的函数式 API 相比于原有的底层 API 是一种更高层级上的 API，它背后的实现仍然是转化为底层 API 来构建 topology。

Heron 函数式 API 建立在 streamlet 的概念上。一个 streamlet 是一个无限的、顺序的 tuple 序列。Heron 函数式 API 的数据模型中，数据处理就是指从一个 streamlet 转变为另一个 streamlet。转变的操作包括：map、flatmap、join、filter 和 window 等常见的函数式操作。

多种编程语言支持

以往 topology 编写者通常使用兼容 Storm 的 Java API 来编写 topology，现在 Heron 提供 Python 和 C++ 的 API，让熟悉 Python 和 C++ 的程序员也可以编写 topology。Python 和 C++ 的 API 设计与 Java API 类似，它们包含底层 API 用来构造 DAG，将来也会提供函数式 API 让 topology 开发者更专注业务逻辑。

在实现上，Python 和 C++ 的 API 都有 Python 和 C++ 的 heron-instance 实现。它们不与 heron-instance 的 Java 实现重叠，所以减少了语言间转化的开销，提高了效率。

自我调节（self-regulating）

Heron 结合 Dhalion 框架开发了新的 health manager 模块。Dhalion 框架是一个读取 metric 然后对 topology 进行相应调整或者修复的框架。Health manager 由 2 个部分组成：detector/diagnoser 和 resolver。Detector/diagnoser 读取 metric 探测 topology 状态并发现异常，resolver 根据发现的异常执行相应的措施让 topology 恢复正常。Health manager 模块的引入，让 Heron 形成了完整的反馈闭环。

现在常用的两个场景是：（1）detector 监测 back pressure 和 stmgr 中队列的长度，发现是否有些容器是非常慢的；然后 resolver 告知 heron-scheduler 来重新调度这个结点到其他 host 上去；（2）detector 监测所有结点的状态来计算 topology 在全局层面上是不是资源紧张，如果发现 topology 资源使用量很大，resolver 计算需要添加的资源并告知 scheduler 来进行调度。

结束语

在本文中，我们对比了 Heron 和常见的流处理项目，包括 Storm、Flink、Spark Streaming 和 Kafka Streams，归纳了系统选型的要点，此外我们实践了 Heron 的一个案例，最后我们讨论了 Heron 在这一年开发的新特性。

最后，作者希望这篇文章能为大家提供一些 Heron 应用的相关经验，也欢迎大家向我们提供建议和帮助。如果大家对 Heron 的开发和改进感兴趣，可以查看 Heron 官网（http://heronstreaming.io/）和代码（https://github.com/twitter/heron）。

图数据库——大数据时代的高铁

文 / 董小珊、姚臻

如果把传统关系型数据库比作火车的话，那么到现在大数据时代，图数据库可比作高铁。它已成为 NoSQL 中关注度最高，发展趋势最明显的数据库。

简介

在众多不同的数据模型里，关系数据模型自 20 世纪 80 年代就处于统治地位，而且出现了不少巨头，如 Oracle、MySQL

和 MSSQL，它们也被称为关系数据库管理系统（RDBMS）。然而，随着关系数据库使用范围的不断扩大，也暴露出一些它始终无法解决问题，其中最主要的是数据建模中的一些缺陷和问题，以及在大数据量和多服务器之上进行水平伸缩的限制。同时，互联网发展也产生了一些新的趋势变化：

- 用户、系统和传感器产生的数据量呈指数增长，其增长速度因大部分数据量集中在 Amazon、Google 和其他云服务的分布式系统上而进一步加快；
- 数据内部依赖和复杂度的增加，这一问题因互联网、Web2.0、社交网络，以及对大量不同系统的数据源开放和标准化的访问而加剧。

而在应对这些趋势时，关系数据库产生了更多的不适应性，从而导致大量解决这些问题中某些特定方面的不同技术出现，它们可以与现有 RDBMS 相互配合或代替它们——也被称为混合持久化（Polyglot Persistence）。数据库替代品并不是新鲜事物，它已经以对象数据库（OODBMS）、层次数据库（如 LDAP）等形式存在很长时间了。但是，过去几年间，出现了大量新项目，它们被统称为 NoSQL 数据库（NoSQL-databases）。

NoSQL 数据库

NoSQL（Not Only SQL，不限于 SQL）是一类范围非常广泛的持久化解决方案，它们不遵循关系数据库模型，也不使用 SQL 作为查询语言。其数据存储可以不需要固定的表格模式，也经常会避免使用 SQL 的 JOIN 操作，一般水平可扩展的特征。

简言之，NoSQL 数据库可以按照它们的数据模型分成 4 类：

- 键 - 值存储库（Key-Value-stores）；
- BigTable 实现（BigTable-implementations）；
- 文档库（Document-stores）；
- 图形数据库（Graph Database）。

在 NoSQL 四种分类中，图数据库从最近十年的表现来看已经成为关注度最高，也是发展趋势最明显的数据库类型。图 1 就是 db-engines.com 对最近三年来所有数据库种类发展趋势的分析结果。

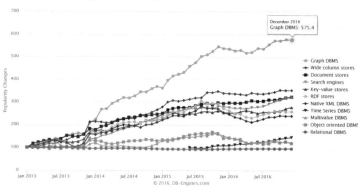

图 1　db-engines.com 对最近三年来所有数据库种类发展趋势的分析

图数据库

图数据库源起欧拉和图理论，也可称为面向 / 基于图的数据库，对应的英文是 Graph Database。图数据库的基本含义是以"图"这种数据结构存储和查询数据，而不是存储图片的数据库。它的数据模型主要是以节点和关系（边）来体现，也可处理键值对。它的优点是快速解决复杂的关系问题。

图具有如下特征：

- 包含节点和边；
- 节点上有属性（键值对）；
- 边有名字和方向，并总是有一个开始节点和一个结束节点；
- 边也可以有属性。

说得正式一些，图可以说是顶点和边的集合，或者说更简单一点儿，图就是一些节点和关联这些节点的联系（relationship）的集合。图将实体表现为节点，实体与其他实体连接的方式表现为联系。我们可以用这个通用的、富有表现力的结构来建模各种场景，从宇宙火箭的建造到道路系统，从食物的供应链及原产地追踪到人们的病历，甚至更多其他的场景。

通常，在图计算中，基本的数据结构表达就是：

- G=(V, E)
- V=vertex（节点）
- E=edge（边）

如图 2 所示。

图 2　简单的图数据库模型

当然，图模型也可以更复杂，例如图模型可以是一个被标记和标向的属性多重图（multigraph）。被标记的图每条边都有一个标签，它被用来作为那条边的类型。有向图允许边有一个固定的方向，从末或源节点到首或目标节点。

属性图允许每个节点和边有一组可变的属性列表，其中的属性是关联某个名字的值，简化了图形结构。多重图允许两个节点之间存在多条边，这意味着两个节点可以由不同边连接多次，即使两条边有相同的尾、头和标记，如图 3 所示。

图数据库存储一些顶点和边与表中的数据。它们用最有效的方法来寻找数据项之间、模式之间的关系，或多个数据项之间的相互作用。

一张图里数据记录在节点，或包括的属性里面，最简单的图是单节点的，一个记录，记录了一些属性。一个节点可以从单属性开始，成长为成千上亿，虽然会有一点麻烦。从某种意义上讲，将数据用关系连接起来分布到不同节点上才是有意义的。

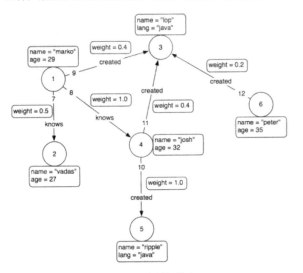

图3　较为复杂的图模型

图计算是在实际应用中比较常见的计算类别，当数据规模大到一定程度时，如何对其进行高效计算即成为迫切需要解决的问题。大规模图数据，例如支付宝的关联图，仅好友关系已经形成超过1600亿节点、4000亿边的巨型图，要处理如此规模的图数据，传统的单机处理方式显然已经无能为力，必须采用由大规模机器集群构成的并行图数据库。

在处理图数据时，其内部存储结构往往采用邻接矩阵或邻接表的方式，图4就是这两种存储方式的简单例子。在大规模并行图数据库场景下，邻接表的方式更加常用，大部分图数据库和处理框架都采用了这一存储结构。

图数据库架构

在研究图数据库技术时，有两个特性需要多加考虑。

■ 底层存储

一些图数据库使用原生图存储，这类存储是优化过的，并且是专门为了存储和管理图而设计的。不过并不是所有图数据库使用的都是原生图存储，也有一些会将图数据序列化，然后保存到关系型数据库或面向对象数据库，或是其他通用数据存储中。

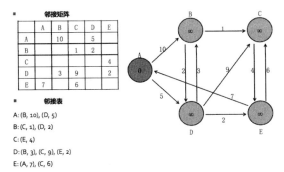

图4　大规模并行图数据库场景下的图数据库存储结构

原生图存储的好处是，它是专门为性能和扩展性设计建造的。但相对的，非原生图存储通常建立在非常成熟的非图后端（如MySQL）之上，运维团队对它们的特性烂熟于心。原生图处理虽然在遍历查询时性能优势很大，但代价是一些非遍历类查询会比较困难，而且还要占用巨大的内存。

■ 处理引擎

图计算引擎技术使我们可以在大数据集上使用全局图算法。图计算引擎主要用于识别数据中的集群，或是回答类似于"在一个社交网络中，平均每个人有多少联系？"这样的问题。

图5展示了一个通用的图计算引擎部署架构。该架构包括一个带有OLTP属性的记录系统（SOR）数据库（如MySQL、Oracle或Neo4j），它给应用程序提供服务，请求与响应应用程序在运行中发送过来的查询。每隔一段时间，一个抽取、转换和加载（ETL）作业就会将记录系统数据库的数据转入图计算引擎，供离线查询和分析。

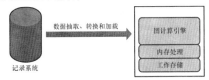

图5　一个典型的图计算引擎部署架构

图计算引擎多种多样。最出名的是有内存的、单机的图计算引擎Cassovary和分布式的图计算引擎Pegasus和Giraph。大部分分布式图计算引擎基于Google发布的Pregel白皮书，其中讲述了Google如何使用图计算引擎来计算网页排名。

一个成熟的图数据库架构应该至少具备图的存储引擎和图的处理引擎，同时应该有查询语言和运维模块，商业化产品还应该有高可用HA模块甚至容灾备份机制。一个典型的图数据库架构如图6所示。

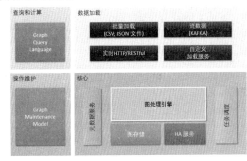

图6　一个成熟的图数据库设计架构

各模块功能说明如下：

■ 查询和计算：最终用户用于在此语言基础之上进行图的遍历和查询，最终返回运行结果，如能提供RESTful API则能给开发者提供不少便利之处。

■ 操作和运维：用于系统实时监控，例如系统配置、安装、升级、运行时监控，甚至包括可视化界面等。

■ 数据加载：包括离线数据加载和在线数据加载，既可以是批量的数据加载，也可以是流数据加载方式。

■ 图数据库核心：主要包括图存储和图处理引擎这两个核心。图处理引擎负责实时数据更新和执行图运算；图存储负责将关系型数据及其他非结构化数据转换成图的存储格式；HA服务负责处理数据容错、数据一致性以及服务不间断等功能。

在图数据库和对外的接口上，图数据库应该也具有完备的对外数据接口和完善的可视化输出界面，如图7所示。

图7 一个完整的图数据库对外接口及部署模式

图数据库不仅可以导入传统关系型数据库中的结构化数据，也可以导入文本数据、社交数据、机器日志数据、实时流数据等。

同时，计算结果可以通过标准的可视化界面展现出来，商业化的图数据库产品还应该能将图数据库中的数据进一步导出至第三方数据分析平台做进一步的数据分析。

图数据库的应用

我们可以将图领域划分成以下两部分：

- 用于联机事务图的持久化技术（通常直接实时地从应用程序中访问）。
- 这类技术被称为图数据库，它们和"通常的"关系型数据库世界中的联机事务处理（Online Transactional Processing，OLTP）数据库是一样的。
- 用于离线图分析的技术（通常都是按照一系列步骤执行）。
- 这类技术被称为图计算引擎。它们可以和其他大数据分析技术看作一类，如数据挖掘和联机分析处理（Online Analytical Processing，OLAP）。

图数据库一般用于事务（OLTP）系统中。图数据库支持对图数据模型的增、删、改、查（CRUD）方法。相应地，它们也对事务性能进行了优化，在设计时通常需要考虑事务完整性和操作可用性。

目前图数据库的巨大用途得到了认可，它跟不同领域的很多问题都有关联。最常用的图论算法包括各种类型的最短路径计算、测地线（Geodesic Path）、集中度测量（如 PageRank、特征向量集中度、亲密度、关系度、HITS 等）。那么，什么样的应用场景可以很好地利用图数据库？

目前，业内已经有了相对比较成熟的基于图数据库的解决方案，大致可以分为以下几类。

金融行业应用

反欺诈多维关联分析场景

通过图分析可以清楚地知道洗钱网络及相关嫌疑，例如对用户所使用的账号、发生交易时的 IP 地址、MAC 地址、手机 IMEI 号等进行关联分析。

反欺诈多维关联分析场景

反欺诈已经是金融行业一个核心应用，通过图数据库可以对不同的个体、团体做关联分析，从人物在指定时间内的行为，例如过去地方的 IP 地址、曾经使用过的 MAC 地址（包括手机端、PC 端、Wi-Fi 等）、社交网络的关联度分析，同一时间点是否曾经在同一地理位置附近出现过，银行账号之间是否有历史交易信息等。

社交网络图谱

在社交网络中，公司、员工、技能的信息，这些都是节点，它们之间的关系和朋友之间的关系都是边，在这里面图数据库可以做一些非常复杂的公司之间关系的查询。比如说公司到员工、员工到其他公司，从中找类似的公司、相似的公司，都可以在这个系统内完成。

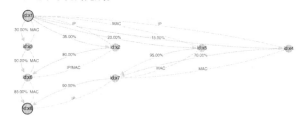

图8 在图数据库中一个典型的反洗钱模型

企业关系图谱

图数据库可以对各种企业进行信息图谱的建立，包括最基本的工商信息，包括何时注册、谁注册、注册资本、在何处办公、经营范围、高管架构。围绕企业的经营范围，继续细化去查询企业究竟有哪些产品或服务，例如通过企业名称查询到企业的自媒体，从而给予其更多关注和了解。另外也包括对企业的产品和服务的数据关联，查看该企业有没有令人信服的自主知识产权和相关资质来支撑业务的开展。

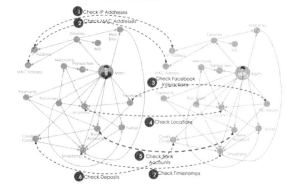

图9 在图数据库中一个典型的金融反欺诈关联分析模型

企业在日常经营中，与客户、合作伙伴、渠道方、投资者都会打交道，这也决定了企业对社会各个领域都广有涉猎，呈现面错综复杂，因此可以通过企业数据图谱来查询，层层挖掘信息。基于图数据的企业信息查询可以真正了解企业的方方面面，而不再是传统单一的工商信息查询。示例如图8～图11所示。

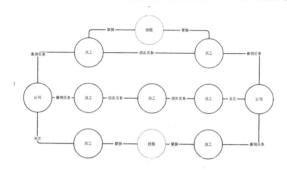

图10 在图数据库中典型的社交关系网络模型

图11 在图数据库中一个典型的企业知识图谱模型

图数据库的优缺点

数十年来,开发者试图使用关系型数据库处理关联的、半结构化的数据集。关系型数据库设计之初是为了处理纸质表格以及表格化结构,它们试图对这种实际中的特殊联系进行建模。然而讽刺的是,关系型数据库在处理联系上做得却并不好。

关系数据库是强大的主流数据库,经过40年的发展和改进,已经非常可靠、强大并且很实用,可以保存大量的数据。如果你想查询关系型数据库里的单一结构或对应数据信息的话,在任何时间内都可以查询关于项目的信息,或者你想查询许多项目在相同类型中的总额或平均值,也将会很快得到答案。

关系型数据库不擅长什么呢?当你寻找数据项、关系模式或多个数据项之间的关系时,它们常会以失败告终。

关系确实存在于关系型数据库自身的术语中,但只是作为连接表的手段。我们经常需要对连接实体的联系进行语义区分,同时限制它们的使用,但是关系关系什么也做不了。更糟糕的是,随着数据成倍地增加,数据集的宏观结构将愈发复杂和不规整,关系模型将造成大量表连接、稀疏行和非空检查逻辑。关系世界中连通性的增强都将转化为 JOIN 操作的增加,这会阻碍性能,并使已有的数据库难以响应变化的业务需求。

而图数据库天生的特点决定了其在关联关系上具有完全的优势,特别是在我们这个社交网络得到极大发展的互联网时代。例如我们希望知道谁 LOVES(爱着)谁(无论爱是否是单相思的),也想知道谁是谁的 COLLEAGUE_OF(同事),谁是所有人的 BOSS_OF(老板)。我们想知道谁没有市场了,因为他们和别人是 MARRIED_TO(结婚)联系。我们甚至可以通过数据库在其他社交网络中发现不善交际的元素,用 DISLIKES(不喜欢)联系来表示即可。通过我们所掌握的这个图,就可以看看图数据库在处理关联数据时的性能优势了。

例如在下面这个例子中,我们希望在一个社交网络里找到最大深度为5的朋友的朋友。假设随机选择两个人,是否存在一条路径,使得关联他们的关系长度最多为5?对于一个包含100万人,每人约有50个朋友的社交网络,我们就以典型的开源图数据库 Neo4j 参与测试,结果明显表明,图数据库是用于关联数据的最佳选择,如表1所示。

表1 图数据库与关系型数据库执行时间对比

深度	关系型数据库的执行时间(s)	Neo4j 的执行时间(s)	返回的记录条数
2	0.016	0.01	~2500
3	30.267	0.168	~110 000
4	1543.505	1.359	~600 000
5	未完成	2.132	~800 000

在深度为2时(即朋友的朋友),假设在一个在线系统中使用,无论关系型数据库还是图数据库,在执行时间方面都表现得足够好。虽然 Neo4j 的查询时间为关系数据库的 2/3,但终端用户很难注意到两者间毫秒级的时间差异。当深度为3时(即朋友的朋友的朋友),很明显关系型数据库无法在合理的时间内实现查询:一个在线系统无法接受30s的查询时间。相比之下,Neo4j 的响应时间则保持相对平坦:执行查询仅需要不到 1s,这对在线系统来说足够快了。

在深度为4时,关系型数据库表现出很严重的延迟,使其无法应用于在线系统。Neo4j 所花时间也有所增加,但其时延在在线系统的可接受范围内。最后,在深度为5时,关系数据库所花时间过长以至于没有完成查询。相比之下,Neo4j 则在2s左右的时间就返回了结果。在深度为5时,事实证明几乎整个网络都是我们的朋友,因此在很多实际用例中,我们可能需要修剪结果,并进行时间控制。

将社交网络替换为任何其他领域时,你会发现图数据库在性能、建模和维护方面都能获得类似的好处。无论是音乐还是数据中心管理,无论是生物信息还是足球统计,无论是网络传感器还是时序交易,图都能对这些数据提供强有力而深入的理解。

而关系型数据库对于超出合理规模的集合操作普遍表现得不太好。当我们试图从图中挖掘路径信息时,操作慢了下来。我们并非想要贬低关系型数据库,它在所擅长的方面有很好的技术能力,但在管理关联数据时却无能为力。任何超出寻找直接朋友或是寻找朋友的朋友这样的浅遍历查询,都将因为涉及的索引数量而使查找变得缓慢。而图数据库由于使用的是图遍历技术,所需要计算的数据量远小于关系型数据库,所以非常迅速。

不过,图数据库也并非完美,它虽然弥补了很多关系型数据库的缺陷,但是也有一些不适用的地方,例如以下领域:

- 记录大量基于事件的数据(例如日志条目或传感器数据);
- 对大规模分布式数据进行处理,类似于 Hadoop;
- 二进制数据存储;
- 适合于保存在关系型数据库中的结构化数据。

虽然图数据库也能够处理"大数据",但它毕竟不是 Hadoop、HBase 或 Cassandra,通常不会在图数据库中直接处理海量数据(以 PB 为单位)的分析。但如果你乐于提供关于某个实体及其相邻数据的关系(比如可以提供一个 Web 页面或某个 API 返回其结果),那么它是一种良好的选择。无论是简单的 CRUD 访问,或是复杂的、深度嵌套的资源视图都能够胜任。

综上所述,虽然关系型数据库对于保存结构化数据来说依然是最佳的选择,但图数据库更适合于管理半结构化数据、非结构化数据以及图形数据。如果数据模型中包含大量的关联数据,并且希望使用一种直观、有趣并且快速的数据库进行开发,那么可以考虑尝试图数据库。

在实际的生产环境下，一个真正成熟、有效的分析环境是应该包括关系型数据库和图数据库的，根据不同的应用场景相互结合起来进行有效分析。

整体而言，图数据库还有很多问题未解决，许多技术还需发展，比如超级节点问题和分布式大图的存储。可以预见的是，随着互联网数据的膨胀，图数据库将迎来发展契机，基于图的各种计算和数据挖掘岗位也会越来越热。

致谢

本文的部分内容参考了 Ian Robinson 所著的《图数据库》（第一版），在此表示感谢。

图数据库在 CMDB 领域的应用

文 / 董小珊、姚臻、谭通

在上期的图数据库介绍中，我们对什么是图数据库，以及图数据库所擅长的领域做了一个初步的介绍，也收到了众多的反馈和咨询，特别要求我们对图数据库在一些具体行业的应用能做一些深入介绍。为此，从本期文档开始，笔者将用一系列文章对图数据库在一些专门领域的部署和应用做专题介绍。第一期，将讲述图数据库在 CMDB 领域的建模和应用场景。

传统 CMDB 的弊端

CMDB，英文名为 Configuration Management Database，即配置管理数据库，常常被认为是构建其他 ITIL 流程的基础而优先考虑，ITIL 项目的成败与是否成功建立 CMDB 有非常大的关系。

从 2000 年开始，CMDB 开始在国内企业慢慢推广开来，分别经过了最初的资产信息电子化阶段、开始与 ITSM 流程协同配合阶段，一直到配置自动化发现引入阶段，目前随着云计算技术的发展，CMDB 的场景已经从传统的资产台账管理逐步演化到流程协同管理、影响分析、配置比对、云化资源管理等方面，但在 CMDB 的技术架构上，无论是开源产品还是商业化产品都没有明显改进，发展比较缓慢。这在一定程度上也影响了 CMDB 场景的拓展。

接下来我们将分析当前 CMDB 建设遇到的一些常见问题。

缺乏合理化、整体化的规划

需求不清晰，定义了不合理的配置广度和深度。

大而全还是小而深——选择犹豫不决

这种决策机制在项目初期往往耗费了大量时间，但随着新技术的不断涌现，这种方式已经无法适应越来越敏捷的 IT 环境，这种相对静态的 CMDB 模型已经不能满足新 IT 组件的要求。

采用了不正确的管控策略

按照经典 ITIL 的管控和项目实施机制，配置管理规划，尤其是 CMDB 模型的规划往往由项目组承担，一旦规划完成后整个模型也就变得很难再进行扩展，应该说这里采用的是一种集中管控的策略。

但在实际 IT 运维工作中，我们发现对于 CMDB 使用最多的是各个二线团队，不同团队之间对于 CMDB 深度和广度的要求，以及管控方式都有较大差别。

配置管理人员职责定义不清晰

配置经理、配置管理员、配置 Owner 之间职责不清晰

ITIL 或 ISO20000 中对于这三类角色的定义往往过于宽泛，没有进一步考虑实际运维人员的运维场景，以及使用的运维工具，导致职责定义和实际做事方式脱节。

角色职责和岗位的对应不明晰

在没有 ITIL 以前，在企业 IT 部门或数据中心往往找不到一个现成岗位对于 IT 配置信息进行集中管理，而是每个人各管一摊。

实施 ITIL 后，究竟由哪个部门的哪个岗位承担配置经理这一职责往往是最让人伤脑筋的，最后往往是赶鸭子上架。这种角色定义方式最终导致体系无法运转。

配置管理成了 IT 运维的负担

这其实是 CMDB 在企业落地所面临的最大挑战，无法充分调动运维人员的积极性，主要体现在：

初始数据收集工作量大

存量的配置数据往往基数很大，一般配置的量级在 5000 以上，考虑到云化环境的海量运维场景，这个基数还会更大。

随着分布式应用架构以及微服务架构的兴起，未来一套新应用系统上线引入新的配置项数量也无法简单通过手工输入的方式来完成。

单一的自动化配置发现工具只是一种幻想

如前所说，大约从 2007 年开始，业内引入了自动发现工具用以解决配置数据的初始化问题，但由于这类工具往往由某个厂商提供，导致了配置发现的局限性，企业往往也要付出较大成本。

投产后由于变更频繁，数据无法保证及时准确

以往企业一般采用变更操作驱动配置修改（人工修改或自动化发现修改）的方式以确保配置数据的准确性，这种方式往往会出现配置信息的不一致。

如何让人人"乐于"参与

这里的参与主要体现在两个方面：

- 需要使用与自己相关的配置数据时，CMDB 可以立即提供；
- 遇到 CMDB 无法提供的数据时，IT 部门可自行在一定标准和约束下扩展满足本部门运维 CMDB 模型，支撑部门级的运维场景。

配置数据的价值无法呈现

缺乏清晰的场景定义，包括流程价值、监控价值、BSM 价值、云价值等

单一流程驱动 CMDB 的场景，无法让 CMDB 中的数据流动起来，随着时间的推移 CMDB 中的数据就逐渐腐败——不及时也不准确。

同时，CMDB 在技术上作为一个"数据库"，要让其中的数据能够流动起来，必须明确与之匹配的运维场景。

场景是用来描述与 CMDB 中某些配置项交互的一组活动，满足 IT 部门某一方面的运维管理目标，这一目标可以被度量、跟踪、改进、可视化，与此同时，CMDB 的价值也随之呈现。

缺乏有效、明确的配置数据集成策略

如前所述，CMDB 是一个逻辑上的数据库，其中的数据需要和企业现有 IT 环境中的多类数据源进行整合，一套行之有效的数据集成策略和 ETL（数据抽取、转换、转载）工具也必不可少。

通过以上分析，我们回顾了 CMDB 的历史发展过程，以及建设过程中遇到的挑战。下面来看云化环境下 CMDB 又将面临什么新问题。

图数据库和 CMDB

在我们上一篇关于图数据库的文章《图数据库——大数据时代的高铁》中，我们已经对图数据库有了一个初步的认识，那么最擅长做风控的图数据库为什么也能在 CMDB 领域大展拳脚呢？这就与图数据库天生的技术特性密不可分。

CMDB 领域中最基本的单位是 CI，也就是配置项，CMDB 最基础的功能就是记录配置项，以及它们的重要属性和之间的关系。简单而言，CMDB 是用以记录 IT 系统中所有类别及其具体属性，以及其间关联关系。如果你只有那么几台设备，手指就能数得过来；如果有几十台设备，几张表也够了；而如果是成百上千台，甚至种类就多达几十种呢？这就必须要有个资产管理系统，否则你怎么知道这台设备的前世今生，以及它出了问题应该找谁（哪家供应商）。

而资产管理系统就够了吗？设备要用起来，就不能是孤立的，多种设备，以及设备上的系统、软件必须是连接起来才有意义，但资产系统显然管不了这种关联关系。

而如果使用传统的关系数据库，很简单的想法是一张表对应一种设备类型，表的列就是这种设备的属性。那问题来了，我加了一种设备怎么办？我需要在数据库里新建一张表，这个我还能做，因为我是个系统管理员嘛，这么简单的 DBA 入门工作还是能做的，但程序怎么办？它能认出新加的这张表吗？我可不懂 Java、JavaScript……于是只好付钱给我的软件供应商，让他再帮我加这一类设备。而作为软件提供商，就会面临各种各样稀奇古怪的设备类型，那软件开发人员能把这些类型都内置在里面吗？显然不可能。再一种情况，以前我的资产管理系统对于 PC 服务器，只需要记录它的型号、配置即可，突然老板跟我说今年要作固定资产登记，每台机器加个标签，上面是固定资产编号。我又得叫软件提供商提供新版本了……

简而言之，传统的资产管理系统，设备类别不可增，设备属性也不能增。或者，都可增，但开发代价太大了，不是小公司的开发团队能镇得住的，其性能及可维护性也不好。用关系数据库（RDBMS）来做 CMDB 是死路一条。而图数据库为 CMDB 的未来发展指出了一条阳关大道。

图数据库属于 NoSQL 的一种，其表征数据的核心称之为节点，节点采用 Key-Value 的方式保存数据，这一点创造性解决了设备类别（CMDB 里叫 CI 类）的扩展性，可以随意加一种 CI 类，也可以随意在 CI 类里加一个属性，而且它不会影响原有数据，也无所谓空与非空。另外，图数据库原来主要用于社交网络，就是小明认识小红，而小红是她妈妈的女儿，她妈妈是她爸爸的妻子，同时也是老板的下属，那小红与老板有什么社交关系就可以查出来了（如图 1 所示）。

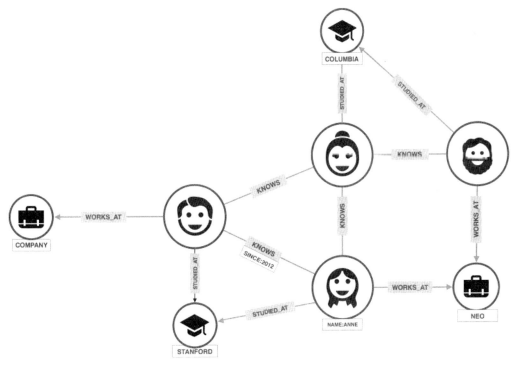

图 1　图数据库中社交图谱的展现

人与人之间的关系太复杂，而设备与设备之间的关系（CI项与CI项之间的关系）也类似，应用系统依赖于数据库节点和中间件节点，而数据库节点和中间件节点都依赖于操作系统，操作系统运行在虚拟机上，虚拟机又依赖于物理服务器，物理服务器又与存储相连……那么，应用系统与存储其实也是有关联的。这样的连接关系，如果用关系数据库来表示，应该怎么设计？实际上是无法表达出来的。

在图2中，我们可以根据CI之间的关系定义不同的关系，例如CI和CI之间是依赖关系、包含关系、运行于关系、安装在关系，以及连接关系等。而且关系的属性种类可以根据实际的需求无限制扩展。

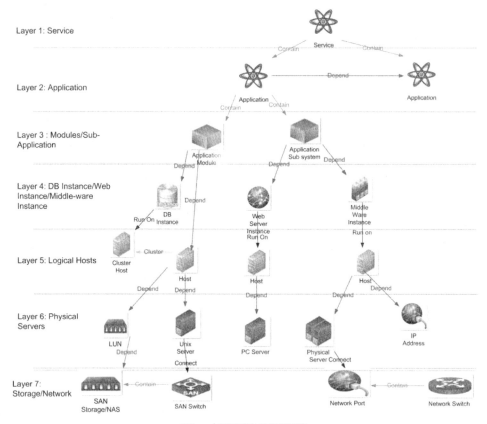

图2 一个图数据库中CI关系图示例

表1 CMDB中CI与CI之间的关系列表示例

关系	说明	示例
依赖	Depend on	应用系统依赖于实例
包含	Include	群集中包含实例
运行	Perform on	实例运行在服务器上
安装在	Install on	数据库软件安装在服务器上
连接	Connect with	服务器连接在交换机上

CMDB领域中的图数据模型

图数据库一般都有自己独特的对数据进行描述的方式，即以图节点和图边为特征的数据表征形式。在不同领域的数据结构中图模型的表现是完全不一样的。我们将通过一个实际案例来详细了解一下，在CMDB领域的图模型是如何建模的。

传统CMDB原始数据分析

传统CMDB都是把数据存储在关系型数据库中，并且分多张表存储。接下来我们就把数据从关系型数据库中导出为.csv格式的表格，用Excel打开。如图3所示，这是一个包含了UPS、STS、配电柜、机柜、物理主机、VM、应用系统等超过20种数据类型的原始数据表格。

图3 CMDB原始数据分类

图4是原始数据表中配电柜子表的数据演示，出于数据隐私的需要，我们隐藏了部分字段的真实信息。其他CI的数据我们就不一一示例，基本上都大同小异。

原始数据关联关系分析

关于什么是图数据库的"节点"和"边"我们不再详述，大家可以参考我们上一篇介绍图数据库的文章，到这一步，我们就直接分析如何根据原始数据建立节点和边的关系数据模型。

第一步是要根据业务需求，确认不同CI之间的关系分类，如我们在表1中所描述的那样，一般情况下，CI之间的关系就只有表中呈现的那么多。

第二步，我们把所有的CI和关系的种类都列出来，当然，只需要和业务部门充分沟通。图5是一个示例。

根据分析结果整理出节点类型和边类型

根据步骤一和步骤二的整理结果，列出所有的节点类型，如图6、图7所示。

设备类型	设备编号	设备型号	设备标签号	序列号	管理员	所在城市	机房	楼层	机柜	所属部门	创建人	创建时间	更新时间	数据来源
配电柜		PRISMA_P400A				深圳	深圳数据中心			系统支持室			2016-09-22 05:01:09	机房资源接口
配电柜		PRISMA_P400A				深圳	深圳数据中心			系统支持室			2016-09-22 05:01:09	机房资源接口
配电柜		PRISMA_P400A				深圳	深圳数据中心			系统支持室			2016-09-22 05:01:09	机房资源接口
配电柜		PRISMA_P400A				深圳	深圳数据中心			系统支持室			2016-09-22 05:01:09	机房资源接口
配电柜		PRISMA_P400A				深圳	深圳数据中心			系统支持室			2016-09-22 05:01:09	机房资源接口
配电柜		PRISMA_P400A				深圳	深圳数据中心			系统支持室			2016-09-22 05:01:09	机房资源接口

图 4 配电柜原始数据示例

源类型	源数据说明	目标类型	目标说明	关系类型	关系描述
UPS	电源	STS	开关	物理连接	无直接影响
UPS	电源	UPS	电源	冗余	平级关系,有一台电源工作即判断为正常供电
STS	开关	配电柜	配电柜	连接关系	直接影响,如果开关关闭,配电柜直接受到影响
配电柜	配电柜	PDU	PDU	包含	PDU为配电柜的组件部分,配电柜断电PDU受影响,PDU故障不影响配电柜
PDU	PDU	PDU	PDU	冗余	PDU直接互为冗余关系,互无影响
PDU	PDU	机柜	机柜	支撑	PDU断电直接影响到机柜工作
机柜	机柜	物理设备	物理设备	支撑	机柜断电直接影响到物理设备工作
物理服务器	物理服务器	虚拟机	虚拟机	包含	物理机down机直接影响到虚拟机
虚拟机	虚拟机	应用系统	应用系统	支撑	虚拟机down将会影响到的业务系统
网络交换机	网络交换机	PDU	PDU	连接	
网络交换机	网络交换机	物理机	物理机	连接	
网络交换机	网络交换机	VM	VM	连接	

图 5 CI 与 CI 之间的关系分析

节点名	对应字段名	节点名	对应字段名
aps	应用系统	master_bak	主备类型
vm	vm	person	管理员/人
ps	物理主机	apl_type	应用类型
nsw	网络交换机	u_wei	U位
ups	ups	ip	ip
sts	sts	data_source	数据来源
pdg	配电柜	oprat_statu	投产状态
pdu	pdu	running_statu	运行状态
mb	机柜	comp_house	机房
aps_name	应用系统名称	admin_source	管理员来源
vip_address	VIP地址	date	时间
serv_time	服务时间	host_name	主机名
impo_level	重要级别	city	城市
apartment	部门	floor	楼层
os	操作系统		

图 6 图数据库节点类型

边名	关系说明
1.1. ups_ups	UPS冗余
1.2. ups_sts	物理连接,无影响
1.3. sts_pdg	sts影响配电柜
1.4. pdg_pdu	配电柜影响pdu
1.5. pdu_pdu	pdu冗余
1.6. pdu_mb	pdu影响机柜
1.7. mb_ps	机柜影响物理主机
1.8. ps_vm	物理机影响虚拟机
1.9. vm_aps	虚拟机影响应用系统
1.10. pdu_nsw	pdu影响网络交换机
1.11. ps_nsw	物理机连接网络交换机
1.12. vm_nsw	vm连接网络交换机

图 7 图数据库边类型

根据节点类型和边类型画出 CMDB 系统的图模型

根据已经整理好的节点类型和边类型,我们就可以很轻松地把基于图数据库框架的数据模型画出来,将来原始关系型数据库中的结构化数据也会以这种数据模型的架构转换成图数据库中的节点和边的数据类型,从此不再和关系型数据库有任何关系。

在图 8 中我们可以看到所有 CI 之间的关系图谱。图数据库的一个最大优点就是数据建模非常方便直观。传统关系型数据库的 DBA 可以无须做任何修改就把原始的 E-R 图直接转换成图数据库的图数据模型,这一点对于业务部门的使用者而言非常方便。

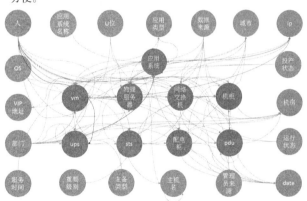

图 8 CMDB 系统的图数据库系统建模示例

我们在上文谈及传统 CMDB 的弊端时,曾经说过传统 CMDB 的建模非常难以把握 CI 深度的这个度的关系,而在图数据库中这都不会存在问题。管理员可以根据业务需求,随时修改图 8 的图模型,例如在不同的 CI 之间建立起边的联系,或者新增加一种节点类型(CI 类型),而这一切甚至不需要停机,在线状态就可以直接修改生效。

CMDB 查询展示

数据模型建好之后,接下去只需要把数据导入图数据库即可,对于 ITIL 管理人员来说,还是要看一下图数据库是如何解决传统 CMDB 系统弊端的。

查某一个/多个 CI 向上支撑/向下影响的其他 CI,并支持结果按类别筛选

我们首先来看看在 CMDB 中遇到的最常见问题:查找任意一个 CI 的影响关系,即如果该 CI 出现问题,无论是出现故障

还是需要做变更，看看这个 CI 的影响范围，以及可能的影响职能部门，甚至指定的个人。

在图 9 中，我们查找从指定 UPS 出发，在"结果类型"中填 0，表示查询所有受影响或支撑的 CI，在"查询深度"输入框中指定步数，输入 10，则表示查询 10 步及 10 步以内受影响或支持

的 CI。如，UPS 到开关是一步影响关系，UPS 到开关再到配电柜就是 2 步影响关系，以此类推。

在上面的图展示中，可以对图进行放大缩小，或者对某一块区域的图节点进行放大查看，甚至可以对某一个节点进行查看。

图 9　CI 影响范围的查询

查询关联路径：选择 2 个 CI，看其间的影响 / 关联路径

查找两个 CI 之间的关联关系也是我们在 CMDB 系统中经常遇到的问题，传统的关系型数据库需要做不同表之间的 Join 操作，数据量一大就会出现计算时间呈指数级别上升，往往查询时间会让管理人员无法忍受。而图数据库的查询时间基本上是在几毫秒到十几毫秒之间，较之传统的关系型数据库查找时间，可以减少几个数量级。

我们在"源节点 ID"输入框中输入第一个 CI 的 ID，如 UPSG；在"源节点类型"输入框中输入第一个 CI 的类型，如 ups；在"宿节点 ID"输入框中输入第二个 CI 的 ID，如 rs-06D51ER；在"宿节点类型"输入框中输入第二个 CI 的类型，如 ps。则表示需要查询 ups 为 UPSG 和物理主机 rs-06D51ER 之间的关联路径；在"查询深度"输入框中输入步数，如 10，表示查询到的路径最长不超过 10 步。查询结果见图 10。

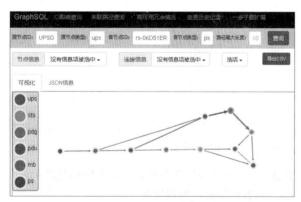

图 10　不同 CI 之间的影响路径查询

查询某个人管理着哪些 CI

查询某个人管理着哪些 CI，在图数据库上就是查找和这个人有关联关系的节点和边的类型的计算。

我们在 CMDB 系统中，在"节点 ID"输入框中输入某个人的姓名，在"节点类型"输入框中输入类型，如 person，表示查找某个管理员管理着哪些 CI；在"最多查出多少个节点"中指定一个数，如 100，表示最多查出 100 个（见图 11）。

图 11　查询某个人管理着哪些 CI

类似的查询场景还有查询某个机房有哪些 CI，如图 12 所示。

查询某个 IP 被哪个 CI 使用了

查询某个 IP 被哪个 CI 使用了这是最为频繁使用的查询，传统关系型数据库的查询速度应该也不会慢太多，但是关键是我要从查询到的结果出发去进一步查找该 CI 的信息，此时图数据库就可以展现出更直观的方式。在图数据库上只需要点击查询到的 CI，就可以从该 CI 出发，进一步展现和该 CI 有关系的其他 CI，这种查询可以无限制地做下去，直到找到管理员需要的信息（见图 13）。

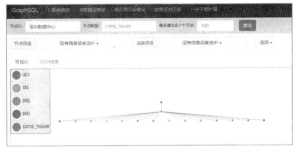

图 12 查询某个机房有哪些 CI

图 13 查询某个 IP 正在被哪个 CI 使用

查询结果可以以多种直观的方式展现

图数据库对查询结果的输出可以非常灵活，可以导出为 .csv 格式的表格性数据，但更擅长的还是图形化界面的展示。

图形化界面的展示可以是多种形式，例如通过力学排列、树形排列、层叠排列、环形排列等不同形式展现，方便查看（例图见图 14、图 15）。

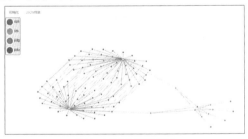

图 14 力学排列 CI 查询结果

图 15 层叠排列 CI 查询结果

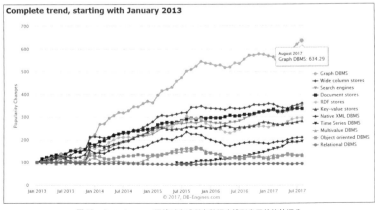

图 16 db-engines.com 网站对全球所有数据库模型发展趋势的评分

存在的问题

CMDB 已经是 IT 领域一个并不算新颖的话题，甚至有点老生常谈，但是通过图数据库来重新构建 CMDB 系统，却给这个似乎已经步入中年的 IT 技术重新带来了青春。在问题管理、资产管理，以及变更管理上，都大大提高了既有的工作效率。

虽然如此，通过图数据库来重新构建 CMDB 系统也存在一些待决的问题，需要各个 CMDB 的软件厂商和项目落地的合作伙伴共同去面对和解决。

首先，使用图数据库并没有解决原始数据自动化配置发现的问题。图数据库的出现，大大拓展了 CI 的范围广度和深度，将之前运维体系所不能，甚至不敢涉足的 CI 数据也纳入到管理系统中来，同时查询性能反而得到了提高，这是一个优点，但是原始数据的自动化配置也是图数据库无法绕开的步骤。巧妇难为无米之炊，如果没有数据，再强大的平台也无能为力，所以图数据库还需要配合数据自动化配置发现才能实现最佳效果；

第二，目前市面上基于图数据库的 CMDB 系统基本上都是在既有的 ITSM 系统上再次改造而来，并没有厂商开发出原生的基于图数据库的 CMDB 系统。主要原因是图数据库技术还比较新，传统 CMDB 厂商对其了解还不够深入，所以现在更多的实践还是在现有 CMDB 基础之上的改进和补充。目前已经有一些 CMDB 的开发厂商正在研究如何把图数据库整合到 ITSM 平台中，甚至完全替换掉传统的 CMDB 技术，让我们拭目以待。

关于系统选型和配置建议

从 2014 年开始到现在，图数据库已经在目前所有数据库模型的发展趋势中名列第一，如图 16 所示。目前业界基于图数据库开发出来的开源软件和闭源软件都不少，其中开源界最有名的是 Neo4j，而在闭源的商业软件则有 GraphSQL——一个来自美国硅谷的品牌。

无论是 Neo4j 还是 GraphSQL，他们都是基于原生图存储和图引擎计算的数据库产品，在原理上完全一致。在产品知名度、软件易用性上，Neo4j 经过多年发展已经更加深入人心，但是在大型企业部署上，例如高可用、高并发、可扩展性等企业级管理功能上却是 GraphSQL 明显胜出。

CMDB 领域本身的数据量并不大，关键是复杂关系的关联分析和管理。一个 1000 人大型企业的 CI 项目总计在一起一般不会超过 50 万个，转换成图数据库中的节点和边的数据类型后一般在 100 万个节点左右甚至以下，边的数量在 1000 万左右。这个数据量对图数据库而言都是小儿科，一台普通的 X86 服务器就可以满足要求。如果出于企业级管理的需要，例如高可用、热备等，就要考虑部署 3 台左右的主机，甚至异地数据中心的双集群架构。

最后，关于本文中提到的技术框架问题、数据模型，以及如何做到数据同步、如何实现自动化数据配置发现等问题，因篇幅所限无法一一展现，欢迎有兴趣的朋友和我们联系。

使用 SMACK 堆栈进行快速数据分析

文 / 马小龙

本文讨论作为大数据架构的 SMACK 堆栈（Spark、Mesos、Akka、Cassandra、Kafka），能够有效结合快速在线分析和长时间运行的批式处理任务。SMACK 堆栈仅依赖经过测试的开源软件，是一个基于 Hadoop 架构的可行替代方案。

从大数据到快速数据

除了能够以批处理模式分析大型数据集，现代数据驱动型组织还需要尽快从所收集的数据中生成洞察，并最终采取行动。在这方面，传统的 Hadoop 堆栈（HDFS 作为存储层，MapReduce 或 Tez 作为处理框架，YARN 作为集群资源管理器）缺乏严重性。为了减轻这种情况，业界已经提出了诸如 Lambda 架构（见《程序员》2016 年 11 月 "Lambda 与 Kappa 计算架构之我见"一文）等架构。在 Lambda 架构中，一个"慢"大数据处理框架（如 Hadoop 堆栈）与一个"快速"的流处理框架（如 Apache Storm）组合在一起。由快速框架处理的数据或者与慢速处理框架周期地重新集成，或者完全丢弃，并且由使用慢速处理框架处理的数据代替。当然，这种 Lambda 型结构并不是没有问题，它会导致代码重复和需要重新处理与集成数据。

SMACK 堆栈

所谓的 SMACK 堆栈是一个在过去一年中变得流行的架构。SMACK 堆栈的各部分如下：

- Spark 作为一个通用、快速、内存中的大数据处理引擎；
- Mesos 作为集群资源管理器；
- Akka 作为一个基于 Scala 的框架，允许我们开发容错、分布式、并发应用程序；
- Cassandra 作为一个分布式、高可用性存储层；
- Kafka 作为分布式消息代理 / 日志。

首先我们将快速讨论组成 SMACK 堆栈的部件，特别注意 Cassandra，因为它与堆栈的其他部分不同，似乎没有在国内广泛使用。

Apache Spark

Apache Spark 已经成为一种"大数据操作系统"。数据被加载并保存到簇存储器中，并且可以被重复查询。这使得 Spark 对机器学习算法特别有效。Spark 为批处理、流式处理（以微批处理方式）、图形分析和机器学习任务提供统一的接口。它用 Scala 编写，并公开了 Scala、Java、Python 和 R 的 API。此外，Spark 能够对数据执行 SQL 查询，更利于分析师们学习传统的 BI 工具。

Apache Mesos

Apache Mesos 是一个开源的集群管理器，由加州大学伯克利分校开发。它允许跨分布式应用程序的高效资源隔离和共享。在 Mesos 中，这样的分布式应用程序被称为框架。

Akka

Akka 是构建在 JVM 上运行的并发程序框架。强调一个基于 actor 的并发方法：actors 被当作原语，它们只通过消息而不涉及共享内存进行通信。响应消息，actors 可以创建新的 actors 或发送其他消息。actor 模型由 Erlang 编程语言编写，更易普及。

Apache Cassandra

Cassandra 最初是在 Facebook 开发的，后来成为一个 Apache 开源项目。它是一个分布式、面向列的 NoSQL 数据存储，类似于 Amazon 的 Dynamo 和 Google 的 BigTable。与其他 NoSQL 数据存储相反，它不依赖于 HDFS 作为底层文件系统，具有无主控架构，允许它具有几乎线性的可扩展性，并且易于设置和维护。Cassandra 的另一个优势是支持跨数据中心复制（XDCR）。跨数据中心复制实际上有助于使用单独的工作负载和分析集群。Cassandra 的企业版可从 DataStax（http://www.datastax.com）获得。

根据固定分区键，数据在 Cassandra 集群的节点上分割。其架构意味着它没有单点故障。根据 CAP 定理，我们可以在每个表的基础上对一致性和可用性进行微调。

Apache Kafka

在 SMACK 堆栈内，Kafka 负责事件传输。Kafka 集群在 SMACK 堆栈中充当消息主干，可以跨集群复制消息，并将其永久保存到磁盘以防止数据丢失。

在详细了解 SMACK 堆栈的各部分如何协同工作之前，我们将快速讨论 Cassandra 的数据模型及其在 Cassandra 上进行分析所面临的挑战。

Cassandra 数据模型

与其他 NoSQL 数据存储类似，基于 Cassandra 应用程序的成功数据模型应该遵循"存储你查询的内容"模式。也就是说，与关系数据库相反，在关系数据库中，我们可以以标准化形式存储数据。当我们谈论 Cassandra 数据模型时，仍然使用术语 table，但是 Cassandra 表的行为更像排序、分布式映射，然后是关系数据库中的表。

Cassandra 支持用于定义表与插入和查询数据的 SQL 语言，称为 Cassandra Query Language（CQL）。

当定义一个 Cassandra 表时，我们需要提供一个分区键，它确定数据在集群节点之间的分布方式，以及确定数据如何排序的聚簇列。当使用 CQL 查询时，我们只能查询（使用 WHERE 子句）并根据聚簇列排序。

让我们来看看 Cassandra 文档中的一个示例，该文档是音乐共享服务（如 Spotify）中的播放列表建模：

```
CREATE TABLE playlists (
    id uuid,
```

```
song_order int,
song_id uuid,
title text,
album text,
artist text,
PRIMARY KEY (id, song_order ) );
```

在这个例子中，uuid（通用唯一 ID，保证在多个机器之间是唯一的）id 是分区键，song_order 是聚类列，(id, song_order) 需要在表的所有行中都是唯一的。此外，id 决定了在哪个机器上存储行，song_order 决定了行在物理主机上的存储顺序。也可以在 Cassandra 中使用复合分区键，将它们放在（）中。

CQL 查询如下所示。

```
SELECT * FROM playlists WHERE id = 62c36092-82a1-
3a00-93d1-46196ee77204
  ORDER BY song_order DESC LIMIT 50;
```

WHERE 子句中出现的任何列都要求是主键的一部分，或者可以在其上定义索引。此外，分区键只能出现在相等（=）操作中。只有当所选行的集合被作为连续块存储在主机上时，范围查询才是可行的。

通过聚类 SQL 的类似列和 LIMIT 子句，CQL 能够支持排序，但不具备 GROUP BY 的类似功能。

根据特定列进行查询，减少了对随机磁盘访问的需求，但也强烈限制了 Cassandra 作为分析数据库的使用。

"存储你查询的内容"范例需要根据 Cassandra 数据库上执行的查询进行仔细地数据建模，从而限制了支持新查询的能力。

为了对存储在 Cassandra 中的数据执行分析，应该将数据加载到单独的处理框架中，我们选择 Apache Spark 框架（见图 1）。

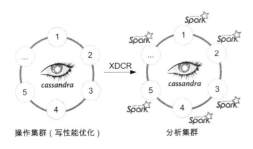

图 1 操作集群和带有并置的 Spark 节点的单独的分析集群

连接 Spark 和 Cassandra

Spark-Cassandra 连接器（https://github.com/datastax/spark-cassandra-connector）可以把 Cassandra 表作为 Spark RDDs，将 Spark RDDs 写入 Cassandra 表，以及在 Spark 应用程序中执行任意 CQL 查询。

如果可以，还应使用 CQL WHERE 子句将筛选操作下推到服务器端节点。

为了最大化利用 Spark-Cassandra 连接器的数据位置感知功能，集群的 Spark 和 Cassandra 节点应并置。

Cassandra 的 XDCR 跨数据中心复制实际上允许我们分离出一个分析集群，一个 Spark 节点与 Cassandra 节点并置，一个 Cassandra 集群用于重写操作，其内容被自动复制到分析集群。这样，任何沉重的分析操作都不会影响纯 Cassandra 集群的写入性能。将操作（写入繁重）集群与分析集群分离可提供以下额外的好处：

- 两个集群可以独立缩放；
- 由于分析和操作集群具有不同的读/写模式，可以优化每个集群以实现其预期用途；
- Cassandra 自动处理数据复制；
- 仅需要将其他信息（例如要与其连接的查找表）存储在分析集群上。

Mesos 架构

Mesos 从头开始设计，用于处理异常繁杂的工作负载，也就是说可以将长期运行的批处理作业与较短的事件处理类型任务组合在一起。

Mesos 集群由两种类型的节点组成：

- 主节点，负责资源提供和调度；
- 从节点，运行实际任务。

主节点也可以复制，以提供高可用性。在这种情况下，Zookeeper 可以用于领导选举和服务发现。使用 Mesos 执行任务的过程遵循以下步骤：

（1）从节点向主节点发布可用资源；
（2）主节点发送资源到框架（App）；
（3）框架中的调度程序回复需要被调度的任务；
（4）任务由主机发送到从机。

两个工具帮助我们使用 Mesos 计划作业：Marathon 旨在安排长时间运行的任务；Chronos 的行为就像一个"分布式 cron"，重复执行短时间运行的任务。

我们可以以以下方式部署 Spark/Mesos/Cassandra 集群：

- Mesos 主节点与 ZooKeeper 节点并置；
- Cassandra 节点与 Spark 执行器节点并置。

使用 Akka 进行数据摄取

选择合适的存储层后，现在需要决定如何处理传入数据。对数据摄取层的要求是：

- 低延迟和高吞吐量；
- 弹性；
- 可扩展性；
- 背压手柄负载尖峰。

actor 完全满足前三点，例如从 HTTP 请求中处理每个传入事件并将其存储在 Cassandra 中。

使用 Kafka 进行预处理

Akka 无状态设计的一个缺点是：actor 不能执行任何的数据预处理。Cassandra 同样不适合。使用 Spark 或 Spark Streaming 执行这种预聚合也不理想，因为 Spark Streaming 的微批处理架构并不适用于快速事件处理。

Apache Kafka 是合适的备选。因此在 SMACK 堆栈中，Akka actors 将预处理数据写入分布式日志，如 Apache Kafka。

为了从 Kafka 读取数据，可以依靠 Spark Streaming，使用 Spark Streaming 可以将数据备份到 HDFS 或对象存储（如 Amazon S3 或阿里云 OSS），同时将其写入 Cassandra 群集。这充当了有效的备份机制,并且根据用例,OSS/S3 的存储成本可能远低于在 Kafka 集群中保留数据。然后可以使用 Spark 从对象存储中恢复数据。在对象存储中非现场存储数据还可防止任何数据中心级故障对组织数据带来严重影响。

图2、图3 分别是 Mesos 部署方案和 SMACK 堆栈架构。

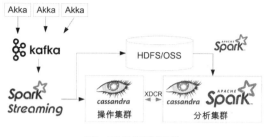

图3 SMACK 堆栈架构概述

结论

SMACK 堆栈具有以下优点:
- 简单工具箱,支持各种数据处理任务(流式、批处理、Lambda 类型的架构);
- 依靠经过测试的开源框架;
- 统一集群管理;
- 易于扩展和复制。

此外,应用程序中必须写入特定代码的主要组件(Akka、Kafka、Spark)都可以使用 Scala 进行编程,从而允许在架构的不同部分有效共享业务逻辑类型的代码。

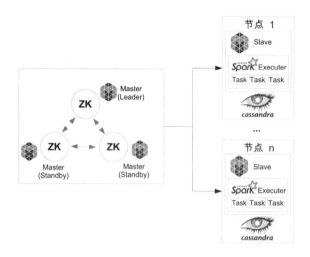

图2 Cassandra 和 Spark 的 Mesos 部署方案

微博商业数据挖掘方法

文 / 康乐

本文主要介绍微博商业数据挖掘的体系及方法,但并不注重模型和算法这些细节,而是阐述数据如何贴近、支持和引导业务,如何建立合理的评价体系,以及如何围绕这两点建设数据挖掘架构。

业务及产品

微博广告生态的复杂程度在业界数一数二。由于微博本身的开放性,微博广告客户天生就有如下多样性:

类型

- 电商类型:投放方式大多比较传统,投放目标。主要是注册或购买。
- App 类型:投放目标主要是 App 下载或者用户。唤醒;
- O2O:投放目标包括电话、到店、销售线索等。
- 媒体 / 品牌类:投放目标主要是带粉,扩大影响力和传播范围。

投放方式

不同客户对微博广告产品这项营销工具的理解和应用程度相去甚远,有一部分客户已经非常熟练地使用不同的自助广告产品,设置不同的创意模板,撰写有针对性的创意来达到不同的营销目的,甚至经常使用时间和空间上的组合营销形式,这些客户通常效果较好,黏性也很强;但也有一部分客户还停留

在传统联盟广告的时代,投放方式比较单一,对创意的生成欠缺足够思考,效果也不尽如人意。客户梯度共同构成了微博广告生态,最直接的后果就是——优秀的广告与毫无吸引力的广告并存。

定向要求

由于微博的强账号属性以及由此带来的用户画像挖掘方面的潜力,客户对广告定向工具的要求非常精细。主要包括如下几类定向条件。

- 基础定向:用户的年龄、性别、城市、手机型号等;
- 兴趣定向:用户感兴趣的实体类目,甚至兴趣关键词;
- 关系定向:指定大号或竞品的粉丝投放;
- 状态定向:指定处于某一人生状态的用户,比如车房、婚恋阶段;
- 情景定向:一类粒度非常细的实时触发类投放,这类需求经常来自于 SCRM(社交客户关系管理)之类的业务,譬如客户可以指定投放给跟他的某条微博有互动的所有用户,或是正在首都机场的所有用户。

微博推出了多种计算广告产品来满足多样化需求,并且还在持续迭代和改进。每一种广告产品专门抽象一大类投放需求,有不同的广告模板、计费方式、定向条件、投放平台以及专业人员配备。这是近两年微博商业化顺畅进行的主因(见图1、图2)。

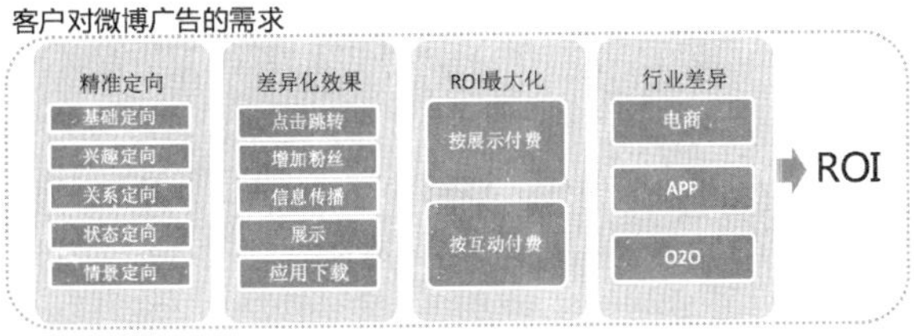

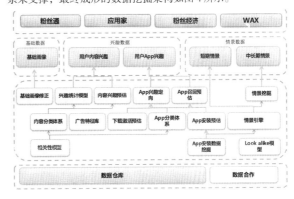

图 1 广告客户对微博广告的细分需求

微博计算广告产品

产品	投放目标	特性
粉丝通	混合形式互动	基于Feed流
粉丝经济	混合形式互动	粉丝通lite版
应用家	应用下载，唤醒	基于Feed流并有特殊的广告模板
品牌速递	展示，跳转	传统tips和展示广告
WAX	混合形式互动	程序化投放

图 2 主要微博广告产品矩阵

商业数据体系

广告投放业务对数据的需求主要是流量细分及描述反馈，因此微博商业数据挖掘体系（见图 3）也是以流量细分的，即通常说的以用户画像为核心来建设。周边辅助的数据挖掘模块主要包括：

■ 内容挖掘：微博用户的一切属性都由他们的行为及其客体来描述，而这些用户行为（包括转发、评论、关注、赞、点击短链 / 视频）和客体（微博、广告主、大号）构成了微博产品的绝大部分，因此内容挖掘一直都是商业数据挖掘的重点工作。

■ 关系挖掘：包括所有用户跟客体对象之间联系方式的挖掘。关系挖掘的难点主要是发现在每一个业务场景下，不同关系的产生对于广告效果的意义及影响。

■ App 数据挖掘：微博作为开放平台接入了相当数量的第三方 App，用户使用这些 App 的行为记录能帮助我们获取他们作为自然人的信息，用于判断用户在实际生活中的某些状态。另外，用户的 App 喜好能够直接帮助 App 类广告进行投放。

■ LBS 数据挖掘：微博的签到数据能帮助判断用户的某些状态，同时也能满足部分客户在投放上的某些需求，比如 O2O 类的客户会更加关心附近的本地用户。

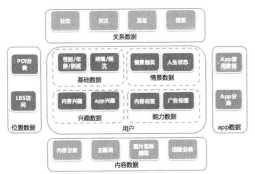

图 3 微博商业数据体系

在长期业务实践中，我们最终将用户画像体系分为如下 3 个部分。

■ 基础数据：描述用户的一些基本信息，包括年龄、性别、常驻城市、手机型号、活跃度等。大部分信息可以直接获取或简单统计获取，有时需要对数据的准确性加以算法修正。

■ 兴趣数据：主要描述"用户对什么感兴趣"。

■ 情景数据：主要描述"用户是什么人"。

用户数据的计算有一套完整的高复用低耦合的数据模块体系来支撑，最终成形的数据挖掘架构如图 4 所示。

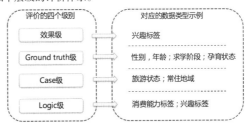

图 4 微博商业数据挖掘架构

评价体系

四层评价（见图 5）

微博商业数据挖掘工作第一大重点是评价体系的建设。据我们了解，这是很多数据挖掘部门忽视的地方。我们建立了一个四个层级的评价体系。

图 5 数据挖掘四层评价

■ 效果级：挖掘的结果可以直接用线上广告投放效果提升来评价。这是最强的一级评价。

示例：目前为止，只有兴趣挖掘能够使用这一级评价。

■ Ground Truth 级：Ground Truth 有一个规模足够的数据集来当作标注集和交叉验证的测试集，就可以使用监督学习算法来做分类。这个 Ground Truth 数据集被当作最终可信的评估标准，也用于交叉验证。

示例：用户性别。微博所有用户都有自己填写的性别属性，但并非 100% 可信。但微博有很多实名认证的用户，这部分用户的性别是可信的，因此我们以这些用户作为标注，来修正那些没有实名认证的用户性别数据。

■ Case 级：不具备统计意义的标准数据集，即无法获得标注数据，但对于分类的结果，少部分能够通过人工到微博用户的页面上去判断是否准确。这种情况只能通过规则来挖掘。

示例：常住城市。挖掘用户常住城市只能使用用户的 lbs 信息及 IP 地址，其余的特征对这个标签的贡献度都极其有限，因此只能使用规则来判定，然后对规则分类的结果抽样后，人工去用户微博页面上检验。只有大约 5% 的用户能够通过微博页面（博文、照片等信息）来人工判断他的常住城市。

■ Logic 级：当以上三个级别的评价条件都不具备，只能评价逻辑完备性，即挖掘规则逻辑是否是当前情况下最合理的。

示例：差旅状态。用户当前位置不在常驻城市即判定为差旅状态，不做任何验证（但不做任何验证的情况极少，通常 Case 级和 Logic 级的评价很难完全分开，通常是偏 Case 或是偏 Logic，总要同时看逻辑完备性和 Case 检验）。

评价体系建设

对于评价有如下原则：

- 任何一项数据挖掘工作都必须在开展之前确定具体评价方法，并且让这项工作的相关人员（包括 PM）都知晓并认可这种评价方法。
- 尽可能把一项数据挖掘工作的评价方法往上一个层级推。

这是评价体系建设的重点，意味着不仅只有算法和模型工作可以不断迭代，评价方法本身也可以迭代。这项工作的重要性可能比模型的研发还要重要，如果大部分工作的评价只能停留在 Case 级甚至 Logic 级，则整个数据挖掘体系很快就会无以为继，变得没有意义，因为这种工作的迭代余地很小，且没有方向。

我们花大量的时间解决 Ground truth 数据，方法一般有两种：

- 引入第三方数据。这是一项长期进行的重要工作。任何互联网平台在数据上都有自己的长处和短板，微博的短板是缺少足够细分垂直领域的用户数据。因此一直在致力于引入各种用户现世数据和垂直领域数据。
- 在现有数据的基础上用规则过滤正样本。通过规则找到一个召回率较低但准确率很高的集合作为正样本，就可以把评价推高到 Ground truth 级。

除了兴趣标签，能直接用效果来评价的数据并不多，而且业务层面的假设都太多，我们在实践中仅用来参考。例如性别数据，对某些已知的强性别选择的广告行业（例如美妆），可以通过线上效果来间接判定数据准确率，但这种不够直接的方法很少采用，因为中间因素太多，自洽性不强。

在这个评价体系下，数据工程师并不对兴趣标签之外挖掘结果的广告效果负责。如果用户使用了这些定向工具有好的效果，那很好，如果效果不好，数据工程师是不会就这个标签本身来进行效果优化的，因为这根本不是评价方向，这类标签在业务中的位置不处于效果的反馈环上。工程师只对兴趣标签做效果优化。

除兴趣标签外的数据挖掘流程如图 6 所示。

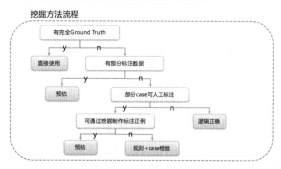

图 6　数据挖掘方法流程

兴趣挖掘

兴趣挖掘并没有 Ground Truth 可以验证，因为兴趣本身就是一个非客观、难以界定的描述。在微博商业体系内，兴趣定义如下：

- 用户对某个类别的事物感兴趣的意思是：用户在指定广告投放场景里对这类广告的预估转化概率/点击率较高。
- 如果不能指定具体广告投放场景，兴趣的意思是：用户对这类内容的历史关注/互动率较高。

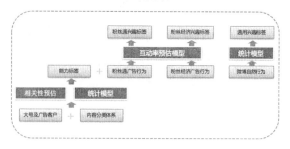

图 7　微博内容兴趣标签计算

在前一种情况下，兴趣标签（见图 7）是一个可预估的最优化问题，是 CTR/CVR 预估体系的一部分，可以做出不同粒度的兴趣标签来，而且往往不止一套。如果有 N 种计算广告产品，每种广告产品可以有 M 种预定义的转化行为，线上的兴趣标签理论上最多可以有 N×M 套。标签数据的评价方式直接用线上效果评价，可以持续迭代。

在后一种情况下，兴趣标签只是一个解释性问题，在评价体系里处于最底层，实际上无法迭代。但这种兴趣标签的存在是必要的，因为并不是所有的应用场景都是广告投放，而且用特定产品的广告数据训练出的模型会比较偏，但某些场景（比如 DMP 的流量透视功能）需要一套不直接服务于投放效果、能完整描述用户群体的标签。因此我们根据关注和互动关系用简单统计的方法生成一版通用的兴趣标签。它只要求可解释性，所以规则越简单越好。一般禁止使用层次分析法，因为它对任何一层的评价都没有帮助。

内容兴趣

内容兴趣标签提供给除应用家外的广告产品做定向工具。内容兴趣的做法如下：

- 划定一个微博上提供内容的大号列表，这个列表中用户贡献的原创内容能覆盖绝大多数被消费（阅读、互动）的原创内容。列表包括所有广告主。我们称这个列表为广义客户列表。
- 挖掘这些大号所提供内容的领域关键词，主要是相关性计算。
- 对这些大号进行聚类，然后人工整理聚类的结果，形成一个二级内容分类树。这个分类及领域关键词被称为大号的能力标签。微博上不生产的内容（比如工农业行业信息）对微博广告产品来说是无意义的，因此没有采用人工预先给出分类体系的方法。
- 用机器学习模型（FM 或 LR）来预估每个广告产品中，用户对每一类广告产生目标行为的概率，如果高于某个阈值，即看作该用户对该类别是有兴趣的。这是用于具体广告产品定向的做法。
- 在广告运营工作中我们经常针对某一个广告主做专属定向包，方法类似，只是特征是在用户 – 广告主这个粒度的。
- 如果需要不依赖具体广告产品的通用数据，直接统计每个用户对大号的关注关系，如果用户对某一类别的关注高于平均值,即看作对该类别是有兴趣的。

App 兴趣

App 兴趣标签是为应用家产品专门建立的。这项工作能够比较完整地表现微博商业数据挖掘中解决问题的思路。

App 兴趣标签是应用家 CVR 预估体系的一部分。CVR 预估体系被建设成一个漏斗式的,特征的粒度从粗到细。App 兴趣标签是用户-App 类别粒度的,模型中较多地使用交叉特征,这一层的计算结果被包装成定向工具给客户使用;中间层的粒度是用户-App,作为一个隐式定向存在;最后一层则是线上的 CVR 预估模型,特征粒度是用户-广告-上下文,计算结果直接参与 Rank。

在做 CVR 预估之前有两个数据问题。首先,应用家的功能支持广告客户指定效果目标行为:下载(推动没有安装这个 App 的用户下载)和唤醒(推动安装了这个 App 的用户重新进入该 App 成为当天日活)。因此至少需要知道每个用户是否安装了这些 App,才能比较精准地投放。

解决这个问题的方法是:
- 以微博已有的数据为基础,引入第三方数据,获取尽可能多的用户安装 App 列表。
- 以 1 作为标注数据,预估那些 1 没有覆盖到的用户的 App 安装情况。

另一个问题是,要做 CVR 预估就必须获取下载数据作为训练标注。但微博无法跟踪从广告点击跳转出去的用户后续行为(尤其是 iOS 环境下)。

解决的方法是:
- 跟第三方监控公司合作,获取部分客户 App 后续下载数据。
- 以 1 作为标注数据,预估那些 1 没有覆盖到的客户 App 后续下载情况。

这两个问题的解决方法如出一辙,都是先去找数据,找不到的部分就预估。预估的结果可以直接线上评价,结合交叉验证。

应用家数据挖掘体系如图 8 所示。

图 8　App 兴趣标签计算

情景挖掘

情景挖掘来源于一系列客户需求。在业务沟通中,经常接到客户类似如下的需求:

(1)经常出入高级酒店和机场的用户。
(2)宝马车主。
(3)大学生。
(4)在微博参与了某个指定话题(比如"#Angelababy 大婚#")的用户。

这些需求看似零乱,实际上都属于不同于"兴趣"的另一类问题,它需要知道"用户是什么人"。因此我们建设了情景挖掘体系来整合响应这类需求的工作。

情景引擎

最早建立情景引擎是为了满足某些 DSP 给大客户做 SCRM 的需求。客户需要运营他在社交网络上的粉丝和潜在客户,需要一些工具把消息分发给这些社交网络用户,比如:

- 把广告投放给微博里提及了"宝马"的用户;
- 发一条活动微博,然后把广告投放给跟这条微博互动的用户;
- 把广告投放给刚刚关注奔驰的用户。

针对这类需求我们实现了一个情景引擎,接入微博上所有主要用户行为数据,按行为类别(谓语行为)分类存储,抽取出其中的对象(宾语个体),一个情景就定义为谓语+宾语,经过一系列中间计算后,形成"用户-情景列表"索引格式的数据,实时更新到线上缓存供定向服务使用。

情景引擎用 Storm 接入实时数据,计算后分钟级别更新到线上缓存,大部分是工程问题。里面涉及算法的地方主要有两处:

- 数据清洗。接入的线上数据有垃圾流量,比如在话题区刷广告的。需要建一个反垃圾模块。
- 关系扩展。计算出来的情景-用户列表通常会有极强的长尾分布,即头部的情景占据海量用户,但我们在广告投放时希望大部分情景都能有相当数量的覆盖用户。因此会丢弃掉大部分长尾数据后,对分布的中间部分做基于相似性或相关性的算法扩充。

中长期情景挖掘(见图 9)

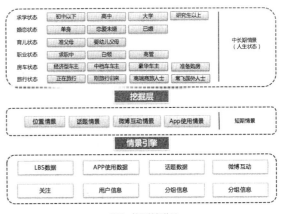

图 9　情景挖掘体系

基于情景引擎长期积累的数据,我们在上层建立了中长期情景标签体系(对外称为人生状态标签)。

人生状态标签体系一共有 20 多个标签,涵盖用户的求学、旅行、车房、职业、婚恋、育儿等状态。这些标签都是各自独

大学生标签

根据发微博的内容过滤出一个准确率比较高的大学生用户集合（大学生在某些场景下发的微博会带有某些区分度非常高的关键词）。然后对16～25岁之间的用户建模，特征主要包括关注特征、App使用特征、lbs特征。用过滤的用户集合为正样本，随机取一个负样本集合进行训练。对所有16～25岁之间但不在样本集合中的用户进行预测，取一个预定的数量。

差旅标签

当前用户的位置与用户常驻城市不符，即看作用户在差旅状态。

豪车车主

根据用户行业／头衔、影响力、社交关系等信息制定过滤策略。到用户微博页上人工验证。

用预估的方法会有一个问题，即很难保证做出来的正样本训练集是无偏的，一般来说，能够满足某种过滤条件的数据总是有偏的，通常更偏向于更好更活跃的用户。但在后期评估中发现，只要注意在模型里尽量不使用规则里的那些特征，关系并不大。另外，训练集偏向更好的用户也不算大问题，因为计算结果本来就要求优先保证更好的用户，那些不活跃的、特征缺失严重的用户对业务的影响相对不重要一些。

人生状态标签跟兴趣标签看上去有类似的地方，但从评价方式和应用出发点来看完全不同。例如，"用户对婴儿用品感兴趣"跟"用户是婴儿父母"是两回事。从广告投放的角度出发，我们从来不把这两者混为一谈，我们对前者的效果负责，但不对后者的效果负责。

另外，我们认为人生状态标签这样的挖掘工作并非未来的方向，而是代表着一种传统广告业的思路。过多地依赖这种人能阅读和理解的，但却高度离散化的因素并非计算广告的思维方式。但这不意味着这样的工作没有意义，在新媒体广告领域，它在相当长的时期内都是必须存在的。

小结

在长期实践中，我们总结出数据挖掘工作中最重要的两点是：紧贴业务，确定评价。不能做到这两点的数据挖掘团队通常会工作得比较困难，做很多无用功。

紧贴业务意味着从数据团队要从业务KPI中拆分出自己能贡献的一部分，这一部分能直接评价就不要间接评价，因此问题又回到评价上，这是数据工作的核心。

评价体系的建设是一项容易被忽视的重要工作，它包括评价方法和流程的建立和迭代，评价数据的获取和制作。其中数据获取必须要长期进行，现在业界数据合作及打通已经变成一种趋势，大家能够通过合作来获取自己缺乏的数据，只靠自己的数据很难把工作做完整。

微博在产品创新和商业化的道路上已经走了很久，试错和踩坑都不计其数，在利用自身优势基础上的内外部积累也开展得比较早，因此在数据挖掘领域足够接地气，足够开放，数据工作自身才能做得非常活，同时支持和引导广告业务的发展。

探讨大数据时代构建高可用数据库的新技术

文／崔秋

近几年，随着移动互联网的发展、云计算的普及和各种新业务的出现，数据呈现爆发式增长，给整个业务系统带来了越来越大的挑战，特别是对于底层数据存储系统。完美的高可用系统，是所有公司最理想的追求。如果只从应用层和缓存层看高可用问题，是比较容易解决的。对于应用层来说，根据业务特点可以很方便地设计成无状态的服务，在大多数互联网公司中，在业务层的最上层使用动态DNS、LVS、HAProxy等负载均衡组件，配合Docker和Kubernetes实现弹性伸缩，能够很容易实现应用服务的高可用。对于缓存层来说，也有很多可选的开源方案来帮助解决，比如Codis、Twemproxy、Redis Cluster等，如果对缓存数据的一致性和实时性要求不高，这些方案就可以很好解决缓存层面的问题。但是对于存储层面来说，支持高可用非常困难。

在互联网架构中，最底层的核心数据存储一般都会选择关系型数据库，最流行的当属MySQL。大数据时代，大家渐渐发现传统的关系型数据库开始出现一些瓶颈：单机容量不能支撑快速增长的业务需求；高并发的频繁访问经常造成服务的响应超时；主从数据同步带来的数据不一致问题；大数据场景下查询性能大幅波动等。

当前，数据库方案有了很多不一样的变化。首先，不同于早期的单机型数据库，在当下数据呈现爆发式增长，数据总量也从GB级别跨越到了TB甚至PB级别，远超单机数据库的存储上限，所以只能选择分布式的数据存储方案。其次，随着存储节点的增加，存储节点出问题的可能性也大大提高，光靠人工完全不现实，所以需要数据库层面保证自己高效快速地实现故障迁移。另外，随着存储节点的增加，运维成本也大大增加，对自动化工具也提出了更高要求。最后，新分布式数据库的出现，用户在OLTP数据库基本需求的基础上，对大数据分析查询的业务要求更高，在某种程度上OLTP和OLAP融合的新型数据库会是未来极具潜力的发展方向之一。

什么是高可用

Wikipedia的解释中，高可用即High Availability，一般通过SLA（Service Level Agrement）来衡量。这里从CAP角度来看待高可用问题。

CAP是分布式系统领域一个非常著名的理论，由Berkerly的Brewer提出。该理论认为任何基于网络的分布式系统都具有以下三要素：

- 数据一致性（Consistence）：等同于所有节点访问同一份最新的数据副本；

- 可用性（Availability）：对数据更新具备高可用性；
- 分区容忍性（Partition tolerance）：以实际效果而言，分区相当于对通信的时限要求。系统如果不能在时限内达成数据一致性，就意味着发生了分区的情况，必须就当前操作在 C 和 A 间做出选择。

三要素不能同时满足。但后来很多人将 CAP 解读为数据一致性、可用性和分区容忍性最多只能满足两个，这种解读本身存在一定的误导性，原因就在于忽略了特定条件。假想两个节点 N1 和 N2，在某些场景下发生了分区（P）问题，即 N1 和 N2 分处分区的两侧。这时对于外部的写操作来说，如果允许任一节点可写的话就相当于选择了 A，丧失了 C。同样，如果为了满足 C，那么写入操作就会失败，A 就无法保证，所以存在分区问题时，无法同时保证 A 和 C。虽然分区在局域网中出现的概率相对很低，但却无法避免，所以系统只能在 CP 和 AP 之间做出权衡。

当前有很多的 NoSQL 数据库，在 CAP 之间选择了 AP，比如 Amazon Dynamo 和 Cassandra，追求可用性，适当牺牲一致性，只实现最终一致性。这种选择允许短时间的数据不一致，并且可以交由用户自己来处理写入冲突，但是可以随时接受用户的读写请求。在这种场景下就需要特别注意数据不一致引起的各种奇怪问题，对于比较严谨的业务场景，比如订单、支付等，对事务和一致性要求比较高，这种 AP 类型的系统就不适用了。而且该系统放弃了 SQL 和 ACID 事务，给开发人员带来了更多的开发工作和额外的心智负担，很容易出现问题，所以 NoSQL 数据库牺牲一致性来获取服务的可用性，并没有彻底解决大数据时代数据库的高可用问题。

大数据时代，传统的关系型数据库必然会由单机扩展到分布式，追求数据一致性，所以必然会是一个 CP 类型的系统，像这种新型的、下一代的分布式关系型数据库，既具有传统单机数据库的 SQL 支持和 ACID 事务保证，又有 NoSQL 数据库的 Scale 特点，称为 NewSQL 数据库，包括 Google 的 Spanner/F1、PingCAP 的 TiDB 等。但从 CAP 的角度看，选择 CP 并不意味着完全放弃了 A，CP 系统只是在某些产生分区的场景下不能实现 100% 的 A，但完全可以通过有效的办法来实现高可用（HA）。由此可见，并不是 CP 系统就完全放弃了 A，只不过在产生分区的场景下无法从理论上保证 A，这是一个常见的误解。

澄清了 CAP 的问题，下面讨论如何打造高可用的数据库。数据库是一个非常大的概念，从传统单机 SQL，到 NoSQL，再到现在流行的 NewSQL，这里面不同的实现方案实在太多，本文聚焦在关系型数据库，主要探讨最流行的 MySQL 数据库及其生态。最近几年，随着大家在分布式数据库领域的探索，出现了很多不同类型的解决方案，比如中间件/Proxy 的方案，典型的比如 TDDL、Cobar、Altlas、DRDS、TDSQL、MyCAT、KingShard、Vitess、PhxSQL 等，还有一种新型的 NewSQL 数据库，比如 Google Spanner/F1、Oceanbase、TiDB 等。下面看下业界在打造高可用数据库方面新的技术进展，以及和传统方案选型的对比。

消除单点问题

为了实现数据库层面的高可用，必须要消除单点问题（SPOF）。存在单点服务的情况下，一旦单点服务挂掉，整个服务就不可用。消除单点问题最常用的方案就是复制（Replication），通过数据冗余的方式来实现高可用。

为什么必须要冗余？数据库本身是有状态的，不会像无状态的服务那样挂掉就可以重启，而数据库本身能够保证数据持久化，所以如果没有冗余副本，一旦数据库挂掉，只能等待数据库重启，在这段恢复时间服务完全不可用，高可用就无法保证。但如果有了额外的数据副本，高可用就变得可能了，主要能保证在检测到服务发生问题之后及时做服务切换。

对于 MySQL 来说，默认复制方式是异步的主从复制方式，虽然这种方案被很多的互联网公司所采用，但实际上这种方案存在一个致命问题——存在丢失数据的风险。数据传输经过网络，这也就意味着存在传输时延，那么对于异步复制来说，主从数据库的数据本身是最终一致性的，所以主库一旦出现了问题，切换从库极有可能会带来数据不一致的风险。

因为异步复制方式存在更大的问题，很多时候大家都会考虑用半同步复制方式 Semi-Sync，这种数据复制方式在默认情况下会使用同步的数据复制方式，不过在数据复制压力较大的情况下，就会退化成异步的数据复制方式，所以依然会存在高可用问题。当然，也有人会选用完全同步的方式，但是这种复制方式在并发压力下会有明显的性能问题，所以也不常用。

那有没有一种数据复制方式，能同时保证数据的可靠性和性能？答案是有的，那就是最近业界讨论较多的分布式一致性算法，典型的是 Paxos 和 Raft。简单来说，它们是高度自动化、强一致的复制算法。以 Raft 为例，Raft 中基数个节点组成一个 Raft Group，在一个 Raft Group 内，只要满足大多数节点写成功，就认为可以写成功了，比如一个 3 节点的 Raft Group，只要保证 Raft Leader 和任意一个 Raft Follower 写成功就可以了，所以同步写 Leader，异步写两个 Follower，只要其中一个返回就可以，相比完全的同步方式，性能要好很多。所以从复制层面来看，Raft 更像是一个自适应的同步 + 异步复制方案，同步和异步的最优选择通过 Raft 算法来保证。

庆幸的是，业界早已意识到这个问题，从最开始的 Galera Cluster 探索到前段时间微信开源的 PhxSQL，再到最新 MySQL 官方发布的 MRG（MySQL Group Replication），还有我们从 0 到 1 打造的开源分布式数据库 TiDB，都在这方面进行了探索。大家的出发点基本相同，采用新的分布式一致性来替换传统的 Master-Slave 复制方式，不同的仅仅是大家选择的协议：TiDB 选择了 Raft，而 PhxSQL 和 MRG 选择了 Paxos。

由此看出，新一代高可用的数据库必然会使用分布式一致性算法来实现数据复制，这已是业界的趋势。

自动故障恢复

有了数据复制，理论上来说，在一个数据库节点出现问题时就不用那么慌张，毕竟还有额外的数据副本存在。所以下面要做的就是尽早发现服务故障并快速恢复，也就是常说的 Auto-failover。

从这个层面来看，目前基于主从的数据库复制方案基本上无法脱离运维，使用中间件 /Proxy 方案更会增加难度，毕竟人力运维是有上限的，所以选择这种方案，人力成本也是一个需要考虑的问题。Google 之前在广告业务中也是使用的 MySQL 中间件方案，大约 100 个节点的规模，在这个量级下维护的复杂度和成本非常高。所以 Google 要做一个真正替换 MySQL 中间件的理想方案，这就有了后来的 Google Spanner/F1，包括后来的 TiDB，都采用了这种新的 NewSQL 架构，唯一不同的是，Google 选择了 Paxos，而 TiDB 选择了 Raft。这种分布式一致性算法，除了提供优雅的复制方案，还可以提供高效的 Auto-failover 支持。

要想实现 Auto-failover，首先需尽快检测到 Fail 情况。常用方式是通过 LVS 或者 HAProxy 之类的负载均衡组件，或者通过类似的 Monitor 进行远程监控，但对于网络来说，存在三种不同的状态：Success/Failure/Timeout，因为存在 Timeout，Monitor 的监控不完全准确，而且 Monitor 本身也会存在高可用问题，所以外部监控不一定完全靠谱，这也是需要考虑的问题。但是以分布式一致性算法 Raft 为例，Raft 内部维护 Raft Group，正常情况下都是 Leader 提供数据读写服务，当 Leader 出现问题时会自动从 Follower 中选择新的 Leader 出来。Raft 通过内部的心跳来感知不同节点的状态，并且直接完成 Auto-failover，所以 Raft 是高度自动化并且可以自恢复的。相比于检测再处理的算法，这种基于分布式一致性算法的 Auto-failover 能力更强，效率更高，当然速度也更快，基本上在秒级别就可以完成 Leader 更新，继续提供服务，而且是完全自动化的。

关于 Auto-failover 还有一个引申的跨数据中心多活问题。这基本上是所有分布式系统开发者心中的圣杯，金融级别的数据可用性和安全性。目前从纯软件方案来看，基本没有靠谱的方案，大多数人所谓的异地多活方案实际上底层仍是同步热备，而且很难保证延迟的情况下同时保持一致性，但是基于 Paxos/Raft 的方案给多活提供了新的可能性。还是以 Raft 为例，只要一个 Raft Group 内的大多数节点复制成功，并在物理节点层面按照特定的方式部署，就可以在软件层面构建一个两地三中心的方案。举个例子，如果这个 Raft Group 内有三个节点，分别在北京、天津和上海的三个数据中心，对于传统的强一致方案，一个在北京发起的写入需要等待天津和上海的数据中心复制完毕，才能给客户端返回成功，但是对于 Raft 这样的算法，延迟仅仅在北京和天津数据中心之间，相比传统方案大大降低了延迟。虽然对于带宽的要求仍然很高，但这是未来在数据库层面上实现跨数据中心多活的一个趋势和可行方向，实际上 Google 分别位于美国西海岸、东海岸以及中部的 Spanner 数据中心，已经做到了跨地域的数据高可用。真正实现跨数据中心多活，就不用担心挖断光纤导致服务不可用之类的问题了。

在线扩容

随着数据库的数据量越来越大，Scale 是不可避免的问题。对于数据库来说，技术层面最大的追求就在于如何不停服务地对数据库节点进行 Scale 操作，这是非常有挑战性的事情。以中间件 /Proxy 方案来说，很多时候不得不提前对数据量进行规划，把扩容作为重要的计划来做，从 DBA 到运维到测试到开发人员，很早之前就要做相关的准备工作，真正扩容时为了保证数据安全，经常会选择停服务来保证没有新的数据写入，新的实例数据同步后还要做数据的一致性校验。当然业界大公司有足够雄厚的技术实力，可以采用更自动化的方案，将扩容停机时间尽量缩短（但很难缩减到 0），但大部分中小互联网公司和传统企业依然无法避免较长时间的停服务问题。TiDB 完全实现了在线的弹性扩容，主要基于 Placement Driver 的调度和 Raft 算法。

Placement Driver 是 TiDB 核心组件之一，时刻监控整个系统的状态，包括每个机器的负载和容量等。当加入一个新的节点时，它会感知到这个事件，并会触发其他负载较高的节点进行 Balance 操作，通过 Raft 算法的 Config Change 和 Leader Transfer 操作来让整个系统的负载平衡。对用户来说，有了这个特性体验会非常好。如果是电商用户，那么在促销活动之前（比如双11），提前增加数据库节点就可以支撑更高的业务压力，而当活动过后又可以移除掉多余的节点，又可以收缩回来，整个弹性伸缩过程非常平滑，基本就是几个简单的操作，其他一切都是高度自动化的，使用成本特别低。

当然这里面还有一个影响高可用的因素，就是对于一个 Paxos 或者 Raft Group 来说，如果数据量太大，在数据 Balance 或者 Recover 时就会有很长的数据传输和更新时间，所以将数据在线切分成比较小的数据块是不可或缺的操作，也就是常说的分裂（Split）操作。其中最困难的在于如何保证 Split 操作的原子性，并且让路由不一致的时间窗口尽可能缩短。TiDB 完整实现了在线 Split 操作，内部处理了路由更新的重试操作，所以对于应用层来说基本上无感知。

在线表结构变更

数据量较大时，数据库的 DDL 操作也是一个需要注意的高可用问题。以常见的 Add Column 操作为例，在表规模很大的情况下通常会造成数据库锁表，导致数据库服务不可用。对于中间件 /Proxy 方案来说，因为依托于底层的单机 MySQL 数据库提供 DDL 支持，所以很难从根本上解决，只能依赖于第三方工具，比如 Facebook 和 Percona 的方案，当然这些方案也有本身的局限性。最近业界有了更好的进展，比如 GitHub 数据团队的方案 gh-ost，处理表级别的 Binlog，将原表的数据同步到新的临时表中，当数据追平时再进行一个数据库操作，将临时表命名为原表，这样一个 Add Column 操作就完成了。这种方案依然要引入额外的组件，除了学习成本之外，也要考虑额外组件的高可用问题。但实际上 Google 的 F1 给我们提供了更好的实现参考，TiDB 即是根据 F1 启发进行的研发。简单来说，就是通过把 TiDB 中 DDL 操作的状态设定为前向兼容的几个不同状态，中间严格保证不能跨越两个状态。为什么这样？因为整个 TiDB 集群是分布式的，没有办法把 DDL 操作实时通知给所有的 TiDB 节点，就会出现部分 TiDB 节点感知到了 DDL 变化，另一部分 TiDB 节点还没有感知到的情况，这样就可能导致数据不一致。比如对于一个 Add Index 的 DDL，有一个节点先感知到了，然后对于插入数据就增加了一个 Index，但是另外一个节点没有感知到，正好这个节点还有一个删除操作，所以就只把行数据删除了，但 Index 还留在里面，这样当使用 Index 查询这行时就会找不到数据。TiDB 参考的算法是 Google F1 中一个非常经典的算法，感兴趣的可以看看这篇文章《Online, Asynchronous Schema Change in F1》。

在大数据时代，新的业务类型和数据爆发式增长，给数据库带来了更大的挑战，新的方案层出不穷。本文主要从几个不同的方面介绍打造高可用数据库的新技术进展，以及和传统技术方案的对比，抛砖引玉，希望能给整个技术社区带来一些参考和帮助。

使用 Marathon 管理 Spark 2.0.2 实现运行运行期扩容的 executor 调度

文 / 李雪岩、徐磊、吕晓旭

背景

2016 年 10 月,我们(去哪儿网)在 Mesos 资源管理框架上实现了 Spark 1.5.2 版本的运行。Spark 版本更新后又对其进行了小升级,沿用之前修改过的代码重新编译,替换一下包,把历史任务全部发一遍就能很好地升级到现在的 1.6.1 集群版本,1.6.2 改动不大也就没有继续升级。到现在正好一年的时间,线上已注册了 44 个 Spark 任务,其中 28 个 Streaming 任务。在运行这些任务的过程中我们遇到了很多问题,其中最大的一点是动态扩容问题,即当业务线增加了更复杂的代码逻辑时或者业务增长导致处理量上升时,Spark 会面临计算资源不足的情况,这时如果没有做流量控制,那 Spark 任务会因内存承受不了而失败,如果做了流量控制则 Kafka 的 Lag 会有堆积,这时就需要增加 executor 来处理,但是数量的多少不好判断,因此要反复修改并重新发布来找到合理的配置。

我们在 Marathon 上使用 Logstash 时也有过类似问题(见图 1)。接入的日志较大时,流量会急剧增加从而导致 Logstash 无法应对,Kafka 的 Lag 产生堆积,这时只需点击 Marathon 界面的 Scale 然后填入更大的实例数字就能启动 Logstash 实例自动处理了。发现慢结点时,只需把 Marathon 对应的任务 Kill 掉就会自动补发替代任务。那么 Spark 可以实现 Logstash 的这些功能吗?我们决定在 Spark 2.0 版本中进行尝试,同时改进其他一些问题,另外 Spark2.0 是一次较大的版本升级,配置与之前的 1.6.1 不同,不能通过所有任务重发一遍来做到全部升级。

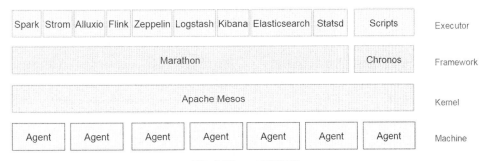

图 1 使用 Logstash 的管理架构

Mesos-dispacher 架构与问题

首先介绍一些 Mesos 相关的概念。Mesos 的 Framework 是资源分配与调度的发起者;Spark 自带一个 spark-mesos-dispacher 的 Framework,用来管理 Spark 的资源调度;而 Marathon 也是一个 Framework,本质上和 mesos-dispacher、spark schedular 相同。

图 2 中,首先得向 mesos 注册一个 mesos-dispacher 的 Framework,然后通过 spark-sumbit 脚本向 mesos-dispacher 发布任务,mesos-dispacher 接到任务后调度一个 Spark Driver,然后 driver 在 mesos 模式下,会再次向 mesos 注册这个任务的 Framework 也就是我们看到的 Spark UI,也可以理解为自身就是个调度器,然后这个 Framework 根据配置向 Mesos 申请资源来发出一些 Spark Executor。

图 3 显示 mesos-dispacher 提供的一些功能:
■ 仅提供一个查看配置的界面,可以看到资源分配的信息,点进去后可以看到 SparkConf 的一些参数,但我们在业务线发布时就已经拿到了这些配置,这里只能用于确认 Driver 配置是否正确,而且在 Spark UI 上也能看到。

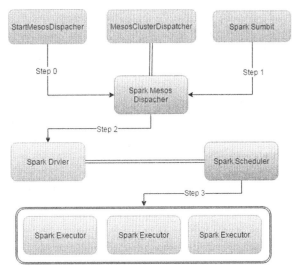

图 2 Mesos-dispacher 架构

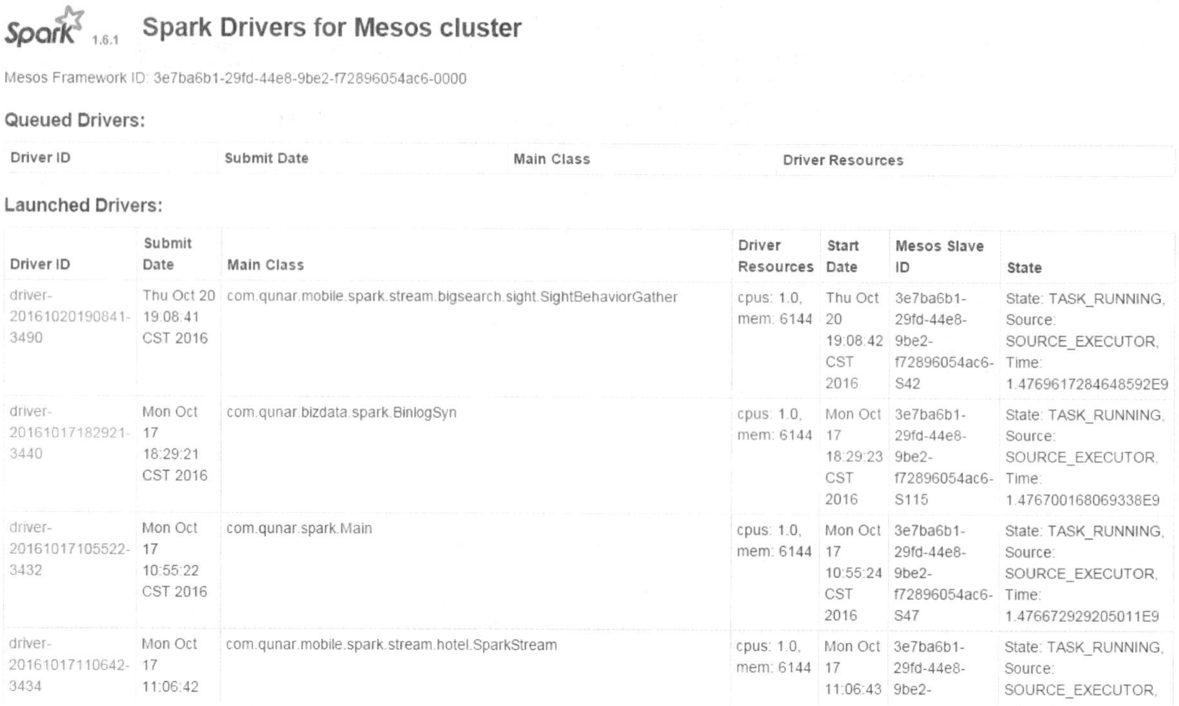

Spark 1.6.1 Spark Drivers for Mesos cluster

Mesos Framework ID: 3e7ba6b1-29fd-44e8-9be2-f72896054ac6-0000

Queued Drivers:

Driver ID	Submit Date	Main Class	Driver Resources

Launched Drivers:

Driver ID	Submit Date	Main Class	Driver Resources	Start Date	Mesos Slave ID	State
driver-20161020190841-3490	Thu Oct 20 19:08:41 CST 2016	com.qunar.mobile.spark.stream.bigsearch.sight.SightBehaviorGather	cpus: 1.0, mem: 6144	Thu Oct 20 19:08:42 CST 2016	3e7ba6b1-29fd-44e8-9be2-f72896054ac6-S42	State: TASK_RUNNING, Source: SOURCE_EXECUTOR, Time: 1.4769617284648592E9
driver-20161017182921-3440	Mon Oct 17 18:29:21 CST 2016	com.qunar.bizdata.spark.BinlogSyn	cpus: 1.0, mem: 6144	Mon Oct 17 18:29:23 CST 2016	3e7ba6b1-29fd-44e8-9be2-f72896054ac6-S115	State: TASK_RUNNING, Source: SOURCE_EXECUTOR, Time: 1.476700168069338E9
driver-20161017105522-3432	Mon Oct 17 10:55:22 CST 2016	com.qunar.spark.Main	cpus: 1.0, mem: 6144	Mon Oct 17 10:55:24 CST 2016	3e7ba6b1-29fd-44e8-9be2-f72896054ac6-S47	State: TASK_RUNNING, Source: SOURCE_EXECUTOR, Time: 1.476672929205011E9
driver-20161017110642-3434	Mon Oct 17 11:06:42	com.qunar.mobile.spark.stream.hotel.SparkStream	cpus: 1.0, mem: 6144	Mon Oct 17 11:06:43	3e7ba6b1-29fd-44e8-9be2-	State: TASK_RUNNING, Source: SOURCE_EXECUTOR,

图 3 Mesos-dispacher 功能截图

■ 自带一个 Driver 队列，能够按顺序依次发布，当资源不足时会在队列里等待。

■ 自带一个 Driver 的 HA 功能，但当提交的 Driver 代码有问题时会反复重发，比较难杀掉（最终能杀掉并且没有次数限制）。所以这个功能一般不开放。

所以 mesos-dispacher 并不是一个完备的 Framework，在使用过程中存在以下问题：

■ 在发布 Spark 时需要向 mesos-dispacher 提供一个 SPARK_EXECUTOR_URI 配置，为 SPARK 运行环境提供地址。我们最初使用了 HTTP 方式，但在一次需要发 60 个 executor 的时候流量打满，原因是编译的 Spark 环境包约 250MB，60 台机器同时拉取环境就把流量打爆了。因此我们的解决方案是在每台机器上都部署 Spark 的环境，把 SPARK_EXECUTOR_URI 设成本地目录来解决这个问题。

■ 界面上的配置并不会真正同步到 driver 或 executor。由于 SPARK 的配置很灵活：启动 mesos-dispacher 时会读取 spark-defalut.conf 来加载配置；每次发布时又会从 spark-env.conf 里读取配置；发 driver 的时候，driver 会从 jar 包里的配置读取配置；用户自己也可以设置 sparkConf 的配置；executor 的 jar 包里同样也有配置。最终会发现有些配置生效了，有些配置的设置没有传递反而会造成配置混乱。

■ mesos-dispacher 基本功能缺失。mesos-dispacher 虽是专为 mesos 设计的，但它对 mesos 的基本功能（如 role 和 constrain）并不能很好支持，必须通过修改代码来实现，关于这个我提交了一个 PR 并且在 Spark2.0 已经没有这个问题了。mesos-dispacher 在运行时不能修改配置，必须重启。比如我们上了一些新机器，打了其他一些标签或者是多标签，如果想使其生效必须停止 mesos-dispacher 再启动才能生效，无法在运行时修改。mesos-dispacher 在非 HA 模式下默认工作，因此启动 mesos-dispacher 时需要加上 Mesosr 的 zk，这样当 mesos-dispacher 停止后，mesos-dispacher 上的任务也不会受到影响，并在重启时自动接管任务。

■ 没有动态扩容功能。我们希望做到的是让 Spark 在运行时增加或减少实例，但受于架构限制 mesos-dispacher 只能管理 driver，如果改 mesos-dispacher 的代码也只能实现动态扩 driver，意义不大。

■ 此外还有另一种方案，即帮助 Spark 改进 Framework 使其更强大，但后来发现有了 Marathon 这一优秀的 Framework 就可以了，重复造轮子的成本较大。同时也不希望对 Spark 代码有过多修改，不利于升级。

Marathon+Docker 统一架构

Mesos 有多种发布模式，我们主要考察了其中 2 种。

独立集群模式

该模式下需要启动一个 master 作为发布入口，再对实例分别启动 slave，每个 slave 在启动时的资源就已经固定了。再增加资源时需启动新的 slave，然后停止之前的任务以及修改资源配置数重发，这种模式的好处是提供单独的界面，可以直接给业务线这个独立集群模式的界面使用，界面上可以根据自己固定的资源发多个任务，并且在 Spark UI 上可以直接看到日志。另外它还是预先占资源模式，在发布时不会有资源争抢导致资源不够的情况，但是缺点就在于做不到运行时的动态扩容。

仿 mesos-dispacher 模式

该模式下，我们使用 Marathon 这个 Framework 来模仿

mesos-dispacher 所做的事，就是先发一个 driver 然后发 executor 挂载到 driver 来执行任务（见图 4）。关于日志，我们仍使用之前调用 Mesos 接口的方式来获得日志。当需要增加资源的时候直接往结点继续挂 executor 就可以，当需要删除结点的时候直接停止 executor 即可。

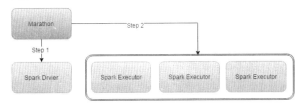

图 4　仿 mesos-dispacher 模式

实施过程

如何实现仿 mesos-dispacher 模式

我们要做的事实际上是把图 2 的架构变成图 4 的模式，其中 Step 1 和 Step 2 需要模仿，而 Step 0 则不需要，因为 Step 0 只是启动 Framework。通过观察 meos-dispacher 可以发现 Step 1 所做的实际上是调用 Spark Submit 向 Mesos 注册一个 Framework，然后由 driver 来负责调度，我们利用 mesos 的 constraints 特性，设置一个不存在的不可调度策略，例如 colo:none，这样一来 driver 就无法管理资源，可以使用 Marathon 发布 Spark Executor 来挂到 driver 上，进而实现 Marathon 控制 Spark 的资源调度策略。由于 Mesos 把 Offer 推送给了 Framework，我们使用的这种方式也不会有性能问题。

那么图 2 中的 Step 2 如何实现？通过分析 Spark 源代码发现，Spark 2.0.2 在 Executor 挂到 drvier 上是通过图 5 的命令来做到的，所以通过 Marathon 发布 Spark Executor 的基本原理就是模仿图 5 的代码。

图 5　主要代码

从图 6 可以看出 Marathon 发布的时候先发 Spark Driver，拿到 mesos 分配的 Spark Driver 的 IP 和 PORT 填入脚本，这个参数是 Driver 与 Executor 之间通信的通道，在发 Spark Executor 的时候需要提供，这个 Driver 的 IP 我们通过 Mesos 接口可以拿到，因为 Driver 会向 Mesos 注册一个 Framework，我们拿到 Framework 的信息就可以拿到 IP 和 PORT，同时我们还可以得到 FrameworkID，那这个 PORT 是在制作 Docker 镜像时随机分配的一个环境变量 PORT0，然后通过 spark.driver.port 指定，这样 Executor 这端就可以调用 Marathon 的 REST API 来拿到 driver 的 Port。

而参数 executor-id 是 Spark Driver 调度时按顺序分配的 ID，从 0 开始每次递增 1，如何生成 executor-id 呢？这个由 Spark Executor 自己生成一个不超过 int 范围的、不重复的随机数即可，该 ID 不会影响其他行为。hostname 可以直接通过命令获取。cores 是通过用户提交的配置计算得出，这个 Core 需要填 spark.executor.cores，也就是每个 Spark Executor 的正常使用的 Core 与 spark.mesos.extra.cores 分配给每个 Spark Executor 之和。

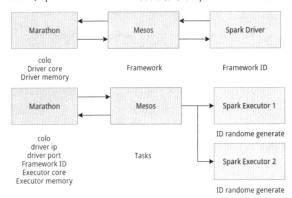

图 6　Executor 发布示意图

最后一项 app-id，通过研究发现直接通过 Mesos 接口就可以获得 Framework ID。这样我们就完成了 Executor 的发布，通过上述命令来把 Spark Executor 挂到了 Driver 上，但在实际生产应用中还存在 Driver 和 Executor 的同步问题。

Spark Receiver 的平衡问题

这里介绍一下在 Kafka 使用高阶 API 时，影响 Spark 性能的 Receiver 平衡问题，使用低阶 API 不会有这个问题。如果使用 Spark 提供的 Kafka 高阶 API，会在代码里预先指定好 Receiver 的数量，然后做一个 Union。在 Spark 代码中实际上是这样做的：先等待 Executor 连上 Driver，默认 30s 如果超过了则开始进行 Receiver 调度，而调度策略是 ReceiverPolicy 类里写死的，ReceiverPolicy 的调度策略可以概括为尽量保证均匀地分配给每个 Host 一定量的 Receiver。

举个例子如图 7 所示，当启动 3 个 Spark Executor、代码里指定启动 1 个 Executor 时，如果每个 Executor 启动在不同的 Host 下，Spark 在 Receiver 调度开始时会随机指定一个 Executor 启动 Receiver 并分配 1 个 Core 给这个 Task。但如果代码里指定 2 个 Receiver 而 2 个 Executor 启动在了同 1 个 Host1 上，另一个启动在了 Host2 上，也就是 Receiver 的数量等于 Host Unique 数量，则会在 Host1 中保证其中的一个 Executor 启动 1 个 Receiver，Host2 中启动一个 Receiver。如果 Receiver 的数量大于 Host Unique 的数量如第三张图，则会在 Host1 或者 Host2 中随机开 Receiver，这就带来了一个问题。分析 Spark 源代码可知 Spark Driver 和 Spark Executor 间通过运行一个 DummyJob（也就是一个 MapReduce 任务）来保证同步，但这种做法只能保证一个 Spark Executor 挂在 Spark Driver 上，不能够保证所有的 Executor，比如只有一个 Spark Executor 挂在 Spark Driver 上时才开始 Receiver 调度。

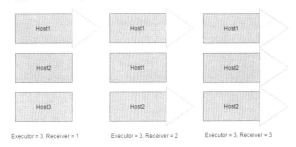

图 7　启动 3 个 Spark Executor 示例

如何保证 Driver 和 Executor 之间同步

Spark 官方文档中提供了 2 个参数去解决这个问题，分别是 spark.scheduler.maxRegisteredResourcesWaitingTime（用来设置一个等待 Executor 挂上的时间）和 spark.scheduler.minRegisteredResourcesRatio（用来检查资源分配的比例），但在我们的方式下两个参数都不起作用了。因为 Spark 在实现过程中通过 DummyJob 的运行来保证挂载方式的同步，这也是为什么第一个任务一定是 70 个 Task 的原因，但这种方式在一个 Executor 挂上去后才开始调度 Receiver。因此我们对源代码进行了修改，主要是 ReceiverTracker 部分，通过一个自定义配置让 Executor 数量达到指定个数后才开始发布，这样在 Receiver 调度时才会保证均匀分配在各结点，从而实现最好的性能。另外对于业务线写的 jar 包，要求打成 assembly 包然后提交到我们的发布系统，发布系统会上传到 swift 上，在发布时我们会先在容器里把包下载下来，然后启动 Spark Driver，而当 Spark Executor 挂在 Spark Driver 上的时候，它们会自动从 Spark Driver 获取对应的 jar 包。

如何保证容器的时间和编码的准确性让配置同步

之前在部署 1.6.1 的 mesos-dispacher 架构时，我们发现 Spark 打出的中文日志会产生乱码，即做做了各种实验、设置 JVM 参数，或是使用代码进行内部转换都解决不了乱码问题，在新架构的 Docker 环境中也不例外，不过最终还是解决了。我们发现通过设置 JAVA_TOOL_OPTIONS 这个环境变量，JAVA 虚拟机的参数才真正修改生效，于是我们在容器启动时配置了 file.encoding=UTF-8，乱码问题才得以解决。此外 Docker 镜像中系统时间也不准确，默认是 UTC 时间，而系统时间对代码的影响也很大，有可能写入到 HDFS 的文件是以时间戳生成的，我们一开始以只读的方式在 Docker 中挂载宿主机上的 /etc/localtime 来修正，但是发现时间还是不正确，因为 Spark 内部还会根据时区自动修正时间为 UTC，所以还需要给 JVM 加一个环境变量，设置 user.timezone=PRC，这样才可以保证时间是对的。另外使用这种架构时 spark.driver.extraJavaOptions 和 spark.executor.extraJavaOptions 这两个参数也不会生效，需要用户通过发布配置传过来，然后在容器中追加到 JAVA_TOOL_OPTIONS。值得注意的是 SPARK_EXECUTOR_MEMORY 也不会同步，需要手动进设置。

如何保证 driver 和 executor 失败时同步

虽然解决了 marathon 发布 driver 和 executor 之间的连接问题，但是由于 mesos 接口慢，在实际测试中发 30 个 executor 就可以把 mesos 打挂，因此我们想了另一个办法来解决这个问题。我们首先修改了 Spark 代码，让 Spark Driver 在不依赖 mesos-dispatcher 的情况下实现 driver 的 HA，HA 的实现原理大概就是每次在 Spark Driver 启动注册 Framework 时，把 Framework ID 存到 zk 里，然后在程序挂掉后保持 Framework 与 Mesos 的连接，在下次启动的时候重新注册这个 Framework，这样的话 Framework ID 可以基本保持不变，在发布 Spark Executor 的时候就可以固定住这个 Framework ID，在 Executor 挂掉时 marathon 拉起来也能保证重连，而 driver 如果挂掉的话它会重新注册，获得的 Framework ID 不变，又可以继续运行，这样做只需要在 Spark Driver 发布完成以后调用一次 Mesos 接口拿到 Framework ID，再分发给 Spark Executor 就可以了。另外 Spark Executor 拿 Spark Driver 的 ip 和 port 是通过调 Marathon 接口实现的，而 Marathon 接口速度很快，不会有这个问题。

如何升级 Spark 版本

对业务线的任务来说升级 Spark 是一件麻烦的事，主要原因是需要改代码，不过从改代码的角度来说其实变化不大，Spark 版本和 Scala 版本改变下，再对部分 API 做一些调整。另外一个原因之前没有使用过 Marathon+Docker 的模式，如果之前使用了，在以后的升级中我们只需要制作新镜像就可以，非常方便迁移，并且可以跑在任何集群上。现在为了过渡到这种模式，再结合之前发布的经验，我们使用的是旧的和新的各有一套配置，然后通过在 Git 上打 tag 的方式，在旧配置里加入升级信息，然后发布逻辑改为优先读取是否要升级，如果需要升级则发在新集群上，如果不需要则保持不变，我们会先让业务线进行测试，同时保持旧的任务在线，测试通过之后再停止旧的任务，把改好的新版本发到新集群上，有问题时可以用原来的 tag 进行回滚，因为原来 tag 里的配置会先判断是否需要升级，而之前的配置没有需要升级的选项。

如何监控 Spark 的运行状态

Spark 自身有一套 metric 监控，新版本也不例外。我们集群中唯一的变更就是把不靠谱的 udp 改成了 tcp，另外因为使用了 Docker 容器，我们还有另一套监控，用于分析 cgroup 里的数据，使用的是我们开源的 pyadvisor。我们可以通过监控来观察 CPU 和内存的使用情况，提出优化资源使用的建议。另外，对于业务线们，我们推荐使用 Spark 自带的 Accumulator，先在 Spark Driver 上做个聚合 1 分钟的指标，然后往 watcher 上打它们的业务指标，这样既不会有之前不同 host 间聚合指标的问题，同时也给 watcher 减轻了压力。

总结

以上就是我们所做的新 Spark 架构，综合看来有以下优点：

- 无须环境配置与部署，走 Docker。对于以后升级也较为方便，可以复用之前 Dockerfile。
- 以直接启动的方式，配置绝对生效，不会出现复杂配置的问题。
- 自动平衡 executor。没有 Receiver 不平衡的问题，在某些场景下可以动态增减 executor，不会有失败过多而不再拉 executor 的现象，也不会有多发或少发 executor 的现象。
- 由于使用 Marathon 的原因，可以支持多标签复杂调度，例如业务线有时需要指定的机运行 Spark 开白名单，同时也为以后的迁移提供了更多便利。

大数据引擎 Greenplum 那些事

文 / 周雷皓

本文介绍了大数据引擎 Greenplum 的架构和部分技术特点。从 GPDB 基本背景开始，在架构的层面上讲解 GPDB 系统内部各个模块的概貌，然后围绕 GPDB 的自身特性、并行执行和运维等技术细节，阐述了为什么选择 Greenplum 作为下一代的查询引擎解决方案。

Greenplum 的 MPP 架构

Greenplum（以下简称 GPDB）是一款开源数据仓库，基于开源的 PostgreSQL 改造而来，主要用来处理大规模数据分析任务。相比 Hadoop，Greenplum 更适合做大数据的存储、计算和分析引擎。

GPDB 是典型的 Master/Slave 架构，在 Greenplum 集群中，存在一个 Master 节点和多个 Segment 节点，每个节点上可以运行多个数据库。Greenplum 采用 shared nothing 架构（MPP），典型的 Shared Nothing 系统汇集了数据库、内存 Cache 等存储状态的信息，不在节点上保存状态的信息。节点之间的信息交互都是通过节点互联网络实现的。通过将数据分布到多个节点上来实现规模数据的存储，再通过并行查询处理来提高查询性能。每个节点仅查询自己的数据，所得到的结果再经过主节点处理得到最终结果。通过增加节点数目达到系统线性扩展。

图 1 为 GPDB 的基本架构，客户端通过网络连接到 gpdb，其中 Master Host 是 GP 的主节点（客户端的接入点），Segment Host 是子节点（连接并提交 SQL 语句的接口），主节点不存用户数据，子节点存储数据并负责 SQL 查询，主节点负责相应客户端请求并将请求的 SQL 语句进行转换，转换之后调度后台的子节点进行查询，并将查询结果返回客户端。

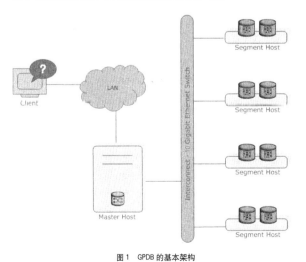

图 1　GPDB 的基本架构

Greenplum Master

Master 只存储系统元数据，业务数据全部分布在 Segments 上。其作为整个数据库系统的入口，负责建立与客户端的连接，SQL 的解析并形成执行计划，分发任务给 Segment 实例，并且收集 Segment 的执行结果。正因为 Master 不负责计算，所以 Master 不会成为系统的瓶颈。

Master 节点的高可用类似 Hadoop 的 NameNode HA，如图 2 所示，Standby Master 通过 synchronization process，保持与 Primary Master 的 catalog 和事务日志一致，当 Primary Master 出现故障时，Standby Master 承担 Master 的全部工作。

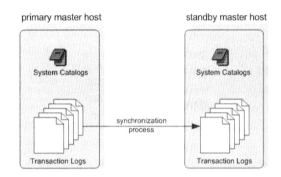

图 2　Master 节点的高可用

Segments

Greenplum 中可以存在多个 Segment，Segment 主要负责业务数据的存储和存取（见图 3），用户查询 SQL 的执行时，每个 Segment 会存放一部分用户数据，但是用户不能直接访问 Segment，所有对 Segment 的访问都必须经过 Master。进行数据访问时，所有的 Segment 先并行处理与自己有关的数据，如果需要关联处理其他 Segment 上的数据，Segment 可以通过 Interconnect 进行数据的传输。Segment 节点越多，数据就会打的越散，处理速度就越快。因此与 Share All 数据库集群不同，通过增加 Segment 节点服务器的数量，Greenplum 的性能会成线性增长。

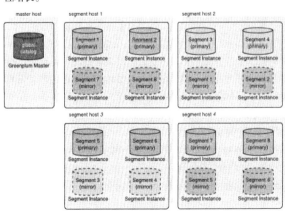

图 3　Segment 负责业务数据的存取

每个 Segment 的数据冗余存放在另一个 Segment 上，数据实时同步，当 Primary Segment 失效时，Mirror Segment 将自动提供服务。当 Primary Segment 恢复正常后，可以很方便地使用 gprecoverseg –F 工具来同步数据。

Interconnect

Interconnect 是 Greenplum 架构中的网络层（见图 4），也是 GPDB 系统的主要组件，它默认使用 UDP 协议，但是 Greenplum 会对数据包进行校验，因此可靠性等同于 TCP，但是性能上会更好。在使用 TCP 协议的情况下，Segment 的实例不能超过 1000，但是使用 UDP 则没有这个限制。

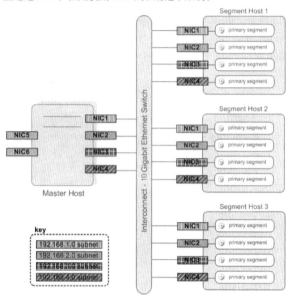

图 4　Greenplum 网络层 Interconnect

Greenplum，新的解决方案

前面介绍了 GPDB 的基本架构，让读者对 GPDB 有了初步了解。下面对 GPDB 的部分特性进行了描述，可以很好地理解为什么选择 GPDB 作为新的解决方案。

丰富的工具包，运维从此不是事儿

对比开源社区中其他项目在运维上面临的困难，GPDB 提供了丰富的管理工具和图形化的 web 监控页面，帮助管理员更好地管理集群，监控集群本身以及所在服务器的运行状况。

最近的公有云集群迁移过程中，impala 总查询段达到 100 的时候，系统开始变得极不稳定，后来在外援的帮助下发现是系统内核本身的问题，在恶补系统内核参数的同时，发现 GPDB 的工具也变相填充了我们的短板，比如提供了 gpcheck 和 gpcheckperf 等命令，用于检测 GPDB 运行所需的系统配置是否合理以及对相关硬件做性能测试。如下，执行 gpcheck 命令后，检测 sysctl.conf 中参数的设置是否符合要求，如果对参数的含义感兴趣，可以自行搜索学习。

```
[gpadmin@gzns-waimai-do-hadoop280 greenplum]$
gpcheck --host mdw
variable not detected in /etc/sysctl.conf: 'net.
ipv4.tcp_max_syn_backlog'
variable not detected in /etc/sysctl.conf:
'kernel.sem'
variable not detected in /etc/sysctl.conf: 'net.
ipv4.conf.all.arp_filter'
/etc/sysctl.conf value for key 'kernel.shmall' has
value '4294967296' and expects '4000000000'
variable not detected in /etc/sysctl.conf: 'net.
core.netdev_max_backlog'
/etc/sysctl.conf value for key 'kernel.sysrq' has
value '0' and expects '1'
variable not detected in /etc/sysctl.conf:
'kernel.shmmni'
variable not detected in /etc/sysctl.conf:
'kernel.msgmni'
/etc/sysctl.conf value for key 'net.ipv4.ip_local_
port_range' has value '10000 65535' and expects
'1025 65535'
variable not detected in /etc/sysctl.conf: 'net.
ipv4.tcp_tw_recycle'
hard nproc not found in /etc/security/limits.conf
soft nproc not found in /etc/security/limits.conf
```

另外在安装过程中，用其提供的 gpssh-exkeys 命令打通所有机器免密登录后，可以很方便地使用 gpassh 命令对所有的机器批量操作，如下演示了在 master 主机上执行 gpssh 命令后，在集群的五台机器上批量执行 pwd 命令。

```
[gpadmin@gzns-waimai-do-hadoop280 greenplum]$
gpssh -f hostlist
=> pwd
[sdw3] /home/gpadmin
[sdw4] /home/gpadmin
[sdw5] /home/gpadmin
[ mdw] /home/gpadmin
[sdw2] /home/gpadmin
[sdw1] /home/gpadmin
=>
```

诸如上述的工具 GPDB 还提供了很多，比如恢复 segment 节点的 gprecoverseg 命令，比如切换主备节点的 gpactivestandby 命令等。这类工具让集群的维护变得很简单，当然我们也可以基于强大的工具包开发自己的管理后台，让集群的维护更加傻瓜化。

查询计划和并行执行，SQL 优化利器

查询计划包括了一些传统的操作，比如扫表、关联、聚合、排序等。另外，GPDB 有一个特定的操作：移动（motion）。移动操作涉及查询处理期间在 Segment 之间移动的数据。

下面的 SQL 是 TPCH 中 Query 1 的简化版，用来简单描述查询计划。

```
explain select
        o_orderdate,
        o_shippriority
    from
        customer,
        orders
    where
        c_mktsegment = 'MACHINERY'
        and c_custkey = o_custkey
        and o_orderdate < date '1995-03-20'
    LIMIT 10;


QUERY PLAN
-----------------------------------
   Limit  (cost=98132.28..98134.63 rows=10
width=8)
     ->  Gather Motion 10:1  (slice2; segments:
10)  (cost=98132.28..98134.63 rows=10 width=8)
           ->  Limit  (cost=98132.28..98134.43
rows=1 width=8)
```

```
                       -> Hash Join  (cost=98132.28
..408214.09 rows=144469 width=8)
                       Hash Cond: orders.o_custkey =
customer.c_custkey
                             -> Append-only Columnar
Scan on orders  (cost=0.00..241730.00 rows=711519
width=16)
                             Filter: o_orderdate <
'1995-03-20'::date
                             -> Hash (cost=60061.92..
60061.92 rows=304563 width=8)
                                   -> Broadcast
Motion 10:10  (slice1; segments: 10)  (cost=
0.00..60061.92       rows=304563 width=8)
                                   -> Append-
only Columnar Scan on customer    (cost=
0.00..26560.00         rows=30457 width=8)
Filter: c_mktsegment = 'MACHINERY'::bpchar
      Settings: enable_nestloop=off
      Optimizer status: legacy query optimizer
```

执行计划从下至上执行，可以看到每个计划节点操作的额外信息。

- Segment 节点扫描各自所存储的 customer 表数据，按照过滤条件生成结果数据，并将自己生成的结果数据依次发送到其他 Segment；
- 每个 Segment 上，orders 表的数据和收到的 rs 做 join，并把结果数据返回给 master。

上面的执行过程可以看出，GPDB 将结果数据给每个含有 orders 表数据的节点都发了一份。为了最大限度地实现并行化处理，GPDB 会将查询计划分成多个处理步骤。在查询执行期间，分发到 Segment 上的各部分会并行地执行一系列处理工作，并且只处理属于自己部分的工作。重要的是，可以在同一个主机上启动多个 postgresql 数据库进行更多表的关联以及更复杂的查询操作，单台机器的性能得到更加充分的发挥。

如何查看执行计划

如果一个查询表现出很差的性能，可以通过查看执行计划找到可能的问题点。

- 计划中是否有一个操作花费时间超长？
- 规划期的评估是否接近实际情况？
- 选择性强的条件是否较早出现？
- 规划期是否选择了最佳的关联顺序？
- 规划其是否选择性的扫描分区表？
- 规划其是否合适地选择了 Hash 聚合与 Hash 关联操作？

高效的数据导入，批量不再是瓶颈

前面提到，Greenplum 的 Master 节点只负责客户端交互和其他一些必要的控制，而不承担任何的计算任务。在加载数据的时候，会先进行数据分布的处理工作，为每个表指定一个分发列，接下来所有的节点同时读取数据，根据选定的 Hash 算法，将当前节点数据留下，其他数据通过 interconnect 传输到其他节点上去，保证了高性能的数据导入。通过结合外部表和 gpfdist 服务，GPDB 可以做到每小时导入 2TB 数据，在不改变 ETL 流程的情况下，可以从 impala 快速导入计算好的数据为消费提供服务。

使用 gpfdist 的优势在于其可以确保再度去外部表的文件时，GPDB 系统的所有 Segment 可以完全被利用起来，但是需要确保所有 Segment 主机可以具有访问 gpfdist 的网络。

其他

- GPDB 支持 LDAP 认证，这一特性的支持，让我们可以把目前 Impala 的角色权限控制无缝迁移到 GPDB；
- GPDB 基于 Postgresql 8.2 开发，通过 psql 命令行工具可以访问 GPDB 数据库的所有功能，另外支持 JDBC、ODBC 等访问方式，产品接口层只需要进行少量的适配即可使用 GPDB 提供服务；
- GPDB 支持基于资源队列的管理，可以为不同类型工作负载创建资源独立的队列，并且有效地控制用户的查询以避免系统超负荷运行。比如，可以为 VIP 用户、ETL 生产、任性和 adhoc 等创建不同的资源队列。同时支持优先级的设置，在并发争用资源时，高优先级队列的语句将可以获得比低优先级资源队列语句更多的资源。

最近在对 GPDB 做调研和测试，过程中用 TPCH 做性能的测试。通过和网络上其他服务的对比发现在 5 个节点的情况下已经有了很高的查询速度，但是由于测试环境服务器问题，具体的性能数据还要在接下来的新环境中得出，不过 GPDB 基于 postgresql 开发，天生支持丰富的统计函数，支持横向的线性扩展，内部容错机制，有很多功能强大的运维管理命令和代码。相比 impala 而言，显然在 SQL 的支持、实时性和稳定性上更胜一筹。

本文只是对 Greenplum 的初窥，接下来更深入的剖析以及在工作中的实践经验分享也请关注 DA 的 wiki。更多关于 Greenplum 基本的语法和特性，也可以参考 PostgreSQL 的官方文档。📄

OLTP 类系统数据结转实践

文 / 王宝令、者文明

本文着重介绍了京东数据结转平台的技术架构，及 OLTP 类系统数据结转最佳实践，探讨解决大数据背景下的数据结转问题。

背景介绍

业务系统在长期运行的过程中会积累大量的数据，这些数据有些是需要长期保存的，例如一些订单数据，有些只需要短期保存，例如一些日志信息。业务数据一般都会有一个生命周期，生命周期内的我们叫生产数据，生命周期之外（即业务已经关闭）的叫历史数据，我们这里提到的数据结转，指的是将需要长期保存的历史数据从生产库迁移到历史库（转），而将需要短期保存的数据定期删除（结）。

我们已经进入了大数据时代，但在 OLTP 类系统中，关系型数据库依然占据主导地位，在关系型数据库中，如果不及时进行数据结转，会严重影响系统的性能。

关系型数据库单机容量有限，因此业界普遍的做法是进行垂直分库和水平分片，一些大型互联网企业由于业务量庞大，仅分片的集群规模就能达到上千节点，再加上分库的集群，规模非常巨大。传统的数据归档方法往往针对单库操作，难以处理如此大规模集群的数据归档。

同时，在大型互联网企业，每日的数据增长量非常大，数据结转的频率远大于传统行业，这些行业的IT系统往往是7×24小时不间断提供服务，而且全天24小时的并发量都很大，因此数据结转操作必须尽量减少对生产库的性能影响。

为此，我们自主研发了数据结转平台，以解决大数据背景下的数据结转问题。

技术架构

设计要点

尽量减少对生产库的影响

数据结转操作没有复杂的业务逻辑，因此对数据库性能的影响主要体现在I/O方面，减少对生产库的影响，最主要的就是减少对生产库的I/O操作。目前我们采用的方案是通过从库查询数据，将数据插入历史库，然后从主库中删除，如图1数据结转逻辑图所示，将查询的I/O操作转嫁到从库上，可以大大减轻对主库的影响。为了保障数据库的高可用，业内基本都采用了主从部署模式，因此这个方案具有很高的通用性。

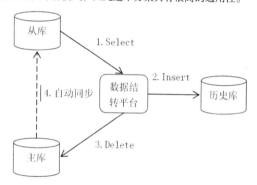

图1 数据结转逻辑图

支持分库分片集群

我们希望数据结转平台的配置足够简单并且易于理解。在和用户的沟通过程中，我们发现他们最强烈的需求就是分库分片集群的数据结转。传统的单机数据结转操作可以抽象描述为：将数据库实例A中表B的历史数据结转到历史库C，用户的配置主要有4个元素：生产库实例A、结转表B、结转条件和历史库。对于大规模的分库分片集群规模，如果采用传统单机数据结转的配置方式，每一个数据库实例都要配置4个元素，配置量非常大。

在我们的方案中，按照图2所示对数据库集群进行划分，将主库、从库、历史库作为一个结转单元，对于分片的数据库集群，表结构相同，我们将其作为一个分组，对于分库的集群，表结构不同则划分为不同的分组。用户进行配置的时候不是面向一个数据库实例，而是面向一个分组，数据结转操作抽象为：结转分组X中表B的历史数据，用户的配置元素有3个：分组X、结转表B和结转条件。分组信息仅需配置一次。这样大大简化了用户的配置工作。

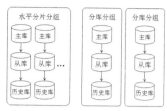

图2 数据库集群模型

支持水平扩展

由于数据库集群规模较大，数据结转平台应该具备水平扩展能力。我们采用的方案是将数据结转最核心的组件定时任务和数据库操作（数据结转执行器）独立出来，进行分布式部署。如图3所示，配置中心为用户的入口，用户通过配置中心定义数据结转任务，任务的关键属性包括：触发条件、执行条件、目标分组等，配置中心将结转任务分发给代理程序，同时对代理程序的执行状态进行监控。结转任务的触发条件配置在代理程序中的定时任务中，而执行条件和目标分组则作为数据结转执行器的执行参数。通过水平扩展代理程序，我们对更多的数据库进行结转。

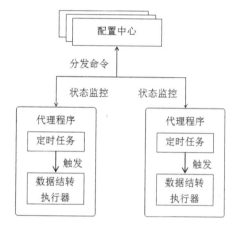

图3 数据结转组件关系图

总体架构

综合上面提到的3个设计要点，我们得到图4所示的总体架构，需要特别说明的是，对于水平分片的分组，我们采用的是多线程结转，对于不同结转单元不存在数据共享问题，所以无须考虑并发锁等问题。

一些经验总结

配置中心与代理程序之间的信息同步

配置中心和代理程序在我们的方案中被设计为一种松耦合结构：在系统的运行过程中，代理程序宕机不会影响配置中心的运行，同样配置中心短暂的不可用也不会影响代理程序的运行。松耦合结构可以大大增强系统的可用性，而且配置中心、代理程序升级的时候不会影响整个系统的正常运行。

为了实现松耦合的结构，配置中心与代理程序之间的信息同步我们都是采用的异步处理，比如配置中心向代理程序分发结转任务，实际处理的时候我们采用的是拉的方式，而不是推的方式，我们在配置中心和代理程序之间维持了一个心跳，心跳的内容是代理程序负载的所有结转任务的校验码（该校验码在代理程序向配置中心发送心跳信息时由配置中心计算），当代理程序发现从配置中心得到的校验码和本地校验码不同时，则说明用户对结转任务进行了修改（包括新增、修改、删除），此时代理程序主动向配置中心发起同步结转任务的请求。这样做的好处是，代理程序在发生宕机重启后，会自动进行任务的同步。

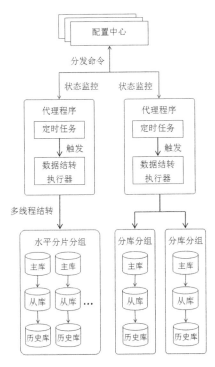

图 4 数据结转总体架构图

进度可视化

结转任务的进度在我们的方案中是实时汇总到配置中心的，我们称为进度可视化，代理程序通过一个独立的线程来异步处理进度可视化，一方面这样可以降低对结转任务性能的干扰，另一方面可以避免由于网络问题、配置中心暂时不可用等问题导致结转任务异常。进度可视化对于用户来说非常重要，用户在第一次定义结转任务并执行该任务的时候，进库可视化信息是用户和系统互动的唯一窗口，对用户来说是莫大的心理安慰。

异常可视化

代理程序在执行数据结转任务时，会遇到各种异常信息，比如数据库 URL 配置错误、历史库生产库表结构不一致等，对于这些异常信息，除了在本地记录日志，我们还将它们发送到了配置中心。将这些异常可视化，而不是让用户在大量的日志中去检索，这种方式非常便于在线问题的诊断。

事务一致性

将生产库数据转到历史库本身是一个分布式的事务，在我们的方案中，不能保证数据的强一致性，比如在历史数据 Insert 到历史库的瞬间，用户修改了生产库的数据，我们的方案不会检测这种变化，会导致用户的修改并不会反映到历史库中，造成数据不一致。虽然在生产库中删除历史数据时，可以增加强一致性的校验，以解决这种问题，但是这样会对生产库造成一定的压力，同时考虑到这种情况发生的概率极低，因此并没有进行特殊处理。

历史数据 Insert 到历史库后，可能由于某种异常导致生产库执行 Delete 操作时失败，此时会造成数据冗余（生产库和历史库存在相同数据）。对于这种问题，我们的方案是利用 Redo Log（重做日志）机制，在结转任务重新执行时根据 Redo Log 恢复异常现场，纠正异常数据。

结转数据的回滚

我们提供了一个数据回滚功能，可以将已经结转到历史库的数据逆向回滚到生产库，用户可以配置 Where 条件精确指定需要回滚的数据。有些特殊情况，业务上需要对已经结转的历史数据进行修改，该功能主要用于处理这种情况。同时在测试阶段，我们可以通过该功能快速恢复测试数据，方便对数据结转平台的测试。

代理程序的自动升级

代理程序和配置中心本质上是一种典型的 C/S（客户端/服务端）结构，客户端是多实例部署，服务器端是集群部署，为了系统能够平滑地进行升级，我们需要对客户端的版本进行统一管理，同时我们提供了代理程序的自动升级功能，系统管理员可以通过配置中心对代理程序部署实例进行升级。自动升级功能，统一了代理程序的版本，使得我们可以不用被兼容性问题羁绊，是我们能够进行快速迭代开发有力支撑。Ⓟ

PostgreSQL 并行查询介绍

文 / 赵志强

2016 年 4 月，PostgreSQL 社区发布了 PostgreSQL 9.6 Beta 1，迎来了并行查询（Parallel Query）这个新特性。在追求高性能计算和查询的大数据时代，能提升性能的特性都会成为一个新的热门话题。作为关注 PostgreSQL 发展的数据库开发者，本文作者将分享对于一些 PostgreSQL 并行查询特性相关话题的认识。

并行查询的背景

随着 SSD 等磁盘技术的平民化，以及动辄上百 GB 内存的普及，I/O 层面的性能问题得到了有效缓解。提升数据库的扩展性能，可以追求 Scale Out 的方式，增加机器，往分布式方向发展，也可以追求 Scale Up，增加硬件组件，充分利用各个硬件的资源，把单机的性能发挥到最大效果。相较而言，Scale Up 通过软件加速性能，依赖软件层面的优化，是低成本的扩展方案。

现代服务器除了磁盘和内存资源的增强，多 CPU 的配置也足够强大。数据库的 Join、聚合等操作内存耗费比较大，很多时间花在了数据的交换和缓存上，CPU 的利用率并不高，所以面向 CPU 的加速策略中，并发执行是一种常见的方法。

查询的性能是评价 OLAP 型数据库产品好坏的核心指标，而并行查询可以聚焦在数据的读和计算上，通过把 Join、聚合、排序等操作分解成多个操作实现并行。

并行查询的挑战在于，为了要做并行而加入的数据分片过程、进程或线程间的通信，以及并发控制方面带来的系统开销不但没有增加性能，反而降低了原有性能。实现上，如何在优化器里规划好并行计划也是很多数据库做不到的。

PostgreSQL 的并行查询功能主要由 PostgreSQL 社区的核心开发者 Robert Haas 等人开发。从 Robert Haas 的个人博客了解到，社区开发 PostgreSQL 的并行查询特性时间表如下：

- 2013 年 10 月，执行框架上做了 Dynamic Background Workers 和 Dynamic Shared Memory 两个调整；
- 2014 年 12 月，Amit Kapila 提交了一个简单版的 parallel sequential scan 的 patch；
- 2015 年 3 月，正式版的 parallel sequential scan 的 patch 被提交；
- 2016 年 3 月，支持 parallel joins 和 parallel aggregation；
- 2016 年 4 月，作为 9.6 的新特性发布。

PostgreSQL 的并行查询在大数据量（中间结果在 GB 以上）的 Join、Merge 场合，效果比较明显。效果上，因为系统开销，投入的资源跟性能提升并不是线性的，比如增加 4 个 worker，性能则可能提升 2 倍左右，而不是 4 倍。通过 TPCH 的测试效果，表明在 Ad-Hoc 查询场景，普遍都有加速效果。

并行查询功能说明

现在支持的并行场景主要是以下 3 种：

- parallel sequential scan；
- parallel join；
- parallel aggregation；

鉴于安全考虑，以下 4 种场景不支持并行：

- 公共表表达式（CTE）的扫描；
- 临时表的扫描；
- 外部表的扫描（除非外部数据包装器有一个 IsForeignScanParallelSafeAPI）；
- 对 InitPlan 或 SubPlan 的访问。

使用并行查询，还有以下限制：

- 必须保证是严格的 read only 模式，不能改变 database 的状态；
- 查询执行过程中，不能被挂起；
- 隔离级别不能是 SERIALIZABLE；
- 不能调用 PARALLEL UNSAFE 函数。

并行查询有基于代价策略的判断，譬如小数据量时默认还是普通执行。在 PostgreSQL 的配置参数中，提供了一些跟并行查询相关的参数。我们想测试并行，一般设置下面两个参数：

- force_parallel_mode：强制开启并行模式的开关；
- max_parallel_workers_per_gather：设定用于并行查询的 worker 进程数。

一个简单的两表 join 查询场景，使用并行查询模式的查询计划如下：

```
test=# select count(*) from t1;
  count
----------
 10,000,000
(1 row)
test=# select count(*) from t2;
  count
----------
 10,000,000
(1 row)
test=# explain analyze   select count(*) from t1,t2
where t1.id = t2.id ;
                     QUERY PLAN
-----------------------------------------------------
-----------------------------
 Finalize Aggregate  (cost=596009.38..596009.39
rows=1 width=8) (actual time=17129.158..17129.158
rows=1 loops=1)
   ->  Gather  (cost=596009.17..596009.38 rows=2
width=8) (actual time=16907.462..17129.132 rows=3
loops=1)
     Workers Planned: 2
     Workers Launched: 2
     ->  Partial Aggregate  (cost=595009.17
..595009.18 rows=1 width=8) (actual
time=17038.230..17038.231 rows=1 loops=3)
       ->  Hash Join  (cost=308310.48..570009.22
rows=9999977 width=0) (actual time=8483.284
..16703.813 rows=3333333 loops=3)
       Hash Cond: (t1.id = t2.id)
       ->  Parallel Seq Scan on t1
(cost=0.00..85914.87 rows=4166687 width=4) (actual
time=0.575..741.057 rows=3333333 loops=3)
       ->  Hash  (cost=144247.77..144247.77 rows=
9999977 width=4) (actual time=8449.743..8449.743
rows=10000000 loops=3)
       Buckets: 131072  Batches: 256  Memory Usage:
2400kB
       ->  Seq Scan on t2  (cost=0.00..144247.77
rows=9999977 width=4) (actual time=0.294..2177.531
rows=10000000 loops=3)
```

并行查询开启后，解析器会生成一份 Gather...Partial 风格的执行计划，这意味着到 Executor 层，会将 Partial 部分的计划并行执行。

执行计划里可以看到，在做并行查询时，额外创建了 2 个 worker 进程，加上原来的 master 进程，总共 3 个进程。Join 的驱动表数据被平均分配了 3 份，通过并行 scan 分散了 I/O 操作，之后跟大表数据分别做 Join。

并行查询的实现

PostgreSQL 的并行由多个进程的机制完成。每个进程在内部称之为 1 个 worker，这些 worker 可以动态地创建、销毁。PostgreSQL 在 SQL 语句解析和生成查询计划阶段并没有并行。在执行器（Executor）模块，由多个 worker 并发执行被分片过的子任务。即使在查询计划被并行执行的环节，一直存在的进程也会充当一个 worker 来完成并行的子任务，我们可以称之为主进程。同时，根据配置参数指定的 worker 数，再启动 n 个 worker 进程来执行其他子计划。

PostgreSQL 内延续了共享内存的机制,在每个 worker 初始化时就为每个 worker 分配共享内存,用于 worker 各自获取计划数据和缓存中间结果。这些 worker 间没有复杂的通信机制,而是都由主进程做简单的通信,来启动和执行计划。

PostgreSQL 中并行的执行模型如图 1 所示。

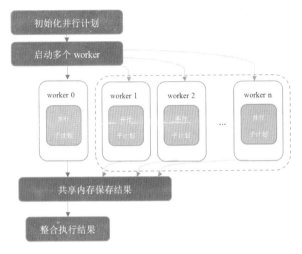

图 1　PostgreSQL 并行查询的框架

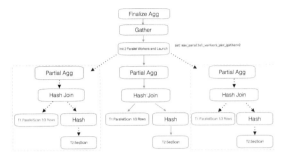

图 2　并行查询的执行流程

以上文的 Hash Join 的场景为例,在执行器层面,并行查询的执行流程如图 2 所示。

各 worker 按照以下方式协同完成执行任务:

■ 首先,每个 worker 节点做的任务相同。因为是 Hash Join,worker 节点使用一个数据量小的表作为驱动表,做 Hash 表。每个 worker 节点都会维护这样一个 Hash 表,而大表被平均分之后跟 Hash 表做数据 Join。

■ 最底层的并行是磁盘的并行 scan,worker 进程可以从磁盘 block 里获取自己要 scan 的 block。

■ Hash Join 后的数据是全部数据的子集。对于 count() 这种聚合函数,数据子集上可以分别做计算,最后再合并,结果上可以保证正确。

■ 数据整合后,做一次总的聚合操作。

worker 进程又是如何创建和运行的? 首先来看 worker 的创建逻辑(见图 3)。

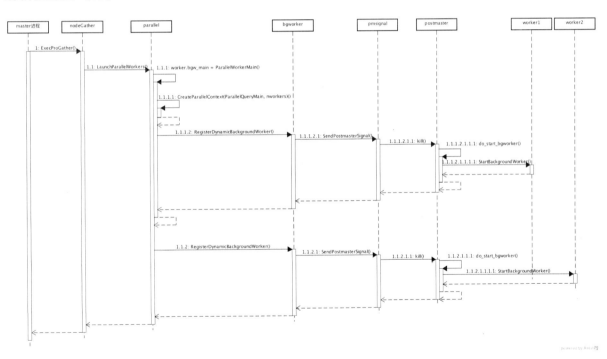

图 3　PostgreSQL 的 worker 创建

PostgreSQL 的并行处理,以 worker 动态创建为前提(见图 4)。worker 可以由主进程初始化出来,并且在上下文中,先指定好入口函数。

并行查询中,入口函数被指定为 ParallelWorkerMain。而 ParallelWorkerMain 函数里,在完成一系列信号代理设定后,会调用 ParallelQueryMain 来执行查询。ParallelQueryMain 创建了一个新的执行器上下文,递归执行并行子查询计划。

用来并行查询的 worker 进程接收主进程的信号,比如一旦发送创建进程的信号,worker 进程就会启动,紧接着执行 ParallelWorkerMain 函数。进而,ParallelQueryMain 也会执行,各个 worker 进程独立执行子计划,执行结果会存在共享内存里。所有进程执行结束后,master 进程会去搜集共享内存里的结果数据（tuple），做数据整合。

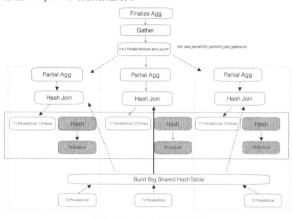

图4 创建大的 Hash 表共享数据

并行查询的改进

并行查询的特性公布后，不乏对并行的评价和之后的改进计划。社区并行查询的开发者在博客中提到准备做一个大的共享 Hash Table，这样 Hash Join 操作的并行度会进一步提升。

另外，对 PostgreSQL 而言，反倒是基于其 folk 出来的一些数据库产品先于它做了并行查询的特性，可以学习参考：

- Postgres-XC 的分布式框架；
- GreenPlum 的 MPP 架构；
- CitusDB 的分布式；
- VitesseDB 基于多线程的并行；
- Fujitsu 的 Fujitsu Enterprise PostgreSQL 的并行。

其中开源数据库 GreenPlum 并行架构很有借鉴意义。GreenPlum 的并行查询设计了一个专门的调度器来协调查询任务的分配，而 PostgreSQL 没有这样的设计。关于 GreenPlum 的执行框架，简单讲是以下三层结构。

- 调度器（QD）：调度器发送优化后的查询计划给所有数据节点（Segments）上的执行器（QE）。调度器负责任务的执行，包括执行器的创建、销毁、错误处理、任务取消、状态更新等。
- 执行器（QE）：执行器收到调度器发送的查询计划后，开始执行自己负责的那部分计划。典型的操作包括数据扫描、哈希关联、排序、聚集等。
- Interconnect：负责集群中各个节点间的数据传输。

GreenPlum 会根据数据分布情况做数据的广播和重分布，这是 PostgreSQL 的并行模型可以借鉴的。

仅仅是一个大的 Hash Table，在数据访问上有串行的开销，worker 的并行仍然受限。如图5所示，大表和小表 Join 的场景参考 GreenPlum 的数据广播机制，驱动表的数据可以给每个 worker 进程准备一个副本，相当于广播了一份数据。这样数据被高度共享，并行的效果会更好。

除了 PostgreSQL 生态的数据库，关系型数据库老大哥 Oracle 在并行查询上已经积累了30年经验，也需要借鉴。在 Oracle 的官方手册中，有对其并行查询机制做出的说明。

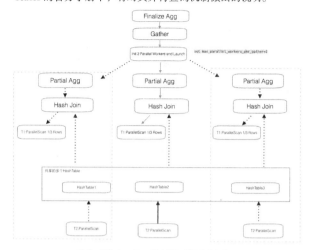

图5 借鉴 GreenPlum 的广播机制提升并行效果

Oracle 在每个操作环节，都能把数据高度分片，可以参考图6所示的 Hash Join 的并行。

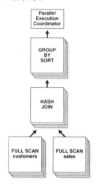

图6 Oracle 的 Hash Join 操作的并行流程

而在内部并行控制上，数据被分组后，不管是 scan 还是排序，几组 worker 对分组的数据都能分治。

也就是说 Oracle 做到了操作符（Operator）Level 的并行。在每个操作中，把数据分片后动态的并行运算。可以看到 Oracle 的并行查询在做 Operator 级别的并行，每个操作环节，都能把数据分片后分而治之，并行程度非常高。这对数据的流转要求也很高，数据和操作既能水平分治也能垂直分治。

PostgreSQL 目前是任务级别的并行，将原先的执行计划垂直拆分成几个可以分离的子任务，并行实现简单，但在大数据量时并行度不够，而且共享内存的访问负荷加重，性能提升不明显。

参考 Oracle 的方式，按图6改进后，worker 不再是单独执行1个任务，而是随时被调用执行操作。数据根据操作分层、分片、广播，worker 进程为数据操作服务，而不是数据为 worker 服务。这样在超大规模数据的场景，驱动表作为 producer 做数据 partition，外表作为 consumer 做 operator 运算（见图7、图8）。多组这样的操作产生的并行计算更自由，性能也更有想象空间，也是我们团队目前在尝试的方向。

笔者对数据库实现的理解深度有限，立足自己的经验分享了关于并行查询的以上认识。关注社区邮件，可以看到PostgreSQL社区非常积极地加入更多并行查询的特性，比如parallel bitmap index等，相信并行查询的特性会更丰富。期待后面越来越强大的并行计算，以及随之而来性能加速的无限可能。

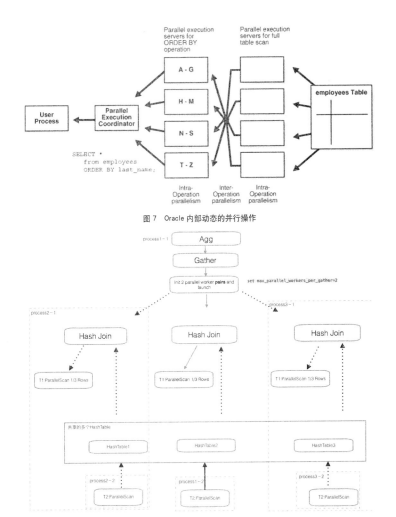

图7　Oracle 内部动态的并行操作

图8　通过数据分组和 worker 分组提升 PostgreSQL 的并行

基于 Spark 的大规模机器学习在微博的应用

文 / 吴磊、张拓宇

众所周知，自2015年以来微博的业务发展迅猛。如果根据内容来划分，微博的业务有主信息（Feed）流、热门微博、微博推送（Push）、反垃圾、微博分发控制等。每个业务都有自己不同的用户构成、业务关注点和数据特征。庞大的用户基数下，由用户相互关注衍生的用户间关系，以及用户千人千面的个性化需求，要求我们用更高、更大规模的维度去刻画和描绘用户。大体量的微博内容，也呈现出多样化、多媒体化的发展趋势。

一直以来，微博都尝试通过机器学习来解决业务场景中遇到的各种挑战。本文为新浪微博吴磊在CCTC 2017云计算大会Spark峰会所做分享《基于Spark的大规模机器学习在微博的应用》主题的一部分，介绍微博在面对大规模机器学习的挑战时，采取的最佳实践和解决方案。

Spark MLlib

针对微博近百亿特征维度、近万亿样本量的模型训练需求，我们首先尝试了Apache Spark原生实现的逻辑回归算法。采用

该方式的优点显而易见，即开发周期短、试错成本低。我们将不同来源的特征（用户、微博内容、用户间关系、使用环境等）根据业务需要进行数据清洗、提取、离散化，生成Libsvm格式的可训练样本集，再将样本喂给LR算法进行训练。在维度升高的过程中，我们遇到了不同方面的问题，并通过实践提供了解决办法。

Stack overflow

栈溢出的问题在函数嵌套调用中非常普遍，但在我们的实践中发现，过多Spark RDD的union操作，同样会导致栈溢出的问题。解决办法自然是避免大量的RDD union，转而采用其他的实现方式。

AUC=0.5

在进行模型训练的过程中，曾出现测试集 AUC 一直停留在0.5的尴尬局面。通过仔细查看训练参数，发现当 LR 的学习率设置较大时，梯度下降会在局部最优左右摇摆，造成训练出来

的模型成本偏高，拟合性差。通过适当调整学习率可以避免该问题的出现。

整型越界

整型越界通常是指给定的数据值过大，超出了整型（32bit Int）的上限。但在我们的场景中，导致整型越界的并不是某个具体数据值的大小，而是因为训练样本数据量过大、HDFS 的分片过大，导致 Spark RDD 的单个分片内的数据记录条数超出了整型上限，进而导致越界。Spark RDD 中的迭代器以整数（Int）来记录 Iterator 的位置，当记录数超过 32 位整型所包含的范围（2147483647），就会报出该错误。解决办法是在 Spark 加载 HDFS 中的 HadoopRDD 时，设置分区数，将分区数设置足够大，从而保证每个分片的数据量足够小，以避免该问题。可以通过公式（总记录数 / 单个分片记录数）来计算合理的分区数。

Shuffle fetch failed

在分布式计算中，Shuffle 阶段不可避免，在 Shuffle 的 Map 阶段，Spark 会将 Map 输出缓存到本机的本地文件系统。当 Map 输出的数据较大，且本地文件系统存储空间不足时，会导致 Shuffle 中间文件的丢失，这是 Shuffle fetch failed 错误的常见原因。但在我们的场景中，我们手工设置了 spark.local.dir 配置项，将其指向存储空间足够、I/O 效率较高的文件系统中，但还是碰到了该问题。通过仔细查对日志和 Spark UI 的记录，发现有个别 Executor 因任务过重、GC 时间过长，丢失了与 Driver 的心跳。Driver 感知不到这些 Executor 的心跳，便主动要求 Yarn 的 Application master 将包含这些 Executor 的 Container 杀掉。皮之不存毛将焉附，Executor 被杀掉了，存储在其中的 Map 输出信息自然也就丢了，造成在 Reduce 阶段，Reducer 无法获得属于自己的那份 Map 输出。解决办法是合理地设置 JVM 的 GC 设置，或者通过将 spark.network.timeout 的时间（默认 60s）设置为 120s，该时间为 Driver 与 Executor 心跳通信的超时时间，给 Executor 足够的响应时间，让其不必因处理任务过重而无暇与 Driver 端通信。

通过各种优化，我们将模型的维度提升至千万维。当模型维度冲击到亿维时，因 Spark MLlib LR 的实现为非模型并行，过高的模型维度会导致海森矩阵呈指数级上涨，导致内存和网络 I/O 的极大开销。因此我们不得不尝试其他的解决方案。

基于 Spark 的参数服务器

在经过大量调研和初步的尝试，我们最终选择参数服务器方案来解决模型并行问题。参数服务器通过将参数分片以分布式形式存储和访问，将高维模型平均分配到参数服务器集群中的每一台机器，将 CPU 计算、内存消耗、存储、磁盘 I/O、网络 I/O 等负载和开销均摊。典型的参数服务器采用主从架构，Master 负责记录和维护每个参数服务器的心跳和状态；参数服务器则负责参数分片的存储、梯度计算、梯度更新、副本存储等具体工作。图 1 是我们采用的参数服务器方案。

蓝色文本框架即是采用主从架构的参数服务器集群，以 Yarn 应用的方式部署在 Yarn 集群中，为所有应用提供服务。在参数服务器的客户端，也是通过 Yarn 应用的方式，启动 Spark 任务执行 LR 分布式算法。在图中绿色文本框中，Spark 模型训练以独立的应用存在于 Yarn 集群中。在模型训练过程中，每个 Spark Executor 以数据分片为单位，进行参数的拉取、计算、更新和推送。

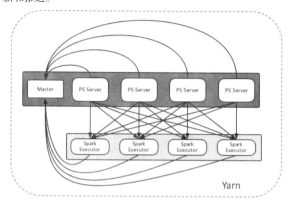

图 1 微博参数服务器架构图

在参数服务器实现方面，业界至少有两种实现方式，即全同步与全异步。全同步的方式能够在理论层面保证模型收敛，但在分布式环境中，鉴于各计算节点的执行性能各异，加上迭代中需要彼此间相互同步，容易导致过早执行完任务的节点等待计算任务繁重的节点，引入通信边界，从而造成计算资料的浪费和开销。全异步方式能够很好地避免这些问题，因节点间无须等待和同步，可以充分利用各个节点的计算资源。虽然从理论上无法验证模型一定收敛，但是通过实践发现，模型每次的迭代速度会更快，AUC 的加速度会更高，实际训练出的模型效果可以满足业务和线上的要求。

在通过参数服务器进行 LR 模型训练时，我们总结了影响执行性能的关键因素，罗列如下：

Batch size

即 Spark 数据分片大小。上文提到，每个 Spark Executor 以数据分片为单位，进行参数的拉取和推送。分片的大小直接决定本次迭代需要拉取和通信的参数数量，而参数数量直接决定了本地迭代的计算量、通信量。因此分片大小是影响模型训练执行性能的首要因素。过大的数据分片会造成单次迭代任务过重，Executor 不堪重负；过小的分片虽然能够充分利用网络吞吐，但是会造成很多额外的开销。因此，选择合理的 Batch size，将会令执行性能的提升事半功倍。下文将以 Batch size 为例，对比不同设置下模型训练执行性能的差异。

PS server 数量

参数服务器的数量，决定了模型参数的存储容量。通过扩展参数服务器集群，理论上可以无限扩展存储容量。但是当集群大小达到瓶颈值时，过多的参数服务器带来的网络开销反而会令整体执行性能趋于平缓甚至下降。

特征稀疏度

根据需要可以将原始业务特征（用户、微博内容、用户间关系、使用环境等）通过映射函数映射到高维模型，以这种方式提炼出区分度更佳的特征。特征稀疏度结合每次迭代数据分片的数据分布，决定了该分片本次迭代需要拉取和推送的参数数量，进而决定了本次迭代所需的计算资源和网络开销。

PS 分区策略

分区策略决定了模型参数在参数服务器的分布，好的分区策略能够使模型参数的分布更均匀，从而均摊每个节点的计算和通信负载。

Spark 内存规划

在 PS 的客户端，Spark Executor 需要保证有足够的内存容纳本次迭代分片所需的参数向量，才能完成后续的参数计算、更新任务。

表 1 所示为不同的 Batch size 下，各执行性能指标对比。Parameter（MB）表示一次迭代所需参数个数；Tx（MB）表示一次迭代的网络吞吐；Pull（ms）和 Push（ms）分别表示一次迭代的拉取和推送时间消耗；Time（s）为一次迭代的整体执行时间。从表 1 中可见，参数个数与分片大小成正比、网络吞吐与分片大小成反比。分片越小，需要通信、处理的参数越少，但 PS 客户端与 PS 服务器通信更加频繁，因而网络吞吐更高。但是当分片过小时，会产生额外的开销，造成参数拉取、推送的平均耗时和任务的整体耗时上升。

通过参数服务器的解决方案，我们解决了微博机器学习平台化进程中的大规模模型训练问题。众所周知，在机器学习流中，模型训练只是其中耗时最短的一环。如果把机器学习流比作烹饪，那么模型训练就是最后翻炒的过程，烹饪的大部分时间实际上都花在了食材、佐料的挑选，洗菜、择菜，食材再加工（切丁、切块、过油、预热）等步骤。在微博的机器学习流中，原始样本生成、数据处理、特征工程、训练样本生成、模型后期的测试、评估等步骤所需要投入的时间和精力，占据了整个流程的 80% 之多。如何能够高效地端到端进行机器学习流的开发，如何能够根据线上的反馈及时地选取高区分度特征，对模型进行优化，验证模型的有效性，加速模型迭代效率，满足线上的要求，都是我们需要解决的问题。在接下来的《weiflow——微博机器学习流统一计算框架》一文中，我们将为你一一解答。

表 1 模型训练执行性能指标在不同 Batch size 下的对比

BatchSize	Parameter(MB)	Tx(MB)	Pull(ms)	Push(ms)	Time(s)
20000	60	25	1925.91	6868.88	2118
10000	30	35	862.373	3013.54	1924
5000	15	47	300	1500	1573
2000	6	50	98	404	1392
1000	3	50	55.56	199.79	1307
500	1.5	87	63.95	193.22	1059
200	0.6	94.3	87.64	176.587	1302

HBase 在滴滴出行的应用场景和实践

文 / 李扬

背景

对接业务类型

HBase 是建立在 Hadoop 生态之上的 Database，原生对离线任务支持友好，又因为 LSM 树是一个优秀的高吞吐数据库结构，所以同时也对接了很多线上业务。在线业务对访问延迟敏感，并且访问趋向于随机，如订单、客服轨迹查询。离线业务通常是数仓的定时大批量处理任务，对一段时间内的数据进行处理并产出结果，对任务完成的时间要求不是非常敏感，并且处理逻辑复杂，如天级别报表、安全和用户行为分析、模型训练等。

多语言支持

HBase 提供了多语言解决方案，并且由于滴滴各业务线 RD 所使用的开发语言各有偏好，所以多语言支持对于 HBase 在滴滴内部的发展是至关重要的一部分。我们对用户提供了多种语言的访问方式：HBase Java native API、Thrift Server（主要应用于 C++、PHP、Python）、Java JDBC（Phoenix JDBC）、Phoenix QueryServer（Phoenix 对外提供的多语言解决方案）、MapReduce Job（Htable/Hfile Input）、Spark Job、Streaming 等。

数据类型

HBase 在滴滴主要存放了以下四种数据类型：

- 统计结果、报表类数据：主要是运营、运力情况、收入等结果，通常需要配合 Phoenix 进行 SQL 查询。数据量较小，对查询的灵活性要求高，延迟要求一般。
- 原始事实类数据：如订单、司机乘客的 GPS 轨迹、日志等，主要用作在线和离线的数据供给。数据量大，对一致性和可用性要求高，延迟敏感，实时写入，单点或批量查询。
- 中间结果数据：指模型训练所需要的数据等。数据量大，可用性和一致性要求一般，对批量查询时的吞吐要求高。
- 线上系统的备份数据：用户把原始数据存了在其他关系数据库或文件服务，把 HBase 作为一个异地容灾的方案。

使用场景介绍

场景一：订单事件

这份数据使用过滴滴产品的用户应该都接触过，就是 App 上的历史订单。近期订单的查询会落在 Redis，超过一定时间范围，或者当 Redis 不可用时，查询会落在 HBase 上。业务方的需求如下：

- 在线查询订单生命周期的各个状态，包括 status、event_type、order_detail 等信息。主要的查询来自于客服系统。
- 在线历史订单详情查询。上层会有 Redis 来存储近期的订单，当 Redis 不可用或者查询范围超出 Redis，查询会直接落到 HBase。
- 离线对订单的状态进行分析。
- 写入满足每秒 10000 的事件，读取满足每秒 1000 的事件，数据要求在 5s 内可用。

按照这些要求，我们对 Rowkey 做出了下面的设计，都是很典型的 scan 场景（见图 1～图 3）。

订单状态表

Rowkey: reverse(order_id) + (MAX_LONG – TS)

Columns：该订单各种状态

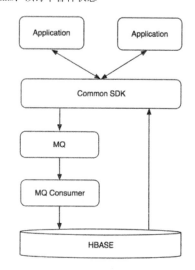

图 1 订单流数据流程

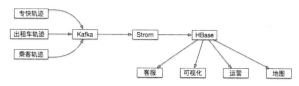

图 2 司乘轨迹数据流程

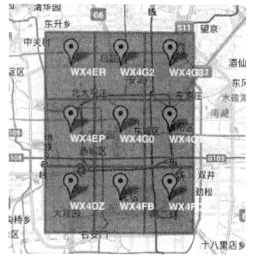

图 3 GeoHash 示意图

订单历史表

Rowkey：reverse(passenger_id | driver_id) + (MAX_LONG – TS)

Columns：用户在时间范围内的订单及其他信息

场景二：司机乘客轨迹

这也是一份滴滴用户关系密切的数据，线上用户、滴滴的各个业务线和分析人员都会使用。举几个使用场景上的例子：用户查看历史订单时，地图上显示所经过的路线；发生司乘纠纷，客服调用订单轨迹复现场景；地图部门用户分析道路拥堵情况。

用户们提出的需求：

■ 满足 App 用户或者后端分析人员的实时或准实时轨迹坐标查询；

■ 满足离线大规模的轨迹分析；

■ 满足给出一个指定的地理范围，取出范围内所有用户的轨迹或范围内出现过的用户。

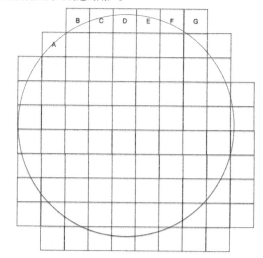

图 4 范围查询时，边界 GeoHash 块示意图

其中，关于第三个需求，地理位置查询，我们知道 MongoDB 对于这种地理索引有原生的支持，但是在滴滴这种量级的情况下可能会发生存储瓶颈，HBase 存储和扩展性上没有压力但是没有内置类似 MongoDB 地理位置索引的功能，没有就需要我们自己实现。通过调研，了解到关于地理索引有一套比较通用的 GeohHash 算法。

GeoHash 是将二维的经纬度转换成字符串，每一个字符串代表了某一矩形区域。也就是说，这个矩形区域内所有的点（经纬度坐标）都共享相同的 GeoHash 字符串，比如说我在悠唐酒店，我的一个朋友在旁边的悠唐购物广场，我们的经纬度点会得到相同的 GeoHash 串。这样既可以保护隐私（只表示大概区域位置而不是具体的点），又比较容易做缓存。

但是我们要查询的范围和 GeohHash 块可能不会完全重合。以圆形为例，查询时会出现如图 4 所示的一半在 GeoHash 块内，一半在外面的情况（如 A、B、C、D、E、F、G 等点）。这种情况就需要对 GeoHash 块内每个真实的 GPS 点进行第二次的过滤，通过原始的 GPS 点和圆心之间的距离，过滤掉不符合查询条件的数据。

最后依据这个原理，把 GeoHash 和其他一些需要被索引的维度拼接成 Rowkey，真实的 GPS 点为 Value，在这个基础上封装成客户端，并且在客户端内部对查询逻辑和查询策略做出速度上的大幅优化，这样就把 HBase 变成了一个 MongoDB 一样支持地理位置索引的数据库。如果查询范围非常大（比如进行省级别的分析），还额外提供了 MR 的获取数据的入口。

两种查询场景的 Rowkey 设计如下：

■ 单个用户按订单或时间段查询：reverse(user_id) + (Integer.MAX_LONG-TS/1000)；

■ 给定范围内的轨迹查询：reverse(geohash) + ts/1000 + user_id。

场景三：ETA（见图 5）

ETA 是指每次选好起始和目的地后，提示出的预估时间和价格。提示的预估到达时间和价格，最初版本是离线方式运行，后来改版通过 HBase 实现实时效果，把 HBase 当成一个 KeyValue 缓存，带来了减少训练时间、可多城市并行、减少人工干预的好处。

整个 ETA 的过程如下：
- 模型训练通过 Spark Job，每 30 分钟对各个城市训练一次；
- 模型训练第一阶段，在 5 分钟内，按照设定条件从 HBase 读取所有城市数据；
- 模型训练第二阶段在 25 分钟内完成 ETA 的计算；
- HBase 中的数据每隔一段时间会持久化至 HDFS 中，供新模型测试和新的特征提取。

Rowkey：salting+cited+type0+type1+type2+TS
Column：order, feature

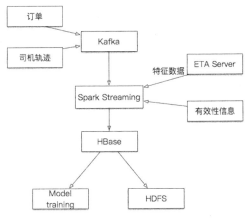

图 5 ETA 数据流程

场景四：监控工具 DCM（见图 6）

用于监控 Hadoop 集群的资源使用（Namenode, Yarn container 使用等），关系数据库在时间维度过久以后会产生各种性能问题，同时我们又希望可以通过 SQL 做一些分析查询，所以使用 Phoenix，使用采集程序定时录入数据，生产成报表，存入 HBase，可以在秒级别返回查询结果，最后在前端做展示。

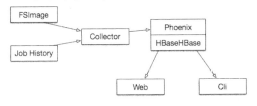

图 6 DCM 数据流程

图 7、图 8、图 9 是几张监控工具的用户 UI，数字相关的部分做了模糊处理。

滴滴在 HBase 对多租户的管理

我们认为单集群多租户是最高效和节省精力的方案，但是由于 HBase 对多租户基本没有管理，使用上会遇到很多问题：在用户方面比如对资源使用情况不做分析、存储总量发生变化后不做调整和通知、项目上线下线没有计划、想要最多的资源和权限等；我们平台管理者也会遇到比如线上沟通难以理解用户的业务、对每个接入 HBase 的项目状态不清楚、不能判断出用户的需求是否合理、多租户在集群上发生资源竞争、问题定位和排查时间长等。

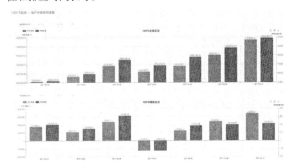

图 7 DCM HDFS 按时间统计使用全量和增量

图 8 DCM HDFS 按用户统计文件数

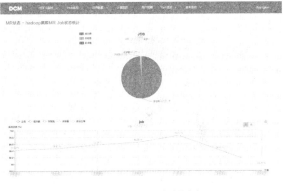

图 9 DCM，MR Job 运行结果统计

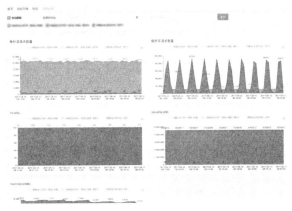

图 10 DHS 项目表监控

针对这些问题，我们开发了 DHS 系统（Didi HBase Service）进行项目管理，并且在 HBase 上通过 Namespace、RS

Group 等技术来分割用户的资源、数据和权限。通过计算开销并计费的方法来管控资源分配。

DHS 主要有下面几个模块和功能。

- 项目生命周期管理：包括立项、资源预估和申请、项目需求调整、需求讨论；
  - 用户管理：权限管理，项目审批；
  - 集群资源管理；
  - 表级别的使用情况监控：主要是读写监控、memstore、blockcache、locality。

当用户有使用 HBase 存储的需求时，我们会让用户在 DHS 上注册项目。介绍业务的场景和产品相关的细节，以及是否有高 SLA 要求。

之后是新建表以及对表性能需求预估，我们要求用户对自己要使用的资源有一个准确的预估。如果用户难以估计，我们会以线上或者线下讨论的方式与用户讨论帮助确定这些信息。

然后会生成项目概览页面，方便管理员和用户进行项目进展的跟踪。

HBase 自带的 jxm 信息会汇总到 Region 和 RegionServer 级别的数据，管理员会经常用到，但是用户却很少关注这个级别。根据这种情况我们开发了 HBase 表级别的监控，并且会有权限控制，让业务 RD 只能看到和自己相关的表，清楚自己项目表的吞吐及存储占用情况。

通过 DHS 让用户明确自己使用资源情况的基础之上，我们使用了 RS Group 技术，把一个集群分成多个逻辑子集群，可以让用户选择独占或者共享资源。共享和独占各有自己的优缺点，如表 1 所示。

表 1 多租户共享和独占资源的优缺点

	好处	坏处
多租户共享	资源利用率高，维护简单	用户竞争资源，发生问题定位时间长
多租户独占	资源冲突减少，可用性高，可细粒度调优和维护	业务低峰时段资源浪费，使用成本高

根据以上的情况，我们在资源分配上会根据业务的特性来选择不同方案。

- 对于访问延迟要求低、访问量小、可用性要求低、备份或者测试阶段的数据：使用共享资源池。
- 对于延迟敏感、吞吐要求高、高峰时段访问量大、可用性要求高、在线业务：让其独占一定机器数量构成的 RegionServer Group 资源（见图 11），并且按用户预估的资源量，额外给出 20%~30% 的余量。

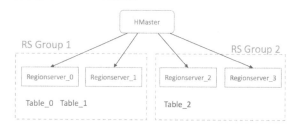

图 11 RS Group 示意图

最后我们会根据用户对资源的使用，定期计算开销并向用户发出账单。

RS Group

RegionServer Group，实现细节可以参照 HBase HBASE-6721 这个 Patch。滴滴在这个基础上做了一些分配策略上的优化，以便适合滴滴业务场景的修改。RS Group 简单概括是指通过分配一批指定的 RegionServer 列表，成为一个 RS Group，每个 Group 可以按需挂载不同的表，并且当 Group 内的表发生异常后，Region 不会迁移到其他的 Group。这样，每个 Group 就相当于一个逻辑上的子集群，通过这种方式达到资源隔离的效果，降低管理成本，不必为每个高 SLA 的业务线单独搭集群。

总结

在滴滴推广和实践 HBase 的工作中，我们认为至关重要的两点是帮助用户做出良好的表结构设计和资源的控制。有了这两个前提之后，后续出现问题的概率会大大降低。良好的表结构设计需要用户对 HBase 的实现有一个清晰的认识，大多数业务用户把更多精力放在了业务逻辑上，对架构实现知之甚少，这就需要平台管理者去不断帮助和引导，有了好的开端和成功案例后，通过这些用户再去向其他的业务方推广。资源隔离控制则帮助我们有效减少集群的数量，降低运维成本，让平台管理者从多集群无止尽的管理工作中解放出来，将更多精力投入到组件社区跟进和平台管理系统的研发工作中，使业务和平台都进入一个良性循环，提升用户的使用体验，更好地支持公司业务的发展。

Livy：基于 Apache Spark 的 REST 服务

文 / 邵赛赛

Apache Spark 提供的两种基于命令行的处理交互方式虽然足够灵活，但在企业应用中面临诸如部署、安全等问题。为此本文引入 Livy 这样一个基于 Apache Spark 的 REST 服务，它不仅以 REST 的方式代替了 Spark 传统的处理交互方式，同时也提供企业应用中不可忽视的多用户，安全，以及容错的支持。

背景

Apache Spark 作为当前最为流行的开源大数据计算框架，广泛应用于数据处理和分析应用，它提供了两种方式来处理数据：一是交互式处理，比如用户使用 spark-shell 或是 pyspark 脚本启动 Spark 应用程序，伴随应用程序启动的同时 Spark 会在当前终端启动 REPL（Read - Eval - Print Loop）来接收用户的代码输入，并将其编译成 Spark 作业提交到集群上去执行；二是批处理，批处理的程序逻辑由用户实现并编译打包成 jar 包，spark-submit 脚本启动 Spark 应用程序来执行用户所编写的逻辑，与交互式处理不同的是批处理程序在执行过程中用户没有与 Spark 进行任何的交互。

两种处理交互方式虽然看起来完全不一样，但是都需要用户登录到 Gateway 节点上通过脚本启动 Spark 进程。这样的方式会有什么问题吗？

- 首先将资源的使用和故障发生的可能性集中到了这些 Gateway 节点。由于所有的 Spark 进程都是在 Gateway 节点上启动的，这势必会增加 Gateway 节点的资源使用负担和故障发生的可能性，同时 Gateway 节点的故障会带来单点问题，造成 Spark 程序的失败。
- 其次难以管理、审计以及与已有的权限管理工具的集成。由于 Spark 采用脚本的方式启动应用程序，因此相比于 Web 方式少了许多管理、审计的便利性，同时也难以与已有的工具结合，如 Apache Knox。
- 同时也将 Gateway 节点上的部署细节以及配置不可避免地暴露给了登录用户。

为了避免上述这些问题，同时提供原生 Spark 已有的处理交互方式，并且为 Spark 带来其所缺乏的企业级管理、部署和审计功能，本文将介绍一个新的基于 Spark 的 REST 服务：Livy。

Livy

Livy 是一个基于 Spark 的开源 REST 服务，它能够通过 REST 的方式将代码片段或是序列化的二进制代码提交到 Spark 集群中去执行。它提供了以下这些基本功能：

- 提交 Scala、Python 或是 R 代码片段到远端的 Spark 集群上执行；
- 提交 Java、Scala、Python 所编写的 Spark 作业到远端的 Spark 集群上执行；
- 提交批处理应用在集群中运行。

从 Livy 所提供的基本功能可以看到 Livy 涵盖了原生 Spark 所提供的两种处理交互方式。与原生 Spark 不同的是，所有操作都是通过 REST 的方式提交到 Livy 服务端上，再由 Livy 服务端发送到不同的 Spark 集群上去执行的。说到这里我们首先来了解一下 Livy 的架构。

Livy 的基本架构

Livy 是一个典型的 REST 服务架构，它一方面接受并解析用户的 REST 请求，转换成相应的操作；另一方面它管理着用户所启动的所有 Spark 集群。具体架构可见图 1。

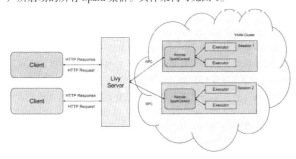

图 1 Livy 的基本架构

用户可以以 REST 请求的方式通过 Livy 启动一个新的 Spark 集群，Livy 将每一个启动的 Spark 集群称之为一个会话（session），一个会话是由一个完整的 Spark 集群所构成的，并且通过 RPC 协议在 Spark 集群和 Livy 服务端之间进行通信。根据处理交互方式的不同，Livy 将会话分成了两种类型：

- 交互式会话（interactive session），这与 Spark 中的交互式处理相同，交互式会话在其启动后可以接收用户所提交的代码片段，在远端的 Spark 集群上编译并执行。
- 批处理会话（batch session），用户可以通过 Livy 以批处理的方式启动 Spark 应用，这样的一个方式在 Livy 中称之为批处理会话，这与 Spark 中的批处理是相同的。

可以看到，Livy 所提供的核心功能与原生 Spark 是相同的，它提供了两种不同的会话类型来代替 Spark 中两类不同的处理交互方式。接下来我们具体了解一下这两种类型的会话。

交互式会话（Interactive Session）

使用交互式会话与使用 Spark 所自带的 spark-shell、pyspark 或 sparkR 相类似，它们都是由用户提交代码片段给 REPL，由 REPL 来编译成 Spark 作业并执行。它们的主要不同点是 spark-shell 会在当前节点上启动 REPL 来接收用户的输入，而 Livy 交互式会话则是在远端的 Spark 集群中启动 REPL，所有的代码、数据都需要通过网络来传输。

我们接下来看看如何使用交互式会话。

创建交互式会话

POST /sessions

```
curl -X POST -d '{"kind": "spark"}' -H "Content-Type: application/json" <livy-host>:<port>/sessions
```

使用交互式会话的前提是需要先创建会话。当我们提交请求创建交互式会话时，我们需要指定会话的类型（"kind"），比如"spark"，Livy 会根据我们所指定的类型来启动相应的 REPL，当前 Livy 可支持 spark、pyspark 或是 sparkr 三种不同的交互式会话类型以满足不同语言的需求。

当创建完会话后，Livy 会返回给我们一个 JSON 格式的数据结构表示当前会话的所有信息：

```
{
    "appId": "application_1493903362142_0005",
    …
    "id": 1,
    "kind": "spark",
    "log": [ ],
    "owner": null,
    "proxyUser": null,
    "state": "idle"
}
```

其中需要我们关注的是会话 id，id 代表了此会话，所有基于该会话的操作都需要指明其 id。

提交代码

POST /sessions/{sessionId}/statements

```
curl <livy-host>:<port>/sessions/1/statements -X POST -H 'Content-Type: application/json' -d '{"code":"sc.parallelize(1 to 2).count()"}'
{
    "id": 0,
    "output": null,
    "progress": 0.0,
    "state": "waiting"
}
```

创建完交互式会话后我们就可以提交代码到该会话上去执

行。与创建会话相同的是,提交代码同样会返回给我们一个 id 用来标识此次请求,我们可以用 id 来查询该段代码执行的结果。

查询执行结果

GET /sessions/{sessionId}/statements/{statementId}

```
{
    "id": 0,
    "output": {
        "data": {
            "text/plain": "res0: Long = 2"
        },
        "execution_count": 0,
        "status": "ok"
    },
    "progress": 1.0,
    "state": "available"
}
```

Livy 的 REST API 设计为非阻塞的方式,当提交代码请求后 Livy 会立即返回该请求 id 而并非阻塞在该次请求上直到执行完成,因此用户可以使用该 id 来反复轮询结果,当然只有当该段代码执行完毕后用户的查询请求才能得到正确结果。

当然 Livy 交互式会话还提供许多不同的 REST API 来操作会话和代码,在这就不一一赘述了。

使用编程 API

在交互式会话模式中,Livy 不仅可以接收用户提交的代码,而且还可以接收序列化的 Spark 作业。为此 Livy 提供了一套编程式的 API 供用户使用,用户可以像使用原生 Spark API 那样使用 Livy 提供的 API 编写 Spark 作业,Livy 会将用户编写的 Spark 作业序列化并发送到远端 Spark 集群中执行。表 1 就是使用 Spark API 所编写 PI 程序与使用 Livy API 所编写的程序的比较。

表 1 使用 Spark API 所编写 PI 程序与使用 Livy API 所编写程序的比较

Spark API	Livy API

spark = SparkSession\
.builder\
.appName("PythonPi")\
.getOrCreate()
 	
partitions = int(sys.argv[1]) if len(sys.argv) > 1 else 2
n = 100000 * partitions
 	
def f(_):
  x = random() * 2 - 1
  y = random() * 2 - 1
  return 1 if x ** 2 + y ** 2 <= 1 else 0
 	
count = spark.sparkContext.parallelize(range(1, n + 1), partitions).map(f).reduce(add)
print("Pi is roughly %f" % (4.0 * count / n))
 	
spark.stop()
	slices = int(sys.argv[2])
	samples = 100000 * slices
	client = HttpClient(sys.argv[1])
	
	def f(_):
	  x = random() * 2 - 1
	  y = random() * 2 - 1
	  return 1 if x ** 2 + y ** 2 <= 1 else 0
	
	def pi_job(context):
	  count = context.sc.parallelize(range(1, samples + 1), slices).map(f).reduce(add)
	  return 4.0 * count / samples
	
	pi = client.submit(pi_job).result()
	print("Pi is roughly %f" % pi)
	client.stop(True)

可以看到除了入口函数不同,其核心逻辑完全一致,因此用户可以很方便地将已有的 Spark 作业迁移到 Livy 上。

Livy 交互式会话是 Spark 交互式处理基于 HTTP 的实现。有了 Livy 的交互式会话,用户无须登录到 Gateway 节点上去启动 Spark 进程并执行代码。以 REST 的方式进行交互式处理提供给用户丰富的选择,也方便了用户的使用,更为重要的是它方便了运维的管理。

批处理会话(Batch Session)

在 Spark 应用中有一大类应用是批处理应用,这些应用在运行期间无须与用户进行交互,最典型的就是 Spark Streaming 流式应用。用户会将业务逻辑编译打包成 jar 包,并通过 spark-submit 启动 Spark 集群来执行业务逻辑:

```
./bin/spark-submit \
 --class org.apache.spark.examples.streaming.DirectKafkaWordCount \
 --master yarn \
 --deploy-mode cluster \
 --executor-memory 20G \
 /path/to/examples.jar
```

Livy 也为用户带来相同的功能,用户可以通过 REST 的方式来创建批处理应用:

```
curl -H "Content-Type: application/json" -X POST -d '{ "file":"<path to application jar>", "className":"org.apache.spark.examples.streaming.DirectKafkaWordCount" }' <livy-host>:<port>/batches
```

通过用户所指定的 "className" 和 "file",Livy 会启动 Spark 集群来运行该应用,这样的一种方式就称为批处理会话。

至此我们简单介绍了 Livy 的两种会话类型,与它相对应的就是 Spark 的两种处理交互方式,因此可以说 Livy 以 REST 的方式提供了 Spark 所拥有的两种交互处理方式(见图 2、图 3)。

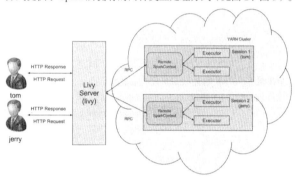

图 2 Livy 多用户支持

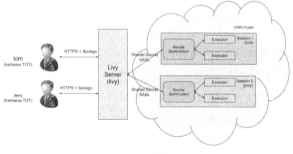

图 3 Livy 端到端安全机制

企业级特性

前面我们介绍了 Livy 的核心功能,相比于核心功能的完整性,Livy 的企业级特性则更体现了其相比于原生 Spark 处理交互方式的优势。本章节将介绍 Livy 几个关键的企业特性。

多用户支持

假定用户 tom 向 Livy 服务端发起 REST 请求启动一个新的会话,而 Livy 服务端则是由用户 livy 启动的,这个时候所创建出来 Spark 集群用户是谁呢,会是用户 tom 还是 livy?在默认情况下这个 Spark 集群的用户是 livy。这会带来访问权限的问题:用户 tom 无法访问其拥有权限的资源,而相对的是他却可以访问用户 livy 所拥有的资源。

为了解决这个问题 Livy 引入了 Hadoop 中的代理用户（proxy user）模式，代理用户模式广泛使用于多用户的环境，如 HiveServer2。在此模式中超级用户可以代理成普通用户去访问资源，并拥有普通用户相应的权限。开启了代理用户模式后，以用户 tom 所创建的会话所启动的 Spark 集群用户就会是 tom。

为了使用此功能用户需要配置"livy.impersonation.enabled"，同时需要在 Hadoop 中将 Livy 服务端进程的用户配置为 Hadoop proxyuser。当然还会有一些 Livy 的额外配置就不在这展开了。

有了代理用户模式的支持，Livy 就能真正做到对多用户的支持，不同用户启动的会话会以相应的用户去访问资源。

端到端安全

在企业应用中另一个非常关键的特性是安全性。一个完整的 Livy 服务中有哪些点是要有安全考虑的呢？

客户端认证

当用户 tom 发起 REST 请求访问 Livy 服务端的时候，我们如何知道该用户是合法用户呢？Livy 采用了基于 Kerberos 的 Spnego 认证。在 Livy 服务端配置 Spnego 认证后，用户发起 Http 请求之前必须先获得 Kerberos 认证，只有通过认证后才能正确访问 Livy 服务端，不然的话 Livy 服务端会返回 401 错误。

HTTPS/SSL

那么如何保证客户端与 Livy 服务端之间 HTTP 传输的安全性呢？Livy 使用了标准的 SSL 来加密 HTTP 协议，以确保传输的 Http 报文的安全。为此用户需要配置 Livy 服务端 SSL 相关的配置已开启此功能。

SASL RPC

除了客户端和 Livy 服务端之间的通信，Livy 服务端和 Spark 集群之间也存在着网络通信，如何确保这两者之间的通信安全性也是需要考虑的。Livy 采用了基于 SASL 认证的 RPC 通信机制：当 Livy 服务端启动 Spark 集群时会产生一个随机字符串用作两者之间认证的密钥，只有 Livy 服务端和该 Spark 集群之间才有相同的秘钥，这样就保证了只有 Livy 服务端才能和该 Spark 集群进行通信，防止匿名的连接试图与 Spark 集群通信。

将上述三种安全机制归结起来就如图 3 所示。

这样构成了 Livy 完整的端到端的安全机制，确保没有经过认证的用户，匿名的连接无法与 Livy 服务中的任意环节进行通信。

失败恢复

由于 Livy 服务端是单点，所有的操作都需要通过 Livy 转发到 Spark 集群中，如何确保 Livy 服务端失效的时候已创建的所有会话不受影响，同时 Livy 服务端恢复过来后能够与已有的会话重新连接以继续使用？

Livy 提供了失败恢复的机制，当用户启动会话的同时 Livy 会在可靠的存储上记录会话相关的元信息，一旦 Livy 从失败中恢复过来它会试图读取相关的元信息并与 Spark 集群重新连接。为了使用该特性我们需要配置 Livy 使其开启此功能：

```
livy.server.recovery.mode
off：默认为关闭失败恢复功能
recovery：当配置为"recovery"时 Livy 就会开启失败恢复功能
livy.server.recovery.state-store
配置将元信息存储在何种可靠存储上，当前支持 filesystem 和 ZooKeeper
livy.server.recovery.state-store.url
配置具体的存储路径，如果是 filesystem 则改配置为文件路径；而 ZooKeeper 则为 ZooKeeper 集群的 URL
```

失败恢复能够有效地避免因 Livy 服务端单点故障造成的所有会话的不可用，同时也避免了因 Livy 服务端重启而造成的会话不必要失效。

总结

本文从 Spark 处理交互方式的局限引出了 Livy 这样一个基于 Spark 的 REST 服务。同时全面介绍了其基本架构、核心功能以及企业级特性，Livy 不仅涵盖了 Spark 所提供了所有处理交互方式，同时又结合了多种的企业级特性，虽然 Livy 项目现在还处于早期，许多的功能有待增加和改进，我相信假以时日 Livy 必定能成为一个优秀的基于 Spark 的 REST 服务。▣

Amazon Aurora 深度探索

文 / 李海翔

Amazon 的 Aurora 自从问世就备受关注，其性能和实现架构是被关注的热点。2017 年，Amazon 发表了一篇论文，披露其实现的一些技术细节。本文在此背景下，对 Aurora 系统的实现从整体架构、存储、事务处理三个方面进行深入探讨，并从数据库内核技术实现的角度对 Aurora 做了一定的推测。

2017 年，Amazon 在 SIGMOD 上发表了论文《Amazon Aurora: Design Considerations for High Throughput Cloud Native Relational Databases》。

这篇论文描述了 Amazon 的云数据库 Aurora 的架构。基于 MySQL 的 Aurora 对于单点写多点读的主从架构做了进一步的发展，使得事务和存储引擎分离，为数据库架构的发展提供了具有实战意义的已实践用例。其主要特点如下：

- 实践了"日志即数据库"的理念。
- 事务引擎和存储引擎分离。
  - 数据缓冲区提前预热。
  - REDO 日志从事务引擎中剥离，归并到存储引擎中。
  - 储存层可以有 6 个副本，多个副本之间通过 Gossip 协议可以保障数据的"自愈"能力。
  - 主备服务的备机可达 15 份，提供强大的读服务能力。
- 持续可靠的云数据库的服务能力。
  - 数据存储跨多个区：提供了多级别容灾能力。
  - 数据容灾能力：数据冗余、备份、实时恢复等多种能力集成到云服务，提高了数据的保障能力。
  - 万能数据库的概念呼之欲出。

之所以有这样的设计，是因为 Amazon 认为：网络 I/O 已经成为数据库最大的瓶颈。

Aurora 的整体架构

认识 Aurora 的整体架构，需要先理解 AWS 的物理设施，而论文中对 Aurora 基于的物理设施着墨不多，所以我们先来掌握物理设施与整体架构的关系。

物理设施与架构

Aurora 的计算节点和存储节点分离，分别位于不同的 VPC（Virtual Private Cloud）中。这是 Aurora 架构最亮眼之处。

如图 1 所示，用户的应用通过 Customer VPC 接入，然后可以读写位于不同 AZ（Availability Zone）的数据库。而不同的 AZ 分布于全球不同的 Region 中（如图 2 所示，截止到 2017 年年初，AWS 全球有 16 个区域即 Region，有 42 个可用区即 AZ，每个 Region 至少有 2 个 AZ。而每个 AZ 由两到多个数据中心组成，数据中心不跨 AZ，每个 AZ 内部的数据延迟低于 0.25ms。AWS 文档称，AZ 之间的延迟低于 2ms，通常小于 1ms。

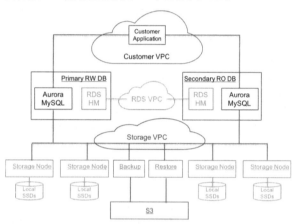

图 1　Aurora 整体架构

图 2　Aurora 的 Region 分布

数据库的部署，是一主多从的集群架构，图 1 的 Primary RW DB 是写数据的节点，只能有一个（这点说明 Aurora 还是传统的数据库架构，不是真正的对等分布式架构，这点也是一些批评者认为 Aurora 缺乏真正创新之处的缘由）。而 Secondary RO DB 是只读的从节点，由零到多个备节点组成，最多可以有 15 个。主从节点可以位于不同的 AZ（最多位于 3 个 VPC，需要 3 个 AZ），但需要位于同一个 Region 内，节点通过 RDS（Relational Database Service）来交互。

RDS 是由位于每个节点上称为（HM(Host Manager)）的 agent 来提供主从集群的状态监控，以应对主节点 fail over 的问题以便进行 HA 调度，以及某个从节点 fail over 需要被替换等问题。这样的监控服务，称为 Control Plane。

数据库的计算服务和存储分离，数据缓冲区和持久化的"数据"（对于 Aurora 实则是日志和由日志转化来的以 page 为单位的数据，而不是直接由数据缓冲区刷出的 page 存储的数据）位于 Storage VPC 中，这样和计算节点在物理层面隔离。一个主从实例，其物理存储需要位于同一个 Region 中，这样的存储称为 EC2 VMs 集群，其是由一个个使用了 SSD 的 Storage Node 组成的。

核心技术与架构

Aurora 提倡"the log is the database"，这是其设计的核心。围绕这个观点，传统数据库的组件架构发生了一些变化。

对于 Aurora，每一个存储节点，如图 3 所示，由两部分构成。

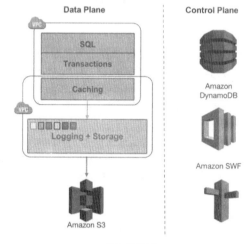

图 3　存储结构

第一部分：Caching

这是一个重要的关键点，可惜论文没有描述其细节。

如同传统数据库架构的数据缓冲区，向事务层提供数据。传统数据库架构的数据缓冲区，向上起着消耗存储 I/O 的 I 加载数据到内存供计算层读写数据的作用；向下起着消耗 I/O 的 O 写出脏数据到存储层以实现数据持久存储的作用。对于一个写密集的 OLTP 系统，大量随机写花费了很多时间，系统的性能因此经常表现为存储层的 I/O 瓶颈。尽管 checkpoint 技术缓解了每个写操作刷出脏数据的冲动，尽管 SSD 的使用缓解了存储层的瓶颈，但是，毕竟存储层的 I 与 O 的时间消耗还是巨大的，尤其是对于随机写密集的 OLTP 系统。

Aurora 的设计消除了脏数据刷出的过程，数据缓冲区的作用只是加载数据供上层使用，而脏数据不必从数据缓冲区刷出到物理存储上，这对于随机写密集的 OLTP 系统而言，是一个福音，性能的瓶颈点被去掉了一个（见图 3，在"Caching"和"Logging+Storage"之间，竖线的箭头应该是指向"Caching"的，以表示数据只是加载到 Caching 中，不存在脏数据的刷出操作）。

但是，观察图 3，"Caching"是位于存储层内还是计算层内？论文没有明示。

从图 3 观察，似乎"Caching"是存储层和计算层所共用的一个组件，那么就可能存在这样的一个两层设计：位于存储层和计算层各有一部分"Caching"，这两部分"Caching"组合成为一个逻辑上的"Caching",而逻辑意义上的"Caching"在 AWS 似乎认为其更像是属于计算层的。如下文引自论文原文:

Although each instance still includes most of the components of a traditional kernel (query processor, transactions, locking, buffer cache, access methods and undo management) several functions (redo logging, durable storage, crash recovery,and backup/restore) are off-loaded to the storage service.

位于存储层内的"Caching",更像是一个分布式的共享文件系统,为了提高性能也许是一个分布式内存型的共享文件系统,为主从架构的数据库提供高速读服务,此点妙处,论文没有点出,这里权做推测。存储层如果能为所有的主备节点提供一致的缓冲数据,则有更为积极的意义,可以对比参考的如 Oracle 的 RAC。

而位于计算层内的"Caching",是单个数据库实例读数据的场所,独立使用。

Aurora 提供了一个"自动恢复"缓存预热的功能,其官方宣称如下:

"自动恢复"缓存预热

当数据库在关闭后启动或在发生故障后重启时,Aurora 将对缓冲池缓存进行"预热"。即,Aurora 会用内存页面缓存中存储的已知常用查询页面预加载缓冲池。这样,缓冲池便无须从正常的数据库使用"预热",从而提高性能。

Aurora 页面缓存将通过数据库中的单独过程进行管理,这将允许页面缓存独立于数据库进行"自动恢复"。在出现极少发生的数据库故障时,页面缓存将保留在内存中,这将确保在数据库重新启动时,使用最新状态预热缓冲池。

源自 http://docs.amazonaws.cn/AmazonRDS/latest/UserGuide/Aurora.Overview.html。

"在出现极少发生的数据库故障时,页面缓存将保留在内存中",这句话很重要,一是其表明数据不用很耗时地重新加载了;二是数据库实例崩溃前的数据内存状态被保留着;三是数据库崩溃重启不必再执行"故障恢复"的过程即使用 REDO 日志重新回放以保障数据的一致性了(事务的 ACID 中的 C 特性)。

那么,页面缓冲是一直保留在哪个节点的内存中?是存储节点还是计算节点?如果是位于计算节点,那么备机节点发生数据库故障时,这样的机制不会对备机节点起到保护作用。如果是位于存储节点,则存储作为一个服务,服务了一主多备的多个节点,则能更好地发挥"自动恢复"缓冲预热的功效(存储节点的 Caching 一直存在,向上层计算节点的 Caching 提供数据批量加载服务,但也许不是这样,而是提供一个接口,能够向计算层的 Caching 提供高速数据的服务,论文没有更多的重要细节披露,权做推测)。由此看来,"Caching"层的两层设计,当是有价值的(价值点是"自动恢复"缓存预热,由存储层提供此项服务),与预写日志功能从事务层剥离是关联的设计。

这就又回到前面引用的论文中的那段英文,其表明:Aurora 的设计,把 REDO 日志、持久化存储、系统故障恢复、物理备份与物理恢复这些功能模块,归属到了存储层。由此就引出了 Aurora 的另外一个重要话题——存储层的设计(如下文第二部分和下一节内容)。

对于计算层的"Caching",其实现将被大为简化。脏数据不再被写出,脏页面不再需要复杂的淘汰策略进行管理,消除了后台的写任务线程,同时也消除了 checkpoint 线程的工作,数据缓冲区的管理大为简化,降低了系统的复杂度又减少了时间的消耗,又避免了因执行后台写等任务带来的性能抖动,解耦带来的功效确实宜人。Aurora 额外需要做的一项新工作是:only pages with a long chain of modifications need to be rematerialized。而计算层的"Caching"变成单向的读入,此时需要解决的仅仅是什么样的数据可以(从存储层的 Caching)被读入的问题,而论文原文描述:

The guarantee is implemented by evicting a page from the cache only if its "page LSN" (identifying the log record associated with the latest change to the page) is greater than or equal to the VDL.

VDL 是存储层的最小一致点(参见下文"Aurora 的事务处理 – 持久性"这一节的内容),标识了可用日志的最低范围,比 VDL 还老的数据页不再可用,所以显然如上的论文原文是错误的。如果有比当前数据页还新的数据页被从日志中恢复,则其 LSN 一定更大,所以页面换入的条件是:存储层 Caching 中存在页面的 LSN 值更大;页面被换出的条件是:Caching 中页面的 LSN 小于等于 VDL。而且,这一定是发生在备机需要更新其计算层 Caching 的时刻,而不是主机需要更新其计算层 Caching 的时刻。存在此种情况,其原因已经很明显,主机修改数据,形成脏页,这样的脏页(数据的后像)才能作为 REDO 日志的一部分被主机刷出。而主机不会刷出脏页,所以被修改后的数据页应该一直在内存中,而被修改过的数据页如果反复被修改,则意味着主机 Caching 中的相应脏页数据一定是最新的,没有必要从存储层的 Caching 中读入"绕道恢复后的数据页"。如果以上猜想不成立,除非 Aurora 生成 REDO 日志时,存于 REDO 日志中的数据页部分采取先复制然后其上的数据被修改这样的方式。可是多做一次复制,又有何必要呢?

另外,如果"Caching"确实存在两层(另外一个证据见图 4),而如"存储层的工作"一节所述,存储层也在处理日志,并依据日志生成页数据,则存储节点也存在处理数据的能力,就类似于 Oracle 的 ExaData。这样可能导致两层的"Caching"还是存在差别的。存储层的"Caching"能够帮助做谓词下推的工作,然后把较少的数据传回计算层的"Caching",由此实现类似 Oracle ExaData 的智能扫描(Smart Scan)功能。是否如此,或者 Aorora 的体系结构和功能模块在未来继续演变的时候,是否会在存储层内的"Caching"做足文章,可以拭目以待。不过,目前制约存储层内"Caching"起更大作用的因素,主要在于分布式事务机制的选取和 InnoDB 自身的事务实现机制。详细讨论参见下文"事务与数据分布"一节的内容。

第二部分:Logging+Storage

这部分是日志和持久化存储。日志与传统数据库对于预写日志(WAL)的利用方式与 MySQL 不同,这点是 Aurora 实现计算与存储分离的核心(下一节详述存储层实现细节)。

如图 5 所示,对于日志数据,从 Primary RW DB 写出到一个存储节点,每个 AZ 至少有 2 份数据,写出的日志数据会自动复制到 3 个 AZ 中的 6 个存储节点,当其中的多数节点回应写日志成功,则向上层返回写成功的 ACK。这表明写日志信息采用了多数派协议(Quorum)。

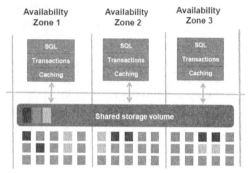

图 4 存储层的"Shared storage column"与计算层的"Caching"构成的两层数据缓冲结构

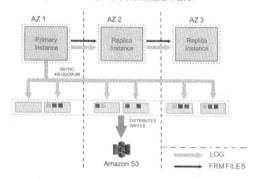

图 5 主从复制日志存储图

MySQL 的事务模型符合 SS2PL 协议，当日志成功写出，就可以在内存中标识事务提交成功，而写日志信息是一个批量的、有序的 I/O 操作，再加上 Aurora 去除了大量的缓冲区脏数据的随机写操作，因此 Aurora 的整体性能得到大幅提升。

借用官方论文的一组对比数据，可以感性认识存储和计算分离所带来的巨大好处，如图 6 所示，MySQL 的每个事务的 I/O 花费是 Aurora 的 7.79 倍，而事务处理量 Aurora 是 MySQL 的 35 倍，相差明显。

Configuration	Transactions	IOs/Transaction
Mirrored MySQL	780,000	7.4
Aurora with Replicas	27,378,000	0.95

图 6 Aurora 与 MySQL 主从复制架构性能数据对比

对于主备系统之间，如图 5 所示，主备之间有事务日志（LOG）和元数据（FRM FILES）的传递。也就是说备机的数据是源自主机的。如图 5 所示的主备之间的紫色箭头，表示主机向备机传输的是更新了的元数据，绿色箭头表示日志作为数据流被发送给备机（这个复制应该是异步的，相关内容请参考下文"存储层的工作"一节）。所以备机的数据更新，应该是应用了主机传输来的事务日志所致。这是论文中表述的内容，原文如下：

In this model, the primary only writes log records to the storage service and streams those log records as well as metadata updates to the replica instances.

但是，日志的应用功能是被放到了存储层实现的，如原文描述：

Instead, the log applicator is pushed to the storage tier where it can be used to generate database pages in background or on demand.

而官方的网站用图 7 描述了备机的数据，是从存储节点读

入的。

鉴于以上几点，备机数据获取和更新的这个细节，算是个谜。

"Caching"如果确实分为两层，在存储层提供从日志中恢复成为数据页的形式而被缓冲，则主备系统之间应该没有必要再传输日志数据，对于备机而言，直接从统一的存储层的"Caching"中获取数据即可。

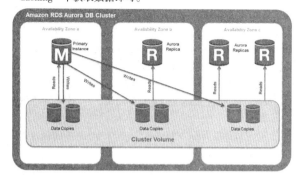

图 7 Aurora 主备机数据流

与此相关的一个问题是：为什么备机节点可以多达 15 个呢？难道仅仅是应对读负载吗？或者，作为故障转移的目标，需要这么多备机做备选吗？这又是一个谜。

其他组件

从图 1 中可以看到，物理备份和恢复的数据，是直接存储在 Amazon S3，即 Simple Storage Service 上。物理备份和恢复的模块功能被从事务引擎中剥离到了存储层。

从图 3 和 4 中可以看到，日志信息的持久化存储也是落在了 S3 上。

S3 是 AWS 提供的对象存储服务。S3 提供了高耐久性、高可扩展性以及安全的解决方案来备份和归档用户的关键数据。在云服务中，数据库提供商业逻辑的支撑，S3 提供了数据的持久存储支撑。其作用不可小视。

另外，论文提及了 heat management、OS and security patching、software upgrades 等特性，对于创造极高的云数据库服务能力很有帮助，本文不再展开讨论，请参阅论文和相关资料。

Aurora 的存储架构

存储层的设计和实现，体现了"the log is the database"，其含义是日志中包含了数据的信息，可以从日志中恢复出用户的数据，所以数据不一定必须再独立存储一份。而数据库的核心不仅是数据，保障数据的拥有 ACID 特性的事务和提供便捷查询的 SQL 语句，对以数据为基础提供商业的交易服务更是必不可缺，所以更精确地说，"the log is the data"，日志就是数据也许更为合适。在笔者看来，数据库的价值不仅在数据，还在数据库的相关技术，尤其在现代巨量数据下，背靠完备的数据库理论，对以分布为要求的数据库架构提出新的工程实践挑战。Aurora 就是走在这样的实践道路上的楷模。

存储层的工作

如图 8 所示，主机 Primary RW DB 写出的 REDO 日志（MySQL 生成的日志带有 LSN、Log Sequence Number、单调递增的日志顺序号）信息发送到六个 Sotrage Node 中的每一个 Sotrage Node

上的时候，只存在一个同步瓶颈点，就是图中标识为①之处，这是 Aurora 的一个核心设计点，尽量最小化主节点写请求的延时。在存储节点，传输来的日志进入一个队列等待被处理。

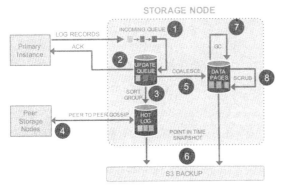

图 8　日志数据在存储节点的处理过程

之后日志被快速持久化到物理存储设备，并立刻给主机一个回应。这是标识为②的处理过程，这个过程极其简单，没有额外的操作，因而速度会很快，这样能够满足如上所说的"尽量最小化主节点写请求的延时"的设计理念。①和②之后的其他操作，都是异步操作，不影响系统的整体性能。这样当主机 Primary RW DB 收到六个 Storage Node 中的四个节点的 ACK 后，就认为日志成功写出，可以继续其他工作了。

③所做的工作，是对持久化日志做处理，如排序／分组等操作作用在日志上，以便找出日志数据中的间隙，存在间隙的原因是多数派写日志的机制下，少数派可能丢失日志从而导致日志不连贯。

④所做的工作，就是从其他存储节点（6 个存储节点构成一个 PG，即 Protection Group，每个节点是一个 segment，存储单位是 10GB，位于一个数据中心。6 个存储节点每 2 个位于一个 AZ，共分布于 3 个 AZ）中，通过 Gossip 协议，来拉取本节点丢失的日志数据，以填充满③所发现的日志间隙。在③和④的过程中，能发现所有的副本中：相同的、连续的日志段是哪一部分，其中最大的 LSN 被称为 VCL（Volume Complete LSN）。

⑤所做的工作，就是从持久化的日志数据中产生数据，就如同系统故障时使用 REDO 日志做恢复的过程：解析 REDO 日志，获取其中保存的数据页的修改后像，恢复到类似传统数据库的数据缓冲区中（这也是存储层需要存在"Caching"的一个明证）。

之后，第六步，周期性地把修复后的日志数据和由日志生成的以页为单位的数据刷出到 S3 作为备份；第七步，周期性地收集垃圾版本（PGMRPL，即 Protection Group Min Read Point LSN），参考表 2 可以看到，垃圾收集是以 VDL 为判断依据的，当日志的 LSN 小于 VDL，则可以被作为垃圾回收；第八步，周期性地用 CRC 做数据校验。

储存层的设计讨论

现在再来反观 Aurora 的整体设计：

- 数据不再从数据缓冲区刷出，消除了随机写操作，减少了 I/O。
- 计算和存储分离，日志跨 AZ 写到多份存储节点，存在网络 I/O。
- 主备节点间传输日志和元数据，存在网络 I/O。

如上是三条核心点，似乎网络 I/O 占了三分之二条，属于多数。但是网络 I/O 都是批量数据顺序写，可极大地抵消很多次随机写的网络 I/O 消耗，而且通过数据冗余，极大地保障了可用性和云数据的弹性，从测试数据看，整体性能得到了可观地提升。因此这样的设计是一个优秀的架构设计。

数据冗余且有效，是使用数据库系统的基本要求。逻辑备份与还原、物理备份与恢复、主从复制、两地三中心等灾备技术方案等都是数据冗余的相关技术。数据库走向对等分布式架构，除了应对巨量数据的存储和计算的需要，也要靠数据冗余来保证数据的可用性。所以数据冗余是数据系统架构设计的一个必须考虑点。

Aurora 自然也要实现数据冗余。如图 5 所示，数据至少在 3 个 AZ 中存 6 份。如果不采用"the log is the database"的理念，而使用传统数据库的技术，在跨节点写出多份数据时，势必需要采用 2PC/3PC 等多阶段的方式来保证提交数据的正确性，这样网络交互的次数就会很多，而且大量的随机写操作会在网络蔓延。所以"the log is the database"的理念客观上避免了传统的、耗时昂贵的分布式事务的处理机制，而又达到了数据分布的目的，这又是一个亮点。

数据至少在 3 个 AZ 中存 6 份，其目的是要保证数据库服务的持续可用。那么，什么算是可用呢？无论是数据中心内部的局部故障还是跨数据中心甚至跨 AZ 出现故障，AWS 也要在某些情况下提供数据服务的可用。这就要分两种情况确定，这两种情况基于 6 个副本的前提（3 个副本能满足多数派的读写规则，但是一旦其中一个副本不可用，则其余 2 个就不能保证读写一致，基于 3 个副本的分布式设计是脆弱的，不能切实可用地起到依靠数据冗余来换取数据可用的保障）：

第 1 种：读写均可用

如图 9 所示，当一个 AZ 出现问题，即 2 个副本不可用，Aurora 仍然能够保证读写可用，保障数据一致。设置 $V=6$，读多数派为 $V_r = 3$，写多数派为 $V_w = 4$，所以一个 AZ 出现故障，或者 3 个 AZ 中的两个数据中心出现故障，Aurora 依然能够向外提供服务。

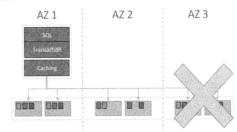

图 9　Aurora 保障读写可用

第 2 种：至少读可用。

当写服务不可用，至少还可以提供读服务。设置 $V=6$，读多数派为 $V_r = 3$，写多数派为 $V_w = 4$ 时，一个 AZ 出现故障依旧能够提供读服务，如图 10 所示，甚至跨不同 AZ 的 3 个数据中心出现故障（概率非常小），读服务依旧能够提供。

在第一节，曾经说过"主从节点可以位于不同的 AZ（最多位于 3 个 VPC，需要 3 个 AZ）但需要位于同一个 Region 内"。如表 1 所示，AWS 在全球提供的 AZ 个数尚有限，按其自身的说法部署一个 Aurora 需要三个 AZ，那么诸如只有 2 个 AZ 的 Region 如北京，尚不能得到较可靠的数据可用保障。

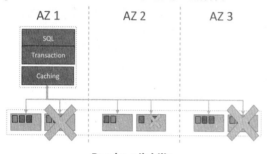

图 10　Aurora 保障读可用

Aurora 设计的优点

首先，存储层与事务管理分离，即 ACID 的 D 特性独立，使得存储有机会成为独立的服务而存在，便于跨数据中心时实现数据的容错（fault-tolerant）、自愈（self-healing service）和快速迁移。一旦存储层具备了容错、自愈和可快速迁移特性，则对外提供服务就不用再担心数据的短暂或长久的不可用性。在数据为王的时代，此举能保护好最核心的财产，确保云数据库服务能持续不断地对外提供服务，这使得 Aurora 具备了云服务的弹性，此点在 AWS 看来十分重要。有了这种需求，推动技术架构发生变化便水到渠成。

服务的过程中，局部数据修复的能力，速度很快。数据库宕机后的恢复，速度也很快。

服务中断后，最后的招数就是数据迁移加数据库引擎重新部署，而 AWS 的整个云系统具备了快速迁移数据的能力，这使得以存储为核心的云数据库有了超强的持久服务能力。

其次，存储层从高度耦合的数据库引擎中分离，降低了数据库引擎的复杂度，数据库组件的分离使得数据库部署适应巨量数据的分布式处理需求。这将进一步带动数据库引擎上层的语法分析、查询优化、SQL 执行、事务处理等组件进一步的解耦。

笔者认为，这是 Aurora 用实践为数据库架构技术的发展指出的可行方向。一个具有实践意义的分布式发展架构总是最亮眼的，也总是具有指导意义的。存储与计算解耦，各种组件互相解耦，不断解耦……在此种思路下，AWS 已经走在发展万能数据库引擎的道路上（参见下文"万能数据库"一节）。

Aurora 的事务处理

Aurora 基于 MySQL 和 InnoDB，实现的是单点写的一主多从架构，所以在事务处理方面，没有大的变动，事务处理技术得到继承。整体上是依据 SS2PL 和 MVCC 技术实现了事务模型和并发控制。

持久性

对于 Aurora，事务的 ACID 特性，只有 D 特性与 MySQL 和 InnoDB 有很大的不同。Aurora 利用 MySQL 的 Mini-transaction 和 LSN 在存储节点构造数据页（基本过程参见"存储层的工作"一节）。

表 1　至 2017 年 6 月 AWS 的 Region 和 AZ 部署

目前的区域（Region）和可用区（AZ）数量	即将推出的区域
AWS GovCloud (2 个) 美国西部：俄勒冈 (3 个)、加利福尼亚北部 (3 个) 美国东部：弗吉尼亚北部 (5 个)、俄亥俄 (3 个) 加拿大：中部 (2 个) 南美洲：圣保罗 (3 个) 欧洲：爱尔兰 (3 个)、法兰克福 (2 个)、伦敦 (2 个) 亚太地区： 新加坡 (2 个)、悉尼 (3 个)、东京 (3 个)、首尔 (2 个)、孟买 (2 个) 中国：北京 (2 个)	巴黎 宁夏 斯德哥尔摩

如前所述，Aurora 的存储层与计算层分离。存储层其功能在"存储层的工作"一节讨论，其设计思想参见"存储层的设计讨论"一节。本节从事务的角度来讨论与存储层紧密相关的持久性，如表 2 所示存储层是表中的"存储节点 S1、S2、S3、S4、S5、S6"。

表 2　日志在主节点和存储层的作用表（持久化实现）

	LSN，每个日志记录生成的唯一日志序列号						CPL，每个 Mini 事务产生的最后一个 LSN 为一个 CPL 即一致性点	
主机生成的事务日志				LSN 单调递增				
		CPL		CPL		CPL		CPL
	LSN1	LSN2	LSN3	LSN4	LSN5	LSN6	LSN7	LSN8	LSN9
	T1-Mini-t1			T2-Mini-t1		T1-Mini-t2	T3-Mini-t1	T2-Mini-t2
	T1			T2		T1	T3	T2
一个事务可有多个 Mini 事务，同一个事务的日志未必相邻，但每个 Mini 事务的最后一个日志的 LSN 就是一个 CPL								
	网络			网络			网络	
存储节点 S1				VDL，持久化点，事务提交，在 VDL 点之前的日志可以被作为垃圾被回收			这个 VCL 是 6 个存储节点中公共的最大点		VCL，所有存储节点接收到的最大连续日志 LSN
				VDL			VCL		SCL
	LSN1	LSN2	LSN3	LSN4	LSN5	LSN6	LSN7	LSN8	LSN9
S2	LSN1	LSN2	LSN3	LSN4	LSN5	LSN6	LSN7	LSN8	LSN9
S3	LSN1	LSN2	LSN3	LSN4	LSN5	LSN6	LSN7	LSN8	LSN9
S4	LSN1	LSN2	LSN3	LSN4	LSN5	LSN6	LSN7	LSN8	LSN9
S5	LSN1	LSN2	LSN3	LSN4	LSN5	LSN6	LSN7	gap	gap
S6	LSN1	LSN2	LSN3	LSN4	LSN5	LSN6	LSN7	gap	gap
	将被 GC						运行期间 gap 将被 Gossip 协议添补；恢复期间，大于 VCL 部分将被 TRUNCATE 掉		

在存储层，日志被写到持久化的存储设备后，主节点收到应答则不被阻塞，上层工作能够继续进行，且存储层的日志落盘操作保证了整个 Aurora 的日志持久化。然后存储层利用日志做实时恢复，这样使得日志数据转变为了"Caching"中存储的页面格式的数据。这些工作完成，才相当于传统架构的数据库持久化完成。

但是，因为存储层不再是单点而是分布式结构，故存在故障的种类变多，如多节点的数据在实时运行过程中的一致性问题、在系统故障后的数据恢复时多节点的数据一致性问题。Aurora 使用如表 2 的几个概念来表示关键的一些日志点信息，然后凭借这些点来解决"日志数据的不一致"问题，这几个概念分别如下。

■ LSN，Log Sequence Number，日志序列号：单调递增，唯一标识每一条日志记录。如表 2 所示，LSN1 到 LSN9 表示共有 9 条日志记录，每条有独立的 LSN 值。

■ CPL，Consistency Point LSN，一致性点：MySQL 的每个 Mini 事务产生的最后一个 LSN 为一个 CPL 即一致性点（一个事务包括多个 Mini 事务，一个 Mini 事务包括一到多个日志记录。这是在描述以 Mini 事务为基本单位的一个局部一致，尚不能达到事务一致）。如表 2 所示，"T1-Mini-t1" T1 事务的第一个 Mini 事务的一致性点是 LSN3，如果此时系统故障，之后做恢复，事务 T1 不会被恢复成功；如果事务 T1 在主节点被标识为了提交（InnoDB 的事务提交标志，是在内存标识为事务已经提交，然后才刷出日志，这点不符合预写日志的要求），事务日志尚没有持久化到存储层，这意味着数据可能会丢失。但是，InnoDB 对这种先标识事务提交后刷日志的方式给出了不丢失数据的解决方式，而 Aurora 改变了日志的刷出机制，可能会改变或不改变 InnoDB 原有的数据一致性保障机制，如果改变了原有机制，论文对这一个重要点没有加以描述，只能存疑待问。

- SCL，Segment Complete LSN，段完整 LSN：每一个存储节点对应的最大连续 LSN，在系统存活期间，可以利用 SCN 与其他节点交互，采用 Gossip 协议，填补丢失的日志记录。如表 2 所示，只标识出了 S1 节点的 SCL 是 LSN9，而对于 S5 节点，其 SCL 是 LSN7。

- VCL，Volume Complete LSN，卷完整 LSN：每个存储节点接收到的最大连续日志 ID，因为多数派协议的使用，每个存储节点的 VCL 会不同。如表 2 所示，没有表示出 S1 到 S6 各个存储节点的 VCL，而是只标识出了六个节点中所有 VCL 中的公共最大点，这个点是系统故障后恢复所能恢复到的一致点。注意依旧不是事务一致而是 Mini 事务一致，存疑的是：不能达到事务一致，其意义何在？还有什么重要的细节没有公开吗？留意下面这段话，我们可以看出一点端倪（存储层的恢复不需要保证事务一致，存储层恢复之后，计算层还会继续恢复工作，这样才能达到事务一致）：

However, upon restart, before the database is allowed to access the storage volume, the storage service does its own recovery which is focused not on user-level transactions, but on making sure that the database sees a uniform view of storage despite its distributed nature.

- VDL，Volumn Durable LSN，卷持久点：传统的数据库提供 CheckPoint 功能，在日志中加入一个 CheckPoint 点，作为故障恢复时的起始点。VDL 就是存储层的 "CheckPoint 点"，在 VDL 之前的日志，已经无用可以被 GC，但因存储层的日志一直在持续不断地被用于"恢复"日志为 "Caching" 中的数据页，所以其作用和原始的 "CheckPoint 点" 相反。注意 VDL 是所有存储节点上的日志比较后得到的一个共同点，不是一个 Segment 级的点；这和 VCL 相似，都是 PG（Protection Group）级别的。其定义如下：

VDL or the Volume Durable LSN as the highest CPL that is smaller than or equal to VCL and truncate all log records with LSN greater than the VDL.

事务与数据分布

在"核心技术与架构"一节，我们曾说，目前制约存储层内的 "Caching" 起更大作用的因素，主要在于分布式事务机制的选取和 InnoDB 自身的事务实现机制。

这有两层含义：一是 InnoDB 自身的事务实现机制制约了存储层内的 "Caching" 起更大作用；二是分布式事务机制的选取关联着存储层内的 "Caching" 是否有机会起更大作用。

首先：InnoDB 的事务信息，几乎不在数据上（除了元组头上有个事务 ID 用于版本可见性判断再无其他信息），而是位于内存中。这其实是在说，InnoDB 的行级锁即索引项的记录锁，其锁表位于内存，不能随着 Aurora 的数据分布而"分布"。而 Oracle 的 RAC 可是在数据页上存储了足够多的事务信息（参见《数据库事务处理的艺术》一书的第六章），所以 RAC 中的其他节点，就能够随着被分布的数据而获取事务相关的信息从而在分布的各节点上处理事务的 ACID 特性。此点是 MySQL 能否走向分布式事务的一个关键点（当然选用不同的分布式事务实现机制会反过来影响这点结论）。

其次：分布式事务机制的选取为什么会影响着 Aurora 的存储层内的 "Caching"，是否有机会起更大作用呢？

有的分布式事务架构采取的是集中式架构，即中央点总控事务管理。事务的决策判断都要经过中央点进行，多个子节点需要和中央节点多次交互。比如 PostgreSQL-XC 提供了全局事务管理器。如果 MySQL/InnoDB 或者 Aurora 的分布式架构向这个方向发展，则存储层内的 "Caching" 就没有多少机会起更大的作用了。

而有的分布式事务架构，采取的是事务信息随同存储分布。这样不同的节点就可以进行"分布式"的事务处理。比如基于 BigTable 的 Percolator 系统，其核心不在于两阶段提交，而是在于分布的数据项上，有着丰富的事务信息，这些信息足以被任何节点用于做 ACID 的实现判断（参考《Large-scale Incremental Processing Using Distributed Transactions and Notifications》）。如果 MySQL/InnoDB 或者 Aurora 的分布式架构向这个方向发展，则存储层内的 "Caching" 就有很大的机会起更大的作用。

走向哪条路，或走向另外的路，需看 Aurora 的雄心有多大。目前的 Aurora 告诉我们的是，其分布式架构的选择，仅是用户数据分布。事务数据的分布，其实是一个更大的话题。

事务处理

MySQL 和 InnoDB 的事务处理技术，采用了 SS2PL，把强严格两阶段锁融合到平板事务模型中，以提交和回滚机制实现 A 特性，并进一步在读数据时加锁确保 C 特性，通过 MVCC 实现了 I 特性中的 RR 和 RC 隔离级别以提高并发度。这些技术，在目前的 Aurora 中没有大的改变。如前所述，Aurora 改变的是依据事务日志做持久化处理（D 特性）和系统故障后恢复的一部分流程处理（A、C 特性的一部分），从整体上看，没有革命性的变化。但是，Aurora 的事务提交却是异步的且和 VDL 相关（确保持久化），这点在论文中描述很细致：

In Aurora, transaction commits are completed asynchronously. When a client commits a transaction, the thread handling the commit request sets the transaction aside by recording its "commit LSN" as part of a separate list of transactions waiting on commit and moves on to perform other work. The equivalent to the WAL protocol is based on completing a commit, if and only if, the latest VDL is greater than or equal to the transaction's commit LSN. As the VDL advances, the database identifies qualifying transactions that are waiting to be committed and uses a dedicated thread to send commit acknowledgements to waiting clients. Worker threads do not pause for commits, they simply pull other pending requests and continue processing.

在"核心技术与架构"一节我们提到"鉴于以上几点，备机数据获取和更新的这个细节，算是个谜"，即备机的数据获取，是从存储层而来还是从主节点而来？我们不妨做个论文没有提及的猜想：备机的数据源自存储层和主节点，存储层统一向上层提供数据页的缓冲服务，用以不断响应计算层的数据缺页请求，这起到了传统的数据缓冲区的作用。而主节点传输日志给备节点，备节点可以从中解析出 UNDO 日志信息（UNDO 也是受到 REDO 保护的），从而能够构造出主节点在某个时刻的完整计算环境状态（数据缓冲区 +UNDO 信息），这样，备机就可以为接到的读请求构造一致的"ReadView"，为读操作提供事务读数据的一致性状态。如为此点，则是一个巧妙的设计。更进一步，主机直接传输给备机的，可以只是准备写入 REDO 的 UNDO 信息。

锁管理

基于 MySQL 的 Aurora 同样使用了基于封锁的并发访问控制技术。但是，Aurora 改造了 MySQL 的锁管理器，这点论文没有提及，而在 2017 年的 Percona 技术大会上，Aurora 的一个分享展示了如图 11 的内容。图中显示，在 MySQL 的锁表管理器上，对于 Scan、Delete、Insert 三种操作，把 lock 互斥了三种类型的并发，而 Aurora 分别按操作类型加锁 "lock manager"，提高了并发度，这样的锁看起来是一个系统锁，把一个粗粒度的系统锁拆分为三个细粒度的系统锁。但是，较为奇怪的是，如图 12 所示，Aurora 展示了其效果却十分的惊人（图 13 是测试环境的配置）。

图 11 Aurora 锁管理器改进图

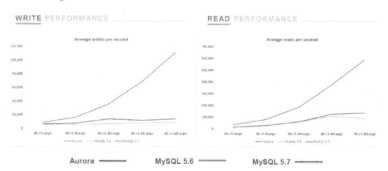

图 12 Aurora 锁管理器改进后的性能测试对比

云服务能力

强化的云服务能力

除了通过更多的数据冗余（跨 3 个 AZ 的 6 个副本）提高高可用性，Aurora 还有着其他强大的云服务能力，这是云数据库需要重点建设的能力。

■ 存储方面，存储的单位是段（segment），每个段的大小为 10GB，单实例数据库存储最大限是 64TB。

■ 处理系统故障方面：

（1）10 秒内完成一个 10GB 的 Segment 的网络迁移。30 秒完成故障转移。

（2）以 Segment 为单位周期性并行备份。

（3）以 REDO 日志为单位周期性并行备份。

（4）通过日志实时地持续恢复，提供了更快的 crash recovery。

■ 性能方面：

（1）更快的索引构建。采用自底向上的索引构建方式，比 MySQL 快 2 倍到 4 倍。

（2）无锁并发 Read-View 算法。构造 ReadView 采用无锁算法减少竞争提高性能。

（3）无锁队列提高审计功能的速度。

（4）其他如热行竞争、批量数据插入等性能提升明显。

■ 其他云服务：

（1）提供快速 provisioning 和部署。

（2）自动安装补丁和软件升级。

（3）备份和 point-in-time 恢复。

（4）计算和存储的扩展性支持。

（5）如图 3 所示，存储系统的元数据存于 Amazon DynamoDB 中，使用 Amazon SWF 提供的工作流实现对 Aurora 的自动化管理，这也是云中规模化服务的重要能力。

万能数据库

AWS 的 Aurora 不只是 MySQL 的一个分支版本，更像是一个万能的数据库系统，这样的系统，通过兼容各种主流数据库的 SQL 语法、功能，也许能在云上一统数据库的服务，把各种数据库的用户应用接入，通过一个统一的分布式数据库引擎，提供各种数据库的数据服务能力。

AWS 的官网声明"兼容 PostgreSQL 的 Amazon Aurora"如下：

Amazon Relational Database Service (Amazon RDS) 正在提供 Aurora (PostgreSQL) 预览版，即兼容 PostgreSQL 的 Amazon Aurora。Aurora 是一种完全托管的、兼容 PostgreSQL 和 MySQL 的关系数据库引擎。

单从字面看，Aurora 不再是 MySQL，而是 MySQL+PostgreSQL，所以将来将会是 "MySQL+PostgreSQL+...+..."，各种数据库都将融于 Aurora 当中。这样提供强大无比的云数据库服务，此点非常重要，用户基于任何数据库的应用均不用修改应用的代码，无缝接入 Aurora。

从技术层面看，实现这样的目标，有多种方式。简单的方式，就是利用相同的云基础设施和云服务概念，把各个数据库单独云化，然后用 Aurora 统一命名。但如果进一步把计算层分离，如把语法解析、查询器、执行器拆分，不同种类的数据库使用各自的语法解析和查询优化，然后统一执行计划交给统一的执行器去执行，事务处理和数据存储则可以独自研发独立于上层的计算。如此，想象空间得以打开……

小结

本文探讨了 Aurora 的实现方面的技术内容，由于作者水平有限，错漏之处，请不吝指正。Aurora 在实现方面的诸多细节，论文并没有提及，在此逐一列出如下，期待以此抛砖引玉，期待多方指点讨论，共同进步。

■ 架构方面

（1）主备切换机制是什么样的？

（2）主机宕机，多个备机之间如何选其一作为主？

（3）备机的数据是如何获取的？为什么需要从主机和全局共享存储层这两个源头拉取数据？

（4）Caching 层的设计细节是什么？有什么的问题和挑战？

（5）共享存储层未来的 Roadmap 会是什么样？

（6）15 个备份的数字 15 是否有特别的考虑？

（7）计算层是否有进一步解耦的打算？如把优化器和执行器分离等。

■ 事务方面

（1）数据项是否有携带更多事务信息的打算？

（2）如何实现备机的读一致性？此点是怎么利用 MySQL 的 SS2PL+MVCC+UNDO 的？

（3）可序列化隔离级别是否在主备机间得到保证？

■ 存储方面：共享存储的作用和价值，以及实现的细节？

大数据的分布式调度

文 / 梁福坤

大数据的分布式调度在进行数据 ETL 过程中承担承上启下的角色，整个数据的生产、交付、消费都会贯穿其中，本文将从调度、分布式调度的特征，再对大数据调度个性化特征进行阐述，在满足大数据使用的架构和业务场景上娓娓道来，打造一个高可用、高效率、灵活性的大数据调度平台。

调度

从 20 世纪 50 年代起，调度问题的研究就受到数学、运筹学、工程技术学等领域科学的重视 [1]，人们主要从数学的角度来研究调度问题，调度问题也同样被定义为"分配一组资源来执行一组任务"，以获得生产任务执行时间或成本的最优 [2]。调度在计算机任务的实现可以依赖操作系统的定时任务进行触发（例如 Linux 系统的 Crontab），主要针对单任务机制的触发，调度最基本的需要是能够按时或者按照事件进行触发（At-least-once），如果任务不符合预期，还需要在应用端进行重试，最大可能保证任务被按时执行，并且成功执行，同时不能多次执行（Exactly once）；但是在业务场景能保证可重复执行、一致性操作情况下对于争取能正常调度执行多次执行也是不可或缺的，比如给商户进行 1m 前的例行结算，如果结算是按照 30min 的时间窗口查找未结算的商户，那么就会容忍 30min 延迟，并且多次被执行也不会给商户多结算，因为在结算付款和重置是否结算标志位可以设计成原子性操作。所以在调度上能够做到按时、正确的执行，在业务方设计为了保证最终一致性也有一些架构取舍。

如果应用场景有上下游的协作，或者在任务执行时会存在不同的宿主机来完成，或者为了保证任务高可用场景，就需要引入分布式调度的架构。

分布式调度

分布式调度（见图1）是在单机的基础上发展起来的，在综合考虑高可用、高效率、分布式协作的背景下逐步演进的调度方式，从单点调度到分布式协作是一个质变的过程，这个过程涉及太多在单机并不存在的特征，下面重点展开如下。

图1　分布式调度组件化分解图

■ 调度器去中心化 & 高可用：涉及分布式调度的协作，就需要有调度中心节点，同时在保证高可用目的下需要调度中心节点是多节点发布，主备的方式去单点依赖。

■ 宿主选择：分布式调度在任务执行阶段，可以在目标宿主中进行全部执行、N 选 M（$N \geqslant M \geqslant 1$）的选择，宿主机具备相同类型任务互备的机制，在 MPP（Massively Parallel Processor）架构中尤为常见，把大任务分而治之快速完成。也有场景（比如外卖给商户结算）为了一致性和准确只能由其中之一宿主机执行，并且需要成功执行。

■ 被动选择策略：宿主的被动选择机制一般可以随机或者按照顺序、目前任务执行数量的方式进行常规的调度分配，也可以进行高级的操作，可以根据宿主机的处理能力（吞吐量和响应时间）、资源使用情况（CPU、Memory、Disk I/O、Net I/O 等）进行反馈机制的动态分配。后者需要有集中节点存储当前宿主机的处理能力、资源情况，便于在决策选择中提供参照。

■ 主动选择策略：宿主的主动选择更加具备丰富的选举策略，任务在下达到具体算子时，会比较明确地定义出当前任务需要由多少个宿主参与执行，通过 ZooKeeper 的分布式锁来完成锁的抢占机制，抢占成功执行，否则放弃参与选举。这种选举权更多的到宿主的参与，降低了对调度器的依赖。同时通过主动选择的方式，避免之前被动选择却最终不具备执行的能力在时间上的损耗。

■ 任务故障转移：调度任务的从任务级别 Job 到 Transformer、Operator，整个链条都存在具体局部失败的情况，调度器需要在原目标宿主机重试和失败后转移到其他备宿主机的功能，最大力度的保证任务被成功执行。

■ 执行算子抽象：以往单机任务的调度可以比较灵活地执行多样的任务，可以是脚本、WebService 调用、HDFS Client 命令行等，但是对于分布式协作需要接收外部命令运行，这就需要算子通过标准的数据通信协议对外提供调用服务，常规的 WebService、RPC（thrift/protocol buffer）等协议在跨语言通信上具有较为广泛的应用。因此具体执行单元可以是具体任务的抽象，例如提供了 Rest API 方式，调用的 URL 和参数都是执行方填入，最大程度上支撑了灵活性；数据库操作算子可以包含数据库验证信息、具体执行的 SQL 等。执行算子抽象后，满足规范和灵活性。灵活是一个双刃剑，可以最大限度地满足用户需求，但也就存在大数据层面无法很细粒度地去感知数据的表、字段数据的完成情况，对数据生产无法更加精细粒度的产出交付。

■ 弹性扩展：任务具体执行的宿主机需要在调度层面满足弹性的扩展，扩展最主要的需求是满足高可用和任务随着水平扩展进行分摊压力。在集群目标宿主机选择时候是和策略进行区分的，一般目标集合可以指定具体 IP-List，也可以是一个 BNS（百度机器的 NameServer 服务）。IP-List 方式设置比较简单直观，但是存在每次调整依赖变更调度系统服务，变更之后还需要进行刷新宿主机。而通过 BNS 服务比较简单，同时和线上服务发布部署进行结合，不存在延迟部署和刷新，推荐通过 BNS 的方式介入。

■ 触发机制：常规触发是按照执行间隔或者具体时间的 Crontab 语法，开始时间、截止时间参数完成，但是在分布式调度任务中，最重要的就是完成协作，所以如果要进阶的话，就是依赖触发的机制。这种就很好地形成了上下游依赖触发，这是分布式协作的关键步骤。从最初的任务节点按照常规触发，下游节点形成依赖链条，这里如果在高级进阶的话，就是依赖的某个/某些频次触发，比如每小时的 12 分钟开始被执行，下游可以选择具体的 2∶12、4∶12 进行触发，而非每个整点 12 分都被调用。这三种方式目前在外卖的大数据平台都有不同场景诉求，架构设计在 3 个需求上都有灵活的交付。

■ 堵塞机制：对于相同任务的不同时间运行实例，会存在前面的实例还没有正常结束，这种在高频次调用，第三方依赖故障延迟等情况下会出现，如果继续调用会造成调用链条恶化，所以防止这种情况，堵塞机制会有三种模式提供：常规例行（默认模式）、丢弃后续、丢弃前例。后面 2 种方案都需要提供容错重放机制，这个场景比较类似结算案例。

■ 图形化进展查看：调度可以根据调用链条和不同事件频次的实例，树状图形化的查看执行的进度情况，可以查看 job 中 Transformer、算子的运行机器状况、状态和具体的实时执行日志。图形化是根据调用的触发机制分析出来的一个链条，是在烦冗复杂中找到清晰脉络的数据直观表达的方式，是调度中常规的展示方式。在进阶中可以查看相应的参数传递，并发算子的执行进度条，预估完成周期等。

■ 报警：通过邮件或者短信的方式对不符合预期返回标识的进行中止，发送预先设置的用户或者用户组警告。报警触发的机制可以在宿主机单台时候触发，也可以在一定占比的宿主机在一定的时间窗口超过了阈值，触发报警。同时也要支持警报的屏蔽，用在进行运维或者升级部署、运维接管的情况。

上面是很多常规调度拥有的一些特征，这些是在分布式场景下的延伸需求，从单点简单的逻辑到多节点的协作统筹在工程层面无疑增加了额外辅助，这些都是在业务演进中逐步完善起来，而高可用、高效率是在分布式环境下做出的改变。

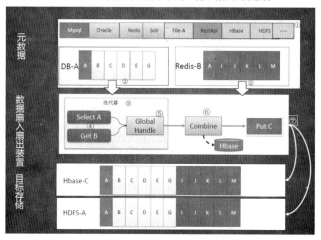

图 2　开放式 SQL 扇入扇出流程图

大数据分布式调度

大数据分布式调度，是在上面通用调度的基础上又进行了具体跟数据特征匹配的适应。主要是从数据的流程层面进行梳理，用来解释数据的上下游、血缘关系的问题，具体又有哪些特征是针对大数据的呢？

数据扇入扇出：大数据的存储和检索方案很多，在大数据特征之一就是多样性，业务场景为了满足会有不同的引擎或者存储选择，在多样化解决方案的同时，造成了数据之间进行交换变得复杂，引擎之间的数据存取规则都有个性化的支持，比如 HBase 的数据到 MySQL 和 ElasticSearch（以下简称 ES），涉及 HBase 的读取，涉及后面 2 者的数据存入，这种对于 HBase 就是一对二的数据扇出，但是在数据在 HBase 中通过 Get 或者 Scan 方式获取后，针对插入却又需要了解后面 2 者的存储结构，甚至是索引结构。所以类似这种跨引擎（或者跨版本，不同 API）的方式，为了保持通用，需要进行需求的抽象，在外卖平台针对数据的交换定义了一套开放式 SQL，这个框架对数据引擎的存和取分别作了抽象，在不同的目标引擎中有具体的实现，所以就有一些约定的规范。

■ 主键：数据必须存在业务主键或者联合主键，为了保证数据在聚合或者更新的时候有依据。主键在 NoSQL 的引擎中作为 RowKey，在关系数据库中作为主键，在 ES 中作为主键

Key。对于 Kudu 来讲也是主键，针对数据的 Upsert 就可以有依据地进行更新或者插入操作。

■ 数据列：数据列的变更会稍微复杂，如果在关系数据库中会涉及增加列，但是在 HBase、ES 中扩展起来确实边插入边用。

■ 分区字段：对于事实表数据，在大数据量的情况下，为了检索效率和数据存放最优的方式，一般会提供分区和桶的策略，针对 Hive、Impala、GreenPlum 的引擎会额外增加分区字段，分区可以是一级到多级，一般业务场景下第一分区为日期，根据实际业务需求可以变更更细粒度或者其他业务字段。分区字段在一般 MySQL、PostgreSQL、HBase 这种引擎中不需要单独增加分区字段。

■ 数据更新范围：大数据的数据交换，一般为了提高效率会进行多批次的并发处理，这就需要在一批次的数据进行分割，一般情况下会按照单一字段进行截取，字段的类型以时间戳（create_time、update_time）居多，也可以根据主键的 Key 排序后分批次获取，在源数据引擎允许的情况下，按照多批次的并发 Query 可以做到很好的数据获取，把串行的操作截断成多段的并发；这种在同一个任务多时间批次的情况下也很重要，每个批次会界定本批次设计数据更新的范围。数据更新范围使用前一般会获取本次更新的数据量，可以根据原目标引擎单个批次的最优性能计算出 Offset。

■ 多步骤过程：多步骤顾名思义就是数据的准备不是一蹴而就的，例如数据在 3 个 MySQL 库、PostgreSQL、Oracle 中获取员工信息，而员工编号是统一的，最终数据在 DB2 中汇聚在一起，最基础的步骤是三份数据汇入到 Oracle 中，这就涉及前面通过 Key 做数据的 Merge，这里会涉及数据的插入和更新，但是如果有 key 存在并且不同数据源目标数据列清楚的情况下，三份数据早到和晚到场景都没有太大区别。第二步则根据汇总完的数据分析出一个过滤场景下的聚合信息，这步骤的场景作为计算数据源，再次进行数据的扇出插入结果。第三步可以把第一步骤的临时结果进行删除。所以在多步骤的场景下数据是分步骤完成了汇聚、聚合和删除。

■ 更新类型：百度外卖大数据实践的开放式 SQL 场景有 Insert（大批明细场景）、Update（数据后续更新）、Insert Once（聚合结果插入）、Insert Temp（临时结果缓存）、Delete（善后处理场景），在这些组合操作类型的场景下，需要在是线上增加一个执行优先级的信息，如果区分优先级会按照从前到后的步骤执行，如果没有设定则可以并发操作。

■ 黑盒暴露操作：黑盒操作是在通过开放式 SQL 的存取原则情况下，无法按照约定规范操作的情况下进行的一种妥协。目的有两个：一方面要把黑盒对数据依赖过程必须对外暴漏，这样是为了后期梳理数据血缘关系提供素材；另一方面通过黑盒，来满足数据处理的灵活性，比如对 JSON 负责 Xpath 的选择，集中缓存优化方案；黑盒虽然通过规范暴露了依赖源数据，但是也造成了对外不好解释数据的处理过程，同时这种黑盒一般针对表或者多个字段，精细化程度不够。

开放式 SQL 是大数据在做数据 ETL 的一个规范标准，想通过数据的交换和流动通过配置的范式，并非是通过硬编码或者单纯组件化的方式。编码更多的是要提供丰富的解析函数，更优秀的中间大结果集的 Cache 和复用。开放式 SQL（见图 2）提供了数据从哪里来，到哪里去的哲学问题，同时也可以进行

对外阐述对数据做何种操作，这是在为后期数据血缘关系提供最基础的指导，在演进方面百度外卖大数据平台也经历了如下的不同阶段。

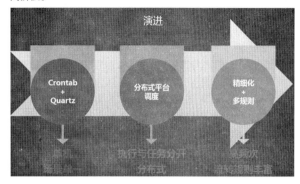

图 3 分布式调度的演进过程

协作参数一致性

协作除了之前提到的调度策略有上下游关系，在大数据的场景下需要保证数据处理的统筹协作，更为精细的参数上传下达尤为重要，这种场景会把共有的参数进行向下传递。上下游使用系统默认的参数 Key 定义，也可以自定义 Key 的参数；系统参数比如说起止时间戳、机器 IP、执行任务实例等。对于全局系统默认的 Key，由调度系统进行赋值。

参数的作用域有本地化和全局 2 种方式，本地化可以设定参数的 Key：Value，相同 Key 的全局不会被覆盖，本地的优先级高于全局；而全局的变量是由上游产生并且进行流转的；调度本身规定了不同算子在参数接收方面的追加、解析、编码规范，比如 Shell 命令和 WebService 中追加参数有较大区别。

参数除了作用域还有参数是否被传递属性，上游的参数可以有针对性地对下游输出，同样，如果算子接收到上游参数可以选择修改值，但是这种传递是不被修改。

数据质量实时 Check

数据生产在交付之前一般会对数据进行校验，由于大数据生产的过程比较冗长，如果在后期输出数据在进行质量校验，往往再发现问题比较滞后。所以在数据的阶段性交付过程都可以对数据进行核验，可以比较早地对数据的问题进行干预，保证数据交付的可靠及时性。

■ Check 算子：针对数据的校验特点，设计了专门算子提供质量保证。数据核验的方式一般有 2 种：跟自身历史比较、跟其他数据源进行比较。前者只需要对目标数据源进行选择相应的 SQL 或者标准 API 来获取当前生产窗口的数据，然后才去同比、环比、滑动窗口的均值、左右边界等方式，时间粒度可以灵活到天、小时、分钟。如果跟其他数据源进行比较则需要对源和目标分别进行描述，可以进行严格相等、区间、浮动率等方式比较，应用的场景以数据交换较多。除了数据比较，还提供关键性字段类型、精度、宽度的比较，以及对空置率、重复率、区分度的统计报表产出，比较直观地查看数据的稀疏和分布。

■ 整体和抽样：针对于其他数据源进行比较的方式，常规的是通过宏观的字段抽样的 Count 方式条数比较，也可以通过对数据类型的 Sum、Avg 的比较，这里需要注意不同引擎的存

储精度略有区别，尽量选择整形字段；除此之外也会增加对明细数据抽样的全列的字段比较，这种比较容易发现字段值的缺失，类型变更。

这里需要说明的是，如果没有配置 Check 算子，则认为数据生产完就可以进行交付；如果数据的树状结构中有 Check 算子，则认为在下一个 Check 算子之间的所有数据生产节点都默认数据可以交付。这样默认操作是为数据的校验不一定要面面俱到，否则会带来时间上的损耗，如果认为数据需要在关键节点进行核验增加就可以。校验失败通过告警的方式进行停止流程的数据 ETL 过程，通过重试或者人工方式介入。

数据血缘关系

人生哲学解释：血缘关系分析是大数据调度与其他调度之间的区分度较大特征之一，主要解决大数据的"人生哲学问题"：我是谁，从哪里来，到哪里去。而这一切的基础是开放式 SQL 对数据存取的规范，之后依赖对开放式 SQL 的解析来完成血缘关系分析，主要包含数据的上游依赖关系和下游的被依赖关系，这 2 个是通常被涉及，除此之外第三个特征：计算逻辑或者口径对外的输出，鉴于大数据在进行计算和挖掘之后数据会被推送到不同的业务场景使用，会造成相同口径指标不同的计算结果，当被提及计算逻辑时，研发同学也无所适从，又往往追根溯源对代码和过程进行回访，整个代价大却增无益的消耗。

开放式 SQL 可以对外解释，数据从哪里来，到哪里去的逻辑问题，也会涉及具体 SQL 或者 API 层面的计算口径，但是这里需要提到之前的"黑盒暴露"和研发专注开发 ETL 的丰富 function，黑盒是无法解释计算逻辑的，但是 function 却可以给出入参、出参的说明，让特征三的提供成本最低。

血缘关系分析的手法一方面依赖 SQL 属主的语法解析，例如 MySQL 可以使用 Alibaba Druid、JSqlparser、GreenPlum、PostgreSQL 可以借助 JSqlparser，Impala 则需要通过 impala-front 进行语法分析，分析的结果在外卖大数据平台需要精确到单个字段依赖上游的哪些库表、字段；越是精细在进行大数据回溯的时候越有针对性和利于效率的提高。

针对非 SQL 方式，例如 HBase、ElasticSearch 数据源的依赖，也会同样被映射成不同的文档 / 表，具体的列簇中的列，Source 中的 Key。

总之，数据可解释是血缘关系存在的价值，血缘关系同样和开放式 SQL 都在 ETL 的演进中具有里程碑的意义。

基于表的 Transformer 演进

在大数据调度中，对用户最直观的展示是某个表是否被交付，或者更为精确查看表中的字段哪些具备了交付？这样做是为了让下游数据更好的有针对性的依赖，所以在大数据调度中会区分出三类角色，从粗粒度到细粒度分别是 Job、Transformer、operator。

基于字段精细化回溯

字段级别的回溯，主要依赖 2+1 的方式完成，前面的 2 是指血缘关系 + 可更新目标引擎；通过开放式 SQL 可以梳理出数据的血缘关系，便于分析出整个链条中可以上下游依赖的点和并发的点。另外的 1 是指在调度的图形化界面中，可以针对一个具体实例化的 Job 选择需要回溯的 Transformer 或者某些算子。

同样，根据图 4 中的流程，我们走一个具体的实例。图中标识的黑色 0/6 代表的是开放式 SQL 中黑盒的部分，这部分对数据是无法解释生产过程；三个标识图形 2 代表的是 Check 算子，其他圆角方形颜色相同代表有上下游血缘关系依赖，例如 7 会依赖上游的 1。下面我们了解下几个场景的回溯。

- 回溯 1：在这种情况下算子 1/2/3/4/6 会被进行回溯，而算子 0 和 5 则不会被执行到，同样因为 1 后面有紧邻的 check 算子 2，则 1 执行完，算子 7 不会马上被并发执行，因为有一个黑色的算子 6。但是在算子 2 执行成功之后，如果能暴露出算子 6 的依赖和产出关系，算子 7 就可以被执行，不需要等待算子 3/4/6 的执行完成。所以节约了一定时间。其他场景也是类似。

- 回溯 Transformer2，这种场景算子 7 和算子 9 会同时出发执行，同样，如果算子 9 完成的情况下，下游 transformer3 中的 11 不会被执行，因为是非首节点，但是在算子 7 执行完成之后，算子 13 和算子 10 都会被同时调起。

可更新目标引擎是指非 SQL On Hadoop 的文件解决方案，类似 GreenPlum、HBase、ES 都可以被实时更新。这里不详细展开。

信号灯

信号灯在大数据分布式调度中作为一个消息中间件，主要作用是生产者（Producer）在数据生产结束、数据质量核验通过等过程对外释放的信号，这里面包含具体的库表、字段和本批次的数据范围等信息，消费者（Consumer）可以根据需要监听不同的表主题，来完成后续的操作。通过信号灯的方式，可以很好地对数据下游依赖解耦合，同时信号灯也可以被应用到数据集市中库表、字段的数据完成情况，可以对用户进行查看，免去了数据是否可用，是否交付的交互。

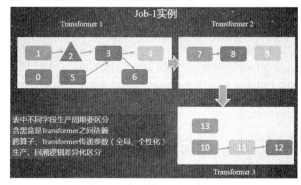

图 4 三者协作示例

总结

大数据分布式调度的应用场景和 ETL 的定义过程、数据引擎和业务场景的需求有着至关重要的关联，分布式调度的过程是通过场景化驱动逐步完善的过程，百度外卖大数据的调度 V2.0 是满足了通用的调度之后，发现存在的数据解释和细粒度更新延迟等问题之后，逐步迭代完善过程，后期也期待我们的系统开源的一天。

网易数据运河系统 NDC 设计与应用

文 / 马进

NDC 是网易近一年新诞生的结构化数据传输服务，它整合了网易过去在数据传输领域的各种工具和经验，将单机数据库、分布式数据库、OLAP 系统以及下游应用通过数据链路串在一起。除了保障高效的数据传输，NDC 的设计遵循了单元化和平台化的设计哲学，本篇文章将带大家近距离了解 NDC 的设计思路和实现原理。

NDC 简介

NDC 全名是 Netease Data Canal，直译为网易数据运河系统，是网易针对结构化数据库的数据实时迁移、同步和订阅的平台化解决方案。

在 NDC 之前，我们主要通过自研或开源软件工具来满足异构数据库实时迁移和同步的需求，随着云计算和公司业务的大力推进，公司内部，尤其是运维团队开始对数据迁移工具的可用性、易用性以及其他多样化功能提出了更多要求和挑战，NDC 平台化解决方案便应运而生。NDC 的构建快速整合了我们之前在结构化数据迁移领域的积累，于 2016 年 8 月正式立项，同年 10 月就已上线开始为我们的各大产品线提供在线数据迁移和同步服务。

业界中与 NDC 类似的产品有阿里云的 DTS、阿里开源产品 DataX、Canal、Twitter 的 Databus，在传统领域有 Oracle 的 GoldenGate、开源产品 SymmetricDS。从产品功能、成熟度来看，NDC 与阿里云 DTS 最为相似，都具有简、快、全三大特性：

- 简，使用简单，有平台化的 Web 管理工具，配置流程简洁易懂。
- 快，数据同步、迁移和订阅速度快，执行高效，满足互联网产品快速迭代的需求。
- 全，功能齐全，NDC 支持多种常用的异构数据库，包括 Oracle、MySQL、SQLServer、DB2、PostgreSQL 以及网易分布式数据库 DDB，除了可以满足不同数据库之间在线数据迁移、实时同步，NDC 也可以实现从数据库到多种 OLAP 系统的实时数据同步和 ETL，目前同步目标支持的 OLAP 系统包含 Kudu 和 Greeplum。另外，NDC 支持对数据库做数据订阅，通过将数据库的增量数据丢入消息队列，使应用端可以自由消费数据库的实时增量数据，从而实现由数据驱动业务，复杂业务之间调用解耦。

提炼场景和需求是做好产品的第一步，本文先通过三种典型应用场景介绍 NDC 的使用价值，之后从产品形态和系统架构两方面阐述 NDC 在产品交互、集群管理、资源调度以及跨机房部署上的设计理念，最后介绍 NDC 实现数据迁移、同步和订阅的一些原理和关键特性，可以为开发者在实现类似功能时提供思路和参考。

应用场景

下面通过三个真实案例分别说明 NDC 在数据迁移和数据订阅上的应用场景。

DDB 数据迁移

分布式数据库 DDB 自 2006 年就开始为网易各大互联网产品提供透明的分库分表服务，在我们的知名互联网产品背后，几乎都可以看到 DDB 的身影，如考拉、云音乐、云阅读、教育等。

DDB 作为分库分表的结构化数据库，一张表的数据一般存储在多个数据节点中，每张表会选择一个或多个字段作为分区键，来决定数据在数据节点上的分布方式。以用户表为例，有用户 ID 作为主键，电话号码和邮箱作为唯一键，分区键一般会选择这三个字段中的任意一个或组合。分区键的选择决定了数据分布均匀与否，随着业务数据量的增长，可能会发现之前选择的分区键区分度不够高，而需要更改分区键的需求，分区键的修改涉及数据重分布，并且修改过程要与业务的线上服务同时进行，这就要求 DDB 提供在线数据迁移的解决方案。

与此类似，在业务发展过程中可能遇到表扩容或机房迁移的情况，都需要 DDB 的在线数据迁移功能，以表扩容为例，NDC 解决 DDB 在线数据迁移方式如图 1 所示。

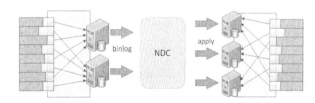

图 1　NDC 解决 DDB 数据迁移问题

当 DBA 发起一个修改分区键或扩容请求时，管理工具会统一将其解析成一个数据迁移命令，并向 NDC 服务发起相应的调度请求，NDC 则根据调度规则选择一组执行节点执行具体迁移过程，每个源端数据节点都会有对应一个迁移进程来拉取该节点上的全量数据和增量数据，并将这些数据通过 DDB 的分库分表驱动重新应用到目标表。当目标端和源端的数据延迟在追赶到毫秒级范围内后，通过在 DDB 管理工具上执行切换表操作完成最后的迁移工作。

应用缓存更新

应用缓存更新是 NDC 数据订阅一类非常典型的应用场景，在没有使用数据订阅做缓存更新的应用环境中，缓存数据通常由应用服务器自己维护，但是由于缓存操作和数据库操作不具有事务性，简单的缓存操作可能带来数据不一致的情况，如图 2 所示。

在图 2 场景中，线程 2 在将缓存更新到最新数据后，又被线程 1 异步滞后地更新成老数据，由于线程 1 和线程 2 没有任何状态共享，数据库中后操作的数据可能在缓存中被先操作的数据覆盖掉，导致缓存和数据库数据不一致。若这种情况出现，除非缓存主动淘汰，否则应用将始终读到脏数据。

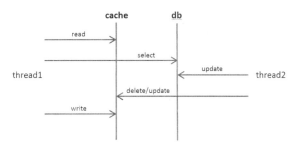

图 2　缓存数据库不一致问题

对上述的数据不一致问题，业界也有一种基于 CAS 的解决方案，但会对缓存增加至少一倍以上的压力。而通过 NDC 的数据订阅，可以比较完美地解决上述问题，NDC 数据订阅将数据库中的增量数据丢入消息队列，应用读取消息队列的内容，并将其同步到缓存系统，在这个过程中，NDC 执行节点和消息队列保障高可用，而数据库增量数据具有唯一性和时序性，可以避免缓存和数据库的状态不一致。

如果说使用数据订阅只是缓存更新的一种优选方案的话，那对下面的多机房缓存淘汰，NDC 的数据订阅功能就是必选方案了。

图 3 中，应用部署有主机房和备机房两套环境，两套环境各有一套应用服务，缓存和数据库，为了保障主备机房数据一致，数据写入只能走主机房，备机房数据库是主机房数据库的只读从库，这种架构普遍适用于读多写少的应用系统。

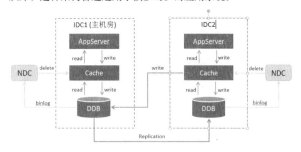

图 3　NDC 解决多机房缓存淘汰问题

在业务不适用数据订阅来更新缓存的情况下，从机房在执行删除数据时，先删除主机房数据，再删除从机房缓存，而从机房的数据库同步具有一定的滞后性，在滞后的这段时间，从机房应用服务可能会将从机房数据库的脏数据重新载入缓存，导致从机房应用依旧能看到删除后的数据。为此，我们的方案是使用 NDC 订阅从机房数据库的删除操作，保障从机房数据库和缓存在删除操作上具有一致性。

OLAP 系统整合 /ETL（见图 4）

业务数据库与 OLAP 系统的数据整合，是互联网产品架构中非常重要的一环。比较传统的应用一般采用定时从 OLTP 库中将数据全量导入 OLAP 系统，比如每天凌晨 1 点开始把线上 MySQL 中所有数据通过 Sqoop 导入到 Hive。这种做法有极大限制性：首先，ETL 的时间完全不可控，这对于时效性比较敏感的数据尤为重要；其次，ETL 过程中对源库负载压力非常大，尤其对数据量大的应用，而控制 ETL 对源端负载影响就意味着 ETL 时间更加失控。

在 NDC 这样的系统出现后，架构师们有了更加明智的选择：通过 NDC 实现结构化数据的增量 ETL。首先使 ETL 从小时级延迟降低到秒级，其次 NDC 的增量数据拉取对源端影响非常小。对直接支持数据更新的 OLAP 系统而言，可以直接通过 NDC 实现 ETL，如 Kudu、HBase。对于不支持数据更新的系统，如 Hive，可以通过 NDC 的数据订阅功能将数据库增量数据发布到消息队列，再定时从消息队列中获取增量数据，并通过 MR 合并到存量数据，当然这里的定时要比原先定时全量的时间间隔小很多，比如每小时、每 15 分钟——通过这种方式实现准实时的 ETL。

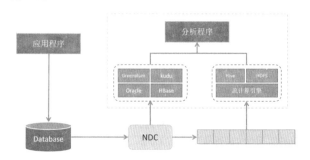

图 4　通过 NDC 实现 OLAP 系统整合与 ETL

产品形态

在产品形态上，NDC 具有平台化、可插拔和单元化三大特性。

平台化

往前追溯几年，各种 PaaS 和 SaaS 服务还未如现在这般举目皆是，运维小伙伴还比较习惯以部署软件的方式为业务方提供各种服务，比如在 NDC 之前，我们有软件包 Hamal 来支持 DDB 的各种数据迁移工作，DBA 在实施 DDB 扩容时，需要经历以下步骤：

- 准备一定数量的物理机或云主机跑迁移任务；
- 在这些节点上部署 Hamal 进程，配置源端目标端，并发度等参数；
- 通过 Hamal 日志或监控程序实时查看迁移进度；
- 数据迁移追赶上线上的数据增长后，完成切表或切库操作；
- 回收 Hamal 进程，释放相关资源。

随着负责的产品越来越多，规模越来越大，管理员在不同产品的机器、配置之间疲于奔命，大量重复工作增加了犯错可能，更要命的是遇到资源不足，可能还要经历漫长的采购周期。对于 DBA 一类的运维人员，迫切需要一套帮助他们解决采购、部署、调度以及任务完成后的资源回收等一系列运维工作的平台化管理工具，这便是 NDC。

NDC 提供有跨 IDC 的平台化 Web 管理界面和类似云计算的租户管理概念，产品管理员在使用 NDC 时，在产品相关租户下创建、修改和删除具体的数据迁移、同步和订阅任务，由 NDC 调度中心将任务调度到相关的执行节点。另外配有专门的平台管理员对 NDC 整个平台做容量规划，NDC 管理界面如图 5 所示。

图 5 中可以看到，NDC 除了提供基本的任务管理，还为管理员提供了大量运行时的监控统计数据，帮助管理员更好地把控任务进度和状态。

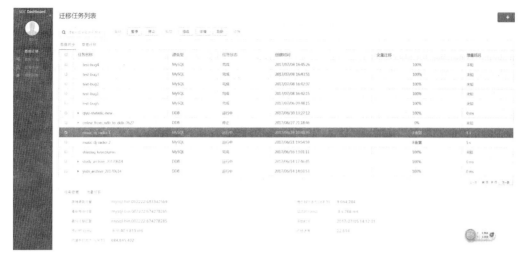

图 5　NDC 管理界面

可插拔

NDC 除了向产品管理员和开发者直接提供服务，同时也是 DDB 数据迁移、猛犸（网易大数据系统）数据同步的依赖组件，如图 6 所示。

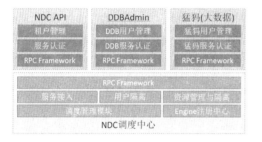

图 6　NDC 平台可插拔特性

在 DBA 通过 DDBAdmin 做表扩缩容，更改分区字段等操作时，DDBAdmin 会把请求解析成多个数据迁移任务提交给 NDC。类似的，未来 NDC 可能还会支持其他自身有认证功能的平台系统，比如公有云，为此，NDC 需要做到其他平台的轻松插拔。

NDC 的平台插拔特性，本质上是要支持不同租户认证的可插拔，因为依赖于 NDC 之上的其他平台大都实有自己的租户认证功能，要求 NDC 支持这些不同的认证方式是不现实的，我们的做法是 "认证服务"，具体的租户认证交由上层平台自己完成。与此同时，我们可以按照上层平台的租户名对任务做物理隔离和任务视图的划分。租户可插拔的另外一个要点，是 NDC 自带的租户认证需要在 API 服务内实现，从 NDC 的调度中心来看，API 服务与其他平台是同一个架构层的不同接入平台。

NDC 可插拔的另一个含义是 "功能可插拔"。立项至今，NDC 前前后后支持了六种关系型数据库、三种 OLAP 系统，每种源端和目的端都是通过实现统一的 Extractor 和 Applier 接口来支持，而且我们在 JAR 包上做了合理拆分，以便一些功能修改可以独立上线。未来对新的源端目的端的支持也可以通过实现接口和新增 JAR 包在不重启任何进程的前提下完成扩展。

单元化

可以通过 NDC 实现跨机房的数据同步解决方案，尤其对体量比较大的应用，如网易考拉、云音乐，普遍需要在同城甚至异地机房之间做服务冗余、扩展和容灾。相对应地，这些应用所依赖的底层服务也需要具备多机房冗余和扩展的功能，如图 7 所示。

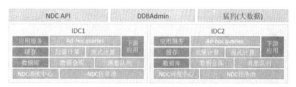

图 7　NDC 跨机房的单元化解决方案

在一个机房内的系统架构中，应用服务无状态，缓存、大数据，这些有状态系统的数据来于数据库的数据同步和订阅，而数据库的数据除了本机房内应用产生，也可以来自 NDC 从其他机房的数据同步。从这套架构中可以看出，通过 NDC 同步机房间的数据库数据，再由 NDC 将数据库的变更同步到大数据、缓存、消息队列，由此驱动业务在机房间无缝扩展和冗余。

在图 7 中，每个机房内从应用服务到数据库，具有一套完整的数据链路，机房内部的网络、IT 资源，相关的各种调度都具有高度自治性，机房间的耦合模块只有通过 NDC 共享数据库数据，业界目前将这种具备完整服务链路，且高度自治的跨机房方案称之为 "单元化"，NDC 的单元化要求在每个机房内部署独立的调度中心和执行节点组，需要注意的是，单元化并不包含 NDC 的 API 服务，API 服务具有无状态、请求离散等特性，没有必要独立部署，同时跨单元的 API 才能提供平台化的管理服务。

值得一提的是，所谓 "单元" 是一个逻辑概念，一个单元具有物理隔离和高度自治的特性，我们也可以在一个机房内部署多个 NDC 单元，以区别和隔离不同业务线，比如我们可以为 DDB 和猛犸部署一套独立单元来支撑他们的平台依赖，不过一个单元基本不会跨机房部署。

系统架构

一个单元内的 NDC 系统架构如图 8 所示。

最上层无状态的 API 服务，是一套直接面向用户的平台化

Web 管理工具，API 节点通过 RPC 向调度中心 Center 发起请求，除了 API 节点外，Center 也会接受来自 DDB 管理工具、猛犸管理工具等其他平台的 RPC 调用请求。

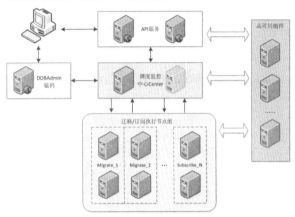

图 8　NDC 架构图

Center 是 NDC 的大脑，所有管理、调度、监控、报警工作都需要通过 Center 来执行，Center 目前在一个单元内属于单点服务，通过高可用组件做冷备，由于元数据统一存储在 NDC 的系统库中，主备 Center 之间无须数据同步。Center 会定期收集单元内所有 Engine 节点的负载状况、任务执行状态等信息，以实现均衡的任务调度，在任务失败时自动重试或重新调度，保障任务执行具有高可用特性。

Engine 是 NDC 系统中数据迁移、同步和订阅的任务执行者，它接收来自 Center 的调度请求，并维护一组实际任务执行进程 Executor。在任务执行过程中，Engine 负责收集每个执行进程的任务状态、进度信息，并实时上报给 Center。Center 不知道任何 Executor 的存在，任务执行进程全权托管于 Engine，并由 Engine 全程监控。

"单元"是 NDC 物理资源隔离的最大单位，除了基于单元的隔离之外，NDC 还提供了租户级别的物理隔离，管理员可以为租户分配独占的任务执行节点。在配置任务属性时选择"独占型"任务，则任务只会调度到属于该用户的资源池中，以确保任务执行具有节点级别的隔离性，而普通共享型任务只具备进程级别的隔离性。

实现简述

NDC 是面向结构化数据库的数据迁移、同步和订阅的解决方案，而数据同步可以看作一种"永不结束"的数据迁移，下面我们就 NDC 在数据迁移、数据订阅以及一些关键特性上的实现方式做个简要介绍。

NDC 的订阅和迁移都以表为单位，如无特别说明，下文中的迁移对象均指要迁移的表。

数据迁移

与通常的"迁移"概念不同，NDC 的"数据迁移"并不是将源端的数据挪到目标端，而是在保障对源端数据影响尽可能小的前提下，将源端的数据"复制"或"同步"到目标端。比如线上数据库到数据仓库的 ETL，需要在不影响线上服务质量的情况下将数据实时同步到数据仓库。又如 DDB 的在线扩容，

也需要在扩容的过程中不影响原有的数据节点。

当用户通过 Web 工具启动一个数据迁移任务后，NDC 调度服务会根据任务类型、调度算法和节点负载，在相关的 Engine 资源池中选择一个或多个节点下发任务，一个迁移任务对应一个源端数据库实例。

数据迁移引擎中任务执行流程如图 9 所示。从图中可以看出，全部的数据迁移流程包含以下四个步骤。

- 预检查：检查资源、网络可用性、Schema 兼容性、用户权限等；
- 全量迁移：源库、表中存量数据的迁移过程；
- 增量迁移：迁移过程中，源库、表增量数据的迁移过程；
- 数据校验：对源端和目标端同步的数据做抽样校验。

图 9　NDC 数据迁移执行流程

预检查阶段，NDC 会检查源端和目标端的网络连通性、空余资源可用性、迁移使用的源端目标端用户在相关库表上的权限、白名单、要迁移的 Schema 是否兼容等。NDC 不要求迁移对象在源端目标端的 Schema 严格一致，但要求目标端对源端兼容，比如源端字段类型 int 到目标端可以为 bigint，反之则预检查报错，源端目标端在索引结构上允许有差异。

预检查完成后，NDC 任务执行进程会立即启动增量数据拉取模块，在开始拉增量数据之后，启动全量迁移流程。顾名思义，全量迁移是将迁移对象的存量数据同步到目标端。NDC 的全量数据迁移采用"快照读"，而判断迁移对象中哪些数据是存量数据，哪些是增量数据的依据，是在开始全量迁移的时候获取迁移表的最小主键和最大主键，在获取到的最小主键和最大主键之间的所有数据，被认为是存量数据，以外则作为增量数据处理。之所以没有像 MySQLDump 一类的迁移工具使用大事务来划分存量数据，是为了避免大事务令源端回滚段不断累加的影响（这是针对 MySQL 而言，对不同类型的源端数据库，大事务都会造成一定的不良影响），而使用快照读，会使全量迁移过程中引入一部分增量数据，但这部分增量的"脏数据"最终会被增量迁移修正，不影响数据的最终一致性。

全量迁移以表为单位进行，不同表之间可并发迁移，增量迁移则以源端实例为单位（想想 MySQL 的 binlog），所以在一个迁移任务中，所有迁移对象都完成全量迁移后，才会进入增量迁移阶段。

增量迁移至少包含两个线程，第一个是增量数据拉取线程，在全量迁移开始之前启动，负责将源端所有（相关）增量数据缓存在本地磁盘；另一个是增量回放线程，在增强迁移过程开始时启动，它的作用是不断读取本地缓存的增量数据，并按照时间顺序回放到目标端。

由于全量迁移是在增量拉取开始之后才进行的，NDC 可以保障全量迁移过程中引入的增量数据最终会在目标端回放出来。

全量迁移和增量迁移过程中会有一部分增量数据被重复导入，NDC 会保障增量数据导入具有幂等性。

随着增量迁移的进行，目标端增量数据和源端增量数据的时间延迟会逐渐缩短，最终这个延迟控制在 1s 内之后，我们将这个迁移任务定义为同步状态。对同步状态下的迁移任务，管理员可以选择实施数据校验，一般建议采用源端 5‰ 到 100‰ 的随机数据校验源端和目标端的数据一致性。

NDC 数据迁移中的全量迁移、增量迁移以及数据校验都是可选流程，不过 NDC 要求管理员至少勾选全量迁移和增量迁移中的一种，数据校验是迁移任务进入同步状态后的可选操作，不是在提交任务时选择，可反复执行。

在实践中，当数据迁移任务进入同步状态后，一般会先执行一次数据校验，再执行相关的切库切表操作。而对数据同步场景，一般会定期执行全量数据校验。

数据订阅

数据订阅是将数据库的数据变更实时拉取出来，并交付给下游应用执行相应业务逻辑的过程。与数据迁移相比，数据订阅逻辑较为简单——相当于数据迁移中的增量过程，而在应用场景方面，数据订阅可以应对更加多样化的业务需求，例如：

- 通过数据订阅维护全文索引一类的第三方索引库
- 基于数据订阅维护缓存
- 通过数据订阅实现复杂业务异步解耦
- 实现更加复杂的 ETL

数据订阅的执行逻辑如图 10 所示。

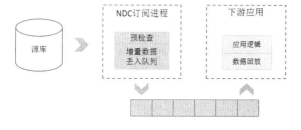

图 10　数据订阅执行流程

数据订阅任务由 NDC 的调度服务选择合适的订阅引擎节点执行，与数据迁移增量过程不同的是，数据订阅引擎不会将增量变更数据缓存在本地，而是直接丢入消息队列中（使用了我们的消息队列服务），SDK 通过消费消息队列的数据实现增量数据回放。

之所以用消息队列代替本地磁盘，是因为 SDK 的数据回放过程完全由应用方把持，速度不可控，若业务逻辑处理过慢，或下游节点意外宕机，可能导致增量数据大量堆积，这里消息队列可以当作一个容量足够大的消息缓存，使 SDK 端的异步消息回放更加优雅。

数据订阅中 Engine 必须严格按照增量数据的时间顺序串行发布消息，无法做到类似数据迁移增量过程中的并发复制，这是因为订阅任务 Engine 无法感知应用端 SDK 消费数据，并发发布消息最终必然导致 SDK 消费数据乱序执行。

在实践中，要特别注意消息队列对发布消息的速率瓶颈以及订阅任务 Engine 到消息队列的网络开销。

关键特性

对 NDC 的实现部分，再分享三点关键特性：

- 并发迁移
- 断点续传
- 多源适配

对数据迁移和同步，速度是生命线；如果迁移速度不够快，任务永远无法进入同步状态，迁移和同步也无从谈起。NDC 的全量和增量过程都支持并发迁移，保障迁移任务能够尽快地进入同步状态。

全量迁移并发较为简单，首先可以在不同的表上做并发迁移，其次数据导入目标端的过程也可以并发执行，select 数据和 insert 数据线程解耦在实践中能够极大缩短迁移时间，另外 NDC 的全量迁移可以配置一次导入操作的数据批量数，减少迁移进程和源端目标端的交互次数。

增量并发回放是 NDC 最重要的核心实现之一，NDC 增量回放线程会根据增量数据之间的冲突关系构建一张或多张有向无环图，图中所有入度为 0 的数据节点都允许并发回放，增量数据导入目标端后会从图中删除，从而解锁其他冲突数据。这种算法理论上可最大限度发挥并发回放的优势，在实际的性能测试中，NDC 的增量并发回放效率远高于 MySQL 5.7 基于 Group Commit 的并行复制。

断点续传是 NDC 任务漂移和高可用实现的基础，是指迁移或订阅任务异常退出，或进程、节点 crash 之后，可以从最近的位置点重新启动任务。断点续传的实现有两点前提：一是要求系统定期将任务的位置点信息持久化，在需要时可以从持久化过的位置点恢复任务，NDC 的做法是 Engine 定期将位置点信息上报给 Center，由后者将其持久化在系统库；二是要求迁移和订阅任务中所有数据导入操作（全量和增量）具有幂等性，对此我们可以采用具有 replace 语义的 SQL 实现导入操作，对不支持 replace 语法的目标端，可以使用 delete+insert 的组合 SQL 实现类似语义。在实践中，保障幂等操作绝对是一项省时省力省心的做法。

多源适配的问题主要在于对不同的源端数据库，采用怎样的方式拉取增量数据最为实用和高效，目前主要有以下三种做法。

- 基于日志：MySQL binlog、Oracle redo log；
- 基于 CDC：Oracle、DB2、SQLServer；
- 基于触发器：适用所有支持触发器的数据库。

三种做法各有优劣，触发器用法较为简单，对用户权限要求比较清晰，但性能较差，尤其是源端线上压力比较大时，可能产生大量的锁超时，因此不作为最优选择；CDC 全名 Change Data Capture，是一些数据库特有的功能，可以将数据库产生的增量数据同步到一些视图或表中，迁移或订阅进程通过这些表和视图来获取增量数据，可以看出 CDC 在使用上与触发器非常类似，区别在于 CDC 是一些数据库独特功能，可以在性能上做优化。以 Oracle 为例，可以通过解析 redo log 产生增量数据，比通过触发器产生增量数据的做法对源端的影响要小很多，CDC 的劣势在于不同数据库没有统一规范，方言化严重，对权限要求更加苛刻。

一般情况下，我们将第一种基于日志的增量数据拉取方案列为最优。以 MySQL 为例，MySQL 自带的 binlog 功能可以直接将日志同步到远端，对用户权限、源端数据库性能影响也都在可控范围内。

总结

工欲善其事，必先利其器，NDC 顾名思义，就是希望为公司打造一个可以容纳各种结构化数据库实时数据的"数据运河"，并通过运河将数据运输到不同目的端，应用只需要在管理页面中简单地配置几个参数，便可将数据库的内容轻松整合到其他数据或应用系统中。

NDC 的快速构建，很大程度上要归功于我们团队在分布式中间件、数据迁移工具等领域的成果和积累，如果开发者要设计和实现类似系统，建议多利用开源资源，比如调度模块可以考虑集成或使用 Apache Azkaban 的实现，任务执行模块也有很多开源工具和代码可以参考。另外，在设计数据迁移和订阅平台时要重点考虑以下几个问题：

- 与其他平台集成，NDC 具有平台可插拔特性，可以非常方便地与网易其他平台服务集成。
- 任务执行要快，对源端影响尽可能小。NDC 具有非常高效的数据全量迁移和增量数据回放模块，在实现增量数据拉取模块时，尽可能选择了同步日志的方式，对源端影响很小。
- 要考虑到断点续传问题。在任务执行过程中，可能发生网络抖动、分区、节点故障等各类异常，这首先要求我们的任务具备从某个时间点或位置点重新开始执行的能力，其次要求调度中心可以快速发现异常，并使用合理的算法实现任务漂移。
- 要考虑到灰度发布。由于 NDC 的平台化设计，随着系统功能愈发繁多，一次平台全面升级的代价越来越高，为此我们需要通过灰度升级保障功能在全面上线之前得到充分验证，另外通过功能"可插拔"的特性，保障一次上线对线上任务的影响尽可能小。

迄今为止，NDC 上线半年多，承接应用 40+，迁移、同步和订阅实践案例 10000+，可以预见，在网易未来的云计算、大数据布局，以及其他各类数据驱动的应用场景中，NDC 都将发挥举足轻重的作用。

饿了么大数据平台建设

文 / 毕洪宇

随着接入的需求方越来越多样化，对大数据的数据使用、数据存储与计算的需求也越来越多样化，同时业务飞速发展，集群的规模也急速扩大。如何在这样的场景下通过大数据平台，稳定支撑住业务的发展是一个不小的挑战。本文分享主要平台工具链、技术、选型及架构设计上的一点经验。

大数据平台现状

饿了么的大数据平台团队成立于 2015 年 5 月份左右，在 2016 年 4 月份，Hadoop 集群规模还只有 100+ 节点数，而在一年时间里集群规模快速增长到 1000+ 的水平，这还是在引入数据生命周期进行管控的情况下的规模增速；同样，流计算集群的规模虽然相对较小，但也经历了 10 倍的增长，一些 topic 的吞吐量已超过百万每秒。

当前平台部分的逻辑架构如图 1 所示，并持续演进。

当初面临的问题

饿了么已经成立 9 年时间，相对而言数据平台团队非常年轻，在加入团队之初面临了如下挑战：

- 人少活多 积累不足；
- 内在质量"差不多就行"；
- 故障处理"千人千面"。

因此，主要以效率、质量和持续扩展为核心来建设数据平台。

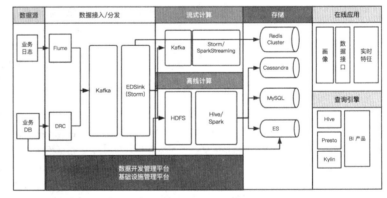

图 1 饿了么大数据平台的逻辑架构图

技术选型

如图 2 所示，大数据的技术栈非常多样化，对于团队很多初入大数据领域的成员来说很容易在尝新过程中消耗团队的生产力，因此在加入团队初期，首先就要确定在当时条件下的技术选型。

选型原则

在技术选型方面坚持的原则是"3T"：要解决什么样的问题和场景（Trouble），有哪些技术可供选择（Technology），以及团队技术栈与目标采用技术的匹配程度或者说掌控能力（Team）。

下面举几个例子来看：

即席查询引擎选型

在以 Hive on Hadoop 为中心的离线数据仓库，最开始分析师以及数据工程师也都是使用 Hive 来做数据分析和探索，但是 Hive 本质上是基于 MapReduce 架构的，并不是很适合这个场景。当时所选择的目标集中在 Presto 和 SparkSQL 上，社区活跃度 Spark 是最高的，并且从 SQL 语法兼容性来看 SparkSQL 也是最合适的，用户的使用成本比较低，但是在测试的时候发现失败率高达 50%，在兼容性和稳定性方面如果无法对 Spark 代码做一定定制化开发的话达不到我们的要求，相对而言 Presto 虽然语法兼容性不如 SparkSQL，但是比较稳定并且在运行效率上也高于 SparkSQL，考虑到当时团队的 Spark 力量积累不足，同时团队成员也有曾使用和管理过 Presto 的经验，因此优先考虑 Presto 作为 Ad-hoc 的查询引擎。

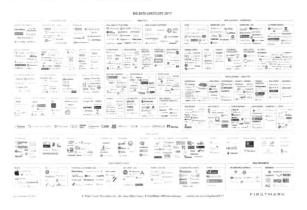

图 2　多样化的大数据技术栈

图 3　技术选型的 "3T" 原则

海量 Key-Value 存储选型

对于比如用户画像、历史订单等场景通常是需要一款能够支持海量 K-V 存取的存储引擎，大多基于 Hadoop 的团队使用 HBase 是比较自然的选择，同时也是我个人过去使用比较多的存储之一，但是发现其他成员对于 HBase 的掌控能力非常薄弱，同时周边的配套设施也没有建设起来，是否坚持使用 HBase 需要尽快想清楚。从 HBase 的架构上看（见图 4），整体建构组件多（NameNode、DataNode、JournalNode、ZooKeeper、RegionServer、HMaster），运维成本高；同时对非 Java 客户端还需要再引入 thrift server，为了 HA 和负载均衡还需要一层 LB，进一步加大了系统的复杂度。这时我们把目光转向了 Cassandra：结构简单便于聚焦，多语言支持 CQL，客户端功能丰富，访问控制也更成熟。另外，对于 Cassandra 一致性的顾虑在团队的场景应用中是比较容易规避的，大多数都是定期推送频繁读取，推送具有幂等性且场景对于一致性的要求不严格，同时反而可以利用 Cassandra 的多点提供读能力增加读取的吞吐量（对应的，HBase 只有一个数据节点提供读请求）。最后决定把已有基于 HBase 的数据接口迁移到 Cassandra 来，降低了开发和维护的成本。

通过以上的例子总结下选型心得：

- 关于 feature 的选择：优点决定是否要谈恋爱，不过就算优点再好如果缺点接受不了，很难在一起幸福地过一辈子。
- 关于决策：喜欢是放肆，爱是克制。

架构设计

技术选型确定了，接下来需要解决在业务急速增长情况下的架构设计问题。理想的架构是系统上线后尽量减少人的参与，或通过简单的流程即可应对外部变化，追求可持续扩展的架构设计，这里通过一个具体案例来表达我们在设计时的关注点（见图 4）。

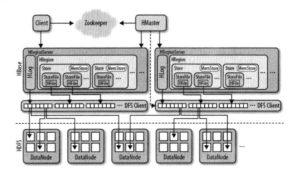

图 4　HBase 架构图

如图 5 所示，流入三个源数据流：用户行为、主站订单、以及开放平台订单的订单渠道，进行各种实时指标的计算，其中分渠道订单相关指标的计算和多维度组合下的 UV 计算场景是比较典型的流计算问题。

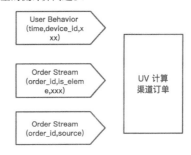

图 5　流入三个源数据流的 UV 计算渠道订单

异步

分渠道订单指标计算需要将主站订单流和开发平台订单流进行 Join 计算，因为是多数据流的合并计算，所以在设计该架构时基于的假设是：不同源数据流之间的到达时间无法协同，我们将问题转化为 "在可调整的时间窗口内通过匹配触发 Join 计算"。具体落地则是通过 Redis 缓存住还没有匹配的订单数据，引入时间窗口是为了控制住缓存的大小，而时间窗口的控制有两处：在拿到数据时会检查是否在时间窗口内；另外在未匹配的情况下写入 Redis 时会把时间窗口通过 TTL 的方式一并维护，避免多余的维护任务。

可扩展性

UV 计算首先要解决的就是去重问题，比如判断某个 deviceID 是否是当天的平台新访客，一种做法是通过 Redis 的集合来判断，具体数据结构如下：

```
key : YYYYMMDD_uv
value : deviceID 的集合
```

这样的设计会带来热点问题，所有该维度的 deviceID 请求都会打到一个节点上产生热点，当流量增加时无法通过直接扩容来解决问题时，那么自然就想到如下的数据结构：

```
key : _YYYYMMDD
value : 占位符
```

通过如此转化可以很好地把请求打散，有具更好的扩展性。

回到多维度 UV 计算的场景下，通常涉及的组合维度可以达到 2 的 N 次方，如果采用上述结构无论是读写的吞吐还是空间的消耗都是巨大的，扩展成本非常高，我们选择牺牲一定精度来达到低成本的扩展性。UV 计算本质是基数估计问题，在该领域非常出名的数据结构就是 HyperLogLog（以下简称 HLL），虽然 Redis 本身支持 HLL 但是无法避免热点问题，我们选择在流计算过程中本地计算 HLL，因为 HLL 支持 merge 操作同时幂等可回放，大量的计算都在计算任务节点本地完成，无论是 shuffle 还是落地存储的处理都毫无压力，通过压测，在不扩容的情况下可以支撑 20 倍的压力。

稳定性

对于稳定性主要通过事前、事中和事后三个方面来看，即执行计划、故障处理和事后复盘。

执行计划

首先线上变更为了控制风险，有两点是必须遵守的：一定要有可行的回滚方案，一定要灰度。

其次，对于具体的尚未自动化支持的变更流程或 SOP 需要考虑异常分支，大多数看到的 SOP 文档只是考虑正常流程一步一步执行下来，可是经常遇到的问题反而是某个流程走不通或者出问题了。

最后，就是变更时间估算很重要，对变更的节奏把握的越清楚风险越从容。

故障处理

对于故障处理我们比较关注的一个指标就是 MTTR（Mean Time To Recovery，即平均恢复时间）。

- 故障恢复时间 = 告警响应时间 + 介入处理时间

从上面的公式可以看出 MTTR 主要是由响应时间和处理时间构成。

监控 ≠ 告警

对于稳定性来说监控是底线，但是"监"而无"控"的现象非常普遍，带来的结果是收到一个告警不知道如何处理，或者忽略掉，或者"千人千面"处理，问题不同程度地被隐藏或放大。

    监控 = metrics+trigger+action

那么如何"控"呢？

监控的"控"

我们坚持如下次序：低成本的自愈优先于流程或 SOP，如果 SOP 没有覆盖的场景就需要一个原则来指导方向，比如故障发生后是优先保哪个方面，一致性还是可用性。逐步迭代将故障处理的"千人千面"收敛到从容有序。

复盘原则

故障复盘对于系统稳定性的提高是个非常非常有价值的闭环反馈，在这方面我们实践着 Facebook 的 DREP 原则，同时基于实践经验引入了 W9（Workaround），强调可持续的稳定性。

工具链

上文提到的技术选型及架构设计和稳定性保障通常依赖于人，我们更希望将人的经验构建在工具中，减少对人的依赖，提升组织的可扩展性。图 6 为工具链的架构图。

图 6　工具链架构图

尽量扩大工具在整个数据工作生命周期的覆盖度，为数据工作人员赋能，主要包括如下内容。

- 元数据管理：指标管理，数据质量监控，血缘关系追溯等。
- 权限管理及数据安全：数据底层的安全，基础设施权限体系打通，以及数据使用安全。
- 数据开发管理：数据表管理，数据探查，离线与实时数据开发和任务运营。
- 数据应用：数据接口开发（SQL 即接口），数据报表开发（SQL 即报表）和管理。
- 自动化运营：整个基础设施的管理，包括 CMDB、工作流引擎、容量规划、性能分析与告警管控等。

本文着重分享数据开发管理和数据报表开发。

数据表管理

生产数据表是所有数据开发工作的源头，因此我们把生产数据表的创建及维护工作统一收到数据表管理系统（以下称 dtmeta）中，除了建表的基础功能，主要关注如下信息：

- 静态数据：表所属主题，字段是维度还是度量，是否敏感或加密字段，表的生命周期和备份周期以及表的物理结构信息等；
- 动态数据：主要包含表的读写热度情况，以及表的容量变化情况，便于针对性策略优化和问题分析。

有了这些信息，减少了大量后续维护的工作，降低交互成本。

数据开发及任务管理系统

数据开发

- 模板化：数据开发工作者可以直接在系统中开发 ETL 任务，支持动态变量，同时可配置触发方式、期望完成时间等属性，作为特征提供给调度系统。
- hook：在任务启动前和执行结束后可以触发的 action，比如数据源的延迟检测，数据抽取后的数据校验或者推送后临时数据状态的清理（触发）等。
- 依赖识别：对于基于依赖触发的任务来说，依赖的自动化识别非常必要，人工配置依赖会遇到循环依赖以及依赖遗漏，从而影响任务的 SLA 甚至数据质量。
- 多数据存储推送：Hive 通过外部表的方式支持向 ES、Redis、Cassandra、MongoDB 等数据存储的推送以及抽取，简化数据开发过程中的数据交换工作。

任务执行与管理

对于任务执行和任务的自助化运营管理我们主要关注这几点：

- 压力感知：会感任务运行的目标系统比如 Yarn 的压力，达到反压的效果而不是持续将任务直接提交给目标系统，往往会触发下游系统的 Bug 导致雪崩。

- 多引擎执行：对于 HQL 的任务，可以透明切换到 Hive 和 Spark 执行，目前小时频率的核心任务已经都稳定跑在 Spark 引擎上。
- 链路分析

（1）DAG 出度分析，评估任务重要程度，同时也是提供给调度系统的重要特征。

（2）运行趋势分析，包括启动时间、运行时长、处理数据量的趋势变化。

（3）通过埋点将用户级别的任务和下游系统（Hadoop 等）的任务全链路打通，可以追溯到任意层面执行状况；同时，会给任务打标签，比如倾斜、参数不合理等提供给用户进行快速的自助分析和管理。

（4）对错误日志进行归类处理，去掉噪声，并附上常见的处理策略，进一步提升任务自助化管理。

- 告警：可以设置灵活的告警策略和触达渠道，主要是辅助任务负责人或者值班人员。

报表开发平台

报表开发是数据应用非常常见的一个场景，在大数据部门成立初期有大量的报表开发工作需要消耗很多人力，虽然有很多成熟的商业产品，但是大多专注于交互可视化，对于已有系统和基础设施的接入成本很高，因此我们快速开发了报表开发平台（EMA）。

可以将模板化的 SQL 快速转成报表嵌入到各个系统中，并且和内部系统打通，血缘建立，支持包括 MySQL/Preso/Kylin/Hive/Spark 等各种常见的数据源或执行引擎，同时可配置报表查询缓存使得大计算量小结果集的场景得到了很好满足。EMA 上线至今，有接近八成的报表都是出自该系统。

实时开发平台

在线算法的实时特征计算包括 POI 感知、上下文场景感知，都是很典型的实时计算场景。实时开发管理平台主要包括数据源的端到端接入，封装框架的业务无关细节，提供可配置策略，另外利用 flux 将任务配置和拓扑管理抽象出来。任务的发布控制以及上线后自动监控联动，让开发人员更多关注业务逻辑和架构设计，减少管理层面的投入。

平台的一些思考

- 沟通和协调是最大的成本，Do not take things personally。

（1）面向用户：尽量推动助化，和产品的自解释。

（2）反复强化用户预期。

（3）面向系统：推动系统的自动化和一键化，最后才是 SOP。

- What gets measured gets fixed

设计方面

（1）Less is more。

（2）Think about future，design with flexibility，but only implement for production。

技术或方案选型

- 最合适的，而不是最先进的；
- 清楚假设的边界；
- 技术要面向业务效率，产品不足服务凑。

以上是我们截止到 2017 年 H1 的一个回顾，饿了么大数据平台还在持续快速演进中，期待有更多的干货在接下来能够和各位技术同仁共同交流探讨。

微信分布式数据存储协议对比——Paxos 和 Quorum

文 / 莫晓东

分布式系统是网络化的计算机系统，海量数据的互联网应用只能通过分布式系统协调大量计算机来支撑。微信后台存储大量使用了分布式数据存储方式的 NoSQL 集群，比如核心业务：账号、支付单据、关系链、朋友圈等。存储设备出现异常是必然的，分布式系统通过多节点分布及冗余，避免个别异常节点影响到系统的正常服务，同时提供了平行扩展能力。微信自研的分布式存储在发展的不同阶段，分别依赖了 Paxos 和 Quorum 两种方案维护一致性。Paxos 和 Quorum 也是互联网企业主要使用的分布式协议，这里向有兴趣的读者做些分布式算法的粗略介绍，并讲解为什么需要它们。

关于一致性

为什么需要 Paxos 或 Quorum 算法？分布式系统实现数据存储时，是通过多份数据副本来保证可靠性的，假设部分节点访问数据失败，则还有其他节点提供一致的数据返回给用户。对数据存储而言，怎样保证副本数据的一致性是分布式存储最重要的问题。一致性是分布式理论中的根本性问题，近半个世纪以来，科学家们围绕着一致性问题提出了很多理论模型，依据这些理论模型，业界也出现了很多工程实践投影。何为一致性问题？简而言之，一致性问题就是相互独立的节点之间，在可控的时间范围内如何达成一项决议的问题。

强一致写、多段式提交

强一致写

解决这个问题的最简单方法就是强一致写。在用户提交写请求后，完成所有副本更新再返回给用户，读请求任意选择某个节点。数据修改少且节点少时，该方案看起来很好，但操作频繁时会有写操作延时的问题，也无法处理节点宕机。

两段式提交（2PC、Three-Phase Commit）

实际在系统中很难保证强一致，便只能通过两段式提交分成两个阶段，先由 Proposer（提议者）发起事务并收集 Acceptor（接受者）的返回，再根据反馈决定提交或中止事务。

- 第一阶段：Proposer 发起一个提议，询问所有 Acceptor 是否接受。
- 第二阶段：Proposer 根据 Acceptor 的返回结果，提交或中止事务。如果 Acceptor 全部同意则提交，否则全部终止。

两阶段提交方案是实现分布式事务的关键，但是这个方案针对无反馈的情况，除了"死等"，缺乏合理的解决方案。Proposer 在发起提议后宕机，阶段二的 Acceptor 资源将锁定、死等。如果部分参与者在接受请求后有异常，则可能存在数据不一致的脑裂问题。

三段式提交（3PC、Three-Phase Commit）

为了解决 2PC 的死等问题，3PC 在提交前增加了准备提交（prepare commit）的阶段，使得系统不会因为提议者宕机而不知所措，如图 1 所示。接受者收到准备提交的指令后可以锁定资源，但要求相关操作必须可回滚。

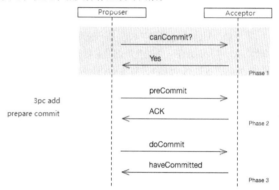

图 1　三段式提交，在二段式提交基础上增加 prepare commit 阶段

但 3PC 并没有被用在我们的工程实现上，因为 3PC 无法避免脑裂，同时有其他协议可以做到更多的特性又解决了死等的问题。

主流的 Paxos 算法

微信后台近期开始推广 Paxos 算法用于内部分布式存储。Paxos 是 Leslie Lamport 提出的基于消息传递的一致性算法，解决了分布式存储中多个副本响应读写请求的一致性问题，在目前的分布式领域几乎是一致性的代名词（据传 Google Chubby 的作者 Mike Burrows 曾说过，这个世界上只有一种一致性算法，那就是 Paxos，其他算法都是残次品）。Paxos 算法在可能宕机或网络异常的分布式环境中，能快速且正确地在集群内部使某个数据的值达成一致，并且保证只要任意多数节点存活，都不会破坏整个系统的一致性。Paxos 的核心能力就是在多个节点确认一个值，少数服从多数，获得可用性和一致性的均衡。

Paxos 可以说是多节点交互的二段提交算法，Basic Paxos 内的角色有 Proposer（提议者）、Acceptor（接受提议者）、Learner（学习提议者），以提出 Proposal（提议）的方式寻求确定一致的值，如图 2 所示。

- 第一阶段（Prepare）：Proposer 对所有 Acceptor 广播自己的 Proposal（值+编号）。如果收到的 Proposal 编号是最大的，Acceptor 就接受，否则 Acceptor 必须拒绝。如果 Proposer 之前已经接受过某个 Proposal，就把这个 Proposal 返回给 Proposer。在 Prepare 阶段 Acceptor 始终接受编号最大的 Proposal，多个 Proposer 为了尽快达成一致，若收到的 Acceptor 返回的 Proposal 编号比自己的大，就修改为自己的 Proposal。因此为了唯一标识每个 Proposal，编号必须唯一。如果 Proposer 收到过半数的

Acceptor 返回的结果是接受，算法就进入第二阶段。

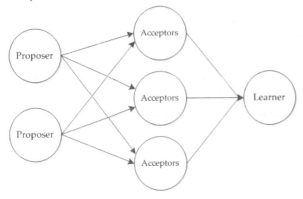

图 2 Paxos 模型，节点间的交互关系

- 第二阶段（Accept）：在 Proposer 收到的答复中，如果过半数的 Acceptor 已经接受，Proposer 就把第一阶段的 Proposal 广播给所有 Acceptor。而在大多数 Acceptor 已经接受了其他编号更大的 Proposal 时，Proposer 会把这个 Proposal 作为自己的 Proposal 提交。Acceptor 收到请求后，如果 Proposal 编号最大，则确认并返回结果给所有 Proposer，如果 Proposer 得到大多数回复，则认为最终一致的值已经确定（Chosen）。Learner 不参与提议，完成后学习这个最终的 Proposal。

严格证明需要通过数学归纳法进行，本文只做了直观判断。Paxos 确认这个值利用的是"抽屉原理"，固定数量的节点选取任意两次过半数的节点集合，两次集合交集必定有节点是重复的。所以第一阶段任意已经接受的提议，在第二阶段任意节点宕机或失联时，都有某节点已经接受，而编号最大的提议和确定的值是一致的。递增的编号还能减少消息交互的次数，允许在消息乱序的情况下正常运行。就一个值达成一致的方式（Basic Paxos）已经明确了，但实际环境中并不是达成一次一致，而是持续寻求一致，读者可以自己思考和推导，若想深入研究，则建议阅读 Leslie Lamport 的三篇论文《Paxos made simple》、《The Part-Time Parliament》、《Fast Paxos》。实现多值方式（原文为 Multi Paxos）时，能通过增加 Leader 角色统一发起提议 Proposal，还能节约多次网络交互的消耗。Paxos 协议本身不复杂，难点在于如何将 Paxos 协议工程化。

我们对实现 Paxos 存储做了一些改进，使用了无租约版 Paxos 分布式协议，参考 Google MegaStore 做了写优化，并通过限制单次 Paxos 写触发 Prepare 的次数来避免活锁问题。虽然在 Paxos 算法下只要多数派存在，就可以在分布式环境下达到严格的一致性，但是牺牲的性能代价可观，在大部分应用场景中对一致性的要求并不是那么严格，这时有不少简化的一致性算法，比如 Quorum。

简化的 Quorum（NWR）算法

Quorum 借鉴了 Paxos 的思想，在实现上更加简洁，同样解决了在多个节点并发写入时的数据一致性问题。比如在 Amazon 的 Dynamo 云存储系统中就应用了 NWR 来控制一致性。微信也有大量的分布式存储使用这个协议保证一致性。Quorum 最初的思路来自"鸽巢原理"，同一份数据虽然在多个节点拥有多份副本，但是同一时刻这些副本只能用于读或者写。

- Quorum 控制同一份数据不会同时读写，写请求需要的副本数要求超过半数，写操作时就没有足够的副本给读操作；
- Quorum 控制同一份数据的串行化修改，因为对副本数的要求，同一份数据不会被两个写请求同时修改。

Quorum 又被称为 NWR 协议：R 表示读取副本的数量；W 表示写入副本的数量；N 表示总的节点数量。

- 假设 N=2，R=1，W=1，R+W=N=2，在节点 1 写入，节点 2 读取，则无法得到一致性的数据；
- 假设 N=2，R=2，W=1，R+W>N，任意写入某个节点，则必须同时读取所有节点；
- 假设 N=2，W=2，R=1，R+W>N，同时写入所有节点，则读取任意节点就可以得到结果。

要满足一致性，必须满足 R+W>N。NWR 值的不同组合有不同的效果，当 W+R>N 时能实现强一致性。所以在工程实现上需要 N>=3，因为冗余数据是保证可靠性的手段，如果 N=2，损失一个节点就退化为单节点。写操作必须更新所有副本数据才能操作完成，对于写频繁的系统，少数节点被写入的数据副本可以异步同步，但是只更新部分节点，读取则需要访问多个节点，读写总和超过总节点数才能保证读到最新数据。可以根据请求类型调整 BWR，若需要可靠性则加大 NR，若需要平衡读写性能则调整 RW。

微信有大量的分布式存储（QuorumKV）使用这个算法保证一致性，我们对这个算法做了改进，创造性地把数据副本分离出版本编号和数据存到不同设备，其中 N=3（数据只有两份，版本编号有 3 份），在 R=W=2 时仍然可以保证强一致性，如图 3 所示。版本编号存放了 3 份，对版本编号使用 Quorum 方式，通过版本编号协商，只有版本序号达成一致的情况下读写单机数据，从而在保证强一致性的同时实现高读写性能。实际数据只写入一台数据节点，使用流水日志的方式进行同步，并更新版本编号。但是我们的分布式存储（QuorumKV）仍存在数据可靠性比 Paxos 低的问题，因为数据只写一份副本，依靠异步同步。如果数据节点发生故障，故障节点没有同步到另一个节点，则数据将无法访问。版本节点发生故障时，如果 Quorum 协议没有设置 W=3，则也可能无法访问正确的数据节点副本。

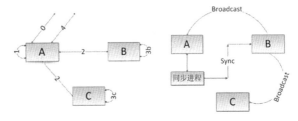

图 3 Quorum 模型：微信改进的版本、数据分离结构

后记

分布式存储选用不同的一致性算法，和业务的具体情况相关。我们的分布式存储在发展的不同阶段使用过不同的算法：业务的发展初期使用 Quorum 算法，成本压力减少而业务稳定需求变大后，就开始使用 Paxos 算法。如果业务模型对数据一致性要求不高，使用 Quorum 则具有一定的成本和开发资源优势。

数据库压缩技术探索

文 / 雷鹏

作为数据库，在系统资源（CPU、内存、SSD、磁盘等）一定的前提下，我们希望：

- 存储的数据更多：采用压缩算法，在这个世界上有各种各样的压缩算法。
- 访问的速度更快：更快的压缩（写）/解压（读）算法、更大的缓存。

几乎所有压缩算法都严重依赖上下文：

- 位置相邻的数据，在一般情况下相关性更高，内在冗余度更大；
- 上下文越大，压缩率的上限越大（有极限值）。

块压缩

传统数据库中的块压缩技术

对于普通的以数据块/文件为单位的压缩，传统的（流式）数据压缩算法工作得不错，时间长了，大家也都习惯了这种数据压缩的模式。基于这种模式的数据压缩算法层出不穷，不断有新的算法实现，包括使用最广泛的 gzip、bzip2、Google 的 Snappy、新秀 Zstd 等。

- gzip 几乎在所有平台上都有支持，并且已经成为一个行业标准，压缩率、压缩速度、解压速度都比较均衡；
- bzip2 是基于 BWT 变换的一种压缩，本质上是对输入分块，对每个块单独进行压缩，优点是压缩率很高，但压缩和解压速度都比较慢；
- Snappy 是 Google 出品的，优点是压缩和解压速度都很快，缺点是压缩率比较低，适用于对压缩率要求不高的实时压缩场景；
- LZ4 是 Snappy 的一个强有力的竞争对手，速度比 Snappy 更快，特别是解压速度；
- Zstd 是一个压缩新秀，压缩率比 LZ4 和 Snappy 都高不少，压缩和解压速度略慢；与 gzip 相比，压缩率不相上下，但压缩/解压速度要快很多。

对于数据库，在计算机世界的太古代，为 I/O 做优化的 Btree 的地位一直是不可撼动的，为磁盘优化的 Btree block/page size 比较大，正好让传统数据压缩算法能得到较大的上下文，于是，基于 block/page 的压缩自然而然地被应用到了各种数据库中。在这个蛮荒时代，内存的性能、容量与磁盘的性能、容量泾渭分明，各种应用对性能的需求也比较小，大家相安无事。

现在，我们有了 SSD、PCIe SSD、3D XPoint 等，内存也越来越大，块压缩的缺点也日益突出：

- 块选小了，压缩率不够；块选大了，性能没法忍；
- 更致命的是，块压缩节省的只是更大且更便宜的磁盘、SSD；
- 不但没有节省更贵且更小的内存，反而更浪费了（双缓存问题）。

于是，对于很多实时性要求较高的应用，只能关闭压缩。

块压缩的原理

使用通用压缩技术（Snappy、LZ4、zip、bzip2、Zstd 等），按块/页（block/page）进行压缩（块大小通常是 4KB ~ 32KB，以压缩率著称的 TokuDB 块大小是 2MB ~ 4MB），这个块是逻辑块，而不是内存分页、块设备概念中的那种物理块。

启用压缩时，随之而来的问题是访问速度下降，这是因为：

- 写入时，很多条记录被打包在一起并压缩成一个个的块，使块变大，压缩算法可以获得更大的上下文，从而提高压缩率；相反，减小块的大小会降低压缩率。
- 读取时，即便是读取很短的数据，也需要先把整个块解压，再去读取解压后的数据。这样，块越大，同一个块内包含的记录数量就越多。为读取一条数据，所做的不必要解压就也就越多，性能也就越差。相反，块越小，性能越好。

启用压缩后，为了缓解以上问题，传统数据库一般都需要比较大的专用缓存，用来缓存解压后的数据，这样可以大幅提高热数据的访问性能，但又引起了双缓存的空间占用问题：一是操作系统缓存中的压缩数据；二是专用缓存（例如 RocksDB 中的 DB Cache）中解压后的数据。还有一个同样很严重的问题：专用缓存终归是缓存，当缓存未命中时，仍需要解压整个块，这就是慢 Query 问题的一个主要来源（慢 Query 的另一个主要来源是在操作系统缓存未命中时）。

这些都导致现有的传统数据库在访问速度和空间占用上是一个此消彼长、无法彻底解决的问题，只能采取一些折衷策略。

RocksDB 的块压缩

以 RocksDB 为例，RocksDB 中的 BlockBasedTable 就是一个块压缩的 SSTable，使用块压缩时，索引只定位到块，块的大小在 dboption 里设定，一个块中包含多条（key, value）数据，例如 M 条，这样索引的大小就减小到了 1/M：

- M 越大，索引的大小越小；
- M 越大，Block 的大小越大，压缩算法（gzip、Snappy 等）可以获得的上下文也越大，压缩率也就越高。

创建 BlockBasedTable 时，Key Value 被逐条填入 buffer，当 buffer 达到预定大小（块大小，当然，一般 buffer 的大小不会精确地刚好等于预设的块大小），就将 buffer 压缩并写入 BlockBasedTable 文件，并记录文件偏移和 buffer 中的第一个 Key（创建 index 要用），如果单条数据太大，比预设的块大小还大，这条数据就单独占一个块（单条数据不管多大也不会被分割成多个块）。所有 Key Value 写完以后，根据之前记录的每个块的起始 Key 和文件偏移，创建一个索引。所以在 BlockBasedTable 文件中，数据在前，索引在后，文件末尾包含元信息（作用相当于常用的 FileHeader，只是位置在文件末尾，所以叫作 footer）。

搜索时，先使用 searchkey 找到 searchkey 所在的 block，然后到 DB Cache 中搜索这个块，找到后就进一步在块中搜索 searchkey，如果找不到，就从磁盘/SSD 上读取这个块，解压后放入 DB Cache。RocksDB 中的 DB Cache 有多种实现，常用的包括 LRU Cache，还有 Clock Cache、Counting Cache（用来统计 Cache 命中率等），以及其他一些特殊的 Cache。

在一般情况下，操作系统会有文件缓存，所以同一份数据可能既在 DB Cache 中（解压后的数据），又在操作系统 Cache 中（压缩的数据），但这样会造成内存浪费，所以 RocksDB 提供了一个折衷：在 dboption 中设置 DIRECT_IO 选项，绕过操作系统 Cache，这样就只有 DB Cache，可以节省一部分内存，但在一定程度上会降低性能。

传统非主流压缩：FM-Index

FM-Index 的全称是 Full Text Matching Index，属于 Succinct Data Structure 家族，对数据有一定的压缩能力，并且可以直接在压缩的数据上执行搜索和访问。

FM-Index 的功能非常丰富，历史也相当悠久，不算是一种新技术，在一些特殊场景下已经得到广泛应用，但是因为各种原因，一直不温不火。最近几年，FM-Index 开始有些活跃，首先是在 GitHub 上有个大牛实现了全套 Succinct 算法，其中包括 FM-Index，其次 Berkeley 的 Succinct 项目也使用了 FM-Index。

FM-Index 属于 Offline 算法（一次性压缩所有数据，压缩好之后不可修改），一般基于 BWT 变换（BWT 变换基于后缀数组），压缩好的 FM-Index 支持以下两个最主要的操作：

- data = extract(offset, length);
- {offset} = search(string)，返回多个匹配 string 的位置/偏移（offset）。

FM-Index 还支持更多的其他操作，感兴趣的朋友可以进一步调研。

但是，在笔者看来，FM-Index 有以下几个致命的缺点：

- 实现太复杂（这一点可以被少数大牛们克服，不提也罢）；
- 压缩率不高（比流式压缩如 gzip 差太多）；
- 搜索（search）和访问（extract）速度都很慢（在 2016 年最快的 CPU i7-6700K 上，单线程吞吐率不超过 7MB/sec）；
- 压缩过程又慢又耗内存（Berkeley 的 Succinct 压缩过程的内存消耗是源数据的 50 倍以上）；
- 数据模型是 Flat Text，不是数据库的 KeyValue 模型。

可以用一种简单的方式把 Flat Model 转化成 KeyValue Model：挑选一个在 Key 和 Value 中都不会出现的字符 "#"（如果无法找出这样的字符，则需要进行转义编码），在每个 Key 前后都插入该字符，Key 之后紧邻的就是 Value。如此，search(#key#) 返回了 #key# 出现的位置，我们就能很容易地拿到 Value 了。

Berkeley 的 Succinct 项目在 FM-Index 的 Flat Text 模型上实现了更丰富的行列（Row-Column）模型，付出了巨大的努力，达到了一定的效果，但离实用还相差太远。

感兴趣的朋友可以仔细调研 FM-Index，以验证笔者的总结与判断。

Terark 的可检索压缩（Searchable Compression）

Terark 公司提出了"可检索压缩（Searchable Compression）"的概念，其核心也是直接在压缩的数据上执行搜索（search）和访问（extract），但数据模型本身就是 KeyValue 模型，根据其测试报告，速度要比 FM-Index 快得多（两个数量级），具体阐述如下：

- 摒弃传统数据库的块压缩技术，采用全局压缩；
- 对 Key 和 Value 使用不同的全局压缩技术；
- 对 Key 使用有搜索功能的全局压缩技术 CO-Index（对应 FM-Index 的 search）；
- 对 Value 使用可定点访问的全局压缩技术 PA-Zip（对应 FM-Index 的 extract）。

对 Key 的压缩：CO-Index

我们需要对 Key 进行索引，才能有效地进行搜索，并访问需要的数据。

对于普通的索引技术，索引的大小比索引中的原始 Key 大很多，有些索引使用前缀压缩，能在一定程度上缓解索引的膨胀，但仍然无法解决索引占用内存过大的问题。

我们提出了 CO-Index（Compressed Ordered Index）的概念，并且通过一种叫作 Nested Succinct Trie 的数据结构实践了这一概念。

较之实现索引的传统数据结构，Nested Succinct Trie 的空间占用小十几倍甚至几十倍。而在保持该压缩率的同时，还支持丰富的搜索功能：

- 精确搜索；
- 范围搜索；
- 顺序遍历；
- 前缀搜索；
- 正则表达式搜索（不是逐条遍历）。

与 FM-Index 相比，CO-Index 也有其优势（假定 FM-Index 中所有的数据都是 Key），如表 1 所示。

表 1　FM-Index 对比 CO-Index

功能	◆ CO-Index 用来实现 FM-Index 概念中的 search 操作，这个 search 返回一个内部 ID，该 ID 被用来访问相应的 value； ◆ 如果我们先有 ID，则也可以用 ID 来 extract 相应的 key
性能	CO-Index 的搜索速度在一般情况下是 FM-Index 的 3 倍以上
压缩率	CO-Index 的压缩率在一般情况下是 FM-Index 的 4 倍以上

CO-Index 的原理

实际上，我们实现了很多种 CO-Index，其中 Nested Succinct Trie 是适用性最广的一种，在这里对其原理做一个简单介绍。

Succinct Data Structure 介绍

Succinct Data Structure 是一种能够在接近于信息论下限的空间内来表达对象的技术，通常使用位图来表示，用位图上的 rank 和 select 来定位。

虽然能够极大降低内存占用量，但实现起来较为复杂，并且性能低很多（时间复杂度的常数项很大）。目前开源的有 SDSL-Lite，我们则使用自己实现的 Rank-Select，性能也高于开源实现。

以二叉树为例

传统的表现形式是在一个结点中包含两个指针：struct Node { Node *left, *right; };

每个结点占用 2ptr，如果我们对传统方法进行优化，则结点指针用最小的 bits 数来表达，N 个结点就需要 $2 * \lceil log_2(N) \rceil$ 个 bits。

- 对比传统基本版和传统优化版，假设共有216个结点（包括null结点），则传统优化版需要 2 bytes，传统基本版需要 4/8 bytes
- 对比传统优化版和 Succinct，假设共有 10 亿（~2^{30}）个结点
  - 传统优化版的每个指针占用 $\lceil log_2(2^{30}) \rceil$ = 30 bits，总内存占用：$\frac{2+30}{8} * 2^{30} \approx 7.5GB$
  - 使用 Succinct，占用：$\frac{2.5}{8} * 2^{30} \approx 312.5MB$（每个结点 2.5 bits，其中 0.5bits 是 rank-select 索引占用的空间）

Succinct Tree

Succinct Tree 有很多种表达方式，这里列出常见的两种，如图 1 所示。

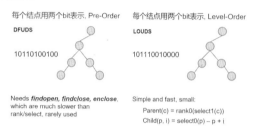

图 1　Succinct Tree 表达方式示例

Succinct Trie = Succinct Tree + Trie Label

Trie 可以用来实现 Index，图 2 这个 Succinct Trie 用的是 LOUDS 表达方式，其中保存了 hat、is、it、a 四个 Key。

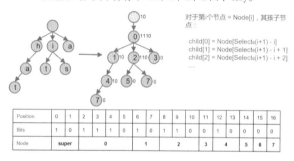

图 2　用 LOUDS 方式表达的 Succinct Tree

Patricia Trie 加嵌套

仅使用 Succinct 技术，压缩率远远不够，所以又应用了路径压缩和嵌套，如图 3 所示。这样一来，压缩率就上了一个新台阶。

把上面这些技术综合到一起，就是我们的 Nest Succinct Trie。

对 Value 的压缩：PA-Zip

我们研发了一种叫作 PA-Zip（Point Accessible Zip）的压缩技术：每条数据关联一个 ID，数据压缩好之后，就可以用相应的 ID 访问这条数据。这里，ID 就是那个 Point，所以叫作 Point Accessible Zip。

PA-Zip 对整个数据库中的所有 Value（KeyValue 数据库中所有 Value 的集合）进行全局压缩，而不是按 block/page 进行压缩。这是针对数据库的需求（KeyValue 模型）专门设计的一种压缩算法，用来解决传统数据库压缩的问题。

它压缩率更高，没有双缓存的问题，只要把压缩后的数据装进内存，不需要专用缓存，可以按 ID 直接读取单条数据，如果把这种单条数据的读取看作一种解压，那么：

- 按 ID 顺序解压时，解压速度（Throughput）一般在 500MB/s（单线程），最高达到约 7GB/s，适合离线分析性需求，传统数据库压缩也能做到这一点；
- 按 ID 随机解压时，解压速度一般在 300MB/s（单线程），最高达到约 3GB/s，适合在线服务需求，这一点完胜传统数据库压缩：按随机解压 300MB/s 算，如果每条记录的平均长度为 1K，相当于 QPS = 30 万；如果每条记录的平均长度为 300 个字节，则相当于 QPS = 100 万；
- 预热（warmup），在某些特殊场景下，数据库可能需要预热。因为去掉了专用缓存，所以 TerarkDB 的预热相对简单高效，只要把 mmap 的内存预热一下（避免 Page Fault 即可），数据库加载成功后就是预热好的，这个预热的 Throughput 就是 SSD 连续读的 I/O 性能（较新的 SSD 读性能超过 3GB/s）。

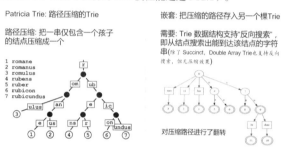

图 3　路径压缩与嵌套

与 FM-Index 相比，PA-Zip 解决的是 FM-Index 的 extract 操作，但性能和压缩率都要好得多，如表 2 所示。

表 2　FM-Index 对比 PA-Zip

功能	对应 FM-Index 的 extract 操作
性能	比 FM-Index 的 extract 快 100 倍以上
压缩率	比 FM-Index 的压缩率高 3 倍以上

结合 Key 与 Value

Key 以全局压缩的形式保存在 CO-Index 中，Value 以全局压缩的形式保存在 PA-Zip 中。搜索一个 Key，会得到一个内部 ID，根据这个 ID，去 PA-Zip 中定点访问该 ID 对应的 Value，在整个过程中只触碰需要的数据，不需要触碰其他数据。

如此无须专用缓存（例如 RocksDB 中的 DB Cache），仅使用 mmap，完美配合文件系统缓存，则整个 DB 只有 mmap 的文件系统缓存，再加上超高的压缩率，大幅降低了内存用量，并且极大简化了系统的复杂性，最终完成数据库性能的大幅提升，从而同时实现了超高的压缩率和随机读性能。

从更高的哲学层面来看，我们的存储引擎很像用构造法推导出来的，因为 CO-Index 和 PA-Zip 紧密配合，完美匹配 KeyValue 模型，功能上"刚好够用"，在性能上压榨硬件极限，压缩率逼近信息论的下限，相比其他方案有如下特点。

- 传统块压缩是从通用的流式压缩衍生而来的，流式压缩的功能非常有限，只有压缩和解压两个操作，对太小的数据块没有压缩效果，也无法压缩数据块之间的冗余。把它用到数据库上，需要大量的工程努力，就像给汽车装上飞机机翼，然后让它飞起来。
- 相比 FM-Index 则情况相反，FM-Index 的功能非常丰富，它就必然要为此付出一些代价——压缩率和性能。而在

KeyValue 模型中，我们只需要它那些丰富功能的一个非常小的子集（还要经过适配和转化），其他更多的功能毫无用武之地，却仍然要付出那些代价，就像我们花了很高的代价造了一架飞机，却把它放在地上，只用轮子跑，只当汽车用。

附录

压缩率 & 性能测试比较

数据集：Amazon movie data

Amazon movie data (~8 million reviews)，数据集的总大小约为 9GB，记录数大约为 800 万条，平均每条数据的长度大约为 1K。

Benchmark 代码开源：参见 GitHub 仓库（https://github.com/Terark/terarkdb-benchmark/tree/master/doc/movies）。

- 压缩率（见图 4）
- 随机读（见图 5）

这是在内存足够的情况下各个存储引擎的性能。

- 延迟曲线（见图 6）

数据集：Wikipedia 英文版

Wikipedia 英文版的所有文本数据，有 109GB，被压缩到 23GB。

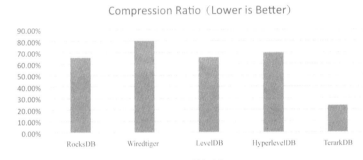

图 4 压缩率对比

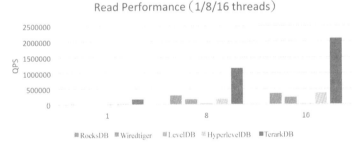

图 5 随机读性能对比

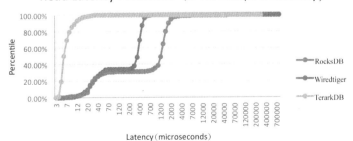

图 6 延迟曲线对比

数据集：TPC-H

在 TPC-H 的 lineitem 数据上使用 TerarkDB 和原版 RocksDB（BlockBasedTable）进行对比测试，如表 2 所示。

表 2 TerarkDB 与原版 RocksDB 对比测试

Key 平均长度	23 字节	所有数据都是文本形式，未做任何转换，Key 也一样是文本形式
Value 平均长度	592 字节	
Comment 字段（属于 Value 的一员）	512 字节	TerarkDB 修改了 TPC-H 的 dbgen 代码，使得用户可以自定义 comment 字段的长度
数据条数	约 9 亿条	
压缩前总大小	550 GB	
压缩后总大小	47 GB	full compact 压缩后的大小，RocksDB 原版 full compact 只能压缩到 210GB
随机读 QPS	2,230,000	RocksDB 原版 QPS 只有 3000 左右
CPU	16 核 32 线程	两个至强 E5-2630 v3
内存	64GB	TerarkDB 实际使用 49GB，其中包括用来进行随机读的 Key 占用的内存约 2GB，RocksDB 原版则耗尽了所有内存

API 接口

TerarkDB = Terark SSTable + RocksDB

RocksDB 最初是 Facebook 对 Google 的 LevelDB 的一个 fork，在编程接口上兼容 LevelDB，并增加了很多改进。

RocksDB 对我们有用的地方在于其 SSTable 支持 plugin，所以我们实现了一个 RocksDB 的 SSTable，将我们的技术优势通过 RocksDB 发挥出来。

虽然 RocksDB 提供了一个相对完整的 KeyValue DB 框架，但要完全适配我们特有的技术，仍有一些欠缺，所以需要对 RocksDB 本身也做一些修改。将来可能有一天我们会将自己的修改提交到 RocksDB 官方版。

Github 链接：TerarkDB（https://github.com/Terark/terarkdb），TerarkDB 包括两部分：

- terark-zip-rocksdb（https://github.com/terark/terark-zip-rocksdb），为 Terark SSTable for rocksdb。
- Terark fork rocksdb（https://github.com/Terark/rocksdb），必须使用这个修改版的 rocksdb。

为了更好的兼容性，TerarkDB 对 RocksDB 的 API 没有做任何修改，为了进一步方便用户使用 TerarkDB，我们甚至提供了一种方式：程序无须重新编译，只需要替换 librocksdb.so 并设置几个环境变量，就能体验 TerarkDB。

如果用户需要更精细的控制，则可以使用 C++ API 详细配置 TerarkDB 的各种选项。

目前大家可以免费试用，可以做性能评测，但是不能用于生产环境，因为试用版会随机删掉 0.1% 的数据。

Terark 命令行工具集

我们提供了一组命令行工具，这些工具可以

将输入数据压缩成不同的形式，压缩后的文件可以使用Terark API 或（该工具集中的）其他命令行工具解压或定点访问。

详情参见 Terark wiki 中文版（https://github.com/Terark/terark-wiki-zh_cn）。 Ⓟ

浅谈分布式事务控制在银行应用的实现

文 / 刘文涛

对于分布式数据库而言，分布式事务控制是重点和难点，一直以来没有成熟的方案可以突破 CAP 理论，几乎每个分布式数据库研发团队都在分布式事务控制方案上结合了各自的应用特点，进行了有针对性的取舍，可以说是八仙过海各显神通。以下谈谈笔者对分布式事务控制的理解。

分布式事务控制的最终目标是实现一致性，方案大体分为实时一致性和最终一致性两种。两阶段提交是比较典型的实时一致性方案，提供补偿事务和基于消息队列的异步处理方案是最终一致性方案。两阶段提交由于存在同步阻塞及脏读可能性等问题，在某些银行的应用场景下无法使用，如果将隔离级别修改为串行化，则可以解决脏读问题，但对性能影响较大。基于消息队列的异步处理方案将事务拆分成多个本地子事务，子事务之间通过消息队列衔接，实现串行执行，单个子事务占用资源的时间很短，并发度高。如果最终一致性方案被应用到银行的应用中势必影响用户体验，而且对应用侵略性较大，实施成本高。

在分析了以上事务处理方案的优缺点之后，我们根据银行业务对实时一致性的要求，并考虑到用户体验和实施成本的影响，提出了基于全局事务 ID（Global Transaction ID，以下简称 GTID）的分布式事务解决方案。

基本原理

在基于 GTID 的分布式事务方案（以下简称本方案）中，我们把协调参与者和记录全局事务状态这两个功能分开，用计算节点协调各事务参与者进行事务操作，全局事务管理器仅管理全局事务的状态。为了确保事务状态正常，全局事务管理采用了实时持久化和实时同步到备机等多重保障机制。本方案的事务管理架构如图 1 所示。

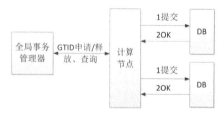

图 1　基于 GTID 的分布式事务管理方案

■ 两（三）阶段提交的核心思想是通过前期的多次准备和协调工作，尽可能让最后的提交操作能够成功。而本方案认为大部分事务都可以一次提交成功，因此采用了一阶段提交 + 补偿事务的方式，如果事务在提交阶段有部分节点提交失败，则本方案将回滚已成功提交的事务，而不是让失败的节点不断重试。与两（三）阶段提交相比，本方案在大部分情况下减少了与数据节点的交互次数，降低了锁冲突概率，提升了事务处理效率。

■ 建表时增加一个隐藏字段，用于记录 GTID。

■ 每个事务开始时为其申请一个 GTID，该 GTID 是全局唯一且单调递增的，GTID 申请成功后，我们称该 GTID 为活跃（Active）状态，对应该 GTID 的事务状态为未提交状态，若涉及数据更新，则将 GTID 更新到本事务将要更新的数据中，事务成功提交后,将 GTID 释放,此时我们称GTID为非活跃(UnActive)状态，对应的事务状态为已提交状态。

■ 当事务提交失败时，提交失败节点会自动回滚，对于已成功提交的节点，需要将其回滚，数据恢复到更新前的状态，全部节点回滚完成后，同样需要将 GTID 释放。

事务的原子性

保证事务的原子性是分布式事物的最大难点，在分布式环境下，保证事务原子性主要有两种方案，一种是在提交命令发出后不回滚，尽可能保证提交成功；另一种是在提交命令发出后，根据响应结果判断是提交成功还是该进行回滚。

我们采用的是第 2 种方案，由于我们的方案采用的是普通事务的提交方式，目前的主流数据库在本地事务提交后都不能回滚，所以我们必须自己实现已提交事务的回滚。已提交事务的回滚架构如图 2 所示。

图 2　已提交事务回滚示意图

在每个数据节点上部署一个回滚模块用于已提交事务的回滚，当部分数据节点提交失败时，计算节点向已经提交成功的数据库节点的回滚模块发送已提交事务的回滚命令，该命令中包含事务对应的 GTID，回滚模块根据 GTID 进行回滚，步骤如下。

■ 定位：根据 GTID 的相关信息定位要进行分析的数据库日志文件列表。

■ 查询：遍历数据库的日志文件，找到 GTID 对应的事务日志块。

■ 分析：分析日志块，为事务中的每条 SQL 语句生成反向 SQL 语句。

■ 执行回滚：将所有反向 SQL 语句逆序执行，并保证放在一个事务中。

由于该回滚操作不是数据库的原生回滚机制，所以在实际使用中需要经过大量优化才能保证回滚的性能达到可用级别。

事务的一致性

在单机数据库事务中，事务的一致性是指事务的任何操作都不会使得数据违反数据库定义的约束、触发器等规则。在分布式数据库中，由于数据分布在不同的节点，有些约束难以保证，比如主键和唯一性约束。中信银行当前实现的版本未从数据库本身保证该约束的完整性，只能从使用规范的角度进行约束，由应用保证主键和唯一索引的全局唯一性。

事务的隔离性

事务隔离性的本质就是如何正确处理读写冲突和写写冲突，这在分布式事务中又是一个难点，因为在我们的分布式事务控制方案中可能会出现提交不同步的现象，这时就有可能出现"部分已经提交"的事务。一旦并发应用访问"已经提交"节点中的数据，就需要根据 GTID 的状态来判断是"部分提交"还是"全部提交"，否则就出现了分布式数据库中特有的一种"脏读"。因此 GTID 方案可以确保分布式事务的隔离性。

事务的持久性

和单机一样，分布式事务也需要保证事务的持久性，通过单节点数据的持久化和全局事务状态的持久化来完成，数据的持久化由单节点数据库保证，全局事务状态的持久化由全局事务管理器负责，全局事务管理器采用定时全量和实时增量方式实现事务状态的持久化：将 GTID 申请和释放的动作实时写到磁盘上，同时每隔一定的时间将全局事务管理中的活跃 GTID 列表以异步方式写到磁盘上，通过定时的全量活跃 GTID 列表和实时的增量记录，可以获得任意时刻的活跃 GTID 列表。

异常处理

在分布式环境下，事务处理涉及的组件、服务器和网络比单机复杂太多，各个环节都可能出现故障，因此异常处理也成为分布式事务的重点。根据故障环节的不同，可分为数据节点异常、计算节点异常和全局事务管理器异常。

数据节点异常

数据节点异常时，全局事务将无法提交，已经提交的本地事务将会被回滚。具体考虑如下几个场景（假设分布式事务涉及三个数据节点：DB1、DB2、DB3，其中 DB2 发生了异常）。

■ 分布式事务还未发起提交：向 DD1、DB3 发起回滚操作，DB2 的回滚由数据节点自身保证。

■ 分布式事务已经发起提交：在 DB2 上也已提交，但结果未知，此时需要向所有数据节点发起已提交的事务回滚。

计算节点异常

分布式事务正常运行时，计算节点（假设为计算节点 A）发生异常，与数据节点集群及客户端的所有连接都已中断，计算节点上未提交的事务由数据节点自动回滚。客户端通过其他计算节点（假设为计算节点 B）重新建立连接并进行数据库集群访问，不会影响业务新发起的事务，但由于计算节点 A 异常时，处于部分已提交状态的事务无法结束，所以计算节点 B 上的事务一旦访问到这些事务涉及的数据，就会被阻塞，直到这些事务回滚。

具体内容可参考以下两种场景：

■ 在每台计算节点上部署监控程序，当计算节点异常时，监控程序将重启计算节点，重启完成后由计算节点自己与全局事务管理器交互并完成异常事务的回滚；

■ 如果计算节点服务器已经宕机且无法启动或者监控程序无法重启计算节点服务，则由计算节点管理器协调对等的计算节点（该集群的其他计算节点），完成异常事务的回滚。

全局事务管理器异常

全局事务管理器采用主备部署，申请或释放 GTID 时通过实时同步到各机内存、实时增量持久化到本地磁盘、定时全量持久化三重保护机制确保全局事务信息不丢失。在单机异常时会进行主备切换，在双机都异常时，需通过持久化的全局事务信息进行恢复。

组合异常

对于组合异常，可考虑如下两种场景。

■ 数据节点和计算节点同时异常。数据节点和计算节点走各自的异常处理流程即可解决问题，影响的是计算节点上的当前活跃事务及涉及异常数据节点上的活跃事务的合集。

■ 数据节点、计算节点和全局事务管理器全部异常。此时全局事务管理器上所有的 GTID 都需要回滚，可能需要先配置额外的计算节点，并通过计算节点管理器触发所有活跃事务的回滚。对具体流程分析如下：

- 对于所有未发起提交操作的分布式事务，数据节点恢复后将自动回滚；
- 恢复计算节点，若计算节点不能恢复，则需要配置额外的计算节点；
- 由恢复后的计算节点或者计算节点管理器协调新的计算节点并处理活跃事务的回滚，其中未发起提交操作的事务不会发生实际回滚动作（由第一步中的数据节点回滚），已经发起提交操作的事务将由数据节点上的回滚模块完成回滚。

ColumnStore 在大数据中的应用实践

文 / 陈兴隆

随着企业数据量的急速增长，为了满足业务的需求，大数据统计早已成为迫切的需求。在引擎排行榜上 MySQL 已经长期处于第二位，但大数据统计并没有明显突破。

MySQL 的解决方案包括 Infobright、Greenplum、Spark 等，与之更为密切的是 Infobright，但是在多表连接场景下，性能会大幅下降（且特殊功能需要付费）。而 ColumnStore 的出现则弥补了此处的空缺，是 MariaDB 在 OLAP 领域的解决方案的突破。ColumnStore 是 InfiniDB 与 MariaDB 10.1 的结合体，目前已经正式发布,拥有计算能力及存储线性扩展、高压缩比、MySQL协议兼容、自动水平和垂直分区、扩展窗口函数等特点。如果你正在寻找性能及存储线性扩展、学习成本低、易维护且兼具数据安全及审计的数据仓库解决方案,相信ColumnStore会给你带来不小的惊喜。

图1是来自官方的ColumnStore结构图。

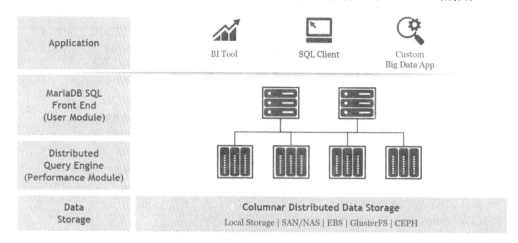

图1 ColumnStore架构图

UM:MariaDB SQL FRONT End(User Module)。
PM:Distributed Query Engine(Performance Module)。

整体架构分为计算层和存储层,都是可扩展的,计算层需由以下几项主要进程构成。

- MariaDB(mysqld):收集用户请求的一个SQL入口,存储元数据信息。
- Execution Manager:解析语法树,转化成任务列表(JOB LIST),包括优化、取数据、(HASH)JOIN、汇总、分组。
- DMLProc / DDLProc:将DML / DDL语句发送到指定的PM执行。
- Performance Module:接受Execution Manager发送过来的任务调度,进行分布式扫描、(HASH)JOIN与汇总。

由此,我们能清晰地理解整个处理流程:MariaDB在收到用户的SQL请求后,通过执行管理器将SQL转化为任务列表,再由DMLProc/DDLProc发送任务给PM,最后PM将结果返回给UM进行汇总,并返回结果给客户端。

优势

存储、性能、兼容、扩展

为了解决在大数据统计性能上的问题,我们对比了Infobright和ColumnStore两种解决方案,最终选择了ColumnStore,如表1所示。

表1 数仓方案对比表

对比/方案	InnoDB	InfoBright	ColumnStore
存储	低	高	高
扩展	低	高	高
性能	低	高	高
兼容	高	中	中

- 对于存储而言,InnoDB本身的压缩率并不高,有1倍左右。相比之下,Infobright的压缩率相对最高,有20倍之多;ColumnStore则比较适中,为5倍左右。为了追求高压缩比的历史数据存档,很明显使用Infobright社区版是很好的方案。
- InnoDB自身的扩展性并不高,需要外部中间件来实现分库分表,因此被给予扩展性低的评价;Infobright也可以部署集群,因此其扩展性被给予高评分;同样ColumnStore也是易于扩展的分布式方案。
- 在性能方面,InnoDB的OLTP性能远高于后两者,在数据仓库中提供在线服务时,可以考虑用InnoDB来存储,但统计性能相差甚远;由于在Infobright中存在Knowledge Grid(知识网格),又使用了列式存储来压缩数据,所以在数据量超过内存容量的情况下,对单列的统计表现卓越,100倍的性能提升就成了极轻松的事,但如果统计字段增加或多表查询,性能也就极速下降。ColumnStore不仅拥有单列高速统计的优势,在多表连接的场景下也表现不俗,当然,字段越多,性能越下降,但下降后的速度仍可以让人接受。
- Infobright的社区版不支持DML,因此语法兼容性存在很大的问题,对查询的支持尚佳;ColumnStore本身开源,但语法也略有不同,例如在多表连接时不能对同一个表进行多次连接,分组查询字段(SELECT COLUMN LIST)必须要在分组列表(GROUP BY LIST)中。

窗口函数

窗口函数(Windowing Function)在数仓的场景下非常有用,在分析App中的行为路径时,能很简单地把用户的使用路径串联起来。

性能优势

若想了解ColumnStore的性能表现,则请移步查看Percona的性能测试对比(https://www.percona.com/blog/2010/01/07/star-schema-bechmark-infobright-infinidb-and-luciddb/)。

限制

数据类型不一致

InnoDB支持的数据类型有:

- TINYINT / SMALLINT / MEDIUMINT / INT 或 INTEGER / BIGINT

- FLOAT / DOUBLE / DECIMAL
- CHAR / VARCHAR / TINYBLOB / BLOB / MEDIUMBLOB / LOGNGBLOB / TINYTEXT / TEXT / MEDIUMTEXT / LONGTEXT / VARBINARY / BINARY
- DATE / TIME / YEAR / DATETIME / TIMESTAMP
- ENUM / SET

ColumnStore 支持的数据类型有：
- TINYINT / SMALLINT / INT 或 INTERGER / BIGINT
- FLOAT / DOUBLE / DEAL / DECIMAL 或 NUMBER
- CHAR / VARCHAR
- DATE / DATETIME

通过对比可知，ColumnStore 不支持的数据类型有：MEDIUMINT、BLOB、TEXT、BINARY、TIMESTAMP、TIME、YEAR、ENUM、SET。

对于不支持的数据类型，我们通过类型转换来保证兼容性，规则如表 2 所示。

表 2 类型转换对照表

数据类型	原始类型	转换类型
整型	MEDIUMINT	BIGINT
字符串	TEXT	VARCHAR
时间	TIMESTAMP	DATETIME
枚举	ENUM	VARCHAR

字符类型长度限制

ColumnStore 的字符串类型字段最长为 8000，否则报语法错误。也许在 ColumnStore 工程师的眼中，过长的字符不具有很好的分析意义，加之如果文本过大，则应该不利于列式存储发挥压缩统计的优势，这可能正是 8000 长度限制的由来（纯属个人猜测）。在大多数场景下需要把过长的文本截断以保证系统之间的兼容性。如果业务对此类文本内容依赖较强，则建议在原数据中拆分为多行处理。

表总字段总长度限制

对于长度的限制，不仅字段的长度有限制，在一个表中多字段的长度总和也有限制。虽然碰见的情况比较少，但也不容忽视。

中文字符长度的限制

MySQL 的老司机都知道，MySQL 在早期版本里对字符串长度的定义为字节长度（一个汉字占用三个字节），在后面的版本里才定义为字符数（一个汉字占用一个长度），但 ColumnStore 或者 InfiniDB 都占用了三个字节。如果你的中文字符串莫名其妙地被截断了，则很可能是出现了这个问题，即 VARCHAR(3) 类型的字段只能存储一个汉字。

窗口函数的视图

如果在 SQL 中包含了窗口函数，那么在创建视图时会报错。

建表限制

不支持 primary key/auto_increment/index 等 DDL 语句，表名不支持关键字。

建议

由于碰到了 ColumnStore 如此多的限制，使用者很容易出错，建议自己写脚本将建表、数据抽取做到自动化，省时省力，其中可能包含的功能建议有：
- 创建表结构；
- 字段数据类型转换；
- 字段长度转换；
- 数据库 / 表名称变更。

有了以上四点，就不用人工审核每个字段应该用什么类型和多大的长度，如果表的名字还是个关键字（那就更糟糕了），则只有把名字改掉了，比如可以加个前缀。
- 多线程数据抽取；
- 数据增量抽取；

当数据量到一定程度时，从原数据库中抽取数据会成为瓶颈，此时如果能多线程抽取，则可谓如虎添翼。之前等两个小时才能抽取完的任务，现在 10 分钟就能完成。如果再加上增量抽取，则可以再节省 5 分钟。
- 字段忽略。

前面讲过，ColumnStore 的字段长度和表总宽度有限制，但我们不能控制业务表设计，因而只能适应，所以如果有了字段忽略的功能，则直接忽略没有分析统计意义的字段，就可以很方便地抽取数据了。

Redis Cluster 探索与思考

文 / 张冬洪

Redis Cluster 的基本原理和架构

Redis Cluster 是分布式 Redis 的实现。随着 Redis 版本的更替，以及各种已知 bug 的 fixed，在稳定性和高可用性上有了很大的提升和进步，越来越多的企业将 Redis Cluster 实际应用到线上业务中，通过社区获取到反馈社区的迭代，为 Redis Cluster 成为一个可靠的企业级开源产品，在简化业务架构和业务逻辑方面都起着积极、重要的作用。下面以 Redis Cluster 的基本原理为起点，开启 Redis Cluster 在业界的分析与思考之旅。

基本原理

Redis Cluster 的基本原理可以从数据分片、数据迁移、集群通信、故障检测及故障转移等方面进行了解，Cluster 相关的代码也不是很多，注释也很详细，可自行查看，地址是：https://github.com/antirez/redis/blob/unstable/src/cluster.c。这里由于篇幅的原因，主要从数据分片和数据迁移两方面进行详细介绍。

数据分片

Redis Cluster 在设计中没有使用一致性哈希（Consistency

Hashing），而是使用数据分片（Sharding）引入哈希槽（hash slot）来实现；一个 Redis Cluster 包含 16384（0～16383）个哈希槽，存储在 Redis Cluster 中的所有键都会被映射到这些 slot 中，集群中的每个键都属于这 16384 个哈希槽中的一个，集群使用公式 slot=CRC16（key）/16384 来计算 key 属于哪个槽，其中 CRC16(key) 语句用于计算 key 的 CRC16 校验和。

集群中的每个主节点（Master）都负责处理 16384 个哈希槽中的一部分，当集群处于稳定状态时，每个哈希槽都只由一个主节点进行处理，每个主节点可以有一个到 N 个从节点（Slave），当主节点出现宕机或网络断线等不可用时，从节点能自动提升为主节点进行处理。

如图 1 所示，ClusterNode 数据结构中的 slots 和 numslots 属性记录了节点负责处理哪些槽。其中，slot 属性是一个二进制位数组（bitarray），其长度为 16384/8=2048 Byte，共包含 16384 个二进制位。集群中的 Master 节点用 bit（0 和 1）来标识对于某个槽是否拥有。比如，对于编号为 1 的槽，Master 只要判断序列第二位（索引从 0 开始）的值是不是 1 即可，时间复杂度为 O(1)。

索引	0	1	2	…	16382	16383
值	1	1	0		1	0

集群中所有槽的分配信息都保存在 ClusterState 数据结构的 slots 数组中，程序要检查槽 i 是否已经被分配或者找出处理槽 i 的节点，只需访问 clusterState.slots[i] 的值即可，复杂度也为 O(1)。ClusterState 的数据结构如图 2 所示。

查找关系如图 3 所示。

数据迁移

数据迁移可以理解为 slot 和 key 的迁移，这个功能很重要，极大地方便了集群做线性扩展，以及实现平滑的扩容或缩容。那么它是一个怎样的实现过程？下面举个例子：现在要将 Master A 节点中编号为 1、2、3 的 slot 迁移到 Master B 节点中，在 slot 迁移的中间状态下，slot 1、2、3 在 Master A 节点的状态表现为 MIGRATING，在 Master B 节点的状态表现为 IMPORTING。

MIGRATING 状态

这个状态（如图 4 所示）是被迁移 slot 在当前所在 Master A 节点中出现的一种状态，预备迁移 slot 从 Mater A 到 Master B 时，被迁移 slot 的状态首先变为 MIGRATING 状态，当客户端请求的某个 key 所属的 slot 的状态处于 MIGRATING 状态时，会出现以下几种情况。

- 如果 key 存在则成功处理。
- 如果 key 不存在，则返回客户端 ASK，客户端根据 ASK 首先发送 ASKING 命令到目标节点，然后发送请求的命令到目标节点。
  - 当 key 包含多个命令时：
    - 如果都存在则成功处理；
    - 如果都不存在，则返回客户端 ASK；
    - 如果一部分存在，则返回客户端 TRYAGAIN，通知客户端稍后重试，这样当所有的 key 都迁移完毕，客户端重试请求时会得到 ASK，然后经过一次重定向就可以获取这批键。
- 此时并不刷新客户端中 node 的映射关系。

IMPORTING 状态

```c
typedef struct clusterNode {
    mstime_t ctime; /* Node object creation time. */
    char name[CLUSTER_NAMELEN]; /* Node name, hex string, sha1-size */
    int flags;      /* CLUSTER_NODE_... */
    uint64_t configEpoch; /* Last configEpoch observed for this node */
    unsigned char slots[CLUSTER_SLOTS/8]; /* slots handled by this node */
    int numslots;   /* Number of slots handled by this node */
    int numslaves;  /* Number of slave nodes, if this is a master */
    struct clusterNode **slaves; /* pointers to slave nodes */
    struct clusterNode *slaveof; /* pointer to the master node. Note that it
                                    may be NULL even if the node is a slave
                                    if we don't have the master node in our
                                    tables. */
    mstime_t ping_sent;      /* Unix time we sent latest ping */
    mstime_t pong_received;  /* Unix time we received the pong */
    mstime_t fail_time;      /* Unix time when FAIL flag was set */
    mstime_t voted_time;     /* Last time we voted for a slave of this master */
    mstime_t repl_offset_time; /* Unix time we received offset for this node */
    mstime_t orphaned_time;  /* Starting time of orphaned master condition */
    long long repl_offset;   /* Last known repl offset for this node. */
    char ip[NET_IP_STR_LEN]; /* Latest known IP address of this node */
    int port;                /* Latest known clients port of this node */
    int cport;               /* Latest known cluster port of this node. */
    clusterLink *link;       /* TCP/IP link with this node */
    list *fail_reports;      /* List of nodes signaling this as failing */
} clusterNode;
```

图 1　ClusterNode 数据结构

```c
typedef struct clusterState {
    clusterNode *myself;  /* This node */
    uint64_t currentEpoch;
    int state;            /* CLUSTER_OK, CLUSTER_FAIL, ... */
    int size;             /* Num of master nodes with at least one slot */
    dict *nodes;          /* Hash table of name -> clusterNode structures */
    dict *nodes_black_list; /* Nodes we don't re-add for a few seconds. */
    clusterNode *migrating_slots_to[CLUSTER_SLOTS];
    clusterNode *importing_slots_from[CLUSTER_SLOTS];
    clusterNode *slots[CLUSTER_SLOTS];
    zskiplist *slots_to_keys;
    /* The following fields are used to take the slave state on elections. */
    mstime_t failover_auth_time; /* Time of previous or next election. */
    int failover_auth_count;    /* Number of votes received so far. */
    int failover_auth_sent;     /* True if we already asked for votes. */
    int failover_auth_rank;     /* This slave rank for current auth request. */
    uint64_t failover_auth_epoch; /* Epoch of the current election. */
    int cant_failover_reason;   /* Why a slave is currently not able to
                                   failover. See the CANT_FAILOVER_* macros. */
    /* Manual failover state in common. */
    mstime_t mf_end;            /* Manual failover time limit (ms unixtime).
                                   It is zero if there is no MF in progress. */
    /* Manual failover state of master. */
    clusterNode *mf_slave;      /* Slave performing the manual failover. */
    /* Manual failover state of slave. */
    long long mf_master_offset; /* Master offset the slave needs to start MF
                                   or zero if stil not received. */
    int mf_can_start;           /* If non-zero signal that the manual failover
                                   can start requesting masters vote. */
    /* The followign fields are used by masters to take state on elections. */
    uint64_t lastVoteEpoch;     /* Epoch of the last vote granted. */
    int todo_before_sleep;      /* Things to do in clusterBeforeSleep(). */
    long long stats_bus_messages_sent; /* Num of msg sent via cluster bus. */
    long long stats_bus_messages_received; /* Num of msg rcvd via cluster bus.*/
} clusterState;
```

图 2　ClusterState 数据结构

这个状态（如图 2 所示）是被迁移 slot 在目标 Master B 节点中出现的一种状态，预备迁移 slot 从 Mater A 到 Master B 时，被迁移 slot 的状态首先变为 IMPORTING 状态。在这种状态下，slot 对客户端的请求可能会有下面几种影响。

- 如果 key 不存在则新建。
- 如果 key 不在该节点上，命令就会被 MOVED 重定向，刷新客户端中 node 的映射关系。
- 如果是 ASKING 命令，则命令会被执行，从而 key 没在被迁移的节点中，在已经被迁移到目标节点的情况下，命令可以被顺利执行。

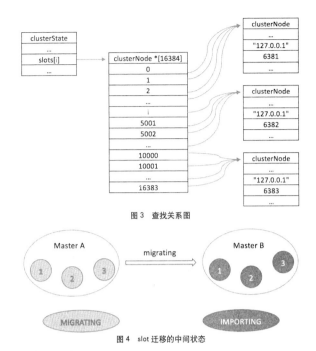

图3 查找关系图

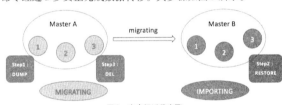

图4 slot迁移的中间状态

键空间迁移

这是完成数据迁移的重要一步，键空间迁移是指当满足了slot迁移前提的情况下，通过相关命令将slot 1、2、3中的键空间从Master A节点转移到Master B节点，这个过程由MIGRATE命令经过3步真正完成数据转移。其步骤如图5所示。

图5 表空间迁移步骤

经过上面三步可以完成键空间的数据迁移，然后将处于MIGRATING和IMPORTING状态的槽变为常态即可，从而完成整个重新分片的过程。

架构

实现细节如下。

- Redis Cluster 中的节点负责存储数据并记录集群的状态，集群中的节点能自动发现其他节点，检测出节点的状态，并在需要时剔除故障节点，提升新的主节点。
- Redis Cluster 中的所有节点通过 PING-PONG 机制彼此互联，使用一个二级制协议（Cluster Bus）进行通信，优化传输速度和带宽。在发现新的节点、发送 PING 包、特定情况下发送集群消息，集群连接能够发布与订阅消息。
- 客户端和集群中的节点直连，不需要中间的 Proxy 层。从理论上而言，客户端可以自由地向集群中的所有节点发送请求，但是每次不需要连接集群中的所有节点，只需要连接集群中任意可用节点即可。当客户端发起请求后，接收到重定意（MOVED\ASK）错误时，会自动重定向到其他节点，所以客户端无须保存集群的状态。不过客户端可以缓存键值和节点之间的映射关系，这样能明显提高命令执行的效率。

- Redis Cluster 中的节点之间使用异步复制，在分区的过程中存在窗口，容易导致丢失写入的数据，集群即使努力尝试所有写入，在以下两种情况下仍可能丢失数据。
  - 命令操作已经到达主节点，但在主节点回复的时候，写入可能还没有通过主节点复制到从节点那里。如果这时主节点宕机了，则这条命令将永久丢失，以防主节点长时间不可达而它的一个从节点已经被提升为主节点。
  - 分区导致一个主节点不可达，然而集群发送故障转移（failover），提升从节点为主节点，原来的主节点再次恢复。一个没有更新路由表（routing table）的客户端或许会在集群中把这个主节点变成一个从节点（新主节点的从节点）之前对它进行写入操作，导致数据彻底丢失。
- Redis 集群的节点不可用后，在经过集群半数以上Master节点与故障节点通信超过 cluster-node-timeout 时间后，认为该节点故障，从而使集群根据自动故障机制，将从节点提升为主节点。这时集群恢复可用。

Redis Cluster 的优势和不足

优势

- 无中心架构。
- 数据按照 slot 存储分布在多个节点，节点间的数据共享，可动态调整数据分布。
- 可扩展性，可线性扩展到 1000 个节点，节点可动态添加或删除。
- 高可用性，部分节点不可用时，集群仍可用。通过增加 Slave 做 standby 数据副本，能够实现故障自动 failover，节点之间通过 gossip 协议交换状态信息，用投票机制完成 Slave 到 Master 的角色提升。
- 降低运维成本，提高系统的扩展性和可用性。

不足

- Client 实现复杂，驱动要求实现 Smart Client，缓存 slots mapping 信息并及时更新，提高了开发难度，客户端的不成熟影响业务的稳定性。目前仅 JedisCluster 相对成熟，异常处理部分还不完善，比如常见的 "max redirect exception"。
- 节点会因为某些原因发生阻塞（阻塞时间大于 clutser-node-timeout），被判断下线，这种 failover 是没有必要的。
- 数据通过异步复制，不保证数据的强一致性。
- 多个业务使用同一套集群时，无法根据统计区分冷热数据，资源隔离性较差，容易出现相互影响的情况。
- Slave 在集群中充当"冷备"，不能缓解读压力，当然可以通过 SDK 的合理设计来提高 Slave 资源的利用率。

Redis Cluster 在业界有哪些探索

通过调研了解，目前业界对 Redis Cluster 的使用大致可以总结为 4 类。

直连型

直连型，又可以称之为经典型或者传统型，是官方的默认使用方式，架构图如图 6 所示。这种使用方式的优缺点在上面的介绍中已经有所说明，这里不再过多重复赘述。但值得一提的是，以这种方式使用 Redis Cluster 需要依赖 Smart Client，诸如连接维护、缓存路由表、MultiOp 和 Pipeline 的支持都需要在 Client 上实现，而且很多语言的 Client 目前都还没有（关于 Clients 的更多介绍请参考 https://redis.io/clients）。虽然 Client 能够进行定制化，但有一定的开发难度，客户端的不成熟将直接影响到线上业务的稳定性。

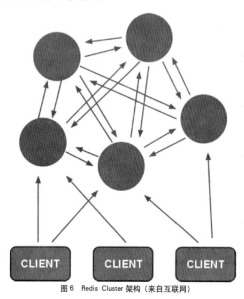

图 6　Redis Cluster 架构（来自互联网）

带 Proxy 型

在 Redis Cluster 还没有那么稳定的时候，很多公司都已经开始探索分布式 Redis 的实现了，比如有基于 Twemproxy 或者 Codis 的实现，下面介绍唯品会基于 Twemproxy 架构的例子（不少公司的分布式 Redis 的集群架构都经历过这个阶段），如图 7 所示。

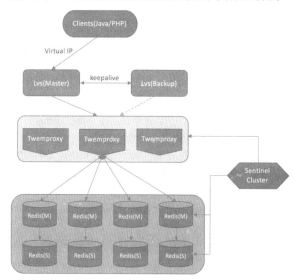

图 7　Redis 基于 Twemproxy 的架构实现（来自互联网）

这种架构的优点和缺点也比较明显。

优点：

- 后端的 Sharding 逻辑对业务透明，业务方的读写方式和操作单个 Redis 一致；
- 可以作为 Cache 和 Storage 的 Proxy，Proxy 的逻辑和 Redis 资源层的逻辑是隔离的；
- Proxy 层可以用来兼容那些目前还不支持的 Clients。

缺点：

- 结构复杂，运维成本高；
- 可扩展性差，进行扩缩容都需要手动干预；
- failover 逻辑需要自己实现，其本身不能支持故障的自动转移；
- Proxy 层多了一次转发，性能有所损耗。

因此，我们知道 Redis Cluster 和基于 Twemproxy 结构使用的优缺点，于是就出现了下面的这种架构，糅合了二者的优点，尽量规避二者的缺点，架构如图 8 所示。

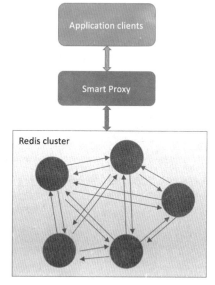

图 8　Smart Proxy 方案架构

目前我们了解到的业界 Smart Proxy 的方案有基于 Nginx Proxy 和自研的，自研的如饿了么开源部分功能的 Corvus，优酷土豆则通过 Nginx 来实现，滴滴也在展开基于这种方式的探索。选用 Nginx Proxy 主要是考虑到 Nginx 的高性能，包括异步非阻塞处理方式、高效的内存管理，以及和 Redis 一样都是基于 epoll 事件驱动模式等优点。优酷土豆的 Redis 服务化就是采用这种结构。

优点：

- 提供一套 HTTP Restful 接口，隔离底层资源，对客户端完全透明，跨语言调用变得简单；
- 升级维护较为容易，维护 Redis Cluster，只需平滑升级 Proxy；
- 层次化存储，底层存储做冷热异构存储；
- 权限控制，Proxy 可以通过密钥管理白名单，把一些不合法的请求都过滤掉，并且可以对用户请求的超大 value 进行控制和过滤；
- 安全性，可以屏蔽掉一些危险命令，比如 keys *、save、flushall 等，当然这些也可以在 Redis 上进行设置；
- 资源逻辑隔离，根据不同用户的 key 加上前缀，来实现动态路由和资源隔离；
- 监控埋点，对于不同的接口进行埋点监控。

缺点：
- Proxy 层做了一次转发，性能有所损耗；
- 增加了运维成本和管理成本，需要对架构和 Nginx Proxy 的实现细节足够了解，因为 Nginx Proxy 在批量接口调用的高并发下可能会瞬间向 Redis Cluster 发起几百甚至上千的协程去访问，导致 Redis 的连接数或系统负载的不稳定，进而影响集群整体的稳定性。

云服务型

这种类型的典型案例就是企业级的 PaaS 产品，比如亚马逊和阿里云提供的 Redis Cluster 服务，用户无须知道内部的实现细节，只管使用即可，降低了运维和开发成本。当然也有开源的产品，国内如搜狐的 CacheCloud，它提供一个 Redis 云管理平台，实现多种类型（Redis Standalone、Redis Sentinel、Redis Cluster）的自动部署，解决 Redis 实例的碎片化现象，提供完善的统计、监控、运维功能，减少开发人员的运维成本和误操作，

提高机器的利用率，提供灵活的伸缩性，可方便地接入客户端，更多细节请参考 https://cachecloud.github.io。尽管这还不错，如果是一个新业务，可以尝试一下，但对于一个稳定的业务而言，要迁移到 CacheCloud 上则需要谨慎。如果对分布式框架感兴趣，则可以看一下 Twitter 开源的一个实现 Memcached 和 Redis 的分布式缓存框架 Pelikan，目前国内并没有看到这样的应用案例，它的官网是 http://twitter.github.io/pelikan/。

自研型

这种类型在众多类型中很少见，因为这种类型的方案更多的是现象级的，仅仅存在于为数不多的具有自研能力的公司中，或者说这种方案是各公司根据自己的业务模型进行定制化的。这类产品的一个共同特点是没有使用 Redis Cluster 的全部功能，只是借鉴了 Redis Cluster 的某些核心功能，比如说 failover 和 slot 的迁移。作为国内使用 Redis 较早的公司之一，新浪微博就基于内部定制化的 Redis 版本研发出了微博的 Redis 服务化系统 Tribe。它支持动态路由、读写分离（从节点能够处理读请求）、负载均衡、配置更新、数据聚集（相同前缀的数据落到同一个 slot 中）、动态扩缩容，以及数据落地存储。同类型的还有百度的 BDRP 系统。

Redis Cluster 运维开发的优秀实践经验

- 根据公司的业务模型选择合适的架构，适合自己的才是最好的；
- 做好容错机制，当连接或者请求异常时进行连接 retry 或 reconnect；
- 重试时间可设置大于 cluster-node-time（默认 15s），增强容错性，减少不必要的 failover；
- 避免产生 hot-key，导致节点成为系统的短板；
- 避免产生 big-key，导致网卡打爆和慢查询；
- 设置合理的 TTL，释放内存。避免大量 key 在同一时间段过期，虽然 Redis 已经做了很多优化，仍然会导致请求变慢；
- 避免使用阻塞操作（如 save、flushall、flushdb、keys * 等），不建议使用事务；
- Redis Cluster 不建议使用 pipeline 和 multi-keys 操作（如 mset/mget. multi-key 操作），减少 max redirect 的产生；
- 当数据量很大时，由于复制积压缓冲区大小的限制，主从节点做一次全量复制会导致网络流量暴增，建议单实例容量不要分配过大或者借鉴微博的优化采用增量复制的方式来规避；
- 数据持久化建议在业务低峰期操作，关闭 aofrewrite 机制，将 aof 的写入操作放到 bio 线程中完成，解决磁盘压力较大时 Redis 阻塞的问题。设置系统参数 vm.overcommit_memory

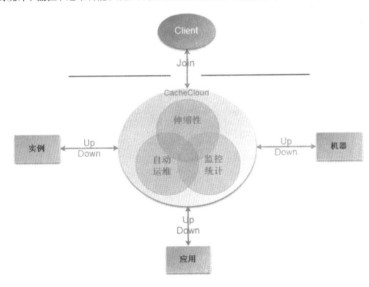

图 9　CacheCloud 平台架构（来自互联网）

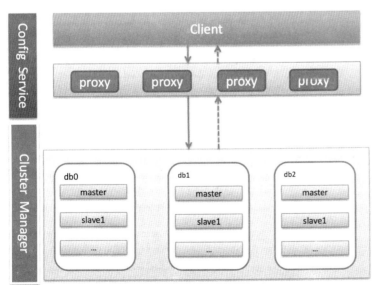

图 10　Tribe 系统架构图

为 1，也可以避免 bgsave/aofrewrite 的失败；
- client buffer 参数调整
client-output-buffer-limit normal 256mb 128mb 60
client-output-buffer-limit slave 512mb 256mb 180
- 对于版本升级的问题，可修改源码，将 Redis 的核心处理逻辑封装到动态库，将内存中的数据保存在全局变量里，通过外部程序来调用动态库里的相应函数来读写数据。版本升级时只需要替换成新的动态库文件即可，无须重新载入数据，可在毫秒级完成；
- 对于实现异地多活或实现数据中心级灾备的要求（即实现集群间数据的实时同步），可以参考搜狐的实现：Redis Cluster => Redis-Port => Smart proxy => Redis Cluster；
- 从 Redis 4.2 的 Roadmap 来看，更值得期待（详情：https://gist.github.com/antirez/a3787d538eec3db381a41654e214b31d）：
  - 加速 key->hashslot 的分配；
  - 更好、更多的数据中心存储；
  - redis-trib 的 C 代码将移植到 redis-cli；
  - 集群的备份及恢复；
  - 非阻塞的 Migrate；
  - 更快的 resharding；
  - 隐藏一个只有 Cache 的模式，当没有 Slave 时，Masters 在有一个失败后能够自动重新分配 slot；
  - Cluster API 和 Redis Modules 的改进，并且 Disque 分布式消息队列将作为 Redis Module 加入 Redis。

支持自动水平拆分的高性能分布式数据库 TDSQL

文 / 张文

随着互联网应用的广泛普及，海量数据的存储和访问成为系统设计的瓶颈问题。对于大型的互联网应用，每天几十亿的 PV 无疑对数据库造成了相当高的负载，给系统的稳定性和扩展性造成了极大的问题。横向扩展数据层通过数据的切分来提高系统的整体性能并扩充系统整体容量，已经成为架构研发人员首选的方式。

2004 年，腾讯开始逐步上线互联网增值服务，业务量开始第一次爆炸。计费成为所有业务都需要的一个公共服务，不再是某个服务的专属。业务量的爆炸给 DB 层带来了巨大的压力，原来的单机模式已经无法支撑。伴随计费公共平台的整合建设，在 DB 层开始引入分库分表机制：针对大的表，按照某个 key 预先拆成 n 个子表，分布在不同的机器节点上。逻辑层在访问 DB 时，自己根据分表逻辑将请求分发到不同的节点。在扩容时，需要手工完成子表数据的搬迁和访问路由的修改。DB 层在业务狂潮之下，增加了各种工具和补丁来解决容量水平扩展的问题。2012 年 TDSQL 项目立项，目标为金融联机交易数据库。TDSQL（Tencent Distributed MySQL，腾讯分布式 MySQL）是针对金融联机交易场景推出的高一致性、分布式数据库解决方案。产品形态为一个数据库集群，底层基于 MySQL，在对外的功能表现上与 MySQL 兼容。截至 2017 年，TDSQL 已在公司内部的关键数据领域获得广泛应用，其中之一作为 Midas（米大师）核心数据库，经受了互联网交易场景的考验。Midas 作为腾讯官方唯一的数字业务支付平台，为公司的移动 App（iOS、Android、Win phone 等）、PC 客户端、Web 等不同场景提供了一站式计费解决方案。

水平拆分

TDSQL 规定 shardkey 为表拆分的依据，即进行 SQL 查询时，shardkey 作为查询字段指明该 SQL 发往哪个 Set（数据分片）。在分库分表之前需要 Schedule 初始化集群，我们在这里将其称作一个 Group。在初始化 Group 时要确定最初的分片大小，因而需要确定准备几套 Set。例如，我们需要将逻辑表拆分成四张子表，需要在初始化集群时准备四个 Set，同时指定每个 Set 的路由信息，并将这些路由信息写入 ZooKeeper，如图 1 所示。

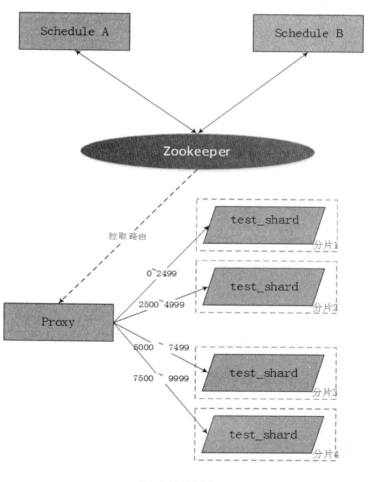

图 1 TDSQL 分库分表

0~2499	SET1
2500~4999	SET2
5000~7499	SET3
7500~9999	SET4

完成集群初始化后，Proxy 监控 ZooKeeper 中的路由节点，当发现新的路由信息后，更新新的路由到本地。当用户通过 Proxy 创建表时，将一个建表语句发给 Proxy 必须指定 shardkey，例如 create table test_shard(a int, b int) shardkey=a。然后，Proxy 改写 SQL，根据路由信息，在最后增加对应的 partition clause，然后发到所有的后端 Set，如图 2 所示。

这样就完成了一次建表任务，用户看到的是一张逻辑表 test_shard，但是在后端创建了 4 个实体表 test_shard，之后用户通过网关进行带 shardkey 的增删改查时，Proxy 便会根据 shardkey 的路由将 SQL 发往指定的 Set。

```
CREATE TABLE `test_shard` (
  `a` int(11) DEFAULT NULL,
  `b` int(11) DEFAULT NULL
) ENGINE=InnoDB DEFAULT CHARSET=utf8 COLLATE=utf8_bin
/*!50100 PARTITION BY LIST (murmurHashCodeAndMod(a,32))
(PARTITION p0 VALUES IN (0) ENGINE = InnoDB,
 PARTITION p1 VALUES IN (1) ENGINE = InnoDB,
 PARTITION p2 VALUES IN (2) ENGINE = InnoDB,
 PARTITION p3 VALUES IN (3) ENGINE = InnoDB,
 PARTITION p4 VALUES IN (4) ENGINE = InnoDB,
 PARTITION p5 VALUES IN (5) ENGINE = InnoDB,
 PARTITION p6 VALUES IN (6) ENGINE = InnoDB,
 PARTITION p7 VALUES IN (7) ENGINE = InnoDB
*/
```

图 2　Proxy 建表语句

全局自增字段

在单实例 MySQL 中，用户可以通过 auto_increment 属性生成唯一的值，在分布式数据库下利用 MySQL 的自增属性，只能保证在一个后端实例内实现自增和全局唯一，无法保证整个集群的唯一。

为了保证整个集群的唯一性，很显然我们不能依赖于后端的数据库，而需要 Proxy 生成对应的值。同时在实际运行中，Proxy 可能有多个，并且可能有重启等操作，通过 Proxy 自身也很难做到全局唯一，因此选用了 ZooKeeper 作为唯一值的生成工具。

通过 ZooKeeper 的分布式特性，可以保证即使多个 Proxy 同时访问，每次只会有一个 Proxy 能够成功拿到，使得生成的值是全局唯一的。从性能上考虑，不可能每次都与 ZooKeeper 进行交互及获取，因此每个 Proxy 每次都会申请一段值，都用完后才会向 ZooKeeper 进行申请。

这种设计方式实现了分布式环境下的自增属性全局唯一。每个 Proxy 缓存一定数量的值，并且增加单独线程负责向 ZooKeeper 申请值，使得性能影响降到最低，同时具有容灾特性，即使 Proxy 挂了或者重启，都能保证全局唯一。但缺点是：多个 Proxy 一起使用时，只能保证全局唯一，不能保证单调递增。

全局唯一字段的创建方式和普通的自增字段一样：

```
create table auto_inc(a int auto_increment,b int) shardkey=b;
```

使用方式也相同：

```
insert into shard.auto_inc ( a,b,d,c) values(1,2,3,0),(1,2,3,0);
```

对应的字段被赋值为 0 或者 NULL 时，由 Proxy 生成唯一的值，然后修改对应的 SQL 并发送到后端。同时支持 select last_insert_id()，返回上次插入的值，每个线程互相独立，如图 3 所示。

分布式 JOIN

在分布式数据库中，数据根据 shardkey 拆分到后端多个 Set 中，每个后端 Set 保存的都只是一部分数据。我们可以方便地在一个 Set 内做各种复杂的操作，例如 JOIN、子查询等。分布式 JOIN 依赖于网关的语法分析，何为语法分析？简单来说，语法分析主要做两方面的事：判断输入是否满足指定的语法规则，同时生成抽象语法树。对于词法分析及语法分析，开源界有多种现成的工具，不需要从头开始做，Linux 下用得比较多的是 Flex 和 Bison，如图 4 所示。

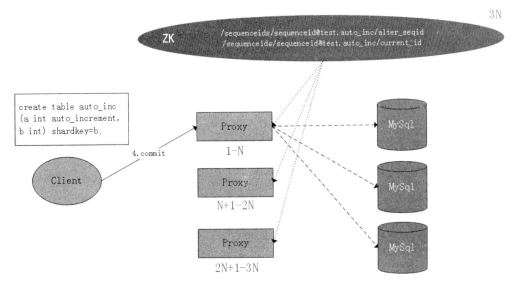

图 3　全局唯一字段表创建过程

有了语法分析的支持，对于涉及分布式 JOIN 的查询，例如表 t1 和 t2 要做 JOIN 操作，可能使用不同的字段作为 shardkey，这样根据 shardkey 路由后，相关的记录可能分布在两个 Set 中，网关分析后先将数据表 t1 的数据取出，然后根据

t1 的 shardkey 获取 t2 的数据，网关在这个过程中先做语法解析再进行数据聚合，最后返回给用户结果集。此外，在实际业务中，有一些特殊的配置表，这些表都比较小，并且变动不多，但是会和很多其他表有关联，对于这类表没必要进行分片，因此支持一种叫作全局表的特殊表。如果用户创建时指定为全局表（g1），则该表全量存放在后端的所有 Set 中，查询时随机选择一个 Set，修改时修改所有 Set。如果对全局表进行 JOIN，就不需要限制条件，即支持 select * from t1 join g1。

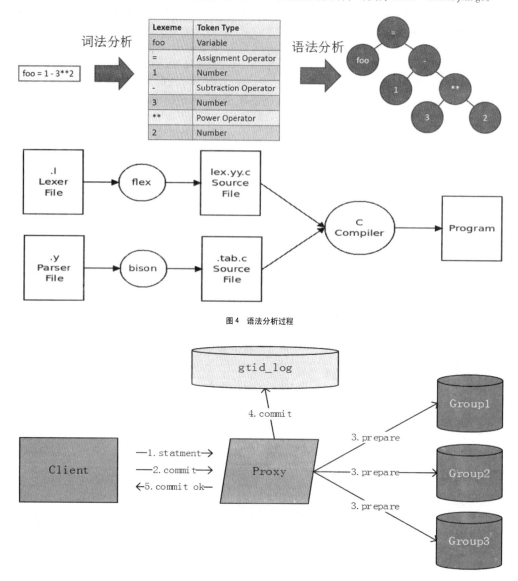

图 4 语法分析过程

图 5 分布式事务

分布式事务

TDSQL 采用两阶段提交算法来实现分布式事务，其中 Proxy 作为协调者，状态数据持久化到全局事务管理系统中，目前选用的是 TDSQL 本身的一个 InnoDB 表来保存（gtid_log），所有 Group 作为参与者来负责具体子事务的执行，如图 5 所示。

Client 向 Proxy 发送事务

Begin;
Statment1;
Statment2;
…
Proxy 为该事务分配一个 ID，并将 SQL 转为：

Xa begin "id"
Statment1;
Statment2;
…

Client 提交事务

Client 最终向 Proxy 发送 commit。

Proxy 对事务 prepare

Proxy 向所有参与该事务的 Set 发送：
- Xa end "id"，标识该事务的结束；
- Xa prepare "id" mysql，将事务计入 Binlog，并通过 Binlog

传递给 Slave，不同于普通事务，写入 Binlog 之后该事务仍然没有提交；

- 如果任意 Set 在 prepare 过程中失败或者超时，则由于此时还没有写存储引擎日志，MySQL 会自动回滚这个事务，并向 Client 返回相应的错误信息。

Proxy 对事务 commit

当 Proxy 收到所有 Set 的 prepare 响应之后，Proxy 更新 gtid_log 表，将对应 XID 的事务置为 commit 状态；Proxy 随后向所有 Set 发送 Xa commit "id"，Set 收到该请求之后提交该事务。

Proxy 返回 Client OK

Proxy 等待所有 Set 的 commit 响应，当所有 Set 返回成功后，Proxy 返回前台成功。若其中一台返回失败（当 Set 发生重启等故障时，需要等待 Agent 补提交该事务，因而当前属于未提交状态），Proxy 返回前台的状态未知，稍后请继续查询事务的状态。

Proxy 在第 4 步写完 commit 后，开始逐个 Set 提交事务，若还没有完成所有 Set 提交时 Proxy 发生宕机，则剩余 Set 中未提交的事务由 Agent 来提交，以此来保证事务的一致性。Agent 会定期通过命令 Xa recover 查询 MySQL 中处于 prepare 状态的事务，再对照 gtid-log 表查询该事务是否处于 commit 状态，如果是则 comimt。否则可能由于 prepare 成功后写 gtid_log 失败，因而 Agent 需要将该事务 abort。

多种模式的读写分离

TDSQL 支持三种模式的读写分离。在第一种模式下网关开启语法解析的配置，通过语法解析过滤出用户的 select 读请求，默认把读请求直接发给备机。这种方案的缺点有两个：1. 网关需要对 SQL 进行分析，降低整体性能；2. 当主备延迟较大时，直接从备机获取数据可能会得到错误的数据。

除了上述模式，TDSQL 支持通过增加 Slave 注释标记，将指定的 SQL 发往备机。在 SQL 中添加 /*slave*/ 这样的标记时，该 SQL 会发送给备机，即用户能够根据业务场景可控地选择读写分离，即使主备延迟比较大，用户也能够根据需要灵活选择从主机还是备机读取数据，在这种模式下网关不需要进行词法解析，因而相比第一种方案提高了整体性能。但是，这种方案的缺陷是改写了正常的 SQL，需要调整已有的用户代码，成本较高，用户可能不太愿意接受。

针对前两种读写分离的不足，最新版本的 TDSQL 增加了基于只读账号的读写分离模式。在这种模式下由只读账号发送的请求会根据配置的属性发给备机。有两种可配属性，IDC 属性和备机延迟属性。IDC 属性可配置三种属性：1. 为同 IDC 属性，即只读账号的请求必须发往同 IDC 的备机；2. 优先发给同 IDC 的备机，但当同 IDC 的备机不存在或宕机时，发往不同 IDC 的备机；3. 如果找不到满足条件的备机，则发往主机。延迟属性：如果延迟超过阈值，则认为该备机不可用。只读账号能够在既不改变原有用户代码，又不影响系统整体性能的前提下，同时提供多种可配参数解决读写分离的问题，更具有灵活性和实用性。

表1 三种读写分离模式比较

模式	性能	业务改造成本	易用性
词法解析	低	低	高
/*Slave*/ 标记	高	高	高
只读账号	高	低	高

总结

2014 年微众银行设立之初，在其分布式的去 IOE 架构中，TDSQL 承担了去 O 的角色，以 TDSQL 作为交易的核心 DB，承载全行的所有 OLTP 业务。2015 年，TDSQL 和腾讯云携手，正式启动"TDSQL 上云"的工作，接入了一系列传统及新型金融企业，覆盖保险、证券、理财、咨询等金融行业。目前，分布式 TDSQL 正作为腾讯日益重要的金融级数据库，搭建着上百个实例，部署于上千台机器，日均产生 TB 级数据，承载着公司内外的各种关键业务。

在未来，TDSQL 重点会在数据库性能、分布式事务、语法兼容三个方面做改进。目前 TDSQL 基于 MariaDB 10.1.x、Percona-MySQL 5.7.x 两个分支版本，后续我们会紧密跟进社区并及时应用官方补丁，同时不断针对金融场景的特性对数据库内核进行优化，以此来提升数据库的性能和稳定性。目前分布式事务处于初级阶段，对 ZooKeeper 的依赖性较强，后续可能针对分布式事务的可靠性做持续改进。由于 TDSQL 在分表环节对语法层做了一些限制，将来我们希望通过对网关解析器的改进，使其能够支持更丰富的语法、词法。Ⓟ

物联网技术现状与新可能

文 / 罗未

不管是从商业模式导出的业务模型来看,还是从技术发展的角度看,本文都倾向于将物联网技术构架看作互联网技术构架的延展。而与这个观念对立的,是传统嵌入式软件开发的视角。

在互联网技术基础上长出来的物联网构架

简单来说,目前的互联网技术构架主流是大前端与后端两个世界:大前端包括Web的JavaScript技术、Android和iOS技术,着眼于解决用户交互的问题;后端包括数据库、服务构架、运维等,着眼于解决存储、业务逻辑、安全与效率等的问题。当然,现在前后端技术争相更新,比如业务逻辑前置化、微服务构架、JavaScript全栈化等新的解决方案也开始模糊前后端的差异。而物联网设备端的引入,着实让这些技术有点难以归类,从业务性质来看,物联网是另外一种前端或是前端的延伸,比如在共享单车应用中,自行车端的应用显然是跟人交互的另一个业务场景,也在为后端源源不断地提供着数据,但是自行车又不像网页或者App完全是在解决可视化UI的事情。而且,现在的设备端开发技术跟前端技术不太像,由于目前设备端的开发技术都还偏底层,一般来说计算资源如处理能力、本地存储都非常有限,反而像后端一样要考虑资源效率。

因此,我们只好为物联网单独命名一个端,不如我们暂时就叫它设备端。

新后端

MQTT

新后端的核心问题在于加入了面向设备的接入服务,实际上在这里,除类似视频对讲或是安防监控的多媒体实时通道外,这个接入服务已经基本事实化为MQTT。

消息队列遥感传输协议是在TCP/IP之上使用的,基于发布/订阅的"轻量级"消息协议,目前为ISO标准(ISO/IEC PRF 20922)。它被设计用于轻量级和低带宽的远程连接,发布/订阅消息传递模式需要消息代理,消息代理负责根据消息的主题向需要的端发布消息。

如果需要连接的设备没有超过10万台,使用8GB内存的云主机跑Mosquitto就可以;如果设备量是几十万台,就可以考虑Mosquitto做集群负载均衡;如果设备量是大几十万台乃至百万台以上,那你需要专业的团队或专门的投入来维护这件事情,这个细节就不在本文讨论范围内了。

OTA

固件组件在线升级是必须要做的事情,MQTT传大文件不靠谱,所以一般传过去一个带Token的URL,设备端去下载就好,HTTP或者HTTPS都可以。业务比较简单,设备端在几十万以内没有什么特别的地方。

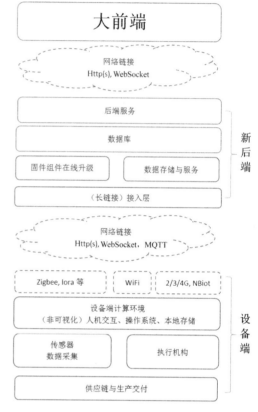

图1 整体架构图

数据存储与服务

Mosquitto作为MQTT的引擎,需要后端按照业务逻辑去调用,这里按照业务需求写好后端逻辑即可。在各种后端语言中调用Mosquitto都非常简单。

设备端

设备端是物联网领域最五花八门并且正在发展的地方。其他领域,如后端或者前端,经过十几年的发展,已经出现每个细节的主流技术,基本没有碎片化的情况;但是在设备端,开发技术的碎片化是应用发展还不到位的充分表现。举例来讲,选用不同的芯片,就要用不同的操作系统,对于不同的C库封装,各家的IDE也不尽相同,编译工具链更是从芯片原厂给出。开发起来呢,寄存器、内存分配、硬件中断都要深入进去。这就是传统嵌入式开发的现状,也是物联网设备端开发的现状。

到目前为止,在真正的生产环境中用到的语言就是C、C++,极个别会在设备端用到Python,基本没有其他语言。操作系统超过 50 种，主流的也有 10 种以上，其中嵌入式 Linux 的份额并不大，各种实时操作系统各具特色，各有一片天地。

简单总结一下，相对于物联网开发，传统嵌入式开发的方式主要有以下几个问题：

- 需要考虑中断、寄存器、内存分配等过于底层的工作；
- 编译、烧写、观察、借助调试设备进行调试的开发生命周期；
- 不同的 SoC 和系统的差异过大；
- 缺乏代码复用与开源的习惯；
- 开发者在开发环境和固件编译上花费的时间过多。

所以我们看到设备端的开发是基于芯片选型完成的。当设备端产品面临一个需求时，现有的流程是判断产品的各项技术参数，从而确定一个芯片，进而使用这个芯片的一整套开发技术。这也是早期嵌入式场景使用的芯片自生技术特性所决定的：计算资源（CPU 主频、存储）、外围接口、使用温度、通信协议等核心参数的不同导致芯片碎片化，芯片碎片化导致嵌入式开发碎片化。

目前这个领域的大趋势是：物联网芯片有望走向趋同，物联网开发环境与技术有望趋同。

物联网芯片

早期由于成本所限，物联网领域使用的芯片总是表现得非常缺资源，很难找到一个各方面（计算资源、外围接口、使用温度、通信协议等）都比较合适的芯片去适应普遍的场景。随着半导体门槛的逐步降低，中国半导体制造业逐步成型，芯片资源开始走向富余，其中的代表芯片是 MTK 的 MT7697、MT7688 和乐鑫的 ESP32。

MT7697 的主要参数为：ARM Cortex M4 CPU，带浮点单元，最大主频为 192MHz，内存为 256KB SRAM，可配置 4MB 以上的存储空间，芯片内嵌 WiFi 和 BLE 4.2，有足够的外围接口，并能够适应工业级的使用温度。

MT7688 的主要参数为：MIPS 580Mhz CPU，内存最大支持 256MB，可配置 16GB 级别的存储空间，芯片内嵌 WiFi，接口除模拟接口外数字接口丰富，价格在几十元人民币，功耗较高，不适于电池长期使用。但是非常有优势的是，其提供的 Linux 开发环境能够让开发者有一种在普通 x86 机器上使用 Linux CLI 的体验，Node.js、MySQL、OpenCV、Nginx 等在阿里云上怎么用，在这个几十块的物联网小模块上也怎么用。稳定性超强，几年不死机也是正常的。

ESP32 的主要参数为：Tensilica LX6 CP，主频 240 MHz，内存为 520KB SRAM，可配置 4MB 以上的存储空间，芯片内嵌 WiFi 和蓝牙及 BLE，有足够的外围接口，并能够适应工业级的使用温度。

这几颗芯片的共同特征是计算资源、通信能力及接口资源相对于传统 MCU 来说很富余，并保持着同样的价位。因此，在这类芯片上有足够的资源做抽象化的封装和开发框架实施。我们看到除了这几颗芯片原厂提供的传统嵌入式开发包，社区和其他厂商已经在这几颗芯片上加快了新开发技术的实现速度。

开发技术

物联网设备端开发技术在目前有两个比较大的发展方向，一是统一化的物联网操作系统，二是统一化的物联网开发框架。它们的共同目的是形成"软件定义物联网"，与传统的从芯片选型开始的，着陆于原厂 SDK 中完成应用开发，与需求和产品设计汇合的流程完全相反，希望从需求和产品设计入手，通过公开统一的软件构架完成开发，再根据开发中使用到的资源去落地芯片和外围设备。这样做的好处主要在于提高开发效率和形成可以复用的应用代码。

操作系统

虽然市场上存在的设备端操作系统有数十种之多，但是我们看到活跃的明显向"软件定义物联网"方向发展的有三家。

- **Zephyr**

Zephyr 是 Linux 基金会于 2016 年 2 月发布的物联网操作系统，背后的主要支持力量来自于 ARM 和 Linaro，具有目前嵌入式小型实时操作系统的普遍特征，比如：轻量到 KB 级的最小系统的内存占用，支持多种芯片构架：从 ARM Cortex-M、Intel x86、ARC(DSP 内核)、NIOS II (FPGA 软核)到开源的 RISC V 等，有同 Linux 一样的模块化内核组织方式，如图 2 所示。

Zephyr 目前已经升级到 V1.7 版本，逐步向一个可以用到生产环境中的系统靠拢了。Zephyr 的最大特色并不在于其完备性，而在于其开发理念完全来自于"软件定义物联网"，并且有很好的资源支持，在未来应该会有自己的位置。

- **RTthread**

RTthread 是纯国产的小型操作系统，植根于中国的各种使用场景，10 年来已经确立了自己的地位，在很多行业中有自己的一席之地，目前社区非常活跃，核心团队以创业公司的形式推进，非常专注。技术上的特征作为一个成熟的系统，没有什么可以吐槽的地方。Zephyr 有的技术优势 RTT 都有，而且 RTT 在生产环境中的装机量较为可观。

- **华为 LiteOS**

华为是全球范围内物联网技术的根源厂商之一，LiteOS 是一个在华为内部很多产品都在用的系统，目前也以开源的形式在全力推广。LiteOS 的最大优势在于华为有很多根源技术将利用 LiteOS 进行输出，目前最大的例子就是即将全面商用的 NB-IoT 技术，设备端的开发包将会用 LiteOS 输出。

以上几个系统的一致特点包括小型化、芯片适应范围广、通信协议适配比较广泛等，它们也都是开源的系统，研发或推动力量比较活跃。有可能在物联网领域里的类似 Linux 地位的主流操作系统会是其中某个，也或许会一直都存在下去但是在技术上越来越趋同。

开发框架

首先解释一下开发框架，开发框架可以小到是一个细节的工具，也可以大到是规定开发的全部边界。最典型的例子是 Android，从纯粹的操作系统意义上来说，Android 是 Linux 的一个分支，但是从 App 开发角度来说，除 NDK 外，没有任何与 Linux 打交道的地方，所以也把 Android 叫作操作系统。再广泛地看，Android 除了面向手机应用的开发框架，还准备了 Google play 这样的应用分发渠道，这是开发者的生态建设。同理，Node.js 在后端的种种开发模式，也是将所有后端资源都封装到 JavaScript 里，开发时可以随时 npm install 各种包来 require，解决了代码复用的问题。

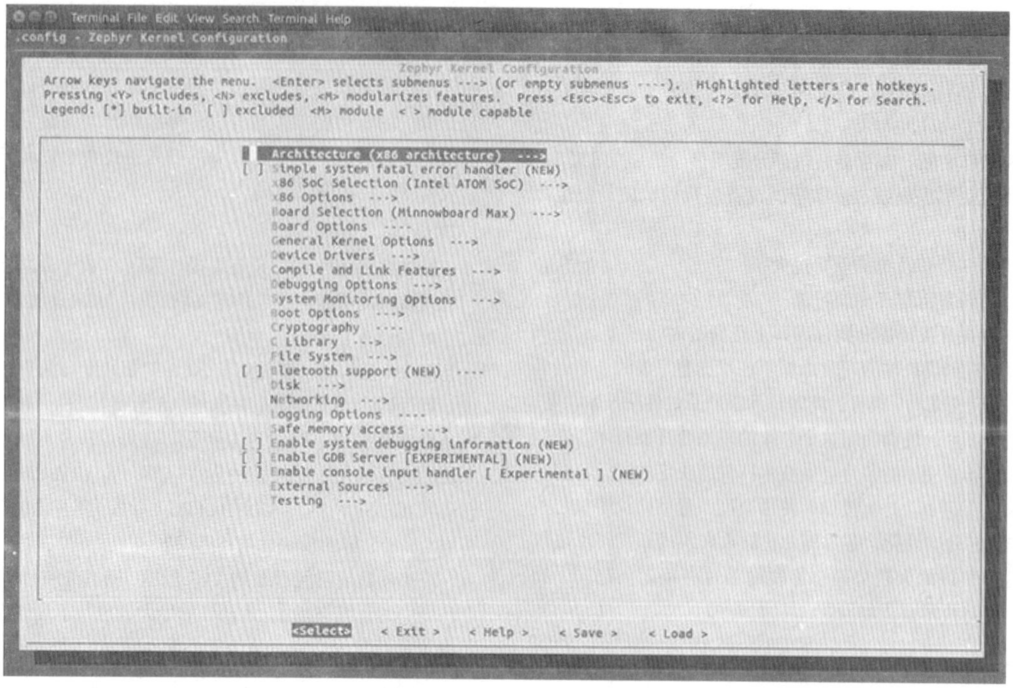

图2 Zephyr 物联网操作系统

因此我的观点是，开发框架及其背后的代码复用和开发者生态才是真正的操作系统。

目前在物联网领域，正在尝试向生产环境演进的开发框架基本都基于 JavaScript，而在小型实时操作系统上使用的 JavaScript runtime 目前也基本集中到了 JerryScript 上。JerryScript 是三星开发和开源的一个小资源占用的引擎，内存需要 64KB，存储需要 200KB 即可，能够实现完整的事件驱动，符合 ECMAScript 5.1。

如前文所述，开发框架或是操作系统在当下需要包括以代码复用为目的的开发者生态，甚至需要包括应用分发，所以我们看到在 JerryScript 的基础上，有以下两家做这类工作的团队值得关注。

■ WRTnode

WRTnode 是一个北京的开源硬件团队，提供从开发到硬件交付的全流程服务。他们最近开放的 node.system 和 noyun.io 即为着眼于实现物联网 JavaScript 的开发框架和开发者生态。在 WRTnode 的实现里，设备端的 JavaScript 开发已经变得像 cloud9.io 一样全部在线开发，为开发者屏蔽了嵌入式开发的烦琐编译、烧写工作。

■ Ruff

Ruff 是位于上海的创业公司，从 2015 年开始一直在演进基于物联网设备端 JavaScript 的开发者生态，提供了较为可行的代码复用框架，目前已经开始服务商业客户，为物联网应用的快速实现提供了可能。

同时，Zephyr 和华为 LiteOS 也都有各自的 JavaScript runtime 发布计划。

如前所述，我们看到了设备端开发的一些新的发展，目前这些新的设备端开发技术已经逐步面向交付转移了。我们有理由相信经过这一段时间的发展，面向效率的商业模式驱动下的物联网开发技术将迎来一大波更新，从而推动物联网应用的真正大发展。P

基于 JavaScript 语言的快速物联网开发架构

文 / 黄峰达

随着 JavaScript 语言的流行及物联网领域的崛起，我们能看到它们结合的可能性，同时发现它特别适合于物联网开发。因此，在这篇文章里，笔者将主要从以下三个方面进行介绍：

- 典型的物联网架构及多种语言带来的问题；
- 只使用 JavaScript 语言的物联网架构；
- 详解基于 JavaScript 语言的物联网的不同层级结构。

那么，先让我们看看典型的物联网架构是怎样的吧。

典型的物联网架构

我们甚至还可以认为，物联网只是对互联网的扩展。与传统的 C/S 架构相比，它多了一个"数据采集层"，我们称之为传感器层、硬件层等。数据的产出不再只来自于用户，还来自于各式各样的联网设备。物联网不再局限于使用 HTTP 来传输数据，还会使用 CoAP（受限制的应用协议）、MQTT（消息队列遥测传输）协议。

物联网的四个层级

当前的物联网应用要做的就是控制和数据处理。指令由用户向终端一层一层下达，直到硬件端由设备去执行。而数据便一层一层上报，直至被可视化。

因此，与互联网的架构相比（如图1、图2所示），起点与终点不一样了：指令的终点与数据的起点变成了硬件层，而非最后的用户层。

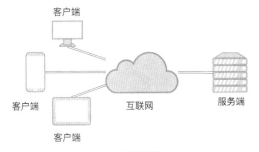

图1　互联网架构

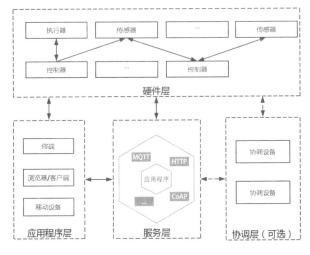

图2　典型的物联网架构

数据由客户端 A 发送到服务端，客户端 B 再从服务端获取客户端 A 的数据，如此便算是完成了一个回路。物联网架构则稍微麻烦了一些，多了一个层级，便多了一个步骤。

硬件层上的微控制器通过直连的方式，采集各式各样的数据，比如温度、湿度等。而受限于微控制器的成本、环境条件等因素，它可能无法直接连接到互联网。因此，需要连接到一些额外的联网设备才能实现。

而这些联网设备会负责处理来自各个硬件设备的数据，并将其上传到服务器。同时，它会提供一个无线（如蓝牙、红外、ZigBee）接口作为数据的入口。因此，这一层级需要有更好的数据处理能力，并且应该可以快速开发。因为这些设备主要做的是协调工作，所以我们习惯于将其称为"协调层"。

使用多种语言的物联网

多年以前，笔者曾做过一个并不复杂的物联网系统：

- 使用 Python 里的 Django 作为 Web 服务框架，用 Django REST Framework 创建 RESTful API；
- 为了使用手机作为控制器，还用 Java 写一个 Android 应用；
- 使用 Raspberry Pi 作为硬件端的协调层，用于连接网络，并传输控制信号给硬件；
- 在硬件端使用 Arduino 作为控制器，写代码特别简单；
- 还使用了 ZigBee 模块 XBee 及 I2C 作为连接不同 Arduino 模块的介质；
- 最后，还需在网页上做一个图表来显示实时数据。

为此，我们需要使用 Python、Java、JavaScript、C、Arduino 五种语言。而如果我们要写相应的 iOS 应用，还要用到 Objective-C。对于其他物联网项目来说，也多是如此，这简直是一场灾难。

在做这样的物联网项目之前，我们需要找到 6 个不同类型的工程师：一个硬件工程师设计电路图，一个懂硬件的嵌入式工程师，一个写服务端应用的工程师，一个写 Web 前端的工程师，以及对应的 Android 和 iOS 工程师。

且不考虑系统本身的协作，要找到这么多工程师就不是一件容易的事。而如果我们可以只使用一种语言，则将大大地提升开发效率，解决开发人员的难题。

JavaScript 语言下的物联网架构

JavaScript 语言在最近几年里特别流行，它流行起来有很多个原因，例如：

- 使用 WebView 开发 UI 效率更高，也因此使得 WebView 随处可见；
- 基于事件驱动的编程模型；
- JavaScript 容易上手（这是优点，也是缺点）；
- 也因此，React、Unity 等框架提供了更多的可能性，可以让开发者用 JavaScript 开发游戏、VR 应用等。

那么，只使用 JavaScript，我们可以设计出怎样的物联网系统呢？

基于纯 JavaScript 的物联网架构

如上所述，在几年前要想寻找一门能完成一个包含客户端、服务端的系统的语言可谓相当困难。而随着客户端（浏览器、移动设备）性能的提升及 Node.js 的出现，这样的语言就浮现了出来，即 JavaScript。它不仅可以让我们只用一门语言来降低开发成本，还能实现快速开发这样的一个系统。那么，剩下的问题就是，在不同的层级，如何选用合适的框架来实现快速开发。

如图3所示，我们可以看到在不同层级可选用的 JavaScript 方案。在此之中，有些纯粹只是为了证明 JavaScript 是可行的；有一些则可以在开发效率与运行速率上达到最好的平衡。通过选用这些方案，可以让我们实现更快速的 JavaScript 物联网应用开发。

服务层

对于服务层来说，自主开发的物联网服务端主要采用的是基于 Node.js 的方案。然而，我们发现有越来越多的应用在使用 Serverless 的架构，不仅可以快速推出一个可用的原型，在未来也能够轻松地基于这个原型来添加业务功能。

图4便是我们看到的物联网服务层的三种方案。

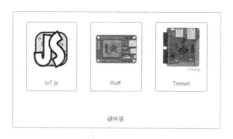

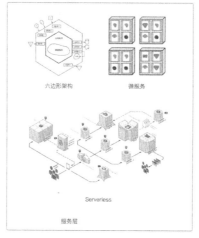

图 3　基于纯 JavaScript 的物联网参考架构

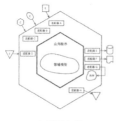

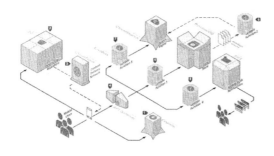

图 4　物联网服务层

- 自主开发：即遵循传统的服务端开发模式，定义自己所需要的功能。
- 使用云服务：直接使用成熟的物联网云服务，它们在云端集成了各种所需要的功能。
- Serverless：Server 可以看作在云服务之上的自主开发，集两者之便利。

每一种方案都有各自的特点，也适合于不同开发能力的项目。但如果要实现快速的开发，那么理想的方式便是采用 Serverless 架构模式。

自主开发

出于不同的原因如保密、安全、可扩展、核心技术等，有一定规模的公司会采用自主开发的方式。这种开发方式与 Web 应用的开发方式并没有太大区别，都是在数据上进行 CRUD 操作。并且和前后端分离架构一样，使用 API 作为接口，同时支持不同的传输协议如 MQTT、CoAP 等。

如笔者之前在 GitHub 上开源的 Lan（https://github.com/phodal/lan），便是一个精简的物联网服务端示例，基于 Node.js 与 MongoDB，其架构如图 5 所示。

- 采用传统的关系型数据库来存储用户的信息。
- 采用 NoSQL 可以应对不同的传感器数据。
- 提供 UI 界面供管理人员管理用户。
- 在协议上提供 HTTP、CoAP、MQTT、WebSocket 等的支持，方便不同类型的适配。

除此之外，物联网系统在存储上采用 NoSQL 作为存储介质会有更大的优势。一般来说，物联网系统的数据都是写入远远多于读取的场景。与此同时，由于设备的种类繁多，不可能为每一类设备创建表；或者考虑到大量设备的特性，来建立一个通用的表，但在未来这样的表可能仍不适用。

因此，对于物联网数据来说，选用诸如 MongoDB 这一类的 NoSQL 数据库，有以下优点。

物联网开发技术栈

- **灵活性**。采用非结构化的数据模型，可以存储和处理任何结构的数据。
- **支持水平扩展**。NoSQL 数据库的分布式存储架构带来了优秀的水平扩展性。
- **实时数据分析**。如 MongoDB 可以通过丰富的索引和查询支持，包括二次、地理空间和文本搜索索引、聚合框架和本地 MapReduce，可以针对传感器数据就地运行报告分析。

然而，这样的系统不免存在研发周期长的问题。如果需要快速验证，那么应该考虑使用云服务来完成部分功能。

物联网云服务

对于硬件团队来说，直接使用云服务是一种更简单、快速地搭建物联网系统的方法。而使用物联网云服务，就意味着我们可以直接上传硬件层的传感器数据，并在应用层获取、分析这些数据。这一类的服务中比较成熟的有 AWS IoT Things（如图 6 所示）、Azure IoT 等。

基于 AWS IoT Things，我们只需在云端定义好对应的数据处理规则，便可以在硬件端直接对接服务。不过值得注意的是，单一的云服务无法提供复杂的功能，这时就需要搭配额外的服务。

Serverless

Serverless 架构（如图 7 所示）是云服务的一种，但是它在可编程与云服务之间做了一个折中。它是一种基于互联网的技术架构理念，应用逻辑并非全部在服务端实现，而是采用 FaaS（Function as a Service）架构，通过功能组合来实现应用程序逻辑。

从理论上来讲，这些服务提供的是一层 API 封装，它不会限制我们所使用的语言。通过使用 Serverless 服务，我们可能具备更好的快速开发能力，并且能使用同一种语言（JavaScript）来完成编程。

在这个过程中，开发者所要做的便是：在不同的服务之间传输数据，每一次都只处理下一个服务所需要的数据，类似于 Pipe and Filters 架构模式。一个典型的物联网应用的数据传输过程是这样的：

- 对设备进行鉴权；
- 转换、存储设备的数据；
- 广播通知其他监听此设备数据的服务；
- 后台查询数据；
- 分析数据（AI）；
- 可视化数据。

只需要少量的编程，我们就可以完成服务端的开发。随后，专注于硬件层的开发，以及应用层的业务功能。

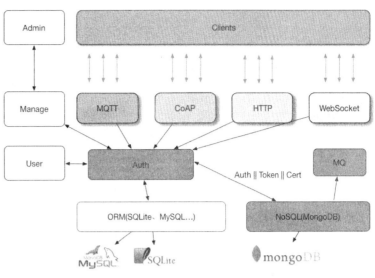

图 5　Lan 物联网架构

图 6　AWS IoT Things 参考架构

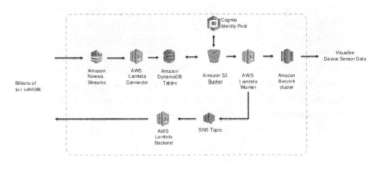

图 7　Serverless 物联网参考架构

应用层

在应用层方面已经有大量的地方使用到了 JavaScript。除了传统的桌面浏览器，还有更多的领域也可以用 JavaScript 来开发。比如移动应用，已经有基于 Cordova + WebView 的成熟方案，还有近两三年流行起来的 React Native，都可以让开发者使用 JavaScript 完成物联网移动应用的开发。又如微信小程序，可以直接用蓝牙来连接硬件设备，也是使用 JavaScript 来编程。

因此，就目前的 Web 趋势来看，在应用层，JavaScript 将是快速开发的主流选择。

在日常应用中，我们可以发现物联网的应用层经常作为协调装置来连接硬件，并上传应用的数据。诸如共享单车、智能手环应用等，它们既通过蓝牙来获取数据，又上传数据到服务端。与此同时，有相当多的应用是运行在桌面客户端上的。故而在这一层级的应用，可谓种类繁多。

今天，开发人员在做移动端的技术选型时，都会优先考虑到跨平台能力（Android、iOS）。而在这些跨平台框架里，混合应用框架 Cordova（WebView）和 React Native 是使用最为广泛的两个框架，且它们都使用了 JavaScript 作为核心开发语言。

Cordova 是使用 WebView 来渲染页面的。因此与 Reavt Native 相比，使用 Cordova 的最大优势是，可以复用已有的 Web 前端应用的逻辑，并且有大量的图表工具可以直接使用——这一点在物联网应用中特别重要。而在混合应用框架中，Ionic 是这个领域使用最多的 UI 框架。

React Native 使用原生组件来渲染 UI 组件，不仅可以解决 Cordova 饱受诟病的性能问题；同时能嵌入 WebView，解决一些复杂的图表显示问题。

但是如果只能进行蓝牙的交互，则可以考虑 PWA 或微信小程序。运行在 Chrome 浏览器上的 PWA 应用可以直接使用 Web Devices API 如 Bluetooth、NFC、USB，即在浏览器上直接调用原生接口，并实现对设备的控制。而诸如最近一年内流行的微信小程序，则也可以访问蓝牙、GPS、罗盘、加速度计等硬件接口，同时用户不存在安装成本，打开即用。

另外，诸如 Electron、NW.js 这样的框架，可以让开发者直接使用 WebView + Node.js 模块开发物联网桌面应用。它可以加速 UI 界面的开发，并轻松地美化 UI 界面。

硬件层

在硬件层上，就当前而言，Arduino 是最合适的原型开发硬件，还有自带的 Wi-Fi 的 ESP8266 开发板。尽管使用 JavaScript 的开发板数量较少，也没有 Arduino 这样的成熟生态，但是未来可期。在嵌入式领域，使用 JavaScript 编写的代码，具有移植性强、事件驱动、天生支持异步等特点。

令人遗憾的是，为了保持上面提到的那些 JavaScript 特性，当前的 JavaScript 开发板都需要处理性能比较高的处理器，这也导致了此类开发板在生产上存在较高的成本。不过，好在多数使用 JavaScript 作为开发语言的设备，都具有网络功能连接到互联网，直接作为物联网设备使用。

就目前而言，这一类设备有 Tessel、Espruino、Ruff，等，它们的处理器性能都相当不错，价格也相对较高。但是，它们可以直接使用 JavaScript，能为软件开发工程师屏蔽底层的相关细节及事件驱动、异步特性，带来更好的开发体验。

幸运的是，Samsung 公司推出的开源物网框架 IoT.js，只需要 64KB RAM、200 KB ROM。在未来，或许它能解决一些制造成本的问题。

协调层

当我们的硬件层不能直接联网时，协调层就可以完成这样的功能。作为一个协调层的设备，它应该能与一定数量的微控制器连接，接收它们的数据，并上传到服务端；又能与服务端通信，获取一些控制指令，并将这些指令准时地发送给不同的控制器。所以，它需要有更好的处理能力、更多的 RAM、ROM，等。因此，在这一层级使用 JavaScript 便不存在成本问题。我们只需要使用和服务端、应用层相似的知识，就可以快速地连接设备到网络中心，还能直接在本地的 Linux 机器上编写代码，并无缝地运行在设备上。

图 8　物联网协调层

这一类应用，依赖于 Node.js 引擎来实现快速开发。它可以运行在带有嵌入式系统的开发板上，例如流行的 Raspberry Pi、OpenWRT 路由器等。

我们只需要一个运行嵌入式 Linux 系统的开发板，就可以完成这样的工作。与此同时，主流的 ARM 开发板都提供了相应的 Linux 移植，因此在这个层级，我们也只需要关注于业务的实现。

小结

如上所述，物联网应用的架构与 Web 应用的架构区别并不太大，只是在这上面做一系列的演进。除了上面提到的一系列快速实践框架，当前在 Web 开发中流行的一些开发思想，势必也会引导到物联网系统中：

- 微服务化；
- DevOps；
- 容器化。

物联网会吸引互联网的优秀开发思想，并演进出更优秀的架构。

游历 JavaScript IoT 应用开发平台

文 / 郑晔

物联网（Internet of Things，IoT）时代的脚步声已经越来越响亮了，每个程序员都希望跟上时代的步伐，不为时代浪潮所淘汰。面对 IoT 这个纷争初起的领域，程序员们该何去何从？本文将带领大家进行一次 IoT 应用开发平台的游历之旅，帮助大家了解该领域在当今的发展状态，尤其是基于 JavaScript 的 IoT 应用开发平台，为大家搭车 IoT 奠定一些基础。

开启行程之前，我们先明确讨论范围，在行业里谈到 IoT 开发平台，有人说的是云，例如各大云厂商；有人说的是硬件端，例如各家硬件厂商；在这里我们将讨论的是硬件端的开发平台，对于大多数软件开发人员而言，这是一个更加陌生的领域。

IoT 应用开发平台简介

在 IoT 应用开发领域中，大家熟知的开发平台主要有如下几类：

- 嵌入式操作系统，包括 VxWorks、FreeRTOS、LiteOS 等；
- 极客硬件平台，包括树莓派、Arduino 等；
- JavaScript IoT 应用开发平台，包括 Ruff、Tessel、JerryScript、Johnny-Five 等。

从功能的角度来说，嵌入式操作系统能够满足目前的绝大多数需求，但是有如下缺陷。

- 其入门门槛极高，开发者想要成为优秀的嵌入式开发工程师，需要学习大量的软硬件知识。相较于软件行业，嵌入式领域的人才数量受到了限制。
- 嵌入式领域在开发方法上已经大幅度落后于整个行业的发展。敏捷软件开发方法及精益创业的理念，受到工具所限，在嵌入式领域极少得到应用，所以该领域在工程方法上发展缓慢。
- 这些操作系统的编程概念通常属于专用领域，所以知识很难在行业中共享，开发者在行业中流动也相对困难，造成的结果是，嵌入式领域对于现代软件开发理念的理解也在整体上落后于软件行业。

极客硬件平台的初衷是降低开发门槛，让更多的开发者可以进入硬件开发领域中，但是有如下缺陷。

- 它只是在操作方面的入门难度上努力，而开发真正困难的部分在于编程概念。对于大多数软件开发者而言，其难点在于硬件中的编程概念。各种各样的接口及参数是软件开发者难于理解和掌握的。
- 更关键的因素是，这些平台只解决了原型开发的问题。开发者即便能够通过它实现了一个产品原型，也很难将它用到真正的产品中。应用到产品中时，往往要重新设计硬件，这些平台的优势就荡然无存了。

二者最本质的复杂度在于其编程模型，对于软件开发者来说，GPIO、I2C 之类的硬件接口完全是另一种语言，除了要了解接口的编程方法，还要针对每个硬件阅读其数据手册，了解参数细节。

到目前为止，诸位会想，IoT 行业对软件工程师来说简直犹如另一个世界，一点都不友好。是的，很多人都是这么想的，于是，有人想用更高级的语言改变这个世界，这其中最为活跃的便是 JavaScript 社区。

JavaScript IoT 应用开发平台

JavaScript IoT 应用开发平台的建设初衷是让开发者能够用 JavaScript 开发 IoT 应用，一方面可以更好地构建抽象，另一方面，可以将比较现代的开发方式引入硬件研发中。JavaScript IoT 应用开发平台目前主要分为几大类：

- 在硬件上运行 JavaScript，如 JerryScript、Espruino 等；
- 提供硬件抽象能力，比如 Tessel、Johnny-Five、Cylon.js 等；
- 面向生产的能力，比如 Ruff。

在硬件上运行 JavaScript 的平台

该类平台主要解决的问题是让硬件平台具有运行 JavaScript 程序的能力，主要是在资源受限的硬件上，比如 MCU（Microcontroller Unit，微控制器，又称单片机），可以把 MCU 理解成内存很小的芯片，时至今日，谈及单片机，内存通常以 KB 为单位。

Espruino（https://www.espruino.com）

Espruino 是将 JavaScript 与硬件开发连接起来的先驱，其设计目标就是能够在单片机上运行 JavaScript。除了提供引擎，Espruino 还提供了一些访问底层设备的程序库。下面是一段代码示例：

```
function toggle() {
  on = !on;
  digitalWrite(LED1, on);
  digitalWrite(LED2, !on);
}
```

其中，digitalWrite 是 Espruino 提供的方法。由于出现得比较早，其程序与现在行业里的主流编程风格有一些差异，偏向于传统的 C 代码风格。

从架构上说，Espruino 做得也差强人意，它将解释器、程序库、底层系统混在了一起，移植起来有一定难度。

JerryScript（http://jerryscript.net）

JerryScript 是三星打造的一款 JavaScript 引擎，它可以运行在 64KB 的 MCU 上，其相对比较年轻，对于 JavaScript 标准支持得比较好，能够完整支持 ECMAScript 5.1。JerryScript 只是一个 JavaScript 引擎，而真正提供设备访问能力是 IoT.js。

IoT.js（http://iotjs.net/）

IoT.js 的本意是打造一个类似于 Node.js 的运行时，所以，它提供了 Buffer、net、timer 等一些标准模块。当然，最主要的是它提供的设备访问能力，下面是一段示例代码：

```
var i2c = require('i2c');
var wire = new i2c(0x23, {device: '/dev/i2c-1'});

wire.scan(function(err, data) {
  ...
});
```

这是一段访问 I2C 接口的代码，如果你不了解硬件接口，则对这段代码理解起来还是有些难度的。但不难看出，其代码风格已经接近于现在行业里的主流编程风格。

仅仅提供在硬件上运行的 JavaScript 能力是不够的，严格来说，其暴露的依旧是底层的编程接口，与传统硬件开发所面临的问题一致，即编程模型无法让软件开发者很好地理解。所以，提供硬件抽象成为 IoT 应用开发平台的另一个重要的探索方向。

提供硬件抽象的 JavaScript IoT 应用开发平台

该类平台提供软件抽象能力，让更多的软件开发人员使用他们熟悉的语言进入 IoT 领域。有了硬件抽象，软件开发者面对的不再是 GPIO、I2C 之类的底层接口，而是具有开关功能的 LED、能够监测按键按下、松开的按钮。这是一个极大的进步，硬件世界的大门向软件开发人员打开了。

Tessel（https://tessel.io）

Tessel 是一个稳定的 IoT 和机器人开发平台，可利用 Node.js 所有的程序库创建有用的设备。下面是一段示例代码，定期将声级上报到一个地方。

```
var tessel = require('tessel');
var ambientlib = require('ambient-attx4');
var WebSocket = require('ws');

var ambient = ambientlib.use(tessel.port['A']);

var ws = new WebSocket('ws://awesome-app.com/ambient');
ws.on('open', function () {
  setInterval(function () {
    ambient.getSoundLevel(function(err, sdata) {
      if (err) throw err;
      sdata.pipe(ws);
    })
  }, 500);
});
```

Tessel 自身除了出品软件，也提供硬件开发板，不过，Tessel 程序也只能运行于 Tessel 开发板上。

Johnny-Five（http://johnny-five.io）

Johnny-Five 是一个 JavaScript 机器人和 IoT 平台，由 Bocoup 公司于 2012 年发布。下面这段示例代码可让 LED 定期闪烁：

```
var five = require("johnny-five");
var board = new five.Board();

board.on("ready", function() {
  var led = new five.Led(13);
  led.blink(500);
});
```

Johnny-Five 不生产开发板，它的程序可以运行于多款开发板上，其默认支持的是 Ardunio，如果需要其他开发板，就可以在 Board 初始化时指定，比如下面这段代码就使用了 Edison 开发板：

```
var Edison = require("edison-io");
var board = new five.Board({
  io: new Edison()
});
```

Cylon.js（https://cylonjs.com）

Cylon.js 是一个为机器人、物理计算及 IoT 而设计的 JavaScript 框架，其目的是让控制机器人和设备变得容易。下面这段示例代码让 LED 每秒闪烁一次。

```
var Cylon = require("cylon");

Cylon.robot({
  connections: {
    arduino: { adaptor: 'firmata', port: '/dev/ttyACM0' }
  },
  devices: {
    led: { driver: 'led', pin: 13 }
  },
  work: function(my) {
    every((1).second(), function() {
      my.led.toggle();
    });
  }
}).start();
```

与 Johnny-Five 类似，Cylon.js 也依赖于别人的开发板。

Tessel、Johnny-Five、Cylon.js 三者有着类似的努力方向，即提供软件抽象，这是很好的做法，也让许多软件开发人员看到了 IoT 的曙光。但是，其基础上的一些问题，决定了它们只能作为开发者的玩具。

- 在硬件上运行的能力，这几个平台实际上都是在电脑上运行的，然后发送命令控制硬件，也就是用它们开发的应用需要一个控制端。
- 更重要的是，其运行 JavaScript 的基础是 Node.js，这是一种用于电脑上的 JavaScript 运行时，它无法运行于一个资源受限的硬件上，而在真实的环境中，资源受限于硬件才是行业主流。这意味着这些框架即便未来有希望进行改造，的难度也是很大的。
- 这些平台虽然在代码级别提供了抽象，但仍然有许多硬件配置的内容，比如 pin、port 之类的，对于软件开发人员而言，理解起来还是有门槛的。

由此可见，这些平台的现状只是解决了编程接口的抽象，并没有真正实现软硬件的隔离。所以，某些平台开始了进一步的探索，提供面向生产的能力。

面向生产的 JavaScript IoT 应用开发平台

该类平台可以理解成将前面两种类型的能力综合在一起，并进一步改进：既能在资源受限的硬件上运行，又提供硬件抽象，将硬件相关的内容进一步抽象，将软硬件进一步分离。

Ruff（https://ruff.io）

Ruff 是一个支持 JavaScript 应用开发的物联网操作系统，其目标是打造一个 IoT 版本的 Android。下面是一段 Ruff 示例代码，按下按键，点亮 LED，松开之后，灯熄灭。

```
'use strict';

$.ready(function(error) {
    if (error) {
        console.log(error);
        return;
    }

    $('#button').on('push', function () {
        $('#led-r').turnOn();
    });

    $('#button').on('release', function () {
        $('#led-r').turnOff();
    });
});

$.end(function() {
```

```
    $('#led-r').turnOff();
});
```

这段代码已经没有任何与硬件配置相关的代码，完全是应用的逻辑。即只要提供不同的硬件配置，代码就可以运行在不同的硬件上。

事实上，Ruff 也确实做到了这一点，它既可以支持像树莓派这样能够运行 Linux 系统的硬件，也支持像 TM4C1924 这样的 MCU。做到跨硬件，需要从架构设计上有很好的支持，这也是 Ruff 的一大优势。

从 Ruff 提供的特性上看，其企图不止于引入抽象，更试图将现代软件开发理念带入 IoT 应用研发之中：

- 彻底分离硬件、系统与应用，使三者可以用不同的节奏发布，让 IoT 应用的迭代开发成为可能；
- 设计测试框架，让开发者可以在开发机上测试应用逻辑，无须部署到真实硬件，大幅度节省了开发调试的时间，从而降低了开发成本；
- 采用软件包的方式管理各种模块，尤其是驱动，使得模块得以共享，知识得以流动；
- 采用命令行的方式对相关内容进行管理，比如板卡、外设驱动、系统升级等，便于与第三方工具集成。

Ruff 正试图建立一个全新的 IoT 应用开发平台，所以，它支持的硬件数量相对前期发展时间比较长的平台来说，还是相当有限的。但其架构展现的扩展性是足够的，对于开发者而言入门门槛也足够低，如果有更多的开发者进入，则其未来的发展是值得期待的。

衡量 IoT 应用开发平台

通过前面的一系列介绍，我们已经了解了许多 IoT 应用开发平台，尤其是基于 JavaScript 的 IoT 应用开发平台，作为开发者，我们该如何选择呢？我们不妨梳理出一个 IoT 应用平台的衡量标准，然后根据实际场景自行选择。

采用 JavaScript 语言

传统嵌入式开发采用 C、C++ 作为主流的程序设计语言，对于现代软件开发而言，这种做法存在一些问题：

- 缺少自动化内存管理能力，普通程序员经常会犯一些低级错误，造成程序崩溃；
- 缺少标准库，开发者浪费了大量的时间来构建基础设施；
- 缺少可移植标准，每次面对不同的硬件，都需要花费大量时间，让代码在新平台上运行起来；
- 缺少包管理能力，不同的程序员会反复构建类似的代码，造成行业的浪费；
- 对于测试缺少内建的支持，测试的编译运行会随着代码的规模而不断增长，没有小步开发的基础。

JavaScript 作为行业里唯一一门全栈式开发语言，拥有广泛的开发人员基础，随着 Node.js 的兴起，配套的基础设施也得到长足的进步，完全可以称之为一门合格的现代开发语言：

- 支持 GC，开发者无须顾忌内存；
- 支持面向对象和函数式编程等多种现代编程范式，开发者可以根据需要自行选择；
- 程序可移植，底层差异由运行时屏蔽；

- 有 NPM 软件仓库及几十万个软件模块，开发者按需取用，无须重复造轮子；
- 有多种测试框架，开发者可以很容易地在开发环节中进行测试。

作为其他高级语言的开发者，你或许会有疑问，其他语言对这些特性似乎也可以支持。还有如下几点让 JavaScript 脱颖而出：

- 运行时，如 Python、Java 之类的语言很少有能对 MCU 进行支持的运行时，这使得它们顶多能做到原型级别开发，而无法深入。
- 流行程度，类似于 Lua 这种本身运行时很小的语言在嵌入式环境中也得到了应用，也确实有一些项目做到了，比如 NodeMCU，但 Lua 目前属小众语言，其前景取决于行业发展状况。

设计硬件抽象

传统的嵌入式开发平台存在极高的门槛，一个非常重要的原因在于，其系统及应用是一体的，任何开发者都需要学习很多的知识，才能成为一个合格的嵌入式开发者。

引入硬件抽象将实现系统与应用的分离，应用开发者会像使用普通的程序库一样操作硬件，而无须关注底层的实现细节，这样可以更好地把注意力放在应用上。

硬件抽象也分为不同的级别：

- 编程接口，让开发者使用软件抽象，屏蔽底层硬件接口，这是很多提供硬件抽象的平台几乎都能做到的。
- 硬件配置，将硬件配置进行隔离，让开发者不必关注配置细节，面对做不到这点的平台，开发者还是要了解很多细节的。

总的来说，硬件抽象也大幅度降低了门槛，软件开发者可以从应用的角度理解 IoT 应用，无须学习底层的细节，从而让更多的开发者进入 IoT 研发领域中。从人数上说，软件开发者的数量远大于专攻硬件研发的开发者。降低门槛，将软件开发者引入一个全新领域所带来的变化，我们已经在移动开发领域看过了一遍。有了好的 IoT 应用开发平台，相信同样的戏码会在 IoT 领域重演。

面向生产

如果只是构建一个原型，则其难度与构建一个真实的应用不可同日而语。软件开发者理解这一点并不困难。在 IoT 领域，问题是一样的。真实的 IoT 应用会面对功耗、价格、性能等诸多问题，这也是在今天计算资源极人丰富的情况下，在 IoT 领域依然对资源斤斤计较的原因，资源受限的硬件才会大行其道。无论如何，能够运行在资源受限的硬件上，是成为一个真正的 IoT 应用开发平台的前提。

在传统的嵌入式开发中，应用与硬件是紧密耦合在一起的，如果能够实现应用与硬件配置相分离，则将带来极大的改变：

- 应用开发者无须关注硬件如何配置，可以将更多地将注意力放在应用逻辑本身；
- 硬件具体的配置方式可以在具体的部署时实施。

这样做还会带来一些额外的好处：

- 应用与硬件配置分离，让应用的移植成为可能。应用在开发时可以不知道具体实施的硬件，只要在具体交付时将应用部署在硬件上即可；

- 二者的分离实现了研发与生产相分离，双方可以各自独立发展，由此可以更好地分工；
- 分离让研发和生产可以采用不同的硬件，这会对研发流程带来一些改变，在研发期采用既有硬件进行测试，在完成需求验证之后，再根据情况生产实际的硬件；
- 硬件、系统与应用将成为三个独立的概念，可以用不同的节奏发布，使迭代开发成为可能。

总结

现如今，IoT 行业主流的开发方式依旧是采用传统的 C、C++ 进行嵌入式开发。但从行业发展的状况不难看出，这种方式已经阻碍了更多的人才进入，更进一步阻碍了 IoT 的普及，工具的升级已经迫在眉睫。新近的 JavaScript IoT 应用开发平台已经逐渐展现出其未来的发展前景，但是，所有的 JavaScript IoT 应用开发平台都面临着一个问题：缺乏成熟的行业解决方案。从时间上来说，它们都处于早期，被行业选择和接收需要一个过程。但 IoT 要发展，工具要升级，JavaScript IoT 应用平台是目前最有力的竞争者。

基于此，我们共同游历了当今的 IoT 应用开发平台，尤其是基于 JavaScript 的 IoT 应用开发平台。并了解了 IoT 应用平台的衡量标准，希望这些内容在大家进入 IoT 领域时，会有所帮助。

让我们共同迎接这曙光乍现的 IoT 时代吧！

使用 Python 进行物联网端到端原型开发

文 / 刘凯

Python 语言的传统优势与发展

凭借简单的语法、丰富的标准库和第三方库，以及与主要的编程语言的对接能力，Python 覆盖了大多数计算领域，成为一门通用的计算编程语言。Python 的传统应用领域有服务器后端、网络爬虫、服务器运维自动化、安全渗透等，这主要是 Web 相关的领域，物联网需要在 Web 基础上增加设备域与数据域设计。

在设备域中长久以来一直被人们忽视的嵌入式系统，最近也出现了若干迭代速度惊人的 Python 项目。这包括历史悠久的 PyMite 及其衍生品种 Pymbed、开源的 MicroPython，以及采用商用许可证的 Zerynth。在嵌入式 Linux 中，Python 是必备的硬件编程语言之一。

在数据域中，Python 凭借着在数据分析领域的长期积累及对接 Java 的能力，在统计分析、科学分析、大数据分析、数据可视化及人工智能领域也有长足发展。

随着在嵌入式系统与大数据分析两个领域日渐流行，Python 开始更多地出现在国外高校的入门编程教材中。与此同时，Python 与其他动态语言一样，利用 JIT 编译器和 libuv 等异步 I/O 库实现了运行速度的大幅度提升。现在 Python 不仅开发迭代速度快，而且在运行速度上也不输于其他语言。

快速搭建物联网原型

本文将演示如何使用 Python 和一些关键软硬件来快速搭建一个农业物联网的验证原型。物联网的碎片化趋势在农业中也非常明显，农业可以细分为田、林、牧、渔几个子行业，其网络覆盖范围、数据采集、设备构成都存在很大的差异。作为一个典型的农业物联网系统，其构成应该包括如下几方面。

- 传感器：例如温度、湿度、二氧化碳、含氧量、酸碱度、水位传感器等。
- 执行器：例如水泵、卷帘门、继电器等。
- 节点设备：连传感器与执行器，并通过无线传感器网络保持与网关的通信。
- 网关：将无线传感器网络报文通过 TCP/IP 转发给云计算应用。
- 云端应用：负责连接网关，并通过 Web 为用户和第三方应用提供设备与业务管理接口。
- 客户端：通过浏览器、手机 App 实现现场管理。

组网技术

不仅仅是农业，任何物联网系统在选型过程中的一个很重要的问题就是组网技术的选择。物联网组网与联网考虑的因素很多，如下所述。

- 通信技术：速率、距离、功耗、带宽、调制技术等。
- 逻辑层级：标准的 TCP/IP 通信，包括物理层、媒体访问层、数据链路层、网络传输层。
- 商业生态：各类标准的替代性、普及率等。

技术决策者必须了解很多系统知识，否则很容易做出错误的决定。笔者给出以下经验。

- 覆盖范围：离散性物联网如共享单车必须依靠蜂窝数据技术如 GSM/NB-IoT；可集中管理的或附近没有公众移动网络基站的地点如工业、农业、小区，可以考虑采用非运营商的无线网络，包括 Mesh、LoRa、WiFi 等。
- 移动能力：高速移动会形成多普勒频移效应，机动性要求较高的物联网系统必须使用宽带调制技术，例如 eMTC/LTE，而非 NB-IOT。
- 数据速率：要实现高速且覆盖范围广，必须选择 LTE/eMTC，代价是极高的功耗。

普通物联网应用大多要求低功耗、低占空比，LoRa 和 Sigfox 是低功耗广域网络（LPWA）的典型，功耗低，但是通信速率也较低。

与此相对应的是短距离无线网络（SR-WPAN），低功耗、中等速率，但是牺牲通信距离，必须使用 Mesh 及较为复杂的 MAC 协议和无线调度算法，同时中继节点的功耗也不低。短距离无线网络在 ToF 定位精度和网络定位上占据优势，典型案例是 iBeacon。

- 工作环境：2.4GHz 的无线电衰减特性远比 Sub-1GHz 要差，同等功率在雨天时通信距离锐减，所以户外物联网优先考虑 Sub-1GHz 无线技术。

- 法律法规：蜂窝数据属于授权频段，ISM 属于非授权频段，各国的划分不同，且有不同的发射功率和占空比要求，所以这方面因素也需要考虑在内。
- 网络堆栈：蜂窝数据、WiFi、BLE、6LowPAN 属于已经构建完整堆栈的技术，而其他各类技术或多或少都有互操作性问题。虽然 Thread/IPv6 已成为近期热点，但是在实际工程中是否能够充分利用还存在疑问。

正是因为这些因素的彼此制约，所以没有一种连接技术可以满足所有需求，决策者必须根据自己的系统特点进行选择。

回到我们的案例中，农业物联网的共性是数据传输率低、传输距离较远，LoRa 的调制技术能很好地满足这两项要求，回避了复杂的 Mesh 网络。由于 LoRaWAN 来自于 LoRaMAC，其MAC 层是针对低功耗数据采集优化的，上传采用 Aloha 竞争方式，而下传采用时分调度方式以降低功耗。因为农业传感器对于低功耗要求不敏感，所以笔者将其简化为上传和下传均采用 Aloha 竞争方式，在低占空比的情况下，可以满足农业物联网的需求。

传输模块使用自己研发的 SX1272/1278 LoRa MODEM，支持 433/470/868/915MHz。MODEM 内置的 STM32 采用 ARM mbed C++ 开发，支持多种堆栈固件，并通过 UART/USB 接口提供 AT MODEM 接口。以模块、U 盘、MiniPCIe 网卡的形式提供，可以适配各种深嵌入式系统及嵌入式 Linux。

节点设备

由于农业生产领域的价格远不如消费电子领域那么敏感，所以该案例使用 STM32F401，加载 MicroPython 进行节点设备的固件开发，STM32F401 主控 MCU 与 LoRa 模块采用 UART 通信，并通过 AT 指令集进行通信。

MicroPython 是 2015 年起特别流行的一种嵌入式 Linux，该版本将桌面 Python 的许多编程体验直接带入了 MCU 级别的嵌入式系统。

与 C、C++ 相比，Python 是一种更加抽象的语言。Python 丰富的数据类型可以大大简化算法的开发，减少开发者实现数据流、编码和浮点数的麻烦；匿名函数可以对应中断服务程序实现事件驱动的开发模式；生成器和 yield 减少了开发者对于任务调度的担心，并可以减少堵塞型 delay 函数的使用。

Python 最初的应用目的是脚本，所以可以支持面向过程、面向对象和函数式编程。对于长期使用 C、C++ 语言开发嵌入式应用的开发者而言，MicroPython 可以全方面地改善开发环境，降低开发工作量，加快迭代速度。同时，开发者可以在 Python 中不断摸索这几种编程范式，提高学习效率。

利用 MicroPython 可以快速构建节点设备原型。节点设备固件可以参考开源工程 LoPy，该项目整合了 LoRa 与 MicroPython，所以其应用代码经过修改后可用于本案例中。由于需要集中供电，所以大多数农业物联网节电设备是安装在太阳能电池板和蓄电池附近的，所以还可以通过有线连接方式如 RS232/RS485/CAN/LIN 来访问附近的不具备无线传输能力的传统设备、传感器、执行器和电源子系统。

- 安装 arm-none-eabi-gcc 交叉编译器，推荐使用 Linux 操作系统。
- 从 GitHub 中复制 MicroPython 工程。
- 选择 STM32F401 或 STM32F405 为目标进行交叉编译。
- 使用 st-flash/openOCD 工具将 MicroPython 固件下载到目标 MCU 中。
- 通过 USB 连接目标板与 PC，安装 CDC/MSD 驱动。
- 通过 TeraTerm 终端软件连接目标板，进入 REPL 命令行，开发用户脚本。
- 开发者可以在 REPL 中通过 print 语句和抛出异常来定位错误，调试程序。
- 调试完毕后，将用户脚本复制到 STM32F401 闪存的内置文件系统中。
- 在 REPL 中软复位运行用户脚本。
- 必须在弹出 MSD 后安全退出操作系统。
- 上电复位脱机运行用户脚本。

网关平台

本案例中采用 LoRa+Linux+CPython+panStamp 模块构成网关设备。

网关设备可以选用具备 WiFi/4G 通信能力的 Linux 单板机，在能够保证三防和稳定电源的前提下，树莓派、工控机均可以使用。不同的 Linux 发行版对于 Python 的支持是不一样的，但是总能够找到一种方式把 Python 安装到嵌入式 Linux 中：

- 在最原始的交叉编译 Linux（CLFS）中，可以交叉编译 CPython 或 MicroPython UNIX 版；
- OpenEmbed 构建的预编译 Linux 发行版或 OpenWRT 嵌入式 Linux 可以直接安装 CPython；
- 在完整版的 Linux 中已经原装了 CPython/PyPy/Jython 等不同的实现。

树莓派的 Raspian 操作系统是完整的 Debian 发行版 ARM 分支，至少有两种成熟框架可选：

- panStamp 开源物联网网关，使用 LoRa 堆栈替换其 FSK 传输模块和堆栈；
- OpenHab 开源智能物联网网关，采用 Java OSGi，可以通过 jython 设计 LoRa 插件对接 OSGi 框架。

panStamp 是西班牙工程师 Luis 的开源工程，面向智能农业，后拓展到工业自动化、物流和智能楼宇场合。该功能使用 TI CC430 系列串口射频模块和树莓派，实现了一个完整的开源物联网网关：射频 MAC 堆栈、网页管理界面、异步消息队列、数据持久、数据缓存、集群管理、事件处理规则、云端服务器联网等，堪称物联网网关的典范设计。实际上由于其内置事件处理规则，所以也可以将其视为边缘处理器了。开发者可以直接复用 panStamp 的工程，下载源码并将其复制到指定路径中。但是在许多情况下开发者依然需要做些适配，主要的工作量是：

- 升级多语种资源包，支持中文；
- 升级射频模块与堆栈更换；
- 升级网页管理界面，支持响应性 UI 设计；
- 升级为工业级 Linux 单板机，以适应恶劣的户外环境；
- 云服务适配，支持国内供应商。

服务器后端

在此例中，农业物联网传感器网络可以自成体系，借助移动终端和WiFi网络也可以访问到网关的管理界面,实现简单管理和封闭式生产系统。但是要构建一个完整的物联网系统平台,并与农业的其他应用如农资监控和调度、环境检测、质量管理、产品安全、物流管理与农业品加工业等进行整合,就需要将此例中的农业生产物联网系统连接到云端应用,并通过 REST API 将系统抽象化后为其他系统提供服务,同时从其他系统中获得必要的信息服务。

笔者对于物联网的设计总体思路是:
- 将设备接入与应用迭代拆分成两个独立的子系统,采用消息队列/REST API 连接;
- 采用较大生态的 Web 框架实现业务扩展与功能扩展;
- 根据数据流量和实时查询要求,采用缓存、关系数据库和时序数据库实现物联网数据的梯度存储;
- 采用响应式前端以适应各类浏览器及混合 App 的 UI 需求。

标准化联网协议

在此案例中,panStamp 与云端采用 MQTT 方式联网。MQTT 协议是最常见的物联网协议之一,并支持 TLS,已经成为各大云计算供应商的标准配置。树莓派和其他 Linux 单板机的资源足够时,可以使用 MQTT over TLS。

除了 MQTT,还有 CoAP/HTTP 等联网方式,此外还存在大量的物联网系统采用私有和行业协议。从开发角度来看,Python 的 Twisted/Tornado 都可以轻松胜任此类设计任务。一个设计不完善的私有协议有很大概率是系统失败的开端,并使团队内部在设备端与服务器端之间互相推诿,造成项目拖延。

Web 开发

MQTT 解决了数据传输及数据分享两个重要环节,甚至可以直接使用手机 App 接入 MQTT 实现无后台的简单应用,但一般来说,需要 Web 服务器实现一些基础服务,比如界面、RBAC/ACL、REST API、运维管理和数据分析等。如果使用 Python 来开发 Web 服务器,则可以推荐 Flask。

Flask 是一种微型 Python Web 框架,基于 Werkzeug WSGI 工具包和 Jinja2 模板,扩展相对容易。上述基础服务都有对应的扩展可供选择,同时支持服务器的热更新。此外,可以通过 gevent/Gunicorn 实现性能的提升。

数据库

数据库在物联网中的作用因系统而异。在此例中,农业物联网的数据采集速率较慢,温度、PH 值、风速等气象因素及农作物的生产环境要素变化都很慢,而且农业传感器的数量也不多,因此可以将其保存在传统关系数据库或文档型数据库中。在其他中高速数据采集系统中,如何协调数据规模和查询实时响应性能是需要考虑的重要问题。例如心脏监护仪的采样率是 1Ksps,24 小时的总数据量约为 82M(8640 万)采样点,如果同时接入 10 万台监护仪,则每 24 小时会增加巨量数据,突破普通关系数据库的限制,造成慢 SQL 查询。而 DBA 能够做的各种分片技术在快速增加的数据面前都只是治标不治本。

所以,小规模慢速物联网可以忽略的数据库问题,在大规模的中高速物联网应用中将成为性能瓶颈,需要根据数据流量和实时查询要求,采用缓存、关系数据库和时序数据库实现物联网数据的梯度存储。

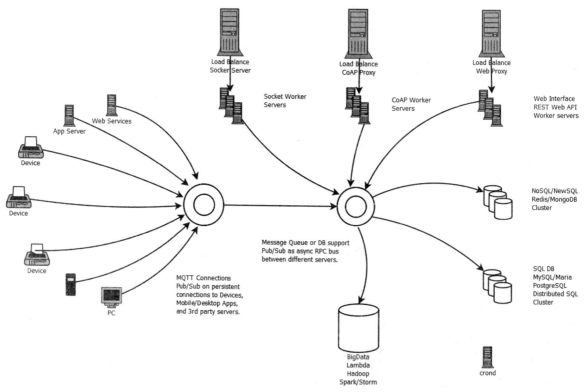

图1 EPIC (Expandable Python IoT Cloud) 架构

在数据缓存中最常见的是 Redis，它可以将采集物理量如温度、采用时间戳标识，并设置超时自动删除。例如：node0001-temp-2017052411102200，设置 5 秒后删除，那么在 Redis 内存数据库中只保存 5 秒内的数据点。规模可控，且可以高速分发给需要的应用，比如网页前端或第三方网站。Python 脚本可以采用 redis-api 对接 Redis 数据库。

时序数据库是专为大规模时序信号采集（带时间戳）而设计的数据库。目前有十几种基于 MongoDB/Cassandra 的数据库，由于这些数据库的接口大多有对应的包如 pymongo、pycassa/pycassandra，所以可以很方便地对接这些数据库。百度提供的天工时序数据库也是可以使用的，采用其提供的 Python 客户端即可以访问。

使用这些接口软件包时需要注意是采用同步模式还是异步模式编写的软件包，并对接到所使用的网络或 Web 编程框架中。

以上是作者总结的一些物联网的共性，图 1 为一个可扩展的物联网架构。

总结

本文以农业物联网为例，介绍典型的物联网端到端的快速原型构建方法，其中 Python 作为一种面向系统集成的"胶水语言"，在物联网端到端链条中扮演了一个跨界开发的角色。除了原型开发，Python 作为一种通用语言，还可以多方面地加速物联网的开发，包括芯片原型、SPICE 仿真、系统原型、设备域终端的硬件与固件、组网堆栈与仿真、联网协议、网关设备的硬件与软件、服务器的前后端软件与架构、数据分析的持久层设计与数据分析平台、用户端的 App 软件，以及开发辅助工具箱等。

管中窥豹：一线工程师看 MQTT

文 / 阚男秀

MQTT 是什么？

MQTT（Message Queuing Telemetry Transport，消息队列遥测传输协议），是一种基于发布/订阅（Publish/Subscribe）模式的轻量级通信协议，该协议构建于 TCP/IP 上，由 IBM 在 1999 年发布，目前最新版本为 v3.1.1。MQTT 最大的优点在于可以以极少的代码和有限的带宽，为远程设备提供实时可靠的消息服务。作为一种低开销、低带宽占用的即时通信协议，MQTT 在物联网、小型设备、移动应用等方面有广泛的应用。

当然，在物联网开发中，MQTT 不是唯一的选择，与 MQTT 互相竞争的协议有 XMPP 和 CoAP 协议等，在本文末尾会有一个比较和说明。

MQTT 是哪一层的协议？

众所周知，TCP/IP 参考模型可以分为四层：应用层、传输层、网络层、链路层。TCP 和 UDP 位于传输层，应用层常见的协议有 HTTP、FTP、SSH 等。MQTT 运行于 TCP 之上，属于应用层协议，因此只要是支持 TCP/IP 协议栈的地方，都可以使用 MQTT。

MQTT 消息格式

每条 MQTT 命令消息的消息头都包含一个固定的报头，有些消息会携带一个可变报文头和一个负荷。消息格式如下：

固定报文头 | 可变报文头 | 负荷

固定报文头（Fixed Header）

MQTT 固定报文头最少有两个字节，第 1 个字节包含消息类型（Message Type）和 QoS 级别等标志位；第 2 个字节开始是剩余长度字段，该长度是后面的可变报文头加消息负载的总长度，该字段最多允许 4 个字节。

剩余长度字段的单个字节最大值为二进制 0b0111 1111，为 16 进制 0x7F。也就是说，单个字节可以描述的最大长度是 127 字节。为什么不是 256 字节呢？因为 MQTT 协议规定，单个字节的第 8 位（最高位）若为 1，则表示后续还有字节存在，第 8 位起"延续位"的作用。

例如，若将数字 64 编码为一个字节，则十进制表示为 64，十六进制表示为 0×40。若将数字 321（65+2*128）编码为两个字节，则将重要性最低的放在前面，第 1 个字节为 65+128=193（0xC1），第 2 个字节为 2（0x02），表示 2×128。

由于 MQTT 最多只允许使用四个字节表示剩余长度（见表 1），并且最后一个字节的最大值只能是 0x7F 而不能是 0xFF，所以能发送的最大消息长度是 256MB，而不是 512MB。

表 1

Digits	From	To
1	0 (0x00)	127 (0x7F)
2	128 (0x80, 0x01)	16 383 (0xFF, 0x7F)
3	16 384 (0x80, 0x80, 0x01)	2 097 151 (0xFF, 0xFF, 0x7F)
4	2 097 152 (0x80, 0x80, 0x80, 0x01)	268 435 455 (0xFF, 0xFF, 0xFF, 0x7F)

可变报文头（Variable Header）

可变报文头主要包含协议名、协议版本、连接标志（Connect Flags）、心跳间隔时间（Keep Alive timer）、连接返回码（Connect Return Code）、主题名（Topic Name）等，后面会针对主要部分进行讲解。

有效负荷（Payload）

Payload 直译为负荷，可能让人摸不着头脑，实际上可以将其理解为消息主体（body）。

当 MQTT 发送的消息类型是 CONNECT（连接）、PUBLISH（发布）、SUBSCRIBE（订阅）、SUBACK（订阅确认）、UNSUBSCRIBE（取消订阅）时，则会带有负荷。

MQTT 的主要特性

MQTT 的消息类型（Message Type）

固定报文头中的第 1 个字节包含连接标志（Connect Flags），连接标志用来区分 MQTT 的消息类型。MQTT 拥有 14

种不同的消息类型（见表2），可简单分为连接及终止、发布和订阅、QoS 2消息的机制及各种确认ACK。至于每一个消息类型会携带什么内容，这里不多阐述。

表2

类型名称	类型值	流动方向	报文说明
Reserved	0	禁止	保留
CONNECT	1	客户端到服务器	发起连接
CONNACK	2	服务端到客户端	连接确认
PUBLISH	3	两个方向都允许	发布消息
PUBACK	4	两个方向都允许	Qos1 消息确认
PUBREC	5	两个方向都允许	QoS2 消息回执（保证交付第1步）
PUBREL	6	两个方向都允许	QoS2 消息释放（保证交付第2步）
PUBCOMP	7	两个方向都允许	QoS2 消息完成（保证交付第3步）
SUBSCRIBE	8	客户端到服务端	订阅请求
SUBACK	9	服务端到客户端	订阅确认
UNSUBSCRIBE	10	客户端到服务端	取消订阅
UNSUBACK	11	服务端到客户端	取消订阅确认
PINGREQ	12	客户端到服务端	心跳请求
PINGRESP	13	服务端到客户端	心跳响应
DISCONNECT	14	客户端到服务端	断开连接
Reserved	15	禁止	保留

消息质量（QoS）

MQTT 消息质量有三个等级：QoS 0、QoS 1 和 QoS 2。

- QoS 0：最多分发一次。消息的传递完全依赖底层的 TCP/IP 网络，协议里没有定义应答和重试，消息要么只会到达服务端一次，要么根本没有到达。
- QoS 1：至少分发一次。服务器的消息接收由 PUBACK 消息进行确认，如果通信链路或发送设备异常，或者在指定时间内没有收到确认消息，发送端就会重发这条在消息头中设置了 DUP 位的消息。
- QoS 2：只分发一次。这是最高级别的消息传递，消息丢失和重复都是不可接受的，使用这个服务质量等级会有额外的开销。

通过下面的例子可以更深刻地理解上面三个传输质量等级。

比如目前流行的共享单车智能锁，智能锁可以定时使用 QoS level 0 质量消息请求服务器，发送单车的当前位置，如果服务器没收到也没关系，反正过一段时间又会再发送一次。之后用户可以通过 App 查询周围的单车位置，在找到单车后需要进行解锁，这时可以使用 QoS level 1 质量消息，手机 App 不断地发送解锁消息给单车锁，确保有一次消息能达到以解锁单车。最后用户用完单车后，需要提交付款表单，可以使用 QoS level 2 质量消息，这样确保只传递一次数据，否则用户就会多付钱了。

遗愿标志（Will Flag）

在可变报文头的连接标志位字段（Connect Flags）里有三个 Will 标志位：Will Flag、Will QoS 和 Will Retain Flag，这些 Will 字段用于监控客户端与服务器之间的连接状况。如果设置了 Will Flag，就必须设置 Will QoS 和 Will Retain 标志位，在消息主体中也必须有 Will Topic 和 Will Message 字段。

那遗愿消息是怎么回事呢？服务器在与客户端通信时，若遇到异常或客户端心跳超时的情况，则 MQTT 服务器会替客户端发布一个 Will 消息。当然，如果服务器收到来自客户端的 DISCONNECT 消息，则不会触发 Will 消息的发送。

因此，Will 字段可以应用于设备掉线后需要通知用户的场景。

连接保活心跳机制（Keep Alive Timer）

MQTT 客户端可以设置一个心跳间隔时间（Keep Alive Timer），表示在每个心跳间隔时间内发送一条消息。如果在这个时间周期内没有业务数据相关的消息，客户端就会发送一个 PINGREQ 消息，相应地，服务器会返回一个 PINGRESP 消息进行确认。如果服务器在一个半（1.5）心跳间隔时间周期内没有收到来自客户端的消息，就会断开与客户端的连接。心跳间隔时间的最大值大约为 18 个小时，0 值意味着客户端不断开。

MQTT 其他特点

异步发布/订阅实现

发布/订阅模式解耦了发布消息的客户（发布者）与订阅消息的客户（订阅者）之间的关系，这意味着发布者和订阅者之间并不需要直接建立联系。

这个模式有以下好处：

- 发布者与订阅者只需要知道同一个消息代理即可；
- 发布者和订阅者不需要直接交互；
- 发布者和订阅者不需要同时在线。

由于采用了发布/订阅实现，MQTT 可以双向通信。也就是说 MQTT 支持服务端反向控制设备，设备可以订阅某个主题，然后发布者对该主题发布消息，设备收到消息后即可进行一系列操作。

二进制格式实现

MQTT 基于二进制实现而不是字符串，比如 HTTP 和 XMPP 都是基于字符串实现的。由于 HTTP 和 XMPP 拥有冗长的协议头部，而 MQTT 的固定报文头仅有两个字节，所以相比其他协议，发送一条消息最省流量。

MQTT 的安全

由于 MQTT 运行于 TCP 层之上并以明文方式传输，这就相当于 HTTP 的明文传输，使用 Wireshark 可以完全看到 MQTT 发送的所有消息，消息指令一览无遗，如图1所示。

这样可能会产生以下风险：

- 设备可能会被盗用；
- 客户端和服务端的静态数据可能是可访问的（可能会被修改）；
- 协议行为可能有副作用（如计时器攻击）；
- 拒绝服务攻击；
- 通信可能会被拦截、修改、重定向或者泄露；
- 虚假控制报文注入。

作为传输协议，MQTT 仅关注消息传输，提供合适的安全功能是开发者的责任。安全功能可以从三个层次来考虑——应用层、传输层、网络层。

图 1 Wireshark 抓取 MQTT 数据包

- **应用层**：在应用层上，MQTT 提供了客户标识（Client Identifier）及用户名和密码，可以在应用层验证设备。
- **传输层**：类似于 HTTPS，MQTT 基于 TCP 连接，也可以加上一层 TLS，传输层使用 TLS 加密是确保安全的一个好手段，可以防止中间人攻击。客户端证书不但可以作为设备的身份凭证，还可以用来验证设备。
- **网络层**：如果有条件，可以通过拉专线或者使用 VPN 来连接设备与 MQTT 代理，以提高网络传输的安全性。

认证

MQTT 支持以下两种层次的认证。

- **应用层**：MQTT 支持客户标识、用户名和密码认证；
- **传输层**：传输层可以使用 TLS，除了加密通信，还可以使用 X509 证书来认证设备。

客户标识

MQTT 客户端可以发送最多 65535 个字符作为客户标识（Client Identifier），一般来说可以使用嵌入式芯片的 MAC 地址或者芯片序列号。虽然使用客户标识来认证可能不可靠，但是在某些封闭环境下或许已经足够了。

用户名和密码

MQTT 协议支持通过 CONNECT 消息的 username 和 password 字段发送用户名和密码。

用户名及密码的认证使用起来非常方便，不过由于它们是以明文形式传输的，所以使用抓包工具就可以轻易获取。

一般来说，使用客户标识、用户名和密码已经足够了，比如支持 MQTT 协议连接的 OneNET 云平台就是使用了这三个字段作为认证。如果感觉还不够安全，则还可以在传输层进行认证。

在传输层认证

在传输层认证是这样的：MQTT 代理在 TLS 握手成功之后可以继续发送客户端的 X509 证书来认证设备，如果设备不合法，便可以中断连接。使用 X509 认证的好处是，在传输层就可以验

证设备的合法性，在发送 CONNECT 消息之前便可以阻隔非法设备的连接，以节省后续不必要的资源浪费。而且，MQTT 协议运行在使用 TLS 时，除了提供身份认证，还可以确保消息的完整性和保密性。

选择用户数据格式

MQTT 协议只实现了传送消息的格式，并没有限制用户协议需要按照一定的风格，因此在 MQTT 协议之上，我们需要定义一套自己的通信协议。比如说，发布者向设备发布一条打开消息，设备可以回复一个消息并携带返回码，这样的消息格式是使用二进制、字符串还是 JSON 格式呢？下面就简单做个选型参考。

十六进制/二进制

MQTT 原本就是基于二进制实现的，所以用户协议使用二进制实现是一个不错的选择。虽然失去了直观的可读性，但可以将流量控制在非常小的范围内。其实对于单片机开发者来说，十六进制并不陌生，因为单片机寄存器都是以位来操作的，芯片间的通信也会使用十六进制、二进制。而对于没有单片机开发经验的工程师来说，十六进制、二进制可能就太原始了。下面我们继续看看还有没有其他方案。

字符串

对于单片机开发者，字符串也是一种选择。比如通过串口传输的 AT 指令就是基于字符串通信的。使用字符串方便了人阅读，但是对高级语言开发者来说，字符串依旧不是最佳选择，恐怕键值对（Key-Value）才是最佳形式。

JSON

JSON 的中文全称是 JavaScript 对象标记语言，在这门语言中一切都是对象。因此，任何支持的类型都可以通过 JSON 来表示，例如字符串、数字、对象、数组等。其语法规则是：

- 对象表示为键值对；
- 数据由逗号分隔；
- 花括号保存对象；
- 方括号保存数组。

JSON 层次的结构简洁清晰，易于阅读和编写，同时易于机器解析和生成，可有效提升网络传输效率。

对于单片机开发者，主流的微控制器软件开发工具 Keil 提供了 JSON 库，可以用于 STC、STM32 等微控制器开发，所以在微控制器上解析 JSON 不需要自己写一个 JSON 解析器或者移植了。

如果实在懒得使用 JSON 库生成或解析，则也可以直接使用 C 语言中的 sprintf 生成 JSON 字符串，比如：

sprintf(buf, "{\"String\":\"%s\", \"Value\":%d}", "Hello World!", 12345);

这样就可以生成一个 {"String":"Hello World!", "Value":12345} JSON 字符串了。

XML

MQTT 只负责通信部分，用户协议可以自己选择，当然，也可以选择复杂又冗长的 XML 格式。可是既然要选择 MQTT+

XML,那为什么不考虑换为 XMPP 呢？

小结

综上所述，MQTT+JSON 是目前的最优方案，其协议简洁清晰、易于阅读、解析和生成，等等，也考虑了服务器端开发者和设备端开发者的开发成本。

有关 MQTT 的云平台和工具

支持 MQTT 的云平台

目前，百度、阿里、腾讯的云平台都逐渐有了物联网开发套件：腾讯 QQ 物联平台在内测中，阿里云物联网套件在公测中，两者都需要进行申请试用，而百度云物联网套件已经支持 MQTT 并且可以免费试用一段时间。除了 BAT 三大家，下面再介绍其他一些支持 MQTT 的物联网云平台。

- OneNET 云平台：OneNET 是由中国移动打造的 PaaS 物联网开放平台。该平台能够帮助开发者轻松实现设备接入与设备连接，快速完成产品开发部署，为智能硬件、智能家居产品提供完善的物联网解决方案。OneNET 云平台已经于 2014 年 10 月正式上线。
- 云巴：云巴（Cloud Bus）是一个跨平台的双向实时通信系统，为物联网、App 和 Web 提供实时通信服务。云巴基于 MQTT，支持 Socket.IO 协议，支持 RESTful API。

MQTT 服务器

如果不想使用云平台，只是纯粹地玩一下 MQTT，或者只想在内网中对设备进行监控，那么可以自己本地部署一个 MQTT 服务器。下面介绍几款 MQTT 服务器。

- Apache-Apollo：一个代理服务器，在 ActiveMQ 的基础上发展而来，支持 STOMP、AMQP、MQTT、Openwire、SSL 和 WebSockets 等多种协议，并且提供了后台管理页面，方便开发者管理和调试。
- EMQ：EMQ 2.0，号称百万级开源 MQTT 消息服务器，基于 Erlang/OTP 语言平台开发，支持大规模连接和分布式集群，发布订阅模式的开源 MQTT 消息服务器。
- HiveMQ：一个企业级的 MQTT 代理，主要用于企业和新兴的机器到机器 M2M 通信和内部传输，可以更大程度地满足可伸缩性、易管理和安全特性，提供免费的个人版。HiveMQ 提供了开源的插件开发包。
- Mosquitto：一款实现了消息推送协议 MQTT v3.1 的开源消息代理软件，提供轻量级的支持可发布/可订阅的消息推送模式。

MQTT 调试工具

在知道了各大平台的 MQTT，同时自己也可以在内网部署 MQTT 服务器后，接下来没有调试工具怎么行呢，难道要用自己喜欢的语言编写一个？当然不需要。对 MQTT 调试工具，可以考虑使用 HiveMQ 的 MQTT 客户端——HiveMQ Websockets Client，这是一款基于 WebSocket 的浏览器 MQTT 客户端，支持主题订阅和发布。

MQTT 与其他协议

目前各大平台都开始支持 MQTT 协议，MQTT 相比其他协议有什么优势呢？物联网设备能不能用其他协议呢？下面是 MQTT 与其他部分协议的比较，以作参考。

MQTT 与 TCP Socket

虽然 MQTT 运行于 TCP 层之上，看起来这两者之间根本没有可比性，但笔者觉得还是有必要叙述一番，因为大多数从事硬件或嵌入式开发的工程师，都是直接在 TCP 层上通信的。从事嵌入式开发工作的人都应该知道 LwIP，LwIP 是一套用于嵌入式系统的开放源代码 TCP/IP 协议栈，在保证嵌入式产品拥有完整的 TCP/IP 功能的同时，又能保证协议栈对处理器资源的有限消耗，其运行一般仅需要几十 KB 的 RAM 和 40KB 左右的 ROM。

也就是说，只要是嵌入式产品使用了 LwIP，就支持 TCP/IP 协议栈，进而可以使用 MQTT。

由于 TCP 有粘包和分包问题，所以在传输数据时需要自定义协议，如果传输的数据报超过 MSS（最大报文段长度），就一定要给协议定义一个消息长度字段，确保接收端能通过缓冲完整收取消息。一个简单的协议定义为：消息头部 + 消息长度 + 消息正文。

当然，使用 MQTT 协议则不需要考虑这个问题，这些 MQTT 都已经处理好了，MQTT 最长可以一次性发送 256MB 数据，不用考虑粘包、分包的问题。

总之，TCP 和 MQTT 本身并不矛盾，只不过基于 Socket 开发需要处理更多的事情，而且大多数嵌入式开发模块本身也只会提供 Socket 接口供厂家自定义协议。

MQTT 与 HTTP

HTTP 最初的目的是提供一种发布和接收 HTML 页面的方法，主要用于 Web。HTTP 是典型的 C/S 通信模式：请求从客户端发出，服务端只能被动接收，一条连接只能发送一次请求，获取响应后就断开连接。该协议最早是为了适用于 Web 浏览器的上网浏览场景而设计的，目前在 PC、手机、Pad 等终端上都应用广泛。由于这样的通信特点，HTTP 技术在物联网设备中很难实现设备的反向控制，不过非要实现也不是不行，下面看一下 Web 端的例子。

目前，在微博等 SNS 网站上有海量的用户公开发布的内容，当发布者发布消息，数据传到服务器更新时，就需要为关注者尽可能地实时更新内容。Web 网站基于 HTTP，使用 HTTP 探测服务器上是否有内容更新，就必须频繁地让客户端请求服务器进行确认。在浏览器中要实现这种效果，可以使用 Comet 技术，Comet 是基于 HTTP 长连接的"服务器推"技术，主要有两种实现模型：基于 AJAX 的长轮询（long-polling）方式和基于 Iframe 及 htmlfile 的流（streaming）方式。这两种技术模型在这里不详细展开，有兴趣的读者可以查阅相关资料。

如果要实现设备的反向控制，则可能要用到前面提到的 Comet 技术。由于需要不断地请求服务器，所以会导致通信开销非常大，加上 HTTP 冗长的报文头，在节省流量上实在没有优势。

当然，如果只是单纯地让设备定时上报数据而不做控制，则也是可以使用 HTTP 的。

MQTT 与 XMPP

最有可能与 MQTT 竞争的是 XMPP。XMPP（可扩展通信与表示协议）是一项用于实时通信的开放技术，它使用可扩展标记语言(XML)作为交换信息的基本格式，优点是协议成熟、强大、可扩展性强。目前主要应用于许多聊天系统中，在消息推送领域，MQTT 和 XMPP 互相竞争。下面列举 MQTT 与 XMPP 各自的特性。

- XMPP 基于繁重的 XML，报文体积大且交互烦琐；而 MQTT 固定报头只有两个字节，报文体积小、编解码容易。
- XMPP 基于 JID 的点对点消息传输；MQTT 协议基于主题(Topic) 发布\订阅模式，消息路由更为灵活。
- XMPP 采用 XML 承载报文，二进制必须进行 Base64 编码或其他方式的处理；MQTT 未定义报文的内容格式，可以承载 JSON、二进制等不同类型的报文，开发者可以有针对性地定义报文格式。
- MQTT 协议支持消息收发确认和 QoS 保证，有更好的消息可靠性保证；而 XMPP 主协议并未定义类似的机制。
- 在嵌入式设备开发中大多使用的是 C 语言开发，用 C 语言解析 XML 是非常困难的。MQTT 基于二进制实现且未定义报文的内容格式，可以很好地兼顾嵌入式 C 语言开发者；而 XMPP 基于 XML，开发者需要配合协议格式，不能灵活开发。

综上所述，在嵌入式设备中，由于需要一个灵巧、简洁，且对设备开发者和服务端开发者都友好的协议，所以 MQTT 比 XMPP 更具有优势。

MQTT 与 CoAP

CoAP 也是一个能与 MQTT 竞争的协议。其模仿 HTTP 的 REST 模型，服务端以 URI 方式创建资源，客户端可以通过 GET、PUT、POST、DELETE 方式访问这些资源，并且协议的风格也和 HTTP 极为相似，例如若一个设备有温度数据，那么这个温度可以被描述为：

CoAP://<HOST>:<PORT>/sensors/temperature

其中 <HOST> 为设备的 IP，<PORT> 为端口。

不过，使用 CoAP 可能会让物联网后台的情况变得复杂，比如 MQTT 可以实现一个最简单的 IoT 架构：Device + MQTT 服务器 + APP，手机端或 Web 端可以直接从 MQTT 服务器订阅想要的主题。而 CoAP 可能需要这样的架构：CoAP + Web + DataBase + App，使用 CoAP 必须经过 DataBase 才能转给第三方。

至于 CoAP 和 MQTT 孰优孰劣，在这里不作定论。不过目前来说，CoAP 的资料还是略少。而且，MQTT 除了可以应用于物联网领域，在手机消息推送、在线聊天等领域都可以有所作为。

小结

经过以上比较，我们可以得出如下结论：MQTT 基于异步发布/订阅的实现解耦了消息发布者和订阅者，基于二进制的实现节省了存储空间及流量，同时 MQTT 拥有更好的消息处理机制，可以替代 TCP Socket 的一部分应用场景。相对于 HTTP 和 XMPP，MQTT 可以选择用户数据格式，解析复杂度低，同时 MQTT 可用于手机推送等领域。手机作为与人连接的入口，正好建立了人与物的连接，可谓一箭双雕。当然，其他协议也可以作为一个辅助的存在，HTTP 可以为只需定时上传数据的设备服务，CoAP 则更适用于非常受限的移动通信网络，表 3 直观地展示了上文提到的几种协议之间的优劣异同。

表 3

协议	传输方式	主要特性及优点	缺点	主要应用领域
TCP	-	基础通信方式，开发者需要定义传输数据格式，设备端可以选择 Client 模式和 Server 模式	服务器端开发框架稀少，开发难度大，可能需要解决粘包分包问题	为上层协议提供通信基础
MQTT	基于 TCP	基于二进制实现，支持异步发布/订阅，头部开销低，开发者可以自定义传输数据格式	设备端只能作为 Client	最初应用于医疗设备，也可用于手机推送等
HTTP	基于 TCP	基于文本实现，无连接，无状态，开发者可以选择传输 XML 或 JSON 等，支持传输音视频、图片和文件等	头部开销高，反向控制实现复杂，不适合发送二进制数据，不适合资源受限的设备	主要用于 Web 端
XMPP	基于 TCP	基于文本实现，XML 数据格式，扩展性强，支持异步发布/订阅	解析复杂度高，不适合发送二进制数据	主要用于即时聊天、实时通信、消息推送等
CoAP	基于 UDP	基于二进制实现，仿照 REST 风格，支持 URI，支持异步消息交换，头部开销和解析复杂度低，无状态	不能建立长连接，数据传输可靠性需要在 CoAP 或更高层协议中实现，开发资料少	适合于移动通信网络和受限网络等领域

结语

最后，让我们把视角转向各大互联网公司的云平台。目前，阿里巴巴、百度、腾讯都把 MQTT 作为物联网前置接入套件单独列出来，作为标准云服务提供，物联网云端套件对 MQTT 的支持日趋完善。设备端开发者只需根据平台提供的 MQTT 接口和文档即可把设备接入互联网，从而实现人与物的连接。由此可以认为，MQTT 极有可能成为物联网时代的头号协议。

物联网安全与实战

文 / 李知周

2016 年 10 月，美国互联网服务商 Dynamic Network Service 遭遇了大规模 DDoS 攻击，造成多家美国网站出现登录问题。有数据表明，黑客发起此次攻击，是运用了全球上千万件感染恶意代码的物联网智能设备，例如 CCTV 闭路监控装置、数码摄影设备等。

在堪称灾难的事件背后，物联网的安全问题不容小觑。尽管目前物联网的安全威胁相对于传统互联网仍然只占到很小一部分，但随着行业的高速发展，针对物联网的病毒很有可能在未来几年流行开来，原来能够阻碍网络病毒的那些屏障正在一项一项消失。在不久的将来，物联网或将成为网络安全事件的重灾区。

攻击平面与安全防护

如何解决物联网安全问题？其实方案早就有了，我们可以借鉴传统网络安全的知识，并针对物联网的特点做些相应的升级改造。网络安全中的一个重要概念就是攻击表面，也称为攻击面、攻击层面，它是指网络环境中可以被未授权用户（攻击者）输入或提取数据的可攻击位置。这些攻击表面可能是某个服务端口，也可能是某个网页的输入框、某个TCP的链接等。网络安全的防守方希望的是攻击表面越小越好，当然最理想的情况是没有攻击表面。典型的例子就是物理隔离，很多国防军工类企业使用了物理隔离办法，将内网与外网完全隔离开来，实现网络没有可被攻击的位置。当然，这种安全模式的缺点也很明显，即完全不具有任何灵活性，并造成了完全的数据孤岛，这会给工作生产产生负面影响，极大降低效率。因此，攻击表面与数据流动犹如硬币的两个面，缩小攻击表面必然造成数据的流动性变差，而要增加数据的流动性则必然造成攻击表面的扩大。所以，实现物联网安全其实就是在最大限度地保障所必需的功能的前提下，尽可能缩小攻击表面。

物联网安全就是与攻击表面的斗争，而攻击表面的粒度定义越细致，在安全攻防中获得胜利的机会越大，最理想的情况是整个攻击表面能够正好符合所有的应用需要，没有一个和应用无关的多余攻击表面，通俗来讲就是只给物联网运行所需的权限，而不给任何多余权限，以免被黑客利用。

减少物联网攻击表面的方法很多，包括使用安全分析软件对物联网软件的源代码进行扫描分析，发现软件中的潜在漏洞，比如SQL注入、堆栈溢出、使用不安全的库函数、在日志中记录了一些用户敏感信息、使用明文存储密匙等。通过使用源代码基本的安全分析扫描可以解决大部分已知的安全问题，有效地减少软件的攻击平面。同样，通过使用用户安全认证技术，可以有效避免非授权用户的登录，减少物联网节点的攻击平面。在网络传输过程中，使用加密技术是减少网络攻击平面的必然选择，在网络协议的选择上应该使用经过安全验证的标准协议，尽量避免为了减少安全测试与维护成本而使用自定义的通信协议。

安全猎手与击杀链

在现代的物联网中，仅仅通过减小攻击平面是无法完全实现安全防护的。由于物联网是一个非常松散的网络，攻击平面的减小是极其有限的，黑客总是会找到办法来突破网络中的某个节点。既然总是被动防御，并且顾此失彼，怎么防御最终都会被攻破，那么为什么不能在物联网的安全防护中转守为攻，以攻击来替代防御呢？答案是主动攻击和抓捕入侵物联网的黑客。这样的想法引发了安全领域的一次革命，并由此出现了两个新概念：安全猎手与击杀链。所谓安全猎手就是那些通过各种安全工具与手段在网络中搜索与消灭黑客的人，通常安全猎手会假定当前网络已经被入侵，然后不断分析当前网络的各种监控状态，以找出可能的入侵者，最终将入侵黑客猎杀掉。这样的过程周而复始，保证物联网的安全维持在一个持续可控的状态，而安全猎手猎杀入侵者的完整过程被称为入侵者击杀链。入侵者击杀链由洛克希德马丁公司的安全科学家提出，他借鉴了在军事领域消灭入侵者的过程，对在安全领域消灭入侵者的过程做了总结。对于入侵者来说，要完成入侵需要以下几个过程，也称之为入侵链条。

- 侦察：入侵者选择目标，进行研究，并尝试识别目标网络中的漏洞。
- 武装：入侵者创建远程访问恶意软件武器，例如针对一个或多个漏洞的病毒或蠕虫。
- 分发：入侵者将武器发送到目标设备上（例如USB驱动器，或者接入网络的僵尸设备）。
- 利用：对目标网络扫描，寻找可以利用的漏洞用于触发恶意软件。
- 安装：恶意软件武器安装入侵者可以使用的接入点（例如"后门"）。
- 命令和控制：恶意软件使入侵者能够对目标网络持续访问与控制。
- 目标行动：入侵者采取行动来实现其目标，例如控制僵尸网络、数据泄露、数据销毁或赎金加密。

而安全猎手需要在这个链条的每一个环节上进行搜索，以击杀这些黑客行为，故而称之为安全猎手的击杀链。在安全猎手的击杀链中，最初也是最重要的一步就是如何去发现和检测入侵者的行为，只有发现了入侵者，整个击杀过程才能获得成功，接下来我们就以基于大数据的物联网安全监控系统实例分析如何发现与监控入侵者，为最后击杀入侵者提供保障。

基于大数据的物联网安全监控系统设计

智能安全网关

物联网网关是连接物联网与传统通信网络的纽带。作为网关设备，物联网网关可以实现感知网络与通信网络，不同类型的感知网络之间的协议转换，既可以实现广域互联，也可以实现局域互联。此外，物联网网关需要具备设备管理功能，运营商通过物联网的网关设备可以管理底层的各感知节点，了解各节点的相关信息，并实现远程控制。在物联网网关的功能基础上，叠加与安全相关的一系列功能就形成了智能安全网关。回想一下前文提到的攻击表面，要有效地实现物联网的安全，就需要尽可能地减小物联网的攻击表面，同时智能安全网关能够成为安全猎手最重要的监控设备，以监控黑客的入侵。智能安全网关通过将所有内部物联网的数据流汇聚到自己这里，并与自己的安全监控数据合并，再通过公共网络传输到云与数据中心当中，来有效地将攻击表面缩小到网关节点上，并为安全猎手提供了猎杀黑客入侵的必要条件。图1是一个物联网智能安全网关的设计实现框图。

在图1中，我们将一块OpenFPGAduino作为物联网网关节点并叠加一整套网络安全软件，实现了一个物联网安全智能网关。这个网关连接了左边的各种物联网，包括智能电网、工业控制网、车联网等，右边通过广域网连接了云服务与数据中心。图的下方是承载网关功能的OpenFPGAduino物理硬件，图的上方给出了一些必要的安全软件，利用Kerberos安全网关实现了对任何接入网关的设备的安全认证，确保只有获得授权的用户与设备才能接入安全网关；利用Iptable安全网关实现了基本的网络防火墙功能，将广域网上可能出现的对物联网设备的攻击阻挡在安全网关之外；利用Squid等HTTP代理，可以有效地过滤用户通过 Web 对物联网设备的控制与访问，并实现对用户访问物联网设备的行为进行监控，为快速发现黑客行为提供了帮助；利用 Snort 安全网关实现了以侦测签名与通信协议的侦测方法实现对黑客网络侵入检测。从某种意义上来说，智能安全网关继承了传统网络中的多种安全设备，为接入其中的物联网节点提供了全方位的安全服务与保障，使得物联网节点远离黑客攻击。

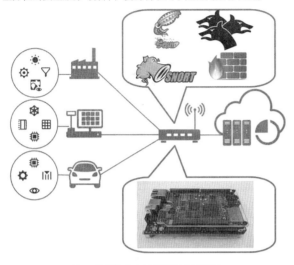

图1　物联网智能安全网关的设计实现框图

送到数据中心中。"人过留名，雁过留声"形象而精确地描述了我们使用日志监控手段来应对安全威胁挑战的有效性。传统网络乃至物联网的安全攻防战将会是一场永远没有尽头的战斗，黑客和安全人员敌我犬牙交错，战斗无时每刻都在进行。而只要物联网还在传输有价值的数据，其一定会成为受攻击的对象。网络安全不是一次性的，防御住一次攻击并不代表胜利的到来，我们必须以一种持续不断的方式来保证物联网的安全，做到网络安全状态的持续监控，而日志监控正是实现网络安全持续监控的有效手段。只要进行适当的日志配置，我们就可以记录物联网环境中的每一次重要事件，包括从用户登录、设备上线、数据发送的开始与结束到防火墙规则的违反等一系列安全事件，利用这些事件，我们不仅可以实现对当前网络安全状况的即时评估与安全问题修复，还可以发现黑客入侵的关键行为与动作，从而实现黑客的入侵检测，从源头上对黑客的行为进行记录并完成拦截。

在物联网环境中由于节点资源受限，所以无法存储非常多的日志，因此按照传统的方法将数据存储在本地的日志系统中不能很好地满足物联网的需要，解决的方法是将所有节点上的关键日志通过网络传输并汇总到数据中心中做统一存储与分析，这样的解决方案就是大数据日志监控。因为在一个物联网中拥有海量节点，因此也会有海量的日志数据被发送到数据中心，而随着部署设备的增加，数据会不断增加。为了应对这种数据的指数增长，必须要使用大数据技术来实现对安全数据的存储监控与分析。图 2 是一个典型的物联网大数据安全日志系统构架。

大数据安全监控

有了物联网的安全网关，并且在网关上部署相应的安全软件后，这些与安全相关的数据与日志就能源源不断地从网关发

图2　典型物联网大数据安全日志系统构架

首先，物联网节点 OpenFPGAduino 上关键的安全日志，包括 sudo 日志、Nodejs 用户物联网节点访问日志、节点上网络流量统计日志等被缓存到本地日志文件中，在网络环境可靠且不繁忙时，将日志缓存文件发送到数据中心的 Kafka 消息总线，实现节点到数据中心的日志汇总。接着，使用 Spark 大数据分析平台对收到的日志进行汇总和处理，生成与安全相关的一些日志报表，并将报表和原始日志存储到 ElasticSearch 搜索引擎中，方便物联网的安全监控人员进行搜索和数据展示。

物联网安全监控系统击杀实战

有了记录大数据的安全监控系统，接下来我们以实例来讲解如何在入侵链条的每一个环节，利用大数据监控击杀物联网上的入侵者。我们对应击杀链逐一分析大数据的安全监控实战。

■ **侦察**：入侵者选择目标进行研究，并尝试识别目标网络中的漏洞。

通过在智能网关上部署 Kerberos 用户认证及 Squid 访问代

理，我们可以得到所有访问物联网的用户的信息。入侵者在选择目标并进行研究的过程中，通常会以标准用户的身份登录，然后通过尝试某些漏洞提高自己的权限，这种行为能够被安全日志记录下来，安全猎手在对日志进行扫描时会发现除去真正的维护人员，还多了一个从不同的 IP 登录的用户在提升自己的权限，通过分析这个用户前后的日志及行为，安全猎手就能判断出这个黑客大致使用了什么手段与漏洞实现了权限的提升与对物联网设备的控制。在本文开头提到的美国掉线的例子中，通过对用户登录行为的大数据监控与分析，可以很容易发现有非管理用户的 IP 地址以 Root 身份登录到物联网的设备中，进而可以推断出 Root 用户密码已经被盗用，这样就可以在源头上拦截这次黑客入侵。

■ **武装**：入侵者创建远程访问恶意软件武器，例如针对一个或多个漏洞的病毒或蠕虫。

利用大数据安全监控平台，我们不仅可以监控物联网设备上的安全情况，也可以对网络上关于安全的信息进行监控，通

过网页爬虫分析一些安全相关的论坛网站的数据，获得漏洞、病毒或蠕虫的信息。通常来说入侵者不是凭空创造病毒或者蠕虫的，而是去浏览各种安全网站如论坛，寻找一些比较新的漏洞信息，并针对这些信息来开发自己的恶意软件武器。比较典型的是永恒之蓝病毒，它利用的就是已经被公开的由 NSA 发现的漏洞，利用的手段也是早就有的加密文件勒索，两项都不是它的发明，只是永恒之蓝将其组合起来达到了非常好的效果。通过安全信息的大数据分析可以为安全猎手赢得时间，提前制定猎杀恶意软件的方法与工具。

■ 分发：入侵者将武器发送到目标设备上（例如 USB 驱动器或者接入网络的僵尸设备）。

在物联网智能网关上部署安全网关 Snort 之后，通过 Snort 的签名侦测功能对网络传输数据进行侦测，安全猎手可以在对 Snort 日志的分析中发现入侵者将武器发送到目标设备的踪迹，利用其他一些相关日志如 Kerberos 的用户认证日志做关联，定位并跟踪入侵者及入侵的整个过程。通过将侦测到的恶意软件的签名添加到 Snort 的入侵防御列表中，安全猎手就能够完成对入侵者发送武器过程中的猎杀。

■ 利用：对目标网络扫描寻找可以利用的漏洞用以触发恶意软件。

入侵者在登录物联网系统后常用的手段是尝试对整个物联网进行扫描，包括扫描各种开放的端口以发现漏洞与可利用端口，同样会对一些公开的端口比如 22、23、80 端口等进行一些注入扫描，常见的就是扫描 23、22 端口尝试进行远程脚本执行，以及在 80 端口的 Web 服务器上寻找 SQL 注入等网页安全漏洞。这种扫描行为都会被 iptable 防火墙记录下来，对 Web 的扫描会被 Squid 处理，安全猎手只需要分析 iptable 的日志就能很容易发现具有这类行为的用户，并对其进行猎杀，方法包括删除这一用户、禁止同一 IP 地址的登录等。

■ 安装：恶意软件武器安入侵者可以使用的接入点（例如"后门"）。

通过建立定时运行的脚本，安全猎手可以定期收集物联网节点中的配置信息、文件系统可执行文件列表、执行文件的校验和等数据，通过在大数据系统里分析同一节点前后两次收集的差异来发现入侵者是否将病毒等攻击武器安装在了物联网节点上。同样可以通过进行物联网相似节点间的配置、校验和的比较来发现入侵者，由于入侵者通常没有网络设备的完整信息，同时入侵所有设备的可能性很小，而网络病毒的传播也需要一个过程，这种相似节点间的比较为安全猎手发现入侵与病毒提供了非常有效的手段。同样在美国掉线的例子中，如果利用大数据技术来做节点的文件、进程与配置的比较，就可以及时发现监控摄像头已经被黑客入侵并被安装恶意武器成为了发起 DDoS 攻击的僵尸网络，并通过清除黑客的攻击工具保护物联网节点，实现猎杀。

■ 命令和控制：恶意软件使入侵者能够对目标网络持续访问与控制。

利用 ps,netstate 命令对正在运行的进程、已经打开的端口及诸如 /etc 目录的启动运行脚本监控，安全猎手同样可以基于大数据比较差异来发现入侵者为了维持对网络的访问与控制而留在被入侵设备上的执行进程与通信端口，以及为下次启动时能自动运行的启动脚本。安全猎手通过杀死这些进程，关闭这些端口，利用差异比较复原原始启动脚本的方式，阻断入侵者对物联网设备的持续访问与控制，完成猎杀。

■ 目标行动：入侵者采取行动实现其目标，例如控制僵尸网络、数据泄露、数据销毁或赎金加密。

通过分析 iptable 日志可以掌握整个物联网上的数据流方向，再利用可视化技术构建出一个物联网数据流图，通过获得网络接口的统计数据可以估计网络上的数据流量。利用这些数据，网络猎手了解整个网络上的数据流动情况，并能够发现一些异常的流动，比如发现有一个流向未知 IP 的大流量数据流，那么很有可能就发生了数据泄露，入侵黑客正在源源不断地将数据发送到他的主机上，当然也有可能是黑客在利用你的物联网作为僵尸网络进行 DDoS 攻击，就如同美国掉线事件那样。

总的来讲，由于有了基于大数据的物联网安全监控系统，我们可以做到对入侵行为的精确监控，并实现在入侵的每一个环节上有效发现入侵、分析入侵并实施击杀。利用大数据的海量数据，在与黑客的攻防战中掌握住信息权，让黑客无处遁形，只能接受数据猎手的降维打击。 Ⓟ

IoT 通信技术选型及模型设计的思考

文 / 刘彦玮

近几年随着大型物联平台的出现,智能设备数量和种类持续增长及芯片厂商不断的技术突破, 新的使用领域和互联场景不断出现, IoT 进入到一个快速增长和爆发的时代。网络通信作为物联网的基础，IoT 项目如何进行通信技术选型至关重要。本文详述了当下热门 IoT 通信技术的特点及作者在模型设计方面的一些思考。

IoT 时代的无线通信技术

"世界上最遥远的距离就是没有网络"，网络通信是 IoT 的基础，常见的无线网络通信技术有：WiFi、NFC、ZigBee、Bluetooth、WWAN（Wireless Wide Area Network，包括 GPRS、3G、4G、5G 等）、NB-IoT、Sub-1GHz 等。它们在组网、功耗、通信距离、安全性等方面各有差别，因此拥有不同的适用场景。WiFi、Bluetooth、WWAN 是现阶段物联网的主力，占所有应用的 95% 以上。ZigBee 主要用在全屋智能领域，NB-IoT 是针对 IoT 设计的下一代网络。

那么如何在众多无线通信技术中找到适合自己的呢？下面根据笔者的经验做一下简单总结，供大家参考。

为什么选 WiFi

WiFi 最大的优点是连接快速、持久、稳定，它是 IoT 设备端连接的首选方案，唯一需要考虑的是智能设备对 WiFi 覆盖范围的依赖导致 smart devices 的活动范围比较小，不适合随时携带和户外场景。

举例：各种智能家电都可以通过 WiFi 被远程控制。

为什么选 Bluetooth

Bluetooth 最大的优点是不依赖于外部网络、便携、低功耗。只要有手机和智能设备，就能保持稳定的连接，走到哪连到哪。所以大部分运动和户外使用的设备都会优先考虑 Bluetooth。它的主要不足是：不能直接连接云端，传输速度比较慢，组网能力比较弱。

举例：智能手环、共享单车的智能蓝牙锁，以及 iBeacon 定位。

为什么选 WWAN

WiFi 的不足是智能设备移动范围小，蓝牙的短板是设备不能直连云端和组网能力弱，而 WWAN 既可以随时移动，也可以随时联网，完美弥补了 WiFi 和 Bluetooth 的不足。但实际上它也存在两个短板：一是它在使用的过程中会产生费用，二是网络状况不稳定，常常遇到无网或弱网的环境。

举例：车载智能设备、政府的城市公共自行车。

无线模块选型分析

前面介绍了主流的三种无线技术，下面是一些在特殊场景中用到的无线技术选型。

ZigBee 的使用

在全屋智能（精装修智能房屋）的场景中，从交付开始，家中就已存在大量的 IoT 设备，如果使用 WiFi 方案，则每个设备配网会非常麻烦，并且 WiFi 每次做移动或修改密码，智能设备都要做相应的调整。如果使用蓝牙方案，以目前的 BLE 4.2 标准来说，蓝牙的组网只能一个 Central 连接 7 个外设（部分芯片会有能力扩充，因为比较少见，所以这里忽略），蓝牙组网能力弱，也满足不了需求。所以在全屋智能场景中，经常会使用 ZigBee+WiFi 的二合一网关。ZigBee 和蓝牙一样都是近距离低功耗的通信技术，但它相比蓝牙最大的优势就是强大的组网能力，ZigBee 和 WiFi 的二合一网关通过 ZigBee 连接 IoT 设备，通过 WiFi 将数据同步到云端。

Sub-1GHz 的使用

飞行器常常在没有 WiFi、山上等 GPRS 无信号或弱网的环境中使用，而且通常有较远的飞行距离，这样 WiFi、Bluetooth、ZigBee 和 WWAN 这种单一的无线模块不能很好地解决飞行器的通信需求，所以需要多种无线模块的组合使用。通过 Bluetooth 让遥控器和手机连接，通过 Sub-1GHz 处理长距离飞行时飞行器和遥控器的通信，通过其他波长处理中距离或短距离飞行中的数据通信。这种组合既能满足手机操控，又能在中距离有高质量的图像数据，在远距离还能继续控制。

同样功能的设备不一定选相同的通信模块

例如补水仪，统一的功能，都是从设备喷出水汽到皮肤，给皮肤补水，但有便携式和固定式两种，便携式体积小，便于携带，随时使用，可以选择 Bluetooth；固定式功能多，可以冷热交替补水，一般在家中使用，选 WiFi 没错。

总结和整理

表 1 对前面介绍的无线通信技术做了个总结，方便大家了解其中的差别，选到适合自己的方案。

表 1 IoT 通信技术对比

名称	通信距离	理论速度	优点	缺点
WiFi	<100m	54~300Mbps	速度快，连接可靠，普及率高	移动能力弱
Bluetooth	<10m	100kbps	体积小，低功耗，不依赖外部网络	组网能力弱，传输距离短，速度慢
ZigBee	<30m	10kbps	低功耗，组网能力强	传输距离短，速度慢，主流手机不能直接通信
NFC	<10cm	100kbps	安全	传输距离短，速度慢，主流手机不能直接通信
WWAN	无限制	100k~10mbps	便携，普及	有信号盲区，收费高，信号不稳定
Sub-1GHz	<10km	<100kbps	传输距离远	不普及，贵
NB-IoT			为了 IoT 时代设计的协议，值得关注，但目前情况不明确。已知的好处是组网能力强，覆盖面广，低功耗，低成本	

IoT 物联模型

应用侧的架构，根据接入设备的种类和数量，复杂度会相差很大，其中物联平台的架构最为复杂，例如阿里智能、微信物联、米家、百度物联这类平台级的系统。不过能做平台级物联系统的公司还很少，大部分还是针对特定设备类型或共同特征的智能设备的载体，它们的结构相对简单些，也是本文重点介绍的部分。

以智能手机、智能设备，智能云三者交互为例，主要涉及的无线通信方式就是 WiFi、WWAN、Bluetooth，其中 WiFi 和 WWAN 的场景几乎一致，Bluetooth 架构多一层媒介层，本文主要介绍这三种场景。

WWAN/WiFi 和 Bluetooth 在应用架构设计上最重要的区别是 WWAN 的智能设备可以直接和云端交互，而 Bluetooth 智能设备需要一个中转媒介，大部分时候，这个媒介指的是智能手机，偶尔也可能是其他的形态，比如蓝牙网关，或是一台装有操作系统的智能冰箱。

WWAN 和 WiFi 物联模型的主要区别在于 WWAN 设备只要插上上网卡，就可以上网，而 WiFi 设备需要多一步配网的过程。

WWAN/WiFi 物联模式

WWAN/WiFi 物联模型如图 1 所示。

图 1　WWAN/WiFi 物联模式

WiFi 在设备初次使用时，首先需要配网操作。通过 WiFi 在手机和智能设备之间建立点对点连接，手机把 WiFi 的 SSID 和密码传递到智能设备，然后断开手机与智能设备的直连，把智能设备连接的 WiFi 网络切换至用于连接的 WiFi 设备（在家的场景，通常指的是家中的路由器）。WiFi smart device 在联网成功后，会向云端发送设备激活的消息，此后设备端和云端就建立了一个稳定、长期的连接，保证了数据上行和命令下发。

Bluetooth 物联模式

蓝牙设备一般都作为外设，和智能手机建立一对一的连接之后，通过智能手机作为媒介，间接与云端进行数据同步。通常情况下，BLE 智能手机设备和智能手机的通信非常重要（通道1），设备操控和数据同步都是通过这层连接完成的，相比之下通道2经常只是智能手机的普通 API 请求，用做 Bluetooth 智能手机设备的数据持久层使用。如图2所示。

图2　Bluetooth 物联模式

IoT 模型优化

上一节介绍了 WWAN/WiFi 和 Bluetooth 的物联模型，IoT 模型在设计的时候，有很多需要考虑的地方，常见的有：通道的安全、物联协议、动态化等。

通道的安全

通道安全往往是通过对连接通道认证和数据对称/非对称加密这两件事情保障的。对于安全性较高的设备，一定要在建立连接通道时，确保通道的安全性，在数据和命令上下行时，尽可能不要使用明文传输。安全通道的建立可以使用一些成熟的方案或者成熟的加密算法去实现，选择算法时要考虑到设备端的计算能力。设备端因为成本和体积，计算能力较弱，如果算法过于复杂，会严重影响到设备端的处理能力和稳定性。

物联协议

物联协议是大型 IoT 平台必须考虑的问题，因为接入的设备类型多，很多场景需要多个设备互联互动，良好的物联协议设计可以减低设备接入的成本，提高稳定性和处理能力。现在每个物联平台都有自己的物联协议。

物联协议可以细分为通用协议和领域定制协议。通用协议可以做物联通道的兜底方案，对设备有一个统一的收口，而具体领域定制协议可以根据品类和业务深入定制行业解决方案，优化领域和领域设备的接入速度，优化业务流程和场景质量。一个优秀的领域协议需要综合平台、方案商、设备制造商多方经验才能制定，忌讳由平台制定后强推。

下面用蓝牙来举例说明一下平台的物联协议和业务协议。

微信物联的蓝牙协议要求：广播包中包含 ServiceUUID:FEE7 作为统一标识，FEA1 为数据出口，FEA2 为数据入口，把蓝牙协议扁平化形成一种请求相应的数据模式。这是一个通道的固定，并没有涉及业务。

业务协议举例：蓝牙体重秤协议，如图3所示。

byte	定义	value	description
0-1	flags	16bit	
2-3	时间	uint16	年
4		uint8	月 1~12
5		uint8	日 1~31
6		uint8	时 0~23
7		uint8	分 0~59
8		uint8	秒 0~59
9-10		unt16	第一电极电阻，精度0.1
11-12		unt16	体重，单位KG精度0.01
13-14		unt16	第二电极电阻(如果有)，精度0.1
15-19		--	预留

图3　蓝牙体重秤协议

业务协议根据具体的通道，规定了二进制流中每一位数据的含义、数据长度、单位、大小端模式等。业务协议和智能设备具体的功能和要做的业务紧密相关。

动态化

物联平台因为接入的设备各种各样，芯片有各种不同的方案，如果要兼容多种设备和方案，就必须要求这个架构有着非常好的灵活性，而动态化可以极大提高灵活性。

客户端通过 HTML5、React-Native 等动态化渲染技术，解决业务层的动态化；数据协议的动态化可以在客户端或者服务端，通过动态化脚本方案实现；设备端的动态化可以考虑 OTA 固件升级实现。

上面只是动态化的一些具体实现方向，对于大型的物联平台，往往是通过一整套架构和模型去解决的，阿里 IoT 平台就有自己的一整套解决方案，因为会涉及商业机密，这里不再详述。

总结

本文浅尝辄止地介绍了 IoT 方向的一些无线通信技术及 IoT 模型选择的思考，欢迎大家入坑。这些方案是近年来的主流方案，而随着 IoT 的飞速发展，也许几年后就会出现一些杀手级的方案完全改变 IoT 的现状和格局。也有许多已知技术正在孕育当中，比如 Bluetooth5 和 NB-IoT，Bluetooth5 相比 4.2，在组网和传输距离上有了很大提升，连接范围扩大了4倍，速度提升了2倍，无连接数据广播能力提高了8倍，同时提升了组网能力。笔者和 TI、Nordic 工程师聊过，设备厂商的5.0芯片都已经开发完成，等待生产。量产后，预计会对 ZigBee 有很大的冲击。

而 NB-IoT 的提出就是针对 IoT 的使用场景，其最大特色是覆盖面广，价格便宜。NB-IoT 现在联盟的力量很强大，大部分芯片商、通信商、电信运营商都参与其中，积极推进 NB-IoT 的公共网络建设，预计就在这一年两内 NB-IoT 的网络会覆盖国内很多地区，未来的潜力非常值得关注。Ⓟ

微软、百度、阿里巴巴三大物联网云平台探析

文 / 刘洪峰

风起云涌的物联网，随着国内外大公司的入局，形式也逐渐明朗起来。物联网不仅仅是硬件接入的一个网，还是接入后大数据的存储、分析和呈现，以及人工智能技术的深度介入，对各类企业的生产、运维、管理带来的改变。本篇文章以微软

的 Azure 云、百度的物接入及物解析云平台、阿里巴巴的物联网开发套件为切入点，深入介绍相关物联网平台的技术特色、技术路线。希望能给物联网从业者一些参考和启示。

云山雾罩的物联网随着国内外一些大公司的大力推进，面目日渐清晰。今年年初笔者因项目的关系深入了解当前主流的物联网云平台，又有了不同的感悟。在细说这几个物联网云平台之前，笔者先简单介绍一下如今的物联网。

现在的物联网，必不可少的三要素分别是：云、手机和智能硬件。例如，当前现象级应用摩拜单车就是一个典型案例。

■ 智能硬件的作用，一是控制车锁的开启；二是获取当前 GPS 坐标；三是和云端通信，发送位置、车锁状态信息和接收云端指令。

■ 手机就是实现用户管理、扫码和位置呈现等功能。

■ 云的主要作用是数据接入，指令发出。另外一个重要功能也许是大数据分析，比如车共享频次、故障收集分析等。

以上结构可以称之为是当前典型物联网应用，是智能硬件和云结合的一个最佳范例。产品功能简单明确，利于复制上量。有了量，也便于大数据分析。智能家居一些应用，其实也可以按这种类似的模式去经营实现。如小米不到千元的智能家居套件，在笔者亲身试用的大半年里，整体感觉还是非常不错的。

在前几年，智能硬件比较火的时候，第三方云平台也可以说是智能硬件云平台也非常热络，比如 Yeelink、机智云等。不过去年年底咨询 Yeelink 创始人姜兆宁的时候，他表示这种模式已经很难持续，目前专注做 Yeelight。机智云是国内比较有影响的第三方物联网云平台，笔者也曾和其北京的团队有过深入交流，对于物联网云平台对接第三方硬件，发展并不如想象的那么顺利。

从摩拜单车、小米智能家居到 Yeelink、Yeelight 和机智云，似乎隐约告诉我们，智能硬件和云平台紧密结合，做成一个封闭的私有的体系，才更有价值。

那问题来了，微软云、百度云、阿里云做公共物联网云平台，其价值点又在哪里？和以前出现的物联网云平台有什么异同？

都说 2016 是物联网元年，在这个年头的三月份，微软 Azure 平台的 IoT Hub 开始支持 MQTT，百度差不多也是在这个时候推出了基于 MQTT 的物联网平台，阿里巴巴是在下半年推出了基于 MQTT 协议的物联网开发套件（亚马逊、华为、腾讯也各有很好的物联网云平台，在此就不一一展开说明了）。

这里不得不提一下 MQTT（Message Queuing Telemetry Transport，消息队列遥测传输），是 IBM 公司 1999 年开发出来的通信技术。其最大的特点是消息质量可以分三种：最多一次、最少一次和仅有一次（本文中所述的三种物联网平台，第 3 种消息质量"仅有一次"当前是不支持的）。另外，MQTT 不仅可以构建在 TCP/IP 协议栈之上，目前百度和阿里云的物联网平台也支持基于 Web Socket 构建。

以前的物联网云平台在笔者眼中更像一个大应用平台，而不是一个基础平台，类似工控中的组态软件，把物理上的一个个参数抽象为一个个 I/O 变量，比如布尔型的开关、浮点型的温湿度、整型的灯光亮度、当然还包括一些二进制数据的摄像头数据。这种架构其实比较适合参变量相对少的智能家居及智能硬件。但是对比较复杂的工控类应用来说，如果每种数据都抽象为一个 I/O 点，那么都需要配置，适用性就不那么强了。现如今的三大物联网平台，就是把硬件和云端通信进行了简化，即数据上传和下发。正是因为这种机制，反而通用性更强了。

换而言之，以前的物联网云平台更在意接入环节，重在通道。而现在的物联网云平台，接入仅仅只是其中的一环而已。

微软 Azure 云平台

微软的云平台其实提供了全方位的物联网服务，如图 1 所示。

数据采集环节支持三种方式：Event Hubs、Service Bus 和 IoT Hub。其中 IoT Hub 支持三种通信协议 HTTPS、AMQP 和 MQTT，对 Azure 云来说，三种协议不需要预先在云中设定，自适应。从应用的角度来看，HTTPS、AMQP 和 MQTT 三种协议没有太大的区别，同时微软也是刻意隐藏了三种通信的区别，总体来说就是数据上传和数据下发。不过这里需要指出的是，针对数据下发而言 HTTPS 的代价还是比较高的，需要不断请求服务器，以获取数据下发的内容。

接下来从数据流的角度来看 Azure 云服务，如图 2 所示。

从这两个图可以看出，微软云平台的接入仅仅是其中一个环节。更为重要的是数据存储、分析，还有展现。特别是数据和分析部分，是大数据的基础，后续所谓的人工智能会基于这些环节发挥重要作用。

百度物联网云平台

百度物联网云平台分为物接入 IoT Hub、物解析 IoT Parser

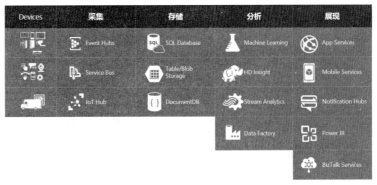

图 1 微软云平台物联网服务

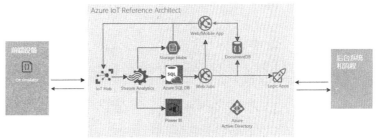

图 2 数据流角度解读 Azure 云服务

和物管理 IoT Device 等。事实上，百度物联网云平台和微软类似，其重点也并非接入环节，而是其重金下注的人工智能部分。

从上图可以看出，数据采集后的存储、处理、分析环节也是百度的重点，在这个环节，人工智能技术可以融入进来。

百度物联网平台（见图4）虽然和微软一样，也支持MQTT，但是与微软的不同之处在于，百度号称支持原生MQTT。即MQTT 协议不仅仅是一个通信信道了，而是充分发挥了MQTT 本身的优势，比如信息的发布/订阅（微软的信息发布和订阅是固定的、单一的）。但是这种灵活性，个人认为有些粗糙。这对基于该平台开发的用户来说，需要比较强的规划能力，否则很容易造成信息风暴。

此外值得一提的是，微软的云必须是 SSL 加密才能运行云和端通信，但是百度物联网云并不强制用户加密。

阿里巴巴的物联网开发套件

阿里巴巴似乎比较低调，其物联网平台称之为物联网套件 IoT Kit（见图5）。和微软、百度物联网平台一样，也是支持 MQTT 通信协议。不过相对于微软的封装和百度的完全开放不同，阿里巴巴的物联网套件平台做了半封装，比如发布和订阅和微软一样，预先定义了一些关键字，并且除此之外可以自定义，可以说是介于微软和百度之间的一种模式。并且其通信加密要求是最高的，SSL 的版本必须是 TLSV1.1 或 TLSV1.2 版本。

和微软及百度相比，阿里巴巴的物联网平台稍有一些简单，其重点一是接入，二是数据导出。提供了相对丰富的 API 对外接口，对有些智能硬件厂商来说，是一个好消息，相当于阿里巴巴提供了一个云端 API 接口，方便和第三方合作方进行系统级别的开发合作。

三大平台的对比

从开发的角度来看，微软的物联网云平台 SDK 最丰富、完善，提供了各种示例，有设备端的、有网关、有云端等。百度相对小气，其 MQTT 的 SDK 就是百度物联网平台的 SDK 了。阿里巴巴的物联网平台介于二者之间，特别是在设备端提供了一些基于芯片层面的接入源码，另外 API 接口部分也提供了不少示例。

通过以上介绍，我们之前提到的另外一个问题的答案就昭然若揭了。

微软云、百度云和阿里云等公司做公共物联网云平台，其价值点在于数据采集后的价值及基于大数据分析下的各种衍生价值。换句话说未来大数据的"金矿"的价值在于如何挖掘和利用。基于这一点，微软和百度似乎走在了前列。

谈及此处，笔者一直秉持的理念也逐渐清晰起来，做有影响力的云平台，还是要靠大公司，而不是自己再去造轮子。站在巨人肩上，去成就另外一个层面的伟大。

所以在物联网飞速发展的时代，笔者的重点放在了设备端。从2001就开始从事工控领域的我，绝不会把物联网云平台下的端，仅仅抽象为一个设备，一个网关，其中个人认为这只是冰山一角而已，会有更为广阔的操作空间。

在物联网时代，云端有云端的机会，大数据挖掘有大数据挖掘的机会，设备端也有设备端的机会，就看如何去迎接这个新时代的到来了。

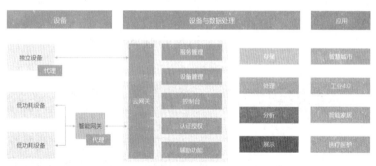

图3 百度云平台服务

图4 百度物联网平台

图5 阿里巴巴的物联网套件

如何基于Android Things构建一个智能家居系统？

文 / 王玉成

Android Things 是 Google 在 2016 年年底推出的基于物联网的操作系统，广泛运用于物联网设备。本文作者从其技术原理开始，详解了 Android Things 本身及与之相关的技术之后，总结了如何搭建一个物联网系统的技术路线。

前言

2012 年 6 月，由 IoT-GSI（Global Standards Initiative on Internet of Things）发布的白皮书"ITU-T Y.4000/Y.2060"[1] 中明确定义了物联网的概念。从技术标准化的角度来讲，物联网可以看作信息社会中基于现有或将来产生的信息通信技术对物体进行互联（物理或虚拟）的全球基础设施。

物联网融合了现有和将有的信息通信技术、数据处理技术，这些技术包括但不限于机器到机器的通信、自主网络、数据的挖掘和决策、安全和隐私保护、云计算及先进的传感和驱动技术。而当前现有的物联网相关技术的研发，要么基于平台，要么基于设备。一般来说，硬件厂商会着力于传感器，还有物联网节点的开发，或者支持一些常见的通信协议；系统及软件开发厂商，会基于操作系统、云端做一些相应的技术开发。

而在此之中，Google 对于物联网相关技术的研发包括了云端、数据通信模型建立、数据搜集及处理的相关技术，基本完成了除硬件设计外的各个技术环节。因此，本文将从 Android Things 入手，具体来看如何构建一个完整的智能家居系统。

解析 Android Things 技术原理

Android Things 主要运用于物联网及嵌入式设备，可以说是 Android 平台的扩展，它和手机（Android Mobile）、电视（Android TV）、汽车（Android Auto）、穿戴式设备（Android Wear）一起组成了 Android 大家庭。

比起其他 Android 系统，它又有一些与众不同的特点，譬如物联网设备会带来一些软件资源的限制。但相对于移动端 Android 开发，Android Things 没有较为复杂的 UI 布局，开发周期能大大缩短。

同时，Android Things 为安全连接到云端的设备提供了强大的技术支持，比如我们需要搜集大量的传感器数据到云端，通过 Android Things 可以很方便地进行采集并将其发送至云端。由于 Android Things 可以借助云端处理音视频、图片、传感器数据等信息，我们可以用这个系统来做出库存控制、互动广告、自动售货机、智能电表等产品。

另一方面，Android Things 本身就属于 Android 生态系统，所以我们在所熟悉的 Android 开发环境中可以直接进行开发。其完全支持 Android SDK/NDK，以及 Android 中的第三方库，并完美集成了诸如 Google Play Services、Firebase 和 Google Cloud Platform 等的 Google Services。

其中，Firebase 和 Google Cloud Platform（简称 GCP）就是为云端服务而准备的。GCP 拥有如 Identity&Security、Machine Learning 等八大类功能，完全涵盖了数据的存储与分析的所有环节。但这些数据处理是异步的，为了完善同步的数据服务，便有了 Firebase 来做实时的网络数据库。而物联网的数据，很大程度上依赖于云才能将数据的性能发挥至最大化。目前，Android Things 官方相关的 Demo 已经完成了云端的基本连接，但功能才刚刚开始。

另外，如果需要对数据的处理做进一步扩展，还有 TensorFlow 做后援。

现在，我们拥有了数据相关的平台，完成了数据相关的各种处理，就完全解决了数据的存储及处理问题。接下来，便要解决数据的获取，以及数据传输的问题了。

数据传输

物联网的数据传输协议有很多，多到我们数不过来，主要分为以下两种类型。

- 有线协议：包括各种串行、并行通信协议，以及强大的有线网络；
- 无线协议：从低频到高频，数不胜数，2G 至 4G 的网络协议、蓝牙、红外、ZigBee 等，以及现在的业界新宠 NB-IoT 和 LoRa。

有这么多的协议传输，就会依赖各自的硬件。各种数据协议组成了战国时代，没有胜负，只有哪些协议适合哪些场景。

而现在我们对协议的要求通常是，延时最短（即反应最快）、稳定性好、安全性高，且功耗要特别小。理想状况当然是想要马儿快点跑，又要马儿不吃草。但现实只能努力接近理想，我们总会在协议的各种性能上有失有得。特别是现在 2.4G 频段处于拥堵的状态，所以从低频到高频，增加了许多频段的选择。

对于物联网的操作系统来说，一个关键的考量，便是其数据传输方式要灵活、适配性强、便于开发。现在有两条路可走，要么是做个统一的协议，去包揽其他的所有协议；要么是提供一个更通用、更灵活的方法，让用户去适配协议。对于前者，Google 推出了 Weave 协议用以统一蓝牙、ZigBee 等，它独立于物联网操作系统，致力于解决各种数据传输协议的统一性问题（网上有相关文章，读者可自行阅览）。而另一种让用户去适配的办法，就是 Android Things 关于数据传输协议的处理。

对于数据传输，USB、蓝牙、Wi-Fi 可以说是最常用的方法，但还有许多模块以及专用的数据传输是不匹配的。对于这一类数据传输，该如何搞定呢？Android Things 提供了一个万能的通道，支持 I2C、SPI 和 UART 的数据传输。可别小瞧这三种数据传输方式，从通用角度来说，这三种串行接口，可以直接外接各种传感设备。同时，又能外接各种数据传输协议的模块，极大地加快了产品原型设计。这三种接口，既可用来捕获数据，又可以用来支持数据传输，可谓一举两得。

上手 Android Things

经过上面的分析，我们才发现，Android Things 只是代表物联网中的一个环节，它并不是物联网的全部。Android Things 对于云端和传感器，起着至关重要的连接作用，并且规定了数据的采集及传输的规则。

接下来，我们就以在树莓派 3 上运行 Android Things 为例，来具体看看 Android Things 的 ROM 相关信息。

从官网上下载下来 Android Things 在树莓派 3 上的镜像之后，我们可以看到，SD 卡被划分多达 16 个分区，这些分区里，有一部分是树莓派的文件信息，有一部分是 Android Things 中的相关分区。

我们用 mount 命令查看开发板的分区，发现总共挂载了 5 个分区，其中 gapps、_type、oem、data 主要是 Android Things 使用 PRIBOOT 用于树莓派 3 启动时的一些运行和配置文件的分区。

用 ADB Shell 命令进入终端之后，我们可以看到，整个根文件系统与 Android 的根文件系统没有太大的区别。如果想知道系统运行时，启用了哪些服务，一般先会去看 /etc 文件夹下的内容。通过了解 /etc 下面的文件，我们可以看到，Android Things 对于音视频、蓝牙、Wi-Fi、蜂窝网络等都有支持。另外一部分，便是安全以及升级的管理了，包括事件日志、崩溃日志等。值得一提的是，与音频相关的配置文件 /etc/audio_policy.conf 是支持 USB 声卡的输入输出的。关于 ROM 的文件构成，可以用此方法查看，如果熟悉 Android 的 ROM，会更省事地把 Android Things 的功能厘清。

Android Things 是完全支持 Android 调试工具的，而 Android Studio 也是开发 Android Things 应用最好的工具。需要注意的一点是，Android Things 只支持单应用，所以在调试时，要保证系统中只有一个应用在运行。这时可以用 ADB Uninstall 命令卸载掉原来留存的安装包，然后加载新的应用。

搭建物联网解决方案

当我们了解了 Android Things 本身，以及与之相关的技术后，搭建一个物联网系统的技术路线，也变得十分明确了。这回我们挑一个复杂的系统去构建，比如提出这样一个需求——上班一族的智能家居。

基本的功能如下：
- 门口有一个摄像头，用于捕捉是否有可疑人出入，进行动态识别；
- 出门后，自动关闭微波炉等家用电器的电源；
- 如果室温低于 5℃，则远程设定打开热风；如果室温高于 26℃，则远程设定打开冷风；
- 如果室内有烟雾，则发出报警；
- 晚上睡觉时，关闭所有的灯光，夜间起身上卫生间时，点亮卫生间的灯。

首先，根据产品需求进行分析，需要的硬件如下：
- 摄像头，用于图像捕捉及图像识别；
- 红外感应器，检测房间是否有人，如果人离开，检测大门是否关好；
- 温度感应器，需要 2-3 个，放在不同位置，从而综合出室内的温度；
- 智能空调，可以远程设置冷风、热风及开机时间；
- 烟雾探测器；
- 触摸板，一个用于卫生间的灯，一个用于关闭所有灯；
- 智能锁，检测大门是否关闭；
- 树莓派 3，用作控制中心，与云端连接，保存一些数据，以及日常生活行为的优化。

软件需求：
- Google Cloud，云端的数据存储及优化；
- Firebase，实时数据的保存；
- Android Things 及其应用，物联网系统的组建，以及各模块的自组网；
- 手机客户端，完成一些状态及控制操作。

网络形态组成对于树莓派 3 到云端的数据传输，可以用家用网络直接传输数据。但对于各个节点，一般来说，用 ZigBee、蓝牙 Mesh 或 WiFi 模块。其中控制中心完成数据的搜集及转发工作，根据物联网网络的不同，所选的硬件最好带网络模块，有自组网设备。系统的整体框架如图 1 所示。

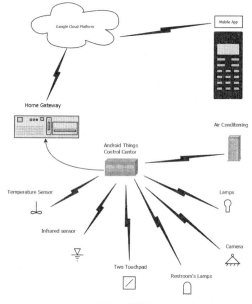

图 1 　系统框架

在智能家居中，家用网关连接 Google Cloud，同时 Android Things 成为智能家居的控制中心，并通过室内局域网连接所有的智能电器。在室内的局域网中，两个触摸板可以用来控制智能灯泡。其他电器传送状态至服务器，然后服务器下发控制命令给电器，手机客户端可以查看室内的各个电器的状态。

关键技术及解决

- **网络组建**：树莓派有线网和 WiFi 接口，其中有线接口连接外部网络，WiFi 完成室内网络组建。如果不考虑功耗，在当前的室内网络布局下，WiFi 的连接还是最简单的。那么 Android Things 上的应用，在网络管理这一个模块，应具有自组网、网络状态查询与管理、不同节点之间的数据包的发送与接收，以及简单的数据处理功能。
- **人像识别**：主要识别门外是否有陌生人出没，可以由摄像头每隔一段时间拍摄照片，然后利用 TensorFlow 识别人像，把照片保存并记录在云端。利用 Google Cloud 的云端存储技术，通过人像记录时间、次数等信息，判断这个人是否可疑并记录。

■ 人是否在房检测：利用红外感应，检测房间是否有人，如果不在房间，且摄像头检测人确实离开，则检测门是否完全关闭。如果没有关闭，则控制智能锁自动关门。用红外传感器去检测人是否在家。一般来说，有人是短时间出门，不需要关一些电器，所以关电器的时间很重要。一般来说，个人居家时会有定时的出门习惯，所以 Android Things 对于这一部分代码的处理可以利用机器学习，从而分析出适合个体的开关门时间，再结合传感器数据做处理。

■ 人离开房间，关闭电器，利用智能插座关闭电器。

■ 空调自动打开，该场景用于人回家前 30 分钟。如果有打开空调的命令，则检测房间的温度是否需要开空调，如果需要，则下发命令到智能空调。

■ 烟雾报警，一旦检测到烟雾，便把状态记录到 Firebase 数据库中，然后手机获得报警的通知。

■ 晚间灯光，这里有两个功能，一是床头触摸，关闭所有灯光的触摸板，可装在床头稍远的位置；二是打开卫生间灯光的触摸板，可以放在床头。当人起身或夜间上卫生间时，触碰相应的触摸板，即可以完成灯光关闭。由于数据是实时的，也需要用 Firebase 的实时数据存储功能。

那么，我们把这些功能需求转化为技术点之后，怎么在 Android Things 中实现呢？

通过之前的结构图，我们可以看到，控制中心做完设备及网络的初始化后，后续时间是被动接受等待消息，除了摄像头是主动触发操作，给手机端发消息报警，其他都是被动触发，需要用户主动去点手机 App，或点击触摸板才完成操作，我们可以着重分析一两个触发条件的例子，来看看 Android Things 怎么去完成相应的功能。

值得补充的是，对于摄像头去识别人的脸，产生报警这个模块，完全可以参考 https://github.com/androidthings/sample-tensorflow-imageclassifier，它告诉了我们怎样把 image 传到云端，然后用 TensorFlow 解析图片。

对于 Android Things 的应用，在开机硬件诊断结束，正常运行程序后，需要完成以下几个方面的事情：

■ WiFi 的家用自组网上的网络节点正常连接。这一部分可以参考 Android 应用中对网络的管理来完成。

■ 网络状态及结点状态管理，异常日志记录。如果网络状态不正常，则在 Android Things 上要有日志记录，等待网络连接好，然后把日志存入云端，这一部分功能的重点要考虑数据的安全性和程序的健壮性。

■ 各个节点的数据同步和异步收集。所以在本地要区别哪几类结点为同步数据，哪几类为异步数据。对于这个项目来说，触摸板去关闭所有灯，或是打开卫生间的灯，为同步数据，在这一部分 Android Things 只需要做一个纪录即可。摄像头如果监测出异常情况，那么消息就必须实时发送到用户手机的应用上。其他几类应用属于异步消息。

■ 消息机制。这一部分内容需要在软件层面上做一层自主网协议，包括协议内容和数据校验。做这一层协议的原因有两个，一是保证消息可靠传递，二是为了安全，防止恶意数据包

通过 WiFi 来控制节点。值得注意的是，数据方向不一样，比如摄像头的数据是往云端发送的，而灯光的开头是接收数据的，从局域网的组网角度来说，要隔一定时间产生心跳包，去维持消息的传递。节点之间的消息传递，这一部分功能主要来源于触摸板去控制卫生间的灯光打开。对于如此多的消息，我们会在 Android Things 这个控制中心上设置一个消息池。对于下发消息，每个节点通过心跳包带回是否有可取消息的信息，最后完成消息的传输；对于上传消息，则由节点主要向控制中心发送消息传递请求，然后控制中心返回，再发送消息。

■ 云端的数据包括 Andorid Things 应用的各种日志维护、各个节点的状态及消息传输情况、异常情况分析等，这一部分数据可以留作以后进行大数据分析使用。

■ 手机端的应用功能会特别简单，就是室内智能节点的状态查看，还有空调节点启动控制，以及灯光的关闭控制。由于这部分消息是直接从云端获取的，所以云端只提供简单的消息服务即可。

总结

在解决方案的环境搭建中，通过利用 Android Things 及 Google 的云端服务，从硬件开发角度来说，我们只需要解决室内自组网的模块问题即可。这大大方便了智能家居方案的开发，非常利于快速原型的实现。

从软件开发的角度来说，除了产品的一些关键技术分析，我们更注重系统的容错性、稳定性及可扩展性。因为设计之初，这些特性没有在代码中加以强化，对后续功能的修改会带来很大的麻烦。

在项目需求调研完成之后，我们会经过如下几个步骤完成项目的各个阶段：

■ 硬件模块选型及基于硬件的测试：这一部分工作主要是确认基于 WiFi 的自组网络如何才能方便、稳定地连接，连接后的测试方法以基于硬件的稳定测试为主；

■ 最小化应用开发：主要完成家庭自组网的软件管理，完成基于软件的网络数据稳定测试。其中网络收发数据主要基于控制中心是否能跟每个节点进行稳定的数据交互，节点之间能否进行稳定的数据交互；

■ 应用模块的开发及测试：由于 Android Things 是单应用开发，整个系统以消息机制运行会更为方便。除了上面一节消息机制的管理，这里还需做一下补充，自己需要在消息上做一个协议栈，保证消息按时发送出去。然后对于不同类型的消息，按照响应速度排序，完成相关的消息处理过程。按照消息处理来区分，不同的节点会被分成不同的任务加以处理。所以这里的应用模块会在 Android Things 中用任务加以细分；每一个任务表示一个独立的模块；

■ 整体功能测试：除了测试整个流程的运行状况，还要测试每个节点的任务是否按需响应并执行。这一部分测试有助于了解每个模块的作用，以及模块间的交互是否正常，非常容易发现单个模块的稳定性问题，然后去做 BugFix；

■ 基于产品需求的功能修改及开发：这一部分是产品的研发细化工作，适用于无须修改框架而用户更容易使用的产品需求。

除了开发步骤的规范，开发中的代码库管理，还有开发环

境的一致性也很重要。如果不止一个人做开发，则在代码库中，应设立不同的分支，然后在一段时间内合并分支，确定一个时间之后，再进行分支的开发。这种方式有助于开发过程中的同步，以及功能、接口不一致时的快速解决。

当然，在开发一个项目时，会碰到很多其他问题。但根据经验来说，让团队里的每一个人，都清楚这个项目要完成的内容，以及自己在项目中的作用，是非常有作用的。它有助于发挥出每一个人的潜能，从而带动团队方案的优化，以及工作的积极性。

浅析物联网应用层协议 CoAP

文 / 徐凯

CoAP 协议专为物联网中资源受限型设备设计，与 HTTP 在设计原理、工作模式方面有诸多相似，却又不尽相同。本文针对 CoAP 协议的工作模式、消息结构、软件实现框架等进行了详细的讲解，并列举了具体实例来展示 CoAP 协议的使用。

物联网与 CoAP

CoAP 是 Constrained Application Protocol（受限制的应用协议）的简称。随着近几年物联网技术的发展，越来越多的设备接入互联网，对人来说这非常方便，但对于那些低功耗受限制设备而言却异常困难。在当前由 PC 机和智能手机组成的世界里，信息交换多是通过 TCP 和应用层协议 HTTP 实现的，但让低功耗受限制设备实现 TCP 和 HTTP 显然是一个过分而苛刻的要求，为了让这些设备可以接入互联网，CoAP 应运而生。CoAP 是一种应用层协议，运行于 UDP 协议之上，而且非常小巧，最小的数据包仅为 4 字节。

CoAP 协议概述

CoAP 协议并不能孤立存在，它是 TCP/IP 协议簇的一部分。作为一种物联网应用层协议，CoAP 与当前已有的 HTTP 和 MQTT 有所不同，它们之间的区别与联系如图 1 所示。

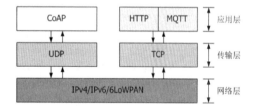

图 1　CoAP、HTTP、MQTT 的区别与联系

CoAP 协议借鉴了 HTTP 协议大量的成功经验，与 HTTP 一样均使用请求响应工作模式。通常由客户端发送 CoAP 请求，服务器一旦侦听到该请求，便会根据请求的内容返回响应码和响应内容，图 2 可以很好地说明 CoAP 请求响应工作模式的大致流程。虽然 CoAP 和 HTTP 有很多相似之处，但 CoAP 专为低功耗受限制设备设计，比 HTTP 简单很多。

CoAP 与 HTTP 比较

从狭义上讲，CoAP 是二进制版本的 HTTP。CoAP 采用完全的二进制首部，而 HTTP1.X 采用文本首部，这使得 CoAP 的首部更短，传输效率更高。二者均工作于请求响应模式，CoAP 为受限制设备而生，一个内存仅有 20KB 的单片机也可以实现 CoAP 服务器或客户端。

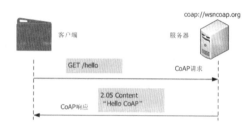

图 2　CoAP 请求响应工作模式

CoAP 与 MQTT 比较

在大多数情况下，CoAP 采用请求响应模式，而 MQTT 采用订阅发布模式。在 CoAP 中一般存在两个角色——客户端和服务器端，而 MQTT 中一般存在三个角色——订阅者、发布者和消息代理器。MQTT 协议提供三种不同的消息发布服务质量——QoS=0 表示最多一次传输；QoS=1 表示至少一次传输；QoS=2 表示恰好一次传输。从这个角度来说 MQTT 协议可以保证消息的可靠性。

MQTT 协议具有非常多的优势，但 CoAP 与 MQTT 却有着不同的应用领域：CoAP 适用于传感器数据上报场景，而 MQTT 更适用于设备远程控制。另外，相比于 CoAP 与 HTTP，MQTT 缺少媒体类型，也不太符合 REST 架构，物联网系统应根据实际需求"混合"使用 CoAP 和 MQTT。

CoAP 使用 UDP 作为传输层协议

在大多数网络相关的技术图书中会花费大量篇幅介绍 TCP 的各种特点及工作机制，例如连接管理、窗口控制与重发控制、流控制和拥塞控制等。这让大多数读者产生了一个"误解"：传输层只有 TCP 才可以保证可靠性，而 UDP "一无是处"或"漏洞百出"。此时我们比较使用 UDP 和 TCP 实现的 ECHO 服务器，ECHO 服务器会原样返回客户端请求的内容，此处的有效数据为两次"Hello World！"，共 24 个字节。

从图 3 中可以发现，UDP 非常简单直接，请求报文和响应报文仅包含有效数据"Hello World！"，而 TCP 还需要额外的连接阶段和关闭阶段。在这种情况下，UDP 的传输效率约为 22%，而 TCP 只有 4% 左右。TCP 通过应答机制提高可靠性，UDP 也可以通过应答机制提高可靠性，不过 UDP 本身没有应答机制，需要更上一层协议来进行确认。CoAP 正是采用这种折中策略，既保证了传输的效率也保证了传输的可靠性。

RFC 文档汇总

俗话说"没有规矩不成方圆"，TCP/IP 相关协议均由 IETF 组织讨论并制定，IETF 组织是一个坚持开发性和适用性的国际标准化组织，该组织产生的标准化文档被称为 RFC（Request For Comment）文档，所有 RFC 文档完全公开，其中不仅记录了协议规范内容，还包括协议的实现和运用的相关信息。若需要熟悉并了解 CoAP，可从 RFC 文档入手，了解它的"前世今生"。CoAP 包括核心协议 RFC7252 和扩展协议 RFC7641、RFC6690、RFC7959 等部分，具体内容如表 1 所示。

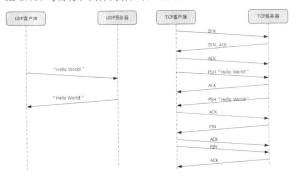

图 3　UDP 和 TCP 对比

表 1　CoAP 核心协议和扩展协议

名　称	RFC 编号	RFC 文档名称
CoAP 核心协议	RFC 7252	The Constrained Application Protocol (CoAP)
CoAP 观察者模式	RFC 7641	Observing Resources in the Constrained Application Protocol (CoAP)
CoAP 资源描述	RFC 6690	Constrained RESTful Environments (CoRE) Link Format
CoAP 块传输	RFC 7959	Block-Wise Transfers in the Constrained Application Protocol (CoAP)

CoAP 核心内容

CoAP 首部

和 HTTP1.X 不同，CoAP 是一个完整的二进制应用层协议，CoAP 首部包括版本编号 Ver、CoAP 报文类型 T、标签长度指示 TKL、CoAP 行为准则 Code、CoAP 报文编号 Message ID、标签 Token、CoAP 选项和 CoAP 首部与负载固定分隔符 0xFF 等几个部分，其中版本编号 Ver、CoAP 报文类型 T、标签长度指示 TKL、CoAP 行为准则 Code 和 CoAP 报文编号 Message ID 为必要部分。

版本编号 Ver

CoAP 版本编号区域占两个比特位，在 RFC7252 规范中该区域必须为固定值 0b01。

报文类型 T

CoAP 报文类型区域占两个比特位。CoAP 协议中共定义了 4 种不同的报文类型，如下所述。

- Confirmable：需要被确认的报文，简称 CON 报文，此时 T=0b00；
- Non-Confirmable：不需要被确认的报文，简称 NON 报文，此时 T=0b01；
- Acknowledgement：应答报文，简称 ACK 报文，此时 T=0b10；
- Reset：复位报文，简称 RST 报文，此时 T=0b11。

在 HTTP 中，一个 HTTP 请求对应一个 HTTP 响应，但在 CoAP 中，如果 CoAP 客户端发送 NON 类型的 CoAP 请求，那么 CoAP 服务器可选择不返回 CoAP 响应。换句话说，CoAP 客户端并不关心请求是否到达 CoAP 服务器。NON 类型报文是 CoAP 中一个"特色"，通过这种设计允许设备"犯错"。

标签长度指示 TKL

CoAP 标签长度指示 TKL 占 4 个比特位，该区域用于指示 CoAP 标签区域的具体长度。由于 CoAP 是一个二进制协议，对于非固定长度的区域都需要长度指示。CoAP 报文中可以具备 CoAP 标签，也可以省略 CoAP 标签，若 CoAP 报文中省略 CoAP 标签，那么此时的 TKL=0b0000；若 CoAP 报文中包含 CoAP 标签，那么 TKL 的取值可以为 0b0001(1)、0b0010(2) 或 0b0100(4)。

准则 Code

CoAP 准则 Code 占 1 个字节（8 个比特位）。虽然该区域仅占 8 个比特位，但该区域在 CoAP 请求和响应报文中却包含大量有用信息。Code 部分分为高 3 位 Class 部分和低 5 位 Detail 部分，为了更方便地描述和表达，Code 部分采用 c.dd 的形式描述，其中 c 的取值范围为 0 到 7，dd 的取值范围为 0 到 31。"c"部分和"dd"部分均采用十进制形式描述，当 c 等于 0 时表示 CoAP 请求，当 c 不等于 0 时表示 CoAP 响应。

CoAP 请求

在 CoAP 请求报文中 Code 区域用于指示 CoAP 请求方法，CoAP 请求方法和 HTTP 请求方法非常相似，共有 4 种——GET 方法、POST 方法、PUT 方法和 DELETE 方法。

- Code=0.01 表示 GET 方法；
- Code=0.02 表示 POST 方法；
- Code=0.03 表示 PUT 方法；
- Code=0.04 表示 DELETE 方法。

和 HTTP 不同，CoAP 使用二进制方式表示请求方法，这些请求方法仅占 1 个字节，而在 HTTP 中请求方法采用字符串形式表达，"GET"占 3 个字节，"POST"占 4 个字节。CoAP 通过这样的设计即减轻了 CoAP 首部长度又和 HTTP 协议保持相同的请求语义。

CoAP 响应

CoAP 响应报文中 Code 区域用于指示 CoAP 响应状态。CoAP 响应码和 HTTP 中的状态码非常相似，在 CoAP 中定义了 4 种不同类型的响应报文——空报文、正确响应、客户端错误响应和服务器错误响应。

- Code=0.00 表示空报文；
- Code=2.xx 表示正确响应；
- Code=4.xx 表示客户端错误；
- Code=5.xx 表示服务器错误。

和 CoAP 请求方法的设计原理相似，CoAP 响应码也与 HTTP 状态码保持相似的语义，例如在 HTTP 中 2XX 表示正确响应，而在 CoAP 中 2.xx 也表示正确响应。在 CoAP 中，"2.05 Content"与 HTTP 中"200 OK"的含义几乎相同，但是在 CoAP 中表示成功仅占 1 个字节，在 HTTP 中"200 OK"却占 6 个字节。

报文序号 Message ID

CoAP 报文序号占两个字节，并采用大端格式描述。由于 CoAP 采用 UDP 作为传输层协议，UDP 不能保证 CoAP 报文的到达顺序，如果没有报文序号，那么无论客户端还是服务器都无法建立报文之间准确——对应关系。在 CoAP 中规定，一组对应的 CoAP 请求和 CoAP 响应必须使用相同的 Message ID。

标签 Token

标签 Token 是一个长度可变的区域，该区域的长度由 TKL 定义，一般为 1 字节、2 字节或 4 字节。在 CoAP 中，标签可以理解为另一种形式的报文序号 Message ID。CoAP 协议中定义了两种不同形式的请求响应工作模式，一种为携带模式，另一种为分离模式，标签在分离模式中发挥重要的作用，但在携带模式中往往可以省略。

选项 Option

CoAP 请求或响应中可携带一组或多组 CoAP 选项，CoAP 选项和 HTTP 中的通用首部字段、请求首部字段、响应首部字段和实体首部字段功能相似。CoAP 选项是 CoAP 核心协议中较为复杂的部分，但选项部分也给 CoAP 的应用带来了诸多灵活性。CoAP 选项包括 Uri-Host、Uri-Port、Uri-Path、Uri-Query、Content-Format、Accept、Etag、If-Match 和 If-None-Match 等部分。

分隔符

CoAP 首部和 CoAP 负载之间使用固定分隔符 0xFF，占一个字节。在 HTTP 中，HTTP 首部和负载之间也有一个明显的分隔标记——空行（回车与换行，共占两个字节）。

CoAP 工作模式

CoAP 虽然参考了 HTTP 协议的设计思路，但也根据受资源限制设备的具体情况改良了诸多设计细节，增加了很多实用功能。

逻辑分层模式

CoAP 的数据交互方式和 HTTP 的请求响应工作方式非常相似。CoAP 请求一般由客户端发起，服务器根据客户端请求中的 URI 定位资源在服务器中的具体位置，通过客户端请求中的请求方法确定如何操作该资源，例如读取资源、创建资源、修改资源或者删除资源等。CoAP 服务器处理请求之后将返回一个 CoAP 响应，CoAP 响应中包含响应码，也有可能包含响应负载。

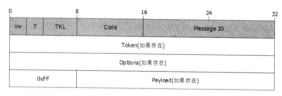

图 4 CoAP 首部结构

与 HTTP 采用 TCP 作为传输层不同，CoAP 使用 UDP 作为传输层协议。UDP 并不是一个面向连接的传输层协议，所以 CoAP 协议定义了 4 种不同的报文类型：CON（Confirmable）、NON（Non-Confiremable）、ACK（Acknowledgement）和 RST（Reset）。从本质来说，CoAP 采用了双层结构——消息层和请求响应层。消息层处理端点之间的数据交换，并为 CON、NON、ACK 和 RST 报文类型提供了重传机制，CoAP 通过增加消息层的方式弥补 UDP 传输的不可靠性。CoAP 的逻辑分层结构如图 5 所示。

可靠传输

CON 报文和 ACK 报文可保证 CoAP 请求响应交互过程的可靠性。当客户端发送一个 CON 报文时，报文的接收者必须返回一条 ACK 报文来确认其已经正确收到了该 CON 报文。需要特别指出的是，CON 报文中的 Message ID 必须和 ACK 报文中的 Message ID 完全一致。在图 6 中，CoAP 客户端发送一个 CON 报文，报文的 Message ID 为 0x7d34，接收者收到该 CON 报文之后返回一个 ACK 报文，ACK 报文的 Message ID 同为 0x7d34。

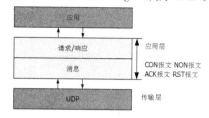

图 5 CoAP 协议逻辑结构

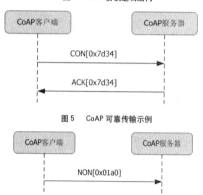

图 5 CoAP 可靠传输示例

图 6 CoAP 非可靠传输示例

非可靠传输

在物联网应用领域并不是所有的发送者报文都需要被确认，NON 报文是一种非常轻量级的替换方案。图 7 是一个非可靠传输示例，CoAP 客户端发送一条 NON 报文，NON 报文的 Message ID 为 0x01a0，而服务器什么都没有返回。

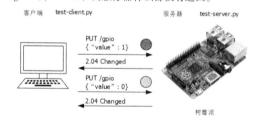

图 7 aiocoap 树莓派 GPIO 示例

CoAP 实现

CoAP 软件实现框架

随着 CoAP 标准的完善和开源社区的不断努力，市面上出现了多种 CoAP 软件实现框架，这些软件实现框架既可以运行在 Windows 或 Linux 等非受限制平台上，也可以运行在诸如 Arduino 或低功耗无线传感网终端等受限制设备中。除了运行平台的多样性，用户还可以使用不同的编程语言实现 CoAP 的各种功能，包括 Java、C、Python 和 Node.js 等。面对不同的平台与使用场景，各种开源实现框架并不一定包括 CoAP 的所有功能，各种开源实现框架往往只是 CoAP 众多标准的一些子集，在实际开发的过程中，需要根据团队的技术偏好和具体需求灵活选择。CoAP 实现框架的功能概述和实现特性如表 2 所示。

表2 CoAP 核心协议和扩展协议

名称	语言	服务端/客户端	CoAP特性	许可证
libcoap	C	服务端+客户端	观察者模式 块传输 DTLS	BSD/GPL
Californium	Java	服务端+客户端	观察者模式 块传输 DTLS	EPL+EDL
txThings	Python 2	服务端+客户端	观察者模式 块传输	MIT
aiocoap	Python 3	服务端+客户端	观察者模式 块传输	MIT
node-coap	Node.js	服务端+客户端	观察者模式 块传输	MIT
Erbium	C	服务端+客户端	观察者模式 块传输 DTLS	BSD

通过 CoAP 控制树莓派 LED

下面通过一个示例说明如何使用 CoAP 协议控制树莓派 LED。此处选择基于 Python 3 的 aiocoap 框架,将树莓派作为 CoAP 服务器而将另一台 Linux 主机作为 CoAP 客户端。在树莓派中使用 RPi.GPIO 扩展库控制 LED,该 LED 位于树莓派扩展插座的第 1 脚相连,高电平可打开 LED,低电平可熄灭 LED。CoAP 客户端通过 JSON 类型负载控制 LED 点亮或熄灭,JSON 负载包含一组 JSON 对象,对象的键名为 "value",键值为整数类型的 0 或 1,0 表示 LED 熄灭而 1 表示 LED 点亮。aiocoap 树莓派 GPIO 示例如图 7 所示。

准备工作

在一般情况下,树莓派 3 代中已经默认安装了 RPi.GPIO,如果需要把 RPi.GPIO 升级到最新版本,则可在树莓派控制台中输入以下指令:

```
# 升级 RPi.GPIO 扩展库
sudo pip3 install RPi.GPIO --upgrade
```

CoAP 服务器实现

代码清单 rpi_gpio_server.py 如下:

```python
#!/usr/bin/env python3
import logging

import asyncio
import aiocoap.resource as resource
import aiocoap

import RPi.GPIO as GPIO
import json

led_pin = 11
class GPIOResource(resource.Resource):
    def __init__(self):
        super(GPIOResource, self).__init__()
        led_status = {'value': 0}
        self.content = json.dumps(led_status).encode("ascii")

    async def render_get(self, request):
        return aiocoap.Message(code=aiocoap.Code.CONTENT, payload=self.content)
    async def render_put(self, request):
        print('PUT payload: %s' % request.payload)
        led_status = json.loads(request.payload.decode())
        if led_status['value'] == 1 :
            print('open led')
            GPIO.output(led_pin, GPIO.HIGH)
        else:
            print('close led')
            GPIO.output(led_pin, GPIO.LOW)
        self.content = json.dumps(led_status).encode("ascii")
        return aiocoap.Message(code=aiocoap.Code.CHANGED, payload=self.content)

logging.basicConfig(level=logging.INFO)
logging.getLogger("coap-server").setLevel(logging.DEBUG)

def main():
    # setup gpio
    GPIO.setmode(GPIO.BOARD)
    GPIO.setup(led_pin, GPIO.OUT)

    # Resource tree creation
    root = resource.Site()
    root.add_resource(('.well-known', 'core'),
resource.WKCResource(root.get_resources_as_linkheader))
    root.add_resource(('gpio',), GPIOResource())
    asyncio.Task(aiocoap.Context.create_server_context(root))
    asyncio.get_event_loop().run_forever()

if __name__ == "__main__":
    main()
```

CoAP 请求负载为 JSON 格式,例如{ "value":1}。PUT 请求处理函数中 request.payload 为 bytes 类型,可通过 decode 函数把 bytes 类型转换为字符串类型,再通过 json.loads 函数转化为 Python 字典类型,Python 字典类型和 JSON 类型存在直接对应关系。led_status 对应 LED 的具体状态,led_status['value']对应一个 LED 打开或关闭状态,若 led_status['value']等于 1 则打开 LED。

动手测试

1. 运行 CoAP 服务器

在树莓派中新建一个控制台,在控制台中输入

```
python3 rpi_gpio_server.py
```

2. 运行 CoAP 客户端

在 Linux PC 主机中通过 coap-client 工具点亮 LED,可输入以下指令点亮 LED。

```
coap-client -m put -e {\"value\":1} coap://192.168.0.6/gpio
```

- -m put 表示 CoAP 请求方法为 PUT 方法。
- -e {\"value\":1} 表示 CoAP 请求负载为字符串形式的 {\"value\":1}。

若熄灭 LED,则可以把请求负载中的 "1" 改为 "0"。

```
coap-client -m put -e {\"value\":0} coap://192.168.0.6/gpio
```

CoAP 总结

我们通过本文的学习可以发现,CoAP 借鉴了 HTTP 的设计思想,但并没有盲目抄袭或压缩 HTTP,CoAP 具有以下特点:

- CoAP 首部非常短,且采用二进制形式表示;
- CoAP 报文分为 CON 报文、NON 报文、ACK 报文和 RST 报文;
- COAP 请求响应可采用携带模式或分离模式;
- CoAP 同样使用 URI 定位资源;
- CoAP 具有和 HTTP 语义相似的请求方法和响应码;
- CoAP 支持多种媒体类型。

蓝牙 Mesh 技术初探

文 / 周怡颋

2017 年蓝牙 SIG 推出了最新的蓝牙技术，包括蓝牙 5 和蓝牙 Mesh，引起业界的广泛兴趣。特别是蓝牙 Mesh 技术，打破了以往蓝牙技术的使用方式和场景，开发者对此也是满怀期待。因为目前关于蓝牙 Mesh 技术的文档相对较少，使得这一新标准带着些许神秘感。本文介绍了蓝牙 Mesh 技术的基本理论及与蓝牙其他技术的异同点。

蓝牙 5 和蓝牙 Mesh

蓝牙 5

蓝牙 5 是蓝牙 SIG 在 2016 年新推出的蓝牙标准，相比之前的蓝牙 4.x，有了以下提升。

- Slot Availability Mask（SAM）

增加了蓝牙设备在连接以后动态调整通信时隙（SLOT）的功能。一个支持蓝牙 5 的手环在下载固件时，可以申请比之前更多的时隙，更快地完成大数据量的传输。

- 新版本 LE 的物理层

之前的蓝牙低功耗标准物理层使用的是 1M/S 的 PHY，现在增加了 2M/S 作为可选项，同时在 1M/S 的 PHY 里新支持 1:2 和 1:8 的编码模式，数据率降到 125kbps 和 500kbps。前者的增加使蓝牙 5 的吞吐率大大提高，达到旧标准的 8 倍。而后者由于使用了编码方式，提高了灵敏度，视距（LOS）也大大提高，常常认为会有 4 倍以上的距离增益。

- 广播报文的扩展

蓝牙 5 把广播信道从之前的 38、39、40 扩展到了数据信道，可以采用 FEC+Pattern mapper 来提高容错率和增加距离，也可以在任何信道触发连接。Beacon 也有一些新的功能选项。

总的来说，蓝牙 5 是一个深入到底层的相对旧版本比较大的改动。图 1 列出一些主要的性能提升。

图 1 蓝牙 5 的标准相比之前版本的主要提升

蓝牙 Mesh

也许是因为蓝牙 Mesh 的发布晚于蓝牙 5，所以很容易让人误解 Mesh 技术是基于蓝牙 5 技术的，其实它们两者没有前后的关系。蓝牙 Mesh 可以支持蓝牙 4 和蓝牙 5 标准，因为目前蓝牙 5 的解决方案相对较少，反而对蓝牙 4 的支持更好。

蓝牙 SIG 在阐述蓝牙的工作原理时，一般这样分类：基础率 / 增强数据率（BR/EDR）、低耗能 / 低功耗（LE）。在低耗能 / 低功耗（LE）里面又分为点对点（P2P）、广播（Broadcast）和网格网络（Mesh）。新推出的蓝牙 Mesh 网络拓扑建立了大型设备网络，是建筑自动化、传感器网络、资产跟踪及需要多台设备间可靠安全通信的解决方案的理想选择，如图 2 所示。

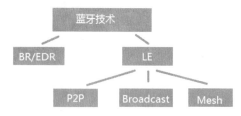

图 2 蓝牙技术的分类

下面将分别对蓝牙 Mesh 的架构、基本构成、组网和信息的传递进行说明。

架构

蓝牙 Mesh 使用了新的协议架构。在图 4 中可以看到新的蓝牙 Mesh 的架构与图 3 中表示的非 Mesh 版本的架构有很大的差别。SIG 定义了很多新的协议层来实现 Mesh 的功能，这里简单做个说明。

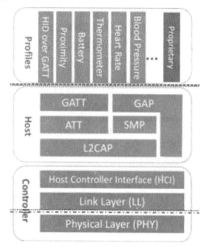

图 3 Bluetooth LE 的协议架构（非蓝牙 Mesh）

Bearer Layer

Bearer Layer 定义了 Mesh 节点怎么传递网络消息。它定义了两种 Bearer：广播 bearer 和 GATT bearer。

广播 Bearer 利用的是 BLE GAP 广播包的 advertising 和 scanning 的功能来传递和接收 mesh 报文。GAP 在 BLE4.x 的规范里定义了四种模式。

- Broadcaster：发送 advertising events 的设备（有 Transmitter，可能有 Receiver）；
- Observer：接收 advertising events 的设备（可能有 Transmitter，有 Receiver）；
- Peripheral：在物理链路上接受连接的设备，在 LL 层 Connection State 为 Slave（有 Transmitter 和 Receiver）；
- Central：在物理链路上发起连接的设备，在 LL 层

Connection State 为 Master（有 Transmitter 和 Receiver）。

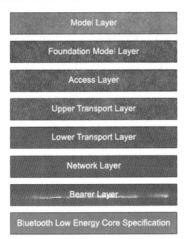

图 4　BLE Mesh 的协议架构

GATT Bearer 允许不支持 Advertising Bearer 的设备间接地与 mesh 节点进行通信。可以利用封装在 GATT 里面的代理协议（Proxy Protocol），用特别定义的 GATT characteristics，产生代理功能（Proxy Feature）来实现非 Mesh 设备和 Mesh 设备的通信。代理节点（Proxy Node）因为可以同时支持两种 Bearer Layer，所以可以作为 mesh 节点和非 mesh 节点的中间桥梁。

网络层（Network Layer）

网络层对下面的部分作了定义：
- 定义了多种网络地址类型；
- 定义了网络层的帧格；
- 打通传输层（Transport layer）和承载层（Bearer layer）；
- 定义了一些输入输出过滤器，决定哪些消息需要转发，是处理还是拒绝；
- 定义了网络消息的加密和认证。

底层传输层（Lower Transport Layer）

底层传输层负责把太长的传输层的包拆成若干个分给网络层，把短的网络层的包再组成一个长的传输层的 PDU。

上层传输层（Upper Transport Layer）

上层传输层主要负责加密、解密和应用数据授权。定义一些需要在这一层的节点间会话，比如 Friend 功能、心跳包（Heartbeats）。

访问层（Access Layer）

访问层定义了应用层的数据，怎样控制和使用加密和解密。验证消息的上下文、密码决定是否应该再交给更上层。

基础 Model 层（Foundation Models Layer）

基础 model 层负责基础模型的实现与 Mesh 网络的配置和管理。

Model 层（Models Layer）

Model 层作为最外面的一层，包括上文讲过的行为、消息、

状态等，都定义在这一层。

基本构成

蓝牙 Mesh 推出了很多新的概念和名字，这些新的名字和代号组成了整个蓝牙 Mesh 网络的框架。图 5 展示了一个典型的蓝牙 Mesh 拓扑结构，其中所有的圆圈在蓝牙 Mesh 中被称为节点（Node），只有加入到蓝牙 Mesh 网络中的设备才可以叫作节点。

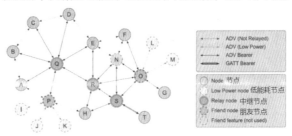

图 5　一个典型的蓝牙 Mesh 的拓扑结构

- 中继节点（Relay Node）

从典型的拓扑结构中可以看出节点到节点之间的消息（message）传递是网状的。要实现网状的拓扑，就需要引入中继节点（Relay Node）。中继节点可以帮忙转发其他节点发来的消息，也正是因为有了中继节点，蓝牙 Mesh 网络就可以实现多跳（Multi-Hops）。

- 低能耗节点（Low Power node）

在物联网的应用里，有相当多的设备是对供电敏感的，比如大量电池供电的传感器、开关等。在蓝牙 Mesh 的规范里，针对这些对电源有要求的节点定义了一种低能耗节点。这种低能耗节点不需要一直保持工作状态，使用休眠唤醒机制来保证较长的电池使用寿命。

- 朋友节点（Friend node）

与上述低能耗节点配合使用，在相配对的低功耗节点休眠的时候，负责收取和暂存别的节点发过来的数据，等待醒来的低能耗节点取走。朋友节点的存在使得蓝牙 Mesh 网络可以支持电池供电的设备成为可能。

组网过程

如果你之前接触过蓝牙技术，则一定知道在传统蓝牙的点对点组网方式下，会有一个承担组网任务的设备，一般是手机。这个设备可以不断监听、发现周围的设备，比如耳机或手环，然后决定要不要启动连接的命令。

在蓝牙 Mesh 的规范里，组网的过程使用了一个和 WiFi 入网一样的单词：配网（Provision）。在配网过程中，会包含配网者（Provisioner）和未配网设备（unprovisioned devices）。设备在没有被配网之前，叫作未配网设备，配网成功以后的设备叫作节点。

配网者（Provisioner）

在 Mesh 的规范中并没有指定到底什么设备可以做配网者，应用场景中的设备都可以指定为配网者。一般认为，手机、平板、机顶盒等一些运算存储能力比较强，有良好的人机界面的设备比较适合做配网者。

配网过程

配网的全过程大概包括 5 个步骤，分别如下。

广播信标帧（Beaconing）→ 邀请（Invitation）→ 交换公钥（Exchanging Public Keys）→ 认证（Authentication）→ 分发配网信息（Distribution of the Provisioning Data）。

在配网初始过程，未配网设备会发出信标帧。在 mesh 里使用的是新定义的 AD 广播包类型，称为 Mesh AD。配网者接收到 Beacon，使用配网邀请 PDU（Protocol Data Unit）发出配网邀请。要入网的设备收到配网邀请以后，会把自己的配网能力（Provisioning capabilities）发给配网者。配网者根据收到的信息内容，来进行公钥的交换。接下来两者就会进行互动随机数的认证流程，这个过程可能是灯闪几下，或者喇叭叫几声。最后一步，认证完成，从公钥和设备的私钥派生出会话密钥（Session Key）。在之后的配网信息交互过程会用这个会话密钥来加密。配网成功以后，就会根据交换的 NetKey 来加密后面的数据交换。跟加密相关的一些参数例如 IV index 和分配给节点的地址，会存在配网者那里。

信息传递机理

地址

如上文所述，当配网者把多个节点加入到网络中的时候，都会给它们包含的元素（在节点中可以寻址访问的实体，例如吊灯里的某个灯泡）分别分配一个唯一的地址。在蓝牙 Mesh 网络中的地址分为三种：单播地址、组播地址和虚拟地址。虚拟地址是新概念，它可以被看作组地址的扩展。虚拟地址可以使用 128 位的标签 Label UUID 在逻辑上来表示，在传输过程中又用哈希值表示这些 UUID 来减少字节数。在 Mesh 中，总共有 16384 个哈希值，代表最多有 70 万亿的虚拟地址可以使用。按照蓝牙 SIG 的定义，虚拟地址不用集中管理，增加了随意性，更像一个标签，比如厨房、餐厅。

发布和订阅（Publish/Subscribe）

在蓝牙 Mesh 里面发消息的动作叫作发布（Publish）。网络中哪些元素对消息感兴趣就可以订阅（Subscribe）这些内容，好比订阅 CSDN 专栏，所有发布到这个专栏的文章你都会收到。在蓝牙 Mesh 中节点发布消息到单播地址，组播地址或者虚拟地址，订阅这个地址的节点或元素可以接收这些数据。

图 6 是蓝牙 SIG 在介绍订阅和发布时候的图例。本文中给这些灯和开关加了序号以便于理解。在图中，开关 1 发布信息给组播地址"厨房"，节点灯 1、灯 2、灯 3 都注册到了"厨房"这个地址上，因此它们能收到处理发给厨房的消息。换句话说，灯 1、灯 2 和灯 3 都能被开关 1 控制开关。开关 2 发布消息到"餐厅"，只有灯 3 订阅了"餐厅"这个地址，所以只有灯 3 能被开关 2 控制。在这个例子里同样说明了每个节点可以订阅多个确切的地址。同样，开关 5 和开关 6 同样都可以发布消息到"花园"。

使用这种方式的一个很大的好处是当需要有一些节点添加、删除或者替换的时候，其他节点不用重新配置。比如新买了一个开关，把它配网以后发布到"花园"，那么"花园"里的灯一样可以被这个新的开关和开关 6 控制。如果你之前接触过其他的一些技术如 MQTT，则一定对这种发布/订阅的方式不陌生。

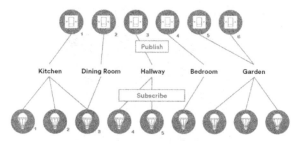

图 6　蓝牙 Mesh 使用的消息订阅和发布

信息传递中会遇到的问题和解决方法

在绝大部分的无线 mesh 网络中，都会使用一定的路由算法来实现消息的中继和节点间通信的高效率。一般来说带有路由算法的网络中，都要存储类似于路由表的数据结构，来保证消息的上传下达。带有路由的网络一般比较复杂，也需要定期去维护节点间的路由以保证即使网络变化消息也能准确的传递。从上文可知，因为蓝牙 Mesh 网络不存在路由，它使用的是可管理的泛洪（Managed Flooding）。

图 7 表示的是运行路由算法的 A-F 六个节点经过路由算法确定以后的路由路径。在这种路由的 Mesh 网络中，如果从 A 发消息至 F，参与的节点可能是 A-C-E-F，其他的节点不会转发或者承担中继的任务。整个过程经过三次转发完成，传输效率较高。但是当 C 或 E 节点出现变化的时候，那么 A->F 的路由路径需要重新选择，会出现大量网络封包和延时。

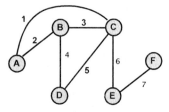

图 7　带有路由算法的消息传输路径

图 8 表示的是利用泛洪进行消息的传递。这种方式不需要事先确定路由，当 A 发消息给 F，所有有机会收到该条消息的中继节点都会进行转发，所以短时间在网络中会出现大量重复的报文，造成信道拥堵和节点功耗的增加。好处当然也显而易见：网络简单、易维护。中间节点的移动和变化不会对消息传输带来大的影响。

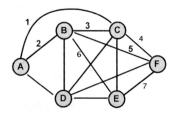

图 8　使用泛洪算法的消息传输路径

蓝牙 Mesh 网络使用的是一种优化可管理的泛洪，为了达到网络的稳定和信息的有效送达，引入了包括心跳包(Heartbeats)、最大跳数（TTL）、消息暂存（Message Cache）、朋友节点（Friendship）和子网（Subnets）等方法。

心跳包：节点会定期发送心跳包。周围的节点可以根据心跳包得知自己和别的节点的大概远近及需要达到的跳数。

- TTL（Time to Live）：规定了每个消息最多可以经过几次中继。大量的广播中继报文会拥塞整个网络，这个也是泛洪网络最被人诟病的地方。通过心跳包和 TTL 的共同合作，可以在最大程度上减少不必要的中继报文造成的网络信道的拥堵。
- 消息暂存（Message Cache）：消息暂存是指当收到一个消息时，节点有能力和暂存的最近收到的消息做比较，来判断是否为新消息，是否需要进行处理。这一方法也同样能够减少网络中无谓的广播封包。
- 朋友节点（Friendship）：典型的一个泛洪的网络不支持休眠的低能耗节点。而蓝牙 Mesh 引入的朋友节点和低能耗节点使得对供电敏感的设备也一样可以适用于这一网络。
- 子网（Subnets）：子网的概念可以把蓝牙 Mesh 网络分成若干个子网。子网最初是为了安全考虑，但同样也能够减少子网间的中继报文。

结语

蓝牙 Mesh 是蓝牙技术在物联网领域的一次大胆和坚定的尝试。它打破了长期以来业界和消费者对于蓝牙的固有印象，把蓝牙的应用范围推向更广的领域，引起了开发者和应用者广泛的兴趣。对于蓝牙 Mesh 技术的进一步应用和发展，我们拭目以待！

谈谈 OpenStack 大规模部署

文 / 付广平

目前在社区中还没有一个非常完美的 OpenStack 大规模部署方案，现有方案都存在各自的优点和缺点，实际部署时应根据物理资源的分布情况、用户资源需求等因素综合选择。本文将谈谈 OpenStack 大规模部署问题，讨论现有方案的优缺点以及分别适用的场景。

前言

走过了 7 年的发展岁月，OpenStack 已成为云计算领域中最火热的项目之一，并逐渐成为 IaaS 的事实标准，私有云项目的部署首选。OpenStack 社区可能自己都没有想到其发展会如此之迅速，部署规模如此之大，以至于最开始对大规模 OpenStack 集群的部署支持及持续可扩展性似乎并没有考虑完备。

众所周知，OpenStack 每一个项目都会有数据库的访问及消息队列的使用，而数据库和消息队列是整个 OpenStack 扩展的瓶颈。尤其是消息队列，伴随着集群规模的扩展，其性能下降非常明显。在通常情况下，当集群规模扩展到 200 个节点时，一个消息可能要在十几秒后才会响应，集群的整体性能大大下降，英国电信主管 Peter Willis 声称一个独立 OpenStack 集群只能最多管理 500 个计算节点。

当处理大规模问题时，我们自然会想到分而治之，其思想是将一个规模为 N 的问题分解为 K 个规模较小的子问题，这些子问题相互独立且与原问题的性质相同，解决了子问题就能解决原问题。社区提出的多 Region、多 Cells 及 Cascading 等方案都基于分而治之策略，但它们又有所区别，主要体现在分治的层次不一样，多 Region 和 Cascading 方案的思想都是将一个大的集群划分为一个个小集群，每个小集群几乎是一个完整的 OpenStack 环境，然后通过一定的策略把小集群统一管理起来，从而实现使用 OpenStack 来管理大规模的数据中心。在 Grizzly 版本中引入的 Nova Cells 概念，其思想是将不同的计算资源划分为一个个的 Cell，每个 Cell 都使用独立的消息队列和数据库服务，从而解决了数据库和消息队列的瓶颈问题，实现了规模的可扩展性。遗憾的是，目前社区还没有一个非常完美的 OpenStack 大规模部署方案，以上提到的方案都存在各自的优点和缺点，实际部署时应根据物理资源的分布情况、用户资源需求等因素综合选择。本文接下来将谈谈 OpenStack 大规模部署问题，讨论前面提到的各个方案的优缺点及分别适用的场景。

单集群优化策略

使用独立的数据库和消息队列

前面提到限制 OpenStack 规模增长的最主要因素之一就是由于数据库和消息队列的性能瓶颈，因此如果能够有效减轻数据库以及消息队列的负载，理论上就能继续增长节点数量。各个服务使用独立的数据库及消息队列，显然能够有效减小数据库和消息队列的负载。在实践中发现，以下服务建议使用独立的数据库以及消息队列：

- Keystone：用户及其他 API 服务的认证都必须经过 Keystone 组件，每次 Token 验证都需要访问数据库，随着服务的增多以及规模的增大，数据库的压力将会越来越大，造成 Keystone 的性能下降，拖垮其他所有服务的 API 响应。因此为 Keystone 组件配置专门的数据库服务，保证服务的高性能。
- Ceilometer：Ceilometer 是一个资源巨耗型服务，在收集消息和事件时会发送大量的消息到队列中，并频繁写入数据库。为了不影响其他服务的性能，Ceilometer 通常都搭配专有的数据库服务和消息队列。
- Nova：OpenStack 最活跃的主体就是虚拟机，而虚拟机的管理都是由 Nova 负责的。几乎所有对虚拟机的操作都需要通过消息队列发起 RPC 请求，因此 Nova 是队列的高生产者和高消费者，当集群规模大时，需要使用独立的消息队列来支撑海量消息的快速传递。
- Neutron：Neutron 管理的资源非常多，包括网络、子网、路由、Port 等，数据库和消息队列访问都十分频繁，并且数据量还较大，使用独立的数据库服务和消息队列既能提高 Neutron 本身的服务性能，又能避免影响其他服务的性能。

使用 Fernet Token

前面提到每当 OpenStack API 收到用户请求时都需要向 Keystone 验证该 Token 是否有效，Token 是直接保存在数据库中的，增长速率非常快，每次验证都需要查询数据库，并且 Token 不会自动清理而越积越多，导致查询的性能越来越慢，Keystone 验证 Token 的响应时间会越来越长。所有的 OpenStack 服务都需要通过 Keystone 服务完成认证，Keystone 的性能下降，将导致其他所有的服务性能下降，因此保证 Keystone 服务的快速响应至关重要。除此之外，如果部署了多 Keystone 节点，还需要所有的节点同步 Token，可能出现同步延迟而导致服务异常。为此社区在 Kilo 版本中引入了 Fernet Token，与 UUID Token 及 PKI Token 不同的是它是基于对称加密技术对 Token 加密，只需要拥有相同的加密解密文件，就可以对 Token 进行验证，不需要持久化 Token，也就无须存在数据库中，避免了对数据库的 I/O 访问，创建 Token 的速度相对 UUID Token 要快，不过验证 Token 则相对要慢些。因此在大规模 OpenStack 集群中建议使用 Fernet Token 代替传统的 Token 方案。

以上优化策略能够在一定程度上减少消息队列和数据库的访问，从而增大节点部署规模，但其实上并没有根本解决扩展问题，随着部署规模的增长，总会达到瓶颈，在理论上不可能支持无限扩展。

多 Region 方案

OpenStack 支持将集群划分为不同的 Region，所有 Regino 除了共享 Keystone、Horizon、Swift 服务，每个 Region 都是一个完整的 OpenStack 环境，其架构如图 1 所示。

部署时只需要部署一套公共的 Keystone 和 Horizon 服务，其他服务按照单 Region 方式部署即可，通过 Endpoint 指定 Region。用户在请求任何资源时必须指定具体的区域。采用这种方式能够把分布在不同的区域的资源统一管理起来，各个区域之间可以采取不同的部署架构甚至不同的版本。其优点如下。

- 部署简单，每个区域部署几乎不需要额外的配置，并且区域很容易实现横向扩展。
- 故障域隔离，各个区域之间互不影响。
- 灵活自由，各个区域可以使用不同的架构、存储、网络。

但该方案也存在明显的不足。

- 各个区域之间完全隔离，彼此之间不能共享资源。比如在 Region A 创建的 Volume，不能挂载到 Region B 的虚拟机中。Region A 中的资源，也不能分配到 Region B 中，可能出现 Region 负载不均衡问题。
- 各个区域之间完全独立，不支持跨区域迁移，其中一个区域集群发生故障，虚拟机不能疏散到另一个区域集群中。
- Keystone 成为最主要的性能瓶颈，必须保证 Keystone 的可用性，否则将影响所有区域的服务。该问题可以通过部署多 Keystone 节点解决。

OpenStack 多 Region 方案通过把一个大的集群划分为多个小集群统一管理起来，从而实现了大规模物理资源的统一管理，它特别适合跨数据中心并且分布在不同区域的场景，此时根据区域位置划分 Region，比如北京和上海。而对于用户来说，还有以下好处。

- 用户能根据自己的位置选择离自己最近的区域，从而减少网络延迟，加快访问速度。
- 用户可以选择在不同的 Region 间实现异地容灾。当其中一个 Region 发生重大故障时，能够快速把业务迁移到另一个 Region 中。

但是需要注意的是，多 Region 本质上就是同时部署了多套 OpenStack 环境，确切地说并没有解决单 OpenStack 集群的大规模部署问题。

OpenStack Cascading 方案及 Trio2o 项目

OpenStack Cascading 方案是由国内华为提出的用于支持场景包括 10 万主机、百万虚机、跨多 DC 的统一管理的大规模 OpenStack 集群部署。它采取的策略同样是分而治之，即将原来一个大的 OpenStack 集群拆分成多个小集群，并把拆分的小集群级联起来统一管理，其原理图如 2 所示。

- 只有最顶层的 OpenStack 暴露标准 OpenStack API 给用户，

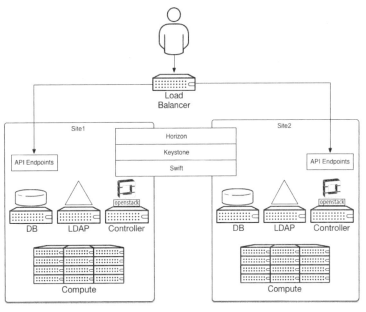

图 1 多 Region 方案的架构

其包含若干个子 OpenStack 集群。

- 底层的 OpenStack 负责实际的资源分配，但不暴露 API 给用户，而必须通过其之上的 OpenStack 调度。

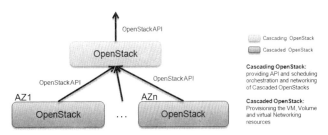

图 2 OpenStack Cascading 方案的原理

用户请求资源时，首先向顶层 OpenStack API 发起请求，顶层的 OpenStack 会基于一定的调度策略选择底层的其中一个 OpenStack，被选中的底层 OpenStack 负责实际的资源分配。

该方案号称支持跨多达 100 个 DC，支持 10 万个计算节点部署规模，能同时运行 100 万个虚拟机。但该方案目前仍处于开发和测试阶段，尚无公开的实际部署案例。目前该方案已经分离出两个独立的 big-tent 项目，一个是 Tricircle，专门负责网络相关及对接 Neutron，另一个项目是 Trio2o，为多 Rogion OpenStack 集群提供统一的 API 网关。

Nova Cells 方案

前面提到的 OpenStack 多 Region 方案是基于 OpenStack 环境切分，它对用户可见而非透明的，并且单集群依然不具备支撑大规模的能力和横向扩展能力。而 Nova Cells 方案是针对服务级别划分的，其最终目标是实现单集群支撑大规模部署能力和具备灵活的扩展能力。Nova Cells 方案是社区支持的方案，因此本文将重点介绍，并且会总结下在实际部署中遇到的问题。

Nova Cells 架构和原理介绍

Nova Cells 模块是 OpenStack 在 G 版本中引入的，其策略是将不同的计算资源划分成一个个Cell，并以树的形式组织，如图3所示。

从图中看出，Cells 的结构是树形的，一个Cell可能包含若干子Cell，以此逐级向下扩展。每个Cell都有自己独立的消息队列和数据库，从而解决了消息队列和数据库的性能瓶颈问题，Cell与Cell之间主要通过Nova-Cells负责通信，一层一层通过消息队列传递消息，每个Cell都需要知道其Parent Cell 及所有孩子Cells的消息队列地址，这些信息可以保存到该Cell的数据库中，也可以通过json文件指定：

```
{
    "parent": {
        "name": "parent",
        "api_url": "http://api.example.com:8774",
        "transport_url": "rabbit://rabbit.example.com",
        "weight_offset": 0.0,
        "weight_scale": 1.0,
        "is_parent": true
    },
    "cell1": {
        "name": "cell1",
        "api_url": "http://api.example.com:8774",
        "transport_url": "rabbit://rabbit1.example.com",
        "weight_offset": 0.0,
        "weight_scale": 1.0,
        "is_parent": false
    },
    "cell2": {
        "name": "cell2",
        "api_url": "http://api.example.com:8774",
        "transport_url": "rabbit://rabbit2.example.com",
        "weight_offset": 0.0,
        "weight_scale": 1.0,
        "is_parent": false
    }
}
```

根据节点所在树中位置以及功能，分为两种Cell类型。

■ api cell，非叶子节点，该类型的Cell不包含计算节点，但包括了一系列子Cells，子Cells会继续调度直到到达叶子节点，即 Compute Vell 中。其中最顶层的根节点通常也叫作 Top Cell。

■ compute cell，叶子节点，包含一系列计算节点。负责转发请求到其所在的Nova-Conductor服务。

注意：所有的Nova服务都隶属于某个Cell，所有Cells都必须指定Cell类型。

每个Cell节点都有从根节点到该节点的唯一路径，路径默认通过"!"分割，比如root!cell_1!cell_13 表示从 root 到 cell_1 再到 cell_13。根节点的Cell类型一定是API就是说Cell对用户是完全透明的，和不使用Cell时是完全一样的。其中Nova-Cells服务是需要额外部署的新服务，该服务主要负责创建虚拟机时，从所有的孩子Cell中选择其中一个子Cell作为虚拟机的Cell，子Cell会继续执行调度直到到达底层的Compute Cell中，最后转发请求到目标Compute Cell所在的Nova-Conductor服务中。因此采用Nova Cells方案后，Nova实际采用的是二级调度策略，第一级由Nova-Cells服务负责调度Cell，第二级由Nova-Scheduler服务负责调度计算节点。

Compute Cell节点担任的职责类似于非Cell架构的控制节点，需要部署除Nova-API服务外的所有其他Nova服务，每个Cell相当于一个完整的Nova环境，拥有自己的Nova-Conductor、Nova-Scheduler等服务以及数据库服务和消息队列服务，并且包含若干计算节点，每个Cell的组件只服务于其自身所在的Cell，而不是整个集群，因此天生具备支撑单集群大规模部署能力。增大规模时，只需要相应增加Cell即可，因此具有非常灵活的可扩展能力。

子Cell的虚拟机信息会逐层向上同步复制到其父Cell中，Top Cell 中包含了所有Cells的虚拟机信息，查看虚拟机信息时，只需要从Top Cell 数据库查询即可，不需要遍历子Cell数据库。对虚拟机进行操作时，如果不使用Cell，则只需要根据其Host字段，向宿主机发

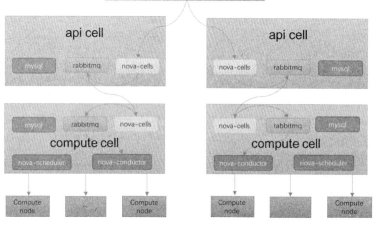

图3　Nova Cell 架构

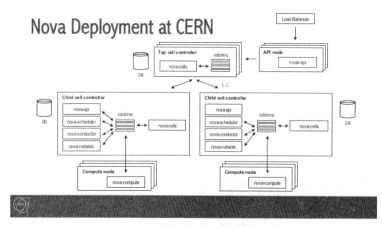

图4　CERN OpenStack 集群 Nova 架构

送 RPC 请求即可。如果使用了 Cell，则需要首先获取虚拟机的 Cell 信息，通过 Cell 信息查询消息队列地址，然后向目标消息队列发送 RPC 请求。

Nova Cell 生产案例

Nova Cells 方案很早就已经存在一些生产案例了，其中 CERN（欧洲原子能研究中心）OpenStack 集群可能是目前公开的规模最大的 OpenStack 部署集群，截至 2016 年 2 月部署规模如下。

- 单 Region，33 个 Cell。
- 两个 Ceph 集群。
- 约 5500 个计算节点，5300KVM 和 200Hyper-V，总包含 140k Cores。
- 超过 17000 个虚拟机。
- 约 2800 个镜像，占 44TB 存储空间。
- 约 2000 个 Volumes，已分配 800TB。
- 约 2200 个注册用户，超过 2500 个租户。

其 Nova 部署架构如图 4。

天河二号是国内千级规模的典型案例之一，于 2014 年年初就已经在国家超算广州中心并对外提供服务，其部署规模如下。

- 单 Region，8 个 Cell。
- 每个 Cell 包含 2 个控制节点和 126 个计算节点。
- 总规模 1152 个物理节点。
- 一次能创建大约 5000 个左右虚拟机。
- 每秒可查询约 1000 个虚拟机信息。

除以上两个经典案例外，Rackspace、NeCTAR、Godaddy、Paypal 等也是采用了 Nova Cells 方案支持千级规模的 OpenStack 集群部署。这些生产案例实践证明了使用 Nova Cells 支持大规模 OpenStack 集群的可能性。

Nova Cells 遇到的坑

刚刚介绍了不少 Nova Cells 的成功生产案例，让人不禁"蠢蠢欲动"，想要小试牛刀。笔者已经按捺不住诱惑，于是专门申请了 23 台物理服务器作为 Nova Cells 测试环境使用，实际部署时包含 3 个 Cells，每个 Cell 包含 7 台物理服务器，其中有 1 台控制节点、一台 Ceph All-in-one 节点及 5 个计算节点。另外多余的两台分别作为 Top Cell 的控制节点和网络节点。部署的 OpenStack 版本为 Mitaka，使用社区原生代码。在部署过程中遇到了大大小小不少坑，有些是配置问题，有些是 Cells 本身的问题。

虚拟机永久堵塞在 scheduling 状态

我们知道，每个 Cell 都使用自己的独立数据库，因此配置 Nova 的数据库时，显然需要配置其所在 Cell 的数据库地址。而从 Mitaka 版本开始已经把一些公共的数据从 nova 数据库单独分离出来一个数据库 nova_api（原因后面说明）。创建虚拟机时 Nova-API 不会把初始化数据直接保存到 nova 数据库的 instances 表中，而是保存到 nova_api 数据库的 build_requests 表，此时虚拟机状态为 scheduling。Nova API 获取虚拟机信息时会首先查询 nova_api 的 build_requests 表，如果存在记录，则直接返回虚拟机信息。在正常流程下，当执行完调度后，Nova-Conductor 会自动删除 build_requests 的虚拟机信息。但是在配置多 Cell 的情况下，如果 nova_api 也是配置其所在 Cell 的数据库地址，则当调度到 Compute Cell 中时，Compute Cell 数据库的 build_requests 显然找不到该虚拟机的信息，因为实际上信息都保存在 Top Cell 中，因此 Top Cell 的 build_requests 中的虚拟机信息将永远不会被删除。此时我们使用 nova list 查看的虚拟机信息是从 build_requests 拿到的过时数据，因此我们查看虚拟机的状态永久堵塞在 scheduling 状态。解决办法是所有 Cell 的 nova_api 数据库都配置使用同一个数据库，nova_api 数据库本来就是设计为保存公共数据的，为所有的 Cell 所共享。

分配网络失败导致创建虚拟机失败

解决了上一个问题后，我们发现仍然创建虚拟机失败，虚拟机一直堵塞在 spawning 状态直到变成 error 状态，在计算节点调用 virsh list 命令时发现其实虚拟机已经创建成功，只是状态为 pause。

通过现场日志发现，在正常流程下创建虚拟机时，Neutron 完成虚拟网卡初始化后会通过 Notification 机制发送通知到消息队列中，Libvirt 会默认一直等待 Neutron 虚拟网卡初始化成功的事件通知。在多 Cell 环境下，因为 Cell 只是 Nova 的概念，其他服务并不能感知 Cell 的存在，而 Nova 的 Cell 使用了自己的消息队列，Neutron 服务发往的是公共消息队列，因此 Nova-Compute 将永远收不到通知，导致等待事件必然超时，Nova 误认为创建虚拟网卡失败了，因此创建虚拟机失败。Godday 和 CERN 同样遇到了相同的问题，解决办法为设置 vif_plugging_is_fatal 为 false，表示忽略 Neutron 消息等待超时问题，继续执行后续步骤。另外需要设置等待的超时时间 vif_plugging_timeout，因为我们已经确定肯定会超时，因此设置一个较短的时间，避免创建虚拟机等待过长，将 Godday 设置为 5 秒，可以作为参考。

nova show 查看虚拟机的 instance_name 与计算节点实际名称不一致

这是因为 instance_name 默认模板为 instance-%08x % id，其中 id 为虚拟机在数据库中的主键 id（注意不是 UUID），它是自增长的。比如 id 为 63，转化为十六进制为 3f，因此 instance_name 为 instance-0000003f。在多 Cell 情况下，Top Cell 保存了所有的虚拟机信息，而子 Cell 只保存了其管理 Cell 的虚拟机信息，保存的虚拟机数量必然不相等，因此同一虚拟机保存在 Top Cell 和子 Cell 的 ID 必然不相同。而我们使用 Nova API 获取虚拟机信息是从 Top Cell 中获取的，因此和虚拟机所在的 Compute Cell 中的 instance_name 不一致。解决办法为修改 instance_name_template 值，使其不依赖于 id 值，我们设置为虚拟机 UUID。

后端存储问题

当部署小规模 OpenStack 集群时，我们通常都会使用 Ceph 分布式共享存储作为 Openstack 的存储后端，此时 Glance、Nova 和 Cinder 是共享存储系统的，这能充分利用 RBD image 的 COW（Copy On Write）特性，避免了镜像文件的远程复制，加快了创建虚拟机和虚拟块设备的速度。但当规模很大时，所有的节点共享一个 Ceph 集群必然导致 Ceph 集群负载巨大，I/O 性能下降。因此考虑每个 Cell 使用独立的 Ceph 集群，Nova 和 Cinder 共享 Ceph 集群，Glance 是所有 Cells 的公共服务，需要单独部署并对接其他存储设备。由于 Glance 和 Nova 不是共享存储了，因此创建虚拟机时就不能直接 Clone 了，而必须先从 Glance 下载 Base 镜像导入到 Ceph 集群中。创建虚拟机时，首先看本地 Ceph 集群是否存在 base 镜像，存在的话直接 Clone 即可，否则从远端 Glance 中下载到本地并导入到 Ceph 集群中，下次创建虚拟机时就能直接 Clone 了。存在的问题之一时，目前 RBD Image Backend 并没有实现缓存功能，因此需要自己开发此功能。问题之二，如何管理 Cell 内部的 Ceph 镜像缓存，Glance 镜像已经删除后，如果本地也没有虚拟机依赖，则可以把 Base 镜像删除了，这需要定时任务来清理。问题之三，创建 Volume 时如何保证和虚拟机在同一个 Cell 中，因为不同的 Cell 是不同的 Ceph 集群，挂载就会有问题，其中一个可选方案是通过 Available Zone（AZ）来限制，此时用户在创建虚拟机和 Volume 时都必须指定 AZ，当用户需要挂载 Volume 到其他 Cell 的虚拟机时，必须先执行迁移操作。

很多功能不能用

由于 Nova Cells 采用二级调度策略，在调度 Cells 时并不能拿到所有 Hypervisor 的信息，因此与之相关的功能都不能用或者出错，比如主机集合、Server Group 等，调度功能也大大受限，比如 Compute Capabilities Filter、Numa Topology Filter、Trusted Filter 等，这些 Filters 为什么不能用了？假如只有 Cell1 的主机满足 Compute Capabilities，但是在调度 Cell 时调度到了 Cell2，由于 Cell2 没有符合条件的主机，因此必然会调度失败，但显然我们有合法的宿主机。另外，Nova Cells 虽然对用户是透明的，但其本身还是存在隔离的，目前不同 Cells 之间不支持虚拟机迁移操作，当一个 Cell 出现故障时，也不能疏散到其他 Cell 中。

虚拟机信息不一致

虚拟机信息被保存在多处，所有的子 Cell 都必须同步复制到 Top Cell 中，一旦同步出现问题导致数据不一致性，就可能出现非常棘手的问题。比如在 Compute Cell 中的某一个虚拟机由于某些原因状态变成 ERROR 了，但没有同步到 Top Cell 中，用户看到的还是 Active 状态，但后续的所有操作都会失败，运维人员必须逐一检查该虚拟机经过的所有 Cell 的数据库数据，直到 Compute Cell，发现状态不一致，必须手动修改数据库，这些操作都是十分危险的，必须具有非常熟练的数据库运维能力。

Nova Cells "涅槃重生"

前面踩到的坑，社区也发现了这些问题，但由于这是由于 Nova Cells 的设计缺陷所导致的，要修复这些问题，只通过填填补补是不可能解决的，社区对这些问题的唯一反馈就是不建议在新的环境上部署 Cells 服务，后续 Cells 相关文档也不会再更新。目前社区已经彻底放弃了该方案，如今 Nova Cells 开发已经冻结了，意味着不会再开发任何新特性，也不会修复与之相关的 Bug，后续的开发也不会保证 Cells 的兼容性。

所以，Nova Cells 已死？值得庆幸的是，Nova Cells 其实并没有彻底死去，而是涅槃重生了。从 L 版开始，社区扔掉原设计的同时，吸取之前的教训，开始着手重新设计 Nova Cells 并彻底重构代码。为了区分，之前的 Nova Cells 命名为 Nova Cells v1，而新方案命名为 Nova Cell v2。Nova Cells v2 为了避免 Nova Cells v1 的问题，一开始就提出了几个明确的设计原则和目标。

Nova 全面支持 Nova-Cells

之前 Nova Cells 是可选安装的，开启 Nova Cells 功能，必须额外安装 Nova-Cells 服务以及额外配置，用户对这个功能的了解和关注程度都是比较低的，而参与开发这一功能的开发者也很少，导致 Cells 的开发力度不够，部署率低，成熟度低。而对于 v2 版本，Nova 开始全面支持，废弃原来的 Nova-Cells 服务，不需要额外部署其他任何服务，减少了部署的复杂度，也容易从原来的非 Cells 架构中升级为 Cells 架构。在更新几版之后，Nova Cells 将成为必须部署方式，相当于 Nova 的内置功能，而不再是可选功能，这大大增加了用户和开发者的关注度。

分离公共数据，只存放一处

为了解决之前的数据一致性问题，在 v2 版本中，从 M 版开始把公共数据从原来的 nova 数据库中分离出来，放在单独的 nova_api 数据库中，这些公共数据包括：flavors, quotas; security group、rules、key pairs、tags、migrations、networks。

此方案解决了公共数据的不一致性问题。另外，Top Cell 也不再保存虚拟机信息了，而仅仅保存其 UUID 与 Cell 之间映射表，虚拟机信息只保存在其所在的 Cell 中，Top Cell 与 Compute Cell 之间不再需要复制同步。由于完整数据只存放一处，不存在数据不一致问题，拿到的数据保证是正确的。

支持 Nova 的所有功能

前面提到 v1 版本存在功能限制，除此之外，对 Neutron 的支持也缺乏测试和验证。而在 v2 设计目标中强调将支持所有功能，无任何功能限制，并且全面支持 Neutron 集成，不再考虑 Nova-Network。

最新的 v2 结构已经不是树状的了，而且没有了 Nova-Cells 这个组件，其架构如图 5 所示。

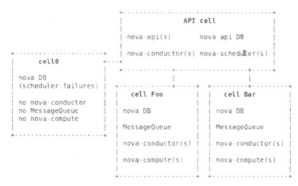

图 5 v2 结构的最新架构图

从图 5 可以看出，新版本的 Nova Cells v2 采用单级调度机制替代了原来的二级调度，由 Nova-Scheudler 服务负责调度 Cell，同时负责选择 Cell 中的主机。另外还设计了个额外的 Cell0 模块，如果你在进行虚拟机调度操作时，调度到任意 Cell 都出错，或者没有可用 Cell 的话，这是系统会先将请求放置在 Cell0 中，Cell0 中只有一个 Nova DB，没有消息队列和 Nova 服务。

Nova Cell v2 是一个革命性的变化，其设计目标已经非常明确，也是最期待的方案，但离完全实现还有一定的距离，目前还不支持多 Cells 调度，很多功能正在紧急开发中，目前还不能投入生产使用，不过社区后续会推出 v1 升级 v2 或者非 Cell 转化为 Cell 架构的工具。

不过 Nova Cells v2 也存在问题，笔者认为：

■ 查询虚拟机信息时，需要首先在 Top Cell 中拿到所有虚拟机的索引和 Cell 映射，然后需要往所有的 Cells 请求数据，这可能导致查询性能低下。

- 当某个 Cell 出现故障时，就拿不到这部分虚拟机信息了，这个问题该如何处理？
- Cells 之间通过消息队列通信，如果跨 DC 部署，性能就会非常低下。

任何方案都不是十全十美的，虽然 Nova Cell v2 也存在问题，但仍值得期待并给予厚望，希望 Nova Cells v2 不会让我们失望，彻底解决 OpenStack 大规模部署问题。

总结与展望

本文首先介绍了大规模部署 OpenStack 存在的主要问题，引出数据库和消息队列是限制大规模部署的主要瓶颈，然后针对这个瓶颈介绍了一些组件优化策略，最后详细介绍了几种 OpenStack 大规模部署的方案，分析了其特点和不足。针对大规模部署问题，Nova Cell v2 和 Trio2o 都是比较值得期待的，其设计理念和目标也比较明确，但是离实现和发展成熟还有一定的距离。Region 方案只是共享认证和 Dashboard，实现统一管理多 OpenStack 环境，原则上不算是单 OpenStack 的大规模部署。Nova Cell v1 已经有不少大规模部署的案例，但社区已经不再支持，并且不鼓励在新的环境中部署。如果目前需要上线大规模 OpenStack 生产环境，有以下两种方案。

- 使用 Nova Cell v2，同时加入 v2 开发，缺点是开发所有功能的周期不确定，也面临很多变数。
- 使用 Nova Cell v1，部署架构有可供参考的案例，缺点是后续的所有问题都需要自己解决，得不到上游的支持。

当然也可以先部署一套小规模的环境，等 Cell v2 开发完成后，使用升级工具调整架构，增加 Cells 功能。🅿

业务视角下的微服务架构设计实例

文 / 林帆

本文以某汽车产品代理商的线上销售和售后平台为例，介绍它在微服务转型过程中遇到的种种情况，希望能以此作为前车之鉴，让后来者避开不必要的坑。

前言

近年来，服务化和微服务的架构随着线上业务对响应变化和发布频率要求的不断提高已经变得日益常见。像 DevOps 和 Docker 等理念和技术的成熟也在为这一趋势推波助澜。许多企业对微服务思考的关注点也从最初的"该不该用""该如何用"逐渐转向"如何评价服务拆分的好坏""服务拆分后的数据如何治理"这样更加具体而实际的方面。纵观社区里与微服务有关的话题，既有一些适合大众阅读的概念入门科普文章，也有一些像"架构去中心化""消息异步解耦""最终一致性补偿"这类专业性的技术讨论，但却很少看到能够比较深入的介绍微服务实施经验，说清楚"什么地方会有什么坑"这类问题的实践性内容。

若将微服务的方方面面铺开，将是一个非常庞大而复杂的知识体系。万事开头难，如何迈出服务划分的第一步是对于那些从未采用过微服务的项目首先要面对的问题。虽然服务的划分本来是一件十分凭借架构师的个人经验和对业务理解的主观工作，但其中仍然有些规律可循。根据服务的类型特点，可以有以下几种常见的方式。

（1）根据业务进行建模，依据业务领域的边界划分，这也是当下微服务社区十分推崇的领域驱动设计（Domain Driven Design，简称 DDD）方法。

（2）根据资源使用类型划分，这种方式主要使用在对硬件资源需求很高、或对特定硬件类型/区域地址等存在依赖的大型服务系统，例如系统的某些功能非常消耗 CPU、或是某些功能必须在有加密狗设备的机器上运行。此时可以依据系统各部分对不同资源的需要作为边界进行最安全的划分，以最大化运行效率。

（3）根据数据边界划分，直接从数据表结构或数据源着手，依据数据归属关系界定服务。这种划分方法简单粗暴且能避免数据耦合，但容易导致潜在隐患，甚至可以被认为是一种反模式。仅仅对于强数据驱动的系统，如某些报表系统和多数据源 ETL 系统等适用，在实际案例中很少见。

从现实上来说，我们平时遇到的绝大部分系统都是需要为特定终端用户群体服务的。因此，采用基于业务领域的建模方法通常都会是个不错的选择，它也是目前在划分服务问题中的最主流的方法。不过即使有了理论指导的支撑，服务划分里的利弊权衡并不是非黑即白的事情，依然存在不少模棱两可之处，只有在犯下一些错误后才能摸索出适合自己系统的方法。本文将会聚焦在这些点上。

没有什么能比一个具体而贴近真实的案例更具有代表性了。因此，我们将剖析一个传统行业企业的线上业务：某汽车产品代理商的线上销售和售后平台，介绍它在微服务转型过程中遇到的种种情况，希望能以此作为前车之鉴，让后来者避开不必要的坑。这个案例中讲述的场景原型并非完全来自同一个项目，而是从我们过去一年中所经历的多个项目实际场景抽取出来的，去除了其中的敏感信息，并添加了基于真实情况的适当演绎，使之更加完整。简单介绍一下案例的背景：这是一家颇具规模的汽车代理商企业，承接多个国际一线品牌汽车的销售和周边资源整合的业务，具有庞大的实体店网点。其线上 IT 业务系统已经存在了十余年，提供的功能从最初的进销存管理、客户信息管理等到现在的面向消费者客户的服务系统，十分复杂。系统中的线上销售和售后平台部分是相对比较新且需求变化特别迅速的部分，也是目前出问题最频繁、收到抱怨最多的部分。

下面我们将从几个方面展开这个话题。

不要从数据库开始建模

传统软件开发中，数据模型被认为是整个系统的核心，业务逻辑仅仅是对数据的 CRUD 加上简单的计算呈现。有些项目团队的架构评审会花很多时间来讨论系统庞大的 ER 图（实体关系图）设计。但在微服务架构设计时，ER 图并非最佳选择，特别是在服务划分时采用 ER 图进行建模甚至十分有害。

在领域驱动设计的实践中，有一个和 ER 图建模有些相似的环节，叫作"领域建模"。相比 ER 图建模通常只有开发人员参与，并从数据表的角度考虑模型的方法，领域建模的过程需要由产品的业务人员和核心开发人员共同参与，先梳理用户场景，然后从业务领域角度逐步确定场景中的实体、关联和聚合等元素。其中的"实体、关联"与 ER 图中的"实体、关系"有些相似，但含义并不一致。领域模型中的"实体"本质上是业务场景中需要被持久化存储的对象，但存储方式不一定是数据库，更不一定是关系型数据库，而 ER 图中的"实体"最终对应的就是关系型数据库的表。领域模型中的"关联"是两个实体在业务上下文之间有业务含义的联系，而 ER 图中的"关系"指的是两张表之间的一个关联外键。

那么，使用 ER 图给微服务建模会存在什么问题呢？

首先，ER 图设计时假定了使用的是关系型数据库。微服务的一个特点在于它支持异构架构，系统的不同部分依据实际需要可选择不同的编程语言、框架及数据库的类型。关系型数据库采用平面表的结构，如果有两类嵌套关系的对象，只能使用关联表来表达两个实体之间的关系，然后通过复杂的 SQL 语句在查询时将多个表拼成更大的平面表，最后在业务代码里再分解到各个独立的对象里去。这些单独的表又可能在其他地方与另一个表存在关联查询。这样设计出来的表结构的冗余极低，且使用非常灵活，但正是这种灵活性往往导致系统中多个业务逻辑表出现错中缠绕的关系，从而使剥离单独服务进行异构设计变得困难。

其次，ER 图还会导致实体相似的不同业务逻辑在设计时被耦合在一起。举一个具体的例子，在汽车代理销售系统中，不同品牌汽车的购买流程后端实际上分别对接的是完全不同的分销渠道系统和逻辑流程，但它们在用户视图上所需要的信息比较一致，因此存储的数据结构也比较相似。这个系统在最初设计时采用了 ER 图的方式建模，由于 ER 图模型不关心业务层面上的东西，不同品牌汽车的实体数据看上去都是一种类型的数据，仅仅是一个品牌字段的差异而已，因此被理所当然地设计成了同一张表。上层逻辑实现的时候使用了大量的 if-else 语句来区分各种品牌的购买流程，结果使得多条完全不同的业务线糅合在同一个上下文，后来的开发非常容易在这里错改、漏改代码。若当初使用的是领域建模，则不同的购车流程会自然的被划分到各种不同的用户场景，即使它们在数据结构上看起来基本相同，也会被识别为两个独立的上下文，这就会使得未来划分服务时能够更加容易。

最后，ER 图设计的架构会使得系统的模块之间倾向于使用数据库集成，而非 API 集成。在 ER 图中没有明确划分模块和表的所有权关系，所有的数据表对所有的模块都是可见的，倘若不加额外约束，各个模块便会轻易读写其中的内容。数据集成并不会直接导致服务无法拆分，但由于数据的所有权不清晰，十分容易引发意想不到的状况。还是举销售平台的例子，在 ER 图建模得到的模型中，有一张与购买记录相关的表。在一次销售业务的代码更新中，对购买结果的增加了字段，在测试过程中没有发现问题，结果上线几天以后，由于售后服务也在修改这个表而导致出现了脏数据，造成难以排查的故障。

当然，我们并非要完全否认 ER 图建模的价值，只不过通过数据库角度建立模型的过程容易倾向于设计出庞大的单体应用，因而不太适应于服务划分的目的。

端到端的划分服务

在拆服务时要进行端到端的划分，这是我们在设计微服务时经常听到的一句话。端到端的划分，指的是一个服务负责一个业务领域，这个功能领域的所有逻辑、数据都归它管，这有利于微服务的数据治理。与之相对的是 MVC 那样的横向服务划分，将所有数据归一块，所有逻辑归另一块，特别是在跨团队管理的情况，横向划分服务会带来十分高昂的协调和联调成本。

道理不必多说，还是讲个例子吧。在汽车销售平台的最初架构中，使用了典型的 MVC 三层结构，由于人比较多，分成了前台组、后台组，就时不时要出现新开发一个功能，一动底层数据结构，结果上层的另一个不相干页面挂了，一查发现原来那这个页面间接的用了同一个数据模型。比较典型的例子是，有一回负责后台的小组调整了汽车销售服务里面的汽车参数信息相关的对象结构，结果一上线，销售功能正常，试驾服务的页面挂了。原来是试驾功能的前端开发人员在处理汽车信息时候，看到销售模块有现成功能，就直接拿来复用了。这便是服务上下层分团队开发导致的问题。

此外，横向划分服务也不利于系统的开发效率的提升。不同业务服务对功能发布频率的需求是不一样的，比如试驾平台经常推出新的优惠促销活动，需要尽快进行一次版本更新，同时售后服务有一个需要和第三方联调的功能也已经差不多完成并提交到代码仓库了，但由于需要协调第三方系统的时间，最近还不能够上线，此时两边的业务主管就会有冲突。类似这样的情况其实经常发生，通常使用特性分支、特性开关等流程或者技术手段能够规避一部分业务开发进度不一致的风险，但若要从根本上解决这种问题，还是需要端到端的按业务来划分服务。

最后，横向划分模块对于问题的追踪调试也不友好，几乎每次事故调查总是要穿插涉及在几个团队之间不停的协调开会，因为一个完整业务流总是要贯穿前后几个层的功能。

需要指出的是，端到端划分服务并非是说服务与服务之间都是平级的。实际上，服务之间可以再聚合成更高层级的组合服务的，以及在最顶端的 API Gateway 也可以算是一类服务。只不过，在核心业务层的这些服务，每个都单独提供了某项特定的业务价值。

识别核心业务服务

微服务的架构通常并非是一开始就重头设计出来的，而是先有整块的单体架构，随着业务的复杂度上升，才逐步拆分出来。业务领域建模除了能用来指导适当的服务划分，另一个重要的作用是让工作聚焦到核心的业务服务中。

无论多复杂系统都是为特定业务价值而存在的。在系统的实现中必然会存在与核心业务最相关的部分、辅助核心业务的部分、和非核心业务关系的部分。它们在领域驱动设计的术语中称为"核心域""支撑子域"和"通用子域"。在进行领域建模的时候就应该顺便识别出系统里的关键领域。将系统的业务领域罗列出来然后划分重要性，这件事情听起来似乎是多此一举,甚至有点荒唐,但对于复杂系统,实际去做这件事带来的价值可能远比它看起来更大。

首先,在我们将一个复杂的系统的各种业务仔细清点到台面上以后,得到的列表往往会比许多人最初想象得长得多,它能提醒我们系统的复杂度是否已经过高了。其次,列举业务的过程也是开发者与业务人员沟通的过程,来自不同业务线的代表也许会为某部分业务的价值点发生争执,或是提供一些许多开发人员此前并不了解的细节信息,将这些问题当面讨论清楚并非什么坏事。此外,当我们真的去仔细思考一个业务系统的核心价值时,也许会得出使人意想不到的结果。

继续举例子,在汽车的销售和售后平台中通过业务建模,可以划分出许多子领域:

- 在线购车(渠道A)
- 在线购车(渠道B)
- 在线购车(渠道C)
- 试驾预约
- 售后服务
- 用户反馈
- 订单系统
- 促销活动
- 车辆市价信息
- 车辆参数信息
- 4S店信息
- 用户信息管理
- ……

说明:这里渠道指的是销售平台对接的一个第三方系统,其中每个渠道可以对应多个汽车品牌。

然后我们要从中识别出业务中的核心域。必须强调,服务领域划分仅仅是代表服务对系统关键业务贡献的价值,处于核心域中的那些服务应该是该系统业务成功的主要促成因素,从战略层面讲,企业应该在自己的核心领域上具有一定壁垒优势。经过讨论,开发者和业务人员最终得出让人大跌眼镜的结论,核心域部分的服务只有"试驾预约"和"售后服务",因为这两项才是该企业最具竞争力的业务。而看起来十分重要的"在线购车"服务,由于并不具有特别的行业竞争优势而被划到了支撑子域中。正确的服务划分定位将对系统未来的发展策略产生积极的影响。

在这个系统中的"车辆市价信息""车辆参数信息""4S店信息"等服务都被划归到了通用子域。在通用子域中的服务并非最没有价值或是复杂度最低,而只是说明系统在这些服务领域中通常不具优势,因此这部分功能完全可以考虑外包开发或者购买第三方的现成服务。

使用符合业务结构的 API

前面介绍业务建模的时候我们强调了使用"API集成"的必要性,以及它的反面形式"数据库集成"所带来的问题。在微服务的架构中,服务的技术选型可能是异构的,API的实现也会各有不同。除了Web应用比较流行的RESTful标准,还有像SOAP、ProtolBuf、MessageQueue等不同的协议与格式标准,它们都可以被作为服务之间通信的API。不同的API设计对服务使用的体验差别会很大,除去技术原因对API协议的倾向性,在设计和评价API方面依然有许多值得注意的地方。

一个好的API设计应该在接口的元数据中向用户提供尽可能多的有意义的业务信息,这里指的元数据包括例如API的名称、参数、标签等用户在不需要专门查看文档就可以看到的内容。通常在各种不同的API协议里,总会存在一个相似的概念,就是目标路径。比如RESTful的URL地址,ProtolBuf的消息类型嵌套结构,MessageQueue名称里用斜线划分Topic路径的惯例等。以RESTful标准为例,可以试比较下面两种URL地址的差异。

(1)第一种: /users/123/orders/123
(2)第二种: /orders?id=123&user_id=123

显然前一种地址包含的信息更多,它告诉了访问者订单(orders)是属于用户(users)这个实体中的一个子实体,并且包含了一个潜在业务规则,即如果ID为123的这个用户不存在了,那么查询他下面的所有订单信息也是不具有业务意义的。实体之间的嵌套关系可以通过领域建模过程中的聚合识别。当然,这种URL结构有时会导致很长的API路径,但相比它所带来的业务语义,我们认为还是值得的。

类似的语义化例子还有:

```
PUT /services/questions/123
PUT /services/questions/123/comments/123
```

这是售后服务部分的两个API,分别用来更新提问的内容和提问的评价内容,它们也是按层级组织的。

有些通信协议中还提供了其他可以表明业务语义的元素。比如RESTful中使用GET/POST/PUT操作语义(查询、创建、修改),以及HTTP返回值中的语义信息等。在实际设计API时充分利用这些协议特性,能够使服务变得更加易用。

尾声

在这篇文章里,我们列举了一些微服务划分的实践中常见的反例和值得注意的问题,希望能为读者设计微服务架构时扫清一些阻碍。实际上,本文中提到的许多概念,包括微服务和领域驱动设计,服务的划分都只是其中的冰山一角,在冰水之下还有更多的内容值得我们在实践中去探索。P

Hurricane 实时处理系统架构剖析

文 / 卢誉声

本文介绍分布式存储系统及分布式计算系统,进而引出分布式实时处理系统的基础知识及其在机器学习和深度学习领域的应用。之后介绍了Hurricane实时处理系统的整体结构和设计,并在此基础,探讨结合深度学习的框架设计方案和实际解决方案。

分布式计算一般分为以下几步。

- 设计分布式计算模型:首先要规定分布式系统的计算模型。计算模型决定了系统中各个组件应该如何运行,组件之间应该如何进行消息通信，组件和节点应该如何管理等。

■ **分布式任务分配**：分布式算法不同于普通算法。普通算法通常是按部就班，完成任务，而分布式计算中计算任务是分摊到各个节点上的。该算法着重解决的是能否分配任务，或如何分配任务的问题。

■ **编写并执行分布式程序**：使用特定的分布式计算框架与计算模型，将分布式算法转化为实现，并尽量保证整个集群的高效运行。其中有一些难点。

计算任务的划分

分布式计算的特点就是多个节点同时运算，因此如何将复杂算法优化分解成适用于每个节点计算的小任务，并最后将节点的计算结果回收就成了问题。尤其是并行计算的最大特点是希望节点之间的计算互不相干，这样可以保证各节点以最快速度完成计算，一旦出现节点之间的等待，往往就会拖慢整个系统速度。

多节点之间的通信方式

另一个难点是节点之间如何高效通信。虽然我们知道划分计算任务时最好确保任务互不相干，这样每个节点可以各自为政。但大多数时候节点之间还是需要互相通信的，比如获取对方的计算结果等。一般有两种解决方案，一种是利用消息队列，将节点之间的依赖变成节点之间的消息传递；另一种是分布式存储系统，我们可以将节点的执行结果暂时存放在数据库中，其他节点等待或从数据库中获取数据。无论哪种方式只要符合实际需求都是可行的。

G. Coulouris 曾经对分布式系统下了一个简单定义：你会知道系统当中的某台电脑崩溃或停止运行了，但是你的软件却永远不会。这句话虽然简单，却道出了分布式系统的关键特性。分布式系统的特性包括容错、高可扩展、开放、并发处理能力和透明。

随着互联网业务数据规模的急剧增加，人们处理和使用数据的模式已然发生了天翻地覆的变化，传统的技术架构已经越来越无法适应当今海量数据处理的需求。MapReduce、Hadoop 及 Spark 等技术的出现使得我们能处理的数据量比以前要多得多，这类技术解决了面对海量数据时的棘手问题，也在一定程度上缓解了传统技术架构过时的问题。

但是，随着业务数据规模的爆炸式增长和对数据实时处理能力的需求越来越高，原本承载着海量数据处理任务的批处理系统在实时计算处理方面越发显得乏力。这么说的原因很简单，像 Hadoop 使用的 MapReduce 数据处理技术，其设计初衷并不是为了满足实时计算的需求。任务式计算模型与实时处理系统在需求上存在着本质的区别。要做到实时性，不仅需要及时推送数据以便处理，还要将数据划分成尽可能小的单位，而像 HDFS 存储推送数据的能力已经远不能满足实时性的需求。

因此，Apache Storm 实时处理系统的出现顺应了实时数据处理业务的需求。Apache Storm 是一个开源的、实时的计算平台，最初由社交分析公司 Backtype 的 Nathan Marz 编写，后来被 Twitter 收购，并作为开源软件发布。从整体架构上看，Apache Storm 和 Hadoop 非常类似。Apache Storm 从架构基础本身就实现了实时计算和数据处理保序的功能，而且从概念上看，Apache Storm 秉承了许多 Hadoop 的概念、术语和操作方法。

Apache Storm 是实时处理系统当中的典型案例，来了解下它的特点和优势。

■ **高可扩展性**：Apache Storm 可以每秒处理海量的消息请求，同时该系统也极易扩展，只需增加机器并提高计算拓扑的并行程度即可。根据官方数据，在包含 10 个节点的 Apache Storm 集群中可以每秒处理一百万个消息请求，由此可以看出 Apache Storm 的实时处理性能优越。

■ **高容错性**：如果在消息处理过程中出现了异常，Apache Storm 的消息源会重新发送相关元组数据，确保请求被重新处理。

■ **易于管理**：Apache Storm 使用 ZooKeeper 来协调集群内的节点配置并扩展集群规模。

■ **消息可靠性**：Apache Storm 能够确保所有到达计算拓扑的消息都能被处理。

本文将用简短的篇幅，结合笔者自身的体会，由分布式系统为引子，逐步介绍分布式存储系统及分布式计算系统，进而引出分布式实时处理系统的基础知识及其在机器学习和深度学习领域的应用。在了解了基本的分布式实时处理系统的特点之后，我们进入主题，一起来了解一下 Hurricane 实时处理系统的整体结构和设计，并在此基础上探讨结合深度学习的框架设计方案和实际解决方案。

基本概念

Hurricane 实时处理系统是基于 C++ 实现并开源的分布式实时处理系统，与传统海量数据批处理系统不同，它采用流模型处理数据，同时为高性能浮点运算提供了原生接口。考虑到多语言支持的必要性，提供了对 Python、Java、JavaScript、Swift 编程语言的互操作接口。

我们先来介绍 Hurricane 中的一些基本概念。

■ **President**：Hurricane 集群中的核心服务。该节点保存了整个集群的运行数据，并运行了许多必要的服务功能。

■ **Manager**：Hurricane 集群中的工作节点。该节点负责执行具体的计算任务，并与 President 通信，不同的 Manager 之间可以相互发送数据元组。

■ **Executor**：执行器，每个 Manager 中包含多个 Executor，每个执行器负责执行一个具体的任务。

■ **Topology**：拓扑结构，Hurricane 中计算任务的抽象，每一个完整的计算任务是一个 Topology。

■ **Task**：Hurricane 中对具体计算与处理步骤的抽象，任务包括生成元组的 Spout 和处理元组的 Bolt。

■ **Tuple**：Hurricane 中对数据的抽象，各个计算任务之间都使用元组进行数据交换传输。

■ **Stream**：Stream 也是一种计算抽象，每个由 Spout 生成的一个元组会生成一个新的流，该元组派生出的所有元组都属于该流。

图 1 是整个集群中节点的拓扑结构，中心是一个 President 节点，外部是多个 Manager 节点。

President 负责存储集群元数据并管理周围的 Manager 节点。

Manager 节点会接收 President 的指令，并完成具体运算。

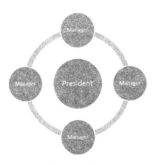

图 1 Hurricane 集群中节点拓扑结构

每个 Manager 节点之间可以互相通信，通过元组传递数据。

Hurricane 的计算模型是计算拓扑（Topology），而计算拓扑的基本范式是基于 MapReduce 的概念构建出来的，这里简单介绍一下 MapReduce：MapReduce 是 Google 提出的一个软件架构，用于大规模数据集（大于 1TB）的并行运算。概念"Map（映射）"和"Reduce（归纳）"及它们的主要思想，都是从函数式编程语言借来的，还有从矢量编程语言借来的特性。当前的软件实现是指定一个 Map（映射）函数，用来把一组键值对映射成一组新的键值对，指定并发的 Reduce（归纳）函数，用来保证所有映射的键值对中的每一个共享相同的键组。感兴趣的读者可以参考 https://zh.wikipedia.org/wiki/MapReduce。

每个 Topology 都是一个网络，该网络由计算任务和任务之间的数据流组成。

该模型中 Spout 负责产生新的元组，Bolt 负责处理前一级任务传递的元组，并将处理过的元组发送给下一级。

Spout 是元组的生成器，而 Bolt 则是元组的处理单元。

每个任务都会将数据封装为元组传递给其他的任务。

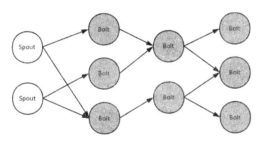

图 2 Hurricane 和 Storm 计算模型

Hurricane 架构

现在来看一下 Hurricane 的架构设计，如图 3 所示。

最上方的是 President，在介绍概念的时候我们提到过，这是整个集群的管理者，负责存储集群的所有元数据，所有 Manager 都需要与之通信并受其控制。

下方的是多个 Manager，每个 Manager 中会包含多个 Executor，每个 Executor 会执行一个任务，可能为 Spout 和 Bolt。

从任务的抽象角度来讲，每个 Executor 之间会相互传递数据，只不过都需要通过 Manager 完成数据的传递，Manager 会帮助 Executor 将数据以元组的形式传递给其他的 Executor。

Manager 之间可以自己传递数据（如果分组策略是确定的），有些情况下还需要通过 President 来得知自己应该将数据发送到哪个节点中。

President

了解整体架构后，我们来具体讲解一下 President 和 Manager 的架构。President 的架构如图 4。

President 的底层是一个基于 Meshy 实现的 NetListener，该类负责监听网络，并将请求发送给事件队列，交由事件队列处理。

President 的核心是 EventQueue，这是一个事件队列，当没有计算任务的时候，会从事件队列中获取事件并进行处理。

用户需要在 EventQueue 中事先注册每个事件对应的处理函数，President 会根据事件类型调用对应的事件处理函数。

Manager

Manager 的架构如图 5 所示。

Manager 的架构相对来说较为复杂。考虑到性能优化等问题，对这个架构修改了几次。

首先，最顶层和 President 一样，是一个事件队列，并使用一个基于 Meshy 的 NetListener 来完成 I/O 事件的响应（转换成事件放入事件队列）。不过考虑到 Manager 中每个 Executor 都是一个单独的线程，因此这个队列需要上锁，确保线程安全。

接下来有两个模块。

- 一个是 Metadata Manager，这是一个独立线程，会监听 EventQueue，接收元数据的同步事件，负责和 President 同步集群的元数据。
- 另一个是 Tuple Dispatcher，该线程负责响应 OnTuple 事件，接收其他节点发过来的元组，并将元组分发到响应的 Bolt Executor 的元组队列中。

再下一层就是 Executor。它分为 SpoutExecutor 和 BoltExecutor，每个 Executor 都是一个单独的线程，在系统初始化 Topology 的时候，Managert 会初始化 Executor，并设置其中的任务。SpoutExecutor 负责执行 Spout 任务，而 BoltExecutor 负责执行 Bolt 任务。

其中 BoltExecutor 需要接受来自其他 Executor 的 Tuple，因此包含一个 Tuple Queue。Tuple Dispatcher 会将 Tuple 投送到这个 Tuple Queue 中，而 Bolt 则从 Tuple Queue 中取出数据并执行任务。

Eexecutor 在执行完任务后，可能会将 Tuple 通过 OutputCollector 投送到 OutputQueue 中。我们又设计了一个 OutputDispatcher，从 OutputQueue 中获取 Tuple 并发送到其他节点。

OutputQueue 也是一个带锁的阻塞队列，是唯一用于输出的队列。

高级抽象元语 Squared

介绍完 Hurricane 的基本功能与架构之后，我们来介绍一下 Squared。

图 6 是 Hurricane 基本的计算模型。在该计算模型中，系统是一个计算任务组成的网络。需要考虑每个节点的琐屑实现。但如果在日常任务中，使用这种模型相对来说会比较复杂，尤其当网络非常复杂的时候。

为了解决这个问题，看一下图 7 中的计算模型，这是对我们完成计算任务的再次抽象。
- 第一步是产生语句的数据源。
- 然后每条语句需要使用名为 SplitSentence 的函数处理将句子划分为单词。
- 接下来根据单词分组，使用 CountWord 这个统计操作完成单词的计数。

这里其实是将网络映射成了简单的数据操作流程，这样一来，解决问题和讨论问题都会变得更为简单、直观。

这就是 Squared 所做的事情——将基于网络与数据流的模型转换成这种简单的流模型，让开发者更关注于数据的统计分析，脱离部分烦琐的工作。

Squared 中有下面几个基本组件。

1. Spout：对 Hurricane Spout 的封装，用于生成 Squared 使用 Tuple。

2. Dispatcher：Tuple 分发器，用来决定如何将 Tuple 分发给后续的计算操作。
- 目前有两种 Tuple 的分发器，第 1 种是 Each，会将每一个 Tuple 都发送给后续的计算操作，后面一般连接 Function 或者 Filter；
  - 第 2 种是 Aggregator，会将部分 Tuple 合并成一组（根据字段分组），并传递给后续的 Aggregator。

3. Operation：对 Tuple 的操作，所有的计算处理都封装在里面。我们根据一般的计算任务抽象出了三种 Operation。
- Function：用于变换 Tuple。
- Filter：用于过滤 Tuple。
- Aggregator：用于对 Tuple 进行统计。

图 8 中就是两类 Dispatcher。最上面的是 Each Dispatcher，这种 Dispatcher 会将所有的 Tuple 分别发送到 Function 和 Filter 中进行处理。下面是 GroupBy Dispatcher，这种 Dispatcher 会将部分 Tuple 分为一组，开发者可以指定分组使用的字段，GroupDispatcher 将 Tuple 分组传入 Aggregator 进行处理。

保序

在现实工作中，我们常常需要一个的特性就是保序。比如部分银行交易和部分电商订单处理，希望数据按照顺序进行处理，但是传统的数据处理系统往往不支持这个特性。

Squared 实现了保序功能。目前 Squared 的实现原理很简单，会在未来逐步改进和提高稳定性、可用性和效率。首先每个 Tuple 会一个一个 orderId 字段，orderId 是依据顺序生成的，然后所有对 Tuple 的操作都会检验该 orderId 之前的 Tuple 是否已经完成。

如果已经完成则处理该 Tuple，否则就将 Tuple 放在一个队列里，等待前面的 Tuple 处理完毕为止。

保序功能的架构，如图 9 所示。

President 中有一个 OrderId Generator，作用是生成分布式的 OrderId。

Manager 中需要有一个特殊的 OrderSpout，生成带 OrderId 的 OrderTuple。

Manager 中的 OrderBolt 则需要使用 OrderId Sliding Window 判断该 OrderId 之前的 OrderId 是否都被处理过了。

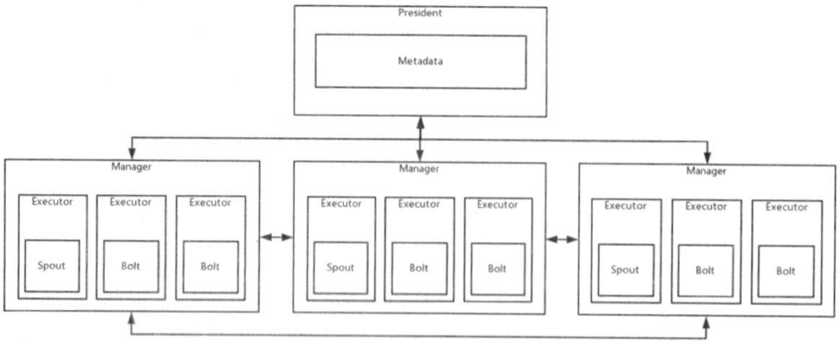

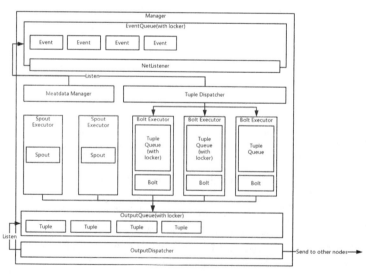

图 3 Hurricane 基本架构

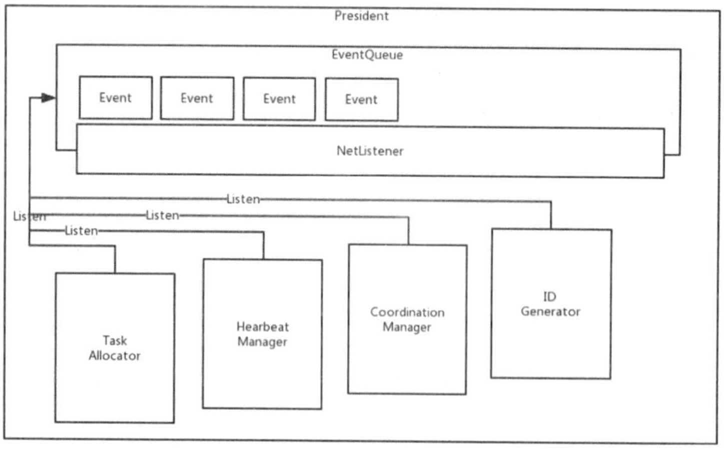

图 4 President 中央控制节点结构

图 5 Manager 节点结构

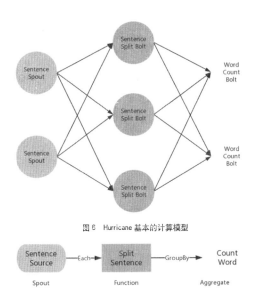

图6 Hurricane 基本的计算模型

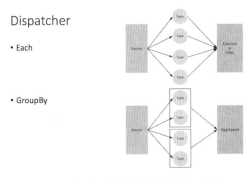

图7 计算任务的再次抽象

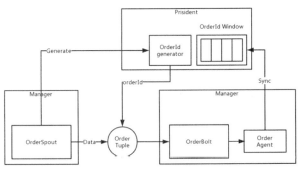

图8 将烦琐操作和分布式拓扑细节封装到 Squared 当中

7. B 扫描缓存，TupleA3 的 OrderId 为 3，可以处理，处理 TupleA3，发出 TupleB3，OrderId 为 3，滑动窗口 B 移动 1 位。

实现效果如图 10 所示。

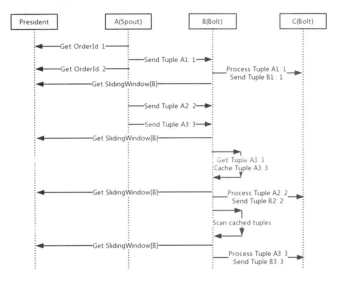

图10 保序时序图

现在来看一下整个过程的实现，如图 11：

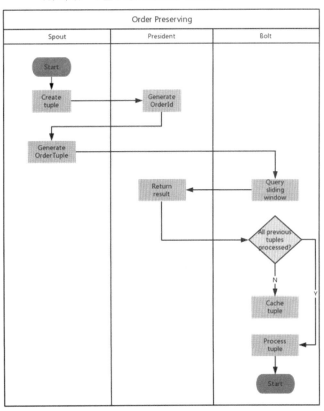

图9 分布式消息保序基本结构

假设我们有 A、B、C、D 这 4 个服务器逻辑节点：A 是 Spout，B、C、D 是数据操作（Operation）。

那么大致的数据请求过程可以描述如下。

1. A 产生 TupleA1，请求 President 生成 OrderId 1；

2. A 将 TupleA1 发给 B，B 处理 TupleA1，发出 TupleB1，OrderId 为 1，滑动窗口 B 移动 1 位；

3. A 产生 TupleA2，请求 President 生成 OrderId 2；

4. A 产生 TupleA3，请求 President 生成 OrderId 3；

5. B 收到 TupleA3，暂时无法处理，缓存；

6. B 收到 TupleA2，处理 TupleA2，发出 TupleB2，OrderId 为 2，滑动窗口 B 移动 1 位；

图11 Hurricane 保序流程示意图

1. OrderSpout 在生成 Tuple 的时候都会向 President 申请一个新的 OrderId，这个 OrderId 是整个集群唯一而且持续递增的；

2. OrderSpout 使用 OrderId 和用户发送的数据生成一个 OrderTuple，并将 OrderTuple 发送到其目的节点中；

3. OrderBolt 在接收到 OrderTuple 时，会利用分布式的

OrderId 滑动窗口检测该 Tuple 之前的元组是否已经都被处理过了，如果全部处理过了则处理该 Tuple，没有则缓存该 Tuple。

这样一来我们就实现了保序功能，图 12 为滑动窗口示意图。

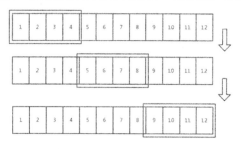

图 12 滑动窗口

子系统

作为一个可扩展的系统，类似于插件的子系统机制是必不可少的。但是，众所周知在 C/C++ 中实现可热插拔的子系统是一件较为困难的事情。为了便于用户在 Hurricane 中动态加载卸载子系统，方便 Hurricane 扩展，我们设计了一个独立的子系统机制。

每个子系统就像一个插件，你可以在需要的时候加载，一旦不需要就可以卸载插件。同时我们为子系统定义了一套跨平台的通用接口，这个接口本身是面向对象的，你可以使用面向对象的思路来定义与使用子系统。

子系统的架构如图 13 所示。

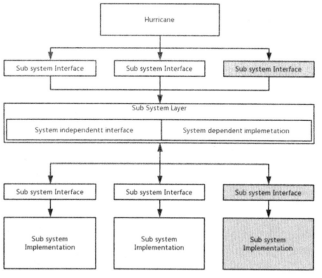

图 13 Hurricane 子系统架构

Hurricane 在中间构建了一个轻量级的子系统层，并为子系统的实现者提供了子系统的定义与实现接口，为子系统的调用者提供了装载与调用接口。

为了保证跨平台性，子系统之间使用 Tuple 作为通信方式，因此子系统中传递参数与使用参数的方式也与 Hurricane 中非常相似。

现在我们来看一下子系统的 API。

每个子系统都会有一个接口定义，实现者需要将接口定义放在 HSS_BEGIN_CLASS 和 HSS_END_CLASS 中，并使用 HSS_BEGIN_CLASS 为子系统定义一个名字。

在接口定义区域中可以使用 HSS_METHOD 为子系统定义一个接口方法，也可以使用 HSS_PROPERTY 为子系统定义一个接口属性。

子系统需要编译成独立的 so 或者 dll，便于动态加载卸载。

调用方只需要使用 HssLoadClass 就可以加载一个子系统，HssUnloadClass 则用于卸载子系统。

使用 HssLoadClass 可以获得一个结构体，使用结构体中的 Create 函数可以创建一个对象，Destroy 用于销毁对象，除了两个固定接口其他的函数则要根据子系统的定义调用。

BLAS 子系统

图 14 实现了一个官方的子系统，这是一个 BLAS 子系统。BLAS 是基础线性代数子程序，这是在 C/C++ 的科学计算程序中经常用到的组件。这套组件有一个基本的接口标准，但是在不同平台往往有不同实现，这些实现在运行速度及适用情况上有很大不同。

这有两个问题：

1. 部分程序实现会和部分实现密切绑定，在换编译器、实现库或者进行异构运算的时候较为麻烦；

2. BLAS 的标准接口对于 C++ 开发者来说较难使用，许多系统都有自己的 BLAS 抽象，因此我们需要做出一套面向对象的标准抽象接口。

为此，我们设计了 BLAS 这个子系统，支持许多常见的 BLAS 实现，支持同一系统中进行异构运算，并提供 C++ 的一套面向对象的标准接口。最终目的是为了让用户可以在 Hurricane 上更惬意地处理科学计算问题。

接着来简单了解下 Hurricane 实时处理系统的多语言支持。

毋庸置疑，一个庞大复杂的实际系统不可能整个系统都使用 C++ 编写。首先就是 C++ 的入门门槛高，平均开发效率无法和其他语言相比。其次，现在大部分的 Web 应用都是使用 Java 或者脚本语言开发，因此我们必须考虑 Hurricane 的多语言接口问题。

为此，Hurricane 的思想是以基本的 C++ 为后端，然后在 C++ 上面封装其他语言的接口。此外还提供 Bolt 和 Spout 的实现接口，让其他语言可以直接编写计算组件。当用户希望使用其他语言快速实现部分新的算法和模型的时候，这种特性就会非常有用。

深度学习与 Hurricane

深度学习目前是一个非常热门的领域，由于计算资源越来越充足，数据越来越多，因此深度学习可以应用的范围也越来越广。数据是深度学习的重要支撑，如果没有足够多的数据，是无法通过深度学习得到一个性能足够好的模型的，即使网络本身再好，也弥补不了数据数量带来的影响。

数据量的增加给数据管理与处理带来了很多麻烦。如何有效存储大量的零散数据、如何快速查找处理这些数据成了值得研究的问题。而 Hurricane 正可以有效解决快速处理数据的问题。

在我们的架构中，Hurricane 在深度学习的两个阶段扮演着非常重要的角色，一个是在数据预处理阶段，另一个是在使用深度学习训练模型提供服务的时候。

深度学习的训练数据往往是数据庞大的数据流，比如来自特定场景的图像数据、语音数据和文本数据等，这些数据会被实时传输并存储在服务器中。在进行实验之前我们必须要整理数据，这个整理数据的过程就是预处理，包括数据清洗、数据集成、数据变换等各种操作，然后将其转换成可以由深度学习框架训练程序识别的程序。在传统过程中我们会收集大量的数据并使用批处理程序完成这些工作。但如果利用 Hurricane，则可以将数据预处理实时化，在收集数据的过程中一边存储数据一边完成数据预处理，更加充分利用机器的性能，并节省数据整理和训练的时间。

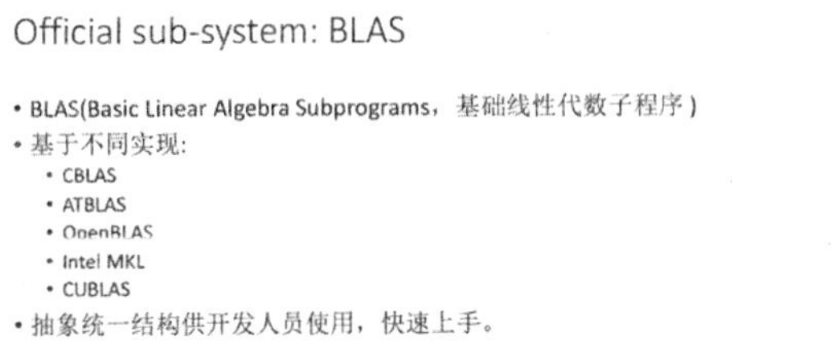

Official sub-system: BLAS
• BLAS(Basic Linear Algebra Subprograms，基础线性代数子程序）
• 基于不同实现:
• CBLAS
• ATBLAS
• OpenBLAS
• Intel MKL
• CUBLAS
• 抽象统一结构供开发人员使用，快速上手。

图 14　Hurricane BLAS 扩展

而在深度学习训练完模型后，我们需要使用模型来提供服务。这个过程就是将用户提交的数据输入到网络中并得到网络的数据。通常我们会建立一个消息队列，然后多个工作线程从消息队列中抓取任务，调用深度学习框架使用网络计算得到网络输出，这个过程还要处理比如事务控制、错误处理、负载均衡等各种问题，确保功能正确稳定，并充分利用机器的计算能力。这种情况下每个计算任务一般不会到一秒钟，需要处理的数据流量非常大，希望为用户提供低延迟、高吞吐量的服务，这正是 Hurricane 的绝佳应用场景。开发者可以用 Hurricane 替代消息队列等各种服务，使用 Hurricane 调用深度学习框架计算出结果，并在业务系统中使用 DRPC 调用 Hurricane 的计算服务，如图 15 所示。

业务系统
Hurricane DRPC
Hurricane Topology
Bolt
Bolt
Bolt
Bolt
多语言接口层
Caffe
TensorFlow
MXNet

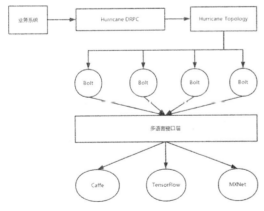

图 15　深度学习框架 Caffe 与 Hurricane 集成

需要记住的是，Hurricane 只是一个辅助性工具，因此具体使用哪个深度学习框架完全取决于用户，Hurricane 自身支持 Caffe，而用户也可以自行编写程序调用 MXNet 和 TensorFlow 等框架，这个选择权完全交给开发者。

总之将 Hurricane 用在深度学习中可以将许多过程自动化，提升工作效率，改善整个工作流。

性能对比

性能也是 Hurricane 实时处理系统关注的一个点，因此也针对一些特定的应用场景进行了 Benchmark，当然，实际生产环境中的问题是复杂多变的，Hurricane 也会随着时间推移，逐步去解决和改进性能——这也是未来开发方向的侧重点之一。

图 16 是性能比较的结构。

现在我们控制网络结构，使用不同的工具和网络完成性能测试，测试结果如图 17 所示。

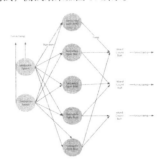

• 测试从消息源发出元组，到最后一个消息处理单元处理完元组的数据处理延迟。
• 都执行24小时，最后计算平均数据处理延迟。
• Hurricane单个计算节点耗时更短，计算更快
• Hurricane 内存使用效率更高

图 16　Hurricane 粗粒度的性能比对

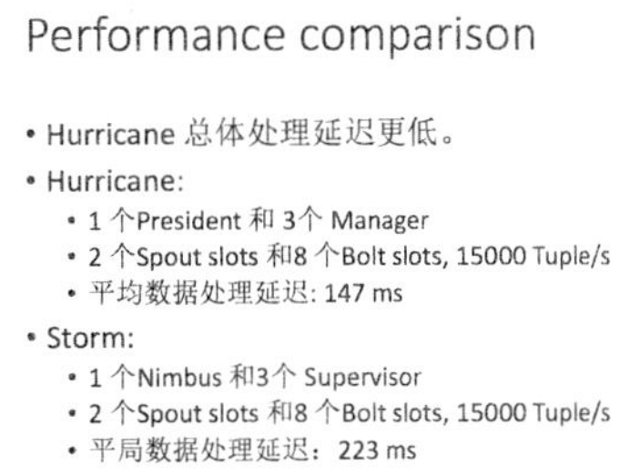

Performance comparison
• Hurricane 总体处理延迟更低。
• Hurricane:
• 1 个President 和 3个 Manager
• 2 个Spout slots 和8 个Bolt slots, 15000 Tuple/s
• 平均数据处理延迟: 147 ms
• Storm:
• 1 个Nimbus 和3个 Supervisor
• 2 个Spout slots 和8 个Bolt slots, 15000 Tuple/s
• 平局数据处理延迟：223 ms

图 17　简单性能比较

未来之路

Hurricane 实时处理系统通过 Squared 高级抽象元语实现基本的高级抽象元语。由于高级抽象元语的覆盖面十分广，因此我们仍然可以对 Squared 高级抽象元语的功能进行进一步的扩充，让 Hurricane 实时处理系统拥有功能更加完善的高层次抽象元语，进一步简化构建计算拓扑的工作量。目前，Squared 高级抽象元语的任务分配机制较为单一，尚未优化任务分配的过程。对于部分流操作来说，我们还可以在 Squared 当中增添更多的 Function/Filter。另外，我们已经在 Squared 高级抽象元语当中实现了可靠消息处理的核心算法，但是还需要对另外一些异常情况进行处理和优化，使得 Hurricane 实时处理系统更加健壮。最后，Squared 高级抽象元语只实现了基于内存的状态存储机制，之后需要进一步增加 Memcached、Cassandra、MongoDB 等流行的缓存和数据库的支持，也需要进一步丰富状态的存储和获取机制与策略。

我们讨论的 Hurricane 实时处理系统中包含了以下几个开源项目。

1. Hurricane Framework：实时处理实现。

2. libMeshy：网络库。

3. Kake：构建系统。

从以上讨论可以了解，大数据实时处理系统相较于传统的批处理系统在实时性方面拥有着得天独厚的优势，也很有可能为未来海量数据处理和机器学习提供基本支持，拥有着广阔的前景。

最后，这里献上开源代码仓库 GitHub 地址：https://github.com/samblg/hurricane.git，如果你感兴趣或者希望成为项目贡献者，请即刻 Push。

实施微服务的关键技术架构

文 / 孙玄

微服务已经成为架构设计领域开发者关注的焦点，其架构特点及典型设计模式有哪些，实际实施过程中如何拆分微服务，数据一致性如何保证？58集团技术委员会主席孙玄将通过自身实践带来实施微服务的关键技术分享。

大家都在谈微服务架构，微服务架构到底是什么？它有哪些特点和设计模式？在打造微服务架构过程中，这些设计模式在实战当中如何应用？数据的一致性应该如何保证？今天我将针对上述疑问分享我的思考。

微服务架构特点

什么是微服务架构？看图1所示的这段英文，这是 Martin Fowler 在2014年提出来的，微服务架构是一种架构模式，既然是架构模式，那么，就必然需要满足一些特点。他提到，微服务架构是一系列小的微服务构成的组合，那么，什么是"小的微服务"？可能每个人的理解都不一样，大家都应该都知道SOA架构，其粒度是比较粗的，到底我们应该以什么样的粒度拆分微服务？我认为，微服务架构本质上一个业务架构，那么对业务了解得越深刻，微服务拆分就越合理。

比如我们做二手交易平台，该平台包括用户体系、商品体系、交易体系，以及搜索推荐体系。因为各个体系比较独立，就可以按照各个业务模块来拆分微服务。当然，这样做还不够，因为你的商品里面还有很多功能，但是大思路是按照具体商品内部的逻辑来进一步拆分，如图2所示。

```
In short, the microservice architectural style is an approach to
developing a single application as a suite of small services, each
running in its own process and communicating with lightweight
mechanisms, often an HTTP resource API. These services are built
around business capabilities and independently deployable by fully
automated deployment machinery. There is a bare minimum of
centralized management of these services, which may be written in
different programming languages and use different data storage
technologies.
-- James Lewis and Martin Fowler
```

图1 微服务定义

图2 DEMO级的微服务架构

第二，围绕具体业务建模。一切脱离业务场景谈微服务架构都是要流氓。

方法有二：首先将某一领域的模型作为独立的业务单元：比如二手交易中的商品、订单、用户等；其次将业务的行为作为独立的业务单元：比如发送邮件、单点登录验证、Push 服务。

第三，整个微服务都可以独立地部署，因为每一个微服务Process都是独立的，所以按照每个模块进行独立的部署也是很容易理解的。

第四，去中心化管理。打造去中心化管理意思就是微服务的每个模块和开发语言、运行平台没有关系，开发语言可以是 C++，可以是 Go，也可以是世界上最好的语言，运行的平台是 Linux、UNIX、Windows 等都可以。

最后一点就是轻量级通信，这点很容易理解，通信和模块语言、平台没有关系。尽可能选用轻量级的通信来做这个事情，这样实施跨平台、跨语言的时候就很容易。

讲完这些特点，我们可以看一看一个标准 DEMO 级的微服务架构到底是由哪些元素组成的？如图3所示，主要包括网关、微服务、数据存储、注册中心、配置中心。

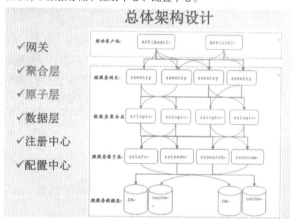

图3 二手交易平台转转的微服务总体架构设计

既然是DEMO级的，和实际情况下相比肯定有所差别。那么，实际案例中，我们到底应该如何做这件事情？这个例子也是最近我在做的二手交易平台——转转。这里和 DEMO 有些不一样的地方。前面的第一层还是网关，下面有微服务的聚合层，作用是做各种业务逻辑的处理；聚合层下面是我们的数据原子层，主要做数据访问代理，只不过根据业务的不同垂直分开了。可以看到，网关、数据层，注册中心、配置中心都有，只不过在业务处理部分分成两层：一层是原子层，也就是整个数据访问的代理层，提供了用户的接口；另外一层就是上层的业务聚合层。

架构设计模式及实践案例

上面我大概讲了下微服务的一些特点以及 DEMO 级的微服务包括哪些部分以及实际案例中我们的架构设计模式。那么，我们为什么要采用这种模式去做？除了这种架构模式还有哪些其他的架构模式？这里，模式还是非常多的，我会重点讲这几点：链式设计模式、聚合器设计模式和异步共享模式。

首先我们来说下链式设计模式，在这种模式下，App前端请求首先要经过网关层，接下来连续调用两个微服务，调了微服务1之后还要调微服务2。为什么叫作链式呢？因为在调用过来以后先到微服务1，然后同步地调用微服务2，微服务2会做一些处理，处理以后微服务2才会反馈给微服务1，微服务1再反馈给Gateway，最后反馈到App。在实际业务场景中，涉及交易和订单的业务场景都会用到这种模式。

接下来是聚合器设计模式，App前端一个调用请求经过Gateway，到达聚合层，需要调用三个微服务，聚合层将三个微服务的返回结果做一些聚合处理，比如可以进行一些排序或者去重，聚合之后再反馈到Gateway和App前端，这是一个典型的聚合器设计模式。

第三种模式是数据共享模式，这种模式相对比较简单，比如App经过微服务网关，接下来调用微服务1和微服务2，理想情况下微服务1和微服务2都有自己独立的DB，但是有些情况下由于微服务1和微服务2的请求量和存储量较小，从资源利用率的角度来讲，这两个微服务的DB是共享的，因此这种就是数据的共享模式。

最后一种是异步消息设计模式，不管是链式设计、聚合器模式还是共享数据模式，架构模式都是同步模式。也就是说我的一个请求发出去必须等到每个环节都处理完才会给客户端。如果请求不需要关注处理结果，这时候可以异步来实施。App更新请求经过微服务网关，持久化到MQ，写入MQ成功后马上Response给App客户端，之后微服务根据需要从MQ里面订阅更新消息进行异步处理，我们为了提高吞吐量也会采用这种模式。

我从百度到58这几年经历了很多业务场景，使用的无非就是聚合器、异步和数据共享的数据模式，特别是前面两个用得特别多。

接下来我们看个例子，这是我们在2015年做的一个二手交易平台，这个二手交易平台包括商品、分类搜索、关键词搜索、商品推荐等功能。一个用户请求过来，先经过网关，网关下面就是我们的聚合层，聚合层再去调用商品、交易、推荐以及搜索相关的，最终在聚合层把各个微服务原子层的结果汇总起来Response给到客户端。具体如图所示。

异步消息模式的这个案例比较早了，当时我们做了Feed流，类似现在的微信朋友圈，这是我在百度做的事情。当时，我们采用的是异步架构模式。前面是我们的App，经过了网关，到达异步提交层，可以认为是持久化功能的MQ。用户请求经过网关到消息异步提交层后就返回了，业务处理部分从MQ里面读取数据再进行异步处理。这个时候吞吐量会增加，但是会带来一定的困惑。比如这个时候我发了一条Feed，用户再一查就直接到数据库里面查，可能异步提交消息队列有延迟，查不到，用户就困惑了，这个问题怎么解决？我们就想能不能在前端帮我们做一些事情？比如提交了MQ返回Response 200以后，前段配合插入这条Feed。用户再次刷新时候我相信已经是好几秒以后的事情了，即使有延迟，这个消息早就被你的业务处理完了。当然，我们这里是有特定场景的，社区时候可以这样去做，但是涉及和金融相关的场景肯定不会这么去做。

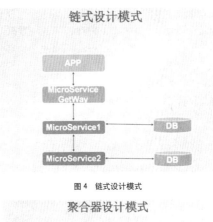

图4 链式设计模式

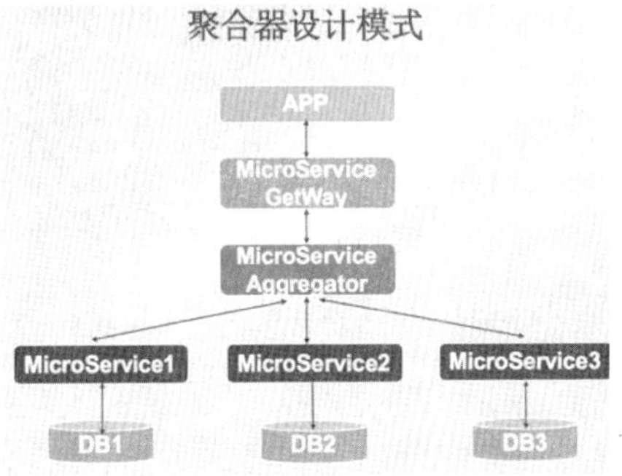

图5 聚合器设计模式

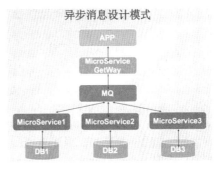

图6 数据共享设计模式

图7 异步消息设计模式

数据一致性实践

微服务模块比较分散、数据也比较分散，整个系统复杂性非常高，如何进行数据一致性实践？在一个单体模块里面可以做Local Transaction，但是在微服务体系里面就不奏效。虽然难解决，但不能不解决，不解决的话微服务架构就很难实施。

我们知道微服务中做强一致性的事情非常难，今天分享的更多是解决最终一致性。因为在微服务下基于不同的数据库，Local Transaction 是不可用的。大家在分布式事务里面一定听说过两阶段提交和三阶段提交，这种场景其实在微服务架构里面也行不通，原因是因为它本质上是同步的模式，同步的模式之下做数据一致性吞吐量降低的非常多。

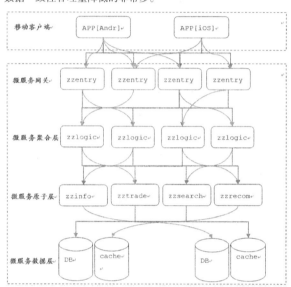

图 8 聚合器设计模式实际案例

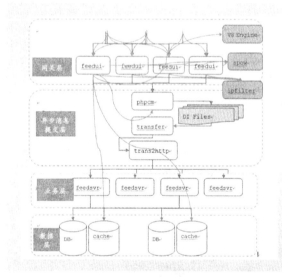

图 9 异步消息设计模式实际案例

我们的业务场景无非是两种：第一种是异步调用，就是一个请求过来就写到消息队列里面就行，这种模式相对简单。今天主要讲下同步调用场景之下怎么打造数据的最终一致性。既然是同步调用场景，并且不能降低业务系统的吞吐量，那么应该怎么做呢？建立一个异步的分布式事务，业务调用失败后，通过异步方式来补偿业务。我们的想法是能不能在整个业务逻辑层实现分布式事务语义策略？如何实现，无非有两种，第一是在调正常请求的时候要记录业务调用链（调用正常接口的完整参数），第二是异常时沿调用链反向补偿。

基于这个思路，我们架构设计上的关键点有三，第一是基于补偿机制，第二是记录调用链，第三是提供幂等补偿接口。架构层面，看下图，右边是聚合器架构设计模式，左边是异步补偿服务。

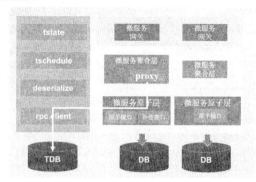

图 10 基于异步补偿分布式事务

✓ 事务组表
  - 事务组状态

txid   state

✓ 事务调用组
  - 记录事务组内的每一次调用以及相关参数

txid   actionid   callmethod   paramtypes   params

图 11 分布式事务补偿服务关键表

首先需要在聚合层引入一个 Proxy。首先基于方法，在方法名加注解标注补偿方法名，比如：- @Compensable(cancelMethod = "cancelRecord")

另外，聚合层在调用原子层之前，通过代理记录当前调用请求参数。如果业务正常，调用结束后，当前方法的调用记录存档或删除，如果业务异常，查询调用链回滚。

原子层我们做了哪些事情呢？主要是两方面，首先是提供正常的原子接口，其次是提供补偿幂等接口。

分布式事务关键是两个表（如上图），第一个表是事务组表，假设 A->B->C 三个请求是一个事务，首先针对 ABC 生成一个事务的 ID，写在这个表里面，并且会记录这个事务的状态，默认的情况下正常的，执行失败以后我们再把状态由 1（正常）变成 2（异常）；第二个表是事务调用组表，主要记录事务组内的每一次调用以及相关参数，所以调用原子层之前需要记录一下请求参数。如果失败的话我们需要把这个事务的状态由 1 变成 2；第三，一旦状态从 1 变成 2 就执行补偿服务。这是我们的补偿逻辑，就是不断地扫描这个事务所处的表，比如一秒钟扫一次事务组表，看一看这个表里面有没有状态为 2 的，需要执行补偿的服务。这个思路对业务的侵入比较小。

具体看下我们实际的例子，比如二手交易平台里面创建订单事务组的正常流程，从锁库存到减红包再到创建订单，创建事务组完毕之后开始调用业务，首先 Proxy 记录锁库存调用的参数，之后开始锁库存服务调用，成功后之后又开始减红包和创建订单过程，如果都成功了直接返回。

再看一下异常的流程，前面几步都是一样的，只是在调红包服务、Proxy 创建红包的时候如果失败了就会抛出异常，业务正常返回，聚合层 Proxy 需要把事务组的状态由 1 改成 2，这个时由左边的补偿服务异步地补偿调用。

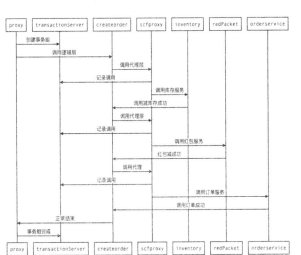

图12 二手交易创建订单事务组正常流程

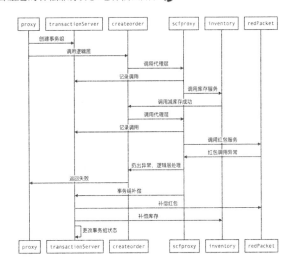

图13 二手交易创建订单事务组异常流程

网易云容器服务基于 Kubernetes 的实践探索

文 / 娄超

大红大紫的容器编排工具 Kubernetes 已然成为这个领域的领导者，但是，其定位主要是面向私有云市场，在公有云市场下，Kubernetes 的实践面临诸多问题，本文作者将就网易云容器如何解决 Kubernetes 在公有云上的问题展开探讨，为读者提供相应的思路。

Kubernetes 的特点

近年来 Docker 容器作为一种轻量级虚拟化技术革新了整个 IT 领域软件开发部署流程，如何高效自动管理容器和相关的计算、存储等资源，将容器技术真正落地上线，则需要一套强容器编排服务，当前大红大紫的 Kubernetes 已经被公认为这个领域的领导者。Google 基于内部 Borg 十多年大规模集群管理经验在 2014 年亲自倾心打造了 Kubernetes 这个开源项目，欲倚之与 AWS 在云计算 2.0 时代一争高下，即便如此，Kubernetes 的定位主要是面向私有云市场，它最典型的部署模式是在 GCE 或 AWS 平台上基于云主机、云网络、云硬盘及负载均衡等技术给用户单独部署一整套 Kubernetes 容器管理集群，其本质上是卖的 IAAS 服务，Kubernetes 集群还是需要靠用户自己维护，大家知道 Kubernetes 虽然功能强大，但使用、管理、运维门槛也高，出问题了大多数用户会束手无策。

这几年国内容器云领域也是群雄割据，但多数还是以私有云为主，提供公有容器服务的却很少，主要是公有云要考虑的问题多、挑战大，虽然如此，网易云的还是提供了公有云模式的容器服务。网易云从 2015 年开始做容器服务时也被 Kubernetes 强大的功能、插件化思想和背后强大的技术实力所吸引，至今已经跟随 Kubernetes 一起走过两年多，积累了不少经验。因为我们特别希望以公有云的方式提供一种更易用容器服务，任何对容器感兴趣的用户都能快速上手，为此也遇到了很多在私有云下不会出现的问题。

列举几个 Kubernetes 在公有云容器场景下的需要特别解决的关键问题：一是 Kubernetes 里没有用户（租户）的概念，只有一个很弱的命名空间来做逻辑隔离；二是 Kubernetes 和 Docker 的安全问题很突出，API 访问控制较弱且没有用户流控机制，一些资源全局可见。而 Docker 容器与宿主机共享内核的轻量级隔离从根本上没法做到彻底安全；三是 Kubernetes 集群所需要 IAAS 资源（如 Node、PV）都要预先准备足够，否则容器随时会创建失败，公有云会造成严重的资源浪费，产生巨大的成本问题；四是，Kubernetes 单个集群能支撑的节点总数有限，最大安全规模只有 5000 个 Node，公有云下扩展性将会有问题。

网易云容器如何解决 Kubernetes 在公有云上的问题

先看看网易云容器服务的架构图（如图1），这里的 Kubernetes 处于底层 IAAS 服务和上层容器平台的中间，因为我们的容器服务不仅仅提供 Kubernetes 本身容器编排管理功能，还提供一整套专业的容器解决方案，还包括容器镜像服务、负载均衡服务，通过使用 DevOps 工具链高效管理微服务架构。考虑到 Kubernetes 概念较多、普通用户使用复杂，也为了便于整合其他配套服务，我们并没有直接暴露 Kubernetes 的 API 和所有概念给普通用户。

公有云租户概念

网易云容器服务基于 Kubernetes 已有的 Namespace 的逻辑隔离特性，虚拟出一个租户的概念，并与 Namespace 进行永久绑定：一个 Namespace 只能属于一个租户，一个租户则可以有多个 Namespace。这样 Kubernetes 里不同租户之间的 Pod、Service、Secret 就能自然分割，而且可以直接在原生的 Namespace/Resouce 级别的认证授权上进行租户级别的安全改造。

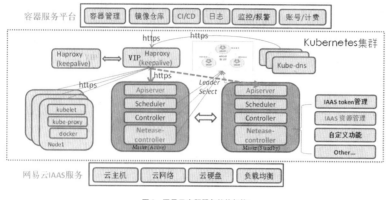

图 1 网易云容器服务整体架构

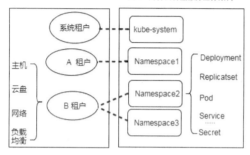

图 2 网易云容器服务租户与 kubernetes 的命名空间关系

多租户安全问题

关于 Kubernetes 的 API 的安全访问控制，尽管网易云容器没有直接暴露 Kubernetes 的 API 给用户，但用户容器所在的 Node 端也要要访问 API，Node 本质就是用户的资源。我们在最早基于 Kubernetes 1.0 开发的时候就专门增加了一套轻量级扩展授权控制插件：基于规则访问控制，比如配置各租户只能 Get 和 Watch 属于自己 Namespace 下的 Pod 资源，解决对 Kubernetes 资源 API 权限控制粒度不够精确且无法动态增减租户的问题。值得欣慰的是几个月前官方发布的 1.6 新推出 RBAC（基于角色访问控制）功能，使得授权管理机制得以增强。但服务端对用户 Node 端访问的异常流量控制的缺乏依然是一个隐患，为此，我们也在 apiserver 端增加请求数来源分类统计和控制模块，避免有不良用户从容器里逃逸到 Node 上进行恶意攻击。

原生的 kube-proxy 提供的内部负载必须要 List&Watch 集群所有 Service 和 Endpoint，导致就算在多租户场景下 Service 和 Endpoint 也要全部暴露，同时导致 iptables 规则膨胀转发效率极低；为此我们对 kube-proxy 也做了优化改造：每个租户的 Node 上只 List&Watch 自己的相关 Namespace 下资源即可，这样既解决了安全问题又优化了性能，一箭双雕。

至于 Docker 的隔离不彻底的问题，我们则选择了最彻底的做法：在容器外加了一层用户看不见的虚拟机，通过 IAAS 层虚拟机的 OS 内核隔离保证容器的安全。

容器的 IAAS 资源管理

容器云作为新一代的基础设施云服务，资源管理必然也是非常关键的。私有云场景下整个集群资源都属于企业自己，预留的所有资源都可以一起直接使用、释放、重用；而公有云多租户下的所有资源首先是要进行租户划分的，一旦加入 Kubernetes 集群，Node、PV、Network 的属主租户便已确定不变，如果给每个租户都预留资源，海量租户累计起来就非常恐怖了，没法接受。当然可以让公有云用户在创建容器前，提前把所有需要的资源都准备好，但这样又会让用户用起来更复杂，与容器平台易用性的初衷不符，我们更希望能帮用户把精力花在业务本身。

于是我们需要改造 Kubernetes，以支持按需动态申请、释放资源。既然要按需实时申请资源，那就先理下容器的创建流程，简单起见，我们直接创建 Pod 来说明这个过程，如图 3 所示。

Pod 创建出来后，首先控制器会检查是否有 PV（网易云容器为支持网络隔离还增加租户 Network 资源），PV 资源是否匹配，不匹配则等待。如果 Pod 不需要 PV 或者 PV 匹配后调度器才能正常调度 Pod，然后 scheduler 从集群所有 Ready 的 Node 列表找合适 Node 绑定到 Pod 上，没有则调度失败，并从 1 秒开始以 2 的指数倍回退（backoff）等待才重新加入调度队列，直到调度成功。最后在调度的 Node 的 kubelet 上拉镜像并把容器创建并运行起来。

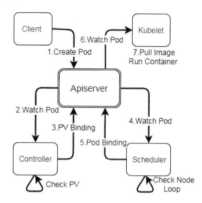

图 3 原生 kubernetes 创建容器流程

通过分析上述流程可以发现，可以在控制器上匹配 PV 或 Network 时实时创建资源，然后在调度器因缺少 Node 而调度失败时再实时创建 Node（虚拟机 VM），再等下次失败 backoff 重新调度。但是仔细分析后会发现还有很多问题，首先是 IAAS 中间层提供的创建资源接口都是异步的，轮询等待效率会很多，而且 PV、Network、Node 都串行申请会非常慢，容器本来就是秒级启动，不能到云服务上就变成分钟级别；其次 Node 从创建 VM，初始化安装 Docker、kubelet、kube-proxy 到启动进程并注册到 Kubernetes 上时间漫长，调度器 backoff 重新调度多次也不一定就绪；最后，基于 Kubernetes 的修改要考虑少侵入，Kubernetes 社区极度活跃一直保持 3 个月发布一个大版本的节奏，要跟上社区发展可能需要不断升级线上版本。

最终，我们通过增加独立的 ResourceController，借助 watch 机制采用全异步非阻塞、全事件驱动模式。资源不足就发起资源异步申请，并接着处理后面流程，而资源一旦就绪立马触发再调度，申请 Node 时中间层也提前准备虚拟机资源池，并将 Node 初始化、安装步骤预先在虚拟机镜像中准备好。于是，我们详细的创建流程演变为图 4 所示（注：最新 Kubernetes 已经通过 StorageClass 类型支持 PV dynamic provisioning）。与原生的 Kubernetes 相比，我们增加了一个独立的 ResourceController 管理所有 IAAS 资源相关的事情，具体的 Pod 创建步骤如图 4 所示。

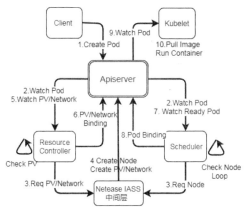

图 4 网易云改造后的 kubernetes 创建流程

1. 上层 client 请求 apiserver 创建一个 Pod；

2. ResourceController watch 到有新增 Pod，检查 PV 和 Network 是否已经创建；

同时，另一边的 scheduler 也发现有新 Pod 尚未调度，也尝试对 Pod 进行调度；

3. 因为资源都没有提前准备，最初 ResourceController 检查时发现没有与 Pod 匹配的 PV 和 Network，会向 IAAS 中间层请求创建云盘和网络资源；scheduler 则也因为找不到可调度的 Node 也同时向 IAAS 中间层请求创建对应规格的 VM 资源（Node），这时 Pod 也不再重入调度队列，后面一切准备就绪才会重调度。

4. 因为 IAAS 中间层创建资源相对较慢，也只提供异步接口，待底层资源准备完毕，便立即通过 apiserver 注册 PV、Network、Node 资源；

5~6. ResourceController 当发现 PV 和 Network 都满足了，就将它们与 Pod 绑定；当发现 Pod 申请的 Node 注册上来，且 PV 和 Network 均绑定，会把 Pod 设置为 ResourceReady 就绪状态；

7. Scheduler 再次 watch 到 Pod 处于 ResourceReady 状态，则重新触发调度过程；

8. Pod 调度成功与新动态创建 Node 进行绑定；

9~10. 对应 Node 的 kubelet watch 到新调度的 Pod 还没有启动，则会先拉取镜像再启动容器。

集群最大规模问题

从正式发布 1.0 版本至今最新的 1.7 版本，Kubernetes 共经历了 2 次大规模的性能优化，从 1.0 的 200 个 node 主要通过增加 apiserver cache 提升到 1000 个 node，再到 1.6 通过升级 etcdv3 和 json 改 protobuf 最终提升到 5000 node。但是官方称后续不会再考虑继续优化单集群规模了，已有的集群联邦功能又太过简陋。如果公有云场景下随着已有用户规模不断增大，一旦快接近集群最大规模时，就只能将其中一些大用户一批批迁移出去来腾空间给剩余用户。

于是我们自己在社区版本基础上又做了大量定制化的性能优化，目前单集群性能测试最大安全规模已经超过 3 万，验收测试包括集群高水位下，大并发创建速度 deployment 和快速重启 master 端服务和所有 node 端 kubelet 等在内的多种极端异常操作，保证创建时间均值 <5s，99 值 <15s，集群中心管控服务最差在 3 分钟内快速恢复正常。

具体的优化措施包括如下内容。

■ scheduler 优化

根据租户之间资源完全隔离互补影响的特性，我们将原有的串行调度流程，改造为租户间完全并行的调度模式，再配合协程池来争夺可并行的调度任务。在调度算法上，还采用预先排除资源不足的 node、优化过滤函数顺序等策略进行局部优化。

■ Controller 优化

熟悉 Kubernetes 的人都知道，Kubernetes 有个核心特点就是事件驱动，实时性很好，但是有个 Sync 事件却干扰了 FIFO 的顺序，我们通过将 Add、Update、Delete、Sync 事件排序并增加多优先级队列的方式解决这种异常干扰。

■ apiserver 优化

apiserver 的核心是提供类似 CRUD 的 restful 接口，优化方向无外乎降低响应时间，减少 CPU、内存消耗以提高吞吐量，我们最主要的一个优化是增加以租户 ID 为过滤条件的查询索引，这样就能实现在租户内跨 Namespace 聚合查询的效果。另外 apiserver 的客户端原生的流控策略太暴力，客户端默认在流控被限制后会反复重试，进一步加剧 apiserver 的压力，我们增加了一种基于反馈的智能重试的策略抹平这种突发流量。

■ Node 端优化

kube-proxy 本来需要控制整个集群负载转发的，Apiserver 有了租户查询索引后，我们就能只 watch 自己租户内的 Service/Endpoint，急剧缩小 iptables 规则数量，提高查找转发效率。而且我们还精简 kubelet 和 kube-proxy 内存占用和连接数。

其他实践及总结

容器的网络是非常复杂一块，容器云服务至少要提供稳定、灵活、高效的跨主机网络，虽然开源网络实现很多，但是它们要么不支持多租户、要么性能不好，且直接拿没有经过大规模线上考验的开源软件问题总会很多。幸运的是网易云有自己专业的 IAAS 云网络团队，他们能提供专业级的 VPC 网络解决方案，天生就支持多租户、安全策略控制和高性能扩展，已经做到容器与虚拟主机的网络是完全互通且地位对等的。

网易云容器服务还在 Kubernetes 社区版本基础上结合产品需求新增了很多功能，包括支持特有的有状态容器，以及 Node 故障时容器系统目录也能自动迁移以保持数据不变，多副本 Pod 可按 Node 的 AvailableZone 分布强制均衡调度（社区只尽力均衡）、容器垂直扩容、有状态容器动态挂载载外网 IP 等。

相比容器的轻量级虚拟化，虚拟机虽然安全级别更高，但是在 CPU、磁盘、网络等方面都存在一定的性能损耗，而有些业务却又对性能要求非常高。针对这些特殊需求，最近我们也在开发基于 Kubernetes 的高性能裸机容器，绕过虚拟机将网络、存储等虚拟化技术直接对接到 Docker 容器里，在结合 SR-IOV 网络技术、网易高性能云盘 NBS（netease block storage）等技术将虚拟化的性能损耗降到最低。

最后，分享一些网易云容器服务上线近两年来的遇到的比较典型的坑。

- Apiserver 作为集群 hub 中心本身是无状态的可水平扩展的，但是多 apiserver 读写会在 Apiserver 切换时可能会出现写入的数据不能立马读到的问题，原因是 etcd 的 raft 协议不是所有节点强一致写的。
- haproxy 连接的问题，多 Apiserver 前用 haproxy 做负载均衡，haproxy 很容易出现客户端端口不够用和连接数过多的问题，可以通过扩大端口范围、增加源 ip 地址等方式解决端口问题，通过增加 client/service 的心跳解决异常连接 GC 的问题。
- 用户覆盖更新已有 tag 的私有容器镜像问题，强烈建议大家不要覆盖已有 tag 的镜像，也不要使用 latest 这样模糊的镜像标签，否则 RS 多 Pod 副本或者同一个 Node 上同镜像容器很容易出现版本不一致的诡异问题。
- 有些容器小文件非常多，很容易把 inode 用光而磁盘空间却剩余很多的问题，建议把这种类型应用调度到 inode 配置多的 node 上，另外原生 kubelet 也存在不会检查 inode 过多触发镜像回收的问题。
- 有些 Pod 删除时销毁过慢的问题，Pod 支持 graceful 删除，但是如果容器镜像启动命令写得不好，可能会导致信号丢失不光没法 graceful 删除还会导致延迟 30s 的问题。

总之，在公有云场景下，用户来源广泛，使用习惯千变万化没法控制，我们已经碰到过很多纯私有云场景下很难出现的问题，如用户镜像跑起不来，Pod 多容器端口冲突，日志直接输出到标准输出，或者日志写太快没有切割，甚至把容器磁盘 100% 写满等，因为篇幅有限，所以只能挑选几个有代表性的专门说明。因为云上要考虑的问题太多，特别是这种基础设施服务类的，使用场景又非常灵活，线上出现的一些问题之前完全想不到，包括很多还是用户自己使用的问题，但为了要让用户有更好的体验，也只能尽力而为，优先选择一些通用的问题去解决。P

Kubernetes、Microservice 以及 Service Mesh 解析

文 / 王渊命

虽然大家对"微服务"的定义有着不一样的看法，但对于企业业务架构微服务化趋势的看法应该没有异议的，特别是容器技术出现以后，一方面 Kubernetes 帮助微服务落地，另外一方面微服务促进了对容器和 Kubernetes 的需求，可以说微服务和 Kubernetes 相互促进，共同发展。最近又出来一个新的概念 Service Mesh，火遍容器圈，那么，Kubernetes、Microservice 及 Service Mesh 这三者有着怎样的关系，如何理解三者的演进趋势呢，请看本文为你解读。

在谈微服务之前，先澄清一下概念。微服务这个词的准确定义很难，不同人有不同的看法。比如一个朋友是"微服务原教旨主义者"，坚持微服务一定是无状态的 HTTP API 服务，其他都是"邪魔歪道"，它和 SOA、RPC、分布式系统之间有明显的分界。而另外也有人认为微服务本身就要求把整体系统当作一个完整的分布式应用来对待，而不是原来那种把各种组件堆积在一起，"拼接"系统的做法。两种说法都有道理，因为如果微服务没有个明确的边界，你可能会发现微服务囊括了一切，但如果只是坚持无状态，那微服务相关的一些领域又无法涵盖。我个人对这个问题持开放式的看法，微服务本身代表了一种软件交付以及复用模式的变化，从依赖库到依赖服务，和 SOA 有相通之处，同时它也带来了新的挑战，对研发运维都有影响，所有因为和微服务相关而产生的变化，都可以囊括在微服务主题下。

微服务带来的变化

微服务主要给我们带来的变化有三点：

- 部署单元的粒度越来越小，加快交付效率，同时增加运维的复杂度。
- 依赖方式从依赖库到依赖服务，增加了开发者选择的自由（语言、框架、库），提高了复用效率，同时增加了治理的复杂度。
- 架构模式从单体应用到微服务架构，架构设计的关注点从分层转向了服务拆分。

微服务涉及的技术点

- 服务注册与发现服务目录服务列表配置中心
- 进程间通信负载均衡
- 服务生命周期管理部署、变更、升级、自动化运维
- 服务依赖关系
- 链路跟踪、限流、降级、熔断
- 访问控制
- 日志与监控
- 微服务应用框架

这个是我浏览了众多微服务的话题之后摘要出来的一些技术点，不全面也不权威，不过可以看出，微服务主题涉及的面非常广，那这些问题在微服务之前不存在么？为什么大家谈到微服务的时候才把这些东西拿出来说。这需要从软件开发的历史说来。软件开发行业从十多年前开始，出现了一个分流，一部分是企业应用开发，软件要安装到企业客户自己的资源上，客户负责运维（或者通过技术支持），一部分是互联网软件，自己开发运维一套软件通过网络给最终用户使用。这两个领域使用的技术栈也逐渐分化，前者主要关注标准化、框架化（复用）、易安装、易运维，后者主要关注高可用、高性能、纵向伸缩。而这两个领域到微服务时代，形成了一个合流，都在搞微服务化。主要原因我认为有两点。

- SaaS 的兴起，使得一些企业应用厂商也开始采用互联网模式，遇到用户规模的问题。同时企业应用很难纯 SaaS 化，面对大客户的时候，势必面临私有部署的问题，所以必须探索一种既能支撑用户规模，同时要能方便私有化部署的架构。
- 随着互联网技术领域为了应对新的业务变化，需要将原来的技术经验沉淀继承过来，开始关注标准化和框架化。

也就是说，这些技术点并不是新问题，但如何将这些技术点从业务逻辑中抽取出来，作为独立的、可复用的框架或者服

务，这个是大家探寻的新问题。

为微服务而生的 Kubernetes

- Kubernetes Pod – Sidecar 模式
- Kubernetes 支持微服务的一些特性
- Service Mesh 微服务的中间件层

微服务和 Kubernetes 确实是相辅相成的。一方面 Kubernetes 帮助微服务落地，另外一方面微服务促进了对容器和 Kubernetes 的需求。

Kubernetes 的 Pod – Sidecar 模式

我们先从 Kubernetes 的 Pod 机制带来的一种架构模式——Sidecar 来说。下面这段配置文件是我从 Kubernetes 内置的 dns 的 deployment 中抽取出来的 Pod 描述文件，简化了资源限制、端口设置及健康检查等内容。

```
apiVersion: v1
kind: Pod
metadata:
  name: dnspod
spec:
  containers:
  - name: kubedns
      image: gcr.io/google_containers/k8s-dns-kube-dns-amd64:1.14.4
    args:
    - --domain=cluster.local.
    - --dns-port=10053
    - --config-dir=/kube-dns-config
    - --v=2
    ports:
    - containerPort: 10053
      name: dns-local
      protocol: UDP
    - containerPort: 10053
      name: dns-tcp-local
      protocol: TCP
  - name: dnsmasq
      image: gcr.io/google_containers/k8s-dns-dnsmasq-nanny-amd64:1.14.4
    args:
    - -v=2
    - -logtostderr
    - -configDir=/etc/k8s/dns/dnsmasq-nanny
    - -restartDnsmasq=true
    - --
    - -k
    - --cache-size=1000
    - --log-facility=-
    - --server=/cluster.local/127.0.0.1#10053
    - --server=/in-addr.arpa/127.0.0.1#10053
    - --server=/ip6.arpa/127.0.0.1#10053
    ports:
    - containerPort: 53
      name: dns
      protocol: UDP
    - containerPort: 53
      name: dns-tcp
      protocol: TCP
  - name: sidecar
      image: gcr.io/google_containers/k8s-dns-sidecar-amd64:1.14.4
    args:
    - --v=2
    - --logtostderr
    - --probe=kubedns,127.0.0.1:10053,kubernetes.
```

```
default.svc.cluster.local,5,A
    - --probe=dnsmasq,127.0.0.1:53,kubernetes.
default.svc.cluster.local,5,A
```

从这个配置文件可以看出，Kubernetes 的 Pod 里可以包含多个容器，同一个 Pod 的多个容器之间共享网络、Volume、IPC（需要设置）、生命周期和 Pod 保持一致。上例中的 kube-dns 的作用是通过 Kubernetes 的 API 监听集群中的 Service 和 Endpoint 的变化，生成 dns 记录，通过 dns 协议暴露出来。dnsmasq 的作用是作为 dns 缓存，cluster 内部域名解析代理到 kube-dns，其他域名通过上游 dns server 解析然后缓存，供集群中的应用使用。sidecar 容器的作用是进行 dns 解析探测，然后输出监控数据。

通过这个例子可以看出来，Kubernetes 的 Pod 机制给我们提供了一种能力，就是将一个本来要捆绑在一起的服务，拆成多个，分为主容器和副容器（sidecar），是一种更细粒度的服务拆分能力。当然，没有 Kubernetes 的时候你也可以这么做，但如果程序需要几个进程捆绑在一起，要一起部署迁移，运维肯定想来打你。有了这种能力，我们就可以用一种非侵入的方式来扩展服务能力，并且几乎没有增加运维复杂度。这个在后面的例子中也可以看到。

Kubernetes 上的服务发现

服务发现其实包含了两种，一种是要发现应用依赖的服务，这个 Kubernetes 提供了内置的 dns 和 ClusterIP 机制，每个 Service 都自动注册域名，分配 ClusterIP，这样服务间的依赖可以从 IP 变为 name，这样可以实现不同环境下的配置的一致性。

```
apiVersion: v1
kind: Service
metadata:
  name: myservice
spec:
  ports:
  - port: 80
    protocol: TCP
    targetPort: 9376
  selector:
    app: my-app
  clusterIP: 10.96.0.11
curl http://myservice
```

如上面的 Service 的例子，依赖方只需要通过 myservice 这个名字调用，具体这个 Service 后面的后端实例在哪，有多少个，用户不用关心，交由 Kubernetes 接管，相当于一种基于虚 IP（通过 iptables 实现）的内部负载均衡器（具体 clusterIP 实现这里不再详述，可查阅相关资料）。

另外一种服务发现是需要知道同一个服务的其他容器实例，节点之间需要互相连接，比如一些分布式应用。这种需求可以通过 Kubernetes 的 API 来实现，比如以下实例代码：

```
endpoints, _ = client.Core().Endpoints(namespace).
Get("myservice", metav1.GetOptions{})
addrs := []string{}
for _, ss := range endpoints {
    for _, addr := range ss.Addresses {
            ips = append(addrs, fmt.
Sprintf(`"%s"`, addr.IP))
        }
}
glog.Infof("Endpoints = %s", addrs)
```

Kubernetes 提供了 ServiceAccount 的机制，自动在容器中注

入调用 Kubernetes API 需要的 token，应用代码中无须关心认证问题，只需要部署的时候在 yaml 中配置好合适的 ServiceAccount 即可。

关于服务发现再多说两句，在没有 Kubernetes 这样的统一平台之前，大家做服务发现还主要依赖一些服务发现开源工具，比如 Etcd、ZooKeeper、Consul 等，进行自定义开发注册规范，在应用中通过 SDK 自己注册。但当应用部署到 Kubernetes 这样的平台上你会发现，应用完全不需要自己注册，Kubernetes 本身最清楚应用的节点状态，有需要直接通过 Kubernetes 进行查询即可，这样可以降低应用的开发运维成本。

通过 Kubernetes 进行 Leader 选举

有些分布式需要 Leader 选举，在之前，大家一般可能依赖 etcd 或者 ZooKeeper 这样的服务来实现。如果应用部署在 Kubernetes 中，也可以利用 Kubernetes 来实现选举，这样可以减少依赖服务。

Kubernetes 中实现 Leader 选举主要依赖以下特性。

- Kubernetes 中的所有 API 对象类型，都有一个 ResourceVersion，每次变更，版本号都会增加。
- Kubernetes 中的所有对象都支持 Annotation，支持通过 API 修改，这样可以附加一些自定义的 key-value 数据保存到 Kubernetes 中。
- Kubernetes 的所有 API 对象中，Endpoint/ConfigMap 属于"无副作用"对象，也就是说，创建后不会带来额外的影响，所以一般用这两种对象来保存选主信息。
- Kubernetes 的 Update/Replace 接口，支持 CAS 机制的更新，也就是说，更新时可以带上客户端缓存中的 ResourceVersion，如果服务器端该对象的 ResourceVersion 已经大于客户端传递的 ResourceVersion，则会更新失败。

这样，所有节点都一起竞争更新同一个 Endpoint/ConfigMap，更新成功的，作为 Leader，然后把 Leader 信息写到 Annotation 中，其他节点也能获取到。为了避免竞争过于激烈，会有一个过期机制，过期时间也写入到 Annotation，Leader 定时 renew 过期时间，其他节点定时查询，发现过期就发起新一轮的竞争。这样相当于 Kubernetes 提供了一种以 client 和 API 一起配合实现的 Leader 选举机制，并且在 client sdk 中提供。当前 Kubernetes 的一些内部组件，比如 controller-manager，也是通过这种方式来实现选举的。

当然，如果觉得调用 client 麻烦，或者该语言的 SDK 尚未支持这个特性（应该只有 Go 支持了），则也可以通过 sidecar 的方式实现，参看 https://github.com/kubernetes/contrib/tree/master/election。也就是说，通过一个 sidecar 程序去做选主，主程序只需要调用 sidecar 的一个 HTTP API 去查询即可。

```
$ kubectl exec elector-sidecar -c nodejs -- wget
-qO- http://localhost:8080
Master is elector-sidecar
```

Kubernetes 支持微服务的运维特性

Kubernetes 对微服务的运维特性上的支持，主要体现以下两方面。

滚动升级以及自动化伸缩

```
kubectl set image deployment <deployment>
<container>=<image>
kubectl rollout status deployment <deployment>
kubectl rollout pause deployment <deployment>
kubectl rollout resume deployment <deployment>
kubectl rollout undo deployment <deployment>
kubectl autoscale deployment php-apache --cpu-
percent=50 --min=1 --max=10
```

滚动升级支持最大不可用节点设置，支持暂停、恢复、一键回滚。自动伸缩支持根据监控数据在一个范围内自动伸缩，在很大程度上降低了微服务的运维成本。

日志与监控的标准化

通过 Kubernetes 可以实现日志收集及应用监控的标准化、自动化，这样应用不用关心日志和监控数据的收集展示，只需要按照系统标准输出日志和监控接口即可。

Service Mesh 微服务的中间件层

微服务这个话题虽然火了很长时间，关于微服务的各种框架也有一些，但这些框架大多是编程语言层面来解决的，需要用户业务代码中集成框架的类库，语言的选择也受限。这种方案很难作为单独的产品或者服务给用户使用，升级更新也受限于应用本身的更新与迭代。直到 Service Mesh 的概念的提出。Service Mesh 貌似也没有比较契合的翻译（有的译做服务齿合层，有的翻译做服务网格），这个概念就是试图在网络层抽象出一层，来统一接管一些微服务治理的功能。这样就可以做到跨语言、无侵入、独立升级。其中前一段时间 Google、IBM、Lyft 联合开源的 istio 就是这样一个工具，先看下它的功能简介：

- 智能路由以及负载均衡
- 跨语言及平台
- 全范围（Fleet-wide）策略执行
- 深度监控和报告

是不是听上去就很厉害？有的还搞不明白是啥意思？我们看 istio 之前先看看 Service Mesh 能在网络层做些什么。

- 可视化其实本质上微服务治理的许多技术点都包含可视化要求，比如监控和链路追踪、服务依赖
- 弹性（Resiliency 或者应该叫柔性，因为弹性很容易想到 scale）就是网络层可以不那么生硬，比如超时控制、重试策略、错误注入、熔断、延迟注入都属于这个范围。
- 效率（Efficiency）网络层可以帮应用层多做一些事情，提升效率。比如卸载 TLS、协议转换兼容。
- 流量控制比如根据一定规则分发流量到不同的 Service 后端，但对调用方来说是透明的。
- 安全保护在网络层对流量加密 / 解密，增加安全认证机制，而对应用透明。

可以看出，如果接管了应用的进出流量，将网络功能可编程化，实际上可做的事情很多。那我们简单看下 istio 是如何做的。

大致看一下图 1，istio 在业务 Pod 里部署了一个 sidecar——Envoy，这是一个代理服务器，前面说的网络层功能基本靠它来实现，然后 Envoy 和上面的控制层组件（Mixer、Pilot、Istio-Auth）交互，实现动态配置，策略执行，安全证书获取等，对

用户业务透明。实际部署的时候，并不需要开发者在自己的 Pod 声明文件里配置 Envoy 这个 sidecar，istio 提供了一个命令行工具，在部署前注入（解析声明配置文件然后自动修改）即可，这样 istio 的组件就可以和业务应用完全解耦，进行独立升级。

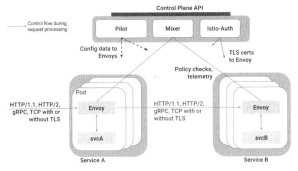

图 1　istio 架构图

看到这里，Java 服务器端的研发人员可能会感觉到，这个思路和 Java 当初的 AOP（aspect-oriented programming）有点像，确实有很多 Java 微服务框架也是利用 AOP 的能力来尽量减少对应用代码的侵入。但程序语言的 AOP 能力受语言限制，有的语言里就非常难实现非侵入的 AOP，而如果直接在网络层面寻找切面就可以做到跨语言了。

当前其实已经有许多在网络层实现的中间件，比如有提供数据库安全审计功能的，有提供 APM 的，有提供数据库自动缓存的，但这些中间件遇到的最大问题是增加了用户应用的部署复杂度，实施成本比较高，很难做到对用户应用透明。可以预见，随着 Kubernetes 的普及，这类中间件也会涌现出来。

结语

本质上，微服务的目的是想以一种架构模式，应对软件所服务的用户的规模增长。没有微服务架构之前，大多数应用是以单体模式出现的，只有当规模增长到一定程度，单体架构满足不了伸缩的需求的时候，才考虑拆分。而微服务的目标是在一开始就按照这种架构实现，是一种面向未来的架构，也就是说用一开始的选择成本降低以后的重构成本。用经济学的观点来说，微服务是技术投资，单体应用是技术债务，技术有余力那可以投资以期待未来收益，没余力那就只能借债支持当前业务，等待未来还债。而随着微服务基础设施的越来越完善，用很小的投资就可以获得未来很大的收益，就没有理由拒绝微服务了。

单体应用到 Kubernetes 微服务架构的迁移方案

文 / Leader us

不久前，Docker 在丹麦哥本哈根举行的 DockerCon 大会上宣布 Docker 将积极拥抱老对手 Kubernetes，业界极为震惊，Kubernetes 在容器编排领域的地位进一步巩固。本文作者将围绕"单体应用到微服务架构的迁移"主题展开，通过具体的实例，详细介绍迁移的过程，给读者带来极具有参考价值的第一手方案。

微服务架构是互联网与云计算技术发展的必然产物，在当前公认的三大知名开源微服务架构平台 ZeroC Ice Grid、Spring Cloud 及 Kubernetes 之中，Kubernetes 是唯一基于容器技术的微服务架构平台，虽然它本身并没有提供一个特定的 RPC 服务框架，但 Kubernetes 凭借着创新的设计理念和先进的技术，成为当今当之无愧的微服务架构之王。就在今年的 10 月 17 日，Docker 在丹麦哥本哈根举行的 DockerCon 大会上宣布 Docker 将积极拥抱老对手 Kubernetes，并高调给出了图 1 所示的 Docker 应用编排全景图，"统一"了 Docker 自身微服务架构模块 Swarm 与谷歌的 Kubernetes 微服务架构平台。业内人士都心知肚明：在容器编排与微服务架构平台领域，Docker 终于承认自己不敌谷歌，低头认输了。

本篇无意去讲述 Kubernetes 的入门和细节知识，但为了能很好地理解本文内容，你需要知道 Kubernetes 里关于微服务架构的一些基本知识。首先，在 Kubernetes 平台中，任意一个"微服务"可以建模为一个 Kubernetes Service 对象，这个 Service 具有唯一的名字（Service Name）和虚拟 IP 地址（Cluster IP），用户程序可以用 Cluster IP 或者 Service Name 来访问（建立连接）到此服务，因为 Service Name 被存储为 Kubernetes 里的一个 DNS 域名。下面给出了一个 MySQL 服务在 Kubernetes 中的建模例子：

```
apiVersion: v1
kind: Service
metadata:
  name: mysql-svc
spec:
  ports:
    - port: 3306
  selector:
    app: mysql-deploy
tier: mysql
```

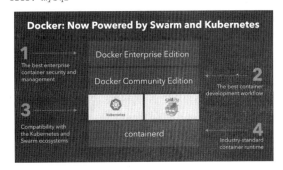

图 1　Docker 应用编排全景

其中，metadata 里的 mysql-svc 是 MySQL 服务的名字，spec 里的 port 表明此服务在监听 TCP 的 3306 端口上，于是在 SpringBoot 程序里，我们就可以用下面的这段配置来访问 MySQL 服务：

```
spring:
  datasource:
    type: com.alibaba.druid.pool.DruidDataSource
    url: jdbc:mysql://mysql-svc:3306/xxdb
```

上面这个MySQL服务是如何"提供"服务的呢？这就要说到Kubernetes的Pod了，一个Pod通常包含了一个Docker容器，经常作为某个特定的Kubernetes Service的一个"服务实例"来提供服务，考虑到容器里的进程可能因为Bug而停止运行，或者容器所在的机器因故宕机，所以Kubernetes提供了Deployment对象来动态自动控制Pod的创建过程，在Deployment定义中我们还可指定Pod的副本数量，以实现服务的负载均衡与服务扩容能力，下面给出了mysql-svc对应的Deployment的定义：

```
apiVersion: extensions/v1beta1
kind: Deployment
metadata:
  name: mysql-deploy
  labels:
    app: mysql-deploy
spec:
  template:
    metadata:
      labels:
        app: mysql-deploy
        tier: mysql
    spec:
      containers:
      - image: mysql:5.7
        name: mysql
        env:
        - name: MYSQL_DATABASE
          value: HPE_APP
        - name: MYSQL_USER
          value: "lession"
        - name: MYSQL_PASSWORD
          value: "mypass"
        ports:
        - containerPort: 3306
```

mysql-svc服务是由Docker镜像mysql:5.7生成的容器提供服务的，容器是在3306端口提供服务，Kubernetes Service与Pod的实例的关联关系也很简单，即Service里的Selector条件匹配到具有指定Label的Pod：

```
selector:
    app: mysql-deploy
    tier: mysql
```

如果一个Kubernetes Service背后是由多个Pod提供服务的，那么我们只需在Deployment里定义Pod副本数为指定实例数即可。当我们的程序去连接Kubernetes Service的端口时，Kubernetes内部会自动完成负载均衡的功能，目前实现的负载均衡机制可以支持客户端会话保持特性，即某个客户端IP过来的请求发给同一个Pod实例去处理。

至此，我们明白了，将一个单体应用迁移到K8s的微服务架构平台上，只需要两步走。

■ 将单体应用拆分为多个微服务，变成多进程分布式系统。

■ 将每个微服务建模为Kubernetes Service及Deployment（或Pod）

接下来，按上述两步走的思路将一个Spring Boot实现的电商Demo单体应用改为Kubernetes上运行的微服务架构系统，从而进一步理解和掌握基于Kubernetes平台的微服务架构建模。

图2给出了我们用Spring Boot开发的单体电商Demo系统的功能及组成结构示意。

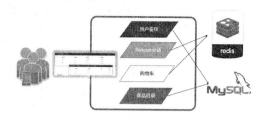

图2 单体电商系统功能及组成结构图

此系统包括了用户登录及会话保持、商品目录浏览、添加购物车等基本功能，其中用户会话数据存储到了Redis里，从而支持Web集群功能。所有页面功能采用标准的Spring MVC设计思路，如图3所示。

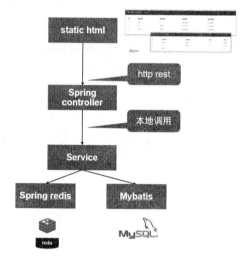

图3 电商Demo系统的MVC架构

此单体系统的项目代码结构如图4所示。

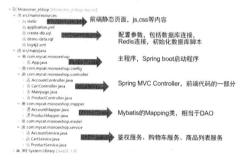

图4 电商Demo系统的Maven工程结构

接下来，我们要将它拆分为多个微服务所组成的系统，按照"面向服务"拆分的思想，可以拆分为如图5所示的微服务架构系统。

其中，Web部分（包括页面、Spring Controller）为一个单独的子系统（微服务）、用户鉴权服务、购物车服务、商品目录服务都分离为独立的微服务子系统，提供基于HTTP REST的远程接口，供被Web子系统所使用。我们看到，单体应用拆分为微服务架构之后，最大的变化是本地调用变成了远程调用（RPC），如图6所示，这也是为什么微服务架构中RPC通常是关键底层技术之一。

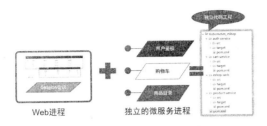

图5 电商Demo系统为微服务化分解示意图

微服务化后,由于很多本地调用变成了远程调用,我们不仅要开发服务端,还得提供相应的客户端API,因此大大增加了开发的工作量,所以,Spring Cloud引入了支持注解方式的Feign,来减少REST客户端的代码工作量,我们的Demo程序也使用了Feign。

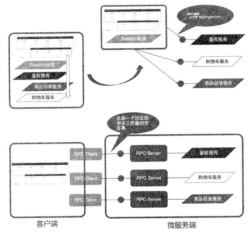

图6 微服务化中的RPC调用

图7是Web子系统(Eshop Web项目)的微服务工程代码结构,最明显的一个变化是之前的service目录改为service.rest目录,里面存放的是Feign编写的REST服务对应的客户端框架类。

其他每个微服务都单独建立了一个Java工程,编译打包为独立的Java进程,如图8所示。

下一步是把每个微服务对应的Java程序打包为Docker镜像,以鉴权服务为例,Dockerfile文件如下:

```
FROM docker.io/anapsix/alpine-java
COPY eshop_k8s_auth_service.jar /opt/app/eshop_service/
ADD start.sh /opt/app/eshop_service/
COPY application.yml /opt/app/eshop_service/
EXPOSE 8034
ENTRYPOINT /opt/app/eshop_service/start.sh
```

接下来,我们将这些微服务一一建模为Kubernetes上的对象,最终如图8所示的全景。

图7 Eshop Web项目的结构示意图

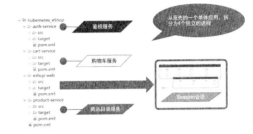

图8 电商Demo系统微服务化后的工程结构

图9 电商Demo系统在K8s上的建模示意图

下一篇里,我们继续给出建模的细节,并最终完成整个案例,敬请期待。

Docker 在美团点评的实践

文 / 郑坤

本文介绍美团点评的 Docker 容器集群管理平台。该平台始于 2015 年，是基于美团云的基础架构和组件而开发的 Docker 容器集群管理平台。目前该平台为美团点评的外卖、酒店、到店、猫眼等十几个事业部提供容器计算服务，承载线上业务数百个，日均线上请求超过 45 亿次，业务类型涵盖 Web、数据库、缓存、消息队列等。

作为国内大型的 O2O 互联网公司，美团点评业务发展极为迅速，每天线上发生海量的搜索、推广和在线交易。在容器平台实施之前，美团点评的所有业务都是运行在美团私有云提供的虚拟机之上。随着业务的扩张，除了对线上业务提供极高的稳定性之外，私有云还需要有很高的弹性能力，能够在某个业务高峰时快速创建大量的虚拟机，在业务低峰期将资源回收，分配给其他的业务使用。美团点评大部分的线上业务都是面向消费者和商家的，业务类型多样，弹性的时间、频度也不尽相同，这些都对弹性服务提出了很高的要求。在这一点上，虚拟机已经难以满足需求，主要体现在以下两点。

第一，虚拟机弹性能力较弱。使用虚拟机部署业务，在弹性扩容时，需要经过申请、创建和部署虚拟机、配置业务环境、启动业务实例这几个步骤。前面的几个步骤属于私有云平台，后面的步骤属于业务工程师。一次扩容需要多部门配合完成，扩容时间以小时计，过程难以实现自动化。如果可以实现自动化"一键快速扩容"，则将极大地提高业务弹性效率，释放更多的人力，同时消除了人工操作导致事故的隐患。

第二，IT 成本高。由于虚拟机弹性能力较弱，业务部门为了应对流量高峰和突发流量，普遍采用预留大量机器和服务实例的做法。即先部署好大量的虚拟机或物理机，按照业务高峰时所需资源做预留，一般是非高峰时段资源需求的两倍。资源预留的办法带来非常高的 IT 成本，在非高峰时段，这些机器资源处于空闲状态，也是巨大的浪费。

由于上述原因，美团点评从 2015 年开始引入 Docker，构建容器集群管理平台，为业务提供高性能的弹性伸缩能力。业界很多公司的做法是采用 Docker 生态圈的开源组件，例如 Kubernetes、Docker Swarm 等。我们结合自身的业务需求，基于美团私有云现有架构和组件，实践出一条自研 Docker 容器管理平台之路。我们之所以选择自研容器平台，主要出于以下考虑。

快速满足美团点评的多种业务需求

美团点评的业务类型非常广泛，几乎涵盖了互联网公司的所有业务类型。每种业务的需求和痛点也不尽相同。例如一些无状态业务（例如 Web），对弹性扩容的延迟要求很高；数据库，业务的 master 节点，需要极高的可用性，而且还有在线调整 CPU，内存和磁盘等配置的需求。很多业务需要 SSH 登录访问容器以便调优或者快速定位故障原因，这需要容器管理平台提供便捷的调试功能。为了满足不同业务部门的多种需求，容器平台需要大量的迭代开发工作。基于我们所熟悉的现有平台和工具，可以做到"多快好省"地实现开发目标，满足业务的多种需求。

从容器平台稳定性出发，需要对平台和 Docker 底层技术有更高的把控能力

容器平台承载美团点评大量的线上业务，线上业务对 SLA 可用性要求非常高，一般要达到 99.99%，因此容器平台的稳定性和可靠性是最重要的指标。如果直接引入外界开源组件，我们将面临 3 个难题：1. 我们需要摸熟开源组件，掌握其接口、评估其性能，至少要达到源码级的理解；2. 构建容器平台，需要对这些开源组件做拼接，从系统层面不断地调优性能瓶颈，消除单点隐患等；3. 在监控、服务治理等方面要和美团点评现有的基础设施整合。这些工作都需要极大的工作量，更重要的是，这样搭建的平台，在短时间内其稳定性和可用性都难以保障。

避免重复建设私有云

美团私有云承载着美团点评所有的在线业务，是国内规模最大的私有云平台之一。经过几年的经营，可靠性经过了公司海量业务的考验。我们不能因为要支持容器，就将成熟稳定的私有云搁置一旁，另起炉灶再重新开发一个新的容器平台。因此从稳定性、成本考虑，基于现有的私有云来建设容器管理平台，对我们来说是最经济的方案。

下面我将分别介绍容器平台的架构、组件设计和功能特性。

美团点评容器管理平台架构设计

我们将容器管理平台视作一种云计算模式，因此云计算的架构同样适用于容器。如前所述，容器平台的架构依托于美团私有云现有架构，其中私有云的大部分组件可以直接复用或者经过少量扩展开发。容器平台架构如图 1 所示。

从图 1 可以看出，容器平台整体架构与云计算架构是一致的，自上而下分为业务层、PaaS 层、IaaS 控制层及宿主机资源层。

业务层：代表美团点评使用容器的业务线，它们是容器平台的最终用户。

PaaS 层：使用容器平台的 HTTP API，完成容器的编排、部署、弹性伸缩、监控、服务治理等功能，对上面的业务层通过 HTTP API 或者 Web 的方式提供服务。

IaaS 控制层：提供容器平台的 API 处理、调度、网络、用户鉴权、镜像仓库等管理功能，对 PaaS 提供 HTTP API 接口。

宿主机资源层：Docker 宿主机集群，由多个机房、数百个节点组成。每个节点部署 HostServer、Docker、监控数据采集模块、Volume 管理模块、OVS 网络管理模块、Cgroup 管理模块等。

图1 美团点评容器管理平台架构

容器平台中的绝大部分组件是基于美团私有云已有组件扩展开发的，例如 API、镜像仓库、平台控制器、HostServer、网络管理模块，下面将分别介绍。

API

API 是容器平台对外提供服务的接口，PaaS 层通过 API 来创建、部署云主机。我们将容器和虚拟机看作两种不同的虚拟化计算模型，可以用统一的 API 来管理。即虚拟机等同于 set（后面将详细介绍），磁盘等同于容器。这个思路有两点好处：1. 业务用户不需要改变云主机的使用逻辑，原来基于虚拟机的业务管理流程同样适用于容器，因此可以无缝地将业务从虚拟机迁移到容器之上；2. 容器平台 API 不必重新开发，可以复用美团私有云的 API 处理流程。

创建虚拟机流程较多，一般需要经历调度、准备磁盘、部署配置、启动等多个阶段，平台控制器和 Host-SRV 之间需要很多的交互过程，带来了一定量的延迟。容器相对简单许多，只需要调度、部署启动两个阶段。因此我们对容器的 API 做了简化，将准备磁盘、部署配置和启动整合成一步完成，经简化后容器的创建和启动延迟不到 3 秒钟，基本达到了 Docker 的启动性能。

Host-SRV

Host-SRV 是宿主机上的容器进程管理器，负责容器镜像拉取、容器磁盘空间管理、容器创建、销毁等运行时的管理工作。

- 镜像拉取：Host-SRV 接到控制器下发的创建请求后，从镜像仓库下载镜像、缓存，然后通过 Docker Load 接口加载到 Docker 里。
- 容器运行时管理：Host-SRV 通过本地 Unix Socker 接口与 Docker Daemon 通信，对容器生命周期的控制，并支持容器 Logs、exec 等功能。
- 容器磁盘空间管理：同时管理容器 Rootfs 和 Volume 的磁盘空间，并向控制器上报磁盘使用量，调度器可依据使用量决定容器的调度策略。

Host-SRV 和 Docker Daemon 通过 Unix Socket 通信，容器进程由 Docker-Containerd 托管，所以 Host-SRV 的升级发布不会影响本地容器的运行。

镜像仓库

容器平台有以下两个镜像仓库。

- Docker Registry：提供 Docker Hub 的 Mirror 功能，加速镜像下载，便于业务团队快速构建业务镜像。
- 基于 Openstack 组件 Glance 扩展开发的 Docker 镜像仓库，用以托管业务部门制作的 Docker 镜像。

镜像仓库不仅是容器平台的必要组件，也是私有云的必要组件。美团私有云使用 Glance 作为镜像仓库，在建设容器平台之前，Glance 只用来托管虚拟机镜像。每个镜像有一个 UUID，使用 Glance API 和镜像 UUID，可以上传、下载虚拟机镜像。Docker 镜像实际上是由一组子镜像组成，每个子镜像有独立的 ID，并带有一个 Parent ID 属性，指向其父镜像。我们稍加改造了一下 Glance，对每个 Glance 镜像增加 Parent ID 的属性，修改了镜像上传和下载的逻辑。经过简单扩展，使 Glance 具有托管 Docker 镜像的能力。通过 Glance 扩展来支持 Docker 镜像有以下优点：

- 可以使用同一个镜像仓库来托管 Docker 和虚拟机的镜像，降低运维管理成本；
- Glance 已经十分成熟稳定，可以减少在镜像管理上踩坑；
- 使用 Glance 可以使 Docker 镜像仓库和美团私有云"无缝"对接，使用同一套镜像 API，可以同时支持虚拟机和 Docker 镜像上传、下载，支持分布式的存储后端和多租户隔离等特性；
- Glance UUID 和 Docker Image ID 是一一对应的关系，利用这个特性我们实现了 Docker 镜像在仓库中的唯一性，避免冗余存储。

可能有人疑问，用 Glance 做镜像仓库是"重新造轮子"。事实上我们对 Glance 的改造只有 200 行左右的代码。Glance 简单可靠，我们在很短的时间就完成了镜像仓库的开发上线，目前美团点评已经托管超过 16 000 多个业务方的 Docker 镜像，平均上传和下载镜像的延迟都是秒级的。

高性能、高弹性的容器网络

网络是十分重要的，又有技术挑战性的领域。一个好的网络架构，需要有高网络传输性能、高弹性、多租户隔离、支持软件定义网络配置等多方面的能力。早期 Docker 提供的网络方案比较简单，只有 None、Bridge、Container 和 Host 这四种网络模式，也没有用户开发接口。2015 年 Docker 在 1.9 版本集成了 Libnetwork 作为其网络的解决方案，支持用户根据自身需求，开发相应的网络驱动，实现网络功能自定义的功能，极大地增强了 Docker 的网络扩展能力。

从容器集群系统来看，只有单宿主机的网络接入是远远不够的，网络还需要提供跨宿主机、机架和机房的能力。从这个需求来看，Docker 和虚拟机来说是共通的，没有明显的差异，从理论上也可以用同一套网络架构来满足 Docker 和虚拟机的网络需求。基于这种理念，容器平台在网络方面复用了美团私有云网络基础架构和组件，逻辑架构设计如图 2 所示。

数据平面，我们采用万兆网卡，结合 OVS-DPDK 方案，并进一步优化单流的转发性能，将几个 CPU 核绑定给 OVS-DPDK 转发使用，只需要少量的计算资源即可提供万兆的数据转发能力。OVS-DPDK 和容器所使用的 CPU 完全隔离，因此也不影响用户的计算资源。

控制平面我们使用 OVS 方案。该方案是在每个宿主机上部署一个自研的软件 Controller，动态接收网络服务下发的网络规则，并将规则进一步下发至OVS流表，决定是否对某网络流放行。

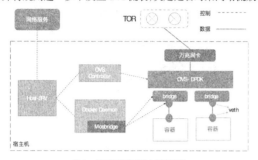

图2 美团点评容器平台网络架构

MosBridge

在MosBridge之前，我们配置容器网络使用的是None模式。所谓None模式也就是自定义网络的模式，配置网络需要如下几步：

- 在创建容器时指定—net=None，容器创建启动后没有网络；
- 容器启动后，创建eth-pair；
- 将eth-pair一端连接到OVS Bridge上；
- 使用nsenter这种Namespace工具将eth-pair另一端放到容器的网络Namespace中，然后改名、配置IP地址和路由。

然而，在实践中，我们发现None模式存在一些不足：

- 容器刚启动时是无网络的，一些业务在启动前会检查网络，导致业务启动失败；
- 网络配置与Docker脱离，容器重启后网络配置丢失；
- 网络配置由Host-SRV控制，每个网卡的配置流程都是在Host-SRV中实现的。以后网络功能的升级和扩展，例如对容器添加网卡，或者支持VPC，会使Host-SRV越来越难以维护。

为了解决这些问题，我们将眼光投向Docker Libnetwork。Libnetwork为用户提供了可以开发Docker网络的能力，允许用户基于Libnetwork实现网络驱动来自定义其网络配置的行为。就是说，用户可以编写驱动，让Docker按照指定的参数为容器配置IP、网关和路由。基于Libnetwork，我们开发了MosBridge——适配美团私有云网络架构的Docker网络驱动。在创建容器时，需要指定容器创建参数—net=mosbridge，并将IP地址、网关、OVS Bridge等参数传给Docker，由MosBridge完成网络的配置过程。有了MosBridge，容器创建启动后便有了网络可以使用。容器的网络配置也持久化在MosBridge中，容器重启后网络配置也不会丢失。更重要的是，MosBridge使Host-SRV和Docker充分解耦，以后网络功能的升级也会更加方便。

解决Docker存储隔离性的问题

业界许多公司使用Docker都会面临存储隔离性的问题。就是说Docker提供的数据存储的方案是Volume，通过mount bind的方式将本地磁盘的某个目录挂载到容器中，作为容器的"数据盘"使用。这种本地磁盘Volume的方式无法做到容量限制，任意容器都可以不加限制地向Volume写数据，直到占满整个磁盘空间。

针对这一问题，我们开发了LVM Volume方案，如图3所示。该方案是在宿主机上创建一个LVM VG作为Volume的存储后端。创建容器时，从VG中创建一个LV当作一块磁盘，挂载到容器里，这样Volume的容量便由LVM加以强限制。得益于LVM机

强大的管理能力，我们可以做到对Volume更精细、更高效的管理。例如，我们可以很方便地调用LVM命令查看Volume使用量，通过打标签的方式实现Volume伪删除和回收站功能，还可以使用LVM命令对Volume做在线扩容。值得一提的是，LVM是基于Linux内核Devicemapper开发的，而Devicemapper在Linux内核的历史悠久，早在内核2.6版本时就已并入，其可靠性和I/O性能完全可以信赖。

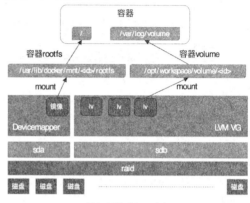

图3 LVM-Volume方案

适配多种监控服务的容器状态采集模块

容器监控是容器管理平台极其重要的一环，监控不仅仅要实时得到容器的运行状态，还需要获取容器所占用的资源动态变化。在设计实现容器监控之前，美团点评内部已经有了许多监控服务，例如Zabbix、Falcon和CAT。因此我们不需要重新设计实现一套完整的监控服务，更多的是考虑如何高效地采集容器运行信息，根据运行环境的配置上报到相应的监控服务上。简单来说，我们只需要考虑实现一个高效的Agent，在宿主机上可以采集容器的各种监控数据（如图4所示）。这里需要考虑两点：

- 监控指标多，数据量大，数据采集模块必须高效率；
- 监控的低开销，同一个宿主机可以跑几十个，甚至上百个容器，大量的数据采集、整理和上报过程必须低开销。

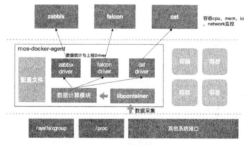

图4 监控数据采集方案

针对业务和运维的监控需求，我们基于Libcontainer开发了Mos-Docker-Agent监控模块。该模块从宿主机proc、CGroup等接口采集容器数据，经过加工换算，再通过不同的监控系统driver上报数据。该模块使用GO语言编写，既可以高效率，又可以直接使用Libcontainer。而且监控的数据采集和上报过程不经过Docker Daemon，因此不会加重Daemon的负担。

在监控配置这块，由于监控上报模块是插件式的，可以高度自定义上报的监控服务类型，监控项配置，因此可以很灵活

地适应不同的监控场景的需求。

支持微服务架构的设计

近几年，微服务架构在互联网技术领域兴起。微服务利用轻量级组件，将一个大型的服务拆解为多个可以独立封装、独立部署的微服务实例，大型服务内在的复杂逻辑由服务之间的交互来实现。

美团点评的很多在线业务是微服务架构的。例如美团点评的服务治理框架，会为每一个在线服务配置一个服务监控Agent，该Agent负责收集上报在线服务的状态信息。类似的微服务还有许多。对于这种微服务架构，使用Docker可以有以下两种封装模式。

- 将所有微服务进程封装到一个容器中。但这样使服务的更新、部署很不灵活，任意微服务的更新都要重新构建容器镜像，这相当于将Docker容器当作虚拟机使用，没有发挥出Docker的优势。

- 将每个微服务封装到单独的容器中。Docker具有轻量、环境隔离的优点，很适合用来封装微服务。不过这样可能产生额外的性能问题。一个是大型服务的容器化会产生数倍的计算实例，这对分布式系统的调度和部署带来很大的压力；另一个是性能恶化问题，例如有两个关系紧密的服务，相互通信流量很大，但被部署到不同的机房，会产生相当大的网络开销。

对于支持微服务的问题，Kubernetes的解决方案是Pod。每个Pod由多个容器组成，是服务部署、编排、管理的最小单位，也是调度的最小单位。Pod内的容器相互共享资源，包括网络、Volume、IPC等。因此同一个Pod内的多个容器相互之间可以高效率地通信。

我们借鉴了Pod的思想，在容器平台上开发了面向微服务的容器组，我们内部称之为set。一个set逻辑示意如图5所示。

set是容器平台的调度、弹性扩容/缩容的基本单位。每个set由一个BusyBox容器和若干个业务容器组成，BusyBox容器不负责具体业务，只负责管理set的网络、Volume和IPC配置。

set内的所有容器共享网络、Volume和IPC。set配置使用一个JSON描述（如图6所示），每一个set实例包含一个Container List，Container的字段描述了该容器运行时的配置，重要的字段如下。

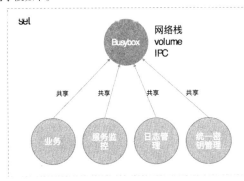

图5 set 逻辑示意图

- Index：容器编号，代表容器的启动顺序；
- Image：Docker镜像在Glance上的name或者ID；
- Options：描述了容器启动时的参数配置。其中CPU和MEM都是百分比，表示这个容器相对于整个set在CPU和内存的分配情况（例如，对于一个4核的set而言，容器CPU:80，表示该容器将最多使用3.2个物理核）。

```
{
    "version": "v2",
    "id": 1,
    "appkey": "com.sankuai.inf.hulk.test",
    "containers": [
        {
            "index": 0,
            "image": "hulk.test-prod",
            "options": {
                "name": "test",
                "cpu": 80,
                "mem": 20,
                "volumes": [
                    {
                        "path": "/opt/logs",
                        "quota": 100
                    }
                ],
                "command": {
                    "cmd": "/bin/bash",
                    "args": ["-c", "run.sh"]
                }
            },
        ]
    }
}
```

图6 set 的配置 JSON

通过set，我们将美团点评的所有容器业务都做了标准化，即所有的线上业务都是用set描述，容器平台内只有set，调度、部署、启停的单位都是set。

对于set的实现上我们还做了一些特殊处理。

- Busybox具有Privileged权限，可以自定义一些sysctl内核参数，提升容器性能。
- 为了稳定性考虑，用户不允许SSH登录Busybox，只允许登录其他业务容器。
- 为了简化Volume管理，每一个set只有一个Volume，并挂载到Busybox下，每个容器相互共享这个Volume。

很多时候一个set内的容器来自不同的团队，镜像更新频度不一，我们在set基础上设计了一个灰度更新的功能。该功能允许业务只更新set中的部分容器镜像，通过一个灰度更新的API，即可将线上的set升级。灰度更新最大的好处是可以在线更新部分容器，并保持线上服务不间断。

Docker 稳定性和特性的解决方案：MosDocker

众所周知，Docker社区非常火热，版本更新十分频繁，大概2～4个月左右会有一个大版本更新，而且每次版本更新都会伴随大量的代码重构。Docker没有一个长期维护的LTS版本，每次更新不可避免地会引入新的Bug。由于时效原因，一般情况下，某个Bug的修复要等到下一个版本。例如1.11版引入的Bug，一般要到1.12版才能解决，而如果使用了1.12版，又会引入新的Bug，还要等1.13版。如此一来，Docker的稳定性很难满足生产场景的要求。因此十分有必要维护一个相对稳定的版本，如果发现Bug，可以在此版本基础上，通过自研修复，或者采用社区的BugFix来修复。

除了稳定性的需求，我们还需要开发一些功能来满足美团点评的需求。美团点评业务的一些需求来自于我们自己的生产环境，而不属于业界通用的需求。对于这类需求，开源社区通常不会考虑。业界许多公司都存在类似的情况，作为公司基础服务团队就必须通过技术开发来满足这种需求。

基于以上考虑，我们从 Docker 1.11 版本开始，自研维护一个分支，我们称之为 MosDocker。之所以选择从版本 1.11 开始，是因为从该版本开始，Docker 做了几项重大改进：

- Docker Daemon 重构为 Daemon、Containerd 和 runC 这 3 个 Binary，并解决 Daemon 的单点失效问题；
- 支持 OCI 标准，容器由统一的 rootfs 和 spec 来定义；
- 引入了 Libnetwork 框架，允许用户通过开发接口自定义容器网络；
- 重构了 Docker 镜像存储后端，镜像 ID 由原来的随机字符串转变为基于镜像内容的 Hash，使 Docker 镜像安全性更高。

到目前为止，MosDocker 自研的特性主要有：

1. MosBridge，支持美团云网络架构的网络驱动；
2. Cgroup 持久化，扩展 Docker Update 接口，可以使更多的 CGroup 配置持久化在容器中，保证容器重启后 CGroup 配置不丢失。
3. 支持子镜像的 Docker Save，可以大幅度提高 Docker 镜像的上传、下载速度。

总之，维护 MosDocker 使我们可以将 Docker 稳定性逐渐控制在自己手里，并且可以按照公司业务的需求做定制开发。

在实际业务中的推广应用

在容器平台运行的一年多时间里，已经接入了美团点评多个大型业务部门的业务，业务类型也是多种多样。通过引入 Docker 技术，为业务部门带来诸多好处，典型的好处包括以下几点。

- 快速部署，快速应对业务突发流量。由于使用 Docker，业务的机器申请、部署、业务发布一步完成，业务扩容从原来的小时级缩减为秒级，极大地提高了业务的弹性能力。
- 节省 IT 硬件和运维成本。Docker 在计算上效率更高，加之高弹性使得业务部门不必预留大量的资源，节省大量的硬件投资。以某业务为例（如图 7、图 8 所示），之前为了应对流量波动和突发流量，预留了 32 台 8 核 8G 的虚拟机。使用容器弹性方案，即 3 台容器 + 弹性扩容的方案取代固定 32 台虚拟机，平均单机 QPS 提升 85%，平均资源占用率降低 44% ～ 56%。
- Docker 在线扩容能力，保障服务不中断。一些有状态的业务，例如数据库和缓存，运行时调整 CPU、内存和磁盘是常见的需求。之前部署在虚拟机中，调整配置需要重启虚拟机，业务的可用性不可避免地被中断了，成为业务的痛点。Docker 对 CPU、内存等资源管理是通过 Linux 的 CGroup 实现的，调整

配置只需要修改容器的 CGroup 参数，不必重启容器。

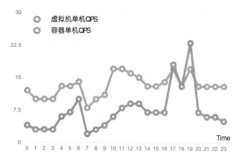

图 7 某业务虚拟机和容器平均单机 QPS

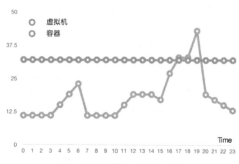

图 8 某业务虚拟机和容器资源使用量

结束语

本文介绍了美团点评 Docker 的实践情况。经过一年的推广实践，从部门内部自己使用，到覆盖公司大部分业务部门和产品线；从单一业务类型到公司线上几十种业务类型，证明了 Docker 这种容器虚拟化技术在提高运维效率，精简发布流程，降低 IT 成本等方面的价值。

目前 Docker 平台还在美团点评深入推广中。在这个过程中，我们发现 Docker（或容器技术）本身存在许多问题和不足，例如，Docker 存在 I/O 隔离性不强的问题，无法对 Buffered I/O 做限制；偶尔 Docker Daemon 会卡死、无反应；容器内存 OOM 导致容器被删除，开启 OOM_kill_disabled 后可能导致宿主机内核崩溃等问题。因此 Docker 技术，在我们看来和虚拟机应该是互补的关系，不能指望在所有场景中 Docker 都可以替代虚拟机，因此只有将 Docker 和虚拟机并重，才能满足用户的各种场景对云计算的需求。 Ⓟ

CoreOS vs. Docker 容器大战引擎

文 / 雷伟

选择哪个技术流派从某种意义上，也决定了选择哪种生态，这也是当前使用容器的公司面临的一大难题。本文将从容器引擎为切入点，说明这两大流派的历史、初衷和技术对比。

容器引擎玩家知多少

看到这个标题，你的表情可能是这样的"惊愕"。容器引擎不就是 Docker 么？这时，CoreOS 可能在后面默默地流泪，因为 CoreOS 的 rkt 也是玩家中的一员。虽然目前 Docker 的容器使用者相对更多，但 rkt 的发展也不可忽视。

Rocket 与 Docker 引发的站队

前世

故事要从 2013 年开始说起。是的，Docker 公司在 2013 年

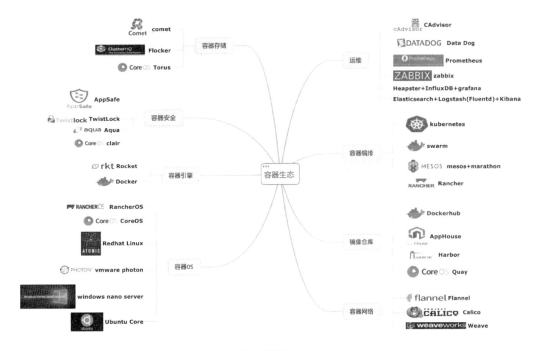

图1 容器生态

发布了后来红遍大江南北的 Docker 产品，新技术带来一次革命，也带来新的市场机遇，CoreOS 也是其中的一员，在容器生态圈中贴有标签：专为容器设计的操作系统 CoreOS。作为互补，CoreOS+Docker 曾经也是容器部署的明星套餐。值得一提的是，CoreOS 为 Docker 的推广和源码社区都做出了巨大的贡献。

然而好景不长，CoreOS 认为 Docker 野心变大，与之前对 Docker 的期望是"一个简单的基础单元"不同，Docker 也在通过开发或收购逐步完善容器云平台的各种组件，准备打造自己的生态圈，而这与 CoreOS 的布局有直接竞争关系。

2014 年底，CoreOS 的 CEO Alex Polvi 正式发布了 CoreOS 的开源容器引擎 Rocket（简称 rkt），作为一份正式的"分手"声明。当然，Docker 的 CEO Ben Golub 也在官网做出了及时回应，总体意思表明没有违背初心，但这些都是应用户和贡献者的要求而扩展的，希望大家能一起继续并肩作战。

今生

当然，我们都知道了后来的事实，作为容器生态圈的一员，Google 坚定地站在了 CoreOS 一边，并将 Kubernetes 支持 rkt 作为一个重要里程碑，Docker 发布的 Docker 1.12 版本开始集成了集群 Swarm 的功能。作为相亲相爱的一家人，Google 于 2015 年 4 月领投 CoreOS 1200 万美元，而 CoreOS 也发布了 Tectonic，成为首个支持企业版本 Kubernetes 的公司。从此，容器江湖分为两大阵营：Google 派系和 Docker 派系。

而 CoreOS 除了提供了 Rocket 和 CoreOS，也提供了类似 Docker Hub 的 Quay 的公共镜像服务，也逐步推出容器网络方案 Flannel、镜像安全扫描 Clair、容器分布式存储系统 Torus（2017 年 2 月在对应 GitHub 项目上表示停止开发）等优质的开源产品，包括早期的 etcd，各个产品都和 Kubernetes 有了很好的融合。

CNI & CNCF

在两大派系的强烈要求（对撕）下，2015 年 6 月，Docker 不得不带头成立了 OCI 组织，旨在"制定并维护容器镜像格式和容器运行时的正式规范（OCI Specifications），以达到让一个兼容性的容器可以在所有主要的具有兼容性的操作系统和平台之间进行移植，没有人为的技术屏障的目标（artificial technical barriers）"。在 2016 年 8 月所罗门和 Kubernetes 的 Kelsey Hightower 的 Twitter 大战中，所罗门透露出对容器标准化消极的态度。

有意思的是，同年（2015 年）7 月，Google 联合 Linux 基金会成立了最近国内容器厂商陆续加入的 CNCF 组织，并将 Kubernetes 作为首个编入 CNCF 管理体系的开源项目。旨在"构建云原生计算并促进其广泛使用，一种围绕着微服务、容器和应用动态调度的以基础设施架构为中心的方式"。陆续加入 CNCF 的项目有 CoreDNS、Fluentd（日志）、gRPC、Linkerd（服务管理）、openTracing、Prometheus（监控）。

Docker 与 Rocket 的关系

接下来说说 Docker 和 Rocket 的一些对比。

Docker 和 Rocket 目前都遵循 OCI 标准，但两者对容器引擎的设计初衷有较大差异。

■ 功能边界

总的来说，CoreOS 认为引擎作为一个独立的组件，而 Docker 目前已发展成为一个平台，这也是 CoreOS 推出 Rocket 的官方原因之一。从功能角度来对比，Docker 提供了日志、镜像和管理，甚至在 1.12 版本集成了 Swarm 集群功能。而 Rocket（rkt）的边界为在 Linux 系统上运行应用容器的功能组件。

■ 容器安全

容器安全也是CoreOS一直诟病Docker的地方，Docker自1.10后的版本在安全性上也在不断增强。以下从容器的安全方面，包含镜像、系统、容器运行时三部分横向对比。需要说明的是，镜像安全中镜像扫描也尤为重要，Docker Cloud和Docker Hub提供在线漏洞扫描，CoreOS也提供了Clair开源项目对接CVE库进行镜像的漏洞扫描。

■ 兼容性

除了两者在功能和安全上的对比，为了用户方便评估，在兼容性上也稍作比较。可以看到，发布较晚的rkt在对Docker兼容性方面采用包容的态度，且rkt和Kubernetes保持一致，基本运行单元为pod。

表1 常用功能对比

		Docker	rkt
常用功能	镜像下载	docker pull	rkt fetch
	镜像提交	docker push	N/A
	镜像提交	docker commit	Acbuild (appc 工具)
	日志查看	docker log	N/A
	容器运行	docker run	rkt run
	容器启停	docker start/stop	rkt stop
	集群管理	已集成swarm	CoreOS 的 Tectonic 提供此功能
当前版本 (2017.3.20)		v17.03.0	V1.25.0

总结

本文从历史的角度说明rkt的由来及引申的技术流派问题。同时，也对Docker和rkt从设计（功能、安全和兼容性）的初衷进行简单对比。如果单从Docker和rkt社区相比，Docker目前热度更高，但后续如何发展，与其说是简单的Docker和rkt对比，倒不如说是两大技术流派的选择。

对于容器引擎的选择，虽然rkt在安全和兼容性设计上更胜一筹，但当前用户使用Docker较多，笔者分析主要也是以下原因。

■ 安装便利。对于企业常用的OS，在CentOS中进行yum和Ubuntu中进行apt-get，即可方便安装；同比，目前CoreOS官网信息表明，rkt针对CentOS版本还不能使用在生产环境中，对Ubuntu也没有发布对应的安装包。另外，对于国内的网络环境，笔者科学上网后几经波折才下载到rkt的release版本。

■ 社区活跃度。从两者在Git Hub中的数据，可以看到Docker社区无论在贡献者数量和提交次数上都比rkt社区要多，一定程度上也说明了两者用户的使用数量。这点和两者首个版本发布的时间有很大关系。

表2 安全对比

		docker	rkt
镜像安全	镜像签名	默认无签名验证，可设置签名验证	默认强制验证签名
系统安全	Linux系统安全策略	Namespace隔离性，Cgroups配额资源限制，Capability权限划分，SELinux/AppArmor访问控制权限。	Namespace隔离性，Cgroups配额资源限制，Capability权限划分，SELinux/AppArmor，TPM (Trusted Platform Module)
运行时安全	容器隔离	由其他方案和厂家提供	支持KVM虚拟机中运行pod时，基于OS内核级和hypervisor级的隔离，非容器宿主机的cgroups和namespace隔离。

表3 兼容运行单元对比

	Docker	rkt
镜像兼容	支持使用Docker镜像运行容器	支持使用Docker镜像，OCI镜像运行容器
基本运行单元	基本支持单元为容器	基本执行单位为pod，支持kubernetes，Nomad
标准和规范	支持CNI规范	支持AppC规范，CNI规范

鉴于以上内容，建议容器平台使用者和学习者目前优先考虑Docker作为容器引擎，或是直接使用容器相关厂家提供的从容器引擎到容器云平台的整体解决方案。对于需要基于容器进行二次开发形成产品的容器厂家，尤其是基于Kubernetes提供服务的厂家，建议同时对rkt保持关注。 Ⓟ

基于模板引擎的容器部署框架

文 / 李宁

容器创建或者应用部署配置繁杂且存在变数，为了保证系统的灵活性和复用性，本文重点讲述如何以模板引擎为核心，构建统一的容器部署框架。

大家在使用容器的过程中，都会有一种经历，容器配置项众多大概有四五十项，且需要一定技术背景才能理解。部署过程中，用户常常会因为对于配置参数缺乏理解，导致容器启动、应用部署或者升级时遇到各种各样的问题。针对用户如何加快对不同参数的理解并且能够根据不同的应用类型和场景，做相应的扩展，本文将重点要探讨和解决。

容器创建或者应用部署配置繁杂且存在变数，为了保证系统灵活性和复用性，我们决定以模板引擎为核心，构建统一的容器部署框架。本文重点讲述如何构建模板引擎及以模板引擎为核心构建容器部署框架的运行原理。在模板引擎中，符合一定格式规范的文件是基础，对于可能有变化或者根据部署流程需要变化的位置，使用参数标识站位。模板文件结尾追加参数标识的定义，用来执行参数标识语义转化。模板或者参数标识的具体内容，可以通过特定配置文件读取或者接收客户端请求参数。

模板引擎

模板引擎由模板定义、模板解析、模板转换、模板执行四个模块组成。模板定义依赖于容器集群的管理框架，是非可执行的文件。模板解析器负责把模板一分为二：一部分形成非可执行的部署模板；一部分形成部署模板中参数的定义说明，参数定义说明通过唯一的站位标识符与部署模板中的站位标识符一一对应。模板转换器接受参数值，结合解析器中生成的部署模板，参数值标识与模板中占位标识关联，参数值通过占位标识替换，生成可执行文件。模板执行器负责根据模板创建对象，一般由调度框架或者容器引擎承担。

模板引擎的执行原理如图1所示。

模板定义

模板定义包括两类信息：部署模板、参数标识。

以 Kubernetes 的部署模板为例，部署模板涉及 4 种不同类型定义，分别是：资源、版本、信息说明、数据配置。

图1　模板引擎的执行原理

- 资源：表示 Kubernetes 中定义的对象类型。
- 版本：表示对象的版本。
- 信息说明：包括对象名称、标签、注释等，为对象查找或者调度提供索引。
- 数据配置：负责定义容器处于运行态遵循的标准，包括端口、环境变量、资源、调度、健康检查等。

参数标识由 6 个属性组成，分别是 parameters、name、description、displayname、value、type。

- parameters：参数定义起始标志。
- description：参数的提示信息。
- displayname：具体语义信息。
- name：与引用参数名称对应，表示描述信息为对应的引用参数。
- value：参数的默认值。
- type：代表不同的样式，客户端根据 type 类型，呈现具体样式。

以 Kubernetes 中的 namespace 对象为例，模板的完整定义如下面的代码所示：

```
apiVersion: v1
kind: Namespace
metadata:
  name: ${name}
---
{"parameters":
  [
    {
      "description": "命名空间",
      "displayName": "命名空间",
      "name": "name",
      "value": "",
      "type": "String"
    }
]}
```

上述代码中包含两部分内容：部署模板、参数说明。

部署模板如下所示：

```
apiVersion: v1
kind: Namespace
metadata:
  name: ${name}
apiVersion: v1
kind: Namespace
metadata:
  name: ${name}
```

部署模板定义对象创建的所有内容，模板中字段含义描述如下。

- apiVersion：通用选项，定义版本信息。
- Kind：定义对象类型，区别不同的对象。
- Metadata：定义部署时指定的参数键值对。
- ${}：表示参数的引用值，即可替代参数。

参数标识定义了客户端动态获取参数后的展现形态，下面的代码示例参数标识定义：

```
{"parameters":
  [
    {
      "description": "命名空间",
      "displayName": "命名空间",
      "name": "name",
      "value": "",
      "type": "String"
    }
]}
```

参数标识定义统一的格式。通过语义转化，把繁杂的配置转变为用户易于理解的方式。客户端读取到 Parameters 标识，通过模板解析器抽象可输入参数，展示需要的 Form 表单，提供用户输入的功能。

模板定义由对 Kubernetes 或者 Docker 熟悉的专业人员编写。可以根据具体的业务场景进行实时和动态调整，保证部署的灵活性和扩展性。同时，系统根据不同的对象提供基础模板。

用户在具备一定知识背景的基础上同样可以进行模板制作和维护。

模板解析器

通过输入输出流获取模板中参数标识，进行语义转化，得到易于理解的配置参数。模板解析器的工作原理如图2所示。

客户端发起创建对象请求，服务端收到请求以后，会根据请求的对象类型自关联基础模板。通过文件流的方式，读取基础模板，在读取过程中以Parameters标志为起始点，获取参数描述信息。解析完成后，参数以Json串的方式返回客户端，客户端根据Json串动态生成需要用户填写的表单，用户根据表单内容完成参数的输入操作。

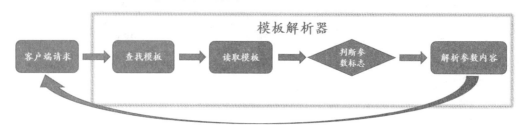

图2 模板解析器的工作原理

模板解析器重点解析模板定义中的参数标识。通过语义转化、信息提示，形成易辨识的输入项。对用户而言，解析完成以后能够屏蔽繁杂的技术指标，用户的关心点由技术转变到业务配置。可最大程度地降低使用成本，增加易用性。

模板转化器

模板转化器是模板引擎的核心，重点解决三个问题：获取部署模板；参数与值转换；构建可执行文件。客户端把模板解析器中参数赋予真实值，传递到服务端，服务端读取模版内容，遇到参数的标志位结束，把读取的内容通过文件流写到新文件中，生成部署文件，接着用参数值对部署文件中的参数做关联替换，生成最终的可执行文件。模板转化器的工作原理如图3所示。

获取部署模板。由模板定义可知，模板中包含两部分内容：部署模板和参数标识。模板转化器首先需要部署模板，通过文件流的方式读取模板定义中的部署模板，在读取过程中以parameters标识符分割，获取部署模板。

参数值转化：核心是解决参数与占位符关联和赋值问题。模板转换器通过模板参数定义的name属性key关联，模板转化器拿到参数值以后，获取参数值对应的key（key在部署模板唯一），并且根据key，替换部署模板中占位标识，完成参数替换。

构建可执行文件：通过文件流的方式，把前两部转化的字符流输出到文件中，构建出可执行文件。

模板转换器执行以后，生成的可执行文件如下所示：

```
apiVersion: v1
kind: Namespace
metadata:
  name: ruffy
```

模板执行器

模板执行器接收可执行的部署文件，对于文件中定义的部署类型进行解析，拆分成若干个可执行任务。容器引擎根据收到的任务执行操作，最终协同完成部署工作。模板执行器往往依赖于容器调度和执行引擎。以Kubernetes容器编排框架为例，模板转化器生成的可执行文件，以字符流的方式传输到Kubernetes的Server端，Kubernetes根据传入文件，自动解析文件内容，并且做出相关操作。对于模板引擎而言，无论是Kubernetes还是Swarmkit，都能够得到友好的支持。模板执行器的工作原理如图4所示。

模板执行器执行以后的结果如图5所示。

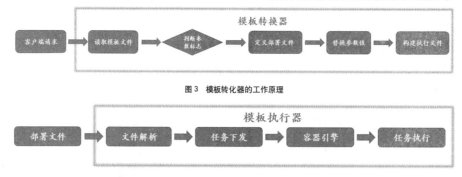

图3 模板转化器的工作原理

图4 模板执行器的工作原理

```
[root@master ~]# kubectl get namespace
NAME               STATUS    AGE
application-test   Active    6d
appstore           Active    23d
default            Active    62d
kube-public        Active    62d
kube-system        Active    62d
ruffy              Active    9s
[root@master ~]#
```

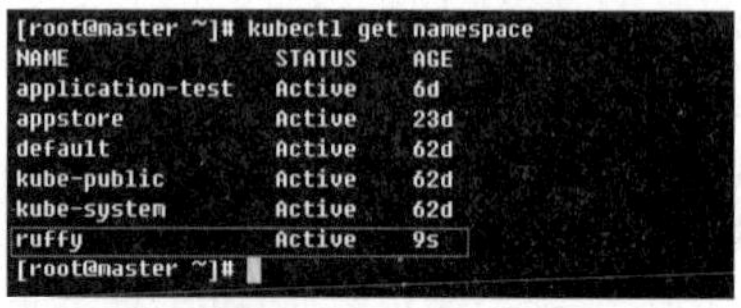

图5 模板执行器执行结果

通过模板引擎的方式，可以对容器的配置做灵活使用，无论是容器部署还是其他资源主题对象创建的，都有对应的模板支持。模板处理引擎不需要根据模板的变动而不断修改代码。与此同时，用户可以从自己理解的语义关注配置信息，不需要关注具体技术细节和实现方式，简化操作行为，降低使用成本。

微服务应用容器化场景中常见问题总结

文 / 王天青、夏岩

企业应用在向微服务架构转型的过程中，微服务如何划分是最基本的问题。我们可以通过业务架构的梳理来理解业务，并同时使用领域设计的方法进行微服务的设计。其次，我们需要做系统设计，系统设计会更关注性能、可用性、可扩展性和安全性等；当然，我们还需要做接口设计，定义微服务之间的契约。

Java 在企业中被广泛应用，当前，选择 Spring Cloud 作为微服务开发框架成为一个广泛的趋势。微服务架构的复杂性需要容器技术来支撑，应用需要容器化，并使用 CaaS 平台来支撑微服务系统的运行。

本文探讨的主题是来自于企业级 Java 应用在容器化过程中遇到的基础问题（与计算和网络相关），希望以小见大探讨微服务转型过程中遇到的挑战。

容器内存限制问题

让我们来看一次事故，情况如下：当一个 Java 应用在容器中执行的时候，在某些情况下容器会莫名其妙地退出。

- Dockfile 如下：

```
FROM airdock/oracle-jdk:latest
MAINTAINER Grissom Wang <grissom.wang@daocloud.io>
ENV TIME_ZONE Asia/Shanghai
RUN echo "$TIME_ZONE" > /etc/timezone
WORKDIR /app
RUN apt-get update
COPY myapp.jar /app/ myapp.jar
EXPOSE 8080
CMD [ "java", "-jar", "myapp.jar" ]
```

- 运行命令

```
docker run -it -m=100M -memory-swap=100M grissom/myapp:latest
```

- 日志分析

执行 docker logs container_id，出现了 java.lang.OutOfMemoryError。

- 问题初步分析

因为我们在执行容器的时候，对内存做了限制，同时 Java 启动参数重，没有对内存使用做限制，是不是这个原因导致了容器被干掉呢？

当我们执行没有任何参数设置（如上面的 myapp）的 Java 应用程序时，JVM 会自动调整几个参数，以便在执行环境中具有最佳性能，但是在使用过程中我们逐步发现，如果让 JVM ergonomics（即 JVM 人体工程学，用于自动选择和行为调整）对垃圾收集器、堆大小和运行编译器使用默认设置值，运行在容器中的 Java 进程会与我们的预期表现严重不符（除了上诉的问题）。

首先我们来做一个实验。

- 在本机（Mac）上执行 docker info 命令：

```
Server Version: 17.06.0-ce
Kernel Version: 4.9.31-moby
Operating System: Alpine Linux v3.5
OSType: linux
Architecture: x86_64
CPUs: 2
Total Memory: 1.952GiB
Name: moby
```

- 执 行 docker run -it -m=100M --memory-swap=100M debian cat /proc/meminfo：

```
MemTotal:       2047048 kB = 2G
MemFree:         609416 kB = 600M
MemAvailable:   1604928 kB = 1.6G
```

虽然我们启动容器的时候指定了容器的内存限制，但是从容器内部看到的内存信息和主机上的内存信息几乎一致。

因此我们找到原因了：docker switches（-m，-memory 和 -memory-swap）在进程超过限制的情况下，会指示 Linux 内核杀死该进程。但 JVM 完全不知道限制，因此会很有可能超出限制。在进程超过限制的时候，容器进程就被杀掉了！

解决问题的一种思路就是使用 JVM 参数来限制内存的使用，这个需要根据 JVM 内存参数的定义来做巧妙的设置，但幸运的是从 Java SE 8u131 和 JDK 9 开始，Java SE 开始支持 Docker CPU 和内存限制（https://blogs.oracle.com/java-platform-group/java-se-support-for-docker-cpu-and-memory-limits）。

具体实现逻辑如下。

如果 -XX：ParallelGCThreads 或 -XX：CICompilerCount 未指定为命令行选项，则 JVM 将 Docker CPU 限制应用于 JVM 在系统上看到的 CPU 数。然后 JVM 将调整 GC 线程和 JIT 编译器线程的数量，就像它在裸机系统上运行一样，其 CPU 数量设置为 Docker CPU 限制。如果 -XX：ParallelGCThreads 或 -XX：CICompilerCount 指定为 JVM 命令行选项，并且指定了 Docker CPU 限制，则 JVM 将使用 -XX：ParallelGCThreads 和 -XX：CICompilerCount 值。

对于 Docker 内存限制、最大 Java 堆的设置还有一些工作要做。要在没有通过 -Xmx 设置最大 Java 堆的情况下告知 JVM 要注意 Docker 内存限制，需要两个 JVM 命令行选项：

-XX：+ UnlockExperimentalVMOptions

-XX：+ UseCGroupMemoryLimitForHeap

-XX：+ UnlockExperimentalVMOptions 是必需的，因为在将来版本中，Docker 内存限制的透明标识是目标。当使用这两个 JVM 命令行选项，并且未指定 -Xmx 时，JVM 将查看 Linux cgroup 配置，这是 Docker 容器用于设置内存限制的方式，以透明地指定最大 Java 堆大小。Docker 容器也使用 Cgroups 配置来执行 CPU 限制。

服务注册与发现

在微服务的场景中，运行的微服务实例将会达到成百上千个，同时微服务实例存在失效，并在其他机器上启动以保证服务可用性的场景，因此用 IP 作为微服务访问的地址会存在需要经常更新的需求。

服务注册与发现就应运而生，当微服务启动的时候，它会将自己的访问 Endpoint 信息注册到注册中心，以便当别的服务需要调用的时候，能够从注册中心获得正确的 Endpoint。

如果用 Java 技术栈开发微服务应用，Spring Cloud（https://spring.io/）将会是大家首选的微服务开发框架。Spring Cloud Service Discovery 就提供了这样的能力，它在底层可以使用 Eureka（Netflix）、ZooKeeper、etcd。这里我们以使用 Spring Cloud Eureka 为例（使用 Spring Cloud Eureka 的文档可以参考 http://cloud.spring.io/spring-cloud-static/spring-cloud-netflix/1.3.1.RELEASE/）。

在本机运行如下命令：

```
java -jar target/discovery-client-demo-
0.0.1-SNAPSHOT.jar
```

该应用会将自己的信息注册到本地 Eureka。我们可以通过打开 Eureka 的 Dashboard，看到如图 1 所示的信息。

我们可以看到应用的如下信息：

- 名称：discovery-client-demo
- IP: 10.8.0.67
- Port: 9090

但是我们在容器化场景中，遇到了问题。Dockerfile 如下：

```
FROM airdock/oracle-jdk:latest
MAINTAINER Grissom Wang <grissom.wang@
daocloud.io>
ENV TIME_ZONE Asia/Shanghai
RUN echo "$TIME_ZONE" > /etc/timezone
WORKDIR /app
RUN apt-get update
COPY target/discovery-client-demo-0.0.1-
SNAPSHOT.jar /app/discovery-client-demo.
jar
EXPOSE 8080
CMD [ "java", "-jar", "discovery-client-
demo.jar" ]
```

假设我们现在在本机使用 Docker run 命令执行容器化 discovery-client-demo，命令行如下：

```
docker run -d --name discovery-client-
demo1 -e eureka.client.serviceUrl.defa
ultZone=http://10.8.0.67:8761/eureka/
-e spring.application.name=grissom  -p
8080:8080 discovery-client-demo:latest
docker run -d --name discovery-client-
demo2 -e eureka.instance.prefer-ip-
address=true -e eureka.client.serviceUrl.
defaultZone=http://10.8.0.67:8761/eureka/
-e spring.application.name=grissom2  -p
8081:8080 discovery-client-demo:latest
```

前后两个容器的区别在于，第二个指示应用注册的使用 IP，而默认是 Hostname。

打开 Eureka 的 Dashboard，我们可以看到如图 2 所示的信息。

调用 Eureka 的 Apps 接口，我们可以看到更加详细的信息，如图 3 所示。

这个时候我们发现了问题，两个应用注册的信息中，Hostname、IP 和端口都使用了容器内部的主机名，IP 和端口（如 8080）。这就意味着在 Port-Mapping 的场景下，应用注册到 Eureka 的时候，注册信息无法被第三方应用使用。

解决这个问题的第 1 个思路如图 4 所示。

我们对 Eureka 进行扩展，对所有客户端过来的请求进行拦截，然后从 Docker Daemon 中拿到正确的外

图 1　物理机上运行 Eureka Client

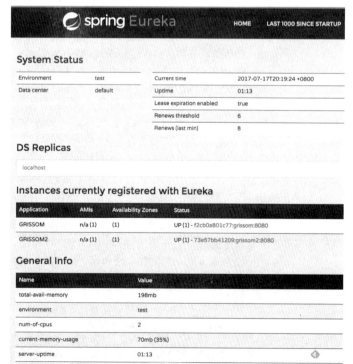

图 2　容器中运行 Eureka Client

部访问信息来进行替换，从而确保注册到 Eureka 中的信息是外部能够访问的。

```xml
This XML file does not appear to have any style information associated with it. The document tree is shown below.

▼<applications>
    <versions__delta>1</versions__delta>
    <apps__hashcode>UP_2_</apps__hashcode>
  ▼<application>
      <name>GRISSOM2</name>
    ▼<instance>
        <instanceId>73e57bb41209:grissom2:8080</instanceId>
        <hostName>172.17.0.4</hostName>
        <app>GRISSOM2</app>
        <ipAddr>172.17.0.4</ipAddr>
        <status>UP</status>
        <overriddenstatus>UNKNOWN</overriddenstatus>
        <port enabled="true">8080</port>
        <securePort enabled="false">443</securePort>
        <countryId>1</countryId>
      ▶<dataCenterInfo class="com.netflix.appinfo.InstanceInfo$DefaultDataCenterInfo">...</dataCenterInfo>
      ▶<leaseInfo>...</leaseInfo>
        <metadata class="java.util.Collections$EmptyMap"/>
        <homePageUrl>http://172.17.0.4:8080/</homePageUrl>
        <statusPageUrl>http://172.17.0.4:8080/info</statusPageUrl>
        <healthCheckUrl>http://172.17.0.4:8080/health</healthCheckUrl>
        <vipAddress>grissom2</vipAddress>
        <secureVipAddress>grissom2</secureVipAddress>
        <isCoordinatingDiscoveryServer>false</isCoordinatingDiscoveryServer>
        <lastUpdatedTimestamp>1500293764477</lastUpdatedTimestamp>
        <lastDirtyTimestamp>1500293763750</lastDirtyTimestamp>
        <actionType>ADDED</actionType>
    </instance>
  </application>
  ▼<application>
      <name>GRISSOM</name>
    ▼<instance>
        <instanceId>f2cb0a801c77:grissom:8080</instanceId>
        <hostName>f2cb0a801c77</hostName>
        <app>GRISSOM</app>
        <ipAddr>172.17.0.3</ipAddr>
        <status>UP</status>
        <overriddenstatus>UNKNOWN</overriddenstatus>
        <port enabled="true">8080</port>
        <securePort enabled="false">443</securePort>
        <countryId>1</countryId>
      ▶<dataCenterInfo class="com.netflix.appinfo.InstanceInfo$DefaultDataCenterInfo">...</dataCenterInfo>
      ▶<leaseInfo>...</leaseInfo>
        <metadata class="java.util.Collections$EmptyMap"/>
        <homePageUrl>http://f2cb0a801c77:8080/</homePageUrl>
        <statusPageUrl>http://f2cb0a801c77:8080/info</statusPageUrl>
        <healthCheckUrl>http://f2cb0a801c77:8080/health</healthCheckUrl>
        <vipAddress>grissom</vipAddress>
        <secureVipAddress>grissom</secureVipAddress>
        <isCoordinatingDiscoveryServer>false</isCoordinatingDiscoveryServer>
        <lastUpdatedTimestamp>1500293609721</lastUpdatedTimestamp>
        <lastDirtyTimestamp>1500293608903</lastDirtyTimestamp>
        <actionType>ADDED</actionType>
    </instance>
  </application>
</applications>
```

图 3　注册应用的详细信息

该方案需要做的工作如下。

■ 需要同时对 Eureka Client 和 Server 改造，能够在 Client 上报的信息中加入 container ID 等信息。

■ Eureka 服务端需要加入一个过滤器，需要对所有的注册请求进行处理，根据 container ID 将内部 hostname、IP 和端口改为外部可以访问的 IP 和端口。

该方案的挑战如下。

■ 因为只有容器被创建后才有 ID，无法在启动参数中指定，因此应用在容器启动的时候，无法拿到容器的 ID。

■ 对于 Eureka Server 和 Client 的改造，无法贡献社区，因此需要自己维护版本，存在极大的风险。

AWS 的 EC2 提供了实例元数据和用户数据的 API，它可以通过 REST API 的方式供运行在 EC2 内部的应用使用。API 形式如下：

http://169.254.169.254/latest/meta-data/

其中 IP 地址是固定的一个 IP 地址。

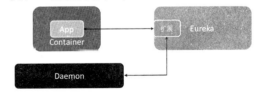

图 4　对 Eureka 进行扩展

因此我们也可以提供一个类似的元数据和用户数据 API，供容器内部的应用调用。同时为了减少对应用的侵入，我们可以在应用启动之前执行一个脚本来获取相应的信息，并设置到环境变量中，供应用启动后读取并使用，流程如图 5 所示。

图 5　方案流程

总结

本文总结了使用 Java 开发的企业级应用在向微服务架构应用转型过程中，在容器化运行过程中遇到的常见问题、原因分析及解决方法。总结下来，由于容器技术的内在特性，我们需要对应用做一些改造，同时相应的工具如 JVM 也需要对容器有更好的本地支持。

追本溯源，详解 Serverless 架构及应用

文 / 陈绥

随着 2014 年 AWS Lambda 的发布和流行，近年来有关 Serverless 的话题和讨论越来越频繁。究竟什么是 Serverless？为什么需要它？是否意味着从此不再需要服务器了？它究竟能为开发运维带来哪些便利呢？

回溯本源

让我们先来回顾一下常见的应用服务开发上线流程。

直接使用物理设备

开发者将应用程序开发测试完毕后，直接将程序和相关软件部署在物理设备上。服务器直接使用物理机。直接使用物理设备部署应用程序不可避免地需要大量的人工运维和重复劳动。比方说，用户数量逐渐增长时，我们需要扩容物理设备以应对更高的网站访问压力。这时候我们需要购置更多的物理服务器，并且搬运到机房的对应机架和机柜中。然后，我们需要手动为新购置的物理服务器安装各种运行软件，填写好配置文件，手动部署启动好需要运行的应用程序。这些大量的重复运维劳动造成产品上线慢，迭代周期长。其次，使用物理设备直接部署应用程序将导致资源浪费。如今的物理服务器的配置越来越强大，64 核 128GB 在今天看来也不过是普通配置。很难想象你买了一台 32 核的物理机，却只想搭建个人博客。此外，电商行业经常为了应对促销秒杀等活动准备大量的物理资源，然而在非促销等流量低谷时段，大量物理资源处理闲置状态，不利于节约成本。

最后，为了解决资源浪费问题，我们很容易想到，可以将多个应用程序部署在同一台服务器上来充分利用资源。但由此又导致了新的麻烦，不同的应用程序经常会抢占 CPU、磁盘 I/O、内存，难以做到隔离资源，各行其是，互不干扰。

IaaS 托管硬件

虚拟化技术的成熟直接解决了上述直接使用物理设备的几个痛点。

首先，使用 IaaS 平台，服务器由物理机变成了虚拟机。申请服务器资源仅需要调用 IaaS 平台的 API 或者点击控制台页面就可以轻松完成。CPU 个数、内存大小、网络带宽、存储磁盘大小都可以按需指定，随心所欲。虚拟机被玩坏了也不需要重装系统修复，删除重建新虚拟机即可。扩容服务器不再需要大量的重复人工运维劳动，加速了产品上线和迭代。

其次，使用 IaaS 平台一定程度上减轻了资源浪费。在 IaaS 平台上很容易得申请和删除虚拟机，升降带宽配置等操作，这样当业务低谷时段直接删除多余的虚拟机，降低带宽购买配额，就能节约不少成本。

最后，IaaS 平台解决了资源隔离的问题。不同的虚拟机之前有独立 CPU、内存、磁盘、网卡，不同虚拟机之前的程序不会进行资源抢占。

然而，IaaS 平台仅仅为开发者做好了硬件托管的工作。开发者依然需要为虚拟机安装操作系统和各种软件，填写配置并部署应用；依然需要关注服务器、带宽、存储等资源的使用量和扩容缩容。此外，IaaS 平台没有完全解决资源浪费的问题，实际上，大量虚拟机在日常运行中依然存在超低负载运行的情况。

PaaS 托管应用

使用 PaaS 平台，开发者无须关注服务器的申请采购、系统安装和资源容量。PaaS 服务提供商为开发者提供好了操作系统和开发环境及支持的 SDK 和 API，还能自动调整资源来帮助应用服务更好地应对突发流量。有了 PaaS 平台，开发者仅仅需要把应用开发好，然后在 PaaS 平台完成服务部署，应用服务即可上线。

相比 IaaS 平台，PaaS 平台能更加精准地为应用程序所消耗的资源计费。IaaS 平台仅仅依据用户申请的资源量如 CPU 核心数、网络带宽来计费，而不关注用户是否实际真正充分使用了其所申请到的资源。PaaS 平台则可以通过统计应用程序所占用的 CPU 使用率和内存使用率来更精准地计费，甚至可以实现应用层面的计费，比如服务响应时间，或者应用所消耗的事务。

什么是 Serverless？

Serverless 指的是由开发者实现的服务端逻辑运行在无状态的计算容器中，它由事件触发，完全被第三方管理，其业务层面的状态则被开发者使用的数据库和存储资源所记录。

以图 1 为例，图中上半部分描述的是互联网应用传统架构的模型：用户客户端 App 与部署在服务器端的常驻进程通信，服务端进程处理该应用的大部分业务逻辑流程。下半部分则描述了 Serverless 架构模型。与传统架构模型最大的不同在于，互联网应用的大部分业务逻辑流程被转移到客户端上，客户端通过调用第三方服务接口来完成诸如登录、鉴权、读取数据库等通用业务场景；高度定制化的业务逻辑则通过调用第三方 FaaS 平台执行自定义代码来完成。总体上看，Serverless 架构将传统架构中的服务器端的总体流程拆分成在客户端上执行一个个第三方服务调用或 FaaS 调用。

回顾之前所述，无论是直接使用物理服务器设备部署程序，还是基于 IaaS 平台托管硬件，或者使用 PaaS 平台托管应用，开发部署互联网应用都离不开传统的客户端 – 服务器模式，即客户端向服务端发送请求，服务器运行处理各种业务逻辑，并响应来自客户端的请求。至于物理机、IaaS 乃至 PaaS，归根结底只是服务器程序的部署模式不同。

而在 Serverless 架构中，软件开发者和运维工程师们不再需要关心服务器的部署、架设、伸缩，这些问题交给云平台商来解决，程序员们得以将精力投入用代码来实现业务逻辑中，而不是管理服务器。Serverless 并不意味着不再需要服务器了，只是服务器资源的申请、使用、调度伸缩由云服务商自动实现，应用开发者无须关心。

Serverless 如何工作？

以一个简单需求为例，论坛网站需要对用户上传的图片生成一个缩略图。

我们使用自研的通用计算（UGC）来实现该功能。

如图 2 所示，使用 UGC 实现这一功能操作步骤如下。

■ 用户将缩略图算法代码打包推送到 UGC 算法仓库中。

■ 用户从 UFile 中读取原始图片作为输入数据，调用 UGC SubmitTask API，指定缩略图算法，执行缩略图转换任务。

■ UGC 平台执行缩略图转换算法，将转换后的缩略图返回给用户。

■ 用户将得到的结果缩略图存储到 UFile 中。

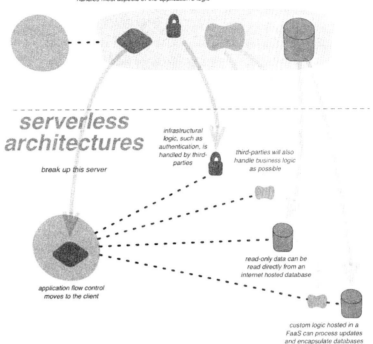

图 1　互联网应用传统架构的模型和 Serverless 架构模型

图 2　UGC 上传图片生成一个缩略图

在整个过程中，开发者仅仅需要将缩略图算法实现函数代码镜像提交到 UGC 算法仓库中，然后调用 UGC 的提交任务 API，输入源图片数据，即可获得计算结果。

从以上过程可以总结出：使用 Serverless 时，开发者无须考虑服务器细节，只需要负责编写发生某些事件后所需执行的代码。云供应商将负责提供用于运行这些代码的服务器，并在必要时对服务器进行缩放。执行完毕后，承担这些功能的容器会立刻停用，用户只需为运行代码过程中所消耗的资源付费。这种模式也被称为函数即服务（Function-as-a-Service，FaaS）。

与非 Serverless 方案的对比

上述场景如果使用非 Serverless 方案，大体架构如图 3 所示。

图 3　非 Serverless 方案架构图

该方案需要维护一组 UHost 服务集群，服务器中部署图片缩略转换程序。UHost 的服务程序先从 UFile 中读取源图片，使用图形库将其转换成缩略图并再存回 UFile 中。相比之前的 Serverless 方案，有以下几点对比。

■ 开发者需要关心服务器端程序开发设计，将图片处理程序部署成服务端程序，并购置服务器部署并运维管理这批 UHost 服务器。而使用 UGC，开发者无须关注服务器端，只需要将图形库函数提交到 UGC 算法仓库中并调用 UGC API 完成计算任务即可。

■ UHost 集群无法自动为突发流量自动伸缩扩容，需要运维工程师手动购置更多的 UHost 并部署上线扩容。而 UGC 能根据突发的流量自动伸缩，运行更多的函数容器。

■ UHost 服务器只要在运行就必须为之付费，无论请求量和负载的高低。UGC 只需要为实际的调用次数和函数实际执行时间付费，真正实现了按需分配付费。

Serverless 相比 PaaS 的特点

相比 PaaS，Serverless 在以下几个方面更具优势：

- 开发者无须关注服务器程序设计、部署和运维管理，重心从此转移到调用方而非服务器端。
- 更精细粒度的计费模式，真正实现了按需付费（Pay as you go）。使用 PaaS 托管应用，只要将应用部署上去，无论访问量或者负载高低，都需要计费。而使用 Serverless，用户仅仅需要为函数真正调用到的次数和执行时间付费。

Serverless 的适用场景

使用 Serverless 前，你需要了解 Serverless 适用场景的特点。

- Serverless 平台运行的是代码函数的片段，而不是整个程序。例如在生成缩略图场景中，UGC 仅仅运行的是用图形库处理图片这段代码。
- 代码必须做彻底的无状态改造。Serverless 平台会自动为突发的流量自动扩展运行函数代码所需要的容器，但用户在代码中无法得知其容器的部署环境情况。两次不同的 Serverless 调用必须是非耦合、无关联的。
- 用户无须关注水平扩展，Serverless 平台会自动根据调用量扩展运行代码所需要的容器，轻松做到高并发调用。
- 仅仅需要上传代码文件或者代码容器镜像即可完成应用部署。
- 代码运行的生命周期非常短暂。通常 Serverless 服务商会限制代码的最大运行时间，例如 AWS Lambda 为 5 分钟。
- 每次 Serverless 调用，Serverless 平台都会启动容器来运行对应的代码，调用结束后将容器销毁。因为容器创建存在一定的开销，所以 Serverless 不太适合对延迟要求极其苛刻的场景。

不是银弹

Serveless 架构在某些场景下拥有明显的优势，但它不是解决一切架构问题的灵丹妙药，更不是传统架构的革命者和替代者。架构上说，Serverless 更像是一种粘合剂。以下是一些常见的不适用 Serverless 的情况。

Serverless 平台需要为每次 FaaS 调用创建一个容器运行对应代码。前面提到过，由于创建容器并初始化代码运行环境存在一定程序的开销和延时（通常在 10ms 级），Serverless 架构难以胜任对延迟要求非常苛刻的场景。

同样，由于启动容器进程开销较高，Serverless 架构难以应对非常高的并发请求场景。通常云服务商会对用户的并发调用数做限制，比如 AWS Lambda 是 1000。

通常 FaaS 平台会对代码运行时间做最大时间限制。如果你的代码需要运行较长时间才能返回结果，则需要慎重考虑使用 Serverless。例如刚才提到的，AWS Lambda 对代码最大运行时间限制为 5 分钟。

由于代码容器在 Serverless 平台部署位置环境的不确定性，使用 Serverless 时，我们必须对代码做无状态改造。如果你的两次调用都存在关联偶合，则同样请慎重考虑 Serverless。

其他主流公有云服务商 Serverless 产品

除了众所周知的 AWS Lambda，目前常见的 Serverless 产品还有刚才提到的 UCloud 的通用计算（UGC）。

作为分布式大规模并行计算服务，UGC 能够充分利用 UCloud 多个区域内的多个可用区的计算资源，提供基于云平台的高可用性和高并发性，同时满足图片处理、机器学习、大数据处理、生物数据分析等领域的计算需求。它具备以下特性。

- Serverless 属性。用户无须关心计算资源交付部署，以用户算法代码为中心；计算资源服务化，用户通过 API 使用计算资源。
- 按需付费。用户仅需要为实际消耗的计算资源付费。
- 提供十万核级的海量计算资源，轻松支持高并发计算任务请求，自动实现资源分配和扩展。
- 具备高可用和跨可用区自动容灾能力。

基于 Mesos/Docker 构建去哪儿网数据处理平台

文 / 徐磊

平台概览

2014 年下半年左右，去哪儿完成了有关构建私有云服务的技术调研，并最终确定了 Docker/Mesos 这一方案。图 1 展示了去哪儿数据平台的整体架构。

该平台目前已实现了如下多项功能：

- 每天处理约 340 亿 /25TB 的数据；
- 90% 的数据在 100ms 内完成处理；
- 最长 3h/24h 的数据回放；
- 私有的 Elasticsearch Cloud；
- 自动化监控与报警。

为什么选择 Docker/Mesos

目前为止，这个数据平台可以说是公司整个流数据的主要出入口，包括私有的 Elasticsearch Cloud 和监控报警之类的数据。那么为什么选择 Docker/Mesos？

选择 Docker 有两大原因。第一个是打包：对于运维来讲，在业务打包之后，每天面对的是用脚本分发到机器上时所出现的各种问题。业务包是一个比较上层的话题，这里不做深入的讨论，这里讲的"打包"指软件的 Runtime 层。如果用 Docker 的打包机制，把最容易出现问题的 Runtime 包装成镜像并放在 registry 里，需要的时候拿出来，那么整个平台最多只执行一个远程脚本就可以了，这是团队最看好的一个特性。第二个是运维：Docker 取消了依赖限制，只要构建一个虚拟环境或一个 Runtime 的镜像，就可以直接拉取到服务器上并启动相应的程序。此外 Docker 在清理上也较为简单，不需要考虑环境卸载不干净等问题。

以常见的计算框架来说，它们本质上仍然属于运行在其上 Job 的 Runtime。综合上述情况，团队选择针对 Runtime 去打包。

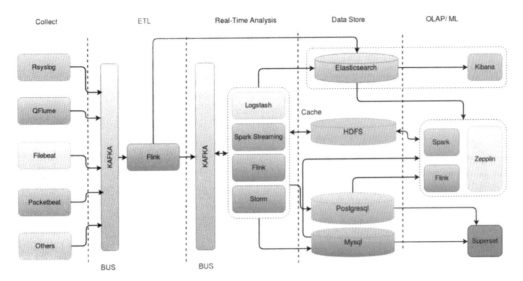

图 1　去哪儿数据平台的整体架构

选择 Mesos 是因为它足够简单和稳定，而且拥有较成熟的调度框架。Mesos 的简单体现在，与 Kubernetes 相比，其所有功能都处于劣势，甚至会发现它本身都是不支持服务的，用户需要进行二次开发来满足实际要求，包括网络层。不过，这也恰好是它的强项。Mesos 本身提供了很多 SDN 接口，或者有模块加载机制，可以做自定义修改，平台定制功能比较强。所以用 Mesos 方案，需要考虑团队是否可以掌控得住整个开发过程。

从框架层面来看，Marathon 可以支撑一部分长期运行的服务，Chronos 则侧重于定时任务/批处理。

图 2 是 Mesos 的一个简单结构图，数据平台的最终目标架构如图 3 所示。

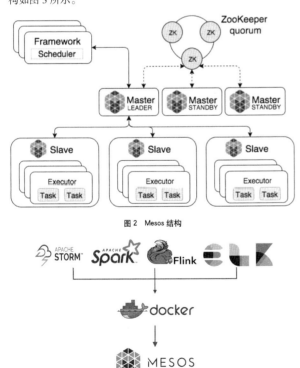

图 2　Mesos 结构

图 3　平台目标

组件容器化与部署

组件的容器化分为 JVM 容器化和 Mesos 容器化。JVM 容器化需要注意以下几方面。

- 潜在创建文件的配置要注意
  - java.io.tmpdir
  - -XX:HeapDumpPath
  - -Xloggc

-Xloggc 会记录 GC 的信息到指定的文件中。现在很少有直接用 XLoggc 配置的了（已经用 MXBean 方式替代了）。如果有比较老的程序通过 -Xloggc 打印 GC 日志，那么要额外挂载 volume 到容器内。

- 时区与编码
  - --env TZ=Asia/Shanghai
  - --volume /etc/localtime:/etc/localtime:ro
  - --env JAVA_TOOL_OPTIONS="-Dfile.encoding=UTF-8 -Duser.timezone=PRC

时区是另一个注意点。上面所列的三种不同方法都可以达到目的，其中第一/三个可以写在 Dockerfile 里，也可以在 docker run 时通过 --env 传入。第二种只在 docker run 时通过 volume 方式挂载。另外，第三种额外设置了字符集编码，推荐使用此方式。

- 主动设置 heap
  - 防止 ergonomics 乱算内存

这是 Docker 内部实现的问题。即使给 Docker 设置内存，在容器内通过 free 命令看到的内存和宿主机的内存是一样的。而 JVM 为了使用方便，会默认设置一个人机功能会根据当前机器的内存计算一个堆大小，如果我们不主动设置 JVM 堆内存的话，很有可能计算出一个超过 Memory Cgroup 限制的内存，启动就宕掉，所以需要注意在启动时就把内存设置好。

- CMS 收集器要调整并行度
  - -XX:ParallelGCThreads=cpus
  - -XX:ConcGCThreads=cpus/2

CMS 是常见的收集器，它设置并行度的时候是取机器的核数来计算的。如果给容器分配 2 个 CPU，JVM 仍然按照宿主机的核数初始化这些线程数量，GC 的回收效率会降低。想规避这个问题有两点：第一点是挂载假的 Proc 文件系统，比如 Lxcfs；第二种是使用类似 Hyper 的基于 Hypervisor 的容器。

Mesos 容器化要求关注两类参数：配置参数和 run 参数。

- 需要关注的配置参数
  - MESOS_systemd_enable_support
  - MESOS_docker_mesos_image
  - MESOS_docker_socket
  - GLOG_max_log_size
  - GLOG_stop_logging_if_full_disk

Mesos 是配置参数最多的。在物理机上，Mesos 默认使用系统的 Systemd 管理任务，如果把 Mesos 通过 Docker run 的方式启动起来，用户就要关 systemd_Enable_support，防止 Mesos Slave 拉取容器运行时数据造成混乱。

第二个是 Docker_Mesos_Image，这个配置告诉 Mesos Slave，当前是运行在容器内的。在物理机环境下，Mesos Slave 进程宕掉重启，就会根据 executor 进程/容器的名字做 recovery 动作。但是在容器内，宕后 executor 全部回收了，重启容器，Slave 认为是一个新环境，跳过覆盖动作并自动下发任务，所以任务有可能会发重。

Docker_Socket 会告诉 Mesos，Docker 指定的远端地址或本地文件，是默认挂到 Mesos 容器里的。用户如果直接执行文件，会导致文件错误，消息调取失败。这个时候推荐一个简单的办法：把当前物理机的目录挂到容器中并单独命名，相当于在容器内直接访问整个物理机的路径，再重新指定它的地址，这样每次一有变动 Mesos 就能够发现，做自己的指令。

后面两个是 Mesos Logging 配置，调整生成 logging 文件的一些行为。

- 需要关注的 run 参数
  - --pid=host
  - --privileged
  - --net=host (optional)
  - root user

启动 Slave 容器的时候最好不加 Pid Namespace，因为容器内 Pid=1 的进程一般都是你的应用程序，易导致子进程都无法回收，或者采用 tini 一类的进程启动应用达到相同的目的。--privileged 和 root user 主要是针对 Mesos 的持久化卷功能，否则无法 mount 到容器内，--net=host 是出于网络效率的考虑，毕竟原生的 bridge 模式效率比较低。

图 4 就是去哪儿数据平台部署的流程图。

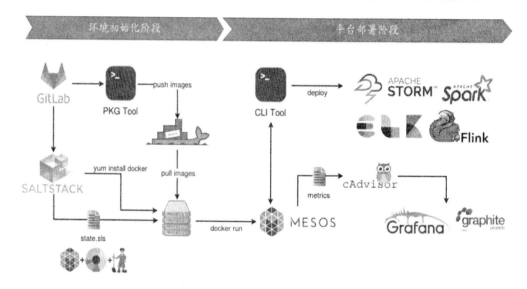

图 4　去哪儿数据平台部署流程图

基于 Marathon 的 Streaming 调度

拿 Spark on Mesos 作例子，即使是基于 Spark 的 Marathon 调度，也需要用户开发一个 Frameworks。上生产需要很多代码，团队之前代码加到将近一千，用来专门解决 Spark 运行在 Master 中的问题，但是其中一个软件经常跑到 Master，对每一个框架写重复性代码，而且内部逻辑很难复用，所以团队考虑把上层的东西全都跑在一个统一框架里，例如后面的运维和扩容，都针对这一个框架做就可以了。团队最终选择了 Marathon，把 Spark 作为 Marathon 的一个任务发下去，让 Spark 在 Marathon 里做分发。

除去提供运维标准化和自动化外，基于 Spark 的 Marathon 还可以解决 Mesos-Dispatcher 的一些问题：

- 配置不能正确同步

这一块更新频率特别慢，默认速度也很慢，所以需要自己来维护一个版本。第一个配置不能正确同步，需要设置一些参数信息、Spark 内核核数及内损之类，这里它只会选择性地抽取部分配置发下去。

- 基于 attributes 的过滤功能缺失

对于现在的环境，所设置的 Attributes 过滤功能明显缺失，不管机器是否专用或有没有特殊配置，上来就发，很容易占满 ES 的机器。

- 按 role/principal 接入 Mesos

针对不同的业务线做资源配比时，无法对应不同的角色去接入 Mesos。

- 不能 re-registery

框架本身不能重注册，如果框架跑到一半挂掉了，重启之后之前的任务就直接忽略不管，需要手工 Kill 掉这个框架。
- 不能动态扩容 executor

最后是不能扩容、动态调整，临时改动的话只能重发任务。整个过程比较简单，如图 5 所示。

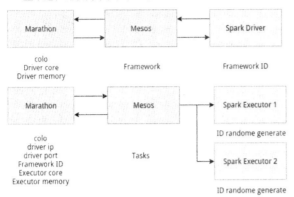

图 5　替代 Spark Mesos Dispatcher

不过还是有一些问题存在：
- Checkpoint & Block
  - 动态预留 & 持久化卷
  - setJars
  - 清理无效的卷

关于 Checkpoint&Block，通过动态预留的功能可以把这个任务直接"钉死"在这台机器上，如果它挂了，就可以直接在原机器上重启，并挂载 volume 继续工作。如果不用它预留的话，可能调度到其他机器上，找不到数据 Block，造成数据的丢失或者重复处理。

持久化卷是 Mesos 提供的功能，需要考虑它的数据永存，Mesos 提供了一种方案：把本地磁盘升级成一个目录，把这个转移到 Docker 里。每次写数据到本地时，能直接通过持久化卷来维护，免去手工维护的成本。但它目前有一个问题，如果任务已被回收，它持久化卷的数据是不会自己删掉的，需要写一个脚本定时轮询并对应删掉。

- 临时文件
  - java.io.tmpdir=/mnt/mesos/sandbox
  - spark.local.dir=/mnt/mesos/sandbox

如果使用持久化卷，需要修改这两个配置，把这一些临时文件写进去，比如 shuffle 文件等。如果配置持久化卷的话，用户也可以写持久化卷的路径。

- Coarse-Grained

Spark 有两种资源调度模式：细粒度和粗粒度。目前已经不太推荐细粒度了，考虑到细粒度会尽可能地把所有资源占满，容易导致 Mesos 资源被耗尽，所以这个时候更倾向选择粗粒度模式。

图 6 展示了基于 Storm 的 Marathon 调度，Flink 也是如此。结合线上的运维和 debug，需要注意以下几方面：
- 原生 Web Console
  - 随机端口
  - openresty 配合泛域名

默认原生 Web Console，前端配置转发，直接访问固定域名。

- Filebeat + Kafka + ELK
  - 多版本追溯
  - 日常排错
  - 异常监控

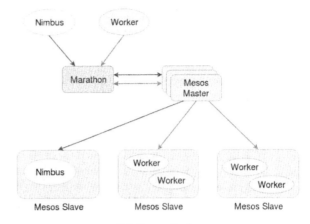

图 6　Storm on Marathon

大部分 WebUI 上看到的都是目前内部的数据处理情况，可以通过 ELK 查询信息。如果任务曾经运行在不同版本的 Spark 上，可以把多版本的日志都追踪起来，包括日常、问题监控等，直接拿来使用。

- Metrics

第三个需要注意的就是指标。

ELK on Mesos

目前平台已有近 50 个集群，约 100TB+ 业务数据量，高峰期 1.2k QPS 以及约 110 个节点，Elasticsearch 需求逐步增多。

图 7 是 ELK on Mesos 结构图，也是团队的无奈之选。因为 Mesos 还暂时不支持 multi-role framework 功能，所以选择了这种折中的方式来做。在一个 Marathon 里，根据业务线设置好 Quota 后，用业务线重新发一个新的 Marathon 接入进去。对于多租户来讲，可以利用 Kubernetes 做后续的资源管控和申请。

图 7　ELK on Mesos

部署 ES 以后，有一个关于服务发现的问题，可以去注册一个 callback，Marathon 会返回信息，解析出 master/slave 进程所在的机器和端口，配合修改 Haproxy 做一层转发，相当于把后端整个 TCP 的连接都做一个通路。ES 跟 Spark 不完全相同，Spark 传输本身流量就比较大，而 ES 启动时需要主动联系 Master 地址，再通过 Master 获取相应集群，后面再做 P2P，流量比较低，也不是一个长链接。

监控与运维

这部分包括了 Streaming 监控指标与报警、容器监控指标与报警两方面。

Streaming 监控指标与报警

Streaming 监控包括拓扑监控和业务监控两部分。

- Streaming 拓扑监控
- 业务监控
  - Kafka Topic Lag
  - 处理延迟 mean90/upper90
  - Spark scheduler delay/process delay
  - Search Count/Message Count
  - Reject/Exception
  - JVM

拓扑监控包括数据源和整个拓扑流程，需要用户自己去整理和构建，更新的时候就能够知道这个东西依赖谁、是否依赖线上服务，如果中途停的话会造成机器故障。业务监控的话，第一个就是 Topic Lag，Topic Lag 每一个波动都是不一样的，用这种方式监控会频繁报警，90% 的中位数都是落在 80-100 毫秒范围内，就可以监控到整个范围。

容器监控指标与报警

容器监控上关注以下三方面。

- Google cAdvisor 足够有效
  - mount rootfs 可能导致容器删除失败 #771
  - --docker_only
  - --docker_env_metadata_whitelist
- Statsd + Watcher
  - 基于 Graphite 的千万级指标监控平台
- Nagios

容器这一块比较简单，利用 Docker 并配合 Mesos，再把 Marathon 的 ID 抓取出来就可以了。我们这边在实践的过程发现一个问题，因为 Statsd Watcher 容易出现问题，你直接用 Docker 的时候它会报一些错误出来，这就是 Statsd Watcher 把路径给挂了的原因。目前我们平台就曾遇到过一次，社区里面也有人爆料，不过复现率比较低。用的时候如果发现这个问题，把 Statsd Watcher 直接停掉就好。指标的话，每台机器上放一个 Statsd 再发一个后台的 Worker，报警平台也是这个。

其实针对 Docker 监控的话，还是存在着一些问题：

- 基础监控压力
  - 数据膨胀
  - 垃圾指标增多
  - 大量的通配符导致数据库压力较高
- 单个任务的容器生命周期
  - 发布
  - 扩容
  - 异常退出

首先主要是监控系统压力比较大。原来监控虚拟机时都是针对每一个虚拟机的，只要虚拟机不删，就是长期汇报，指标名固定，但在容器中这个东西一直在变，它在这套体系下用指标并在本地之外建一个目录存文件，所以在这种存储机制下去存容器的指标不合适。主要问题是数据膨胀比较厉害，可能一个容器会起名，起名多次之后，在 Graphite 那边对应了有十多个指标，像这种都是预生成的监控文件。比如说定义每一秒钟一个数据点，要保存一年，这个时候它就会根据每年有多少秒生成一个 RRD 文件放那儿。这部分指标如果按照现有标准的话，可能容器的生命周期仅有几天时间，不适用这种机制。测试相同的指标量，公司存储的方式相对来说比 Graphite 好一点。因为 Graphite 是基于文件系统来做的，第一个优化指标名，目录要转存到数据库里做一些索引加速和查询，但是因为容器这边相对通配符比较多，不能直接看到具体对应的 ID，只能通配符查询做聚合。因为长期的通配符在字符串的索引上还是易于使用的，所以现在算是折中的做法，把一些常用的查询结果、目录放到里边。

另一个是容器的生命周期。可以做一些审计或者变更的版本，在 Mesos 层面基于 Marathon 去监控，发现这些状态后打上标记：当前是哪一个容器或者哪一个 TASK 出了问题，对应扩容和记录下来。还有 Docker 自己的问题，这样后面做整个记录时会有一份相对比较完整的 TASK-ID。

容器与 OpenStack：从相杀到相爱

文 / 张雷

OpenStack 项目始于 2010 年，由 Rackspace 和 NASA 合作发起，旨在为公共及私有云的建设与管理提供软件的开源项目。2012 年发布的 OpenStack Essex 和 Folsom 算是真正意义上被广泛使用的版本。很多公司最早使用或改造的版本都是从这个时候开始。

现在我们提到容器，一般就是指 Docker 公司的 Docker 产品。Docker 项目始于 2013 年。由于其简单易用、性能无损耗及沙箱机制，很快就流行了起来。当时就有一种声音，容器会取代虚拟机，因此 OpenStack 面对着巨大的压力。为了应对这种快速的技术革新，OpenStack 基金会后来将项目管理变成了 "Big Tent" 模式。从此 OpenStack 的子项目数量发生了质的飞跃，也促进了大量优秀 OpenStack 子项目的诞生。

现在看来，虚拟机技术和容器技术各有自己的使用场景。两者不是相杀，而是相爱关系。近几年 OpenStack 社区涌现了大量与容器相关的项目。

- nova-docker，Nova 的 Docker 驱动。
- Magnum，在 OpenStack 上面管理容器编排引擎，包括 Docker Swarm、Kubernetes、Apache Mesos 等。

- Kolla，利用容器来简化 OpenStack 部署。
- Zun，在 OpenStack 上统一管理容器。
- Kuryr，Docker 的网络插件，可以让 Docker 使用 Neutron 的网络。

OpenStack 容器化的必要性

在容器化部署 OpenStack 项目开始之前，已经有大量 OpenStack 部署方案存在，包括当时整个社区主流的老牌部署工具 Puppet，新兴的工具例如 SaltStack、Ansible、Chef 都有相关的部署模块。然而这些部署方案并没有简化 OpenStack 的部署，只是实现了过程的自动化。本质上是没有太大区别的。有些问题并没有很好的解决，例如包的依赖关系、升级困难等。

吃自己的"狗粮"，这是在软件开发过程中很重要的一个原则。都说这东西好，自己都不用，如何推给用户？大家都知道容器好，各个厂商也都在积极的推广，但是你自己的产品容器化了么？如果没有，怎么能说服客户？Kolla 的诞生就是真正的利用容器来简化提升 OpenStack 的部署。

与此同时，容器化还带来许多好处。

- 简化安装流程，提升部署效率。容器化后，把整个安装过程简化成了生成配置文件、启动容器这么简单的两个步骤。宿主机上只依赖 Docker Engine 和 Docker-py，不用安装其他任何二进制包。同时也提升了安装的效率。现在安装 100 个节点半小时左右就可以部署成功。如果使用传统的安装方式的话，至少要花一天的时间。
- 环境隔离。容器化后，每个服务都运行在单独的容器里面，运行环境是相互隔离的，这也就避免了包依赖导致的问题。同时，也使得单服务升级成为可能。例如使用 Ocata 版本的 Horizon 对接 Newton 版本的 Nova。
- 升级和回滚。由于 OpenStack 模块众多，传统的部署方案很难来做 OpenStack 的升级，而且一旦升级失败，也无法做回滚操作。但是容器化后就不同了，升级就是用新的容器替换旧的容器。回滚就是用旧容器替换新的容器。一切都变得简单自然。
- OpenStack 很多很有潜力的项目，以前因为发行版没有打包，导致用户测试、验证都很困难，用户投入生产使用，也面临重重的困难。这其实也是导致目前为止，用户还是停留在几个核心项目使用的主要障碍。Kolla 支持以源代码的方式进行镜像构建，可以把大量对用户有价值的项目放到 Kolla 里，加快项目成熟的速度和开发周期。
- 加快创新的速度，OpenStack 的完善单靠自身还是不够的，需要依赖外面很多项目。例如 Skydive，现在很多项目都是用容器进行发布的，集成 Kolla 的代价和周期就非常短。集成到 Kolla，不需要考虑 OpenStack 版本、环境依赖甚至操作系统的版本。

OpenStack 容器化技术难点

由于 Docker 一直在成长，因此必然面临不成熟的问题。这也给整个容器化过程带来了许多困难。

镜像构建

由于 OpenStack 部署涉及的模块相当多，其中既包括基础服务，例如 RabbitMQ、MySQL 等，也包括 OpenStack 本身的众多服务，例如 Keyston、Nova 等。同时 Dockerfile 本身的描述能力又很有限。对这些服务如何快速构建，是首要解决的问题。

- 利用 Jinja2 模板动态生成 Dockerfile 的文件，可有效地简化了 Dockerfile 的内容，并增强了 Dockerfile 的描述能力。
- 利用 Dockerfile 的镜像依赖功能，将公共数据安装到基础镜像中，将私有数据安装在最终的镜像中，有效提升了构建的速度，降低了所有镜像的总大小。现在一共有 200 多个镜像，总大小不超过 4GB。
- 同时支持 Binary 和 Source 两种构建方案，而且支持 CentOS、Ubuntu、OracleLinux 做为基础镜像，可以满足用户不同的需求。
- 同时也支持在不修改代码的情况下，对镜像进行定制。

PID 1 进程

容器里面的第一个进程的进程号是，由于 Linux 内核中会对 pid 1 有特殊的意义，所以在很多情况下会造成容器不能正常停止或大量僵尸进程的存在。

一般情况下，当给一个进程发送信号时，内核会先检查是否有用户定义的处理函数，如果没有，就会回退到默认行为。例如使用 SIGTERM 直接杀死进程。然而，如果进程的 PID 是 1，内核会特殊对待它：如果没有注册用户处理函数，内核不会回退到默认行为，也就什么也不做。多数的应用程序都不会注册 SIGTERM 的处理函数，当它接收 SIGTERM 信号时，什么也不会发生。最后只能通过 SIGKILL 杀死进程。同时，PID 1 进程还应该要负责容器内所有孤儿进程的资源回收。否则就会出现僵尸进程。

解决方案在 Docker 1.13 之前，可能通过手动加入一个的 init 管理程序（例如 tini）。代码如下：

```
# Add Tini
ENV TINI_VERSION v0.15.0
ADD https://github.com/krallin/tini/releases/download/${TINI_VERSION}/tini /tini
RUN chmod +x /tini
ENTRYPOINT ["/tini","--"]
```

Docker 1.13 之后，已经内置了一个 init 管理程序，使用如下：

```
docker run --init -d centos <command>
```

容器初始化

某些容器在启动之前，是要进行一定的初始化操作的，比方说 MySQL 服务，MySQL 的数据文件 /var/lib/mysql 目录肯定要放到一个单独的 docker volume 上面。然而 docker volume 里面本身是空的，需要通过 mysql_install 命令初始化基础表，同时配置好 root 密码。这类操作只是在第一次启动 MySQL 之前是需要的，之后就没有必要了。所以解决方案是在真正启动 MySQL 之前，创建一个 bootstrap_mysql 的容器来进行初始化，初始化完成后就删除掉。之后在启动真正的 MySQL 容器。多数的有状态的服务都有类似需求，都可以通过这种方案来解决。

配置文件

Docker 一直没有把配置文件的管理处理好。它推崇通过环境变量来处理，然而并不是所有的应用都可以适应这种要求。

尤其是像 RabbitMQ 这种已经成熟的应用和 OpenStack 这种有好上千个配置项的项目。如果配置文件固定死，镜像本身就很难做到通用。

Kolla 的解决方案是：当容器启动的时候，需要通过 volume 的方式把配置文件加载到容器中的特殊位置，Kolla 在所有的镜像里内置一个脚本，通过读取加载进来的 config.json 文件，把配置文件复制到真正的目标位置。

这么做的好处是，配置文件可以依据真正的部署环境，动态的增加或减少。比方说开启 Ceph 的时候，就需要把 ceph.conf 的配置文件放到 /etc/ceph/ceph.conf 位置。

Namespace

Kolla 的一个实现原则就是单容器单进程。然而在 Docker 1.10 版本之前，并不支持修改挂载点的挂载模式。所以之前的实现是单容器里面，通过 supervisord 把 neutron 的几个 agent 启动到同一个容器里面。这样几个 agents 创建的 namespace 才可以相互访问。从 Docker 1.10 版本起支持了全部的挂载模式。通过利用 shared 的挂载方式，使得创建的 namespace 可以共享，从而可以把全部的 agent 运行到各自的容器里面。这一升级彻底实现了单容器单进程的目标，大大简化了部署结构。

Kolla 的成功

现在有好几个厂商都在做容器化解决方案，其中包括 openstack-ansible、stackanetes、fuel-ccp、Kolla 等。但是只有 Kolla 最活跃，使用得最多，而且已经有了大量生产环境的案例。

Kolla 项目现在已经拆分成了三个子项目，包括解决镜像构建的 Kolla，利用 Ansible 编排部署的 kolla-ansible 项目，以及把 OpenStack 部署在 Kubernetes 上面的 kolla-kubernetes 项目。后两者都是统一使用前者构建的镜像。

现在 kolla-ansible 已经支持了所有 OpenStack big tent 项目，及大部分主流项目，可以满足不同用户的使用需求。同时 kolla-kubernetes 项目也很快会发布 1.0 的版本。

从立项开始，Kolla 项目的活跃度就一直保持在前几名，参与公司也是非常多的。包括 Redhat、Mirantis、Cisco、Intel、IBM 这些老牌大公司都在里面有大量贡献。值得一提的是，中国有多家公司在 Kolla 项目中均有大量的贡献。

Kolla 项目成功的另一个关键是技术的革新和正确的选择，包括：

■ 立项的时间：Kolla 项目开始于 2013 年 9 月，是所有容器化部署 OpenStack 项目中最早启动的。

■ 部署工具采用了 Ansible 无疑是相当正确的选择。一是功能强大而且简单易用，不像 puppet 那么复杂，很快就可以上手。二是后来 Ansible 被 Redhat 收购后，发展相当迅猛，在 OpenStack 社区的使用率已经超过了 puppet。

■ Docker 1.10 版本的发布。这个版本发布于 2016 年 2 月份，修复了大量问题，并增加了上面提到的挂载点模式的支持。当时 Kolla 也正在做大规模重构工作，正好利用版本发布的最后两个月把整体架构定了下来。从此 Kolla 的部署架构没有太大规模的调整，而且有些生产环境就是使用的 2016 年 4 月份发布的 Mitaka 版本。如果当时 Docker 的版本没有解决这些问题或晚一个月发布，那么 Kolla 的成熟肯定要晚半年时间。

■ 适时地放弃 kolla-mesos 转向 kolla-kubernetes 项目。2016 年年初 Kubernetes 1.2 版本的发布让社区看到了 Kubernetes 将来的发展，并立即中止了才开始半年的 kolla-mesos 项目，开始 kolla-kubernetes 项目。现在看来，这也是相当正确的选择。

所以 Kolla 的成功占据了天时、地利及人和。成功也是偶然中的必然。

未来

Kolla 基本进入了一个成熟稳定的时期，在 Pike 这个周期内，虽然没有太大的架构变动，不过依然会增加很多新功能，比如支持 Debian 系统、DPDK、ARM 和 Power 服务器、VMware 和 HyperV 虚拟化以及更加全面的集成测试等。同时 kolla-kubernetes 也同样值得期待。

容器化 OpenStack 大大简化了整个部署流程，真正实现了一键部署，给用户带来了极大的方便。可以预见，随着 OpenStack 安装的简化，将会吸引更多的用户部署和使用 OpenStack，而随着一键升级、一键维护等功能的逐步完善，相信用户对 OpenStack 的使用将会更加普遍，更加得心应手。 🅟

Mesos 容器引擎的架构设计和实现解析

文 / 张乾

提到容器，大家第一时间都会想到 Docker，毕竟 Docker 是目前最为流行的容器开源项目，它实现了一个容器引擎（Docker engine），并且为容器的创建和管理、容器镜像的生成、分发和下载提供一套非常便利的工具链，而它的容器镜像格式几乎就是业界的事实标准。但其实除了 Docker，在容器的开源生态圈中还有其他一些项目也在做自己的容器引擎，这样的项目一般也被称作为容器运行时（container runtime），比如：CoreOS 的 rkt 和 Mesos 的容器引擎（Mesos containerizer）。在本文中，笔者将对 Mesos 容器引擎进行全面介绍，解释在 Docker 如此流行的情况下 Mesos 为什么还要坚持做自己的容器引擎，介绍 Mesos 容器引擎的总体架构和各核心组件，以及它对容器各相关标准规范的采纳和支持。

容器和容器引擎的定义

首先我们来了解一下什么是容器。笔者对容器的定义是：一个或一组使用了 Cgroups 做资源限定，使用了 namespace 做资源隔离，且使用了镜像文件做根文件系统的进程。如图 1 所示。

由此可见，实现容器的三大核心技术如下。

Cgroups（Control Cgroups，控制群组）：Linux 中的 Cgroups 包含多个不同的子系统，例如 CPU、memory、device 等。通过这些子系统就可以对容器能够使用的各种资源进行限定，比如：

通过 CPU 子系统可以限定容器使用 CPU 资源的相对权重和单位时间内能够使用的 CPU 时间。

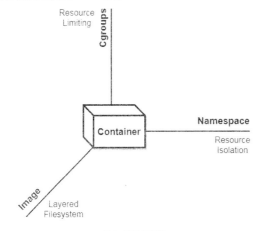

图1 容器3要素

- Namespace（命名空间）：Linux 同样支持多个 namespace，例如：mount、network、pid 等。通过这些 namespace 可以对容器进行不同维度的资源隔离，比如：通过 mount namespace 可以让容器具有自己独立的挂载空间，在主机或别的容器中发生的挂载事件对该容器就不可见，反之亦然。通过 network namespace 可以让容器具有自己独立的网络协议栈，而不必和其所在主机共用同一个网络协议栈。

- Layered filesystem（分层文件系统）：Linux 中的 layered filesystem 有多种不同的实现，例如 AUFS、overlayfs 等。通过这些 layered filesystem 配合 mount namespace 就可以快速部署出容器自己独立的根文件系统。而且，基于同一个镜像文件创建出来的多个容器可以共享该镜像文件中相同的只读分层，以达到节省主机磁盘空间的效果。

上面这三种技术都是在 Linux 系统中存在已久且相对成熟的技术，但让终端用户直接使用它们来创建和管理容器显然并不方便。所以，容器引擎就应运而生了，它所做的主要工作就是将这三种技术在其内部有机地结合和利用起来，以实现创建容器和管理容器的生命周期，并对外提供友好的接口让用户能够方便地创建和管理容器。Cgroups、namespace 和 layered filesystem 的详细介绍就不在本文中赘述了，感兴趣的读者可以查阅 Linux 中这三种技术的相关文档。

需要指出的是，容器引擎对这三种技术的使用往往是有选择且可定制的，比如：用户可以通过容器引擎创建一个使用 cgroups memory 子系统但不使用 CPU 子系统的容器，这样的容器对内存资源的使用就会受到相应的限定，但对 CPU 资源的使用则不受任何限定。用户也可以创建一个使用 mount namespace 但不使用 network namespace 的容器，这样的容器就会有自己独立的挂载空间，但和主机共用一个网络协议栈。Mesos 容器引擎在这方面的可定制化进行得非常彻底，除了上面所说的对 cgroups 子系统和 namespace 的定制，Mesos 容器引擎还能够支持无镜像文件创建容器，这是其他容器引擎所不具备的。

Mesos 容器引擎产生的背景

在 Docker 如此流行的情况下，Mesos 为什么还要坚持做自己的容器引擎呢？其实 Mesos 在很早期的版本就和 Docker 进行了集成，用户可以通过 Mesos 创建一个 Docker 容器，在内部实现上，Mesos agent 会调用 Docker 的命令行和 Docker engine 通信，以让其创建 Docker 容器。这也就是意味着 Mesos 对容器的管理严重依赖于 Docker engine，而这种做法的问题如下。

- 稳定性不足：Mesos 常常会被用来管理几千甚至上万节点的生产环境，而在如此大规模的生产环境中，稳定性极其重要。而在这样的环境中，通过实测我们发现 Docker engine 的稳定性的确有所不足，有时会出现停止响应甚至一些莫名其妙的 Bug，而这样的问题反映到 Docker 社区中后有时又无法及时得到解决。这就促使了 Mesos 的开发者开始设计和实现自己的容器引擎。

- 难于扩展：Mesos 的用户常常会提出一些和容器相关的新需求（比如：让容器能够使用 GPU 资源，通过 CNI 配置容器的网络，等），而这些需求都受限于 Docker engine 的实现，如果 Docker 社区拒绝采纳这些需求，或有完全不同的实现方式，那 Mesos 作为 Docker engine 之上的调用方也无计可施。

众所周知，Mesos 的定位是数据中心操作系统，它是一个非常好的通用资源管理和资源调度系统，一开始就是一个"大脑级"的存在，但如果只有"大脑"没有"四肢"（对容器的支持就是"四肢"的一种），或"四肢"掌握在别人手中，那 Mesos 本身和其生态圈的可持续发展显然是受限的。所以，发展自己的"四肢"是 Mesos 逐步发展壮大的必然选择。

基于上述这些原因，Mesos 社区决定要做自己的容器引擎，这个容器引擎完全不依赖于 Docker engine（即：和 Docker engine 没有任何交互），但同时它完美兼容 Docker 镜像文件。这也就意味着，用户可以通过 Mesos 在一台没有安装运行 Docker engine 的主机上，基于任意 Docker 镜像创建出容器。

Mesos 容器引擎的总体架构和核心组件

首先我们来看一下 Mesos 的总体架构，以及容器引擎在其中的位置。

图2 中蓝色部分是 Mesos 自身的组件，可以看到 Mesos 是典型的 master + agent 架构。Master 运行在 Mesos 集群中的管理节点上，可以有多个（一般设置为三个、五个等奇数个），它们相互之间通过 ZooKeeper 来进行 leader 选举，被选举成 leader 的 master 对外提供服务，而其他 master 则作为 leader master 的备份随时待命。Master 之上可以运行多个计算框架，它们会调用 master 提供的 API 发起创建任务的请求。Master 之下可以管理任意多个计算节点，每个计算节点上都运行一个 agent，它负责向 master 上报本节点上的计算资源，并接受 master 下发的创建任务的请求，将任务作为容器运行起来。而 agent 内部的一个组件 containerizer 就是用来管理容器的生命周期的（包括：容器的创建 / 更新 / 监控 / 销毁），它就是 Mesos 的容器引擎。

我们再来进一步看一下 Mesos 容器引擎内部的总体架构和核心组件。

如图3 所示，Mesos 容器引擎内部包含了多个组件，主要有：launcher、provisioner（其内部又包含了 store 和 backend 两个组件）和 isolator。下面来逐一介绍这些组件的主要功能和用途。

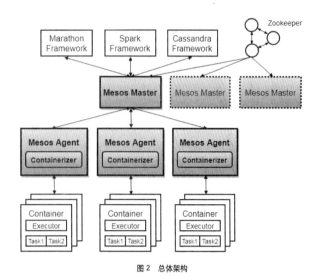

图 2 总体架构

Launcher

Launcher 主要负责创建和销毁容器，由于容器的本质其实就是主机上的进程，所以 launcher 在其内部实现上，主要就是在需要创建容器时，调用 Linux 系统调用 fork()/clone() 来创建容器的主进程，在需要销毁容器时，调用 Linux 系统调用 kill() 来杀掉容器中的进程。Launcher 在调用 clone() 时根据需要把容器创建在其自己的 namespace 中，比如：如果容器需要自己的网络协议栈，那 launcher 在调用 clone() 时就会加入 CLONE_NEWNET 的参数来为容器创建一个自己的 network namespace。

Launcher 目前在 Mesos 中有两种不同的实现：Linux launcher 和 Posix launcher，上面提到的就是 Linux launcher 的实现方式，Posix launcher 适用于兼容 Posix 标准的任何环境，它主要是通过进程组（process group）和会话（session）来实现容器。在 Linux 环境中，Mesos agent 会默认启用 Linux launcher。

Provisioner

为了支持基于镜像文件创建容器，Mesos 为其容器引擎引入了 provisioner。这个组件完成的主要工作是通过 store 组件来下载和缓存指定的镜像文件，通过 backend 组件基于指定的镜像文件来部署容器的根文件系统。

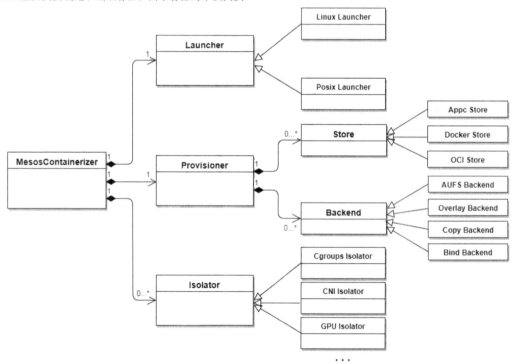

图 3 Mesos 容器引擎内部的总体架构和核心组件

Store

Mesos 容器引擎中目前已经实现了 Appc store 和 Docker store，分别用来支持 Appc 格式的镜像和 Docker 镜像，此外，Mesos 社区正在实现 OCI store 以支持符合 OCI（Open Container Initiative）标准格式的镜像。所以基本上，针对每种不同的镜像文件格式，Mesos 都会去实现一个对应的 store。而以后当 OCI 镜像格式成为业界容器镜像文件的标准格式时，我们可能会考虑在 Mesos 容器引擎中只保留一个 OCI store。

Store 下载的镜像会被作为输入传给 backend 来去部署容器的根文件系统，且该镜像会被缓存在 agent 本地的工作目录中，当用户基于同一镜像再次创建一个容器时，Store 就不会重复下载该镜像，而是直接把缓存中的镜像传给 backend。

Backend

Backend 的主要工作就是基于指定镜像来部署容器的根文件系统。目前 Mesos 容器引擎中实现了四个不同的 backend。

■ AUFS：AUFS 是 Linux 中的一种分层文件系统。AUFS backend 就是借助这种分层文件系统把指定镜像文件中的多个分层挂载组合成一个完整的根文件系统给容器使用。基于同一镜像文件创建出来的多个容器共享相同的只读层，且各自拥有独立的可写层。

- **Overlay**：Overlay backend 和 AUFS backend 非常类似，它是借助 Overlayfs 来挂载组合容器的根文件系统。Overlayfs 也是一种分层文件系统，它的原理和 AUFS 类似，所以，AUFS backend 所具备的优点 Overlay backend 都有，但不同的是 Overlayfs 已经被 Linux 标准内核所接受，所以，它在 Linux 平台上有更好的支持。
- **Copy**：Copy backend 的做法非常简单，它就是简单地把指定镜像文件的所有分层都复制到一个指定目录中作为容器的根文件系统。它的缺点显而易见：基于同一镜像创建的多个容器之间无法共享任何分层，这对计算节点的磁盘空间造成了一定的浪费，且在复制镜像分层时也会消耗较大的磁盘 I/O。
- **Bind**：Bind backend 比较特殊，它只能够支持单分层的镜像。它是利用 bind mount 这一技术把单分层的镜像以只读的方式挂载到指定目录下作为容器的根文件系统。相对于 Copy backend，Bind backend 的速度更快（几乎不需要消耗磁盘 I/O），且多个容器可以共享同一镜像，但缺点就是只能支持单分层镜像，且根文件系统是只读的，如果容器在运行时需要写入数据，就只能通过额外挂载外部卷的方式来实现。

在用户没有指定使用某种 backend 的情况下，Mesos agent 在启动时会以如下逻辑来自动启用一种 backend。
- 如果本节点支持 Overlayfs，启用 Overlay backend。
- 如果本节点不支持 Overlayfs 但支持 AUFS，启用 AUFS backend。
- 如果 OverlayFS 和 AUFS 都不支持，启用 Copy backend。

由于 Bind backend 的局限性较大，Mesos agent 并不会自动启用它。

Isolator

Isolator 负责根据用户创建容器时提出的需求，为每个容器进行指定的资源限定，且指引 launcher 为容器进行相应的资源隔离。目前 Mesos 内部已经实现了十多个不同的 isolator，比如：cgroups isolator 通过 Linux cgroups 来对容器进行 CPU、memory 等资源的限定，而 CNI isolator 会指引 launcher 为每个容器创建一个独立 network namespace 以实现网络隔离，并调用 CNI 插件为容器配置网络（如：IP 地址、DNS 等）。

Isolator 在 Mesos 中有着非常好的模块化设计，且定义了一套非常清晰的 API 接口让每个 isolator 可以根据自己所需要完成的功能去有选择地实现。这套 isolator 接口贯穿容器的整个生命周期，Mesos 容器引擎会在容器生命周期的不同阶段通过对应的接口来调用 isolator 完成不同的功能。下面是一些主要的 isolator 接口：
- prepare()：这个接口在容器被创建之前被调用，用来完成一些准备性的工作。比如：cgroups isolator 在这个接口中会为容器创建对应的 cgroups。
- isolate()：这个接口在容器刚刚被创建出来但还未运行时被调用，用来进行一些资源隔离性的工作，比如：cgroups isolator 在这个接口中会把容器的主进程放入上一步创建的 cgroups 以实现资源隔离。
- update()：当容器所申请的资源发生变化时（如：容器在运行时申请使用更多的 CPU 资源），这个接口会被调用，它用来在运行时动态调整对容器的资源限定。
- cleanup()：当容器被销毁时这个接口会被调用到，用来进行相关的清理工作。比如：cgroups isolator 会把之前为容器创建的 cgroups 删除。

借助于这种模块化和接口标准化的设计，用户可以很方便地根据自己的需求去实现一个自己的 isolator，然后将其插入到 Mesos agent 中去完成特定资源的限定和隔离。

Mesos 容器引擎对容器标准规范的支持

容器这项技术在近几年来飞速发展，实现了爆炸式的增长。但就像任何一种成熟的技术一样，在度过了"野蛮生长期"后，都需要制定相应的规范来对其进行标准化，让它能够持续稳定地发展。容器技术也不例外，目前已知的容器相关的标准规范如下。
- OCI（Open Container Initiative）：专注于容器镜像文件格式和容器生命周期管理的规范，目前已经发布了 1.0 的版本。
- CNI（Container Network Interface）：专注于容器网络支持的规范，目前已经发布了 0.6.0 版本。
- CSI（Container Storage Interface）：专注于容器存储支持的规范，目前还在草案阶段。

标准规范带来的益处是显而易见的。
- 对于终端用户：标准化的容器镜像和容器运行时能够让用户不必担心自己被某个容器引擎所"绑架"，可以更加专注于对自身业务和应用的容器化，更加自由地去选择容器引擎。
- 对于网络/存储提供商：标准规范中定义的网络/存储集成接口把容器引擎的内部实现和不同的网络/存储解决方案隔离开来，让各提供商只需实现一套标准化接口就可以把自己的解决方案方便地集成到各个容器引擎中去，而不必费时费力地去逐个适配不同的容器引擎。

Mesos 容器引擎在设计和实现之初，就持有拥抱和采纳业界标准规范的态度，是最早支持 CNI 的容器引擎之一，且目前正在积极实现对 OCI 镜像规范的支持。CSI 目前正在由 Mesos 社区和 Kubernets 社区一起主导并逐步完善，待 CSI 逐渐成熟后，Mesos 容器引擎自然会第一时间支持。日后，作为同时支持三大标准规范的容器引擎，Mesos 容器引擎自然会更好地服务上层应用框架和终端用户，同时更加完善地支持各种主流网络/存储解决方案。

基于 Docker 持续交付平台建设的实践

文 / 刘晓明

中国五矿和阿里巴巴联手打造的钢铁服务专业平台五阿哥，通过集结阿里巴巴在大数据、电商平台和互联网产品技术上的优势，为终端用户带来一站式采购体验。本文是五阿哥运维技术团队针对 Docker 容器技术在如何持续交付过程中探索和实践，目前已经将发布部署权限开放给应用开发的 owner，实现 7×24 小时"一站式"的持续交付，整体提高了公司研发过程的交付能力。

前言

作为创业公司和推行 DevOps 工程师们来说，都遇到过这样的问题。

■ **硬件资源利用率的问题，造成部分成本的浪费**

在网站功能中不同的业务场景有计算型的、有 I/O 读写型的、有网络型、有内存型的，集中部署应用就会导致资源利用率不合理的问题。比如，一个机器上部署的服务都是内存密集型，那么 CPU 资源就都很容易浪费了。

图 1 五阿哥容器云整体架构

■ **单物理机多应用无法进行有效的隔离，导致应用对资源的抢占和相互影响。**

一个物理机器跑多个应用，无法进行所使用的 CPU、内存、进程进行限制，如果一个应用出现对资源的抢占问题，就会引起连锁反应，最终导致网站的部分功能不可用。

■ **环境、版本管理复杂，上线部署流程缺乏，增加问题排查的复杂度。**

由于内部开发流程的不规范，代码在测试或者上线过程中，对一些配置项和系统参数进行随意调整，在发布时进行增量发布，一旦出现问题，就会导致测试的代码和线上运行的代码不一致的，增加了服务上线的风险，也增加了线上服务故障排查的难度。

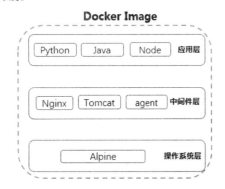

图 2 Docker 镜像分层约定

■ 环境不稳定，迁移成本高，增加上线风险。

在开发过程中存在多个项目并行开发和服务的依赖问题，由于环境和版本的复杂性很高，不能快速搭建和迁移一个环境，导致无法在测试环境中模拟出线上的流程进行测试，很多同学在线上环境进行测试，这里有很高的潜在风险，同时导致开发效率降低。

■ **传统虚拟机和物理机占用空间大，存在启动慢、管理复杂等问题。**

传统虚拟机和物理机在启动过程进行加载内核，执行内核和 init 进行，导致在启动过程占用很长时间，而且在管理过程中会遇到各种各样的管理问题。

基于 Docker 容器技术，运维技术团队开发了五阿哥网站的容器云平台。通过容器云平台 95% 的应用服务已经实现容器化部署。这些应用支持业务按需拓展，秒级伸缩，提供与用户友好的交互过程，规范了测试和生产的发布流程，让开发和测试同学从基础的环境配置和发布解放出来，使其更聚焦自己的项目开发和测试。

结合五阿哥容器云平台和 Docker 容器技术的实践，本文先介绍如何实现 7×24 小时"一站式"的持续交付，实现产品的上线。关于容器云平台的介绍，请关注：https://zhuanlan.zhihu.com/idevops。

Docker 镜像标准化

众所周知，Docker 的镜像是分层的。对镜像分层进行约定。

第一层是操作系统层，由 CentOS/Alpine 等基础镜像构成，安装一些通用的基础组件。

第二层是中间件层，根据不同的应用程序，安装它们运行时需要使用到的各种中间件和依赖软件包，如，nginx、tomcat 等。

第三层是应用层，这层仅包含已经打好包的各应用程序代码。

经验总结：如何让自己的镜像变得更小，PUSH 得更快？

■ dockerfile 构建应用镜像，在中间件层遇到一些需要安装的软件包时，尽可能使用包管理工具（如 yum）或以 git clone 方式下载源码包进行安装，目的是将软件包的 copy 和安装控制在同一层，软件部署成功后清除一些无用的 rpm 包或源码包，让基础镜像的大小更小。

■ Java 应用镜像中并没有将 JDK 软件包打入镜像，将 JDK 部署在每台宿主机上，在运行镜像时，通过挂载目录的方式将宿主机上的 Java 家目录挂载到容器指定的目录下。因为它会把基础镜像撑得非常大。

■ 在构建应用镜像时，Docker 会对这两层进行缓存并直接使用，仅会重新创建代码出现变动的应用层，这样就提高了应用镜像的构建速度和构建成功后向镜像仓库推送的速度，从整体流程上提升了应用的部署效率。

容器的编排管理

编排工具的选型：

Rancher 图形化管理界面，部署简单、方便，可以与 AD、

LDAP、GITHUB 集成，基于用户或用户组进行访问控制，快速将系统的编排工具升级至 Kubernetes 或者 Swarm，同时有专业的技术团队进行支持，降低容器技术入门的难度。

基于以上优点，我们选择 Rancher 作为我们容器云平台的编排工具，在对应用的容器实例进行统一的编排调度时，配合 Docker-Compose 组件，可以在同一时间对多台宿主机执行调度操作。同时，在服务访问出现峰值和低谷时，利用特有的 rancher-compose.yml 文件调用 "SCALE" 特性，对应用集群执行动态扩容和缩容，让应用按需求处理不同的请求。

https://zhuanlan.zhihu.com/p/29093407

容器网络模型选型：

由于后端开发基于阿里的 HSF 框架，生产者和消费者之间需要网络可达，对网络要求比较高，需要以真实 IP 地址进行注册和拉取服务。所以在选择容器网络时，我们使用了 Host 模式，在容器启动过程中会执行脚本检查宿主机并分配给容器一个独立的端口，来避免冲突的问题。

持续集成与持续部署

■ 持续集成，监测代码提交状态，对代码进行持续集成，在集成过程中执行单元测试、代码 Sonar 和安全工具进行静态扫描，将结果通知给开发同学同时部署集成环境，部署成功后触发自动化测试（自动化测试部分后续会更新 https://zhuanlan.zhihu.com/idevops）。

静态扫描结果如图 8 所示。

■ 持续部署，是一种能力，这种能力非常重要，把一个包快速部署在你想要的地方。平台采用分布式构建、部署，master 管理多个 slave 节点，每个 slave 节点分属不同的环境。在 master 上安装并更新插件、创建 job、管理各开发团队权限。slave 用于执行 job。

基于上述图 9 架构，我们定义了如下持续部署规范的流程。

（1）开发同学向 GitLab 提交代码。
（2）拉取项目代码和配置项文件，执行编译任务。
（3）拉取基础镜像，将编译好的应用打入生成最新的应用镜像，推送到镜像仓库。
（4）根据当前应用及所属环境定制化生成 docker-compose.yml 文件，基于这个文件执行 rancher-compose 命令，将应用镜像部署到预发环境（发布生产前的测试环境，相关配置、服务依赖关系和生产环境一致）。
（5）预发环境测试通过后将应用镜像部署至线上环境，测试结果通知后端测试同学。

容器的运行管理

应用容器现在已经部署到线上环境，那么在整个容器的生

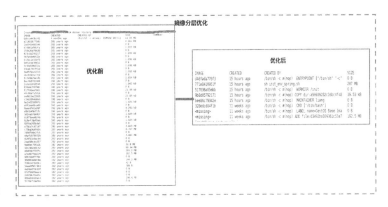

图 3 优化前后对比

	Swarm	Mesos	kubernetes	Rancher
应用隔离机制	Docker	mesos/docker/other	Docker	Docker
资源类型	内存，cpu，端口	内存，cpu，端口	内存，cpu，端口	内存，cpu，端口
主机分组	Docker进行标签	Slave分组	Slave分组	Slave分组 Label分组
调度策略	Docker原生	支持自建	资源使用情况应用节点均衡	资源使用情况应用节点均衡
编排	否	是	是	是
网络模式	Docker原生	支持自建	支持自建	Docker原生 Manage网络
高可用	双主切换	Zk	Etcd	HA
故障转移	否	否	是	是
负载均衡	否	Haproxy	kube-proxy	Haproxy
集群规模	小	中	中	中，提升中
与其他平台兼容	否	否	否	支持swarm和kubernetes
生成使用	较少	大规模使用	大规模使用	大规模使用
技术支持	较差	较差	社区活跃	专业技术支持团队支持

图 4 编排工具选型对比

命周期中，还需要解决下面两个问题。

（1）如何保存应用程序产生的运行日志和其他业务日志。
（2）如何在后端服务出现变化后 nginx 能够自动发现并完成配置更新。

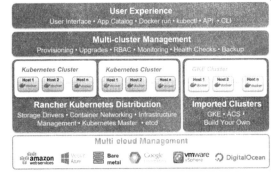

图 5 Rancher 架构图

网络模型	优点	缺点
Host	Docker原生 共享宿主机网络 性能高，组网简单	端口容易冲突
Bridge	Docker原生 性能高 使用宿主机虚拟网卡	IP消耗快多 多机网络复杂，IP容易冲突 Vlan做网络隔离，消耗快
Overlay	Docker原生 基于vxlan实现，容器需要指定子网	多子网络通信和隔离是个问题，不利于问题跟踪和调试
Flannel	基于vxlan实现，容器有独立IP，不支持跨子网通信	性能损耗大，容器与外部网络通讯，需要解决方案，组网复杂
Calico	三层路由实现，没有额外性能转换	网络开启BGP组网相对复杂

图 6 容器网络模型选型

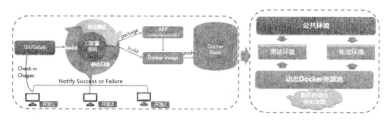

图7 持续集成示意图

图8 持续集成结果示意图

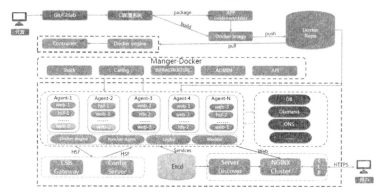

图9 持续部署架构图

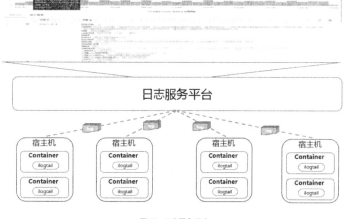

图10 日志服务平台

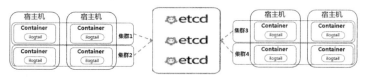

图11 应用注册

日志管理

容器在运行时会在只读层之上创建读写层，所有对应用程序的写操作都在这层进行。当容器重启后，读写层中的数据（包含日志）也会一并被清除。虽然可以通过将容器中日志目录挂载到宿主机解决此类问题，但当容器在多个宿主机间频繁漂移时，每个宿主机上都会有留存应用名的部分日志，增加了开发同学查看、排查问题的难度。

综上所属，日志服务平台作为五阿哥网站日志仓库，将应用运行过程中产生的日志统一存储，并且支持多种方式的查询操作。

通过在日志服务的管理界面配置日志采集路径，在容器中部署agent把应用日志统一投递到logstore中，再在logstore中配置全文索引和分词符，以便开发同学能够通过关键字搜索、查询想要的日志内容。

经验总结：如何避免日志的重复采集问题？

■ 日志服务agent需要在配置文件"ilogtail_config.json"中增加配置参数"check_point_filename"，指定checkpoint文件生成的绝对路径，并且将此路径挂载至宿主机目录下，确保容器在重启时不会丢失checkpoint文件，不会出现重复采集问题。

服务的注册

etcd是一个具备高可用性和强一致性的键值存储仓库，它使用类似于文件系统的树形结构，数据全部以"/"开头。etcd的数据分为两种类型：key和directories，其中key下存储单独的字符串值，directories下则存放key的集合或者其他子目录。

在五阿哥环境中，每个向etcd注册的应用服务，它们的根目录都以"/${APP_NAME}_${ENVIRONMENT}"命名。根目录下存储每个应用实例的Key信息，它们都以"${IP}-${PORT}"的方式命名。

下图是使用上述约定，存储在etcd上某应用实例的数据结构：

可以看到我是使用get方法向etcd发送请求的，请求的是部署在预发环境（PRE）的搜索服务（search）；在它的根目录"/search_PRE"下，仅存储了一个应用实例的信息，这个实例的key是"172.18.100.31-86"；对应的value是"172.18.100.31:86"，整个注册过程是这样的：

■ 通过代码为容器应用程序生成随机端口，和宿主机正在使用的端口进行比对，确保端口没有冲突后写入程序配置文件；

■ 把通过python和etcd模块编写的服务注

册工具集成在脚本中，将 IP 地址和上一步获取的随机端口以参数的方式传递给服务注册工具；

- 待应用程序完全启动后，由服务注册工具以约定好的数据结构将应用实例的写入 etcd 集群，完成服务注册工作；
- 容器定时向 etcd 发送心跳，报告存活并刷新 ttl 时间；
- 容器脚本捕获 rancher 发送至应用实例的 singnal terminal 信号，在接收到信号后向 etcd 发送 delete 请求删除实例的数据。

注：在 ttl 基础上增加主动清除功能，在服务正常释放时，可以立刻清除 etcd 上注册信息，不必等待 ttl 时间。

容器在重启或者意外销毁时，让我们一起看一下这个过程中容器和注册中心都做了什么事情？

应用在注册是携带 key 和 value 时携带了 ttl 超时属性，就是考虑到当服务集群中的实例宕机后，它在 etcd 中注册的信息也随之失效，若不予清除，失效的信息将会成为垃圾数据被一直保存，而且配置管理工具还会把它当作正常数据读出来，写入 web server 的配置文件中。要保证存储在 etcd 中的数据始终有效，就需要让 etcd 主动释放无效的实例信息，来看一下注册中心刷新的机制，代码直接奉上：

```python
#!/usr/bin/env python
import etcd
import sys
arg_l=sys.argv[1:]
etcd_clt=etcd.Client(host='172.18.0.7')
def set_key(key,value,ttl=10):
    try:
        return etcd_clt.write(key,value,ttl)
    except TypeError:
        print 'key or vlaue is null'
def refresh_key(key,ttl=10):
    try:
        return etcd_clt.refresh(key,ttl)
    except TypeError:
        print 'key is null'
def del_key(key):
    try:
        return etcd_clt.delete(key)
    except TypeError:
        print 'key is null'
if arg_l:
    if len(arg_l) == 3:
        key,value,ttl=arg_l
        set_key(key,value,ttl)
    elif len(arg_l) == 2:
        key,ttl=arg_l
        refresh_key(key,ttl)
    elif len(arg_l) == 1:
        key=arg_l[0]
        del_key(key)
    else:
        raise TypeError,'Only three parameters are needed here'
else:
    raise Exception('args is null')
```

服务的发现

confd 是一个轻量级的配置管理工具，支持 etcd 作为后端数据源，通过读取数据源数据，保证本地配置文件为最新；不仅如此，它还可以在配置文件更新后，检查配置文件语法有效性，以重新加载应用程序使配置生效。这里需要说明的是，confd 虽然支持 rancher 作为数据源，但考虑易用性和扩展性等原因，最终我们还是选择了 etcd。

和大多数部署方式一样，我们把 confd 部署在 web server 所在的 ECS 上，便于 confd 在监测到数据变化后及时更新配置文件和重启程序。confd 的相关配置文件和模板文件部署在默认路径 /etc/confd 下，目录结构如下：

```
/etc/confd/
├── conf.d
├── confd.toml
└── templates
```

confd.toml 是 confd 的主配置文件，使用 TOML 格式编写，因为我们 etcd 是集群部署，有多个节点，而我又不想把 confd 的指令弄得又臭又长，所以将 interval、nodes 等选项写到了这个配置文件里。

图 12　存储在 etcd 上某应用实例的数据结构

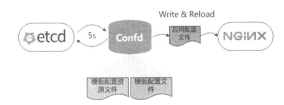

图 13　应用发现示意图

cond.d 目录存放 web server 的模板配置源文件，也使用 TOML 格式编写。该文件用于指定应用模板配置文件路径（src）、应用配置文件路径（dest）、数据源的 key 信息（keys）等。

templates 目录存放 web server 下每个应用的模板配置文件。它使用 Go 支持的 text/template 语言格式进行编写。在 confd 从 etcd 中读取到最新应用注册信息后，通过下面的语句写入模板配置文件中：

```
{{range getvs "/${APP_NAME}/*"}}
    server {{.}};
{{end}}
```

通过 supervisor 管理 confd 进程。confd 在运行后会每隔 5 秒对 etcd 进行轮询，当某个应用服务的 K/V 更新后，confd 会读取该应用存储在 etcd 中的数据，写入到模板配置文件中，生成这个应用配置文件，最后由 confd 将配置文件写入到目标路径下，重新加载 nginx 程序使配置生效（代码请参考：https://zhuanlan.zhihu.com/idevops）。

总结

本文是五阿哥运维技术团队针对 Docker 容器技术如何在持续交付过程中的探索和实践，目前已经将发布部署权限开放给应用开发的 owner，实现 7×24 小时"一站式"的持续交付，整体提高了公司的研发过程的交付能力。

接下来会不断优化持续交付过程中遇到的各种场景，逐渐完善容器云平台，同时会将容器云平台各种功能，其中的经验和教训会不断分享给大家，给大家在工作中一些参考，避免走重复的"弯路"。

追求极简：Docker 镜像构建演化史

文 / 白明

对于已经接纳和使用 Docker 技术在日常开发工作中的开发者而言，构建 Docker 镜像已经是家常便饭。但如何更高效地构建以及构建出 Size 更小的镜像却是很多 Docker 技术初学者心中常见的疑问，甚至是一些老手都未曾细致考量过的问题。本文将从一个 Docker 用户角度来阐述 Docker 镜像构建的演化史，希望能起到一定的解惑作用。

自从 2013 年 dotCloud 公司（现已改名为 Docker Inc）发布 Docker 容器技术以来，到目前为止已经有四年多了。这期间 Docker 技术飞速发展，并催生出一个生机勃勃的、以轻量级容器技术为基础的庞大的容器平台生态圈。作为 Docker 三大核心技术之一的镜像技术在 Docker 的快速发展之路上可谓功不可没：镜像让容器真正插上了翅膀，实现了容器自身的重用和标准化传播，使得开发、交付、运维流水线上的各个角色真正围绕同一交付物，"test what you write, ship what you test"成为现实。

镜像：继承中的创新

在谈镜像构建之前，我们先来简要说一下镜像。

Docker 技术从本质上说并不是一种新技术，而是将已有技术进行了更好的整合和包装。内核容器技术以一种完整形态最早出现在 Sun 公司的 Solaris 操作系统上，Solaris 是当时最先进的服务器操作系统。2005 年 Sun 发布了 Solaris Container 技术，从此开启了内核容器之门。

2008 年，以 Google 公司开发人员为主导实现的 Linux Container（即 LXC）功能在被 merge 到 Linux 内核中。LXC 是一种内核级虚拟化技术，主要基于 Namespaces 和 Cgroups 技术，实现共享一个操作系统内核前提下的进程资源隔离，为进程提供独立的虚拟执行环境，这样的一个虚拟的执行环境就是一个容器。本质上说，LXC 容器与现在的 Docker 所提供容器是一样的。Docker 也是基于 Namespaces 和 Cgroups 技术实现的。但 Docker 的创新之处在于其基于 Union File System 技术定义了一套容器打包规范，真正将容器中的应用及其运行的所有依赖都封装到一种特定格式的文件中，而这种文件就被称为镜像（即 image），原理见图 1（引自 Docker 官网）。

镜像是容器的"序列化"标准，这一创新为容器的存储、重用和传输奠定了基础，并且容器镜像"坐上了巨轮"传播到世界每一个角落，助力了容器技术的飞速发展。

与 Solaris Container、LXC 等早期内核容器技术不同，Docker 还为开发者提供了开发者体验良好的工具集，这其中就包括了用于镜像构建的 Dockerfile 及一种用于编写 Dockerfil 的领域特定语言。采用 Dockerfile 方式构建成为镜像构建的标准方法，其可重复、可自动化、可维护以及分层精确控制等特点是采用传统采用 docker commit 命令提交的镜像所不能比拟的。

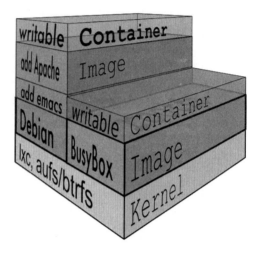

图 1 Docker 镜像原理

"镜像是个筐"：初学者的认知

"镜像是个筐，什么都往里面装"这句俏皮话可能是大部分 Docker 初学者对镜像最初认知的真实写照。这里我们用一个例子来生动地展示一下。

我们现在将 httpserver.go 这个源文件编译为 httpd 程序并通过镜像发布。源文件的内容如下：

```go
//httpserver.go
package main

import (
        "fmt"
        "net/http"
)

func main() {
        fmt.Println("http daemon start")
        fmt.Println(" -> listen on port:8080")
        http.ListenAndServe(":8080", nil)
}
```

接下来编写用于构建目标镜像的 Dockerfile：

```
// Dockerfile
From ubuntu:14.04

RUN apt-get update \
    && apt-get install -y software-properties-common \
    && add-apt-repository ppa:gophers/archive \
    && apt-get update \
    && apt-get install -y golang-1.9-go \
                          git \
    && rm -rf /var/lib/apt/lists/*

ENV GOPATH /root/go
```

```
ENV GOROOT /usr/lib/go-1.9
ENV PATH="/usr/lib/go-1.9/bin:${PATH}"
COPY ./httpserver.go /root/httpserver.go
RUN go build -o /root/httpd /root/httpserver.go \
    && chmod +x /root/httpd
WORKDIR /root
ENTRYPOINT ["/root/httpd"]
```

执行镜像构建：

```
# docker build -t repodemo/httpd:latest .
//... 构建输出这里省略 ...

# docker images
REPOSITORY                              TAG
IMAGE ID            CREATED             SIZE
repodemo/httpd                          latest
183dbef8eba6        2 minutes ago       550MB
ubuntu                                  14.04
dea1945146b9        2 months ago        188MB
```

则整个镜像的构建过程因环境而定。如果你的网络速度一般，这个构建过程可能会需要 10 多分钟甚至更多。最终如我们所愿，基于 repodemo/httpd:latest 这个镜像的容器可以正常运行：

```
# docker run repodemo/httpd
http daemon start
  -> listen on port:8080
```

一个 Dockerfile 产出一个镜像。Dockerfile 由若干 Command 组成，每个 Command 执行结果都会单独形成一个层（layer）。我们来探索一下构建出来的镜像：

```
# docker history 183dbef8eba6
IMAGE               CREATED             CREATED BY
SIZE                COMMENT
183dbef8eba6        21 minutes ago      /bin/sh -c
#(nop)  ENTRYPOINT ["/root/httpd"]    0B
27aa721c6f6b        21 minutes ago      /bin/sh -c
#(nop)  WORKDIR /root                 0B
a9d968c704f7        21 minutes ago      /bin/sh
-c go build -o /root/httpd /root/h...
6.14MB
...  ...
aef7700a9036        30 minutes ago
/bin/sh -c apt-get update         &&
apt-get...    356MB
....  ...
<missing>                           2 months
ago                 /bin/sh -c #(nop) ADD
file:8f997234193c2f5...     188MB
```

我们去除掉那些 Size 为 0 或很小的 layer，我们看到三个 size 占比较大的 layer，见图 2。

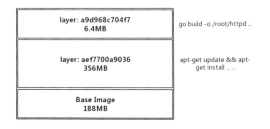

图 2　Docker 镜像分层探索

虽然 Docker 引擎利用缓存机制可以让同主机下非首次的镜像构建执行得很快，但是在 Docker 技术热情催化下的这种构建

思路让 docker 镜像在存储和传输方面的优势荡然无存，要知道一个 Ubuntu-server 16.04 的虚拟机 ISO 文件的大小也就不过 600 多 MB 而已。

"理性的回归"：builder 模式的崛起

Docker 使用者在新技术接触初期的热情"冷却"之后迎来了"理性的回归"。根据上面分层镜像的图示，我们发现最终镜像中包含构建环境是多余的，我们只需要在最终镜像中包含足够支撑 httpd 运行的运行环境即可，而 base image 自身就可以满足。于是我们应该剔除不必要的中间层：

现在问题来了！如果不在同一镜像中完成应用构建，那么在哪里、由谁来构建应用呢？至少有两种方法：

- 在本地构建并 COPY 到镜像中；
- 借助构建者镜像（builder image）构建。

不过方法 1 本地构建有很多局限性，比如：本地环境无法复用、无法很好融入持续集成，持续交付流水线等。而借助 builder image 进行构建已经成为 Docker 社区的一个最佳实践，Docker 官方为此也推出了各种主流编程语言的官方 base image，包括 Go、Java、Node.js、Python 及 Ruby 的等。借助 builder image 进行镜像构建的流程原理如图 4 所示。

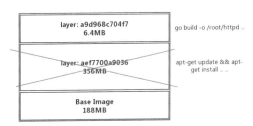

图 3　去除不必要的分层

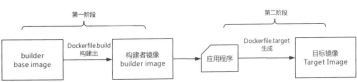

图 4　借助 builder image 进行镜像构建的流程图

通过原理图，我们可以看到整个目标镜像的构建被分为了两个阶段。

- 第一阶段：构建负责编译源码的构建者镜像；
- 第二阶段：将第一阶段的输出作为输入，构建出最终的目标镜像。

我们选择 golang:1.9.2 作为 builder base image，构建者镜像的 Dockerfile.build 如下：

```
// Dockerfile.build
FROM golang:1.9.2
WORKDIR /go/src
COPY ./httpserver.go .
RUN go build -o httpd ./httpserver.go
```

执行构建：

```
# docker build -t repodemo/httpd-builder:latest -f Dockerfile.build .
```

构建好的应用程序 httpd 被放在了镜像 repodemo/httpd-builder 中的 /go/src 目录下,我们需要一些"胶水"命令来连接两个构建阶段,这些命令将 httpd 从构建者镜像中取出并作为下一阶段构建的输入:

```
# docker create --name extract-httpserver repodemo/httpd-builder
# docker cp extract-httpserver:/go/src/httpd ./httpd
# docker rm -f extract-httpserver
# docker rmi repodemo/httpd-builder
```

通过上面的命令,我们将编译好的 httpd 程序复制到了本地。下面是目标镜像的 Dockerfile:

```
// Dockerfile.target
From ubuntu:14.04
COPY ./httpd /root/httpd
RUN chmod +x /root/httpd
WORKDIR /root
ENTRYPOINT ["/root/httpd"]
```

接下来我们来构建目标镜像:

```
# docker build -t repodemo/httpd:latest -f Dockerfile.target .
```

我们来看看这个镜像的"体格":

```
# docker images
REPOSITORY                                    TAG
IMAGE ID              CREATED              SIZE
repodemo/httpd                                latest
e3d009d6e919          12 seconds ago       200MB
```

结果是 200MB,目标镜像的 Size 降为原来的 1/2 还多。

"像赛车那样减去所有不必要的东西":追求最小镜像

前面我们构建出的镜像的 Size 已经缩小到 200MB,但这还不够。200MB 的"体格"在我们的网络环境下缓存和传输仍然很难令人满意。我们要为镜像进一步减重,减到尽可能小,就像赛车那样,为了能减轻重量将所有不必要的东西都拆除掉;我们仅保留能支撑我们的应用运行的必要库、命令,其余的一律不纳入目标镜像。当然不仅仅是 Size 上的原因,小镜像还有额外的好处,比如:内存占用小,启动速度快,更加高效;不会因其他不必要的工具、库的漏洞而被攻击,减少了"攻击面",更加安全等。

图 5 目标镜像还能更小些么?

一般应用开发者不会从 scratch 镜像从头构建自己的 base image 及目标镜像,开发者会挑选适合的 base image。一些"蝇量级"甚至是"草量级"的官方 base image 的出现为这种情况提供了条件。

图 6 一些 base image 的 Size 比较(来自 imagelayers.io 截图)

从图 6 看,我们可以有两个选择:busybox 和 alpine。

单从镜像的 size 上来说,busybox 更小。不过 busybox 默认的 libc 实现是 uClibc,而我们通常运行环境使用的 libc 实现都是 glibc,因此我们要么选择静态编译程序,要么使用 busybox:glibc 镜像作为 base image。

而 alpine image 是另外一种蝇量级 base image,它使用了比 glibc 更小、更安全的 musl libc 库。不过和 busybox image 相比,alpine image 体积还是略大。除了因为 musl 比 uClibc 大一些,alpine 还在镜像中添加了自己的包管理系统 apk,开发者可以使用 apk 在基于 alpine 的镜像中添加需要的包或工具。因此,对于普通开发者而言,alpine image 是更佳的选择。不过 alpine 使用的 libc 实现为 musl,与基于 glibc 上编译出来的应用程序并不兼容。如果直接将前面构建出的 httpd 应用塞入 alpine,在容器启动时会遇到下面的错误,因为加载器找不到 glibc 这个动态共享库文件:

standard_init_linux.go:185: exec user process caused "no such file or directory"

对于 Go 应用来说,我们可以采用静态编译的程序,但一旦采用静态编译,也就意味着我们将失去一些 libc 提供的原生能力,比如:在 Linux 上,你无法使用系统提供的 DNS 解析能力,只能使用 Go 自实现的 DNS 解析器。

我们还可以采用基于 alpine 的 builder image,golang base image 就提供了 alpine 版本。接下来,我们就用这种方式构建出一个基于 alpine base image 的极小目标镜像。

我们新建两个用于 alpine 版本目标镜像构建的 Dockerfile:Dockerfile.build.alpine 和 Dockerfile.target.alpine:

```
//Dockerfile.build.alpine
FROM golang:alpine
WORKDIR /go/src
COPY ./httpserver.go .

RUN go build -o httpd ./httpserver.go
// Dockerfile.target.alpine
From alpine
COPY ./httpd /root/httpd
RUN chmod +x /root/httpd
WORKDIR /root
ENTRYPOINT ["/root/httpd"]
```

构建 builder 镜像:

```
# docker build -t repodemo/httpd-alpine-builder:latest -f Dockerfile.build.alpine .
# docker images
REPOSITORY                                    TAG
IMAGE ID              CREATED              SIZE
repodemo/httpd-alpine-builder                 latest
```

```
d5b5f8813d77          About a minute ago   275MB
```

执行"胶水"命令:

```
# docker create --name extract-httpserver
repodemo/httpd-alpine-builder
# docker cp extract-httpserver:/go/src/httpd ./
httpd
# docker rm -f extract-httpserver
# docker rmi repodemo/httpd-alpine-builder
```

构建目标镜像:

```
# docker build -t repodemo/httpd-alpine -f
Dockerfile.target.alpine .
# docker images
REPOSITORY                                TAG
IMAGE ID           CREATED          SIZE
repodemo/httpd-alpine                     latest
895de7f785dd       13 seconds ago   16.2MB
```

结果是 16.2MB,目标镜像的 Size 降为不到原来的十分之一,我们得到了预期的结果。

"要有光,于是便有了光":对多阶段构建的支持

至此,虽然我们实现了目标 Image 的最小化,但是整个构建过程却是十分烦琐,我们需要准备两个 Dockerfile、"胶水"命令并需要清理中间产物等。作为 Docker 用户,我们希望用一个 Dockerfile 就能解决所有问题,于是就有了 Docker 引擎对多阶段构建(multi-stage build)的支持。注意:这个特性非常新,只有 Docker 17.05.0-ce 及以后的版本才能支持。

现在我们就按照"多阶段构建"的语法将上面的 Dockerfile.build.alpine 和 Dockerfile.target.alpine 合并到一个 Dockerfile 中:

```
//Dockerfile
FROM golang:alpine as builder

WORKDIR /go/src
COPY httpserver.go .
RUN go build -o httpd ./httpserver.go
From alpine:latest
WORKDIR /root/
COPY --from=builder /go/src/httpd .
RUN chmod +x /root/httpd

ENTRYPOINT ["/root/httpd"]
```

Dockerfile 的语法还是很简明和易理解的,即使是你第一次看到这个语法也能大致猜出六成含义。与之前 Dockerfile 最大的不同在于在支持多阶段构建的 Dockerfile 中我们可以写多个"From baseimage"的语句,每个 From 语句开启一个构建阶段,并且可以通过"as"语法为此阶段构建命名(比如这里的 builder)。我们还可以通过 COPY 命令在两个阶段构建产物之间传递数据,比如这里的传递 httpd 应用,这个工作之前我们是使用"胶水"代码完成的。

构建目标镜像:

```
# docker build -t repodemo/httpd-multi-stage .
# docker images
REPOSITORY                                TAG
IMAGE ID           CREATED          SIZE
repodemo/httpd-multi-stage                latest
35e494aa5c6f       2 minutes ago    16.2MB
```

我们看到,通过多阶段构建特性构建的 Docker Image 与我们之前通过 builder 模式构建的镜像在效果上是等价的。

来到现实

沿着时间的轨迹,Docker 镜像构建走到了今天。追求又快又小的镜像已成为了 Docker 社区的共识。社区在自创 builder 镜像构建的最佳实践后终于迎来了多阶段构建这柄利器,从此构建出极简的镜像将不再困难。

最小可行性区块链原理解析

文 / Ilya Grigorik   译 / 汪晓明

加密货币,特别是比特币,几乎从各个方面都得到了大量关注:规则、管理、税务、技术、产品创新等,不胜枚举。"点对点(去中心化)电子现金系统"的概念颠覆了我们以前对货币和金融所持有的设想。

即便如此,把数字货币方面搁到一边,还有一个可以说是更有趣、更深远的创新,即底层的区块链技术。无论你对比特币或是它的山寨币衍生品有什么看法,作为一种货币和价值存储手段,它们背后的运作基础都来自于中本聪概括的区块链原理:

我们运用点对点网络提出了重复花费问题的解决方案。网络通过将交易散列到一个进行中的基于散列的工作量证明链,来对交易进行时间戳标记,并形成一个记录,这个记录只有在重做工作量证明的情况下才能改变。最长的链不仅作为它所见证事件发生时序的证据,而且也证明它来自最大的CPU功率池……网络本身要求架构最小化。

区块链对任何"货币"都是不可知的。事实上,它可以适用于促成很多其他使用案例。因此,理解"最小可行区块链"背后的方法和原理是有好处的。

以下将从头开始解释为什么需要特定的部分(数字签名、工作量证明、交易区块),以及它们如何集合起来形成具有卓越性能的"最小可行区块链"。

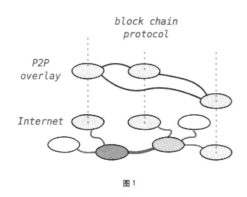

图1

用三式记账法保障交易安全

Alice 和 Bob 是集邮爱好者,偶尔会做做交易。如果双方都看到喜欢的东西,可以当场协商完成交换。换言之,这是个简单的以物易物的系统。

有一天 Bob 拿来一枚邮票,Alice 觉得她必须要收藏,但问题是 Bob 对 Alice 所提供的交换物不是特别感兴趣。Alice 沮丧不已,她继续和 Bob 协商,最后达成一致:他们做个单方交易,Bob 先把邮票给 Alice,Alice 承诺以后再偿还 Bob。

Bob 和 Alice 已经认识有一阵子了,但是为了确保两个人都信守承诺(主要是 Alice),他们同意让朋友 Chuck 来对交易"进行公证"。

他们把图2这个可以表明 Bob 给了 Alice 一枚"红色邮票"的交易数据做了三个副本(三方各持一份)。Bob 和 Alice 可以用收据来记录他们的交易,Chuck 存储副本作为交易证据。这个设定很简单,但其中有一些很重要的属性:

- Chuck 可以鉴定 Alice 和 Bob 两个人的真实性,以确保不会有人在他们不知情的情况下蓄意伪造交易。
- Chuck 账簿中的收据证明了交易发生。如果 Alice 声称交易从未发生,那么 Bob 可以去找 Chuck,用他的收据来证明 Alice 说谎。
- 如果 Chuck 的账簿中没有收据,就证明交易未发生过。Alice 和 Bob 都不能伪造交易。他们可以伪造交易收据,声称对方说谎,但同样的,他们可以去找 Chuck,查看他的账簿。
- Alice 和 Bob 都不能篡改当前的交易。如果任意一方篡改了交易,他们可以去 Chuck 那儿,用储存在 Chuck 账簿中的副本核实他们的副本。

图2

以上操作就是"三式记账法",操作简便,对参与双方都能提供很好的保障。但你也看到了它的缺点,对吧?我们对中间人寄予了很大的信任。如果 Chuck 决定和另一方串通,那么整个系统就土崩瓦解了。

用公钥基础设施(PKI)保障交易安全

Bob 不满于使用"可靠中间人"的不安全性,他决定研究一下,发现公钥密码可以免去使用中间人的需要!这里解释一下:

公钥密码,也叫作不对称密码,指的是一种密码算法,它需要两个单独的钥匙,一个是秘密的(私有的),另一个是公共的。尽管这个钥匙对应的两部分不同,但有数学联系。公钥用于对纯文本加密或者查验数字签名;私钥用于解密密码文本或者创建数字签名。

运用第三方(Chuck)的原本意图是要确认有三个属性:

- **验证真实性**:不能有恶意的一方伪装成其他人。
- **不可否认性**:事实发生后,参与方不能声称交易没有发生过。
- **完整性**:事实发生后,不能再修改交易收据。

结果是,公钥密码可以满足以上所有要求。简单地说,工作流程如图 3 所示。

- Alice 和 Bob 分别生成一个固定的公钥 – 私钥对。
- Alice 和 Bob 公布出他们的公钥。

图3

- Alice 以纯文本的形式写一个交易收据。
- Alice 用她的私钥对交易信息的纯文本进行加密。
- Alice 在密码文本上添加一个"由……签名"的纯文本备注。
- Alice 和 Bob 都储存相应的输出结果。

注意只有在多方参与的时候才需要第五步：如果你不知道是谁签署了信息，就不知道该用谁的公钥来解密，这个问题很快就会变得有关紧要。

这看起来像是没什么特别理由的大量工作，但我们还是来检验一下新收据的属性。

- Bob 不知道 Alice 的私钥，但问题不大，因为他可以查询她的公钥（公钥是全世界共享的），然后用公钥来解密交易的密码文本。

Alice 并不是真的在给交易内容"加密"，而是通过使用她的私钥给她"签名"的交易编码：任何人都可以用她的公钥对密码文本进行解密，由于她是唯一拥有私钥的人，这个机制保证了只有她能生成交易的秘密文本。

Bob 或针对这个问题的任何其他人，如何获得 Alice 的公钥？有很多种方法来分发私钥——例如，Alice 公布在她的网站上。我们可以假定有这样的合适的机制。

因此，使用公钥基础设施（PKI）可以满足我们之前所有的要求。

- Bob 可以用 Alice 的公钥通过解密密码文本来证明签名交易的真实性。
- 只有 Alice 知道她的私钥，因此 Alice 不能否认交易的发生——她已经签名了。
- 没有 Alice 的私钥，Bob 或任何其他人都不能伪造或修改交易。
- 注意第二条，Alice 可以否认她是那个有争议的公钥——私钥对的真正所有者。
- Alice 和 Bob 只储存了签名交易的副本，消除了对中间人的需要。"神奇"的公钥密码和双方以物易物系统完美匹配。

余额 = Σ（收据）

随着公钥基础设施到位，Bob 和 Alice 又完成了一些交易：Alice 从 Bob 处得到另一张邮票，Bob 从 Alice 那儿也挑了一张邮票。它们都按照与之前相同的步骤，生成签名交易并将它们附加到各自的分类账簿中。

记录是安全的，但有一个小问题：不清楚是否任何一方有未结余额。先前只有一个交易，很清楚是谁欠谁的（Alice 欠 Bob）及欠了多少（一枚红色邮票），但是有多个交易以后，情况变得模糊起来。所有的邮票都是等值的吗？如果是，那么 Alice 有一个负余额。如果不是，那就谁也说不准了！为了解决这个问题，Alice 和 Bob 达成一致如下：

- 黄色邮票的价值是红色邮票的两倍。
- 蓝色邮票和红色邮票等值。

最后为了确保他们新协议的安全性，他们用交易的相对值更新了每个交易，重新生成了分类账簿。新的账簿看起来像图5那样。

这样，计算最终余额现在变成了一个简单的事，循环访问所有的交易，将适当的借贷记录应用于各方。最终结果是 Alice 欠 Bob 2 个"价值单位"。什么是"价值单位"？它是由 Alice 和 Bob 都同意的任意交换媒介，另外，由于"价值单位"并不耳熟能详，Alice 和 Bob 同意将 1 个价值单位称为 1 个 chroma（复数形式：chroms）。

上面这些看起来都是小事，但每一个参与者的余额都是分类账簿中所有收据的一个函数这一事实有重要的意义：任何人都可以计算大家的余额。不需要任何可靠的中间人，也不必对系统进行审计。任何人都可以遍历整个分类账簿，核实交易，计算出每一方的未结余额。

多方转移和验证

接下来，Bob 无意中发现 John 有一枚邮票，他实在很喜欢。他告诉 John 他和 Alice 在使用的安全分类账簿，并问他是否愿意做个交易，Bob 把 Alice 欠他的余额作为支付手段转移给 John——即 Bob 从 John 那儿获得邮票，Alice 之前欠 Bob 的金额将变成她欠 John 的。John 同意了，但现在他们有个问题：Bob 如何能以安全和可验证的方式把他的余额"转移"给 John？经过一番协商，他们想出了一个巧妙的计划（如图6所示）。

Bob 按照与之前相同的步骤创建了一个新交易，不过他先计算出他想要转移的加密交易的 SHA-256 校验和（一个唯一的

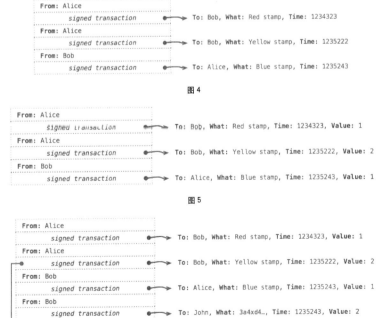

图4

图5

图6

指纹），然后将校验和嵌入新收据中"是什么"一栏。事实上，他在将之前与 Alice 的交易与新的转移收据链接起来，这样就把它的价值转移给了 John。

为了保持事物的简单性，我们假定所有的转移都会"消费掉"被转移交易的全部价值。要把这个系统扩展到使部分转移成为可能并不难，但此时没有必要考虑得那么复杂。

随着新交易到位，John 为了安全起见，做了一个加密分类账簿的副本（现在有三个副本）并运行了一些检查来验证它的完整性。

- John 提取了 Alice 和 Bob 的公钥，验证前三个交易的真实性。
  - John 证实了 Bob 转移的是一个"有效"交易。
    - 待转移交易的地址是 Bob。
    - Bob 此前没有把这个交易转移给任何其他人。

如果所有检查都通过了，他们就完成了交易，我们可以通过遍历分类账簿来计算新的余额：Bob 有一个净零数余额，Alice 有 2 个 chroma 的借额，John 有 2 个 chroma 的贷额（由 Alice 提供）。这样 John 现在就可以把他的新分类账簿拿给 Alice 并要求她支付，即使 Alice 没有出席交易，也没有问题。

- Alice 可以用 Bob 的公钥核实新转移交易的签名。
- Alice 可以核实转移的交易是对她和 Bob 一个有效交易的引用。

以上转移和验证过程是系统一个了不起的属性！注意要让它全部能工作，我们需要两个使能技术：一个是公钥基础设施的运用，使数字签名验证成为可能；另一个是收据账簿，使我们能够查看完整的交易记录以验证余额并链接先前的交易来进行转移。

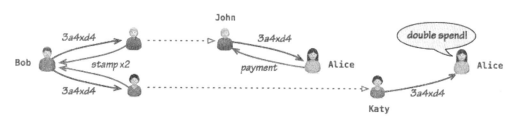

图 7

John 和 Bob 对这个巧妙的解决办法很满意，然后两人分头回家：Bob 带着新邮票，John 有了新的分类账簿。表面上看一切完美，但是他们刚刚把自己暴露在了一个极具挑战性的安全问题之下……你发现了吗？

重复消费和分布式一致性

在与 John 完成交易后不久，Bob 意识到他们刚刚在他们的系统中引入了一个严重的漏洞，如果他迅速行动，就可以利用这个漏洞：Bob 和 John 都更新了他们的分类账簿来包括新的交易，但是 Alice 和其他任何人都不知道交易已经发生。结果是，没有什么能阻止 Bob 接近网络中的其他人，给他们展示旧的账簿副本，而旧的账簿副本里没有他和 John 的交易！如果 Bob 说服他们进行交易，就像他和 John 做的那样，他就可以"重复消费"同一个交易，想进行多少次都可以！

当然，一旦多人拿着新的分类账簿要求 Alice 支付，欺诈行为将被检测到，但这已经无济于事了——Bob 已经带着战利品跑掉了！

只有两个参与者的时候，不可能受到双重消费攻击，因为要完成交易，你要验证并同时更新两个分类账簿，因此所有分类账簿始终保持同步。然而当我们再添加另外一个参与者时，我们就引入了各参与者之间账簿不完全和不一致的可能性，这就使双重消费成为可能。

在计算机科学语言中，双方分类账簿具有"强一致性"，超过两方的分类账簿则需要某种形式的分布式一致性以解决双重消费的问题。

这个问题最简单的可能的解决方案是要求分类账簿中列出的各方都必须在每个新交易发生时都在场，以便每个人可以同时更新他们的账簿。这个策略对小型的群组有效，但不能扩展到有大量参与者的情况。

分布式一致性网络的要求

我们来设想一下，我们想要将分类账簿扩展到全世界所有集邮者，这样任何人都可以用一种安全的方式交易他们喜欢的邮票。显然，由于地理位置、时区和其他限制，要求每个参与者在每个交易登记的时候都在场是不可能实现的。我们能建立一个不需要每个人都在场批准的系统吗？

- 地理位置算不上一个真正的问题：我们可以把交流转移到线上。
- 时区问题可以通过软件解决，我们不需要每个人手动更新分类账簿。相反，我们可以建立一个软件，它能在每个参与者的计算机上运行并代表他们自动接收、批准以及向分类账簿添加交易。

事实上，我们可以建立一个点对点（P2P）网络，负责分发新的交易并获得每个人的批准！但很可惜，说起来容易做起来难。例如，虽然 P2P 网络可以解决我们的地理位置和时区问题，但试想即便只有一个参与者离线，会出现什么情况？我们是不是要阻止所有交易，直到他们再次上线？

注意，"如何"构建 P2P 网络本身就是一个庞大的课题，构建这样一个网络的底层机制也远超出我们讨论的范围……我们把它作为一个练习留给读者。

原来分布式一致性的问题在计算机科学中已经被深入研究过，并且已经提出了一些有希望成功的解决方案。例如，两阶段提交（2PC）和 Paxos 都使这样一种机制成为可能，即我们只需要参与者的大多数法定人数（50%以上）接受就能安全地提交新的交易：只要大多数人已经接受交易，就能保证群组中剩下的人最终汇合在同一个交易历史。

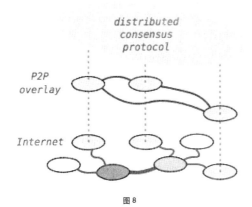

图8

即便如此，单单有 2PC 或 Paxos 是不够的。比如，在每天都有新参与者加入而其他人不预先通知就消失的情况下，2PC 或 Paxos 如何知道我们 P2P 集邮者网络中的参与者总数？如果有一个先前的参与者离线，它们是临时的还是永久离线的？相似地，还有另一个我们必须考虑的更具挑战性的"Sybil 攻击"：没有办法阻止一个恶意参与者创建许多档案，以在我们的 P2P 网络中获取不公平的投票权份额。

如果系统中的参与者数量是固定的，并且已经验证他们的身份真实有效（也就是说，这是一个可信网络），那么 2PC 和 Paxos 都会工作得很好。但我们不断变化的集邮者 P2P 网络并不是这样的情况。我们走进死胡同了吗？嗯，也不尽然……

这个问题有个明显的解决方案是从问题陈述中消除"分布的"部分。我们可以不建立一个 P2P 分布式系统，而是建立一个所有集邮者的全局注册表，记录它们的账户信息，对它们进行验证并（尝试）确保没人能通过创建多个身份作弊，最重要的是，保证有一个共享的分类账簿副本！具体来说，我们可以建立一个网站，这些交易在网站上进行，网站将在它的集中式数据库里记录所有的交易，以此确保交易的完整性和正确排序。

以上是一个实用的解决方案，但我们得承认，它不尽如人意，因为它迫使我们失去了分类账簿系统点对点的性质。它将所有的信任置于一个单一的集中式系统中，这就带来了一组全新的问题：什么是系统的正常运行时间、安全性和冗余；谁来维护系统，它们维护系统的动因是什么；谁有管理访问权限等。集中式带来了它自己的一系列挑战。

让我们回顾一下在 P2P 设计中遇到的一些问题。

- 确保每个参与者始终保持更新状态（强一致性系统）会产生很高的协调成本，影响可用性。如果单个点不可达，则整个系统都无法提交新交易。
- 在实践中，我们不知道 P2P 网络的全局状态、参与者人数，以及个体是暂时离线还是决定离开网络等。
- 假设我们可以解决上述限制，系统仍然可能受到 Sybil 攻击，恶意用户可以伪造许多身份行使不公平的投票权。

不幸的是，解决上述所有限制是不可能的，除非我们放松一些要求：CAP 定理告诉我们，我们的分布式系统不能有很强的一致性、可用性和分区容忍性。因此在实践中，我们的 P2P 系统必须在（更）弱一致性的假设下操作并克服它可能带来的影响：

- 我们必须接受一些分类账簿不同步（至少是暂时不同步）；
- 系统最终必须收敛于所有交易的整体序（线性一致性）；
- 系统必须以可预测的方式解决分类账簿冲突；
- 系统必须强制执行全局不变量——例如，没有重复消费；
- 系统应该免受 Sybil 和类似的攻击。

保护网络免受 Sybil 攻击

在分布式系统中实现一致性，比如通过对每个参与者的投票计数，会出现很多关于各节点"投票权"的问题：允许谁参与，某些节点是否有更多的投票权，是否每个人都平等，以及我们如何强制执行这些规则？

为了保持简单，我们假定每个人的投票是平等的。第一步，我们可以要求每个参与者用私钥在他们的投票上签名，就像在他们的交易收据上签名一样，并将投票传播到他们的节点上——在投票上签名确保了别人不能代表他们投票。然后我们可以制定一个规则，只允许提交一票。如果同一个钥匙签名了多个投票，那么所有的投票都作废——已经下定决心！到目前为止还好，现在难的部分来了……

最开始我们怎么知道允许哪个特定的节点参与？如果只需要一个独特的私钥来签名投票，那么恶意用户可以简单地生成无限的新密钥充斥网络。根本问题是，当生成和使用伪造身份很便宜时，任何投票系统都很容易被颠覆。

为了解决这个问题，我们需要使提交投票的过程变得"昂贵"。提高生成新身份的成本，或者提交投票的过程必须产生足够高的成本。为了让问题更明确，我们来想几个现实世界的例子。

- 你在当地政府选举中投票时，会要求你出示身份证件（例如护照），而伪造身份证件的成本很高（希望如此）。理论上，没什么能阻止你生成多个伪造的身份证件，但如果成本足够高（伪造的货币成本，被抓的风险等），那么运行 Sybil 攻击的成本将远大于其收益。
- 或者，假设提交投票给你带来了一些其他成本（例如支付费用）。如果成本足够高，那么再次运行大规模 Sybil 攻击的障碍也增强了。

注意，上述例子都不能完全"解决" Sybil 攻击，但它们也不需要被完全解决。只要我们将攻击的成本提高到大于成功破坏系统所能得到的值，那么系统就是安全的，会按照预期运行。

注意，我们所使用的"安全"的定义是很宽松的。系统仍然会受到操纵，确切的投票计数会受到影响，但关键是恶意参与者不能影响最终的结果。

参与所要求的工作量证明

任何用户都可以通过生成新的私钥—公钥对来轻易地（并且花很少的钱）在我们的 P2P 网络中生成新的"身份"。同样，任何用户都可以用他们的私钥签名投票并将其发送到 P2P 网络——这也很便宜，在我们的收件箱中大量的垃圾邮件清楚地说明了这一点。因此，提交新的投票很便宜，恶意用户可以轻易地用尽可能多的投票淹没网络。

但是，如果将以上其中一个步骤变得昂贵，使你不得不消耗更多的精力、时间或金钱，情况会怎样呢？这就是工作量证明背后的核心思想。

- 工作量证明步骤对于发送者来说应该是"昂贵的"。
- 他人验证工作量证明的步骤应该是"便宜的"。

这样一种方法有很多种可能的执行方式，但是为了达到我们的目的，我们可以再次使用之前遇到的密码散列函数的属性（如图9所示）。

- 很容易计算任何给定消息的散列值。
- 生成具有给定散列值的消息很昂贵。

图9

我们可以在我们的系统中施加一个新规则，要求每个签名投票必须具有以特定子串开始的散列值，即需要部分散列冲突，比如两个零的前缀。如果这看起来完全是任意的，那是因为它确实是任意的。跟着我的思路，我们通过几个步骤来看看这是如何生效的。

- 我们假定一个有效的投票陈述是个简单的字符串："I vote for Bob"（"我投票给Bob"）。
- 我们可以用同样的SHA-256算法来为我们的投票生成一个散列值。

```
sha256("I vote for Bob") → b28bfa35bcd071a321589f
b3a95cac...
```

- 生成的散列值无效因为它没有以我们要求的两个零子串开头。
- 我们修改一下投票陈述，附加一个任意字符串再试一下：

```
sha256("I vote for Bob - hash attempt #2") →
7305f4c1b1e7...
```

- 生成的散列值也不满足我们的条件，我们更新值，一次又一次地尝试……155次尝试之后我们最终得到了：

```
sha256("I vote for Bob - hash attempt #155") →
008d08b8fe...
```

上述工作流程的关键属性是，每次我们修改完输入，加密散列函数（在这种情况下是SHA-256）的输出是完全不同的：当我们增加计数时，前一次尝试的散列值并不能透露下一次尝试所得到的散列值的任何信息。因此，生成有效投票并不仅仅是个"难的问题"，我们可以把它比喻成彩票，每次新尝试都会给你一个随机的输出。同时我们可以通过更改所需前缀的长度来调整彩票的赔率：

- SHA-256校验和中的每个字符有16个可能的值：0, 1, 2, 3, 4, 5, 6, 7, 8, 9, a, b, c, d, e, f。
- 为了生成有两个零前缀的有效散列，发送者平均需要256 (162)次尝试。
- 将要求变为5个零平均会需要1,000,000 (165) 多次尝试……关键是，我们可以轻易提高成本，让发送者找到一个有

效散列需要耗费更多CPU周期。

我们可以在一个现代CPU上计算多少个SHA256校验和？它的成本取决于信息大小，CPU架构和其他变量。如果你对此感到好奇，可以打开控制台，运行一个基准测试程序：$> openssl speed sha.

最终结果是，生成有效投票对于发送者来说是"昂贵的"，但对于接收者验证仍然是微不足道的。接收者散列交易（一次运算）并且核实校验和中包含所需的散列冲突前缀……太好了，那么这对我们的P2P系统有什么用呢？上述工作证明机制使我们能够调整提交投票的成本，从而使破坏系统的总成本（即假冒足够多的有效投票来确保特定结果）高于攻击系统能够获得的价值。

注意，"生成消息的高成本"在很多其他环境中是个有用的属性。例如，垃圾邮件能够运作恰恰是因为生成信息特别便宜。如果我们可以提高发送电子邮件的成本，例如要求工作量证明签名，那么我们可以通过使成本高于利润来打破垃圾邮件的商业模式。

建立最小可行区块链

我们已经谈到了很多基础内容。在讨论区块链如何帮助我们构建安全的分布式账簿之前，我们来快速、扼要地概述一下我们的网络设定、属性和待解决的挑战（如图10所示）：

- Alice 和 Bob 完成交易并记录在各自的分类账簿中。完成后，Bob 有一个来自 Alice 的受公钥基础设施保障的借据。
- Bob 和 John 完成一个交易，他将 Alice 的收据转移给 John。Bob 和 John 都更新了账簿，但是 Alice 对交易尚不知情。
  - 皆大欢喜的情景：John 要求 Alice 偿还他的新借据，然后 Alice 得到 Bob 的公钥，核实了他的交易，如果交易有效，她向 John 支付所需金额。
  - 不太欢乐的情景：Bob 用没有记录他和 John 交易的旧账簿与 Katy 创建了一个重复消费交易，然后 Katy 和 John 同时出现在 Alice 家却发现只有一个人能得到报偿。

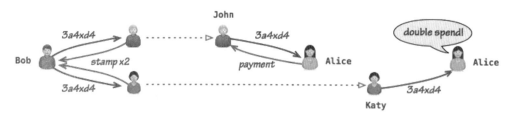

图10

由于分布式账簿的"弱一致性",重复消费是有可能的:Alice 和 Katy 都不知道 John 和 Bob 之间的交易,这就使 Bob 利用了不一致性为自己谋利。有解决办法吗?如果网络很小,所有参与者都是已知的,那么我们可以要求每个交易在被认定为有效前必须被网络"接受":

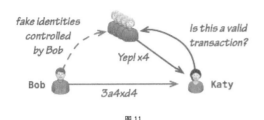

图 11

- **全体一致**:每当交易发生时,双方联系所有其他参与者,告知他们交易的有关内容,等所有参与者"同意"后才能提交交易。因此,所有分类账簿同时更新,不可能发生重复消费。
- **法定人数一致**:提高网络的处理速度和可用性(即如果有人离线,仍然可以处理交易),我们可以将上述全体一致的情况放宽到法定人数一致(整个网络的 50%)。

对于参与者已知且已核实的小型网络,以上任意策略都能立即解决问题。然而,两种策略都不能扩展应用于更大型的动态网络,因为在任何时间点都无法得知参与者的总数和他们的身份。

- 我们不知道要联系多少人来获得他们的同意。
- 我们不知道要联系谁来获得他们的同意。
- 我们不知道在与谁通话。

注意我们可以用任意通信手段来满足上述工作流程:当面,通过网络,信鸽通信等!

由于缺乏网络参与者的身份和对他们的全局认识,我们必须要放宽限制。虽然我们不能保证任意特定交易都有效,那并不能阻止我们对接受交易有效的可能性做出陈述:

- **零确认交易**:我们可以在不联系任何其他参与者的情况下接受交易。这是对交易付款方诚信的完全信任——相信他们不会重复消费。
- **N 确认交易**:我们可以联系网络中(已知)参与者的一部分子集,让他们验证我们的交易。我们联系的节点越多,抓住企图欺诈我们的恶意方的可能性越大。

"N"的值多大为好?答案取决于要转移的金额以及你与对方的信任度和关系。如果金额很小,你可能愿意接受更高的风险级别,或者你会根据对另一方的了解程度来调整风险容忍度。或者,你会做些额外的工作,联系其他参与者验证你的交易。在任一情况下,处理交易的速度(零确认是瞬时发生的)、额外工作和交易无效的风险之间都存在一个折中。

到目前为止一切顺利。不过,有个额外的并发问题我们必须考虑:我们的系统依赖于来自其他节点的交易确认,但是没有什么能阻止恶意用户按照所需生成尽可能多的伪造身份(回想一下,我们系统中的"身份"仅仅是个公钥—私钥对,随便就能生成)来满足 Katy 的验收标准。

Bob 是否要进行攻击是一个简单的经济学问题:如果收益高于成本,他就会考虑实行攻击。相反,如果 Katy 可以使运行攻击的成本高于交易的价值,那么她应该是安全的(除非 Bob 和她有私仇或者愿意在交易上赔钱。但这不在考虑范围内)。

为了让问题更明确,我们做出如下假设:
- Bob 转移 10 个 chroma 给 Katy。
- 生成伪造身份和交易响应的成本是 0.001chroma:维持电脑运行的能源成本、支付网络连接等。

如果 Katy 要求 1001 次确认,对于 Bob 来说实行攻击就没有(经济)意义了。反之,我们可以为每次确认增加一个工作量证明要求,将每次有效响应的成本从 0.001chroma 增加到 1chroma,即找到一个有效散列会占用 CPU 时间,转化为更高的能源费用。因此,Katy 只要求 11 次确认就可以达到同样效果的安全保障。

注意,Katy 每次请求确认也会导致一些成本:她必须耗费努力来发出请求,然后验证响应。此外,如果生成确认和验证的成本是一对一的,那么 Katy 将承担与交易价值相等的总成本来验证交易……当然,这没有任何经济意义。这就是为什么工作量证明的不对称很关键。

很好,问题解决了,对吧?在这个过程中,我们似乎造成了另一个经济困境。我们的网络现在验证每个交易产生的成本与交易本身的价值相等甚至更高。虽然这是对恶意参与者的经济威慑,但合法参与者怎么会愿意为他人承担成本?理性的参与者根本不会,这毫无意义。

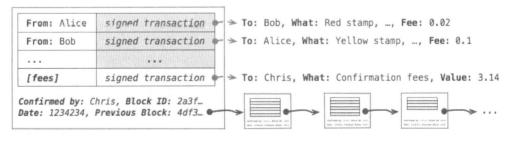

图 12

添加"区块"和交易费用激励

如果网络中的参与者必须承担成本来验证彼此的交易,那我们必须为他们提供经济激励。事实上,我们至少要抵消他们的成本,否则一个"空闲"参与者(任何没有提交自己交易的人)将会代表网络继续累积成本——这样是行不通的。还有一些我们需要解决的其他问题:

- 如果验证交易的成本等于或高于交易价值本身(为了制止恶意参与者),那么总交易价值是净零或负数!例如,Bob 把 10 个 chroma 转移给 Katy,Katy 又花了 10 个 chroma 来补偿其他节点来验证交易，Katy 很伤心。

- Katy 如何为确认进行支付？如果那是它自己的交易，就会有一个递归问题。

让我们从显而易见的问题开始：交易费用不能和交易本身的价值一样高。当然，Katy 不必原封不动地把所有价值都用于确认交易（比如，她可以分配一半的价值用于确认），但这样又变成了一个利润问题：如果剩余利润（交易价值减去验证费）足够高，欺诈的动机仍然存在。相反，理想情况下，我们希望承担最低的交易费用，并仍然对恶意参与者有强大的威慑，有解决方案吗？

我们可以通过允许网络中的参与者一次性汇集和确认多个交易来激励他们，也就是对一个交易"区块"进行确认。这样做能让他们汇总交易费用，从而降低每个单独交易的验证成本。

一个区块仅仅是（一个或多个）有效交易的集合——把它想象成等同于物理分类账簿中的一个页面。反过来，每个区块包含对前一交易区块（上一页）的引用，整个分类账簿是区块的链接序列，也就是，区块链。想想上面的案例，如下所述。

- Alice 和 Bob 生成新交易并公布到网络上。
- Chris 正在等着听新交易通知，每个交易通知包含发送方愿意支付于网络验证和确认交易的交易费用：
  - 直到有直接的经济激励（交易费用总额大于他的成本）来完成必要工作来验证未决交易，Chris 对未确认的交易进行汇总；
  - 一旦过了这个门槛，Chris 首先验证每个未决交易，方法是核实所有的输入都不是重复消费；
  - 所有交易都被核实后，Chris 在未决列表上再添加一个交易（上图中用绿色标识），将所发布交易的费用额转移给他自己；
  - Chris 生成一个包含未决交易列表的区块，引用前一区块（使我们可以遍历区块并看到整个分类账簿），并执行工作量证明挑战，来生成符合网络既定规则的区块散列值，例如 N 个前导零的部分散列冲突；
  - 最后一旦 Chris 发现有效区块，他就分发给所有的其他参与者。
- Alice 和 Bob 在等着监听新的区块公告，寻找他们在列表中的交易：
  - Alice 和 Bob 验证区块的完整性，也就是验证工作量证明和区块所包含的交易；
  - 如果区块有效，他们的交易在列表中，那么交易就被确认了！

我们在这里前进了一大步。以前我们的网络中只记录了一种类型——签名的交易。现在我们签名了交易和区块。前者由参与交易的个人生成，后者由有意通过验证和确认交易收费的各方生成。

另外请注意，上述方案需要系统中的最小交易量来维持个人创建区块的动机：交易越多，单个交易所需的费用越低。

Alice 宣布了一个新的交易，并收到一个 Chris 确认它的有效区块。有了一个确认，那其余的呢？而且 Chris（但愿）不是唯一一个受到激励来生成区块的参与者。如果其他人同时生成了另外一个区块，这两个区块哪个"有效"？

竞争以赢取交易费用

通过验证交易区块来引入汇总费用的能力，它了不起的部分在于，为网络中的新参与者创造了一个角色，他们有直接的经济激励来保障网络。你现在可以通过验证交易赚取利润，可以盈利的地方，竞争将随之而来，这只会加强网络——一个良性循环和聪明的社会工程！

即便如此，验证交易的竞争动机又产生了另一个有趣的困境：我们如何在分布式网络中协调区块生成工作？简短的回答，你可能已经猜到了，我们不会去协调。我们在系统中再额外添加一些规则，看看它们如何解决这个问题：

- 允许任意数量的参与者参加（"竞赛"）创建有效区块。不需要协调，感兴趣的参与者反而会去找新的交易，决定是否想要以及何时想要尝试生成有效区块，领取交易费用。
- 生成有效区块时，立即广播到网络中。
  - 其他节点检验区块的有效性（检查每个交易和区块本身的有效性），如果有效，就将其添加到他们的分类账簿中，然后最终重新广播到网络中的其他节点。
  - 添加以后，新的区块成为分类账簿的"最高档"。如果同一个节点也在生成区块，那么他们需要中止之前的工作重新开始：他们现在需要更新对最新区块的引用，并且从最新区块中包含的未确认列表里删除所有交易。
  - 完成以上步骤后，开始创建新区块，希望他们第一个发现下一有效区块，这样他们能够领取交易费。
- 重复以上步骤直到宇宙热寂。

生成区块的所有参与者之间缺乏协调意味着网络中会有重复的工作，这也可以！虽然不能保证单个参与者获得特定区块，只要参与网络的预期价值（获得区块的概率乘以预期支出，减去成本）是正的，系统就可以自我维持。

注意，接下来要验证交易的节点之间没有一致性。每个参与者汇总自己的列表，运用不同策略来使预期收益最大化。此外，由于我们工作量证明函数（为区块 SHA-256 校验和找到一个部分散列冲突）的属性，增加获得区块概率的唯一方法是耗费更多的 CPU 周期。

还有一个需要应对的警告：两个节点可能会几乎同时发现一个有效区块，并开始在网络中传播——例如上表中的 Kent 和 Chris。因此，一部分网络最终可能会接收 Kent 的区块作为最高区块，其余的会接受 Chris 的区块。现在怎么办？

解决链冲突

再次地，我们将采取一种不干涉的手段，让区块生成过程中的任意属性来解决冲突，虽然还有另外一个规则：如果检测到多个链，参与者应立即切换到最长的链，并在其顶部创建。我们来看看这在实践中如何工作，如下所述。

- 一些节点会开始在 Kent 的区块上建立新区块，其他人在 Chris 的区块上建立。
  - 在某一时刻，有人会发现新的区块，开始在网络中传播。
  - 其他节点接受新的区块时，与一个不同的最高区块合作的那部分网络将检测到现在有一个更长的链可替换，这意味着它们需要切换到更长的链上面。

- 作为被丢弃区块的一部分但尚未被确认的任何交易都被放在未决列表中，重新开始这个过程。
- 可能的情况是，竞争状况会持续多个区块，但最终某个分支会超过另一个，网络的其余部分将收敛到同一个最长的链上。

很好，我们现在有了一个策略来解决网络中不同链之间的冲突。具体来说，网络通过将交易记录在链接的区块列表中来允诺交易的线性化。但至关重要的是，它没有允诺个别区块可以"保证"任意一个交易的状态。想想上面的案例：

- Alice 将她的交易发送到网络；
- Chris 生成一个确认她交易的有效区块。

但是链中有一个分叉，当稍后网络收敛在 Kent 的分支链上时，Chris 的区块会被"移除"。因此，即使当 Alice 接收到一个有她交易的区块，她也不能确定这个区块将来不会被撤销！

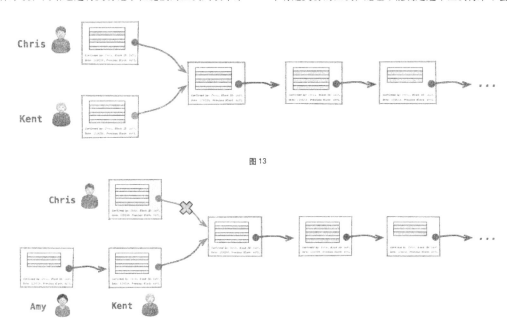

图 13

图 14

没有哪个区块是"最后一个"

没有哪个区块是"最后一个"，永远不会有。如果检测到更长的链，任何区块都可以被"撤销"。实际上，检测分叉相当快速，但总是存在出现替代链的可能。但是，我们唯一能说的是，特定区块在链中的位置"更深"，它被撤销的可能性就更小。因此，也没有哪个交易可以被视为"最终一个"，我们只能陈述它被撤销的概率。

- 0 确认交易：不必等待任何包含交易的区块就可以进行交换。
- 1 确认交易：最新的有效区块包含交易。
- N 确认交易：有一个包含交易的有效区块，以及 N-1 个区块建立在那个有效区块上。

如果愿意接受风险，你可以总是选择采用 0 确认交易：没有交易费用，也不必等待确认，不过你要对对方抱有极大的信任。

但如果你想降低风险，就要等待一个或多个区块建立在你交易所在的区块上。你等的时间越长，在包含你的交易的区块上建立的区块越多，出现一个撤销你交易的替代链的可能性越低。

"撤销"指的是参与者使网络接受一个替代交易，将资金转移到你以外的其他账户上的情形——例如，你完成交易，移交组件，获得收据，但攻击者接着会注入一个交易，把同样的资金"双重消费"到另一账户。

为什么区块链的长度可以很好地代表交易"安全性"？如果攻击者想要撤销一个特定交易，那么他需要建立一个链，链开始于列出交易区块的前一区块，然后建立一个由其他区块组成的、比网络当前所用链更长的链。因此，区块越深，通过创建新链来替换它所需要的计算量就越大。链条越长，运行攻击的代价就越昂贵。

在接受交易之前，你要等待多少个区块？它没有一个明确的数字，答案取决于网络的特性（生成每个区块的时间，交易和区块的传播延时，网络大小等）及交易本身：它的价值、你对另一方的了解、你的风险预测等。

（最小可行）区块链的属性

个体交易的安全受公钥基础设施保障

- 验证交易真实性：恶意方不能伪装成他人，代表他人签名交易。

交易真实性认证只与公钥—私钥对有关。不需要将密钥对与参与者其他数据链接的"强认证"。事实上，单个参与者可以生成和使用多个密钥对！从这一层面上看，网络允许匿名交易。

- 不可否认性：事实发生后，参与方不能声称交易没有发生过。
- 完整性：事实发生后，交易不能被修改。

交易一旦被创建，就被广播到点对点网络中

参与者形成一个网络，交易和区块在参与节点之中转播。不存在一个中央权威。

一个或多个交易聚集在"区块"上

- 一个区块可以验证一个或多个交易并领取交易费用。这使得交易费用与每个交易的价值相比仍然是很低的。
- 有效区块必须有有效的工作量证明解决方案。有效的工作输出很难生成,但验证起来很便宜。工作量证明用于提高生成有效区块的成本,使运行对网络的攻击成本更高。
- 任意节点都能用于生成有效区块,一旦有效区块生成,就被广播到网络中。

任意节点都能用于生成有效区块,一旦有效区块生成,就被广播到网络中。

- 每个区块有一个与前一有效区块之间的链接,使我们能够遍历网络中所有交易记录的完整历史。

节点们寻找新的交易通知,将它们并入分类账簿中

- 在区块中包含交易,作为交易"确认",但这一事实本身不会将交易"最终化"。相反,我们以链的长度代表交易的"安全性"。每个参与者可以选择自己的风险承受水平,从0确认交易到等待任意数量的区块。

所有上述规则和基础设施的组合提供了一个去中心化、点对点的区块链,用于实现签名交易排序的分布式一致性。说得有点多,我知道,但它也为一个大难题提供了巧妙的解决方法。区块链的单个部分(会计、密码技术、网络、工作量证明)并不新颖,但所有这些部分结合起来形成的新属性很值得关注。

如何使用区块链技术进行项目开发

文 / 陈浩

区块链是目前一个比较热门的新概念,蕴含了技术与金融两层概念。从技术角度来看,这是一个牺牲一致性效率且保证最终一致性的分布式数据库,当然这是比较片面的。从经济学的角度来看,这种容错能力很强的点对点网络,恰恰满足了共享经济的一个必须要求——低成本的可信环境。

本文以联盟链为例,描述了实践一个联盟链的基本过程。

总体思路

首先要确定这个区块链的类型,是公证型区块链还是价值型?

公证型区块链是指仅限一些关键数据自证、披露、防篡改等功能的区块链,通常是在价值型区块链中附带的功能,也可以单独扩展,用于公示公开等。价值型区块链是指可以进行资产所有权转移的一种记账账本。

如果确定是价值型区块链,我们又需要确定目标区块链的总体定位:到底是一个普适的价值传输区块链,还是特定场景下的区块链?如果是特定场景下的区块链,我们通常推荐超级账本作为技术原型,如果是比较通用的价值区块链,我们推荐以太坊的思路。

业务场景的构建与初步分析

首先要明确的观点是,区块链不是万能的。很多场景其实是不需要区块链技术也能解决的。在跨境支付领域区块链能很好地发挥,是因为存在很多点对点的跨境机构有大量的支付清算需求,而又不希望中间机构参与,区块链是很好的选择。但是在一些集团、大型公司内部,区块链解决方案基本上远远不如传统的企业资源解决方案。

需求痛点分析

一般需求痛点在满足以下条件的时候,可以考虑使用区块链:

- 存在一个不相互信任的P2P网络环境;
- 节点之间是对等的,不存在一个绝对仲裁者;
- 节点之间是博弈行为。

P2P网络可能包含输入和输出,当包含输入和输出时,区块链不再封闭。

对于某个节点一般有以下几种行为(包括但不限于):

- 不信任其他节点;
- 保证自己的收益最大化;
- 自私获取但不贡献资源。

针对以上情景的业务建模,需要针对具体的业务逻辑结合博弈论推导出满足自己需求的方案。

非区块链技术能否解决

案例1:

通常我们有不同的机构A、B、C,存在不对称的信息交换需求,即A、B、C分别具有部分数据,但三者组合到一起具有市场的全量数据。但是作为A,想知道B、C是否拥有自己数据集合中的某个点数据,根据这个结果来调整自己的购买策略。

案例2:

有不同的机构X、Y、Z,存在信息反馈的需求,当Z收到Y的服务时,会给Y一个信息反馈,这种反馈可能是信用评价,也可能只是响应反馈。总之这种反馈需要记录在案,X会根据Z的信息反馈结果调整自己的购买策略。当X购买服务时,同样会给Y一个反馈,Z也会收到反馈。

以上两个案例首先考虑使用非区块链是否可以解决:

针对案例1,敏感数据和私有数据是不会公开的,即使加密也不会被允许上传到区块链。所以产生了一个数据输入输出区块链的过程,该过程是区块链不可控制的。

那么使用传统的技术是否可以控制呢?貌似也不行,能够满足不暴露敏感数据的方案也只有HASH计算和同态加密。但是这两者都要求数据传输到指定位置。

通常我们会考虑使用零知识证明作为解决方案,然而具体的算法可能需要根据具体业务逻辑进行构建,结合简单智能合约,根据查询结果产生不同输出。

针对案例2,反馈信息容易被篡改,可刷单等问题是最大的,如何保证这种信息反馈是客观中立不可篡改的,可以结合区块链代币的币龄使交易具有方向性来防止作弊行为。

业务场景建模

针对第二节中的两个案例，我们接下来要进行建模，除去核心痛点，我们必然还有记账的需求，本质上任何案例中的每个节点都既是服务方，也是客户方，那么怎么衡量自己贡献和索取了多少呢？

所以任何区块链平台上，必须是要有代币系统的，否则记账将非常困难。在业务场景建模过程中，我们主要关注如何使节点之间达成帕累托改进，而不是因为每个节点是自私行为，让区块链服务名存实亡。

开发路径

区块链原型选取

根据本文开头的叙述，如果是特定场景的区块链解决方案，则建议用 Hyperledger fabric，当然搭建以太坊私有链也是可以的。

下面是一些以太坊和 Fabric 的比较：

以太坊与 HyperLedger 相同点：

- 都是提供区块链业务实现的平台，业务实现都是通过智能合约来完成，以达到最大的灵活性和对底层的不修改。
  - 以太坊为是：EVM 虚拟机，Solidity 合约语言；
  - HyperLedger 是：Shim 链码容器，用 Go 编写合约。
- 官方版本都使用 Go 语言实现。
- 因为都是提供第三方可编程能力，由于难度大，内部难免存在漏洞。对外则存在恶意程序攻击的威胁。尤其是在做为公有链时，威胁将会更大。上个月以太坊已有报合约 solidity 语言漏洞。

以太坊与 HyperLedger 不同如下：

- 以太坊只提供智能合约能力。也恰好吻合它的定位：智能合约和去中心化应用平台。对系统安全性或准入机制无底层无核心上的支持。而 HyperLedger 在吸收以太坊智能合约特点的同时，提供 MemberShip 及身份验证角色管理等模块，更贴近商业应用场景。
- 共识机制不同。由于共识的不一样，所以每秒可处理的交易也不一样，以太坊是每秒千级别的处理量，而 HyperLedger 可以达到十万级别。
- 采用的技术实现思路上不一样。以太坊更多的是靠自己实现，自己造轮子，有点开发人员炫技的感觉，如自己提供合约语言 solidity，自己实现 EVM（这个可能是实际需要）。

表 1 是笔者曾经的一个私链项目中对两者的比较（私链考虑了 Hydrachain 的可行性）。

读者可以根据自己实际的 TPS 需求，进行共识的选型。

表 2 是不同共识的一些参考数据。

表1

	Ethereum + HydraChain	HyperLedger
特点	价值网络 + 智能合约平台	智能合约平台
开发语言	Python	Golang
合约执行机制	EVM + Native	Docker
合约语言	Solidity/Serpent + Python	Golang/JavaScript
拓扑结构	结构简明	结构复杂
成熟度	Ethereum 经历过大规模用户测试	尚待大规模实际项目验证
保密性	无隐私方案	有保密网络方案
安全性	集成身份验证及授权访问机制	集成身份验证及授权访问机制
共识算法	HDCP（33%，非挖矿）	PBFT（33%，非挖矿）
处理能力	TPS 高	TPS 高

表2

名称	共识算法	适合场景	开发语言	智能合约	TPS
比特币	PoW	公链	C++	否	~10
以太坊	PoW（将切换 PoS）	公链/联盟链	GO	是	~20
HyperLedger fabric	PBFT（可插拔）	联盟链	GO	是	~10^5
比特股 2.0	DPoS	公链	C++	否	~10^3
公证通	类 PoS	公链/联盟链	C++	否	~20
瑞波	RPCA	公链/联盟链	C++	否	~10^3
未来币	PoS	公链/联盟链	JAVA	否	~10^3

当然，如果考虑自行开发，建议搭建基础比特币网络，做加法，更改共识算法，网络传送协议以及附加合约（可选）。

其实智能合约在一些场景中不是必选项，对用户来说，可靠方便实时是第一需求，如果针对特定的应用场景，将"合约"固化在区块链里面，也是一种可行的思路。

针对以上两种联盟链实现，笔者还想强调，并不是所有服务一定得是区块链的，笔者构想了一个通用的保护伞型结构，如比特币的侧链技术，主链提供基础账本服务，侧链提供特定场景服务，侧链上的应用可以是非区块链实现的，只需接口注册即可。

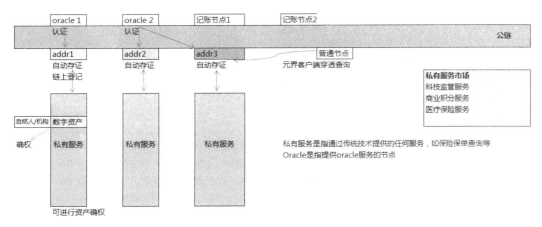

图 1　保护伞结构

交互接口设计

在交互接口设计上，推荐使用目前业界通用的 Json-RPC 接口，扩展性和友好性兼备。

一般我们将接口分为两类：开放接口和账户接口。开放接口是指区块链本身的描述信息，是不需要认证的，而账户接口是需要账户认证的。

基础账本设计

基础账本设计包含以下两个问题：

首先是原型区块链是否已经满足需求？如果针对以太坊，基本上不需要改动基础账本，只需构建智能合约即可。如果以比特币体系为基础，则可能有较大的改动。

不满足需求时如何改动基础账本？这个其实要视账户模型而定，如果使用 UTXO 模式时，改动重点在如何嵌入模板交易体。如果使用 Balance 模式，那么则没有这个问题。

业务扩展层设计

业务扩展设计方面的内容比较复杂，篇幅问题这里也只是抛砖引玉提出两个问题：

- 扩展层是外接区块链还是内置到区块链？
- 如果包含数据输入，是否需要脱敏？脱敏后如何上链？

先想清楚这两个问题或许能帮你更好地规划业务扩展层的内容。

开发转变和难点

开发思维的转变

与传统网络服务不同的是，区块链开发不再以面向服务为主要关注点，而是面向账本和交易。

开发者面对的不再是以高可用高并发的应用程序为主要指标，而是切换到了面向用户，关注用户友好性和开发扩展性的终端程序开发。

所以高并发高性能不再是区块链终端的核心指标，安全性、可扩展性、友好性成了主要指标。

图 2 是一个适用于联盟链 / 私有链项目的工作流程。

开发难点

目前来讲，区块链项目开发的难点有三个。

- 开发人力资源储备不足

目前比较成熟的技术体系有比特币及衍生技术体系、以太坊、超级账本 HyperLedger fabric、比特股 Bitshares、瑞波 Ripple

和未来币 NXT。其中前三个是最有影响力的区块链项目。比特币以及衍生技术多以 C++ 语言进行开发；以太坊支持大部分主流语言，官方以 Go 为主，也有其他分支的项目如 Rust 语言的 Parity 钱包；超级账本目前以 Go 为主。

从目前上海地区的区块链从业人员来看，保守估计在 400~500 左右。按一半为开发人员计算，也才 200 多个，面对巨大的市场需求，人才是极度稀缺的。

由于 C++ 目前仅在金融和游戏领域有部分需求，所以 C++ 工程师不多，尤其是高水平的 C++ 工程师就更少了。Go 作为新兴语言，发展势头很猛，但是 Go 的生态也不如 Java 大。

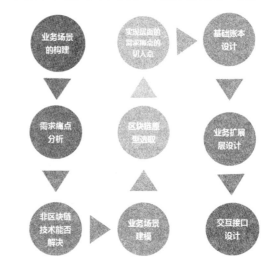

图 2 适用于联盟链 / 私有链项目的工作流程

如果从 Java 的角度看，如何把其生态利用起来，目前区块链还没有做到那个地步。

综合来看，区块链在技术方面与其他技术的结合还有待探索。区块链是交叉学科，需要各方面工程实践的经验。在实践方面，我们希望区块链从业人员同时了解技术和金融业务，这个对人员的素质要求比较高，相应的符合标准的人就更少了。

关于对各个区块链技术体系理解的偏差，区块链技术和概念日新月异，闭门开发可能会走到死胡同，如何保持一部分精力更新知识体系，同时保证开发进度对开发人员是有较大挑战的。

区块链作为一门新兴的技术，涵盖了去中心化、去信任、共享经济、分布式计算、分布式存储等多方面的内容，考验着技术人员的学习和思考能力。在未来，区块链将同人工智能一起，会影响到普通人生活的方方面面。

写给 CTO 的主流区块链架构横向剖析

文 / 张铮文

时常听人们谈起区块链，从 2009 年比特币诞生至今，各式各样的区块链系统或基于区块链的应用不断被开发出来，并被应用到大量场景中，而区块链技术本身也在不停地变化和改进。

区块链又被称为分布式账本，与之对应的则是中心化账本，比如银行。与中心化账本不同的是，分布式账本依靠的是将账本数据冗余存储在所有参与节点中来保证账本的安全性。简单地说，区块链会用到三种底层技术：点对点网络、密码学和分布式一致性算法。而通常，区块链系统还会"免费附赠"一种被称为智能合约的功能。智能合约虽然不是区块链系统的必要组成部分，但由于区块链天生所具备的去中心化特点，使它可以很好地为智能合约提供可信的计算环境。

为了适应不同场景的需求，区块链系统在实际应用的过程中往往会需要进行各种改造，以满足特定业务的要求，比如身份认证、共识机制、密钥管理、吞吐量、响应时间、隐私保护、监管要求等。而实际应用区块链系统的公司往往没有进行这种改造的能力，于是市场上慢慢出现了一些用于定制专用区块链系统的框架，采用这些框架就可以很方便地定制出适用于企业自身业务需求的区块链系统。

本文将对目前市场上几个典型的区块链框架进行横向对比，看看它们都有哪些特点，以及它们之间到底有什么区别。为了保持对比的客观与公正，本文将只针对开源的区块链框架进行讨论。

各区块链架构的简单介绍

比特币

比特币（Bitcoin）源自中本聪（Satoshi Nakamoto）在2008年发表的一篇论文《比特币：一种点对点的电子现金系统》（Bitcoin: A Peer-to-PeerElectronic Cash System），文中描述了一种被他称为"比特币"的电子货币及其算法。在之后的几年里，比特币不断成长和成熟，而它的底层技术也逐渐被人们认识并抽象出来，这就是区块链技术。比特币作为区块链的鼻祖，在区块链的大家族中具有举足轻重的地位，基于比特币技术开发出的山寨币（Altcoins）的数量有如天上繁星，难以计数。

中本聪设计比特币的目的，就是希望能够实现一种完全基于点对点网络的电子现金系统，使得在线支付能够直接由一方发起并支付给另外一方，中间不需要通过任何的中介机构。总结来说，他希望比特币能够实现以下这些设计目标：

- 不需要中央机构就可以发行货币
- 不需要中介机构就可以支付
- 保持使用者匿名
- 交易无法被撤销

从电子现金系统的角度来看，以上这些目标在比特币中基本都得到了实现，但是依然有一些技术问题有待解决，比如延展性攻击、区块容量限制、区块分叉、扩展性等。

在应用场景方面，目前大量的数字货币项目都是基于比特币架构来设计的，此外还有一些比较实际的应用案例，比如彩色币、t0等。

彩色币（Coloredcoin），通过仔细跟踪一些特定比特币的来龙去脉，可以将它们与其他的比特币区分开来，这些特定的比特币就叫作彩色币。它们具有一些特殊的属性，从而具有与比特币面值无关的价值，利用彩色币的这种特性，开发者可以在比特币网络上创建其他的数字资产。彩色币本身就是比特币，存储和转移不需要第三方，可以利用已经存在的比特币基础网络。

t0是比特币区块链在金融领域的应用，是美国在线零售商Overstock推出的基于区块链的私有和公有股权交易平台。

以太坊

以太坊（Ethereum）的目标是提供一个带有图灵完备语言的区块链，用这种语言可以创建合约来编写任意状态转换功能。用户只要简单地用几行代码来实现逻辑，就能够创建一个基于区块链的应用程序，并应用于货币以外的场景。以太坊的设计思想是不直接"支持"任何应用，但图灵完备的编程语言意味着理论上任意合约逻辑和任何类型的应用都可以被创建出来。总结来说，以太坊在比特币的功能之外，还有以下几个设计目标：

- 图灵完备的合约语言；
- 内置的持久化状态存储。

目前基于以太坊的合约项目已达到数百个，比较有名的有Augur、TheDAO、Digix、FirstBlood等。

Augur是一个去中心化的预测市场平台，基于以太坊区块链技术。用户可以用数字货币进行预测和下注，依靠群众的智慧来预判事件的发展结果，可以有效地消除对手方风险和服务器的中心化风险。

限于篇幅，基于以太坊智能合约平台的项目就不多介绍了。基于以太坊的代码进行改造的区块链项目也有不少，但几乎都是闭源项目，只能依靠一些公开的特性来推断，所以就不在本文展开讨论了。

Fabric

Fabric是由IBM和DAH主导开发的一个区块链框架，是超级帐本的项目成员之一。它的功能与以太坊类似，也是一个分布式的智能合约平台。但与以太坊和比特币不同的是，它从一开始就是一个框架，而不是一个公有链，也没有内置的代币（Token）。

超级账本（Hyperledger）是Linux基金会于2015年发起的推进区块链技术和标准的开源项目，加入成员包括：荷兰银行（ABN AMRO）、埃森哲（Accenture）等十几个不同利益体，目标是让成员共同合作，共建开放平台，满足来自多个不同行业各种用户案例，并简化业务流程。

作为一个区块链框架，Fabric采用了松耦合的设计，将共识机制、身份验证等组件模块化，使之在应用过程中可以方便地根据应用场景来选择相应的模块。除此之外，Fabric还采用了容器技术，将智能合约代码（Chaincode）放在Docker中运行，从而使智能合约可以用几乎任意的高级语言来编写。

以下是Fabric的一些设计目标：

- 模块化设计，组件可替换；
- 运行于Docker的智能合约。

目前已经有不少采用Fabric架构进行开发的概念验证（POC）项目在实施过程中，其中不乏一些金融机构做出的尝试，不过由于项目刚刚起步，还没有比较成熟的落地应用。

Onchain DNA

Onchain DNA（Onchain Distributed Networks Architecture），是由总部位于上海的区块链创业公司"分布科技"开发的区块链架构，可以同时支持公有链、联盟链、私有链等不同应用类型和场景，并快速与业务系统集成。分布科技同样也是超级账本的成员之一。

与以太坊、Fabric不同的是，Onchain DNA在系统底层实现了对多种数字资产的支持，用户可以直接在链上创建自己的资产类型，并用智能合约来控制它的发行和交易逻辑。对于绝大部分的区块链应用场景，数字资产是必不可少的，而为每一种数字资产都开发一套基于智能合约的业务流程非常浪费且低效。因此，由区块链底层提供直接的数字资产功能十分必要。而对于那些完全不需要数字资产的应用场景，同样可以基于 Onchain DNA 提供的智能合约功能来编写任意的自定义逻辑来实现。

Onchain DNA 的设计目标主要有以下几点：

- 多种数字资产的底层支持；
- 图灵完备的智能合约和持久化状态；
- 跨链互操作性；
- 交易的最终性。

目前已有不少金融机构采用 Onchain DNA 架构来进行区块链概念验证产品的开发，例如银行、券商、支付、登记结算机构等。除此之外，还有一些已经落地的区块链项目，例如小蚁、法链等。

小蚁（Antshares）是一个定位于资产数字化的公有链，将实体世界的资产和权益进行数字化，通过点对点网络进行登记发行、转让交易、清算交割等金融业务的去中心化网络协议。它采用社区化开发的模式，在架构上与 Onchain DNA 保持一致，从而可以与任何基于 Onchain DNA 的区块链系统发生跨链互操作。

法链是全球第一个大规模商用的法律存证区块链，一个底层基于 Onchain DNA 区块链技术，并由多个机构参与建立和运营的证据记录和保存系统。该系统没有中心控制点，且数据一旦录入，单个机构或节点无法篡改，从而满足司法存证的要求。

Corda

Corda 是由一家总部位于纽约的区块链创业公司 R3CEV 开发的，由其发起的 R3 区块链联盟，至今已吸引了数十家巨头银行的参与，其中包括富国银行、美国银行、纽约梅隆银行、花旗银行、德国商业银行、德意志银行、汇丰银行、三菱 UFJ 金融集团、摩根士丹利、澳大利亚国民银行、加拿大皇家银行、瑞典北欧斯安银行（SEB）、法国兴业银行等。从 R3 成员的组成上也可以看出，Corda 是一款专门用于银行与银行间业务的技术架构。尽管 R3 声称 Corda 不是区块链，但它具备区块链的一些重要特性。

Corda 由 Java 和 Kotlin 开发，并在其各项功能中充分依赖于 Java，比如智能合约、数据访问接口等。Corda 的设计目标主要是：

- 没有全局账本；
- 由公证人（Notaries）来解决交易的多重支付问题；
- 只有交易的参与者和公证人才能看到交易。

为此，Corda 的所有交易都不会向全网进行广播，而且所有的节点都是直接通信，没有 P2P 网络。这一点导致了其网络规模会被限制在一个较小的规模内，无法形成大规模的联盟链，适用的业务场景比较狭窄。

技术对比

接下来，我们将针对前文中所提到的这些区块链框架进行一系列的技术对比，并从多个维度展开讨论它们的区别与相似之处。

数字资产

区块链的内置代币通常是一种经济激励模型和防止垃圾交易的手段。比特币天生就有且只有一种内置代币，所以在比特币系统中所有的"交易"本质上都是转账行为，除非通过外部的协议层来给比特币增加额外的数字资产。

以太坊和 Onchain DNA 具有内置代币，它们的作用除了以上提到的经济激励和防止垃圾交易之外，还为系统内功能提供了一个收费的渠道。比如以太坊的智能合约运行需要消耗 GAS，而 Onchain DNA 的数字资产创建也需要消耗一定的代币（可选）。

以太坊和 Fabric 没有内置的多种数字资产支持，而是通过智能合约来实现相应的功能。这种方式的好处在于，系统设计可以做到非常简洁，而且资产的行为可以任意指定，自由度极高。然而这样的设计也会带来一系列的负面影响，比如所有的资产创建者不得不自己编写重复的业务逻辑，而用户也没有办法通过统一的方式去操作自己的资产。

相比之下，Onchain DNA 和 Corda 采用了在底层支持多种数字资产的方式，让资产创建者可以方便地创建自己的资产类型，而用户也可以在同一个客户端中管理所有的资产。对于逻辑更加复杂一点的业务场景来说，他们同样可以利用智能合约来强化资产的功能，或者创建一种与资产无关的业务逻辑。

表1

	内置代币	多种数字资产
比特币	有	通过外部的协议层来支持
以太坊	有	通过智能合约实现
Fabric	无	通过智能合约实现
Onchain DNA	可选	底层支持
Corda	无	底层支持

账户系统

UTXO（Unspent Transaction Output）是这样一种机制：每一枚数字货币都会被登记在一个账户的所有权之下，一枚数字货币有两种状态，即要么还没有被花费，要么已经被花费。当需要使用一枚数字货币的时候，就将它的状态标记为已经花费，并创造一枚新的与之等额的数字货币，将它的所有权登记到新的账户之下。在这个过程中，被标记为已花费的数字货币就被称为交易的输入，而创造出来的新的数字货币被称为交易的输出，在一笔交易中，可以包含多个输入和多个输出，但是输入之和与输出之和必须相等。计算一个账户的余额时，只要将所有登记在该账户下的数字货币的面额相加即可。

表2

	账户设计	身份认证
比特币	UTXO	无
以太坊	余额	无
Fabric	不适用	数字证书
Onchain DNA	UTXO+余额	数字证书
Corda	UTXO	数字证书

比特币和 Corda 就采用了 UTXO 这样一种账户机制，而以太坊则采用了更加直观的余额机制：每个账户都有一个状态，状态中直接记录了账户当前的余额，转账的逻辑就是从一个账户中减去一部分金额，并在另一个账户中加上相应的金额，减去的部分和加上的部分必须相等。Onchain DNA 在账户机制上同时兼容这两种模式。

那么 UTXO 模式和余额模式究竟有什么区别呢？UTXO 最大的好处就是，基于 UTXO 的交易可以并行验证且任意排序，因为所有的 UTXO 之间都是没有关联的，这对区块链未来的扩展性有很大的帮助，而基于余额的设计就没有这个优势了。反过来，余额设计的优点是设计思想非常简洁和直观，便于程序实现,特别是在智能合约中,要处理UTXO的状态是非常困难的。这也是为什么以智能合约为主要功能的以太坊选择余额设计的原因,而比特币、OnchainDNA、Corda这些以数字资产为核心的架构则更倾向于UTXO设计。

关于身份认证,比特币和以太坊基本没有身份认证的设计,原因很简单,因为这两者的设计思想都是强调隐私和匿名,反对监管和中心化,而身份认证就势必要引入一些中心或者弱化的中心机构。

Fabric、Onchain DNA 和 Corda 不约而同地选择了采用数字证书来对用户身份进行认证,原因在于这三者都有应用于现有金融系统的设计目标,而金融系统必然要考虑合规化并接受监管,此外现有的金融系统已经大范围地采用数字证书方案,这样便可以和区块链系统快速集成。

共识机制

共识机制是分布式系统的核心算法,因为分布式系统的数据分散在各个参与节点中,这些分散的数据必须通过一种算法来保持一致性,否则系统将无法正常工作。与传统的分布式系统不同,区块链是一个去中心化的系统,并且可能会承载大量的金融资产,所以它可能会面临大量的拜占庭故障而非一般性故障,而中心化的分布式系统则很少遇到拜占庭故障。因此,区块链的共识机制与传统的分布式系统存在较大的差异。

表3

	模型	出块时间
比特币	POW	≈ 600s
以太坊	POW	≈ 15s
Fabric	BFT	自定义
Onchain DNA	BFT	自定义
Corda	不适用	不适用

比特币和以太坊采用了工作量证明(Proof-of-Work)机制来保证账本数据的一致性。工作量证明同时也是一种代币分发机制,它通过经济激励的方式来鼓励节点参与区块的构造过程,节点在构造区块的时候需要穷举一个随机数以使得区块符合规定的难度要求,一旦区块链出现分叉,诚实的节点将选择工作量较大的链条,而抛弃工作量较小的。由于假设所有节点都是逐利的,而选择工作量较小的链条就会使自己获得的激励无效,所以最终所有的节点都会是诚实的,从而使每个节点的区块链数据都保持一致。

为了维护这样一个工作量证明机制的区块链,需要全网具备较大规模的算力支撑来保证网络的安全性,否则账本数据就有可能被篡改。此外,即使维持较大的算力来保护网络,工作量证明也无法从根本上保证交易的最终性,比如比特币就经常产生孤立区块(Orphaned Block),而包含在孤立区块中的交易就有可能被撤销。因此比特币通常要求用户等待6个区块的确认,即1小时左右的时间,才能在一个可接受的概率上认为交易已经最终完成,而这个概率也并非是最终性的——你永远也不知道暗中是否有一个远超过全网的庞大算力正在试图撤销以前的交易。而为了维护庞大算力而支出的电力成本也是相当可观,因此,以太坊已经在设计从工作量证明机制切换到其他共识机制上的方案。

Fabric 和 Onchain DNA 都设计了基于拜占庭容错(Byzantine Fault Tolerance)模型的共识机制。节点被分为普通节点和记账节点(Validating Peer),只有记账节点才会参与到区块的构造过程,这种角色的分离使得算法的设计者有机会将运行共识算法的节点数量限定在一个可控的规模内。

拜占庭容错模型对网络中的节点做出了假设和要求:如果共识中有f个节点会出现拜占庭故障,那么至少需要3f+1个节点参与共识才能避免网络出现分叉。在这个模型下,每个区块的构造过程都需要至少2f+1个节点的参与才能够完成,而不像工作量证明机制下每个节点都独立构造区块。一旦区块被构造出来,它就无法被撤销,因为2f+1个诚实的记账节点不会在同一高度对两个不同的区块进行签名认证。

相比较而言,工作量证明机制提供了极高的灵活性和可用性,因为每个节点都独立构造区块而几乎不需要其他节点的参与,节点可以随时加入或者退出网络,即使全网只剩下一个节点,网络还是可以继续工作,但是相应的它也失去了交易的最终性;而拜占庭容错的机制则与之相反,牺牲了一定的灵活性和可用性,记账节点必须在线提供服务而不能退出网络,一旦出现1/3的记账节点停机,那么网络将变得不可用,但它保证了交易的最终性。

智能合约

智能合约是1994年由密码学家尼克萨博(Nick Szabo)首次提出的理念,几乎与互联网同龄。智能合约是指能够自动执行合约条款的计算机程序,在比特币出现以前,因为不存在安全可靠的执行环境,智能合约一直不能够应用到现实中。区块链由于其去中心化、公开透明等特性,天生就可以为智能合约提供可信的执行环境。所以,新型的区块链框架几乎都会内置智能合约的功能。

表4

	图灵完备	执行环境	持久化
比特币	否	内置脚本引擎	无
以太坊	是	EVM	有
Fabric	是	Docker	有
Onchain DNA	是	AVM	有
Corda	是	JVM	无

比特币内置了一套基于栈的脚本执行引擎,可以运行一种独有的脚本代码,用于对交易进行简单的有效性验证,比如签名验证和多重签名验证等。这套脚本语言被有意设计成非图灵完备的,足够简单却也足以应对货币转账的各种需求。

以太坊是首个以图灵完备智能合约为主要功能的区块链,用户可以在以太坊的平台上创建自己的合约,而合约的内容可以包含货币转账在内的任意逻辑。合约使用一种名为Solidity的语言来编写,它是以太坊团队开发的专门用于编写智能合约的一种高级语言,语法类似JavaScript,最终被编译成字节码并运行在EVM(Ethereum Virtual Machine)之中。EVM提供了堆栈、内存、存储器等虚拟硬件,以及一套专用的指令集,所有的代码都在沙盒中运行。它提供了合约间相互调用的能力,甚至可以在运行时动态加载其他合约的代码来执行。这种能力使得以太坊的合约具有非常高的灵活性,但也可能会使合约的功能具有不确定性。

与以太坊自己动手开发语言、虚拟机的思路不同,Fabric

选择了使用现有的容器技术来支持智能合约功能。Fabric 的智能合约在理论上可以用任何语言来编写，这一点对开发者相当友好，他们将无须学习新的语言，并且可以复用现有的业务代码和丰富的开发库，并使用自己熟悉的开发工具。相对而言，采用 Docker 的智能合约架构也有大量的问题：首先，它很难对智能合约的执行流程进行控制，从而无法对其功能进行限制；其次，它无法对合约运行所消耗的计算资源进行精确的评估；此外，运行 Docker 相对而言是极其耗费资源的操作，这就使得难以在移动设备上运行合约；最后，不同节点的硬件配置、合约引用的开发库等，都有可能会使合约的行为具有很强的不确定性。

Onchain DNA 采用了 AVM（Antshares Virtual Machine）作为其智能合约功能的底层支持。AVM 是一个微核心的、平台无关的智能合约执行环境，它提供了一套包含堆栈操作、流程控制、逻辑运算、算数运算、密码学运算、字符串操作、数组操作的指令集，在硬件方面，它只提供了两个计算堆栈。不过，由于它允许区块链的实现者创建自己的虚拟硬件，并以接口的形式开放给智能合约来使用，使得合约可以在运行时取得平台相关的数据、持久化存储以及访问互联网等。虽然这也有可能会使合约的行为具有不确定性，但区块链的实现者可以通过合理编写虚拟硬件来消除这种不确定性。不过，由于目前尚无与 AVM 配套的编译器和开发环境，这使得基于 AVM 进行智能合约开发变得相当困难，开发者不得不使用一种类似汇编的语法来进行合约编写，需要较高的技术能力。

Corda 的智能合约功能与其自身一样，都是基于 JVM（Java Virtual Machine）的。因此，你可以使用任何与 JVM 兼容的语言来进行开发，比如 Java、Kotlin 等。不过，它对 JVM 进行了一定的改造，使得在其上运行的合约脚本具备确定性。开发的过程大致是这样的：使用 Java 创建一个实现 Contract 接口的类（Class），并提供一个名为 verify 的函数（Function）用于对交易进行验证，该函数接受当前的交易作为参数，如果交易验证失败，则抛出异常（Exception），没有异常就表示验证通过。Corda 使用 JPA（Java Persistence Architecture）来提供持久化功能，支持 SQL 语句和常用的数据库，不过需要安装相应的插件，并且由于数据仅存放在合约执行者的节点，因此无法进行全局的持久化存储。

扩展性

区块链的数据结构通常是只能追加记录，而不能修改或删除记录，它真实地记录下完整的历史数据，使得新加入的节点有能力对全网的完整交易历史进行验证，而无须信任其他节点。这种特性带来了去中心化的便利性，但也影响了区块链系统的扩展性，因为区块会无休止地增长，直到塞满整个硬盘。所以有必要提供一种空间回收的机制来应对不断增长的数据。

表5

	空间回收	并行验证
比特币	区块压缩	支持
以太坊	状态快照	分区
Fabric	状态快照	不支持
Onchain DNA	状态快照	分区
Corda	不适用	支持

比特币提出了使用默克尔树（Merkle tree）来存放交易散列的方式，当需要回收硬盘空间时，只需将老旧的交易从默克尔树中剔除即可。一个不含交易信息的区块头大小仅有 80 字节。按照比特币区块生成的速率为每 10 分钟一个，那么每一年产生的数据约为 4.2MB，即使将全部的区块头存储于内存之中都不是问题。

以太坊、Fabric 和 Onchain DNA 在比特币区块压缩的基础上，又采用了状态快照的方式来节约硬盘空间。具体来说，就是在区块头的结构中不但记录了当前区块所有交易的根散列，还记录了当前区块及过去所有区块中的状态根散列。这些状态包括所有的 UTXO、账户余额、合约存储等，所以节点只需要保留最新的区块和完整的状态信息即可。

扩展性的另一个重要指标是交易的吞吐量。决定吞吐量的因素有很多种，如网络结构、加密算法、共识机制等，但最重要的还是交易是否可以被并行验证。如果交易可以被并行验证，那么未来就可以通过简单地增加 CPU 数量来提高吞吐量。

基于 UTXO 系统的比特币可以很容易地对交易进行并行验证，因为 UTXO 之间是没有关联的，对任意 UTXO 的状态改变都可以独立进行且与顺序无关；而基于余额的账户系统则不那么容易实现并行，因为可能会同时发生多笔交易对同一个账户进行资产操作，需要进行一些额外的步骤来处理。举个例子，假设账户中的余额是 10 元，有两笔针对该账户的交易同时发生，第一笔交易在账户中加 5 元，而第二笔交易在账户中减 11 元。那么如果先执行第一笔交易，则两笔都能成功，最终余额为 4 元；如果先执行第二笔交易，那么它会因余额不足而失败，只有第一笔交易会成功，最终余额为 15 元。

而对交易的并行验证起到决定性作用的，是智能合约是否具备状态持久化的能力。如果一组合约都是无状态的，那么它们就可以按任意的顺序被执行，不会产生任何副作用；相反，如果合约可以对一组状态产生影响，那么按不同的顺序来执行合约产生的结果也会不同。举个例子，一个计算存款利息的合约，它具有两个子功能：存款和利息结算。假设账户中有 100 元，利率为 10%，现在同时发生了两笔交易，第一笔交易的内容是存入 100 元，第二笔交易的内容是结算利息。假如第一笔交易先执行，那么最终账户的余额是：（100+100）×110%=220 元；如果第二笔交易先执行，那么账户余额将是：100×110%+100=210 元。由此可见，具备状态持久化能力的智能合约是顺序相关的，因此难以并发验证，特别是如果合约之间还可以相互调用的话，情况将会更加复杂。

目前 Fabric 没有提出什么好的办法来解决这个问题；而 Corda 则没有这个问题，因为它的交易本身就不会向全网进行广播，所以只要交易参与者和公证人可以验证即可。以太坊和 Onchain DNA 的方法都是分区，即将各个合约分到不同的逻辑区中，每个区中的合约都顺序执行，而不同的区之间并行执行。以太坊将合约地址的首个字节作为分区依据，由此产生了 256 个分区，每个合约都在自己的分区中运行，且只能调用与自己相同分区的合约。但这种做法实际上并不能有效地解决问题，因为总有一些通用的底层合约因为被广泛使用，而把大多数的调用者合约聚集在同一个分区中。

Onchain DNA 将合约分为功能合约（Function code）和应用合约（Applicationcode）。其中功能合约专门用于提供可复用的功能函数，被其他合约调用，且必须被声明为无状态，这一点消除了绝大部分的合约聚集现象；而只有应用合约可以保存自己的状态，所以在执行应用合约时，对其采用动态分区方案：在合约被执行之前，会先计算出它们的调用树，并将调用树有交集的合约放在同一个分区中执行。

独有特性

幽灵协议

幽灵协议是以太坊对现有 POW 算法的改进，它提出的动机是当前快速确认的区块链因为区块的高作废率而受到的低安全性困扰。因为区块需要花一定时间扩散至全网，如果矿工 A 挖出了一个区块然后矿工 B 碰巧在 A 的区块传播至 B 之前挖出了另外一个区块，矿工 B 的区块就会作废并且没有对网络安全做出贡献。如果 A 是一个拥有全网 30% 算力的矿池而 B 拥有 10% 的算力，A 将面临 70% 的时间都在产生作废区块的风险而 B 在 90% 的时间里都在产生作废区块。通过在计算哪条链"最长"的时候把废区块也包含进来，幽灵协议解决了降低网络安全性的第一个问题；这就是说，不仅一个区块的父区块和更早的祖先块，祖先块的作废的后代区块（以太坊术语中称之为"叔区块"）也被加进来以计算哪一个区块拥有最大的工作量证明。以太坊付给"叔区块"身份为新块确认做出贡献的废区块 87.5% 的奖励，把它们纳入计算的"侄子区块"将获得奖励的 12.5%。计算表明，带有激励的五层幽灵协议即使在出块时间为 15s 的情况下也实现了 95% 以上的效率，而拥有 25% 算力的矿工从中心化得到的益处小于 3%。

国密算法

国密算法是由中国国家密码管理局制定的一系列商用密码学算法，其中包括了对称加密算法 SM1、椭圆曲线非对称加密算法 SM2、杂凑算法 SM3 等。通常区块链在使用密码学算法时会采用国际标准，例如 AES、ECDSA、SHA2 等。而国内的金融机构在选用密码学方案的时候，通常会考虑国密算法。Onchain DNA 提供了可选的密码学模块，针对不同的应用场景可以选择不同密码学标准，解决了安全性和政策性风险。

跨链互操作

目前，区块链技术正处于百花齐放、百家争鸣的时代，各种不同的区块链纷纷涌现出来，区块链之间的互操作性成为了一个非常重要而又迫切的需求。企业用户可能需要在不同的链之间进行业务迁移；普通用户可能需要在不同的链之间进行资产交换；央行的数字法币可能会需要在各个区块链上流通等。Onchain DNA 提供了一种跨链互操作协议，通过这种跨链协议，用户可以跨越不同的区块链进行资产交易、合约执行等操作，并保证该操作在各个区块链上的事务一致性。

无链结构

正如 Corda 在白皮书中所宣称的那样，它没有链式结构，交易也不向全网进行广播，而只在交易的参与者和公证人之间发送。因此，数据只有"需要访问的人"才能访问，避免了隐私泄露的问题。由于没有全局的链式结构，每个节点只存放和自己有关的交易，而无须存放全网的所有交易，大大节省了空间。

总结

本文从多个维度比较并讨论了当前各个区块链框架的特点和功能，并阐述了它们在各方面的优缺点，以及在应用领域上的适用性和局限性。

比特币虽然是区块链技术的原型，具有非常重要的地位，但由于其技术架构的局限性，例如挖矿、非图灵完备等，很难应用到复杂的业务场景中去，但非常适合用于货币发行。

以太坊虽然也采用挖矿的形式，但其幽灵协议提高了挖矿效率，新的共识算法也在开发中。以太坊还开发了较多基于密码学的隐私保护方案，比如环签名混币方案，非常适合于创建去中心化自治组织（Decentralized Autonomous Organization）。

Fabric 和 Onchain DNA 的定位都是企业级区块链解决方案，适合用于定制各种特定业务的联盟链，包括金融领域的应用场景。区别在于 Fabric 以智能合约为导向，而 Onchain DNA 则以数字资产为导向；前者更适合开发复杂的自定义业务流程，而后者则更适合于构建以数字资产为核心的金融业务系统或权益登记流转系统，且具有较强的扩展性。

Corda 的定位是用于银行间业务的"分布式数据库"，它摒弃了区块和链式结构，更好地把参与者的业务数据区隔开来；但引入了公证人的角色，网络结构较为固定不具灵活性和扩展性，且与现有的银行体系的运作方式差别不大。

关于区块链，程序员需要了解什么

文 / 曹严明

如果说比特币是对传统货币的一种颠覆，那么比特币的基础技术——区块链则是对传统编程范式的一种颠覆。区块链技术被看作一次 Paradigm Shift。也许很多人对"颠覆"这种说法不以为然，因为现在这个词已经被用滥了（如今哪个好一点儿的词没有被用滥呢？），但是明眼人在匆忙做出"这又是个噱头"这样的结论之前会谨慎地去了解它背后的东西。这篇文章的目的就是为程序员介绍区块链的独特技术，以及这些技术如何运用到项目或者产品的开发过程中。即使你不想进入全新的区块链应用开发大潮，你也会发现其底层技术对平日的应用开发有不少启发和借鉴作用。一个新技术的诞生有它顺应时代的合理性（黑格尔语"存在就是合理的"）。作为程序员我们应该去了解它的合理性所在之处，取而用之。我们不一定非要用新技术去颠覆一个老应用，但可以用新技术去重塑一个老应用。

本篇主要讨论区块链在三个方面的独特性：去中心和去中介、隐私保护、时间戳。

去中心和去中介

1994 年凯文·凯利（国内称 KK）出版了一本预言式的巨

著《失控》，书中充满了关于智慧生命及其社会进化机制的真知灼见。书中提到的很多概念，比如云计算、物联网、网络社区等，在二十多年后的今天已经成为普遍事实。"去中心化"是凯文·凯利在书中提出的"九律"中的一条。一个去中心化的系统，没有一个中央的、自上而下的控制主体，而完全是由大量相互联结看似无组织的小个体构成，这些个体有一定的独立性，可以相互作用，它们自发地形成一个整体以后，由量变引起质变，结果整体的能力、智慧、适应性和灵活性，都大大超过了个体的简单相加。这样的去中心化系统生命力极强，遭到破坏可以自我修复，因而很难被完全摧毁。

互联网就是一个典型去中心化的例子，极强的适应性和抗破坏性是互联网的根本。不过如今的互联网却有了中心化的趋势。中心化的后果见仁见智，对崇尚多种选择的人来说，中心化代表着选择自由的丧失，服务质量的下降，活力的倒退和创新的萎缩。微博作为新一代互联网媒体的翘楚，它的兴起、没落及再次复兴，从内容的产生和传播来说，就是一个从一开始的去中心化，到由大V们控制的中心化，再到去中心化的历程。总之，只有那些赋予其中每个个体充分发展的自由的系统，那些抗拒中心化趋势的系统，才是生机勃勃、有创新力、能够不断进化的系统。

站在2016-2017年之交，智能机器时代似乎离我们不远了。芯片、存储、网络、移动、物联网技术，都极大增强了各种网络终端（edge）的能力，无论这些终端是人、手机、汽车、机器人，或是其他设备。以前由于存储、网络或者计算能力等限制而选择中心化的应用程序设计，现在的程序员则有更大的自由去选择一种去中心化的设计。去中心化的系统更加灵活，更具适应性，更有活力。

另一方面，现实社会中的各种交易活动，由于交易双方缺乏信任、信息不对称、搜寻成本、匹配效率、交易费用等因素，需要有交易双方共同信任的中介参与。比如银行间的跨境支付，中间需要通过SWIFT网络和代理银行，而不能直接进行点对点交易。中介的产生源于降低交易成本的目的，但是随着新技术的出现和普及，双方直接交易成为可能，而且成本更低。在这样的情况下中介变得多余了，交易双方通过去中介化来降低交易成本。

去中心和去中介有多种不同层次，可以体现在业务模式、业务数据的产生和传播、应用系统的架构、应用系统的开发、运行、维护、升级等方面。比特币和区块链是一种比较彻底的去中心和去中介应用，它包含以下几种去中心和去中介技术：

■ 点对点网络（P2P network）。点对点网络并不是什么新概念，网上的很多文件共享和视频直播服务就是用P2P网络协议实现的。P2P是对等网络，网络中每个节点的地位相当，没有任何节点处于中央控制的地位，也没有任何节点扮演交易中介的角色；每个节点既是Server，又是Client；节点可以选择随时加入，随时退出；节点可以选择运行所有的功能（Full node），也可以选择运行部分的功能；节点越多，整个系统的运算能力越强，数据安全性越高，抗破坏能力越强。

■ 去中心化数据库，这就是区块链，例如Bitcoin的分布式总帐。

■ 去中心化应用（Decentralized App，DApp），例如在Ethereum上运行的智能合约应用。

■ 共识算法。无中心、无中介、无须相互信任的对等网络的节点间需要协调一种共识算法，以便共同维护一个统一的分布式数据库，以及协同工作以保障整个系统的安全性和适应性。有多种共识算法，包括：PoW - Proof of Work 工作量证明、PoS - Proof of Stake 权益证明、DPoS - Delegated Proof of Stake 授权权益证明、PBFT - Practical Byzantine Fault Tolerance 实用拜占庭容错、PoET - Proof of Elapsed Time 流逝时间量证明等。

作为一个程序员或者架构师，这些思路和技术有什么帮助呢？你的应用需要去中心或者去中介吗？你的下一个应用需要采用去中心化的架构吗？设计去中心化的架构需要作哪些改变？需要哪些基础设施？在时下这股区块链的淘金热里，已经有很多创业公司准备颠覆传统的中心化应用。几乎所有的应用，都开始有相应的基于区块链技术的去中心化版本。如果你认为目前没有必要或者不可能去中心化，未雨绸缪总是不会错的。

隐私保护

个人隐私信息泄露在中国是一个非常严重的现象。盗取、贩卖个人信息已经有完整的黑市产业链，部分互联网征信和数据公司，从黑市上购买数据，甚至雇佣黑客盗取数据。互联网用户普遍意识到个人隐私信息的重要，对隐私保护的要求会更高。程序员有责任从技术上加强个人隐私的保护。在传统的应用架构设计中，隐私保护或者安全性设计的优先级并不是很高，现在这种情况必须有所改变，架构师需要提升隐私保护设计的优先级。

区块链应用领域采用了很多密码学的技术，例如哈希算法、加密算法、公钥密码学、默克尔树、和零身份证明。Bitcoin在保护用户身份方面，使用哈希过的公钥作为个人账号，这样在交易时隐藏了个人信息。另外，个人账号可以设计成一次性的，每次交易都使用新账号，这样就很难通过追踪某个账号的交易来推测用户身份。Bitcoin的总帐是公开的，上面每笔交易记录包含付费账号、收费账号以及转账金额。如果觉得这样的隐私保护还不够，另一个数字货币Zcash在Bitcoin之上增加了一些协议，将付费账号、收费账号以及转账金额都隐藏了起来，采用的方法仍然是加密、哈希、默克尔树和零知识证明。

尽管比特币出自于一群无政府主义者之手，但他们秉承的一些诸如保护个人隐私的信念，在这个信息泛滥的互联网时代还是非常可取的。你的应用是否收集了超越应用需要的个人信息？（保护隐私的最好办法就是不收集它们）在处理交易时，是否可以传递尽可能少的个人身份信息？或者使用一次性账号？在日志中是否可以记录尽可能少的个人身份信息？或者完全不需记录？缓存数据库中的个人信息是否安全？消息传递时不仅采用Session Key加密，是否还可以采用Message Key？如今，哈希算法、公钥加密、默克尔树，这些加密技术唾手可得。程序员应该养成新的习惯，在应用设计中采用各种加密技术保护个人隐私信息，包括个人账户、交易、浏览、日志信息等。

时间戳

传统关系型数据库在设计表时一般会有一个或多个时间戳（timestamp）字段，用来标记一行记录添加或修改时的时间。基本上，这些时间戳是给应用内部使用的。当数据被共享给其他应用时,这些时间戳并没有多大意义,因为时间戳可以伪造。在数据黑市上,一个数据掮客可以将一份银行VIP客户数据进行注水,掺入一半的假数据。一家保险公司为了搅乱市场上竞争对手的视线,故意污染数据,将高净值用户放入骗保用户黑名单,将骗保用户放入高净值用户名单,然后让污染后的数据故意泄露出去。如果每条数据都带有一个真实可信的时间戳(这条数据产生的真实时间点),这样的造假行为就比较难奏效,因为假数据的时间戳一般都是最近的。

以前我们很少关心数据的时间戳,很少去了解时间戳对数据的意义,一个原因也许是我们不知道如何用技术去实现这样的时间戳。如果技术实现完全可行,那么这个时间戳对我们来说就有了全新的意义。首先,我们有了真正可以信任的历史数据。第二,这些数据因为可信变得更有价值,可以在应用之外被其他应用或者分析工具使用。第三,我们可以基于这些可信的历史记录生成信用。最后,我们真正进入一个信用社会。

想象一下,如果我们想在未来某天证明自己的数据是在今天产生的,可以在今天对今天的所有数据进行某种形式的哈希(比如默克尔树),最终得到一个哈希值,然后在第二天的《参考消息》上登一个广告,把哈希值发布出去。明天的《参考消息》就成了我们的时间戳。如果明天我们想做同样的事,可以如法炮制,另外有一个关键点,那就是要记得把今天的哈希值也给哈希进去。这样每天的哈希值就包含了以前所有数据的哈希信息。

区块链在P2P网络上通过节点间的共识算法实现了一个分布式的时间戳服务。区块链是在时间上有序的、由记录块(区块)组成的一根链条。一个区块包含两个部分:区块头(Block Header)和记录部分。区块中的所有记录通过默克尔树(Merkle Tree)组织起来,默克尔树根(Root)的哈希值作为本区块里所有记录的数字指纹被放入区块头。区块头还包含以下字段:前一个区块头的哈希值(这是前一个区块的数字指纹,也可以看作是指向前一个区块的哈希指针),本区块的时间戳、高度(Hight,即从第一个区块开始数本区块是第几个块),以及一些其他信息。系统的共识算法保证了每过固定的一段时间(Bitcoin是大约10分钟),参与整个系统记账的节点会达成共识在区块链上添加下一个新的区块。

时间戳的这种设计,使得更改一条记录的困难程度按时间的指数倍增加,越老的记录越难更改。这是因为,如果改动某个区块里的一条记录,意味着该区块原来的默克尔树根失效了,需要改动区块头,该区块的数字指纹随之失效。又由于下一个区块的区块头包含这个哈希指针,这就意味着下一个区块也需要改动。如此直到最新的那个区块。可见要想改动一个区块,必须同时改动该区块后面的所有区块。因为将一个区块放入区块链中需要消耗非常多的资源(资源种类依共识算法的不同而不同,可以是计算力、流逝的时间\拥有的权益等),随着后面添加的区块越来越多,要想改动某个区块几乎是不可能的。

对一个普通应用来说,如何实现这样一个时间戳服务呢?我们需要自己创建一个区块链吗?其实没必要,Bitcoin就是一个很好的时间戳服务,我们可以把哈希值写到Bitcoin的区块链中。这是一种存在证明(Proof of Existence)。Factom也提供类似的服务,它收集所有的哈希,每隔10分钟生成一个哈希值,写到Bitcoin的区块链中。

哪些数据需要有时间戳?必须是不能变更的数据,特别适合存档文件。需要现在就考虑实施时间戳吗?这个跟你的数据战略相关。在大数据时代,拥有高质量的数据就是拥有了价值。时间戳可以一定程度上保证数据的可信度,至少这些数据是经过"时间考验"的。

总结

2009年1月Bitcoin发布,2015年7月Ethereum发布,到今年区块链开始大热。对于程序员和架构师来说,区块链带来了新的思维,新的程序设计范式,它所基于的技术也是一般程序员不太熟悉的。它号称要颠覆传统应用,要构造一个"价值互联网"。本文讨论了区块链三个有意思的方面:去中心和去中介、隐私保护、时间戳。程序员有必要了解这些有益的思路和技术,审视自己的应用和产品,看看是否可以借鉴,是否可以提升用户体验,增加数据价值,降低运营成本,或者是否有新的业务场景,也许还可以开创一条全新的业务模式。Ⓟ

区块链现有应用案例分析

文 / 刘秋杉

2016年10月,迪拜酋长国宣布在2020年前将所有交易转移到区块链的战略,预计每年可以由此节省2500万工时。区块链技术正在一步一步重新定义现实世界的交易和经济行为,不仅仅如此,它也在改革金融以外更广阔的方方面面。这篇文章将与大家一起由细到宏来思考区块链究竟如何用,如何落实每一步。

共享经济

Airbnb与区块链

Airbnb这类平台属于中心化的共享经济,类似的还有P2P租车的鼻祖ZipCar,他们都需要维护好平台上所有的出租记录,以便让这些经济行为得到保障,这会消耗平台大量的劳动力。我认为Airbnb这类平台不应该把自己定位成中介,而应该真正去体现共享的意义,把房东和顾客最紧密的连接起来,平台本身不从中干预。但目前房东和顾客无法绕过Airbnb,因为他们需要Airbnb来为他们构建起信任桥梁,于是Airbnb成了信任中间商,甚至是监督者、大法官。我们可以想象一个未来:没有Airbnb但依然存在这种共享经济行为,谁来连接信息——区块链,谁来执行交易——智能合约,谁来建立信任——不可篡改以及全网公开。所以有这样一种趋势(其实国外也已经出现类似的区块链创业公司),智能合约取代Airbnb的商业模式,完成共享经济的去中心化,带来的好处就是消除了Airbnb带来的高比例中介费用。

收购ChangeCoin表示Aribnb已经重视区块链对自己带来的冲击和机会，相信这伙人会利用区块链深深改造Airbnb（国外互联网公司基本都有重视技术的传统，即使你做的是一个O2O租房打车，但依然将区块链技术和无人驾驶技术作为自己未来的赌注，国内需要越来越多的人来关注和应用区块链，正如人工智能在国内已经做的很不错了）。区块链记录着所有的历史交易，没人可以去篡改，同时这份大账本不保存在一个地方，而是每人都拥有一份，每发生一笔交易全网可见，天然公证不可篡改。Airbnb肯定看中的不是上面要干掉自己的用途，它看中的是这个大账本，可以存储自己引以自豪的交易明细、评分评论，区块链可以使这些数据财富永久保存、不被篡改、可追溯。还有一个目的，也是我比较看中的——共享信任数据。Airbnb会通过区块链将自己的数据（用户信任评分、评论）与其他平台共享（比如Uber、途家），来帮助更多的共享经济创业公司，最终为整个社会带来最全面的信任数据库，每一个人都会被影响。例如一家初出茅庐的P2P共享创业公司将不会为如何劝说平台上交易双方互相信任而发愁，我们都曾在这些大平台上留下自己的交易记录和信用，通过共享大平台的信任数据，创业小公司将会迅速发展。而这会产生滚雪球的效应，越来越多的信用数据形成联盟，每一个人的信用画像会越来越清晰，最终变成一张天网。区块链技术不仅可以去中心化的让这些平台数据共享，形成多维度的刻画，而且不可篡改，一个人的历史信用一旦发生将无法抹除。

高盛在长达88页的《区块链：将理论应用于实践》的报告中首次提到对区块链如何改造Airbnb的希冀：引入区块链打造的数字化信用系统来消除信任危机。高盛给出的做法是将公民身份证、护照、驾照、Airbnb、信用卡、网上购物等多维度反映身份和信用的指标融合成属于该公民的数字身份和信誉证书。

这将是一件对人类产生深远影响的布局和工程，它终将会像网络支付一样成为人们生活不可缺少的重要部分。

除此之外，高盛还给出如何利用区块链来完善Airbnb的评价系统：

"很多时候（比如饭店和零售业），在线用户评价经常是伪造的。有时候企业主可以建立多个消费者ID伪造正面评价，或者是寻求没有商业关系的朋友的帮助。还有些情况，竞争者会试图通过抹黑对手的评价来影响消费者的购买行为。区块链可以建立一个抗干扰的评价生态系统，其中包含真实评价者的电子签名，当验证评价者的确有购买行为（和支付）时，评价才会被接受。"

这同样具有实质性意义，就像我们使用滴滴、美团、途家的时候，最重要的不是关注价格而是去关注评论，有时候不能一味的怪罪商家的差评，因为背后的黑手我们并不清楚，确实需要这么一个近乎完全公证的系统和流程来让参与方放心。

Airbnb自己的区块链探索已经出发，期待继共享经济后再次带来震撼——信用经济。

自行车P2P共享平台与智能合约

智能合约是区块链作用共享经济的另一种方式，腾讯在2016中国科技金融FinTech创新大会上首次提出应用案例，而与之契合的是一家中国共享经济和区块链初创公司Gulu——短途出行工具的P2P分享平台（每个人均可以发布自己闲置的自行车电动车供附近的人租赁）。当我们因为出行和旅游观光需要租车，传统的做法是，找到一家专门的租车店并且抵押自己的身份证和押金租车，十分麻烦。那Gulu是如何利用区块链来解决这个痛点的呢？Gulu设计了一个由车主、用户和平台三方形成的区块链，用户在注册时会向账户托管一定金额的押金用来在线上代替身份证作为交易担保（我们使用携程时有时候会让我们预付与房价同等数值的担保金），当然这笔钱在你不需要租车的时候可以随时实时退还。当你通过平台预订了一个车主的车子后，押金将会与此次交易绑定，平台会通过智能合约来约定这笔押金如何来规范交易行为，比如我超时还车，智能合约将自动从押金中扣除相应数额。

除了腾讯描述的这个案例外，Gulu还有一个场景使用智能合约。如果车主的自行车是传统自行车，需要用户与车主线下见面交付钥匙和车辆，为了提高效率，Gulu会引入智能单车，或者帮助车主将传统自行车改造为具有GPS定位和扫码解锁功能的智能单车，用户线上预订后就能获得该车的数字钥匙，由智能合约来约束，根据导航找到车辆，利用手机获得的数字钥匙解锁骑车，超时同样会由智能合约来扣除相应金额。这是共享经济、智能硬件和智能合约三者的一个结合，希望这一尝试会给更多区块链应用领域（尤其是租车行业）带来探索。

智能合约与Slock.it

智能合约的潜力亟待释放，但截至目前我们的生活还未受到智能合约的控制。不过就像最近几年正逐步实质性影响人类生活的人工智能一样，智能合约也在慢慢解放人力和决策。我没有经历过互联网诞生的那一刻，不知道经历过的人是否对区块链有同样的触动，而恰恰智能合约是20世纪90年代由尼克萨博提出的理念，几乎与互联网同龄，由于缺少可信的执行环境，智能合约并没有被应用到实际产业中，直至比特币出现，人们发现区块链天生可以为智能合约提供可信的执行环境。这些都在为智能合约完全渗入人类生活的方方面面慢慢铺平道路，如同阿里巴巴当初创造支付宝只是为了解决网上交易付款问题，但如今的进化和普及使得网上支付完全影响每一个人的财产和支付。相信支付宝刚刚诞生的那一刻，很多人都无法感知它日后带来的巨大影响，银行业当时也没有采取措施，致使如今不得不背水一战。

有人这样描述了一个智能合约影响生活的例子，细思极恐。未来我们几乎所有的资产都会成为嵌入智能合约的智能财产，比如你的汽车所有权和使用权将掌握在该汽车的数字钥匙上，一旦你没能偿还贷款，银行瞬间就可以收回你的汽车，你无法赖着不抵押。或许未来的生活会被智能合约的条条框框锁定住，人与人之间的信用开始进化。

以太坊较早看到了区块链和智能合约的契合，而Slock.it就是建立在以太坊上的智能合约初创公司。或许我们可以从它的模样里窥探到未来智能合约到底会如何影响我们的生活。它以一种完全去中心化的方式运作，建立在以太坊区块链的基础上，它会构建出区块锁（智能合约）将租赁人和产权人直接连接起来，这个区块锁可以控制资产，区块锁的所有者可以设置该资产的预付款和租赁价格，用户通过以太坊区块链发送一笔交易支付预付款，区块锁便会将资产的使用权直接转移给用户。当用户通过以太坊发出归还使用权的交易时，区块锁自动执行，将租赁费用转账给出租人，而余款退还给租赁人。

我们可以从Slock.it隐隐约约看到这样一个未来：你只需要为你的房子、自行车、汽车、洗衣机、割草机安装区块锁Slock，每次租赁交易都将由智能合约自动执行。

供应链

供应链 + 物联网 + 区块链 = 未来

供应链也是目前区块链能影响到的一个比较清晰的场景，而IBM在这方面走在了前面，让我们来解释一下它提出的这个公式：供应链 + 物联网 + 区块链 = 未来。

IBM给出了一个集装箱案例：

"某人要将存放在集装箱中的货物运送至其他国，船务公司肯定是供应链网络中的一环，他们必须确保集装箱中的货物顺利通过海关检查。而海关可以直接在链上进行验证，确认货物已经到港。由于物联网（IoT）的应用，集装箱在送至边境检查之前就进行了地点和信息防篡改的验证及登记，这样就节省了物流公司的时间。另外，通过这种方式，供应链中所有的参与者都能承认这一过程的真实性，因为区块链上的记录是不可更改的。"

区块链可以让供应链上的各个参与者能够绝对信任信息的真实性，而物联网让信息采集和验证无处不在。区块链在供应链的应用中充分发挥了自己的两大特点：各个节点分布式去中心化存储（横向）、持续增长而不可篡改的链条在共识机制下记录数据并永久存储（纵向）。供应链本身就涉及整个上下游参与者多个中心，是一个由核心生产企业、供应商、供应商的供应商、客户和客户的客户组成的多主体链条，没有一个主体愿意完全分享自己的信息。还有一个交易成本问题，供应链合作伙伴之间的交易存在不信任，到底是先交钱还是先验货，需要一个信任机制，或者是共识机制和智能合约。典型的核心企业的供应链管理流程包括计划、采购、制造、交付、回收等五个部分，上游供应商和下游客户也是这五个部分，而每一部分又需要供应商、客户、第三方服务供应商多方参与，因此供应链就是由企业内部和企业之间众多主体组成的网络，当这个网络变成区块链结构时，像产品溯源问题、物权交接、实时跟踪、售后记录问题都将得到解决。

食品区块供应链

在Everledger用区块链记录钻石的整个生命流程来达到防伪目的后，沃尔玛联合IBM、清华也开始为食品行业打造一个区块供应链，让人们吃上放心的猪肉。该项目使用了HyperLedger技术来准确记录猪肉供应中的批次号、过期日期、储存温度和运输细节等与食品安全息息相关的数据。网络由沃尔玛、IBM、供应商三个节点构成，当猪肉在沃尔玛超市出售给消费者时，消费者可以通过扫描来获取这块猪肉整个生产流程信息，因为信息来自多分共同维护的区块链网络，不可篡改，真实可信。

这将为供应链行业带来前所未有的信息公开和真实。

物联网

自治的传感器节点

多年前人们开始向往由物联网打造的智慧城市和智慧地球，但似乎一直无法实质性影响我们的生活，倒是移动互联网深深影响了每一个生活细分。截至目前的物联网依然是由一个中心化的数据中心收集所有已连接设备的信息，这不仅导致性能瓶颈也会造成信息封闭，无法形成互联网。IBM似乎已经找到了一个优雅的解决方案：每个设备和传感器节点都应当自我管理，无须中心化控制，设备的运行环境应该是去中心化的，它们彼此相连，形成分布式云网络。

导致如今物联网无法做到互联网那种联网规模的一个原因在于，联网设备数目无法做到很多，否则现在的中心化管理机制无法来管控和验证所有节点的身份，更无法确保安全。互联网是没有中心的，人与人的连接自由而庞大，同样的道理需要体现在物联网上，但物联网是由设备和智能硬件组成，不像人拥有自主意识，所以目前我们通过中心来管控，而区块链和智能合约让这些设备和节点能够脱离中心自主的在网络里产生行为。

Filament 与 "设备民主"

Filament 是一个建立在区块链上的去中心化物联网软件堆栈，能够使公共分类总账上的设备持有独特身份，通过创建一个智能设备目录，Filament 的物联网设备可以进行安全沟通、执行智能合约及发送小额交易。

它的愿景之一是通过这些软件堆栈和自己的硬件帮助企业更好地管理农业灌溉，不需要再使用效率低下的中心化云方案或文件式的老方案。Filament希望所有连接的设备之间能够进行去中心化的沟通。

与Filament有着共同洞察的IBM在一份报告中表露了自己的雄心——低成本、私人订制的民主设备将会出现。或许IBM会重新改造多年前构造智慧星球的物联网结构，它已经开始明白当前互联网式的物联网，其规模是不足以联动数以亿计的智能设备的，应该转变成区块链式的物联网。

或许在区块链的改造下这一次物联网将会真正影响这个星球，万物联网将会比移动互联更激动人心。

银行、公益和法律

跨境转账与C2B

渣打银行利用瑞波的区块链技术成功完成十秒实时跨境支付，而在以前则需要长达数个工作日，期间各方收取的费用也不少。所以银行是目前区块链改革浪潮里最积极的行业，再不主动走在前面将会是火难性的。

除此之外，区块链更重要的意义是让C2B大规模定制化交易场景成为可能，消费者与生产厂商直接点对点建立交易关系，绕过烦琐的中间的很多环节。

爱心捐款的未来

我个人比较青睐的一个已经落实的区块链案例是蚂蚁金服打造的区块链爱心捐赠平台，我感觉这将会是一个让社会越来越温暖和互相关怀的壮举，如同前面提到的数字身份和信誉系统一样将会对人性产生深远影响，我们会变得越来越关怀彼此，关心需要帮助的人，几块钱几十块对我们来说只是一顿饭钱，但我们可以用它帮助那些有困难的人。为什么到现在我们没有在社会形成这个互帮互助的民风，我相信很大一部分原因就在于捐款黑暗和乱，我们不信任所谓的慈善机构，我们没有底自己的这些钱到底如何来帮助灾区孩子。支付宝做了一个区块链公益项目爱心捐赠平台，利用区块链技术，让每一笔款项的生命周期都记录在区块链上，用户可以持续追溯，我会知道捐出的五十块用来帮助灾区的一个孩子购买了学习用具，每个人都能查看"爱心传递记录"，能看见项目捐赠情况，善款如何拨付发放，而且一笔款项的去向将不可篡改。

法大大与电子存证

法大大是国内区块链改造法律行业的代表性创业公司，最近也完成了6000万元B轮融资，是一家做电子合同签署及托管的SaaS平台。在今年的云栖大会上阿里云邮箱与法大大合作了电子邮件存证。在商务沟通上，电子邮件作为主流方式承载着重要的角色，但目前邮件很容易被篡改和抹除，一旦发生纠纷将无从取证，阿里云邮箱将会与法大大以及其他机构组成区块链网络，使得每一封邮件都会在网络里被公证和永久保存，为日后的纠纷保留好真实证据。

IBM 的 Fabric

目前诞生的领军型区块链平台有以太坊和瑞波，同时IBM HyperLedger Fabric也成为企业级区块链平台的代表性架构。"蓝色巨人"几乎没有放过任何一项划时代的颠覆性技术，它在区块链的布局和动作也已经走在了前面。

IBM已经开始在公司内部应用基于Fabric打造的目前最大规模的区块链商业系统，用以加快IBM内部的交易追溯和验证，预计将使IBM全球金融部门在交易纷争中节省约1亿美元的资金，实实在在的价值将会出现。

IBM区块链技术副总裁Jerry Cuomo表示："这一应用涉及4000名供应商、商家、金融消费者，每年涉及300万笔交易，共计440亿美元的成交金额。每年都有大约2.5万起类似电脑零部件订单错误或快递错误等纠纷。目前，解决这样一个问题平均需要44天，要求员工通过6～7个不同的应用来追溯历史步骤，有时候还需要联系银行和其他涉及的参与方。而将交易详情记录在区块链账本上将会使追踪交易详情更加快速，而且比目前IBM的处理流程更加准确。这个新的项目系统与IBM现有的金融应用并行运作，在交易过程中的关键节点使用顾客代码收集数据，例如下单时间、送货时间、付款时间等。

过去几场测试中，IBM成功将这个过程缩短至10天，有了这项应用，我们将可以避免损失1亿美金。"

在这过程中发挥重要底层作用的IBM Fabric架构也是非常优秀的设计，我了解的国内好多创业公司推出的架构基本都是从Fabric演化过来的，而Fabric极力推荐的拜占庭共识机制在工业生产中具有特别实用的价值。

尾声

如同移动互联网早期一样，我们需要几年的耐心，等所有的基础设施和应用场景都越来越牢固和清晰时，终将会迎来像如今的移动互联网一样的爆发。而国内甚至全球擅长区块链技术的人才奇缺，只有数千人，远远小于人工智能领域，好在国内高校已经开始重视区块链研究方向。所以变革终将到来，但依然需要耐心等候。℗

产品定位的"生死劫"
——你的区块链产品能否活过2017年

文 / 段新星

长久以来，开发者总是有不可思议的致命自负：坚信黑科技中神话力量的存在。凭借它可以迅速打造出一款引爆市场的"雷锤"，摧枯拉朽地颠覆一切，区块链行业也不例外。然而诞生八年，具有全球影响力的区块链产品，目前仍然只有创始人中本聪先生的那一款。不论中国还是美国，初步具备市场和用户规模的也寥寥无几，更多地在潮起潮落中消逝，在滚滚泡沫中覆灭。我们不能否认，技术创业者的产品打造是一个复杂的过程，但更多时候，技术本身的特质也一定程度上决定了产品未来的成败。区块链的确有很大的可能，但绝非万能。正如老生常谈"没有银弹"。如果希望商业上获得成功，我们不妨从以下四个角度来对区块链技术做个简单分析，看它适宜于什么场景。

"不要拿大炮打蚊子"：区块链技术更适宜于资产网络：（Assets Over IP）——定律1

区块链一开始是作为比特币的底层网络协议出现的，比特币则被设计为一种点对点的数字现金，并希望广泛应用于世。但这种世界互联网货币的梦想并未完全实现，目前更多的国家是将比特币等作为数字资产、数字商品来看待。尽管如此，这种网络设计对后世种种区块链系统的影响极为深远，基本现有所有的区块链网络都参考了比特币代码，例如以太坊、Corda、Hyperledger、Factom、域名币。这些网络大多有如下特征：

- 网络上流通的，不再是正确或错误、廉价的、长短不一、格式杂乱的"信息"，而是需要一定程度加以保护的稀缺"资产"（这里资产为广义，不论是股权、债券、代币、彩票、还是某种有价值的权益证明）。

- 整个网络运作的逻辑围绕加密、签名、验证、交易、确认、读、写、执行合约等展开。按照一定规则，有确定时延地运转：包括生成块、链或者其他名称的"账本"或数据记录、全局状态记录，并不断通过默克尔树剪枝操作摒弃冗余、错误、失效的数据。

我们不妨从两个方面看待这个网络：一方面，这是一个总体"廉价"的网络，网络基础设施的搭建被开源社区和诸多参与者分担。另一方面，这也是一个"运行昂贵"的网络，不论是达成一致性的时间成本，还是需要为验证者提供代币或"燃料币GAS"的花费。最初的设计基因决定了这个强规则网络的"使用成本"较高，而反过来高成本则又进一步加强这一趋势：必须稀缺的、"资产"属性的操作在这个网络上运作，才能够达到预期的收益率，以维持产品使用者在网络的消耗。"不要拿大炮打蚊子"，也不要拿区块链做廉价的口水化聊天工具或者一般文件传输系统，最好与有价的资产相关，这一点是产品开发者首要考虑的。

适用于具有多个弱信任、对等的写入权限节点的数据库——定律2

区块链网络不论是联盟链中准入的实名参与机制者，还是公有链中随机的匿名参与者都有一个共同处：在使用区块链之前，一般是不存在信任关系或弱信任关系的。节点间一般进行资产交互的方式是信任第三方，然后通过第三方实体进行"资产"属性数据或凭证的"传递"和"交换"操作。这个过程中，交互的复杂性会增加，第三方机构提供担保，协助达成共识，而收取服务费用。区块链产生后充当的角色有：公共操作记录的数据库、信任的锚定者等。这个数据库需要一群互不信任或缺乏信任的节点共同协作，按照既定规则进行"写"操作。而"读"和"执行"的权限则开放给相应权限的参与者。一个适合传统的C/S模型硬性改造成区块链也是毫无意义的。

适用于去中心化的解决方案——定律3

这一点无须多言，如果一款区块链产品需要满足的需求，现有的中心化方案可以成熟、完善地解决，则这款产品完全没有必要存在。以下为案例。

真伪场景："跨境支付" vs "支付"（参见定律3）

首先我们考虑跨境的小额汇款（remittance）行业，传统的方式进行汇兑，从马来西亚一家银行到印度的班加罗尔一家小商户，会经过多个中转行，整个过程复杂且不透明，从付款到收款需要2~4天左右，且汇费较高。究其本质：是因为各个国家小的金融机构之间存在不信任，存在区隔。现在，引入公开透明、可查证、溯源的区块链作为协议链接起来，让整个过程透明性更高，降低中转、合规、审计成本。它可以增强信任，解决复杂多边市场中缺乏"中心协调者"，存在严重对手风险的交易困境。以往的跨境汇款成本是在每笔26美元左右，相当于一百多人民币，如果做外劳、留学、旅游等千元、万元级别的小额汇款，成本就非常高，甚至不现实。但区块链上的跨境汇款产品，例如OKLink，对于小额汇款，每笔费率只有0.3%。这样能给各个国家中小金融机构和小笔量汇款提供更多的选择和可能性。

真伪场景："通用积分" VS "积分"（参见定律2）

积分是一种企业增加用户忠诚度以及活跃度的营销手段，然而消费者面临的现状是，手上的积分种类太多，管理困难，而且价值不高，想用用不了，积分逐渐演变成"鸡肋"。但如果多个企业的商户利益形成联盟，大的集团内部不同的子公司之间，制定一定的游戏规则，使用区块链构建一个企业间通用积分平台，进行积分的授予、承兑、结算，则会有探寻的空间。比如利用航空积分兑换通用积分，进行租车消费，那在这个系统里就会出现多个可以"写"数据的操作者，而非单方的积分授予者，这样才有技术契合的可能。

真伪场景："存证" VS "存储"（参见定律1）

利用区块链上的哈希时间戳，几乎可以鉴证任何文件和数字资产，证明某个权益文件和数字资产在某个特定时间已经存在，这对法律证据、合同、遗嘱证明带来了革命性的改变，我们称之为存证。

音乐、电影、一般文件文档等资产无关数据可以构建专门的区块链系统进行分布式存储，技术上是可以实现的。然而根据定律1，我们可以发现此种产品的商业逻辑漏洞明显。此前有一系列去中心化的云存储项目，对标Dropbox及网络云盘服务，曾在风口上获得了百万美元级别的天使轮融资，不出意外的是，近期大多数此类项目都死掉了。

结束语

考虑"区块链技术如何应用"对开发者而言，无伤大雅，毕竟还在发展的早期，多做技术尝试增加开发能力怎么说都不为过。但对产品经理而言，则是常见的错误思路和不可挽回的噩梦。毕竟区块链不是工具性的技术，而是一个新系统、新网络。也许，我们要考虑的问题并不是：用区块链技术为我们产业做什么，用这样的锤子怎样钉我们的钉子？而是：未来必然会到来，在区块链网络出现后，我们应该怎么融入，以怎样的产品产生怎样新的交互？这样的思路下，重新思索，也许可以使你的区块链产品不仅度过盛夏，也能活过寒冬。

区块链在版权保护方面的探索与实践

文 / 朱志文

人类传播史上，经历了语言、书写、印刷、电子、互动等5次革命，区块链的出现将把人类带入价值传播的新时代。亿书（英文名Ebookchain），是目前国内唯一专注于版权保护的区块链产品，本文通过简单介绍亿书产品的实现，分享区块链在版权保护方面的探索与实践。

版权保护的困局和传统方法的局限

随着互联网，特别是移动互联网的发展，数字出版已经形成较为完整的产业链，给网络作家等相关参与方带来可观的收入。但另一方面，侵权盗版制约着数字出版的进一步发展，各参与方都深受其害。特别是作者等内容生产商一直处于弱势地位，缺少相应的话语权和主导权，创作积极性备受打击。面对这些问题，国家非常重视，各种政策和扶持计划频出，重拳解决版权保护难题，但是限于技术手段，很难从根本上解决。

传统的版权保护手段非常有限。历史上，有过使用邮戳实现版权保护的方法，即作者把写好的文稿一式两份同时寄出，一份给出版机构，另一份邮寄给自己。当出现被盗用的情况时，就拿出自己手里的那一份作为诉讼的证据，因为邮戳时间一致、内容一致。到了今天，互联网时代崛起，免费分享盛行，版权保护一度被忽视。当引起人们足够重视的时候，却发现并没有十分可靠的办法，特别是在分享环节更是无能为力。比如，人们熟知的CSS/AACS、Key 2 Audio、Always-Online DRM等比较知名的DRM技术，虽然有一定的保护作用，但屡屡被破解，也为分享带来壁垒，甚至演变成商家垄断的工具，引起用户，特别是支持正版的用户的强烈反感和抵触。

难道，真的如某些人所说，版权保护是无解的吗？非也。区块链技术的出现，给彻底解决版权保护顽疾带来了希望，更足可以让盗版无所遁形。目前，市场上已经出现一些基于区块连技术的解决方案，但多数是从传统角度切入的，其中亿书，是国内最先采用真正区块链技术，从创作、分享，到数字出版等各环节都有解决办法的综合解决方案。

区块链在版权保护上的主要特点

区块链基于数学原理解决了交易过程中的所有权确认问题，对价值交换活动的记录、传输、存储结果都是可信的。区块链记录的信息一旦生成将永久记录，无法篡改，除非能拥有全网络总算力的51%以上，才有可能修改最新生成的一个区块记录。

那么很显然，我们可以根据区块链的特点，结合版权保护的各个环节分别去理解下面三个方面的问题。

■ 如何进行版权注册？我们知道"可信时间戳"，由权威机构签发，能证明数据电文在一个时间点上已经存在的、完整的、可验证的，是一种具备法律效力的电子凭证。对于原创作品的登记，区块链技术可以非常方便地把时间戳与作者信息、原创内容等元数据一起打包存储到区块链上。而且，它打破了现在的从单点进入数据中心去进行注册登记的模式，可以实现多节点进入，方便快捷。

■ 如何解开版权确认的难题？所有涉及版权的使用和交易环节，区块链都可以记录下使用和交易痕迹，并且可以看到并追溯它们的全过程，直至最源头的版权痕迹。更主要的是，区块链所记录的版权信息是不可逆且不可篡改的。公开、透明、可追溯、无法篡改，保证了信息的真实可信，辅以简单易用的查询工具，版权确认就是非常简单的事情了。

■ 如何进行版权验证？区块链技术大量使用密码学技术，版权持有者在把作品写入区块链时，自动用自己的私钥对作品进行了数字签名，第三方可以用版权持有者的公钥对数字签名进行验证，如果作品的数字签名值验证通过，则表明此作品确实是版权持有者所有，因为只有版权持有者才有私钥能生成该签名值。另外，也可以使用杂凑密码算法SHA256计算作品的数字指纹，通过数字指纹比对验证版权情况。再者，辅以分布式检索等基于内容的技术手段，便可覆盖各类复杂验证情况。

很显然，区块链很轻松就能解决当前版权保护的注册、确权和验证问题。

亿书在版权保护上的基本实现

下面，我们拿亿书为例，来探讨区块链在版权保护方面的实现思路。

基本的架构设计

从架构设计上来说，可以简单分为三个层次，协议层、扩展层和应用层。其中，协议层又可以分为存储层和网络层，它们相互独立但又不可分割，如图1所示。

所谓的协议层，是指最底层的技术。这个层次类似于我们电脑的操作系统，它维护着网络节点。这个层次是一切的基础，构建了网络环境、搭建了交易通道、制定了节点奖励规则。扩展层类似于电脑的驱动程序，是为了让区块链产品更加实用，可以使用分布式存储、机器学习、物联网、大数据等技术，这个层面与应用层更加接近，也可以理解为B/S架构的产品中的服务端（Server）。这样不仅在架构设计上更加科学，让区块链数据更小，网络更独立，同时也可以保证扩展层开发不受约束。应用层类似于电脑中的各种软件程序，是真正面向普通用户的产品。

限于当前区块链技术的发展，只能从协议层出发，把目标指向应用层，同时为第三方开发者提供扩展层的强大支持。

产品工具化

从上面的架构我们可以知道，面向用户的仅仅是一个客户端软件。当然，这个软件可以非常多样化。比方提供一个简单的写作工具，配合底层的协议，为作者提供一个从创作到发布，再到电子书出版的全流程解决方案。这样作者的整个创作过程都会被智能化的保存到区块链上去，一方面简化了操作，另一方面为作者打造了一个真正的自媒体平台。

记录创作时间段

很多人都会有这样的疑惑，如果A写的一篇文章被B上传到区块链，那么这所谓的版权保护岂不是在保护盗版了。实际上，如果单一的注册备案功能的话，必然会存在这样的问题，区块链仅仅是一项技术，再强大也无法处理链外的数据信息。因此，最好的做法自然是让作者直接在链上工作，变记录单点时间戳为记录时间段，从而避免单点记录时元数据单一无法佐证的弊端。

亿书会忠实记录作者内容创作过程中的关键信息，把单一时间戳汇成时间段，写入区块链。对于那些被盗版直接上传的数字作品，自然有了更多的可以检索验证的条件和信息。

实践中，亿书对作者撰写的作品通过密码技术手段，使用椭圆曲线密码编码学（ECC）对作品进行数字签名，同时用杂凑密码算法（比如SHA256算法）生成作品的数字指纹，加上可信的时间戳以及作者真实姓名等信息，一起写入区块链，得到其他节点的确认，从而保证数据的可信及不可篡改。

追踪流通全过程

互联网鼓励分享,版权保护也绝不应该是在封闭状态下的保护。在没有区块链存在的情况下,流通过程中的验证、取证是非常困难的事情,因为盗版信息随时都可能被修改、删除。另外,一般网站也不会提供技术验证的手段,所以给调查取证带来很大困难。无法取证,甚至取证不可信等都给维权带来极大不确定性。

亿书基于区块链技术,很容易解决这个问题。一方面,在分享、交易等过程中,亿书会忠实记录下全部痕迹,并可轻松追溯它的全过程,直至源头。这一点,轻松解决了人工追溯的烦琐过程,而且正确性、可信度和取证效率都是不可比拟的。其次,区块链对原始信息使用了加密技术以及电子签名技术,从技术上对版权信息做进一步的验证处理,这为取证提供了更加有效的技术手段。第一,亿书基于P2P网络,任意地方,只要能够联网到亿书网络,就可以使用亿书工具进行直接地验证和取证,便利性大大提高。第二,区块链技术可以把人的力量发挥到极致。亿书优化奖惩规则,鼓励人们举报和反馈。技术上模糊不清的,就可以通过利益驱动,让人参与进来,目前也只有区块链技术可以做到,做得彻底。这为主动防御盗版提供了更加深入细致的方法手段。

举个例子,很多人都玩过Xbox360,大部分玩家都不愿意破解机器玩盗版游戏。原因是破解了Xbox360,有可能被Xbox Live封账号,再也无法联机玩多人游戏了。为了保证正版率,越来越多的游戏开发商也开始仿效微软的这一做法,不再重视单机游戏,将心血倾注到了多人联机游戏开发上,这里面除了技术层面的演进,还有用户利益层面的驱使。那么,文字、图片、音乐等,这类没有单机模式、联机模式一说的内容怎么办呢?显然,需要一个基于分布式网络和分布式存储的区块链产品。

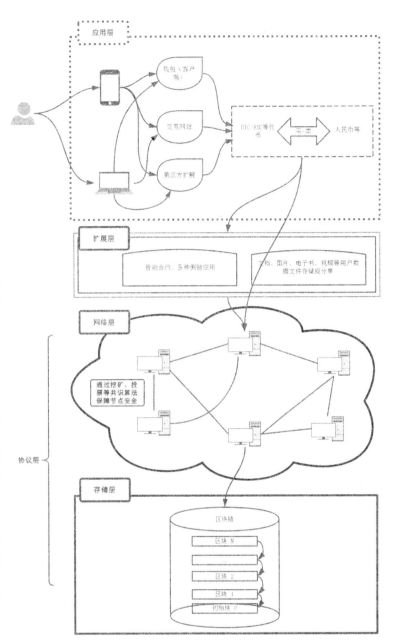

图1 架构设计

当前背景下的误区

区块链技术法律会认可吗?

互联网产品本来是技术上的实现,与简单的页面截图等证据手段相比,区块链的证信和可靠性是显而易见的,但是涉及版权,有人质疑区块链技术是否被认可。对此,可以从两个方面给予明确的回答。

- 工信部在2016年10月21日发布的《中国区块链技术和应用发展白皮书》中,"3.4区块链与文化娱乐"一节,专门描述了区块链技术如何用于版权保护,明确了区块链技术用于版权保护在司法取证中的作用。
- 笔者在今年8月参加了"2016中国区块链产业大会",其中专门有一个分会场,主题是《文体卷——支持文化金融发展》,该分会场的嘉宾包括国家知识产权局的相关领导,以及版权保护领域的各界专家、学者和从业人员。可以说,国家层面正在积极推动区块链在版权保护方面的应用。

版权保护与免费分享矛盾吗?

很多人认为,互联网的存在应该是免费分享,版权保护是要收费或被封闭起来才能保护,岂不是是相互矛盾?实际上,"免费"不代表不需要版权保护。笔者写的《Node.js开发加密货币》通过互联网免费分享,任何人都可以免费阅读,如果有人分享这些文章用来盈利(商用),那就触犯了本人的版权保护协议,是可以通过法律途径追究他的法律责任的。

在2016区块链产业大会上,与会的国家版权局的领导是这样回答版权保护与免费分享问题的。

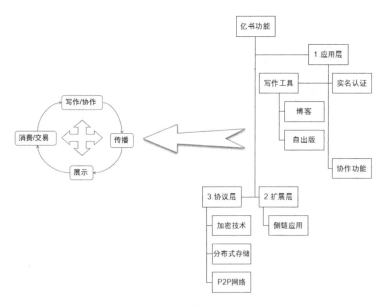

图2 功能和产品

■ 从国家发展角度来说，版权不能得到保护，知识创新被任意免费分享，就会严厉打击创作者的积极性。一个国家、一个民族的创新基因将被吞噬，这个问题在目前的中国已经足够严重，必须出重拳、出奇招解决。

■ 从国外的情况来看，美国的版权保护做得最好，但是美国的网络发展也是最好的，事实上，绝对不会出现"版权保护严格，网络发展就会受限"，这种此消彼长的怪现象。相反，版权得到了保护，大家的创新热情更高，主动分享的意愿和动力反而更足。

■ 从概念上讲，版权保护，并不等于知识不分享，版权保护有很多种方法，国家也在鼓励各类创新技术应用。

区块链技术提倡匿名与版权保护实名的要求不矛盾吗？

区块链是一项技术，匿名并非它的必要条件。版权保护是现实需求，实名则是必需的。确实很多项目是匿名分享，毕竟实名认证存在诸多壁垒，前期很容易让用户抵触。不过，无论要不要版权保护，首先都要尊重法律，尊重用户，保证不负责任的内容无法分享。当然，不提倡并不代表不可以，只是匿名分享会有诸多限制。

区块链技术自身的障碍与不足

从技术层面来说，当前区块链的处理能力普遍不高，存在瓶颈，我们通过优化已经大大提高了这一数值，但是仍然无法应对大规模的交易数据和交互流量，还需要进一步优化底层协议，扩展应用层开发。

其次，另一个技术难点是区块链主链的存储与分发技术。比特币的区块链大小已经接近60G，普通用户使用一个全客户端，同步这么大的数据量要耗费很长的时间。任何一款区块链产品，也都存在区块链数据不断膨胀的问题。亿书采取主链与侧链分离的架构设计，但在未来的某一天，仍然无法规避这个问题，这也需要不断地加以优化改进。

最后，区块链技术是集网络编程、分布式算法、密码学、数据存储技术等各类先进技术于一体的综合架构，技术难度大、人才培养周期长、高水平人才极度匮乏等都是限制这个行业快速发展的重要因素。此外，当前区块链领域野蛮发展，劣币驱逐良币的现象不断上演，真正沉下心来做产品的团队，总是会面对多方面的压力和无脑黑，政策的监管和国家的扶持亟待尽快出台。加之，版权保护领域，涉及创作者、使用者和出版发行机构等各参与方，要想快速发展，也需要国家政策层面的大力支持。 ℗

区块链技术在零售供应链的商业化应用

文 / 张作义

零售供应链所使用的技术和不足

众所周知，区块链技术还处在不断完善和发展的阶段，成熟的商业化应用尚未大规模出现，国际上众多领先的IT互联网企业已积极投入到区块链技术的研究和推广工作之中，京东也已着手开展区块链的研究和应用工作。下面，我将着重为大家分享区块链在零售供应链领域的研究心得和应用畅想。

零售供应链涉及商品选取、采购、定价、库存、销售、配送所涉及的所有环节，往往表现出多主体、多区域、长时间跨度、大量交互协作的特征，而整个供应链运行过程中产生的各类信息被离散地保存在上下游企业各自的系统内，信息流不透明且极易被篡改，客户和买家缺少一种可靠的方法去验证及确认他们所购买的产品和服务的真正价值，这也就意味着他们支付的价格无法准确地反映产品的真实成本。同时，很难去对重点事件进行全程有效追踪或是对事故进行快速精准的调查。这是现有供应链一个典型的问题。

为了提升数据真实性和有效性，很多企业引入了自动化设备和系统进行信息的采集和存储，但由于是企业各自主导进行，信息基准不统一，很难进行有效协同，而且企业对自己的信息拥有100%的修改和删除权限，导致信息的可信度完全建立在企业自我合规管理能力和品牌信誉之上，存在严重的潜在性系统风险。另外，一旦发生事故导致企业数据完全丢失，将很难进行恢复。另一方面，为了进行供应链企业间的快速协同，很多企业也在通过EDI数据对接等方式开展信息交换，这首先就要求企业具备很高的数据对接能力和运维能力，对于目前中国众多的中小企业，甚至某些中大型企业来说，仍然颇具挑战。与此同时，企业间的数据对接只能是端到端逐个进行的，以京东为例，我们有超过10万合作商家，每个商家因其业务形态和对接需求的不同，随之开展的对接适配工作也不同，后期的运维工作更是绵长而巨大。

区块链技术相比传统方式的优势

区块链技术有望以低成本、高效率的方式彻底解决以上问题，改变业务乃至机构的运作方式。区块链技术是利用块链式数据结构来验证与存储数据、利用分布式节点共识算法来生成和更新数据、利用密码学的方式保证数据传输和访问的安全、利用由自动化脚本代码组成的智能合约来编程和操作数据的一种全新的分布式基础架构与计算范式。

利用区块链技术，企业可以确保商品和交易信息的绝对安全，同传统方式相比，区块链的密码学特性和分布式存储特性可以确保信息无法被恶意篡改，通过设定查询权限，可以轻松实现数据加密和授权浏览，同时，一旦某个节点数据完全丢失，便可以基于分布式账本实现数据的快速恢复，为企业内部信息管理提供有力的安全保障。区块链所具有的数据不可篡改和时间戳的存在性证明的特质能很好地运用于供应链溯源防伪。例如，可以用区块链技术进行奢侈品钻石身份认证及流转过程记录——为每一颗钻石建立唯一的电子身份并存放至区块链中。这颗钻石的来源出处、流转历史记录、归属及所在地都会被忠实地记录在链，只要有非法的交易活动或是欺诈造假的行为，就会被侦测出来。此外，区块链技术也可用于生鲜、药品、艺术品等的溯源防伪。试想一下，未来我们在购物后，可以轻松地知道自己购买商品的全部真实可溯的信息，不必担心假冒伪劣、食品安全、囤积居奇，真正实现好物低价、买得放心、吃得安心。企业也可以通过消费者在区块链上的反馈，进行有针对性的服务改进，创造更好的服务体验。

在企业间协同方面，区块链技术同样发挥着革命性的重要作用。零售供应链的企业之间，可以通过区块链共享某些关键性共识信息，从而保证这些信息在供应链中的高度一致和可信赖性；基于云端的区块链，无须繁杂的数据对接和大量运维工作，即可轻松实现企业间的价值流转和高效协同；基于区块链的自动化智能合约可以实现给定供应商或经销商的合约条款数字化，使计算机可以在达到约定条件后自动执行程序，轻松实现支付货款、扣除罚金等工作。同时，因为区块链具有不可篡改、可追溯和基于密码学的公私钥安全体系，交易双方完全不用担心交易记录被恶意篡改、无法查询或被公开给不相关的第三方。

区块链技术在商业化实现中的难点与障碍

首先，区块链技术本身的发展还不成熟，特别是分布式账本和共识机制带来的算力消耗和存储空间大量占用的问题，仍然需要更为有效的解决方案。

其次，作为新兴技术，要实现商业化，必须基于具体的应用场景，联合相关的企业、监督机构共同投入才能最终落地。重点和难点在于如何向参与的企业决策层展示区块链技术的优势和发展潜力，从而充分获得支持和投入；如何联合优质供应商共同参与区块链建设和高效运营工作，获得供应商的积极配合和信任。技术的发展离不开企业的商业化应用场景，更离不开广大科研机构和爱好者的持续投入、关注和宣传，任何能提升用户体验及成本效率的技术，都将拥有广阔的发展空间。

区块链技术实现及在政务网的应用

文 / 丁艺明

本文首先介绍拜占庭问题和口头消息算法，接着详细讨论以 HyperLedger1.0 为基础的系统架构和数据库事务处理流程，分析该架构与传统中心化数据库的主要区别。最后以最新南京政务网建设为例子阐述区块链技术的具体应用。

拜占庭问题

然而究区块链其源头，我们不得不追溯到"拜占庭将军问题"。它是整个区块链技术核心思想的真正根源，也直接决定了区块链技术的种种与众不同的颠覆性特质。

在 2013 年获得计算机科学领域最高奖项图灵奖的 31 年前，莱斯利·兰伯特（Leslie Lamport）加入斯坦福国际研究院（SRI）。在 SRI 那段岁月里，有一个项目，要在美国航空航天局建立容错型航天计算机系统。考虑到系统的工作性质，故障是不允许发生的。这段经历孕育了两篇旨在解决一种特殊故障的论文，由兰伯特和 SRI 同事马歇尔·皮斯（Marshall Pies）及罗伯特·肖斯塔克（Robert Shostak）合作完成。使用计算机术语，普通故障可能会导致信息丢失或进程停止，但系统不会遭到破坏，因为这种普通故障属于一出错就会停下来的故障类型，剩下的备份的、正常的部分照样可以运转，发挥作用。就像战场上的士兵，他们一旦受伤或阵亡就会停止战斗，但并不妨碍他人继续作战。然而一旦发生"拜占庭故障"，就会非常麻烦，因为它们不会停下来，还会继续运转，并且给出错误讯息。就像战争中有人成了叛徒，会继续假传军情，惑乱人心。使用三台计算机进行万一其中一台出错的备份工作，并不能完全解决这个问题。三台独立的计算机按照少数服从多数的原则"投票"。要求其中一台机器提供了错误结果的情况下，其他两台仍然会提供正确答案。但是为了证明这种解决"拜占庭故障"方法的有效性，必须拿出证据。而在编写证据的过程中，研究人员遇到了一个问题，"错误"的计算机可能给其他两台计算机发送互不相同的信息，而后者却无法区别正确性。这就需要使用第四台计算机来应对这类"拜占庭故障"。

兰伯特认为把问题以讲故事的形式表达出来更能引起人们的关注。兰伯特还听吉姆·格雷谈论过另一个性质大体相同的问题，这引起了兰伯特有关司令将军和叛徒将军的联想，于是他将这个问题及其解决方案命名为"拜占庭将军问题"。

拜占庭帝国想要进攻一个强大的敌人，为此派出了 10 支军队去包围这个敌人。这个敌人虽不比拜占庭帝国，但也足以抵御 5 支常规拜占庭军队的同时袭击。基于一些原因，这 10 支军队不能集合在一起单点突破，必须在分开的包围状态下同时攻击。他们任一支军队单独进攻都毫无胜算，除非有至少 6 支军队同时袭击才能攻下敌国。他们分散在敌国的四周，依靠通信兵相互通信来协商进攻意向及进攻时间。困扰这些将军的问题是，他们不确定其中是否有叛徒，叛徒可能擅自变更进攻意向或者进攻时间。在这种状态下，拜占庭将军们能否找到一种分布式的协议来让他们能够远程协商，从而赢取战斗？这就是著名的拜占庭将军问题。

应该明确的是，拜占庭将军问题中并不去考虑通信兵是否会被截获或无法传达信息等问题，即消息传递的信道绝无问题。兰伯特已经证明了在消息可能丢失的不可靠信道上试图通过消息传递的方式达到一致性是不可能的。所以，在研究拜占庭将军问题的时候，我们已经假定了信道是没有问题的，并在这个前提下，去做一致性和容错性相关研究。

口头消息算法，简称 OM（m）

在原始的战争年代，将军与将军、将军与下属间只能采用原始的方式——"出行靠走，通信靠吼"的口头传输。这对应兰伯特论文提出算法中的第一部分的口头消息算法，简称 OM（m）算法。这种情形，真伪很难辨别，只有当叛徒的总数不超过将军总数的 1/3，成为一个特殊的"拜占庭容错系统"时，才能在很大的消息验证代价后，实现最终的一致行动。这个结果非常令人惊讶，如果将军们只能发送口头消息，除非超过 2/3 的将军是忠诚的，否则该问题无解。尤其是，如果只有三个将军，其中一个是叛变者，那么此时无解。但这样的错误，这样的有意、无意的"叛徒"却可能经常出现。

首先，我们明确什么是口头协议。我们将满足以下三个条件的方式称为口头协议：

A1：每个被发送的消息都能够被正确的投递
A2：信息接收者知道是谁发送的消息
A3：能够知道缺少的消息

简而言之，信道绝对可信，且消息来源可知。

定义一个变量 v_i（为不失一般性，并不要求 v_i 是布尔值），作为其他将军收到的第 i 个将军的命令值；i 将军会将把自己的判断作为 v_i。可以想象，由于叛徒的存在，各个将军收到的 v_i 值不一定是相同的。之后，定义一个函数来处理向量 $(v_1,v_2,\cdots,v_n)$，代表了多数人的意见，各将军用这个函数的结果作为自己最终采用的命令。至此，我们可以利用这些定义来形式化这个问题，用以匹配一致性和正确性。

- 一致性

条件 1：每一个忠诚的将军必须得到相同的 $(v_1,v_2,\cdots,v_n)$ 指令向量或者指令集合。

这意味着，忠诚的将军并不一定使用 i 将军送来的信息作为 v_i，i 将军也可能是叛徒。但是仅靠这个条件，忠诚的将军的信息送来的信息也可能被修改，这将影响到正确性。

- 正确性

条件 2：若 i 将军是忠诚的，其他忠诚的将军必须以他送出的值作为 v_i。

OM(0) 算法

1. 司令将他的命令发送给每个副官。
2. 每个副官采用从司令发来的命令；如果没有收到命令，则默认为撤退命令。

OM(m) 算法

1. 司令将他的命令发送给每个副官。
2. 对于每个 i，v_i 是每个副官 i 从司令收到的命令，如果没有收到命令，则默认为撤退命令。副官 i 在 OM(m-1) 中作为发令者将之发送给另外 n-2 个副官。
3. 对于每个 i，和每个 $j \neq i$，v_j 是副官 i 从第 2 步中的副官 j（使用 OM(m-1) 算法）发送过来的命令，如果没有收到第 2 步中副官 j 的命令，则默认为撤退命令。最后副官 i 使用 majority($v_1,\cdots,v_{n-1}$) 得到命令。

其中，majority($v_1,\cdots,v_{n-1}$) 代表了大多数人的命令，若不存在则默认为撤退命令。

口头消息算法实例推演

考虑 $m=1$，$n=4$ 的情形：

$n=4$，意味着一个司令发送命令给三个副官，$m=1$ 意味着他们中有一个叛徒。首先考虑司令忠诚而副官 3 是叛徒的情况。

参考图 1。

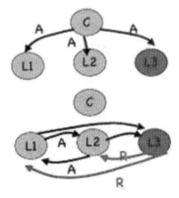

图 1　$m=1$，$n=4$ 中司令忠诚而副官 3 是叛徒的情形

L1 收到：(A, A, R) =》输出共识 majority(A, A, R) = A
L2 收到：(A, A, R) =》输出共识 majority(A, A, R) = A
L3 收到：(A, A, A) =》输出共识 majority(A, A, R) = A
那么对于副官 1（或副官 2）来说将会采用 A。

倘若司令是叛徒，为方便，我们假设叛徒司令在 OM(1) 会给三个副官发送的信息是 (x,y,z)，其中 x、y、z 都可以是 A 或 R 的任意一种。之后，三位忠诚的副官将会按照 OM(0) 要求的那样，交换他们收到的信息。

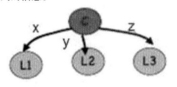

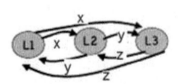

图 2　$m=1$，$n=4$ 中司令是叛徒的情形

L1 收到：(x, y, z) =》输出共识 majority（x, y, z）；
L2 收到：(x, y, z) =》输出共识 majority（x, y, z）；

L3 收到：(x, y, z) = 》输出共识 majority(x, y, z)。

对于副官 1，他综合司令、副官 2 和副官 3 后得到的消息向量将会是 (x,y,z)，可以发现对于其他两个忠实的副官，他们得到的消息向量也将是 (x,y,z)。不管 x、y、z 如何变化，majority(x,y,z) 对于三人来说都是一样的，所以三个副官将会采用一致的行动。

口头消息算法证明

算法的证明思路其实并不复杂，简单来说，对于一个递归算法，基于一个叛徒情景下的实例推演，可使用数学归纳法来证明。考虑篇幅，这里未提供完整的证明，可参考相关资料。

HyperLedger1.0 系统架构

Hyperledger 是被业界非常看到的联盟链的实现，包括 IBM、Intel、R3、各个大型商业银行等都参与其中，带给我们关于区块链技术与软件工业、金融、保险、物流等领域碰撞结合的想象空间；在这个联盟中，有超过 1/4 的成员都来自中国，这更是我们对于它的一举一动都非常关注。在很大程度上，Hyperledger 和它背后的联盟体系就代表着区块链在产业环境中的未来。

主要模块如下。

- 客户端 SDK（Client SDK）：协助应用安全管理、和协助处理区块链上交易事务。
- 节点是网络中的组成部分，负责维护节点的账本和职能合约。
- 任意多个节点可参与到网络中。
- 节点类型可以是背书节点（endorser）或交付节点（committer）。背书节点必然是交付节点。
- 背书节点执行并对交易事务进行背书。
- 交付节点验证背书结果并对交易事务进行验证。
- 节点管理事件集线器（event hub）并发送事件给订阅者。
- 节点组建成一 P2P 网络。
- 节点是无运行状态的，事务与事务间是独立的。
- 排序服务（Ordering Service）：是处于一个非中心化的网络中的一个中心化的节点。其排序服务是一可插拔的组件，例如 Kafka 或 BFT 等。
- 成员权限管理：通过基于 PKI 的成员权限管理，平台可以对接入的节点和客户端的能力进行限制。

事务交易流程

HyperLedger1.0 的共识机制（Consensus）是通过事务背书策略（Transaction Endorsement Policy）、排序服务、和各提交节点 Committer 的校验这三个措施保证的。

- 背书（Endorsement）：每个背书节点（stakeholder）决定是否接受或拒绝一事务。
- 排序服务（Ordering）：对执行后的事务进行排序形成一即将提交的区块。

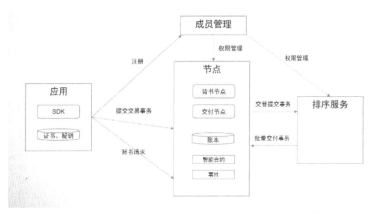

图 3 HyperLedger1.0 系统结构图

- 校验（Validation）：所有提交节点（Committer）都需校验事务的背书是否满足背书政策（Endorsement Policy），同时根据数据库多版本并发控制 MVCC，校验事务转换是否有效。

以背书节点 $n=4$、提交节点数 $p=5$ 为例子。背书策略设置为：4 个背书节点中，允许 1 个拜占庭故障节点情况下，要求有 3 个以上的有效签名。也就是，如果允许 m 个无效签名的情况下，要求背书节点总数 $n>=3 \times m + 1$，即需要有效签名数 $n-m>=2 \times m+1$。如图 4 所示事务处理流程如下。

步骤 1：提交事务。
客户端 SDK 提交一报文为 Propose 的消息的交易事务 Transaction 到客户端选择的背书节点 E0，要求执行一智能合约 A。

步骤 2：第一个背书节点执行事务。
被客户端选中的背书节点 E0 模拟事务的执行。

步骤 3：其他背书节点执行事务。
客户端根据背书策略，要求其他节点 E1E2 和 E3 进一步背书。

步骤 4：背书签名。
背书节点对智能合约的执行结果进行签名，并发送背书签名给客户端。

步骤 5：提交排序请求。
最后，客户端根据背书政策（Endorsement Policy）检查是否满足条件，若满足条件则发送给排序服务。

步骤 6：交付。
排序服务集群交付事务执行结果的下个版本的账本数据块给各节点。

区块链应用于政务网

传统中心化的电子证照技术自 2008 年发展至今，解决了传统模式下的数据归集和中心化的数据标准与安全问题。但经过近十年的"互联网 + 政务服务"的应用发展，该技术也凸显它的局限性。

- 跨部门的政务数据是否可信
- 信息难以全面归集
- 信息难以快速检索
- 信息泄露安全隐患
- 系统稳定性难度大
- 金字塔模式效率低下

虽然已有的人口信息、法人信息实现了部分集中管理，但

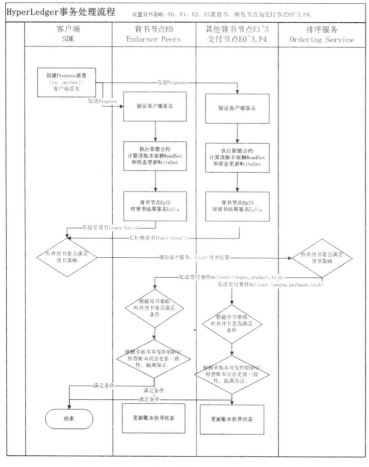

图 4 事务交易流程

中心化系统存在信息泄露，存储丢失等风险，而且中心化系统的建设、维护成本非常高，无法交互验证，无法实现各个部门真正意义上的信息共享、共建。所以，如何在现有的电子政务基础上，打破部门的数据壁垒，实现各部门之间的高效协作，实现真正意义的"一张网"，为群众提供便利的服务，是政务工作迫切需要解决的问题。

图 5 步骤 1 提交事务

另外，区块链技术具有信息共享、信息透明、难以篡改的优势。利用该优势可打破原有信息传递的壁垒，实现电子证照服务模式的创新，提升用户体验。

目前证照办理过程中，大部分步骤需在线下处理，并且受到地域、时间的限制，需消耗较多的时间；同时纸质证明存在易伪造风险，相关证明接收机构还需核验证明的真伪性。

通过区块链技术打造各类证明的线上认证服务模式，可以提供证明从申请、开立、查询、销毁的全流程服务，打造电子证明生态圈。该创新将带来巨大的社会效益：

对于证明所有者，无须在证明开立方和证明使用方来回传递纸质证明，省却了物理地点（如异地）对证明开立及使用的限制；

对于证明提供方的权威机构，可通过自动化审批替代目前的人工审批，大大提高了工作效率和服务水平；

对于证明需求方，基于区块链的电子证明难以伪造及篡改，大大降低了虚假证明的风险。

在南京政府多部门的支持下，率先上线全国第一批基于区块链接技术的电子证照共享平台。参见图 11，市民可通过"我的南京"App 进行政务的办理，"我的南京"App 是该电子证照共享平台的数据访问终端。电子证照共享平台由政府职能部门共同组成的电子证照区块链网络，建立起政府部门之间点对点的可信网络。采用区块链的去中心化同步记账、交易身份认证、数据不可篡改以及数据加密等多种技术手段。参见图 12 电子证照政务网结构图，网络由信息中心、公安、民政、社保、税务、卫生等多个节点组成。共享账本中存储公民信息和数据归集记录。在智能合约中实现了数据目录规则、和数据隐私管理规则。现有电子证照网络只支持南京市的数据，考虑到扩展性支持，通过全国索引节点，不同城市不同省份的数据索引到不同的电子证照区块链子网。

基于区块链技术的电子证照共享平台与传统的电子证照库相比，具有更好的真实现、安全性、稳定性及可行性，解决了传统中心化架构的电子证照库采集和应用过程中权责不分的问题，彻底解决了数据被篡改的可能性，并通过激励机制提升数据相关方共享数据的积极性，且具备数据不被篡改、去中心化、数据加密及信任传递的特征，创新实现电子证照在全省、全市范围内跨区域的信息归集、快速检索和结果应用。透过任意职能部门提供照证明服务，提高政务工作效率，提高市民、企业的办事效率。对进一步推进南京"互联网+政务服务"，深化简政放权、放管结合，实现各部门、各层级间政务服务数据共享，促进政府高效施政，提供了强有力的支持。

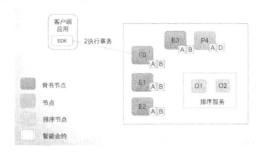

图 6 步骤 2 第一个背书节点执行事务

区块链弱并发问题

在应用区块链解决方案于政务网工程建设过程中，发现不少区别于传统关系型数据库的区块链特点。

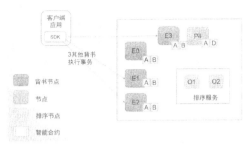

图7 步骤3 其他背书节点执行事务

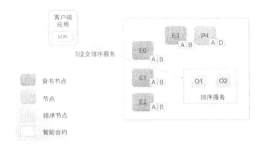

图8 步骤5 提交排序服务

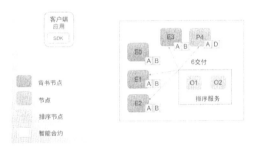

图9 步骤6 交付

图10 步骤7 校验并更新

HyperLedger其设计目标主要包括一致性（共识）、保密性、可扩展性和安全性，但是对高并发写事务的支持并不其主要目标。HyperLedger采用乐观锁（多版本并发控制）机制来支持并发，当交付节点（Submitter Peers）提交事务之前，如果发现ReadSet和WriteSet已经不一致了，将回滚事务。客户端需要尽可能避免同一关键字的写冲突，如果写冲突，需要多次提交事务。

假设在同一时刻有10个事务同时提交，当时这10个事务读取到的账本的数据一致。第一阶段，各背书节点执行事务，计算每个事务的读集合ReadSet0~9（K,V）和写集合WriteSet0~9（K,V），并提交到排序服务；第二阶段，排序服务对10个事务进行排序，并依次提交到所有的交付节点（Submitter Peers），交付节点会根据当前账本中的值检查对应于某一事务的读集合和写集合。如果对于同一个键Key，被前一个事务修改了，则该事务的读集合与当前账本的读集合不一致，则该事务不得不回滚。

图11 "我的南京" App 政务办理

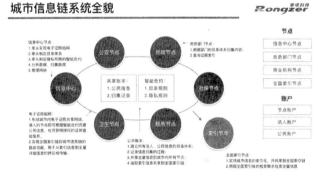

图12 电子证照政务网结构图

为了避免并行执行的事务读写冲突，提升事务的并发执行效率。对于出现读写冲突的事务，采用拆分事务成为两个阶段的方法，在背书阶段记录事务的明细账，在提交阶段才进行汇总。例如对于会员积分变更的应用场景，在背书阶段，记录会员积分的变化明细，$+x_1 + ... + x_i$ 和 $-y_1 - ... - y_i$，在提交阶段才进行汇总积分的变更 $D += +x_1 + ... + x_i - y_1 - ... - y_i$。

关系型数据建模的支持

区块链的底层数据模型为比较简单的键值对Key/Value模型，对于现实中的结构化数据的建模一般采用关系数据模型，如果采用Key/Value模型，开发人员需要耗费很多精力用于各种应用场景下数据模型的建设，和数据的索引、查询、统计等常规处理；同时存储在区块链中的数据需要进行进一步的大数据分析和数据挖掘工作，需要支撑区块链中的数据的导入导出到关系型数据库。另外现有区块链还没有支持数据的隐私保护、数据的提交维护和访问的权限管理。需要一完善的区块链数据建模基础框架来解决这些基于区块链的应用开发问题。

基于键值数据模型为基础进行关系型数据建模，其支持的特征包括：

■ 基于键值数据模型，选择一取值唯一的字段作为键，包括多个属性字段的记录作为值，记录用独立于语言的轻量级数据交换格式JSON进行编码。

■ 支持表结构、索引结构数据字典的维护。属性字段支持数值类型、字符串类型、日期类型。这些类型的字段是有序的、可建索引的。支持属性索引，索引类型包括唯一索引、非唯一索引。索引的维护与记录的增删改同步，同时索引数据结构的维护对模型的使用者透明。对于复杂结构的字段例如结构数组，可用JSON编码，只是该JSON类型字段不支持索引。另外利用索引支持数据约束，例如属性字段取值的唯一性约束。

■ 支持丰富的数据查询方式，例如根据键的某一取值查询记录；根据键的取值范围查询多条记录；根据已建立唯一索引的属性字段的某一取值查询记录；根据已建立非唯一索引的属性的某一取值，或属性字段的取值范围查询多条记录；

■ 支持分组统计，例如基于属性字段的非唯一索引进行分组统计，统计函数包括个数统计、取分组的最大值、最小值、平均值。

■ 支持分页查询和分页统计。

■ 支持区块链数据的导入导出到关系型数据库，用于支撑数据分析。

后续丰富的政务网应用

本电子证照共享平台还将实现更多政务事项在线办理功能，如："购车资格证明在线办理""户口在线迁入""社保在线转移""公积金在线提取""护照在线办理""出入境自助签注"等。ⓟ

将区块链用于京东供应链溯源防伪

文 / 赵铭、孙海波

在这篇文章里，作者将阐述京东供应链溯源防伪平台如何利用区块链技术做到"好品质，看得见"，助力供应链腾飞。

一直以来，假冒伪劣产品充斥着整个市场，对市场经济秩序造成了诸多困扰。国务院为此做出重要批示，要加快重要商品追溯体系的建立，追溯体系建设是采集记录产品生产、流通、消费等环节信息，实现来源可查、去向可追、责任可究，强化全过程质量安全管理与风险控制的有效措施。之前，没有哪方机构能够将整个供应链的方方面面都整合到一起，并使各方参与者都信任数据的真实性。现在基于区块链技术，构建多方建设，共同参与的联盟链，可真正地将商品追溯体系建设起来。

供应链商品溯源防伪之所以困难，因为涉及供应链上游的诸多独立主体，商品信息、仓储信息、物流信息等离散的保存在各个参与环节各自的系统中，信息流缺乏透明度和流通度。在商品的流转过程中，也往往表现出多区域、长时间跨度等特征，使得假冒伪劣产品很难彻底从市场上消除。且当出现责任事故时，因涉及的环节较多，举证和追责均耗时费力。在业务处理中有大量的审阅、验证交易单据及纸质文件的环节，高度依赖人工，自动化程度低，信息采集困难。而且由于产品种类差别，生产环节有不同的要求，防伪追溯要求不同，采取的方式也不同。

现在行业中有零星的溯源防伪平台，基本都是集中式中心化的，系统较为脆弱，受攻击的影响大，数据安全性低。且标准不统一，不同地方、不同产品溯源防伪系统标准不一致，数据共享难度大。且平台参与方是单一的，没有多方参与，相互难做到数据的信任，平台也很难做到自证清白，且平台间也无交流，相互间也无背书。

而区块链技术天然地适合运用于供应链管理。区块链技术使得需要共享的数据，在交易各方之间公开透明，便于及时发现解决问题，提供完整且流畅的信息流，提升供应链整体效率。且区块链所具有的数据不可篡改和时间戳的存在性证明特质，能很好地解决供应链各参与主体间的纠纷，实现轻松举证与追责。数据不可篡改与交易可追溯两大特性相结合，可根除供应链内产品流转过程中的假冒伪劣问题，实现精准追溯。通过密码学算法实现供应链参与主体间的充分信任和智能协同。总的来说，使用区块链技术支撑的商品溯源防伪平台有以下特点：

■ 自证清白。所有存储在区块链上的数据都是按照时间顺序通过密码学签名及哈希强关联在一起，且多方背书，无法私自篡改；

■ 价值传递。由于数据的真实可靠，消费者可信任商品的源头、品牌，由此可以带来价值的传递；

■ 降低成本。基于区块链的溯源防伪平台是多方合作的，只由技术就可以达成多方合作，降低了诸如信任成本，随之而来的各种资产资金成本也会随之降低，可谓多赢。

■ 追溯审计。所有链上数据都可以逆向追溯，每个环节数据都可以确认。举证和追责均异常简单；

■ 自动化。将以前高度依赖的人工审阅、验证单据及纸质文件等环节全部电子化、自动化。

做溯源防伪平台的当务之急无疑是跨主体的供应链信息采集。首先，我们要定义哪些信息需要去追溯记录，主要有以下几类数据需要记录在区块链上：

■ 产地 / 原料信息：原材料信息、种植信息、环境标准 / 流程监测；

■ 采购流通信息：原料监控、流通时效 / 卫生安全；

■ 生产加工信息：生产加工、制造过程监控、质量检测；

■ 仓储信息：仓储过程监控、出入库信息管理；

■ 物流信息：去向信息跟踪、时效 / 在途过程监控；

■ 销售：销售记录、定向营销、售后ণ进反馈。

以上信息是追溯一件商品所需要的完整信息，那么如何在区块链中标识某件具体的商品呢？在平台中，每件商品都有全局唯一的溯源码，即所谓的"一物一码"，该码高度兼容现有编码体系，比如GS1编码、Ecode编码等，同时也支持各厂商自定义编码格式，只要能保证全局唯一，当然平台也能为不具备发码能力的厂商提供编码。溯源码也支持多种呈现方式、一维码、二维码以及RFID等。最后在选定了编码标准以及编码形式后，供应商可自主设计样式，满足其定制化需求，如图1所示。

图1 一物一码

因为是一物一码，如果采用手动录入，那么对供应商来说，投入是巨大的，因此结合IoT设备自动采集数据也是溯源防伪平台的一部分。平台对接供应商IoT设备，京东IoT SDK以及智能物联网平台自动采集诸如环境数据、仓储、物流、地理位置、照片等数据。系统自动将采集到数据输入数据转换层，根据供应商数据结构采用不同的数据转换接口提取有效数据，后将数据传入溯源防伪系统。如图2所示。

图2 IoT数据对接

商品数据采集的问题解决了，随之而来的另一个困难就在于商品的最小贩售单位不一定是商品出厂及运输中的最小单位，所以在商品的流转过程中会涉及合码拆码过程。商品在出厂时，供应商为每件商品贴上商品最小包装追溯码，多件商品组合打包后又会有流转箱码，这个过程可以嵌套，在随后的流转流程中，可能又会有分拆子箱码。经过这样合码拆码的过程，商品最终流入消费者手中，完成整个流转过程。

整个流转过程可以通过如图3所示形象的展示出来，当商品流转到参与主体时，会将商品流转信息经过主体私钥签发后附上时间戳后，将信息存入溯源业务系统，同时将信息存证入区块链网络，变更商品状态，随后商品由下一参与主体签收，直至最终消费者。

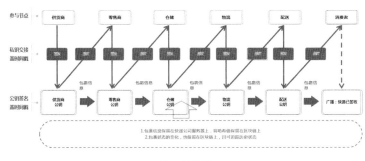

图3 交易流转

以上，我大致地介绍了京东溯源防伪平台的供应链相关流程，同时我们也提供了可方便地查询验证商品真伪的入口。可通过网站 http://sy.jd.com 进行溯源码查询，也可以直接扫描所购买商品上所贴的二维码查询。这里，可通过扫描以下二维码体验"一块牛肉的奇幻漂流"，如图4所示。

图4 一块牛肉的奇幻漂流

上面我们主要介绍了京东溯源防伪平台的业务系统，其底层支撑少不了区块链技术的支持。在接下来的篇幅里，我会为大家介绍这项新晋"黑科技"在京东的落地情况。

在构建区块链底层之初，我们就定下了区块链底层的设计目标：

稳定第一

系统稳定是对一个系统最基本的要求。首先保证底层牢固，区块链不是一项新技术，而是多种技术的组合应用，涉及P2P协议、密码学、共识算法等。这些技术本身提供的服务要稳定，同时各个技术之间的交互也要保证绝对的稳定。只有这样，在这些技术基础之上建立的区块链溯源系统才能保证稳定。

真实可靠

诚信经营是一个企业的立业之本。溯源的前提必须是真实可靠的数据，如果数据造假，溯源将失去其价值。区块链技术本身能保证台账记录的不可篡改性，但是就台账对应的交易来讲，其真实性也需要进行验证。

多方共赢

区块链溯源采用类似于联盟链的机制，多方共同参与。要保证链上各方之间的利益诉求，才能使得多方积极参与。并且要积极争取权威机构的背书认可。要给予国家机构相关的决策支持；商家能够更关注于品质建设，并通过区块链溯源项目能够得到营销和预测方面的支持；最终消费者信任感能够得到提升，增加对具有区块链溯源商品的认可度，更加关注品质生活。

激励共建生态

国务院在不久前发布了《国务院办公厅关于加快推进重要产品追溯体系建设的意见》，京东作为重要的商品流转中心，有责任去推动政策的执行。供应商接入溯源平台，一方面不能大量增加其生产成本，另一方面也要能提升其品牌价值，做出差异化。溯源的另一重要主体是商品的最终消费者，如何提升消费者的扫码率，培养其对品质商品、正品商品的认同感，从而带动整个溯原生态的建立，这是很重要的设计原则。

灵活支撑应用

采用分层架构，具备快速构建上层应用的能力，灵活的支撑上层多样性业务应用，应用与区块链的交互被抽象成智能合约，通过简单API接口交互通信，简化应用开发难度，增加灵活性。

海量数据

区块链数据一般分为账本数据、状态数据以及状态历史数据。账本是交易日志的累积,区块的载体,需要在节点间同步。而状态数据和历史状态数据是账本数据状态的历史迁移,即便丢失也可以通过账本数据恢复,且需要被随时读取。且需要满足丰富的查询需求,在性能和数据存储等方面具备横向拓展能力,可以支撑千万级,甚至亿级用户的使用。

隐私保护,权限控制

需要支持权限策略配置,可以根据各类应用需求进行相应的数据隐私保护,保护数据的安全隐私。同时,私有隐私交易、商业竞争交易需要共存于同一网络。通过多通道技术限制交易的访问权限,可用于为成员提供隐私交易功能,某条链上的数据对非链成员都是无法访问且不可见的。

基于以上几点设计原则,我们开始区块链平台的设计。在区块链技术兴起之初,所有机构或个人都可参与的区块链被认为是区块链的唯一解释。但随着区块链技术在大型商业团体间的普及,私有链及联盟链的概念逐步扩宽了区块链的解释。公有链、联盟链及私有链构成了现阶段区块链的三种应用场景。以比特币、以太坊为首的公有链平台允许所有节点发起交易、校验交易、参与共识及创建区块等操作。公有链的安全性及推动力量由具有激励机制的共识协议维护,其采取工作量证明机制或权益证明机制等方式,将经济奖励与加密数字验证有机地结合起来,每个节点都可以从中获得经济奖励,与对共识过程做出的贡献成正比。公有链因其开放的加入门槛,被认为是完全去中心化的区块链。以超级账本为代表的区块链平台,其设计思想与公有链差别甚多,比特币及以太坊并不足以成为商业项目的底层支撑,商业项目一般要求高并发、低延迟以及隐私保护、权限管理且能应对海量数据。基于以上特点,联盟链及私有链的雏形应运而生。且二者间的差别仅仅是多方参与或独立运营,可认为是相对去中心化。京东供应链溯源防伪平台的建设不能仅仅依靠京东的力量,也需要各供应商的积极参与,第三方监察机构的大力支持。因此,联盟链的选择是必然的结果,如图5所示。

图5 京东供应链溯源防伪联盟链

平台整体架构可以如图6所示,区块链平台的目标不仅仅是只支撑现有业务场景,必须预见未来可能的业务场景带来的应用层架构抽象,依托于底层SDK及业务场景抽象,我们可以创建丰富的应用,简化应用开发部署流程,使之平台化。在底层的区块链平台中,与上层业务交互的组件是区块链网关,提供Restful API及RPC服务支持不同技术研发的异构客户端或上层业务。同时解耦简化应用开发与区块链底层的交互,网关提供证书管理、隐私保护、协议转换及封装网络通信细节等功能,使底层区块链平台对上层应用开发透明化。商业应用相对而言更关注隐私、账号体系以及安全相关问题,应对以上需求,平台抽象出相应服务,账户服务将权限管理、私钥管理整合。安全认证服务提供账户认证,数据验证,加解密及授权等。数据访问服务是对区块链底层状态数据及账本数据的对外接口。因为区块链系统是去中心化的异步系统架构,也提供事件通知服务,我们定义了多种事件类型,满足相应触发条件可自定义后续操作,用同步化思维解决异步问题。同时,我们将智能合约也定义为区块链服务,智能合约服务将支持DSL类型语言定义业务场景及逻辑。以上可作为区块链平台上层服务,而在底层区块链,系统的关注点主要集中在账本、共识、P2P网络及链上编码。他们之间的相互协助,构建起整个区块链底层,为上层应用的搭建提供支持。除此之外,平台也配套了区块浏览器以及相应的运维管理工具,支撑平台的运行维护。依托于京东云底层资源,我们能够构建高可用、低延迟、强安全的区块链应用平台。采用A/B双环境部署API服务,实现新旧版本平滑升级,解耦API服务和上层业务的升级时间。所有的网络通信都采用TLS加密通道保障数据安全传输。多层负载均衡和多服务实例确保服务高可用。多机房部署可以消除系统单点,提升系统容灾能力。节点动态挂载,实现系统弹性扩容。跨机房数据同步,实现数据异地实时备份,云监控接入,实现7×24小时实时故障报警。

图6 JD区块链服务平台

以上就是京东区块链平台的相关介绍,平台的建设不是一蹴而就的,我们也在不断地完善整个系统,平台本身以及平台周边工具都在不断地完善中。我们期待着有一天能够将平台开源,为区块链技术的发展做出贡献。

区块链毫无疑问是跨时代的技术融合,技术的爆发催生了很多创业公司创业项目,但基本上90%多的项目都胎死腹中。追逐新技术的初心不可息慢,但也更应该看到区块链技术的适用场景,不是所有的业务都适用区块链,为了区块链而区块链,只会适得其反,徒增复杂度。那么什么样的业务场景适合区块链技术呢?一次沙龙上某位教授的总结很到位:抛开具体业务场景不谈,涉及数据共享的业务场景天然的适合区块链技术。因此,在开始引入区块链技术到项目中之前,先问自己:我们真的需要区块链吗?

C++14 实现编译期反射
——剖析 magic_get 中的 magic

文 / 祁宇

本文将通过分析 magic_get 源码来介绍 magic_get 实现的关键技术，深入解析实现 pod 类型反射的原理。

pod 类型编译期反射

反射是一种根据元数据来获取类内部信息的机制，通过元数据就可以获取对象的字段和方法等信息。C# 和 Java 的反射机制都是通过获取对象的元数据来实现的。反射可以用于依赖注入、ORM 对象 – 实体映射、序列化和反序列化等与对象本身信息密切相关的领域。比如 Java 的 Spring 框架，其依赖注入的基础是建立在反射的基础之上的，可以根据元数据获取类型的信息并动态创建对象。ORM 对象 – 实体之间的映射也是通过反射实现的。Java 和 C# 都是基于中间运行时的语言，中间运行时提供了反射机制，所以反射对于运行时语言来说很容易，但是对于没有中间运行时的语言，要想实现反射是很困难的。

在 2016 年的 CppCon 技术大会上，Antony Polukhin 做了一个关于 C++ 反射的演讲，他提出了一个实现反射的新思路，即无须使用宏、标记和额外的工具即可实现反射。看起来似乎是一件不可能完成的任务，因为 C++ 是没有反射机制的，无法直接获取对象的元信息。但是 Antony Polukhin 发现对 pod 类型使用 Modern C++ 的模板元技巧可以实现这样的编译期反射。他开源了一个 pod 类型的编译期反射库 magic_get（https://github.com/apolukhin/magic_get），这个库也准备进入 boost。我们来看看 magic_get 的使用示例。

```
#include <boost/pfr/core.hpp>

struct foo
{
    int some_integer;
    char c;
};

foo f {777, '!'};
auto& r1 = boost::pfr::flat_get<0>(f); // 通过索引来访问对象 foo 的第 1 个字段
auto& r2 = boost::pfr::flat_get<1>(f); // 通过索引来访问对象 foo 的第 2 个字段
```

通过这个示例可以看到，magic_get 确实实现了非侵入式访问 foo 对象的字段，不需要写任何宏、额外的代码及专门的工具，直接在编译期就可以访问 pod 对象的字段，没有运行期负担，确实有点 magic。

本文将通过分析 magic_get 源码来介绍 magic_get 实现的关键技术，深入解析实现 pod 类型反射的原理。

关键技术

实现 pod 类型反射的思路是这样的：先将 pod 类型转换为对应的 tuple 类型，接下来将 pod 类型的值赋给 tuple，然后就可以通过索引去访问 tuple 中的元素了。所以实现 pod 反射的关键就是如何将 pod 类型转换为对应的 tuple 类型和 pod 值赋值给 tuple。

pod 类型转换为 tuple 类型

pod 类型对应的 tuple 类型是什么样的呢？以上面的 foo 为例，foo 对应的 tuple 应该是 tuple<int, char>，即 tuple 中的元素类型和顺序和 pod 类型中的字段完全一一对应。

根据结构体生成一个 tuple 的基本思路是，按顺序将结构体中每个字段的类型萃取出来并保存起来，后面再取出来生成对应的 tuple 类型。然而字段的类型是不同的，C++ 也没有一个能直接保存不同类型的容器，因此需要一个变通的方法，用一个间接的方法来保存萃取出来的字段类型，即将类型转换为一个 size_t 类型的 id，将这个 id 保存到一个 array<size_t, N> 中，后面根据这个 id 来获取实际的 type 并生成对应的 tuple 类型。

这里需要解决的一个问题是如何实现类型和 id 的相互转换。

type 和 id 在编译期相互转换

先借助一个空的模板类用来保存实际的类型，再借助 C++14 的 constexpr 特性，在编译期返回某个类型对应的编译期 id，就可以实现 type 转换为 id 了。具体代码如下：

```
template <class T>
struct identity{};
constexpr std::size_t type_to_id(identity<int>)
noexcept { return 6; }
constexpr std::size_t type_to_id(identity<char>)
noexcept { return 9; }
```

上面的代码在编译期将类型 int 和 char 做了一个编码，将类型转换为一个具体的编译期常量，后面就可以根据这些编译期常量来获取对应的具体类型。

编译期根据 id 获取 type 的代码如下：

```
constexpr auto id_to_type( std::integral_constant<std::size_t, 6> ) noexcept { int res{};
return res; }
constexpr auto id_to_type( std::integral_
```

```
constant<std::size_t, 9> ) noexcept { char res{};
return res; } \
```

上面的代码中 id_to_type 返回的是 id 对应的类型的实例，如果要获取 id 对应的类型还需要通过 decltype 推导出来。magic_get 通过一个宏将 pod 基本类型都做了一个编码，以实现 type 和 id 在编译期的相互转换。

```
#define REGISTER_TYPE(Type, Index) \
    constexpr std::size_t type_to_id(identity<Type>) noexcept { return Index; } \
    constexpr auto id_to_type( std::integral_constant<std::size_t, Index > ) noexcept { Type res{}; return res; } \

// Register all base types here
    REGISTER_TYPE(unsigned short      , 1)
    REGISTER_TYPE(unsigned int        , 2)
    REGISTER_TYPE(unsigned long long  , 3)
    REGISTER_TYPE(signed char         , 4)
    REGISTER_TYPE(short               , 5)
    REGISTER_TYPE(int                 , 6)
    REGISTER_TYPE(long long           , 7)
    REGISTER_TYPE(unsigned char       , 8)
    REGISTER_TYPE(char                , 9)
    REGISTER_TYPE(wchar_t             , 10)
    REGISTER_TYPE(long                , 11)
    REGISTER_TYPE(unsigned long       , 12)
    REGISTER_TYPE(void*               , 13)
    REGISTER_TYPE(const void*         , 14)
    REGISTER_TYPE(char16_t            , 15)
    REGISTER_TYPE(char32_t            , 16)
    REGISTER_TYPE(float               , 17)
    REGISTER_TYPE(double              , 18)
    REGISTER_TYPE(long double         , 19)
```

将类型编码之后，保存在哪里及如何取出来是接着要解决的问题。magic_get 通过定义一个 array 来保存结构体字段类型 id。

```
template <class T, std::size_t N>
struct array {
    typedef T type;
    T data[N];

    static constexpr std::size_t size() noexcept { return N; }
};
```

在 array 的定长数组 data 中保存字段类型对应的 id，数组下标就是字段在结构体中的位置索引。

萃取 pod 结构体字段

前面介绍了如何实现字段类型的保存和获取，那么这个字段类型是如何从 pod 结构体中萃取出来的呢？具体的做法分为三步：

- 定义一个保存字段类型 id 的 array；
- 将 pod 的字段类型转换为对应的 id，按顺序保存到 array 中；
- 筛除 array 中多余的部分。

下面是具体实现代码：

```
template <class T>
constexpr auto fields_count_and_type_ids_with_zeros() noexcept {
    static_assert(std::is_trivial<T>::value, "Not applyable");
    array<std::size_t, sizeof(T)> types{};
    detect_fields_count_and_type_ids<T>(types.
```

```
data, std::make_index_sequence<sizeof(T)>{});
    return types;
}
template <class T>
constexpr auto array_of_type_ids() noexcept {
    constexpr auto types = fields_count_and_type_ids_with_zeros<T>();
    constexpr std::size_t count = count_nonzeros(types);
    array<std::size_t, count> res{};
    for (std::size_t i = 0; i < count; ++i) {
        res.data[i] = types.data[i];
    }
    return res;
}
```

定义 array 时需要定义一个固定的数组长度，长度为多少合适呢？应按结构体最多的字段数来确定。因为结构体的字段数最多为 sizeof(T)，所以 array 的长度设置为 sizeof(T)。array 中的元素全部初始化为 0。一般情况下，结构体字段数一般不会超过 array 的长度，那么 array 中就会出现多余的元素，所以还需要将 array 中多余的字段移除，只保存有效的字段类型 id。具体的做法是计算出 array 中非零的元素有多少，接着再把非零的元素赋给一个新的 array。下面是计算 array 非零元素个数，同样是借助 constexpr 实现编译期计算。

```
template <class Array>
constexpr auto count_nonzeros(Array a) noexcept {
    std::size_t count = 0;
    for (std::size_t i = 0; i < Array::size() && a.data[i]; ++i)
        ++count;
    return count;
}
```

由于字段是按顺序保存到 array 中的，所以在元素值为 0 时的 count 就是有效的元素个数。接下来我们来看看 detect_fields_count_and_type_ids 的实现，这个 constexpr 函数将结构体中的字段类型 id 保存到 array 的 data 中。

detect_fields_count_and_type_ids<T>(types.data, std::make_index_sequence<sizeof(T)>{});

detect_fields_count_and_type_ids 的第一个参数为定长数组 array<std::size_t, sizeof(T)> 的 data，第二个参数是一个 std::index_sequence 整形序列。detect_fields_count_and_type_ids 具体实现代码如下：

```
template <class T, std::size_t I0, std::size_t... I>
constexpr auto detect_fields_count_and_type_ids(std::size_t* types, std::index_sequence<I0, I...>) noexcept
    -> decltype( type_to_array_of_type_ids<T, I0, I...>(types) )
{
    return type_to_array_of_type_ids<T, I0, I...>(types);
}
template <class T, std::size_t... I>
constexpr T detect_fields_count_and_type_ids(std::size_t* types, std::index_sequence<I...>) noexcept {
    return detect_fields_count_and_type_ids<T>(types, std::make_index_sequence<sizeof...(I) - 1>{});
}
template <class T>
constexpr T detect_fields_count_and_type_
```

```
ids(std::size_t*, std::index_sequence<>) noexcept
{
    static_assert(!!sizeof(T), "Failed for unknown
reason");
    return T{};
}
```

上面的代码是为了将 index_sequence 展开为 0,1,2..., sizeof(T) 序列，得到这个序列之后，再调用 type_to_array_of_type_ids 函数实现结构体中的字段类型 id 保存到 array 中。

在讲 type_to_array_of_type_ids 函数之前我们先看一下辅助结构体 ubiq。保存 pod 字段类型 id 实际上是由辅助结构体 ubiq 实现的，它的实现如下：

```
template <std::size_t I>
struct ubiq {
    std::size_t* ref_;

    template <class Type>
    constexpr operator Type() const noexcept {
        ref_[I] = type_to_id(identity<Type>{});
        return Type{};
    }
};
```

这个结构体比较特殊，我们先把它简化一下。

```
struct ubiq {
    template <class Type>
    constexpr operator Type() const {
        return Type{};
    };
};
```

这个结构体的特殊之处在于它可以用来构造任意 pod 类型，比如 int、char、double 等类型。

```
int i = ubiq{};
double d = ubiq{};
char c = ubiq{};
```

因为 ubiq 构造函数所需要的类型由编译器自动推断出来，所以它能构造任意 pod 类型。通过 ubiq 结构体获取了需要构造的类型之后，我们还需要将这个类型转换为 id 按顺序保存到定长数组中。

```
template <std::size_t I>
struct ubiq {
    std::size_t* ref_;

    template <class Type>
    constexpr operator Type() const noexcept {
        ref_[I] = type_to_id(identity<Type>{});
        return Type{};
    }
};
```

在上面的代码中先将编译器推导出来的类型转换为 id，然后保存到数组下标为 I 的位置。

再回头看 type_to_array_of_type_ids 函数。

```
template <class T, std::size_t... I>
constexpr auto type_to_array_of_type_
ids(std::size_t* types) noexcept -> decltype(T{
ubiq<I>{types}... }) {
    return T{ ubiq<I>{types}... };
}
```

type_to_array_of_type_ids 有两个模板参数，第一个 T 是 pod 结构体的类型，第二个 size_t... 为 0 到 sizeof(T) 的整形序列，函数的入参为 size_t*，它实际上是 array<std::size_t, sizeof(T)> 的

data，用来保存 pod 字段类型 id。

保存字段类型的关键代码是这一行：T{ ubiq<I>{types}... }，这里利用了 pod 类型的构造函数，通过 initializer_list 构造，编译器会将 T 的字段类型推导出来，并借助 ubiq 将字段类型转换为 id 保存到数组中。这个就是 magic_get 中的 magic。

将 pod 结构体字段 id 保存到数组中之后，接下来就需要将数组中的 id 列表转换为 tuple 了。

pod 字段 id 序列转换为 tuple

pod 字段 id 序列转换为 tuple 的具体做法分为两步：

■ 将 array 中保存的字段类型 id 放入整形序列 std::index_sequence；

■ 将 index_sequence 中的类型 id 转换为对应的类型组成 tuple。

下面是具体的实现代码：

```
template <std::size_t I, class T, std::size_t N>
constexpr const T& get(const array<T,N>& a)
noexcept {
    return a.data[I];
}
template <class T, std::size_t... I>
constexpr auto array_of_type_ids_to_index_
sequence(std::index_sequence<I...>) noexcept {
    constexpr auto a = array_of_type_ids<T>();
    return std::index_sequence< get<I>(a)...>{};
}
```

get 是返回数组中某个索引位置的元素值，即类型 id，返回的 id 放入 std::index_sequence 中，接着就是通过 index_sequence 将 index_sequence 中的 id 转换为 type，组成一个 tuple。

```
template <std::size_t... I>
constexpr auto as_tuple_impl(std::index_
sequence<I...>) noexcept {
    return std::tuple< decltype( id_to_
type(std::integral_constant<std::size_t, I>{})
)... >{};
}
template <class T>
constexpr auto as_tuple() noexcept {
    static_assert(std::is_pod<T>::value, "Not
applyable");
    constexpr auto res = as_tuple_impl(
            array_of_type_ids_to_index_
sequence<T>(
                std::make_index_sequence<
decltype(array_of_type_ids<T>())::size() >()
        )
    );
    static_assert(sizeof(res) == sizeof(T), "sizes
check failed");
    static_assert(
            std::alignment_of<decltype(res)>::
value == std::alignment_of<T>:: value,
            "alignment check failed"
    );

    return res;
}
```

id_to_type 返回的是某个 id 对应的类型实例，所以还需要 decltype 来推导类型。这样我们就可以根据 T 来获取一个 tuple 类型了，接下来是要将 T 的值赋给 tuple，然后就可以根据索引来访问 T 的字段了。

pod 赋值给 tuple

对于 clang 编译器，pod 结构体是可以直接转换为 std::tuple 的，所以对于 clang 编译器来说，到这一步就结束了。

```cpp
template <std::size_t I, class T>
decltype(auto) get(const T& val) noexcept {
    auto t = reinterpret_cast<const decltype(detail::as_tuple<T>())*>(
        std::addressof(val));
    return get<I>(*t);
}
```

然而，对于其他编译器如 msvc 或者 gcc，tuple 的内存并不是连续的，不能直接将 T 转换为 tuple，所以更通用的做法是先做一个内存连续的 tuple，然后就可以将 T 直接转换为 tuple 了。

内存连续的 tuple

下面是实现内存连续的 tuple 代码：

```cpp
template <std::size_t N, class T>
struct base_from_member {
    T value;
};
template <class I, class ...Tail>
struct tuple_base;

template <std::size_t... I, class ...Tail>
struct tuple_base< std::index_sequence<I...>,
    Tail... >
    : base_from_member<I , Tail>...
{
    static constexpr std::size_t size_v =
        sizeof...(I);

    constexpr tuple_base() noexcept = default;
    constexpr tuple_base(tuple_base&&) noexcept = default;
    constexpr tuple_base(const tuple_base&) noexcept = default;

    constexpr tuple_base(Tail... v) noexcept
        : base_from_member<I, Tail>{ v }...
    {}
};
template <>
struct tuple_base<std::index_sequence<> > {
    static constexpr std::size_t size_v = 0;
};

template <class ...Values>
struct tuple: tuple_base<
    std::make_index_sequence<sizeof...(Values)>,
    Values...>
{
    using tuple_base<
        std::make_index_sequence<sizeof...(Values)>,
        Values...
    >::tuple_base;
};
```

base_from_member 用来保存 tuple 元素的索引和值，tuple_base 派生于 base_from_member，自动生成 tuple 中每一个类型的 base_from_member，tuple 派生于 tuple_base 用来简化 tuple_base 的定义。再给 tuple 增加一个根据索引获取元素的辅助方法。

```cpp
template <std::size_t N, class T>
constexpr const T& get_impl(const base_from_member<N, T>& t) noexcept {
    return t.value;
}
template <std::size_t N, class ...T>
constexpr decltype(auto) get(const tuple<T...>& t) noexcept {
    static_assert(N < tuple<T...>::size_v, "Tuple index out of bounds");
    return get_impl<N>(t);
}
```

这样就可以通过 get 获取 tuple 中的元素了。

到此，magic_get 的核心代码分析完了。由于实际的代码会更复杂，为了让读者能更容易看懂，我选取的是简化版的代码，完整的代码可以参考 GitHub 上的 magic_get（https://github.com/apolukhin/magic_get）或者简化版的代码（https://github.com/qicosmos/cosmos/blob/master/pod_reflection.hpp）。

总结

magic_get 实现了对 pod 类型的反射，可以直接通过索引来访问 pod 结构体的字段，而不需要任何额外的宏、标记或工具，确实很 magic。magic_get 主要是通过 C++11/14 的可变模板参数、constexpr、index_sequence、pod 构造函数及很多模板元技巧实现的。那么 magic_get 可以用来做些什么呢？根据 magic_get 无须额外的负担和代码就可以实现编译期反射的特点，很适合做 ORM 数据库访问引擎和通用的序列化 / 反序列化库，我相信还有更多潜力和应用等待我们去发掘。

Modern C++ 的一些看似平淡无奇的特性组合在一起就能产生神奇的魔力，让人不禁赞叹 Modern C++ 蕴藏了无限的可能性与神奇。

C++17 中那些值得关注的特性（上）

文 / 祁宇

C++17 标准在 2017 上半年已经讨论确定，正在形成 ISO 标准文档，今年晚些时候会正式发布。本文将介绍最新标准中值得开发者关注的新特新和基本用法。

总的来说 C++17 相比 C++11 的新特性不算多，做了一些小幅改进。C++17 增加了数十项新特性，值得关注的大概有下面这些：

- constexpr if
- constexpr lambda
- fold expression
- void_t
- structured binding
- std::apply, std::invoke
- string_view
- parallel STL
- inline variable

剩下的有一些来自于 boost 库，比如 variant、any、optional

和 filesystem 等特性，string_view 其实在 boost 里也有。还有一些是语法糖，比如 if init、deduction guide、guaranteed copy Elision、template<auto>、nested namespace、single param static_assert 等特性。我接下来会介绍 C++17 主要的一些特性，以及它们的基本用法和作用，让读者对 C++17 的新特性有一个基本的了解。

fold expression

C++11 增加了一个新特性可变模板参数（variadic template），它可以接受任意个模板参数在参数包中，参数包是三个点 ...，它不能直接展开，需要通过一些特殊的方法，导致在使用的时候有点难度。现在 C++17 解决了这个问题，让参数包的展开变得容易了，Fold expression 就是方便展开参数包的。

fold expression 的语义

fold expression 有 4 种语义：

1. unary right fold （pack op ...）
2. unary left fold （... op pack）
3. binary right fold （pack op ... op init）
4. binary left fold （init op ... op pack）

其中 pack 代表变参，比如 args、op 代表操作符，fold expression 支持 32 种操作符：

+ - * / % ^ & | = < > << >> += -= *= /= %= ^= &= |= <<= >>= == != <= >= && || , .* ->*

unary right fold 的含义

fold (E op ⋯) 意味着 E$_1$ op (⋯ op (E$_{N-1}$ op E$_N$))。

顾名思义，从右边开始 fold，看它是 left fold 还是 right fold 我们可以根据参数包 ... 所在的位置来判断，当参数包 ... 在操作符右边的时候就是 right fold，在左边的时候就是 left fold。我们来看一个具体的例子：

```
template<typename... Args>
    auto add_val(Args&&... args) {
        return (args + ...);
    }

    auto t = add_val(1,2,3,4);  //10
```

right fold 的过程是这样的：(1+(2+(3+4)))，从右边开始 fold。

unary left fold 的含义

fold (... op E) 意味着 ((E$_1$ op E$_2$) op ...) op E$_N$。

对于"+"这种满足交换律的操作符来说 left fold 和 right fold 是一样的，比如对上面的例子你也可以写成 left fold。

```
template<typename... Args>
    auto add_val(Args&&... args) {
        return (... + args);
    }

    auto t = add_val(1,2,3,4);  //10
```

对于不满足交换律的操作符来说就要注意了，比如减法。

```
template<typename... Args>
    auto sub_val_right(Args&&... args) {
        return (args - ...);
    }
```

```
template<typename... Args>
    auto sub_val_left(Args&&... args) {
        return (... - args);
    }

    auto t = sub_val_right(2,3,4);  //(2-(3-4)) = 3
    auto t1 = sub_val_left(2,3,4);  //((2-3)-4) = -5
```

这次 right fold 和 left fold 的结果就不一样。

binary fold 的含义

Binary right fold (E op ... op I) 意味着 E$_1$ op (... op (E$_{N-1}$ op (E$_N$ op I)))。

Binary left fold (I op ... op E) 意味着 (((I op E$_1$) op E$_2$) op ...) op E$_2$。

其中 E 代表变参，比如 args、op 代表操作符，I 代表一个初始变量。

二元 fold 的语义和一元 fold 的语义是相同的，看一个二元操作符的例子：

```
template<typename... Args>
    auto sub_one_left(Args&&... args) {
        return (1 - ... - args);
    }

    template<typename... Args>
    auto sub_one_right(Args&&... args) {
        return (args - ... - 1);
    }
    auto t = sub_one_left(2, 3, 4);// (((1-2)-3)-4) = -8
    auto t1 = sub_one_right(2, 3, 4);//(2-(3-(4-1))) = 2
```

相信通过这个例子大家应该对 C++17 的 fold expression 有了基本的了解。

comma fold

在 C++17 之前，我们经常使用逗号表达式和 std::initializer_list 来将变参一个个传入一个函数。比如像下面这个例子：

```
template<typename T>
    void print_arg(T t)
    {
        std::cout << t << std::endl;
    }

    template<typename... Args>
    void print2(Args... args)
    {
        //int a[] = { (printarg(args), 0)... };
        std::initializer_list<int>{(print_arg(args), 0)...};
    }
```

这种写法比较烦琐，用 fold expression 就会变得很简单了。

```
template<typename... Args>
    void print3(Args... args)
    {
        (print_arg(args), ...);
    }
```

这是 right fold，你也可以写成 left fold，对于 comma 来说两种写法是一样的，参数都是从左至右传入 print_arg 函数。

```cpp
template<typename... Args>
    void print3(Args... args)
    {
        (..., print_arg(args));
    }
```

你也可以通过 binary fold 这样写：

```cpp
template<typename ...Args>
    void printer(Args&&... args) {
        (std::cout << ... << args) << '\n';
    }
```

也许你会觉得能写成这样：

```cpp
template<typename ...Args>
    void printer(Args&&... args) {
        (std::cout << args << ...) << '\n';
    }
```

但这样写是不合法的，根据 binary fold 的语法，参数包 ... 必须在操作符中间，因此上面的这种写法不符合语法要求。

借助 comma fold 我们可以简化代码，假如我们希望实现 tuple 的 for_each 算法，像这样：

```cpp
for_each(std::make_tuple(2.5, 10, 'a'),[.](auto e)
{ std::cout << e<< '\n'; });
```

这个 for_each 将会遍历 tuple 的元素并打印出来。在 C++17 之前我们如果要实现这个算法的话，需要借助逗号表达式和 std::initializer_list 来实现，类似于这样：

```cpp
template <typename... Args, typename Func,
std::size_t... Idx>
    void for_each(const std::tuple& t, Func&&
f, std::index_sequence<Idx...>) {
        (void)std::initializer_list<int> {
(f(std::get<Idx>(t)), void(), 0)...};
    }
```

这样写比较烦琐、不直观，现在借助 fold expression 我们可以简化代码了。

```cpp
template <typename... Args, typename Func,
std::size_t... Idx>
    void for_each(const std::tuple<Args...>& t,
Func&& f, std::index_sequence<Idx...>) {
        (f(std::get<Idx>(t)), ...);
    }
```

借助 coma fold 我们可以写出很简洁的代码了。

constexpr if

constexpr 标记一个表达式或一个函数的返回结果是编译期常量，它保证函数会在编译期执行。相比模板来说，实现编译期循环或递归，C++17 中的 constexpr if 会让代码变得更简洁易懂。比如实现一个编译期整数加法：

```cpp
template<int N>
    constexpr int sum()
    {
        return N;
    }

template <int N, int N2, int... Ns>
    constexpr int sum()
    {
        return N + sum<N2, Ns...>();
    }
```

C++17 之前你可能需要像上面这样写，但是现在你可以写更简洁的代码了。

```cpp
template <int N, int... Ns>
constexpr auto sum17()
{
    if constexpr (sizeof...(Ns) == 0)
        return N;
    else
        return N + sum17<Ns...>();
}
```

当然，你也可以用 C++17 的 fold expression：

```cpp
template<typename ...Args>
constexpr int sum(Args... args) {
    return (0 + ... + args);
}
```

constexpr 还可以用来消除 enable_if 了，对于讨厌写一长串 enable_if 的人来说会非常开心。比如我需要根据类型来选择函数的时候：

```cpp
template<typename T>
 std::enable_if_t<std::is_integral<T>::value,
std::string> to_str(T t)
    {
        return std::to_string(t);
    }

template<typename T>
 std::enable_if_t<!std::is_integral<T>::value,
std::string> to_str(T t)
    {
        return t;
    }
```

经常不得不分开几个函数来写，还需要写长长的 enable_if，比较烦琐，通过 if constexpr 就可以消除 enable_if 了。

```cpp
template<typename T>
auto to_str17(T t)
{
    if constexpr(std::is_integral<T>::value)
        return std::to_string(t);
    else
        return t;
}
```

constexpr if 让 C++ 的模板具备 if-else if-else 功能了，是不是很酷，C++ 程序员的好日子来了。

不过需要注意的是下面这种写法是有问题的。

```cpp
template<typename T>
auto to_str17(T t)
{
    if constexpr(std::is_integral<T>::value)
        return std::to_string(t);

    return t;
}
```

在这段代码中把 else 去掉了，当输入是非数字类型时，代码可以编译过，以为 if constexpr 在模板实例化的时候会丢弃不满足条件的部分，因此函数体中的前两行代码将会失效，只有最后一句有效。当输入的为数字的时候就会产生编译错误了，因为 if constexpr 满足条件了，这时就会有两个 return 了，就会导致编译错误。

constexpr if 还可以用来替换 #ifdef 宏，看下面的例子：

```cpp
enum class OS { Linux, Mac, Windows };

//Translate the macros to C++ at a single
```

```
point in the application
    #ifdef __linux__
    constexpr OS the_os = OS::Linux;
    #elif __APPLE__
    constexpr OS the_os = OS::Mac;
    #elif __WIN32__
    constexpr OS the_os = OS::Windows;
    #endif

    void do_something() {
        //do something general

        if constexpr (the_os == OS::Linux) {
            //do something Linuxy
        }
        else if constexpr (the_os == OS::Mac) {
            //do something Appley
        }
        else if constexpr (the_os == OS::Windows)
{
            //do something Windowsy
        }

        //do something general
    }
    // 备注：这个例子摘自 https://blog.tartanllama.
xyz/c++/2016/12/12/if-constexpr/
```

代码变得更清爽了，再也不需要像以前一样写 #ifdef 那样难看的代码块了。

constexpr lambda

constexpr lambda 其实很简单，它的意思就是可以在 constexpr 函数中用 Lambda 表达式了，这在 C++17 之前是不允许的。这样使用 constexpr 函数和普通函数没多大区别了，使用起来非常舒服。下面是 constexpr lambda 的例子：

```
template <typename I>
constexpr auto func(I i) {
    //use a lambda in constexpr context
    return [i](auto j){ return i + j; };
}
```

constexpr if 和 constexpr lambda 是 C++17 提供的非常棒的特性。

string_view

string_view 的基本用法

C++17 中的 string_view 是一个 char 数据的视图或者说引用，它并不拥有该数据，是为了避免复制，因此使用 string_view 可以用来做性能优化。你应该用 string_view 来代替 const char 和 const string 了。string_view 的方法和 string 类似，用法很简单：

```
const char* data = "test";
    std::string_view str1(data, 4);
    std::cout<<str1.length()<<'\n'; //4
    if(data==str1)
        std::cout<<"ok"<<'\n';

    const std::string str2 = "test";
```

```
    std::string_view str3(str2, str2.size());
```

构造 string_view 的时候用 char* 和长度来构造，这个长度可以自由确定，它表示 string_view 希望引用的字符串的长度。因为它只是引用其他字符串，所以它不会分配内存，不会像 string 那样容易产生临时变量。我们通过一个测试程序来看看 string_view 是如何来帮我们优化性能的。

```
using namespace std::literals;

    constexpr auto s = "it is a test"sv;
    auto str = "it is a test"s;

    constexpr int LEN = 1000000;
    boost::timer t;
    for (int i = 0; i < LEN; ++i) {
        constexpr auto s1 = s.substr(3);
    }
    std::cout<<t.elapsed()<<'\n';
    t.restart();
    for (int i = 0; i < LEN; ++i) {
        auto s2 = str.substr(3);
    }
    std::cout<<t.elapsed()<<'\n';

    //output
    0.004197
    0.231505
```

我们可以通过字面量 ""sv 来初始化 string_view。string_view 的 substr 和 string 的 substr 相比，快了 50 多倍，根本原因是它不会分配内存。

string_view 的生命周期

由于 string_view 并不拥有被引用的字符串，所以它也不会去关注被引用字符串的生命周期，用户在使用的时候需要注意，不要将一个临时变量给一个 string_view，那样会导致 string_view 引用的内容也失效。

```
std::string_view str_v;
    {
        std::string temp = "test";
        str_v = {temp};
    }
```

这样的代码是有问题的，因为出了作用域之后，string_view 引用的内容已经失效了。

总结

本文介绍了 C++17 的 fold expression、constexpr if、constexpr lambda 和 string_view。fold expression 为了简化可变模板参数的展开，让可以模板参数的使用变得更简单直观；constexpr if 让模板具备 if-else 功能，非常强大。它也避免了写冗长的 enable_if 代码，让代码变得简洁易懂了；string_view 则是用来做性能优化的，应该用它来代替 const char* 和 const string。

这些特性对之前的 C++14 和 C++11 做了改进和增强，非常酷，后续文章会接着介绍其他 C++17 中值得关注的新特性。

C++17 中那些值得关注的特性（中）

文 / 祁宇

上期我们介绍了 C++17 的 fold expression、constexpr if、constexpr lambda、string_view，除此之外还有一些很棒的特性，本文将介

绍 structured binding、std::invoke、std::apply、std::void_t 和 inline variable。

structured binding

structured binding 是 C++17 中引人注目的新特性，它不仅仅能方便地解包 tuple、pair 之类，还具备一定反射功能，比如可以将对象的字段也解包出来，因此很多人认为它会有助于实现 C++ 的编译期反射。

基本用法

```
auto tp = std::make_tuple(1, 2.5, 'c');
int a;
double b;
char c;

std::tie(a, b, c) = tp;
```

structured bindings 让我们能通过 tuple、std::pair 或是没有静态数据成员的结构体来初始化变量。在 C++17 之前如果要解包一个结构体，我们需要借助 tie，像这样：

```
auto tp = std::make_tuple(1, 2.5, 'c');
auto [a, b, c] = tp;
```

现在有了 C++17 的 structured bindings，我们可以很方便地解包 tuple 了。遍历 map 时也不用像以前一样写 pair 然后 it->first, it->second 了，而是用更加简洁的方式：

```
std::map<int, int> mp = { {1, 2}, {3, 4} };
for(auto&& [k, v] : mp)
    std::cout<<"key:  "<<k<<"  "<<"value: "<<v<<'\n';
```

更酷的是你可以用来解包一个结构体。

```
struct Foo
{
    int i;
    char c;
    std::tuple<double> d;
    std::map<int, int> e;
};

std::tuple<double> tp(2.3);
Foo f { 1, 'a', tp, {{1,2}} };
auto& [i,c,d, e] = f;
std::cout<<i<<" "<<c<<" "<<e[1]<<'\n';
i = 2;
c = 'b';
```

需要注意的是，必须提供和结构体或 tuple 字段个数相同的变量，否则会出现编译错误，而且不能像 std::ignore 一样忽略某些字段，必须全部解包出来。解包时可以选择引用或复制，auto& 就是引用方式解包。

特殊用法

我们可以借助这个特性来做一点有趣的事，比如把一个结构体变成一个 tuple。

```
template <class T, class... TArgs> decltype(void
(T{std::declval<TArgs>()...}), std::true_type{})
test_is_braces_constructible(int);
template <class, class...> std::false_type test_
is_braces_constructible(...);
template <class T, class... TArgs> using is_
braces_constructible = decltype(test_is_braces_
constructible<T, TArgs...>(0));

struct any_type {
template<class T>
constexpr operator T(); // non explicit
};

template<class T>
auto to_tuple(T&& object) noexcept {
    using type = std::decay_t<T>;
     if constexpr(is_braces_constructible<type,
any_type, any_type, any_type, any_type>{}) {
        auto&& [p1, p2, p3, p4] = object;
        return std::make_tuple(p1, p2, p3, p4);
    } else if constexpr(is_braces_
constructible<type, any_type, any_type, any_
type>{}) {
        auto&& [p1, p2, p3] = object;
        return std::make_tuple(p1, p2, p3);
    } else if constexpr(is_braces_
constructible<type, any_type, any_type>{}) {
        auto&& [p1, p2] = object;
        return std::make_tuple(p1, p2);
    } else if constexpr(is_braces_
constructible<type, any_type>{}) {
        auto&& [p1] = object;
        return std::make_tuple(p1);
    } else {
        return std::make_tuple();
    }
}

//test code
struct s {
    int p1;
    double p2;
    int mp3[2];
    std::map<std::string, int> v4;
};

std::map<std::string, int> v = {{"a", 2}};
auto t = to_tuple(s{1, 2.0, {2,3}, v});
```

实现的思路很巧妙，先判断某个类型是否由指定个数的参数构造，is_braces_constructible<type, any_type>{} 就是判断 type 是否能由一个参数构造；接着通过 constexpr if 在编译期选择有效的分支，其他分支将会被丢弃；最后通过 structured bindings 来获取结构体字段的值，并将这些值重新构造一个 tuple，这样就可以实现将结构体转换为 tuple 了。在上面的例子中由于有四个字段，所以会走第一个分支。需要注意的是，这个方法只是一个示例，还没解决构造函数被 delete 的问题，还有隐式转换的问题，如果你想看更完整的解决方案可以看这里：http://playfulprogramming.blogspot.hk/2016/12/serializing-structs-with-c17-structured.html。

structured bindings 具备解包结构体的能力，虽然限制条件也不少，但至少展现了部分编译期反射的功能，它的用法值得深入探索。

std::invoke

C++11 中引入了 callable 的概念，callable 是具有函数调用符的对象，下面这些对象就是 callable：

- 普通函数
- 函数对象
- lambda

- std::function
- std::bind
- std::result_of
- std::thread::thread
- std::call_once
- std::async
- std::packaged_task
- std::reference_wrapper

可以看到 callable 的种类很多，有时候希望有一个统一调用 callable 的方法。C++17 的 invoke 就是用来统一调用 callable 对象的，它使我们可以以统一的方法来调用 callable，下面是一个例子：

```
#include<functional>

int fun(int i){
    return i+1;
}

struct A{
    int fun(int i){
        return i+1;
    }

    int member=2;
};

void test_invoke(){
    std::cout<<std::invoke(&fun, 1)<<'\n';

    A a;
    A* a_ptr = new A;
    std::shared_ptr<A> a_sp = std::make_shared<A>();
    std::unique_ptr<A> a_up = std::make_unique<A>();
    std::cout<<std::invoke(&A::fun, a, 1)<<'\n';
    std::cout<<std::invoke(&A::fun, a_ptr, 1)<<'\n';
    std::cout<<std::invoke(&A::fun, a_sp, 1)<<'\n';
    std::cout<<std::invoke(&A::fun, a_up, 1)<<'\n';

    std::function<int(int)> fn = std::bind(fun, std::placeholders::_1);
    std::cout<<std::invoke(fn, 1)<<'\n';
    std::cout<<std::invoke(std::bind(fun, std::placeholders::_1), 1)<<'\n';
    std::cout<<std::invoke([](int i){return i+1;}, 1)<<'\n';
}
```

可以看到 std::invoke 十分强大，不管是普通对象的成员函数还是指针或普通指针，都可以实现调用，还可以访问成员变量。

std::invoke 在调用 callable 对象上提供了统一的方法，可以让我们写出更加泛化的代码，是对 C++11/14 的一个小改进。

std::apply

std::apply 让我们可以通过 tuple 来实现一个 callable 的调用，像这样：

```
std::cout<<std::apply(func, std::make_tuple(1,2,3))<<"\n";
```

也许有人会问，既然已经有了 std::invoke 可以以统一的方式调用 callable，为什么还需要一个 apply 呢？其实 std::apply 就是通过 std::invoke 来实现的，下面是 std::apply 的实现：

```
namespace detail {
    template <class F, class Tuple, std::size_t... I>
    constexpr decltype(auto) apply_impl(F&& f, Tuple&& t, std::index_sequence<I...>){
        return std::invoke(std::forward<F>(f), std::get<I>(std::forward<Tuple>(t))...);
    }
}
template <class F, class Tuple>
constexpr decltype(auto) apply(F&& f, Tuple&& t){
    return detail::apply_impl(
        std::forward<F>(f),
        std::forward<Tuple>(t),
        std::make_index_sequence<std::tuple_size_v<std::decay_t<Tuple>>>{});
}
```

C++17 之前要实现 std::apply 需要写很多代码，有了 std::invoke 后，实现 std::apply 就变得很简单了，将 tuple 通过 index_sequence 还原为参数，再通过 std::invoke 实现调用。为什么还需要 std::apply，是因为它可以帮助我们实现延迟调用，这很重要，因为有很多时候我们需要将参数暂时保存起来或者逐步"组装"起来，在后面需要的时候再调用。modern C++ 中 tuple 是最好的保存参数的对象，因此很有必要实现一个直接通过 tuple 实现函数调用的 apply。

std::void_t

C++17 中的 std::void_t 实际上是一个比较特殊的变参别名模板，它的定义如下：

```
template<typename...> using void_t = void;
```

这个别名模板的特殊之处在哪里呢，就是在变参里，这个变参所代表的模板参数实际上在任何时候都不会被用到。在 C++11 中，对于模板别名中没有用到的模板参数是不保证参与 SFINAE 的，也就是说在 C++11 中这个 void_t 是没有作用的。但是到了 C++14，情况发生了改变，C++14 中模板别名中的模板参数都会参与 SFINAE，但是 C++14 中并没有 std::void_t，虽然可以很容易定义一个 void_t。

std::void_t 的主要作用什么呢？说简单一点就是它为了方便探测类型、成员和表达式的。通过它我们可以很方便地探测某个成员是否存在，某个方法是否存在。我们通过一个例子来看看 void_t 的作用：

```
template< class T, class = void >
struct has_member : std::false_type
{ };

template< class T >
struct has_member< T , void_t< decltype( T::member ) > > : std::true_type
{ };

class A {
public:
    int member;
};
static_assert( has_member< A >::value , "A" );
static_assert( has_member< int >::value , "error" );
```

在上面的例子中，void_t 用来探测是否存在某一个成员，第二个 static_assert 会发生编译期断言错误，因为 int 没有一个叫

member 的成员。让我们来分析一下这个过程。

首先我们定义了一个基本的 has_member，我们称其为基础版本，它有两个模板参数，需要注意的是它的第二个模板参数，是一个默认模板参数。当实例化 has_member<A> 时，由于只指定了第一个模板参数，第二个模板参数会使用默认的模板参数 void，这时第二个模板参数就确定了，会生成一个特化的 has_member<A, void_t< decltype(A::member) >>，由于 A 存在 member，所以这个类型推导是成功的，等价于 has_member<A, void>，它比基础版本的 has_member<T, void> 更加特化，所以 has_member<A, void_t< decltype(A::member) >> 被选择了。反之如果没有成员 member 的时候，这个模板实例化就失败了，编译器会选择基础版本。

需要注意的是，如果你把基础版本的 has_member 中的默认模板参数改成 int，会导致 has_member<A, void_t< decltype(A::member) >> 偏特化失败，因为第二个模板参数在实例化 has_member<A> 就已经确定了，偏特化的 has_member 的第二个模板参数必须是 void，否则就不是 has_member<T, void> 的一个特化版本了，会被丢弃，从而会选择基础版本的 has_member。

我们还可以用 void_t 来探测某个类型是否存在，思路是一样的：

```
template< class T, class = void >
struct has_type_member : std::false_type
{ };

template< class T >
struct has_type_member< T , void_t< typename T::type > > : std::true_type
{ };

class A {
public:
    using type = int;
};

static_assert( has_member< A >::value , "A" );
static_assert( has_member< int >::value , "error"
);
```

再来看一个借助 void_t 来探测是否存在某个成员函数的例子：

```
class AA {
public:
    int func(){return 0;}
};
template< class T, class U = void>
struct has_func : std::false_type
{ };
template< class T >
struct has_func< T , std::void_t< decltype
(std::declval<T>().func()) > > : std:: true_type
{ };
static_assert(has_func<AA>::value, "error");
```

由于 void_t 是一个可变模板参数的别名模板，所以它支持任意类型，我们还可以增加更多的类型推导到 void_t 中。

```
template< class T, class U = void>
struct has_types : std::false_type
{ };

template< class T >
struct has_types< T , std::void_t< AA::type,
AA::ref_type > > : std::true_type
```

```
{ };
static_assert(has_types<AA>::value, "error");
```

这么棒的一个特性如果想在 C++11 中使用该怎么做呢，其实也比较简单，想办法让别名模板中的可变模板参数参与类型推导就行了，像这样：

```
template<typename... Ts> struct make_void {
typedef void type;};
template<typename... Ts> using void_t = typename
make_void<Ts...>::type;
```

void_t 简化了 enbale_if，相比 C++98/03 可以让我们少写很多代码，比如上面的例子中探测某个类是否存在 func 方法，在 C++98/03 中你不得不这样写：

```
template<typename T>
struct has_member_foo
{
        template<typename U, void(U::*)()> struct
SFINAE {};

        template<typename U> static char
check(SFINAE<U, &U::func>*);
        template<typename U> static int check(...);

        static const bool value = sizeof (check<T>
(0)) == sizeof(char);
};
```

这个实现和 void_t 实现的版本相比较不仅仅代码更多，不直观，还存在诸多限制，比如限定了返回类型，而 void_t 的版本因为借助了 decltype 不会限定返回类型，更加灵活。

inline variable

C++17 中的 inline variable 算是一个不错的改进，我们知道 C++ 中有 inline function，在一个头文件中定义一个全局的 inline function，这个头文件被多个 cpp 文件包含的时候，这个内联函数会被每一个 cpp 文件复制一份。然而 C++17 之前只有 inline 函数的概念却没有 inline 变量的概念，这导致了我们使用全局变量的时候有一些限制，比如不能让多个 cpp 文件包含一个全局变量，会导致编译错误。现在 inline variable 弥补了这一不足，可以像定义 inline 函数一样定义 inline 变量了，语义是相似的。有了 inline variable 可以让我们放心地写 header only 代码了，不必再担心头文件中全局变量的问题了。

除此之外，inline variable 还能帮助我们简化静态成员变量的写法。在 C++17 之前我们写一个类的静态成员变量要像这样：

```
struct person{
    static int val;
};
int person::val = 0;
```

静态成员变量还必须在类之外去定义一次，有了 inline variable 就不必在这样做了。

```
struct person{
    static inline int val;
};
```

无须再在类外定义一次，代码更简洁了。

总结

本文介绍了 C++17 的 structured binding、std::invoke、

std::apply、std::void_t 和 inline variable。structured binding 方便我们解包 tuple、pair 和类成员还具备一定的反射能力，是一个不错的改进；std::invoke 提供了一个通用地调用可调用对象的方法，而 std::apply 则可以通过 tuple 实现函数调用，便于实现延迟调用；std::void_t 则简化了 sfinae，让我们探测对象的成员（成员变量、成员函数和类型）变得更简单，并且具备良好的扩展性；inline variable 则解决了全局变量被多个 cpp 文件包含的问题，方便我们写 header only 的库。

C++17 中那些值得关注的特性（下）

文 / 祁宇

接着前两篇文章，本文将介绍剩下的一些 C++17 特性，这些特性一部分来自于 boost 库，一部分则是用来让代码写得更加简洁便利，算是语法糖；还有一部分是新增算法。来自于 boost 库的特性有：variant、any、optional、filesystem 和 string_view（string_view 已在前文介绍过）；让代码更加简洁便利的特性有：nested namespaces、single param staticassert、if init、deduction guide、capture this 等；还有一些是新增加的实用算法和并行算法。

来自 boost 库的特性

std::any

std::any 可以用来存放任意类型的对象，在某些时候可以用来做类型擦除。std::any 的用法比较简单，和 boost.any 的用法几乎是一致的，下面是它的基本用法。

```
void test_any()
{
    std::any v1;
    int a = 2;
    v1 = a;
    if(v1.has_value())
        std::cout<<std::any_cast<int>(v1)<<'\n';

    double b = 3.0;
    v1 = b;

    if(v1.has_value())
        std::cout<<std::any_cast<double>(v1)<<'\n';

    try
    {
        std::cout<<std::any_cast<int>(v1)<<'\n';
    }
    catch(std::bad_any_cast& e)
    {
        std::cout<<e.what()<<'\n';
    }

    v1.reset();
    if(!v1.has_value())
        std::cout<<"no value"<<'\n';
}
```

将输出：
```
2
3
bad any_cast
no value
```

std::any 虽然能很方便地保存任意类型的对象，但是从 any 中取出原来保存的对象时需要调用 any_cast<T>，any_cast 要求传入原始的精确的类型，如果类型不一致将会抛出一个 std::bad_any_cast 的异常，由于这一对类型强烈渴求的特点，使得 any 在做类型擦除时多有不便。

很多人对于 any 能保存任意对象的特点非常喜欢，所以喜欢到处用 any，这会导致 any 的滥用，因为 any 保存对象时会有堆内存分配，如果在性能敏感的场景下使用势必会得不偿失。对于 any 这个特性建议谨慎使用，类型擦除可以优先使用 std::variant（这个特性我们稍后会介绍）。

std::optional

optional 体现了一个"可能值"的概念，即某一个值可能被初始化也可能没有被初始化。它的用法也很简单：

```
std::optional<double> divide_d(double a, double b)
{
    if(b==0)
        return {};

    return a/b;
}

void test_optional()
{
    std::optional<double> r = divide_d(6, 2);
    if(r.has_value())
        std::cout<<"has init"<<'\n';

    if(r)
        std::cout<<*r<<'\n';

    std::optional<double> r1 = divide_d(6, 0);
    if(r1==std::nullopt)
        std::cout<<"not init"<<'\n';
}
```

optional 很适合不方便返回不合法值的场景，比如本来要返回一个 int 值，但函数内部发现输入参数有问题，这时应该返回一个 int 值告诉调用者，但返回什么值都不合适，这时就用 optional 来表达一个可能的值，让调用者知道如果这个返回值没有初始化，就说明这个接口调用是失败的。还有一些情况，比如解析 xml 或者其他协议的文本时，有些节点是可能不存在的，这时用 optional 就非常合适了，刚好表达了"可能值"这个概念。

std::variant

varaint 你可以把它看作一个类型安全的 union，也可以看作一个类型容器，比较适合做类型擦除。它的用法相比之前的

optional 和 any 要复杂一些：

```
void test_variant()
{
    std::variant<int, std::string> v, w;
    v = 1;
    int i = std::get<int>(v);

    w = "abc";
    auto s = std::get<std::string>(w);

    try
    {
        std::get<int>(w);
    }
    catch(const std::bad_variant_access& e)
    {
        std::cout<<e.what()<<'\n';
    }

    std::vector<std::variant<int, std::string>> vec;
    vec.push_back(v);
    vec.push_back(w);
}
```

从上面的例子中可以看到 variant 可以保存不同类型的对象，不过这些对象的类型必须是在 variant 定义的类型范围之内，并且不允许有重复类型存在。由于 variant 做了类型擦除，所以我们可以借助它将不同类型的对象放到容器中。

上面的例子中是通过 std::get 来访问 variant 的，在很多时候我们希望通过一种更加泛化的方式来访问 variant，而不是显示指定类型来访问。C++17 提供了泛化的专门用来访问 variant 的方法 std::visit，通过 std::visit 我们可以很方便地访问 variant 对象。下面是 std::visit 访问 variant 的方法：

```
void test_variant()
{
    std::variant<int, std::string> v, w;
    v = 1;
    w = "abc";

    std::vector<std::variant<int, std::string>> vec;
    vec.push_back(v);
    vec.push_back(w);
    for(auto& item : vec)
    {
        std::visit([](auto&& arg){std::cout<<arg;}, item);
        std::visit([](auto&& arg)
        {
            using T = std::decay_t <decltype(arg)>;
            if constexpr(std::is_same_v<T, int>)
                std::cout<<"int value";
            else if constexpr (std::is_same_v<T, std::string>)
                std::cout<<"string value";
            else
                static_assert("no matching");
        }, item);
    }
}
```

std::visit 可以直接访问 variant 内部的对象，因为使用了 auto lambda，对于 auto&& arg 来说我们不清楚这个 arg 的类型到底是什么，借助 C++17 的 if constexpr，我们可以清楚地知道 arg 具体是什么类型了。

std::variant 的构造没有堆内存分配，相比 std::any 来说性能更好，而且也不像 any 那样访问内部对象时对类型那么渴求，所以一般情况下应该用 variant 来代替 any 做类型擦除。当然 variant 也有一个不足之处，你需要实现定义所要擦除的类型，有可能需要擦除的类型在开始的时候是无法预知的。

std::filesystem

std::filesystem 和 boost::filesystem 用法差不多，主要是用来对路径、文件和目录进行查询和操作。用法也比较简单：

```
namespace fs = std::filesystem;
std::string path = "C:\\test";
for(auto& p : fs::directory_iterator("test"))
    std::cout<<p<<'\n';
```

让代码更加简洁便利的特性

nested namespaces

C++ 中如果有多重命名空间，就需要嵌套多层，写法上比较难看，现在 C++17 中多重命名空间的写法变得简单多了。下面是一个 C++11/14 和 C++17 多重命名空间写法上的对比：

C++17 之前的写法如下：

```
namespace A {
    namespace B {
        namespace C {
            struct Foo { };
            //...
        }
    }
}

//C++17 的写法
namespace A::B::C {
    struct Foo { };
    //...
}
```

C++17 的写法摆脱了冗长的嵌套和重复，一目了然。

single param staticassert

C++11/14 中 static_assert 断言的时候，必须要填两个参数，前面填条件，后面填断言失败时的提示信息，这在写一些测试代码的时候不够方便，现在 C++17 支持了单参数的 static_assert，当你不想写任何编译期断言失败提示时，就可以不写交给编译器，让编译器告诉用户哪里断言失败了，代码可以写得更简洁了。

```
static_assert(false, "something wrong");
static_assert(false); // 省略提示信息，让编译器告诉用户
```

if init

C++17 允许在 if 条件表达式中初始化变量了，这会让代码写起来更方便，比如在 C++11 中我们这样写：

```
std::map<int, bool> mp;
auto pair = mp.insert({1, false});
if(pair.second)
{
    std::cout<< (*pair.first).first <<'\n';
}
```

```
    else
    {
        std::cout<<"duplicate"<<'\n';
    }
```

我们要先定义一个变量，再判断这个变量值做处理。在 C++17 中，这个变量可以放到 if 的条件中定义了，不需要单独拿出来定义，像这样：

```
std::map<int, bool> mp;
    if(auto pair = mp.insert({1, false}); pair.second)
    {
        std::cout<< (*pair.first).first <<'\n';
    }
    else
    {
        std::cout<<"duplicate"<<'\n';
    }
```

if 表达式中，先定义了一个变量 pair，这个 pair 随后用来做判断条件。注意 if init 中定义的变量作用域就在这个 if 语句中，出了这个 if 语句，定义的变量 pair 就会析构。我们可以利用这个特性来实现自动加锁保护 if 代码段。

```
std::mutex mtx;
std::vector<int> v;

    if(std::lock_guard<std::mutex> lock(mtx);v.empty())
    {
        v.push_back(1);
    }
```

上面的代码利用了 if init 定义的变量的作用域实现了对 if 语句自动加解锁。在 C++11 中你需要这样写：

```
std::mutex mtx;
std::vector<int> v;

    {
        std::lock_guard<std::mutex> lock(mtx);
        if(v.empty())
        {
            v.push_back(1);
        }
    }
```

相比之下，C++17 利用 if init 的写法更加简洁和紧凑，在语意上更加容易理解。

deduction guide

deduction guide 可以根据参数自动推导出对应的类型，这可以让我们的代码变得更加简洁，看下面的写法：

```
std::pair p(1, 1.5);         // 推导为 std::pair<int, double>
std::tuple t(1, 2, 2.5);     // 推导为 std::tuple<int, int, double>
std::vector v{1,2,3};        // 推导为 std::vector<int>
std::array ar{1,2};          // 推导为 std::array<int, 2>
```

从上面的例子中可以看到隐式的 deduction guide 可以让我们的代码写得更加简洁，不用再写模板参数等细节了，有一种写动态语言的感觉。

除了隐式的 deduction guide，还有一种显式的 deduction guide，作用和隐式 deduction guide 差不多，也是让写法变得更简洁。下面是显式 deduction guide 的例子：

```
template<typename T>
    struct Dummy { T t; };

    Dummy(double) -> Dummy<double>;
    Dummy(std::pair<int, int>) -> Dummy<std::pair<int, int>>;
    void test()
    {
        Dummy dm{2.5};
        Dummy<int> dm1{2};

        std::pair<int, int> pr{1,2};
        Dummy dm2{pr};
    }
```

如果没有通过 Dummy(double) -> Dummy<double> 显式地做 deduction guide，我们在定义 Dummy 的时候是需要显式带着模板参数的。也许有人觉得就为了省掉一个模板参数却要多定义一个显式的 deduction guide，似乎还变麻烦了。其实显式 deduction guide 主要是为了简化定义可变模板参数的变量，之前介绍过通过 std::visit 来访问 variant，通过 auto lambda 和 if constexpr 来访问 variant 的做法不是很方便，我们可以通过可变模板和显式 deduction guide 来实现一个访问 variant 的更好的方法。

```
template<class... Ts> struct overloaded : Ts... {
using Ts::operator()...; };
    template<class... Ts> overloaded(Ts...) -> overloaded<Ts...>;

    void visit_variant()
    {
        std::variant<int, double, std::string> v, w;
        v = 1;
        w = "abc";

        std::vector<std::variant<int, std::string>> vec;
        vec.push_back(v);
        vec.push_back(w);

        for (auto& it: vec) {
            std::visit(overloaded {
                    [](auto arg) { std::cout << arg << '\n'; },
                    [](double arg) { std::cout << std::fixed << arg << '\n'; },
                    [](const std::string& arg) { std::cout << arg << '\n'; },
                }, it);
        }
    }
```

在上面的例子中先通过可变模板参数的 CRTP 获得参数的 operater()，然后通过显式的 deduction guide 来省去定义含可变模板参数 overloaded 的变量时，需指定变参类型的麻烦，让代码变得非常简洁。这里不仅仅是让代码变得简洁，还直接避免了一个难题，因为 overloaded 参数是 lambda，它是一个匿名类型，你无法获取 lambda 的类型并实例化 overloaded 模板。当然我们还可以像 boost 中定一个函数对象的方式来访问 variant，像下面这样：

```
struct visitor
    {
        void operator()(int arg){ std::cout <<
```

```cpp
arg << '\n'; }
            void operator()(double arg){ std::cout
<< arg << '\n'; }
            void operator()(const std::string&
arg){ std::cout << arg << '\n'; }
        };
    void visit_variant()
    {
        std::variant<int, double, std::string>
v, w;
        v = 1;
        w = "abc";
        std::vector<std::variant<int,
std::string>> vec;
        vec.push_back(v);
        vec.push_back(w);
        visitor vt;
        for (auto& it: vec) {
            std::visit(vt, it);
        }
    }
```

capture *this

C++17 中的 capture *this 允许我们复制 this 对象，在 C++17 之前，如果我们需要复制 this 对象需要这样写：

```cpp
[=,copy=*this]{ }
```

显得比较烦琐，C++17 里就变得很简洁了，直接写：

```cpp
[=,*this]{ }
```

也许有人会疑惑，我为什么需要复制 this 对象呢，因为在有些场景下，执行 lambda 的时候 this 对象内部的状态可能会发生变化，我不希望执行 lambda 的时候这个状态变了，这时就希望通过复制 this 对象来确保之前的状态不会变。

新增加的算法

std::search

C++17 中新增了一些实用算法，std::search 就是在一个 range 中查找一个子 range，这很容易让我们联想到查找公共子串的算法。下面是 std::search 的用法：

```cpp
void test_new_alg()
{
    std::string in = "Lorem ipsum dolor sit amet, consectetur adipiscing elit,"
        " sed do eiusmod tempor incididunt ut labore et dolore magna aliqua";
    std::string needle = "pisci";
    auto it = std::search(in.begin(), in.end(),
needle.begin(), needle.end());
    if (it != in.end())
        std::cout << "Found at " << (it - in.begin())<<'\n';
}
```

也许有人会疑惑，这个 std::search 和 std::find_first_of 算法有什么不同吗，二者最大的不同是：std::search 是按一个子 range 范围查找的，而 std::find_first_of 是按 range 中的任意一个元素去查找的。

并行算法

C++17 中增加了很多并行算法，主要在 algorithm, numeric 和 memory 下面，见图 1。

adjacent_difference	adjacent_find	all_of	any_of
copy	copy_if	copy_n	count
count_if	equal	exclusive_scan	fill
fill_n	find	find_end	find_first_of
find_if	find_if_not	for_each	for_each_n
generate	generate_n	includes	inclusive_scan
inner_product	inplace_merge	is_heap	is_heap_until
is_partitioned	is_sorted	is_sorted_until	lexicographical_compare
max_element	merge	min_element	minmax_element
mismatch	move	none_of	nth_element
partial_sort	partial_sort_copy	partition	partition_copy
reduce	remove	remove_copy	remove_copy_if
remove_if	replace	replace_copy	replace_copy_if
replace_if	reverse	reverse_copy	rotate
rotate_copy	search	search_n	set_difference
set_intersection	set_symmetric_difference	set_union	sort
stable_partition	stable_sort	swap_ranges	transform
transform_exclusive_scan	transform_inclusive_scan	transform_reduce	uninitialized_copy
uninitialized_copy_n	uninitialized_fill	uninitialized_fill_n	unique
unique_copy			

图 1　C++17 并行算法

由于目前的编译器还没有完全支持 C++17 的并行算法，而且并行算法比较多，这里仅以 cppreference.com 上的一个例子来展示并行算法的用法：

```cpp
std::vector<double> v(10'000'007, 0.5);
{
    auto t1 = std::chrono::high_resolution_clock::now();
    double result = std::accumulate(v.begin(), v.end(), 0.0);
    auto t2 = std::chrono::high_resolution_clock::now();
    std::chrono::duration<double, std::milli> ms = t2 - t1;
    std::cout << std::fixed <<
```

```
"std::accumulate result " << result
                << " took " << ms.count() << " ms\n";
    }

    {
        auto t1 = std::chrono::high_resolution_clock::now();
        double result = std::reduce(std::execution::par, v.begin(), v.end());
        auto t2 = std::chrono::high_resolution_clock::now();
        std::chrono::duration<double, std::milli> ms = t2 - t1;
        std::cout << "std::reduce result "
                  << result << " took " << ms.count() << " ms\n";
    }

    //output
    std::accumulate result 5000003.50000 took 12.7365 ms
    std::reduce result 5000003.50000 took 5.06423 ms
```

可以看到并行算法比非并行算法效率提升了两倍多，可以看到C++17的并行算法将进一步提高程序的计算效率，将进一步提升C++在高性能计算领域的能力！

总结

本文主要介绍了来自boost库的特性如any、optional、variant和filesystem，这些特性在boost中存在已久并且挺实用的，加入到标准库中作为一些便利地工具；还介绍了让代码变得简洁便利的一些特性，比如nested namespace、if init、dedution guide等特性确实能让我们的代码写得更加简洁优雅；最后介绍了新增的算法，尤其是并行算法可以大幅提升程序的计算效率，C++17的并行算法值得好好研究，这些并行算法在高性能领域非常有潜力。

反侵权盗版声明

电子工业出版社依法对本作品享有专有出版权。任何未经权利人书面许可，复制、销售或通过信息网络传播本作品的行为；歪曲、篡改、剽窃本作品的行为，均违反《中华人民共和国著作权法》，其行为人应承担相应的民事责任和行政责任，构成犯罪的，将被依法追究刑事责任。

为了维护市场秩序，保护权利人的合法权益，我社将依法查处和打击侵权盗版的单位和个人。欢迎社会各界人士积极举报侵权盗版行为，本社将奖励举报有功人员，并保证举报人的信息不被泄露。

举报电话：(010)88254396；(010)88258888
传　　真：(010)88254397
E - mail：dbqq@phei.com.cn
通信地址：北京市万寿路173信箱
　　　　　电子工业出版社总编办公室
邮　　编：100036